长江泥沙来源与堆积规律研究

CHANGJIANGNISHALAIYUANYUDUIJIGUILÜYANJIU

周凤琴 唐从胜 编著

长江出版社

长江出版基金资助项目

图书在版编目(CIP)数据

长江泥沙来源与堆积规律研究/周凤琴,唐从胜编著.
武汉:长江出版社,2008.12
ISBN 978-7-80708-594-2

Ⅰ.长… Ⅱ.①周…②唐… Ⅲ.①长江—泥沙—来源—
研究②长江—泥沙—河道淤积—研究 Ⅳ.TV152

中国版本图书馆CIP数据核字(2008)第199351号

长江泥沙来源与堆积规律研究　　周凤琴　唐从胜　编著

责任编辑:贾茜　徐汉宁
装帧设计:刘斯佳
出版发行:长江出版社
地　　址:武汉市解放大道1863号　　邮　编:430010
E-mail:cjpub@vip.sina.com
电　　话:(027)82927763(总编室)
　　　　(027)82926806(市场营销部)
经　　销:各地新华书店
印　　刷:湖北通山金地印务有限公司
规　　格:787mm×1092mm　1/16　29印张　6页彩页　680千字
版　　次:2008年12月第1版　2008年12月第1次印刷
ISBN 978-7-80708-594-2/TV・99
定　　价:86.00元

《长江泥沙来源与堆积规律研究》

编著人员

编　　著　周凤琴　唐从胜

参　　编　孙舒拉　王豫鄂　周　莉

阳华芳　王宝蒂　赵　蕾

单剑武　高志斌　吕金林

序

长江为我国第一大河，流域面积广阔，气候温和，雨量充沛，很早以前古人就在这片沃土上定居耕耘，繁衍生息。据考古发现，在距今1万年前后的史前时代，长江中下游地区已出现水稻耕作。在春秋战国以来的历史时期，古人为发展农业生产兴修水利和开通水上航运，修建了如都江堰、灵渠、南北大运河及江浙海塘等大型水利及航运工程，至今仍在发挥着重要作用，为中华民族的发展和文明创造了历史的功勋。当今长江巨型的三峡水利枢纽工程的建成和南水北调中线、东线工程的兴建，更创造了水利史上的奇迹。今天的长江流域已发展成为重要的经济区，并将为我国国民经济、社会的持续发展发挥着愈来愈重要的作用。

但随着人口的增多，加之自然环境自身的演变，人地矛盾加大，生态环境不断恶化，其中与泥沙相关的问题亦愈来愈突出。长江上游的水土流失加剧，崩塌、滑坡、泥石流、山洪等山地灾害频繁，广大人民群众生命财产遭受严重损失；中下游广大平原地区由于泥沙不断淤积，加上历史上人工筑堤围垦，湖泊逐年萎缩，河床加积抬高，江湖水位上升，洪水泛滥成灾。泥沙淤积对水库等水利工程的影响在于不仅使效益减退，甚至威胁其存亡；在航运工程中浅滩碍航日趋严重，部分支流因泥沙淤积造成航程缩短等，所以泥沙问题已成为当今众多环境问题中的关键问题之一。

新中国成立后，大江上下开始了大规模的水利建设，相关部门纷纷开展了深入的研究工作，长江水利委员会肩负重任，为治理开发长江编制流域综合利用规划，并开展了大规模的勘测调查研究，多年来积累了大量资料成果。三峡水利枢纽工程兴建，其泥沙问题引起世人广泛关注和国家高度重视，又组织全国众多相关科研院所，高等院校和水利、航运等部门，更深入地进行了系列研究，不仅为长江治理开发的规划设计提供了可靠依据，而且也推动了长江泥沙研究工作向前发展。

《长江泥沙来源与堆积规律研究》系作者博览群书，在前人研究成果的基础上，结合数十年的工作实践体验编写而成。从多学科多角度综合进行了系统的分析讨论，内容涵盖长江流域的侵蚀产沙、泥沙运行堆积和江湖地理环境变迁等，其中对长江泥沙的主要来源、形成条件、堆积区分布、河床地貌与床沙组成、江湖变迁特征及发展趋势和存在的问题等都作了较为详细的阐述，尤其对河床微地貌的类型与形成机理、床沙组成和江湖变迁成因及发展趋势等问题提出了一些具有一定创新的见解。该书内容丰富，以地质、地貌、水文、泥沙、河道和历史地理等多学科相结合，理论与实践相结合，宏观与微观相结合、历史与现代相结合为基本特点，论点明确，重点突出，层次分明，数据翔实，是作者多年潜心研究的结果。该书的出版发行，在泥沙理论研究和工程实践上都具有较为重要的指导意义，也是一部从地学观点出发，系统研究、综合论证河流泥沙及水库泥沙的新作，可供广大水文泥沙工程技术部门、科研院所、大专院校师生应用参考。

还要指出，本书作者是一位长期在基层工作的工程科技干部，平日承担繁重的指令性科技任务。通过长年现场观察积累，反复认识，结合多学科已有理论，潜心探究，终于完成了此一理论与实践相结合的著作，实属不易，值得提倡和鼓励。

长江的治理开发任重而道远，还有很多工作要做，希望广大科技工作者加强研究，认真总结，不断创新，加深对长江的认识，为继续治理、开发、维护健康长江，促进人水和谐作出贡献。是为序。

中国工程院院士 文伏波

2008年12月于武汉

前　言

长江全长6300余km，干流流经青、藏、蜀、滇、渝、鄂、湘、赣、皖、苏、沪等11个省、自治区、直辖市注入东海；支流布及陇、陕、黔、豫、桂、粤、闽、浙等8省及自治区的部分地区，流域面积约180万km^2，占全国总面积的18.75%。多年平均入海水量约为9560亿m^3，约相当于黄、淮、海、滦等河川年径流总量的5.5倍，占我国河川径流总量的36%左右，为我国第一大河，长度仅次于尼罗河和亚马孙河，水量仅次于亚马孙河及刚果河，均分别位居世界第三。

长江流域地处我国大陆的中南部，地理坐标：东经90°33′~122°25′，北纬24°30′~35°45′，流域地势西高东低，组成高、中、低三级巨型阶梯。气候除西部部分地区外，一般温和、雨量充沛。长江中下游平原土地肥沃，农业发达，湖泊星罗棋布，中国五大淡水湖中的4个分布于此，为我国“鱼米之乡”。长江不仅水量大，落差亦达5400m左右，水能资源极为丰富。长江流域航运发达，干支流通航河道计3600余条，干流横亘于我国中南部，为水上交通的东西大动脉，素有“黄金水道”之称。长江流域自然条件优越，物产丰富，在我国占有重要地位。但随流域自然环境的演变和人口增多、森林植被的破坏等诸多因素影响，20世纪水土流失严重，以长江的径流和泥沙特征与世界多沙大河流相比，虽含沙量较低，但因年径流量大，其干流的悬移质年均输沙量，宜昌站高达5.30亿t，大通站亦达4.71亿t，仅次于我国黄河和印度、孟加拉国的恒河及布拉马普特拉河等，远比美国的密西西比河等为高。长江泥沙主要产于上游，并以水力侵蚀为主，但部分地区山地崩塌、滑坡和泥石流等时有发生，有的地区还相当严重，在空间分布上具有明显的区域性和地带性。如云南东川小江每年暴发泥石流达500~1000次，个别年份在1000次以上，有“泥石流博物馆”之称。另如四川岷江，1933年8月25日茂县叠溪发生强烈地震，引发滑坡堵江，蓄水形成大、小海子和叠溪等3座堰塞湖，后因洪水两座溃决，而叠溪的天然水库至今尚存；2008年5月12日汶川8.0级大地震，又激发山体大量滑坡，并形成唐家山等34处堰塞湖。长江上游所产泥沙输移出三峡进入中下游平原后，由于河床比降减缓，大量泥沙落淤，致使沿江湖泊萎缩，再加人工筑堤围垦，在新构造运动长期继续沉降的背景条件下，河床抬高，江水位上升，洪水泛滥成灾。仅1860年以来的140多年间发生全江性大洪水年就达7次，先后有1860年、1870年、1896年、1931年、1935年、1954年、1998年等。历史上堤防决溢成灾也频繁发生，洪涝灾害已成为历代广大人民群众心腹大患。工程泥沙方面的水库淤积和河道浅滩碍航等都已成为突出的泥沙问题。长江流域水库的泥沙淤积有的相当严重，如大渡河的龚咀水库，1971年蓄水运行，至1986年的15年中淤积泥沙达2.2096亿m^3，约占总库容的71.3%。长江部分河段因泥沙淤积形成浅滩碍航时有发生，如长江中游松滋口的芦家河，城陵矶下游的界牌河段等，长江口因拦门沙碍航，20世纪末每年挖沙量达1400~1800万m^3，以保航道畅通；长江部分支流河段也因泥沙淤堵造成通航里程缩短等。由于水土流失，造成长江上游多山地灾害，土地贫脊，中下游平原地区洪水泛滥，全流域生态环境恶化；对于水库及航运工程，不仅使库容减少，而且危及水库寿命，并造成河道淤堵碍航等，泥沙问题已向人们提出了日趋严峻的挑战。早在新中国成立之初，国家为缓减长江洪水灾害就加固堤防，兴建荆江分洪工程等；为治理和开发长江之需，下达了编制长江流域规划的任务，水利部长江水利委员会肩负历史重任，组织广大规划、设计、科研和水文、泥沙、河道、地质、测量等科技人员深入一线，加强调查研究，开展大规模勘测，会同沿江水利和航运部门以及全国有关科研院所和高等院校做了大量工作，撰写了大量工程技术报告和科研论著。泥沙研究也随长江的治理开发相继得到发展，特别是20世纪70年代以来，随着葛洲坝和三峡工程的动工兴建，长江的泥沙问题众所关注。在我国众多相关科研单位、高等院校的大力协作下，许多知名专家学者情系长江，关心三峡，积极投身泥沙研究工作的科研行列，更增强了科研力度。在泥沙研究手段上采用原型观测、数学模型计算和物理模型试验相结合的途径，取得了长足的进步，提高了研究深度和广度，推动了长江泥沙科学的发展。数十年来为长江的治理开发取得了丰硕的科研成果，积累了大量宝贵资料。

本书为较系统地反映了长江泥沙来源、输移堆积与河道及地理环境变迁等的泥沙研究专著。系以长江水利委员会有关水文、河道、泥沙、地质地貌、科研部门等的大量实测、试验资料成果为基础，并广泛参阅其他单位和专家学者有关长江泥沙的研究成果，在前人研究的基础上编写而成。该书的基本特点：①研究内容：为多学科的有机结合，涉及多学科、多领域。②时空特点：研究时段长，包含全新世早中期的地质时期、人类历史时期和现代等；研究空间大，以长江干流为重点，部分问题还含主要支流流域区。即时间上的古今相结合，空间上的宏观与微观相结合。③使用资料：以原型观测和室内外试验资料成果为主，并含物理模型和模拟试验等多手段、多学科的研究成果。④研讨方法：遵循理论与实践紧密结合的途径，在广泛参阅资料和综合前人研究成果的基础上力求创新，试图探讨20世纪末三峡建坝以前，人为干扰因素相对较小时期自然条件下的长江产沙、输移堆积的泥沙运行与河道及地理环境的演变规律，影响因素及形成机理等。本书旨在为泥沙治理服务的同时，也为探讨泥沙与河道及环境的相关性研究交流信息，抛砖引玉，促进长江泥沙研究工作的发展。本书以内容丰富，数据翔实，论点明确，论据可信，图文并茂等作为编写努力的目标。

该书在长江委技术委员会的关怀和水文局的领导下，经选题安排立项，由荆江水文水资源勘测局承担编辑完成。在编写过程中，受到长江委技术委员会的关怀和重视，文伏波院士自始至终给予热情的支持、鼓励和指导，得到长江委水文局领导和科教部门的关心，并得到季学武、罗钟毓等教授级高级工程师的支持和鼓励，在此谨向他们表示衷心的感谢。并对长江委杨贤溢总工，水文局向治安总工生前的鼓励和指导表示诚挚的谢意和深切的怀念。

在编写过程中，由于本书内容包含的时段长，空间大，涉及面广，问题复杂，限于作者水平，有不足或不当之处在所难免，诚请有关专家、学者、同行及读者批评斧正，并致谢意。

目　录

第一篇　流域侵蚀产沙

第二篇　泥沙堆积与床沙组成

第三篇 河道与环境变迁

第一篇

流域侵蚀产沙

第一章　流域侵蚀产沙的背景

第一节　地形地貌

一、流域地貌特征

1. 长江的形成

长江河长6300余km，横贯中国大陆东西，流域面积约180万km^2，东西直距达3000余km，南北宽除江源和芜湖下游及三角洲外，一般达1000km以上。

在距今2亿年前的三叠纪时，今青海南部及西藏等地区尚为古特提斯海，今四川盆地和长江三峡的西部地区均系东延的海湾，其长江中下游的南部仍属海域，仅除北部为亚欧古陆东缘地势较高外，全区以海为主，后经一系列构造运动变海为陆。距今约1.8亿年前三叠纪末期的印支运动，江源的昆仑山、巴颜喀拉山和金沙江的横断山开始出现，秦岭突起、云贵高原出现，长江中下游的南部隆起成陆，其间出现的断陷盆地和槽状凹地，成为古长江发育的基础和原始雏形，但整体地形还是东高西低，保持水往西流格局。至距今1.4亿年前的侏罗纪时又发生了燕山运动，山体进一步上升，地处长江上游的唐古拉山形成，青藏高原发生缓慢抬升，四川盆地拗陷下降，川鄂间的三峡山地和长江中下游的大别山隆起，长江流域陆地面积进一步扩大，古特提斯海向西退缩。距今约1亿年前的白垩纪时，四川盆地发生缓慢的均衡上升，长江中游的江汉、洞庭盆地相继下沉。在距今0.3亿~0.4亿年前的第三纪始新世时，又发生了强烈的喜山运动，随青藏高原大幅度抬升，古特斯提海消失，长江流域全区隆升成陆。特别是上新世末以来由于印度板块进一步向北俯冲，太平洋板块向西挤压，中国大陆发生了以青藏高原为主体的三大构造事件。第一事件：上新世末—第四纪早更新世初的强烈抬升运动；第二事件：早更新世中晚期的次强烈抬升运动；第三事件：为晚更新世中、晚—全新世早期的强烈差异性升降运动。三次构造事件的造貌结果使中国西部的青藏高原进一步抬升崛起，东部的长江中下游由缓慢的上升转为部分下降。根据古地磁和重力资料分析：至今印度板块仍以每年5~6cm的速度继续向喜马拉雅山俯冲，青藏高原仍继续上升，全流域区以西升东降为基本特征。由于自三叠纪以来，历经印支运动、燕山运动和喜山运动，特别是第四纪以来的新构造运动，在内外营力的共同作用下，至中更新世，中国大陆西高东低的三大地貌阶梯基本成型。由于流域西部强烈隆起，东部下降，地形的相对高差增大，流水活跃，溯源侵蚀加剧，使早更新世初期还为分段发展的古长江原型，通过切穿巫山，水流向东贯通三峡而逐渐形成统一的长江水系。

2. 地貌特征

根据长江流域地形地貌的阶梯状、多层状的特点，其可划分为三大阶梯。第一级西部高原高山区:为四川广元—雅安—云南东川一线以西的长江上游地区,由青南、川西高原和横断山等高原高山所组成,面积约60.19万km^2。地势由西北向东南倾斜。其北部为江源的高原浅谷区,一般高程为4500~5000m,河谷宽浅,切割深度仅200~300m,构成高原浅谷地貌;南部为金沙江高山峡谷区,一般高程为3000~4500m,河谷切割深度为500~2500m,山高谷深,水流湍急,形成高山峡谷地貌,少数5000m以上极高山区尚有冰川地貌发育。第二级中部中低山、丘陵区:包括广元—雅安—东川与襄樊—宜昌—凯里两线之间的流域中部地区,由秦巴山地、四川盆地和鄂黔山地组成,面积约57.75万km^2,除四川盆地海拔250~800m的低山丘陵外,其余山地高程500~2000m,并以中山为主。第三级为东部低山丘陵、平原区:含襄樊—宜昌—凯里一线以东的长江中下游地区,由淮阳低山丘陵、江南丘陵和长江中下游平原组成,面积约62.38万km^2,低山丘陵区高程小于1000m,并以500m以下为主,长江中下游平原高程在150m以下。三级阶梯连接部分由"大斜坡"地形过渡,其一、二级阶梯过渡带由陇南、川滇高、中山组成,一般高程为2000~3500m,部分山峰在4000m以上,地形起伏大,岭谷高差达1000~2000m,是强烈地震、崩塌、滑坡、泥石流的多发区。二、三级阶梯间的过渡带由南阳盆地、江汉洞庭两湖平原以西的岗丘和湘西丘陵等组成,一般高程为200~500m,地形起伏平缓,由山地向平原渐变过渡。

流域地貌类型复杂多样,高差悬殊,由极高、高、中、低等山地和高原、丘陵及平原组成,流域内山地、高原、丘陵占84.7%,平原占11.3%,河流湖泊等水面占4%。其中高山高原主要分布于流域西部地区,中部以中山为主,低山多见于淮阳山地及江南丘陵等东部地区,丘陵主要分布于川中、陕南、湘西、湘东、赣西、赣东和皖南等地。排列组合主要受大地构造所控制,大致以岷山、邛崃山、大小凉山和玉龙雪山等南北向山系为界,以西的青南、藏东、川西山系呈北、北西及北西西向,诸如唐古拉山、巴颜喀拉山等;以东的川鄂黔湘赣地区等山系则呈北东向,如龙门山、齐岳山、武夷山等;北部秦巴山地受北西、北西西向构造所控,南部的南岭山地除冷水江及以南地区有部分受南北向褶皱影响外,主要为北东向走向,大体组合呈东西向排列。流域周边多由山地围绕,北有昆仑山、巴颜喀拉山、秦岭、大别山和淮阳丘陵,南有唐古拉山、横断山、云贵高原、南岭、武夷山和天目山及皖南丘陵等。由于流域外围多山突起,腹地的丘陵、平原、河谷组成相对低地,长江中下游平原在宏观上构成流域阶梯状斜坡上的巨型凹槽向东展布。

二、流域水系特征

1. 水系组成

干流水系:长江全长6300余km,流域面积约180万km^2,分为上、中、下游。上游从江源至湖北省宜昌,长4504km,集水面积约100万km^2;中游自宜昌至江西省鄱阳湖口,全长955km,集水面积68万km^2;下游为鄱阳湖口至长江河口,全长约938km,集水面积约12万km^2。上、中、下游长度百分数分别为70.4%、14.9%、14.7%,面积百分数分别为55.5%、37.8%、6.7%。

支流水系:长江支流众多,共计7000余条,其中流域面积大于1000km^2的支流437条,大于3000km^2的支流170条,大于1万km^2的支流49条,大于8万km^2的支流有雅砻江、岷江、嘉陵江、乌江、湘江、沅江、汉江和赣江等8条,其中嘉陵江流域面积达16万km^2居首,汉江15.9万km^2次之;年水量最大为岷江877亿m^3,次为嘉陵江704亿m^3,8条河流多年平均流量都大于1500m^3/s,均超过黄河。河流长度:长江水系支流长度超过500km的有18条,其中有6条支流的长度超过1000km,依次为汉江、雅砻江、嘉陵江、大渡河、乌江和沅江等,其中最长为汉江1577km,次为雅砻江1571km。

天然湖泊:长江水系以湖泊众多为特征。据1984年统计,流域内计有湖泊面积1.52万km^2,接近全国湖泊总面积的1/5。其中江源的咸水湖、盐湖约占流域湖泊总面积的4%;滇北、黔西高原湖泊约占4%;中下游平原地区湖泊约占92%,主要湖泊依次有鄱阳湖、洞庭湖、太湖和巢湖等四大淡水湖,湖泊面积分别为3210km^2、2691km^2、2338km^2和782km^2。按成因类型主要有冰蚀湖、构造湖、堰塞湖、渍水湖、岩溶湖、瀉湖和牛轭湖等。

人工湖泊:由于水库等大量兴建,人工湖已成为湖泊的一种独特类型。至1990年,长江流域大中小型水库已达8.3387万座,其中蓄水1亿m^3以上的大型水库1992年统计为127座,现今水库和人工运河等与长江干支流连成一体,已成为长江水系的重要组成部分。湖泊分布特点:长江上游数量少,湖水深度大;中下游的平原湖泊数量多,水深小,部分面积广大。

2.河网密度

长江由青南高原腹地发源东流入海,横贯中国大陆三级地貌阶梯,众多支流入汇,组成巨大的树枝状水系,由于流域面积广阔,区域地质地貌条件、大气降水和地表径流环境的差异,加上人为工程影响,流域河网分布趋势,密度由东向西递减。长江上游大部分地区因降水量偏小,河网密度偏小,一般在0.5km/km^2以下,唯成都平原一般达1.2km/km^2,部分地区河网密度高达2.7~3.5km/km^2;中下游平原地区河网密度一般在0.5km/km^2以上,山丘区可超过0.7km/km^2;长江三角洲地区,因受人工开挖疏浚影响,河网密度达6.4~6.7km/km^2,长江三角洲南部的杭嘉湖平原河网密度最高达12.7km/km^2,不仅是长江中下游,而且也为全国河网最稠密的地区。

3.河流类型

据河流地貌形态特征,长江水系分类如下:

①山地峡谷型河流:主要包括干流的三峡河段、金沙江河段和支流的雅砻江中下游、岷江上游及其支流大渡河、嘉陵江上游及支流白龙江和赤水河、乌江、清江、沅江及汉江上游等河段。这类河流流经青藏高原、云贵高原及其边缘山地、秦岭、大巴山地等,流域面积占长江流域总面积的一半以上,河谷切割深、落差大、水量丰富,水能资源蕴藏量占全流域的70%以上,人口较少,矿藏和森林资源丰富,土地利用率低。

②丘陵平原型河流:包括四川盆地的川江河段、长江中下游河段,支流岷江中下游、沱江、嘉陵江中下游和资水、湘江、汉江中下游、赣江等,这类河流出自峡谷,大部分流经丘陵和平原,水能资源相对较少,人口较为密集,土地利用率较高。

③冲湖平原型河流:中下游直接汇入江湖的中小河流,流域面积小,耕地面积大,人口稠密,洪涝灾害严重,如太湖水系等。

第二节 地质基础①

为了长江流域综合利用的规划设计需要,长江水利委员会(下简称长江委)地质勘测部门等多年来曾系统地在大江上下开展了大规模的地质勘察研究,并在有关部门的参与下,搜集和提供了大量资料和研究成果。总体反映长江流域地层齐全、岩性组成丰富、地质构造复杂、新构造运动活跃,为流域产沙提供了重要的物质基础和条件。

一、地层与岩性

1. 地层特征

长江流域面积广大,地层发育齐全,自晚太古界以来,元古界、古生界、中生界至新生界的第四系地层均有出露,并有岩浆岩广泛分布,岩性岩相复杂。分层概述如下。

第四系(Q):地质年代为距今约 2×10^6 年(2Ma)以来,堆积物岩性主要由粘性土、砂土和砾卵石等组成,成因类型与分布主要有江源青南高原的冰川冰水沉积,陇南风成黄土,成都平原的冲洪积和包括洞庭湖、鄱阳湖、太湖、巢湖等在内的长江中下游平原的河湖沉积及豫西南南阳盆地的河流沉积等,一般分布广泛,厚度大小悬殊。

第三系(R):地质年代为距今 67~2Ma,岩性主要由红色泥岩、黏土岩、砂岩、粉砂岩、砂砾岩、泥灰岩等组成,部分地区有石膏和油页岩、煤及玄武岩、正长斑岩、花岗斑岩、灰岩等。零星分布于青南、江汉平原、云南、秦岭及湘赣等地区。

白垩系(K):距今 137~67Ma,岩性主要由夹有火山岩及石膏的红色砾岩、砂岩、泥岩等组成,部分地区有玄武岩、火山岩、凝灰岩、花岗岩、闪长岩和白云岩等。主要集中分布于四川盆地西北部通江—苍溪—绵阳地区和洞庭湖湘江、沅江及鄱阳湖的赣、抚、信、饶诸水地带,零星分布于青南、鄂西及江南丘陵芜湖以东地区等。

侏罗系(J):距今 195~137Ma,岩性主要由间于煤层的泥岩、泥灰岩、砂岩组成,次为砾岩、粉砂岩等,部分地区有火山岩系和花岗岩、闪长岩、正长岩等岩浆岩系等出露。主要分布于四川盆地、江源的南部地区以及川滇山地,鄂西、黔西北以及湘西地区等有零星出露;岩浆岩系则主要分布于鄂东大别山、苏皖南部和赣中南一带。

三叠系(T):距今 230~195Ma,岩性主要由灰岩、夹煤层或膏盐的砂岩以及板岩间夹灰岩等组成,次为泥岩、泥灰岩、页岩等,部分地区有火山岩、花岗岩、闪长岩、正长岩等零星出露。主要集中分布于流域西部的青南、横断山、陇南、川滇山地等流域西部广大地区,鄂黔山地及长江中下游的湘赣地区有零散分布;岩浆岩零星分布于治多—理塘以西和康滇地轴、龙门山和西秦岭及湘赣等地区。

二叠系(P):距今 285~230Ma,岩性主要由灰岩、砂岩、页岩、砂页岩、夹煤层等组成,次为泥灰岩、硅质岩,另有板岩、片岩、白云岩、大理岩和岩浆岩系的玄武岩、火山岩、花岗岩、闪长岩及基性岩、超基性岩等出露。主要分布地区为金沙江巴塘—中甸,川滇山地等,青南以及湘西南、黔东、鄂东、赣西地区为零星出露。

石炭系(C):距今 350~285Ma,岩性以灰岩、泥岩、页岩、砂岩、白云岩为主,另有板

---

①杨先坤主编,严沛漩编辑. 长江流域综合利用规划报告(工程地质). 水利部长江水利委员会,1990 年.

岩、千枚岩、硅质岩、燧石、煤和岩浆岩系的玄武岩、火山岩、花岗岩、辉长岩、闪长岩和正长岩等。主要分布于湘南、赣西南、秦巴地区;岩浆岩零星分布于滇中、黔中、河源及川西南等地区。

泥盆系(D):距今405~350Ma,岩性主要由灰岩、砂岩和页岩组成,次为千枚岩、板岩、大理岩等;岩浆岩系玄武岩、火山岩和花岗岩、闪长岩等零星出露。主要分布于川滇山地、湘南和秦巴山地,其余黔南、鄂西及赣、苏、皖亦有零星出露;岩浆岩散布于青南和川黔地区。

志留系(S):距今440~405Ma,岩性主要由页岩、泥岩、砂岩、粉砂岩和板岩组成,次为泥灰岩、灰岩、板岩等;岩浆岩系有火山岩、花岗岩、闪长岩、二长岩、正长岩和辉绿岩等。该层一般零星分布于秦巴、鄂西以及滇东、川西南、黔北、皖南和浙西地区;岩浆岩主要分布于川西巴塘、玉树和武夷山—云开大山及秦岭东段等地区。

奥陶系(O):距今500~440Ma,岩性由灰岩、页岩、泥灰岩、砂岩等组成,次为硅质岩、板岩和千枚岩等,主要分布于鄂黔山地,另陇南、陕西、川、湘南、赣西南地区亦有零星分布;岩浆岩系有火山岩、花岗岩、闪长岩、辉绿岩、粗面斑岩等,分布于川西巴塘、玉树和武夷山—云开大山及秦岭东段地区。

寒武系(€):距今570~500Ma,岩性主要为白云岩、灰岩、砂岩和页岩,局部地区有板岩、千枚岩、片岩等。主要分布于川滇、大巴山、鄂黔山地、湘西、赣南、巴塘及秦岭地区等(岩浆岩系岩性及分布地区与奥陶、志留系同)。

震旦系(Z):距今850~570Ma,岩性主要由泥灰岩、灰岩、白云岩、页岩等组成,次为冰碛层、砂岩、砾岩、硅质岩、板岩和千枚岩夹灰岩等;岩浆岩为火山岩、流纹岩、玄武岩、安山岩、花岗岩、闪长岩、辉长岩和超基性岩等。主要分布于秦巴、川滇、黔北、鄂西和洞庭与鄱阳两湖间的湖间湘赣地区;岩浆岩系的喷出岩零星分布各地;侵入岩主要零星分布于元谋、渡口、康定、龙门山、米仑山、秦岭地区和大别山、株洲、南昌等诸地区。

前震旦系(P_t):地质时代为元古界,距今2500~850Ma,岩性由板岩、千枚岩、片岩、片麻岩、变质砂岩、大理岩、石英岩和砂岩、酸性火山熔岩等以变质岩为主的岩系组成。主要分布于秦巴山地、川西南、滇西北、鄂西北、湘西南、湘中南、淮阳山地、江南丘陵、洞庭与鄱阳湖间地区及赣东北等(岩浆岩系组成和分布地区与震旦系同)。

2. 岩土类型

流域内岩浆岩、沉积岩、变质岩类均有出露。

①岩浆岩类:有块状侵入岩组的花岗岩、正长岩、闪长岩和花岗斑岩;块状喷出岩组的玄武岩、安山岩、英安岩、流纹岩、流纹斑岩和似层状火山碎屑岩组的凝灰集块岩、火山角砾岩、火山凝灰岩、凝灰岩、凝灰质砂砾岩、凝灰质页岩及黏土岩等。该类岩组由于受到原生或次生因素影响,岩体强度不均,如花岗岩等侵入岩易于风化,其凝灰质页岩及黏土岩结构疏松、极易风化破碎。

②变质岩类:有块状变质岩组的大理岩、石英岩、片麻岩和混合岩;片状变质岩组的石英片岩、角闪片岩、云母片岩、绿泥石片岩和千枚岩和层状变质岩组的变质砂岩、硅质板岩、粉砂质板岩和泥质板岩等。该类岩组一般结构紧密、质地坚硬,如石英片岩、角闪片岩、硅质板岩等强度较高,而云母片岩、绿泥石片岩、千枚岩和泥质板岩等易风化,强度低。

③沉积岩类:包含岩体和土体两大类型。

岩体：由层状碎屑和层状碳酸盐两个岩组组成。碎屑岩组中的砂质岩有石英砂岩、铁质与硅质砂岩、砂砾岩、长石砂岩和泥（粉）质砂岩等；层中碎屑岩组中的泥质岩有砂质页岩、硅质页岩、泥岩（黏土岩）及炭质页岩等。在砂质岩中以硅质、铁质胶结砂岩强度高，泥质砂岩和粉砂岩强度较低，而泥质岩一般质地软弱、抗水性差、受水易发生软化、强度低。在碳酸盐岩组中有白云岩、灰岩和白云质灰岩及硅质灰岩、泥质灰岩、泥质岩等。

土体：可分为一般土体和特殊土体两种类型。一般土体可分为黏性土、砂性土和砾卵石等3组，黏性土为直径小于0.005mm的黏粒含量超过3%以上的黏土、壤土和砂壤土等；砂性土为黏粒含量小于3%的砂土及粉砂土和粉土；砾质土为直径大于2mm的砾卵石含量超过10%以上的黏、砂性土等。特殊土含人工填土、淤泥、泥炭等。

3. 岩土平面分布

流域西部的江源及横断山等地区以变质岩为主，流域中部四川盆地的碎屑岩、鄂黔山地的碳酸盐岩和东部长江中下游平原的黏、砂性土等，分布范围宽广，岩性相对单一。陇南川滇山地、秦巴山地和淮阳山地及江南低山丘陵地区岩浆岩、变质岩和碳酸盐岩等均有分布，古老地层发育，岩性组成复杂。长江沿线河床以非黏性土为主，上游多砾卵石，中下游河床以砂土为主，分布规律，两岸阶地与河漫滩平原及湖区粘性土广泛发育。岩土类型分布见图1-2-1。

二、流域地质构造

长江流域地区自早元古代以来的地质时期，经历了一系列构造运动，先后有元古代的大别期、武陵期、扬子期，古生代的加里东期、华力西期，三叠纪的印支期，侏罗纪的燕山期，第三纪的喜山期以及新第三纪以来主要含第四纪的新构造运动等，其中以印支运动以来变化较大，尤其西部受到印度板块向北漂移俯冲，东部受到太平洋和菲律宾板块向西的挤压，经一系列新老褶皱和断裂，形成五大构造单元和14条主要断裂带。

1. 大地构造分区

①三江褶皱系：位于金沙江断裂以西，包括金沙江褶皱带，江达—普洱褶皱带，昌都—囊谦褶皱带，唐古拉褶皱带等4个二级构造单元。

②松潘—甘孜褶皱系：位于三江褶皱以东、武都以南、龙门山以西的广大三角洲地区，全区主要由三叠系地层所覆盖，岩性组成单一，据构造特点可划分为玉树—义敦褶皱带，通天河—雅砻江褶皱带，巴颜喀拉褶皱带和摩天岭褶皱带等4个二级单元。

③秦岭褶皱系：位于流域中部的北部地区，可划分为北大巴山褶皱带，南秦岭褶皱带，礼县—柞水褶皱带，成县上迭拗陷，北秦岭褶皱带，南阳拗陷，武当—淮阳隆起等7个二级构造单元。

④扬子准地台：范围西自云南丽江，东至长江口，包括了部分金沙江和自宜宾起的长江干流上中下游的广大地区，是长江的主体，可划分为龙门山—大巴山台缘褶皱带，盐源—丽江台源褶皱带，康滇地轴，上扬子台褶带，四川台拗，江汉断陷，下扬子台褶皱带，修水—钱塘轴缘拗陷（即浙西—皖南台褶带），苏北断陷和江南台隆等10个二级构造单元。

⑤华南褶皱系：位于扬子准地台之南，即长沙以南的湘南和吉安以南的赣南地区，包括湘赣桂粤褶皱带和华夏褶皱带等2个二级构造单元。

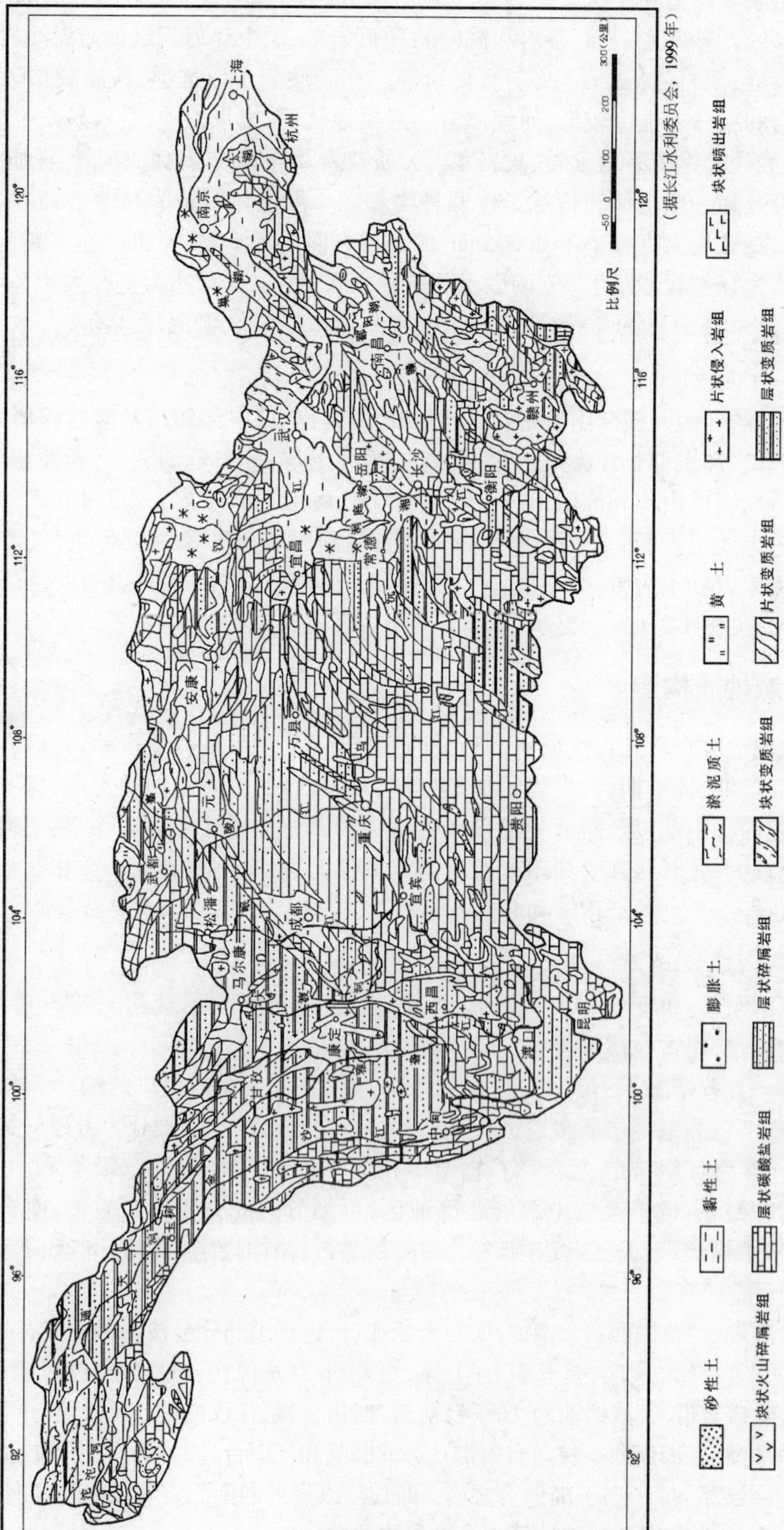

图 1-2-1 长江流域产沙分区略图

2. 流域主要深断裂

长江流域深断裂具有规模大，且成带出现的特点，直接控制了区域的岩浆活动和沉积岩的发育及其构造的变动，主要有14条，分别为金沙江断裂带，甘孜—理塘断裂带，道孚断裂带，垭都—马山断裂带，安宁河断裂带，龙门山断裂带，玛沁—略阳断裂带，城口—房县断裂带，安康断裂带，临潭—山阳断裂带，郯城—庐江断裂带，都匀断裂带，襄樊—广济断裂带，秦岭南缘断裂带等。深断裂走向分布特征是大体以康定—西昌—昆明为轴线的南北向断裂带发育；其断裂带以西的金沙江等地区呈北西向；以东含四川盆地外围和长江中下游等广大地区的北西和北东向断裂均有分布，并随向下游北东向的一般断裂增多，但全流域区的深断裂仍以北西向为主。

三、流域新构造运动特征

自第三纪上新世以来，长江流域第四纪的新构造运动主要形式表现为垂直升降，差异性断裂和地震活动，其活动的强弱与地壳的均衡性相关。

1. 区域升降运动

由于长江流域自晚第三纪以来的构造应力场处于印度、太平洋和菲律宾三大板块的挤压之下，其中尤以印度板块北移为主要压应力，因此流域新构造运动的幅度由西向东衰减，以西强东弱为基本特点(图1-2-2)。现分区概述如下。

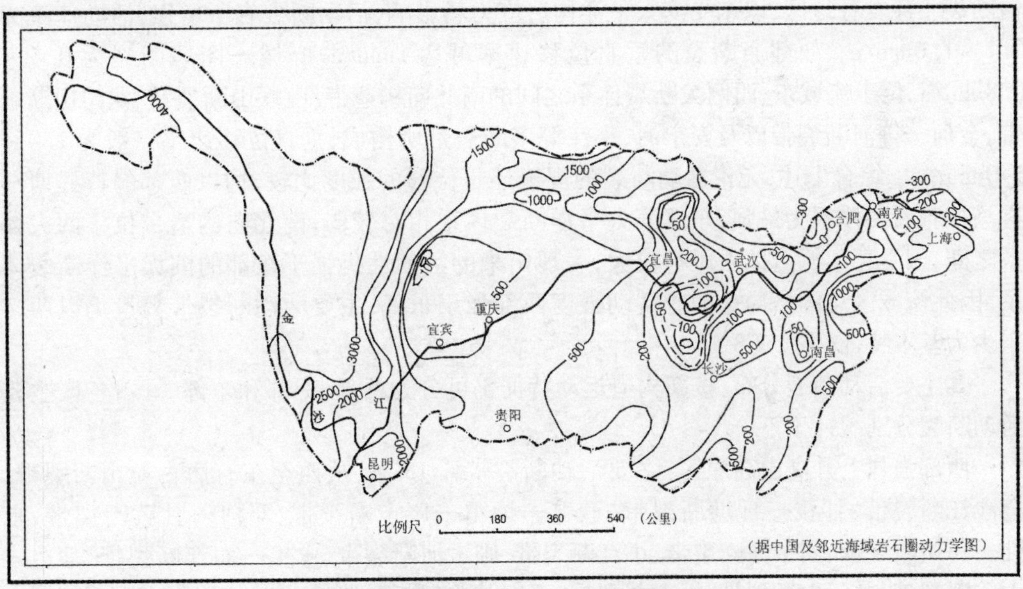

图1-2-2 长江流域新构造运动时期升降幅度图

①西部强烈上升高山高原区：大致位于流域上游，包括武都、康定、昆明一线以西的广大地区，根据地形地貌可划分为两个亚区：(I_1)青藏高原强烈上升区，范围约为松潘、康定、丽江一线以西地区，自第三纪以来，呈断块隆起，上升幅度达3000～4000m；(I_2)陇南、川滇山地区为松潘、康定、丽江一线以东的流域中西部过渡地带，因发生较大的差

异运动,大部分地区上升幅度1500~3000m,由西向东急剧减小,在渡口—会理、安宁河、盐源一带为断裂沉降区,下降幅度为500~2000m。

②中部较强上升中低山区:大致为武当山、宜昌、都匀一线以西与武都、康定、昆明一线以东的地区,晚第三纪以来除成都平原为新构造运动下降外,其余地区均呈间歇性隆起,上升幅度在秦巴山地和四川盆地西缘为1000~1500m,其余一般为500~1000m。

③东部升降相间丘陵平原区:大致为武当山、宜昌、都匀一线以东的长江中下游地区,由于受多组断裂的影响,大致以宜昌、常德、长沙、南昌一线为界,可分为南北两区。北区:差异运动明显,新构造运动表现为升降相间,江北大别山、荆山等低山丘陵地区分别上升500m和200m,江南幕阜山和皖南丘陵区,分别上升500m和1000m,其余长江中下游的平原湖区以沉降为主,幅度为0~300m。南区:为较稳定的上升区,幅度为200~500m。

2. 主要活动断裂特征与分布

①活动断裂特征:第四纪以来,长江流域主要受印度次大陆和太平洋构造应力场所控制,形成以特提斯—喜马拉雅和滨太平洋两大构造体系及其间的南北向构造带,其断裂带走向和活动性各具特征。位于西部的特提斯、喜马拉雅断裂体系,由北西西—北西—北北西向弧形断裂带所组成,规模大,一般在1000km以上,断层水平滑动速率5mm/a以上,如雅砻江上游支流鲜水河的道孚—炉霍断裂带可达10mm/a。位于东部的滨太平洋体系以北东向断裂为主,仅在秦巴山地一带沿老断裂继承性发育有少量北西和东西向活动断裂。根据断裂发育的特征和活动强度,基本以伏牛山、武夷山为界,以西为活断裂不甚发育地区;以东受滨太平洋构造应力场影响,活动断裂有所增强,活动速率为0.1~1.0mm/a,如郯庐断裂的垂直位移速率可达1mm/a,麻城—团凤断裂为0.5~0.8mm/a。位于流域东、西两大断裂体系之间的南北向构造带,由岷山断裂带、龙门山断裂带、金河—箐河断裂带以及安宁河、小江等多断裂带所构成,垂直位移速率一般为1.0~5.0mm/a。综合上述,无论活动断裂的规模还是位移的强度比较,均以西部的特提斯—喜马拉雅断裂体系为最强,东部滨太平洋断裂体系相对较弱,南北向构造带位于两大体系之间,因受喜山构造体系影响较大,表现出来的活动性仍强于东部的滨太平洋断裂体系,因此流域区总的格局是构造活动强度西部强于东部,主要活动断裂带数量仍以西多东少为基本特征(图1-2-3)。

②主要活动断裂分布:按新构造运动特征仍可分为西部、中部和东部3区,各区主要活动断裂分别统计于下。

西部强烈上升高山高原区:主要活动断裂带计15条,从西至东有唐古拉山断裂带、金沙江断裂带、甘孜—理塘断裂带、道孚—炉霍—康定断裂带、邓柯—甘孜断裂带、永胜—宾川断裂带、安宁河断裂带、小江断裂带、则木河断裂带、木里—丽江断裂带、马边—大关断裂带、龙门山断裂带、岷山断裂带、天水—武都断裂带和玛沁—略阳断裂带等。

中部较强上升中低山区:主要活动断裂带计5条,分别为略阳—洋县—宁陕断裂带、石泉—安康—竹山断裂带、新华—龙王冲断裂带、黔江—金沙江断裂带和龙泉山断裂带等。

东部升降相间的丘陵平原区:主要活动断裂带计6条,分别为太阳山断裂带、远安—钟祥断裂带、麻城—团凤断裂带、郯城—庐江(南段)断裂带、茅山断裂带和河源—邵武断裂带等。

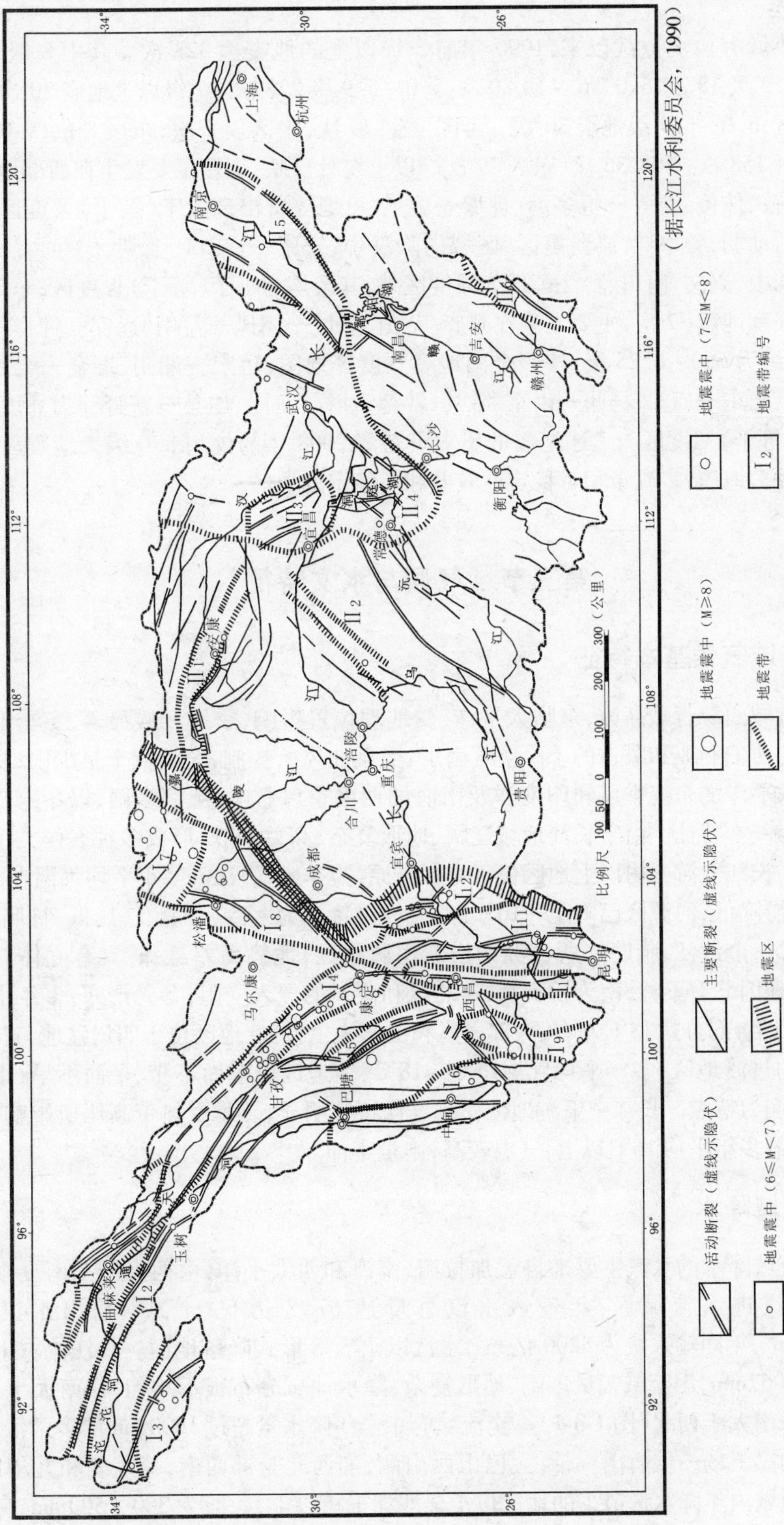

图1-2-3 长江流域主要断裂及地震带分布略图

（据长江水利委员会，1990）

3. 地震

长江流域有历史记载以来,1990 年前 5 级以上的地震达 323 次。其中 8 级地震 2 次,7.0 ~7.9 级 18 次,6.0 ~6.9 级 80 次,5.0 ~5.9 级 223 次。7 级以上地震 20 次,全部发生在西区;6.0 ~6.9 级地震 80 次, 西区发生 70 次,中区仅 2 次,东区 8 次;5.0 ~5.9 级地震西区 158 次,中区 36 次,东区 29 次。以上统计反映:地震主要发生在西部地区,其中宕昌、甘孜、侏倭、磨西—折多塘、理塘—德巫、巴塘等曾出现大于(等于)Ⅹ度区;中部地区地震活动弱,频率低,属弱震区,区域内除汉中、安康、丹江口、金堂、仁寿、宜宾—富顺、江安、阆中、兴文、南川、黔江等地为Ⅶ度区外,其余均为小于(等于)Ⅳ度区;东部地区共发生中强度地震 37 次,主要发生在郯庐、茅山、麻城—团凤—益阳、远安—钟祥等断裂带,最大震级为 6.0 ~6.25 级,按照全国地震烈度区划图,岳阳—湘阴、瑞金—会昌为Ⅷ度区,九江、肥东—庐江、扬州—南京、滁县、常德、钟祥、黄冈、均县—新野等为Ⅶ度,其余均为小于(等于)Ⅵ度区。上述地震的历史资料和 2008 年的汶川 8.0 级大地震表明,流域的西部区多地震,多属于相对稳定性较差和不稳定的地区。

第三节　气候与水文特征

一、流域气候基本特征

长江流域西源青藏高原,东临太平洋,受地理位置影响,季风气候显著,冬季亚洲内陆俄罗斯的西伯利亚和蒙古的干冷空气南下,受偏北风所控制,全流域干旱少雨;夏季受分别来自太平洋的东南季风和印度洋及南海的西南季风影响,湿润多雨,以冬寒夏热干湿季分明为基本特征。由于长江地域辽阔、地形复杂、高差悬殊,形成多种气候类型和区域性特征。长江上游玉树以上地区位于青藏高原,为季风气候区,多年平均气温在 0℃以下,并向上游降低,河源区已降至 -10℃以下,气候特点为寒冷、干燥、气压低、日照长、辐射强、多大风;金沙江、雅砻江所流经的横断山脉地区,地势高差悬殊,具有立体气候特征;四川盆地因北有秦岭,南为云贵高原,北风和南风的侵入受阻,冬无严寒,多年平均气温在 16℃以上,部分达 18℃左右,大部以温和湿润为主;三峡地区位于四川盆地与长江中下游平原的过渡地区,多年平均气温16℃ ~18℃,该地区以湿而不涝、干而不旱、雨稠风轻、温和湿润为特点。长江中下游地区季风气候特征明显,夏季受热带高压所影响,盛行偏南风,一般多年平均 16℃以上,气温较高,雨量丰沛。

二、流域降水

长江流域降水的水汽主要来自孟加拉湾、南海和西太平洋,由西南和东南夏季风携带大量水汽进入流域区,年输入水汽总量达 67.8 万亿 m^3, 年输出水汽量为 59.6 万亿 m^3,年净输入量为 8200 亿 m^3,水汽以雨雪等形式降落地面。长江流域平均年降水量为 1067mm,因流域幅员广阔、地形复杂,降水地域分布很不均匀,江南大于江北,长江流域东南大于西北(图 1-3-1)。全流域有 4 个年降水量超过 1600mm 的多雨区,分别位于川西的汉王场—峨眉山一带,大巴山西南侧,湘西北与鄂西南,赣东北和九华山、黄山一带。流域内年降水量最少的地区位于金沙江玉树以上,一般为 300 ~500mm,有的地区只有200mm多点。此外，还有两个年降雨量相对较低的低值中心区，一是四川盆地腹部，笼罩面积达6万km^2；另一个是河南南阳盆地，笼罩面积约1500km^2，两中心的年降水均值在800～900mm，属于半润湿—润湿带。长江流域属亚热带季风气候区，降雨量的70%～90%集中在5—10月，其中降水量最多的月份：长江上游和中下游的北岸为7—8月，中下游的南岸为5—6月。区域内的降雨日数：多数地区达150天，贵州省降雨日超过180天，四川的雅安和峨眉山一带，俗有“天漏”之称，降雨日数多达219～264天，为全流域降水日数最多的地区，而长江江源地区降水日数较少，不足100天，为全流域降雨日数最少的地区。

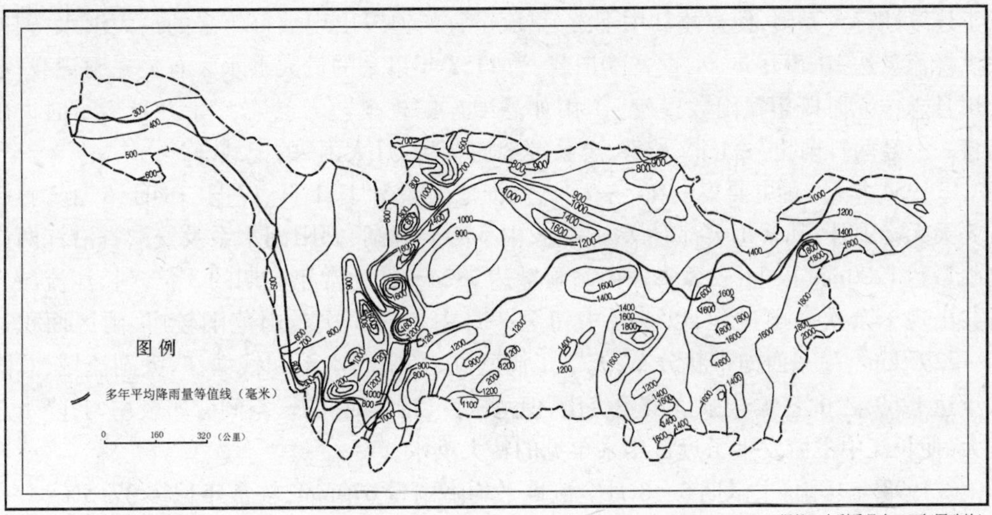

（据长江水利委员会1990年图改绘）

图1-3-1　长江流域降雨量等值线图

三、流域暴雨①

1. 暴雨特征

长江流域除金沙江的中上游、雅砻江上游、大渡河及岷江上游约40万km^2基本无暴雨外，其余广大地区均有暴雨发生。暴雨发生时间：大部分地区为年内的4—10月，中下游南岸出现在3—11月，有少数地区几乎全年都可能出现暴雨，而川西高原仅在7—8月才有出现。暴雨最多月：长江中下游的南岸和乌江下游为6月；中下游北岸、汉江中下游、清江流域、乌江上游等地区为7月；四川盆地为8月；雅砻江四川冕东一带、渠江上游、汉江上游、长江三角洲南岸为9月。长江流域年暴雨日数分布：由中下游地区的东南向西北方向递减，长江上游四川盆地由西北缘向盆中腹地递减，一般山区多于河谷及平原。长江暴雨类型：按其暴雨区动态可分为相对稳定型和移动型两大类，按其范围和强度又可分为降雨总量大、暴雨面积广的大范围暴雨和阵雨强度特大的地区性暴雨等。

主要暴雨区：长江流域五大暴雨区中以赣北、皖南、鄂南暴雨区为最大，依次为川西暴雨区，湘西、鄂西南暴雨区，大巴山暴雨区和大别山暴雨区。各区年最大24小时及3

---

①朱汝兰，陈星主编，张琏等编辑.万里长江.长江水利委员会宣传新闻中心，1994年(3).

日暴雨均值除湘西、鄂西南暴雨区为 80 ~ 120mm 及 160 ~ 180mm 外，其他 4 区都达 130 ~ 150mm 及 180 ~ 200mm。在 5 大暴雨区的分布中有 2 大暴雨区分布于长江上游的北岸，是宜昌以上地区雨洪的主要来源。

2. 历史暴雨

1870—2000 年的 100 多年间，长江流域发生大暴雨和特大暴雨洪水年达 8 次，分别为 1870 年、1931 年、1935 年、1954 年、1981 年、1983 年、1991 年和 1998 年等，现以部分大水年为例，分述于下。

①1870 年暴雨：1870 年 7 月 13—19 日，长江上游支流嘉陵江和重庆至宜昌干流区间发生连续性特大暴雨，使嘉陵江中下游、重庆至宜昌河段出现数百年来的最大洪水，宜昌站洪峰流量达 10.5 万 m^3/s，据文献记载，为 1153 年以来的最大洪水。有关暴雨记载，如合川县志："六月既望猛雨数昼夜"，"雨如悬绳连三昼夜"；万县志："十九日夜子时大雨彻宵……经两日雨止"；江北、长寿、忠县等地均有"六月大雨"的记载。

②1954 年暴雨：主要集中在 5—7 月，江淮地区除 5 月 11 日、17 日、18 日，6 月 2 日、3 日 5 天无暴雨外，其余每天都有暴雨发生；中下游洞庭湖、鄱阳湖水系及安徽省沿江两岸总雨量达 1200mm 以上，安徽省黄山站雨量达 2824mm，为常年同期的 3 倍。长江流域先后共出现十余次暴雨过程，以 6 月中旬至 7 月中旬的 5 次暴雨范围较广，雨区面积达 20 ~ 22万 km^2，呈东西向带状分布，笼罩了洞庭湖、鄱阳湖水系和钱塘江、太湖流域，总降水量达 1269 亿 m^3。暴雨强度虽不突出，但范围广，持续时间长，空间分布较均匀，降水总量大，使长江中下游发生了近百年来罕见的特大洪水。

③1998 年暴雨：主汛期 6—8 月全流域平均降雨量 670mm，较常年偏多 37.5%，6—8 月大多数区域较常年偏多 4 ~ 6 成，个别区域个别月份偏多近 1.3 倍。局部地区出现特大暴雨，形成局地洪灾，如陕南宽坪 7 月 9 日 6—7 时降雨量超过 1300mm，超过同历时暴雨量的国内外最大记录。1998 年长江流域主汛期降雨和洪水发展过程可划分 4 个阶段。第一阶段降雨量大于 300mm 的笼罩面积为 33.99 万 km^2，主要暴雨区位于鄱阳湖、洞庭湖水系中北部。第二阶段降雨量大于 300mm 的笼罩面积为 2.45 万 km^2，主要暴雨区位于四川盆地。第三阶段降雨量大于 300mm 的笼罩面积为 17.3 万 km^2，主要暴雨区位于洞庭湖水系中北部、长江中游干流区间、鄱阳湖水系中北部。第四阶段降雨量大于 300mm 的笼罩面积为 30.18 万 km^2，主要暴雨区位于四川盆地、清江及汉江上游。此阶段上游大洪量来水在中下游高底水上叠加，形成了超历史水位记录的洪水。

四、流域径流特征①

长江流域的洪水主要由暴雨形成，由于流域幅员广大、支流众多，洪水不同的组成遭遇，所形成的洪水类型也不尽相同。洪水发生的时间，一般下游早于上游，江南早于江北，干支流发生时间不一，洪峰相互错开，一般不致造成很大洪水。但是如果天气反常，上游雨季提前，中下游雨季延后，干支流、上下游洪水发生遭遇，易发生大范围洪水，如 1931 年、1949 年、1954 年等。另一种洪水类型是因局部地区发生强度很大的暴雨，亦会

①长江水利委员会. 长江流域综合利用规划报告，1990 年.

形成地区性大洪水，如1935年的汉江、清江洪水；1981年的四川盆地洪水以及历史上的1860年、1870年特大洪水等。长江上游洪水涨势较猛，历时相对较短；长江中下游洪水具有峰高量大，历时长的特点。长江流域历史洪水洪峰流量见统计表1-3-1。另据1998年与1954年长江中下游最大流量与最高洪水位比较，由于河床泥沙淤积等原因致使同流量的水位抬高。如枝城和大通站，1998年比1954年流量为小，而水位相当；九江站两年最大流量相当，而1998年比1954年最高水位高0.95m；螺山站1998年比1954年最大流量小1.1万m^3/s，而最高水位却高出1.78m。

表1-3-1　　长江流域历史洪水年及洪峰流量统计表

序号	洪水年份(年)	测站名称	洪峰流量(万m^3/s)	序号	洪水年份(年)	测站名称	洪峰流量(万m^3/s)
1	1153	宜昌	9.28	9	1905	寸滩	8.51
2	1227	宜昌	9.63	10	1931	宜昌	6.46
3	1560	宜昌	9.36	11	1935	枝城	7.5
4	1613	宜昌	8.1	12	1954	宜昌	6.68
5	1788	宜昌	8.6	13		大通	9.26
6	1796	宜昌	8.22	14	1981	寸滩	8.57
7	1860	宜昌	9.25	15	1983	汉口	6.38
8	1870	宜昌	10.5	16		大通	7.26

长江流域年径流量的组成：通过1951—1983年的实测资料统计(表1-3-2)，宜昌以上的长江上游地区占大通以上的49.0%，而中下游地区的洞庭湖水系和鄱阳湖水系分别占21.6%和16.4%，3个大区占大通年径流量的87.0%，成为流域年径流量的主要组成部分。其中尤以荆江和洞庭湖除承受川江和洞庭湖水系来水外，还有清江和宜昌—城陵矶河段的区间水，合计年径流量达大通的72.1%，成为长江历史上洪灾最为严重的地区。

表1-3-2　　长江流域年径流地区组成表

序号	区间、站名	集水面积		年径流量		备注
		(万km^2)	占大通百分比	(亿m^3)	占大通百分比	
1	屏山	48.5099	28.4	1428	16.0	1951—1983年资料统计
2	高场	13.5378	7.9	877	9.8	
3	李家湾	2.3283	1.4	129	1.4	
4	北碚	15.6142	9.2	710	7.9	
5	武隆	8.3035	4.9	508	5.7	
6	屏山至宜昌区间	12.2564	7.2	732	8.2	
7	宜昌	100.5501	59.0	4384	49.0	
8	长阳	1.53	0.9	135	1.5	
9	城陵矶(七里山)减四口	25.7212	15.1	1936	21.6	
10	碾盘山	14.034	8.2	511	5.7	
11	宜昌至汉口区间	6.9683	4.1	193	2.2	
12	汉口	148.8036	87.3	7159	80.0	
13	湖口	16.2225	9.5	1473	16.4	
14	汉口至大通区间	5.5122	3.2	324	3.6	
15	大通	170.5383	100	8956	100	

第四节 植被环境①

一、流域植被类型分区

长江流域广阔，地形地貌环境、气候及土壤条件复杂，按其植被类型特征分区于下。

1. 植被的类型分区

①江源高山草甸区：分布于青海省西南部的玉树藏族自治州和海西古族藏族自治州境内，为长江之源的沱沱河、当曲和楚玛尔河等流域区。本区地势高峻，平均海拔4500m以上，山峰和江源分水岭高达5500~6600m，冻土沼泽广布。气候特点是四季寒冷低温多风，降水以下雪为主，冰雹多。该地区无种植业，主要植被类型的分布具地段性特征。其中嵩草沼泽草甸，主要分布于高原的洼地、盆地和河谷溪边的水湿低地；苔草草甸草原，分布于排水良好的河谷阶地、山地的阳坡；高山灌丛，常出现于苔草草甸草原的下部或相应的阴坡，局部地区形成灌丛。

②通天河稀树草原区：位于青藏高原的东南缘，平均海拔3500~4500m。含通天河中下游和金沙江的中上游地区，其玉树以上的通天河上游为起伏较平缓的滩地，沼泽广布；玉树以下因通天河、金沙江的急流切割，相对高差悬殊，为深切割的高山高原，气候夏冻冬寒，冬天风大多雪，热量条件甚差，种植业仅在河谷地带少量发展，高山峡谷地区有高寒灌木林分布，大部分地区仍为高山灌丛和草甸草场及沼泽草场等，森林草场主要分布于东南部海拔较低的坡地。

③长江流域北亚热带植被区：范围包括秦巴山地、淮阳山地丘陵和长江中下游平原等。该区地势西高东低，西部多为山岳，北部的秦岭，西南部的大巴山和巫山等都是峰峦重叠的山地，东部地势较低，主要是丘陵和多湖泊的平原。本区气候，四季寒暑分明，夏季十分炎热。植被类型属于含有常绿阔叶树的落叶阔叶林，在山地以几种栎树和松树为主，平原区以农作物冬麦夏稻为主。本植被区的垂直分带：种属受地势影响，一般低山为落叶树林、松林及常绿阔叶林带；中山是落叶阔叶树混交林带；高山属灌丛泊芨草地等。

④长江流域中亚热带植被区：本区北接流域区的北亚热带植被区，南界南岭，东临武夷山脉、皖南山地和天目山，西至川西高原东缘，包括四川盆地、黔鄂山地高原、江南丘陵和南岭山地、武夷山脉西北坡等。气候温湿，酸性黄壤、红壤等广泛发育。植被类型为典型的常绿阔叶林、常绿阔叶和落叶阔叶林的混交林、亚热带针叶林和竹林等4类。本区范围广大，水热条件不同，内部可分为4个亚区：即①四川盆地丘陵山地常绿栎类一樟林、松、柏木林亚区；②鄂黔高原栎林和松林亚区；③江南丘陵常绿栎类林、油茶林和松林亚区，中山丘陵区为青冈栎、小叶青冈和米槠、落叶阔叶树等；④南岭山地为常绿栎类林和松杉林亚区。

2. 植被类型的垂直分带

由于气候因素引起的植被垂直分带广泛分布。如西部区青藏高原东南部的金沙江、雅砻江、大渡河及西部邻区的怒江和澜沧江等，总体地势西高东低，分布着山地针阔叶混交林带，干旱河谷灌丛带，山地暗针叶林带和高山灌丛草甸带等4种基本类型。垂直的

---

① 米汝兰 陈星主编，张琏编辑. 万里长江. 长江水利委员会宣传新闻中心，1994年(3).

自然分带明显,大致在海拔2500~3500m为山地针阔叶混交林带和干旱河谷灌丛带;3500~4800m为山地暗针叶林带和高山灌丛草甸带;4800m以上随高度增大,依序变为高山草甸带、高山寒冻风化带和冰雪带。中部区的四川茂县九顶山海拔4968m,植被垂直分布规律,大致在海拔1400~2000m为半干旱河谷灌丛带,2000~2700m针阔混交林带(松栎林、灌丛),2700~3800m亚高山暗针叶林带(冷云杉林),3800~4400m高山灌丛草甸带,4000m以上为流石坡稀疏植被带。东部区的天目山,为浙江西北部的第一大山,由岭南山系经皖南逶迤入浙形成,西天目山南坡自然带的划分,海拔500m以下为山麓丘陵湿热常绿阔叶林带,500~1100m低山湿温常绿阔叶与落叶阔叶混交林带,1100~1300m为中山湿凉落叶阔叶林带,1300~1500m为中山顶部寒凉灌丛矮林带等。

二、流域森林覆被概况

长江流域除江源为高山草甸和通天河的稀树草原外的流域广大地区,气候温湿,光照、热量充足,再加肥沃的土壤,良好的生态环境,有利于森林植被的生长发育,但由于过度采伐等影响,森林覆盖率逐渐下降,但20世纪80年代后期,乱砍滥伐逐渐得到扼制,随环境保护的增强而有所回升。

1. 上游分区森林覆被

据长江水利委员会史立人、魏特等研究成果,将宜昌以上的长江上游分为13个亚区,统计结果于下。

青南、川西高原亚区:包括金沙江、雅砻江和大渡河上游大片地区,山高地广,气候高寒,植被稀疏。

滇中高原湖盆亚区:位于云南昆明、嵩明一带的普渡河、牛栏江上游地区。耕垦指数为7%~18%,森林覆盖率为20.0%~40.0%。

黔中山原丘陵盆谷亚区:主要包括乌江中游干支流。本区耕垦指数为10.0%~18.0%,森林覆盖率西部小于10.0%,东部达33.0%。

四川盆地亚区:包括岷沱江水系与嘉陵江水系中下游地区。区内人口密集,耕垦指数一般达35.0%以上,森林覆盖率多低于5.0%。

黔北、川南中、低山亚区:位于四川盆地的大娄山、七曜山区等。耕垦指数为10.0%~15.0%,森林覆盖率约10.0%。

川北、陇南高中山亚区:包括四川盆地北侧的岷江、嘉陵江上游的部分高、中山峡谷地区。嘉陵江上游耕垦指数为1.0%~10.0%,岷江上游仅为1.0%~2.0%,森林覆盖率达15.0%~35.0%。

黔西北、滇东北中山山原亚区:位于黔、滇、川交界的乌江、赤水河上游及横江流域地区。耕垦指数达15.0%~25.0%,森林覆盖率为3.0%~10.0%。

川东、鄂西山地丘陵亚区:包括川东平行岭谷区(部分)及东侧的大巴山、巫山山地,含渠江上游及长江干流的忠县—宜昌区间。耕垦指数一般为15.0%~20.0%,森林覆盖率为10.0%~15.0%。

川西南中山山原亚区:位于雅砻江下游地区。耕垦指数约为5.0%,且以坡耕地为主,森林覆盖率为10.0%~30.0%。

陇南山地丘陵亚区:包括甘肃南部嘉陵江上游的一部分。耕垦指数为10.0%~23.0%,森林覆被率低于10.0%。

川西高、中山亚区：位于龙门山、夹金山、大相岭一带的涪江、青衣江上游和大渡河中下游地区。耕垦指数一般小于5.0%，以坡耕地为主，森林覆盖率为20.0%～30.0%。

川西南、滇东北中山山原峡谷亚区：包括金沙江下游及其两岸短小支流。耕垦指数为5.0%～15.0%，坡耕地为主，陡坡地居多。

另据中科院成都山地所钟祥浩等对川江流域研究，包括四川境内的嘉陵江、渠江、涪江、沱江和岷江（上游）等，流域面积约15.54万km^2，区内有林地面积为2.69万km^2，占川江流域部分的16.29%，其森林覆盖率由于人为活动的乱砍滥伐、毁林开荒而普遍下降。如嘉陵江20世纪50年代森林覆盖率为19.3%，60年代下降到11.8%，到80年代维持在12.0%左右，80年代中期丘陵区森林植被开始恢复，覆盖率有所增加。四川省的森林覆盖率与川江流域大体相似，50年代全省覆盖率为16.9%，60年代为12.9%，70年代为11.8%，80年代为19.5%。从上可见，四川及川江森林覆盖率自50年代到60年代、70年代都相继下降，80年代起已开始不同程度地回升。

2. 中下游主要林区覆被

鄂西林区：分布于湖北省的西北部，行政区包括光化、南漳、宜昌一线以西地带，其中神农架林区占38.9%，郧阳地区占20.3%，宜昌地区18.3%，鄂西土家族自治州占10.8%。

湘西、湘南林区：为湖南省森林集中分布地区，包括武陵山、雪峰山、罗子山、越城岭等，木材蓄积量占湖南省的60.2%。

江西林区：包括赣西北林区，行政区有幕阜山区的瑞昌、武宁、修水和九岭山区的铜鼓、靖安等县；赣南林区，主要分布在南部的诸广山、大庾岭及武夷山脉西北坡和赣粤边境的山地丘陵；赣东北林区，主要分布于怀玉山地和皖赣边境的山地丘陵，以及中部丘陵低山林区等，各林区呈片分散为主。

皖南林区：分布于安徽省的长江以南地区，行政区包括石台、东至、青阳、南陵、泾县、太平、旌德、祁门以及新安江流域的绩溪、歙县、休宁、黟县的一部分等。森林蓄积量占安徽森林蓄积量的65%，森林覆盖率达32%。

综合可见：长江上游川江流域森林覆盖率从20世纪50年代至70年代均为下降，虽于80年代起逐渐恢复回升，但至80年代末，其覆盖率一般仍小于20%，以10%～20%较多，20%～30%较少，大于30%仅为个别，亦有个别地区尚在10%以下。由于森林加上灌木林覆盖率多在30%以下，仍尚属低覆度及中低覆度地区；中下游地区情况类同。自20世纪90年代以来，随环境意识的增强，水土保持工作的进一步开展，加之长江流域一般气候温暖湿润，有利生态环境恢复的自然条件，经多年治理，至20世纪末整个流域区覆被已得到一定程度的恢复和发展。

第五节 人类活动

一、人为侵蚀

随着人口的增多，加历史上的管理不善，对生态环境造成巨大破坏，导致人为侵蚀加剧，主要表现在滥伐森林、陡坡开荒、超载放牧和工矿企业及基建工程影响等诸方面。

1. 破坏森林、滥砍滥伐

例 1. 四川盆地的成都平原远在距今约 3000 年前就开始有零星农业出现，随着秦代都江堰水利工程的兴建，农业生产取得较大发展，而平原外围丘陵及山区依然保持原始状态；至唐宋年间由于大量移民迁入，人口增加，人类活动由平原向四周扩展，开始毁林开荒；清代，湖、广、闽、赣、陕等大量移民第二次涌入，造成四川人口大增，人类垦植活动进一步向外围山地扩展；至 1949 年，平原垦植指数已达 50% 以上，森林覆盖率已大幅度下降。

例 2. 嘉陵江支流白龙江武都河段，据史料记载，在 1000 多年前原是羌族牧地，人烟稀少、林木繁茂，明代召民屯垦，白龙江河谷古为甘川通道，首先被开发，原始森林遭到刀耕火种的大肆破坏，清代尚有木材加工，往外贩运，至 20 世纪 80 年代已多成光秃山，沿河谷两岸泥石流沟众多，演变而成长江流域水土流失的重灾区之一。

我国历史上的多次战乱和人口的迁移，均对原始植被造成较大的破坏。1949 年后随人口的增加，需求压力增大，加上 1958 年的大炼钢铁和 20 世纪 60 ~ 70 年代的"文化大革命"等，乱砍滥伐使森林植被受到严重破坏。据长江水利委员会统计：流域 12 个省区有林地面积年均下降率为 0.6% ~ 0.8%。由于过度采伐，20 世纪 80 年代前，有林地降为疏林地的面积以年均 9.8% 的速度增长。

2. 陡坡开荒、顺坡耕种

自 20 世纪 50 年代以后，随人口的增加，陡坡开荒现象较为普遍发生，如云南彝良县仅 1980—1981 年的两年中就开垦坡耕地达 10 万亩，约为耕种面积的 17.0%；陕西安康地区在 1960—1962 年的 3 年间共毁林开荒 300 多万亩；湖北郧西县 1958 年以来共开荒 20 万亩；湖南桑植县近 30 年来增加坡耕地 50 余万亩，且开荒山坡越开越陡；又如贵州毕节县新中国成立以来所开垦的 50 万 ~ 80 万亩（1 亩 = 1/15 公顷，下同）坡耕地的坡度均在 20° ~ 25°以上，有的竟达 40°以上，当地俗语："山有多高，田有多高，庄稼比山高"，反映开荒从山脚到了山顶。在耕作方式上粗放经营，顺坡耕作也较严重，虽然水土保持工作中的坡田改为梯田的"坡改梯"有所进展，但因面积广大，任重而道远。长江上游通天河地区亦在沿河谷 15° ~ 25°的山坡上开荒，刀耕火种，靠天吃饭，从而引起水土流失等。

3. 工矿废渣和三废污染

随着工矿企业的发展，引起的水土流失和环境的污染已成为一个引人注目的问题，如据四川统计，全省（含重庆市）每年有工业废渣达 3700 多万 t，基本未经处理自由倾泄。工业三废污染问题亦日趋严重，如四川兴文、贵州大方等硫磺厂附近一带造成植被退化，有的寸草不生，水生物也遭毒杀，致使环境荒漠化加剧。

4. 城市建筑、道路桥梁、水利工程等基建工程的渣土危害

随着我国基建工程的规模增大和数量的增多，危害亦日渐加深。如成昆铁路引起铁路泥石流频繁发生；兴建水利工程、环山公路等将削坡渣土顺坡弃放更为常见；据航行于四川屏山—宜宾的金沙江客轮人员反映，自修筑沿江公路后，石渣滚入江中淤积，引起枯水航道淤浅变差等。

5. 超载放牧,破坏草原植被

长江上游牧场以云南巧家县为例,全县可利用草山草场约130万亩,从1949—1980年增长牲畜头数达1.7倍,造成超载放牧,引起草场日趋退化。又如长江上游通天河及其支流等地区,缺乏科学管理,集中于条件好的草场放牧,造成不合理的超载滥牧,再加地方采金挖石毁坏草场,牧场表层植被严重破坏,短时难以恢复。另如青海称多县1965—1983年间烧石灰、砖瓦,以木材作燃料,烧毁灌木林0.136万km^2,其他地区滥伐林木亦时有发生。

二、水土保持与水库拦沙

1. 水土保持

人为因素包含正负两个方面,负面影响是导致水土流失,正面影响是开展水土保持,如水利部长江上游水土保持委员会制定规划,于1989—1993年间首批在长江上游4个重点产沙区:包括金沙江下游及毕节地区,陇南、陕南区,嘉陵江中下游及三峡库区开展防治,总土地面积11.7万km^2,其中水土流失面积7.4万km^2,占长江上游水土流失面积约21.0%。自20世纪80年代以来,长江流域的水土流失防治,已由小流域试点发展到流域重点防治,据《长江流域水利统计年鉴》(2005年)统计,全流域已累计治理水土流失面积28.4万km^2,长江上中游截至2005年实施治理的小流域已达5000条。通过大量治理,已见成效。

2. 水库等水利工程拦沙

在主要干支流江河上重点建设综合利用型骨干控制工程,据调查,截至1988年止,长江流域三峡水库以上地区已建成水库约1.1926万座,总库容量约188.89亿m^3,并修建塘堰50多万处,对蓄水拦沙起了重要作用。长江干流葛洲坝工程已于20世纪80年代建成蓄水运用;三峡工程设计总库容393亿m^3,第一期工程已于2002年建成蓄水,2008年全部建成投入运行后,蓄水拦沙对长江中下游防洪和减缓江湖泥沙淤积将发挥巨大效益。

本章小结:流域区自地质时期的中生代以来,在印支、燕山和喜山等多期构造运动的基础上,新第三纪末以来经新构造运动特别是印度板块与欧亚板块的碰撞挤压,使青藏高原产生大幅度的强烈上升,塑造了我国基本地貌轮廓:在长江流域相应形成海拔5000~3500m,2000~500m和500m以下的三级地形地貌阶梯,在地质构造上相继形成一系列褶皱断裂,尤以Ⅰ~Ⅱ级地形阶梯之间过渡地段的横断山等以东地区最为强烈,地震活跃,断层密布,岩体破碎,因此成为重力侵蚀的崩塌滑坡和泥石流重发区。在地层的岩性组成上,西部青南江源区以砂页岩、泥岩等碎屑岩和千枚岩为主,中部地区碳酸盐岩和紫色土广泛分布,东部地区的花岗岩、红层及紫色土质地软弱,易于风化。在气候方面由于受西北部蒙古—西伯利亚冷高压中心和西南部的印度洋孟加拉湾及南海北部湾和太平洋等季风影响,从而奠定了长江流域西部青南高原为高寒区、东部湿润季风区、川西北黄土高原为主体的干旱区。在植被条件方面相应形成青藏高原的高寒草甸区、高原植被区,松潘、小金、水城一线以东的湿润常绿阔叶林区和中间地带的亚热带山地寒湿性针叶林及半湿润常绿阔叶林区。在以上内营力作用形成三级阶梯的地貌骨架基础上，相应的气候和植被条件下形成三大外营力，即青南高原冰川、冻融等侵蚀区，川西北黄土高原干旱半干旱的风力、水力侵蚀区和流域中东部的水力侵蚀区。近代人类活动区的进程特点亦由平原河谷向山地发展，由流域中下游向上游西部推进；人口的密度分布动态，由丘陵山地向平原腹地集中，促使都市化进一步发展，人为因素的影响呈现不断增强趋势。由于地形地貌、地质构造和岩性条件，外加气候、植被和人为因素等影响，流域侵蚀产沙类型以水力侵蚀和重力侵蚀及泥石流等为主。重点侵蚀产沙的地区则主要集中在含金沙江下游，嘉陵江、岷沱江和乌江等上游，川东鄂西的长江三峡等在内的流域中西部地区。在时段的分布上则以上世纪80年代（早、中期）以前因受人为因素的影响，毁林开荒严重，是长江流域上游水土流失最为严重的时期，虽后经多年治理已取得显著成效，但至今有的地区还较严重，要彻底治理还任重而道远。

参考文献

[1]王杰，王保畲，罗正齐，等.长江大辞典.武汉：武汉出版社，1997年.

[2]闵隆瑞.中国第四纪重大构造——岩相事件，中国海陆第四纪对比研究.北京：科学出版社，1991年.

[3]汪一鹏，郑锡澜等.珠穆朗玛峰北坡的叠瓦状构造和喜玛拉雅山隆起的讨论，珠穆朗玛峰科学考察报告(1975).北京：科学出版社，1979年.

[4]文伏波，罗智华等.长江上游山地开发与灾害防治，长江流域山地开发与灾害防治.成都：成都地图出版社，1992年.

[5]长江水利委员会水文测验研究所等.三峡水库来水来沙条件的分析研究，长江三峡工程泥沙与航运关键技术研究专题研究报告集(上册).武汉：武汉工业大学出版社，1993年.

[6]水利部水文局，长江委水文局编著.1998年长江暴雨洪水.北京：中国水利水电出版社，2002年.

[7]洪庆余，罗钟毓主编.长江防洪与'98大洪水.北京：中国水利水电出版社，1999年.

[8]郑度，杨勤业等.青藏高原东南部山地垂直自然带的几个问题.地理学报，1985年(40-1).

[9]钟祥浩，何毓成，刘淑珍等.长江上游环境特征与防护林体系建设(川江流域部分).北京：科学出版社，1992年.

[10]熊振.西天目山南坡垂直自然带分异规律.地理研究，1992(11-2).

[11]史立人，魏特.泥沙研究.北京：中国水利电力出版社，1990年.

[12]钟祥浩，何毓成，刘淑珍，等.长江上游环境特征(乌江流域).成都：四川科学出版社，1992年.

[13]中国地质科学院工程地质研究所.中国土壤侵蚀图.北京：中国地图出版社，1992年.

[14]王海宁，任兴汉.试论长江源头地区的水土流失.水土保持通报，1995年(87).

第二章 流域侵蚀产沙类型

第一节 流域分区侵蚀产沙的类型与强度

长江流域面积广大,地势高差悬殊,因地质、地貌、气候、水文、植被及人类活动影响等自然和社会环境的差异,土壤侵蚀的类型、侵蚀强度等均不尽相同。流域基本侵蚀类型可分为水力侵蚀、重力侵蚀的崩塌滑坡及泥石流、风力侵蚀、冻融侵蚀及冰川侵蚀和人为侵蚀等6种,而在诸侵蚀类型中又以水力侵蚀和重力侵蚀及部分地区的泥石流等侵蚀类型为主,同时人为侵蚀呈现不断发展趋势。土壤水土流失的侵蚀强度分级除根据侵蚀模数的大小按六级划分外,还常采用平均单位集水面积年均输沙量的输沙模数来作为判别指标,分为烈度侵蚀、强度侵蚀、中度侵蚀和轻微度侵蚀等四级(表2-1-1)。根据长江流域地质地貌等特征,以三级地形地貌阶梯及分区为基础划分为3个大区,11个亚区(图2-1-1)①,现分述于下。

表2-1-1 土壤侵蚀强度的输沙模数分级表[1]

序号	侵蚀强度分级	输沙模数($t/(km^2 \cdot a)$)	备 注
1	轻微度侵蚀	< 200	
2	中度侵蚀	200 ~ 500	
3	强度侵蚀	500 ~ 1000	
4	烈度侵蚀	> 1000	

注:[1]表示引用已正式发表的资料(含图表,下同)。

一、流域西部区

本区含长江上游广元—雅安—东川一线以西的流域区,由青南高原盆谷区(Ⅰ)、川西高原区(Ⅱ)、横断山高山深谷区(Ⅲ)、陇南川西北中山山地区(Ⅳ)和川西南滇东北中山山地峡谷区(Ⅴ)等5个亚区组成,区域侵蚀产沙按亚区的主要侵蚀类型分述于下。

①杨先坤.长江流域综合利用规划简要报告(工程地质).水利部长江水利委员会,1990年.

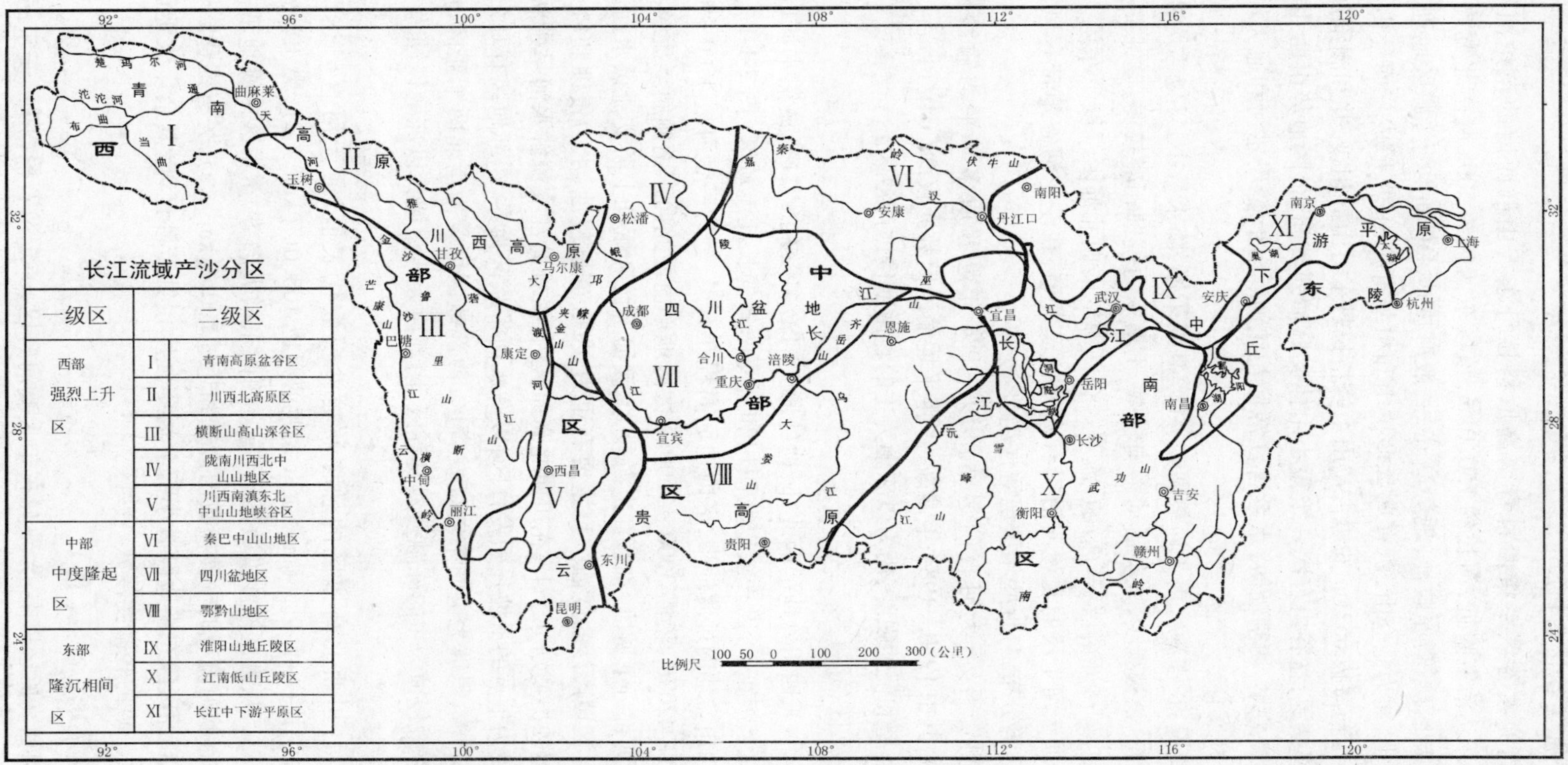

长江流域产沙分区

一级区	二级区	
西部强烈上升区	Ⅰ	青南高原盆谷区
	Ⅱ	川西北高原区
	Ⅲ	横断山高山深谷区
	Ⅳ	陇南川西北中山山地区
	Ⅴ	川西南滇东北中山山地峡谷区
中部中度隆起区	Ⅵ	秦巴中山山地区
	Ⅶ	四川盆地区
	Ⅷ	鄂黔山地区
东部隆沉相间区	Ⅸ	淮阳山地丘陵区
	Ⅹ	江南低山丘陵区
	Ⅺ	长江中下游平原区

（据长江水利委员会资料改绘，1990）

一级分区域　二级分区域

图 2-1-1 长江流域产沙分区略图

1. 青南高原盆谷区(Ⅰ)

长江青南高原盆谷区系指西自青南高原格拉丹东雪山群西南的沱沱河源海拔5820m雪线起，东达治多附近，河长约750.0km，该区东西长约500km，南北宽约370km(图2-1-1)，因地处青藏高原腹地，地势高亢，一般海拔达4500m以上，源区地理环境独特，南为唐古拉山，北为昆仑山，西有乌兰乌拉山和祖尔肯拉山等，形成三面环山的高原盆谷地貌，周界南与海拔6621m的唐古拉山主峰格拉丹东雪山群相接，并和澜沧江、怒江等诸多大江相邻共源；盆谷内有次一级短小山体支脉横列其间，全区地势由西北向东南倾斜，一般山体高差小，切割轻微，水系含江源区沱沱河、当曲、楚玛尔河和通天河等，水流汇聚，河湖水网发育。

水土流失概况：长江源区由于地势高亢、气候高寒干燥，降水量小，且以雪为主，基本无暴雨，冻土发育，植被稀少，人类活动影响轻微，土壤水力侵蚀相对较弱，侵蚀类型主要表现为冻融侵蚀，如融冻滑坡、寒冻泥石流等。在江源区的西北部因气候干寒风大，尚存在风力侵蚀，如通天河上段的北麓河沿岸有大片沙漠戈壁，在沱沱河谷地带有风蚀洼地和大型风成沙丘等分布，且近些年呈现增强趋势。

据水文实测资料：通天河直门达站1959—1984年悬移质多年平均输沙模数为70.5t/(km^2·a)，其中1980—1984年偏高，多年平均输沙模数亦仅98.04t/(km^2·a)，按江源区的侵蚀类型和侵蚀强度，仍为以冻融为主的轻微度侵蚀产沙区。

2. 川西高原区(Ⅱ)

川西高原区位于四川盆地的西北部，地处通天河治多以东，岷江上游黑水河以西，大致包括玉树、甘孜、炉霍、丹巴一线以北四川和青海两省的长江流域区(图2-1-1)。因地处青藏高原与四川盆地的过渡地带，区内地面高程在石渠、色达一带海拔4500~4700m，阿坝、壤塘4000~4200m，松潘3000~3600m，大区地形由西北向东南倾斜。流经本区河流主要有：通天河部分下游段，雅砻江上游段，大渡河上游和岷江上游支流黑水河及杂谷脑河上游段等。区域产沙的侵蚀类型主要有重力侵蚀、冻融侵蚀、水力侵蚀和风力侵蚀等。根据主要侵蚀类型划分于下：在川西北高原区内，沿雅砻江支流鲜水河呈带状发育，以炉霍—道孚段为重点的滑坡强烈发育区；以鲜水河带状区为界，东部地区有马尔康、金川、小金等以泥石流、滑坡为主的中弱度发育区；西部地区可分为南北两个亚区，北部雅砻江流域为以冻融侵蚀为主的冻融强烈发育区，南部通天河流域为以冻融侵蚀为主的冻融中等发育区。

据水文资料：川西北高原区的悬移质输沙模数代表值，通天河直门达70.5t/(km^2·a)，雅砻江甘孜45.9t/(km^2·a)，大渡河丹巴108.0t/(km^2·a)，黑水河沙坝站494.0t/(km^2·a)。从大区输沙模数显示，有自西向东增大趋势，至本区东缘地带的岷江支流黑水河、杂谷脑河流域的输沙模数已接近和超过500t/(km^2·a)，另有推移质输沙加入，可见川西北高原区除东缘地段有小部分属中强度侵蚀产沙区外，其余广大地区均属小于200t/(km^2·a)的轻微度侵蚀产沙区。

3. 横断山高山深谷区(Ⅲ)

本区位于川西高原区以南，大致分布于大渡河丹巴、泸定及石棉(西)、安宁河西昌、雅砻江官地、金沙江流域永胜、宾川及大理(东)等一线以西，包括四川、西藏、云南等省、自治区所辖的长江流域区(图2-1-1),面积约17.9万km^2。一般海拔4300～3700m,部分山峰在5000m以上,大区地形受青藏高原抬升影响由西北向东南倾斜,地貌发育受地质构造所控制。水系沿断裂发育,其间由山岭相隔,形成自西至东的芒康山、金沙江、沙鲁里山、雅砻江、大雪山、大渡河等山岭和水系相间的平行岭谷,山岭海拔4000～4500m,5000m以上山峰并有现代冰川发育。本区基本特点:①构造褶皱断裂多。②南北向平行岭谷广泛分布。③高山深谷发育。在河流中,金沙江直门达—邓柯过渡地段谷深500～800m,邓柯—奔子栏段谷深1500～2000m,虎跳峡达3000m以上,成为世界大峡谷之一;雅砻江谷深1000～2000m;大渡河亦深达1000m以上,共组成一般深达2500～1000m的长江流域的高山深谷区。本区深受一系列褶皱断裂带所控制,地震频繁,岩层风化强烈,降雨偏少的干热河谷气候,人口稀少,植被尚好,主要产沙类型在面上以水力侵蚀为主,局部河谷地段的点线上重力侵蚀的崩塌、滑坡及泥石流等突出,在海拔4500m以上高山还有冰川冻融和风蚀等产生。

金沙江、雅砻江和大渡河的中上游河段大部分地区水土流失仍以水力侵蚀为主,侵蚀模数小于或等于1500t/(km^2·a),并多小于或等于1000t/(km^2·a),因此除丽江东北局部和雅砻江中游部分地区为中度侵蚀区外,其余地区均为轻度或微度侵蚀。另据中国土壤侵蚀图,将大渡河丹巴—石棉中游河段和雅砻江洼里、泸宁、锦屏、官地(西)一线以东划为中度侵蚀区,其余为轻度侵蚀区。总之,全区输沙模数以雅砻江洼里—泸宁河段为高,部分河段可达强度以上侵蚀,金沙江与雅砻江之间的河间地带为最低,属轻微度的侵蚀。3河段含沙量比较:以金沙江段相对较高,雅砻江段次之,大渡河段较小,全区河流含沙量由西向东变小。

4. 陇南川西北中山山地区(Ⅳ)

本区位于川西龙门山以西,川西高原及部分大渡河上游河段以东。含邛崃山、夹金山等,包括武都、松潘、灌县市等城镇在内的四川和甘肃两省的部分流域区(见图2-1-1)。地质地貌条件:区内一般海拔2000～3000m,部分山高达4000m以上,因地处长江Ⅰ～Ⅱ级地形地貌阶梯的过渡地带,其区域地势仍以西高东低,向东南倾斜为特点,山体切割深度一般为500～1500m,坡地陡峻,以35°～45°为多,局部可达50°以上,因河流深切,以山高、谷深、坡陡为特点。主要河流含嘉陵江支流西汉水、白龙江、涪江和沱江、岷江及青衣江等上游的部分河段。该区岩性复杂、质地软弱,千枚岩、片岩等大面积分布,在陇南地区表层还有疏松黄土覆盖,区域内深断裂、活动断层、地震带等较为发育,第四纪新构造运动活跃,森林覆度较低,暴雨多,尤其沿雅安、龙门山北川、安县一带的川西暴雨中心地区更为突出,因此山地灾害严重。主要产沙类型为重力侵蚀的滑坡、崩塌、泥石流和水力侵蚀等,另在4500m以上的高山地区还有冻融侵蚀产沙等。

崩塌滑坡侵蚀:由于滑坡崩塌主要沿断裂及地震带和暴雨区、河谷地带发育,在本区诸流域中,滑坡尤以嘉陵江上游的白龙江干流舟曲—临江段和支流白水江文县—石鸡坝段最为发育;西汉水和岷江上游、龙门山暴雨中心区等地滑坡亦较密集。据20世纪末滑坡密集区统计:嘉陵江上游(含白龙江等)区,滑坡面积为4.2万km^2,滑坡163个,体积30.4640亿m^3,平均每平方千米的滑坡体约为7.3万m^3;岷江上游区,滑坡面积为1.0万m^2,83处滑坡,滑坡体积共计2.1亿m^3,平均每平方千米的滑坡体积约2.1万m^3。按滑坡分布密度和发育程度、规模等,嘉陵江上游和岷江上游地区为强烈发育区,大渡河中游地区为滑坡的中等发育区。

泥石流侵蚀：因本区崩塌滑坡多，同属于泥石流的重点发育区，主要泥石流区有西汉水、白龙江中下游和都江堰—北川，次为岷江上游泥石流和涪江上游的平武地区泥石流等。其中陇南地区的白龙江和西汉水地区因地处秦岭纬向构造与武都"山"字形和文县"山"字形的构造复合部，断裂发育，岩石破碎发育有泥石流沟达1000多条，危害严重的300多处，大于1000万m^3的滑坡泥石流7处，一般在100万m^3以上，其中尤以白龙江中下游最为发育，是我国四大泥石流带之一，并主要集中在舟曲—临江100km的河段内。根据区域泥石流的类型、特征、发育程度、危害状况等，陇南川西北中山山地区多属泥石流严重侵蚀区。

水力侵蚀：陇南地区的西汉水、白龙江中游地区因地表有黄土层零星覆盖，再加板岩、千枚岩等变质岩和灰岩、砂岩等广泛分布，岩质软弱，地层破碎，植被破坏严重，森林覆盖度低于10%，人为耕垦指数高，崩塌滑坡频繁，水力侵蚀强烈，如白龙江支流北峪河多年平均输沙模数高达9460t/(km^2·a)；白龙江历史上最大含沙量曾高达918kg/m^3；西汉水顺利峡实测含沙量多年平均为31.5kg/m^3，最大达838kg/m^3，最大输沙模数亦高达8900t/(km^2·a)。川西北地区的水力侵蚀：据研究①，四川盆周川西北和川东北区面积10.2035万km^2，地面物质侵蚀总量达1.3486亿t，区域平均侵蚀模数1322t/(km^2·a)，其中沿龙门山、雅安的川西暴雨区侵蚀模数较高，如岷江小支流寿溪站控制面积596km^2，1964年实测侵蚀模数高达1.55万t/(km^2·a)；甘溪站1996年最大侵蚀模数高达6290t/(km^2·a)。

综合上述，陇南川西北区支流众多，水系发育，据遥测成果和水文实测悬移质资料，并考虑到地质地貌条件和诸河流上游地区推移质泥沙的缺测情况，嘉陵江上游白龙江、西汉水中下游地区和涪江、沱江、青衣江中上游等地区为烈度及强度产沙区，白龙江上游、岷江松潘以上及大渡河中游等地区为轻度产沙区，其余嘉陵江上游下段和岷江上游等地区为中度产沙区。

5.川西南滇东北中山山地峡谷区(Ⅴ)

本区位于四川盆地西南和云南的东北部，周边北为陇南川西北中山山地区，东北为四川盆地，西临横断山的高山深谷区，东南部与鄂黔山地相接。范围包括石棉、西昌、攀枝花、昆明、东川、楚雄等市县、自治州在内的大渡河、雅砻江、金沙江等水系的部分中下游地区(图2-1-1)。山脉在陇南川西高中山地区呈北西走向，进入本区后因受构造影响转南呈北北东或近南北向展布，一般海拔1500～3000m，区内小相岭切割深度达500～1500m，其余地区一般呈中浅切割。主要水系含金沙江、大渡河、雅砻江和安宁河等部分河段。由于本区地质构造复杂，以安宁河深断裂带为主的一系列近南北向断裂十分发育，活断层、地震带广泛分布，新构造运动甚为活跃，地震频繁，岩层质地脆弱，人类活动影响较强，植被覆盖率低，区域产沙问题十分突出。产沙类型以重力侵蚀的滑坡崩塌和泥石流、水力侵蚀等为主。

崩塌、滑坡侵蚀：本区崩塌滑坡主要有金沙江的攀枝花—龙川江段滑坡，金沙江志

①周光宝，许国盛.岷沱江、嘉陵江区泥沙侵蚀的分析及"81.7"洪水地表侵蚀概况.1982年1月.

力—小江口段滑坡、黑水河—小江段滑坡崩塌、金沙江巧家—雷波段滑坡崩塌，牛栏江中段滑坡崩塌、横江洛泽河口—普洱渡段滑坡崩塌、雅砻江二滩上游滑坡、安宁河滑坡等①。该区因受地质构造所控制，而且又处地震带，所以不仅滑坡崩塌频繁，而且发育程度高、规模大，长江上游达上亿立方米的巨大型滑坡多分布该区。如金沙江中下游地区的崩塌滑坡，据乔建平在上世纪90年代中期的分区分类统计资料，左岸：范围含四川省会理、会东、宁南、金阳、雷波、屏山和宜宾等7县(市)，主要崩塌滑坡266个，滑坡总体积23.4199亿m^3，总面积1.5666万km^2，滑坡平均密度1.698个/100km^2，其中体积在1000万m^3~1亿m^3的达53个，大于1亿m^3的2个。滑坡特点：时间85%发生在20世纪50年代以来，15%在50年代以前；滑坡分布的基本特点是西部滑坡体积大、分布也较集中，中部和东部则密度大而一般体积相对较小。右岸：范围含云南省的禄劝、东川、巧家、永善、绥江、水富等6县(市)。据统计，因地处滑坡崩塌危险带，滑坡频繁，在约3万km^2的区域面积内，主要崩塌、滑坡共计370个，总体积近10亿m^3，平均密度为1.23个/100km^2。区内小江、永善—大关等段崩塌滑坡密集，其中小江中游的东川地段尤为突出。综合上述：本区滑坡崩塌不仅限于金沙江、雅砻江和大渡河等的下游干支流河谷，而且地处河谷及河间地带的水利水电工程、铁路沿线、城镇市区以及农田滑坡崩塌都是较为严重的，多属于崩塌滑坡的强烈发育区。

泥石流侵蚀：本区不仅是崩塌滑坡的重发区，同时也是泥石流的高发区，仍主要分布于金沙江下游等地区，如金沙江干流下游攀枝花—宜宾段沿江有泥石流沟258条，平均密度为0.33条/km^2。沿江地带泥石流分布不均，主要集中在地层破碎、构造断裂发育、地震频繁、岸坡陡峭等地段，如龙街—白马口23.5km江岸有较大的泥石流沟13条；又如巧家—老河口60km江段分布40多条，流经宁南县境的46km江段有大小泥石流沟100余条。金沙江支流泥石流：右岸(云南境内)泥石流沿断裂带发育非常密集，如支流小江河长138.2km，流域面积3043.45km^2，在123条1级支流中有泥石流沟107条，占支流总数的87.0%，分布于白龙山下游90km河段内的平均密度约为1.2条/km，其中尤以小白泥沟—铜厂箐江段长仅6.5km集中分布泥石流沟13条，密度高达2.0条/km。另如金沙江右岸支流龙川江下游地段的沿岸泥石流亦多达131条等。金沙江段泥石流多年平均输出沙量：以支流小江的蒋家沟和干流的巧家水碾河沟为例。小江有泥石流“博物馆”之称，在107条泥石流中，蒋家沟为众沟之首，由加江等200多条支沟组成，每年暴发次数达12~20次，最高年达28次之多。据中国科学院成都山地研究所实测研究：蒋家沟泥石流历年(1982—1990年)固体物质年平均侵蚀输出量达345.9万t，即蒋家沟每年约350万t泥沙注入小江。历史上曾先后发生堵江事件，据统计，1919—1968年间共堵江7次，并由于泥沙来量过大，小江难于搬运造成河床逐年抬高。在正常年份，仓房段河床平均淤高10cm/a，横山—木树郎段25~30cm/a，板河口—小江桥段17~22cm/a。另如雅砻江段的泥石流，由于地处安宁河断裂带，因此泥石流尤为发育，据研究：雅砻江中下游地区有泥石流沟146条，支流安宁河泥石流沟密集段主要有安宁河断裂带、支流黑沙河和凉山州孙水河流域等，其中安宁河断裂带共有泥石流沟267条；主要分布于4段，即喜德—泸沽段、泸沽—德昌段、德昌—三堆子段，迤资—师庄段，分布密度分别为每千米0.75、0.54、

①水利部长江水利委员会.长江流域综合利用规划报告.1990年12月.

0.69、1.41 条。安宁河支流黑沙河流域有泥石流沟 135 条，孙水河流域有各类大小泥石流沟 282 条，且一般处于较强至极强活跃区。综合上述：川西南滇东北区范围内的金沙江、雅砻江、大渡河等下游区暴雨频繁，活动断裂发育，地震频繁，泥石流十分发育，为泥石流严重侵蚀区。

土壤水力侵蚀：本区水力侵蚀强，崩塌、滑坡泥石流发育，是长江上游最为主要的产沙地区之一。如云南巧家县土地面积为 3194.00km^2，据该县水土保持委员会办公室 1988 年 12 月调查结果①，全县强度以上侵蚀面积占总面积的 23.77%，中度侵蚀占 26.42%，轻微度侵蚀占 49.81%，即中强度以上侵蚀达 50.0% 以上，县平均侵蚀模数高达 3800 t/(km^2·a)，年侵蚀总量达 1213.72 万 t。垂向分布特点：海拔 1200m 以下江边河谷区平均侵蚀模数 4340 t/(km^2·a)；海拔 1200～1800m 山区平均侵蚀模数为 5697 t/(km^2·a)；海拔 1800～2400m 山区平均侵蚀模数 3908 t/(km^2·a)；海拔 2400～3000m 高寒山区平均为 2940 t/(km^2·a)；海拔 3000m 以上极高山区平均为 1920 t/(km^2·a)。可见在地势高度分布上，海拔 1800m 以下水土流失较为严重，以中强度以上侵蚀为主，海拔 1800m 以上侵蚀模数逐渐减少，侵蚀强度随分布高度增加而减弱，以中轻度侵蚀为主。

据流经本区的金沙江、雅砻江和大渡河等部分中下游河段的多年水沙测验资料统计：按输沙模数分级，金沙江支流河段中，大渡河泸定—沙坪河段输沙模数大于 1000 t/(km^2·a)，雅砻江泸宁—小得石区间输沙模数达 1136 t/(km^2·a)为烈度侵蚀产沙区，安宁河湾滩站上游输沙模数为 990 t/(km^2·a)，由于中下游多滑坡泥石流，为主要产沙河段，因此可判定为烈度侵蚀产沙区，其余河段为中轻度侵蚀产沙区。金沙江中下游干流河段中，石鼓—渡口和渡口—龙街河段输沙模数分别为 380 t/(km^2·a)和 387 t/(km^2·a)，属中度侵蚀产沙区；龙街—巧家和巧家—屏山河段流域区分别为 2473 t/(km^2·a)和 2354 t/(km^2·a)，远大于(1000 t/km^2·a)，为烈度侵蚀产沙区，即以龙街为分界线，以上河段为中度侵蚀产沙区，以下为烈度侵蚀产沙区。

二、流域中部区

本区含广元—雅安—东川一线以东，襄樊—宜昌—凯里一线以西的流域中部地区，由秦巴山地区(Ⅵ)，四川盆地区(Ⅶ)和鄂黔山地区(Ⅷ)等 3 个亚区组成，区域侵蚀产沙按亚区的主要侵蚀类型分述于下。

6. 秦巴中山山地区(Ⅵ)

本区位于西秦岭与南襄盆地之间，南为四川盆地，北与黄、淮河流域相接，范围内主要包括略阳、汉中、安康、商县、十堰、丹江口和襄樊等市县，并含丹江水库的库区，面积约达 14.229 万 km^2(图 2-1-1)。地质地貌环境：区内以中山为主，一般海拔 1000～2000m，部分山峰为 3000m 以上的高山，盆地与峡谷相间，整个地势西高东低，向东南倾斜，汉江上游河段呈东西向横贯本区，主要支流有丹江、堵河、南河和旬河等，一般切割深度 500～1200m，以峡谷为主，谷坡 25°～45°，陡坡广泛分布。由于地形地貌和地质构造复杂，新构造运动活跃，岩性组成中变质岩、碎屑岩系广布，质地较为软弱，且多暴雨，自然和人为因

①陈广清，王绍荣. 金沙江下游重点防治区巧家县水土保持规划报告. 1988 年 12 月.

素的综合影响，水土流失较为严重，主要类型有土壤水力侵蚀和重力侵蚀及泥石流等。

崩塌滑坡侵蚀：主要分布于汉中以西的略阳等嘉陵江流域区和汉江的石泉紫阳—白河、郧县等地段。崩塌滑坡特点，主要由暴雨产生，一般分布于海拔1300m以下的山麓陡坡和山间盆地周边等地带的板岩及千枚岩等变质岩区，规模以小型为主。

泥石流侵蚀：秦巴山地泥石流分布广泛，主要分布于嘉陵江流域的凤县、略阳、宁强和勉县—汉中及汉江河谷紫阳—白河等河段。如1981年8月14—24日，秦巴山地西部总降雨量650mm，宝成铁路宝鸡—略阳214km路段内暴发沟道泥石流188条，坡面泥石流104处，共计292条（处），平均分布密度1.36条/km。秦巴山地泥石流的特点是：主要由暴雨诱发，一般规模小，范围广，分布高度主要在海拔1000～3000m间，为泥石流灾害的中度发育地区。

土壤水力侵蚀：主要分布于秦巴山地区西部石泉—紫阳以西和汉江河谷的紫阳—郧县段及商南郧县等地区。以水土流失比较典型的小流域为例分述于下。如旬河多年平均输沙量476.7万t，地面侵蚀量1402万t①，平均侵蚀模数2174.3t/(km^2·a)。黑草河平均侵蚀模数3504 t/(km^2·a)②。嘉陵江上游略阳段：至1988年的水土流失面积为1446km^2，占总面积的51.1%，其中嘉陵江流域水土流失面积达60.8%，年侵蚀模数达3740 t/(km^2·a)。20世纪80年代水土流失面积达255.1km^2，占总面积的72.5%，坡耕地侵蚀模数达5000t/(km^2·a)～1.3万t/(km^2·a)，是湖北省水土流失的重发区。

综合上述，秦巴山地重点侵蚀产沙地区为西部区的嘉陵江流域，汉江上游西南部的宁强、镇巴和汉江紫阳—郧县段区间及南河中上游地区等，一般属中、强度流失区，部分属烈度流失区，产沙形式以面蚀和沟蚀为主，暴雨诱发的崩塌滑坡和泥石流等局部地段突出，具有多发性强、一般规模较小的特点。

7. 四川盆地区（Ⅶ）

四川盆地含四川和重庆两省市腹地，外围与秦巴山地、鄂黔山地、川西南滇东北高中山地和陇南川西北中山山地等区相接（图2-1-1）。盆周由巫山和武陵山、大娄山及乌蒙山、大凉山、龙门山、米苍山、大巴山等环绕。盆缘海拔1000～2000m，相对高起，中部腹地为海拔250～700m的起伏浅丘和川西成都平原，相对低凹，组成典型盆地，区内人口密集，城市众多，大城市有重庆、成都等，全区面积达18.288万km^2。盆地的地形特点大体以华蓥山、龙泉山等为界，东部地区为梳状褶皱的平行岭谷组成的低山丘陵，中部为红色岩系组成的方“山”浅丘，西部为岷沱江的冲洪积扇组成的成都平原，整个地形由西北向东南倾斜。本区雨量丰沛，水系发育，长江干流川江河段由西南流向东北，横穿盆地腹部，岷江、沱江、嘉陵江等主要支流由北南流，乌江等由南汇入，组成树枝状展布。由于区域岩性组成以侏罗系砂岩、粉砂岩、粉砂质泥岩、泥岩等为主，并多呈互层状构造，因紫色土广泛分布抗风化力弱，坡地广、大于25°坡耕地多，耕垦指数高，人类活动强，森林覆盖度低，且多暴雨，因此除成都平原外，盆地紫色土的水力侵蚀和川东的重力侵蚀等较为严重，本区产沙类型以土壤水力侵蚀为主，重力侵蚀除川东地区外，一般表现为小规模零星分布。

在诸多侵蚀类型中，分类概述于下。

---

①长江委长江水土保持局.国家“七五”重点科技攻关项目“16—01—01”初步研究结果.

②张炳彦.从黑草河水沙变化看水土保持综合治理效益.长江水土保持，1997(1).

崩塌滑坡侵蚀:各级滑坡大体呈近南北及北东向的条块状分区,受地形影响明显,大致以重庆以东的平行岭谷区,为崩塌滑坡的严重和较严重区,以西为次严重和较轻及微弱地区。形成条件:其地质地貌是形成崩塌滑坡的主要成因,暴雨是主要的诱发因素,滑坡崩塌规模以川东地区为大。

泥石流侵蚀:四川盆地区的低山丘陵区面积大,高差小,坡度平缓,沟道泥石流较少,一般规模都较小,为泥石流微弱活动区。川东涪陵—云阳段为中度活动区,云阳—奉节段干支流有泥石流沟达125条,为泥石流最为密集地段的强度活动区。总之川东地区泥石流随地势抬高,沟谷切深增加,规模增大,数量增多。

水力侵蚀:四川盆地由低山、丘陵和平原区组成,红色土广泛分布,侏罗系遂宁组的砂泥岩等土壤的水力侵蚀尤为典型,按主要水系为例。嘉陵江流域区如南充地区1957年水土流失面积3086km^2,仅占全区总面积的16%,1958年后大量开荒垦植,至1980年水土流失面积增加到1.4846万km^2,占总面积的77%;土壤侵蚀模数由20世纪50年代的平均值3000 t/(km^2·a)增加到1981年的8541 t/(km^2·a)。岳池1985—1986年10°坡的坡耕地土壤侵蚀模数2170 t/(km^2·a),20°坡的坡耕地达4090 t/(km^2·a),其中遂宁组分布区年侵蚀模数更高达8800 t/(km^2·a)。合川地区有嘉陵江、涪江、渠江3江流经过境,其中支流涪江土壤侵蚀最为典型的为遂宁的紫色土,10°坡侵蚀模数为5120 t/(km^2·a),25°坡耕地达1.59万t/(km^2·a),1984—1989年多年平均值为1.24276万t/(km^2·a)。沱江流域区:据四川省农业科学院土壤肥料研究所资阳站观测研究,紫色岩侵蚀严重,耕土坡侵蚀模数10°~20°为6750~9000 t/(km^2·a),大于20°耕土坡高达1.05万t/(km^2·a)以上;沱江总面积2.78万km^2,水土流失面积为1.6274万km^2,占总面积的58.41%,其中强度区占30.81%,极强度区占7.71%,剧烈区面积占6.59%①岷江流域区:成都市水土流失面积占28.7%,平均侵蚀模数6943 t/(km^2·a)。乐山市水土流失面积占总面积的57.7%,平均侵蚀模数5952 t/(km^2·a)。

综合上述,四川盆地水土流失的侵蚀模数,轻、微度侵蚀量占17.31%,中度侵蚀量占27.00%,强度以上侵蚀量占55.69%,以强度以上侵蚀为主。分布地区:强度以上侵蚀地区主要分布于盆中丘陵的红、棕、紫色土和盆北深丘低山区,如遂宁地区等;极强度区主要分布在大于25°的坡耕地;烈度区主要分布于盆北和盆西北边缘暴雨多发区的陡坡地带。盆地侵蚀强度大小悬殊,在地质地貌条件相近的条件下,泥沙的侵蚀强度与降雨区的雨强分布相对应,侵蚀产沙量由降雨中心区向外缘减少。

8. 鄂黔山地区(Ⅷ)

鄂黔山地位于四川盆地与秦巴山地东南,东及东南分别与长江中下游平原区的江汉洞庭湖平原和江南低山丘陵区相接,西为川西南滇东北高中山地区,南与珠江流域相邻。区内主要城市有贵阳、昭通、遵义、恩施、宜昌等(图2-1-1),总面积达22.311万km^2。地形地貌特征:区内山地分布自西向东主要有乌蒙山、大娄山、武陵山和大巴山及巫山等,其余为云贵高原,一般海拔为1500~2000m,岭谷高差达500~1000m,整个地势由西向东

①水利部长江水利委员会.长江流域综合利用规划报告.1990年12月.

南倾斜，有海拔 1300～2000m，300～1200m 和 500m 左右的三级夷平面发育。区域地形：黄陵背斜区：一般山地高程 200～1000m，河谷深切相对高差 100～800m 不等；鄂西黔北区：为中低山峡谷区，山地海拔为 1000～1500m，相高 300～500m；黔中区：为高原峡谷区，高程 1000～2400m，相高 300～600m，河谷深切以峡谷为主，地形坡度一般 15°～25°，局部达 30°以上，区内中低山深切，峡谷广泛分布，因地处碳酸盐岩区，岩溶地貌十分发育。主要水系除长江干流奉节—宜昌三峡段外，主要支流包括乌江、赤水河、横江等流域的中上游，以及清江流域和洞庭湖西与西南部的澧水、沅江支流酉水流域的中上游等。本区山高、坡陡、谷深，地震烈度小，主要岩性为碳酸盐、岩浆岩、碎屑岩和变质岩等，岩体较为坚硬完整，森林植被覆盖率低，耕垦指数较高，因此水土流失类型中崩塌、滑坡、泥石流和水力侵蚀均有发生，仅在地区分布上各有主次之分，由于本区碳酸盐岩广泛分布，岩溶发育，由岩溶引起的塌陷、滑坡也较发育。

崩塌滑坡侵蚀：长江三峡河段古今有大于 1000 万 m^3 大型及特大型的崩塌滑坡计 12 个，规模以巫山刘家屋场古滑坡为大，体积达 4500 万 m^3，次为马家坝的堆积层滑坡达 3000 万 m^3。按滑坡崩塌历史，以秭归新滩较为久远，据史料记载：早在东汉永元十二年（公元 100 年）至明万历三十七年（公元 1609 年）等先后发生大崩塌滑坡 7 次，近代崩塌滑坡有公元 1924 年、1935 年、1958 年、1964 年、1977 年、1980 年、1981 年、1982 年、1985 年等，一般滑坡崩塌体积多在数千立方米至数十万立方米，以中大型为主。如 1985 年 6 月 12 日滑坡，通过实测，陆上滑坡 1740 万 m^3。另如乌江流域，主要发生在乌江中下游河段，按类型可分为滑坡、崩塌和泻溜三类，规模大小不一，以毕节地区的赫章、纳雍较多。本区崩塌滑坡主要分布于长江干流的三峡峡区、支流乌江中下游段、清江恩施—水布垭段以及黔西北区等，另水城—贵阳的石灰岩地区岩溶塌陷亦较发育。

泥石流侵蚀：据中科院成都山地灾害研究所三峡库区调查资料，奉节—三斗坪段有泥石流沟 84 条。乌江上游毕节地区 8 县滑坡泥石流较为发育，分布有泥石流沟 153 条，主要分布于纳雍、毕节、威宁等县。综合上述：本区泥石流主要分布于鄂西黔北和黔西地区，按流域以长江三峡段最为密集，次为乌江上游的黔西地区。

土壤水力侵蚀：如长江三峡地区，从奉节至宜昌河段总长 209km，南北两岸支流众多，是长江干流重要的产沙区之一，据黄陵背斜产沙区的小支流水库淤积量计算，各水库区的输沙模数（单位：t/(km^2·a)）：沙坪水库为 2037.3，上木坪水库 1934.8，刘家湾水库 5688.1，刘家湾东支水库 5262.9，文昌阁水库 4460.0，天福庙水库 734.2，菁蒿峪水库 599.0，郑家埫水库 410.5 等，从该河段输沙模数和区域小支流水库淤积计算的输沙模数，多反映为强度—烈度侵蚀。另据有关研究①：黄陵背斜核部的秭归茅坪和宜昌三斗坪花岗岩出露区侵蚀模数高达 8000～1 万 t/(km^2·a)；秭归盆地的紫色土，巴东砂页岩等的侵蚀模数平均亦达 8000 t/(km^2·a) 以上。另如乌江流域平均侵蚀模数为 2194 t/(km^2·a)。全流域共 49 个县，除镇远县缺资料外，据 48 个县统计，其中平均侵蚀模数达 5000 t/(km^2·a) 以上的强度侵蚀县有 7 个，平均侵蚀模数为 5000～2500 t/(km^2·a) 的中度侵蚀县有 29 个；平均侵蚀模数为 2500～1000 t(/km^2·a) 的轻度侵蚀县 12 个。

---

①袁子信. 试论葛洲坝库区水土流失的形态特征及治理途径. 湖北水土保持. 1983 年 3 月.

综合上述,鄂黔山地区水土流失的主要类型包括崩塌、滑坡、泥石流、水力侵蚀以及岩溶塌陷等,可分3个重点流失区:即①奉节—宜昌河段的三峡流失区:该河段崩塌滑坡和泥石流广泛分布,三峡秭归盆地等的紫色土和黄陵背斜的岩浆岩区水力侵蚀也较严重,多为强度—烈度侵蚀;②黔西流失区:包括乌江、赤水河等上游毕节地区的纳雍、织金、大方、毕节、赫章、六枝、水城以及横江上游的云南昭通等为以水力侵蚀为主的中、强度侵蚀区,局部属极强和烈度侵蚀区;③湘鄂西及黔北流失区:含乌江中下游清江、澧水和沅江支流酉水上游等以水力侵蚀为主的流失区,流失强度一般属中度—轻度,部分地区属强度区,局部属强度以上流失区。

三、流域东部区

本区含襄樊—宜昌—凯里一线以东的长江中下游流域区,由淮阳山地丘陵区(Ⅸ)、江南低山丘陵区(Ⅹ)和长江中下游平原区(Ⅺ)等3个亚区组成,区域侵蚀产沙按亚区的主要侵蚀类型分述于下。

9.淮阳山地丘陵区(Ⅸ)

本区位于秦巴山地以东,其南为长江中下游平原,北与淮河流域上游相接(图2-1-1)。范围包括南襄盆地和桐柏山、大洪山、大别山等山地丘陵区,主要城镇有南阳、随州、麻城及岳西等市县,区域总面积6.48万km^2。一般高程为200~800m,少量山峰可达1000m以上,其中南襄盆地的冲洪积平原宽谷区,高程为80~150m,相对高差仅10~30m,河流阶地发育;大洪山区,一般高程为200~300m,河谷宽窄相间;大别山区高程为500~1000m,局部山地在1500m以上,相对高差100~500m,全区一般地面起伏平缓,坡角5°~10°。区内主要支流水系:包括西部南襄盆地的唐白河和大洪山的沦水,以及大别山南坡辐射状水系含溳水、倒水、举水、巴河、浠水、蕲水及皖河等的中上游地区,河谷宽窄相间,以宽浅河谷为主。本区由于地面起伏平缓,一般坡度较小,重力侵蚀不甚发育,雨量丰沛,以水力侵蚀为主,在本区东段的大别山变质岩和岩浆岩区,风化强,水土流失较为严重。

本区重力侵蚀的崩塌、滑坡和泥石流不甚发育,仅在南襄盆地西部和南阳以北的白河上游有崩塌发生,大别山东南部的巴河、华阳河等上游有崩塌及泥石流爆发,但其规模一般较小,引发因素与暴雨相关。

水力侵蚀:大别山区,以黄冈地区为例,据湖北省黄冈地区水土保持站20世纪80年代调查,各流域山地丘陵区的平均侵蚀模数除举水小于2500 t/(km^2·a)为轻度侵蚀外,一般都在2500 t/(km^2·a)以上,以中度侵蚀为主,局部地区侵蚀模数可达1.15万 t/(km^2·a),属强度和极强度侵蚀。大洪山地区,大悟县为花岗片麻岩的强度侵蚀区,由于风化严重,侵蚀强烈,地处夏店区内的小流域关溪河在治理前的流失面积占总面积的68%,侵蚀模数达2350~5500 t/(km^2·a),局部特别严重区高达6300~8600 t/(km^2·a)。南襄盆地区,流域区平均侵蚀模数为937.55 t/(km^2·a),水土流失区侵蚀模数为1978.00t/(km^2·a)。在唐白河流域区,一般为中轻度侵蚀产沙区,唯唐河中游区高于500 t/(km^2·a)属强度侵蚀区。

综合上述,本区以土壤水力侵蚀为主,重力侵蚀和泥石流等仅在水系上游山地丘陵区局部出现,且一般规模较小。大别山地区的水土流失产沙主要分布于巴河、浠水和圻水等中上游的山地丘陵区,并以中强度侵蚀区为主;大洪山地区沦水上游的环水、涡水和汉江支流天门河上游等局部地段为强度侵蚀区外,其余低山丘陵区为中轻度侵蚀区;南襄盆地的南阳盆地主要为中轻度侵蚀区,盆地外围局部为强度侵蚀区。

10. 江南低山丘陵区(Ⅹ)

本区位于长江中下游平原以南,南岭以北,湘西武陵山与赣东武夷山之间的广大低山丘陵区(图2-1-1)。区内自西向东主要山地有雪峰山和幕阜山、九岭山、罗霄山及怀玉山、武夷山等,其间由湘西、湘中、赣东和皖南等丘陵组成。主要城市有长沙、衡阳、赣州等,并东接杭州,总面积达37.386万km^2。由于受北东向构造带所控制,地貌特征表现为山地丘陵多呈北东—南西向的雁行排列,由一系列条形盆地展布其间,主要盆地有衡阳、长沙—浏阳、攸县—醴陵、株州—渌口、永兴—茶陵和赣州、吉安、瑞金、宁都、信丰、广昌等,盆内多为200m以下的丘岗起伏,一般相对高度小于100m;盆缘两侧一般山地丘陵高程为300~600m,相对高度为100~200m,部分山岭如幕阜山、九岭山、武功山、大华山、黄山、天目山等高程达1000~1500m。整个江南低山丘陵区切割深度一般小于500m,因地势起伏平缓,山丘坡角一般5°~10°,局部大于25°。区内主要水系含洞庭湖水系的湘、资、沅、澧和鄱阳湖水系的赣、抚、信、饶、修以及直接汇入长江的支流主要有陆水、富水、青戈江与水阳江等,河网密布,水系发育,区内峡谷较少,以宽谷为主。由于江南低山丘陵区耕地面积小,人口多,人地系统矛盾突出,土壤及生态系统脆弱,毁林开荒,陡地垦植等更引发土壤的退化,植被覆盖度低,加之雨量充沛且多暴雨,致使水力侵蚀的水土流失加剧,侵蚀类型以水力侵蚀为主,崩塌滑坡小规模零星出现,泥石流侵蚀微弱。

崩塌、滑坡侵蚀:据中国分省地质灾害图集,以湖南省为例,区内规模较大的滑坡约280处,其规模在10万m^3以上的巨型—中型滑坡187处,小于10万m^3的193处,全区以中小型为主,巨型滑坡5处,总体积亦达8447万m^3。本区崩塌滑坡特点,多由暴雨引发,一般以小型为主;湘中和赣西的萍乡—丰城及赣东景德镇—乐平等地区岩溶塌陷较为发育。

泥石流侵蚀:江南区泥石流主要分布于江西省境内,据统计:较大的泥石流有30处,并主要分布于赣西的永新、宁冈和遂川与湖南交界的武功山、井岗山等地区,湖南省境内有零星发育,一般为规模较小的弱发区。

土壤水力侵蚀:按行政区的侵蚀模数统计,湖南、江西两省总土地面积分别为20.665万km^2与163262km^2,水土流失面积分别占总面积的20.77%与20.93%,并主要分布于江南丘陵区,年均侵蚀量与侵蚀模数,湖南区为1.46057亿t与3403.00t/(km^2·a),江西区为1.673485亿t与4896.40 t/(km^2·a),两省区比较以江西省为高。

综合上述,江南低山丘陵区面积广阔,以湖南、江西两省为主,强度以上侵蚀面积占总侵蚀面积的百分数分别为20.42%与36.64%,其中以华南花岗岩、紫色页岩、红砂岩区水土流失较为严重,碳酸盐岩区的岩溶塌陷也比较突出。综合水力侵蚀和崩塌、滑坡、泥石流、岩溶塌陷等水土流失产沙,本区主要分布于沅江中上游,湘、资二水上游、修水和赣江上游、鄱阳湖东的信江和皖南的石台—宁国地区等,其中尤以江西赣江上游的兴国、赣州、修水及上饶和湖南湘江上游及沅江上游等地区的水土流失较为严重。

11. 长江中下游平原区(XI)

本区位于鄂黔山地以东、淮阳与江南低山丘陵区之间,东为东海,以长江中下游干流为主轴,沿江平原包含江汉平原、洞庭平原、九江鄱阳湖平原、皖中平原及鄂东、赣、皖、苏等沿江的长江中下游带状平原和长江三角洲及浙江杭州东北的太湖平原等广大地区(图2-1-1),区内主要包含如宜昌、荆州、岳阳、武汉、黄石、南昌、九江、芜湖、马鞍山、南京、苏州和上海及杭州等大中城市,总面积达17.892万km^2。广大区域地形除少量低山丘陵外,一般以平原河湖水网为主,黄海高程低于200m,大都在50m以下,由4个亚区组成,其中江汉洞庭平原区河湖交织,区域地势由西北向东南倾斜,平原腹地高程为20~40m,外围为50~170m的垄岗及残丘,故有人称江汉—洞庭盆地;鄂东鄂州—镇江段的中下游平原区,两岸残山丘陵展布,沿江带状平原纵向宽窄相间,干流河段大多偏南,形成南北两岸不对称发育,北岸宽段呈现多级阶地,一般高程为10~80m;鄱阳湖平原区位于长江以南,地势平坦,堤垸交错,河网密布,一般高程为20~30m;长江三角洲及太湖平原区,位于镇江、宜兴一线以东,除少数高程100~300m的残留孤丘外,一般高程小于10m,部分为5m以下的低平原区。流经本区入江的主要河湖水系有鄂西地区的清江和洞庭湖水系的湘、资、沅、澧四水,江汉平原的汉江及陆水,鄂东大别山的倒水、举水、巴河、浠水、圻水及皖水,鄱阳湖水系的赣、抚、信、饶、修五水以及长江下游的太湖水系、巢湖水系和富水、青衣江、水阳江等的中下游河段。因长江水量丰沛,地势低洼,湖泊十分发育,除洞庭湖、鄱阳湖、太湖和巢湖等四大湖泊外,还有许多中小型湖群生成,河湖水网密布为一显著特征。本区大部为平原湖区,一般平原滩地水力侵蚀微弱,但河流侧蚀引起的河岸崩塌、滑坡和部分河段受人为工程影响,所引起的河床局部冲刷等仍较为严重;在山地丘陵区的水土流失有所表现,一般不强烈;沿江城镇多,人口稠密,城市人为水土流失呈增强趋势,因此水土流失主要侵蚀类型为河岸崩塌滑坡、河床冲刷和城市的人为土壤侵蚀等。

山地丘陵区的崩塌滑坡侵蚀:在山地丘陵地区仅有局部分布,以南京地区为例,崩塌滑坡的基本特点,规模多以小型为主,并且滑坡主要发生于黄土地区,受气象水文因素影响显著,而崩塌则以基岩区为主。平原区的崩塌滑坡侵蚀:主要由于河流的冲刷造成河岸坍塌,从1989年长江中下游河段的崩岸资料统计①,江岸总长度为4249.1km,崩岸总长度达1518.2km,占总长的35.7%。

水力侵蚀:由于本区以平原和河湖水域为主体,低山残丘零星分布,长江口三角洲前缘滨临东海,各地貌单元土壤侵蚀不尽相同。安徽巢湖水系的杭埠河发源于大别山区,上游小流域水土流失严重②,1984年治理前侵蚀模数达6000 t/(km^2·a),治理后方减小到2000 t/(km^2·a)。河床冲刷产沙实例:以荆江为例,据研究计算③,荆江裁弯以来1966—1991年的25年间,上荆江的冲刷量为2.855亿m^3,下荆江冲刷量为5.482亿m^3,上下荆江河段共冲刷8.337亿m^3,换算为平均冲刷深度上、下荆江分别为1.09m与

①许正甫,许高俊.《长江志》卷四,第一篇:防洪(复审稿).长江水利委员会设计院规划处,1995年.

②喻学山,夏鹏章.《长江志》卷一,第一篇:水系.长江水利委员会长江志总编室,1998年.

③长江水利委员会长江科学研究院.三峡工程下游河道演变及重点河段整治研究专题报告.1993年.

1.26m。由于大量泥沙淤积在沿江的滩地和裁弯故道内，实际向下游河段总输出沙量仅为2.122亿m^3，上下荆江河段（加沿江堤外岸滩）的单位面积平均每年产沙量也达4.28万t/(km^2·a)。

综合上述，长江中下游平原湖区以水力侵蚀的轻微度为主，中度以上侵蚀仅在周边丘陵区和沿江局部冲刷崩塌段零星出现。按长江中下游平原区上世纪多年的年均输沙量（悬移质），宜昌和大通站分别为5.30亿t和4.72亿t，区间虽有汉江和洞庭湖及鄱阳湖等众多支流水系来沙，但下游大通站仍比干流宜昌进口站平均每年减少约0.58亿t，即区域输沙模数呈现负值，反映长江中下游平原湖区总体属于以淤积为主的泥沙堆积区。

第二节　流域主要侵蚀产沙的类型与特征

一、流域主要侵蚀产沙类型

长江流域幅员广阔，虽由于地区自然和人为因素等环境条件的差异，水土流失的成因类型复杂多样，侵蚀强度有大小之别，但因长江流域多山地丘陵，且大部分地区气候温暖湿润多雨，因此流域一般以水力侵蚀和重力侵蚀的崩塌滑坡及泥石流等为主。

1. 崩塌滑坡的重力侵蚀

长江流域的崩塌滑主要分布于长江流域上游，据张晓刚20世纪90年代调查研究，上游干支流的滑坡、崩塌具有广泛分布特征，除玉树以上河源和通天河等较为稀少外，其余地区均有分布，按四川西部区体积大于10万m^3，四川盆地及以东的东部区体积大于1万m^3的滑坡个数统计结果共有滑坡1736个，其中金沙江流域626个，占36.06%，次为长江干流、嘉陵江、岷（沱）江等流域，以乌江、赤水河流域为少。按滑坡体积，从表2-2-1见及，长江上游滑坡总体积为133.9695亿m^3，其中金沙江滑坡体积达68.3126亿m^3，占50.99%；次为嘉陵江31.5671亿m^3，占23.56%；长江干流（含三峡地区）20.8153亿m^3，占15.54%；岷（沱）江、乌江和赤水河等流域滑坡体积分别为12.9646亿m^3、2939万m^3、160万m^3，所占百分数分别为9.68%、0.22%与0.01%。从以上滑坡个数、滑坡体积及所占总体积的百分数表明，长江上游崩塌滑坡以金沙江、嘉陵江和长江干流（三峡地区）、岷、沱江等为主。按滑坡发育程度一般以中、微弱度发育区为主，占总面积的85%；强烈发育区仅占15%，主要分布河段为金沙江下游、雅砻江下游和大渡河下游、岷江上游、嘉陵江上游和长江干流的涪陵—南津关段及两岸诸多短小支流等。

另据长江水利委员会2004年调查，长江上游水土保持重点防治区（含滇、黔、蜀、陇、陕、鄂、渝等七省市）滑坡体在1万m^3以上，危及1户居民以上的滑坡1.3641万（处），其中体积在10万m^3以上的滑坡达6802处①。

①水利部长江水利委员会. 长江流域水土流失公报. 2007年.

表 2-2-1　　长江上游干支流滑坡统计表[4]

流域区	流域面积	数量及百分比		滑坡体积及百分比	
	（万 km^2）	（个）	（%）	（万 m^3）	（%）
金沙江	49.0	626	36.0	683126	50.99
岷（沱）江	16.4	242	13.9	129646	9.68
嘉陵江	15.8	304	17.5	315671	23.56
乌江	8.7	112	6.5	2939	0.22
赤水河	1.5	22	1.3	160	0.01
长江上游干流	5.0	430	24.8	208153	15.54
长江上游	100.5	1736	100.00	1339695	100.00

在诸多崩塌滑坡中，历史上典型大滑坡如1933年8月25日因7级地震诱发的四川汶川叠溪最大滑坡达1.5亿 m^3，瞬刻之间叠溪古城被毁，岷江被堵形成3个堰塞湖；长江三峡新滩，多次滑塌，影响航道运行；另如1785年6月1日的泸定县磨西崩塌4500万 m^3，1856年6月10日黔江县大路坝滑坡4500万 m^3，1935年11月22日会理沙坝沟滑坡9500万 m^3，1949年以来至20世纪80年代，主要的大滑坡如1967年6月8日雅安唐古栋滑坡6500万 m^3，1982年7月18日川东地区的鸡扒子滑坡2000万 m^3 等。在现代滑坡中，最典型的为2008年5月12日的四川汶川8级大地震引发的大量滑坡，并阻断岷江等形成34个堰塞湖。

2. *泥石流侵蚀*

①泥石流分布：长江上游是泥石流较多的地区，在分布上具有明显的地带性特征，据20世纪80年代调查不完全统计：泥石流沟（处）总数达3518条，以嘉陵江为最多，共达1531条，占总数的43.52%，次为金沙江844条，占总数的23.99%，按水系分布详见表2-2-2。另据长江水利委员会2004年调查：长江上游水土保持重点防治区内流域面积在1.00km^2 以上的泥石流沟达3186条，其中流域面积在5.00km^2 以上的泥石流沟亦达1491条。

表 2-2-2　　长江上游干支流泥石流（处）统计表[5]

流域河段	金沙江干支流	岷江上游与大渡河	涪江与沱江上游	嘉陵江	长江三峡段	合计	备注
泥石流沟数（条、处）	844	708	163	1531	272	3518	本表为非完全统计数
占总数百分比（%）	23.99	20.13	4.63	43.52	7.73	100.00	

②泥石流侵蚀强度分区：按泥石流的侵蚀分为重度、中度、轻度和微度4类叙述于下。

泥石流重度侵蚀区：主要分布于金沙江下游和陇南地区，其中金沙江下游地区以小江最为典型，全长138.2km，从龙头山—小江口河长90km范围内，两岸共有支沟123条，其中泥石流沟竟占107条，占总沟数的87%，较大的泥石流沟51条，最大的蒋家沟平均每年暴发6~7次，最多1年暴发28次，多年平均侵蚀量（1982—1990年）为177.3615万 m^3，如1985

年达385万m^3,1987年316.0244万m^3,平均侵蚀深度达3.6cm。据中科院东川泥石流防治研究所分析估算,每年由泥石流输入小江的泥沙约达3000~4000万t,其中输入金沙江的悬移质泥沙约达610万t左右。陇南地区泥石流重度危险区为白龙江的中游地段,区内武都、文县和舟曲等灾害严重,并包括区内一些大小支流,北峪河流域、角弓河下游和西汉水流域等,如其中雷容坝—礼昌之间地区面积虽仅占该重度区总面积的14.0%,而泥石流、滑坡却占总面积的56%。

泥石流中度侵蚀区:包括金沙江中游的高山峡谷区、大巴山—米仓山的中低山区和巫山—大娄山中低山区,其中长江三峡工程库区泥石流个数的分段所占百分数分别为:三斗坪—秭归段占4%,巴东—云阳段占86%,万县—重庆段仅占7%,其余地段仅占3%,重点为巴东—云阳段。

泥石流轻度侵蚀区:主要分布于长江流域的云贵高原山地。

泥石流微度侵蚀区:主要为长江上游青藏高原的江源地区和通天河流域等。

③典型泥石流产沙实例:如云南东川达德沟1次输移物质量达174万m^3,侵蚀模数高达24.34万t/km^2·次,平均侵蚀深度达13.7cm。又如四川冕宁县深水沟1次输移物质量为60.0万m^3,侵蚀模数33.3万$t/(km^2$·次),平均侵蚀深度达16.7cm等。

3. 水力侵蚀

长江全流域水土流失面积为56.1997万km^2,占总土地面积的32.05%,年均侵蚀模数为3983.15 t/km^2·a,年均侵蚀产沙量达22.3852亿t。按长江分段水土流失面积及侵蚀产沙量,宜昌以上的长江上游地区分别占62.67%与62.75%,中下游区分别占37.33%与37.25%,无论从水土流失面积和侵蚀量均以长江上游地区为主。虽然重力侵蚀和泥石流严重,但具有时间短、强度大,分布面积相对较小的特点;水力侵蚀虽一般强度相对较小,因面积大,暴发频率高,并具有常发性和周期性特点,所以其侵蚀总量巨大,即使在重力侵蚀和泥石流的高发区也是如此。据长江水利委员会水文局上世纪80年代调查研究资料,嘉陵江上游支流西汉水、白龙江中下游和金沙江下游等强度侵蚀区的水土流失总量达3.8352亿t,其中重力侵蚀为1.2023亿t,也仅占该区总侵蚀量的31.35%,其余68.65%仍为水力侵蚀。以上表明:即使在长江上游典型的重力侵蚀区的产沙量也只约占该水土流失区侵蚀产沙总量的1/3弱,即约2/3以上仍为水力等侵蚀产沙。至于非重点崩塌滑坡地区,因其规模小,泥石流暴发频率低,在水土流失的产沙量中,水力侵蚀更为主要。在全流域区中除西部江源的高寒山地和西北部干燥荒漠地区外,一般均以水力侵蚀为主,是广大流域区普遍的侵蚀产沙类型,其中尤以面蚀最为广泛,并以侵蚀面积大、总产沙量大为基本特点。

二、主要侵蚀产沙类型的分布特征

1. 崩坡滑坡侵蚀产沙的分布与特征

①多沿深切河谷、沟谷陡坡发育:特别是大型和巨型滑坡更与河流深谷紧密相关。如1967年四川的雅江唐古栋大滑坡,1965年的四川西昌东河大滑坡,1974年四川南江的白梅垭大滑坡,1985年湖北秭归长江三峡的新滩滑坡等。据统计资料,金沙江下游的龙川江口—新市镇段长546km,分布滑坡316个,崩塌108个,分布密度分别为1.70km与

5.10km 一个；雅砻江二滩水电站库区的 140 个滑坡中，其中有大于 50 万 m^3 大滑坡 19 个；其余如大渡河、岷江、嘉陵江、乌江、赤水河等的深切河谷地段滑坡亦常发生。

②与岩性密切相关，受易滑地层控制：据有关调查资料：中国滑坡的 95% 都发生在易滑地区，如四川省的滑坡主要集中发生在第四系的成都粘土、昔格达组地层和中生代的红色砂页岩和下侏罗系、二叠系煤系地层等；贵州省的滑坡主要发生在二叠系的煤系地层和红色泥岩、砂页岩，陇南地区主要发生在第四系新老黄土，湖北、湖南两省多发生在第四系红色粘土、裂隙粘土和砂板岩等。

③深受地质构造断裂和地震等所影响：大型的崩塌滑坡多集中分布于构造断裂交汇复合部，箱形构造的翼部，构造破碎带，新构造运动强烈上升区等处。由于构造断裂带，岩层破碎，地层的软弱结构面构成滑坡发育的重要条件，典型实例如长江三峡的巴东—香溪镇段，地处鄂西隆起带与秭归向斜构造盆地的交接带，发生大小滑坡 15 个，其中 1000 万 m^3 的滑坡 7 个，大小滑坡体积总量约达 2.14 亿 m^3，最大的范家坪滑坡体积约达 1 亿 m^3。由地震激发的滑坡，如四川省康定 1955 年 4 月 14 日发生的 7.5 级地震和 2008 年四川汶川发生的 8.0 级大地震等引发多处滑坡。

④大气降水是引发滑坡的主要激发因素：据有关 500 个滑坡资料统计，有 85% 的滑坡发生在雨季。以四川为例，如 1981 年四川盆地的特大暴雨引发滑坡达 6.8 万个；又如二滩水电站库区年降雨量达 1000 ~ 1300mm，在宽缓河谷的含煤线页岩地层中因降水激发滑坡，百分数高达 77%。

⑤人类活动强烈地区滑坡频繁：长江流域人口众多，在流域人类活动强烈地区，因植被破坏，陡坡耕种，松动表土，加之工矿、交通、水利建设等的挖方、填方、弃渣等基建工程施工，引发崩塌滑坡及泻溜等常见。

综合上述，流域滑坡崩塌分布特征：在平面上多呈条带状分布；垂向上分布高度较大，如金沙江下游为海拔高程 3200 ~ 400m，主要集中在海拔 2500 ~ 500m；攀西地区大多高出河床相对高度为 500 ~ 100m 地段。滑坡规模以多种滑坡因素复合处为大。滑坡频率以降水为主要的激发因素，滑坡时间：长江上游山地主要为每年的 5—9 月，尤以降雨季节 6—8 月为盛；长江中下游的河岸崩塌则主要在每年的 10 月至次年的 4 月，尤以 12 月、1—3 月的河流低水期较为常见。

2. 泥石流侵蚀产沙的分布与特征

①大的地形高差是泥石流发育的重要条件：长江上游三大地形阶梯的过渡段是泥石流的重点分布区。位于长江上游Ⅰ ~ Ⅱ级阶梯过渡段的川西南滇东北中山山地峡谷区和陇南川西北中山山地区，Ⅱ ~ Ⅲ级地形阶梯过渡带的巫山、武陵山和大娄山，以及山间盆地的盆周坡地等，地形高差较大，有利泥石流的发育。如金沙江下游攀枝花—宜宾 786km 江段分布有泥石流 551 条(处)，平均 1.43km1 条(处)，其中最为密集地段为小江口—巧家县及雅砻江口—尘河口段，分别仅 0.42km 和 0.80km 一条(处)；陇南地区嘉陵江支流白龙江的立节—武都段泥石流十分发育，亦是重点侵蚀产沙区，区间流域面积 2858km^2，仅为武都站集水面积的 20%，而年均输沙量达 1268 万 t，占武都站的 74.6%。泥石流分布的海拔高度：据唐邦兴研究，金沙江的邓柯—古学段为 3300 ~ 2100m，雅砻江的甘孜—雅江段为 3300 ~ 2600m，大渡河的马尔康—泸定段为 2600 ~ 800m，岷江的汶川—松潘段为 2800 ~ 1100m，一般集中分布于 2600 ~ 800m。另据有关研究：一般泥石流

坡高为1000～2000m，最高达3000m。泥石流沟床的纵比降也随泥石流的类型不同而异。据成昆铁路沿线354条泥石流沟的统计：粘性泥石流沟床的纵比降集中在100‰～400‰之间的数量占总条数的80%，稀性泥石流沟床纵比降集中在300‰～600‰之间的占55.4‰，以稀性泥石流的纵比降为大。从上可见：海拔较高、坡高较大、沟床比降大是泥石流沟空间分布和形态的基本特征。

②沿深大断裂和地震带集中分布：构造断裂带内岩体破碎深厚，物源丰富，为泥石流的发育提供了丰富的物质条件。如鲜水河（右岸）、安宁河、黑水河（左岸），小江两岸等泥石流广泛发育。典型实例如1955年9月23日四川省攀枝花金沙江下游的拉鲊、鱼鲊等地发生6.7～7.0级地震，在迤资—渔洞长33km的地震Ⅸ度区内，发育泥石流55条，密度1.7条/km；新江—师庄和金江—迤资的Ⅷ～Ⅶ度区内，密度分别为0.97条/km和0.61条/km，表明愈靠近震中区地震烈度愈大，泥石流相应愈为密集。地震影响程度和范围，从大量资料显示，其在地震烈度Ⅶ度以上地区影响较强烈，在新构造运动隆起上升区泥石流活跃，而下降或相对稳定地区，则表现相对较弱。

③充足的物源是形成泥石流发育的基础：以小江蒋家沟为例，该区岩体经过地震后，包括崩塌、滑坡和坡面的侵蚀，以及风化残积、坡积和新老泥石流堆积等储存了大量物质，其中重力侵蚀的崩塌滑坡面积占流域面积的60%。又如长江三峡水利工程库区的巴东—云阳段，主要岩性由泥质的灰岩、页岩、粉砂岩和砂岩等组成，其中巴东组地层分布广泛，泥岩、页岩和泥质灰岩等质地松软，易于风化，并含蒙脱石的粘土矿物等，有泥石流沟242条，占三峡库区泥石流总数的89.0%，为泥石流发育较为严重的地段。按岩性泥石流的发育以变质岩和碎屑岩为主，岩浆岩和碳酸盐相对较差。

④一定的雨量和雨强是泥石流的重要激发条件：气候条件不仅可引发泥石流的暴发，而且影响泥石流的规模和暴发频率等。长江流域上游青藏高原的江源和高寒山岭地区，气温多在0℃以下，为冰川或冻融型泥石流发育区，其余广大流域地区为暴雨引发的暴雨型泥石流区。暴雨型泥石流的暴发条件中雨强起着决定性的作用，泥石流的暴发数量和规模取决于暴雨值与区域泥石流的暴雨临界值的比值。在四川盆地西部的龙门山和长江三峡库区雨强临界值为120～200mm/d，川西南凉山、攀枝花和川西北的阿坝、甘孜州为25～80mm/d，鄂黔山地的武陵山和江南低山丘陵区的南岭井岗山等为150～200mm/d。当雨强大于区域泥石流的临界值，并有一定的降水量时，便可引发区域性泥石流的暴发。

⑤人为泥石流呈增多趋势：泥石流产沙与人为活动密切相关，首先是破坏森林植被毁林开荒、陡坡耕种引发农田泥石流。由于自然因素加铁路沿线挖方削坡、弃渣、车辆震动等人为因素引发铁路公路泥石流。其他还有因开矿引发的矿山泥石流及水利工程、城市基本建设的土石方等引发的工程泥石流等。

3. 水力侵蚀产沙的分布与特征

①主要受大气降水影响，分布地区广阔，以面积大、频率高、周期性强、产沙量大为基本特征。

长江流域在玉树以西的江源区地处青藏高原，海拔高度在4000～5500m，因气候严寒，降水以雨雪为主，年降水量一般小于500mm，水土流失以风力侵蚀和冰川、冻融侵蚀为主，其水力侵蚀主要分布在海拔高度4000m以下的河谷地带，仅占江源区侵蚀面积的

17.9%；大致从玉树以东，松潘—康定—丽江一线以西，含横断山和川西黄土高原和部分陇南等地区，年均降水量500～800mm，旱季降水稀少，其金沙江中上游为干热河谷区，侵蚀类型以水力侵蚀为主，重力侵蚀和风力侵蚀亦较为发育；松潘—康定—丽江一线以东，含长江流域的广大中、东部地区，一般年均降水量达800～1800mm，除四川盆地和汉江中上游，以及攀枝花南部部分地区在800～1000mm外，其余广大地区都在1000mm以上，以水力侵蚀为主。

②山地丘陵区的红层及紫色土、黄土和花岗岩风化层等松软岩土为主要物源。

山地丘陵区红层及紫色土的水力侵蚀：原母岩为中生代侏罗纪至第三纪的红色碎屑岩系，以砂页岩、泥岩等为主，广泛分布于四川盆地丘陵区和西部的西昌，云贵高原的楚雄、元谋、南坪、思茅、遵义等山地，以及长江中下游地区的湖南、江西等省的山间盆地内，多以红层出现，受风化后形成的紫色土广泛分布于低山丘陵区。因紫色土粉沙质较重，泥质胶结较弱，富含深色矿物、石膏、钙芒硝和方解石等可溶盐，膨胀系数大，易于风化成土，据试验研究：风化速度可达2～4cm/a，最高可达6～8cm/a，完整粘土岩露天自然风化半年可种植作物，3年时间可风化成粒径小于1mm占55.8%的沙土。红层不仅易于风化，同时抗侵蚀力差，渗透系数小，有利水力侵蚀，土壤侵蚀模数在10°～20°坡地达6750～9000t/(km^2·a)，大于20°坡地则大于等于1.05万t/(km^2·a)。据四川资阳站采用遂宁组裸岩试验结果，侵蚀形式以面蚀和沟蚀为主，侵蚀模数高达1.188万～1.702万t/(km^2·a)。由于风化成土快，侵蚀搬运输出快，常形成风化→侵蚀→再风化→再侵蚀的交替。典型实例如位于四川盆地腹地的琼江流域，水土流失面积达3277.8km^2，占全流域总面积的75.7%，土壤侵蚀总量达1850.5万t，侵蚀模数高达5645.6t/(km^2·a)，成为强度侵蚀区。

低山丘陵区花岗岩的水力侵蚀：主要分布于江南丘陵区的湖南、江西、安徽和湖北大别山低山丘陵区及鄂西长江三峡的黄陵背斜等地，由于气候为高温多雨的湿热环境，另加节理发育，利于风化，以风化壳深厚为特点。如湘赣地区厚20～40m，黄陵背斜核部山岭厚20～50m。风化残积剖面特点：一般表层为暗褐色土，下为红土、砂土和碎屑层等，粒度从上到下变粗；分层厚度表层单薄，向下变厚。风化程度有如下规律：一般表层风化强，土壤化程度高，质地较为粘重，往下石英砂含量增高，粘聚力减小，结构变松散，沟蚀和崩岗侵蚀亦较严重。如黄陵背斜区的输沙模数为1109.8～5903.0 t/(km^2·a)；江南花岗岩丘陵区侵蚀模数可达8000～1.5万t/(km^2·a)，在崩岗发育严重的重力侵蚀地区，侵蚀模数可达20万～30万t/(km^2·a)。

黄土区的水力侵蚀：主要分布于长江流域上游的川西黄土高原，横断山区和陇南、青南高原的玉树等地区，如阿坝县阿柯河流域主要分布于二、三级阶地和谷坡；其他地区如雅砻江的甘孜、道孚等地的阶地、谷坡和山顶；鲜水河谷海拔3600～4000m的T_1～T_4级阶地；大渡河丹巴以北的河谷两岸，以及金沙江的理塘、乡城、巴塘、盐源盆地等均有分布。总的分布特点：分布的部位一般沿河谷的阶地、谷坡、山顶及高原和盆地均有发育。分布厚度：一般呈层状覆盖，厚薄不均，相差悬殊，部分地区薄仅数十厘米，厚达数十米，如甘孜约40m，阿坝近达100m，一般河谷内厚度较小，仅数米，基本分布特点，由河谷向高处的山顶及高原增厚。

由于黄土分布于河谷及高原山顶，出露于地表，同时颗粒较细，一般以粉粒为主，因此易受水力和风力侵蚀，典型实例如嘉陵江上游支流陇南的白龙江和西汉水，因地表有黄土覆盖，水土流失十分严重，重力侵蚀和水力侵蚀的面、沟蚀都很发育，成为长江流域悬移质泥沙最为典型的产沙区，其中白龙江亭子口站年均输沙模数曾高达 1.0858 万 t/(km^2 · a)。

③坡耕地面积扩大引起的水土流失严重，人为工程的水土流失呈现发展趋势。

人口快速增长，耕地面积不断扩大：长江流域在 1949 年仅 1.90 亿人口，至 1997 年已增加到 4.15 亿，其中农业人口 3.2 亿。全流域大致沿武都—灌县—雅安—昆明一线以东地区，人口平均密度大于 100 人/km^2；以西至雅安—丽江一线地区，人口平均密度为 100 ~ 50 人/km^2；西部横断山、川西黄土高原人口平均密度小于 50 人/km^2；玉树以西江源地区人口平均密度不到 1 人/km^2。人口密度构成以长江流域中下游和四川盆地最为密集，增长趋势由东继续向西推进，由平原丘陵向高原增长。如四川盆地人口密度达 500 ~ 700 人/km^2。全流域自 20 世纪 50 年代至 80 年代扩大耕地面积 40% ~ 60%，至 90 年代全长江流域坡耕地面积达 800 ~ 1000 万公顷，其中四川省川中盆地垦植率高达 50% ~ 70%，贵州乌江流域一般高达 30% ~ 60%。由于长江上游以山地丘陵为主，平地缓坡较少，如贵州毕节地区平地和水面仅占总土地面积的 6.7%，33.3% 为丘陵，60% 为山地，人口超载后，为扩大耕地，导致向陡坡扩展。

陡坡开荒、水土流失加剧：据史立人等研究，全流域共有坡耕地面积约 1066.7 万公顷，占耕地总面积的 39.0%，主要分布在四川盆地及盆周山地及大小凉山、乌蒙山、川东鄂西山地、汉江上游秦巴山地、鄂黔山地、湘西地区等。其中四川省 280 万 km^2，占坡耕地的 26.3%，贵州占 19.2%，重庆占 13.9%，云南省占 10.2%，湖南占 7.8%，陕西占 6.6%，其他山地丘陵区占 16.0%，以川、黔、渝等三省市的坡耕地面积为大。在全流域的坡耕地中，25°以上的坡耕地约占 1/4，其中四川坡耕地约占省内耕地面积的 81.3%，在 5000 万 km^2 旱地中，25°以上的坡耕地占 25% 以上，局部地区达 50% 左右。贵州 25°以上的陡坡耕地面积占总耕地面积的 28.6%，如贵州毕节等局部地区的坡耕地占旱地总面积的 85%，长江三峡坡耕地占 74.8%，个别坡耕地达 60°左右。长江上游大于 25°的坡耕地中最为典型的地区如重庆市的天城区铁峰乡占 68%，四川省西部的金阳县红联乡陡坡耕地高达 93.3%。另如中科院南京土壤研究所在三峡库区 19 个县、市调查的结果，库区坡耕地面积 126.18 万 km^2，约占库区总面积的 22.6%，而侵蚀量达 9450 万 t，占库区总量的约 60%。据有关研究估算：流域内 1066.7 万 km^2 坡耕地的年侵蚀总量可达 8 亿 t 左右，即约占全流域的 1/3。

④河床水力侵蚀的侧蚀和下切沿江呈条带状发展。

河床侧蚀引起的河岸冲刷与崩塌滑坡：长江中下游平原河段，两岸主要由河漫滩相的粘性土和河床相的沙土及砂卵石等组成二元结构，质地松软，一般以侧蚀为主。如下荆江裁弯前的 1959—1965 年和裁弯后的 1966—1987 年间河岸洲滩崩塌面积分别为 19.49km^2 和 76.62km^2，平均年崩塌面积为 3.25km^2 与 3.33 万 km^2。岸坡的冲刷可分两种：一种是单一沙性土，由水流直接冲刷；另一种是含粘性土河岸的滑坍提供的块体物质，再由河床水流冲刷搬运，可见河岸崩塌侵蚀实际为重力和水力组成的综合型侵蚀链。河道历史变迁中的侧蚀成段冲刷也多有发生，如上荆江的枝江县百里洲河段，在清末道光—同治年间发生了由“南江北沱”转为“北江南沱”的巨变，导致北沱扩展为大江的大冲刷。另如下荆江河段近百多年来发生的一系列自然和人工裁弯等。

河床水力侵蚀引起的河床下切:如下荆江河段由于1967年、1969年的人工裁弯和1972年的自然裁弯,引起裁弯上游长河段的溯源侵蚀和下游河段的下切冲刷;加上葛洲坝水利枢纽于1981年正式蓄水运行后坝下游的冲刷等影响,从而引起河床长河段的冲刷加深。据研究计算①,1966—1991年的25年间,在上游宜昌流量为5万m^3/s的条件下,25年间,荆江河段以冲为主,冲刷量达8.337亿m^3,其中上荆江占总冲刷量的34.2%,河床平均冲深1.09m;下荆江冲刷量为5.482亿m^3,占65.8%(含1.634亿m^3的裁弯新河冲刷量),河床平均冲深1.26m。

河床的冲刷特征:无论长江上游的山地丘陵河段,还是长江中下游的平原河段都存在水力的冲刷侵蚀,不过表现形式和侵蚀速度有别。上游河段以下切为主,速度缓慢,其侵蚀量大于淤积量;中下游河段以侧蚀为主,速度较快。长河段的侵蚀与堆积并存,并且总体淤积量大于侵蚀量。

三、主要侵蚀产沙类型的形成条件

(一)概述

长江流域侵蚀产沙类型一般以重力侵蚀的崩塌滑坡及泥石流和水力侵蚀等为主,其中尤以水力侵蚀面广量大,并包含雨水的滴溅、面蚀、沟蚀、河床水力冲刷和地下水的机械潜蚀以及化学溶蚀等多种侵蚀,在全流域产沙中更占重要地位。

有关侵蚀产沙的影响因素,一般流域产沙受自然和人为两方面因素的影响。自然环境方面包括产沙区的地形地貌因素,即坡高、坡长、坡角、坡形、坡向以及空间分布等;地质因素含地层、岩性、构造断裂、新构造运动的活动特性及地震等;气候因素含温度、湿度、风力大小、大气降水的雨量、雨强、雨型、雨滴组成等;植被条件包括植被的种属、覆盖率的大小等。人为因素的影响具两面性,对侵蚀产沙方面的不良影响主要表现为开荒垦殖等对植被的破坏导致地表覆盖率的降低,耕地面积扩大,耕种指数增长,不合理的陡坡开荒,顺坡耕种等更加剧水土流失;基建工程的不良影响不仅破坏表土,挖方工程还影响边坡的稳定,填方工程的新土失稳产生流失,尤以铁路、公路交通、水利工程以及开矿工程的废渣处理等较为突出。上述影响产沙的因素虽复杂多样,但影响的程度有主次、大小和强弱之分,其中主要因素是形成侵蚀产沙的必要条件,次要因素则影响产沙量的大小等。

(二)侵蚀产沙形成的基本条件

区域侵蚀产沙受多种因素所影响,其中地形地貌、物源和激发条件等为侵蚀产沙形成的3个基本条件,激发因素中还包含地球内力的地震和外力中的水力和人为因素影响等。现参照中科院成都山地研究所相关研究成果和流域产沙区及有关水土保持站试验场资料分述如下(典型实例见表2-2-3)。

1.侵蚀产沙的地质条件

无论崩塌、滑坡、泥石流还是土壤的水力侵蚀等,必不可少的都是侵蚀产沙的物源,

①单剑武,张美德."八五"国家重点科技攻关题目,三峡工程下流河道演变及重点河段整治研究专题报告(第二章).长江水利委员会长江科学院,1995年.

缺乏这一条件也就为无米之炊,因此其地质组成是提供泥沙不可缺少的必要条件。长江泥沙的来源,首先是第四系松散碎屑土,含风化残坡积和洪冲积土,风成黄土、冻融堆积等第四系松散土,次为半成岩或成岩的泥岩、页岩、砂页岩、煤系地层和变质岩系的片岩、千枚岩、板岩等,坚硬岩石受到地质构造破坏或风化亦为产沙提供物质基础。侵蚀产沙的地质条件特征:第一,易崩易滑易冲的松软岩土是提供泥沙的主要来源。因质地较松软,抗蚀能力差,当受到外应力作用时,易于破坏解体。除第四纪土层外,基岩如雅砻江的二滩、长江三峡的新滩、链子岩、重庆的红层、贵州的茅台等的崩塌、滑坡都是在粉砂岩、泥岩、页岩、煤层和红砂岩等软弱岩层内发生;另如岷江黑水河泥石流也主要发生在砂、泥岩煤系地层和千枚岩内。重点水土流失区亦主要分布在软弱层内,如陇南的白龙江和西汉水的黄土和四川琼江流域的紫色土,江西紫、红色的砂页岩红土,长江三峡秭归盆地的紫色砂页岩等。第二,活动断裂带的构造破碎,是激发硬质岩产沙的重要因素。主要分布在构造断裂接合部,新构造运动的活动带、地震带,由于受到构造活动的挤压变动,使岩体发生破坏,为泥石流和崩塌滑坡提供丰富的物质条件。如位于小江断裂带上的蒋家沟、东川达德沟,安宁河断裂带上的冕宁沙坝沟,以及地处多组断裂交汇部的巧家和地震带上的岷江黑水河等泥石流都十分发育。第三,岩石的风化作用,使岩体表层土壤化,深层遭受破坏等。如长江三峡的三斗坪、黄陵背斜核部的闪云斜长花岗岩区,山岭风化壳厚达20~45m,局部更为深厚;黄冈大别山的结晶片麻岩风化厚度一般亦多在10m以上等,分别使长江三峡峡区和大别山南坡诸水如巴河、浠水、举水等成为长江中下游河段推移质中粗砂的重要来源。

综合上述可见:地质条件是侵蚀沙的物质基础,物源条件又主要取决于产沙区的岩性组成,构造破碎和风化的程度不仅影响产沙强度和规模的大小,而且关系产沙区域的分布等。

2. 侵蚀产沙的地形地貌条件

地形的相对高差是地表侵蚀产沙的动力之源,相对高差愈大,势能愈大,即转换动能愈大。相反,若地面是一个理想化的平面,高差为零,即使受到风化、雨滴的击溅破坏,也只能残留原地。所以长江流域的产沙区主要分布在多山地丘陵的长江上游地区,而川西北的黄土高原、川西成都平原、长江中下游平原等虽然地表第四纪堆积物广泛分布,且质地松软,但因地势平坦侵蚀微弱,一般多属微度或无明显侵蚀的非侵蚀区。长江上游也分布有很多山间盆地,盆周外围侵蚀产沙严重,而盆底侵蚀较轻,如长江上游金沙江流域的中甸,有一连串的山间盆地呈北西向展布,因地处干热河谷,降雨量小,除盆地周围山坡有洪积扇分布外,盆地内冲沟稀少,侵蚀轻微,反而成为盆周来沙的堆积场地;又如云南大理盆地,盆周的苍山18溪,因水土流失,在山口形成一系列大型洪积扇群,而盆地内的洱海沿岸平原因水土流失极为轻微,所以洱海湖水保持常清。从上可见,区域地形地貌环境是侵蚀产沙的重要条件。据表2-2-3中长江流域典型产沙区的实例反映,如位于长江上游Ⅰ~Ⅱ级地形阶梯过渡带的雅砻江二滩和大渡河的小落鹰崖等崩塌滑坡区,地形相对高差达2000~3000m,安宁河冕宁沙坝沟相高1225m,巧家相高1270m,地面高差普遍较大;而四川盆地遂宁海拔降低为313m,嘉陵江李子溪海拔300~500m,三峡秭归海拔500~70m,南京海拔小于200m,长江三角洲海拔在10m以下,流域的山间盆地、浅丘及平原海拔高度由西向东呈阶梯状下降,高差由大至小,坡度由陡变缓,一般崩塌滑坡和泥石流数量亦相应减少,土壤水力侵蚀强度亦随之减弱。

3.侵蚀产沙的激发条件

①大气降水的影响:土壤侵蚀产沙中,水源是侵蚀产沙的重要条件,并主要由大气降水提供,因此气候因素影响重大,如四川盆地在1981年特大暴雨中,仅苍溪、广元、旺苍、阆中、南部、三台、中江、威远、永川、荣昌等县市就引发滑坡5.0865万个;另据长江上游500多个崩塌滑坡统计,共有85%发生于雨季。由于大气降水,不仅使岩土重量增加,滑动力增大,更重要的是降水使岩土内摩擦角减小,抗剪强度降低,抗滑力减小易失稳产生滑动;水对泥石流的暴发不仅起到激发作用,由于泥石流的物质是由固相和液相组成的,所以水又是泥石流产沙不可缺少的物质组成部分。水力侵蚀是长江流域最为主要的侵蚀类型,更由于大气降水形成地表径流,产生侵蚀产沙,长江中下游的河床冲刷也主要是在每年5—9月峰高量大的汛期进行的,而汛后的崩岸也因受洪水期的冲刷所影响。从表2-2-3中的典型实例可见,年均降雨量除地处青藏高原的玉树孟宗沟、川西黄土高原区的阿坝金川八步里沟、南坪和四川盆地内的嘉陵江、岷江及大渡河等上游的部分地区偏少外,其他典型实例地区年降雨量大都在1000mm以上,共同特点是年降雨量普遍较大,而且多暴雨,由于雨量和雨强较大,更有助于水力侵蚀等的产生。最为典型如1981年6月27日四川凉山州南部地区普降大暴雨,在雨区内雨量大于50mm的攀西地区包括盐源、德昌、普格、宁南、盐边、攀枝花、会理和会东地区的8个市县范围内诱发泥石流100多处,较大滑坡10处以上。按其平面分布,以安宁河米易地区为中心,在日降雨量大于100mm地区的泥石流占总数的50%,100~70mm的占34%,70~60mm的占13%,60~50mm的占3%,即降雨中心区雨强大,暴发泥石流的数量较多,分布密集;距中心区愈远,相对较少(图2-2-1)。另据多年资料统计,我国平均降水量由东南向西北递减,其中80%的泥石流分布在年降水量为400~1400mm地区。

综合上述,大气降水等水源不仅对水力侵蚀和泥石流侵蚀起着决定性的作用,同时对重力侵蚀的崩塌滑坡也是重要的激发因素。

②地震因素的影响:不仅因地震松动破坏岩土为水土流失提供物质,同时因地震的震动能量激发岩土产生崩塌滑动,当水源充足时,还能促使泥石流的暴发,如1923年炉霍发生烈度为10度的地震,激发崩塌滑坡120余个;1933年8月25日的四川省叠溪7.5级地震引发滑坡44个,并引发泥石流;2008年5月12日汶川8.0级地震,激发区域性滑坡等。

③人为因素影响:在侵蚀产沙系统中,人是最为活跃的因素,不仅因开荒垦殖,破坏森林,造成水土流失,还因工程施工的挖方、填方、开矿、弃渣以及修建水利,调节水源等,亦产生激发侵蚀产沙。

在以上3种激发因素中,一般条件下均以大气降水因素影响为主,并具时间上的多发性和空间上的普遍性特征。

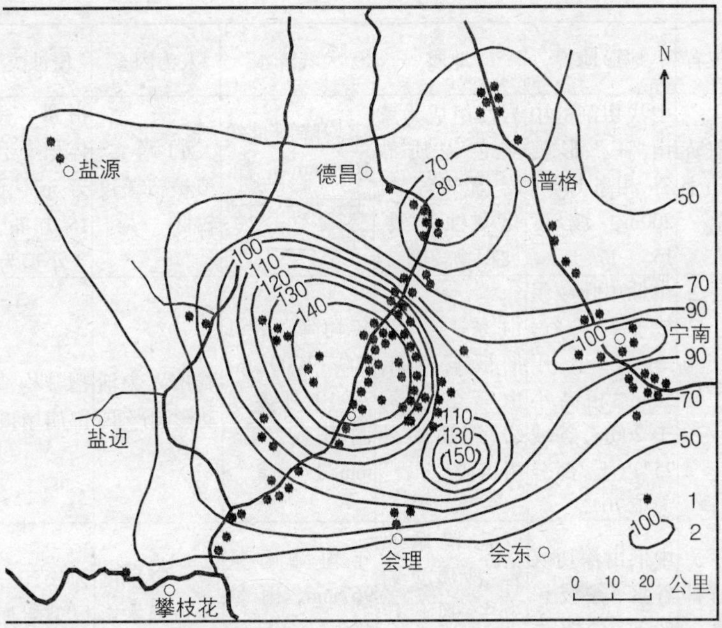

1. 泥石流沟位置　2. 日降雨量等值线

图 2-2-1　安宁河米易地区 1981 年 6 月 27 日泥石流分布与日降雨量等值线图[23]

表 2-2-3(a)　　长江流域典型侵蚀实例的环境条件一览表

序号	地点	地理位置	地形地貌	地质	大气降水	人为因素	侵蚀类型	资料主要来源
1	雅砻江二滩	四川省攀枝花市二滩水库库区	以中高山、高原为主,相高 2000 ~ 3000m,谷坡 30° ~ 50°,部分 45° ~ 65°	主要岩性由砂岩、粉砂岩、泥岩、页岩组成	年平均降水量 1000 ~ 1300mm	因修建二滩水库,受人为因素影响较强	岩土质滑坡 140 个,占库岸的 77%	李沛、孔纪名、朱平一、金石等,1996 年
2	大渡河小落鹰崖	四川省大渡河上游响水沟段的落鹰崖	高山深切"V"形峡谷区,相高 2500 ~ 3000m,坡度 40° ~ 45°	地处深大断裂复合部,闪长岩、花岗闪长岩等强风化,多地震	年均降雨量 637mm,多大雨、暴雨、大暴雨	受开发公路交通影响	为岩崩滑坡、泥石流等山地灾害危崖区	王成化、程尊兰、张晓刚等,1996 年
3	茂县叠溪	岷江上游茂县	海拔 1000 ~ 3000m 中、高山,深切河谷,平均坡度 30° 以上	褶皱断裂发育,新构造运动强烈,地震频繁,岩性以灰岩为主	年均降雨量 500 ~ 800mm	森林植被属中高覆度区,人为活动强	地震激发滑坡崩塌堵江、蓄水形成海子	唐邦兴、柳素清、刘世建、崔鹏等
4	贵州六盘水	黔西六枝、盘县、水城和钟山等市县	海拔 1800 ~ 2500m 中山,以中浅切割为主,局部达 1000m,坡度 25° ~ 35°	新构造运动强烈,岩性以碳酸盐岩类为主,部分为砂、页岩、玄武岩等	一般年降雨量 1224 ~ 1482m,多暴雨	大于 25°陡坡耕地占总耕地的 34%,森林覆盖率 7.5%	滑坡、崩塌、泥石流、岩溶塌陷等十分严重	兰肇声,1995 年

续表

序号	地点	地理位置	地形地貌	地质	大气降水	人为因素	侵蚀类型	资料主要来源
5	贵州茅台	贵州省赤水河中上游右岸	中浅切割的中山"U"形河谷，相高 100 ~ 200m，坡度 15° ~ 17°	岩性组成为紫红色泥质砂岩、泥岩等，风化剥蚀强烈，坡积物较厚	年均降雨量约 1000mm 左右，主要集中 5—8 月	人口增多，植被覆盖度较低	滑坡，一般体积小于 35 万 m^3，尤以 15 万 m^3 以下小型为主	张晓刚、孔纪名、乔建平等
6	重庆市区	嘉陵江与长江汇合处	由低山丘陵组成平行岭谷，海拔小于 500m，相高小于 200m，谷坡 25°以上，部分大于 70°	由系列 NNE 向褶皱控制，由紫红色泥岩、泥质粉砂岩组成	年均降雨量 1200 ~ 1000mm，7—10 月多暴雨，雨强 200 mm/d	城市人为活动影响严重	褶皱构造轴部崩塌频繁	李智毅、王建锋，1991 年
7	三峡新滩	湖北省秭归县境	中低山深切峡谷区，谷坡一般 30°左右，局部达 70°以上	以志留系页岩、沙质页岩为主，风化层深厚达 20m 以上	年均降雨量 967mm，雨量集中在 5—8 月	受一定程度人为因素影响	为长江三峡巨型岩崩滑坡多发区	林承坤，1989 年
8	三峡链子崖	长江西陵峡新滩对岸	中低山峡谷区，谷坡陡崖高达 500m	由灰岩、泥灰岩、粘土层与煤系组成，质地软弱，裂隙发育	同上	同上	为长江三峡岩崩多发区	林承坤，1989 年

表 2-2-3(b) 长江流域典型侵蚀实例的环境条件一览表

序号	地点	地理位置	地形地貌	地质	大气降水	人为因素	侵蚀类型	资料主要来源
9	南京栖霞山	江苏省南京市郊的长江右岸	由丘岗、平原河漫滩组成，海拔小于 200m，坡度 15° ~ 30°，少数达 60°以上	多组断裂交汇，岩性由砂岩、灰岩、火成岩和下属黄土等组成	一般年降雨量 1000 ~ 1200mm 雨量集中在 5—9 月，多暴雨	城市人口密集，人为活动频繁	以滑坡、崩塌和地陷为主	刘振东、于秀波、徐桂卿等，1992 年
10	玉树孟宗沟	青海省玉树县巴塘河流域	海拔 3740 ~ 4833m，相高 1098m，深切割高山	以中性喷出岩、凝灰岩和断层破碎带的碎屑岩为主	年均降水量 487mm，以 6 ~ 9 月降雨较多，7 ~ 8 月有暴雨	为高寒灌丛草甸带和高寒草甸带	崩塌、泥石流发育，以崩塌体为泥石流主要物源	王海宁、赵明，1995 年
11	小江东川达德沟	云南省小江中游大白河左岸	海拔 3216m，相高 1886m，为高中山深切峡谷，一般坡度 40° ~ 58°	受断裂影响，岩层破碎，岩性以砂岩、灰岩、玄武岩等为主，多地震	年均降雨量，在高山区 1368mm，中山区 1272mm，低山区 903.6mm，河谷区 683.5mm	人口密度达 147 人/km^2，森林覆盖率 11.4%	滑坡泥石流沟发育，1983 年一次搬运物质 40 万 m^3，最大岩块 420t	殷崇庆、杨文科、陈循谦，1989 年

续表

序号	地点	地理位置	地形地貌	地质	大气降水	人为因素	侵蚀类型	资料主要来源
12	小江蒋家沟	小江右岸的会泽县和东川市境内	海拔 3269～1042m，中高山，相高 1749m，坡度 25°～35°	多组断裂交汇，岩性以砂岩、板岩、白云岩和第四系残坡积为主	年均降雨量 702mm，并有地下水，渠道水等多种水源补给	森林覆盖率 12.9%	暴雨泥石流沟规模巨大，暴发频繁，多次堵江	吴积善、康志成、田连权、章书成等，1990 年
13	安宁河冕宁沙坝沟	四川冕宁县沙坝村	深切割中山，海拔 2850～1625m，高差 1225m	受断裂带影响，地震 8°～9°，岩体破碎，强风化，以闪长岩夹伟晶岩脉为主	年均降雨量 1187.3mm，集中在 6—9 月，多暴雨	中上游植被良好，下游村落密集，垦为耕地	暴雨泥石流	蒋中信，1992 年
14	西昌东河	四川省西昌市（东），安宁河支流	高中山深切割区，海拔 3450～1510m，高差 1940m	岩性组成以红色粉砂岩、长石石英砂岩为主，风化严重	多大暴雨，日降雨量 >80mm，最大达 199.5mm	一般森林覆盖率高	大型滑坡泥石流，漂石直径达 2～3m	蒋中信，1992 年
15	巧家白泥沟	云南省巧家县城东南 3km 处	海拔 2120～850m 深切割中山，相高 1270m，坡地一般 30°左右	深大断裂交汇，地震频繁，岩性为灰岩、玄武岩、砂页岩、泥灰岩及第四系堆积物等	年均降雨量 801mm，上游降雨量 1000～1500mm，多暴雨，下游为干热河谷	山地森林覆盖率降低到 13%，下游人口稠密	滑坡泥石流，由暴雨激发，活动频繁	刘希林、兰肇声，1995 年

表 2-2-3(c)　长江流域典型侵蚀实例的环境条件一览表

序号	地点	地理位置	地形地貌	地质	大气降水	人为因素	侵蚀类型	资料主要来源
16	巧家水碾河	云南省巧家县城北 8km	海拔 3555～645m，相高 2910m，深切高中山地	受多组深大断裂交汇影响，地震频繁，岩层破碎，以灰岩、页岩、玄武岩等为主	年均降雨量 801.4mm，集中在 5—10 月有暴雨	森林覆盖率 11%，25°以上坡耕地占耕地的 27%	特大规模泥石流	王世廿、杨庆溪、刘希林、汪阳春等，1992 年
17	阿坝金川八步里沟	四川省金川县西南	一般 3100～4300m，岭谷高差 800～1200m，平均坡度 25°～30°	为砂岩、板岩、凝灰、及灰岩等，风化强	年均降雨量 642.9mm，集中在 5—10 月，有暴雨	自 1958 年以来森林面积不断缩小至 30%左右	暴雨激发滑坡、崩塌形成泥石流	唐邦兴、柳素清，1993 年
18	阿坝南坪	四川省南坪县城区后山	海拔 3812～3445m，为深切割高山沟谷，缓坡 10°～25°，陡坡 70°以上	受构造断裂所控制，岩层破碎，裂隙发育，岩性主要以砂岩、板岩、灰岩等	年均降雨量为 556.6mm，最大日降雨量大于 50mm，有暴雨	人为经济活动影响，森林覆被度较低	暴雨泥石流	唐邦兴，柳素清，1993 年

续表

序号	地点	地理位置	地形地貌	地质	大气降水	人为因素	侵蚀类型	资料主要来源
19	岷江黑水河	四川省宁南县普格地区	层状中山，深切割峡谷地貌，平均坡度20°左右	以砂、泥页岩互层、千枚岩、白云岩、灰岩、煤系地层等为主，多地震	年降雨量1000～1800mm，多大暴雨	人的活动影响，为森林低覆度区	暴雨泥石流、滑坡较发育	谭万沛、王成华、姚令侃、晋玉田、杨文等，1994年
20	嘉陵江清水沟	甘肃省武都县北峪河左岸	陇南中山深切割区，海拔2189m，相高1172m，坡度20°～40°	新老构造运动强烈，褶皱断裂发育，岩性组成以千枚岩、板岩为主	年均降水量474.6mm，集中在4—9月，多暴雨	人口密度425人/km^2，林地占3.8%	泥石流活动频繁，占土石山面积的31.0%	郭利勇、赵书平、韦忠，1999年
21	四川琼江流域	于四川涪江下游的遂宁、潼南、乐至、安岳等地区	海拔200～500m，多方山丘陵分布，20～100m阶地沿江发育	紫色砂页岩风化强	年均降雨量约800～1000mm，多暴雨	川中方山丘陵地区耕植指数高，主要为农业植被或经济林地	以水力侵蚀为主，侵蚀面积占全流域面积的75.7%，平均侵蚀模数为5645.6t/(km^2·a)	李仲明、唐时嘉、张先婉、何毓蓉等，1991年
22	贵州毕节地区	黔西北乌江上游	由山地、丘陵、平原组成，海拔2900.3～457.0m，以中山为主，一般坡度5°～35°	以石灰岩、煤系砂页岩、紫红色砂页岩、泥岩等为主	年均降雨量854.1～1444.1mm，多集中在5—9月	平均森林覆盖率8.53%，其中毕节6.2%，耕地面积占总面积的46.4%，坡耕地占85%	以水力侵蚀为主，年均侵蚀模数(t/km^2·a)：毕节4137，纳雍4790，织金3515	钟亦泉等，1988年

表2-2-3(d)　长江流域典型侵蚀实例的环境条件一览表

序号	地点	地理位置	地形地貌	地质	大气降水	人为因素	侵蚀类型	资料主要来源
23	四川省遂宁试验场	遂宁市中区丰镇解元村	海拔313m，丘陵区平均坡度为37.7°	以红棕色泥岩为主，夹薄层状细粉砂页岩互层	年均降雨量936.4mm，最大年降雨量1342.8mm	植被率6.56%～31.1%	以水力侵蚀为主，年均侵蚀模数10413.9t/(km^2·a)，	陈泽渊，1997年
24	嘉陵江李子溪	四川省南充市	一般海拔300～500m，为丘陵区	为紫红色泥岩、砂岩、泥灰岩和粘性土等	年均降水量947mm，集中在5—10月	1985年后加强植树造林、种草和坡改梯等	以水力侵蚀为主，多年平均悬移质输沙模数636.5t/km^2·a	邓贤贵，1998年
25	三峡三斗坪	湖北省宜昌市西陵峡	低山丘陵区，河床弯曲分汊，宽谷，谷坡左岸10°～25°	主要由闪云斜长花岗岩等岩浆岩组成，风化层厚达20～45m	年降雨量1000～1200mm，主要在5—8月	森林覆盖率21.7%，岩浆岩区10.2%～17.0%	为水力侵蚀，侵蚀模数(t/km^2·a)平均1214.1，其中闪云斜长花岗岩区5902.7，砂岩582.6，灰岩区427.1	林承坤，1989年

续表

序号	地点	地理位置	地形地貌	地质	大气降水	人为因素	侵蚀类型	资料主要来源
26	恩施清江刷把溪试验场(11号)	湖北省恩施市龙凤坝刷把溪	深切割中低山区，海拔790m，场坡25°,坡长20m	石灰岩风化残坡积粘性土	年均降雨量846.6mm	植被覆盖度6.7%	水力侵蚀的侵蚀模数3206.06t/(km² · a)	恩施鄂西自治州龙凤坝水土保持试验站,余大海等,1991年
27	黄冈大别山(南坡)	湖北省黄冈地区	大别山低山丘陵区南坡，一般坡耕地6°~15°	以结晶片麻岩为主(有新火成岩入侵),强风化，一般厚达10.0m以上	年均降雨量1425mm,多暴雨和特大暴雨	耕地面积:山地占总面积的22.6%,平原浅丘占47.6%	以水力侵蚀为主,35°以上坡地为重力侵蚀，平均水土流失面积达47.34%，侵蚀模数2570t/(km²·a)	黄冈水土保持站，1990年
28	江西兴国	赣南平江流域上游	地处江西南部,以丘陵为主	为花岗岩、紫红色砂页岩和第四系红土等,其中花岗岩风化强烈,多厚达20~30m	年降雨量约1400~1600mm,主要分布在4—6月,多暴雨	由于人口增多、毁林开荒、开矿等,森林覆盖率下降	以水力侵蚀为主,花岗区流失面积占25.9%,侵蚀模数达25200t/(km² · a)	郧良兴、蒋立义、张荣峰等

表2-2-3(e) 长江流域典型侵蚀实例的环境条件一览表

序号	地点	地理位置	地形地貌	地质	大气降水	人为因素	侵蚀类型	资料主要来源
29	江西赣州	江西省赣江源头章、贡两江汇口处	丘岗、平原山地组合,以丘岗为主	紫色页岩丘陵区	年均降雨量1434.3mm,4—6月较多,多暴雨	植被稀少,在人工填土分布区水土流失较严重	水力侵蚀面积占总面积的34%,城市开发区侵蚀模数为4.22万t/(km² · a)	何长高,胡建民,1999年
30	湖北秭归砂页岩区	湖北省秭归香溪镇周家湾	海拔500~70m,深切低山丘陵，谷坡5°~39°,平均17°	紫色砂页岩区	年均降雨量1000~1200mm	林灌覆盖度14.4%，人口密度182人/km²	水土流失面积占总面积的70%，中强度侵蚀占总面积的73%	黄万双、付强

(三)分类侵蚀产沙形成的主要条件

1.水力侵蚀形成的主要条件

形成条件中第一是丰沛的降水量及较大的雨强,其年径流深度愈大,年侵蚀量愈大;第二是地表由易于侵蚀的物质组成,在松软土和质地较软的千枚岩、片岩等分布区易于侵蚀,如西北黄土、长江中游红土、四川盆地的紫色土等;第三是地形条件,山地丘陵的斜坡区中,水力侵蚀对坡度要求一般不大,面蚀临界坡度为22°~26°,沟蚀临界坡度为26°~30°,小于和大于临界坡度区的水力侵蚀强度反而减弱,侵蚀量减少(见表2-2-4)。

2. 崩塌滑坡侵蚀形成的主要条件

可分为岩质和土质两类,形成条件中第一是地形条件,崩塌滑坡发育于一定的坡高和坡角,一般坡角大于40°,坡度愈大,愈有利于崩塌滑坡的发育;第二是滑坡崩塌物质组成,一般仍以易崩滑的软质岩系如千枚岩、片岩及松软土等为主;第三是水源条件,除大气降水外,地下水和人为工程水源等都可激发,如库区水位上升,地下水位抬高等。但在崩塌、滑坡中,对坡的角度要求较高,而对水的要求相对较低,尤其崩塌侵蚀还可在少水或缺水的条件下,由地震或人为因素等激发形成。

3. 泥石流侵蚀形成的主要条件

是一种间于崩塌滑坡和水力侵蚀类型之间的一种过渡类型,形成条件比滑坡崩塌和一般降雨引起的面蚀和沟蚀等水力侵蚀为高。在形成的3个基本条件中,第一是地形地貌条件:首先要求较大的坡高,长江上游一般1000~2000m,如横断山区相高达2000~3000m,泥石流较为发育,四川盆地相高300~500m泥石流发育减少,长江中下游的低山丘陵区少见,平原区不发育;其次要有一定的坡度,暴发的临界坡度一般为25°~45°。第二条件是丰富的物源:大量的物质储备是基础。第三是充足的水源:一般为大气降水,充沛的雨量和较大的雨强是泥石流形成的重要条件。以小江的泥石流沟为例:如东川的达德沟,海拔高差1886m,坡角54°~45°,松散物质储备面积达4.84km^2,一般年均降雨量1272.4mm。又如蒋家沟海拔3269~1042m,地形高差达1749m;年降雨量702mm,流域形状呈葫芦形的瓢状,中上游大、下游小,有利降水的水量汇聚;加之地处小江的深大断裂带,由南北、北东和北西向3组断裂交汇,岩体破碎,构造运动活跃,地震频繁,流域内发育有大的冲沟45条,支沟200余条,滑坡、崩塌十分强烈,占流域面积的61%,储有松散堆积物达12.3亿m^3,为泥石流的发育提供了丰富的物质基础。

表2-2-4 侵蚀产沙环境条件表

类别	基本条件	主要形成因素	影响因素
侵蚀产沙形成条件	地形地貌条件	主要产沙坡度、坡高 1. 坡度:雨滴溅蚀:<22° 面蚀:22°~26° 沟蚀:26°~30° 泥石流:25°~45° 崩塌滑坡:>40° 2. 坡高:泥石流:一般1000~2000m,最高可达3000m,要求坡高较大 重力侵蚀:一定坡高即可 水力侵蚀:要求不高	自然和人为因素的挖方填方工程。一般情况下,一定的坡度,较大的坡高和坡长及向南的阳坡,是侵蚀产沙有利地形因素,势能愈大,侵蚀动力愈强
	物源条件	1. 松软土 2. 软质岩 3. 构造断裂、地震、新构造运动活跃区的构造岩土等 4. 强风化区 5. 人为因素产沙	物源区的物质储量丰富,质地松软,颗粒较细,是侵蚀产沙的物质基础
	激发条件	1. 大气降水 2. 地震激发 3. 人为因素影响	主要取决于大气降水的雨量和雨强;地震烈度的大小;人为因素破坏的程度等,所有激发强度愈大,侵蚀量愈大

（参照中科院成都山地研究所2000年前相关资料）

综合上述，在诸侵蚀类型中，区域地形和物源是两个基本的必要条件，而水源、地震和人为影响则是重要的激发因素，但由于侵蚀产沙的类型不同，其形成条件的主次和量的大小等要求亦有所不同。对于地形坡度要求：一般崩塌 > 滑坡 > 泥石流 > 水力侵蚀；对于水源的水量要求则相反，以水力侵蚀为大，崩塌为小。综合条件，以泥石流对地形的坡高、坡角，物源和大气降水的雨量、雨强等都要求较高，相反以水力侵蚀条件相对较低。在自然侵蚀中，按其成因主要可分以下两类：其一，单一型侵蚀：系由一种侵蚀类型发生侵蚀产沙后直接入江（河），包括水力侵蚀的面蚀、沟蚀和重力侵蚀的崩塌滑坡及泥石流产沙等；其二，组合型侵蚀：系经多级侵蚀产沙，包括首先通过崩塌滑坡或泥石流侵蚀，再经水力侵蚀随水流入江河，在侵蚀过程中，经多种类型转换，形成侵蚀链，在自然条件下，一般多具复合性。流域主要侵蚀类型的典型实例祥见表2-2-3

参考文献

[1] 唐日长主编，史立人，魏特撰写．枢纽来沙研究，泥沙研究（第一章）．北京：中国水利电力出版社，1990年．

[2] 沈玉昌．长江上游河谷地貌．北京：科学出版社，1965年．

[3] 季学武，郭一兵等．三峡工程水文研究．武汉：湖北科学技术出版社，1997年．

[4] 严沛漩．长江流域区域工程地质概况．长江志通讯，1987(8)．

[5] 唐邦兴，柳素清．四川省阿坝藏族羌族自治州泥石流及其防治研究．成都：成都科技大学出版社，1993年．

[6] 王海宁，任兴汶．试论长江源头地区的水土流失．水土保持通报，1995年．

[7] 中国水文地质工程地质勘查院．中国分省地质灾害图集．北京：中国地图出版社，1996年．

[8] 地质矿产部环境地质研究所．中国滑坡崩塌类型及分布图．北京：中国地图出版社，1992年．

[9] 地质矿产部成都水文地质工程地质中心．中国泥石流灾害图（1:6000000）．北京：中国地图出版社，1992年．

[10] 柴宗新．西南地区水土流失区划．山地研究，1995(5)．

[11] 中国地质科学院水文地质工程地质研究所．中国土壤侵蚀图．北京：中国地图出版社，1992年．

[12] 乔建平．长江上游滑坡危险区划及分区研究．滑坡研究与防止．成都：四川科学技术出版社，1996年．

[13] 乔建平．滑坡减灾理论与实践．北京：科学出版社，1997年．

[14] 张晓刚．长江上游滑坡分布研究．滑坡研究与防止，成都：四川科学技术出版社，1996年．

[15] 李德基．泥石流减灾理论与实践．北京：科学出版社，1997年．

[16] 唐邦兴，柳素清，罗守贵，等．岷江上游人类活动对山地灾害影响的空间性与定量性，中国泥石流滑坡编目数据库与区域规律研究．成都：四川科学技术出版社，1998年．

[17] 夏鹏章. 浅谈长江上游的山崩泥石流与产沙,长江流域山地开发与灾害防治. 成都:成都地图出版社,1992 年.

[18] 中国科学院西南资源开发考察队. 西南自然灾害及防治对策. 北京:科学出版社,1991 年.

[19] 杨意诚,石国钰,陈显维,叶敏,陈珂,等. 长江上游水库群拦沙淤积对三峡水库来沙的影响研究报告,长江三峡工程泥沙与航运关键技术研究专题研究报告集(下册). 武汉:武汉工业大学出版社,1993 年.

[20] 林承坤. 岷江卵石推移质泥沙与数量特征. 地理学报,1995 年.

[21] 陈富斌,赵永涛. 攀西地区新构造. 成都:四川科学技术出版社,1988 年.

[22] 地质矿产部环境地质研究所. 中国滑坡崩塌类型及分布图. 北京:中国地质出版社,1992 年.

[23] 唐邦兴. 四川省自然灾害及减灾对策. 成都:电子科技大学出版社,1995 年.

[24] 陈循谦. 云南金沙江流域滑坡泥石流. 长江志季刊,1989 年.

[25] 程尊兰,朱平一,刘雷激. 金沙江下游地区山地灾害特征,海峡两岸山地灾害与环境保育研究. 成都:四川省科学技术出版社,1998 年.

[26] 唐邦兴,柳素清,刘世建,等. 我国地质灾害及其防治. 山地研究,1996 年.

[27] 吴积善,王成华,程尊兰,等. 中国山地灾害防止工程. 成都:四川科学技术出版社,1997 年.

[28] 谭万沛,王成华. 暴雨泥石流滑坡区域预测与预报—以攀西地区为例. 成都:四川科学技术出版社,1994 年.

[29] 钟敦伦,刘世建,谢洪,等. 四川境内金沙江下游泥石流活动现状,泥石流(4). 北京:科学出版社,1995 年.

[30] 中国科学院成都山地灾害与环境研究所. 泥石流研究与防治. 成都:四川科学技术出版社,1989 年.

[31] 林承坤. 泥沙与河流地貌学. 南京:南京大学出版社,1992 年.

[32] 吴积善,康志成. 云南蒋家沟泥石流观测研究. 北京:科学出版社,1990 年.

[33] 田连权,吴积善. 泥石流侵蚀搬运与堆积. 成都:成都地图出版社,1993 年.

[34] 杜榕桓,康志成. 云南小江泥石流综合考察与防治规划研究. 重庆:科学技术文献出版社重庆分社,1987 年.

[35] 王世廿,杨庆溪. 金沙江下游巧家水碾河沟“89. 5. 6”特大泥石流,长江流域山地开发与灾害防治. 成都:成都地图出版社,1992 年.

[36] 谭万沛,罗晓梅. 孙水河流域的泥石流灾害严重性分析,海峡两岸山地灾害与环境保育研究. 成都:四川科学技术出版社,1998 年.

[37]李昭淑,刘兴昌,王家鼎,赵月利,等. 青泥湾泥石流灾害成因分析. 中国地质灾害与防治学报,1997(8 -3).

[38]陈景梁,赵克玉. 南秦岭水库排沙运用的研究.

[39]田红. 水土保持经济效益分析的计算机系统——以铁瓦河小流域为例. 水土保持通报,1998 年.

[40]李智广,李锐. 陕南嘉陵江流域土石山地综合利用研究. 水土保持通报,1998 年

(8-4).

[41]李昭淑,程永华.陕西省秦巴山地泥石流灾害及防止对策,海峡两岸山地灾害与环境保育研究(第一卷).成都:四川科学技术出版社,1998年.

[42]王咸华,陈自生,王化卿,等.滑坡研究与防治.成都:四川省科学技术出版社,1996年.

[43]乔建平,杨文,左小荣,赵宇,等.四川省滑坡分布及危险度区划图.成都:成都地图出版社,1996年.

[44]杜榕桓,刘新民,袁建模,李天池,等.长江三峡库区滑坡与泥石流研究.成都:四川科学技术出版社,1990年.

[45]史立人.长江流域坡耕地治理.人民长江,1999年(7).

[46]柴宗新.我国南方土地侵蚀特点.山地研究,1996年(16-4).

[47]钟祥浩,何毓成,刘淑玲,等.长江上游环境特征与防护林体系建设(川江流域部分).北京:科学出版社,1992年.

[48]钟祥浩,何毓成,刘淑珍,等.长江上游环境特征与防护林体系建设(乌江流域).成都:四川科学技术社,1992年.

[49]罗林,张佑礼,李家华,等.毕节地区滑坡泥石流分析.山地研究,1996年(14-3).

[50]林承坤.长江三峡黄陵背斜区产沙特征与数量计算.地理学报,1985年(40-4).

[51]洪庆余,罗钟毓.长江防洪与'98大洪水.北京:中国水利水电出版社,1999年.

[52]中国水文地质工程地质勘察院.中国分省地质灾害图集.北京:中国地图出版社,1996年.

[53]何长高,胡建民.赣州市水土保持与区域可持续发展.水土保持通报,1999年(19-4).

[54]潘凤英.南京城郊灾害性重力地段地貌的初步研究.地理研究,1992年(11-1).

[55]罗国煜,李晓昭,张春华,Satan Bishir,等.南京地质环境的基本特征和几个主要环境岩土工程问题.高校地质学报,1998年.

[56]夏冬兴,王文海,武桂秋,崔金瑞,李福林,等.中国海岸侵蚀述要.地理学报,1993年(48-5).

[57] 王治华.金沙江下游的滑坡和泥石流.地理学报(第54卷,第2期),1999年.

[58] 李沛,孔纪名,宋平一,等.雅砻江二滩水电站库区滑坡的分布规律,滑动研究与防治.成都:四川科学技术出版社,1996年.

[59] 罗德富,吴积善.西南自然灾害及其防治对策.北京:科学出版社,1991年.

[60] 张小林,郭厚祯.毕节地区土地资源的退化和防治对策.水土保持通报,1995年.

第三章　流域侵蚀产沙的特征

第一节　流域侵蚀产沙

一、流域水土流失面积

1. 流域水土流失面积的强度分级

长江流域两次调查统计资料列于表3-1-1①②。第一次为各省(市)1986年按水利部颁水土流失等级划分的标准统计的1985年流域水土流失资料:全流域土地面积约175.35万km^2,其中水土流失面积56.20万km^2,占总面积的32.05%;非水土流失面积(即侵蚀模数小于500t/(km^2·a)的微度侵蚀)为119.15万km^2,占67.95%。在水土流失面积中,按侵蚀模数大小分为五级,轻度侵蚀(即侵蚀模数500~2500t/(km^2·a))为21.03万km^2,占水土流失面积的37.42%;中度侵蚀(侵蚀模数2500~5000t/(km^2·a))18.96万km^2,占33.74%;强度侵蚀(侵蚀模数5000~8000t/(km^2·a)10.27万km^2,占18.27%;极强度侵蚀(侵蚀模数8000~1.35万t/(km^2·a))4.08万km^2,占7.26%;烈度侵蚀(侵蚀模数大于1.35万t/(km^2·a))1.86万km^2,占3.31%。第二次为20世纪90年代末的遥感监测,从资料成果显示流域区水力侵蚀等的水土流失面积由上世纪80年代的32.05%降低为90年代末的29.88%,降低2.17个百分点,减少流失面积3.80万km^2;在水土流失强度分级中,强度以上的水土流失面积在上世纪80年代占28.84%,90年代末为19.00%,降低9.84个百分点,由于强度以上侵蚀面积的减少,中轻度的侵蚀面积百分数相应增大。另从重点水土流失区的统计表(见表3-1-2,表3-1-3),80年代中期嘉陵江上游支流西汉水和白龙江与金沙江下游等流域区水土流失面积所占比例分别高达52.06%与51.64%;2000—2004年遥感资料显示,含嘉陵江流域、金沙江下游及长江三峡库区、丹江口水库及水源区等水土流失面积所占比例还高达39%~54%,其中强度以上流失面积仍达27%~36%等。从上可见:20世纪80年代中期以前是长江流域水土流失最为严重时期,90年代以来随水土流失防治工作等的开展有所好转,但重点水土流失地区仍较严重。

---

①长江水利委员会.长江流域综合利用规划报告,1990年.

②水利部长江水利委员会.长江流域水土流失公报,2007年.

表 3-1-1　　长江流域水土流失面积表

（面积单位：万 km^2）

调查时代（20世纪）	水土流失面积及占区域面积（%）			水土流失分级面积及占总流失面积（%）										资料来源
	区域面积	水土流失面积	占区域面积	轻度	百分数	中度	百分数	强度	百分数	极强度	百分数	烈度	百分数	
80年代中期	175.35	56.20	32.05	21.03	37.42	18.96	33.74	10.27	18.27	4.08	7.26	1.86	3.31	长江水利委员会 1990年
90年代末期	175.35	52.40	29.88	21.50	41.00	21.20	40.00	7.60	15.00	1.70	3.00	0.40	1.00	长江水利委员会 2007年

表 3-1-2　　长江上游嘉陵江金沙江重点水土流失区流失面积及侵蚀量表

水土流失区域	水土流失面积及所占百分数（km^2）（%）			水土流失区侵蚀量（万t）（$t/(km^2 \cdot a)$）			备注
	区域面积	水土流失面积	占区域面积	区域侵蚀总量	流失区侵蚀量	流失区侵蚀模数	
西汉水白龙江中下游	45775	23829	52.06	17009	16448	6902.52	调查时间为20世纪80年代中期
金沙江下游	66217	34194	51.64	21343	20525	6002.52	

（据杨意诚、刘毅等，1995年）

表 3-1-3　　长江流域部分重点支流及三峡等库区与水源区水土流失面积统计表

（面积单位：万 km^2）

水土流失区域	水土流失面积及所占百分数			水土流失分级面积及所占总流失面积百分数（%）										遥感监测时间（年）
	区域面积	水土流失面积	占区域面积	轻度	百分数	中度	百分数	强度	百分数	极强度	百分数	剧烈	百分数	
嘉陵江流域	160000	62662	39	14570	23	28686	46	12446	20	5054	8	1906	3	2003
金沙江下游	88315	48058	54	11704	25	22647	47	8333	17	3734	8	1640	3	2004
长江三峡库区	58035	29560	51	5186	18	13590	46	7085	24	2812	9	887	3	2000
丹江口水库水源区	95198	39515	42	8930	22	20205	51	6271	16	3048	8	1061	3	2002

（据水利部长江水利委员会，2007年）

2. 流域水土流失区分布

轻度侵蚀：主要分布于秦岭以南的秦巴山地，雅砻江和岷江上游的川西高原，以及湘西黔东山地的乌江流域等广大地区。至于非水土流失区，即微度侵蚀主要分布于长江上游的青藏高原和长江中下游的平原丘陵地区。

中度侵蚀：主要分布于滇东黔西高原的金沙江中游两岸，四川盆地西南的大渡河下游以及丘陵区的嘉陵江中下游大部，雅砻江上游的甘孜地区，湘中、湘西南沅、澧水中上游等呈片的大范围分布，汉江中上游，大别山区，清江流域中游，赣江中游等地区呈较大范围分布。

强度侵蚀：比较集中分布于黔东北的毕节地区、赤水河流域、雅砻江中游局部、三峡库区，嘉陵江中下游等呈大片分布，汉江中游、大别山、幕阜山等局部有所分布。

极强度侵蚀：相对集中分布于湘南、赣南的红壤和花岗岩地区，黔中及三峡地区，在嘉陵江和金沙江中游局部也有分布。

烈度侵蚀：主要分布于陇南地区的嘉陵江上游、金沙江下游、雅砻江下游、大渡河中下游和三峡等部分地区。

二、流域主要干支流水土流失面积及侵蚀产沙量

1. 流域主要干支流水系水土流失面积及分区侵蚀产沙量

流域分区水土流失面积及侵蚀产沙量：据 20 世纪 80 年代统计资料（表 3-1-4），长江上游水土流失面积为 35.22 万 km^2，年均侵蚀量达 14.05 亿 t，占全流域总侵蚀量的 62.75%；中下游水土流失面积 20.98 万 km^2，年均侵蚀量 8.34 亿 t，占全流域总侵蚀量的 37.25%。长江全流域水土流失面积 56.20 万 km^2，全流域水土流失总量达 22.39 亿 t。

流域干支流水系的流失面积及侵蚀产沙量：水土流失面积以金沙江 13.54 万 km^2 为最大（见表 3-1-4），占长江全流域侵蚀面积的 24.1%；依次为嘉陵江 9.25 万 km^2，占 16.45%；汉江 6.55 万 km^2，占 11.65%；洞庭湖水系（含湘、资、沅、澧四水）5.23 万 km^2，占 9.30%；岷江 4.92 万 km^2，占 8.75%；中下游干流区间为 4.83 万 km^2，占 8.60%；长江上游干流区间 4.04 万 km^2，占 7.19%；鄱阳湖水系（含赣、抚、信、饶、修五水）3.43 万 km^2，占 6.10%……但按水土流失面积占区域总面积百分数，全流域支流水系中以沱江 58.41% 和嘉陵江 57.80% 为高，以下依次为汉江 41.98%，长江上游区间 40.54%，其余支流水土流失面积都在 40.00% 以下，金沙江流域虽然面积广大，而水土流失区主要在下游地区，因此水土流失面积仅占 27.08%。水土流失年均侵蚀量以金沙江 4.66 亿 t，占全流域总侵蚀量的 20.83% 为高；次为嘉陵江 3.80 亿 t，占总侵蚀量的 17.00%；汉江 2.60 亿 t，占 11.63%；岷江 1.94 亿 t，占 8.67%；洞庭湖水系 1.94 亿 t，占 8.66%；长江上游与中下游区间，年均侵蚀量分别为 1.803 亿 t 和 1.798 亿 t，分别占总侵蚀量的 8.05% 和 8.03%。在20 世纪 80 年代的调查资料中，长江上游重点水土流失区嘉陵江西汉水和白龙江中下游与金沙江下游流域水土流失区的侵蚀量分别为 1.6448 亿 t 与 2.0525 亿 t，流失区的侵蚀模数分别达 6902.52t/(km^2 · a) 与 6002.52t/(km^2 · a)（表 3-1-2）。

2. 流域内各省市水土流失面积及侵蚀产沙量

据长江流域 15 个省和重庆、上海两个市的统计资料，由于分布的地理位置不同，流

域内水土流失面积大小悬殊，以四川省为最大，水土流失面积达 24.70 万 km^2，部分支流布及的流域边缘省分面积较小，如浙江省属长江流域仅 0.1 万 km^2，广西 0.099 万 km^2，福建 0.009 万 km^2 等。按水土流失面积所占流域内省总土地面积百分数，陕西省的陕南地区占 48.94% 为最高，次为甘肃的陇南地区占 47.31%，河南唐白河流域 45.71%，四川省全省 44.86%，其余省份都在 40% 以下。各省水土流失侵蚀量以四川省年均侵蚀量 10.27 亿 t 为最大，占总侵蚀量 22.39 亿 t 的 45.90%；次为湖北省年均侵蚀量 3.19 亿 t，占 14.26%，位居第二；以下依次为江西省 1.67 亿 t，占 7.48%；湖南省 1.46 亿 t，占 6.52%；陕西省 1.38 亿 t，占 6.17%；贵州 1.27 亿 t，占 5.66%；其余省份年均侵蚀量均小于 1 亿 t，所占总侵蚀量在 4.0% 以下。

表 3-1-4　　长江流域主要干支流水系水土流失统计表

主要水系	总土地面积（km^2）	水土流失面积			水土流失侵蚀量			备注
		面积（km^2）	占支流总面积（%）	占水土流失总面积（%）	年均侵蚀量（万 t）	占长江总侵蚀量（%）	年均侵蚀模数（t/（km^2·a））	
金沙江	500000.00	135416.00	27.08	24.10	46629.00	20.83	3443.39	
岷江	133000.00	49171.00	36.97	8.75	19417.00	8.67	3948.87	
沱江	27860.00	16274.00	58.41	2.90	8116.00	3.63	4987.10	
嘉陵江	160000.00	92475.00	57.80	16.45	38036.00	17.00	4113.11	
乌江	71824.00	14595.00	20.32	2.60	8110.00	3.62	5556.70	
赤水河	13087.00	3856.00	29.46	0.68	2132.00	0.95	5529.05	
上游区间	99730.00	40427.00	40.54	7.19	18027.00	8.05	4459.15	
长江上游区（合计）	1005501.00	352214.00	35.03	62.67	140467.00	62.75	3988.12	
汉江	156030.00	65495.48	41.98	11.65	26041.63	11.63	3976.10	
清江	16700.00	5570.00	33.35	0.99	2901.23	1.30	5208.67	
洞庭湖水系	258223.00	52252.80	20.24	9.30	19381.08	8.66	3709.10	
鄱阳湖水系	161960.00	34266.57	21.16	6.10	16584.58	7.41	4839.87	
太湖水系	31578.00	3887.00	12.31	0.69	499.98	0.22	1286.29	
中下游干流区间	123483.00	48311.28	39.12	8.60	17976.37	8.03	3720.95	
长江中下游区（合计）	747974.00	209783.13	28.05	37.33	83384.87	37.25	3974.81	
长江全流域（总计）	1753475.00	561997.13	32.05	100.00	223851.87	100.00	3983.15	

（据长江水利委员会，1990 年）

3. 流域侵蚀产沙的区域性特征

长江泥沙主要来源于流域上游，并具有显著的区域性特征，按长江流域侵蚀产沙的基本特征，大致可划分为 3 个大区。

①流域西部区：含金沙江中上游及通天河和江源地区等，占长江上游总面积的

51.2%,而产沙量仅占其总产沙量的5.3%。

②流域中西部区:包括陇南川西北山地、川西南滇东北山地(大部)、秦巴山地、四川盆地和鄂黔山地等,主要含渡口—宜昌间的金沙江下游和长江的川江河段及汉江上游地区等,面积占长江上游总面积的48.8%,产沙量却占上游的94.7%,其中重点产沙区面积仅占上游的7%,产沙量却占43.0%。

③流域东部区:含宜昌以东的长江中下游地区,包括淮阳山地,长江中下游平原和江南低山丘陵区等,因多为低山丘陵区,平原湖泊广布,重点产沙区少,产沙量小,再加输沙系统中除汉江、清江等外,洞庭湖和鄱阳湖及巢湖等水系,都因流经湖区后,携带泥沙产生大量沉积,输入长江干流泥沙大为减少,其余一般支流输沙量相对较小。

从上可见:长江泥沙主要来自流域的中西部区,其中尤以环四川盆地的外围山地及邻区为重点。

第二节　侵蚀产沙的级配组成特征

一、侵蚀产沙的级配组成

1. 崩塌滑坡侵蚀产沙的级配组成特征

一般基岩崩滑岩块粗大,大小悬殊,分选差,级配宽。如青海省玉树县孟家溪,为金沙江巴塘河的支流,流域面积20.07km^2,海拔为3740~4838m,地处巴额拉山的金沙江深大断裂带,岩性以中性喷出岩和凝灰岩为主,由碎石和沙土层覆盖,成为泥石流主要物质来源,因冻融引起崩塌进而演变为泥石流。据调查:物质组成中大块碎石占30%~35%,砂砾石占60%,土仅占5%~10%,即粗大碎石和砂砾石占总量的90%以上,而细粒含量较少。又如岷江上游四川省茂县叠溪岩性组成为砂板岩夹岩浆岩,于1933年8月25日因发生7.5级地震,诱发大型滑坡崩塌堵江,形成叠溪和大、小海子等堰塞湖。据钻探资料:上部粗大岩块一般为0.50~3.00m,最大达10.00m。1986年6月15日天然石坝发生溃决,从坝下游河床散布的砾石粒径反映了滑坡崩塌的粗粒粒度,据唐邦兴等调查统计,粒径为1~2m的块石435个,2~5m的152个,5~10m的64个,10m以上36个;以1~5m粒径的块石最多。另如长江三峡链子崖位于长江三峡新滩河段右岸,岩性为二叠系灰岩、泥灰岩等,该段河床中的头滩和二滩均由其新老崩塌块石堆积而成,平均粒径为1.26m,最大块石可达4~5m。

2. 泥石流侵蚀产沙的级配组成特征

①泥石流浆体中固体物质的级配组成:以小江等泥石流为例。如蒋家沟支沟查箐沟于1989年8月8日发生了一次高容重粘性土泥石流,据中国科学院东川泥石流观测研究站调查测验结果,浆体固体颗粒组成的多组平均值,砾石含量69.60%、砂12.00%、粉砂9.50%、粘土8.90%。东川达德沟于1983年6月22日发生的泥石流固体颗粒组成中,粒径大于2.00mm的砾石占70.50%,2~0.05mm的占12.00%,0.05~0.005mm的占9.50%,小于0.005mm的占8.00%等。从上述泥石流沟的浆体固体颗粒含量可见,大于2.00mm砾石含量都在70%左右,小于0.005mm粘粒含量少于10%,一般颗粒组成较粗。

另如白龙江的柳湾沟泥石流浆体中，固体颗粒大于2.00mm粒径的占46.5%，2.00～0.10mm的占21.80%，0.10～0.005mm的占27.4%，即2.00～0.005mm粒径的占49.2%，相对较高，小于0.005mm的仅占4.30%。组成特点：以砾石为主，砂粉质含量较高，颗粒偏细。

②泥石流堆积物的级配组成：以四川省境内成昆铁路沿线泥石流堆积物的级配组成为例。据成都山地所对沿线孙水河、牛日河、安宁河和金沙江流域典型泥石流沟系统采样分析结果（表3-2-1），无论泥石流形成区的原始堆积物组成，还是泥石流浆体和河床堆积物等，均以沙砾石为主，大于2.00mm的砾石含量较高；小于0.05mm细颗粒的泥粉质含量，泥石流普遍高于河床堆积物。从表中金沙江等流域的泥石流沟可见：大于20mm粒径平均值的占47.0%，20～2mm粒径的占26.2%，即大于2.00mm粒径的高达73.2%，小于0.05mm的粘粉质仅占7.5%，级配组成仍以砾石为主，各条河的平均值都较接近。

表3-2-1　　四川境内成昆铁路沿线各流域泥石流粒径组成统计表[12]

粒径（mm）		小于某粒径百分数（%）				备注
		>20mm	20～2mm	2～0.05mm	<0.05mm	
形成区堆积物		31.8	29.6	16.0	22.6	
泥石流堆积物	孙家河流域	47.4	26.3	18.3	8.0	
	牛日河流域	43.5	22.0	24.3	10.2	
	安宁河流域	44.0	32.0	19.0	5.0	
	金沙江流域	53.0	24.6	15.5	6.9	
	平均值	47.0	26.2	19.3	7.5	
河床堆积物		45.2	33.8	17.7	3.3	

另如四川省巫山县长江三峡右岸的垮岩子泥石流沟，长仅1.40km，流域内由巴东组粘土岩等组成，风化强烈，泥石流物质主要来自沟头和沟坡的崩塌和风化层。颗粒级配组成（表3-2-2）：各号样粗细相差悬殊，如2号、3号样粒径较粗，最大粒径在40mm以上，大于2mm砾石含量占52.9%～72.8%，小于0.1mm的细颗粒砂土仅1.9%～5.5%；1号样大于2mm砾石含量仅0.6%，其小于0.1mm细粒砂土达91.7%。综合可见：因沟短，离物源近，分选差，颗粒粗细悬殊，在补给物质中，崩塌颗粒较粗多砾，而风化物颗粒则偏细多为泥土之类。

表3-2-2　　湖北省巫山县长江三峡垮岩子沟泥石流堆积物颗粒组成百分数平均值表

（粒径单位：mm）

编号	分组颗粒百分数（%）									
	>40	40～20	20～10	10～5	5～2	2～1	1～0.5	0.5～0.25	0.25～0.1	<0.1
1					0.6	0.5	0.5	0.2	6.5	91.7
2	4.0	5.0	10.7	15.1	18.1	15.1	11.8	5.8	8.9	5.5
3	8.0	10.7	21.4	21.6	11.1	11.4	8.1	4.2	1.6	1.9
4		2.5	7.5	12.5	20.4	25.1	13.3	8.2	5.8	4.7
5			1.0	3.2	3.5	2.8	2.0	1.8	2.1	83.6
6		20.0	5.2	7.6	6.4	4.1	3.8	2.6	4.8	45.5

③泥石流粗大漂砾特征值实例：在长江上游泥石流的浆体或堆积物中一般为含泥的砂砾之类，但都有个别大岩块发现，典型实例于下。云南小江中游的大桥河泥石流沟，泥石流固体物质主要由砂砾石组成，并含大量漂块石，除少量漂块石直径在0.5～2.0m外，一般直径达4～5m，个别在5.0m以上。小江达德沟，仅1983年的一次泥石流搬运固体物质就达40万m^3，其中最大漂块石重约420t①。泥石流的搬运力巨大，如原位于小江石灰窑河床内堆积的两个巨石，1号体积8.5m×7.0m×4.4m，2号体积7.5m×5.4m×4.7m，分别达261.8m^3与190.4m^3，因1984年5月28日暴发泥石流，被搬到下游1500m远的公路旁。金沙江下游云南巧家县水碾河沟于1981年暴发泥石流，沟床普遍刷深2～4m，大量长径4.0m以上的岩块被搬到下游百米左右，最大体积达480m^3（约1250t），一般粒径2～3m的砾石被搬运到沟口地段堆积。又如西昌东河为安宁河的一条支流，东河洪积扇巨大，扇面堆积漂块石直径达2～3m。另据调查：四川省南坪于1984年7月18日发生大型泥石流冲出沟口，仅石门子至沟口的1200m内，散布直径在5m以上的岩块计60个，2～5m的485个，其中最大巨石体积达9.5m×3.5m×2.7m，体积89.8m^3，重约241t。

综合上述：一般泥石流固体物质以砾石或沙砾为主，多漂石，粒度悬殊，粗细混杂，个别地段泥石流搬运巨大岩块，最大粒径可达数米。

3. 水力侵蚀产沙的级配组成特征

长江流域水力侵蚀产沙的颗粒组成一般比重力侵蚀颗粒相对较细，分选较好，实例于下。

①长江三峡黄陵背斜产沙区的颗粒级配组成（表3-2-3）：如沙坪水库地处闪云斜长花岗岩区，库区淤积物颗粒组成，粒径大于10mm的占0.4%、10～2mm的占21.1%、2～0.5mm的占67.6%、0.5～0.1mm的占7.0%、小于0.1mm的占3.9%，其中10～0.5mm的百分含量高过88.70%。另如宜昌县乐天溪镇的下岸溪，为长江Ⅰ级支流，颗粒组成仍以10～0.5mm为主，百分含量高达87.67%，其中砾石含量较高，并多粗砂。从上可见，三峡黄陵背斜的闪云斜长花岗岩等产沙区因结晶较粗，所以一般以粗砂砾石为主。

表3-2-3　长江三峡黄陵背斜区水土流失颗粒组成[33]

粒径(mm) 百分数(%) 区域	卵石 >10	砾石 10～2	粗砂 2～0.5	中细砂 0.5～0.1	粉砂土 <0.1
沙坪水库	0.40	21.10	67.60	7.00	3.90
下岸溪		53.04	34.63	11.80	0.53

②长江三峡溪口滩的颗粒级配组成：长江三峡两岸沟谷发育，由于谷坡陡峻，溪沟比降达5.3%～26.0%，水面流速4～6m/s，因此将大量侵蚀产沙物质输向下游，当流出山口进入三峡长江河谷，因地形坡度减缓或受江水顶托，于山前沟口形成扇形堆积体，有的沟谷还有泥石流暴发，将大量物质搬运入江，细物质被带走，粗物质堆积成冲积扇（锥），一般粒径较粗。据林承坤等对三峡泄滩等10个典型溪口滩的研究（表3-2-4），平均粒径为121～40.6mm，最大粒径为257～167mm，如碎石碛为257mm，泄滩为232mm，砾石较细

①殷崇庆，杨文科，陈循谦. 东川市达德沟泥石流及综合治理. 东川泥石流防治所，1989年.

的青竹标为167mm,一般为200mm左右。

表3-2-4　　长江三峡典型溪口滩砾石调查表

滩名	地貌类型	溪沟比降(%)	水面流速(m/s)	平均粒径(mm)	最大粒径(mm)
重碛	冲积扇	14.0	6.0	76.0	183
碎石碛	冲积扇	32.0	3.8	121.0	257
泄滩	冲积扇	8.8	4.8	116.0	232
青竹标	冲积扇	7.4	5.1	40.6	167
富里碛	冲积扇	11.0	4.7	53.4	174
冷水碛	冲积扇	5.3	5.2	46.0	230
下马滩	冲积扇	19.5	6.5	81.2	235
宝子滩	冲积扇	26.0	5.3	42.1	199
油榨碛	冲积扇	9.0	5.1	61.5	197
铁滩	冲积扇	6.0	4.8	42.9	230

③四川盆地紫色土的级配组成:四川盆地丘陵区紫色土分布广泛,虽同一地理环境,岩性近似,但因地层不同,颗粒级配组成亦有差异(表3-2-5)。

表3-2-5　　四川盆地紫色土颗粒组成表[13]　　(单位:百分数(%))

取样地点与地层	2.0~0.2(mm)	0.20~0.02(mm)	0.02~0.002(mm)	<0.002(mm)
金堂高板城墙岩群	0.84	28.30	49.97	20.89
垫江城东遂宁组	0.59	36.98	34.44	27.99
双流正兴夹关组	10.17	61.88	5.00	22.95
北碚文星会仙关组	22.46	35.71	23.38	18.45

从表中可见,四川盆地紫色土颗粒组成普遍偏细,一般最大粒径小于2.00mm,小于0.002mm胶体颗粒含量较高为基本特点。并以0.02mm颗粒为分组界线,分为相对粗、细两类,其中城墙岩组和遂宁组紫色土颗粒较细,小于0.02mm粒径含量高达70.86%~62.43%,以粘粉质为主;夹关组和会仙关组粒径2.00~0.02mm颗粒含量高达72.05%~58.17%,颗粒相对较粗,以砂、粘为主。

综合上述,长江上游流域区水力侵蚀的颗粒组成一般以小于2.00mm的沙、土为主,含卵砾少量;部分沟谷侵蚀粒径较粗,以砂砾或漂砾为主。

二、侵蚀产沙类型与粒径组成特征

由于长江上游泥石流多由崩塌滑坡提供物质,而且搬运距离不远,其粘性泥石流的物质组成也在一定程度上反映了泥石流沟上游崩塌滑坡体的组成特征,而稀性泥石流又与河床挟沙水流相接近,具有重力侵蚀与水力侵蚀的过渡类型特征。按泥石流发育过程中的环境条件,从上游至下游可分为浑水沟、泥石流的形成区、流通区、堆积区和挟砂洪水区等,所以通过泥石流沿程的粒径组成研究,可以较系统地反映各主要侵蚀类型的基本粒径组成特征。以小江蒋家沟为例,据吴积善等研究(表3-2-6),稀性泥石流和挟沙洪水颗粒较细,粘粒(<0.005mm)含量分别高达38.05%与52.0%;含砾少(稀性泥石流含砾为0.52%,挟沙洪水为0);中值粒径分别为0.087mm与0.0036mm;分选系数分别为1.38与0.82,一般较小,分选相对较好。粘性泥石流等其他类型泥石流和堆积物的颗粒

普遍较粗，砾石含量为67.0%～52.1%，均大于50%粘粒含量仅10.10%～4.50%，一般都在10%以下，粘粒含量较少，中值粒径为7.5～2.5mm，颗粒较粗；分选系数 6_{Φ} 值为4.95～4.00，普遍分选较差或很差。蒋家沟泥石流的粒度特征：从级配曲线图3-2-1显示：自泥石流形成区→中、高浓度粘性泥石流→过渡性泥石流→稀性泥石流→挟沙洪水中、砾石含量减少，粘粒含量递增，粒度规律变细。另从粘性泥石流堆积物的偏态 SK_{Φ} 值大于0为正偏，反映粒度偏粗；峰态 K_{Φ} 值在-0.5～2.0之间，峰凸程度低，颗粒分选差，并随粒径增大，分选愈差，并且颗粒的磨圆度差，一般多呈棱角和次棱角状。综合上述可见，一般侵蚀类型的粒径组成具有崩塌滑坡（基岩）>泥石流>水力侵蚀的基本特征。

关于侵蚀产沙的粒径组成与环境紧密相关，水土流失受地形地貌、地质条件的岩性、构造、新构造运动和气候及人为因素等多方面影响，而水土流失的侵蚀产沙级配亦同。

表3-2-6　云南省小江蒋家沟泥石流颗粒级配表[27]

类别	颗粒组成（%）						分选系数 6_{Φ}
	>2mm	2～0.50mm	0.50～0.05mm	0.05～0.005mm	<0.005mm	$\frac{D_{cp}}{D_{50}}$	
上游浑水沟	52.1	27.2	10.3	5.9	4.5	$\frac{}{2.5}$	
泥石流形成区	62.8	7.94	4.54	14.62	10.10	$\frac{1.01}{6.2}$	4.95
粘性泥石流	66.67	11.1	2.75	1.23	9.25	$\frac{1.55}{7.5}$	4.52
过渡性泥石流	20.50	24.93	11.57	19.50	23.50	$\frac{0.092}{0.15}$	4.41
稀性泥石流	0.52	9.55	17.83	34.05	38.05	$\frac{0.023}{0.087}$	1.38
下游堆积区	67.0	9.70	9.0	7.8	6.50	$\frac{1.65}{4.40}$	4.00
挟沙洪水	0	0.44	3.06	44.50	52.00	$\frac{0.014}{0.0036}$	0.82

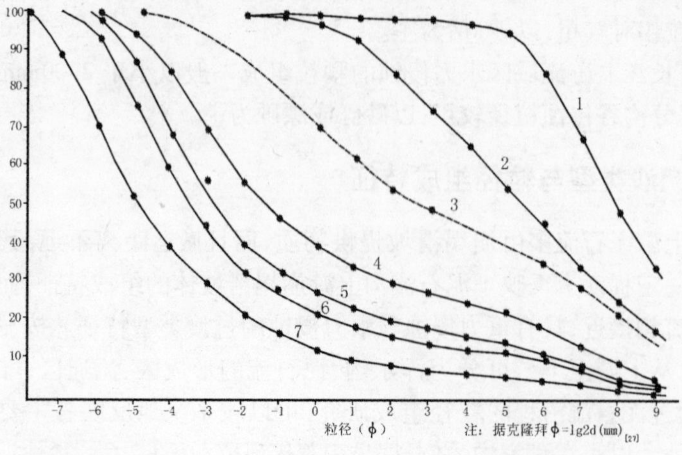

1.挟沙洪水；2 稀性泥石流；3.过渡性泥石流；4. 低浓度粘性泥石流；

5,6.分别为中、高浓度粘性泥石流；7.形成区颗粒级配

图3-2-1　金沙江支流小江蒋家沟泥石流颗粒级配曲线图[27]

第三节　侵蚀产沙的输移比

1. 长江中上游侵蚀产沙输移比

任何一条河流很难将流域的侵蚀产沙全部输移出口，河长愈大、流域面积愈广的河流更是如此，往往从产沙区起的输移过程中，产生沿程落淤堆积，结果使泥沙的输出量大为减少。因此在既定区域内，年侵蚀产沙量与输出量存在一定的比例关系，此即为输移比。侵蚀量及输移比愈大，输出量愈多；反之则少。长江流域面积广阔，自然条件复杂，人为因素影响强烈，现将输移比和相关影响因素等分述于下。

①长江上游主要干支流泥沙输移比：长江泥沙主要来自上游地区，其中又以侵蚀强烈、侵蚀模数高、产沙量大的地区一般输移比相对较大（表 3-3-1）。

表 3-3-1　长江流域上游主要干支流泥沙输移比

河流名称	测站	集水面积(km^2)	总侵蚀量(万 t)	输沙量(万 t)	输移比	备　注
金沙江		500000	55744	24500	0.44	据长江水利委员会水文局资料
岷江	高场	135378	21513	5180	0.24	
沱江	李家湾	23283	7025	1180	0.17	
嘉陵江	北碚	156142	39723	13600	0.34	
乌江	武隆	83035	9541	3040	0.32	
区间			8859	1540	0.17	
长江上游			143786	49040	0.34	

据长江上游主要干支流和区间平均输移比可见：范围值为 0.44 ~ 0.17，以金沙江流域区的输移比 0.44 为高，沱江和干流区间（即四川盆地区等）的 0.17 为低，一般输移比为 0.30 ~ 0.24；另据长江水利委员会水土保持局的水土流失分区研究结果，将长江上游地区分为微度、轻度、中度和强度等四级侵蚀区，分区输移比：西汉水、白龙江中下游的土石山区为 0.66；四川盆地丘陵区及滇江、黔西高原中山区为 0.45 ~ 0.44；青藏高原、金沙江、雅砻江、岷江等上游，成都平原和四川盆地的盆周东北及西北地区输移比仅 0.16；其余地区一般为 0.35 ~ 0.33。

②长江中上游小支流及金沙江下游段泥沙输移比：长江流域小支流的输移比，前人已作了大量研究，从中选取 29 条典型小支流和金沙江河段的输移比列于表 3-3-2。从中可见，一般输移比为 0.10 ~ 0.40，最高为西汉水的顺利峡 0.66，最低为长江中游的巴河 0.06（范围值 0.66 ~ 0.06），大小相差 10 倍之多。另从长江干流见及，20 世纪 80 ~ 90 年代宜昌控制站上游广大地区的泥沙侵蚀总量约为 15.68 亿 t，悬移质输沙量多年平均值为 5.26 亿 t，砂卵石推移质约 0.095 亿 t，年均总输沙量计 5.355 亿 t，其输移比约为0.34，从上可见：长江流域无论干、支流河段的泥沙输移比，一般都以较小为基本特点。

表 3-3-2　　长江流域典型小支流及金沙江下游河段泥沙输移比表[6]

区域	序号	河名	流域集水面积(km^2)	年均侵蚀量(万 t)	年均输移量(万 t)	输移比	资料来源
金沙江流域	1	巴塘河	2298	491	73.5	0.15B	*—杨意诚、刘毅等；A—罗德富、吴积善等；B—长江水土保持局；C—张美德；D—卿太明、何志新等
	2	金沙江(渡口—屏山)段	71165	27216	16470	0.61*	
	3	龙川江小黄瓜园上游	5560	1172	405	0.35*	
	4	小江	3047	4000	610	0.15*	
	5	牛栏江大沙店上游	10870	2441	1170	0.48*	
	6	昭觉河昭觉上游	650	238	100	0.42*	
	7	黑水河宁南上游	3074	1237	357	0.29*	
	8	鲹鱼河会东上游	779	262	64.3	0.25*	
	9	横江	14781	3804	1360	0.36*	
	10	关河豆沙关上游	8931	2012	802	0.40*	
嘉陵江流域	11	西汉水谭家坝上游	9538	3862	2370	0.61*	
	12	西汉水顺利峡	3439	1369	900	0.66B	
	13	白龙江(立节—武都)段	6083	6270	1752	0.28B	
	14	白龙江碧口上游(蓄水前)	26086	7270	2390	0.33*	
	15	白龙江碧口上游(蓄水后)	26086	7286	1020	0.14*	
	16	梓潼江天仙寺上游	4976	2339	163.4	0.07B	
	17	琼江	4329.2	1850.50	157.58	约 0.10A	
	18	壁山河	1090.81	298.43	48.43	0.16A	
川江岷沱江流域	19	綦江	4940.70	1476.20	258.65	0.18A	
	20	磨刀溪龙骨以上	2268	1152	365.0	0.32*	
	21	小金川	4265	716	55.6	0.08B	
	22	黑水河黑水上游	1720	227	40.4	0.18*	
	23	流沙河	1075	602	151.0	0.25*	
	24	张家岩水库	17.00	5.59	1.68	0.30D	
	25	六冲河	2970	990	308.5	0.31B	
长江中游	26	旬河	6448	1402	476.7	0.34B	
	27	清江长阳上游	15080	4800	1378	0.29C	
	28	巴河	2979	988	54.82	0.06B	
	29	蒸水	2857	537	43.13	0.08B	
	30	平江	2689	1036	117.16	0.11B	

2. 泥沙输移比偏小的主要原因

长江中上游侵蚀产沙输移比偏小的基本原因是流域山地丘陵多，雨量充沛，且多暴雨，重力侵蚀及泥石流和水力侵蚀中的沟蚀等侵蚀产沙粒径较粗，在输移过程中又沿程流经一些缓坡、沟口、宽谷、盆地、湖泊及水库、塘堰等受地形地貌环境及人为因素的多方面影响，产生大量堆积所致。

①山坡堆积：主要沿山地缓坡及山麓坡脚堆积，其缓坡堆积厚度小，面积小，但分布广泛；山麓坡脚地带堆积形成坡积锥(裙)厚度较大；支流出口处常形成以冲积扇(锥)的溪口滩，如长江三峡的泄滩、青竹标、宝子滩等，一般面积为 0.05 ~ 0.30km^2，个别规模较

大，如奉节梅溪河口的臭盐碛达 2.156km^2，大宁河的扇子碛达 0.778km^2 等。

②河床淤积：当泥沙进入河床后，在河床坡降的减缓处、河谷展宽分汊段或弯曲河段的凸岸等产生堆积成滩。

③湖泊与盆地堆积：长江上游分布有许多构造湖和盆地，其构造湖如西昌的邛海，大理的洱海，昆明的滇池等；在盆地中以四川盆地为典型，山间盆地如陇南的武都，秦巴山地的安康、汉中、商南盆地等。长江中下游地区的盆地如河南唐白河流域的南阳盆地及鄂西清江的恩施、建始、利川等山间盆地等；湖泊方面，更是湖群密布，江湖相通，其中大湖有湖南省的洞庭湖、江西省的鄱阳湖、江苏浙江和上海等省市的太湖及安徽的巢湖等，每年接受大量泥沙淤积，其中仅洞庭湖每年入湖的泥沙淤积量就达 1 亿 t 左右，经历史的发展过程，当今最大淤积厚度已达 200m 以上。

④人工水库、塘、堰等水利工程的淤积：如岷江龚咀水库蓄水运行后，下游铜街子水库的年输沙量由建库前的 3511 万 t 减少到建库后的 1685 万 t，即有 1826 万 t 淤在库内；另如嘉陵江上游的碧口水库年均拦沙量达 1458.49 万 m^3 等。除水库外，山平塘等亦是十分可观的，如四川省内江地区（据 1986 年统计）共有山平塘 5.8882 万口，石河堰 4114 条，平均年拦沙量分别为 266.51 万 m^3 与 19.8 万 m^3。由于流域有大量水库等拦沙而使输移量沿程削减，影响泥沙的输移比减小。

3. 泥沙输移比的主要影响因素

侵蚀产沙的输移比与流域侵蚀产沙的成因类型相关，也受到地质、地貌、大气降水、植被和人为因素等多方面的影响，情况较为复杂。

①粒度因素影响：泥沙输移比的大小，在一般地形坡度条件下，很大程度上取决于泥沙颗粒的粒径组成，颗粒愈大，可动性愈小，而粒度又主要取决于泥沙的岩性组成和侵蚀类型等。按岩性组成的颗粒特征，一般花岗岩，特别是结晶较粗的花岗岩晶体大，风化颗粒粗，相应输移比较小；紫色砂页岩、紫色土等，不仅抗风化力弱，而且颗粒较细，一般粒径小于 2mm，多为泥粉质，易随水流失，其输移比较大；黄土以粉质为主，颗粒细，且粘粒含量不高，土体粘聚力较低，易侵蚀，易输移，其输移比尤大。按土的不同岩性特征，输移比的相对大小一般为黄土 > 紫色土 > 砂页岩 >，泥岩 > 变质岩（千枚岩、片岩）> 碳酸盐岩 > 花岗岩。按侵蚀类型的颗粒特征，一般崩塌滑坡块体粗大，泥石流次之，水力侵蚀颗粒较小，但沟蚀又比面蚀相对较粗，所以按侵蚀产沙类型的输移比，一般面蚀 > 沟蚀 > 泥石流 > 崩塌滑坡。

②地形因素的影响：地形因素的坡度大小、坡面冲沟的比降等都是影响泥沙输移比的重要因素。坡面愈陡，冲沟的纵比降愈大，泥沙的输移比愈大。从表 3-3-2 见及，金沙江的渡口—屏山段、西汉水的潭家坝上游和顺利峡段等，因属于河流上游的峡谷地段，纵比降大，输沙能力强，输移比分别达 0.61 和 0.66。另如地处长江三峡黄陵背斜核部花岗岩区的下牢溪小流域，主沟道长 2.20km，相对高差达 191m，沟底平均比降 8.53%，泥沙的中值粒径为 1.27 ~ 1.54mm，由于坡度陡而泥沙粒径小，有利输移，堆积甚少，一般都能输移出口汇入长江，其输移比接近于 1。类似这种大比降的小流域和沟谷在三峡河谷两岸较为发育。又如地处长江中下游地区的小支流，因泥沙淤积，比降减小，输移比相继变小，如巴河、蒸水和平江等输移比仅 0.11 ~ 0.06。从上可见，在一定流量的条件下，泥沙颗粒的粒径相当时，河床或沟道坡降的大小，对泥沙输移比起到决定性的作用。流域面

积的影响:随河长的增加,集水面积的扩大,平均坡降的减缓,泥沙在河床(或沟床)下游地段落淤量的增多,输移比亦相应减小,所以学者 RobinSon 提出泥沙的输移比与集水面积的0.2次幂成反比。长江流域在第四纪以来,新构造运动活跃,由于受到西部地区上升,东部地区下降的因素影响,山地、丘陵、盆地、湖泊等众多,水系发育,因此形成有利侵蚀产沙和泥沙堆积的区域环境,如在地形的缓坡、山地丘陵的坡麓、沟口等山前地带和平原、盆地、湖泊以及河流的宽谷河段等成为泥沙大量落淤的场所,从而使流域的输移比趋小。

③气候与水文因素的影响:大气降水量和雨强的大小,影响地表径流。长江的洪水主要是暴雨洪水,水量愈大,输沙量愈大,必然输移比愈大。

④其他因素的影响:如植被、水利工程的拦沙影响等。

综合上述,泥沙的输移比影响因素众多,但在天然条件下,主要取决于两个方面。其一,产沙类型及泥沙的粒径大小组成;其二,组成输沙动力条件的坡降和水量等。当泥沙的颗粒较细,再加水量和坡降较大时,输移比亦大,反之则小。但在人为因素方面随干支流水系兴建水库等水利开发和水土保持工程的进一步开展,植树造林、植被覆盖率的提高泥沙输移比总体系呈大幅减小趋势。

参考文献

[1] 史德明. 长江流域水土保持与跨世纪持续发展. 水土保持通报,1996 年.

[2] 文伏波,游爱章. 长江流域地图集(说明). 北京:中国地图出版社,1999 年.

[3] 史立人. 长江流域水土流失特征、防治对策及实践成效. 人民长江,1998 年(1).

[4] 张晓刚. 长江上游滑坡分布研究. 成都:四川科学技术出版社,1996 年.

[5] 中国科学院西南资源开发考察队. 西南自然灾害及防治对策. 北京:科学出版社,1991 年.

[6] 杨意诚,刘毅,张平,等. 重点产沙区人类活动对三峡水库来水来沙条件的影响研究报告. 长江三峡泥沙与航道关键技术研究专题报告集(下册). 武汉:武汉工业大学出版社,1993 年.

[7] 唐邦兴. 四川省自然灾害及减灾对策. 成都:电子科技大学出版社,1995 年.

[8] 吴积善,王成华,程尊兰. 中国山地灾害防治工程. 成都:四川科学技术出版社,1997 年.

[9] 乔建平. 滑坡减灾理论与实践. 北京:科学出版社,1997 年.

[10] 杜榕桓,刘新民,袁建模,等. 长江三峡库区滑坡与泥石流研究. 成都:四川科学技术出版社,1990 年.

[11] 地质矿产部成都水文地质工程地质中心. 中国泥石流灾害图(说明书). 北京:中国地图出版社,1992 年.

[12] 中国科学院成都山地灾害与环境研究所. 泥石流研究与防治. 成都:四川省科学技术出版社,1989 年.

[13] 李仲明,唐时嘉,张先婉,何毓蓉,等. 中国紫色土. 北京:科学出版社,1991 年.

[14] 林承坤. 泥沙与河流地貌学. 南京:南京:大学出版社,1992 年.

[15] 中国地质科学院水文地质工程地质研究所. 北京:中国土壤侵蚀图(说明书). 北京:中国地图出版社,1992 年.

[16] 钟祥浩,何毓成,刘淑珍,等. 长江上游环境特征与防护林体系建设(川江流域部分). 北京:科学出版社,1992 年.

[17] 史立人. 长江流域的坡耕地治理. 人民长江,1991 年.

[18] 郭厚祯,万彩兵."长治"工程与长江流域跨世纪持续发展. 人民长江,1998 年.

[19] 邓贤贵. 长江上游典型流域水土保持效益分析. 水土保持通报,1998 年.

[20] 杨意诚,石国钰,陈显维,等. 长江上游水库群拦沙淤积对三峡水库来沙的影响研究报告. 长江三峡工程泥沙与航运关键技术研究专题研究报告集(下册). 武汉:武汉大学出版社,1993 年.

[21] 谢洪. 泥石流研究与防治. 成都:四川科学技术出版社,1989 年.

[22] 王海宁,任兴汉. 试论长江源头地区的水土流失. 水土保持通报(第 5 期),1995 年.

[23] 柴宗新. 我国南方土地侵蚀特点. 山地研究,1996(4).

[24] 殷祚云,陈建新,王明怀等. 花岗岩风化壳崩岗侵蚀整治方案及效益. 水土保持通报,1999 年(4).

[25] 汪阳春,柴宗新,刘淑珍,等. 横断山区的黄土及意义. 山地学报,1999 年.

[26] 潘庆燊. 百年来荆江的变迁,长江中游荆江变迁研究(第八章). 北京:中国水利水电出版社,1999 年.

[27] 吴积善,康志成,田连权,章书成等. 云南省蒋家沟泥石流观测研究. 北京:科学出版社,1990 年.

[28] 王海东,赵明. 孟宗沟小流域泥石流特征及防治对策. 水土保持通报,1995 年.

[29] 唐邦兴,柳素清,刘世建,崔鹏,冲村孝,杨逸畴,等. 岷江上游茂县叠溪大小海子溃决型山洪泥石流,泥石流(4). 北京:科学出版社,1995 年.

[30] 田连权,吴积善,康志成,张军等. 泥石流侵蚀搬运与堆积. 成都:成都地图出版社,1993 年.

[31] 王世廿,杨庆溪,刘希林,汪阳春,等. 金沙江下游巧家水碾河沟"89.5.6"特大泥石流,长江流域山地开发与灾害防治. 成都:成都地图出版社,1992 年.

[32] 唐邦兴,柳素清. 四川阿坝州泥石流及其防治研究. 成都:成都科技大学出版社,1993 年.

[33] 林承坤. 长江三峡黄陵背斜区产沙特性与数量计算. 地理学报,1985 年.

[34] 吴积善. 云南省蒋家沟粘性泥石流堆积物特征分析. 泥石流观测与研究. 北京:科学出版社,1996 年.

[35] 杜榕桓,康志成,陈循谦,朱平一,等. 云南小江泥石流综合考察与防治规划研究. 重庆:科学技术文献出版社重庆分社,1987 年.

[36] 陈青伯,解明曙,张洪江. 长江三峡花岗岩地区坡面产沙及沟道输沙规律. 水土保持通报,1995 年.

第四章　长江泥沙的来源

长江流域侵蚀产沙虽然以中轻度的水力侵蚀为主,但由于流域面积广大,并且长江上游地区还有大面积的强度以上侵蚀区和区域性崩塌、滑坡、泥石流发育,因此总产沙数量仍甚巨大,据20世纪80年代调查统计,全流域年侵蚀产沙量高达22.39亿t。虽然部分粒径偏粗,输移比偏小,一般支流来沙的含沙量不大,但由于长江水量浩大,水系发育,约有7000余条大小支流组成庞大的多级输沙系统,每年仍将大量泥沙输移入江。在该输沙系统中,流域面积大于1万km^2的支流计49条,大于8万km^2的大支流有雅砻江、岷江、嘉陵江、乌江、湘江、沅江、汉江、赣江等8条,现将长江流域主要来水来沙的地区组成、年内分配与年际变化、输沙的级配组成等特征分述于下。

第一节　悬移质泥沙来源的地区组成及特征

一、长江上游悬移质泥沙来源的地区组成

1. *长江上游干流河段来沙*

长江宜昌控制站上游集水面积为100.5501万km^2,1950—1981年的多年平均径流量为4400亿m^3,年输沙量为5.3亿t(表4-1-1)。其中:金沙江屏山站集水面积达48.5099万km^2,占宜昌上游总面积的48.2%,径流量1430亿m^3,输沙量2.43亿t,分别占宜昌站的32.5%与45.8%,居长江上游干支流之首。嘉陵江北碚站集水面积15.6142万km^2,占宜昌的15.5%,径流量708亿m^3,输沙量1.43亿t,分别占宜昌站的16.1%与27.0%,居长江上游第二位。岷江高场站集水面积13.5378万km^2,占宜昌的13.5%,径流量880亿m^3,输沙量5070万t,分别占宜昌站的20.0%与9.6%,居长江上游的第三位。次为乌江武隆站集水面积8.3035万km^2,占宜昌的8.3%,径流量499亿m^3,输沙量3220万t,分别占宜昌站的11.3%与6.1%。在长江上游的其他主要支流中,按输沙量大小依序为横江(横江站)1340万t,沱江(李家湾站)1270万t,赤水(赤水站)729万t,綦江(五岔站)342万t等,分别占宜昌站年均输沙量的2.5%、2.4%、1.4%和0.65%等。另外区间流域面积为9.0559万km^2,占宜昌的9.0%,径流量585亿m^3,输沙量2771万t,分别占13.3%与5.2%。按长江上游主要支流平均输沙模数以嘉陵江为高(916t/(km^2·a)),次为横江(907 t/(km^2·a)),沱江(545 t/(km^2·a))等。

表 4-1-1　　长江干支流主要测站来水来沙(悬移质)的地区组成

长江干流	河名(干支流)	站名	集水面积(km²)	水量 流量(m³/s)	水量 径流量(亿 m³)	水量 占宜昌(%)	水量 占大通(%)	沙量 输沙量(万 t)	沙量 占宜昌(%)	沙量 占大通(%)	输沙模数(t/km²·a)	含沙量(kg/m³)	统计年份
上游	金沙江	屏山	485099		1430	32.5		24300	45.8		501	1.70	1954—1985
	横江	横江	14781		91.8	2.1		1340	2.5		907	1.46	1957—1960,1965—1985
	岷江	高场	135378		880	20.0		5070	9.6		375	0.576	1954—1985
	沱江	李家湾	23283		127	2.9		1270	2.4		545	1.00	1957—1985
	赤水	赤水	17224		78.7	1.8		729	1.4		423	0.926	1957—1960, 1963—1967, 1970—1972,1975—1984
	綦江	五岔	7068		31.5	0.71		342	0.65		484		
	嘉陵江	北碚	156142		708	16.1		14300	27.0		916	2.02	1954—1985
	长江	寸滩	866559		3510	79.8		46700	88.1		539	1.33	1953—1966,1968—1985
	乌江	武隆	83035		499	11.3		3220	6.1		388	0.646	1955—1985
	长江	万县	974881	13100		94.2		51300	96.8		526	1.24	1952—1956,1958—1960, 1969—1970,1972—1985
	川江	区间	90559		585	13.3		2771	5.2		306		
	长江	宜昌	1005501		4400	100	49.4	53000	100	112.3	527	1.20	1950—1985
中下游	清江	长阳	14360		147		1.6	1278		2.7	890	0.800	1980—1989
	湘江	湘潭	81638		668		7.5	1298		2.8	159	1.10	1973—1980
	资水	桃江	27086		225		2.5	176		0.4	65.0	1.77	1973—1980
	沅江	桃源	84489		661		7.4	1474		3.1	174	1.71	1973—1980
	澧水	三江口	15242	517	145		1.6	718		1.5	471	0.43	1973—1980
	洞庭湖口	七里山	259078		3410		38.3	5390		11.4	208	0.173	1950—1954,1956—1981
	长江	螺山	1294911		6450		72.4	44100		93.4	341	0.683	
	汉江	仙桃	144683		387		4.3	2580		5.5	178	0.652	1972—1980
	长江	汉口	1488036		7120		79.9	43400		91.9	292	0.611	
	赣江	外洲	80948	2180	(695.4)		7.8	1152		2.4	142.3	0.168	1956—1984
	抚河	李家渡	15811	424	(52.8)		1.7	154.7		0.3	97.8	0.117	1956—1966,1970—1984
	信河	梅港	15535	530	(182.3)		2.0	242		0.5	155.9	0.140	1955—1984
	饶河	渡峰坑	5013		(117.6)		1.3	39.6		0.1	79.0	0.081	1956—1961
		虎山	6374					50.4		0.1	79.1	0.073	1963—1984
	修河	拓林	9497		(116.9)		1.3	155		0.3	163.2	0.178	1957,1958,1963—1970
		万家埠	3548	106				40.3		0.1	113.6	0.112	1957—1984
	鄱阳湖口	湖口	162225		(1403)		15.7	1052.2		2.2	64.9	0.097	1954—1984
	长江	大通	1705383		9080		100	47100		100	276.2	0.533	1950—1981

注:(　)内为参考数

2. 长江上游主要干支流来沙

以主要产沙干支流金沙江、嘉陵江、岷江等为例分述于下。

①金沙江来沙的地区组成:通天河直门达站上游集水面积为 14.2777 万 km²,占屏山站的29.4%,输沙量971 万 t,其平均输沙模数仅68.0 t/(km²·a);金沙江渡口站集水面积28.454 万 km²、占屏山站的58.7%,输沙量增加到4030 万 t,平均输沙模数为141.6 t/(km²·a);至金沙江龙街站,集水面积42.3202 万 km²、输沙量9400 万 t,平均输沙模数增加到222.1 t/(km²·a);巧家站集水面积45.0696 万 km²、输沙量1.62 亿 t,输沙模数359.4 t/(km²·a);屏山站集水面积48.5099 万 km²、径流量1430 亿 m³,输沙量2.43 亿 t,输沙模数增加到500.9 t/(km²·a)。另从输沙量占屏山站百分数可见:通天河直门达占屏山4.0%,金沙江巴塘6.0%,石鼓8.6%,渡口16.6%,龙街38.7%,巧家66.7%,屏山100%,沿程各站随集水面积的扩大,相应径流量增加,输沙量增大。以上分段输沙量

表明，金沙江下游渡口—屏山段，流域面积增加41.3%，径流量增加62.9%，输沙量增加了83.4%。由于穿流于高产沙区，有雅砻江、安宁河、龙川江、小江、参鱼河、黑水河、牛栏江、美姑河及横江等多沙支流携带大量泥沙入汇和沿岸的崩塌、滑坡等重力侵蚀及泥石流的广泛发育，因此该段成为屏山上游金沙江流域泥沙的主要来源地。内含3个分段，其中：渡口—龙街段，所增加流域面积占屏山站集水总面积的28.5%，输沙量占屏山站的22.1%；龙街—巧家段流域面积占屏山站集水面积的5.7%，输沙量占28.0%；巧家—屏山段流域面积占屏山站集水面积的7.1%，输沙量占33.3%。可见3段中又以金沙江龙街—屏山段的来沙量为大，其中尤以龙街—巧家段的产沙强度为最高。屏山站下游河段虽山势降低，但还有横江等支流和岸坡来沙，因此金沙江下游渡口—宜宾河段的流域区仍为金沙江泥沙的主要来源地（表4-1-2）。

表4-1-2　金沙江干支流主要测站来水来沙（悬移质）的地区组成[1]

序号	河名	站名	集水面积		径流量		输沙量		输沙模数	含沙量	统计年份
			(km^2)	占屏山(%)	(亿m^3)	占屏山(%)	(万t)	占屏山(%)	($t/(km^2·a)$)	(kg/m^3)	
1	通天河	直门达	142777	29.4	124	8.3	971	4.0	68.0	0.782	1956,1960,1963－1984
2	金沙江	巴塘	187873	38.7	237	19.1	1450	6.0	77.2	0.532	1964,1965,1967,1968,1972－1984
3	金沙江	石鼓	232651	48.0	408	28.5	2090	8.6	89.8	0.513	1958－1968,1971－1985
4	五郎河	总管回	2083	0.4	8.85	0.6	188	0.8	902.5	2.12	1964－1983
5	金沙江	渡口	284540	58.7	530	37.1	4030	16.6	141.6	0.761	1970－1985
6	雅砻江	小得石	118294	24.4	492	34.4	2750	11.3	232.5	0.559	1961－1984
7	安宁河	湾滩	11037	2.3	72.3	5.1	973	4.0	881.6	1.35	1959－1961,1963－1970,1972－1984
8	龙川江	小黄瓜园	5560	1.1	7.14	0.5	371	1.5	667.3	5.19	1959,1960,1963,1965,1966,1970－1983
9	金沙江	龙街	423202	87.2	1170	81.8	9400	38.7	222.1	0.802	1958－1960,1967－1969,1971－1976
10	小江	小江	2116	0.4	11.8	0.8	626	2.6	2958.4	5.29	1960－1963,1965－1966
11	参鱼河	会东	779	0.2	5.97	0.4	50.4	0.2	647.0	0.844	1966－1968,1970－1983
12	金沙江	巧家	450696	92.9	1210	84.6	16200	66.7	359.4	1.34	1958－1985
13	黑水河	宁南	3074	0.6	20.6	1.4	285	1.2	927.1	1.38	1960－1961,1963－1967,1969－1970,1978－1983
14	牛栏江	大沙店	10870	2.2	38.2	2.7	1170	4.8	1076.4	3.06	1964,1965,1967－1982
15	美姑河	美姑	1607	0.3	10.4	0.7	168	0.7	1045.4	1.61	1960－1968,1972－1983
16	金沙江	屏山	485099	100.0	1430	100.0	24300	100.0	500.9	1.70	1954－1985
17	横江	横江	14781		91.8		1340		907.0	1.46	1957～1960,1965～1985

②嘉陵江来沙的地区组成：嘉陵江是长江上游泥沙来量仅次于金沙江而位居第二位的重要支流，从表4-1-3中嘉陵江悬移质来水来沙的地区组成见及，其中上游支流西汉水（镡家坝）集水面积9538km^2、占北碚站集水面积的6.1%，径流量15.1亿m^3，占北碚站径

流量的 2.1%，输沙量 2470 万 t，占北碚站的 17.3%；白龙江（三磊坝）集水面积 29247km²，输沙量 1770 万 t，分别占北碚站的 18.7% 与 12.4%；嘉陵江中游支流渠江（罗渡溪）集水面积 3.8071 万 km²，输沙量 2950 万 t，分别占北碚站的 24.4% 与 20.6%；涪江（小河坝）集水面积 2.9488 万 km²，输沙量 2040 万 t，分别占北碚站的 18.9% 与 14.3%。以上西汉水、白龙江和渠江、涪江等 4 条支流合计集水面积占北碚集水面积的 68.1%，年径流量的 71.0%，输沙量共达 9230 万 t，占北碚总输沙量的 64.6%，输沙模数分别为 2590.0，605.2，774.9 和 691.8 t/（km²·a），是嘉陵江的主要产沙支流，其中输沙模数以西汉水为大，年输沙量以渠江为大；嘉陵江干流的输沙量，主要来自嘉陵江中上游的西汉水（汇口）—合川河段。

表 4-1-3　　嘉陵江干支流主要测站（悬移质）的地区组成

序号	河名	站名	集水面积 (km²)	集水面积 占北碚 (%)	年径流量 (亿 m³)	年径流量 占北碚 (%)	年输沙量 (万 t)	年输沙量 占北碚 (%)	输沙模数 (t/(km²·a))	含沙量 (kg/m³)	统计年份
1	嘉陵江	东坡	2722	1.7	6.25	0.9	204	1.4	734.6	3.27	1959,1960,1963—1983
2	西汉水	镡家坝	9538	6.1	15.1	2.1	2470	17.3	2590.0	16.3	1965—1984
3	永宁河	永宁镇	2071	1.3	4.53	0.6	122	0.9	589.1	2.70	1960,1963—1984
4	嘉陵江	略阳	19206	12.3	39.8	5.6	3640	25.5	1895.2	9.16	1954—1966,1969—1984
5	白龙江	三磊坝	29247	18.7	107	15.1	1770	12.4	605.2	1.66	1957，1958，1960，1961,1963—1984
6	嘉陵江	亭子口	61089	39.1	210	29.7	6720	47.0	1100.0	3.21	1955，1956，1958—1960，1962—1964，1966，1967，1969—1984
7	东河	清泉乡	5011	3.2	35.2	5.0	306	2.1	610.7	0.871	1961，1963—1968，1970—1984
8	西河	建设乡	3225	2.1	8.78	1.2	98.3	0.7	304.8	1.12	1959—1961，1963，1965—1973，1975—1977
9	嘉陵江	武胜	78850	50.5	280	39.5	7790	54.5	988.0	2.78	1957—1984
10	渠江	罗渡溪	38071	24.4	229	32.3	2950	20.6	774.9	1.29	1957—1984
11	涪江	小河坝	29488	18.9	152	21.5	2040	14.3	691.8	1.34	1957—1984
12	嘉陵江	北碚	156142	100.0		100.0	14300	100.0	915.8	2.02	1954—1985

③岷江来沙的地区组成：据四川省岷江志记载，20 世纪 50 ~ 80 年代的观测资料，岷江的支流中，最大支流大渡河福禄镇上游集水面积 7.6452 万 km²、占高场站的 56.5%，输沙量为 1780 万 t、占高场输沙量的 35.0%；次为黑水（沙坝），输沙量 246 万 t，占高场的 4.8%；马边河（清水溪）输沙量为 159 万 t，占高场的 3.1%；其余为寿溪 144 万 t，占 2.8%；渔子溪（渔子溪）输沙量 139 万 t，占 2.7% 为岷江的主要来沙支流。按岷江干流站划分，镇江关至高场段，因支流较多，并有大渡河的汇入，输沙量增大，其中岷江上游的姜射坝至中下游的高场段，输沙量由 375 万 t 增加到 5090 万 t，占高场总输沙量的 92.6%，为岷江悬移质泥沙的主要来源河段（表 4-1-4）。

表 4-1-4 岷江干支流主要测站来水来沙(悬移质)的地区组成

序号	河名	站名	集水面积		年径流量		年输沙量		输沙模数	含沙量	资料统计年数(a)
			(km^2)	占高场(%)	(亿 m^3)	占高场(%)	(万 t)	占高场(%)	(t/(km^2·a))	(kg/m^3)	
1	岷江	镇江关	4468	3.3	57.4	2.0	55	1.1	123.1	0.30	29
2	岷江	姜射坝	14279	10.5	223	7.9	375	7.4	262.6	0.53	28
3	岷江	紫坪铺	22664	16.7	462	16.3	713	14.0	314.6	0.50	46
4	岷江	二王庙	23037	17.0	497	17.5	1020	20.0	442.8	0.73	43
5	岷江	彭山	30661	22.6	454	16.0	1030	20.2	335.9	0.73	45
6	岷江	乌尤寺	124587	92.0	2800	98.6	2850	56.0	228.8	0.36	37
7	岷江	五通桥	126478	93.4	2560	90.1	3890	76.4	307.6	0.48	35
8	岷江	高场	135378	100.0	2840	100.0	5090	100.0	376.0	0.57	46
9	黑水	黑水	1720	1.3	42.6	1.5	45	0.9	261.6	0.34	27
10	黑水	沙坝	7231	5.3	140	4.9	246	4.8	340.2	0.56	30
11	杂谷脑河	杂谷脑	2404	1.8	63.3	2.2	65	1.3	270.4	0.33	29
12	渔子溪	渔子溪	1742	1.3	62.6	2.2	139	2.7	797.9	0.11	26
13	寿溪	寿溪	596	0.4	26.6	0.9	144	2.8	2416.1	1.63	29
14	白沙河	杨柳坪	363	0.3	16.6	0.6	31	0.6	854.0	0.61	32
15	出江	新新场	396	0.3	15.3	0.5	47	0.9	1186.9	0.96	31
16	斜江	大邑	264	0.2	6.91	0.2	21	0.4	795.5	1.02	29
17	大渡河	福禄镇	76452	56.5			1780	35.0	233.0	0.38	15
18	马边河	马边	1831	1.4	80.3	2.8	81	1.6	442.4	0.32	29
19	马边河	清水溪	3330	2.5	129	4.5	159	3.1	477.5	0.39	44

岷江支流大渡河悬移质的泥沙来源：据成都勘测设计院研究，大渡河泸定站上游集水面积达 5.8943 万 km^2、占福禄镇控制站的 77.1%，多年平均流量 891m^3/s，输沙量 1010 万 t，分别占福禄镇的 60.2% 与 56.7%，虽然有梭摩河、小金河、金汤河、甘什扎河以及折多河等汇入，但输沙量一般较小；泸定以下至沙坪，有安顺河和牛日河等产沙支流的加入，输沙量分别达 123 万 t 与 294 万 t，分别占福禄镇站输沙量的 6.9% 与 16.5%。由于有众多产沙支流的汇入，沙坪坝站输沙量由泸定的 1010 万 t 增加到 3270 万 t，占福禄镇输沙量的 183.7%；另在福禄镇下游还有青衣江汇入，流域面积仅相当于福禄镇站的 17.4%，而输沙量达 987 万 t，相当于福禄镇站的 55.5%，因地处长江大暴雨区，输沙模数高达 742 t/(km^2·a)。可见大渡河的泥沙主要来自泸定以下的中下游地区，主要来沙支流含青衣江，次为牛日河和安顺河等，也是岷江流域的重点沙源地之一。

二、长江中下游悬移质泥沙来源的地区组成

1. 中下游干流河段来沙

长江中下游地区从上游至下游主要支流包括清江和湘、资、沅、澧四水组成的洞庭湖水系，汉江和鄂东大别山诸水，以及赣、抚、信、饶、修五水组成的鄱阳湖水系和下游入汇的青弋江、水阳江等，由于长江中下游主要由低山丘陵和平原组成，因此除汉江、湘江、沅江、赣江外，一般以小支流广泛发育为特点。

汉江(仙桃站)集水面积 14.4683 万 km^2，径流量 387 亿 m^3，悬移质年输沙量 2580 万 t，占大通站输沙量的 5.5%；次为洞庭湖水系的沅江(桃源站)输沙量 1474 万 t，

湘江(湘潭站)输沙量 1298 万 t,洞庭湖湘、资、沅、澧四水出口的七里山站年输沙量为 5390 万 t,占大通站的 11.4%;再次为清江(长阳站)1278 万 t,占大通站的 2.7% 和赣江(外洲站)输沙量为 1152 万 t 占 2.4% 等,因赣、抚、信、饶、修五水泥沙在鄱阳湖中的大量淤积,出口的湖口站输沙量为 1052.2 万 t,仅占大通站的 2.2%。长江中下游的其余支流输沙量小,如沮漳河(猴子岩)年均输沙量 74.7 万 t,陆水(崇阳站)73.2 万 t,举水(柳子港)31.6 万 t,水阳江(宣城站)53.6 万 t,青弋江(西河镇)55.5 万 t 等,悬移质年输沙量都在 80 万 t 以下,所占大通站输沙量的百分数均小于 1.5%。

2. 中下游主要支流河段来沙

关于主要支流来沙的地区组成以汉江和湘江、赣江等为例分述于下。

①汉江来沙的地区组成:从表 4-1-5 可见,汉江安康—郧县段,集水面积由 3.867 万 km^2 增加到 7.4863 万 km^2,输沙量由 2440 万 t 增加到 9250 万 t,其中安康—白河和白河—郧县段的输沙模数分别逐段递增 282.5t/ (km^2 · a) 与 322.1 t/ (km^2 · a),因此安康—郧县河段成为汉江泥沙的重点来沙河段。

表 4-1-5　　汉江干流主要测站悬移质泥沙的地区组成

序号	站名	集水面积 (km^2)	年均输沙量 (万 t)	年均输沙模数 (t/km^2 · a)	含沙量 (kg/m^3)	资料年份
1	武候镇	3692	245	663.6	1.89	1955—1979
2	安康	38670	2440	631.0	1.27	1955—1979
3	白河	59115	5400	913.5	2.14	1951—1979
4	郧县	74863	9250	1235.6	2.44	1951—1964
5	黄家港	95217	9370	984.1	2.32	1955—1967
6	襄阳	103261	11200	1084.6	2.55	1950—1959
7	碾盘山	142056	12200	858.8	2.42	1951—1959
8			9820	691.3	1.76	1960—1969
9			3310	233.0	0.72	1970—1979
10	仙桃	144683	2580	178.3	0.656	1972—1980

注:丹江水库于 1968 年建成。

②湘江来沙的地区组成:湘江支流众多,但一般规模较小,据湖南省水文资料的输沙量(表 4-1-6),除湘江全州(二)站集水面积 5830km^2,潇水道县站集水面积 5613km^2,合计 1.1443 万 km^2,输沙量 183.8 万 t、占湘潭站输沙量的 15.9% 外,输沙量在 100 万 t 以上的主要支流为耒水(东江站)含 110.2、85.1、68.1 万 t,洣水(石峡、甘溪站)分别为 132.8 万 t与 139.7 万 t,湘潭站下游乌江(石坝子)159 万 t 等,其余支流年输沙量都在 100 万 t 以下。从上可见,湘江悬移质泥沙主要来自全洲下游的主要支流潇水、丰水、洣水和乌江等小流域。洞庭湖水系虽然有湘江等泥沙输入洞庭湖,但由于产生大量淤积,出湖入江泥沙大为减少。据长江委水文局分析资料,裁弯前(1956—1967 年)含湘、资、沅、澧四水年均入湖沙量为 3010.3 万 t,裁弯后(1968—1974 年)四水入湖沙量增加为 4041.5 万 t,在湖中淤积量的百分数由裁弯前的 73.2% 增加到 73.9%,淤积量增加到 2986.7 万 t,而出湖入长江泥沙仅为 1054.8 万 t。

③赣江来沙特征:赣江(外洲站)集水面积为 8.0948 万 km^2,上游有兴国县等重点产

沙区分布,年均流量 2.04 万 m^3/s,年输沙量 1110 万 t,年输沙模数 137.0t/ km^2 · a,含沙量 0.174kg/m^3,亦因经鄱阳湖的淤积,出湖入长江泥沙大为减少。

从上可见:长江中下游支流虽多,但大多规模较小,且侵蚀产沙以中轻度为主,又因平原及湖泊广布,过境泥沙沿程淤积,使入江泥沙大为削减。据年均输沙量不完全统计:表 4-1-1 中所列长江中下游的清江、汉江、洞庭湖和鄱阳湖水系等 11 条主要支流中,以汉江居首,次为洞庭湖水系的沅江、湘江和清江及鄱阳湖水系的赣江等。年径流量:长江上游宜昌站多年平均径流量为 4400 亿 m^3,占大通径流量 9080 亿 m^3 的 48.46%,即中下游增加的年径流量占大通站的 51.54%,比上游入境径流量略大。年均输沙量:长江中下游主要支流合计约为 1.03002 亿 t,另加部分输沙量小于 100 万 t 的支流如沮漳河、陆水、举水、水阳江、青弋江等估计为 288.6 万 t,总计约 1.05888 亿 t,另因进入中下游平原河段和洞庭、鄱阳等湖区支流的泥沙经大量淤积后,入江的输移量还不足 1 亿 t,而长江上游宜昌出口站的悬移质年均输沙量达 5.3 亿 t,即相当于长江中下游主要支流来沙总量的 5 倍以上,可见长江中下游的泥沙主要来自宜昌上游。

表 4-1-6　湘江干支流主要测站来水来沙(悬移质)的地区组成

序号	河名	站名	集水面积 (km^2)	占湘潭 (%)	年径流量 (亿 m^3)	占湘潭 (%)	年输沙量 (万 t)	占湘潭 (%)	输沙模数 (t/(km^2 · a))	资料年份
1	湘江	全州(二)	5830	7.1	60.9	9.4	102.3	8.9	175.4	
2	潇水	道县	5613	6.9	57.3	8.9	81.5	7.0	145.2	
3		1+2	11443	14.0	118.2	18.3	183.8	15.9	160.3	
4	湘江	老埠头	21341	26.1	202.0	31.3	211.9	18.3	99.3	
5	春陵水	白沙	5618	6.9	40.3	6.2	64.9	5.6	115.5	1964—1976
6	春陵水	飞先	3638	4.5	28.0	4.3	58.7	5.1	161.4	1977—1985
7	春陵水	欧阳海	5409	6.6	37.7	5.8	12.1	1.0	22.4	1977—1985
8	蒸水	石门坎	1020	1.2	5.3	0.8	28.1	2.4	275.5	
9	武水	井头江	179	0.2	1.0	0.2	16.6	1.4	927.4	
10		8+9	1199	1.5	6.3	1.0	44.7	3.9	372.8	
11	蒸水	神峡	2857	3.5	13.2	2.0	43.9	3.7	153.7	
12	沤水	寨前(二) (三)	363 459 (384)	0.4 0.6 (0.5)	4.8	0.7	25.6 5.0 (23.3)	2.2 0.4 (2.0)	706.1 109.8 (607.6)	1971—1977 1977—1985
13	沤水	暖水	1614	2.0	18.0	2.8	22.0	1.9	136.3	
14	耒水	东江	4077 4835 4659	5.0 5.9 5.7	43.9	6.8	110.2 85.1 68.1	9.5 7.4 5.9	270.3 176.0 146.8	
15	湘江	衡阳	52150	63.9	412.3	63.9	663.6	57.4	127.2	
16	洣水	石峡	10393	12.7	68.5	10.6	132.8	11.5	127.8	
17	洣水	甘溪(二)	9972	12.2	83.0	12.9	139.7	12.1	140.1	
18	渌水	大西滩	3689 3224 3132	4.5 3.9 3.8	113.6	17.6	59.6 69.7 62.6	5.2 6.0 5.4	161.6 216.2 199.9	
19	涓水	吟江	1576	1.9	10.80	1.7	21.3	1.8	135.2	1964
20	涟水	湘乡	6053	7.4	37.4	5.8	77.2	6.7	127.5	1964—1971
21	涟水	娄底	1458	1.8	9.7	1.5	25.1	2.2	172.2	1969—1985
22	湘江	湘潭	81638		645.2		1156.1	100.0	141.6	
23	浏渭河	双江口	2106	2.6	18.3	2.8	29.2	2.5	138.7	
24	楚江	流沙河	221	0.3	1.4	0.2	8.6	0.7	389.1	1975—1985
25	乌水(江)	石坝子	563	0.7	3.5	0.5	159	13.8	282.4	

三、长江悬移质来沙特征

(一)1990年前的悬移质来沙特征

1.含沙量特征

长江流域侵蚀产沙类型以水力侵蚀为主,重点产沙区还包含严重的崩塌滑坡和泥石流等,一般侵蚀强度大的地区,往往含沙量相对较大,侵蚀强度小的地区含沙量亦相对较小(表4-1-1)。

①支流含沙量:长江上游主要支流多年平均含沙量,金沙江(屏山站)为1.70kg/m^3,横江(横江站)1.46kg/m^3,岷江(高场站)0.576kg/m^3,沱江(李家湾站)1.00kg/m^3,赤水(赤水站)0.926kg/m^3,嘉陵江(北碚站)2.02kg/m^3,乌江(武隆站)0.646kg/m^{3}等;长江上游支流含沙量范围值为2.02~0.576kg/m^3,以嘉陵江为大,岷江为小。长江中游地区含沙量,清江(长阳站)为0.800kg/m^3,洞庭湖水系的湘江(湘潭站)1.10kg/m^3、资水(桃江站)1.77 kg/m^3、沅江(桃源站)1.71 kg/m^3、澧水(三江口站)0.43 kg/m^3,汉江(仙桃站)0.652 kg/m^3,鄱阳湖水系的赣江(外洲站)0.168 kg/m^3、抚河(李家渡站)0.117 kg/m^3、信江(梅港站)0.140 kg/m^3、饶河(渡峰坑、虎山站)分别为0.081与0.073 kg/m^3、修水(拓林、万家埠站)分别为0.178与0.112 kg/m^{3}等;长江中游主要支流含沙量范围值1.77~0.073 kg/m^3,以资水较大,饶河为小。长江下游水阳江年均含沙量为0.19kg/m^3,长江河口段的黄浦江(淀峰站)年均含沙量仅0.049kg/m^3,一般小于0.2kg/m^3。整个长江支流一般以上游支流含沙量较大,其中嘉陵江(北碚站)为全江主要支流含沙量之首,多年平均高达2.02kg/m^3;中游含沙量次之,如洞庭湖水系的资水、沅江分别为1.77 kg/m^{3}与1.71 kg/m^3,鄱阳湖水系赣江、抚河、信江、修水含沙量都在0.20kg/m^{3}以下,饶河为0.081 kg/m^{3}与0.073 kg/m^3,均小于0.10kg/m^3;下游河口段黄浦江年均含沙量也在0.10kg/m^{3}以下。由于长江产沙区主要位于长江上游,因此一般入汇支流的含沙量是上游支流大于中下游支流。

②干流含沙量:长江干流多年平均含沙量,重庆寸滩站1.33 kg/m^3,万县站1.24kg/m^3,宜昌站1.20kg/m^3,螺山站0.683kg/m^3,汉口站0.611kg/m^3,大通站0.530kg/m^3,从上向下游呈现沿程规律性递减变小。

③最大含沙量:长江干支流主要测站在历史上曾出现的最大含沙量,如屏山站高达24.2 kg/m^3,寸滩13.7 kg/m^3,宜昌站10.5 kg/m^{3}等。最大含沙量年内出现时间,一般在6—9月,而枯水期含沙量为最小,长江中下游河段小到0.1kg/m^{3}以下。支流最大含沙量以嘉陵江为典型,因上游有黄土分布外,还有滑坡崩塌及泥石流等发育,所以嘉陵江上游西汉水顺利峡的含沙量高达31.5 kg/m^3,镡家坝16.3kg/m^3,泥石流高发区的白龙江武都站多年平均含沙量为3.8kg/m^3,当泥石流暴发时,实测最大含沙量曾高达91.8 kg/m^{3}等。

2.悬移质泥沙的年内分配特征

长江流域产沙以水力侵蚀为主,河流输沙量的大小主要取决于雨量和雨强的大小,悬移质泥沙的年内分配则取决于降水的时间,因此年内的输沙量与径流量的时空分配相对应。由于长江流域降水受西太平洋和印度洋季风气候影响,每年3—4月首先从鄱阳湖开始降水进入汛期，而后西移到洞庭湖、乌江流域，然后7—8月进入上游川江，再后转入汉江。长江洪水属于暴雨型洪水，在一般情况下，降水和主汛期有地区性的季节差异，长江流域下游早于上游，而汉江较晚，虽然区域降水时间有先后错动，但在一般年份主要干支流的来水来沙仍集中在5—10月。长江干流宜昌控制站5—10月径流量达3487亿m^3，输沙量5.044亿t，分别占全年径流量和输沙量的79.4%与95.9%；7—9月径流量2217亿m^3，输沙量3.859亿t，分别占全年的50.5%与73.4%。在主要产沙干支流中，5—10月径流量和输沙量，金沙江（屏山站）分别占全年的83.9%与97.7%；嘉陵江（北碚站）分别占84.2%与98.8%；岷江（高场站）分别占80.6%与99.2%；其中7—9月的径流量与输沙量所占全年百分数，金沙江分别为53.8%与76.8%，嘉陵江55.6%与80.3%，岷江52.2%与83.8%。综合上述，长江上游径流量和悬移质输沙量的年内分配特点：主要集中在每年5—10月，其中尤以7—9月为盛。分布集中的程度：悬移质输沙量大于径流量；在分布的区域中，长江上游大于中下游，而且同河段支流大于干流。

3.悬移质泥沙的年际变化特征

据1954—1989年统计（表4-1-7），长江上游金沙江（屏山站）多年平均径流量为1430亿m^3，输沙量2.45亿t，分别与各年代平均值相比，径流量以50年代与60年代平均值为大，70年代与80年代较小；输沙量以50年代与80年代为大，60年代与70年代为小。嘉陵江（北碚站）1954～1989年的多年平均径流量与输沙量分别为701亿m^3与1.36亿t，历年变化中，以60年代与80年代平均值为大，50年代及70年代为小；岷江（高场站）1954—1989年径流量与输沙量的多年平均值分别为877亿m^3与5190万t，以50年代、60年代较平均值为大，80年代持平，70年代较小。从上可见，各条河流水系的大水大沙年虽不尽相同，但按年代的分段划分，金沙江的径流量与输沙量均以50年代为大；嘉陵江的径流量与输沙量分别以80年代与60年代为大；岷江的径流量与输沙量分别以50年代与60年代为大；沱江的径流量与输沙量均以60年代为大。以上各江均以70年代为小，而乌江的径流量与输沙量相反，均以70年代为大，径流量以50年代为小，输沙量以80年代平均值为小。从上可见：长江上游主要支流的径流量和输沙量除乌江以70年代较大外，其余金沙江、嘉陵江和岷沱江等多以60年代平均值为大，70年代平均值为小。因干流水沙主要来自各大支流，与此相对应，长江上游干流的径流量与输沙量，寸滩站分别以50年代和60年代为大；宜昌站以60年代为大（80年代径流量亦大）；两站也均以70年代为最小。由于长江流域面积广大，支流众多，而各条支流的地形地貌、地质和大气降水等条件等均不相同，故降水的时空分布亦各有差异，但互相补偿，呈现以下特点（图4-1-1）。

①径流量、输沙量、含沙量的相关变化：过程曲线具有显著相似性特征，水大、沙多，含沙量相应增大；水小、沙少，含沙量相应变小，呈显来沙量的大小随来水量的增减变化相对应的基本规律。

②河流来沙量的年际变化：据长江干流寸滩、宜昌和支流乌江武隆等站1954—1989年的水沙资料表明，在河流来沙量的年际变化中，都曾出现过1954—1959年、1963—1968年和1980—1985年等的年径流量、输沙量和含沙量的3个高值期，反映上游来水来沙量的大小，具有沿时间流程呈不规则的周期性变化规律。

表 4-1-7　　长江上游干支流主要测站 50～80 年代径流量、输沙量统计表[3]

河名	站名	50 年代		60 年代		70 年代		80 年代		多年平均		统计年份
		径流量（亿 m^3）	输沙量（万 t）	径流量（亿 m^3）	输沙量（万 t）	径流量（亿 m^3）	输沙量（万 t）	径流量（亿 m^3）	输沙量（万 t）	径流量（亿 m^3）	输沙量（万 t）	
金沙江	屏山	1520	26600	1500	24400	1330	22100	1410	25700	1430	24500	1954—1989
岷江	高场	913	5520	910	6230	822	3390	877	5710	877	5190	1954—1989
沱江	李家湾	121	1390	136	1540	112	872	130	1070	125	1180	1957—1989
嘉陵江	北碚	674	14800	750	15200	604	10700	765	14000	701	13600	1954—1989
长江	寸滩	3570	52600	3690	48100	3260	37700	3500	47600	3500	4600	1955—1989
乌江	武隆	444	2790	504	2810	509	3960	480	2470	490	3040	1955—1989
长江	宜昌	4430	52000	4540	54900	4150	47500	4440	54900	4390	52300	1950—1989

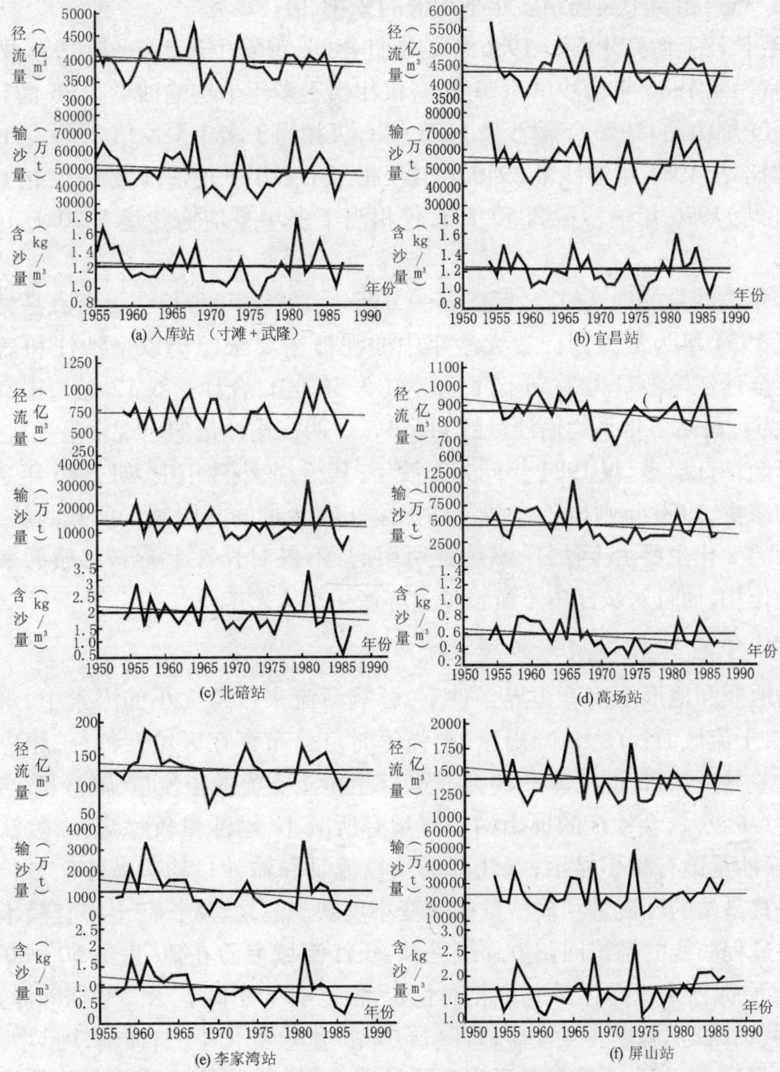

4-1-1　长江上游干支流主要测站年径流量、输沙量、含沙量过程曲线及变化趋势图[1][2]

4. 悬移质泥沙大小沙年的主要地区组成

①大沙年:据长江上游地区多年统计资料,在1954—1985年间,宜昌上游共发生8个大沙年,按大小排序为1954年、1981年、1968年、1974年、1984年、1966年、1956年和1964年等,宜昌站径流量和输沙量均以1954年为大,径流量为5751亿m^3,相当于多年平均值4380亿m^3的131.3%,输沙量为7.54亿t,相当于多年平均值5.26亿t的143.3%。主要来沙支流金沙江(屏山站)的多年平均输沙量占宜昌的46.2%,最大的大沙年为1974年,输沙量达5.01亿t,占宜昌站的百分数高达74.2%,相当于金沙江(屏山站)多年平均输沙量的2.05倍。嘉陵江(北碚站)的多年平均输沙量占宜昌站的26.6%,最大的大沙年1981年输沙量达3.56亿t,分别占宜昌站和北碚站多年平均值的48.9%与2.56倍。又如岷江(高场站)多年平均输沙量占宜昌站的9.5%,1966年输沙量达1.21亿t,占宜昌的18.3%,相当于高场站多年平均值的2.41倍。

②小沙年:长江上游在1954—1986年的统计年间,曾发生过1976与1986两个小沙年,其中长江宜昌站1986年输沙量3.61亿t,仅相当于多年平均输沙量5.26亿t的0.69倍;支流金沙江(屏山站)1976年输沙量1.55亿t,仅相当于多年平均值2.45亿t的0.63倍;嘉陵江(北碚站)1986年输沙量2940万t,仅相当于多年平均输沙量1.39亿t的0.21倍;岷江(高场站)1976年输沙量3050万t,仅相当于多年平均输沙量5020万t的0.61倍。

③大小沙年输沙量的地区组合特征:其一,1954—1986年间,长江上游宜昌站径流量和输沙量均以1954年为最大;其二,大沙年中的泥沙主要来源仍以金沙江和嘉陵江为主,如1981年金沙江输沙量为2.56亿t,嘉陵江3.56亿t,合计达6.12亿t,占宜昌输沙量的84.1%,为宜昌站多年平均输沙量的116.3%。两江输沙量的出现常呈主次交错,典型大沙年仍以金沙江居多,仅1984年同为大沙年;其三,在小沙年中,如1986年系由于嘉陵江输沙量的减少,1976年则由于金沙江和嘉陵江输沙量的共同减少所致。从上可见,长江大小沙年的变化主要由金沙江、嘉陵江所引起,不仅对长江上游悬移质的来沙起到决定性的主导作用,而且对长江中下游输沙量亦产生重大影响。

(二)1990年后的悬移质来沙变化

在既定的地质和地形地貌等边界条件下,影响河流来沙量大小的因素中,水量起决定性的作用,由于流域面积广大,降雨量、雨强等时空分布存在区域性特征,相应水沙条件的变化产生差异。从20世纪50—80年代长江上游干支流的径流量、输沙量、含沙量的过程曲线图4-1-1见及,金沙江的屏山站径流量有所减小,输沙量较稳定;嘉陵江北碚站径流量稳定,输沙量微有减小显示;岷江高场站径流量和输沙量均有减小。另长江上游干流的寸滩和宜昌站的径流量和输沙量亦呈变小反映。总之,从长江上游宜昌干支流控制站水沙变化过程曲线的系统回归方程线见及,长江流域上游在20世纪50—80年代的30多年中悬移质泥沙来量总体虽基本相对稳定,但已有变小的显示。后据陈泽方研究:20世纪90年代,长江上游主要支流金沙江(屏山站)水量变化不大,而输沙量增大;嘉陵江(北碚站)水量减少不多,而输沙量已出现明显减少,其中1992—1997年间计算累计减少输沙量约达3.85亿t。早期上游部分支流河段虽已开始出现来沙量的减少,但由于长江干流的悬移质输沙量得到多条支流汇入,再加沿程有人为工程来沙和河床及滩地等泥沙的部分补给，从而使长江上游干流（寸滩、宜昌等站）的输沙量出现滞后现象而没有发生明显变化，但随上游水土保持工程的增强，兴建水库的增多，沿程拦蓄量增大，再加我国西部大开发的速度加快，城市、交通等土木工程的建材需要，尤其自20世纪90年代末以来，沿江大量开发河床沙卵石骨料等，受人为多种因素影响的结果，使原天然状态下的泥沙输移量出现大幅度减少，多年相对稳定的规律已被打破。据长江上游干支流主要水文测站1990—2003年的多年平均径流量和输沙量与1990年前的径流量和输沙量相比（表4-1-8）已发生较大的变化，除金沙江（屏山站）径流量和输沙量增大外，川江其他支流岷江（高场站）、沱江（李家湾站）、嘉陵江（北碚站）和干流（朱沱站、寸滩站）的年均径流量和输沙量都呈变小趋势，其中尤以嘉陵江最为突出，径流量减少22.71%，输沙量减少73.94%，其上游金、嘉、岷、沱来水的年均总径流量减少5.44%，年均总输沙量减少22.95%，来沙量的减少已成基本趋势。可见将来，当上游水土保持工作进一步发展，三峡工程竣工蓄水，并随长江上游如金沙江向家坝、溪洛渡枢纽等的继续开发，大量水利工程的不断兴建，沿程拦沙淤积和大量采沙，将发生更为巨大的变化，总趋势仍然是泥沙输移量的进一步减少。

表4-1-8　　长江上游三峡水库入库沙量变化表[15]

项目	年份	屏山	高场	李家湾	朱沱	北碚	寸滩	备注
径流量（亿 m^3）	1990年前	1437	878	126	269.5	700	3518	⊕为增加的百分数 ⊖为减少的百分数
	1991—2003	1509	814	106	2666	541	3339	
	变化率（%）	⊕5.01	⊖7.29	⊖15.87	⊖1.08	⊖22.71	⊖5.09	
输沙量（亿t）	1990年前	2.46	0.53	0.12	3.16	1.42	4.61	
	1991—2003	2.72	0.36	0.04	2.85	0.37	3.28	
	变化率（%）	⊕10.57	⊖32.08	⊖66.67	⊖9.81	⊖73.94	⊖28.85	

（参考张仁，2007年）

第二节　推移质泥沙来源的地区组成及特征

在长江的泥沙中，粗颗粒的推移质主要由重力侵蚀的崩塌、滑坡及泥石流和水力侵蚀的沟蚀等侵蚀产沙提供，物质主要来源于长江的中上游地区，推移质颗粒的组成含卵石、砾石和砂粒等。由于各地区的岩性组成，地形地貌和大气降水等的条件不同，推移量的大小及粒径组成等均有所不同。因河床推移质的测量难度较大，实测资料和研究程度不如悬移质，但为了长江水利工程和研究课题的需要，一些勘测设计研究部门在20世纪50~90年代除野外实测外，还采用了水槽试验、岩性分析和公式计算（如地形法、推悬比）等多种方法来进行估量，现据有关成果综合列表4-2-1、表4-2-2，并分析讨论于下。

一、长江卵石推移质的地区组成

1. 主要干支流卵石来沙的地区组成

由于金沙江下游河段的崩塌滑坡和泥石流以及沟蚀等十分发育，侵蚀产沙后大量卵石推向下游，据成都勘测设计院和长江委水文局等有关研究，金沙江主要支流雅砻江下游的泸定和米筛沱(二滩)年卵石输移量分别为69.8万t与67.0万t,金沙江下游屏山站年卵砾输移量达366万t;岷江紫坪铺年输移量70万t,主要支流大渡河龚咀水库53万t;沱江流滩坝4.4万t;嘉陵江口用岩性分析法求得5.7万t;乌江武隆9.0万t;清江渔峡口约60万t等。从上可见:虽然众多支流卵石来量较大,但由于卵石沿程堆积,实际出口汇入长江的输移量大为减少,尤其从山地进入中下游河段最为明显。如长江上游支流嘉陵江亭子口的卵石多年平均输移量为22.3万t,往下游至金溪场减少为14.5万t,武圣8.5万t,至嘉陵江河口进入长江卵石已减少到约5.7万t;又如岷江,虽在紫坪铺达70万t,但进入成都平原后,因河床坡降减缓,产生大量堆积,从乐山下游乌龙寺等河段洲滩卵石岩性组成显示,从岷江上游来量较少,已变为以大渡河为主。从上可见:由于长江上游支流卵石在输移过程中沿程堆积,出口输入长江上游干流已大为减少,受多因素影响,卵石来量以金沙江为主,次为岷江等大小支流。

2. 干流河段卵石来沙的地区组成

据长江水利委员会水文局等在20世纪80年代及以前的多年实测卵石推移量(表4-2-1),长江上游的朱沱站多年平均值为32.4万t,至重庆虽然有嘉陵江的汇入,寸滩站的卵石输移量仍减少为28.0万t,采用岩性分析法计算结果,其中重庆上游川江来量为22.30万t,即经过朱沱至寸滩河段的推移,卵石输移量已减少10.10万t;但在寸滩站下游河段除沿程有大的支流乌江外,还有如梅溪河、大宁河等众多小支流沟谷(含泥石流沟)及崩塌滑坡等来沙补给,卵石输移量又沿程增多,至万县增加到32.0万t,奉节38.7万t,流经三峡后,至宜昌增加到75.8万t。据上列多年实测资料的年均输移量:寸滩—万县河段增加4.0万t,万县—奉节河段增加6.7万t,奉节—宜昌河段增加37.1万t。另据岩性分析法求得为36.5万t,两法计算结果接近,分别占宜昌站上游卵石输移量的48.94%和57.1%(表4-2-2),可见奉节—宜昌段是长江上游干流卵石来源的一个重点补给区。另据林承坤等采用岩性法研究成果,在三峡产沙区增加的卵石输移量所占宜昌站的57.1%中,奉节—香溪段占宜昌站卵石输移量的37.3%,香溪—宜昌段占19.8%,即在三峡卵石重点补给区中又以奉节—香溪段为重点。三峡河段中虽然无大支流分布,但小支流沟谷多,其中并有部分泥石流沟发育,坡降大,沟蚀产沙严重,如葛洲坝上游补给区的卵石汇入百分数中,除三斗坪的长江上游汇入百分数占葛洲坝汇入总量的86.1%外,小支流乐天溪和黄柏河分别占到7.7%与6.2%,可见小支流的来沙也是可观的。在长江中、上游连接地段的沙卵石河段中,卵石的主要来源为长江上游输入,经宜昌站多年平均输移量达75.8万t,另有从宜都入汇的清江等。清江中游渔峡口的卵石年推移量曾通过实测可达60万t,虽然由于下游河谷渐宽,坡降减缓,经沿程堆积减少,但仍有部分卵石出口入江。由于长江上游每年有大量卵石过宜昌河段后推移输向下游,经低山丘陵河段过渡,至松滋口输移量已减少为67.2万t,当进入上荆江平原河段的七星台后,经大量堆积已减少为5.7万t,而后向下游输移扩散淤积,使宜昌下游的砂卵石河床转变为沙质河床。综合上述:长江卵石推移质主要来源于上游环四川盆地外围及相邻的山地丘陵地区,其中尤以金沙江下游和三峡河段为主,次为岷江(含支流大渡河、青衣江)及嘉陵江、沱江、乌江等。

表 4-2-1　　长江流域推移质泥沙的主要地区组成

序号	河段名称	推移质年输沙量(万 t)				资料来源
		实测输沙量	水槽试验输沙量	岩性分析输沙量	计算输沙量	
1	雅砻江泸宁		69.8			成都勘测设计院,泥沙系列年限 1959—1988 年
2	雅砻江米筛沱(二滩)		67.0			成都勘测设计院,泥沙系列年限 1959—1988 年
3	金沙江屏山				366	成都勘测设计院,1981 年
4	岷江紫坪铺		70.0			据张仁引用彭润泽成果,1994 年
5	大渡河龚咀电站		53.0			成都勘测设计院
6	大渡河龙头石坝址				32.4	成都勘测设计院
7	大渡河支流流沙河				3.08	成都勘测设计院
8	沱江流滩坝				4.4	四川省水电勘测院,1989 年
9	嘉陵江亭子口				22.3	成都勘测设计院
10	嘉陵江金溪场				14.5	成都勘测设计院
11	嘉陵江武圣		8.5			成都勘测设计院
12	嘉陵江河口			5.7	5.8	长江委荆江水文水资源勘测局,1991 年
13	乌江武隆				9.0	长江委水文局向治安文,1994 年
14	长江重庆(嘉陵江口上段)			22.30		长江委荆江水文水资源勘测局,1991 年
15	长江朱沱	32.4				长江委重庆水文总站高焕锦等,1990 年
16	长江寸滩	28.0				长江委重庆水文总站高焕锦等,1990 年
17	长江万县	32.0		10.7		长江委重庆水文总站高焕锦等,1990 年。南京大学林承坤,1993 年
18	长江奉节	38.7 81.7 ※		27.5		长江委重庆水文总站高焕锦等,1990 年。南京大学林承坤,1993 年
19	长江宜昌	75.8 874 ※		64.0		长江委重庆水文总站高焕锦等,1990 年。南京大学林承坤,1993 年
20	黄柏河小溪塔	5.9				长江委长江科学院唐日长等,1990 年
21	清江恩施				11.0	长江委荆江水文水资源勘测局张美德等,1995 年
22	清江渔峡口				60.0	长江委荆江水文水资源勘测局张美德等,1995 年
23	长江松滋口				67.2	长江委荆江水文水资源勘测局周凤琴、阳华芳等,1996 年
24	长江七星台				5.7	长江委荆江水文水资源勘测局周凤琴、阳华芳等,1996 年
25	汉江襄樊	72.08※				长江水利委员会水文局,1992 年
26	湘江湘潭				28.9 ※	长江委荆江水文水资源勘测局陈时若等
27	资水桃江				22.0 ※	长江委荆江水文水资源勘测局陈时若等
28	沅江桃源				39.1 ※	长江委荆江水文水资源勘测局陈时若等
29	澧水三江				20.1 ※	长江委荆江水文水资源勘测局陈时若等
30	洞庭湖七里山				71.0 ※	长江委荆江水文水资源勘测局陈时若等
31	赣江外洲				172.8※	江西省鄱阳湖综合科学考察办公室,1984 年
32	抚河李家渡				23.2 ※	江西省鄱阳湖综合科学考察办公室,1984 年
33	信河梅港				36.3 ※	江西省鄱阳湖综合科学考察办公室,1984 年
34	饶河昌江乐安河				13.5 ※	江西省鄱阳湖综合科学考察办公室,1984 年
35	修水干流潦河				29.3 ※	江西省鄱阳湖综合科学考察办公室,1984 年
36	湖口				157.8※	江西省鄱阳湖综合科学考察办公室,1984 年

注:表中有“※”符号数字为长江中下游大于 0.1mm 砂砾推移量,其他为长江中上游卵砾推移量

表 4-2-2 长江上游河段卵石推移质沿程补给百分数表[5]

补给河段	实测推移质		岩性分析计算推移质		备注
	汇入百分数(%)	汇入量(万 t)	汇入百分数(%)	汇入量(万 t)	
长江万县上游	42.22	32.0	16.7	10.7	
万县—奉节	8.84	6.7	26.2	16.8	
奉节—宜昌	48.94	37.1	57.1	36.5	
宜昌上游	100.0	75.8	100.0	64.0	

3. 上游卵石来沙的年内分配与年际变化

卵石来沙的年内分配:从长江上游朱沱、寸滩、万县、奉节和宜昌 5 站多年实测资料表明,仅除奉节站由于地处三峡进口段,卵石输移量受瞿塘峡壅水影响,主要集中在枯水期的 11 月至次年的 2 月占全年输沙量的 72.9% 外,其他各站的卵石推移都集中于每年的汛期。年内分配以万县和宜昌站为例,据万县站 1972—1985 年统计,卵石每年从 4 月开始启动,5 ~ 10 月输移量达 32.2 万 t,占全年输移量的 99.6%,枯水期的 12 月至次年 3 月停止输移;另据宜昌站 1974—1979 年统计,亦从每年的 12 月至次年 3 月为停止输移期,4 月开始启动,并逐月增大,至 9 月达 33.1 万 t,占全年的 43.7%,为卵石输移量的高峰期,随后迅速减少,至 12 月停止输移,其中 5—10 月占全年的 99.8%。从上可见:无论宜昌站还是万县站的卵石输移都主要在每年的 5—10 月,更集中于每年 7—9 月的主汛期,分别占全年输移总量的 88.5% 与 87.7%。另如上游朱沱站 1975—2001 年 5—10 月的卵石推移量,年均高达 99.99%,其中 7—9 月达 95.56%;寸滩站 1966—2001 年的 5—10 月高达 97.98%,其中 7—9 月达 79.85%,亦主要集中在每年 5—10 月中的 7—9 月主汛期输移。

卵石年均推移量的年际变化:据朱沱、寸滩、万县、奉节 4 站 1975—1989 年的年均径流量与卵石推移量的年际变化,除朱沱、万县、奉节站等没有随时间系统增大或减少的趋势外,寸滩站卵石年均推移量:1966—1970 年为 31.9 万 t,1971 ~ 1980 年 28.4 万 t,1981—1990 年 18.1 万 t,1991—2001 年 16.2 万 t,随时呈递减,尤其自 1982 年以后,由于受上游水库拦砂和川江河段的大规模人工采石等影响,卵石输移量出现连续多年偏小、且减小速率加快。另据朱沱和寸滩站多年推移量的比较(表 4-2-3)①,朱沱站 1975—1991 年与 1992—2001 年的年均径流量分别为 2649 亿 m^3 与 2677 亿 m^3,年均输沙量却分别为 32.6 万 t 与 17.3 万 t;寸滩站 1966—1981 年与 1982—2001 年的年均径流量分别为 3382 亿 m^3 与 3375 亿 m^3,年均输沙量分别为 29.8 万 t 与 17.1 万 t。两站统计时段内,年径流量相当,而年均输沙量却大幅度减少,朱沱和寸滩站分别减少到 53.1% 与 57.4%。输沙量减小的时段,寸滩站早于朱沱站,分别为 20 世纪 80 与 90 年代以来,特别是自 90 年代以后,随着上游水库蓄水拦砂和大规模挖砂采石等人为因素的增强,长江上游卵石输移量普遍呈现快速衰减趋势。

---

①刘德春,赵世强,代文良,朱君国,张绪进等.重庆主城区及上河段采砂调查与推移质输沙量变化研究.长江委长江上游水文水资源勘测局,重庆西南水运工程研究所,长江重庆航道工程局等,2003 年.

表 4-2-3 长江上游朱沱、寸滩站卵石推移量年际变化表

站名	时段(年)	年均径流量(亿 m^3)	实测年均推移量(万 t)	年均推移量减少率(%)
朱沱	1975—1991	2649	32.6	
	1992—2001	2677	17.3	46.93
寸滩	1966—1981	3382	29.8	
	1982—2001	3375	17.1	42.62

二、长江沙砾石推移质的输移量特征

1. 上游沙砾石的来沙特征

随着长江三峡和葛洲坝水利枢纽工程泥沙研究工作的开展，长江委水文局多年来在三峡库区上下游的寸滩、奉节、宜昌等站进行了大量沙砾石推移质的实测研究，基本情况如下。

①寸滩站沙砾石输移量：该站地处长江三峡水库库尾，是长江上游一重点控制站，长江委长江上游水文水资源勘测局在上世纪 80 年代曾采用多种仪器施测和多种方法计算比较，1 ~ 10mm 砾石推移量约为卵石推移量的 3.0%，即砾石输移量约为 0.8 万 t。

②奉节站沙砾石输移量：据长江委三峡水文水资源勘测局实测资料，因奉节站地处三峡的进口段，受壅水影响严重，水流紊乱，泥沙多呈悬浮状态，使推移量减少，从 1974—1977 年间，砂砾推移质输沙量范围值为 49.9 ~ 120.3 万 t，平均为 81.7 万 t(表 4-2-4)。

③宜昌站沙砾石输移量：据 1974—1979 年多年实测资料，范围值 775 ~ 1000 万 t，多年平均 874 万 t(表 4 - 2 - 4)。年内分配以宜昌站为代表，1—12 月全年均有输移，但以 5—10 月汛期输移量较为集中，约占全年的 95% 以上，7—9 月主汛期占全年输沙量的 71.1%，其中尤以 7 月输沙量为最高，占全年输沙量的 32.2%。

表 4-2-4 奉节、宜昌站沙砾石推移质年输沙量统计表[6]

年份	奉节(万 t)	宜昌(万 t)
1974	49.9	842
1975	120.3	971
1976	85.5	1000
1977	71.0	867
1978		791
1979		775
平均	81.7	874

2. 中下游主要支流沙砾石的来沙特征

长江中下游推移质一般以砂为主，砾石少量，卵石少有见及。其中长江干流系统实测资料少，据上荆江新厂站 1983—1988 年实测年均推移量为 427.8 万 t。主要来沙支流有汉江、清江和洞庭湖及鄱阳湖水系等。据汉江襄樊站 1980—1989 年间实测推移量为年均 72.08 万 t。洞庭湖和鄱阳湖支流来沙见表 4-2-1，其中洞庭湖大于 0.1mm 的沙砾石

推移质计算输沙量，湘、资、沅、澧分别为年均 28.9 万 t、22.0 万 t、39.1 万 t、20.1 万 t，以沅江输沙量为大，另有荆南三口分流泥沙入汇，但经过洞庭湖的淤积，从洞庭湖七里山出口入江的年均总量仅 71.0 万 t；鄱阳湖的赣、抚、信、饶、修五水沙砾推移质输沙量分别为 172.8 万 t、23.2 万 t、36.3 万 t、13.5 万 t 和 29.3 万 t，以赣江输移量为大，但经过鄱阳湖的淤积大为减少，入江的推积质年均输移量也仅为 157.8 万 t。另外还有发源于大别山低山丘陵区的举水、巴河、浠水、皖河等鄂东皖西诸水及江南低山丘陵区的大通河和青弋江、水阳江等众多小支流来沙入江，虽输沙量较小，但因来自变质岩、岩浆岩及碳酸盐岩的风化产沙区，一般颗粒较粗，多粗沙砾石。此外，还有从沿程河床底及湖口沙山等沙源区来沙，输沙量虽缺实测资料，但从河床洲滩见及，河床勘测取样和沿江挖砂船的大量开采等得到证实，长江中下游河床除细沙外，还有一部分粗黄沙以推移质沿部分河段零星输移。

综上可见：虽然长江中下游河段的推移质实测资料甚少或欠缺，但亦具有长河段的规律性显示，如葛洲坝蓄水前的 1974—1979 年间宜昌年均沙砾推移量为 874 万 t，螺山站曾于 1960 年施测为 218.0 万 t。虽然时段不同，亦反映天然状态下的平原河段，虽有众多支流来沙，但因沿江和洞庭湖区的沉积而向下游减少。另如葛洲坝投入运行后的 1983—1988 年，宜昌站的年均推移量为 427.8 万 t，但其中 1983—1986 年的年均推移量为 532.25 万 t，而 1987—1988 年年均仅为 219.0 万 t，一定程度上反映受坝下游冲刷和下荆江系列裁弯溯源侵蚀等的影响随时间的延续而减弱。另由于长江中下游河段穿流于大别山和江南丘陵之间，入汇支流众多，有部分粗沙砾石入江，自城陵矶以下沿主泓道成段零星推移为特征。

第三节 输移泥沙的级配组成

由于长江泥沙主要来自重点产沙地区，因此泥沙的级配组成亦同样受主要来沙河段泥沙的粒度所控制，现将有关干支流悬、推移质泥沙级配组成分述于下。

一、长江悬移质泥沙的级配组成

1. 悬移质泥沙的级配组成

⑴主要干支流悬移质泥沙的级配组成

①上游主要干支流泥沙的级配组成：金沙江上游直门达站，中游石鼓站，下游屏山站等，悬移质泥沙的中值粒径（D_{50}）分别为 0.055mm，0.047mm 和 0.047mm，范围值为 0.055 ~ 0.047mm（表 4-3-1）；川江河段主要支流（D_{50}）岷江（高场站）为 0.051mm，沱江（李家湾站）0.029mm，嘉陵江（北碚站）0.028mm，乌江（武隆站）0.030mm，其中以金沙江的直门达站和岷江高场站相对较粗。按干支流 D_{50} 系列粒径组成，一般有分布于上游的干支流偏粗，下游支流较细的变化总趋势。按级配组成，小于 0.007mm 的细组粒径百分含量：屏山站为 6.67%，高场站 10.37%，李家湾站 16.18%，北碚站 16.03%，乌江站 18.01%，从上至下游，百分含量增大。从 D_{50} 和小于 0.007mm 的百分含量等沿程变化表明，悬移质泥沙粒径从上向下游变细。

表 4-3-1　　长江上游主要干支流控制站悬移质泥沙级配组成统计表

测站（粒径分组）		小于 0.007 (mm)	0.010 ~ 0.007 (mm)	0.025 ~ 0.010 (mm)	0.050 ~ 0.025 (mm)	0.10 ~ 0.050 (mm)	0.25 ~ 0.10 (mm)	0.50 ~ 0.25 (mm)	1.00 ~ 0.50 (mm)	中值粒径 D_{50} (mm)	统计年月
		颗粒百分含量（%）									
金沙江	直门达	12.60	5.20	16.40	15.00	19.40	20.00	10.60	0.80	0.055	1980
金沙江	石鼓	13.02	4.95	15.38	18.17	22.55	16.46	8.51	0.96	0.047	1961—1965，1966，1968，1971—1974，1978—1980
金沙江	屏山	6.67	3.81	13.28	27.58	24.87	14.81	7.83	1.15	0.047	1961—1965，1969—1974，1976—1980
岷江高场		10.37	5.26	16.56	16.75	26.33	17.05	7.20	0.48	0.051	1960—1965，1969—1980
沱江李家湾		16.18	6.82	21.30	24.13	20.65	8.02	2.74	0.16	0.029	1961—1966，1969—1980
嘉陵江北碚		16.03	6.32	22.04	26.54	20.99	6.19	1.77	0.12	0.028	1960，1962—1966 1968，1969—1980
乌江武隆		18.01	5.85	19.14	26.14	23.32	5.77	1.40	0.37	0.030	1961—1966，1968—1974

②中下游主要支流泥沙的级配组成：长江中下游主要支流控制站悬移质泥沙级配组成特征的中值粒径（D_{50}）见表 4-3-2。清江搬鱼咀站为 0.032mm，洞庭湖七里山出口站 0.018mm，汉江仙桃站 0.028mm，鄱阳湖湖口站 0.012 ~ 0.033mm，以清江和汉江 D_{50} 较粗，洞庭湖和鄱阳湖因粗颗粒多在湖中落淤，出湖泥沙较细，其中洞庭湖水系的湘、资、沅、澧四水，D_{50} 分别为 0.014mm、0.039mm、0.017mm 和 0.019mm，以资水的桃江站 0.039mm 较粗，其余均小于 0.020mm，颗粒普遍较细。

综合上述：长江中下游河段的支流中，一般山区支流来沙粒径普遍相对较粗，而经平原湖区出口的支流泥沙粒径显著变细；长江沿程分布的支流来沙 D_{50} 虽有大小波动，但总趋势仍从上向下游变细。

表 4-3-2　　长江中下游主要支流控制站悬移质泥沙级配特征统计表

测站		小于 0.005 (mm)	0.010 ~ 0.005 (mm)	0.025 ~ 0.010 (mm)	0.05 ~ 0.025 (mm)	0.10 ~ 0.05 (mm)	0.25 ~ 0.10 (mm)	0.50 ~ 0.25 (mm)	1.00 ~ 0.50 (mm)	2.00 ~ 1.00 (mm)	中值粒径 D_{50} (mm)	平均粒径 D_{cp} (mm)	最大粒径 D_{max} (mm)	备注
		颗粒百分含量（%）												
清江搬鱼咀		16.0	8.3	19.1	22.6	25.4	5.6	2.4	0.6		0.032	0.052	0.745 ~1.74	长江委水文局，1960—1965，1967 年
洞庭湖水系	湘江湘潭	24.26	17.70	21.97	21.56	9.43	3.08	1.80	0.2		0.014	0.032	0.837	湖南省水电勘测设计院资料，1951—1983 年
洞庭湖水系	资水桃江	20.56	8.26	13.46	16.13	33.49	6.88	1.13	0.09		0.039	0.048	0.781	湖南省水电勘测设计院资料，1951—1983 年
洞庭湖水系	沅江桃源	20.27	17.77	24.79	18.02	13.43	4.57	1.15			0.017	0.033	0.659	湖南省水电勘测设计院资料，1951—1983 年
洞庭湖水系	澧水三江口	20.38	16.07	25.37	20.08	12.30	4.75	0.95	0.10		0.019	0.033	0.804	湖南省水电勘测设计院资料，1951—1983 年
洞庭湖水系	洞庭湖七里山	22.04	12.05	25.58	20.77	17.33	1.99	0.21	0.03		0.018	0.030	0.703	湖南省水电勘测设计院资料，1951—1983 年
汉江仙桃		15.42	7.59	22.37	24.05	20.63	1.91	8.02	0.01		0.028			长江委水文局资料，1960—1965，1973—1980 年
鄱阳湖湖口											0.012 ~ 0.033	0.02 ~ 0.049	0.32 ~ 0.724	长江委水文局资料，1960—1963 年

(2)干流河段悬移质泥沙的级配组成

级配组成见表4-3-3,以中值粒径(D_{50})特征按河段分述如下。

①长江上游河段悬移质泥沙的中值粒径(D_{50}):朱沱站为0.037mm,寸滩站0.034mm,万县站0.031mm,宜昌站0.031mm,范围值0.037~0.031mm,一般仍从上向下游变细。

表4-3-3　　长江干流主要控制站悬移质泥沙级配组成统计表

粒径分组 / 测站		颗粒百分含量(%)								中值粒径 D_{50} (mm)	统计年限
		小于0.007 (mm)	0.01~0.007 (mm)	0.025~0.01 (mm)	0.050~0.025 (mm)	0.100~0.050 (mm)	0.250~0.100 (mm)	0.500~0.250 (mm)	1.00~0.500 (mm)		
上游	朱沱	14.38	5.42	17.81	22.44	23.44	11.75	4.53	0.23	0.037	1960—1965,1971—1980
	寸滩	14.26	5.72	18.85	24.66	21.69	10.41	4.27	0.14	0.034	1960—1966,1968—1980
	万县	15.60	5.92	19.10	25.83	19.93	9.33	4.09	0.20	0.031	1960,1969—1980
	宜昌	14.54	7.68	19.76	25.39	20.75	9.04	2.76	0.08	0.031	1960—1980
中游	螺山	17.17	8.38	22.54	22.84	18.33	9.69	1.04	0.01	0.026	1960—1965,1976—1980
	汉口	20.44	8.02	23.21	22.53	18.50	6.75	0.55	0.00	0.024	1960—1980
下游	大通	17.69	9.40	22.79	24.56	20.21	4.83	0.52	0.00	0.025	1960—1967, 1971, 1974, 1976—1980

②长江中下游河段悬移质泥沙的中值粒径(D_{50}):螺山站为0.026mm,汉口站0.024mm下游大通站的中值粒径(D_{50})为0.025mm,范围值为0.026~0.024mm,其中汉口站偏细。

③河口段悬移质泥沙的粒径组成(D_{50}):由于受潮汐影响,长江口干流肖山段大潮时(D_{50})范围值达0.06~0.130mm,小潮时为0.03~0.06mm;分支水道南支、北支、南港与北港等大潮时范围值0.058~0.026mm,一般0.03~0.04mm;小潮范围值0.069~0.013mm,一般0.048~0.023mm,以0.03mm左右为主(表4-3-4)。

表4-3-4　　长江河口段悬移质中值粒径(D_{50})变化范围值统计表①

地段 / 潮别	干流	南支	南港			北港		北支	
	肖山	七丫口	鸭南	51号灯标	52号灯标	铜沙北港口	202号灯标	青龙港	庙港口
大潮	0.06~0.13	0.034~0.038	0.046~0.058	0.039~0.043	0.03~0.04	0.026~0.033	0.026	0.037~0.057	0.035~0.039
小潮	0.03~0.06	0.028~0.026	0.059~0.055	0.063~0.069	0.032~0.039	0.024~-0.027	0.035~0.039	0.027~0.048	0.013~0.014

2. 悬移质泥沙的级配组成特征

①长江分河段悬移质泥沙的级配组成特征:长江从金沙江直门达站至下游大通站区间的悬移质中值粒径(D_{50})范围值为0.055~0.024mm,除中游汉口站因受到汉江出口的

①长江流域规划委员会水文局.长江中下游河道基本特征,1983年.

顶托影响偏细为0.024mm外，一般从上游向下游系统地由粗变细，且变化速率由大到小。其中粗组粒径(1.0~0.5mm)的百分含量范围值：金沙江为1.15%~0.80%，长江上游川江段0.23%~0.08%，中游0.01%~0%，下游大通站为0；细组粒径(<0.007mm)的百分含量范围值：从金沙江至长江上、中、下游分别为13.02%~6.67%、15.60%~14.26%、20.44%~17.17%和17.69%。从上见及，粗粒组的百分含量沿程减小，至汉口和大通站已减小为0；而细粒组的百分含量则向下游增大。从上系统控制站网的悬移质泥沙中值粒(D_{50})和粗细两组粒径的百分含量等大量资料表明，长江从上游至下游，随河长增加，流域面积扩大，比降变小，一般悬移质泥沙沿程由粗变细的规律显著，其中尤以长江中上游河段较为典型。

②长江河口段悬移质泥沙的级配组成特征：河口段悬移质泥沙D_{50}粒径，一般干流水道大于分流水道，且上段较粗，下段变细，至河口口门地段仅0.03mm左右为最细；分汊水道口门段以南港较粗，北港次之，北支较细。由于受潮流影响，干流河段大潮中值粒径大于小潮；分汊水道大小潮D_{50}粗细不显，但粒径变化范围以小潮为大，且局部干支流水道悬移质泥沙D_{50}反粗于河口上游的大通等河段，如南港51号灯标的小潮D_{50}达0.063~0.069mm，显著较大通站多年平均D_{50}的0.025mm为粗。

二、长江推移质泥沙的级配组成

1. 长江上游河段推移质泥沙的级配组成

关于长江推移质泥沙级配组成的研究，以长江三峡库区及上下游相关河段为主，其余河段相对较少。在长江上游支流中，成都勘测设计院在金沙江下游的向家坝曾采用屏山站泥沙资料计算求得$D>1$mm推移质泥沙颗粒的级配组成，其中大于200mm的漂石占3.8%，最大粒径达270mm，200~10mm卵石占85.5%，10~1mm沙砾石占10.7%，中值粒径(D_{50})54.0mm。一般推移质的粒径组成以卵石为主，大于200mm漂石少量，含部分粗沙砾石等。

有关长江上游干流河段中，朱沱、寸滩、万县、奉节、宜昌(建坝前)等站的多年实测资料和岩性组成的分析研究，级配组成特征于下。

①卵石(>10mm)推移质的级配组成：从长江上游朱沱—宜昌河段主要控制站卵石推移质的中值粒径(D_{50})见及(表4-3-5)：朱沱站57.0mm，寸滩站50mm，万县站39.5mm，奉节36.0mm，宜昌26.0mm，从上向下游规律递减变细(图4-3-1)。级配组成中粒径小于50mm的输沙量：朱沱站13.7万t，寸滩站13.6万t，万县站20.8万t，奉节站26.40万t，宜昌站65.1万t；对应百分数分别为42.28%、48.57%、65.93%、68.22%和85.88%等，从上向下游系统增大，其中尤以寸滩—万县段和奉节—宜昌三峡段增长的百分数为大，反映干流河段来沙沿程变细过程中存在分段特征。如川东地区及三峡河段卵石推移质的分组粒径中(表4-3-6)，长江万县上游和奉节—香溪河段，随分组粒径变细，百分含量增大，其20~10mm的细组粒径中两河段分别高达26.4%与57.9%，卵石偏细；其间万县—奉节和香溪—宜昌河段补给的卵石相对较粗。综合上述：长江上游河段的卵石粒径虽沿程粗、细成段相间，但干流河床卵石推移质的粒径组成总体仍从上至下游由粗变细。

表 4-3-5　　长江上游朱沱—宜昌河段卵石年均推移量及百分数统计表

测站		粒径分组（mm）					特征粒径（mm）		年平均推移量（万 t）	统计年份
		10～20	20～50	50～100	100～200	>200	D_{50}	D_{95}		
朱沱	分组推移量（万 t）	1.2	12.5	13.3	5.3	0.1	57.0	150	32.4	1975—1984
	分组百分数（%）	3.70	38.58	41.05	16.36	0.31				
寸滩	分组推移量（万 t）	2.8	10.8	10.6	3.8	0	50.0	133	28.0	1966—1984
	分组百分数（%）	10.00	38.57	37.86	13.57	0				
万县	分组推移量（万 t）	5.8	15.0	7.8	3.0	0.1	39.5	122	32.0	1972—1984
	分组百分数（%）	18.13 +0.92	46.88	24.38	9.38	0.31				
奉节	分组推移量（万 t）	8.4	18.0	10.1	2.2	0	36.0	104	38.7	1974—1978，1981—1984
	分组百分数（%）	21.71	46.51	26.10	5.68	0				
宜昌（建坝前）	分组推移量（万 t）	37.4	27.7	10.1	0.6	0	26.0	80	75.8	1973—1979
	分组百分数（%）	49.34	36.54	13.33	0.79	0				

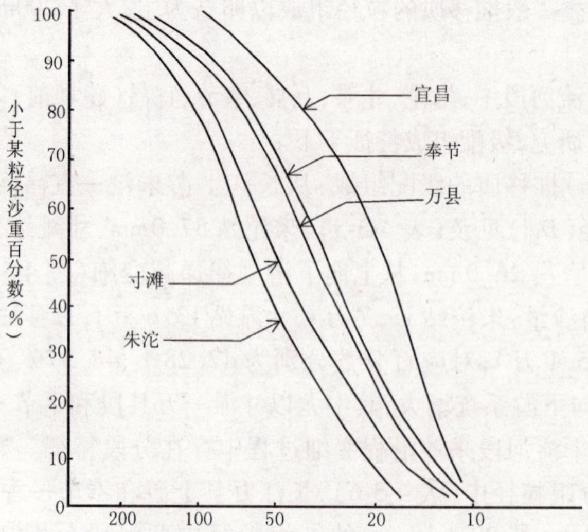

图 4-3-1　长江朱沱—宜昌河段主要测站卵石推移质多年平均级配曲线图

表 4-3-6　　长江宜昌河段卵石推移质分组补给百分数的岩性分析计算成果表[7]

分组汇入百分数(%) 长江上游补给河段	分组粒径(mm)				平均汇入百分数(占宜昌)	备注
	10~20	20~40	40~80	80~120		
万县上游	26.4	9.3	21.1	15.7	16.7	
万县—奉节	4.8	27.1	19.2	53.6	26.2	
奉节—香溪	57.9	52.1	38.5	3.2	37.3	
香溪—宜昌	10.9	11.5	21.2	27.5	19.8	

②砾石(10~1mm)推移质的级配组成:长江上游砾石的年均输移量中,寸滩站为0.8万t,奉节站1.3万t,宜昌站32.5万t(表4-3-7),虽然取样时间不完全对应,但基本反映了该河段推移量呈现沿流程增大的规律。从表中砾石的推移量见及,寸滩—宜昌河段沿程增多,尤以奉节—宜昌河段的数量为大,该峡区河段为宜昌站砾石的主要补给来源段。关于砾石(10~1mm)的级配组成,寸滩站10~5mm粒径占75.0%,以粗砾为主;奉节和宜昌站<5mm的粒径分别占66.7%与63.9%,以中、细砾石为主。从上可见,长江三峡河段的砾石以来量大,颗粒偏细为特征。

表 4-3-7　长江上游寸滩、奉节、宜昌等站砾石(10~1mm)推移量及级配组成统计表[2]

站名	年平均推移量(万t)	年平均级配小于某粒径(mm)百分数(%)				统计年份
		1.0	2.0	5.0	10.0	
寸滩	0.8	0	5.0	25.0	100	1986,1987
奉节	1.3	0	26.7	66.7	100	1974—1977
宜昌(建坝前)	32.5	0	27.8	63.9	100	1974—1979

③沙质(1.0~0.1mm)推移质的级配组成:在长江上游砂质推移质的多年平均推移量中,寸滩站为23.9~40.6万t,奉节站增加达80.3万t,宜昌站(1974—1979年)高达845.0万t,分别为寸滩和奉节站的20.8~35.4倍与10.5倍,仍以奉节—宜昌的三峡段来沙补给为主,虽然寸滩站取样时间较晚,存在施测时段的长短差异和早晚的交错,但都处在建库前,人为因素影响相对较少,了解其基本规律仍具代表性。关于砂质推移质级配组成:寸滩站粒径0.50~0.1mm占91.0%,以中细砂为主;奉节站1.0~0.25mm占81.6%,以中粗沙为主;宜昌站0.50~0.1mm占93.0%,为中细沙,并主要集中在0.25~0.10mm,百分含量占66.7%,颗粒较细,以细砂为主(表4-3-8)。从上3测站沙质推移质的级配中,以奉节站较粗,宜昌站为细。

表 4-3-8　长江上游寸滩、奉节、宜昌等站砂(1.0~0.1mm)推移量及级配组成统计表[2]

站名	年平均推移量(万t)	年平均级配小于某粒径(mm)百分数(%)				统计年份
		0.1	0.25	0.50	1.0	
寸滩	23.9~40.6	3.8	36.4	94.8	100	1991,1992
奉节	80.3	2.1	18.4	78.0	100	1974—1977
宜昌	845	2.9	69.6	95.9	100	1974—1979

2. 长江中下游河段推移质泥沙的级配组成

长江中下游河段实测资料少，干流以江汉平原腹地的荆江河段新厂站（二）为例：1983—1988 年实测推移质泥沙的中值粒径（D_{50}）平均值为 0.199mm。支流以汉江襄樊站为例：1980—1989 年实测推移质的中值粒径（D_{50}）平均值为 0.321mm。因上述干支流两站分别受到葛洲坝和丹江水库坝下游的冲刷影响，产生一定程度粗化，可能比建坝前的天然河床推移质偏粗，其中襄樊站还受唐白河汇入带来的粗砂影响，再加地处山地丘陵与平原的过渡地段，D_{50} 显著较粗。其他干支流河段推移质泥沙的级配组成可参考后文有关章节的河床组成，总趋势仍向下游粒径变细。

第四节　长江泥沙的主要来源与发展趋势

一、长江泥沙的主要来源

长江泥沙主要来源于上游，按分区主要含陇南川西北中山山地区，川西南滇东北中山山地峡谷区，秦巴中山山地区，四川盆地和鄂黔山地区等流域的中西部地区。按水系主要来沙的干支流河段含金沙江下游（渡口—屏山段），雅砻江下游，岷江支流大渡河下游和嘉陵江略阳上游及支流渠江、涪江上游等的盆周地带，以及乌江上游和长江上游奉节—宜昌的三峡河段等。在以上河段中尤以金沙江下游、嘉陵江中上游及盆地东部长江干流的三峡河段等为重点。但值得注意的是长江中下游平原区虽来沙量较小，但有部分粗砂砾石输入。

二、长江上游来沙的发展趋势

关于长江上游来沙量减少问题已引起有关部门和学术界所关注，现就相关因素分析讨论于下。

①地质地貌条件的影响：区域地质地貌条件是产沙的基本因素，但除因地震等对部分地区产生增沙影响外，一般较稳定，在短时段的统计期内，对流域产沙的影响变化可忽略不计。

②气候因素的影响：大气降水的雨量、雨强及时空分布等是流域产沙的主要激发因素和重要条件，尤其对水力侵蚀和泥石流等暴发影响更大。从表 4-1-8 中可见：1991—2003 年金沙江屏山站的多年平均径流量比 1990 年前的多年平均径流量为大，相应多年平均来沙量亦大；上游其他支流含岷江（高场）、沱江（李家湾）、嘉陵江（北碚）等 1991—2003 年多年平均径流量变小，来沙量亦相应变小；而长江干流朱沱和寸滩站也随年径流量的减小而来沙量相应减小。从上表明，泥沙的来量与径流量紧密相关。

③水库群拦沙的影响：据长江委水文局水文测验研究所 1986 年调查研究，长江上游已建水库约 1.1926 万座，总库容约达 88.9 亿 m^3，当时年拦沙淤积量约 1.5 亿 t，约占三峡以上流域总产沙量的 10.5%；另塘堰群年拦沙淤积约 0.8 亿 t，约占三峡上游年总产沙量的 5.4%，占三峡水库入库站（寸滩 + 武隆）年入库沙量的 3.2% ~4.0%，即影响量小于入库沙量的 5.0%。由于水库的淤积，其拦沙量逐年减少，而后期投入运行的新水库拦

沙量除部分可抵消老水库的减少量外，实际淤积拦沙的增加量有限。

④水土流失防治的影响。

植树造林：随着人口的自然增长，再加20世纪50年代大炼钢铁，60～70年代的文化大革命等时期的影响，毁林开荒，乱砍滥伐，森林植被率大幅降低，直至改革开放后，加强了水土保持，80年代中后期开始逐渐好转，再因长江流域土地肥沃，气候温暖湿润，较好的生态环境，有利植被的恢复发展，覆盖率不断提高，水土流失减少。

耕作方式的改变：陡坡开荒垦植，顺坡耕种原在上游山地丘陵区较为普遍，从而使水土大量流失，通过水土保持工作的退耕还林，坡改梯等，使水土流失大为好转。

工程治理：长江上游，尤其流域的中部地区多为山地丘陵，且多暴雨，滑坡崩塌和泥石流等灾害多，重力侵蚀严重，通过多年的工程治理，使一些滑坡得到治理，泥石流拦沙坝的梯级拦沙等收到较好效果。

据长江水利委员会《长江流域水土保持公报》(2007年)：长江流域的水土保持工作自20世纪80年代以来，由初期6省61个县(市、区)的小流域试点防治，发展到2005年的10省208个县(市、区)的重点防治，全流域累计治理水土流失面积28.4万km^2，其中重点防治工程治理面积达10.2万km^2。仅长江中上游的水土保持重点包括小流域的治理达5000条，完成水土流失治理面积8.7万km^2，其中包含坡耕地改造68.1万公顷，营造水土保持林241.6万hm^2，种植经果林101.1万hm^2，种草33.6万hm^2，实施封山治理272.7万hm^2，保土耕作措施153.1万hm^2等，由于流域防治水土流失工作的不断扩展，成效显著。据20世纪80年代中期～90年代末的两次遥感调查，长江流域水土流失面积由56.2万km^2降低为52.4万km^2，所占区域面积由32.05%降低为29.88%；重点水土流失区中，强度以上侵蚀区面积由16.21万km^2减少为9.70万km^2，所占区域面积由28.84%减少为19.00%，其成效显著。

⑤河床采砂影响：由于经济建设的发展，沿江河的河床采砂已成为一大产业，以川江河段的开采为例，20世纪80年代初开始用人工采集，至90年代已发展为机械化的大规模专业开采。据1993年和2002年重庆、泸州和宜宾以及嘉陵江的合川—重庆河段等的两次调查，年均沙卵石开采量达1000万～1200万t，由于超载开采，上游来沙补给不足，造成河床卵石储量逐年减少，滩面下降，有的洲滩已基岩裸露。嘉陵江的合川—重庆河段因经受上游水库清水下泄冲刷，外加人工大量采砂，使沿江河床洲滩砂卵石厚度减薄，据钻孔资料，一般小于10m，多数地段厚度仅4～5m。由于河床过水断面增大，引起部分输移泥沙淤积，床沙发生细化，下游输沙量减少。

⑥人为工程增沙影响：由于经济建设的发展，公路、铁路、水利和矿山开采、城市开发等大兴土木，再加管理不善，弃渣处理不当等，亦造成人工水土流失，引起局部地段增沙等。

综合上述，在诸多减沙因素的共同作用下，长江上游近年来的来沙量有所减少，但影响因素有其主次之分，气候因素虽使20世纪90年代以来平均径流量有所减少，但具有随机性，波动性强，在1991—2003年的近期统计中，气候因素的单向偏离趋势不显，如金沙江下游的年均径流量较1990年前平均值还有所增加。而且从表4-1-8可见：虽然也遵循上游来水多来沙亦多，来水少来沙亦少的水沙运行规律，但有来沙量变率大于来水量变率的变化，如嘉陵江年径流量减少22.71%，而来沙量减少达73.94%，显然可见来水量的减少并非是泥沙减少的主要原因。另从人为工程影响看,虽对局部地区影响较大,但对长江上游大面积流域区的增沙影响甚微,并且人为工程泥沙一般颗粒较粗,输移距离短,输移比较小。因此,长江上游泥沙来量减少的主要原因应是多年来水土流失的防治和大量水库拦沙及河床挖沙等人为因素综合作用的结果。其中水土流失的防治中包含植被率的增长,耕作方式的改变和重点地区的工程治理等,使5000条小流域得到治理,其水土流失面积较大幅度减少,虽然减沙强度不大,但面积大,综合减沙效果好;水库群的拦沙特点,淤积效果显著,但数量有限,并随时间延长,拦沙量逐渐衰减,上世纪80年代中期以前的水库群拦沙影响仅约占产沙总量的15.9%,后经多年淤积,库容减小,拦沙减少,虽经20世纪90年代以来三峡上游新增一些新的水库,但其新老水库拦沙影响的减沙量可能也很难超过20世纪80年代以来水土流失防治的减少量;另河床采沙减沙的影响也有限,因此长江上游入库沙量在20世纪90年代后减少的人为因素中,其水土流失的防治更是总减沙因素中的主要因素。另还值得提出的是,水土保持系直接从产沙源区减沙,降低侵蚀模数;而水库拦沙等系中途拦蓄减沙,减少下游河段的输沙模数,对其上游集水区不能起到减沙效果,所以水土保持是从源头上防治的最好措施。在气候条件无特别异常的情况下,随水土保持工作的继续开展和水库的增多,长江上游来沙将有进一步减少的趋势。

本篇综述

通过本篇各章所述,由于长江流域地质地貌、气候、水文等自然环境和人类活动的综合影响,长江流域侵蚀产沙具有五大特点。其一,侵蚀产沙类型以水力侵蚀和重力侵蚀的崩塌滑坡及泥石流为主,其中水力侵蚀为长江流域泥沙的主要来源;其二,泥沙的粒径粗,级配宽,输移比小;其三,重点产沙区受地质地貌条件所控制,主要分布于长江上游,含雅砻江在内的攀枝花以东、宜昌以西的长江流域中西部地区,其中尤以金沙江下游、嘉陵江上游的西汉水和白龙江及长江干流的三峡地区等为长江上游泥沙的最主要来源地;其四,产沙时间,直接受气候条件所控制,一般在年度内为每年的5—9月,长江上游地区主要为6—9月;其五,来沙变化动态,年际变化具有波动性,并在20世纪90年代以前,多年平均相对稳定;自90年代以来,长江上游寸滩、宜昌等干流河段多年平均来沙量出现明显减少趋势。

参考文献

[1] 刘戴生,张平.长江三峡以上地区来沙历年变化趋势分析.人民长江,1987年(1).

[2] 季学武,郭一兵主编.向治安,郭一兵,金蓉玲,石国钰,邹家忠等撰写.三峡工程泥沙监测与来沙特性分析,三峡工程水文研究(长江三峡工程技术丛书).武汉:湖北科学技术出版社,1997年.

[3] 长江水文测验研究所,长江水土保持局等.三峡水库来水来沙条件的分析研究,长江三峡工程泥沙与航运关键技术研究专题研究报告集(上册).武汉:武汉工业大学出版社,1993年.

[4] 金蓉玲.长江宜昌来沙受降水影响分析,长江三峡工程泥沙研究文集.北京:中国科学技术出版社,1990年.

[5] 林承坤.泥沙与河流地貌学.南京:南京大学出版社,1993年.

[6] 唐日长主编,史立人,魏特撰写.枢纽来沙研究,泥沙研究(葛洲坝工程丛书),水利电力出版社,1990年.

[7] 林承坤.长江三峡与葛洲坝的泥沙与环境.南京:南京大学出版社,1989年.

[8] 史立人,魏特.长江上游悬移质泥沙来源与特性的初步分析,长江河道研究成果汇编.原载长江水利水电科研成果,1987年(第11期).

[9] 林秉南.工程泥沙(三峡工程小丛书).北京:中国水利电力出版社,1990年.

[10] 刘载生,金荣铃.长江三峡以上地区来沙历年变化趋势分析补充报告,长江三峡工程泥沙研究文集.北京:中国科学技术出版社,1990年.

[11] 魏特,周旅复,史立人.长江悬移质泥沙物质组成研究,长江河道研究成果汇编.原载:长江水利水电科学研究院院庆35周年特刊,长江科院编,1987年.

[12] 水利部长江水利委员会水文局等.原型观测及原型观测新技术研究,长江三峡工程泥沙与航运关键技术研究专题报告集(上册).武汉:武汉工业大学出版社,1993年.

[13] 陈泽方.长江上游干流河道输沙的特点与变化趋势分析,江河湖泊泥沙研究.武汉:湖北辞书出版社,2002年.

[14] 杨意诚,石国钰,陈显维,叶敏,等.长江水利委员会水文测验研究所.长江上游水库拦沙淤积对三峡水库来沙的影响研究报告,长江三峡工程泥沙与航运关键技术研究专题研究报告集(下册).武汉:武汉工业大学出版社,1993年.

[15] 张仁.长江三峡工程的泥沙问题.中国三峡建设杂志(中国长江三峡工程开发总公司主办),2007年.

第二篇

泥沙堆积与床沙组成

第五章　长江泥沙的沉积分布

第一节　长江泥沙沉积的地貌环境

一、概述

当地球表面岩土遭到自然或人为因素的影响产生剥蚀时，在一定的空间范围内必然有相应的泥沙堆积，两者成对出现，且数量相等。一条入海或入湖的河流，当流域内不受其他因素影响的情况下，流域内侵蚀产沙总量与输移和堆积总量亦基本相等，但当受到风力、海洋潮流或其他因素影响，另有泥沙输入或输出时，在流域范围内可能打破平衡。长江流域面积广阔，地形复杂，水沙丰沛，在侵蚀产沙的滑坡、崩塌、泥石流、水力、风力、冰川冻融等诸多类型中以水力侵蚀为主，且重力侵蚀及泥石流等在部分地区十分严重，并占相当的比重。据20世纪80年代遥感测量资料，长江流域年侵蚀产沙总量高达22.385亿t，而长江悬移质泥沙的多年平均输沙量，金沙江屏山站为2.43亿t，宜昌站为5.3亿t，大通站为4.72亿t。泥沙的相对输移比较小表明，大部分侵蚀产沙多在沿程输移过程中堆积减少。关于泥沙堆积区的形成与规模，一般取决于三个基本条件：其一，沙源；其二，水源；其三，泥沙堆积地地貌环境。即包括来水来沙条件和堆积空间的大小等。其中空间的大小不仅影响河床水流，而且直接控制泥沙堆积规模的大小，如果侵蚀区有丰富的沙源地提供大量泥沙，并有一定的水量进行输移，而沉积区又具有较大的空间作为堆积场地，经历史时期的发展过程，则可形成较大的堆积规模。如长江上游四川盆地的成都平原，中下游的江汉—洞庭平原和长江三角洲等。

二、泥沙沉积地貌环境的形成

地球内营力的地质构造作用引起地壳的升降、平移、褶皱断裂并形成区域性的隆起与拗陷（断陷）及凸起与凹陷等系列变形，为外营力的剥蚀与堆积提供了基础。外营力则对内营力的塑造进行改造，在地势高的地方产生剥蚀，低处接受沉积。如果说内营力的塑造使地球表面高低不平“崎岖化”，而外营力则往往使地表剥蚀夷平，改造而向“平原”转化。长江流域通过气候因素的温差影响和风雨、冰冻、冰川侵蚀等水文因素的地表径流冲刷侵蚀与潜蚀，以及重力侵蚀的崩塌、滑坡和泥石流等的侵蚀等，现代又随人为侵蚀因素的影响增强，内外营力的共同作用不仅关系到流域的侵蚀产沙，而且对泥沙的搬运与堆积都产生深刻的影响。

长江流域的诸多侵蚀类型中，以水力侵蚀为主，次为重力侵蚀的滑坡、崩塌和泥石流等。由于地壳的上升、河流水力等的侵蚀下切，经地质历史时期的演变，形成长江流域区的系列深浅不同的河谷。据沈玉昌等编绘的长江流域地貌类型图中河谷切割深度显示，可分为深、中、浅切割区，其基本分布及特点分述如下。

①深切割区（切割深度大于1000m）：全部分布于长江流域上游，其中含金沙江的邓柯—石鼓段、石鼓—渡口段和金阳—屏山段，雅砻江的甘孜河口段，大渡河流域大部，岷江上游的松潘—灌县段，沱江的河源段，嘉陵江支流白龙江、西汉水和涪江和油江上游河段等。范围包括陇南、川西高原和川西南、滇东北的广大山地区，以及四川盆地东部的奉节—巫山和鄂西清江上游的鹤峰地区等。即以青藏高原东部边缘的横断山和长江流域三大地形地貌阶梯过渡段等的切割深度较大，其中尤以Ⅰ~Ⅱ级面间过渡段的切割较为强烈，地区包括陇南武都北的宕昌、马尔康、康定、西昌至金沙江的渡口等地带，在横断山区切割深度达2500~1000m，陇南川西北及滇东北区切割深度一般为1500~500m，部分达1000m以上。

②中等切割区（切割深度为500~1000m）：主要分布于长江流域西部区的通天河下段和金沙江上游邓柯—奔子栏段以及雅砻江与大渡河上游的河间山地等；流域中部区主要分布于四川盆地的盆周大部和盆地区的平行岭谷以及秦巴山地大部、清江流域的鄂西武陵山区；东部地区分布于长江流域中下游江北的大别山区和江南的零星岛状低山丘陵区。

③浅切割区（切割深度小于500m）：主要分布于长江流域西部江源腹地的乌丽—库库什里和川西高原等；中部地区以四川盆地的川东北和川中丘陵区，乌江流域为主的鄂黔山地；东部地区的江南低山丘陵区和南阳盆地等。

切割区分布的基本特点：长江流域西部除江源区外，多深切割区，中部一般为中浅切割区，东部地区以浅切割为主，大体与流域西高东低的地势特点相对应，流域自西向东的切割深度具有浅→深→中深→浅的特征。

三、泥沙沉积的地貌环境类型

地球内外营力相互作用产生塑造与改造的结果，形成当今流域区的基本轮廓，宏观地势由西至东，呈阶梯状下降，组成三级巨型阶梯，海拔高程分别为3500~5000m、2000~500m和500m以下。整个长江流域以山地丘陵为主，其中西部地区以高原和高中山地为主，中部以中低山和丘陵为主，东部地区一般为低山丘陵和冲湖平原，仅有少量中山零星散布。长江全长6300余km，落差约5400m，沿江主要流经江源的青南高原、横断山等高中山地和川西南滇东北的中山山地、四川盆地、三峡中低山地、江汉洞庭平原、黄石至广济的低山丘陵、九江鄱阳湖平原、安庆至镇江的带状平原及低山丘陵和长江口的三角洲平原等组成总体由高至低、分段相对高低起伏的地形旋回。相对高处产生剥蚀，提供泥沙，而相对低凹之处则接受沉积。按泥砂的成因类型可分为残积、坡积、洪积、冲积、湖积和冰水相及海相沉积等。按基本地貌特征，可划分为多种沉积类型，而每种沉积类型又往往由多种成因类型组合而成。

1. 坡地型

主要包含受风化剥蚀产沙后残留原地或搬运距离不远的堆积，由地表径流的水力搬运在缓坡地段的堆积，以及在大坡度地段产生重力侵蚀的滑坡、崩塌等。以上堆积往往在山地丘陵平缓地段形成片状及带状堆积体，而在坡度较大的山麓地带则易形成坡积锥和坡积裙，如长江三峡中三斗坪的后山和金沙江下游向家坝河段左岸等的坡积层一般都厚达 30m 以上。分布的特点:坡面呈片或零星散布,沿坡麓地段则呈点线状分布。

2. 沟谷型

由河谷及沟槽系列等组成。长江流域河流水网十分发育,全江共有支流 7000 余条,另沟谷密集,不仅是流域的输水输沙通道,而且也是泥沙沉积的主要场地。如金沙江下游以及长江的三峡河段,虽以峡谷为主,但两岸小支流沟谷众多,溪口滩发育。长江中下游的平原河段,河床宽大,洲滩密布,河水泛滥,平原宽广,当今虽已围垦,但河床两岸的堤间带仍为泥沙的主要淤积场地。

3. 盆地型

①盆地:流域区以新老构造为基础,后经外力的侵蚀与堆积,形成当今若干大小盆地堆积。大的典型盆地如四川盆地、南阳盆地等;还有的虽发育不典型,但外围高而中部低的基本轮廓形成,如江汉平原,因此有的学者也将其称为江汉盆地。中小型盆地在流域区较为广泛分布,如汉江上游秦巴山地中的徽县、两当、凤县、商县、山阳等断陷盆地;沿汉江河谷呈串珠状发育的汉中、安原—白河、郧县、均县等盆地;鄂西清江流域的利川、恩施、建始、鹤峰、宣恩、太阳沱盆地等;又如长江中下游的江南低山丘陵区,在隆起的背景下,因受北东和北东东断裂所控制,也发育有系列北东向的断陷盆地,如湘江流域的湘潭、衡阳、长沙—浏阳、攸县—醴陵、永兴—茶陵、株州—渌口盆地等;在赣江流域形成的赣州、干都、信丰、宁都、瑞金、广昌、古泰盆地等。

②新构造运动的沉降低地、凹地:由于地壳的沉降,形成低凹地,有的已潴水成湖。如长江中下游平原,第四纪以来虽曾有升降的振荡特性,但一般河段长期以沉降为主,使沿江大小湖盆外围轮廓扩大,河床带状泛滥平原加宽,如江汉平原的四湖地区,除新构造运动的沉降外,还因位于长江与汉江之间,随河床的淤积抬高,使河间洼地进一步发育扩展,并积水成湖;又如湖北省的梁子湖和安徽省的巢湖等都因沉降成湖。

③湖泊:由盆地及凹地等渍水而成。因长江流域水量丰沛,湖泊众多,除洞庭湖、鄱阳湖、太湖和巢湖等四大湖泊外,还有众多区域性湖群,其中尤以长江中下游沿江两岸和江源地区较为密集。如江汉平原,20 世纪 50 年代有大小湖泊 1141 个,湖面 5384km^2,至 80 年代,因淤积围垦数量减少为 576 个,湖面 2726km^2。另如江源区虽地处高寒的青南高原,冰水湖泊众多,其中沱沱河流域有大小湖泊达 2165 个,湖水面积约 300 多 km^2;当曲流域 约有大小湖泊 3606 个,湖水面积约 270km^2;楚玛尔河流域约有湖泊 2156 个,湖水面积约 210 多 km^2。按成因类型,长江流域湖泊主要包含冰蚀湖、构造湖、雍塞湖、岩溶湖、潟湖和平原河段的渍水湖、牛轭湖(故道湖)及决口湖等多种类型,其中长江上游和中下游地区分别以构造湖与渍水湖、故道湖和壅塞湖等为主。

4. 人为拦蓄工程型

由于长江干支流上游大量兴建水库、塘堰,并大规模开展水土保持等,形成庞大的蓄水拦沙工程系列,已成为一种独立的泥沙堆积地貌类型。其中水库的蓄水拦沙效益显著,如大渡河的龚咀电站,其上游沙坪坝水文站 1981—1987 年间的多年平均输沙量为 4248.6 万 t,因建水库拦蓄淤积,使下游福禄镇出口站的多年平均输沙量减少到 1850 万 m^3,即约 2398.6 万 t 泥沙淤在库内。据统计资料,长江流域早至 1990 年时,已建成大中小型水库达 8.3387 万座,其中蓄水量在 1 亿 m^3 以上的大型水库已达 100 座以上,另有数十万计的塘堰等。随着上游水土保持的加强，长江三峡大坝竣工投入运行，金沙江向家坝、溪洛渡等水利枢纽的梯级开发等，水库的数量及拦沙量将进一步增大，可见长江流域的水库及塘堰等大小拦沙工程已成为一种独立的规模巨大的沉积类型。

5. 东海大陆架型

长江河口区的东海大陆架宽广，是长江出口泥沙堆积的重要场地，为三角洲的发展提供了良好的基础，目前的三角洲前缘已伸展到约水深10m海域和50号灯浮，部分泥沙还通过海流输移到杭州湾等地淤积。

综合上述可见：长江流域面积广大，水沙丰沛，在泥沙堆积系统中，除山地丘陵区等正地貌的残坡积外，通过河流沟谷的输移沿程堆积，并由河流等沟谷系列，盆地、凹地、湖沼等组成的盆地系列，人为工程的水库、塘、堰系列，以及长江口的东海大陆架区等各种类型的负地貌组成长江庞大的泥沙堆积系统，而各沉积类型中又包含多种成因类型的复杂组合等。

第二节　长江泥沙的分段沉积

一、青南江源河段的泥沙沉积

1. 地质基础

范围含巴塘河口上游的江源支流和通天河流域区，河段总长1173.7km，地处金沙江褶皱带，由一系列北西向的深大断裂和复式褶皱所组成，且沉积盖层以梳状褶皱为主，江源区水系主要发育在面积广大的复向斜构造内。区域新构造运动呈强烈块状隆起。自新第三纪以来，总上升幅度达4000～5000m，由于外围高，而腹地较低形成宽缓的盆地和谷地，岩性组成以碳酸盐变质岩和冻土等为主。

2. 地形地貌环境

青南江源区外围由海拔4500m以上高山环绕，内地为相对较低的库库什里—乌丽山地台原，腹地由西至东沿河地带以平原为主，并有三级夷平面和三级阶地发育，其中侵蚀、基座和堆积等阶地类型发育齐全，整个地势特点为西北高而东南低，构造断陷盆地发育，且多湖沼湿地，河湖水网密布。关于河谷地貌特征，据沈玉昌等研究，基本可分为以下3种河谷地貌类型。

①山地型宽浅峡谷：如青藏公路以西河段和马日给、安多拉仓、牙哥峡等，河谷相对高度250～500m，山间相距2～3km。

②丘陵型坦谷：如牙哥峡—拉赤河口段，相对高度200～300m，相距4～5km，河漫滩宽1000m以上，河床分汊，水流散乱，河床游荡不定。

③平原型宽谷：河谷宽浅，多为平缓低丘，支流众多。

该区沱沱河源—通天河的巴塘河口的分段河床比降：江源—波陇曲口河段，长126km，平均比降5.45‰；波陇曲口—当曲河口的囊极巴陇段，长220km，河床平均比降减小为1.29‰；囊极巴陇—楚玛尔河口段，河床平均比降进一步减小为0.89‰，呈分汊游荡河段；楚玛尔河口—登额曲口段，长212.6km，比降为1.05‰，比上游略有增加；登额口—

巴塘河口段，长337.1km，比降增加到1.46‰。从上可见，纵向沿程河床比降由大→小→大呈段组合。自沱沱河的波陇曲口—楚玛尔河口的498km河段中，除马日给峡、牙哥峡等为宽浅峡谷外，一般以宽浅多汊的丘陵型坦谷和平原型宽谷为主。如沱沱河的保查曲—玛章错钦湖口段和错阿日玛湖口段沙滩分别宽达1~2km与5~7km；沱沱河沿的河谷宽达10.0km，其中河宽500~600m，河岸并有堆积、基座和侵蚀类型的阶地发育；楚玛尔河口的通天河段水面宽达1200m，而且多汊分流，最多达7股之多。综上所述，江源段一般以河床宽浅为基本特征，且部分河段分汊、水流散乱、具游荡性，且湖泊众多、河湖相通，为泥沙的淤积提供了有利条件。该区宽段的形成与区域地质构造紧密相关，当河段流经背斜构造区时形成峡谷，而流经向斜构造区或构造盆地时则形成宽谷。

3. 泥沙的运行与沉积

由于长江上游的溯源侵蚀仅到岗桑寺的登龙河口附近，青南江源地区仍保持原始的高原面貌，外围高起，腹地相对低平，宽缓的断陷盆地内通天河上游江源地区主要支流有沱沱河、当曲和楚尔河等，河湖水网密布，部分河段呈现平原宽谷，多汊分流，并具游荡特性，河床比降小，再加高原位居雪线以上，气候寒冷，区域侵蚀以冻融为主，因侵蚀产沙量小，流量亦小，水流挟沙力不强，所产泥沙的大部分仍残留原地或经短程搬运后产生堆积，输移出境沙量较少。据直门达控制站悬移质泥沙的多年平均输沙模数仅68.0 t/(km^2·a)，输沙量为971万t，约仅占侵蚀量的40%，而60%的泥沙堆在青南江源区内，其坡地、河床和断陷盆地及湖泊、凹地等成为泥沙的主要堆积场地。如沱沱河流经的雀莫错盆地，两岸支流众多，沟口不仅有较多的大型冲积扇分布，而且河床洲滩亦较发育，并形成宽浅河床。

4. 沉积厚度

关于第四纪沉积物的厚度，据楚玛尔河沿附近的钻孔资料，在地面5.00m以下的第四系早更新统地层中，灰白和灰绿色湖相泥灰岩和泥质粉砂岩厚度达290余m；波陇曲下游的沱沱河断陷盆地内，上新统和早更新统地层的总厚度亦达200余m；另如当曲出口处的三级阶地中亦有5~6m厚的砂砾石层发现。第四纪的泥沙堆积由于受构造控制，厚度大小悬殊，一般在河谷等外力侵蚀形成的沟谷中，堆积的厚度较小，而内力作用形成的断陷盆地堆积一般多较深厚，最大厚度可达1000m左右，并以第四纪早期堆积为主。

二、金沙江河段的泥沙沉积

1. 地质基础

金沙江河段从直门达至宜宾全长约2308km，大地构造单元主要包括三江褶皱系的金沙江褶皱带和江达—奔子栏褶皱带；松潘—甘孜褶皱系的玉树—义敦褶皱带和通天河—雅砻江褶皱带；扬子准地台的盐源—丽江台缘褶皱带、康滇地轴和上扬子台褶皱带及其四川台坳等。区域构造断裂发育，并以安宁河和金沙江等南北向和北西向两组深大断裂为代表，其中尤以南北向断裂带对金沙江下游河段影响为大。区域新构造运动，以块状上升为主，金沙江上游升幅为3000~4000m，中游为2000~3000m，下游为2000~3000m及1500~2000m不等，全河段上升幅度由西向东减小，进入四川台拗后更急剧减小到500~1000m。岩性主要由层状变质岩、碎屑岩和碳酸盐岩及岩浆岩等所组成。

2. 地形地貌环境

金沙江由长江流域Ⅰ级地貌阶梯的青南高原、横断山山地流经川西南、滇东北的过渡区进入Ⅱ级阶梯的四川盆地，河谷切割深度在金沙江的中上游河段，一般为大于1000m的深度切割区，下游攀枝河—新市镇河段为深、中度切割区（500～1000m）呈段相间，新市镇下游的金沙江出口段以500m左右的浅度切割为主。基本特点：全河段以高山深谷为主，从上游至下游地形高程呈阶梯状降低，总切割深度由大变小，河宽向下游相对增大。金沙江虽穿流于横断山等山地，但由于受地质构造、断裂破碎带或岩性等诸多因素的影响，在峡谷中仍有相对宽段零星分布（表5-2-1）。

表5-2-1　金沙江干流河道特征表①

河段	分段	河段特征	谷深（m）	谷宽（m）	水面宽（m）	比降（‰）
上游	直门达—地理孔	河道顺直、河谷深切，多"V"形峡谷和急流险滩	500～800	一般 80～150	一般 60～80	1.95
	地理孔—邓柯	河谷开阔平直，有阶地、河漫滩和洲滩、江岛等分布		1000～2000	150～200	0.87
	邓柯—奔子栏	深切割的"V"形高山峡谷广泛分布	1500～2000	150～200	80～120	1.90
	奔子栏—石鼓	河谷一般较开阔		一般 300～500	200	1.15
中下游	石鼓—鲁甸	河谷开阔		一般 600～1000	200	1.89
	鲁甸—大具	谷坡陡峭，岩壁陡立，极深切的"U"形峡谷发育	3000～4000		30～60	12.3
	大具—新市镇	"V"形峡谷发育	800～1000	200～500	100～200	
	新市镇—宜宾	河谷开阔，水流平缓	一般500m以上	300～500	150～200	0.40

（据喻学山，夏鹏章，1998年）

①金沙江上游宽段：如老鱼—茫重河段，虽两岸海拔达4300～5000m，但河谷开阔，一般宽700～1500m，并有三级阶地发育，阶地面宽亦达400～500m，一般河宽200m，最宽的芒重段达2km。又如地理孔—邓柯段，河段长70km，河谷开阔平直，一般宽达1～2km，江面宽100～300m，邓柯一带T_1与T_4阶地分别宽达500～600m与400～500m，其中尤以呷洼—温拖段为宽，谷宽达1.5～2.0km，并有河漫滩发育，河床水流分汊成5～8股，江心滩等发育。另如塔城—石鼓段，因沿大断裂发育，河谷平直，一般宽约1000m，其巨甸拉市坝段最宽达3000m。由于多宽段分布，所以在塔城的上下游河段形成系列冲积扇（锥），沿江左右两岸交错排立，如巨甸—白粉墙河段（图5-2-1[2]）发育典型，分布密集。

②金沙江中游宽段：如石鼓—虎跳峡间的宽段内，不仅有浅滩、心滩发育，而且两岸还有高、中、低多级河漫滩和冲积扇（锥）等交错排列，并有多级阶地分布。梓里—金江街段内峡谷与宽谷相间，在龙开下游河谷宽达1000～2000m，普汤以下至花坪为一河谷盆

①喻学山、夏鹏章《长江志》卷一，第一篇　水系。长江水利委员会长江志总编辑室，1998年。

地，金江街附近，河谷最为宽阔，两岸并有阶地分布。另如攀枝花河段也相对较宽，河床亦有边滩发育。

③金沙江下游宽段：如龙川江口附近江段的河漫滩宽达600～800m，并有阶地发育。蒙姑—巧家河段长62km，河谷开阔，河床宽达500～800m，心滩及边滩广布，河漫滩、冲积扇等较为发育。另如大镜坝—鹦哥咀段两岸不仅有三级阶地发育，而且沿江还有13条冲沟及冲积扇和宽达100m的古河道遗迹等分布，河段内仅急流浅滩就达22处之多。新市镇—宜宾河段：因流经一连串的穹隆构造，河谷宽窄相间，呈串珠状展布，其中新市镇—滑荆场段的绥江口宽达2500m。福延镇—宜宾的楼东段河谷宽达1700m，并有天池、漕江、穿牛鼻、龙函至舒楼坝等古河道分布。由于下游地势渐低，谷深变浅，河谷逐渐展宽，并有阶地、古河道、冲积扇和洲滩等发育，且有的规模较大，如绥江的中碛坝和新滩附近的冲积扇都宽达600余m，向家坝的大滩和宜宾中坝等谷宽分别达500m与800m等。

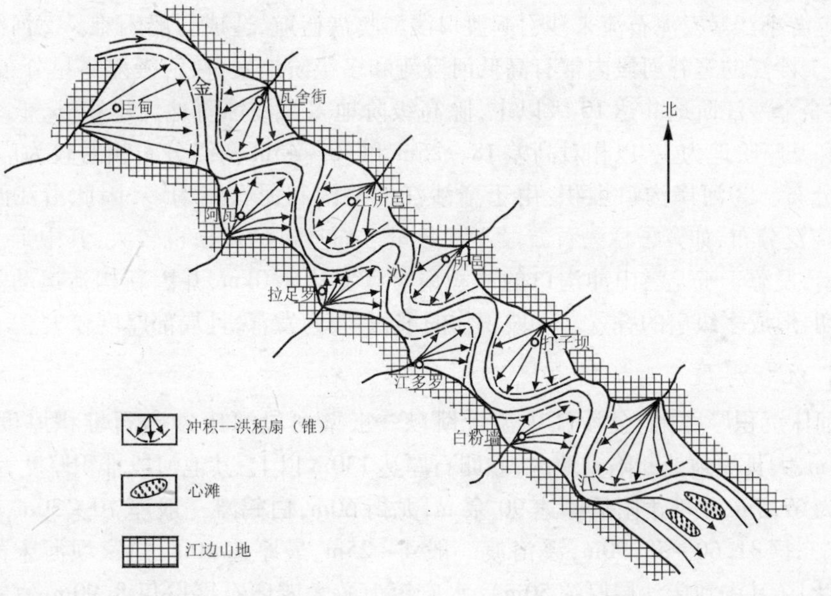

图5-2-1 金沙江巨甸—白粉墙河段冲洪积扇(锥)分布示意图[2]

从金沙江上、中、下游河段宽谷和峡谷的组合分布见及，在2308km河段内以深切峡谷为主，形成一系列大小“V”形和“U”形谷，相对开阔的宽谷主要有地理孔—邓柯段、奔子栏—石鼓段、石鼓—鲁甸段和新市镇—宜宾河段等，其中尤以地理孔—邓柯和安边—宜宾等段为宽。一些峡间宽谷段的分布，为金沙江的输移泥沙提供了一定的堆积环境。

3. 泥沙运行与沉积

由于金沙江源远流长，支流众多，山高坡陡，构造断裂发育，岩性质地不坚，再加气候因素中雨量集中，并多暴雨，所以水力侵蚀的沟蚀、面蚀和重力侵蚀的滑坡、崩塌及过渡型的泥石流等都较强烈，产沙量大，尤其金沙江下游（攀枝花—宜宾）河段已成为长江流域泥沙主要源区。据20世纪后半叶屏山站多年实测，平均径流量达1430亿m^3，占宜昌站的32.5%，悬移质输沙量达2.43亿t，约占长江上游宜昌控制站的45.8%，而江源区控制站直门达站多年平均输沙量为971万t,仅占屏山站的4.0%,因此金沙江96.0%的悬移泥沙仍来自屏山与上游直门达之间的流域区;另据金沙江下游河段卵石推移质泥沙的估算,推移量高达366.0万t①,位居全长江流域之首。金沙江虽然泥沙来源丰沛,但由于沿程多为高山深谷,河床比降大,因此一般泥沙难于沉积,能堆积下来的主要是来自侧流冲沟的漂卵石和岸坡产生重力侵蚀的崩塌滑坡岩块等。主要堆积地段有3类:其一,一般河谷宽段堆积,如地理孔—邓柯段、塔城—石鼓段和新市镇—宜宾宽等;其二,断陷盆地堆积,如大具坝盆地的砂砾石层厚达130m以上,以及新构造运动相对沉降的低凹地区如安宁河谷及渡口地区等;其三,峡谷上游的壅水河段和峡谷内被埋藏的古深切河槽堆积地段等,表现为河床堆积加厚,如虎跳峡—玉壁河段,河床砂卵石厚达47.57m,白鹤滩和向家坝等分别厚达58.6m与90.0m以上。从上3类堆积中,河谷内堆积部位包含于下。①河床堆积:除部分小规模的洲滩外,河床浅滩较发育,据研究,在金沙江河段因泥沙堆积形成的滩险达400余处,其中以堆积浅滩为主。如巧家的金沙江渡口,每当汛期常因上游小江暴发泥石流来沙引起渡口浅滩扩展碍航,造成行船困难。②河漫滩与阶地堆积:金沙江的宽谷河段内常有高低河漫滩和多级阶地发育,河漫滩零星分布,一般规模较小;全金沙江阶地共达10级以上,除高级阶地多为侵蚀阶地无堆积外,低级阶地多以堆积和基座阶地为主,以相对高差18~25m和40~45m两级分布相对较为广泛,尚有堆积物分布。③河岸沟口堆积:由于金沙江的冲沟和泥石流沟多,因此沿江两岸冲积扇(锥)广泛分布,如奔子栏—石鼓段不仅数量多而且有的规模也较大,其中奔子栏下游洼卡以南,发源于玉龙雪山冲沟口的冲积扇沿江宽达2.0km,并因新构造运动上升引起河谷下切,形成多级扇的叠置。④坡积物的堆积:较为发育,且局部厚度较大。

4. 沉积厚度

河床沉积厚度:如金沙江中游虎跳峡—玉壁河段河床砂卵石堆积厚度为33.0~47.57m,大具坝地处断陷盆地内,砂卵石厚达130m以上;其他河段堆积厚度,如攀枝花半边街为67.5m,三堆子附近厚达90余m,龙街60m,白鹤滩一般厚10~30m,最厚达58.6m,乌东德31.60~58.90m,溪洛渡一般4~25m、最厚达40m,向家坝河床覆盖层厚在90m以上(其中河床沙层厚约50m),水府镇上游大滩卵石层厚仅8.90m,宜宾上游中坝卵石层厚为15.00m等。从上可见:厚度大小悬殊,以断陷盆地及断裂带的堆积较为深厚,受构造和地貌因素影响显著。各地貌类型的堆积厚度分布于下。

河漫滩沉积厚度:一般20~30m,局部河段厚度较大,如向家坝厚达76m。

阶地沉积厚度:含堆积阶地和基座阶地,一般砾石层厚度为10~20m,较厚的如直门达T_1、T_2级阶地厚20~40m,地理孔T_3、T_4厚为20~30余m,桑边—王大龙厚为20~30m,日兔—绒顶段T_4、T_5分别厚20~30m与40~50m;部分河段厚度较小,如奔子栏—伏龙桥T_8为10~15m,塔城—虎跳峡T_3级仅2~3m。

岸坡堆积厚度:因有坡积物的堆积,所以厚度较大,如虎跳峡覆盖层厚达95m以上,向家坝最厚可约达120m。

冲积扇沉积厚度:如新滩—福延镇间的新滩冲积扇厚度为13.0m。

---

①电力工业部成都勘测设计院. 金沙江渡口至宜宾段规划报告. 1981年.

综合上述,较厚的堆积多受地质地貌因素的影响显著,在地质条件上,河床堆积主要分布于地质断陷(或拗陷)盆地河段,构造的断裂破碎带,新构造运动的沉降区,床底基岩岩性质地软弱易于冲刷地带;受地貌条件影响的峡口上游壅水河段和谷坡较陡、岩层破碎易发生重力侵蚀等地段较典型。一般堆积部位和类型:主要为沿江岸一线分布的溪口滩及坡积裙和沿河床的宽段浅滩等。

三、长江上游川江宜宾—奉节河段的泥沙沉积

1. 地质基础

川江河段(宜宾—奉节)长 832km,地处四川盆地的东南部,地质构造单元属扬子准地台西部的四川台拗,其中川东为含一系列北东向褶皱束组成的川东拱褶束,川中为长江稳定隆起的川中台拱,西部为川西台陷。新构造运动:盆地东部呈块断隆起,中部微弱隆起,川西台陷自晚喜山运动以来,在龙门山等深大断裂控制下形成断陷盆地;新构造运动的性质以上升为主,幅度在重庆东、北部大都达 500m,重庆以西地区小于 500m,成都平原 < 100m,部分地区呈现下降。总的特点:四川台拗由次一级的台拱和台陷所组成,新构造运动为升降交替,以隆起上升为主,白垩纪末的燕山运动时期,沟谷下切,形成川江为主体的水系雏形。盆地地层以侏罗系和白垩系为主。岩性组成:川东为红色碎屑岩夹碳酸盐岩,川中为红色碎屑岩,川西成都平原为第四纪粘性土和砂砾石等。

2. 地形地貌环境

内外营力作用的结果,形成川东平行岭谷组成的低山丘陵、川中丘陵和川西冲洪积平原。川江河段从四川盆地西南的宜宾穿流于红色丘陵区,过泸州后,主体流向渐转北东斜切川东平行岭谷(图 5-2-2),过万县后东流进入三峡。由于受构造线所控制,在背斜区形成峡谷,向斜区形成宽谷,由于川江河段的北东向梳状褶皱中,向斜大于背斜,且褶皱密度由西向东变密、地势渐高,因此河床穿流其中,形成宽窄相间和辗转多弯的河曲,一般切割深度为 100 ~ 200m。其中宜宾—万县河段以宽谷为主,万县下游东段则窄(峡)谷增多。按河谷相对宽度和剖面的形态特征,可分为宽谷、窄谷和峡谷等 3 种基本类型,但无论哪一类型的河谷,一般都有砂卵石堆积,自然以宽谷河段较为发育。

①河床宽段分布:从长江航运管理局重庆分局 1982 年长江上游航道引航参考资料统计,河床宽段分布于下(表 5-2-2)。如宜宾—泸州段,河长 131.0km,有宽段 4 个,总长为 23km,占该河段总长的 17.56%;河宽一般 1500 ~ 1600m,最大宽度为苦田坝段达 2000m,宽段最大长度达 9.50km。万县—奉节段,河段长 126.0km,有宽段 3 个,总长 11.5km,占该河段总长的 9.12%;河宽一般 950 ~ 1200m,最大宽度为奉节梅溪河口冲积扇的臭盐碛,宽达 1548m。

从表中 5 个河段可见:宜宾—奉节段总长为 837km,共计有相对宽段 31 个,累计长度达 228km,占全河段尾长的 27.24%,按宜宾—泸州、泸州—重庆、重庆—涪陵、涪陵—万县、万县—奉节等分段宽度所占对应河段百分数,分别为 17.56%、15.42%、37.00%、53.40% 与 9.12%,百分含量随盆地地形的变化由小→大→小,宽段的分布主要集中在四川盆地腹地的宜宾—万县段内。

②阶地分布:川江宜宾—万县河段沿岸多阶地分布,一般为 3 ~ 5 级,最高达 9 级,其

中以 T_1 和 T_2 级最为普遍完整。最高阶地相对高度约 330 余 m，最低一级仅 20～30m，高低相差达 300 余 m，如宜宾、泸州、合江、松溉镇、油溪场、江津、白沙沱、重庆、万县等都有 4～5 级阶地发育，高级阶地因受剥蚀而成丘状，多远离河岸，其 T_1 和 T_2 阶地不仅发育完整齐全，而且沿江两岸普遍分布，且有的多卵砾堆积，如江津郎山和油溪场等含砾石层的 T_2 和 T_3 阶地宽达 1～2km。

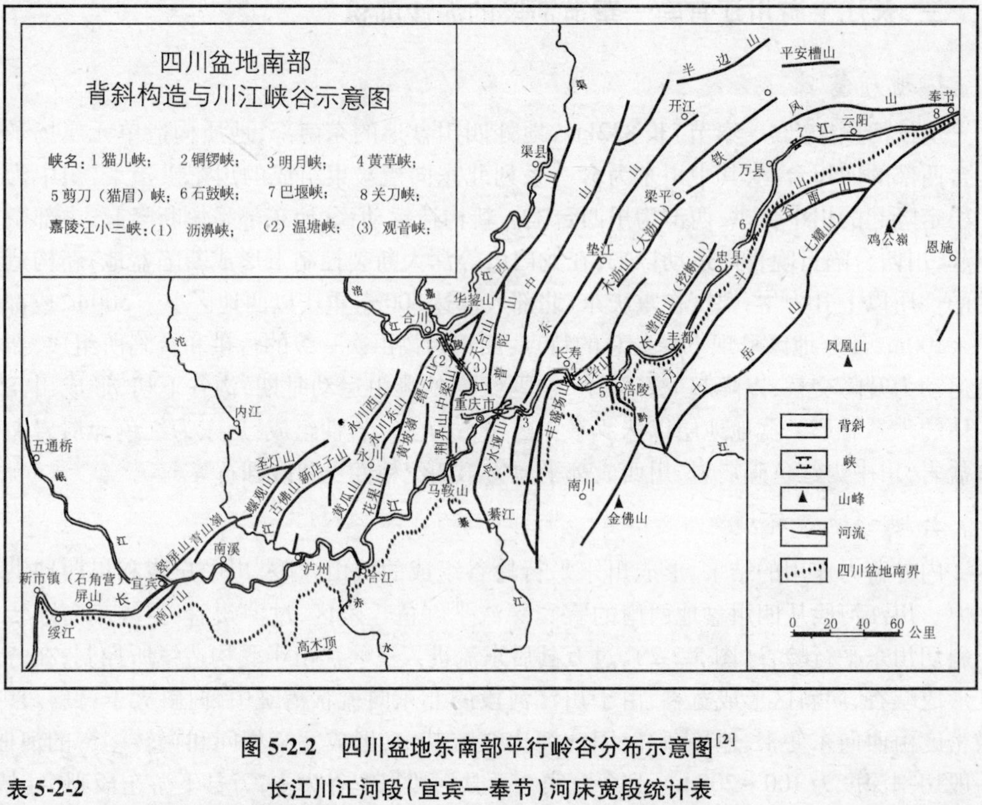

图 5-2-2 四川盆地东南部平行岭谷分布示意图[2]

表 5-2-2 长江川江河段（宜宾—奉节）河床宽段统计表

河段	宽段长度			宽段河宽		备注
	河段数（段）	总长度（km）	占河段百分数（%）	一般宽度（m）	最大宽度（m）	
宜宾—泸州（131.0km）	4	23.0	17.56	1600～1500	2000.0	以苦田坝段河床宽度为最大，次为油榨碛、火焰碛和野猪碛段等
泸州—重庆（253.0km）	9	39.0	15.42	1550～1400	2067.0	以赵中坝段河床宽度为最大，次为小南海大中坝、神背溪、芙蓉坝段等
重庆—涪陵（123.0km）	6	45.5	37.0	1500～1300	1607.0	以木洞中坝段宽度为最大，次为金川碛、福平坝、中档坝段等
涪陵—万县（204.0km）	9	109	53.4	1500～1100	1607.0	以丰都丝瓜碛和塘土坝等段宽度为最大，次为凤尾坝、兔子坝、兰竹坝、平沙坝、关刀碛段等
万县—奉节（126.0km）	3	11.5	9.12	1200～950	1548.0	以奉节梅溪河冲积扇臭盐碛段为最大，次为红沙碛、望鱼碛段等

3. 泥沙运行与沉积

川江河段地处长江上游，除上游有金沙江汇入带来大量泥沙外，还有较多大支流入汇，从上而下主要支流有岷江、沱江、赤水河、綦江、嘉陵江和乌江等。基本特点：一般左岸支流长度较大，右岸支流相对短小，呈现川江南北两岸不对称展布。由于四川盆地中的干支流多宽谷分布，因而成为川江泥沙的主要堆积场地。在支流中，岷江上游来沙输入成都平原后产生大量堆积，输移沙量大减，中游大渡河和青衣江等的泥沙亦因进入乐山宽段堆积而减少，但下游另有支流马边河和赵溪河等的汇入得到一定的补偿恢复，使进入川江干流泥沙增多。沱江上游支流流经成都平原后，部分泥沙产生堆积，虽中下游有较多支流来沙，但沿程堆积结果，至李家湾站的卵石推移质输移量仅 4.4 万 t 汇入川江。嘉陵江上游支流白龙江和西汉水为长江上游的重点侵蚀产沙区，所产大量泥沙除部分堆在原支流河床外，其余输入嘉陵江，但因中下游河段中，有南充—镇溪场和渠江口上游的猫儿石—钩鱼城及磁器口上下游的河段等系列大宽段分布，使输移泥沙产生大量堆积，沿程减少。如卵石输移量：20 世纪 80 年代前的年均输移量，亭子口 22.3 万 t，金溪场 14.5 万 t，武胜 8.5 万 t，至嘉陵江河口已减少到约仅 5.8 万 t。乌江因流域大部分地区位于云贵高原与湘西丘陵的过渡地段，河谷狭窄，且多为“V”形河谷，仅下游低山丘陵区有少量相对宽段分布，因此卵石堆积量少，大部分输入川江河段，据武隆站每年卵石推移质输移量 9.0 万 t 左右。关于川江干流河段的泥沙运行分述于下。

①悬移质的泥沙运行：据表 4-1-1 显示，金沙江屏山站在上世纪末的多年平均径流量为 1430 亿 m^3，悬移质泥沙的多年平均输沙量达 2.43 亿 t，另加沿程横江、岷江、沱江、赤水河、綦江和嘉陵江等长江主要支流的汇入，悬移质泥沙的多年平均总输入沙量约为 4.7351 亿 t，而长江寸滩站的多年平均径流量为 3510 亿 m^3，悬移质泥沙的多年平均输沙量为 4.67 亿 t，即屏山—寸滩河段区间每年的悬移质泥沙输出量比主要支流的汇入总量少 651 万 t。万县站多年平均流量为 1.31 亿 m^3/s，悬移质的多年平均输沙量为 5.13 亿 t。寸滩—万县河段主要来沙除含长江寸滩站上游河段外，还有乌江等汇入，悬移质多年平均输入泥沙总量约为 5.0571 亿 t，即万县河段的实测悬移质泥沙输出沙量比主要支流的汇入总量多 729 万 t。从上分别反映屏山—寸滩河段输出沙量小于输入沙量，以堆积为主；寸滩—万县河段输出沙量大于输入沙量，以侵蚀补给为主。但因重庆寸滩站—涪陵乌江口上段无大支流汇入，河床洲滩众多，虽无水文测站实测资料验证，但可推断长江屏山—涪陵段仍以堆积为主，涪陵—万县河段因有乌江的汇入，再加低山丘陵地势渐高，支沟等来沙增加，转为以侵蚀补给为主。

②推移质的泥沙运行：仅金沙江屏山站卵砾石的年均推移量约高达 366 万 t，其他支流如岷江紫坪铺 70 万 t，大渡河龚咀 53 万 t，沱江流滩坝 4.4 万 t，另还有很多小支流推移质来沙，估计区间汇入卵石共约达 500 万 t 左右，可是长江干流下游朱沱站的多年平均卵石推移量仅 32.4 万 t，至长江寸滩站虽有嘉陵江于重庆入汇，但已降低到 28 万 t，可见经过区间河段输移，已产生大量堆积，而寸滩下游至涪陵间仍有一系列宽段分布，因此仍大致以重庆下游涪陵为界，上、下游河段分别以淤积和侵蚀补给为主。

由于川江河段有丰富的沙源，再加宽谷众多，自第四纪以来，宜宾—万县河段因大量泥沙堆积结果，两岸不仅有多级堆积和基座阶地形成，而且还有条形河漫滩零星分布，河床内卵石洲滩密布，交错排列，并在大型洲滩的中尾部往往还有悬移质泥沙淤积的雏形河漫滩发育。万县下游河段因地处盆缘区河谷变窄，宽段普遍减少，阶地由4~5级减少到2~3级，河床洲滩稀少。但由于两岸岸坡陡峻，支流沟谷增多，冲积扇（锥）等溪口滩相继发育，有的也发展到较大规模，如奉节的臭盐碛等。从上可见，河谷的宽段是泥沙堆积边界的基础，不仅为泥沙的堆积提供条件，而且控制泥沙的堆积规模，并影响堆积的类型等。

4. 沉积厚度

关于泥沙的堆积厚度，可从河床洲滩和阶地两方面分述于下。

①河床沉积厚度。据长江委荆江水文水资源勘测局的宜宾—重庆河段沿程洲滩钻孔资料，一般厚度为10.00~20.00m，其中部分河段厚薄有较大悬殊，如神背溪的大中坝、赵中坝等深达20.0m以上，另如朱杨溪温中坝的中尾部河漫滩相沉积发育，土和砂卵石的覆盖层厚度达19~32m，地处窄段的松溉镇段厚2~15m，朱杨溪段虽边滩厚度仅3~8m，而河床砂卵石层厚度可达48~59m。重庆下游河段地势渐高，河谷逐渐变窄，泥沙堆积厚度减薄，一般卵石厚度小于15.0m，以10.0~5.0m为多，部分小于5.0m，有的基岩裸露，仅有部分古老深槽堆积较厚，可达15.0m以上，如寸滩河段鳌鱼碛为18.20m，上洛碛18.90m，下丝瓜碛15.20m等。支流嘉陵江合川下游段更为单薄，一般小于10.0m，以5.0~8.0m为多。从上可见：川江河床宽段，卵石洲滩广布，河漫滩也有发育，堆积相对较厚；河床较窄地段，洲滩发育较差，堆积较薄，仅在有古深槽埋藏的堆积地段往往相对较为深厚，虽然川江河段河床沿程宽窄相间，但以宽段为主，总体堆积厚度从上游至下游，由小→大→小，较有规律。

②阶地沉积厚度。据中国科学院沈玉昌等研究：一般以基座阶地为主，侵蚀阶地多分布在3~4级以上。堆积阶地在宜宾—江安段有所分布，堆积厚度，宜宾7~28m，以10~20m为多，泸州低级阶地T_1~T_2厚10~20m，T_3以上高级阶地2~6m，重庆5~11m，万县高级阶地$T_4$10~12m，万县下游河段因河谷变窄，阶地级数减少，厚度减薄。总的分布特征：厚度0~30m，以宜宾—重庆河段相对较为发育，重庆—涪陵段较少，涪陵下游河段为少见或缺失。

综合上述：河床洲滩和河漫滩的堆积，基本反映第四纪全新世以来至今的泥砂堆积；而阶地的堆积反映了更新世时期的堆积，虽然地处不同的地貌单元，但都反映了该河段在不同地质时期新构造运动和气候条件下的堆积特征。从河段来水来沙和地质地貌条件以及泥沙堆积厚度等表明：川江（宜宾—奉节）河段中，万县以下河段由于受川东平行岭谷影响，河床宽度变窄，其中宽段也因河床多碛坝，床底变浅，堆积泥沙容量变小，上游来沙主要堆积在宜宾—万县河段，尤以宜宾下游李庄—重庆370km中的宽谷河段为重点。堆积泥砂组成：因川江河床比降大，大量细颗粒的悬移质泥沙被输向长江中下游，主要是粗颗粒的卵砾和部分中粗砂发生沿程堆积而成卵石河床。

四、长江上游三峡河段的泥沙沉积

1. 地质基础

长江三峡河段自奉节至宜昌总长约203km，地处大地构造单元为扬子准地台的上扬子台褶带，西段为秭归—利川穹褶束，东段为黄陵背斜；新构造运动时期呈间歇性上升，升降幅度为1000～200m，一般达500m以上，以东部宜昌等地区为小，新构造断裂有仙女山和外围的远安、九皖溪等，具微弱活动性，形变速率为0.01～0.1mm/a；岩性组成以震旦系—三叠系的灰岩为主，组成三峡河段中的瞿塘峡、巫峡和西陵峡黄陵背斜的东西两翼，其余峡间地段及向斜等构造内则主要为志留系、三叠系和侏罗系的砂岩、页岩等，在黄陵背斜核部则主要由前震旦系闪云斜长花岗岩等岩浆岩和片麻岩等变质岩系所组成。

2. 地形地貌环境

①河谷地貌分段：三峡地处新构造运动的上升区，由于上升幅度的差异，因此在三峡地区沿江一带出现高低悬殊，其中南津关海拔200～300m，南沱800～1000m，除南沱—庙河段因黄陵背斜核部的岩浆岩区受侵蚀降低外，庙河以西逐渐抬高，至巫山达1500～1600m，再往上游至奉节又复降低至1000m左右，在地势上呈现以巫山为顶点，中段高而上下游低的弧形上凸特征。上游奉节—香溪河段，山高谷深，两岸对称，下游香溪以东河段，因流经黄陵背斜南翼，受构造控制成为北高南低的“斜坡”，沿程由中山与低山呈段相间。峡谷切割深度：奉节—巴东段，以大于1000m的深切割为主，巴东—宜昌段为小于1000m的中浅切割区；从奉节至宜昌河段总的特点，切割深度由大变小。由于三峡河段受地质构造和软硬不同的岩性以及水流条件等诸多因素的影响，所以在河谷地貌上亦呈现峡谷与宽谷相间，按地貌特征主要宽谷段列于表5-2-3。

表5-2-3　长江三峡（奉节—宜昌）河床宽谷河段统计表

序号	宽段名称	宽段长度(km)	最大宽段名称	最大宽度(m)	备注
1	大溪—巫山	28.00	扇子碛河段	890	
2	官渡口—东瀼口	9.00	母猪碛河段	655	
3	泄滩—香溪	17.00	红鼻梁河段	1130	
4	新滩—路口子	5.50	射红碛河段	655	
5	庙河—莲沱	34.00	陈家冲河段	1430	
6	南津关—宜昌	6.00	葛洲坝河段	2200	

从上可见：奉节至宜昌三江口河段总长203.0km中，除三大峡谷外，峡谷间所出现相对宽段，总长99.5km，约占三峡河段长度的49.0%，一般宽段河宽小于1000m，但位于黄陵背斜核部三斗坪下游的陈家冲和西陵峡口的葛洲坝等特宽段分别宽达1430m与2200m。

②河谷地貌特征：由于三峡河段以峡谷为主，河谷内一般河漫滩和河床洲滩等都不甚发育，但由于河谷两岸的岸坡陡峭，支流沟谷密布，因此沿岸的崩塌、滑坡及坡麓地带的冲积扇（锥），谷坡阶地及河床的深槽等较为发育。现分述于下：

阶地：长江三峡共发育有10级阶地，以阶地面窄、级数多为特点，在T_5级以上的高级阶地，多以侵蚀阶地为主，基座阶地主要为T_1～T_3的低级阶地。但部分地段例外，如庙河有8级，全为侵蚀阶地，平善坝的8级中有6级为基座阶地，南津关以东的宜昌有6级，全为基座阶地等。由于三峡地处上升区，全区无堆积阶地发育，一般基座阶地堆积厚度较小。

坡积锥（裙）：三峡地区主要集中分布于巴东—秭归河段，有大崩塌体7个，崩塌体积达2.14亿m^3，其中新滩—链子崖的2.0km河段内分布有崩塌体2个。

冲积扇(锥):长江三峡河段岸坡陡、沟谷多,并有泥石流暴发,据统计,直接入江的泥石流沟仅秭归、巴东、巫山和奉节等县属地段就达79条,每年进入雨季,大量泥沙输移入江,细物质被水带走,粗物质堆在沟口,形成扇形堆积体的溪口滩,三峡河段主要冲积扇(锥)计28个,其中以奉节臭盐碛、巫山扇子碛和葛洲坝工程兴建前的黄柏河口冲积扇等为大,按分布密度以宽段为多,其中瞿塘峡与巫峡间27.0km的宽段内尤为密集;按冲积扇的规模往往以峡谷上口、下口附近地段相对较大。

河床洲滩:三峡河段因河床狭窄、洲滩稀少,较大的洲滩仅在河床的宽段有所分布,如边滩碛坝仅有红砂碛、白鹤碛和柳林碛等;较大的江心洲仅有建坝前的原三斗坪中堡岛和南津关口的原西坝及葛洲坝等。

河床深槽:三峡河床中有大大小小的许多深槽分布,其槽底高程在吴淞零点以下的主要深槽计12个,并多分布于黄陵背斜核部及东翼的三斗坪和莲沱至南津关河段内。分布特点:除长木沱槽长980m,宽100m较大外,其余规模较小,一般槽长小于360m,槽宽小于35m,但分布较为集中。莲沱以东河段深槽长6000~2100m,宽500~90m,槽底高程为-45~-20m,一般规模大,分布较散。在三峡的深槽系列中,尤以西陵峡口的南津关规模为最大,长达6000m,宽200m,槽底高程深达-45m,槽内还有沙卵石堆积。

3.泥沙运行与沉积

三峡河段不仅每年从上游有大量泥沙输移入境,而且因该地区亦为长江上游的重点产沙区之一,每年泥沙来量巨大,但由于本区河段以峡谷为主,宽谷较少,泥沙堆积条件差,主要在谷坡及支流沟口堆积形成坡积锥及冲积锥(扇),在河床宽段沉积形成浅滩及淤塞河槽等,其中急流浅滩系重要的一种堆积类型,仅在三峡河段内的主要浅滩计达25个之多,另个别深槽亦堆积巨厚。

4.沉积厚度

①阶地沉积厚度:长江三峡河段阶地虽然较多,但以侵蚀阶地为主,无堆积阶地发育,因此阶地堆积物仅见于低级的基座阶地有所分布,如巫山T_1级阶地由黄土层覆盖,厚6~7m;仅西陵峡口的宜昌石油库附近T_3级阶地上部为砂砾石,厚5.0m,下部为红色粗砂质土,厚约15.0m,共计厚达20.0m等。

②河漫滩沉积厚度:三峡河段仅见于宽谷内,如三斗坪河段,河岸河漫滩宽达200~300m,一般厚2~6m,仅局部厚度大于6m。

③河床沉积厚度:如三斗坪河段原沙卵石厚度一般0.5~8.0m,最厚达18.5m,但有的深槽在葛洲坝工程蓄水后,因有沙砾石沉积,厚度达30m以上;另位于黄陵背斜核部的庙河—莲沱宽段内,还有花岗岩、闪长岩风化残积块球体沿河床及滩地、台地散布,一般厚度小于3.0m。葛洲坝河段原一般河床沙砾石层厚为2~20m,葛洲坝工程蓄水后淤积增厚,如南津关口大深槽冲积层的厚度达47m。

综合上述,三峡河段泥沙堆积以河床宽段的深槽、浅滩和河岸冲积扇(锥)及坡积体等为主,在宽谷内的河漫滩和低级阶地中虽有堆积,但一般厚度较小。

五、长江中游宜昌—鄂城河段的泥沙沉积

1.地质基础

长江穿过黄陵背斜流出三峡后,经宜昌—松滋口段的低山丘陵区过渡,进入江汉—

洞庭大平原区,地处扬子准地台的江汉—洞庭断拗,因中部有华容凸起分隔,北部为江汉断陷,南部为洞庭断陷,其内并由一系列次一级的台凹台凸以及地堑等组成。于晚三叠纪开始沉降,至早白垩形成雏形,第三纪晚期基本定型。自新第三纪以来,新构造运动继续沉降,沉降中心由江汉断陷北部南移到洞庭断陷南部,仅第四纪最大沉降幅度达100m以上。由于历经燕山和喜山及新构造运动等系列构造变动,外围上升,内地沉降,形成准盆地地形,广泛接受沉积,与东北的松辽平原、华北平原组成我国北北东向的第二沉降带。该区主要受北东和北西两组断裂所控制,如北西向的襄广断裂,北东向的麻城—团凤断裂、洪湖—嘉鱼—金口断裂等,并有差异性活动断裂等发育,如分布于本区西南太阳山断裂带的西部上升,东部下降。又如地处东部麻城—团凤断裂带南端的湘阴活动性强,垂向位移速率达0.5~0.8mm/a等。

2. 地形地貌环境

长江于宜昌由西转折东流,横穿于江汉平原与洞庭平原和江南丘陵之间,东至大别山南的鄂城,河段总长计770.4km,包括宜昌—松滋口的低山丘陵河段和江汉平原腹地松滋口—城陵矶的荆江河段及江汉平原东部的城陵矶—鄂城河段等。江汉平原和洞庭湖区因地处江汉—洞庭断拗腹地,再加新构造运动长期以下沉为主,自然成为长江中下游泥沙的重要沉积中心,同时由于受到自然和人为等因素影响,在历史演变中,沉积中心亦发生迁移。其一,由江北转向江南,即由古云梦泽转向今洞庭湖区;其二,由自然漫流转向人为控制,其中堤防系统的形成,使江湖洪水漫流受限,河床沉积以砂质推移质为主,堤外河漫滩沉积以悬移质泥沙为主,入湖三角洲则为沙、土组成的全沙堆积,按河段地貌环境分段叙述于下。

①宜昌—松滋口段:河长78.0km,由西北至东南流经低山丘陵区,上段河道顺直,于云池受阻后辗转流向下游,大型河湾发育,河谷逐渐展宽,该区因受边界条件影响,河床宽窄相间,呈藕节状展布,其中主要宽段有宜昌胭脂坝、古老背、宜都、枝城及关洲河段等,在宽谷段内因泥沙堆积,两岸基座、堆积阶地发育,并因河宽较大,洲滩增多。

河流阶地:宽谷段内有6级阶地发育,其中T_1与T_2级一般为堆积阶地,T_3~T_5级基本以基座阶地为主,T_6级为基座阶地,主要分布于虎牙滩下游的长江左岸古老背至云池河段和右岸的宜都至枝城河段内。

河床宽段:长江穿过虎牙滩构造线后,因河谷展宽,两岸有河漫滩发育,河宽增大。据统计:宜昌胭脂坝段宽1650m,古老背段1305m,宜都大石坝段1825m,枝城关洲段2850m等;平面特征表现为从上向下游逐渐展宽。在宜昌—松滋口河段中,1000m以上的宽段长达52.4km,小于1000m的河段计25.6km,分别占河段总长的67.2%与32.8%,以河宽1000m以上的河段为主;由于河宽的增大,河床坡降减缓,大量泥沙落淤形成一系列大型洲滩,如胭脂坝江心洲、三马溪边滩、沙碛坪边滩、四姓边滩和洋溪的官洲等,其中以四姓边滩面积6.66km^{2}为最大。

②松滋口—城陵矶河段:为荆江流经江汉平原的腹地河段,全长计322.5km,因主要地处江汉断陷的江陵凹陷内,长期以沉降为主,大量接受泥沙沉积,堆积阶地和冲湖平原广布。阶地分布:在上荆江董市玛瑙河与松滋河一线以西的低山丘陵区有四级以上阶地发育,以东平原地区为二级阶地,其中T_1级阶地广泛分布于松滋口以东的枝江—长湖以北和松滋口—南坪与闸口以南,呈喇叭状展布,且以堆积阶地为主,其余多以丘陵为中心

分布于荆北八岭山和荆南石首以及墨山残丘的外围地带等，其阶地类型以基座阶地为主，平原地区还有部分埋藏阶地分布。河床洲滩：荆北为江汉冲湖大平原，荆南为洞庭湖区，虽受墨山残丘相隔，但水网紧密相连，荆江河道蜿蜒东流其间，由于长江穿过三峡后，经宜昌—松滋口段的低山丘陵过渡进入江汉冲湖平原，河床坡降急剧减缓，大量泥沙落淤，洲滩发展，形成系列河床宽段。上荆江平均河宽，顺直段1320m，弯曲河段1700m；下荆江顺直段1390m，弯曲段1300m，即上荆江的弯曲河床宽度大于顺直河床，而下荆江则相反，顺直河床宽度大于弯曲河床，上下荆江河床宽度一般达1300～1700m，河床宽段多有洲滩发育。据统计，该河段共有主要洲滩40个，由于泥沙的堆积，引起荆江河床抬高，洪水位上升。自两岸修筑防洪大堤后，荆江两岸堤防之间的堤间带，包括堤外滩地和河床便成为泥沙的主要堆积场地。以两岸大堤为洪水期的河宽边界，具有相当大的宽度，如上荆江的百里洲段宽达15.40km，其他大宽段还有二圣洲和南五洲河段等。下荆江的蜿蜒性河道变迁频繁，河曲带宽广，其低滩、古河道（牛轭湖）十分发育，堤防远离，因此南北两岸江堤间距更为宽广，如从荆江大堤的麻布拐—石首断面宽达30.0km以上，下荆江河段八十丈至来家铺宽约达19.0km，上车湾—陈家马口约16.0km。上下荆江还有荆南多口分流和城陵矶的洞庭出口而使江湖相通，另洪水港—城陵矶段还与东洞庭湖紧密相邻。

③洞庭湖区：地处大地构造单元为江汉断拗的洞庭断陷区，新构造运动以掀斜沉降为主，荆北由于长江和汉江泥沙的淤积形成江汉平原，荆江河道由北南移于墨山受阻，但在荆南地区的松滋口—调关和洪山头—城陵矶两河段，因有三口分流（原为四口）和洞庭湖的出口，构成江湖水系相依、紧密相连的格局。由于历史上泥沙的长期淤积，致使入湖三角洲逐年向南发展，至今虽洞庭湖面积已大为萎缩，但仍是长江中游重要的蓄洪拦沙的主要场地之一。

④城陵矶—鄂城河段：长江流经城陵矶后，沿洪湖—嘉鱼—沙湖断裂呈北东向流向下游，过武汉后又受淮阳弧和襄广大断裂所控制转向东南。由于长江干流河段受北东和北西向两组断裂以及大小隆起与凹陷构造影响，走向几经转折，河型受一系列河床节点所控制，在节点形成窄段，节点间放宽，洲滩发展，河床分汊，一束一放组成藕节状河段。区域地貌类型：主要为低山、丘陵、阶地、冲湖平原和河漫滩、河床及洲滩等，并以河漫滩和冲湖平原为主体。分布特点：低山丘陵区，主要分布于城陵矶至嘉鱼和金口至武汉河段，其余则为一些零星岛状残丘，并往往形成河岸石矶或两岸对峙的节点，如白螺、杨林矶、螺山及阳逻、黄冈等。河流阶地沿江有三级分布：T_1级由晚更新世下蜀黄土组成，在洪湖以东，汉口张公堤及武昌以东葛店、鄂州黄冈等地呈片状分布；T_2级主要分布于城陵矶—嘉鱼和金口—阳逻河段两岸；T_3级仅见于阳逻以东。在以上三级阶地中以T_2级为主，其中部分T_1级已被河流泥沙淤积埋藏于平原的地面以下而成埋藏阶地，如汉口张公堤、洪湖东的部分地段等。冲湖平原主要分布于长江城陵矶—金口河段以北的广大地区和嘉鱼—金口河段及团风等的部分地段，以及湖区周围等地。总的组合特点如下：按河段横向分布特征，由于河道南移，左岸多为冲湖平原，右岸多阶地残丘。按河段纵向分布特征：城陵矶至金口段为江汉大平原，金口—阳逻段以丘陵阶地为主，阳逻—鄂城段为平原、阶地、丘陵相间。河床地貌：江汉平原东部的长江城陵矶—鄂城河段长达329.5km，河床平滩宽度一般都在2000m以上，平均宽度达2492.4m，其中在3000m上的宽段计12

个，占统计河段的31.6%，其中李家洲宽达8000m。河床比降：螺山—汉口河段多年平均比降为0.239‰，汉口—武穴河段为0.403‰。从上可见，江汉平原东段以宽度大、坡降小为基本特征，从而为泥沙的淤积创造了有利条件，除长江干流上游有大量来沙过境外，再加入汇支流多，输入沙量大，因而引起泥沙的大量淤积，洲滩发育。

3. 泥沙运行与沉积

本区除长江上游干流来沙外，还有主要支流汉江和洞庭湖的湘、资、沅、澧四水以及鄂西的清江及鄂东的滠水、倒水、举水等诸水入汇，水量浩大，泥沙丰沛，进入大平原湖区后，河宽增大，比降减缓，流速降低，引起大量泥沙发生淤积。

(1)悬移质泥沙淤积量：①以螺山为控制站估算。据20世纪50～90年代期间的多年来水来沙平均值统计（表4-1-1），长江干流每年从宜昌上游来水径流量为4400万亿m^3，悬移质的多年平均输沙量为5.3亿万t；清江长阳站年径流量147亿m^3，输沙量1278万t；洞庭湖湘江的湘潭站年径流量668亿m^3，输沙量1298万t；资水的桃江站年径流量225亿m^3，输沙量176万t；沅江的桃源站年径流量161亿m^3，输沙量1474万t；澧水的三江口年径流量145亿m^3，年输沙量718万t；另还有沮漳河多年平均输沙量74.7万t等。据区间干流和主要支流汇入来沙总量共计达5.80187亿t，而长江干流螺山站悬移质泥沙的多年平均输沙量仅为4.41亿t，即长江流经宜昌—螺山段的平原湖区后，悬移质泥沙的区间年淤积总量约达1.39187亿t。②以汉口为控制站估算。除螺山上游来水来沙外，另有长江中下游的最大支流汉江汇入，据皇庄站统计1959年丹江建库前悬移质多年平均输沙量为1.3315亿t，陆水崇阳站悬移质多年平均输沙量为73.2万t，即长江螺山—汉口段和支流汉江皇庄—汉口段及陆水崇阳站下游等区间悬移质泥沙汇入总量为5.74882亿t，而长江汉口站悬移质泥沙的多年平均输沙量为4.3408亿t，即江汉平原东北部区间河段年泥沙淤积总量达1.40802亿万t。③以武穴为控制站估算。上游河段汉口站悬移质泥沙的多年平均输沙量为4.3408亿万t，另有大别山支流滠水、倒水、举水、巴河、浠水、圻水等来沙，而武穴站悬移质泥沙的多年平均输沙量计4.29亿t，即汉口—武穴河段的年淤积量达508万t以上。综合上述：武穴上游江汉—洞庭平原区悬移质泥沙年均淤积量在丹江水库建库前约为2.85069亿t，建库后约为1.744亿t，即江汉—洞庭平原区在丹江建库前后悬移质泥沙的不完全统计，年均总淤积量分别为2.85亿t与1.74亿t左右。

②推移质泥沙淤积量：据20世纪50～90年代期间，宜昌站在葛洲坝蓄水前的多年实测资料，卵石推移质年均输移量达75.8万t，于宜都有清江汇入，据渔峡口断面卵石输移量约60.00万t(计算量)，虽沿程堆积和磨损汇入长江的泥沙已大为减少，但在葛洲坝和隔河岩建库前的天然状态下，估计长江干支流过宜都的年均卵石输移总量亦达80万t以上，由于下游河段的河床展宽，比降减小，泥沙不断淤积，至长江松滋口已减少为67.2万t，至杨家脑仅为5.7万t，于涴市上游火箭洲河段尖灭转变为沙质河床，河床质的演变反映长江输移的卵石已全部沉积，即宜昌—城陵矶河段的卵石沉积量为75.8万t。有关沙砾质推移质，在葛洲坝蓄水前，宜昌站年均输移量为874.0万t，荆江新厂站1958—1960年间年均输移量为163.5万t，虽然实测时段较短，且不同步，但反映已有大量泥沙淤积，其淤积量约达710.5万t。

由于江汉断拗外围高而腹地低，北部有长江和汉江外，还有洞庭湖和陆水及汉口下游河段的大别山诸水等汇入带来大量泥沙形成江汉平原，而江南洞庭湖区除荆江通过松滋口、太平口、藕池口(原有调弦口,于20世纪50年代末因建闸关闭)等三口分流分沙外,还有湘、资、沅、澧四水来水来沙,使洞庭湖淤积萎缩向平原化发展,形成洞庭平原。因宜昌—鄂城河段除长江上游来沙外,还有汉江和洞庭湖等众多大小支流泥沙的汇入,在丹江和葛洲坝等水利枢纽投入运行前的天然河流每年淤积的泥沙(含推、悬移质)由上可知约达2.92亿t,但因有部分干流河段缺实测资料而未统计入内,估计总淤积量可达3.0亿t左右。由于经历史长期淤积,从而形成区域范围包括宜昌以东、大别山南部的黄岗、鄂城以西的广大江汉平原和江南的洞庭湖平原,组成整体由西北向东南倾斜的大平原湖区,一般平原高程为20~40m,岗地高程为50~60m,残丘高程小于200m。境内河湖交织,水网纵横,地域广阔,总面积约达6.876万km^2,由于地处山前峡口的特殊地理位置,因此成为长江泥沙的主要沉积区之一。

4.沉积厚度

①宜昌—松滋口河段:在第四纪的沉积物中,早更新世沉积主要分布于虎牙滩下游长江左岸古老背至云池、白洋和右岸红花套、宜都至松滋口段等的两岸阶地,岩性组成以沙卵石为主,顶部常有河漫滩沙壤土等分布,以云池和宜都的云盖寺等为典型,厚达90m;中更新世沉积以卵石和红色粘土等组成,其中以网纹红土最为典型,厚30~60m;晚更新世沉积下部以沙卵石为主,上部为河漫滩相粘性土,厚度小于40m;全新世沉积主要分布于河床和两岸滩地,其中河床一般厚度为10~20m,部分厚度大于20m,如关洲北泓边滩厚度达31.2m,个别特厚,如古老背河段的古深槽砂卵石厚达55.24m;河漫滩粘性土层厚度,一般小于10m。总的沉积特点:主要分布虎牙滩下游河段,河谷内堆积厚度一般河岸阶地大于河床,老地层大于新地层。

②松滋口—城陵矶河段:地处江汉平原腹地,沿江第四纪沉积厚度分布,松滋口—涴市段一般厚42~76m;涴市—江陵段厚33~65m;沙市—郝穴段沉积厚度增加到82~145m,其中沙市为131m;郝穴—藕池河段达102~158m;石首—监利河段基本上顺着石首东西向的构造发育,河床覆盖层厚80m左右;监利至城陵矶段横贯广兴洲地堑,厚度在140m以上。江汉平原第四纪的沉积中心主要包括沙市、藕池、峰口和沔阳排湖等组成的长四边形洼地区,一般堆积厚度在100m以上,其中包含有汪桥、曹市、排湖、张金等4个深槽,第四纪堆积厚度分别为158m、151m、167m和135m,以排湖地区沉积最为深厚。

③城陵矶—鄂城河段:地处江汉平原东部,第四纪沉积厚度,洪湖对岸的临湘为40m,簰洲湾—黄冈河段两岸一般厚25~57m,鄂城樊口为最厚,达69.0m。

综合上述,江汉—洞庭断拗区内包含第四纪三大泥沙沉积中心,即含江汉平原区的江陵凹陷、汉江凹陷和洞庭平原的沅江凹陷等,最大沉积厚度分别为158.0m、167.0m和322.0m,由于第四纪新构造运动的长期沉降,长江中游的江汉平原和洞庭湖便成为泥沙堆积的重点地区,后随沉降中心的南移,再加荆江地区人工筑堤等影响,水沙南趋,泥沙沉积中心南移,当今江南洞庭湖区更成为长江现代泥沙堆积的重点地区,不仅第四纪早期沉积厚度较大,而且也是该区现代泥沙的沉积中心。

六、长江中下游鄂城—江阴河段的泥沙沉积

1.地质基础

长江中下游的带状平原上自鄂城下至江阴,河段长820.4km,地处扬子准地台的下

扬子台褶带,相夹于秦岭褶皱系与华南褶皱系(即淮阳地盾与江南古陆)之间,除上段呈喇叭状向上游张开外,中下游段都呈狭长带状展布。因后期受燕山运动影响,使地壳产生褶皱、断裂,并有岩浆活动,形成一系列次一级的褶皱、隆起和凹陷构造,主要由广济、马鞍山等北东向弧形大背斜及其断裂带组成,其中下扬子台褶带(下扬子台拗)包含的主要拗陷区有望江凹陷、孔城凹陷、无为凹陷,句容—南陵凹陷、常熟—宜城凹陷等。另外沿江一些大湖也地处构造断陷、凹陷或向斜构造内,如鄱阳湖发育于鄱阳凹陷等。区域内主要断裂由 NNE 及 NE 和 NWW 及 NW 等多组断裂组成,一组西从广济—宿松—安庆—镇江以东,由一系列断裂组成的破碎带长约 450km,宽达 10 ~ 40km 不等;另一组的分布于九江下游与长江相交的 NW 和 NWW 向的断裂,区内主要深大断裂有西段 NW 向的襄广断裂带和东段 NE 向的郯城—庐江断裂带等。新构造运动以沉降为主,其中长江右岸受华南褶皱系的影响。长期以来,除局部河段表现为间歇性的差异升降运动,如大渡口—马当和芜湖—马鞍山等有轻微上升外,大部分地区仍表现为沉降,长江左岸虽受秦岭褶皱系上升的影响,但沿长江一带仍以下降为主,下降幅度左岸大于右岸;河岸与河床比较,又以沿长江一带较为显著。从城陵矶—鄂州沿程有升有降,一般以下降为主,而自鄂州以下幅度增大,其中又以九江—浦江段的小孤山、东流、获港、芜湖等地段较大,最大幅度每年可达 -0.006 ~ -0.008m,其余一般沉降幅度及差异运动均小。

2. 地形地貌环境

长江中下游河段地处淮阳地盾与江南古陆之间,新构造运动以下沉为主,接受泥沙堆积形成长江中下游平原,但由于受地质构造控制,整个河床几经转折东流入海。河谷宽度,由于受两岸地质构造所控,致使长江中下游的鄂城—江阴段平原多具带状展布特征,并在沿江形成众多节点,在节点河段河床相对窄深;节点间由于地质条件控制减弱,便形成宽浅分汊河床,在地质构造的拗陷、凹陷区和构造断裂的交汇处,以及岩体破碎或岩性相对较为软弱地段尤为发育,从而组成沿江宽窄相间的藕节状河段,其中宽段便成为泥沙堆积的主要场地。

(1)鄂城—广济河段:河段总长 108.4km,地处淮阳地盾与扬子准地台的大冶褶皱束之间,除小块冲积平原外,以低山丘陵和 T_1 级阶地为主,河谷宽窄不均,并以窄段为主,如黄石西塞山、田家镇的半壁山等平滩河宽仅约 700m,局部有宽段分布,如戴家洲河段宽达 3800m、茅山港、蕲州等分别为 2300m 与 2200m。

(2)广济—华阳河段:河段总长 144.1km,于广济以东进入望江凹陷,河谷展宽,河床右靠,左岸为黄梅冲积扇平原,残丘及阶地远离,沿阶地前缘有武山湖、太白湖和龙感湖、黄湖等组成带状湖群,冲湖平原宽广,最宽达 30km;右岸 T_2 级阶地广布,沿江地带有零星残丘散落,湖口以南为鄱阳湖区。长江干流河床宽窄相间,宽段洲滩发育,多汊分流,并形成大型和特大型江心洲滩,如龙坪洲、张家洲、棡排洲等,其中以棡排洲为最大,长 16.73km,最大宽度 7.71km,总面积达 69.24m^2(含瓜子洲)。

(3)华阳—铜官山河段:河段总长 212.2km,西部属望江凹陷区,自贵池以东进入贵池—繁昌褶皱带,河床两岸多山地丘陵,有三级阶地广泛分布,使沿江冲湖平原发展宽度受限。其中华阳—安庆段 T_1 ~ T_3 级均有分布,并以 T_2 与 T_3 级为主,冲湖平原较窄,如华阳至东流段宽仅为 9.00 ~ 10.0km;安庆—铜陵段地处望江凹陷的东缘和贵池—繁昌褶皱带,沿江以 T_1 和 T_2 级阶地为主,河床两岸受阶地所挟,平原滩地宽度较小,安庆下游如枞阳约6.00km，贵池及铜陵等河段仅约10.00km，唯支流或湖口地段变宽，但因沿岸支流如长河、后河、皖水、柏年河、秋浦河、大通河等，大都较为短小，河口增宽有限，两岸阶地前缘的湖泊中，除武昌湖面积达130.2km^2外，七星湖、破岗湖、白荡湖和升金湖等面积都在100.00km^2以下，一般面积较小，所以该段为长江中下游带状平原河段中比较典型的狭窄地带，河床亦呈宽窄相间，组成藕节状，主要分汊河段有官洲河段、前江咀河段、枞阳铜板洲河段、贵池凤凰洲河段等，其中以前江咀分汊河段为大，由江心洲和鹅眉洲组成，总面积为35.83km^2，河床宽约7.0km。

(4)铜官山—马鞍山河段：河段总长113.1km，长江过铜陵进入无为凹陷区后，河谷展宽，进入皖中平原。长江右岸除铜陵、荻港有山地丘陵外，其余则为零星的T_1级阶地和孤丘，一般以平原为主；长江左岸除铜陵至凤凰颈段有大片T_1级阶地较集中分布外，仅在西梁山下游有零星T_1级阶地和孤丘见及，其余为冲积平原，并有巢湖水系发育，因左岸平原宽广，右岸相对较窄，形成不对称河谷。长江河床：本河段由铜官山、黑沙洲、芜裕和马鞍山等4个大分汊河段组成，河道弯曲、多汊分流、洲滩发育。其中以铜官山分汊河段为最大，由汀家洲、成德洲、太阳洲等组成，总面积达124.32km^2，分汊河段宽约达13.0km。

(5)马鞍山—仪征河段：河段总长约96.40km，地处马鞍山隆起和宁静弧形褶皱带，左右两岸多“岛状”残丘，除东沟局部有T_3级阶地分布外，其余均以T_1级为主，河床沿岸冲湖平原宽度较小，除分汊河段和湖口地段较宽外，一般以相对窄段为主，如马鞍山9.0km，南京5.00km，燕子矶11.5km，龙潭约10.00km，征仪13.00km；河床宽窄悬殊，并有大宽段分布，其洲滩面积：中新济洲为9.77km^2，梅子洲14.86km^2，八卦洲57.84km^2，分汊河床宽度分别为4520m、5000m和9500m，河宽及面积均以八卦洲为大。

(6)仪征—镇江五峰山河段：河段总长约59.48km，地处宁镇弧形褶皱带和苏北拗陷，长江右岸以T_1级阶地为主，残丘零星展布；长江左岸为广阔的冲湖积平原，支汊众多，左右两岸不对称。长江分汊河段有马桥河段等，其中世业洲面积29.37km^2，和畅洲20.41km^2，另加新民洲等河段宽度近10.00km，其余河段河宽相对较小，如镇江段约6.00km，而龙门口和大港段紧抵四墩山与五峰山，河床缩窄，宽度小于1000m。

(7)镇江五峰山—江阴鹅鼻咀河段：河段总长86.71km，支汊众多，除小河镇夏港及江阴段有零星岛状丘陵分布外，左右两岸为冲湖积平原，河床宽窄悬殊，以太平洲段为大，最大河宽达12.50km，洲滩长30.70km，最大宽度11.35km，总面积达217.33km^2；窄段如江阴鹅鼻咀江宽仅1.40km。

综合上述，鄂州—江阴河段基本地貌特征主要表现为：①河段沿程节点众多，河谷宽窄不均，沿岸冲湖平原左岸宽广，右岸狭窄，两岸不对称；②谷坡阶地发育，以T_1、T_2级较为普遍，T_3级少见；③分汊河床发育典型，由多汊分流，洲滩广布；④谷坡与谷底连接部的阶地及山地丘陵的坡麓地带多壅塞湖群分布。

(8)鄱阳湖区：长江中下游河段两岸支流众多，湖泊密布，其中有鄱阳湖、巢湖和太湖等大湖泊分布，并以鄱阳湖为大，现以该湖为例分述于下：因地处扬子准地台江南台隆的九岭—怀玉台拱和鄱阳凹陷，新构造运动为湖周缓慢上升，腹地下降，由原来的山间盆地潴水成湖。湖区位于河段南岸的丘陵区内，南北长约170km，东西宽约70km，在平面上呈葫芦状，以松门山为界，分南北两部分组成，总面积达1020km^2，跨越江南低山丘陵和长江中下游平原两大地貌单元,使鄱阳湖由东南向西北倾斜,在临江的北部湖区有 T_2 级阶地广泛分布,并组成湖的基底,南部主湖区入湖三角洲发育,其中尤以赣江、抚河等的三角洲为大,组成赣抚平原。鄱阳湖由山地(占15.6%)、丘陵(16.1%)、岗地(29.3%)、平原(32.6%)和水域(6.4%)组成,其中以平原和水域为主,面积达39.0%。

3. 泥沙运行与沉积

长江上游来沙通过江汉平原和洞庭湖区的淤积后输向下游沙量减少,据20世纪50年代武穴站悬移质泥沙多年平均输沙量已减少到4.29亿t,过广济后,有鄱阳湖来沙,每年由赣、抚、信、饶、修五水和湖区之间的来沙补给,80年代前湖区多年平均输移量约0.21亿t,湖内淤积量约0.105亿t,即每年输移出口沙量约为0.105亿t,但有的大水或多沙年,江水发生倒灌,使出口量减少,并曾出现负值,如1963年的鄱阳湖输出量达-372万t,负值的出现,反映鄱阳湖的泥沙淤积除入湖支流来沙外,还有长江倒灌泥沙的淤积,成为长江中下游的主要沉积区之一。长江流经鄱阳湖平原后,因河谷变窄,一般除分汊河段展宽外,平原多呈条带状展布,由于沿程堆积较少,长江每年有大量泥沙输入下游,因此在安徽省的无为凹陷区形成无为平原,并与其北部的巢湖等组合成长江下游河段较大的泥沙沉积区。

4. 沉积厚度

自第四纪以来长江中下游河段,新构造运动以沉降为主,泥沙的堆积厚度,在其沉降的中心区,地质构造单元的拗陷及凹陷区,构造断裂带等地段,泥沙沉积厚度往往偏大,河段的纵向分布,总体具有由上游向下游增厚趋势。

①鄂城—九江河段:T_1 级阶地由上更新(Q_3)沉积的粘性土和砾石层组成,如葛店—广济河段一般厚度为20~30m;沿江两岸的平原和洲滩及河床,一般为全新世的沉积,两岸滩地由上部的河漫滩相粘性土和下部河床相的砂层组成,局部夹砾组成二元结构,一般厚度为10~40m,沿江除鄂城樊口厚度达69m外,鄂城至广济段一般厚度小于35m;河床沉积厚度,如九江28~37m。

②九江—江阴河段:阶地堆积厚度如下。早更新统的雨花台组堆积厚度在镇江达40.00余m,安庆组在望江、安庆、铜陵、东流等沿江两岸组成 T_2、T_3 级阶地,主要由砂砾石组成,厚度较小,一般小于15m;中更新统的网纹红土组成 T_2 与 T_3 阶地,如九江—武昌湖河段以及铜陵、燕子矶等地区厚度都小于15m;晚更新统的下蜀组主要分布在山前和干支流沿岸,由粉质粘土和砂砾石等组成 T_1、T_2 级阶地,厚2~40m;湖口—彭泽段沙山组成海拔50~70m、最高可达100m以上的台地,沙层厚21.00~30.10m。河岸滩地堆积厚度:由全新统的河漫滩相粘性土和河床相砂层(局部为粉细砂或砾石)组成二元结构,沿程堆积厚度,九江28.0m,凤凰颈—芜湖一带一般为33~46m,南京56~64m,江阴达130~170m;其中河段上部河漫滩相粘性土厚4~30m,一般5~15m;下部为河床相沉积,主要由粉细砂和少量沙砾所组成,沉积厚度九江为37m,安庆为40m,裕溪口为41m,南京为41m,江阴达100余m,从上向下游增厚。

从上可见:在阶地堆积物中,以晚更世的沉积分布面积为广,发育较为普遍,一般相对厚度较大;冲湖平原、河漫滩平原和河床堆积物等,一般以全新世的沉积为主,部分河段深部含更新的沉积,普遍较阶地为厚,沿江向下游增大,在江阴的下游河段可达100m

以上。

③鄱阳湖沉积厚度：鄱阳湖区第四纪地层分布广泛，厚度差异较大，赣江沿岸粘性土层厚5~8m，滨湖地区6~10m；河床砂卵石一般5.5~18m。在东南部的鄱阳、端洪一带厚仅数米，赣抚平原厚度达76.0m，全鄱阳湖区以北部湖口滨江地带的梅家洲沉积厚度为最大，达154m。

七、长江河口段的泥沙沉积

1.地质基础

河口段位于长江三角洲平原，从江阴鹅鼻咀至长江口50号灯浮，全长254.4km，地处扬子地台的苏北断拗，苏南为苏浙皖和钱塘江等陷断褶束；新构造运动以沉降为主，苏北地区沉降量达200~300m，苏南地区沉降量为100~200m，三角洲北部大于南部；沿江地段年均沉降量：江阴至启东段沉降量小于0.002m/a，启东至河口段剧增达0.010m/a。区域构造断裂，以北东和北西向为主，但北北东和北西西向断裂对本区河势及河型影响起着重要的控制性作用。区域地层以第四系全新统为主。岩性组成，丘陵基岩区以碳酸盐岩和碎屑岩为主，在三角洲平原区主要由粉质壤土、砂壤土和细砂等组成。土层分布：包括苏南的太湖、澄湖、淀山湖和阳澄湖等湖区在内的粘土分布区；在太湖等湖区以北，江阴—常熟—赵港等一线以南，含无锡、苏州、松江、金山等的粉质壤土区；狼山—海门等的砂土分布区；崇明岛、长兴岛、横沙岛等的冲积相砂壤土区；其余广大地区为三角洲相的粉质壤土区。

2.地形地貌环境

长江三角洲除零星“岛”状残丘外，广大三角洲平原区的黄海高程一般5~10m，地势低平，河湖交织，由西北向东南倾斜，由于受地质构造和来水来沙条件及河口潮汐影响，形成喇叭状分汊河口。河口段水系：支流及湖泊众多。据不完全统计：南岸入汇太湖支流计42条，北岸入汇支流31条，共计73条，除黄浦江、九圩港、通吕运河和通扬运河等外，一般较为短小，坡降小，含沙量亦小。三角洲湖泊较多是一显著特点，主要湖泊有太湖、阳澄湖、澄湖和淀山湖等（表5-2-4），其中以太湖为最大，面积达2425km^2，其余湖泊面积除阳澄湖为113km^{2}外，其余都在100km^{2}以下。关于河口段的地貌环境分段叙述于下。

表5-2-4 长江三角洲主要湖泊统计表

湖泊名称	长度(km)	最大宽度(km)	面积(km^2)	容积(亿m^3)
太湖	68.0	56.0	2425	51.5
阳澄湖	17.0	8.0	113	3.2
澄湖	10.4	6.8	45	0.8
淀山湖	15.0	8.0	53	1.3

①鹅鼻咀—徐六泾河段：河段长87.1km，占河口段总长的34.4%，首尾段河宽较窄，中段形成特宽分汊河段，洲滩发育，沿程从上至下主要洲滩有福姜洲、长青沙、浪山沙等；

河段最大宽度:福姜沙段8.50km,长青沙丝鱼港段11.00km,狼山段10.00km,狼山沙段15.00km,徐六泾5.2km。物质组成:除右岸的鹅鼻咀段和左岸的狼山等有前第四系的基岩分布外,其余均由第四系所覆盖;长江左岸为现代河口三角洲,以粉质壤土、砂壤土和松软的粉砂及极细砂等为主;右岸:阶地发育,第四纪更新统地层普遍分布;河床:以粉细砂土为主。

②徐六泾—河口河段:长江过徐六泾后,因崇明岛使河床分汊为北支与南支,其中北支河宽:进口段青龙港约2.5km,启东南新隆沙段7.0km,北支口段宽约达15.00km。南支河宽:进口白茆沙段河宽约10.00km,崇明岛段15.00km,黄浦江口段18.00km;下游因有长沙岛和横沙岛分支为北港和南港,过长兴岛后又因九段沙再分支为北槽和南槽等。由于多级分汊的结果,形成崇明岛等一些大小沙岛,使河口段展宽而成喇叭状,南北支分汊前的徐六泾河宽为5.20km,下游分汊后口门宽度增大,从北支的大新港—南支的浪港断面宽达28.50km,宝山段宽40.00km,连兴港至川沙的三甲港宽55.00km,自北支的连兴港经团结沙、横沙至南支大洽河断面宽约75.00km,从北岸连兴港至南岸的南汇咀宽约90.00km。

③长江口门段:含长江口的连兴港—南汇咀一线以东至长江口50号灯浮的三角洲前缘地带,由于长江出口的大量泥沙落淤,另有海流来沙的加入,并形成如九段沙、铜沙等水下暗沙群,宽达90.0km以上。

河床纵剖面分段特征:据南支、南港、南槽河床深泓线的纵剖面高程,自鹅鼻咀—浏河口段长133.6km,河槽最大深度可达60m以上,一般河床高程在-10~-60m间变动,以深度大、起伏大为特点;浏河口—川沙三甲港段河长约55.00km,一般高程-5~-15m,河床抬高变幅减小;川沙三甲港—长江口50号灯浮,长约65.00km,一般高程在-5m左右变动,为潜洲发育区,滩面高,起伏平缓。

3. 泥沙运行与沉积

据长江下游大通控制站1954—1984年的多年平均径流量为8910亿m^3,输沙量4.72亿t,另在大通下游河段中还有众多支流来水来沙,从上而下的主要支流有青弋江、水阳江、裕溪河和秦淮河、滁河和黄浦江等,其中水阳江宣城站和青弋江的西河站多年平均径流量分别为48.3亿m^3和24.6亿m^3,年均输沙量分别达53.6万t与55.5万t。可见,长江大通站下游河段的泥沙除来自上游干流外,还有部分来自河口段的支流,因此干流河段悬移质总输入沙量估计在4.73亿t。大通下游及河口段虽没有固定断面的水文泥沙测量,但据分流口的多次巡测资料①,全潮时段输沙量范围值如下。

①南北支断面输沙量分配:据1958—1978年间8—9月的6次巡测的两个全潮时段资料,净输沙量为24.8~375.0万t,其中南支占输出总量的83.4%~133.3%,北支占-33.3%~16.6%,以南支输沙量为主。

②南北港断面输沙量分配:据1958—1978年间的8—9月和12月及3月的13次巡测结果,在巡测时段内,南北港的净输沙量为5.43~381.29万t,其中南港占输出总量的-26.3%~58.9%,北港占41.1%~126.3%,以北港为主。

---

①引自长江水利委员会水文局.长江河口段河道基本特征,长江中下游河道基本特征,1983年.(据华东师范大学河口海岸研究作室.河口海岸研究成果汇编,第一集.)

③南北槽断面输沙量分配：据1964—1978年间的3月和8—9月的11次巡测资料，在巡测时段中，南北槽的净输沙量-4.05~143.4万t，南槽占-235.8%~69.0%，北槽占31.0%~135.8%。除个别情况如1978年两测次反常外，在一般情况下长江口的输沙特点是：河口输沙量南支>北支，北港>南港，南槽>北槽，长江泥沙以南支—北港—南槽为主要通道出口入海。

④河口泥沙淤积量估算：大通站年均输沙量为4.72亿t，另加下游小支流来沙，估计输入泥沙总量达4.72~4.80亿t之间。由于长江口河宽增大，挟沙力减小，相应淤积增强，并以徐六泾东三角洲的河口段为主；据林承坤研究，采用地形法求得江阴—河口段1915—1963年间的泥沙年均淤积量为3.834亿m^3，按容重1.22t/m^3估算为4.6775亿t。另还通过长江干流的镇江河段，长江口和北部黄海的废黄河口及南部的杭州湾等4地分别采样进行矿物鉴定，用岩分法所求得的汇入百分数计算出泥沙输移量，由于长江口有废黄河口泥沙补给，因此每年除约有0.4505亿t通过海流输向杭州湾淤积外，约有4.6595亿t泥沙沉积，其中除少部淤积在大通—镇江河段外，主要以长江口的南北槽和北港口及附近海域为重点。河口外的泥沙扩散范围：夏季0.20kg/m^3的含沙量等值线退缩到佘山、鸡骨礁一线，冬季大小潮均扩散到东海域的东经123°附近消散。由于大量泥沙淤积，导致长江口拦门沙的扩展靠岸，河口收缩，三角洲外伸，约以40年1000m的速度向东海推进，速率达25m/a。

4. 沉积厚度

由于第四纪以来，新构造运动长期以沉降为主，再加受气候波动影响，特别是晚更新世末至全新世初，长江流域受末次冰期影响，海面大幅度下降，河谷下切，冰后期又因地球气候回暖，海面回升，泥沙发生溯源淤积，使河口三角洲堆积加厚，两种因素的综合影响形成深厚堆积。据钻孔资料，江阴附近第四纪沉积厚度达130~170m，下游三角洲地区在150m以上，一般松散层（含部分新第三纪的沉积）厚度为300~350m，部分地区达350m以上，如崇明岛东北部达400m，局部凹陷区腹地可达460m。由于地壳长期下沉，其中第四系地层发育齐全、深厚，上海地区仅全新世沉积亦达60m左右。

第三节　长江泥沙的沉积特征

一、长江泥沙的运行特征

长江泥沙从河源至河口的运行过程中，因沿程来水来沙和地质地貌等边界条件不同，所以分段各具特征。青南江源区高原面积广大，侵蚀产沙量小，输出沙量少，大部分就地堆积；金沙江河段产沙量大，山高坡陡，河谷狭窄，输沙能力强，堆积环境差，堆积量小，大量泥沙输向地处下游的川江河段；四川盆地支流多，来沙量大，并因河谷开阔，成为长江上游卵石粗沙的主要堆积场地；三峡河段，产沙多，堆积少，亦同上游来沙输向宜昌下游。总之，长江上游产沙除大部分粗粒沙卵石沿程堆积外，其余部分粗粒沙卵石和绝大部分细颗粒的悬移质泥沙被输到中下游平原。由于河床比降减缓，大量泥沙以河床、湖泊、沿岸平原滩地为堆积场地发生大量淤积，另外，泥沙在输移过程中又得到沿程入汇支流的补给，在泥沙的增减变化中，其余部分输移到河口三角洲及东海大陆架扩散堆积。

由于泥沙沿程加入与堆积，输沙量相应沿河床纵向呈现波状起伏的大小变化，并因泥沙粒径的不同，其运行方式和运送的距离等亦不相同。

1. 推移质沙卵石泥沙运行的沉积特征

粗颗粒泥沙主要通过推移方式输移，在江源区和金沙江的中、上游河段，因产沙量少，推移质泥沙的输移量相对较小，但在金沙江的下游河段不仅有雅砻江等众多大小支流来沙，而且还有沿程的滑坡、崩塌和泥石流等产沙，推移质输移量沿程剧增。据有关研究，屏山站的年卵石推移量达366万t，至宜宾进入四川盆地的川江河段，又有岷江入汇，推移量进一步增大，但因下游的宜宾—李庄河段河宽小，流速大，泥沙难于堆积，洲滩不甚发育，大量泥沙继续输移，使该河段卵石推移量达到长江的最大值而成卵石输移量的第一个峰值河段。但当过李庄进入四川盆地腹部后，由于河谷开阔，输沙量因泥沙沿程堆积而逐渐减少，虽然沿程有泸州的沱江和重庆的嘉陵江等主要支流先后入汇，但至寸滩，因沿程输移堆积和磨损，卵石推移质的多年平均输移量已减少到28.0万t，寸滩下游至涪陵段因无支流等补给，随向下游沿程堆积减少而成第一个波谷河段。涪陵下游由于有乌江等支流入汇，同时又因进入川东平行岭谷区，沟蚀和重力侵蚀等产沙量增多，输沙量又复增加，过万县后进一步增多，尤其流经奉节—宜昌河段的三峡区间，更得到大量补给，因此宜昌站年均推移量在20世纪的80年代增加到75.8万t，形成卵石输移量的第二个峰值段。但其下游因河宽增大，河床坡降减缓，特别是过松滋口进入江汉平原后产生大量堆积，最终于上荆江河段的杨家脑河段卵石推移结束，转变为沙质河床。长江卵石推移带如果从金沙江上游邓柯的登俄龙河口起算，全长约3748.0km。卵石推移量在全程推移过程中，由小到大，经历长江上游的宜宾—李庄波峰段、四川盆地的重庆寸滩—涪陵波谷段、三峡波峰段和松滋口下游波谷段等两大波峰段与两大波谷段的沿程大小变化而终止。

2. 悬移质泥沙运行的沉积特征

由于长江上游山区河流比降大、流量大，细颗粒的悬移质泥沙难于堆积，随水输移，沿程递增，从屏山站的2.43亿t增加至宜昌站达5.3亿t，因此宜昌河段成为长江悬移质泥沙最大值的峰值河段。但过宜昌进入长江中下游平原后，因河谷展宽，河床比降变缓，产生大量淤积，其中尤以江汉平原、洞庭湖平原、鄱阳湖平原、皖中无为平原和河口三角洲等为重点，虽与此同时又得到沿江众多大小支流来沙补给，但总体以淤积为主。据20世纪长江中下游悬移质泥沙多年实测资料的年平均值，从宜昌站的5.3亿t向下游波动减少，至螺山站为4.41亿t，汉口站为4.3408亿t，大通站为4.722亿t，其出口泥沙除部分由海流输向杭州湾淤积外，大部分泥沙在长江口外沉积形成水下三角洲。在长江沿程悬移质输沙量的宜昌和大通两个峰值段中又以宜昌段为大。

综合上述，长江悬移质泥沙的输沙量具有沿程递增或递减的相对稳定性，而推移质泥沙由于颗粒粗，要求水的起动流速较大，难于起动，易于堆积，当流经多个补给区时，往往使输沙量增加形成峰值，而流经沉积区时又使输移量减少形成波谷，因此推移量沿程波状起伏变化较大，尤以卵石推移质较为显著。无论推移质泥沙还是悬移质泥沙，当汇入沙量大于堆积量时，输移量增加；当汇入沙量小于堆积量时，则表现为输移量的减少；当汇入量与堆积量基本相等时，则表现为相对平衡。在天然状态下，一条河流的输沙平衡是相对的，其影响因素复杂，除水流条件外，仅在来沙因素中，不仅包含干支流和岸坡的平面补给，同时亦含河床下切来沙的垂向补给等；而输移量的减少，又包括沿程堆积、磨损和水溶解的流失等，但在诸因素中泥沙的补给量与堆积量的大小和比值是输沙量大小的决定因素，在不受其他外来水沙等因素影响的情况下，流域区内河流泥沙的输移量从零开始，由小→大→小，最终全部沉积为止。在长江的输沙系统中，因河口受潮流影响，除有少部分泥沙从废黄河口输入外，也另有部分泥沙输出到杭州湾沉积。可见长江水沙条件的复杂，也影响到流域内产沙量与堆积总量的相对平衡。

二、流域主要沉积区的分布与粒径组成特征

1. 主要沉积区的分布

流域泥沙沉积区的发育条件：①充足的沙源提供泥沙；②使泥沙发生沉积的水流条件；③具有接受泥沙沉积空间的负地貌环境。具备以上3方面条件才能使沉积区得到较好发展，形成较大的规模。长江流域的构造盆地、沉降凹地和外营力流水等作用形成的沟谷湖泊等甚多，从上游至下游主要沉积区含青南江源盆谷区，金沙江中下游南北向断裂带的干支流河谷区，四川盆地区，江汉—洞庭平原及湖区，九江平原及鄱阳湖区，皖中平原及湖区，长江河口三角洲及太湖等湖区和支流汉江上游的南阳盆地区等八大沉积区（表5-3-1）。

表5-3-1　长江流域泥沙主要沉积区分布表

序号	沉积区名称	地貌环境	沉积物类型	主要沉积分布特征
1	青南江源盆谷区	主要由江源和通天河上游干支流河谷平原和湖群断陷盆地等组成	沙砾石为主	海拔高，气候严寒，土壤侵蚀以冰川冻融为主，河湖水系发育，泥沙沉积主要沿沱沱河、楚玛尔河和通天河河谷发育，面积大，侵蚀模数小，厚度小，唯断陷盆地区堆积尤为巨厚
2	金沙江中下游南北向断裂带的干支流河谷区	主要由金沙江中下游的盆地和干支流的部分宽谷河段组成	漂卵石为主	主要包括金沙江南北断裂构造带的南部河谷地段，含金沙江的渡口—巧家段和支流安宁河、雅砻江下游、黑水河、龙川江、普渡河及小江等河段和断陷盆地及湖泊等
3	四川盆地区	含四川盆地的成都平原和川江的宜宾—万县段及主要支流岷、沱、嘉等宽谷河段组成	成都平原区以卵石和粘性土为主，干支流河谷以卵石为主	成都平原由岷江和沱江上游的冲洪积扇组合而成，面积达2.736万km^2，第四纪沉积西部最大厚度达540m；河谷堆积以川江河段和支流岷江、沱江、嘉陵江等中下游的宽谷河段为主，堆积厚度一般为10～30m，局部在30m以上，嘉陵江厚度多小于10m
4	江汉—洞庭平原区	由江汉平原和洞庭湖平原和湖区组成	干支流河谷以砂、土为主，山前河段含卵砾石等；洞庭湖区以粘性土和砂土为主，下部含砂卵石	江汉平原南部有长江过境，江北有支流汉水注入，江南洞庭湖有湘、资、沅、澧四水入汇。长江卵石推移带进入上荆江后，形成多级扇形堆积体，砂卵石层最厚达100m以上，下荆江地区以沙土为主，第四纪沉积厚度达167m，洞庭湖区沉积厚度更达322m

续表

序号	沉积区名称	地貌环境	沉积物类型	主要沉积分布特征
5	九江平原区	由黄梅—宿松平原和鄱阳湖平原及湖区等组成	主要由砂、土组成	江北黄梅—宿松平原,由长江南移后的故道和河漫滩组成;江南为鄱阳湖平原,由赣江等三角洲组成,面积约1.152万km^2。沉积厚度:朱港76m,梅家洲达154m
6	皖中平原区	主要由无为平原、巢湖及江南芜湖平原等组成	主要由砂、土组成	为长江带状平原中的宽段,以无为凹陷区为基础堆积发展而成,北为巢湖平原,面积约3838km^2(含圩区300km^2)。一般沉积厚度为30~50m,巢湖北最大厚度为86m。江南芜湖平原分布零星
7	长江三角洲平原区	由镇(江)扬(州)以东的长江三角洲和太湖平原及湖区等组成	主要由粘性土和粉细沙组成	含镇江—扬州和镇江—宜兴一线以东的长江口低平原区,由冲湖海积而成,平原区海拔一般小于10m,外缘有零星孤丘,总面积4.248万km^2,第四纪沉积最大厚度达400m以上
8	南阳盆地区	由唐白河平原组成	上部以粘性土为主,下部为沙土和卵砾等	地处秦岭褶皱系南阳拗陷区的沉降盆地,面积约1.872万km^2,盆地内以唐白河流域的冲积平原为主,有3级阶地发育,第四纪系厚度为30~117.4m

沉积区的分布特征:流域内的大型泥沙沉积区除南阳盆地位于汉江支流外,主要分布在长江沿线,从江源的青南盆谷沉积区至长江口的三角洲沉积区,沿金沙江和长江干流组成巨型的串球状展布。

2.沉积区的规模

长江全流域的八大沉积区中,从面积、淤积厚度和年均淤积量来看,长江河口三角洲总面积达4.248万km^2,沉积最大厚度达400m以上,除大通段上游每年平均输入沙量达4.72亿t外,另有河口段支流等来沙。由于大通—江阴段一般河谷平原较窄,泥沙淤积较少,大量泥沙继续输移到江阴下游,河口地段并有河口外潮汐来沙淤积,因不仅有大量泥沙来源,而且含太湖等湖泊,有广阔的泥沙沉积空间,堆积规模巨大,位居长江八大沉积区之首;江汉—洞庭湖平原总面积达6.876万km^2,淤积最大厚度:江汉平原167.0m,洞庭湖平原322.0m,干流和主要支流多年平均年落淤量达2.79247亿t,另加众多小支流来沙等,总计可达2.8~3.0亿t,综合比较位居第二;四川盆地沉积区由成都平原和四川盆地内的长江干支河谷平原组成,其中成都平原面积达2.736万km^2,第四纪沉积厚度达300~400m,最大厚度达540m,泥沙主要来自岷江的上游,紫坪铺悬移质多年平均输沙量为713万t,卵石推移质输移量约70.0万t,另有沱江上游泥沙输入等,物源丰富。盆地内的河谷堆积主要有三大河段:其一为宜宾—万县的川江段,其二为嘉陵江的南充—合川钓鱼城段,其三为成都平原以南岷江中下游的乐山河段。以上三大河段的一般堆积厚度分别为10~30m,4~22m和4~20m,其中以岷江支流大渡河相对较厚,部分河段可达

20m 以上，个别河段沉积深厚，如瀑布沟达 73.36m。综合上述可见，四川盆地沉积区位居第三；长江中下平原中的九江平原包含鄱阳湖，皖中平原中包含巢湖等，因面积大，堆积量亦大；江源水系中的青南盆谷区因以冻融为主，面积大，但侵蚀模数小，除断陷盆地堆积较为深厚外，一般厚度浅薄。金沙江下游为长江最大的产沙区，沙源充足，但因多为高山峡谷，接受泥沙堆积的容量较小，且因河床比降大，大量泥沙输到下游川江河段，因此一般沿河谷沉积规模较小。但在金沙江中下游的南北向断裂带，不仅有断陷盆地，而且有河谷堆积，除金沙江干流河段外，支流如雅砻江下游及安宁河和小江等，物源丰富，一般堆积较厚，在断陷盆地和古深槽内，泥砂堆积更为深厚；南阳盆地，为唐白河流域外围盆周来沙堆积，不仅面积大，而且堆积较厚。长江流域以八大泥积区为泥沙堆积重点，另加流域广大山地丘陵区的坡地、山间小盆地、重点堆积区外的干支流河床及大小沟谷和水库、塘、堰等组成庞大的泥沙堆积系统，大量接受沉积。

3. 沉积物的粒度特征

除青南盆谷区地处 4000m 以上高原以沙砾为主外，宜昌上游的金沙江河谷和四川盆地及三峡河谷等沉积区物质组成均以卵砾石为主，其中尤以金沙江和三峡河谷堆积物较为粗大，并含崩塌岩块等；长江中游的江汉—洞庭平原，除西部长江干流的宜昌—枝江杨家脑河段和洞庭湖四水的盆周山前地段等为沙卵石外，其他广大平原湖区多以沙、土为主；汉江支流的南阳盆地为唐白河流域水系来沙，上部为粘性土，下部为中粗砂及砾卵石等；长江中下游的九江平原及无为平原等，随向长江下游延伸，颗粒变细，粘性土增多；河口三角洲平原则变为以粘性土和粉细沙等为主，卵砾少量，且多埋藏于地下深部，呈薄层状分布。由于长江的泥沙主要产于上游，因此上游距侵蚀产沙区近的地区物质较粗，较远的地区则因沿程堆积分选再加磨损变细，但在城陵矶以下的中下游河段，因有南北两岸山地丘陵的小支流补给部分粗沙砾石，因此出现局部反粗现象，但长江河段的沉积物的粒度组成总体仍具有从上游到下游、由粗变细的基本规律。

综合上述，长江流域泥沙沉积以四川盆地、江汉—洞庭湖平原和长江河口三角洲等三大沉积区为主体，分别以卵、沙、土的堆积物为主；沉积泥沙分布特征：在长江上游的山地丘陵区的河床、河口、沟口等处水动力强，堆积物较粗，多以卵砾石为主；中下游的冲湖平原和低缓丘岗区的河床沟谷等水动力相对较弱，河床主要以沙土为主；河漫滩滩地，因漫滩水流滞缓，多以细颗粒的粘性土为主；长江河口三角洲的泥沙经长途输移磨损、分选，一般颗粒较细，且较均匀，以粉细沙和粘粒为主，河床组成一般以粘性土层深厚为特点。

三、长江泥沙沉积的主要影响因素

泥沙沉积的主要影响因素，不仅包括地质地貌环境、沙源条件和沉积的水动力条件等自然因素，也包含人为因素的影响等。

1. 地质因素的影响

地质条件是泥沙沉积空间的基础，主要表现以下几方面：①沉积区的规模大小受地质构造所控制，在长江流域的八大沉积区中，有七大区分布在大地构造区的坳陷、断陷或凹陷区内，如四川盆地沉积区发育于四川台坳，其中成都平原发育于川西台坳内；江汉洞庭平原沉积区形成于江汉—洞庭断坳区，其中江汉平原和洞庭平原分别地处江汉断陷和洞庭断陷内;九江平原的江北黄梅—宿松平原地处望江凹陷;江南的鄱阳湖平原地处鄱阳凹陷;长江河口三角洲位于苏北断拗和苏浙皖陷断褶束及钱塘江陷断褶束等;南阳盆地沉积区分布于南阳拗陷等。②与新构造运动的沉降区相关。由于长江流域东部以沉降为主,所以长江中下游地区大量接受泥沙沉积,在沿江地带形成长江中下游平原,并在沉降的中心地区加积超厚,如江汉平原的沙市地区第四纪沉积厚达130余m,其中仅卵石层就厚达100余m;又如上海崇明岛的粉沙和粘性土层等厚达400m以上。③与构造断裂相关。由于构造断裂往往使岩石破碎,风化加强,在断裂密集带还易形成断陷盆地等,有利于支流、沟谷、湖沼等水系发育和泥沙堆积,如青南江源区虽受新构造运动影响大幅上升,但断陷盆地堆积巨厚,可达1000m左右;又如金沙江下游因受南北构造断裂带影响形成含渡口—巧家的干流河段和支流雅砻江、安宁河、龙川江及小江和黑水河等组成大沉积区,虽河谷平原滩地宽度较小,但一般堆积厚度较大;又如长江城陵矶以下的中下游河段,分汊河道发育十分典型,据有关研究:宽浅分汊河段往往与几组断裂交汇有关,如团风河段,因受襄樊—广济断裂和麻城—团风两组深断裂的影响,所以形成多汊分流的特宽河段;再如金沙江的地理孔—邓柯段因地处断裂谷内,河谷开宽,并有洲滩和阶地等发育。④与沉积环境与岩性密切相关。在岩性质地软弱地段或因岩层受到断裂影响,岩层破碎的地段有利河床展宽,如在三峡河段中,灰岩区形成崖壁陡峭的峡谷,而在峡谷间的砂岩、页岩和秭归盆地的紫色砂、泥岩等地段则形成相对较平缓的宽谷;又如金沙江的蒙姑—巧家段,因含变质岩系及砂页岩等软弱岩层,并受南北向的断裂带影响,因此在峡谷区内亦形成宽达500~800m的宽谷。在以上诸地质因素中,地质构造的拗陷、断陷、凹陷,构造断裂及新构造运动的下降等,都由地壳内营力所引起,是形成负地貌的基础,一般规模较大;而岩性因素,往往为外营力的侵蚀塑造负地貌提供条件,一般规模相对较小。

2. 地形地貌因素影响

泥沙沉积区的发展必须有接受泥沙沉积的空间,因此负地貌区的大小对沉积区的发展规模起着决定性的作用。负地貌规模愈大,堆积泥沙的空间就愈大,当有一定的沙源供给时,泥沙沉积区的可发展规模也就愈大;反之则小。流域区的泥沙除残坡积外,大量泥沙随水输移,沿程堆积,长江泥沙沉积系统中主要沉积区由干支流河床、沟谷、平原、盆地、湖泊、水库和长江河口的东海大陆架等为基础所组成,其中河床、沟谷中的宽谷河段和江湖相通的湖泊及水库等对蓄洪拦沙具有重要意义,而河口三角洲是流域产沙经沿程堆积后剩余部分泥沙的最终归宿。

3. 来水来沙因素的影响

长江流域的侵蚀产沙类型中含水力侵蚀、重力侵蚀的滑坡、崩塌和介于水力与重力侵蚀之间过渡型的泥石流侵蚀,以及冻融、风力侵蚀等,在诸多侵蚀类型中以水力侵蚀为主。在既定的地质地貌条件下,气候因素产生重要影响,当降水量大、雨强大,产沙量较多的大水大沙年,淤积量亦大。如下荆江河段在1998年大水后,两岸受水淹没滩地普遍发生淤积,一般多达0.5m左右,部分达1.0m许,个别地段厚度可达1.50m以上。区域淤积量的大小,与沙源条件及地理环境紧密相关;当沉积区所处的地理位置距产沙区愈近,来沙量相对较大,愈有利于沉积区的发展,如成都平原因距岷江和沱江上游产沙区较近，大量来沙，沙源充足，从而形成冲洪积扇的大平原；又如乐山河段，由于地处大渡河下游和青衣江出口，因而得到大量沙卵石的堆积，形成特宽河段；另如嘉陵江的南充下游河段和支流涪江、渠江口下游的合川河段，以及金沙江和岷江汇合后的宜宾下游的川江河段等，因沙量丰沛，并且河床多宽段和特宽河段，由于大量卵石的堆积，河床卵石洲滩广布，且规模较大；再如洞庭湖也因荆江的多口分流分沙，造成大量泥沙往南输移，致使入湖三角洲加速发展扩大，洞庭湖面不断萎缩变小等。

4. 人为因素影响

由于人口的增长、经济的发展，毁林开荒等，对植被的破坏造成水土流失加剧，如云南小江历史上曾因长期开采铜矿，大量砍伐森林作燃料进行冶炼等，引发泥石流等水土流失，后又因地震等自然因素的影响，从而成为长江流域的典型泥石流暴发区，使小江河床每年以 25cm 的上升速度淤长，泥沙堆积逐年加厚。又如长江中下游的江湖平原，由于长江干支流和湖区的大规模围垦，使湖面萎缩，江湖隔离，原宽广的江湖平原滩地变为两岸堤防相夹的过洪水道，从而引起水位上升，河床淤积抬高，其中以荆江河段最为典型。另外，由于长江中上游流域修建大量水库、蓄水拦沙增强，大量泥沙淤在库内，不仅使坝下游河段沉积量相应减少，而且因河流水沙条件发生改变，坝下游清水下泄，反而引起长河段转淤为冲，甚至导致河型的改变。总之，人为因素的正负影响俱在，人类经济活动的增强，对泥沙的侵蚀、输移与堆积等都产生了深刻的影响。

参考文献

[1] 王杰，王保畲，罗正齐. 长江大辞典. 武汉：武汉出版社，1997 年.

[2] 沈玉昌. 长江上游河谷地貌. 北京：科学出版社，1965 年.

[3] 杨怀仁，唐日长等主编. 长江中游荆江变迁研究. 北京：中国水利水电出版社，1999 年.

[4] 杜榕桓，刘新民，袁建模，李天池，等. 长江三峡工程库区滑坡与泥石流研究. 成都：四川科学技术出版社，1990 年.

[5] 朱海虹，张本. 鄱阳湖—水文 · 生物 · 沉积 · 湿地开发整治（中国湖泊系列研究之五）. 北京：中国科学技术大学出版社，1997 年.

[6] 李钟武. 全新世以来成都市古地理变迁与城市演变，中国城市地貌研究. 成都：成都地图出版社，1992 年.

[7] 向治安，郭一兵，金蓉玲，石国钰，邹家忠，等. 三峡工程泥沙监测与来沙特性分析，三峡工程水文研究（长江三峡工程技术丛书）. 武汉：湖北科学技术出版社，1997 年.

[8] 唐日长主编，史立人，魏特编写. 枢纽来沙研究，泥沙研究（葛洲坝工程丛书）. 北京：中国水利电力出版社，1990 年.

[9] 刘载生，张平. 长江三峡以上地区来沙历年变化趋势分析. 人民长江，1987 年.

[10] 林承坤. 长江口粘粒泥沙的来源分析与数量计算. 泥沙研究，1985 年.

[11] 秦淦. 抗战时期后方水道整治概况. 长江志季刊（第 24 期），1990 年(4).

第六章　长江第四纪沉积

第一节　长江上游山地河谷及盆地区的沉积

一、青南江源盆谷区

由于第四纪青藏高原发生强烈隆起，高山气候转寒，再加受世界冰期气候影响，曾多次发生大规模的冰川现象，并历经反复进退，因此沉积物不仅分布广泛，而且成因类型复杂多样。青南江源区地处青藏高原腹地，仍为高寒山地，年降水以雪为主，水力侵蚀相对较弱，输沙量小，侵蚀产沙以冻融为主，第四纪沉积物在高原面及坡地以冰碛和冰水碛等为主；坡地与河谷平原连接地段的坡麓地带为湖积和坡积、冰水积或冲洪积等；河谷平原则主要为冲积或湖积。基本特点：随地势由高到低，总体构成由冰碛或冰水碛→湖积→冲积的沉积类型组合。

1. 第四纪沉积时代分期

据长江科学院史立人等研究①，在早更新世（Q_1）的沉积中，地处唐古拉山口附近瓦里西里淌的断陷谷地堆积厚度达千米，山口附近湖相沉积厚度亦达500m以上，一般在断陷盆地区堆积巨厚。中更新世（Q_2）沉积中，冰川发育，冰碛物的平面分布南至托纠山，北达温泉谷地101道班附近，厚度达200m以上，由于唐古拉山的继续上升，在河谷地段还形成多级阶地。晚更新世（Q_3）沉积：因新构造运动的继续上升，气候变寒，冰水沉积厚度达200余m，在河谷地带形成二级阶地，如布曲河的峡谷内形成相高分别为20～25m和8～25m两级基座阶地，出峡后形成相高12～15m的基座阶地和3～4m的堆积阶地等。全新世（Q_4）沉积：由于冰后期气温回暖，高原继续上升，广泛发育相高为3～8m的冰水碛阶地，如布曲亦发育有部分3～4m的基座阶地等。楚玛尔河的河床堆积较薄，据钻孔资料，砂砾石层厚度仅3.00m左右，支流沟口有冲、洪积扇等发育。

2. 沉积物岩性组成的典型实例

①沱沱河盆地：为新生代的断陷盆地，湖相沉积巨厚，其中早更新世沉积物岩性组成以青灰、土黄色粉砂岩、泥岩等为主，堆积厚达200m。河谷地带有多级阶地发育，如沱沱河沿附近有三级阶地分布。T_1级为堆积阶地，相高4～6m，砂砾层厚4～5m，砾石直径2～3cm；T_2级为基座阶地，相高10～12m，砂砾石层厚数米，粒径达15cm左右，磨圆度较好；T_3级为侵蚀阶地，相高30～75m，有早更新世（Q_1）堆积物见及。

②当曲河口：在当曲与沱沱河之间的孜巴希尕日通，有三级阶地分布。T_1、T_2级为砂

①史立人。长江江源地区的河流及其发育，长江河道研究成果汇编。长江科学院，1987年。

砾石，表层有风成沙覆盖，相高分别为4m与12m；T_3级阶地面宽广，有5～6m沙砾石分布。当曲支流布曲的温泉断陷谷内有巨厚的堆积，据物探资料：第四纪堆积厚达1000m。另从钻孔资料表明：位于102道班附近孔深424m，地面下208m以内为晚更新世（Q_3）和中更新世（Q_2）沉积的浅灰色冰水相沙壤土，以下仍为中更新世（Q_2）棕黄色冰碛砾质粉壤土，厚度达200m以上。

③楚玛尔河：位于楚玛尔河沿附近的钻孔资料表明，早更新世（Q_1）沉积的灰白、灰绿色湖相泥灰岩与泥质粉沙岩厚达290余m。另以昆仑山口为例，属早更新世（Q_1）河湖相沉积，总厚536m，共分6段由上而下分述于下。

1）粉质粘土、砂砾石：呈灰棕、棕黄等色，含铁质，厚31.00m。

2）砂砾石和岩屑：呈黄与棕褐等色，内夹砂和粉质壤土夹层，交错层理发育，厚175.00m。

3）粉质壤土与砂的互层：呈灰黑及灰色，向上渐变为黄色碎屑夹砂和粘土，相变大，厚50.00m。

4）砂壤土和砂夹砾砂层：呈灰及灰黄色，有薄层韵律，厚30.00m。

5）砂砾石与粘土互层：呈黄灰，灰褐和青灰等色，厚160.00m。

6）粘土、粉质粘土：呈灰、灰白、灰黑、淡红等色，厚90.00m。

④通天河段：以治多县垭口盆地的青藏公路62道班剖面为例，总厚达505m，全属第四纪早更新世沉积（Q_1），岩性分层于下。

1）棕黄、灰褐色粉质壤土和粘土夹砂砾石	厚度11.00m
2）棕红色砂砾石夹粉砂质壤土和粘土透镜体	84.00m
3）粉砂质粉质壤土夹砾石	2.00m
4）黄色砂砾石夹粉质粘土	19.00m
5）粉砂和砂砾石	6.00m
6）砾石与粘土互层	10.00m
7）砂和砾石层夹粘土	153.00m
8）粘土夹薄层砂砾石	79.00m
9）中—细粒砂层	4.00m
10）灰黑色粘土夹灰色细砂层	12.00m
11）上部粉砂夹薄层粘土，下部为中细砂夹粘土层，交错层理发育	12.00m
12）砂砾层夹薄层透镜状粉砂和粉质壤土	80.00m
13）灰黑色粘土与灰色粉砂互层，底部为黄色砂砾石，交错层理	33.00m

综合上述，青南江源地区的河谷中，在山地峡谷河段以侵蚀为主，物质堆积较少；在宽谷河段，河谷阶地广泛分布，侵蚀阶地、基座阶地和堆积阶地均有发育，普遍为二至四级，其堆积物以砂砾石为主，分层堆积厚度一般为3～5m；宽谷河段的河床，因宽浅多汊，从楚玛尔河沿的钻孔资料显示，河床砾石层厚度单薄。在青南高原的断陷盆地区，第四纪沉积巨厚，最大厚度可达1000m左右，地层发育齐全，其深部的早更新世沉积尤为深厚，可达500m以上，岩性组成主要为冰水湖相砂砾和极细砂、粉质壤土及粘土等。基本特点：一般河谷地区第四纪沉积相对较薄，断陷盆地区的河段，宽谷发育，沉积巨厚，成因类型复杂，且以早更新世的沉积为主。

二、金沙江峡谷区

金沙江流域跨越大地构造单元的三江褶皱系和松潘—甘孜褶皱系的结合部及扬子准地台的西部区。泥沙堆积的地貌部位主要为河谷、断陷盆地和山顶及斜坡等，沉积类型主要包含残积、坡积、冲洪积、冲积及湖积。按沉积时代，第四纪可分为更新世和全新世沉积等。

（一）河谷沉积

1. 金沙江河谷沉积

①阶地沉积：金沙江沿青南高原流向东南，绕流于横断山等的高山峡谷之间，过新市镇后转向东流，经低山丘陵区的过渡后进入四川盆地。由于第四纪以来受新构造运动强烈上升影响，形成多级阶地。据沈玉昌等研究，上游河段：在巴塘河口—石鼓的河段中，除邓柯—卡松渡段的深切河谷阶地不发育外，一般为三、四级，地里孔至邓柯段达七级，阶地类型以堆积和基座阶地为主，侵蚀阶地少量；堆积厚度：基座阶地一般厚 2 ~ 15m，堆积阶地 20 ~ 40m；物质组成以砾石层为主，表层有 0.5 ~ 2.0m 棕黄色砂土或砂质粘土覆盖，砾石直径一般为 10 ~ 15cm，有的地段达 20 ~ 30cm，岩性组成为石英岩、花岗岩、灰岩等。实例如相果—地理孔段的 T_5 级基座阶地，相高 150 ~ 160m，沉积物的上部为黄土状粘土，厚 1 ~ 2m，下部为砾石层，厚 10 余 m，砾石成分为灰岩等组成二元结构。中游河段：阶地发育程度悬殊，呈段分布，一般二、三级，少量四至六级，个别地段如奔子栏至伏龙桥段达八级，但在极深切的峡谷如虎跳峡等则无明显的阶地分布。在阶地中一般以基座阶地为主，次为堆积阶地，侵蚀阶地少量；堆积厚度一般小于 10.00m，少部分达 20 ~ 30m，个别达 40 ~ 50m；岩性组成以砾石为主，部分上覆粉质壤土或沙层等，卵石粒径一般小于 15cm，以 3 ~ 10cm 为主，少数达 20 ~ 30cm，个别底砾层卵石粗大。如奔子栏 T_6、T_8 的基座阶地，卵石粒径达 40 ~ 50cm；岩性成分主要为花岗岩、石英岩、紫红色砂岩、灰岩及千枚岩、片岩等。下游河段：一般有二、三级阶地发育，以基座和堆积阶地为主，相对高度小于 150m，粒径多在 10cm 以下，尤以 5cm 以下较多，岩性组成以砾石和细粉砂为主，砾石成分主要为玄武岩、灰岩和砂岩等。如蒙姑—巧家段，有三级基座阶地发育，其中相高 100 ~ 150m级阶地在巧家县城附近较为发育，砾石粒径一般为 5cm 左右（已胶结），成分以灰岩、玄武岩等为主。

综上所述，金沙江的阶地以基座阶地和堆积阶地为主，相高以 18 ~ 25m 和 40 ~ 50m 两级最为普遍，高级阶地主要集中在直门达—邓柯、登木通—石鼓、中江街—宜宾等河段，阶地堆积厚度除个别达 50m 左右外，一般小于 30m，并以 20m 以下居多，岩性组成以砾石为主，中上游较粗，下游河段变细，砾石粒径多在 10cm 以下。

②岸滩沉积：主要包含沿岸支流沟口冲积扇（锥）和崩塌滑坡及一般坡积物等堆积。由于金沙江河谷深切，岸坡陡峻，沟谷密集，在沿江河岸沟口形成大小冲积扇（锥）和坡积锥等堆积体，其中尤以沟口冲积扇（锥）最为发育。在巴塘—石鼓间的石鼓—塔城段，普遍有相高 10 ~ 15m、25m 和 40 ~ 50m 等三级冲积扇阶地发育；王大龙上游的竹巴龙和水磨沟河段有 20 ~ 30m 及 40 ~ 50m 等两级冲积扇阶地分布；在金沙江的中下游河段如虎跳峡上游的王龙沟冲积扇由三级叠置而成：有的冲积扇达到更大的规模，如松木达附近的

冲积扇相对高度达70~80m,奔子栏洼卡以南的冲积扇高达80m以上,在垂向上由多层叠置,呈现串珠状分布。在平面上由若干小冲积扇(锥)组成冲积扇裙,如绒顶冲积扇佔河宽达700~800m,沿河长1~2km;冲积扇的组合排列分布以巨甸—白粉墙河段最为典型,两岸冲积扇相对呈犬牙交错排列,金沙江河床左右弯转其间。冲积扇的规模因受河谷所限,以中小型为主,但个别宽段亦达较大规模,如金沙江新市镇下游的绥江冲积扇沿江宽约达1500m,新滩冲积扇宽约700m,厚达13m等。冲积扇(锥)物质组成:由于物质主要来源于侧流冲沟上游,因支流沟谷流程短,集水面积不大,坡降陡,所以物质粒度组成一般较为粗大。当沟长增大、沟床坡降较小时,物质粒度相应变小,因粒度的大小不仅与地形条件相关,同时受地质条件和气候因素所影响,所以存在区域性差别,如松木达附近冲积扇的物质组成为3~6cm的砾石和3.00m的大岩块等物质所组成,一般粒径较粗,而奔子栏的洼卡大冲积扇高出江面80余m,物质组成由上而下分别为粉质砂壤土、砾石和粗砂等,相对较细。总的沉积物质一般较粗,多以漂砾、粗砾等为主,分选和磨圆度相对较差,岩性单一。

金沙江沿岸谷坡除宽段稍缓外,一般以高、陡为特点,因此坡积物普遍较为发育。如金沙江下游向家坝河段左岸的崩塌滑坡等坡积物不仅形成坡积锥,而且组成坡积裙,最大厚度达119.50m;金沙江中游虎跳峡上游两家人等地,由于坡积物等的大量堆积,覆盖层厚度也达95m以上①。

③河床沉积:由于金沙江峡谷多,河床宽度小,泥沙堆积空间受限,一般河床洲滩不甚发育,仅在河床宽段有小规模卵石洲滩及雏形河漫滩等见及,如渡口和巧家等;但在金沙江的特宽河段亦有较大的洲滩分布,如地理孔至邓柯间的呷洼—温拖段谷宽达1.50~2.00km,河床及两岸多江心岛、心滩及漫滩等散布。另如卡松渡—赠曲河段中的宽谷如邦扎公—桑达、塔城—虎跳峡、樟里—金江街、蒙姑—巧家等段都有零星边滩散布;在金沙江下游的屏山—宜宾河段,因河宽增大,洲滩增多,并有如月亮碛、杨家碛、向家碛、大滩、瞌睡坝、周家碛、三官碛、中坝等较大洲滩分布,其中尤以位于金沙江口的江心洲大中坝为大;在福延—宜宾河段沿江还有古河道的沉积等。河床沉积的另一种类型是浅滩多。据统计,从金沙江的金江街—新市镇1000km的河段内有大小浅滩达400余处,其中溪口成滩占85%,崩塌滑坡的巨石成滩占10%,河床蚀余成滩占5%。金沙江河床堆积物的成因类型复杂,主要由冲积、崩塌滑坡及泥石流和冰积等形成的块石、碎石和砂卵石以及半胶结状态的砾石等组成。

从表6-1-1中可见:据钻孔资料,金沙江峡谷河段的覆盖层厚多为10~50m,部分大于50m,局部最大厚度达130m以上;另据物探资料,石鼓左岸达150m,里都达150m以上,推测最大厚度可达265m,河床以含砂的砾石层为主,局部夹漂石、碎块石和砂层等,个别地段还有粘性土薄层等分布。如虎跳峡上峡口的玉壁河段覆盖层厚33.49~47.57m,以卵砾石为主(图6-1-1);向家坝洲滩覆盖层厚达93.12m,其中孔深0~42.43m为层状砂砾石,一般粒径10~20cm;孔深42.43~93.12m为细粉砂,厚达50.69m,并含泥质和炭质碎屑等。

---

①长江水利委员会(杨先坤、严沛漩等编辑). 长江流域综合利用规划简要报告(工程地质),1990年.

表 6-1-1　　金沙江河床覆盖层厚度及岩性组成表

序号	河段名称	覆盖层厚度	岩性组成	地质地貌部位
1	石鼓上游里都	大于 150m(物探)		
2	石鼓上游纸厂	30~80m		
3	石鼓	左岩 40~150m,右岸 12~130m(物探)		
4	虎跳峡玉壁	33.49~47.57m	由卵石、砾质粗砂、砂层等组成,以卵石层为主	峡谷
5	大具	最大厚度达 130.00m 以上	由河流冲积和冰水相砂砾石层所充填	断陷盆地
6	观音岩(半边街)	67.50m	主要由砂砾石组成	宽谷河段
7	新庄街	一般厚度 22.00~24.00m,最大厚度 37.70m	主要由砂砾石组成	峡谷
8	三堆子	最大厚度 90.00 余 m	主要由砂砾石组成	地处金沙江大断裂带
9	龙街	最大厚度 60.00 余 m	主要为钙质粉砂和粉质壤土及砂砾石等组成	地处金沙江大断裂带
10	乌东德	31.60~58.95m	由砂砾石组成	峡谷
11	白鹤滩	一般厚度 10.00~30.00m,最大厚度 58.61m	由漂石、砾石层和含漂石的砂砾石等组成	峡谷
12	溪落渡	一般厚度 4.00~25.00m,最大厚度 39.86m	上部为砂质碎块石层,下部为砂砾石层,分别厚为 5.00~15.00m 与 5.00~20.00m	峡谷
13	向家坝	一般厚度 20.00~51.00m,最大厚度 93.12m	由砂卵石、细粉砂和砾石等组成,层厚悬殊,砾径 10~20cm	一般峡谷
14	大中坝	15.00m	由中粗砾石层组成,一般砾径 10~20cm	宽谷

(资料来源:长江水利委员会,1990 年)

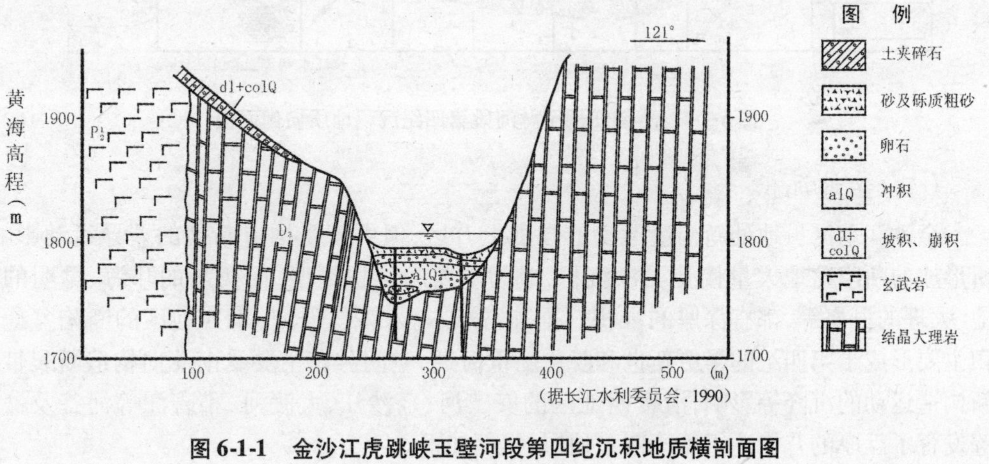

图 6-1-1　金沙江虎跳峡玉壁河段第四纪沉积地质横剖面图

2. 支流雅砻江中下游河谷沉积

①阶地沉积：雅砻江中游河段以高山为主，河谷形态多呈“V”形峡谷，下游河段河谷深切，局部河段并有“U”形谷发育，从麦地龙—牛坪子河段普遍有四至六级阶地分布，并以基座阶地和侵蚀阶地为主。其中堆积阶地主要分布于 T_3 级以下的 T_1 和 T_2 两级；基座阶地发育广泛，如洼里、牙骨台子等地六级全为基座阶地；侵蚀阶地主要分布于 T_3 级以上。阶地堆积：侵蚀阶地面往往有风化碎石土（含红土碎石层）等残积，一般厚度较薄，部分缺失，仅里庆 T_5 级侵蚀阶地碎石土厚达 3 ~ 12m。基座和堆积阶地上覆物质主要为砂砾石、砾石、碎石土等，局部为含砾的砂及粘土，个别阶地面还为坡积物所覆；堆积厚度，一般为 0.50 ~ 20.00m，部分在 20.00m 以上，最大厚度达 47.00m。以洼里六级基座阶地为例：T_1 级阶地面为粗砂砾石，厚 10.00 ~ 15.00m；T_2 级砾石层厚 20.00 ~ 25.00m；T_3 级砾石粗砂厚 31.00 ~ 47.00m；T_4 级砾石厚 32.00 ~ 41.00m；T_5 级砂、砾、粘土厚 25.00 ~ 30.00m；T_6 级粘土夹砾石厚为 5.0m 等。

②床滩沉积：除局部河段沉积厚度较薄外，一般为 20.00 ~ 40.00m，个别地段厚达 50.00m。据钻孔资料，河床物质组成主要为卵石、漂石、含砾砂壤土、碎石砂壤土等。如小金河口剖面，由上而下可分 4 层，即砂、漂卵石、含砾砂壤土和含块碎石的砂壤土等，以卵砾石为主。又如猫猫滩剖面，上部为卵砾石与块石、碎石，中部为漂卵石，下部为砂卵石与块、碎石等混杂，但局部地段泥质增多。另如桐子林剖面地处宽谷河段，枯水面宽达 80 ~ 120m，右岸并有较宽的河漫滩，谷底总宽达 400 余 m，河床剖面覆盖层厚 27 ~ 2m，河漫滩覆盖层厚一般 30.00m 左右，滩根部分最厚达 40.70m；堆积物为砂卵石、粉砂质粘土和土夹碎石等，其河漫滩和部分河床的粉砂质粘土深厚为一大特点（图 6-1-2）。区域岩土成因类型一般以冲积为主，夹部分坡积及崩滑堆积，并有冰水相沉积等分布。

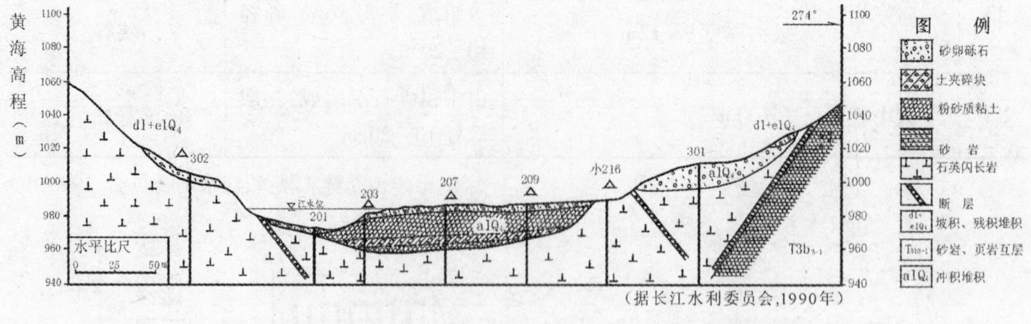

图 6-1-2 雅砻江桐子林河段第四纪沉积地质横剖面图

（二）盆地沉积

金沙江地区虽地处新构造运动的强烈上升区，但由于受构造断裂的差异运动影响，所形成的断陷盆地大量接受泥沙沉积，成为重要的堆积类型，如西昌的邛海、昆明的滇池、大理的洱海等，都有深厚的堆积。据陈富斌、赵永涛等研究，攀西地区的断陷盆地沉积主要形成于第四纪的早更新世和晚更新世时期，空间分布主要受南北向构造断裂带和新构造运动的沉降等影响，沿攀西地区的安宁河、金沙江、大渡河、雅砻江等河谷及盆地等发育了巨厚的昔格达组等第四系地层，实例如下。

①攀枝花市清香坪剖面:厚172.42m,为早更新世(Q_1)沉积的昔格达组地层,上部为细砂与粘土互层,以砂层为主;下部为条带状粘土夹互层状粉砂与细砂层等,从上而下岩性分层于下。

1)黄色细砂与带状粘土互层	厚度:11.60m
2)黄色细砂,夹杂色条带状粘土	11.20m
3)黄色细砂,夹杂色条带状粘土互层	8.00m
4)黄色细砂	8.70m
5)黄色细砂与粉砂,夹杂色条带状粘土互层等	5.50m
6)黄色细砂,含钙质结核	21.00m
7)黄色细砂与粘土互层	2.40m
8)灰黄色细砂,含钙质结核	3.30m
9)黄色细砂与杂色条带状粘土、肉红色钙质粘土等互层	26.00m
10)黄色细砂夹钙质粉砂	6.70m
11)黄色细砂与杂色条带状粘土互层	9.70m
12)黄色细砂	2.80m
13)黄色细砂与杂色条带状粘土互层	3.10m
14)紫色钙质粘土	0.74m
15)浅黄色粉砂与杂色带状粘土互层	9.10m
16)黄色细砂夹杂色条带状含钙粘土	7.00m
17)杂色条带状粘土夹杂粉、细砂	4.70m
18)紫灰色钙质粘土与黄灰色细砂、粉砂互层	5.60m
19)黄灰色细砂	2.10m
20)灰紫色钙质粘土与灰色粉砂质粘土互层	2.40m
21)黄色细砂与肉红色钙质粘土互层	10.80m
22)黄色细砂、粉砂、杂色粘土岩组成0.40~1.40m厚的韵律	7.00m
23)杂色条带状粘土层,灰白色粉砂,浅黄色细砂岩组成韵律	2.10m
24)浅灰色粉砂和紫红色粘土,底部含玄武岩风化砾石等	0.80m

~~~~~~~~~~ 不 整 合 ~~~~~~~~~~

基底为二叠系玄武岩,呈不整合接触。

②西昌邛海剖面:地处则木河与安宁河两断裂带的交汇处,为长轴呈北西向的菱形断陷盆地,由于新构造运动的长期沉降,大量接受湖周来沙,沉积尤为深厚(图6-1-3),据唐若龙采用物探资料分析推断,厚度可达1000m;从钻孔资料揭露地层,仅上部晚更新世以来的沉积厚度就达140~197m。另据有关研究:湖滨冲积扇的堆积速率,自明万历年间(1612年)以来,仍以3~6mm/a速率淤长。岩性组成为含泥炭的砂质粘土和含细砾的细砂等,以湖沼相沉积为主,并含冲积相沉积等组成的河湖相沉积,下部为早更新世沉积的昔格达组地层,以湖相沉积为主的细砂和粘土等组成互层状构造。从断陷盆地的地层剖面显示,上下两层为两个不同成湖期的沉积。
~~~~~~~~~~

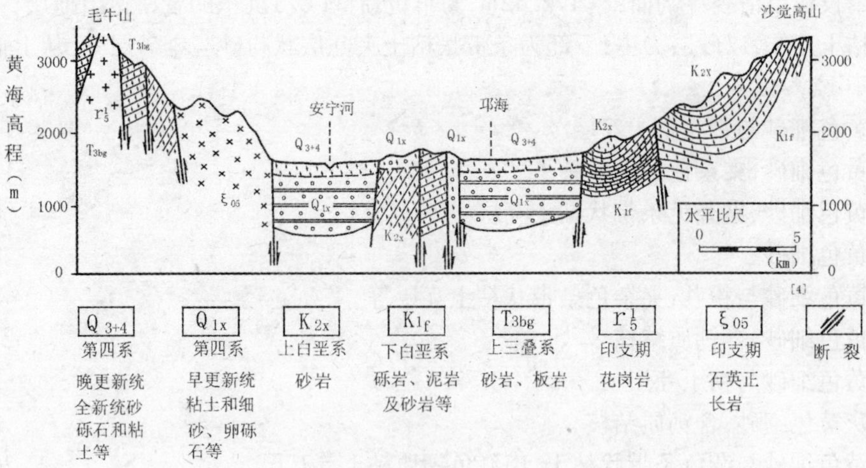

图 6-1-3 金沙江安宁河和邛海断陷盆地第四纪地质剖面示意图[4]

③云南昆明盆地沉积：为高原断陷盆地，其基底由南北、东西、北西和北东等 4 组断裂交织，构成米字形的构造骨架，在东西向与南北向两组构造叠加的槽谷地区形成沉降中心，其中包含草海、九甲、普吉、龙头、小坝等，并以草海、九甲等滇池地区为主。地貌类型包括基岩山地、冲洪积台地、冲洪积平原和湖积平原等，除基岩山地丘陵外，第四纪沉积的成因类型主要包括洪积、冲积、冲湖相沉积和湖沼相沉积等，沉积厚度和物质组成受地貌部位所控制。在山前地带的冲洪积台丘区，主要为中更新世—全新世的红色粘土、粉质壤土和少量砂砾石等，下部为早更新世的湖相泥炭夹粘土层，一般厚度大于 20. 00m，局部达 400. 00m；在冲湖积平原区，沉积物以中更新世—全新世的冲洪积、冲湖积的粉质粘土、轻粉质壤土、砂和卵砾石等，局部有淤泥分布，沉积物厚度，一般 200 ~ 300m，部分为数十米；湖积平原区是泥沙的沉积中心区，沉积巨厚，一般在 200m 以上，最厚达 1100m，沉积物主要由中更新世—全新世的湖沼相和冲湖相沉积组成，表层为腐植层，上部为淤泥、粉砂和轻粉质壤土，下部为粘性土等。

④云南大理盆地：沉积巨厚，据喜州大理等地孔深达 200m 左右，其全新世的沉积尚未全部钻穿。在揭露深度内，沉积物为冲洪积相与湖相交替呈层。

（三）风成黄土沉积：在长江流域区上游的川西高原、横断山地、陇南山地及陕南的部分地区都有不同程度的黄土分布，厚度不等，以雅砻江中上游的川西高原较为发育。如甘孜附近地区厚达 86. 00m，内含 8 个大层，有 13 条古土壤分布，物质来源于青藏高原，并主要由距今 76. 6 万年以来的风积而成。

综合上述可见：金沙江的第四纪沉积物中，按地貌和成因类型主要包括河谷内的冲、坡积，断陷盆地内的湖积、冲洪积和高原山地的风成黄土等，但仍以河谷内的堆积分布较为广泛；另从谷坡阶地等的更新世堆积与河床及沿岸的全新世堆积比较，又以河床等的谷底堆积为主。物质组成：河谷堆积主要为卵砾石、漂石和砂土等，并以粒径粗大为特点；断陷盆地除周边多砾外，腹地多以细颗粒的湖相粘性土及细粉砂等为主；风成黄土主要为粉土及粉砂之类的细颗粒泥沙，因分布受原始地形控制，厚薄不均。

三、川江四川盆地区

四川盆地地处大地构造的四川台拗，在地貌上周缘由群山环绕，腹地为低山丘陵和平原等所组成，按其分布，大体于龙泉山以西为广阔的成都冲洪积平原，华蓥山以东为低山丘陵组成的平行岭谷，两者间的川中地区为紫红色岩系组成的浅丘广布，整个地势由西北向东南倾斜。泥沙堆积的主要重点：其一以川江河段为主的干支流河谷系统，其二为岷沱江中上游的川西成都平原，现按地貌分区叙述于下。

（一）河谷沉积

1. 川江河谷沉积

①阶地沉积：从宜宾—奉节的川江河段除合江、江津等地分别有 T_9 与 T_6 等高级阶地发育外，一般为四、五级；阶地类型以基座阶地为主，在 T_3 以上有部分为侵蚀阶地分布，尤以万县以东河段，因河谷变窄增多，而堆积阶地仅在盆地西部李庄、南溪等地的 T_1 中见及，分布稀少。阶地沉积物：以砾石为主，一般厚度小于 30m，以 5～20m 较为普遍；砾石的岩性特征，一般为石英砂岩、石英岩、砂岩、玄武岩和花岗岩及燧石等，在川东地区的低级阶地中还有江北层和胶结卵石层等分布。由于沉积时期的来水来沙条件及沉积环境的不同，因此其砾石间的充填物不尽相同，如 T_1 级阶地常充填细砂，并有钙质胶结，T_2～T_3 级阶地为黄色粉质壤土和细砂，T_4～T_5 级砾石间为红土及细砂等。以泸州、合江、重庆、万县等典型地段的阶地为例，列表 6-1-2。关于阶地的形成时代，据沈玉昌等研究认为，T_1、T_2 与 T_3、T_4 及 T_5 级阶地分别形成于第四纪的 Q_3、Q_2 及 Q_1 时期，对于 T_5 级以上的阶地则形成于前第四纪时期。

②洲滩及河床沉积：按干支流河段分述于下。

川江干流河段的沉积：由于长江穿流于四川盆地的低山丘陵地区，河曲宽谷发育，卵石洲滩广布，心滩、边滩、江心洲滩等类型齐全，规模大，分布密集，由于洲滩发育较好，在大洲滩的中尾部常有雏形河漫滩相的砂壤土和粉质壤土等粘性土覆盖，有的洲滩发育成熟，如赵中坝、火焰碛、关刀碛、猫儿峡大中坝，重庆珊瑚坝等上覆土层还较深厚，另在川东河段沿岸沟口还有零星冲积扇（锥）等。河床组成：一般以 150～50mm 卵石为主，个别洲滩较粗，少量粒径在 150mm 以上，由细砂充填。卵石成分：以石英砂岩、石英岩、花岗岩、玄武岩等为主，其他为角岩、凝灰岩、火山岩、流纹岩、石英以及燧石等，一般磨圆度和分选性均好。覆盖层厚度：宜宾—重庆河段一般厚度为 11.40～30.00m，全河段大于 30m 仅个别见及，如温中坝 32.00m。关于河床洲滩沉积，以赵中坝和重庆九堆子为例分层于下。

例 1. 合江赵中坝，厚度 27.00m。

1）0.00～1.10m	棕褐色砂壤土	厚度：1.10m
2）1.10～6.20m	灰褐及黄褐色中细砂，含细砂夹层	5.10m
3）6.20～10.50m	黄杂色粗卵石	4.30m
4）10.50～12.40m	黄、红、黑等杂色细卵石	1.90m
5）12.40～15.40m	黄、红、黑等杂色粗卵石	3.00m
6）15.40～21.40m	黄、红、黑等杂色细卵石	6.00m
7）21.40～27.00m	黄、红、黑等杂色中粗卵石	5.60m
8）27.00m 以下	紫红色砂岩	

表 6-1-2 川江典型地段的阶地岩性组成特征表

阶地分级/地段	T_1	T_2	T_3	T_4	T_5	备注
宜宾—泸州河段 泸州	阶地覆盖粉细砂，内夹砾石少量，成分以砂岩和石英岩为主，厚 10～15m	阶地不发育，右岸基座阶地堆积物为砾石层，一般粒径 7～8cm，最大 25～30cm，ϕ_{cp} 4cm，由中细砂充填，厚 15～20m	两岸均为基座阶地、上覆砾石层，成分以砂岩、石英砂岩为主，ϕ_{cp} 5cm，由棕红色砂质粘土充填，厚 28m	基座阶地，上覆砾石层，砾石成分以砂岩和石英岩为主，一般粒径 8～10m，最大达 25～30cm，由棕红色砂质粘土充填，厚 5～6m		宜宾—江津河段阶地发育不齐，一般为三级，以 T_1、T_3 最为发育，分布普遍
泸州—江津油溪场河段 合江	表层有江北砾石层分布，成分以玄武岩、石英砂岩、砂岩为主；底部为砾石层，以砂岩、石英砂岩、玄武岩等为主，ϕ_{cp} 9cm，由细砂砾石等充填，厚度 7～16m	侵蚀阶地，无堆积物	基座阶地，上复砾石层，以砂岩、石英砂岩、花岗岩等为主，ϕ_{cp} 6cm，由粉细砂充填，厚 13～28m	侵蚀阶地，无堆积物	砾石层，成分以石英砂岩、石英岩和砂岩等为主，另有玄武岩、长英岩、燧石等少量，ϕ_{cp} 4.6cm，由棕红色砂质粘土充填，厚 1.40m	以合江西莱坝附近阶地为例
江津油溪场—涪陵河段 重庆	南岸为高河漫滩，砂壤土夹砾石少量，北岸 T_1 为下粗上细的砾石层，小者粒径 1.50～3.0cm，大者达 15～20cm，最大达 33cm，砾石成分复杂，厚 12～15m	为侵蚀—基座阶地，部分由砾石层覆盖，成分以石英砂岩和砂岩等为主，间夹石英斑岩，粒径 6～7cm，由黄棕色砂壤充填，厚大于 5.0cm	基座阶地、砾石层覆盖，岩性成分等与 T_2 相同，厚度为数米至十余米	砾石层粒径一般 10cm 左右，最大可达 30～40cm，成分为石英、燧石、安山斑岩、玄武岩、花岗岩等，厚 10m 左右	九龙坡砾石层，粒径 5～6cm，成分以流纹斑岩、石英、闪长岩等为主，厚约 11m	
涪陵—奉节河段 万县	基座阶地沿江分布，上覆棕黄色砂壤土，下有胶结江北层埋藏	侵蚀阶地，无堆积物	侵蚀阶地，无堆积物	基座阶地，上覆砾石层，成分以石英岩、安山岩等为主，粒径 4～5cm，最大达 41cm，由浅棕色砂壤土充填，厚 10～12m	侵蚀阶地，无堆积物	

（资料来源：据沈玉昌，1965 年）

例 2. 重庆珊瑚坝，厚度 22.50m。

洲滩一般厚度大于 15m，岩性组成以卵石为主，除洲顶表层有薄层粉质壤土外，可分上、中、下三大层。上部为粗卵石，一般粒径大于 100mm，最大可达 300mm 以上；中部为粉质壤土，局部砂性较强，组成透镜体，厚度达 10.30m，向两侧渐薄尖灭；下部为中细卵石，一般粒径小于 100mm，个别达 150mm 以上，底部夹个别漂石，直径达 300mm；基底为紫红色泥岩（图 6-1-4）。岩石成分一般为砂岩、石英砂岩、花岗岩、玄武岩等，石英少量。

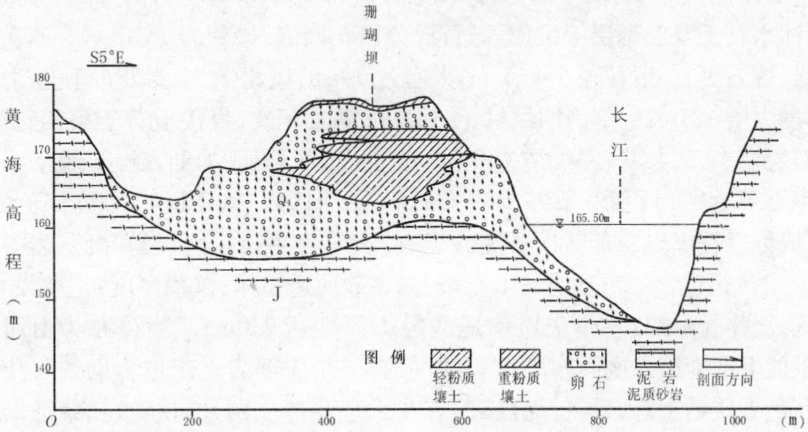

图 6-1-4　重庆珊瑚坝第四纪沉积地质横剖面图

2. 主要支流河段的沉积

川江河段大小支流众多，由外围山地流入四川盆地后，因河谷展宽，河床比降减缓，流速降低，自然引起大量泥沙沉积，其中粗颗粒的砂卵石堆积尤为强烈，形成沿江大小卵石洲滩，致使河床江心洲和边滩发展，沿江河漫滩淤长，盆地、凹地被充填。沉积厚度：由于受地质基础，地貌环境，来水来沙条件及人为因素等诸因素影响，各条河流或同一条河流的不同河段亦表现出差异，现以各河流代表河段为例。

川江河段主要入汇支流的覆盖层厚度表明：大渡河地处高中山地的深切割区，由于受崩塌滑坡或峡谷河段上游壅水影响，一般厚度大于 30m，个别地段如瀑布沟、铜街子等最大厚度达 70m 以上，其余含岷、沱、嘉、乌等诸水，一般覆盖厚度小于 20m，多仅数米，有的河段基岩出露。如嘉陵江合川以上宝珠寺、亭子口最大厚度分别为 22m 与 20 米，其余在 15m 以下，多仅数至 10 余米。合川以下河床普遍更较单薄，如盐井的袁滩子 4.80m，澄江的乌木滩 4.00m，水土镇黄家碛 5.40m，井口镇九龙场边滩 11.00m，磁器口 4.55m，重庆朝天门金沙碛仅 4.00m 等，唯有合川下游钓鱼城的下菜坝尾部因有河漫滩发育，上部由粘土层覆盖，厚度达 27.50m。以上诸水河床分布厚度比较可见，以大渡河沉积相对较厚，嘉陵江较薄；按盆地区域分布，盆西地区河流沉积相对较厚，盆东地区较薄；同一条支流往往有中游河段厚度大于下游河段的沉积趋势。

（二）成都平原沉积

四川盆地的成都平原地处大地构造单元四川台拗的川西台陷，自晚喜玛拉雅运动以来，在龙泉山、龙门山等山前深大断裂的控制下形成了大型上迭断陷盆地，在第四纪以来，由于岷江、沱江等上游输入大量泥沙堆积，形成成都洪积平原，但受构造影响，沉积厚度大小悬殊，西部最大厚度达540m，中部115～50m，东部仅20～0m，全区以郫县为中心堆积巨厚，具有盆地西厚东薄的分布特征。堆积物的成因类型和沉积时代等亦表现出东西部的显著差异，在第四纪更新世(Q_p)时期，盆地西部堆积较为深厚，且以河流冲洪积为主，形成冰期的雅安砾石层和间冰期的网纹红土；东部地区早更新世堆积物缺失，中更新世河相冲积物呈零星分布，厚度仅零至数米，晚更新世风成的成都粘土形成。据周慕林等研究，第四纪沉积的基底为新第三纪的大邑砾岩，其分期岩性组成特征于下。

①早更新世(Q_1)沉积：下部为雅安砾石层（即第一冰碛层），由绛红、紫红、黄棕等杂色冰碛、冰水粘土及泥砾层等组成，砾石成分以花岗岩、凝灰岩、安山岩和石英岩等为主，次为砂岩、燧石等；一般粒径5～15cm，大者达30cm，风化强，主要分布于龙门山前坡麓等地带，厚度大于127m；上部为网纹红土，属间冰期堆积物，直接覆盖于第四纪第一冰碛层雅安卵石层之上，斑杂状，网纹结构，主要分布于二级台地，如刘家坝等地厚达86m。

②中更新世(Q_2)沉积：下部为雅安砾石层（即第二冰碛层），为黄棕色的含砂泥砾层，砾石成分以花岗岩、石英岩、石英砂岩、砂岩等为主，另含板岩和凝灰岩等；一般粒径5～20cm，由黄褐色含中粗砂的粘土充填，偶夹砂质透镜体；沉积厚度：主要发育于盆地的西部地区，据物探资料，在崇庆以南地区最大厚度达230m，厚度分布为由西向东减薄。中更新世的上部为第二次间冰期堆积的网纹红土，主要岩性组成为网纹红土，红土砾石层及棕黄色砂质粘土等，致密，无层理，有灰白色高岭土网纹、铁盘、铁锰质结核等发育，近龙泉山地段厚度仅40m左右。

③晚更新世(Q_3)沉积：砾石层（为第三冰期冰水相堆积），含泥质、褐黄色，砾石成分以花岗岩等较多，次为石英岩、石英砂岩、砂岩等，磨圆度好，有一定分选，在盆地边缘地带粒径较粗，一般5～20cm，由粘性土充填，局部有铁锰质结核富集，并含钙质胶结物等。成都粘土为第三冰期沉积，与砾石层属同期堆积，广泛分布于成都平原的东南部地区，出露于二、三级阶地，岩性以粉质粘土为主，棕黄色，质地均匀，颗粒细，主要由粘、粉质组成，分选好，厚0～21m。广汉粘土为第三间冰期沉积，岩性以粉砂质粘土、砂壤土等为主，下部常有石英细砾和长石颗粒等，并含铁锰质结核和钙质结核，主要分布于广汉、德阳一带，厚8～10m。

④全新世(Q_4)沉积：为粘土、砾石层等冲洪积沉积，在盆地区广泛分布于河床、河漫滩和一级阶地，一般高出床面5～20m。

以上第四纪沉积厚度显示：一般以早、中更新世时期的沉积为厚，晚更新世和全新世的沉积相对较薄，而且受气候影响强烈，由于冰期与间冰期的更换交替，早中更新世形成冰碛砾石层与网纹红土的沉积旋回，晚更新世形成冰期砾石和成都粘土与间冰期的广汉粘土组合，全新世冲洪积扇的沉积下部为砾，上部为土，呈现二元结构特征。

四、长江三峡山地区

1. 河谷沉积

①阶地沉积：长江三峡河段位于大地构造上扬子台褶带的三峡拱褶束，第四纪以来的新构造运动处于间歇性上升，并以上升为主，因此形成多级阶地。据沈玉昌等调查研究，一般峡区河段在五级以上，最多达十级，如奉节、庙河、平善坝等河段有八级阶地分布，巴东为七级等；阶地类型以侵蚀阶地为主，在基座阶地中除平善坝T_6、T_8、T_9级外，其

余分布于 T_5 级以下，尤以 T_1 ~ T_3 级较为普遍。其中一般 T_1 级基座阶地沿江呈条带状分布，宽度小，阶地面覆盖层单薄，如巫山等地段还有黄土覆盖，并含石灰质结核等，一般厚 6 ~ 7m；T_2 基座阶地在奉节、巫山和黄陵背斜区等河段分布普遍；T_3 级基座阶地仅在奉节、巫山、香溪和平善坝等地分布。三峡地区的阶地虽然十分发育，分布亦较广泛，但以侵蚀阶地为主，阶地面堆积物多缺失，而基座阶地虽然有粘性土或砾石等堆积，但厚度和分布面积均小。总之，长江三峡河段的阶地以级数多，面积小，第四纪沉积物少为基本特征。

②岸滩沉积：长江三峡河段河漫滩不甚发育，仅在峡间及峡口开宽地段内有所分布，如建坝前黄陵背斜的三斗坪及葛洲坝等河段有所分布，沉积物以粘性土、细粉砂等为主，一般厚 2 ~ 6m，局部地段较为深厚。支流沟口冲积扇（锥）则沿河岸广泛分布，据重庆长江航运管理局重庆分局航道图①统计：具有一定规模的冲积扇计 42 个，其中较大的如射红碛、香溪口、洩滩、牛口碛、金沙碛等计 14 个，特大型的冲积扇有奉节臭盐碛、巫山扇子碛和宜昌市葛洲坝兴建前的黄柏河口冲积扇等 3 个，尤以臭盐碛为大，沿江宽度达 3000m 左右，由于大型冲积扇已伸展入江，因此前缘部分第四纪的沉积为河床与冲积扇淤积物的混合与叠加，估计在 10m 以上，在长江的三峡区内，无论从冲积扇的规模和数量都是一种重要的堆积体。物质组成：以漂块石、卵砾石等为主，一般粒径 80 ~ 150mm，大者达 200mm 以上；岩性组成主要为灰岩、粗、细砂岩、紫红色砂页岩、石英砂岩和花岗岩、闪长岩、闪长花岗岩、火山岩等岩浆岩类，一般磨圆度和分选均较差。

③河床沉积：长江三峡河段因河道狭窄，河床洲滩仅在宽段内有所发育，如建坝前三峡峡谷内的中堡岛和西陵峡口的西坝及葛洲坝等面积较大外，一般峡谷河段洲滩较少，且规模较小，泥沙沉积部位主要在河床的埋藏深槽、河床展宽段的浅滩及凹弯的回水沱内等。岩性组成以砂砾石为主，局部有中细砂层分布，在西陵峡的黄陵背斜核部，由于闪云斜长花岗岩等岩浆岩的强度风化，因此在河谷阶地、漫滩、及床面等都有风化物残存散落。河床砾石层粒径：以三斗坪河段的牯牛石深槽为例，中值粒径范围值在 225 ~ 55.8mm，一般为 104 ~ 75mm，最大粒径达 370mm；成分以花岗岩为主，次为灰岩、砂岩，另有石英砂岩、石英岩、板岩、变质岩、燧石等少量。沉积厚度：在葛洲坝工程蓄水前，除南津关的古深槽最大沉积厚度达 47m 外，一般为 5 ~ 20m（表 6-1-4）；蓄水后，除局部反有冲刷外，一般河床普遍发生淤积增厚，淤积部位主要在河床及两岸的老滩，其中尤以古深槽的新老沉积最为深厚，如三斗坪的牯牛石剖面（图 6-1-5）②，深槽槽底标高低达 -11.70m，淤积泥砂总厚达 30m 以上，以砂砾石和砾石等为主，底部有漂块石等堆积；两岸老滩上部为黄褐及黄棕色砂壤土和壤土等，下部为细砂。关于宽谷河段的河床沉积，以宜昌三江的口门河段为例：一般砂、卵石厚 5 ~ 10m，如 Z17 孔厚 8.67m，其中孔深 0 ~ 2.20m 为砂卵石，粒径小于 80mm；2.20 ~ 7.90m 为砂卵石，一般粒径 80 ~ 120mm，大者 150mm，岩性组成以火成岩为主，依次为灰岩、石英砂岩、白云岩、砂岩等；深 7.90 ~ 8.67m 为含砾细砂等。

---

①长江航运管理局，重庆分局. 长江上游航行参考图（重庆一宜昌），1993 年.

②王国维、孙舒拉. 三峡水利枢纽基坑河床组成勘测研究，1999 年.

表 6-1-4　　长江三峡河段河床覆盖层厚度表

项目＼河段	太平口	三斗坪	南津关	葛洲坝	宜昌三江口	备注
沉积厚度（m）	1 ~ 11	一般 2 ~ 8，最大 19	最大 47	2 ~ 20	一般 5 ~ 10，部分 >10	表中统计数为葛洲坝蓄水前天然河床沉积厚度

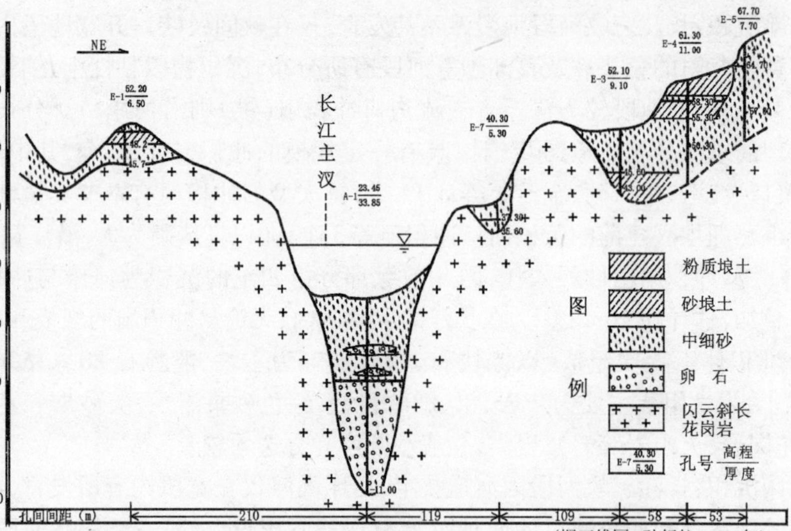

（据王维国、孙舒拉，2000年）

图 6-1-5　长江三峡牯牛石深槽第四纪沉积地质横剖面图

2. 夷平面的堆积物特征

据前人研究，三峡地区有海拔 2000 ~ 1500m 的鄂西期、1000 ~ 800m 左右的山原期和 500 ~ 300m 的三峡期等三级夷平面分布。各级均有堆积卵石发现，分布地点主要在巫山县城北碾子坪和江南岸的南陵等地，分布高程分别为 1200 ~ 1300m 与 270 ~ 315m；巴东上游河段的涪口小溪和南木园的万石河上游等地，高程为 1200 ~ 1850m，西瀼口为 750m；香溪上游凉风垭为 1000 ~ 1200m，太平溪—南津关段一般为 240 ~ 780m，并以250 ~ 500m 为多，其中三斗坪达 1100m 等。鄂西期夷平面：卵石层以绿葱坡至野三关间的野花坪、祁家坪—建始公路段和祁家坪溶洞口等为例，卵石粒径除野花坪大者达 150 ~ 200mm 外，一般粒径均仅 30 ~ 50mm，普遍偏小，有的仅 10mm 左右，且磨圆度好，充填物为粘土之类。卵石岩性组成：野花坪以石英岩、砂岩、灰岩、铁矿石等为主；祁家坪至建始公路则为石英砂岩、泥灰岩、砂质灰岩等；祁家坪溶洞口卵石成分主要为石英和燧石之类。山原期夷平面：以万石河右岸枣子坪、椿木岭张家坪和黄粮坪凉风垭等为例，卵石粒径普遍偏细，分别为 10 ~ 20mm、50 ~ 80mm 和 10 ~ 30mm，一般磨圆度较好，成分组成相近，普遍有石灰岩、燧石等分布。不同之处是部分地段分别有砂岩、砾岩等之类见及。三峡期夷平面：以天柱山附近的苏格朗子垭口为例，粒径为 10 ~ 20mm，由棕红色粉灰壤土充填，磨圆度较好。主要成分为石英、石英砂岩、灰岩、砂岩等。综合上述可见，夷平面砾石的基本特点是一般粒径小，有分选，磨圆度好，主要表现为冲积层的沉积物特征。

第二节　长江中下游平原地区的沉积

一、江汉—洞庭平原区

(一)宜昌—松滋口河段的沉积

1. 河谷沉积

①阶地沉积:该河段在构造上地处黄陵背斜与江汉—洞庭断坳构造的连接部,在地貌上位于三峡山地与江汉平原间的丘陵过渡地段,河谷宽窄相间,呈现藕节状展布,在宽谷地段阶地尤为发育。其中宜昌—虎牙滩河段受新构造运动的掀斜影响显著,发育规模左岸大于右岸,左岸 $T_1 \sim T_5$ 级发育完整;右岸仅有 T_2 级与 T_3 级分布;虎牙滩—松滋口河段两岸有六级阶地发育,一般以基座阶地为主,覆盖层累计厚度达 70 ~ 100m。各级特征分述于下。

一级阶地(T_1):为全新世沉积,主要分布于宜昌、古老背、宜都、官洲及松滋口等沿江地带,一般为堆积阶地和基座阶地,覆盖层岩性特征:上部为黄褐色粉质粘土、粉质壤土,中部有细砂,下部为砾石,砾石一般粒径为 3 ~ 10cm,分选和磨圆度均好。如宜昌西坝的滨江地带,相高 8 ~ 11m,上部为棕褐色壤土,厚 3 ~ 6m;中部为灰砂夹砾石,厚 1 ~ 5m;下部为砾石层、厚 10m 以上。又如古老背、红花套一级阶地相高 6 ~ 8m,上部为棕黄色粘土、粉质壤土等,中部细砂较薄,下部为杂色砂卵石,粒度为 3 ~ 5cm,一般颗粒较细,并有斜层理的沉积韵律,磨圆度和分选性均好。另如宜都 T_1 级阶地相高仅 1 ~ 4m,与高河漫滩相近,本级阶地的沉积层序由上而下为黄褐色粉质壤土、砂、砂砾石等,且上覆粘性土层较为深厚,具二元结构特征。

二级阶地(T_2):由晚更新世冲积层组成,广泛分布于沿江两岸,如宜昌、古老背、红花套、宜都、枝城等沿江城镇都有部分坐落于阶地之上,阶地类型包含基座和堆积阶地。如宜昌市区和西坝等为基座阶地,覆盖层沉积物:上部为棕黄带红色的粉质粘土;中部为黄褐色粘土夹砾石,厚 3 ~ 10m;下部为砂砾石层,局部夹泥,一般砾石粒径为 5 ~ 15cm,最大达 50cm,分选差,厚 7 ~ 13m,局部有 2 ~ 5m 胶结卵石层分布。古老背和松滋口等地均为堆积阶地,相高分别为 13 ~ 18m 与 9m 左右,由黄色粘土和砾石层组成,在砾石层中有胶结卵石分布,黄褐粘土层中包含有铁锰质胶膜等。

三级阶地(T_3):属晚更新世沉积,在宜昌、古老背、宜都、枝城等一带较为发育,阶地类型为基座阶地和堆积阶地等。如宜昌油库 T_3 级为基座阶地,上部有 5m 砂砾石层分布,砾石成分以石英岩和石英砂岩为主,次为硅质灰岩等;下部为红色粗砂壤土,厚约 15m。红花套(T_3)相高 30 ~ 35m,堆积阶地,上部为棕黄、棕红等色粘土和粉质粘土,下部为砾石层。枝城大桥头(T_3 级)相高 24 ~ 34m,为堆积阶地,出露剖面上部呈暗棕色,为砂质粘土夹卵石,局部有灰白色网纹和黑暗色铁锰质胶膜等,下部有风化砂砾层出露。

四级阶地(T_4):为中更新世冲积层,主要分布于宜昌附近及红花套徐家山、宜都姚家店、白洋、梅子溪、松滋口(南)等地,一般相高 50 ~ 75m,为基座阶地。阶地的物质组成:如宜昌以棕红色砂质粘土为主,顶部含砾石夹层,以棕红色网纹红土为特征;红花套附近阶地上覆棕红色粉质壤土,厚 3m,下部为卵石层,厚 15m。本级阶地的基本特征:主要由上部的网纹红土与下部的砾石层组成二元结构。

五级阶地(T_5):为中更新世冲洪积沉积,广泛分布于长江左岸的宜昌—玛瑙河河段,右岸的宜昌—洋溪河段阶地不发育,洋溪以东至松滋口广泛分布,相高 100 ~ 120m,为基座阶地。如宜昌火车站附近 T_5 级阶地,上部为夹有泥砾的网纹红土,质地粘重,以灰白色网纹十分发育为特征,下部为红土充填的砾石层或砾质红土,砾石粒径一般为 10 ~ 15cm,大者达 40 ~ 50cm,强风化。白洋青古脑至纱帽山 T_5 级阶地上部为网纹红土,下部为砂砾石层等。本层沉积物主要由网纹红土夹砂和红土砾石层等组成。

六级阶地(T_6):为中更新世早期冲积沉积,主要分布于虎牙滩下游,长江左岸的古老背—云池和右岸的宜都—枝城及洋溪(东)—陈二口,相高 130 ~ 150m,为基座阶地,并以古老背至云池的善溪窑、宜都—枝城间的云盖寺和洋溪东—陈二口的大山坡为典型,具有代表性。善溪窑剖面:从上而下分别为褐黄色砂壤土(厚 3m),砾石层(厚 40m),褐黄色细砂层(厚 7m)和下部砾石层(厚 10m)等。岩性组成:上部砾石层,一般粒径 10cm 左右,以石英砂岩和岩浆岩为主;下部砾石层一般粒径较细,底部夹有厚 2m 的漂砾层,分选差,一般粒径 20cm,最大 40cm;中上部为细粒层,一般粒径 5 ~ 10cm,以石英砂岩、岩浆岩、燧石和石英等为主,并含石灰岩和玛瑙石之类。又如大山坡阶地,相高为 124 ~ 114m,上部为 10m 左右的网纹红土,下部为巨厚砾石层,并含玛瑙石等。宜都云盖寺阶地,相高 170 ~ 210m,基座阶地,上覆灰黄色页状砂壤土,下部为巨厚砾石层,最大厚度可达 90m。

②河漫滩沉积:长江出南津关后,河谷宽窄相间,以宽谷为主,其宽谷河段是泥沙的主要沉积地段,因此不仅阶地发育,而且河漫滩也相应得到发展,尤以宜都以下河段弯道发育,边滩数量增多,并有支流清江汇入,水量增加,河宽增大,沿宜都、白洋、枝城同济垸等河段的河漫滩扩展,岩性组成的基本特征为河床相的砂砾石和河漫滩相的粘性土组成二元结构,如沙碛坪边滩上部 0 ~ 5. 20m 为轻粉质壤土,5. 20m 以下为砂卵石层等。本河段一般覆盖厚度小于 30. 00m。

③河床沉积:按干支流河床沉积分述于下。

干流河床沉积:在一定的来水来沙条件下,河床的地质地貌等边界条件将起到控制作用,在同一河段的不同地貌部位,如深槽、浅滩、洲滩等的沉积厚度相差悬殊,据大量河床及洲滩钻孔资料,宜昌—松滋口段河床覆盖层厚度及沉积物岩性特征见表 6-2-1。在虎牙滩以上河段,一般河床覆盖层厚度偏薄,多为 2 ~ 10m,虎牙滩下游古老背—云池河段沉积厚度相对增加,枝城下游关洲河段因洲滩上部发育较好,而下卧基岩偏低,所以沉积较厚,总趋势为从上向下游增厚;但在个别地段尤为深厚,如古老背上游虎牙滩出口段的紫红色砂岩区,因质地不坚,并地处过江砾岩的狭窄河谷下游,所以在软岩上冲刷形成大深槽,由于后期河床演变而淤塞,砂和砂砾石层厚达 55. 14m,系宜昌下游河段的最大厚度,结合两岸阶地,该河段第四纪地质地貌综合剖面见示意图 6-2-1。河床沉积物的岩性组成特征,以宜昌等河床洲滩钻孔资料为例,分述于下。

宜昌河段护 3 孔:覆盖层厚 19. 76m。孔深 0 ~ 6. 03m 为黄褐色中粉质壤土,6. 03 ~ 14. 41m 为砂砾石,14. 41 ~ 18. 27m 为中粗砂,18. 27 ~ 19. 76m 为砂砾石,19. 76 ~ 21. 80m 为细砂。其中砾石成分为石英砂岩、白云岩、闪长岩和花岗岩等。一般砾石的粒径组成为 5 ~ 10cm,大者达 13cm,部分小者为3 ~ 4cm,砾间由中粗砂充填;18. 27 ~ 19. 76m 的砂砾石中，砾石普遍变细，一般粒径为2～4cm，部分为6～7cm。

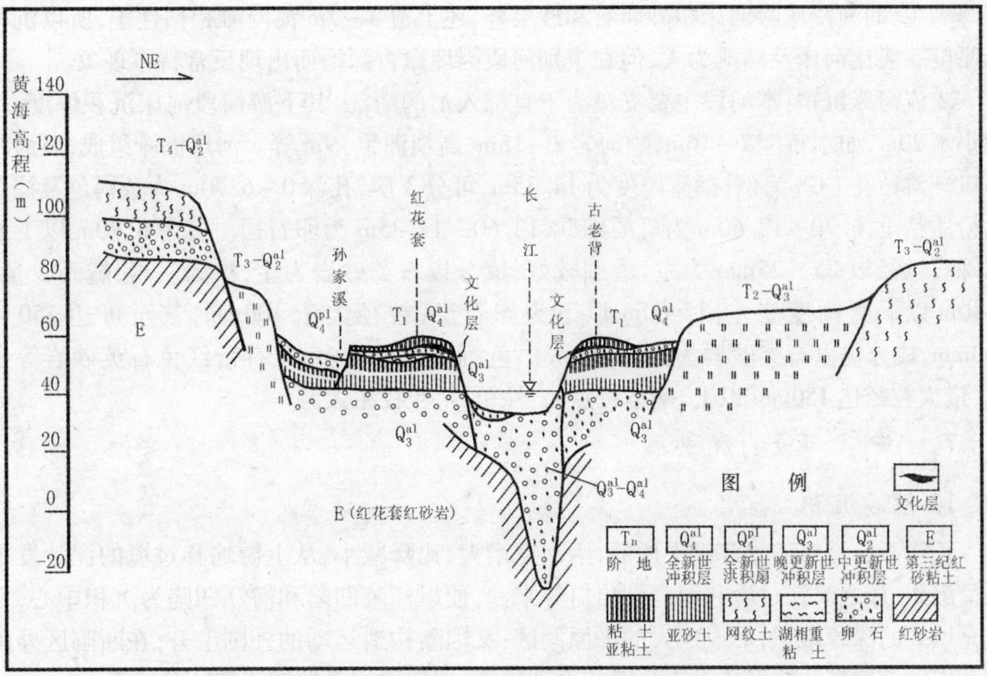

图6-2-1　长江红花套第四纪沉积地质地貌综合剖面示意图[24]

表6-2-1　长江宜昌—松滋口河段河床覆盖层厚度表

序号	河段	厚　度	沉积物特征
1	宜昌	一般2～10m，少部分大于10m，其中个别大于20m	以砂卵石为主，砂层少量，河岸及洲滩上覆粘性土
2	白沙老	一般3～10m	以砂卵石为主，粉细砂少量
3	虎牙滩	一般6～15m，个别大于15m	以砂卵石为主，部分为中细砂
4	古老背	一般10～20m，部分5～10m，最大厚度55.14m	以砂卵石为主，上部为细砂
5	云池	一般10～20m，个别大于20m	以砂卵石为主，上部为粉细砂
6	宜都	一般8～15m，个别大于15m	以砂卵石为主，细砂少量
7	关洲	关洲北泓心滩覆盖层厚达30.30m	中上部为细砂，底部为砂卵石

古老背河床荆2孔：砂砾石层厚55.14m。孔深从床面0～11m为砂砾石，一般粒径6～10cm，大者达15cm，细者仅2～3cm，成分以石英岩、石英砂岩、红砂岩等为主，次为花岗岩等；11m以下，粒径以10～15cm为主，部分为2～3cm；14m以下砾石变细，一般以2～5cm为主，最大13cm，在岩性组成中花岗岩、红花岗、片麻岩等较多；34m以下粒径以3～5cm为主，石英岩成分增多，55.14m见第三纪紫红色砂岩。

关洲北泓边滩CG10孔：覆盖层厚30.30m。孔深0～25.70m，为黄褐色细砂及中细砂，内夹个别砂壤土夹层；25.70～30.30m为含砾细砂，并夹灰白色斑团及钙质结核等，岩性组成以石英砂岩为主，花岗岩、火山岩、岩浆岩等次之，燧石、灰岩等少量，石英偶见。

综合上述：现代冲刷河床的深槽沉积一般较薄，淤积洲滩相对较厚，沉积物多以砂卵石等为主，而河漫滩除河床相砂卵石和砂层外，还上覆3~7m河漫滩相粘性土，所以沉积总厚度一般比河床及洲滩为大，但在个别河段因埋藏古深槽而出现反常特厚现象。

支流河床沉积：本河段主要支流为于宜都入汇的清江，其下游河段河床沉积厚度，一般小于20m，如水布垭2~16m，隔河岩8~15m，高坝洲5~9m等。河床洲滩组成，以清江河口洲滩钻孔CG8为例，揭露厚度为14.35m，可分3层，孔深0~6.70m为黄褐色及棕黄色粉质粘土，6.70~12.60m为砾质细砂，12.60~14.35m为卵石层。其中6.70m以下的卵砾石粒径以75~25mm为主，磨圆较好，成分以石英砂岩为主，次为灰岩，燧石少量；7.40m以下磨圆度变差；12.60m以下为卵石层，粒径大于100mm，甚至可达150~200mm，成分仍以石英砂岩为主，其中灰白色石英砂岩较多，并有紫红色石英砂岩等发现，最大粒径达150mm以上，基本特点：岩性单一，粒径粗大。

（二）荆江河段的沉积

1. 河谷沉积

长江于松滋口进入江汉平原后，因河宽增大、比降减小，从上游输移过境的泥沙发生大量沉积，加之汉江过境和洞庭湖出口等来沙，便以江陵凹陷和潜江凹陷为沉积中心，发生充填式的深厚堆积，形成广大的平原湖区；又因新构造运动的外围上升，在断陷区外围的盆周山前地带往往形成沿山分布的系列阶地，现按地貌区的沉积特征分述于下。

①阶地沉积：以玛瑙河和松滋河为界，以西为四级阶地，以东的广大平原区常为两级阶地向东伸展出露，仅荆江南部地区有零星四、五级的高级阶地散布。据孙昌万等调查研究分级于下。

五级阶地(T_5)：分布于松滋河王家桥和公安南部卷桥水库等地。其中王家桥T_5级呈丘岗状展布，下部岩性组成为含玛瑙石的砾石层，上部为网纹红土，属中更新世的冲积沉积。

四级阶地(T_4)：主要分布于松滋河南岸小南海的金鸡寺、石子滩、南平、闸口以南，卷桥以东，虎渡河以西，黄山头以北等地区。其松滋河与虎渡河河间的T_4级阶地基本特点是高度趋矮，如孟家溪等仅高出当地湖沼水面10~13m；沉积物组成为棕红色砂质粘土，属中更新世沉积。另见于墨山北麓的塔市驿一带，为基座阶地，相高18m，上覆残坡积红土等。

三级阶地(T_3)：荆江左岸主要分布于石王庙—姚家港，枝江仙女庙—问安寺和半月山等，相高17~26m；右岸为新江口和塔市驿及砖桥等，相高分别为18m与8m，从孟家溪、杉木桥等剖面可见，阶地堆积由含大量铁锰质胶膜的暗棕色粘性土和下部略带灰白色网纹等的土层组成。

二级阶地(T_2)：主要分布于玛瑙河沿岸，松滋河以西以及江陵八岭山、笔架山和墨山丘陵外围，一般为堆积阶地，属晚更新世沉积；松滋河—枝江和墨山地区阶地相对高度分别为3~7m，由西向东部降低，岩性组成以下部砂砾石，上部棕黄色粉质粘土等为代表，组成二元结构。

一级阶地(T_1)：大面积分布于江左的枝江—长湖以北，江右的南平—闸口以南，以及石首和墨山东麓，为晚更新世堆积阶地，江口以西相高15m，南平以东降低至5m以下，总趋势为由西向东部平原倾没。沉积物具有多级旋回特征，如江陵观音垱第四纪沉积厚

78.49m，由下而上为含砾粘土、砂卵石、粉细砂、砂卵石、粉细砂、粉质粘土、砂卵石、中细砂、粘土、粉质粘土等10层，组成砾—砂—粘性土的三套旋回；又如后港厚47m亦具有砾—砂—土一个旋回等。

埋藏阶地：发育于晚更新末与全新世初，为冲积物沉积而成，阶地面低平，被后期全新世河湖相沉积物覆盖于荆江平原之下。江北主要分布于万城、沙市东北关沮口、锣场、三湖以北地区；江南主要分布于松滋老城、黄金口、公安以南地区；另在百里洲和下荆江监利的汪桥等亦有呈“岛”状分布，阶地面一般埋深为3~5m，部分达5m以上。沉积物组成：上部为棕褐色粘土和粉质壤土，下部为细砂及砂砾石等。

②荆江河曲平原区及河床沉积：松滋口以上河段地处宜昌掀斜，为三峡山地与江汉平原的丘陵区过渡地段，第四纪沉积厚度一般小于20m，沉积物为砂、砂砾石等。

松滋口—江陵河段：地处江汉断陷的江陵凹陷腹地，受地质构造影响，其中松滋口—涴市段第四系基底呈现两级平台，沉积厚度一般为42~76m；涴市—江陵河段左岸受八岭山的南北向构造隆起影响，使江道南绕，第四纪沉积厚度受限为33~65m；该河段地处荆江上段，位于荆江平原的西部，按沉积层序划分，上部为现代河曲平原的冲湖相沉积，下部主要为枝江古冲积扇的冲积砂砾石层等。从江陵县李埠钻孔资料见及，覆盖层厚33.90m，土层分布：孔深0~15.73m为黄褐色粉质壤土和灰色淤泥质粉质壤土，15.73~18.20m为灰褐色淤泥质砂壤土，18.20~21.85m为灰褐色中细砂，21.85~33.90m为砂砾石，一般粒径2~4cm，大者达4cm，磨圆较好。

江陵—郝穴河段：地处江陵凹陷的腹地，为荆江平原的沉积中心地区，沉积厚度达82~145m。沉积层序由上而下可分为上、中、下三段：上段为现代河曲平原，特点呈二元结构，其上部为河漫滩相的粘性土沉积，下部为河床相细砂，底部为砂卵石，一般卵石粒度偏细、粒径为3~5cm，并常呈夹层状分布，一般厚度小于30m；中段砂卵石层为沙市冲积扇的沉积，中上部砾石相对较粗，含量偏高，下部砾石偏细，且多呈薄层状；下段为中、早更新世沉积，岩性组成为含细砾的砂砾石，并夹层状砂卵石等。第四纪沉积的岩性组成以沙市长江地质横剖面图6-2-2为例，从三八滩ZK-4孔资料见及，孔深0~19.85m为细砂；19.85~53.47m为砂卵石，卵石粒径一般6~9cm，部分达10~12cm，粗细呈层状分布；53.47~57.45m砂砾石，一般粒径2~5cm，砂质重；57.45~66.45m砂砾石，粒径小于1cm，夹3~8cm卵石少量；66.45~91.50m细砾石，粒径小于1cm；91.50~102.05m砂卵石；102.05~119.35m砂砾石，一般粒径为1~2cm；119.35~125.35m中粗砂夹砾石少量；125.35m变为杂色泥岩，第四纪沉积总厚度为125.35m。全孔除上部为细砂覆盖外，均为砂卵石和砂砾石等，总厚度达100m以上，并以砂砾石为主，且砾径向深部变细。

郝穴—藕池口河段：地处江汉断陷的江陵凹陷，为江汉平原腹地的沉降中心地区，第四纪沉积厚度达102~158m，上部为河漫滩粘性土，中部为细砂，下部为砂卵石，并由西向东粒径组成变细，砂卵石层顶板降低，厚度变薄而逐渐尖灭，上覆砂层相应增厚。

藕池口—监利河段：该河段以南为华容隆起形成的墨山丘陵，以北为江汉平原，河床第四系覆盖层较为深厚，一般达80m左右。上段为全新世冲积层，其上部为河漫滩相粘性土，下部为河床相细砂，呈二元结构，下段为冲湖积和残坡积等。如石首调关潘家大队荆329孔，孔深66.30m（第四系未穿透），0~8.45m为黄褐色粉质粘土，8.45~28.70m为灰绿色细砂，28.70~29.80m粉质壤土夹细砂，29.80~49.40m灰色细砂，49.40~

61.20m灰白色碎石粘土,61.20~65.60m灰绿色粘土,65.60~66.30m卵石,粒径为5cm左右,磨圆度好,第四纪覆盖层厚大于66.30m,并以细砂为主。

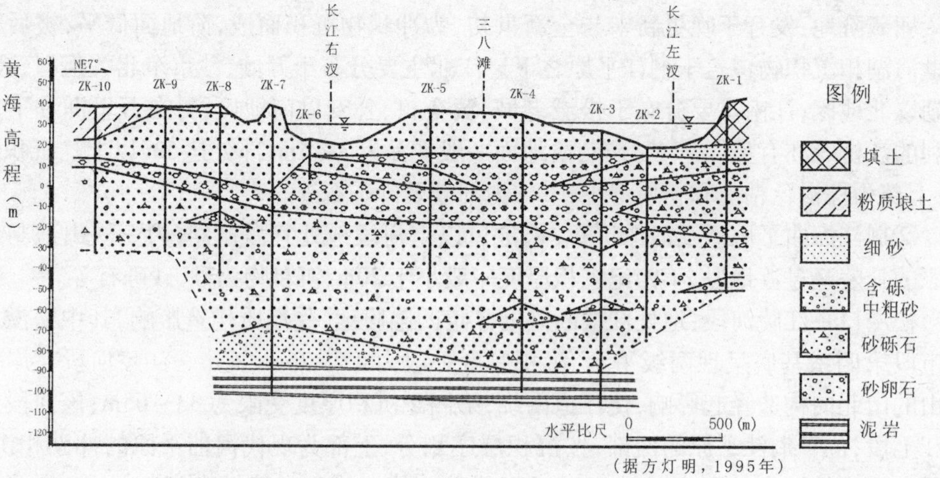

图6-2-2 上荆江沙市河床第四纪沉积地质横剖面图

监利—城陵矶河段:由于江道横贯广兴洲地堑,第四纪河湖相沉积尤为深厚(图6-2-3),如岳阳广兴洲ZK20孔,厚度大于210.07m。土层分布:孔深0~23.50m砂壤土,23.50~26.19m棕红色粘土,26.19~53.22m浅灰色中细砂,53.22~100.04m灰绿色粘土与含砾粗砂的厚互层、并以灰绿色粘土为主,100.04~144.62m灰绿及紫红色粘土、内夹薄层状含砾粗砂,144.62~173.97m灰绿色粘土与含砾粗砂互层,173.97~208.02m细砂与含砾粗砂,208.02~210.07m紫红色粘土,含粒径1~3cm角砾。另据广兴洲农场水井资料,第四纪沉积厚61.96m,土层分布:0~3.00m为砂壤土,3.00~46.00m含泥质细砂,46.00~56.00m含泥质中粗砂,56.00~61.96m含泥砾中粗砂,61.96m为粉砂岩及粉砂质粘土岩等。从上可见:由于第四纪沉积厚度受到琴键式地堑基底的影响,厚度大小悬殊、且岩性差异,前者地处地堑腹地,不仅沉积深厚,而且为河湖相交错沉积,并以湖相为主;后者位处地堑边缘,沉积较薄,且受河流影响,以全新世冲积砂土为主。

③荆江冲湖平原区沉积:主要包括荆北长江与汉江之间的四湖等河间洼地区和荆南的广兴洲地区,按平原第四纪沉积分区,划分为枝江冲积扇区、沙市冲积扇区、云梦洼地区、长湖低阶地区和下荆江河曲及广兴洲地堑区等。除荆江河曲带外,云梦洼地区大致包括返弯湖—白露湖以东,白露湖—重湖以南,第四纪沉积厚度为94~158m,一般达125m以上。现以沉积中心区的江陵秦家场钻孔为例,按剖面从上而下岩性分层于下。

江陵秦家场,孔深158.03m,共分四大层。

1)0.00~16.00m	上部:黄褐色砂壤土和灰褐色粉质壤土	厚度9.50m
	下部:灰黑色淤泥质土夹棕黄色粉质壤土	6.50m
2)16.00~76.40m	上部:粉砂	6.40m
	中部:细砂	41.10m
	下部:中细砂	12.90m

3)76.40～112.45m	上部:砂卵砾石夹泥砾	12.50m
	中部:含砾中细砂	17.10m
	下部:砾卵石	6.40m
4)112.45～158.03m	顶部:灰绿色粘土夹含砾粘土	8.10m
	上部:砂壤土	11.90m
	中部:细砂夹砂壤土	12.50m
	下部:粉细砂与砂壤土互层	13.30m

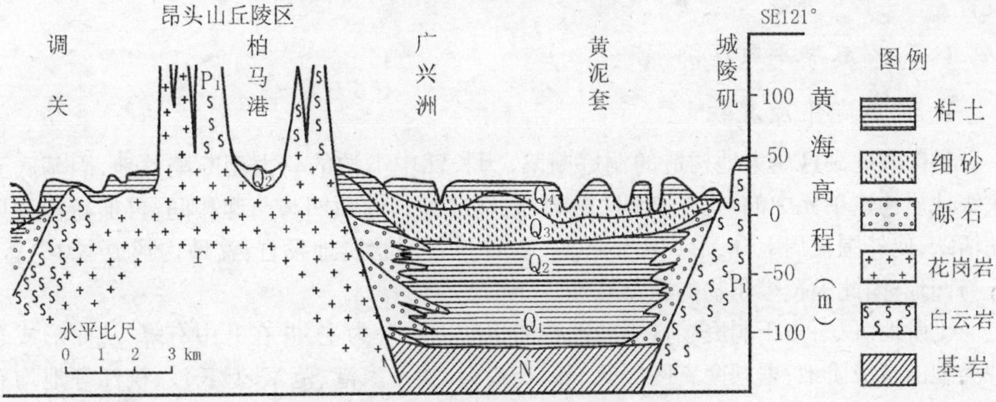

（据长江水利委员会水文局，1980）

图6-2-3 下荆江广兴洲第四纪沉积地质剖面图

综合上述可见,垂向分布:上部以粘性土为主;中上部为砂土,中下部以砂卵砾石为主;下部以粘性土为主,夹部分粉细砂和砾石等。平面分布:位处西部的秦家场等地区上覆粘性土层相对较薄,砂性较强;而东部的洪湖曹市上覆土层增厚,泥质增多。

2. 第四纪沉积的分期特征

早更新世(Q_1)沉积:在丘陵阶地区主要分布于玛瑙河上游沿岸和松滋河以西,厚15～75m,岩性为棕黄色砂砾石等;平原区:埋藏于地面下80～110m,厚20～50m,岩性以灰、黑色砂砾石为主,局部地段100m以下还有泥砾等分布。

中更新世(Q_2)沉积:在丘陵阶地区主要分布在半月山—玛瑙河—松滋河以西和石首残丘及墨山等地,高级阶地为网纹红土,玛瑙河和墨山为红粘土;平原区埋藏于地面50m以下,厚达20～60m,长湖—闸口—线以西多为砂砾石,以东为深灰色砂层,局部有湖相粘土层分布,并含泥砾。

晚更新世(Q_3)沉积:主要分布于江北的枝江—江陵—长湖一线以北和江南的松滋河(东)—南坪—石首一线以南及墨山东麓等大片地区,在上荆江呈喇叭状展布,一般厚30m左右,上部为棕黄色粘土,下部为砂砾石层,组成二元结构。平原区:埋深于3～30m以下,厚17～24m,河床相组成大致在蛟子渊以西的上荆江地区为砂砾石,下游渐变为细砂及砂壤土等,砾石稀少;上部由河漫滩相灰黄色粘土、粉质壤土等粘性土覆盖。

晚更新世(Q_3)至全新世(Q_4)沉积:主要分布于上荆江河段T_1级阶地间的喇叭状河谷内和下荆江的低洼平原地区,一般埋藏于滩面下4.00～8.50m,上部为河漫滩相黄褐色粘土、粉质粘土及粉质壤土等,一般质地粘重;下部为灰褐、黄褐等色细砂层,厚20～30m,多以埋藏阶地出现,阶地面平整,一般以土层较单一为特点。

全新世(Q_4)沉积:主要分布于现代河谷的河床、河漫滩、泛滥平原洼地及湖沼地区,一般厚20~30m。现代河曲平原沉积:河漫滩由黄褐、灰褐等色粉质粘土、粉质壤土等组成;河床相沉积中,上荆江地区为灰褐色中细砂、细砂,底部为砂砾石等,砾石粒径一般小于5cm,且多呈薄层状;下荆江地区河床相沉积为灰褐色细砂,总厚达30m以上。平原湖区的冲湖相沉积:上部以冲积沉积为主,在河漫滩土层中常夹有兰灰、灰褐色湖沼相粘土、重粘土层等,质地粘重,层位稳定,一般厚度:上荆江地区3~5m,较单薄;下荆江平原区厚薄悬殊,薄处数米,厚处可达30m以上,土层含水量较高,多呈淤泥质状态,水平层理发育。

(三)洞庭湖平原区的沉积

1. 洞庭湖平原沉积

荆南洞庭湖区属大地构造的洞庭断陷,为长江中下游的一大型断陷盆地,因基底受次级地质构造单元中的"三凸四凹"影响,而呈琴键式的断凹与凸起相间,再加新构造运动活跃,使外围盆周上升,形成山地丘陵,山麓地带层状阶地发育;盆地内形成盆中"岛"丘与凹地,因此上覆堆积物的厚薄悬殊。

①阶地沉积:由于洞庭湖盆周的新构造运动以上升为主,并在升中有降,从而形成多种类型的多级阶地,据湖南省区测队等调查资料,如千家港、范家园、长沙、桃江等地均有五级阶地发育,阶地类型以基座阶地为主,在T_1与T_2的低级阶地中,常有内迭阶地分布,在长沙和范家园的高级阶地(T_5)中还有埋藏阶地发现。阶地厚度:一般堆积阶地10~30m,基座阶地5~30m,厚薄变化较大;岩性组成:T_1级阶地,上部为黄褐色粉质粘土及粉质壤土,含铁锰质结核,下部为砾石层;T_2级阶地,上部为棕黄或黄红、棕红等色网纹粘土,下部为砾石层;T_3级阶地,上部为网纹红土,下部为砾石层,在千家港等底部尚有漂石分布;T_4级阶地,上部为硃红、暗红等色网纹红土,下部为砾石层,底部多发现有漂砾层分布;T_5级阶地,一般上部为绛红—暗红色网纹粘土,下部为砾石层,范家园的埋藏阶地中砾石与粘土相夹。总的沉积特点:上部为粘土,且颜色一般从新至老由黄褐向棕红—暗红—绛红色转变,下部为砾石层,底部往往有漂石分布。以千家港为例。

T_1级—内叠阶地:堆积厚度大于10~15m,上部为黄褐色含铁锰质胶膜的粘土,下部为砾石层(未出露)。

T_2级—基座阶地:厚15~30m,上部为网纹红土(即红色网纹粘土),下部为砾石层。

T_3级—基座阶地:厚10~40m,上部为锗红色网纹粘土,下部为砾石层,底部为漂砾。

T_4级—基座阶地:厚20~30m,上部为硃红色网纹粘土,下部为砾石层,底部含漂砾。

T_5级—基座阶地:厚20~40m,上部为绛红色网纹粘土,下部为砾石层。

②湖盆平原区沉积:洞庭湖区虽在地貌上从外围→湖盆腹地由低山→丘陵→岗地→平原湖区等呈层状降低;在地层上从前第四系→更新统→全新统,由老至新较有规律分布,但其不均衡的升降和断块的差异运动形成第四纪沉积厚薄悬殊,在地质构造凹陷区的断裂带附近尤为深厚,一般凸起区则相对较薄。如位于洞庭湖东北部的华容隆起成为海拔300m以上的高丘,而广兴洲地堑成为深谷,其第四纪沉积厚度已达200m以上。据洞庭湖构造单元的第四纪沉积厚度特征,洞庭湖区的沉积中心区主要含洞庭湖西南部的澧县—安乡—南县—岳阳一线以南的平原湖区,其中最大沉积中心主要分布于澧县(南)、安乡(西)、目平

湖、塞波嘴、湘阴等一线,并呈长槽状展布,最大厚度可达300m以上,并以赤山为界,分东西两部分,西部以澧县(南)—目平湖等地区为沉积中心,据位于南县—汉寿断裂以东,目平湖断裂以西的ZK149孔揭露,第四系厚度达334.05m;东部以赤山—湘阴间的塞坡咀地区为沉积中心,因洞庭湖的西南部地区受构造影响湖盆基底深凹,由湘、资、沅、澧四水泥沙出口进行堆积充填,第四纪沉积深厚。以黄山头—香铺岭的西洞庭湖剖面图6-2-4为例①,其草尾镇东的塞坡咀沉积厚达172.34m,由砂砾石,粉细砂等砂土和粘土及粉质壤土等粘性土组成,并以砂土为主.按沉积层序的分布组合,基本可分为三大层,上部和下部由土—砂—砂砾石组成大旋回,中部以砂为主,内夹砂砾石等夹层少量。

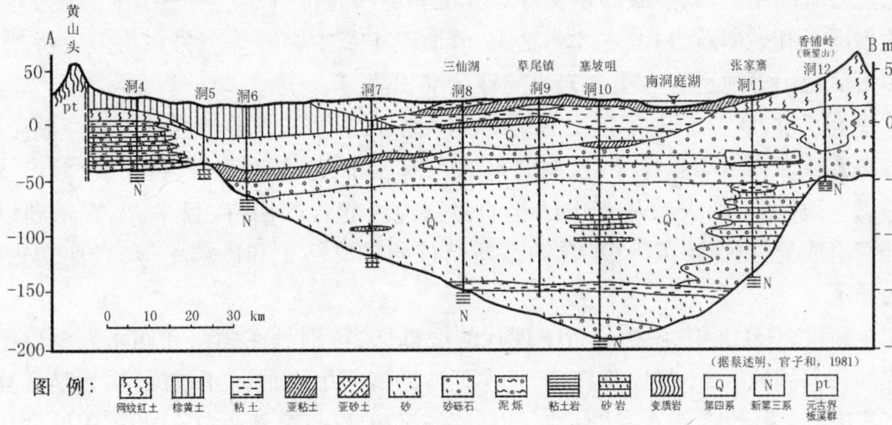

图6-2-4 西洞庭湖第四纪沉积地质剖面图

2. 第四纪沉积的分期特征

据研究②:洞庭湖平原地处大地构造单元的洞庭湖断陷区,受新构造运动的湖周上升和湖盆下降等影响,第四纪沉积发育齐全,且覆盖面积广,厚度大,成因类型含河流相、河湖相、湖相及咸湖相和泥石流相等,总沉积厚度达100~334m。

①早更新世沉积(Q_1):早更新世早期(Q_1^1)沉积:在沉积区中,地表仅见于澧县伍家峪等地,大部埋藏于地面下,含汉寿县鸭子港和公安闸口地区等两个沉积中心,成因类型可分为河相,河湖相及湖相等,沉积厚度为0.9~258m。河流相沉积:岩性组成以砂卵石、砂砾石和砂层等为主,其砾卵石成分为脉石英、硅质岩、石英砂岩、板岩和红色砂岩等;一般粒径为3~5cm,垂向分布上细下粗,在湘江地区的岩性组成为灰绿、灰黄和紫红色粘土、砂质及粉砂质粘土等。湖相沉积:岩性组成为黄灰、棕红、棕黄、灰绿等杂色粘土、粉砂质粘土、中细砂及粉砂等。河湖相沉积:由粘土和砂砾石、中粗砂、粉细砂等组成沉积韵律。

早更新世晚期(Q_1^2)沉积:出露于湖区东部的铜官、湘阳、营田、黄沙街及西南部的毓

①蔡述明,官子和.跨江南北的古云梦泽说是不能存在的——古云梦泽问题讨论之二.中国科学院水生生物研究所,1981年.

②陈宝顺,严正清.洞庭湖区地质发展史及地下水资源评价(洞庭湖区整治开发综合考察研究专题报告,第二篇).湖南省国土委员会办公室,湖南省经济研究中心,1986年.

德铺等地，分布范围宽广，以赤山凸起为界，东部为一沉积中心，厚度达130~141m，西部较薄，厚度为0~90m，北部与江汉盆地相接。岩性组成，在赤山凸起以东为灰黄、灰白色砂、砾砂、砂砾石、砂质粘土、高岭土等，岩屑组成为石英、长石、云母和硅质岩屑等；在赤山凸起以西地区，以及澧县、公安、石首、监利等地，岩性为灰、灰黑、灰绿、蓝灰色砂质粘土、粉质粘土、粘土层等组成韵律，含砾较少。

②中更新世(Q_2)沉积：主要出露于盆周呈带状环绕分布外，腹地如沅江南部、团山寺、黄山头淤泥湖、牛奶湖等地都有大面积分布。岩性组成：地表上部多为网纹红土，下部为砂砾石和砂卵石，并在垂直分布上形成1~3个沉积旋回；在一些地区网纹红土缺失而为灰色粉砂质粘土、粉砂及砂壤土等。其沉积分布特征：以安乡—岳阳一线为界，以南主要为砂砾石和砂卵石，以北主要为粘土，砂质粘土及中细砂等。另在岳阳大桥湖、陈家嘴和津市黄牯山等地还有零星含岩块的混杂堆积等。

③晚更新世(Q_3)沉积：零星出露于沿河岸地带，如湘江下游湖区的汨罗—城陵矶等；地区分布大致以赤山凸起为界，西洞庭呈北东向展布，分布于闸口、黄山头、渡口、常德、桃源等以东地区；东部大致从赤山凸起的西部边缘起含团山寺、目平湖、安乐湖以西地区。岩性组成为棕黄、褐黄等色，含铁锰质结核的砂质粘土和砂壤土等，岩性变化小，相对较为稳定。

④全新世(Q_4)沉积：广泛分布于现代洞庭湖区，特别是在四口和四水入湖口泥沙堆积形成的三角洲地区，不仅面积广，而且在泥沙的沉积中心地区还较深厚，如汉寿县柳林咀的沉积中心，为沅水、澧水和四口在目平湖的沉积区，仅全新世(Q_4)的沉积厚度一般达19.00~42.61m；又如沅江县的草尾、黄茅洲及幸福港等地，为四口、沅水在大通湖的沉积区，全新世(Q_4)的沉积厚度也达18.5~30.0m；另洞庭湖出口与长江交汇地段，沉积厚度亦达9.91~35.21m等。除上述泥沙重点堆积区外，其余一般地区较为单薄。

(四)城陵矶—鄂城河段的沉积

本区位于江汉断陷东部，长期接受长江、汉江和洞庭湖四水泥沙沉积，形成东部江汉平原，因基底受构造断裂影响产生沉积环境的分异，在沙湖—湘阴断裂以东，襄樊—广济断裂以西的大冶台褶带含武汉地区在内，新构造运动产生相对上升，形成三级阶地，沉积厚度相对较小，其断裂以西的江汉断陷区因产生大幅度下降形成深厚沉积。

1. 河谷沉积

①阶地沉积：据中科院地理所等研究，沿江地带主要有三级阶地分布，基本情况如下。

一级阶地(T_1级)：为晚更新世(Q_3)下蜀黄土组成的堆积阶地，沉积物上部由冲积相的棕黄色粘土夹砂和下部的砾石层组成二元结构。一般厚度为20~30m，主要分布于青山下游的葛店、黄冈、鄂城等地，在汉口张公堤一带已成埋藏或半埋藏阶地分布。

二级阶地(T_2级)：为中更新世(Q_2)网纹红土等组成的基座阶地，覆盖层由冲洪积的棕红色网纹粘土、粉质粘土和砾石层等组成，一般厚度为20~50m，主要分布于城陵矶—嘉鱼河段沿江右岸和金口—青山河段两岸。

三级阶地(T_3级)：为早更新世(Q_1)雨花台组砂砾石层组成堆积阶地，沉积物以冲积相砾石层为主，含砂及粘土夹层等，厚度为5~25m，主要分布于城陵矶和阳逻等地。

②平原沉积：东部江汉平原主要分布于城陵矶—金口河段左岸的北部，在武汉青山以东则呈片状与丘陵阶地相间。河漫滩平原区：沿江河漫滩的岩性组成，上部为黄褐、灰褐等色粉质壤土及粉质粘土，局部有淤泥、细砂夹层等分布，下部由灰褐、黄褐色细砂、中细砂及底部的含砾中细砂等组成，呈二元结构，以全新世（Q_4）冲积层为主，部分河床底部尚有更新世沉积的含砾中粗砂等。沉积厚度：洪湖段30～40m，武汉市武昌段30.30m，团风段31.80～35.00m，鄂城樊口段的梁子湖地区，因新构造运动有较大幅度的沉降，局部沉积厚度达69m。全河段除部分较为深厚外，河漫滩厚度多在40.00m以内，并以30～40m为多。冲湖平原区：一般分布于沿江河漫滩平原以内的大平原腹地，城陵矶—武汉河段，主要分布于江北，并集中在城陵矶—金口河段和武汉下游的左右两岸分布。岩性特征：冲积相沉积主要为黄褐色粉质壤土、粉质粘土和中细砂及砾石等；湖沼相沉积以粘土为主，部分为重粘土、粉质壤土等，颗粒细，粘质重，呈灰褐、蓝灰、绿灰、红棕等色，一般埋藏于河漫滩上部的粘性土层内，厚度为3～5m，部分深厚地段达10m以上或呈互层状出现，全河段以城陵矶—金口河段左岸的冲湖平原较为典型，从江岸向平原内部沉积增厚。如洪湖地区一般厚60～90m，最厚达128.85m，西北部的龚场、曹市等地第四纪沉积总厚度达150m以上，现以曹市为例，分层岩性组成于下。

洪湖曹市，孔深150.87m，共分五层。

1)0.00～31.38m	上部：黄褐色粉质壤土	厚度4.90m
	下部：灰黑色淤泥	26.40m
2)31.38～62.46m	砂夹黑灰色粘土	31.00m
3)62.46～93.23m	上部以砂壤土为主，夹粉质壤土和泥砾	
	下部以粉砂为主，夹砂、砂砾和泥砾	31.00m
4)93.23～118.78m	为砂砾石夹薄层砂壤土	26.00m
5)118.78～150.87m	为砂层夹薄层砂砾石和泥砾石等	32.00m

③河床沉积：由于城陵矶—鄂城河段地处沙湖—湘阴断裂以东的大冶褶皱束，新构造运动相对上升，沿江第四纪沉积厚度一般相对较小。据河床洲滩钻孔资料，沉积厚度：白螺南洋洲24.00m，洪湖南门洲34.80m，嘉鱼护县洲28.10m，永贴洲48.15m，簰洲大于59.50m，金口铁板洲23.80m，武汉河床20～30m，沐鹅洲38.50m等，沿江河床洲滩厚度一般小于50.00m，且40.00m以内为主，唯簰洲湾以南地段覆盖层相对较为深厚，最深处可达60m以上。另据遥感资料，沿江河床第四纪覆盖层厚度变化趋势为：城陵矶附近厚度较小，向下游逐渐增厚，螺山—肖子洲等河段相对较厚、变化较小，沙帽山—鄂城段较薄。从上钻孔和遥感资料表明，长江城陵矶—鄂城河段除簰洲湾等局部河段较为深厚外，一般河床沉积厚度普遍较薄，其中尤以分汊河段厚度较小。以团风河段为例：1971年时，该段河床从左至右有罗霍洲、顺洲、东槽、李家洲及人民洲等5洲排列江中，为长江中下游多汊分流的典型河段，河床宽达9100余m，厚度小于40m，一般仅30m左右，以河床宽度大，覆盖厚度较薄为特点。岩性组成：除老洲上部有河漫滩相粉质粘土和粉质壤土外，其他一般由砂壤土和细砂等组成，局部有粘土夹层分布，地质剖面见图6-2-5。

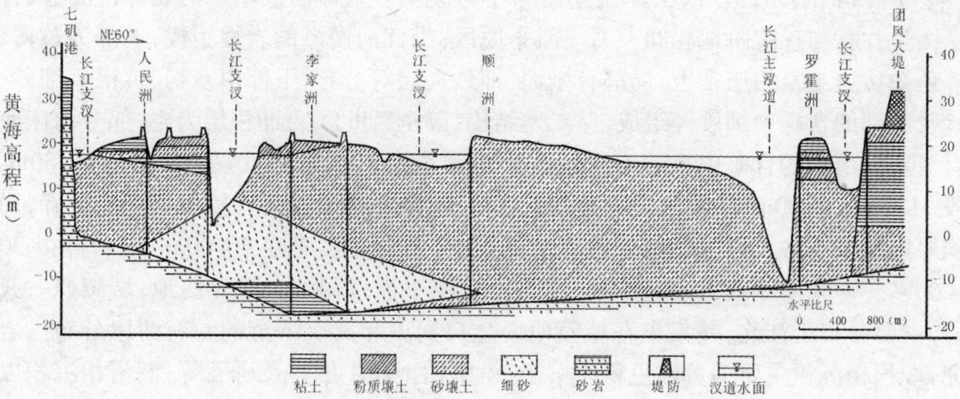

图 6-2-5 长江中游团风河段第四纪沉积地质横剖面图

2. 第四纪沉积的分期特征

由于冲湖平原区第四纪沉积深厚,地层发育较为齐全,分层各具特征。

早、中更新世(Q_1 ~ Q_2)沉积:在聂河—洪湖一线以北地区广泛埋藏,一般埋深于50m以下,覆盖于第三系紫红色砂岩之上,岩性组成以粗、中砂为主,次为砂砾石和粉质壤土及粘土等,砂砾石层层位稳定,而粘性土多呈夹层分布。砾石细小,一般粒径为0.5 ~ 1.0cm,成分为石英岩、石英、燧石、灰岩及火成岩等,厚度为2 ~ 37m;因早更新世(Q_1)与中更新世(Q_2)为连续沉积,故无明显分层,但由砂、砾石沿垂向组成多次旋回。

晚更新世(Q_3)沉积:为冲积沉积,埋藏于平原之下,一般深度大于18m,厚30 ~ 40m,最厚达60m。岩性特征:上部为蓝灰、灰绿等色粘土,含铁锰质结核,粘质重,紧密,干硬,多呈硬塑态;下部以灰褐、灰黄等色细粉砂和中粗砂等为主,局部含1 ~ 5cm砾石,成分为石英岩、石英砂岩、灰岩及燧石等。在垂向构造上自下而上由砂—土组成两套沉积旋回,平面分布由沿江向平原内部增厚,颗粒变细,粘质增重。

全新世(Q_4)沉积:按成因类型以冲积为主,次为湖相、冲湖相和湖沼相等,其中冲积层以沿江河漫滩平原和河床为主,次为泛滥平原的漫滩沉积,范围大,厚度小;湖相沉积多分布于河间洼地及平原低洼地等,冲湖相和湖沼相沉积形成于河湖之间的过渡地段,但大体分布为由沿江向平原内依序为冲积→冲湖积→湖积→湖沼沉积等。岩性组成:一般为砂土、砂壤土、粉质壤土、粘土和淤泥质土等。其中冲积相沉积物中的砂土和砂壤土等较多,砂性较强,而湖沼相沉积物中粘土等较多,并有重粘土发育,一般粘质较重,局部并有泥炭等发育。

二、九江—黄梅平原区

长江自鄂城展转东流,穿过大冶褶皱束的低山丘陵区后进入九江—黄梅平原,过广济后河谷展宽,平原扩展,下游于望江河段因河谷缩窄转入长江下游带状平原区。该河段的平原沉积区主要由长江北岸黄梅—望江冲湖平原和九江以南的鄱阳湖平原等组成。

(一)长江干流河谷的沉积

1. 河谷沉积

①阶地沉积:本河段沿江南北两岸及平原外围共有四级阶地发育,以 T_2 级阶地分布较为广泛。阶地与相关地层:T_1 级—堆积阶地,为晚更新世(Q_3)下蜀黄粘性土;T_2 级—基座阶地,为中更新世(Q_2)网纹红土和砂砾石;T_3 级—堆积阶地,主要为早更新世(Q_1)棕黄色砂、砾石和中更新世(Q_2)棕红色砂、砾石等;T_4 级—堆积阶地,为沙山的深厚沙层。

②黄梅—望江冲湖平原沉积:位于长江广济—望江河段的左岸,沿阶地前缘有埋藏或半埋藏阶地分布,并以阶地上的坳谷为基底形成壅塞湖群,一般冲湖相沉积厚度相对较薄;南部平原为长江河漫滩,沉积厚度增大,上部为河漫滩粘性土,中部以粉细砂为主,底部为棕红色粘土及砾石等,一般分布规律。如九江—黄梅地质横剖面中的北 7 孔有古河道埋藏,粘性土深厚,江右岸为 T_2 级红土阶地,由于现代九江河床已南移至该级冲刷残留的阶地之上,所以河床下基岩埋深较浅,上覆沙层相应单薄(图6-2-6)。关于江左岸的冲湖平原沉积,现以部分钻孔为例,分述于下。

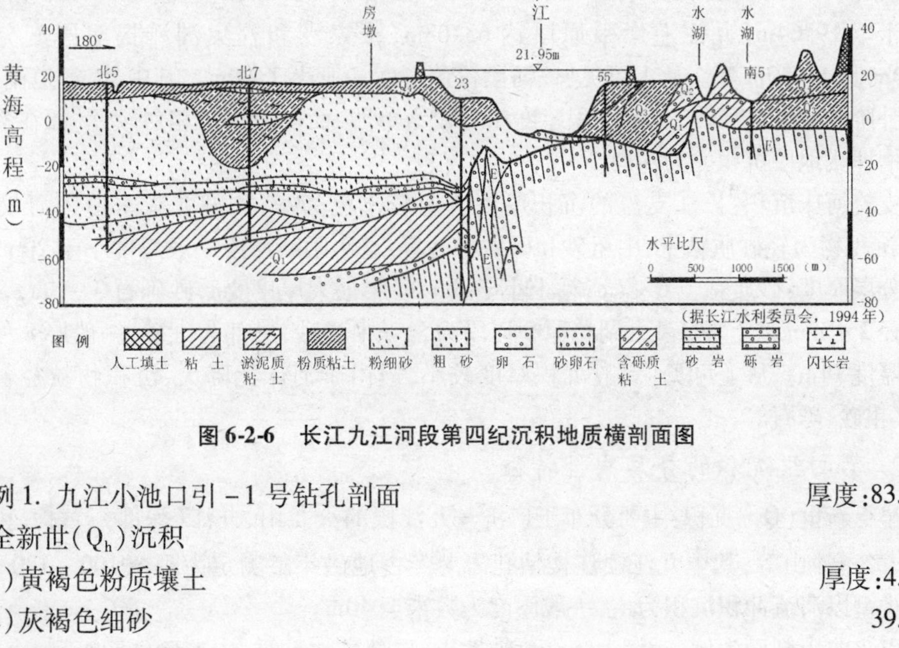

图 6-2-6　长江九江河段第四纪沉积地质横剖面图

例 1. 九江小池口引 -1 号钻孔剖面	厚度:83.20m
全新世(Q_h)沉积	
1)黄褐色粉质壤土	厚度:4.42m
2)灰褐色细砂	39.58m
更新世(Q_p)沉积	
3)黄褐、灰白色中粗砂	13.50m
4)黄褐色砂砾石	5.80m
5)红、黄、灰白等色粘土	14.10m
6)含粘土砾石	5.80m
例 2. 宿松南北口剖面	厚度:38.97m
1)含泥质细粉砂	厚度:13.65m
2)淤泥	7.75m
3)含泥质粉细砂	13.20m

4)中粗砂 1.90m

5)砂砾石 2.47m

例3. 太湖剖面 厚度:13.60m

1)砂土,含粗、中、细砂等 厚度:8.80m

2)砂砾石 4.80m

~~~~~~不整合~~~~~~

下伏地层:花岗片麻岩。

综合上述,九江小池口位于长江左岸,因下埋古河槽沉积深厚,宿松南北口位于平原腹地北部厚度变浅,太湖地处阶地前缘沉积厚度较薄。总的沉积特点为南部河漫滩平原普遍增厚,其中尤以古河道分布区为厚,北部阶地前沿冲湖平原一般变浅。

③河床沉积:按干支流河床洲滩沉积特征分述于下。

干流河床沉积:一般河床洲滩上部以粉质壤土、粉质粘土等粘性土为主,中下部砂性增强,以细砂为主,并含中粗砂及砂砾石等,部分地段粘性土层深厚,个别地段全由粉质壤土或粘土层覆盖。沉积类型:一般以全新世冲积为主;沉积厚度:据该河段沿程钻孔资料,代家洲39.50m,黄石河床2.20~29.10m,散花洲38.70m,鲤鱼洲36.40m,九江河床仅数米至19.64m,九江左岸平原厚达63.68m,张家洲和程集洲滩揭露厚度分别为29.80m及43.50m等。从上可见:该河段覆盖厚度一般小于40m。其中,因江道南移,河床下卧阶地的九江河段,上覆沉积厚度相对较为单薄,而一般洲滩相对较厚,并在有长江古河槽埋藏地段沉积尤为深厚。

支流河床沉积:长江支流的沉积厚度普遍较干流为小,如湖北浠水白莲河仅11~14m,沉积物为轻砂质粘土、中粗砂和砾质粗砂等;富水阳新河段一般厚度小于20m,从上而下分层厚度:砂质粘土6~7m,粘土小于3m,砂层最大厚度8m,砂砾石3~5m,一般砾石粒径2~5cm。又如安徽太湖花凉亭河段为含砾中粗砂,局部为细砂,一般厚8~11m,最大厚度14m。从上可见:一般沉积厚度较小,但由于河床比降大,沉积物粒径普遍较粗,多粗砂、砾石等。

2. 第四纪沉积的分层岩性特征

早更新世(Q_1)沉积:主要分布于广济—九江段的火龙山、九江(深部)、黄梅、望江及湖口、彭泽沙山等,其中九江锁江楼钻孔岩芯经古地磁年龄测定为距今100~180万年,成因类型以河流冲积沉积为主,一般厚度为数米至40m。

以火龙山剖面为例:一般为暗红色粘性土,局部质地粘重,内夹砂砾石等,紧密干硬,呈半胶结状态。据河岸天然剖面、结合坡脚钻孔地层资料总厚32.9m,从上而下分层如下。

①含砾红粘土:以粉质粘土为主,砾石少量,夹灰白色条纹,一般砾石粒径为0.2~0.5cm,以细砾为主,次圆状,成分以石英砂岩、石英岩等为主,燧石少量,厚4.60m。

②砂砾石:以中粗砂为主,含部分砾石,一般砾石粒径为4~5cm,次圆状,以石英砂岩、石英岩等为主,并含燧石、花岗岩等,厚6.00m。

③含粘性土的砂砾石:以中粗砂和砾石为主,泥质重,并含粘性土,一般砾石粒径为2~4cm,呈棱角状和次圆状,成分以石英砂岩、石英岩为主,黑色硅质岩少量,厚9.80m。
~~~~~~

④砂砾石：以中粗砂和砾石为主，砾石粒径一般为3~5cm，粗细有变，呈棱角状至次圆状，成分以石英砂岩、石英岩为主，石英较多，偶夹含砾粘土及中粗砂等夹层，揭露厚度为12.50m。

中更新世(Q_2)沉积：广泛分布于九江平原周边地区，成因类型复杂，主要有残积、坡积、冲积、洪积和冰碛等，其中尤以冲洪积和冲湖积分布较广。岩性组成：上部为网纹红土和含砾粉质壤土，内夹灰白色网纹和铁锰质胶膜，下部为砾石层等组成二元结构，一般厚度小于15m。如九江锁江楼—城子镇一带的二级阶地，上部亦为网纹红土，下部为砾石层等。

晚更新世(Q_3)沉积：主要零星分布于鄂城—广济河段两岸和黄梅—望江平原大官湖等地的T_1阶地区，有的还覆盖于T_2级阶地的中更新世(Q_2)网纹红土之上，如九江锁江楼—城子镇段的网纹红土之上有晚更新世的灰黄色粉砂分布。成因类型复杂，包含冲积、冲坡积、冲洪积，在沉降地区还含冲湖积相的沉积等，一般以冲积相为主，岩性组成为黄棕色粉质壤土、砂质粘土和砾石层等，局部见砂，并含铁锰质结核，一般厚度小于45m。

全新世(Q_4)沉积：主要分布于广济—望江平原和阶地前缘支流沟口的平原湖区，成因类型为河漫滩冲积、湖沼积及冲湖积等。岩性主要由河漫滩相粘性土和河床相的细砂组成二元结构，一般以黄褐色粉质壤土、粉质粘土、砂壤土和细粉砂等为主，部分底部有砂砾石及中粗砂分布，厚度为30.00~43.00m。

(二)鄱阳湖平原的沉积

本区地处江南台隆九岭—怀玉台拱的鄱阳凹陷，新构造运动外围上升，腹地长期沉降，大量接受沉积，除一些"岛"丘外，底部均由第四纪沉积物所覆盖。沉积厚度：入汇前的支流河谷平原一般为5~10m，鄱阳湖区南部赣抚平原的朱港等地最大厚度为76m，至北部湖口江边的梅家洲厚达154m，从支流向湖口的沉积增厚。沉积物的成因类型复杂，除湖周有冰碛和冰水堆积及冲洪积外，还有风成堆积，湖区则为冲积、冲湖积、湖积及湖沼相沉积等。第四纪沉积的分期特征如下。

早更新世(Q_1)沉积：以冲积、湖沼相沉积为主，次为冲洪积等，在湖区及外围如永修永丰、丰城、波阳古县渡、抚河平原、赣江三角洲朱港农场、昌邑西门、松门山及湖口、彭泽等地都有零星分布，有的出露于地表，有的埋藏于地下。从钻孔岩芯见及，以九江一带为代表，九江组早期沉积为冲洪积砾石，分布于标高30~50m的基座阶地之上，覆盖厚度小，一般仅2m左右。晚期沉积可分上下两部分，其下部为砾石层，内夹粉细砂、砂壤土、含粘土的砾石等，呈灰白、浅黄、棕黄等色，砾石成分以石英为主，微胶结，揭露厚度18.68m；上部变细为粉砂、粘土等，呈黄、桔黄、棕黄等色，揭露厚度4.83m。以朱港农场ZK01钻孔剖面为例：上部为灰白色粘土，层厚4m；中下部为中粗砂等组成的砂砾石，厚10m；下伏地层为白垩系紫红色粉砂质泥岩。垂向组成：由上而下粒度由细变粗，形成沉积韵律。

中更新世(Q_2)沉积：在赣、抚、信、饶、修五河近河口地带的河谷地区，以冲积相为主，有三级阶地发育，如傅家村由上、中、下三部分组成，其上部为棕红色的红土，厚2.74m；中部网纹红土，厚2.74m；下部棕红、灰白、黄色砂砾石及含砾中粗砂等，厚8.28m，即由网纹红土和砂砾石组成典型二元结构；但有的河流冲积相沉积中河漫滩相缺失，如朱港ZK01号上部为含泥质的黄色中细砂，中部含砾，下部为砂砾石，一般粒径为1~2.5cm，磨圆度较差。在滨湖地区的冲洪积和冲积沉积，主要分布于鄱阳湖南岸，进贤、余干、波阳等地，一般上部为棕红色均质红土，厚 0.77m；中部为棕红色网纹红土，含石英细砾，厚 2.79m；下部为棕黄色网纹红砾石层，厚 2.27m。在鄱阳湖区及湖滨地带还有泥炭分布，以庐山白石嘴剖面为例：上部为近代沉积的砂砾石，中部为棕红色泥砾及黄色粘土，底部为黑褐色泥炭层，不整合堆积于石炭系灰岩之上。

晚更新世(Q_3)沉积：在河谷地区，以冲积相为主，大多分布于南昌以南的赣抚河谷，组成相高 8~10m 的一级内叠阶地，在临川华溪一带出露，上部为棕黄、棕红等色粉质壤土，局部有夹砂的透镜体；下部为褐黄、棕黄等色中粗砂与砂砾石互层，偶含砂壤土夹层，呈二元结构，全层厚约 6.00m。在滨湖地区，以冲积和湖相沉积为主，并受风成堆积影响，一般将晚更新世堆积物统称下属黄土。平面分布：下部的早期沉积，大体沿赣江呈 NNE 向的带状分布，主要出露于南昌—都昌多宝—星子沙岭—湖口拓矶一线，岩性组成主要由棕红、浅黄、灰白色细砂、中细砂和粗砂等，偶夹含砾中细砂、灰白色粘土等夹层，底部局部有砂砾石分布，厚 7.5~30m；中部的中期沉积，主要分布于九江、湖口、都昌一带，相高 10~20m，岩性组成为棕黄、棕灰等色粘土、粉质壤土、粉砂等含大量铁锰质结核，底部常含细砾，偶见砾石层等，厚度大于 8m。上部的晚期沉积，主要分布于鄱阳湖北部的长江右岸湖口—彭泽和都昌老爷庙永修松门山等一带，一般为相高 30~60m 阶地，其中都昌老爷庙最大高程达 160m，即相高可达 130m 以上，而岩性组成主要为浅黄和棕黄色中细砂、细砂、粉细砂等，内夹多层灰褐、灰黑色粘土，一般质地粘重、纯净，具有层理，并有多种丽贝等发现，厚 15~69m。另据钻孔资料，朱湖农场 ZK01 号下蜀黄土中，表层为中细砂，向深部粒径变粗含砾，底部变为砂砾石，一般粒径为 10mm 左右，最大粒径达 25mm，粒径组成以上细下粗为特点。大量研究表明：鄱阳湖地区晚更新世下属黄土的垂向分布特征，下部为河流相的砂土和砂砾石，中部为泛滥相沉积，以粉砂质粘土与粉砂质壤土为主，顶部的部分地区为风成厚砂层所覆盖。

全新世(Q_4)沉积：以冲积、湖沼和冲湖积等为主。河谷平原区：主要为冲积沉积，一般具二元结构，上部为河漫滩相的灰褐、棕灰、棕褐等色粉质壤土、砂壤土等；下部为灰、灰白色中细砂，含砾粗砂和砂砾石等，厚 5~23m，如修河拓林河床从上至下为中细砂、中粗砂和含砾粗砂等（层中常有淤泥夹层分布），而阶地上部为粘土、砂质粘土，下部为粘土砾石层等。滨湖三角洲地区：以冲湖相沉积为主，其中三角洲平原区岩性组成为棕褐、浅黄和灰白等色粉质壤土、砂壤土和砂砾石等，厚 2~41m。三角洲前缘地区：如东江湖、南湖洲、梅溪嘴、白沙洲等地以湖沼相沉积为主，岩性为灰褐及灰色粉质壤土、粉质粘土、砂壤土或细砂等，局部含淤泥质土，且砂层、土层多具互层状交替，厚 10m 以上；湖区：以湖相沉积为主，岩性组成为灰、灰褐、灰黄等色粘土、粉质壤土等，厚 2~44m。沉积的基本特点，主要表现为泥质重，淤泥质增多，有机含量增高等。

三、长江下游带状平原区

长江下游的望江—镇江河段，地跨下扬子台褶带的苏浙皖陷断褶束和滁巢陷断褶束，由一系列复式褶皱、断裂构造带组成，第四纪以来沿江地带仍以沉降为主，沿程河谷相对宽窄呈段相间，在宽段内的阶地、平原、滩地和河床洲滩发育较好，窄段相对较差。

1. 河谷沉积

①阶地沉积：本河段地面以上有四级阶地发育。T_1 级阶地：相高 10～20m，为堆积阶地，主要由晚更世（Q_3）棕黄色粘土、粉质壤土等下属黄土组成；T_2 级阶地：相高 20～30m，为堆积阶地，主要由中更新世（Q_2）棕黄、棕红色网纹红土和晚更新世（Q_3）棕黄色粉质壤土及砂、砾石等组成；T_3 级阶地：相高 40～50m，为堆积阶地和基座阶地，主要由早更新世（Q_1）棕黄色砂砾石和中更新世（Q_2）早期的棕红色砂砾石组成；T_4 阶地：一般相高 60～80m，个别达 100m，以侵蚀阶地为主，少量堆积物为早更新世（Q_1）黄砂等。全河段分布特点：以 T_1、T_2 两级阶地为主，其中尤以 T_2 级分布较为广泛，T_1 级主要分布于沿江两岸及支流口等，T_3 较为零星，T_4 级少见。另据杨怀仁等研究：由于受末次冰期和新构造运动的沉降等影响，在下游及河口三角洲等河段还有多级埋藏阶地发育，如南京附近的长江滩面下有四级阶地埋藏，高程分别为 -3～-5m、-20～-22m、-36～-43m 和 -60m 等，因现河漫滩高程为 7～11m，即一般埋藏于 10m 以下。

关于阶地第四纪沉积分期特征：从地面阶地的堆积物可见，每级阶地都有相对应的第四系地层和堆积物分布，有关分期特征分述于下。

早更新世（Q_1）沉积：一般以砂砾石为主，分布于 T_3 级以上高级阶地，按第四纪地层分布，从上至下游可分为两组，其一为安庆组：沉积物为冲积相砾石层（含砂夹层），一般厚度小于 15m，主要分布于望江、安庆汙山、马山、贵池以西的太子湖和铜陵的十里长山、东流等；其二为雨花台组：主要分布于芜湖、南京江浦一带和镇江河段两岸的 T_3 级阶地，由冲积相的棕黄色砂、砾石等组成，厚度为数米至 40 余 m，砾石成分以石英、燧石等硅质岩类为主，其次为火山岩、变质岩、赤铁矿和玛瑙石等，一般粒径为 30～40mm，偶夹 0.5～1.0m 漂石，磨圆度、球度等均好，砾间由富含氧化铁的棕红和棕黄色粘土、砂等充填胶结，并含玛瑙石等典型标志，整层可分 2～3 个沉积旋回。以南京雨花台剖面为例分述下。

1）微红色砾石：厚度变化大，层位不稳，部分地段尖灭缺失，厚 0.6～2.0m。

2）暗红色细砂：含细砾，单向韵律性斜层理，厚 0.5m。

3）黄褐色砂砾石：粒径以 40～70mm 为主，扁平状，磨圆度好，成分以石英岩、燧石、脉石英、石英砂岩、灰岩和火山岩、花岗岩及暗色脉岩、石英片岩等，厚 2.5m。

4）黄褐色细砂：含细砾，斜层理发育，厚 0.6m。

5）灰白夹黄色砾石：含砂夹层，粒径小于 20cm，大小混杂，分选差，扁度、磨圆度好，砾石表面有凹面发现，呈水平状排列，夹棕红、棕黄等色粗砂透镜体，厚 4.0m。

下伏地层：新第三系。

中更新世（Q_2）沉积：沿长江及入汇支流河谷广泛分布，南京附近以上的河段内，如安庆马山龙湖以东，武昌湖以西的香口、东流和铜陵附近、茅山、句容西北的坡麓地带、南京燕子矶、清凉山等地均较发育，成因类型复杂，除冲洪积外，还含残积、坡积和冰川等，其中冲积相具有良好的二元结构，上部为河漫滩相的红色网纹红土（含粘土和粉质壤土等），下部为河床相砾石层，一般厚度小于 15m，组成 T_2 级及 T_3 级阶地。以东流 T_2 级基座阶地的剖面为例，具体分层如下。

上覆地层：晚更新世灰黄色粉质壤土和粉砂等，厚 2.0m。

1)网纹红土:厚5m。

2)棕黄色泥砾:砾石粒径10~30mm,分选、磨圆度均较好,层厚不均,一般1m左右。

3)红色泥砾:系由紫红色粘土胶结,粒径1~3cm,分选与磨圆度均好,层厚4m,层位稳定,分布规律。

4)砾岩:由粒径1~20cm砾石杂乱堆积后胶结成岩,分选、磨圆度均较差,砾石成分以灰岩、石英岩、砂岩等为主,厚度大于5m。

~~~~~~~~~~~~不整合~~~~~~~~~~~~

下伏地层:前第四系红色砂岩组成T_2级基座阶地。

晚更新世(Q_3)沉积:除晚更新初期长江下游因气候寒冷,部分山地有冰川及冰缘相堆积外,一般以冲积相为主,沿江零星分布,如安庆(东)、三山街、瓜埠(东)、南京栖霞至扬中砲子洲等一带,沉积物以河漫滩相粘性土为主,常为棕黄色含有铁锰质结核的粘土和粉质壤土等,因形成期气候干燥,下蜀黄土发育,仅个别地段有粉细砂等分布,组成T_1级堆积阶地,厚2~40m。以南京燕子矶汽车站出露剖面为例。

上段:棕红色粘土,结构紧密,常含较多的铁锰质胶膜,有古土壤显示,厚10m。

~~~~~~~~~~~~假整合~~~~~~~~~~~~

下段:灰黄色黄土质粘土,紧密,垂直节理发育,含钙质结核和铁锰质胶膜等,厚6m。

~~~~~~~~~~~~假整合~~~~~~~~~~~~

下卧地层:基岩—碎屑粘土岩。

②平原滩地及河床沉积:含沿江河谷内的河床沉积和河漫滩平原沉积,腹地的冲湖平原沉积及山麓地带的冲坡积等。由于本河段地处新构造运动的升降交错地带,因此在覆盖层深厚地区,除上部的全新世沉积外,下部尚有更新世的沉积物埋藏。现按河谷底部相对宽、窄段分述于下。

1)望江—铜陵窄段:由于两岸低山丘陵广泛分布,河谷受控,平原滩地相对较为狭窄。

平原滩地沉积:由于河谷狭窄,江道南靠,平原多以江北为主,且规模较小。以铜陵横江地质剖面为例,江南平原缺失,江北沿江带状平原狭窄,但一般覆盖层较厚,且均为全新世的冲积相沉积,上部河漫滩沉积以黄褐、灰褐色粉质壤土和粉质粘土等为主,并含淤泥质,厚22~30m;中部为粉细砂和细砂,厚7~19m;下部含砾中粗砂及中细砂等厚5~12m;底部为砂砾石,厚3~6m。一般层位稳定,分布规律,剖面总厚度达51.90~47.33m。另据安徽省地质局323地质队普查钻孔资料①,冲湖平原的沿江地带及平原内部地区如东至、怀宁、安庆、贵池、枞阳、铜陵等地基本为全新世(Q_4)沉积,厚度小于40m,其中大部分厚度都在30m以下,有的层厚仅数米。一般沉积特征:上部以粉质壤土为主,中部为砂壤土或中细砂,下部为砂砾石;在沉积厚度较小地段,多由粉质壤土等粘性土层覆盖,层次较为单一;在沉积物较深厚地段,下部常有砂性土及砾石层分布,组成二元结构。如安庆北郊钻孔资料显示:上部孔深0~8.50m为粉质壤土,中下部8.50~26.30m为砂砾石。

河床沉积:长江干流沉积中,从铜陵河床地质剖面资料见及,该河段因地处无为凹陷区的贵池繁昌褶皱带,两岸山地丘陵临江,河段覆盖层较为单薄,砾石主要堆积在河床两岸的滩地,其中左滩一般厚度为6.05~22.18m,上中部为灰褐色细砂,内有含砾的中粗砂

---

①安徽省地质局323地质队.安徽省水文地质图(1/50万)钻孔综合图表,1979年.
~~~~~~~~~~~~

夹层;右滩的一般厚度为1.50~13.00m,上中部仍为细砂,内有含砾中细砂的夹层零星分布。河床左右滩地底部均有砂砾石层分布,其中以左岸相对较厚,最大厚度为9.05m,一般砾石粒径为20~80mm,大者达100~140mm,但亦有部分小于10mm的细砾分布,砾石的分选和磨圆度均较差,砾间由中粗砂、中细砂等充填,成分以石英砂岩、石英岩为主,灰岩少量,并有火成岩及燧石等发现;河床堆积厚度浅薄,而在深泓地段,基岩出露,堆积物缺失。

支流河床沉积:以靠近阶地前沿的太湖、汗山等的皖水支流河床为例,据钻孔资料反映,一般覆盖层厚10m左右,最大厚度为14m,除全新世的沉积外,还有部分为更新世的沉积。岩性组成:上部为砂壤土和中细砂,下部为含砾中粗砂和砂砾石等。

2)铜陵—马鞍山宽段:本段河谷相对较宽,由江右岸的芜湖平原、江左岸的无为平原及北部的巢湖地区等三部分组成,现以长江芜湖—无为地质横剖面为例,分述如下。

平原滩地沉积:包含芜湖、无为两岸平原区的沉积,因环境差异,沉积亦有异同,江南芜湖平原的沉积:覆盖层厚度①一般为38~58m,上部为粉质粘土和粉质壤土,并夹淤泥质土等,层厚14~50m;中段局部有粉细砂,厚22m;下部为砂砾石,厚22~14m。青戈江、水阳江冲积平原中的芜湖、繁昌、南陵等地区,除芜湖沉积厚近50m外,其余两地因靠近丘陵,覆盖层厚度数米至14.14m。岩性组成:上部为粘性土,中部粉细砂,下部为砂砾石,与长江干流平原分层类同。江北无为平原区的沉积:沉积厚度为55~52m,从上而下由粉质壤土、粉质粘土、细砂和底部含砾砂土等组成,一般层位稳定,分布规律,且沿江地带上部的自然堤段有粉细砂夹层等分布。在无为、含山等地区的少数钻孔资料显示,全新世的一般沉积厚度仅数米至12.74m,普遍偏小,堆积物以粉质壤土为主,次为粉质粘土,仅少部分地区下部有砂壤土等分布。

河床沉积:从长江芜湖—无为横剖面图6-2-7和遥感资料见及,沉积深厚。因当今长江紧靠右岸一侧的基岩斜坡,所以堆积厚度仅24m,以细砂为主,内夹砂壤土夹层等;曹姑洲因邻近古河槽,沉积厚度增大为66m。沉积物岩性组成:上部为细砂,厚2~32m,以洲顶为厚,右汊较薄;中部层底为含砾的中细砂,厚20~30m,层位稳定;底部为早更新世(Q_1)沉积的含砾中细砂。河床左汊及左岸部分平原滩地,下埋古河槽的深厚沉积,第四纪覆盖层总厚度达90m以上,其中早更新世(Q_1)的沉积厚度大于26m。

巢湖地区的沉积:据环巢湖的周边市县钻孔资料②,巢湖南部的巢县、庐江、舒城等地主要为丘陵阶地区,一般沉积厚仅数米;北部合肥及肥东、肥西地区普遍增厚,一般为10~44.45m,其中肥东地区较厚,多达20m以上,最大厚度如撮镇的CK2孔达86.00m,从上而下粉质壤土厚12.50m、粘土厚28.70m,含砂砾的粉质壤土厚21.95m,细砂厚22.85m。

综合上述,本河段沉积特征具有一定规律性,即长江沿线沉积相对较厚,其中埋藏古河槽地段尤为深厚,两岸平原沉积厚度相对减小,靠近丘陵地段进一步变向浅薄,沿岸支流沉积厚度相应变小;而巢湖以北的合肥地区沉积增厚,并且岩性组成亦具特征,即在沉积深厚地段,上部为粘性土,中部砂性土,下部粒径变粗含砾石等,上细下粗,沉积有序,而在沉积浅薄地段主要为粘性土,砂砾层多缺失少见。

---

①长江水利委员会.长江中下游干流河道及两岸地质地貌遥感解译,1994年.

②安徽省地质局323地质队.安徽省水文地质图(1/50万)钻孔综合图表,1979年.

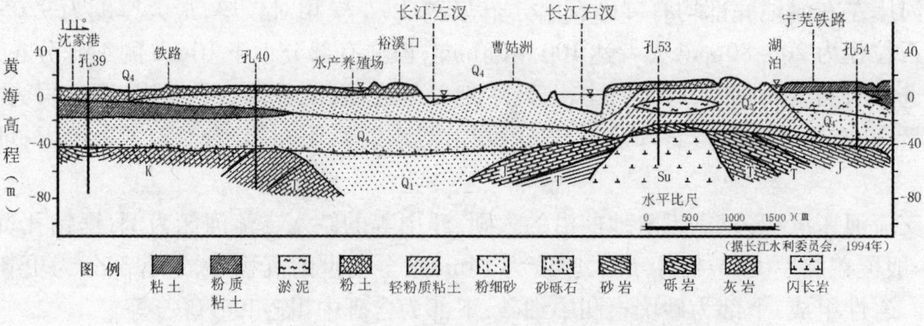

图 6-2-7　长江下游芜湖河段第四纪沉积地质横剖面图

3）马鞍山—镇江段：据地貌特征可分为两个分段，其马鞍山—南京燕子矶段由于受沿江南北两岸晚更新世（Q_3）下蜀黄土阶地以及零星基岩“岛丘”等所控而成窄段，全新世（Q_4）的冲湖平原较为狭窄；燕子矶—仪征段河谷展宽，平原滩地发育；仪征—镇江以东的大港段，除江南有晚更新世（Q_3）的下蜀黄土阶地外，江北地区为宽广的冲湖平原，并因地壳的沉降，第四纪沉积向下游展宽增厚，形成大江南北两岸的显著不对称。

平原滩地沉积：以南京地区为例，经钻孔和遥测遥感资料证明，南京河段的长江古河槽内沉积深厚，并有更新世沉积埋藏，槽外平原滩地区的沉积厚度相对较小。在靠近丘陵的山前地段更为浅薄，其中尤以南京附近的长江横剖面图 6-2-8 较为典型，从该图见及，早更新世的古河槽底高程为 -90m，加 0m 以上地面高程 7 ~ 11m，即总沉积厚达 100m 左右，由于古河槽向江岸东门镇变浅，埋藏阶地由四级变为一级，阶地面高程亦由 -60m 上升至 -3m，随远离河岸，逐级升高，滩面下的沉积厚度相应减薄。又如马鞍山地区，因靠近丘陵，第四纪沉积厚度多在 20m 以内，而沿江河漫滩平原厚度增大，从 215 孔的岩性组成见及，上部为中细砂，中部淤泥质粉质壤土，下部由砂砾石和含砾粉质壤土组成互层，厚 32.80m。再如江北的含山、和县等因远离江岸或邻丘陵地带沉积厚度仅数米至 12.75m，一般小于 15m，沉积物多为全新世冲积相沉积的粉质壤土和粘土等；沿江地带河漫滩平原厚度增大，一般在 40m 左右。

从上可见：南京河段因受两岸阶地和丘陵所限，河谷较窄，部分河漫滩平原不甚发育，沉积物厚度悬殊，一般可分三级，即山前地带小于 20m，河漫滩平原 20 ~ 50m，更新世深切古河槽埋藏地段厚达 50 ~ 100m，总的沉积特点由谷坡向古河槽变深增厚。

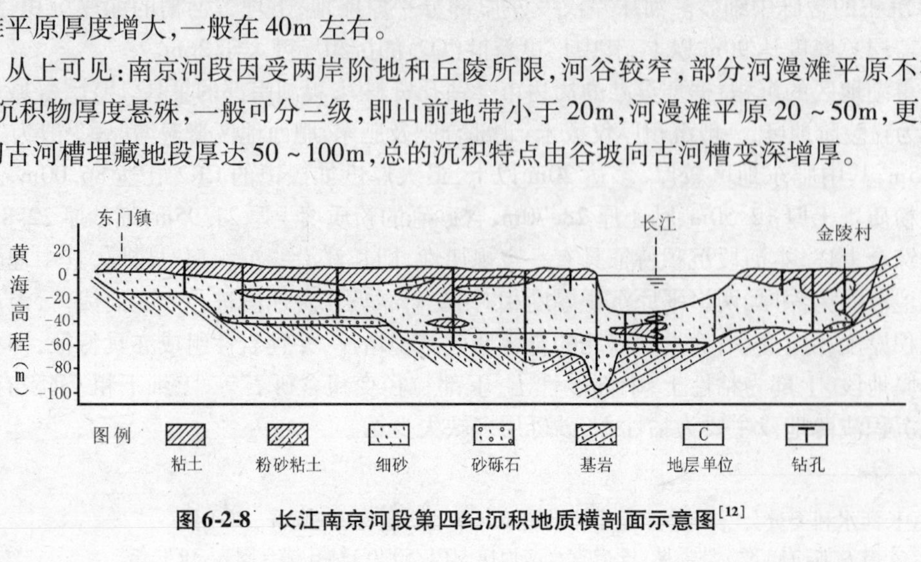

图 6-2-8　长江南京河段第四纪沉积地质横剖面示意图[12]

河床沉积：以南京八卦洲河段为例，该河段为一大型分汊河段，由两汊及两汊间的江心洲—八卦洲等三部分组成。右汊为今大江主泓，据大量钻孔资料，主泓道燕子矶段沉积厚度达64～24m，由南向北增厚。岩性组成：从上而下细砂层厚达57.0～27.1m，其中靠北岸滩唇上部并有厚15.5m的河漫滩相淤泥质粉质壤土分布，河床底部为砂卵石，厚11.0～12.0m。左支汊三道湾段沉积厚35.38～31.25m，上、中部的细砂厚达32.81～28.29m，其中北岸滩唇并含淤泥质粉质壤土夹层等，床底砂砾石厚0.6～2.7m。八卦洲右岸滩地因下埋古河道，沉积厚度达96.68～70.00m，由全新世和晚更新世沉积物组成，沉积厚度由南向北增厚，上部为淤泥质粉质壤土，中部细砂，下部砂砾石，底部为晚更新世砂砾石等；另据遥感资料显示，八卦洲右侧因地处长江古深槽，其沉积厚度从右汊向北增厚达100m以上，跨过古河槽后的左侧滩地，覆盖层厚度变小。从上河床及洲滩岩性组成及沉积厚度可见，总的沉积特点以古河槽最为深厚，古河槽外的两岸滩地普遍减薄；沉积时代，以晚更新世末以来的全新世沉积为主。

第三节　长江三角洲地区的沉积

长江三角洲地处江北的苏北断拗、江南下扬子台褶带的苏浙皖陷断褶束、修水—钱塘轴缘拗陷的钱塘江陷断褶束等几个构造单元的接合部，区域新构造运动长期以沉降为主，另受第四纪冰期气候影响，尤其是末次冰期海面大幅度升降等综合作用，第四纪沉积发育齐全，并形成巨厚堆积。有关沉积的厚度分布，成因类型、岩性特征及第四纪沉积分期等，按太湖平原、长江三角洲平原和水下三角洲等三个大区分述于下。

一、长江陆上三角洲等平原区

(一)太湖平原区的沉积

范围含长江镇江—江阴河段南部的苏南太(湖)北沿江平原和江阴—常熟—太仓一线以南，潮州以北，金坛以东，金山以西的太湖地区。由于在泰县—金坛拗陷带等一系列断陷及凹陷等的地质基础上，又受新构造运动的沉降影响，地势低洼，河湖水网密布，大量接受长江干流及环太湖的支流来沙淤积，发育了较为深厚的第四纪河湖相等沉积。

①平原湖区的沉积厚度分布：苏南太(湖)北的沿江平原第四纪沉积厚度达208.25m，江阴地区虽受残丘山地影响，厚度亦达100.15m，地处江阴下首的黄山—花山间的丘间平原也在100m以上。太湖平原区虽然有丘陵、平原、湖泊等多种地貌类型分布，但沉积厚度仍具较强的规律性，在太湖西北及西南部的基岩山地丘陵区堆积物稀少，覆盖层单薄，在洮湖、湖州的西部地区堆积厚度小于50m，东部地区除一些岛丘堆积厚度小于50m以外，一般都达100m以上。厚度分布大致在镇江—滆 湖(东)—无锡—湖州(东)一线以西，含太湖大部地区沉积厚度为50～100m；东至江阴(东)—沙州—苏州以南的沿太湖(东)一线为100～150m；常熟—阳澄湖(东)—淀山湖—嘉善一带150～200m；太湖东南，杭州湾金山以西大于200m，最大厚度达250m以上。整个太湖平原区第四纪沉积厚度总趋势为自西北向东南的杭州湾金山附近一带增厚(见图6-3-1)。

②第四纪沉积的分期特征：太湖平原第四纪沉积的成因类型，一般环湖地区以冲积相和冲湖相沉积为主，湖区以湖相和湖沼相等沉积为主，海相沉积仅在三角洲的古河谷内等有所发现。沉积物的岩性组成：除小部分粉细砂及中粗砂或砂砾石等砂性土外，一

般以粉质壤土、粘土和少量砂壤土等粘性土为主,以颗粒细为特征,并有淤泥质松软土层发育。地层厚度:在第四纪的沉积物中,以更新世的沉积较为深厚,上覆全新世土层单薄,并以湖沼相沉积为主。以太湖东南湖滨的苏州渡村825孔为例:据孙顺才等研究,第四纪沉积厚度达180m,从上而下分层于下:全新世(Q_4)沉积,埋深0~2m,厚2m,为河湖相粘性土,有泥炭发育。晚更新世(Q_3)沉积,埋深2~70m,厚68m,其中上部埋深2~17m,厚15m,由棕黄色粘土、灰色粘土与粉细砂互层等组成,为湖沼相、浅海相和河口三角洲相等多种沉积类型;中部埋深17~28m,厚11m,为棕褐色粘土夹粉砂或呈互层状;下部埋深33~70m,厚37m,为灰、兰灰和黄绿色粘土等,并含砂夹层。中更新世(Q_2)沉积,埋深70~130m,厚60m,主要为青灰、棕黄等色粘土和细砂等,为湖相和河湖相沉积。早更新世(Q_1)沉积,埋深130~180m,厚50m,主要为粗砾石和砂砾石等,属冲积相沉积,底部为泥灰岩,下伏白垩系基岩。又如苏南太(湖)北沿江平原中的江阴黄山与花山间的丘间平原,据遥感测量剖面,沉积厚度达100m以上,从上而下沉积厚度分别于下:全新世(Q_4)沉积的粉质粘土厚约8m;晚更新世(Q_3)沉积的粉质壤土20m,含砾中细砂和中粗砂等15m,粉质粘土32m;中更新世(Q_2)沉积的粉质壤土13m,砂砾石厚度达12m以上。

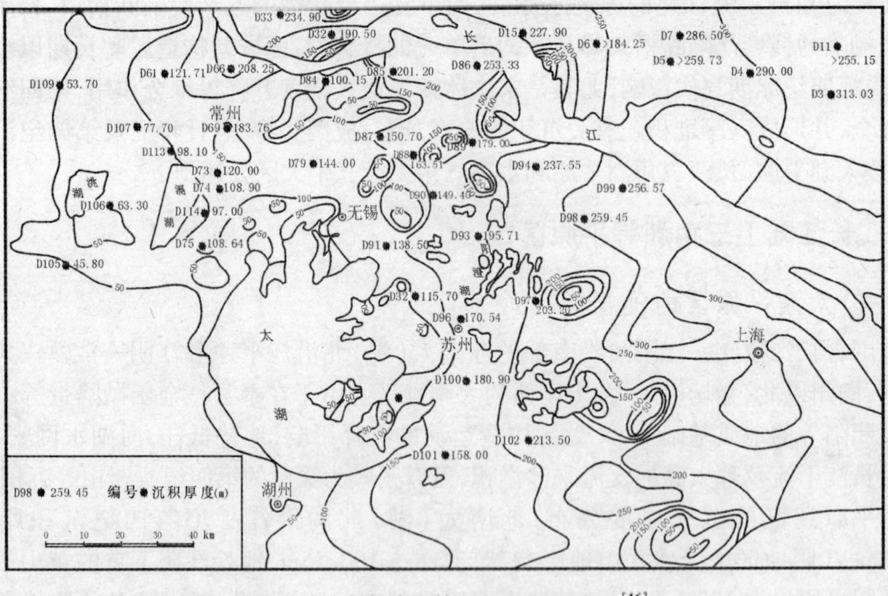

图6-3-1 太湖地区第四纪沉积厚度图[16]

综合上述,太湖平原区以更新世(Q_p)沉积为主,其中尤以晚更新世的(Q_3)沉积最为深厚;全新世(Q_4)的沉积较为单薄。岩性组成:早更新世(Q_1)沉积以河流相的砂砾石为主,粒度较粗;中、晚更新世(Q_2~Q_3)的沉积以湖相和河湖相为主,一般粒度偏细,多粘性土;全新世(Q_4)沉积,以湖沼相和冲湖相粘性土为主,并有泥炭发育。

(二)长江三角洲平原区的沉积

按该区地质地貌条件及沉积环境,划分为镇江—江阴段苏北平原,江阴—启东段苏北平原,近河口段苏南平原和上海平原及崇明岛等5个沉积区,现分区叙述于下:

1. 镇江—江阴段的苏北平原区沉积

该河段范围含江南山前平原、江北平原和长江河床等三部分,因南靠残丘,山麓平原滩地较窄，一般冲湖相沉积不甚发育，而江北平原广阔，河床等第四纪沉积深厚，现以长江水利委员会勘测总队，1993 年江阴河段西山的横江地质剖面资料为例分述于下。

①平原沉积厚度：江南平原区河岸漫滩加山前坡地宽仅 220 ~ 230m，覆盖层含冲积和冲坡积等。据 ZKC7 孔厚度仅 17.0m，全为冲积层的细砂，其余坡地仅 0 ~ 0.3m，以坡积碎石等为主。江北平原区：因地处长江的近河口区北岸，平原面积宽广，沉积巨厚，从图 6-3-1 显示，苏北沿江平原中的泰兴 D_{33} 孔和靖江的 D_{32} 孔第四孔沉积厚度分别达 234.9m 与 190.5m。另据江阴至靖江的长江地质横剖面资料揭露：沉积厚度由江南的 71.7m 增加到江北平原的 101.9m 以上，沉积物分布除沿江受深切古河槽影响，槽内堆积较为深厚外，并有由长江河床向北部平原腹地增厚趋势。岩性组成为粉质壤土、粘土、砂壤土、粉细砂、含砾中细砂及中粗砂和砾石等。

②河床沉积厚度：由于新构造运动的长期沉降，一般河床沉积较为深厚，据河床水上钻孔资料揭露，沉积厚度达 109.0 ~ 64.0m，在河床的沉积中，以河床中段为厚，靠南岸为主泓，因水深大，床面低达海拔 -52.03m，因此第四纪沉积相对较薄。在河床沉积物中，由于边滩上覆河漫滩相沉积的粉质壤土及粘土等较少，因此以河床相砂层及含砾砂土等的砂性土为主。

③第四纪沉积的分期特征：长江河床和南岸的山前沿江平原及北岸的苏北平原等沉积物的成因类型，包含第四纪更新世（Q_1 ~ Q_3）和全新世（Q_4）等时期的冲积、冲湖积和坡积等沉积。其中江北平原区主要为晚更新世和全新世的沉积，层位稳定，分布规律；江南平原区因面积窄小，沉积物以全新世的沉积为主；唯河床沉积发育齐全，且沉积深厚。

全新世（Q_4）沉积：上部岩性组成以黄褐、灰褐等色粉质壤土为主，间夹青灰色粉细砂，局部为砂壤土等，厚 3 ~ 20m，主要分布于河床及江南滩地；中部为青灰、浅灰、黄褐等色粉细砂，局部含细砾等，厚 14 ~ 27m；下部为黄褐、灰褐等色粉质壤土，局部含砾及铁锰质结核等，分布于河床和江北平原及江南沿河岸滩地；底部为灰褐色粉细砂层，层厚 2 ~ 17m。其中沿江地带区，主要由上部的粉质壤土（含粉细砂夹层）和下部的粉细砂组成二元结构，沉积厚度约 40m。北部平原腹地区，则由粉质壤土（含砂及砂壤土夹层）和粉细砂（局部含砾）等组成两套沉积旋回，沉积厚度一般为 58 ~ 40m。

晚更新世（Q_3）沉积：岩性组成为青灰、灰褐等色含砾中粗砂与中细砂夹粉质壤土和砂壤土等透镜体，局部呈半胶结状态，普遍分布于江北平原区和长江河床，厚 56 ~ 15m，一般厚 50 ~ 33m。

早、中更新世（Q_1 ~ Q_2）沉积：上部为蓝灰色，下部为棕褐色硬粘土，含铁锰质和钙质结核，河床局部含碎块石和砂砾石等，主要分布于今河床及江北平原沿岸地带的古河槽内，厚 43.0 ~ 11.5m。

2. 江阴—启东（东）段的苏北平原区沉积

范围包括泰州—曲塘—海安—吕四以南，长江沿岸一线以北的苏北三角洲平原地区。

①沉积厚度：据钻孔资料揭露，第四纪沉积厚度：靖江 190.50m，南通 227.90m，三阳附近 290.00m，启东东北达 313.03m；沉积厚度分布：大致在靖江以南沿江地段小于 200m，从靖江至南通与海门间为 200 ~ 250m，东至启东为 250 ~ 300m，启东以东的长江口平原区一般达 300m 以上，除局部地区外，一般从上向下游呈增厚趋势。

②第四纪沉积物的岩性组成：一般以粘性土为主，其中粉质壤土较多，次为砂壤土和粉砂质粘土等，所含砂土颗粒较细，多为粉细砂等之类。有关岩性组成实例于下：

例 1：南通 64 号遥感剖面：揭露厚度 100m（未穿透）。

1)粉质壤土 厚度6.5m
2)细砂 10.5m
3)粉质壤土与砂壤土互层 20.0m
4)粉质壤土 36.0m
5)粉质壤土与砂壤土互层 23.0m
6)砂砾石 揭露厚度4.0m

其中:全新世(Q_4)沉积37.0m,以晚更新世(Q_3)沉积为主,厚达63.0m。

例2:启东钻孔,上部为粉砂质粘土,中部为砂壤土与粉砂质粘土互层,下部为粉砂质粘土,至300m尚未穿透,从揭露地层岩性,以粘性土层为主,其中粉砂质粘土尤为发育。

3.近河口段的苏南平原区沉积

苏南平原大致含江阴—河口段的长江以南,江阴—常熟—奉贤(南)一线以北,浏河以西的江南三角洲平原区,下游与上海平原区相接。

①沉积厚度:第四纪沉积厚度除福山地区受下埋的"岛状"残丘影响,第四纪覆盖层较为单薄,厚仅50m外,一般沉积厚度达150~300余m,并且从上游向下游增厚。关于沉积物的岩性特征以张家港东附近的3号孔为例,揭露厚度100.00m。从上而下分层岩性组成为粉质壤土厚度约6.0m,粉质粘土厚16.00m,粉细砂厚4.00m,砂壤土厚10.00m,粉质粘土厚14.00m,砂壤土厚40.00m,砂砾石厚大于10.00m(未穿透),其中以粘性土层为主,累计厚度达86.00m。

②第四纪沉积物的分期岩性特征:上部为全新世(Q_4)沉积,厚度为36.00m,由粉质壤土、粉质粘土、粉细砂和砂壤土等组成三角洲相的一个沉积旋回;下部为更新世(Q_p)的沉积,揭露厚度为64.0m,由粉质粘土与砂壤土(上段)和砂壤土(下段)与砂砾石等组成两个沉积旋回。

4.上海平原区沉积

①沉积厚度:上海三角洲平原区含北自浏河,东含南汇咀,南抵奉贤及西南的金山咀等杭州湾北岸的广大地区。据研究①:上海地区断裂构造发育,由一些凹陷和凸起构造组成基底,上部为新生代以来堆积形成的巨厚疏松层。沿海地带厚度:北部的浏河地区厚达460~360m,川沙为360m,宝山(北)—南汇的南部一般为300m,南汇—奉贤(东)为300~220m,奉贤(东)—金山咀为220~100m,总体厚度由大变小(图6-3-2)。其中可分为两大段:长江沿岸带由西北向东南的下游减薄;杭州湾沿岸带自南汇咀向西南的金山咀减薄。在疏松堆积层中,包含新第三纪和第四纪的堆积,其中又以第四纪堆积层最为深厚,据横穿上海市区一线的地质大剖面图资料显示,自淀山湖畔的青浦—长江口岸顾路,第四纪的沉积厚度达250~300余m,由西向东增厚。另如上海以东的长江1号孔,第四纪的沉积厚度亦达310.10m。总之,上海平原区中,无论整个疏松层还是第四纪的沉积厚度都具有由北向南减薄,由西向东增厚,即向长江河槽一线增厚的基本特征。

②第四纪沉积的分期特征:该区第四纪沉积物的厚度以早更新世沉积为厚。成因类型以冲、湖相的陆相沉积为主,含部分滨海—浅海相沉积。分期成因类型:早更新世以冲、湖相为主,中更世由陆相向海相过渡,晚更新世为湖、海相交替,全新世变为冲、海、湖

①上海市海岸带和海涂资源调查领导小组.上海市海岸带和海涂资源综合调查报告,1986年.

相交替，以冲积相为主。按沉积物岩性组成，一般以粉质壤土、粘土和砂壤土等粘性土为主，砂性土中粉细砂相对较多，中细砂及中粗少量，砂砾石仅在深部少有见及。有关本区沉积物的岩性组成以长江 1 号孔为例说明。

长江 1 号孔位于上海以东，滨临长江口，地理坐标：X：121°35，Y：31°19，厚度 310.10m（黄慧玲等，1996 年）。

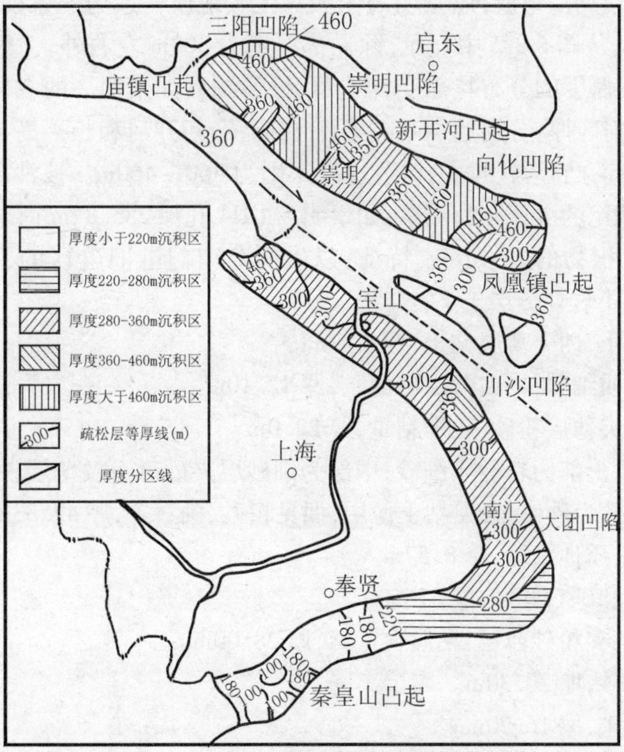

（据上海市海岸带和海涂资源调查领导小组。1986年）

图 6-3-2 长江口上海地区沿岸及崇明岛等疏松层厚度分区示意图

全新世（Q_4）沉积：按从上而下层序由褐黄、灰褐、褐灰等色砂壤土（夹粉砂）和灰色粉砂质粘土组成，其中段由粉砂质粘土和上部的砂壤土等组成向上变粗的反向韵律，沉积相为河口—浅海—河口海湾相沉积，厚度 24.35m。

晚更新世（Q_3）沉积：上段为暗绿及褐黄色硬粘土和粉砂，中段为灰色砂壤土与粉砂互层，下段为深灰及灰色细粉砂夹褐灰色砂壤土、中细砂夹含砾中粗砂等。其中以灰色砂壤土与粉砂互层和深灰色细粉砂等为主。沉积物除上段为湖沼相沉积外，中、下段均为浅海相，沉积厚度为 62.65m。

中更新世（Q_2）沉积：上段为棕灰及灰绿色粉砂质粘土和褐灰、棕灰色砂壤土，灰及深灰等色细砂和砾质粗砂，中细砂等组成。本段上部以粘性土为主，下部为细砂，中砂和砾质粗砂等；粒度组成以上下部较细，中部较粗，全段以砂土为主，为河口—滨海—河口相沉积，厚 56.58m。

早更新世（Q_1）沉积：上部为蓝灰、褐黄等色砂壤土、细砂和灰黄、褐灰色粉质粘土、粉细砂及中砂等，属湖沼—河流相沉积，层厚 35.32m；中部除层顶有棕灰色砂壤土分布外，其余均为灰色细砂、中细砂、中粗砂和砾质粗砂等，粒度组成以砂土为主，具有下粗上细、颗粒偏粗的特点，为河流相沉积；下部以蓝灰及褐色砂壤土和粉细砂、中砂为主，并夹部分褐黄及蓝灰等粉砂质粘土等，以河流相沉积为主，厚72.5m。总厚166.52m，下伏新第三纪紫红色粉砂及粘土岩等。

5.崇明岛区的沉积

①沉积厚度：位于长江三角洲的苏南平原和苏北平原间的长江河口内，由崇明岛、长兴岛和横沙岛等诸列岛组成，以崇明岛为大。区域地质构造为一系列凸起和凹陷相间，疏松层沉积深厚，从图6-3-2中显示，除局部厚度为300m左右外，一般都达360m以上，部分超过460m。厚度的分布特点受构造单元所控制，如崇明岛的三阳凹陷、崇明凹陷、向化凹陷等区相对较厚，分别达460m以上；在庙镇、新开河和长兴岛与横沙岛的凸起区一般为280～360m；凸起与凹陷的构造过渡区则为360～460m。该沙岛地区疏松层的沉积巨厚，相应第四纪的沉积亦为深厚，如崇明岛CH4孔深286.87m尚未穿透。

②第四纪沉积物的岩性组成特征：以崇明岛南门港旧电厂的CH4孔为例，孔深286.87m，从上而下岩性分层于下：

1)灰色砂壤土，内夹薄层粘土，厚7.5m。

2)灰色粉砂质细砂，内夹薄层砂壤土，厚12.10m。

3)灰色粘土夹薄层粉砂，质地粘重，厚22.0m。

4)灰色细砂，上部为粉砂质细砂；中部为细砂层夹砂砾石及薄层粉砂，细砂层中偶夹粗砂、砾石等；下部为砂壤土，夹粘土薄层，偶见粗砂、砾石等，厚47.33m。

5)杂色粘土，质地粘重，厚8.57m。

6)灰色细砂和砾石互层，厚57.50m。

7)杂色粘土，夹粉砂薄层，粘质含量高，厚28.00m。

8)粉砂质细砂，厚20.30m。

9)杂色硬粘土，厚16.70m。

10)粉砂质砂壤土与粉砂质粘土互层，厚26.00m。

11)细砂与砾石互层，厚28.00m。

12)杂色粉砂质粘土，厚12.87m。

本孔为海陆相交替沉积，构成多次沉积旋回，下部含砾石等，全层以河流冲积相为主，沉积时代据热发光测年结果：孔深105.5～105.7m，岩芯年龄为(95000±4700)a；孔深134.0～134.2m，年龄为(157000±6800)a，在取样段内均属晚更新世(Q_3)沉积，下部为第四纪的中、早更新世沉积。全新世沉积物的岩性组成：在长江口的崇明、长兴、横沙等沙岛地区，一般沉积厚度达50～60m，古河槽区增厚，在全新世时期发育了一整套海进海退的沉积体系。

二、长江水下三角洲沉积区

①全新世(Q_4)沉积的厚度分布：据上海海洋地质调查局浅地震剖面地质解释资料(图6-3-3)，从长江口水下三角洲全新世(Q_4)的沉积厚度分布可见：在长江口门附近形成近南北向的沿岸沉积带，一般宽150～200km，沉积厚度在靠近长江口沿岸地带沉积较厚，分别于南、北支口门外形成两个沉积中心，其一，为启东沉积区：由岸外水下三角洲和启东陆上三角洲相连为一体，组成厚度为20m以上的大型沉积区，一般厚度大于30m，最大

厚度达65m以上。此外,其东南还有20m以上的零星岛状堆积体等分布。其二,为位于南支口外的“岛”状沉积区,由长江南槽河口向东南延伸至嵊泗列岛附近,沉积厚度分别达30~40m及25~30m。其余广大沉积区的一般厚度为10~30m,并向东外海急剧减薄趋零;向南面积扩大,但厚度相对减小,总体形成一条厚度大于20m,沿岸由北向南,宽度约为50~100km的水下三角洲沉积带。

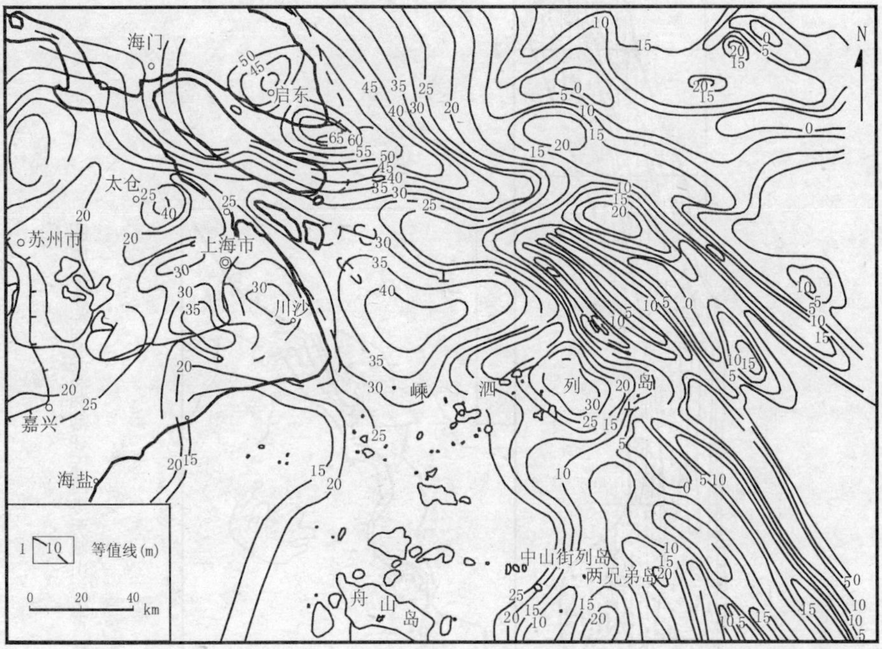

图6-3-3 长江三角洲第四纪全新世沉积厚度分布图[18]

②全新世(Q_4)沉积的分期岩性特征:由于长江的喇叭形河口特宽,流速减缓,大量细颗粒泥砂发生沉积,从钻孔资料见及,仪征以下纵向沿程至河口除夹部分海相砂质粘土外,一般以冲—海相粉细砂为主;至长江口的崇明岛东南转为以粉砂质粘土为主,并夹淤泥及粉细砂等夹层,向外海泥质普遍增重,颗粒变细(图6-3-4)。

长江水下三角洲全新世(Q_4)沉积分期岩性组成主要由粉砂质粘土和粉细砂等组成,尤以粉质粘土为多,并从早全新世至晚全新世呈现增多趋势。如东海鸡骨礁钻孔CH1,孔深99.00m以中晚更新世沉积为主,其中全新世沉积厚度为36.28m,岩性分层于下。

CH1孔。位置:东海鸡骨礁,坐标:X:122°34′48″E,Y:31°10′N全新世(Q_4)沉积岩性分层。

1)0~3.39m,灰棕色粘土,含薄层粉砂。

2)3.39~10.00m,灰色粘土,夹粉砂薄层少量。

3)10.00~19.09m,灰色粘土,含少量粉砂。

4)19.09~22.79m,灰色粘土,其中19.09~19.50m,夹粉砂页层。

5)22.79~34.70m,灰色粘土,含少量粉质薄层。

6)34.70~35.30m,灰黄色细砂,顶部夹有结核和泥炭等。

7)35.30~38.80m,其中35.30~36.28m为灰色粘土;36.28m以下变为晚更新世沉积的灰色粉砂,夹泥呈层。

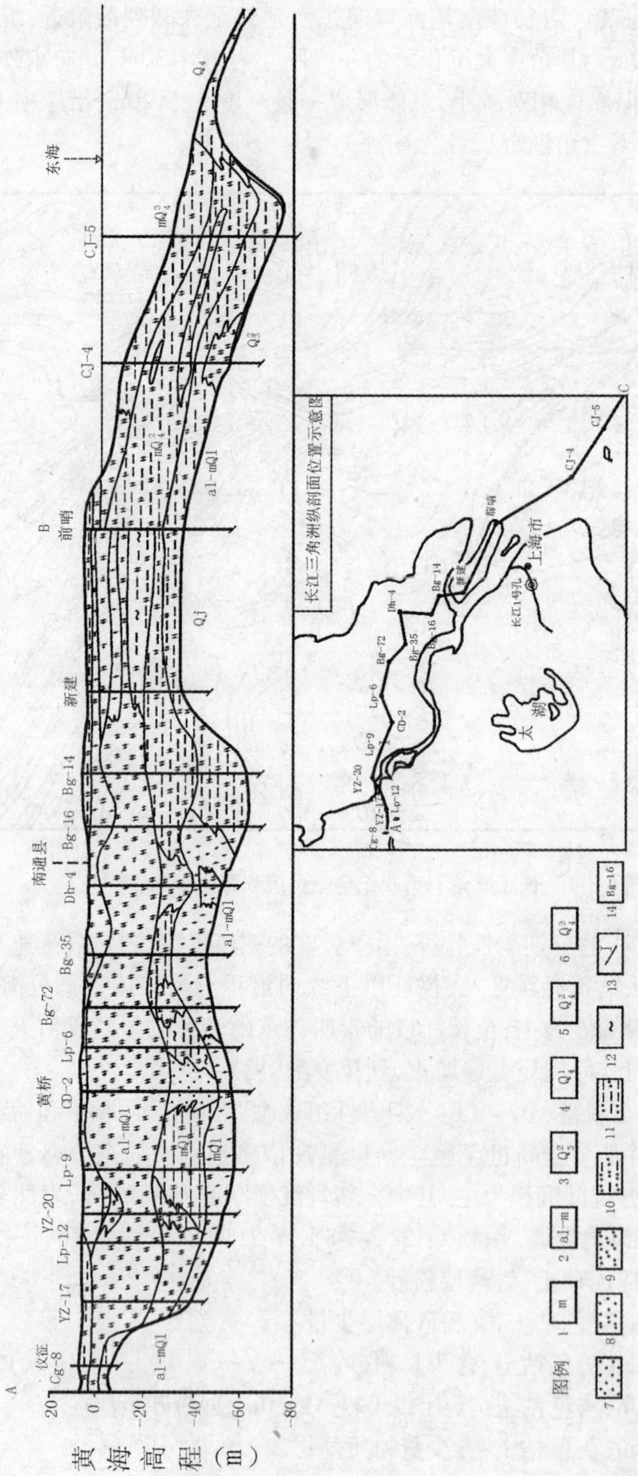

1. 海积；2. 冲海积；3. 晚更新世晚期；4. 早全新世；5. 中全新世；6. 晚全新世；7. 细砂；8. 粉砂质砂；
9. 粉砂；10. 粘土质粉砂；11. 粉砂质粘土；12. 淤泥；13. 剖面线；14. 钻孔及编号；

图6-3-4 长江三角洲第四纪全新世沉积地质纵剖面图[18]

按其沉积相,除全新世(Q_4)沉积下部为三角洲边缘相外,上中部都为三角洲的前积层与底积层,均为水下三角洲的沉积。岩性组成,仅除局部夹有粉细砂夹层外,一般基本为灰色粘土,以泥质较重、颗粒细为基本特征。

第四节 长江第四纪沉积物特征

一、第四纪沉积的空间分布

(一)流域第四纪主要沉积区的分布

1.平面分布特征

长江流域的泥沙堆积主要由八大沉积区组成,除汉江支流南阳盆地外,长江从江源至河口流经青南高原盆谷区、金沙江的南北向构造断裂带、四川盆地、江汉—洞庭平原、九江—黄梅平原、芜湖—无为的皖中平原和长江河口三角洲等七大泥沙主要沉积区,在宏观地貌上纵向以长江为轴线组成串珠状展布,并随河口三角洲的发展而向东海延伸。

由于受新构造运动升降、气候的冷暖波动和人类活动等因素影响,经长江的历史演变,其泥沙沉积中心在部分河段的平面上亦发生演变。长江上游的干支流因受山地丘陵控制,其大支流水系的重点堆积区如金沙江的支流雅砻江及安宁河谷和四川盆地岷江的成都平原等都位于其江北,所以长江上游堆积区仍以江北为主。长江中下游平原河谷系统的堆积中,由于受新构造运动向南掀斜影响,长江干流江道南迁,北岸支流向南延伸,而南岸因河道紧靠山地丘陵,平原滩地多较窄小,河谷堆积以江北为主;但由于水流向南汇聚,江南地区相继形成洞庭湖、鄱阳湖、太湖等系列湖群,并有众多支流入汇输入大量泥沙,从而成为当今区域性的泥沙沉积中心。沉积区的平面分布虽总体组成仍沿长江一线,但经历史时期的演变,泥沙堆积中心已由江北转向江南,由河谷转向盆地与湖泊,并且出口东海大陆架的泥沙堆积亦相继向南增强,总之无论盆地和湖泊、河口的泥沙沉积中心都呈现向南呈扩展的趋势。

2.厚度分布特征

长江上游因喜山运动的上升,青南高原大幅度隆起,差异性断裂强烈,并形成一些大小断陷盆地,一般盆谷区面积大,堆积厚度小,但有的断陷盆地深度甚大,因此形成第四纪的巨厚堆积。如青南江源当曲支流布曲温泉断陷谷,据物探资料,第四纪沉积厚度约达1000m;金沙江南北向断裂带上支流安宁河的西昌邛海面积29.6km^2,厚度约达1000m;昆明盆地面积1061km^2,沉积中心的滇池面积306.3km^2,其中草海堆积厚度达1100m以上;四川盆地的成都平原面积约达6000km^2,以郫县为沉积中心的最大厚度达540m。长江中下游地区:如江汉—洞庭平原面积达6.876万km^2,其中江汉平原沉积中心的曹市厚150.87m,张家沟厚167m,秦家场厚158m;洞庭湖(南)沅江凹陷的第四纪沉积厚度达300m以上;鄱阳湖的赣抚平原面积1.152万km^2,湖心朱港一带沉积厚度为76m,湖口梅家洲厚达154m。长江三角洲面积5.18万km^2,其中太湖平原东部厚度为213.50m,长江口的上海地区,含崇明岛等厚达300~350m。综合上述:宜宾上游的金沙江及青南江源地区的断陷盆地一般面积相对较小,深度大,第四纪沉积巨厚;宜宾下游含四川盆地和长江中下游地区的断(拗)陷区域则面积较大而厚度相对减小;长江三角洲平原区的面积及沉积厚度都较大,唯长江口外水下三角洲以河口沙岛为顶点,出口泥沙向外扩散,堆积面积扩大,厚度较小。

(二)长江河谷第四纪沉积的垂向分布

1. 河谷阶地的沉积分布特征

长江河谷是泥沙堆积的重要场地,但受新构造运动和气候等多因素影响而形成不同类型,因流域区的新构造运动为西升东降,长江上游河段地处上升地区,沿河谷形成多级阶地,一般以基座阶地和部分侵蚀阶地为主,而在流域东部沉降区的长江中下游平原河段,阶地级数减少,而且分布亦相对低矮,以基座阶地和堆积阶地为主,并多埋藏阶地分布。由于新构造运动升降和第四纪气候的波动产生差异,沿程阶地分布呈高低波状起伏,阶地类型亦随河段发生转变。

①阶地的纵向分布:从长江阶地相对高度表6-4-1可见:金沙江上游玉树直门达共有三级阶地发育,最高为T_4,与现代河床相对高度40m,至邓柯T_9相高增加到200~250m,登木通T_{10}相高300~350m,大具坝T_9相高230m,中江街T_8为160~180m,巧家$T_7$100~150m,新市镇$T_6$80~100m等,一般为基座阶地,泥沙堆积的相对高度在金沙江段形成一条以邓柯及登木通河段为顶点的大弧形上凸。过新市镇后进入四川盆地区,阶地级数减少,宜宾—万县河段仅有五级阶地发育,一般为四级,并以中低级基座阶地为主,相高125~174m,其中宜宾130m,泸州145m,重庆125~160m;过重庆后因河谷逐渐变窄,阶地增高,万县达164~174m,云阳河段有T_7阶地发育,相对高度达210~220m。奉节—宜昌段有十级阶地发育,因地处新构造运动的隆起上升区,相高增大,奉节T_{10}达300~400m,巫山T_{10}增加到400~410m,巴东T_{10}为370~380m,平善坝T_9为300m,宜昌T_5为102m,从而形成以奉节、巫山为顶点的大弧形线,但以侵蚀阶地为主,其堆积物仅分布于T_1~T_3的基座阶地,相高15~100m,以20~60m为主,其中唯平善坝有T_9分布,相高达300m。长江中下游河段中的宜昌—松滋口河段,地处三峡山地与江汉大平原过渡地段的低山丘陵区,有六级阶地发育,主要以基座阶地为主,并有部分堆积阶地发育,其中古老背—陈二口河段相高达114~132m。过松滋口后,长江进入中下游的江汉平原,阶地级数减少,相对高度降低,一般仅有二、三级发育,并以堆积阶地为主。其中相对高度:枝江T_3为17~22m,塔市驿T_3为18m,荆江地区还有埋藏阶地分布,一般埋藏3~5m,深处可达8m。城陵矶以下的中下游平原中两岸阶地发育,如黄冈T_1为10~20m,安庆T_2为30m,至南京因两岸多丘陵阶地,河谷变窄,带状平原地段T_3相对高度上升为45~60m。过镇江后进入长江三角洲平原,一般阶地被全新世沉积的泥沙所覆盖而成埋藏阶地,据研究有三至四级阶地埋藏(表6-4-2),最大埋深达-40~-60m。长江口外东海水下三角洲亦有两级阶地比较发育,其中第二级相当于长江三角洲的T_4级,埋深达-50~-60m等。综合上述:从金沙江上游直门达—长江口,由沿江系列阶地的相对高度组成一条波折起伏的曲线,其中包含邓柯—登木通、长江三峡和武穴、南京等几个弧形隆起段与相间的四川盆地、江汉平原、长江中下游(武穴—马鞍山)的一般段及下凹段和长江三角洲的下凹埋藏段等组成。

②阶地堆积物的时代特征:从前人有关阶地的大量研究表明,第四纪的沉积物分布

不仅有较强的地段性，而且还有显著的沉积时代特征：如金沙江的直门达—宜宾段的 T_1 阶地为晚更新世（Q_3）沉积，相对高度为 5～10m；T_2～T_3 为中更新世（Q_2）沉积，相高 10～30m；T_4～T_6 为早更新世（Q_1）沉积，相高 40～100m；T_7 以上为前第四纪的沉积。又如长江三角洲平原和水上三角洲地区，主要为埋藏阶地，$-T_1$～$-T_2$ 属全新世（Q_4）沉积，埋藏于海面以下，相对深度为 0～－33m；埋藏阶地 $-T_3$～$-T_4$ 为晚更新世（Q_3）的末次冰期沉积，埋深－40～－60m 等。表 6-4-1（a）、（b）和表 6-4-2 系列阶地沉积物的地质时代及相对高度等特征表明：在长江的上、中、下游地段中，出露于地面以上阶地的相对高度愈大，则沉积物的形成时代相对愈早；在同一地段的阶地中，其相对高度小，形成时代则相对较晚。在长江中下游的平原湖区多有埋藏阶地分布，同一地段埋藏愈深，沉积时代相对愈早，埋藏愈浅，沉积时代相对较晚。长江中下游平原湖区的埋藏阶地一般较浅，在芜湖以下渐深，尤以南京及河口三角洲的埋藏阶地较为深厚典型。关于分段阶地类型，一般长江上游河段多为基座阶地，而三峡河段多侵蚀阶地；长江中下游低级阶地多堆积阶地，T_3 级以上多为基座阶地。总之阶地的堆积相对以低级阶地为主。

表 6-4-1(a) **长江阶地相对高度表**

阶地级数 \ 相对高度(m) \ 河段	金沙江河段								川江河段				
	直门达	邓柯	登木通	奔子栏	大具坝	中江街	巧家	新市镇	宜宾	泸州	重庆	万县	云阳
T_{12}													
T_{11}													
T_{10}			300～350⊙										
T_9		200～250⊙	200～220⊙		230△								
T_8		160△	150～160⊙			160～180※							
T_7		110～120⊙			130⊙		100～150⊙						210～220⊙
T_6				70～75⊙	95⊙			80～100△					145～160⊙
T_5				50～55⊙	60※	45～60※	40～60⊙	50～60⊙	130⊙	145⊙	125～160⊙	164～174△	100～115⊙
T_4	40⊙	40※							100△	100～108⊙	100～110⊙	114～144△	
T_3	18～20※	20～25※		23※			20※	20～30⊙	75⊙		50～70⊙		
T_2		10※		10※		15～20※			40△	40～50⊙	40～50⊙	64～74⊙	
T_1	5～6※	5～6※							17※	16～20⊙	20～30※	44～54⊙	42⊙
备注	阶地时代：T_1—晚更新世（Q_3） T_2～T_3—中更新世（Q_2） T_4～T_5—早更新世（Q_1） T_6—早更新世初（Q_1）～新第三纪末 T_6 以上为前第四纪沉积 资料来源：沈玉昌，1965 年												

注：※堆积阶地，⊙基座阶地，△侵蚀阶地。

表 6-4-1（b） **长江阶地相对高度表**

阶地级数 \ 相对高度（m） \ 河段	三峡河段			中下游河段							
	奉节	巫山	三斗坪	宜昌	古老背	陈二口	枝江	塔市驿	黄冈（左右两岸）	安庆	南京
T_{12}											
T_{11}											
T_{10}	300～400△	400～410△									
T_9		350～360△									
T_8	290～310△	330～340△									
T_7		230～240△									
T_6	190～210△	160～170△	160△		133⊙	114～124⊙					
T_5	110～136△		105～110△	102⊙	93～103⊙	74⊙					
T_4			80～90△	71⊙	63～73⊙						
T_3	100⊙			31～41⊙	33※		17～22※	约 18⊙			45～60⊙
T_2	70～80⊙	70～80⊙	30～50△	16～26⊙	13～18※	9※	7※	8※		30※	20～40※
T_1	50～60⊙	50⊙	15～20⊙	8～11※	6～8※			3※	10～20※	10～20※	10～20※
备注	阶地时代：T_1—晚更新世（Q_3） T_2～T_3—中更新世（Q_2） T_4～T_5—早更新世（Q_1） T_6—早更新世初（Q_1）～新第三系末 T_6 以上为前第四纪沉积 资料来源：沈玉昌，1965 年			阶地时代：T_1—全新世（Q_4） T_2～T_3—晚更新世（Q_3） T_4～T_6—中更新世（Q_2） 资料来源：杨怀仁、唐日长、唐法贤、郭厚祯等，1999 年				阶地时代：T_1—晚更新世（Q_3） T_2—中更新世（Q_2） T_3—早更新世（Q_1） 资料来源：1）濮静娟等，1985 年 2）杨怀仁等，1995 年			

注：※堆积阶地 ⊙基座阶地 △侵蚀阶地

表 6-4-2　　长江三角洲埋藏阶地及水下三角洲台阶相对深度表

相对深度(m)　河段 埋藏阶地级数	长江三角洲地区				东海大陆架水下三角洲
	镇江—扬州地区	江阴—海安地区	南通—福山地区	上海—启东地区	
$-T_1$	0 ~ −10	0 ~ −10			
$-T_2$		−18 ~ −33	−20 ~ −30	−20	−20 ~ −30
$-T_3$		−40 ~ −44	−45 ~ −50	−40	
$-T_4$	约 −60		−55 ~ −60		−50 ~ −60
备　注	埋藏阶地时代： $-T_1 \sim -T_2$ 为全新世(Q_4) $-T_3 \sim -T_4$ 为晚更新世(Q_3) 资料来源：1. 杨怀仁，徐馨，杨达源，袁家柱等，1995 年 2. 同济大学海洋地质系，1978 年				$-T_2$ 为全新世(Q_4) $-T_4$ 为晚更新世(Q_3)

2. 滩地及河床的沉积厚度特征

长江沿程的泥沙沉积厚度虽受区域地质、地貌和来水、来沙等多因素影响而有较大差异，但宏观还有规律可循。据河床和洲滩等钻孔及物探资料，长江上游河段的沉积除局部断陷盆地和古深槽等河段沉积较为深厚外，一般河床沉积厚度较小，或局部缺失而基岩裸露；长江中下游平原河段，新构造运动长期以沉降为主，泥沙沉积向下游增厚，在河谷的第四纪沉积中，尤以更新世的沉积为厚。全新世的沉积因受到末次冰期东海面下降影响，深切古河槽内的沉积亦较深厚，从全新世古河槽的槽底高程表 6-4-3 见及，中下游河段普遍向下游规律增厚，其中尤以南京下游河段增幅为大。

表 6-4-3　　长江中下游及河口三角洲全新世(Q_4)古河槽深度表

项目　河段	沙市	武汉	鄂城	九江	安庆	铜陵	芜湖	南京	镇江	江阴	南通	东海水下三角洲
古深槽底高程(m)	−5 ~ −15	−25	−22	−33	−45	−42	−45 ~ −55	−90	−80 ~ −90	−88	−70 ~ −80	−90 ~ −100

综合上述：在长江中下游河谷的第四纪沉积厚度中，阶地与河床及洲滩的厚度比较，大致以松滋口为界，上游河段的阶地累计厚度往往大于一般河床的堆积厚度，其中尤以松滋陈二口最为典型，如大山坡 T_6 级阶地的网纹红土加下部砾石层总厚度达 100m 左右，而该河段关洲河床沙卵石厚度仅 20 余 m，阶地的累计厚度远大于河床厚度。在松滋口下游的长江中下游平原河段，一般河床的沉积厚度大于地面上阶地的累计厚度，典型实例如南京河段地面以上三级阶地，堆积厚度最大为 40 余 m，而河床滩面下的沉积厚度达 70 ~ 100m。综合可见，河谷的堆积厚度与新构造运动的升降紧密相关，在长江上游高山峡谷河段，新构造运动的强烈上升区，一般阶地及河床沉积都较单薄，甚至完全缺失；但在长江中上游新构造运动有升有降河段，一般阶地累计厚度往往大于河床及滩地；在长江中下游长期以沉降为主的河段，一般河床及滩地沉积厚度远大于阶地。

二、第四纪沉积物的成因类型与岩性组成特征

1. 第四纪沉积物的成因类型与岩性组成特征

由于长江流经山地丘陵和断陷盆地及平原湖泊等不同的地貌区，再加受第四纪新构造运动升降和气候及来水来沙条件等多因素影响，历史上水系多经变迁，使沿程沉积物的岩性组成、成因类型、沉积厚度等各具特征，现以主要沉积区及典型钻孔为例分述于表 6-4-4(a)、(b)。

表 6-4-4（a） 长江第四纪沉积典型地段的成因类型及岩性组成特征表

地层岩性 沉积时代		青南江源地区（以青藏公路沿线剖面为例）	攀西地区	四川盆地区	荆江平原区	洞庭湖平原区
第四纪	全新世（Q_4）	以冰水堆积和冲积为主，在可可西里盆地为湖积和冰水冲洪积等。T_1 阶地砂砾石厚 2～4m；青藏公路 60 道斑为现代冰川堆积，由灰色泥质漂砾组成。厚度大于 4.4m	以冲洪积为主，含部分重力侵蚀的崩塌滑坡等。上、中、下三段均以砂砾石为主。厚 44m	盆地西北部地区：为冲积和冲洪积层，以砂和砂砾石为主，冲洪积层上部为粘土及粉质壤土，厚 0～30m，下部砂砾石大于 30m。盆地平原区：为冲积和冲洪积沉积，广泛分布于平原地区，河床两岸河漫滩由砂砾石和上覆粘土组成。一般厚小于 20m	以监利火把堤钻孔剖面为例，为河湖相沉积。上部为灰绿色粘土和粉质壤土；下部为灰褐色、深灰色粉细砂夹砂壤土。厚 31m	以塞坡咀钻孔为例：为冲湖相沉积。上中部以黄褐、深黄等色粘土和粉质壤土为主；下部为灰及灰黑色粉细砂。厚 22.33m
	晚更新世（Q_3）	巴颜喀拉山地区主要为冰碛、冰水相沉积及洪积等。其中冰碛层以西大滩等为代表，灰色泥质漂砾为基础，局部有冰水相砂砾覆盖。厚 100～200m	上段上部为冲湖相沉积，由砂砾石和粉质壤土及粘土组成韵律和冰碛碎石层等；中部为河湖相沉积，以冲积为主，由砾石、细粉砂及粘土组成层状韵律；下部为冰碛块碎石。厚度大于 320m	盆地西北部地区：上部为广汉粘土，由冲积相的棕黄色粘土和灰黄、棕黄色粗砂砾石组成，厚大于 5m；下部为冰碛层，如二道坪绿灰色泥砾厚达 78m 以上。盆地平原区：由棕黄色粉质粘土组成的成都粘土和粉砂质粘土、砂壤土等组成的广汉粘土及砂砾石层等，为冰水相和冲积相沉积。成都粘土厚 0～28m	以潜江张金河钻孔剖面为例，为河湖相沉积，以冲积为主。上部为黄绿、灰黑色粘土和细砂；中部为灰黄、灰黑色粉细砂与中粗砂；下部为砂砾石等。厚 51m	河流相沉积，由黄褐及灰色粉质壤土、砂壤土与灰色砂砾石组成上细下粗韵律。厚 39.95m
	中更新世（Q_2）	在惊仙谷和沱沱河南以冰碛为主，由泥砾组成。厚 10～50m	在金沙江的炳草岗、雅砻江的牙谷台子和安宁河的德昌等地均有出露，以冲积为主。上部为网纹红土；中下部 T_4、T_5 为红土砾石层等。厚度大于 22m	盆地西北部地区：主要由杂色冰积砾石层和网状红土组成。如瓦达山冰积砾石层厚达 50 余 m，广汉、大邑等地粉质壤土夹砾石，厚约数十米，一般地区有数十米网纹红土覆盖。盆地平原区：上覆以砾石层和棕黄色砂质粘土为主的网纹红土，厚约 40m；下部为冰碛雅安砾石层。厚 230m	以公安罗家场钻孔剖面为例，冲积相沉积。上部为灰绿、灰黑色砂壤土、细砂和砂砾石；下部为黑色中细砂和砂砾石等。厚 58m	河流相沉积，以灰黄、深黄色粉细砂为主，中部有灰白色砾石层分布。厚 58.69m
	早更新世（Q_1）	昆仑山垭口盆地上部为河湖相，中部冰水相、下部为冰碛层含巨大漂石；治多县垭口盆地中上部由砂砾石和粘土、粉质壤土交替呈层，以砂砾石为主；底部为粉细砂、粘土等。层厚 505m	本区上部为湖相沉积，由黄色细砂岩与灰杂色粘土岩薄层组成互层；中部为灰色粘土岩与黄色细砂岩互层，属湖相沉积；下部为砾岩，属河流相沉积。厚 250m	盆地西北部地区：主要分布于河谷两岸，以冲湖相沉积为主，为砂砾石夹粉质壤土等，如峨嵋西凉水井厚度大于 104m。盆地平原地区：为冰碛和冰水相沉积，上部为网纹红土，局部砂砾石厚达 86m；下部为雅安砾石层。厚大于 127	以江陵县秦家场钻孔剖面为例，河湖相沉积。上部为灰绿色粘土，顶部有泥砾石夹层分布；下部为深灰色砂壤土和粉细砂等。厚 38m	为河流相沉积，以灰、灰黄色砂层和棕红、红黄等色粘土为主，底部含砂砾石层等。厚 51.57m
资料来源		青海地质矿产局 1991 年	陈富斌 赵永涛 1988 年	周摹林等 1988 年	杨怀仁、唐日长、孙昌万等 1999 年	蔡述明官子和 1981 年

表 6-4-4（b）　长江第四纪沉积典型地段的成因类型及岩性组成特征表

地层岩性 / 沉积时代 \ 地区		鄱阳湖地区	长江中下游平原区（城陵矶—江阴河段）	太湖平原区	长江三角洲地区（以上海长江1号孔为例）	东海 长江水下三角洲（以CH1号孔为例）
第四纪	全新世（Q_4）	为冲洪积和冲湖相沉积，上部为褐黄色粉质粘土和粉细砂；中部为灰黑色淤泥质粘土，厚度小，分布广；下部为灰黄色砂砾石夹粉质粘土。厚2～23m	中游段：冲湖相沉积，广泛分布沿江两岸。上部为黄褐、灰褐色粘土和粉质壤土、砂壤土等；下部为河床相细砂，局部夹淤泥质土及砂砾石。下游段：分布于沿江河漫滩，由河床相粉细砂及砂砾石和河漫滩相的湖沼相粘土、粉质壤土组成。厚度：中游10～40m，下游>50m	河沼相沉积，棕黄色粘土，内夹泥炭等。厚2m	如东组：为浅海、河口三角洲及湖相沉积。上部为褐灰色砂壤土；中部以褐灰及灰色粉砂质粘土和砂壤土；下部为灰色粉砂质粘土夹砂壤土等。厚24.35m	河口三角洲沉积，为灰、灰棕、灰褐等色粘土，粉砂夹层少量。厚35.30m
	晚更新世（Q_3）	以冲湖相沉积为主，次为冲洪积沉积。上部为砂山堆积，以黄色中粗砂为主，内夹淤泥质土夹层，底部为细砂砾石；中部为棕黄色粉质粘土，厚度大，分布广；下部为灰黄色砂及砾石层。厚0～45m	中游段：以葛店—广济段为代表，冲积相沉积，由棕黄色粘土、粉质壤土、夹砂及砂砾石等组成，厚20～30m。下游段：如贵池、无为地区、马鞍山、镇江及江阴沿江 T_1、T_2 广泛分布，由冲洪积黄色粉质壤土、砂质粘土和砾石等组成。厚2～40m	上部：为河口三角洲及滨海相的棕黄色粘土和灰色粘土与粉细砂互层；中部：属滨海及三角洲前缘相沉积，为棕褐色粘土夹粉砂；下部：以湖相为主，为灰、兰灰色粘土等。厚68m	嘉善组：为浅海相沉积。上部为灰、灰绿色粉砂和砂壤土；下部为灰、深灰色砂壤土与粉砂，一般呈互层状，底部夹粘土薄层。全塘组：浅海相沉积，上部为灰、深灰色细粉砂；下部为灰及深灰色粉砂夹砂壤土和灰色中细砂夹含砾中粗砂等。厚65.65m	以湖相为主，内夹层状海滨沉积。顶部：为灰色粘土，夹层状泥炭；上部以深灰及灰黄色粉砂为主，局部与粉砂质粘土构成互层状；下部为黄杂色砂砾石等。厚48.94m
	中更新世（Q_2）	上中部以冲湖相沉积为主，下部为冲洪积相沉积。岩性组成特征：上部为棕红色及棕黄色砂壤土和粉质粘土；中部为棕红色网纹红土；下部为棕黄色砂、砾石层等。厚3～35m	中游段：在洪湖—嘉鱼和金口—青山段为冲洪积红色砾石和网纹红粘土、棕红色粉质壤土等组成，厚20～50m。下游段：网纹红土在干支流广泛分布，组成 T_2、T_3，另为冲洪积红色粘土砾石层。厚小于15m	为河湖相沉积，岩性组成以青灰、黄绿、棕黄等色粘土或粉砂质粘土为主，局部为夹粉细砂层等，全层以上部多砂，下部土色转黄呈棕黄等色为基本特点。厚约60m	嘉定组：为滨海及河口沉积。上部为棕灰、深灰色砂壤土和粉质粘土；中部为深灰及浅灰色中细砂和砾质粗砂等；下部为兰灰、绿灰和灰色等粉细砂和砂壤土。厚56.58m	冲湖相沉积，为灰绿色粘土含细砂夹层。揭露厚度14.76m
	早更新世（Q_1）	为冲洪积和冲湖相沉积，上部为灰白、浅黄棕色粘土和砂层等；下部为灰白色、杂色等砂砾石。厚0～14m	中游段：城陵矶及阳逻等地为冲积相砾石及砂砾石等，内夹细砂和粘土夹层，厚5～25m。下游段：雨花台组以冲积相砾石层为主，在镇江河段组成阶地，厚度~40m；安庆组冲积相砾石夹砂层，在望江、安庆、铜陵等地组成 T_1、T_2。厚>15m	以河流相冲积和冲洪积为主。岩性组成以砂砾石为主，局部夹棕黄、灰绿等色粘土，底部为泥灰岩等，厚约50m	安亭组：上部除灰黄、褐黄色粉砂质粘土外，一般为兰灰、灰黄色砂壤土和粉砂；中部：为灰及深灰色粉细砂和砾质中粗砂等；下部为兰灰、灰黄色砂壤土，粉质粘土，灰黄、褐黄色粉细砂和中砂等，局部含砾，为冲积相沉积。厚<166.52m	
资料来源		朱海虹　张本等 1997年	长江水利委员会水文局 1983年	孙顺才、黄漪平 1993年	黄慧珍、唐保根、杨文达等 1996年	秦蕴珊，赵一阳等　1987年

长江上游地段：主体以砂砾石为主，但在沉积时空分布上存在差异。青南江源地区：因地处青藏高原，气候寒冷，沉积类型中冰碛物广泛分布，据青藏公路沿线出露剖面资料，从早更新世（Q_1）至全新世（Q_4）的地层中，除冰碛层外，还有冰水堆积和冲洪积及湖积层等分布。在岩性组成中除砂砾石外，局部地段还夹粘性土层等。如治多县垭口盆地的早更新世（Q_1）剖面，以砂砾石和粘土为主，并夹漂砾等。此外还有粉质壤土以及细砂等夹层分布，部分地段以粘土为主，内夹砂砾石，底部还为黑色粘土与灰色粉砂互层等。金沙江段攀西地区：早更新世（Q_1）沉积的昔格组湖相地层深厚，如金沙江、雅砻江、安宁河及邻区岷江支流大渡河等的断陷盆地内都广泛分布，岩性组成以粘土岩和细砂岩等为主；中更新世（Q_2）沉积以砂砾石为主，上覆网纹红土；晚更新世（Q_3）沉积含巨厚冰川碎石层，并由砾石、粉细砂和粘土等组成粗细相间的沉积韵律；全新世（Q_4）的沉积均为砂砾石，主要分布于河床、滩地及阶地等。第四纪沉积的垂向分布特征，一般下部早期沉积物相对较细，上部晚期沉积物变粗，组成下细上粗的岩性垂向分布特征，以攀西地区为典型。四川盆地平原区：早、中更新世（Q_1、Q_2）沉积，由冰期的雅安砾石层和间冰期的网纹红土等组成两套沉积韵律；晚更新世（Q_3）沉积由冰水相的砂砾石、成都粘土和间冰期的广汉粘土等组成；全新世（Q_4）沉积为冲积和冲洪积的砂砾石为主，并夹部分粘性土等，可见第四纪沉积剖面的岩性组成中虽砾石和粘土交替呈层，但总体仍以砂砾石为主。三峡河段：因河谷狭窄、岸坡陡峻，虽阶地发育，但以侵蚀阶地为主，一般堆积物稀少（残坡积除外）。因此以全新世的河床和冲积扇的砾石层为主，部分河口有漂砾分布。综合上述：长江上游地区的第四纪沉积物中，粗组堆积以青南高原区的冰碛砾石层和四川盆地平原区的雅安砾石层等更新世（Q_p）的沉积和沿江河床及冲积扇（锥）的全新世（Q_4）砾石层等为代表；细组的粘土和砂土等沉积，以攀西地区昔格达组中的湖积粘土层（Q_1）和四川盆地的网纹红土（Q_2）及广汉粘土（Q_3）等为典型。虽然在长江上游地区的地层中，沉积物有粗细组的交错，但其沉积的主体仍以砂砾石等为主，尤其全新世的堆积物一般以颗粒较粗为基本特征。

长江中下游地段：宜昌—枝江河段更新世（Q_P）的沉积主要分布于沿岸阶地，其中宜昌下游虎牙滩—松滋口段阶地粘性土层相对单薄，砾石层巨厚，累计厚达100m；全新世（Q_4）的沉积则主要由河床相的中细砂及砂砾石和河漫滩相粘性土组成。松滋口以下的上荆江平原区，下埋深厚的更新世（Q_P）砂砾石层，如沙市河段厚达100m左右；全新世（Q_4）沉积由河床相的中细砂及部分砂砾石和上覆冲湖粘土、粉质壤土等粘性土层组成二元结构；下荆江平原区主要由河床相的细砂与上部的冲湖相粘土、粉质壤土等组成沉积韵律，在平原深部亦有砂卵石等粗粒埋藏，所以上下荆江平原地区第四纪沉积的垂向分布特点，上部为粘性土，中部为砂，下部沉积为砂与砂砾石呈层，地层剖面呈现下粗上细特征，在沉积深厚地段并组成多次沉积旋回。城陵矶下游河段：沿岸阶地主要由下部砂砾石和上覆河漫滩相粘性土组成，呈二元结构；平原区上部为冲湖相粘性土，中下部由细粉砂与中粗砂及砂砾石等组成沉积韵律，沉积时代：上部为全新世沉积，下部为更新世沉积。长江中下游平原的垂向层序中：早更新世（Q_1）沉积主要以南京镇江雨花台组砾石层和分布于望江、安庆、铜陵、东流等地的安庆组砾石层等为代表，另在九江上游的火龙滩江岸阶地亦有分布；中更新世（Q_2）沉积为网纹红土和洞庭湖的白沙井砾石层及上荆江砾石层等；晚更新世(Q_3)的沉积以下蜀黄土和上荆江砾石层等为典型；全新世(Q_4)沉积则主要由河床相粉细砂及部分中粗砂和砂砾石等，与上部河漫滩相和河湖相粘土及粉质壤土等组成二元结构，总体由砾、砂、土组成，在垂向分布中，自下向上变细；在沿程的纵向分布中，从上游向下游粘性土层增多变厚。

长江三角洲地区：沉积物岩性组成的垂向分布特征，以深灰、灰绿等色粘性土和粉细砂等为主，上部三角洲平原区仍具有上细下粗的二元结构，下部更新世(Q_P)的沉积物中，除粉细砂和粘性土外，局部还有中细砂和中粗砂等零星分布，并有砂砾石或砾质砂土等夹层见及，岩性组成以粘性土为主，第四纪沉积剖面中虽粗细呈层相夹，但总体仍具下粗上细的垂向分布特征。全新世沉积的纵向分布特征：在长江河口以上的陆上三角洲，以粉细砂夹部分粉质粘土为主；河口以外的水下三角洲以粉质粘土为主，并局部夹粉砂及淤泥等。

2. *第四纪沉积物岩性组成的分布特征*

长江第四纪沉积物的组成特征表明，其沉积物的时代分布具有一定规律性，长江流域西部区的青南江源区和攀西地区等的断陷盆地在早更新世时期有河湖相的粘土发育，随青藏高原的抬升，至全新世变为以冰碛、冰水堆积和冲积的砾石为主，岩性组成呈现由细变粗。流域中部区的四川盆地，第四纪沉积虽以砾石为主，但由早更新世—全新世砾石减少，颗粒有由粗变细趋势，以成都平原沉积较显著。流域东部区的长江中下游平原区则与流域西部区相反，从早更新世—全新世的岩性组成中冲积砾石减少，粘性土层增多，整个土层为由粗变细。现以具有一定代表性的长江上游青南江源区的治多县天然地质剖面和长江中游荆江平原地区的曹市钻孔、长江三角洲地区的上海长1号深孔等为例，按沉积时代分期的岩性分类厚度统计列于表6-4-5，并分述如下。

①沉积物岩性组成的时代特征：从沉积物分类土的厚度统计参数可见各具特征。其中，粘性土厚度百分数：以长江中下游地区的变化较为显著，如洪湖的曹市位于江汉平原腹地的沉积中心地区，沉积厚度为150.87m，第四纪地层发育齐全，早更新世(Q_1)沉积的粘土、粉质壤土和砂壤土等粘性土层的厚度仅占该地层岩性组成总厚度的2.16%；其余各期粘性土厚度及所占厚度百分数分别为：中更新世(Q_2)21.71%，粘性土的百分数比Q_1有大幅度的增长；晚更新世(Q_3)为11.52%，虽然有所减少，但全新世(Q_4)高达84.86%，反映第四纪粘性土由老→新总体仍呈现大幅度增长；长江三角洲地区的上海长1号孔，第四纪从早更新世(Q_1)至全新世(Q_4)各期粘性土的厚度百分数分别为29.43%、38.43%、15.50%和100%，亦呈现大幅度波动增加。砂土类厚度百分数：荆江地区曹市第四纪沉积中的早、中、晚更新世和全新世的沉积厚度分别为56.38%、38.66%、83.80%、15.14%等；上海长1号孔分别为56.46%、37.20%、78.91%、0%，以上两地砂土百分数除晚更新世偏高外，一般向全新世减少，其中尤以长1孔减少的百分数为大。砾质土厚度百分数：呈递减变化规律，如曹市钻孔的第四纪早、中、晚更新世和全新世各期厚度百分数分别为41.46%、39.63%、4.68%、0%；上海长1号孔分别为14.11%、24.37%、5.59%、0%；即至全新世时期，砾质土都减少为0。以上典型实例表明，第四纪从早期到晚期，粘性土厚度相对增大，砂土厚度相对减少，砂砾土从有到无，反映长江中下游及河口地区自第四纪以来沉积物呈由粗变细趋势显著。

②沉积物岩性组成的纵向沿程分布特征：长江沉积物从上游到下游亦沿程颗粒变

细，粘性土增多。从长江上游的治多县青藏公路 62 号剖面，长江中游荆江地区的洪湖曹市钻孔，长江三角洲地区的上海长 1 号孔等见及（表 6-4-5），第四纪剖面厚度分别为 505m、150.87m 和 310.10m，各孔粘性土、砂土和砾质土等累计厚度所占第四纪沉积厚度的百分数如下：粘性土：青南治多剖面厚 126m，占剖面总厚度的 24.95%，荆江曹市钻孔 44.34m，占该孔第四纪沉积总厚度的 29.39%，长江三角洲上海长 1 号孔 104.81m，占总厚度的 33.80%。另砂类土：分别占 6.93%、46.32% 和 53.05%；砾质土：分别占 68.12%、24.29% 和 13.15%；从长江上、中、下游三地典型地层剖面对比可见，粘性土相对厚度百分数由 24.95% 增加到 33.80%；砂类土由 6.93% 增加到 53.05%，砾质土由 68.12% 减少到 13.15%，从厚度百分数显示：粘、砂性土类相对增加，砾质土类相对减少，亦反映长江从上游到下游，随河长的增加，比降减小，输移泥沙沿程堆积，沉积物相应发生细化。

以上 3 实例中，虽青南治多剖面的 $Q_2 \sim Q_4$ 沉积缺失，但青南高原的沉积从早期到晚期总体变粗，因此不会影响到基本定性的改变。

表 6-4-5　　长江典型钻孔与天然剖面第四纪沉积物岩性分类厚度的百分数统计表

地段 / 相对高度 / 沉积时代	青南地区 治多县青藏公路剖面			荆江地区 洪湖曹市钻孔			长江三角洲地区 上海长 1 号孔		
	粘性土	砂　土	砾质土	粘性土	砂　土	砾质土	粘性土	砂　土	砾质土
全新世（Q_4）				31.38/84.86	5.60/15.14	0.00/0.00	24.35/100.00	0.00/0.00	0.00/0.00
晚更新世（Q_3）				3.08/11.52	22.40/83.80	1.25/4.68	9.71/15.50	49.44/78.91	3.50/5.59
中更新世（Q_2）				8.88/21.71	15.81/38.66	16.21/39.63	21.74/38.43	21.05/37.20	13.79/24.37
早更新世（Q_1）	126/24.95	35/6.93	344/68.12	1.00/2.16	26.08/56.38	19.18/41.46	49.01/29.43	94.01/56.46	23.50/14.11
第四纪（Q）	126/24.95	35/6.93	344/68.12	44.34/29.39	69.89/46.32	36.64/24.29	104.81/33.80	164.50/53.05	40.79/13.15
备注	表内分数为 $\frac{\text{岩土厚度(m)}}{\text{厚度百分数(\%)}}$								

综合上述：长江流域在第四纪时期因新构造运动的西升东降，气候的冷暖波动，以及历史时期的人类活动等多因素影响，泥沙的堆积规模、粒度组成等亦产生不同变化，在流域西部区的金沙江及青南高原区，粘性土减少，砾石增多，沉积物的粒径组成由细到粗；流域中部区的四川盆地的砾石呈变细显示；流域东部区的长江中下游平原，砾质土减少趋零，粘性土增多，颗粒的粒径组成普遍由粗变细。长江纵向沿程从上游到下游泥沙粒径由粗变细。

参考文献

[1] 青海省地质矿产局. 青海省区域地质志，中华人民共和国地质矿产部专报（区域地质第 24 号）. 北京：地质出版社，1991 年.

[2] 中国地质科学院成都地质矿产研究所. 青藏高原及邻区地质图（1:1500000）. 北

京:地质出版社,1996 年.

[3] 沈玉昌.长江上游河谷地貌.北京:科学出版社,1965 年.

[4] 陈富斌,赵永涛.攀西地区新构造.成都:四川科学技术出版社,1988 年.

[5] 李祥根.大理盆地全新世沉积,活断层运动速度与洱海古湖岸变迁问题.中国第四纪研究,1989(1).

[6] 叶文,彭鸣.昆明市城市建设地基稳定性研究,成都:中国城市地貌研究.成都地图出版社,1992 年.

[7] 周慕林.中国的第四系.北京:地质出版社,1988 年.

[8] 李钟武.全新世以来成都市古地理环境变迁与城市演变,中国城市地貌研究.成都:成都地图出版社,1992 年.

[9] 孙昌万撰写,杨怀仁,唐日长主编.第四纪沉积,长江中游荆江变迁研究.北京:中国水利水电出版社,1999 年.

[10] 朱海虹,张本.鄱阳湖—水文·生物·沉积·湿地开发整治.北京:中国科学技术出版社,1997 年.

[11]《鄱阳湖研究》编委会著,张本主编.鄱阳湖研究.北京:上海科学技术出版社,1988 年.

[12] 杨怀仁,陈钦銮,黄培华,顾钖和.长江中下游(宜昌—南京)地貌与第四纪地质,1960 年全国地理学术会议论文选集(地貌).北京:科学出版社,1964 年.

[13] 中国科学院地貌研究所,长江水利水电科学研究院,长江航道局规划设计研究所.长江中下游河道特性及其演变.北京:科学出版社,1985 年.

[14] 潘凤英.南京城区全新世沉积环境及其地貌灾害预测,中国城市地貌研究.成都:成都地图出版社,1992 年.

[15] 罗国煜,李晓昭,张春华.南京地质环境的基本特征和几个主要环境岩土工程问题.高校地质学报,1998 年(2).

[16] 孙顺才,黄漪平.太湖.青岛:海洋出版社,1993 年.

[17] 杨怀仁,徐馨,杨达源,黄家柱.长江中下游环境变迁与地生态系统.南京:河海大学出版社,1995 年.

[18] 黄慧珍,唐保根,杨文达,等.长江三角洲沉积地质学.北京:地质出版社,1996 年.

[19] 秦蕴丹,赵一阳,陈丽蓉,赵松龄.东海地质.北京:科学出版社,1987 年.

[20] 李从先.全新世长江三角洲地区的海进海退层序.地质科学,1980 年(4).

[21] 许世远.长江三角洲地区风暴沉积研究.北京:科学出版社,1997 年.

[22] 方小敏,陈富斌,施雅凤,李吉均.甘孜黄土研究的新进展,中国应用第四纪研究.成都:成都科技大学出版社,1996 年.

[23] 中国水文地质工程地质勘查院.中国分省地质灾害图集.北京:中国地图出版社,1996 年.

[24] 周凤琴.从红花套遗址的发掘探讨该区新构造运动特征及古地理环境,葛洲坝考古成果汇编.武汉:武汉大学出版社,1990 年.

第七章　河床的几何形态与微地貌

第一节　河床的几何形态特征

一、河床的平面形态特征

1. 河床平面形态的分类与分级

由于河床受上游来水来沙和河段地质地貌边界条件以及人为工程等多因素影响，河床平面形态在纵向上的一定长度内有相对顺直的河段出现，但随长度增大，总发生不同程度的弯曲，有的河段还发展成为弯曲河床；在横向上一般表现为床面的缩窄与展宽，但当河床展宽，并有江心洲（滩）或大规模的岩岛、碛坝等分流时，便形成分汊河床。因此河床在纵向上的顺直与弯曲以及横向上的缩窄与展宽分汊是河床平面形态中的两大基本特征，并呈多级组合分布。

(1) 弯曲河段的分类与分级

①弯曲河段分类：按河床弯曲程度的大小可分为相对顺直、微弯和弯曲河床等基本类型。一般相对顺直及微弯河床，在长江上游山地丘陵区主要分布于受基岩、断裂所控制的河段，长江中下游平原河段中弯道间的过渡段，分汊河段间的节点连接段等。长江的弯曲河床，以中下游平原的下荆江河段弯道最为典型，并具蜿蜒特征；在城陵矶下游亦有弯道分布，如嘉鱼的簰洲河湾，并有鹅头式河湾发育，又如长江中游的陆溪口中洲、团风的罗霍洲、长江下游的官洲、铁板洲、成德洲和黑沙洲等河段，既弯曲又分汊。山区河段因受地质构造、岩性和地形地貌条件的影响，有的亦具曲折性特征，如长江上游四川盆地丘陵区的川江河段及支流嘉陵江和沱江等中下游河段的深切河曲也十分发育，河床转折多弯。为表示河床的弯曲程度，常采用弓形弯段与弦形直距的长度比值，即弯曲系数（K）值表示，对于部分圆弧形弯顶还采用曲率半径（R），中心角（Φ）等参数表示。

②弯曲河段的分级：弯曲河段具有多级性，据长江河床平面形态的弯曲特征及规模的大小，按河段长度，可划分为相对大小四级，分级叙述于下。

一级弯曲河段：长江从河源至河口全长 6300 余 km，基本呈由西→东的走向，但由于受到流域区地质地貌和大小支流来水来沙等因素的影响，沿程多经转折东流入海，形成长河段的巨型弯曲（图 7-1-1）。河流的走向特征：长江上游河段，由于受到金沙江断裂、攀西地区的南北向断裂和拱褶束所控制，河流多经转折，形成变形的巨型“_/”形河弯，从金沙江上游的邓柯至川东的云阳河段总里程达 2940km，直线距离约为 1043km，巨型“_/”形的曲折系数 K 值为 2.81；另从三峡东段的秭归至长江下游南京以东的仪征形成巨型的“W”形河弯，河段总里程为 1480.3km，直线距离 816km，曲折系数 K 值为 1.81；长江从青南江源至长江口 50 号灯浮全长里程约 6300 余 km，河源至河口直线距离约 2920km，曲折系数 K 值约为 2.16；长江全程的平均曲折系数 K 值较高，主要由长江上游河段的“_/”形和长江中下游河段的“W”形两个巨型河弯组成全江超巨型的“_/”形河曲，其中尤以长江上游的“_/”形河弯为大，形成的基本因素为地质构造，其中尤以断裂因素起控制性的作用，并为系列次级河弯的发育奠定了地质基础。

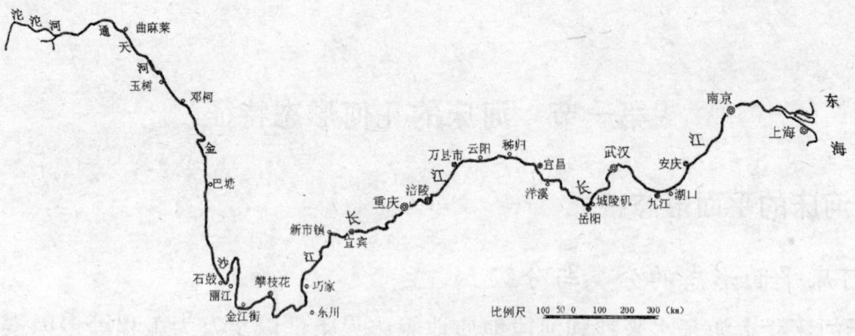

图 7-1-1 长江干流河势略图

二级弯曲河段：为长江干流的分段河曲，其河段的划分系以河床的走向分布为基础，以弯曲河段轴线的转弯拐点进行分段，将长江全程分为 22 段，其分段及曲折系数于下（表 7-1-1）。

表 7-1-1 长江二级河弯分段及曲折系数表

序号	河段	分段曲折系数(K)	序号	河段	分段曲折系数(K)
1	格拉丹冬—波龙曲口	1.25	12	白鹤滩—新市镇	1.42
2	波龙曲口—莫曲口	1.33	13	新市镇—涪陵	1.85
3	莫曲口—勒池曲口	1.43	14	涪陵—云阳	1.41
4	勒池曲口—邓柯	1.54	15	云阳—秭归	1.09
5	邓柯—石鼓	1.27	16	秭归—宜昌	1.20
6	石鼓—三江口	1.28	17	宜昌—枝城	1.17
7	三江口—金江街	1.29	18	枝城—城陵矶	1.83
8	金江街—攀枝花(雅砻江口)	1.78	19	城陵矶—武汉阳逻	1.39
9	攀枝花(雅砻江口)—龙街	1.13	20	武汉阳逻—九江	1.32
10	龙街—蒙姑	1.41	21	九江—南京仪征	1.27
11	蒙姑—白鹤滩	1.38	22	南京仪征—长江河口	1.38

从表中见及，在 22 个二级河段中，河弯的平均曲折系数可分为 <1.20，$1.20 \sim 1.50$，$1.50 \sim 1.80$ 和 >1.80 等 4 组，分别占总组数的 13.6%、68.2%、9.1% 和 9.1%，曲折系数以 $1.20 \sim 1.50$ 为主，按河段长度达 4200km，约占全江总长度的 66.7%；其余 3 组百分数均较小。其中曲折系数 K 值在 1.80 以上的河段为长江上游的新市镇—涪陵段和中下游的枝城—城陵矶的荆江河段等；K 值 <1.20 的河段为三峡区间的云阳—秭归河段，金沙江中游的攀枝花（雅砻江口）—龙街和长江中游的宜昌—枝城河段等。

三级弯曲河段：系指包含于二级弯曲河段内的弯曲分段，比较典型的弯曲分段实例见表 7-1-2：如金沙江上游的登额曲口—德曲口河段和益曲河口—拉布河口等河段；另如川江河段，当长江过新市镇后经盆西低山丘陵过渡进入四川盆地丘陵区，坡降减缓，深切河曲发育，其中宜宾—涪陵段由宜宾—泸州，泸州—江津和江津—涪陵等 3 个分段组成，

而其曲折系数 K 值分别为 1.63、1.99 和 1.66 等，其中以泸州—江津段的曲折系数为大；又如长江中游的荆江河段，因地处长江中下游平原，自由河曲发育，其中枝城—藕池口的上荆江河段和藕池口—城陵矶的下荆江河段，河曲系数在荆江裁弯前分别为 1.62 与 2.86，1975 年裁弯后分别为 1.65 与 2.02，在荆江裁弯前后均以下荆江为大。城陵矶以下的中下游河段中，除有簰洲大河湾外，由于分汊河床十分发育，其分汊河床凹岸的汊道常为弯曲河床，并往往形成大型的鹅头式河弯，如陆溪口的中洲，团风罗霍洲，龙坪新洲，安庆上游的官洲，铜陵下游的成德洲，南京下游的八卦洲等。

表 7-1-2　　长江三级河弯分段曲折系数实例表

序号	河段	河段长度(km)	河段起止点直线距离(km)	曲折系数(K)	备注
1	登额曲口—德曲口	95.1	34.0	2.80	属通天河下段及金沙江上游河段
2	盘曲口—直达门	150.0	67.0	2.24	属金沙江上游河段
3	新市镇—宜宾	104.5	45.0	2.32	属金江下游河段
4	宜宾—泸州	132.0	81.0	1.63	属四川盆地川江河段
5	泸州—江津	183.0	92.0	1.99	属四川盆地川江河段
6	江津—涪陵	193.0	116.0	1.66	属四川盆地川江河段
7	枝城—藕池口	167.0	101.0	1.65	属长江中游的上荆江河段
8	藕池口—城陵矶	170.0	84.0	2.02	属长江中游的下荆江河段

弯曲河床不仅在长江干流的上、中、下游广泛发育，在支流河床中亦甚普遍，比较典型河段如嘉陵江中游的广元—阆中段，南部—南充(玉皇庙)段和南充—合川段等河曲都十分发育，其中南充—合川段，长达226.5km，直线距离仅为90km，曲折系数 K 值达2.52，广元—阆中段 K 值还在 2.52 以上。另如汉江的襄樊—岳口段和马口下游的庙头镇—蔡甸段等，其中尤以蔡甸河曲为典型，从马口—蔡甸段长度为 53.4km，直线距离19.5km，河床弯曲系数 K 值达 2.74。

四级弯曲河段：系指基础单元弯曲河段，广泛分布于长江的上、中、下游河段。典型实例见表 7-1-3，如金沙江河段的石鼓及三江口河弯；川江河段河曲发育，并有多处急弯分布，其中尤以神背咀、黄泥弯、莺鱼咀等较为突出，曲率半径 $R<1000$m；另还有一些大型河弯发育，如合江大型复合河弯，从下距重庆 195km 的鹿角溪至 155km 的彩溪口，弯段长度达 40km，起止点直线距离仅约 5km，河弯曲折系数 K 值高达 8.0；另如上距重庆 249km 的复兴场马蹄形河弯亦较典型，弯段长 15km，直线距离仅 4km，弯道曲折系数 K 值达 3.75。长江中下游河段以荆江河段的自由河曲最为发育，据裁弯前的 1965 年统计，上、下荆江共由 18 个弯曲河段组成，其中上荆江 6 个河弯，平均曲折系数为 1.72，以洋溪河弯 2.23 为大；下荆江平均曲折系数为 2.83，以上车湾 5.07 为最大；当中洲子和上车弯实施裁弯后，曲折系数有所减小，但大弯平均仍达3.0 以上，以调关河弯的曲折系数3.20 为大。城陵矶下游一般河段较为顺直，但在分汊河段的凹岸汊道亦常有大型弯道发育，如陆溪口的中洲汊道、太子矶河段的铜板洲、南京河段的八卦洲等弯曲汊道。在支流中河弯也广泛发育，以嘉陵江广元—合川中游河段最为典型，如烈面上游的“Ω”形河弯，合川的钓鱼城河弯等；另如汉江下游的蔡甸河弯和马口河弯，清江下游的磨市河弯等都较典型。其中尤以嘉陵江的烈面河弯和汉江的蔡甸河弯及马口河弯的曲折系数为大，分别高达10 以上与 10 及 9.9。

表 7-1-3　　长江干支流四级河弯典型河段实例表

河段名称	河弯名称	地理位置	河湾特征	示意图
金沙江	石鼓	位于玉龙雪山以西金沙江中上游的石鼓河段	由宗其—石鼓与石鼓—三江口河段组成的“V”形尖角河弯，曲折系数 K 为 2.90	
	龙街	位于金沙江中游龙川江口的龙街河段	为近 90 °的直角河弯	
长江川江河段	神背咀	位于临江镇上游 6km，下距重庆航程 213km	河弯呈“U”字形，弯曲半径 $R<1000$m	
	黄泥湾	位于江津上游 7km，下距重庆航程 78km	河弯呈“U”字形，弯曲半径 $R<1000$m	
	莺鱼咀	位于巴县河段，下距重庆航程 31km	河弯呈“U”字形，弯曲半径 $R<1000$m	
	复兴场	位于忠县下游 10km 的复兴场河段	河弯呈“Ω”字形，曲折系数 K 达 3.75	
荆江河段	调关	位于下荆江的调关河段	为舌状河弯，曲折系数 K 为 4.55，后受荆江裁弯影响，1975 年减少为 3.20	
	中洲子	位于下荆江的来家铺河段	为双弯顶的复式河弯，裁弯前曲折系数 K 为 3.16，裁弯后 1975 年减少为 1.52	
	上车湾	位于下荆江砖桥的上车湾河段	为叶状河弯，裁弯前 1965 年曲折系数 K 为 5.07	
	七弓岭	位于下荆江广兴洲的七弓岭河段	为“U”形河弯，曲折系数 K 于 1965 年为 3.27，1976 年为 3.19	
长江中下游河段	簰洲	位于长江中游的簰洲河段	为“Ω”字形大型河弯，曲折系数 K 为 2.98	
	罗霍洲	位于黄岗团风河段的罗霍洲汊道	为鹅头式河弯，分汊河段的弯汊曲折系数 K 为 2.03	
	铁板洲	位于枞阳太子矶河段	为鹅头式分汊河段，弯汊曲折系数 K 为 2.43	
	黑沙洲	位于荻港的黑沙洲河段	为鹅头式分汊河段，弯汊曲折系数 K 为 2.66	
	八卦洲	位于南京燕子矶的八卦洲汊道	为分汊河段，弯汊曲折系数 K 为 1.92	
嘉陵江中游河段	东西关	位于嘉陵江烈面上游的东西关河段	为“Ω”与“U”字形的复式河弯，曲折系数 K 大于 10.00	
汉江下游河段	蔡甸	位于汉江下游的蔡甸河段	为舌状河弯，曲折系数 K 为 10.00	

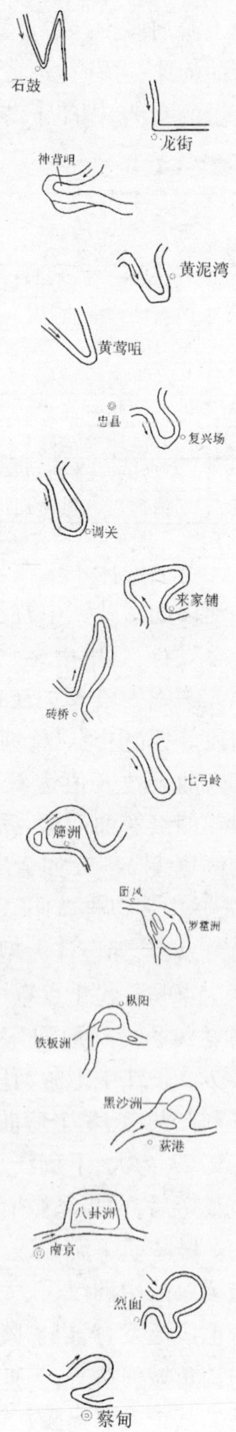

③河曲的基本特征：河曲按形态特征可分3种基本类型（下文中实例参见表7-1-3中示意图）。其一，自由河弯，由水流与松软沙土边界相互作用的冲刷侵蚀与泥砂堆积形成，所塑造的河床弯曲形态具有较为自然圆滑的特点，主要分布于长江中下游平原河段，尤以下荆江的蜿蜒河曲为典型，实例如调关河弯和七弓岭河弯等。其二为折曲河弯，主要分布于长江上游的山地河段基岩区，由于受到多组构造断裂控制，形成如金沙江的石鼓、三江口等的尖角急弯和龙街、金江街及攀枝花的雅砻江口、蒙姑的小江口等的近直角形河弯，基本特点是组成弯道的河段顺直，而以弯顶拐点转折，组成折线状，以石鼓—蒙姑河段较为典型。其三为复合型河弯，如地处四川盆地丘陵区的川江河段及嘉陵江、沱江等支流的中下游河段，由于受水流和边界条件影响均较强烈，深切河曲发育，反映在弯曲河段的形态上具有多样性，既有自然河曲特征，也受边界条件所控制，如莺鱼咀、神背咀、黄泥湾等。另按河弯的形态组合特征又可分为一个弯顶的一般单式河弯，如长江上游川江河段的合江和忠县的复兴场下河弯，两个以上弯顶组合的复式河弯，如长江中下游下荆江的来家铺河弯和城陵矶下游的簰洲河弯以及嘉陵江的烈面河弯等。

弯曲河段的分布及规模：金沙江上游及江源区主要以登额曲口—直门达河段较为典型，一般弯曲半径小，单河弯规模及河曲平面摆幅较小；金沙江中游河段以石鼓—蒙姑的折曲为主，规模较大，并由若干单河弯组合而成长江上游一级巨型的"_/"形河弯；川江河段的深切河曲主要分布于宜宾—涪陵河段；长江中下游主要分布于荆江等河段，荆江河段河弯分布总趋势为自枝城向下游弯曲半径逐渐变小，摆动幅度由小→大，其石首至荆江门河段达最大，以下河段又因受洞庭湖出口水流顶托影响，随向下游摆动频率增强，摆幅由大→小，过城陵矶后受湘阴—沙湖断裂影响转向东北，顺直流向下游。城陵矶下游除簰洲弯外，一般以分汊河段凹岸的汊道弯曲为主，其单个河弯规模大，曲率半径大，曲折系数相对较小，沿程分布密度小等为特点。由于长江中下游平原河谷南北不对称，无论荆江的自由河曲还是城陵矶下游分汊河段的凹岸弯汊分布，多以北岸为主，且河弯规模随向下游水量的增大亦呈现相应增大的总体趋势。

河弯的稳定性：长江上游的金沙江和川江及三峡河段，因地处山地丘陵区，两岸为基岩所控，河床泓道虽有摆动变化，而河床弯道相对稳定；长江中下游平原河段，自松滋口以下的荆江河段自由河曲十分发育，多弯多变，尤其藕池口—城陵矶的下荆江河段弯道最为发育，演变频繁而不稳定，成为长江典型的蜿蜒性河段；城陵矶下游虽沿程受基岩或阶地的节点等所控制，但节点间的河段展宽分汊，凹岸弯汊发育，虽主支汊交换频繁多变，但弯汊相对稳定。

（2）分汊河段的分类与分级

①分汊河段的分类：长江从江源至河口的上、中、下游都有分汊河段分布，按地貌特征，基本可分两类。其一为长江干支流等的分汊河床。其二为河口及分流口的分支分汊河道：含长江河口入海三角洲，支流入湖三角洲，堤防决口扇和山前冲洪积扇的分流分支水道等。

②河床分汊河段的分级：按分汊数量和相对规模的大小分级见表7-1-4。关于分汊程度的大小，采用分汊河段的汊道总长度与主汊道长度的比值分汊系数（K）表示。

$$K=\frac{L+\sum l}{L}$$

式中:L 及 I 分别为主、支汊道的长度(m)。

一级分汊河段:系指长江干流河床中由洲滩或岩岛、碛坝产生分流,分汊在3汊以上的分汊河段。长江上游除江源区楚玛尔河口上下的通天河段的枯水期,滩槽不显、河床水流散乱,部分河段有多汊分流河床发育外,金沙江和三峡河段三汊以上的分汊河床基本缺失,唯川江宜宾—重庆384.0km河段内,3汊以上的分汊河段计6个,重庆下游蔺市河段1个,典型河段如油榨碛、神背咀大中坝、水师碛等。据长江中下游分汊河段统计(表7-1-4),分汊数为3~5汊的一级分汊河段,原宜昌—城陵矶河段中有葛洲坝的3汊分流,后因建坝而今已不复存在,城陵矶—九江河段3个,九江—江阴河段15个,共计18个,分别占总数的16.7%与83.3%,主要集中分布于九江以下的长江下游河段。分汊系数(K)范围值为3.61~2.04,其中 $K>3.0$ 的有团风洲5汊,K 值为3.46;铜陵的成德洲段5汊,K 值为3.00;太子矶铜板洲段3汊,K 值为3.61;凤凰洲段4汊,K 值为3.01等。按分汊数以团风段和成德洲段等为多,按分汊系数以铜板洲河段为大。

表7-1-4 长江中下游及河口三角洲分汊河段分级统计表

河段		分汊河段数量			分级分汊数			分级分汊系数(K)			典型实例
		河段长度(km)	分汊段数(个)	分布密度(km/个)	分汊等级	分汊段数(个)	单个分汊数(个)	最大分汊系数	最小分汊系数	平均分汊系数	
长江中下游	宜昌—城陵矶	403.5	11	36.00	Ⅱ	11	2	2.42	1.75	2.02	如胭脂坝、董市洲、江口洲、火箭洲、突起洲等,K 值分别为2.03、2.04、2.42、2.05及1.83等。
	城陵矶—九江	485.8	24	20.24	Ⅰ	3	3~5	3.46	2.32	2.87	如团风洲、嘉鱼洲、陆溪口中洲等,K 值分别为3.46、2.32和2.84。
					Ⅱ	21	2	2.48	1.52	2.04	如龙坪新洲、戴家洲、天兴洲、鲤鱼洲等,K 值分别为2.48、2.27、2.14和2.15等。
	九江—江阴	664.11	20	33.21	Ⅰ	15	3~5	3.61	2.04	2.62	多汊分流如成德洲5汊,凤凰洲4汊,张家洲3汊,K 值分别为3.00、3.01、和2.26等。
					Ⅱ	5	2	3.01	2.03	2.46	一般规模较大,其中如鲫鱼洲,小黄洲、和悦洲和八卦洲等,K 值分别为2.03、2.38、2.91和3.01等。
河口三角洲	江阴—徐六泾	87.1	3	29.03	Ⅰ	1	4	2.45		2.45	4汊如皋沙群,K 值为2.45。
					Ⅱ	2	2	2.36	1.85	2.27	含福姜沙和通洲沙等,分汊系数分别为2.36和1.85等。
	徐六泾—河口	167.3	1	167.3	Ⅰ	1	4	2.39		2.39	由河口崇明岛、长兴岛和横沙岛、九段沙等组成3洲4汊分流。

二级分汊河段：系指由一个洲滩或岩岛形成两汊分流的分汊河段。长江上游金沙江和三峡等峡谷河段中，分汊段较为少见，但在四川盆地的川江河段内有较多的分布，其中尤以宜宾—万县河段较为密集，据统计①，在713km的河段内主要二级分汊段计63个，平均约11.32km有1个。比较典型的分汊河段如金沙江下游大中坝，川江河段苦田坝、金川碛等河段。另据长江中下游的宜昌—江阴河段统计，主要二级分汊河段，宜昌—城陵矶段11个，城陵矶—九江段21个，九江—江阴段为5个，共计37个，分别占总数的29.73%、56.76%与13.51%，以城陵矶—九江段所占百分数为大，次为宜昌—城陵矶河段；按分布密度主要集中分布于上荆江的枝城—公安和陆溪口—九江的长江中游河段，比较典型的分汊河段如上荆江段的董市洲，分汊系数 K 值为2.04，江口洲为2.42，公安突起洲为1.83等；城陵矶—九江段的龙坪新洲 K 值为2.48，武汉天兴洲为2.14；九江—江阴河段虽二级分汊段较少，但规模较大，如南京八卦洲 K 值达3.01等。

③河口分支分汊河段的分级：主要系指含长江河口三角洲，长江分流口的分支水道及入湖三角洲，支流入湖三角洲和山前冲洪积扇等多支多汊分流的瓣状水道等，按规模大小分级于下。

一级河口分支分汊河段：为长江入海三角洲的分支分汊水道，含近河口段的江阴—徐六泾段和徐六泾下游的现代河口段等组成，分级参数见表7-1-4。长江现代三角洲因崇明岛的形成产生分支，经过三级分汊，形成四口入海，而河口外，又由于长江大量泥沙落淤，再加海流潮汐等作用，海陆双相影响，形成拦门沙的暗沙群，因多级分汊分流的结果，从而形成徐六泾以下东南向长达167.3km，河口宽度从连兴港至南汇咀约达90km的喇叭状河口，其分汊系统，按主要分流的4汊计算，平均分汊系统 K 为2.39。

二级河口分支分汊河段：主要由长江干流堤防决口形成的分支分汊水道，如上荆江的松滋口、太平口和藕池口及下荆江的调弦口等曾四口向洞庭湖分流，自20世纪50年代调弦口封闭后，三口分流至今，因三角洲的发展，形成多级分汊的网状水系，流经荆南的洞庭湖平原，于茅草街附近汇聚分别注入西洞庭湖的目平湖和南洞庭湖的东南湖，另调弦河曾分流入东洞庭湖等，原四口分流组成的分汊河网带南北长达80～150km，东西宽50km以上；由入湖三角洲形成的分流水道，在历史上有如唐宋时期前荆江古云梦泽三角洲的夏水、扬水、涌水等多支分流。另据航片资料图显示，在广济以东的宿松—望江平原上历史时期亦曾有大量幅射状分流古河道等分布。

三级河口分支分汊河段：主要含支流的山前冲洪积扇和入湖三角洲的分支分汊水道。如长江上游的岷、沱江，自灌县等地山前出口进入四川盆地后，因大量泥沙堆积形成巨型的成都冲洪积平原，密集水网向平原东南扩展，由于受到呈北东向展布的龙泉山阻挡影响，众多分支汊道分别汇聚于山前的岷江新津及彭山和沱江的金堂等后流向下游，分汊系数尤以岷江为大，估计可达10左右，不仅规模大，且发育亦甚典型。入湖三角洲的分流分汊水道，如鄱阳湖西南的赣江和抚河分别于南昌和抚州下游季家渡产生分支；由喇叭状河口三角洲组成的赣抚平原，南北长及东西宽分别约达100km与50km，形成巨大的网状分流水道。另如洞庭湖的湘、资、沅、澧四水出口亦有分流水道发育，但规模较小。

④分汊河段的基本特征：有关分汊河段的分布、规模和类型等分述于下。

---

①长江航道管理局重庆分局. 长江上游（重庆—宜宾段）航道引航参考资料，1982年.

分汊河段的分布:从江源区至长江河口,分汊河段主要分布于青南高原的通天河段、四川盆地的宜宾—万县河段和长江中下游平原的上荆江及城陵矶以下的中下游等河段。在川江河段中又主要分布于宜宾—重庆河段,虽有些卵石洲滩和基岩碛坝的分流分汊发育不甚典型,如有的枯水分汊,洪水期淹没,分汊消失,有的洪水期分流分汊,枯水期江水位下落汊道断流,但在该河段384km内,较大的分汊河段达17个,分布密度平均为22.0km一个;长江中下游河段中,上荆江的枝城—公安128km河段内有分汊段9个,平均密度为14.2km一个,其中松滋口—江口七星台约30km河段内有分汊河段4个,平均密度约为7.5km左右一个;城陵矶—九江河段485.8km内有分汊河段24个,平均密度20.24km一个;长江三角洲上段的江阴—徐六泾河段平均密度为29.03km一个,其余河段平均密度约为33.0km一个。综上所述:长江的分汊河段按分布密度以长江中下游的枝城—公安和城陵矶—九江河段较为密集,其中尤以上荆江的松滋口—江口段最为集中,按分汊河段规模以九江—江阴河段为大。在河道分支分汊河段中,又以成都冲洪积扇和荆江决口扇平原等的分支水道最为密集,网状水系发达;长江河口入海、支流入湖三角洲分支相对较少。

分汊河段的规模:分汊河段的规模,主要以分汊河床中洲滩或碛坝的规模大小和分汊段长短而论。长江分汊河段从上至下游,分汊数由2汊发展到3~5汊;分汊河段长度由川江河段的2~3km,至长江下游普遍增大到10.0km左右,并有部分达20.0km以上,如马鞍河段的江心洲和小黄洲组合分汊长度约达26.00km,最大的为扬中河段的太平洲,分汊段总长达41.3km。长江中下游河段的平均分汊系数(K值)一般大于2.0,并从上游向下游增大,由荆江河段的2.02,增加到至城陵矶以下河段的2.87;在一、二级分汊河段的K值中又以一级为大,分汊系数可达3.0以上,如太子矶分汊段K值达3.61。按分汊规模,总趋势从上游到下游增大;按其分汊数和分汊系数,弯曲分汊河段>微弯分汊河段>顺直分汊河段,即一般河道愈弯曲,平均分汊数和分汊系数亦相对较大。在河口分支分汊河段中,以长江口的入海三角洲和长江中游荆南的松滋口、太平口、藕池口和调弦口(已关闭)等四口分流及入洞庭湖的三角洲等网状分汊河道等规模为大;支流入湖的三角洲的网状分汊水道中,以鄱阳湖的赣抚平原三角洲分汊河段规模为大;支流出山形成的山前冲洪积扇中,以成都平原的岷、沱江等分汊水道为典型,不仅规模大而且支汊众多,组成规模巨大的网状分支水系。

分汊河段的类型:按河床的平面形态分类,在分汊河床中又可分为顺直分汊河床、微弯分汊河床和弯曲分汊河床等3个亚类,在其分汊河床的汊道中又可分为顺直汊道、微弯汊道和弯曲汊道等。在河道分支分汊河段中,可分为入海入湖的三角洲和山前冲洪积扇及河床堤防的决口扇等,共同特点都是形成多级分支分汊的网状水系,不同点为三角洲分汊水道从上至下,分汊水道由少到多,呈三角形向外张开;而决口扇和冲洪积扇的分汊水道由少→多→少,即先张开而后收敛汇聚流向下游。按成因分类:又可分为侵蚀型、堆积型和复合型分汊等。侵蚀型分汊河段系指由于河床水流的冲刷侵蚀形成,主要分布于长江上游四川盆地的川江河段,由于水流切割基岩形成碛坝及岩岛产生分流分汊,如宜宾—重庆河段的神背咀,河谷开宽,江心碛坝在洪水期产生分流分汊;另切割老滩及阶地产生分汊的如南溪的苦田坝,朱沱下游的温中坝和三峡河段的中堡岛等分汊河段。堆积型的分汊河段系指一般由泥沙堆积形成的江心洲滩所产生的分流分汊河段。长江侵蚀—堆积型分汊河段主要分布在川江河段,由侵蚀的碛坝和堆积的砂卵石混合组成江心洲滩产生分流分汊,如朱沱上游的赵中坝,重庆河段的九堆子,丰都上游珍溪的丝瓜碛等;在长江中下游亦有分布,如宜昌—松滋口间的胭脂坝、官洲等河段。在分支分汊河道中亦可分为侵蚀型如决口扇的分支水道,堆积型如河口的三角洲,侵蚀堆积型如荆江决口冲刷形成的四口分流水道,而出口入洞庭湖又形成堆积三角洲的分支分汊水道等。

2. 河床宽度特征

无论何种河型都有宽窄段之分,在顺直、微弯、弯曲和分汊河床中都有相对的宽段和窄段分布,其中一般弯曲河床多较窄深,而分汊河床则相对宽浅,但总体从上游至下游随河长增加,集水面积扩大,入汇支流增多,径流量和输沙量增加,河床纵比降逐渐减缓,一般河宽自上向下游增大。但在一定的来水来沙条件下,由于受到沿程地质地貌边界条件及人为因素等影响,河床宽度多变,在一定长度的河段内,河床总包含有相对窄段(含峡谷河段)、中宽段(即一般河段)和宽段及特宽段等,呈现宽窄段的组合特征。

(1)河床宽度的区域分布

①河床相对宽度的分段:为反映分河段的相对宽度特征,根据河段的来水来沙和地质地貌条件及河床的宽度分布与长度大小等,将长江自江源—河口按24个分段统计于表7-1-5。

表7-1-5 长江河床分段宽度表

河段	分段名称	河段长度(km)	相对河宽分类				基本特征
			窄段(m)	中宽段(m)	宽段(m)	特宽段(m)	
江源区	沱沱河	346.0	30~40	40~60	>60	500~600	一般河床水面宽30~60m;沱沱河河沿床宽500~600m,错阿日玛湖口滩宽5~7km
	当曲	352.0	20~50	50~75		>380	支流汇入后当曲河宽一般50~75m,特宽段达300m以上,1978年7月长江江源考察实测的当曲河口水面宽381m
通天河	囊极巴陇-楚玛尔河口	278.0	100~150	150~200	200~300	>1200	宽浅峡谷段谷底宽0.5~1.0km,水面宽150~200m,一般河段谷底宽大于1.0km,平原河段大于3.0km,水面宽大于1200m
	楚玛尔河口-登额曲口						
	登额曲口—巴塘河口	212.6	40~100	100~200	200~500	500	业卡曲河口以上通天河河谷一般宽达1000~2000m,洪水河宽达500m,多汊分流,汊道宽10~50m
金沙江	巴塘河口-石鼓	1301.0	40~80	80~200	200~400		老鱼咀、地理孔等河谷宽800~2000m,帮扎公—桑达河宽300~400m,珑龙—日免峡仅60~80m
	石鼓—攀枝花	547.0	30~80	80~200	200~400		虎跳峡最窄处河宽仅30m,邦扎公、卡松渡、桑达等下游河宽达200~400m
	攀枝花—新市镇	673.5	50~80	80~150	150~200	500~800	一般河宽80~200m,蒙姑—巧家谷底宽达500~800m
	新市镇—宜宾	104.5	64~100	100~400	400~600	600~808	河床宽窄相间,以宜宾大中坝,瑞江河段为宽,沿程如新滩、大滩、马跳石等窄段较多

续表

河段	分段名称	河段长度（km）	相对河宽分类				基本特征
			窄段（m）	中宽段（m）	宽段（m）	特宽段（m）	
川江河段	宜宾—重庆	384.0	160 ~ 300	300 ~ 1200	1200 ~ 1500	1500 ~ 2200	以大吉脑、横梁溉、石门等节点河段最为狭窄，特宽段为苦田坝、神背咀及赵中坝等
川江河段	重庆—万县	328.0	120 ~ 240	240 ~ 1000	1000 ~ 1500	1500 ~ 2075	以涪陵下游的冲积扇和尚滩和碛坝门闩子等节点河段江面为窄
川江河段	万县—奉节（白帝城）	128.0	125 ~ 250	250 ~ 950	950 ~ 1200	1200 ~ 1625	特宽河段为奉节臭盐碛和万县下游的红沙碛等河段
三峡河段	奉节—宜昌（白帝城—南津关）	193.0	120 ~ 240	240 ~ 875	875 ~ 1000	1000 ~ 1488	一般峡谷宽度小于300m，最窄段为西陵峡的黑石滩和巫峡的金扁担等，宽仅120m左右，最大宽段为三斗坪的陈家冲达1400余m
长江中游	宜昌（南津关）—枝城	66.5	620 ~ 800	800 ~ 1200	1200 ~ 1600	1600 ~ 2300	窄段多分布于宜昌河段，特宽段主要为南阳碛河段等
长江中游	枝城—藕池口	167.0	740 ~ 980	980 ~ 1940	1940 ~ 2800	2800 ~ 4800	在官洲、马羊洲、学堂洲、突起洲和天星洲等特宽河段中以天星洲段为大
长江中游	藕池口—城陵矶	170.0	490 ~ 660	660 ~ 1200	1200 ~ 2200	2200 ~ 3000	下荆江河段以天字一号为最窄，河宽490m，监利乌龟洲段最宽达3000m
长江中游	城陵矶—黄石	367.0	700 ~ 1100	1100 ~ 2000	2000 ~ 4000	4000 ~ 8000	团凤洲、中洲、白沙洲和复屯洲、紫新洲等段，分别宽达8000m、5800m、4350m、4000m和4700m等
长江中下游	黄石—广济	71.0	660 ~ 700	700 ~ 1500	1500 ~ 2540		地处大冶褶皱束与淮阳地盾间的低山丘陵区，河段扭曲不顺，田家镇河段最窄处仅660m
长江中下游	广济—华阳河口	144.1	630 ~ 1000	1000 ~ 2400	2400 ~ 3500	3500 ~ 9500	龙坪新洲、张家洲、上三号洲、下三号洲、棚排洲等洲头，宽度达3000m以上
长江中下游	华阳河口—铜官山	153.2	860 ~ 1200	1200 ~ 3000	3000 ~ 5000	5000 ~ 8500	以安庆河段较窄，铁板洲、官洲、鹅眉洲、凤凰洲等洲头较宽
长江中下游	铜官山—马鞍山	172.2	870 ~ 1070	1070 ~ 3000	3000 ~ 4000	4000 ~ 12600	以荻港段最为狭窄，成德洲、天然洲、小黄洲等河段宽达4000m以上。以成德洲段为最宽
长江中下游	马鞍山—仪征	96.4	1070 ~ 1400	1400 ~ 2700	2700 ~ 4000	4000 ~ 8770	河段宽窄相间，一般小于2700m，宽段主要为新生洲、新济洲河段等
长江中下游	仪征—江阴	146.2	1200 ~ 1400	1400 ~ 2500	2500 ~ 4000	4000 ~ 12580	以五峰山、江阴鹅鼻咀等残丘节点段为窄，世业洲特宽段达6000m
河口区	江阴—徐六径	87.1	1400 ~ 4500	4500 ~ 9000	9000 ~ 11000	11000 ~ 15000	以鹅鼻咀下段和夏仁港段较窄，4号坝至瞿浦港的特宽段达15000m
河口区	徐六径—河口	167.3	5200 ~ 8000（分支段）	（南北支分流河段）		76000 ~ 90000m（入海汇口）	从徐六泾至南北分支前，河宽5200 ~ 8000m，分汊后的入海河口段宽达76000 ~ 90000m
河口区	河口汊道 A. 南支水道	97.7	9000 ~ 13000	13000 ~ 17000	17000 ~ 21000	21000 ~ 32000	南支进口—浏河口—黄浦江口—5号沟口—三甲港等4段逐渐展宽
河口区	河口汊道 B. 北支水道	88.0	2500 ~ 5000	5000 ~ 9000	9000 ~ 12000	12000 ~ 17000	北支分流口门—三和港—三条港—五溦港—连兴港等4段逐段放宽

②河床宽度的分段组合特征:从表7-1-5中分段河床的组合显示,全江除河口段外,从江源至江阴鹅鼻咀共有5个相对大展宽段分布,每段河床的相对宽段,基本都具有由小→大→小的变化规律。第一个大展宽段为青南江源河段:江源沱沱河和当曲从上向下游河床逐渐展宽,尤其至囊极巴陇汇合后,在楚玛尔河口上下游的通天河段形成多汊分流的宽段,至邓柯上游的登额曲口,因两岸受山地影响河谷下切深度增大,河宽逐渐缩窄;第二个大展宽段为新市镇—万县河段,长江上游自直门达以下的金沙江为中深切割的大峡谷,一般河宽小于200m,但新市镇下游进入四川盆地外缘的低山丘陵区,河宽增加,其中宜宾—重庆段一般河宽达300~1200m,特宽河段达1500~2200m,重庆以下河宽缩小,至万县以下,一般河宽又复缩小;第三个大展宽段为宜昌—城陵矶河段:包含宜昌—枝城,枝城—藕池口和藕池口—城陵矶等3个分段组成,一般中宽段河宽分别为800~1200m,980~1940m和660~1200m,以上荆江河段为宽,其上下游分段相对较窄;第四个大宽段为城陵矶—黄石分段,其中自城陵矶以下河谷逐渐展宽,至陆溪口的中洲河段达5800m,至金口闸后河宽有所缩小,但自武汉以下河谷进一步展宽,团凤洲宽达8000m左右往下游逐渐缩小;第五个大宽段为广济—江阴鹅鼻咀河段:由广济—华阳河口—铜官山—马鞍山—仪征—江阴等5个宽段组成,以中宽段为代表,河宽分别为1000~2400m,1200~3000m,1070~3000m,1400~2700,1400~2500m,仍以中段为宽,下游又逐渐缩窄,至江阴鹅鼻咀,河宽仅1400m等。从以上流域五大宽段的分布特征显示,亦具有由小→大→小的基本规律,同时也反映河床宽段也具多级性。长江上游至下游的代表性宽段分别为青南江源区楚玛尔河口上下游的通天河河段,川江的宜宾—重庆河段,宜昌—城陵矶的枝城—石首河段,城陵矶—黄石的洪湖—潘家湾和武汉—黄石河段,广济—江阴的铜官山—马鞍山和太平洲河段等;相间的长窄段主要为金沙江上游的登额曲口—下游新市镇河段,川江的万县—奉节和长江三峡河段及黄石—广济河段等,从宽窄段的组合特征表明长江上游至下游,宽段规模增大,窄段长度缩短。

③河床宽度的多级性:河床宽度亦具多级性特征,其分段河床亦由若干相对宽窄不同的基础单元河段组成,其沿程组合分布,仍具一定的规律性特征,现以长江上游地处四川盆地腹部的宜宾—重庆河段及三峡河段为例分述于下:宜宾—重庆河段全长384.0km,共由91个分类河段组成,其中窄段34个,合计长度为38.6km,占分段总长度的10.05%,平均每段长度为1.14km。中宽段40个,长282.4km,占总长度的73.55%,平均每段长7.06km;宽段11个,长35.0km,占总长度的9.11%,平均每段长3.18km;特宽段6个,长度28.0km,占总长的7.29%,平均每段长度4.70km;即中宽段和宽段及特宽段的合计长度约占90%,而窄段长度仅占10%左右。综合以上描述特征显示:该河段窄段的段数多,长度短,中宽段的段数多,且长度大,而宽段和特宽段的段数较少,但平均长度较大,全段以中宽段和宽段等为主,以河床普遍较宽为特征。奉节白帝城—宜昌南津关的三峡河段:全长193.0km,因峡谷多,窄段长度占46.32%,峡间的中宽段占41.76%,黄陵背斜核部和峡间的秭归盆地等宽段和特宽段分别占6.22%与5.70%,全段以峡谷为主,中宽段次之,宽段和特宽段稀少。

(2)河段宽度组合的藕节状特征

长江沿程河段的宽度组合,多具有显著宽窄呈段相间的藕节状特征,这不仅在长江干流,而且在支流河段中亦同,为一般河流平面形态中共同具有的特征。藕节状河段的组成要素有三:其一,河段上、下游两端的河宽相对较窄或有节点分布;其二,中段相对较宽,且最大宽度通常位于藕节段的下半段;其三,宽段与窄段间常有中宽段或宽段逐渐过渡。藕节状河床的发育:在山地河段一般河床较窄,因此主要取决于宽段的分布,而平原河段一般河床较宽,则由节点或窄段的多少来控制,由于河床宽度及长度的相对大小及藕节河床轴线的弯直不等,因此存在一些变形和发育程度的差异性。

①藕节状河段的普遍性:在长江的上、中、下游都有广泛分布,无论顺直、微弯、弯曲和分汊河床等各种河型的河段均较普遍发育。在长江上游的峡谷河段中亦有较多的分布,如金沙江的玉龙沟口—虎跳峡上口段和巧家的宽谷段,长江三峡巫山县城的扇子碛和官渡口河段等。但以长江中下游的分汊河段较为典型,如上荆江太平口—沙市刘大巷矶的三八滩河段,监利的乌龟洲河段,城陵矶下游白螺矶—杨林矶的南阳洲河段,黄石上游的载家洲河段和九江—八里江口的张家洲河段以及南京的八卦洲河段等,且一般规模较大。据不完全统计:从金沙江的新市镇至长江河口三角洲上段的江阴—徐六径段,共计2776.7km的河段中,主要的藕节状河段达172个,其中长江上游的新市镇—宜昌南津关的1136.5km河段内共有主要藕节段119个,平均密度为9.6km一个;长江中下游宜昌南津关—河口徐六泾河段长1640.2km,分布藕节河段53个,平均30.95km一个;另从部分较为典型的藕节河段长度显示,长江上游新市镇—重庆河段一般长度为3.00~6.00km,个别达8.0~8.58km;重庆—宜昌河段一般长度2.50~10.00km,部分达10.00~31.24km;长江中下游宜昌—广济河段一般为6.00~13.00km,唯监利乌龟洲段达21.23km;广济—徐六泾河段,一般达20.0~28.50km,铜陵成德洲和杨中太平洲段分别达46.00~66.50km。表7-1-6藕节河段的分布亦表明:长江上游河段数量多,分布密度相对较大,藕节段长度较小;长江中下游河段数量少,分布密度较小,但单个藕节段长度较大,其中尤以广济下游分汊河段中的藕节河段长度较大。长江藕节河段规模大小悬殊,小的如长江三峡中瞿塘峡的奉节白帝城坛子岩至白鸽背长度仅5.00km的河段内就有6个小型藕节段密集,平均长度不足1.0km,而广济以下多在20.0km以上,其中杨中河段的太平洲巨型藕节段,长达66.50km,为全江之冠。

②藕节河段的形态特征:河段放宽率是反映藕节河段形态特征的重要参数,其物理概念为藕节河段的最大宽段与两藕节窄段平均值之差除以藕节河段总长度的百分数,表达式下:

$$N = \frac{2B_{max} - (B_{min1} + B_{min2})}{2L}\%$$

式中:N——藕节河段的放宽率(%);

B_{max}——藕节中部的最大宽度(m);

B_{min1}与B_{min2}为两藕节窄段宽度(m);

L——藕节段总长度(m)。

从表7-1-6显示,长江新市镇—徐六径的36个具有代表性藕节状放宽河段中,从上游至下游节点窄段由80m增加到5200m,最大宽段由512m增加到1.258万m,河段长度由1780m增加到6.65万m,总的趋势都向下游增大。放宽率为3.5%~125.2%,总趋势亦向下游增大,其中$N<10.0\%$的为7个,10.0%~20.0%的13个,20.0%~30.0%的7个,>30.0%的9个,一般以$N>10.0\%$为主。关于藕节状河段放宽率N的大小分布,大致以宜昌为界，长江上游河段除少部分 N 值大于 20% 外，一般小于 15%，还有部分 N 值小于 10.0%；宜昌以下的长江中下游河段，N 值有所增加，尤在城陵矶以下河段一般放宽率增大为 20% ~40%，全河段从上至下游呈现波状起伏增大的趋势；放宽率偏小的藕节状河段为重庆—宜昌南津关河段，如石宝寨段仅 3.5%；放宽率较大的河段为城陵矶—徐六泾河段，平面形态多呈鹅头状，其中最大放宽率为团凤段，高达 125.2%。

表 7-1-6　　长江主要藕节河段分布及典型实例放宽率表

河段	河段	分段藕节数			典型藕节河段放宽率实例					备注
		河段长度（km）	数量（个）	分布密度（km/个）	藕节河段名称	长度（m）	两端宽度（m）	中部最大宽度（m）	放宽率（%）	
金沙江段	玉龙沟—虎跳峡	0.93	1	0.9	虎跳峡上游段	930	60/40	130	8.6	为峡谷中的相对宽段
	新市镇—宜宾	104.5	14	7.5	绥江中碛坝	1780	321/224	640	20.9	为冲积扇展宽段
					水府大滩坝	3032	80/96	512	14.0	为洲滩展宽段
					宜宾大中坝	5640	160/232	808	10.9	为洲滩展宽段
川江河段	宜宾—泸州	131.0	16	8.2	铜子中坝	8583	667/667	1700	12.0	为新淤大洲滩段
					苦田坝	6616	650/650	2200	23.4	为老江心洲分汊段
	泸州—重庆	253.0	30	8.4	神背咀	4267	633/750	2100	33.0	属大碛坝段
					赵中坝	8000	733/733	2117	17.3	为江心洲分汊展宽段
					小南海大中坝	5917	683/800	2033	22.2	为江心洲分汊展宽段
					重庆珊瑚坝	4250	600/750	1417	17.5	为江心洲分汊展宽段
	重庆—万县	328.0	28	11.7	郭家沱	2550	250/788	1288	30.2	为铜锣峡口扩展段
					福平坝	6851	788/600	1588	13.0	为江心洲分汊段
					洛碛	20000	550/588	1700	5.7	为大滩扩展段
					丝瓜碛	11676	550/663	2075	12.6	为碛坝洲滩段
					丰都观音滩	25350	350/663	1588	4.3	为心滩分汊段
					塘土坝	18000	825/675	1588	4.7	为大江心洲分汊段
					石宝寨—西界沱	15225	1088/588	1375	3.5	为洲滩、碛坝段
	万县—奉节白帝城	128.0	16	8.0	万县红沙碛	2580	425/625	1250	28.1	为江心滩段
					奉节臭盐碛	3550	588/213	1625	34.5	为大冲积扇展宽段
	奉节白帝城—宜昌	193.0	15	12.9	巫山扇子碛	4675	525/350	1000	12.0	为大冲积扇展宽段
					官渡口	2625	300/288	813	19.8	为冲积扇展宽段
					九莲灯—香溪	10000	250/350	875	5.8	为河床展宽段
					下岸溪—莲沱	31238	213/338	1488	3.9	三斗坪花岗岩区展宽段
长江中下游河段	宜昌（南津关）—枝城	66.5	5	13.3	原葛洲坝	6530	290/680	2300	27.8	为江心洲分汊段
	枝城—藕池口	167.0	7	23.9	洋溪关洲	14130	980/900	2840	13.4	为江心洲分汊段
					沙市三八滩	11150	1530/890	2930	15.4	为江心滩段
					突起洲	12980	1220/1100	3700	19.6	为江心洲分汊段

续表

长江中下游河段	藕池口—城陵矶	170.0	2	85.0	监利乌龟洲	21230	670/1220	3000	9.7	为江心洲分汊段
	城陵矶—广济	438.0	15	29.2	陆溪口中洲	11200	1060/800	5800	43.5	为江心洲滩展宽段
					团风罗湖洲	5990	1400/1820	9110	125.2	为多汊大宽段
	广济—华阳河口	144.1	5	28.8	张家洲	25700	1270/1870	9370	30.4	为多汊大宽段
					马垱檲排洲	23260	630/1880	8520	31.2	为多汊大宽段
	华阳河口—铜官山	153.2	6	25.5	安庆鹅眉洲	20000	700/800	7500	33.8	为多汊大宽段
	铜官山—马鞍山	172.2	4	43.1	铜官山成德洲	46000	1200/800	12600	25.2	多汊特大宽段
	马鞍山—仪征	96.4	3	32.1	南京八卦洲	15510	1100/1200	8770	49.1	为大洲分汊段
河口段	仪征—江阴	146.2	3	48.7	五峰山太平洲	66500	1200/1790	12580	16.7	为特大分汊宽段
	江阴—徐六泾	87.1	3	29.0	长青沙	28500	4500/5200	10700	20.5	为河口特大型分汊宽段

二、河床的横断面特征

1. 河床断面类型

长江源远流长，沿程水流与边界相互作用，为使河床满足输水输沙的要求，通过侵蚀与堆积，无论山地丘陵和平原河段都塑造了多种河型和与之相应的河床横断面形态，按平滩水位下河床断面的形态特征，可划分为以下 5 种基本类型，并相应产生若干变形，有关典型实例见图 7-1-2。

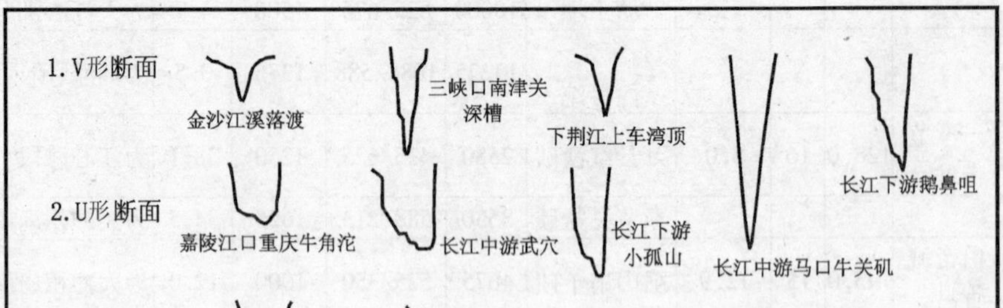

图 7-1-2 长江河床横断面类型典型实例示意图

"V"形断面:两岸床(岸)坡较陡,床底窄深,河床横断面形态呈"V"字形,广泛发育于山地、丘陵的峡谷河段和平原河段的节点、弯顶深槽等部位。如长江上游的金沙江溪落渡、三峡的南津关和中下游的下荆江上车湾、马口牛关矶及江阴鹅鼻咀等的河床深槽断面等。

"U"形断面:两岸床(岸)坡陡峭,床底较窄,以较窄深为特点,横断面形态呈"U"字形,主要分布于山地丘陵区的峡谷河段及平原区的节点等河段。如重庆嘉陵江口的牛角沱,长江中下游的武穴和小孤山的河床深槽断面等。

"_/"形断面:河床两岸床(岸)坡较陡,床底相对宽平,断面呈梯形,在山地丘陵河段的宽段和平原河段中的弯道过渡段,分汊河段间的连接段等均有分布。如金沙江虎跳峡的上峡口、长江中下游的宜都清江咀和大通河段的河床断面等。

"W"形断面:床(岸)坡较缓、床底较宽、床中有一个较大的江心滩或江心洲向上突起,使断面形态呈现"W"形特征。主要分布于平原和丘陵区的宽浅分汊河段,如重庆珊瑚坝和上荆江的关洲河床断面等,在山地宽段亦偶有分布。

"WW"形断面:床(岸)坡较缓,床底十分宽浅,有两个以上大的江心洲滩并列,形成多汊分流,以宽浅多汊为特点。主要分布于长江中下游平原及河口三角洲和青南江源河段等。如上荆江的江口洲及长江口的南、北港河床断面等。

2. 河床断面类型的分布与组合特征

①河床断面的类型与河型紧密相关:横断面的类型是河床几何形态的一种表征,不同的河型具有不同的河床断面,在顺直微弯河段,往往多为_/形或V形;弯曲河段,因主流动力轴线坐弯,致使凹岸河床侵蚀冲深,凸岸边滩淤积发展,河床断面呈现变形的V形,而在上、下游河弯间的过渡段则出现相对宽段,并往往呈_/形或W形等分布;分汊河段,在上下游的节点等窄段呈V、U形,宽段因洲滩发展而成W形或WW形,宽窄段间的过渡河段多呈_/形。由于各类河型都有藕节状的平面组合特征,床宽由窄→中宽→宽或特宽→中宽→窄,所以在一个藕节河段中断面形态相对应为V、U－_/－W形或WW－_/－U、V形的组合,在诸多河型的断面中,尤以分汊河段为典型。在长江上游的山地河段中,河床多较窄深,以V、U形为主,相对宽河段多呈_/形,部分河段有W形,个别呈WW形等;平原河段则以_/、W或WW形为主,尤多W形或WW形为特点。

②河床断面类型的分布深受地质地貌条件所控制:长江由西至东流经流域三级地形地貌阶梯,因区域地质地貌条件的差异,河型及相应的河床横断面各具特征,长江从河源流经Ⅰ级面的青南高原,Ⅱ级面的四川盆地和Ⅲ级面的长江中下游平原区时,因河床纵坡降减缓,引起大量泥沙落淤,洲滩发展,分汊河道发育,河床由窄深变向宽浅,河床断面的_/、W形增多,在长江青南江源区的通天河段和城陵矶以下的长江中下游河段中,还多WW形发育;但在三级地形阶梯间的过渡段如金沙江中下游和三峡河段,因峡谷多,河床以窄深为特点,相应断面形态以V、U形为主,_/形或W形等断面仅在峡间宽段零星分布。从上可见,在山地、丘陵和平原区等不同的地貌单元,其河床断面特征各异,由于长江流经不同的地质构造区,形成不同的地貌单元,亦出现不同的断面类型;但在同一地质构造单元的沉积区内,往往又出现长河段规律的断面组合特征。

③河床断面形态的组合分段:按断面形态组合特征,长江从上至下游可划分为5大段。第一段为青南高原的江源河段,以_/形为主,高原盆谷区外围多V、U形分布,腹地

的通天河上中段，有多汊分流，VVV形较发育；第二段：自登额曲至三峡南津关，含金沙江、川江和三峡等河段，相对宽段位于四川盆地东南部的宜宾—万县河段，河床断面以_/形及W 形等为主，并有个别VVV形发育，而上下游为山地丘陵峡谷区，多以 V、U 形为主；第三段：南津关—广济段，由宜昌南津关至松滋口的低山丘陵河段，荆江河段和城陵矶至广济的长江中游河段等组成，相对宽段为松滋口—藕池口的上荆江和城陵矶至黄石河段，以_/、W 形为主，并局部有如VVV形河床发育；第四段：广济至南京下游河段的仪征，含广济—华阳河口—铜官山—马鞍山—仪征等 4 个分段组成，其中以九江至芜湖段为宽，内含成德洲、张家洲、榈排洲等系列大宽段，无论从分汊段规模的大小、分布密度，都较突出，VVV、W形河床十分发育；第五段为仪征—河口段，由仪征—江阴鹅鼻咀—徐六泾—河口段等 3 个分段组成：内含两个巨型藕节河段和一个长江三角洲的河口大分汊段，总体向下游扩展成喇叭状，河床形态以VVV、W 形等为主。在以上五大河段中，除镇扬河段下游的河口三角洲外，河宽都具有由窄→宽→窄，断面形态亦呈现 V · U—_/—W · VVV—_/—U · V 形的纵向组合特征。

从上可见：不仅同一河段不同类型的断面规模相差悬殊，而且同一类型的不同河段，相差更为巨大，所以断面的规模大小都具有相对性。长江从上游至下游虽宽窄段相间多变，但随入汇支流的增多，水量的增大，河床断面总体规模向下游增大。

三、河床的纵剖面特征

1. 河谷纵剖面的切割深度特征

河谷沿程纵剖面的切割深度，由于受新构造运动的升降，引起河床的下切与堆积，形成沿程相对高差（度）于下：青南江源区的拉赤河相高为 200 ~ 300m，马日给、安多拉仓和牙哥峡等的宽浅峡谷为 250 ~ 500m，通天河楚玛尔河口—登额曲口河段为 100 ~ 500m；金沙江河段：从岗桑寺—邓柯河段一般为 500 ~ 1000m；邓柯—金江街河段一般相高 1000 ~ 1500m，其中虎跳—梓里河段为 2500 ~ 3000m；金江街—新市镇河段一般在 1000m 左右，局部达 1500m，如早谷田—巧家河段为 1000 ~ 1500m，但大镜坝—新市镇河段降低为 300 ~ 600m，新市镇—宜宾的低山丘陵河段为 200 ~ 350m；川江河段的宜宾—泸州河段为 150 ~ 300m，江津油溪场—涪陵河段为 300 ~ 400m；三峡河段一般切割深度为 700 ~ 800m，其中巫山—官渡口的部分地段达 1000 ~ 1300m；宜昌以东的长江中下游平原区，有零星低山丘陵分布，除黄石—芜湖的部分地段外，一般相对高度小于 500m，且以 150 ~ 300m 为主，沿江平原河段小于 50m（表 7-1-7）。综合上述：沿江切割深度的大小呈段相间分布，地势愈高，切割愈深，全江以金沙江和三峡段为大，按其切割深度从上游至下游总体趋势具有由小→大→小的基本特征。

表 7-1-7　　长江河谷形态及切割深度表

序号	河段	区域	高程（m）	切割深度（m）	谷坡坡度（度）	河谷形态特征
1	青南江源段	青南高原区	4500 ~ 6621	100 ~ 500（一般 200 ~ 300）	10 ~ 55（一般 10 ~ 50）	以宽谷为主
2	金沙江上游段	横断山地区	3500 ~ 6060	400 ~ 3000（一般 100 ~ 2500）	35 ~ 70（一般 35 ~ 45）	以深切峡谷为主

续表

3	金沙江中下游段	川西南滇东北山地区	1000~5506	200~3000（一般500~1500）	35~55（一般35~45）	以中深切割峡谷为主
4	川江段	四川盆地区	350~1458	150~400（一般200~300）	小于15	以宽谷为主
5	三峡段	鄂黔山地区（三峡区）	1000~1793	145~1300（一般700~800）	10~30（一般10~25）	以中浅切割为主，部分为深切割峡谷
6	长江中下游段	长江中下游平原区	2~1474	小于500（一般丘陵150~300平原小于50）	一般丘陵5~25平原小于5	含节点的平原宽段

2. 河床的纵剖面特征

(1)河床纵剖面的波状性和阶梯性

长江流域的地势为西高东低，从而决定了长江东流轴线走向，并在流经三级巨型地形地貌阶梯时，呈现波状起伏下降。河流在青南江源、四川盆地和长江中下游平原的三级面上多形成浅切割或堆积平原的宽谷，而在三级面间的过渡地段，因切割较深而多峡谷。由于河床形态受长江沿程地形地貌条件控制，峡谷段的河床窄深，而宽谷段的河床宽浅，侵蚀和堆积的结果，使河床纵向剖面上形成凹凸、平直和阶梯状等多种类型。其中平原河流纵剖面的塑造及冲淤的变化主要取决于泥沙的来量和水流挟沙力的大小，如R. G. Shepherd 等对河床纵剖面形态与下切深度的水槽试验结果表明，即使在边界条件相同的情况下，同样有深槽与浅滩的沿程相间分布，使河床纵剖面的形态出现锯齿状特征。在长江中下游平原河段中，弯曲河段的弯顶凹岸形成深槽，上下游河弯的过渡段因泥沙的淤积形成浅滩，在分汊河段中亦由节点和宽段分别形成深槽和浅滩，都由槽和滩组成地形凹凸波。如荆江涴市—公安陡湖堤的弯曲分汊河段，从1980年的水道地形资料见及，从上至下游主泓道的滩槽床底高程如下：上荆江涴市深槽9.0m，李埠和御路口过渡段的浅滩床底高程分别为26.5~23.1m，沙市观音矶深槽4.7m，以下河段主泓道的滩槽高程如窑湾13.7m，木沉渊5.5m，观音寺15.0m，雷洲24.0m，南星洲1.0m，石码头21.3m，公安陡湖堤0.40m等。沿程凹凸规律相间。长江下游的分汊河段，由于规模大，河段长，凹凸波组成复杂，往往在一个深槽内有数个冲刷坑组成，一个浅滩河段内有数段小一级的凸形波分布，与长江中上游的单洲分汊河床的沿程槽滩相间比较，更属于一种复杂类型。凹凸波在长江上游的山地丘陵河段中亦有规律分布，如三峡坝区施工期间发现，大江主槽基坑中上深槽槽底高程为2.44m，凳子石的下深槽槽底高程为-11.7m，槽间过渡段上凸，顶点高程达22.1m，上下槽间距仅550m，基岩面亦呈波状起伏；又如重庆下游川江河段的王家滩鹞子岩—观音滩段长2000m，河床纵剖面地形有3槽4滩；另如牛屎碛河段有4槽3滩，均呈现波状起伏。山区河段，往往由地质地貌因素起主导作用，尤其阶梯性河段主要发生在构造断裂发育及岩性软硬差异较大，河床坡降较大的地段，如虎跳峡河段在12.0km内，河床高程由1800m下降到1630m，连续7个跌坎下降170m，平均坡降约达1.42%。从长江上、中、下游不同河段和河型的大量资料表明：河床凹凸不平的波状起伏，具有广泛性和规律性，其中尤以中下游的平原河段较为典型，为河流纵剖面的一大显著特征。

(2)河床纵剖面的分级

河床纵剖面凹凸起伏的成因类型众多,规模大小悬殊,具有多级波的特征,据纵剖面的形态特征及规模大小,按六级划分,并以第四级纵剖面为重点分述于下。

①一级河床纵剖面:在长江江源—河口的纵剖面中,虽由于受沿程来水来沙和地质地貌等诸多因素的影响,沿程形态多变,河床纵剖面呈现波状和阶梯状的起伏,但其宏观形态仍为一条相对圆滑的下凹曲线(图7-1-3(a)),大致以新市镇河段为弧形顶点,其上游段河床坡降较陡,向下游逐渐缩小,全长约6300km的总落差约5400m,平均坡降0.857‰。

②二级河床纵剖面:由江源—宜宾—宜昌—河口的上、中、下3个长河段组成(图7-1-3(a)),上段含青南江源区的侵蚀堆积河段和金沙江的侵蚀河段;中段包含四川盆地低山丘陵区的侵蚀堆积河段及三峡山地的侵蚀河段等;下段为宜昌以下的长江中下游泥沙堆积为主的平原河段,沿岸除含零星低山丘陵分布外一般以大平原为主。在长江纵剖面的上、中、下3个长河段中,宜宾以上的上段(含通天河江源河段)全长3464km,落差约5100m,约占全江总落差的95%,平均坡降1.47‰;宜宾—宜昌的中段河长1040km,落差219m,平均坡降0.21‰;宜昌—河口的下段河长1893km,落差56.4m,平均坡降约0.03‰。

③三级河床纵剖面:长江上游主要由青南高原的宽谷、金沙江段的高山深切峡谷、四川盆地的丘陵宽谷和三峡山地的中、深峡谷等组成,因在不同的地质地貌区形成不同的河谷,从而构成沿程宽谷与峡谷及窄谷的呈段相间,纵剖面坡降呈现沿程大小交替的变化。长江中下游河段,因地处新构造运动的沉降区,大量接受上游来沙堆积,形成广大的中下游冲湖平原,但由于沿程支流的汇入,来水来沙条件和河床边界条件的差异,因此不同河段亦形成不同的河型和规模,并各具特征。如宜昌—城陵矶河段,由顺直—微弯河床和弯曲分汊、蜿蜒河床组成,并以弯曲河床为主,一般滩槽高程变幅小于20m,平均坡降约0.065‰,河段以滩槽变幅小,沿程分布密度大,纵剖面的峰谷轴线比降相对较大为特点。城陵矶—湖口河段,河道相对较为顺直,以分汊河床为特点,大弯曲河床仅在簰洲弯段分布,一般河弯多在分汊河段的汊道中发育,河床宽段平面规模大,节点及窄段并有大深槽分布,滩槽轴线呈较大的波状起伏而不稳定,平均坡降小于0.01‰;其中城陵矶—汉口—湖口河段分别为0.039‰与0.009‰。

④四级河床纵剖面:系指由若干滩槽组合而成的一级起伏地形波段,在山区和平原河段广泛分布。其中山地河段床底深槽及冲坑与槽间过渡段的起伏幅度变化大,波段长度小,纵坡降大,分布规律性较差;平原河段滩槽变幅相对较小,波段长度较大,纵坡降小,规律性较强。

1)长江上游山地河段:现以川东和三峡河段为例分述于下。

川东河段:重庆—奉节河段总长451.0km,落差89m,河床平均坡降为0.20‰。以忠县上游约50km的高家镇附近至云阳下首段为例,河长约215km,河床纵剖面呈锯齿状,其中包含5个凹形波段和5个凸形波段组成,在万县以上为3凸3凹,万县下游为2凸2凹(图7-1-3(b)),一般波幅35.0~45.0m,最大波幅如万县和云阳附近达60m左右,凹凸波的轴线坡降大致以复兴场下游的瀼渡口附近为界,可分上下两段,平均坡降上段约0.26‰,下段0.34‰,从上可见,河床下游随川东山地增高,河谷缩窄,河床比降增大变陡，波幅增大。

三峡河段：范围自宜昌葛洲坝上至奉节，河段长约210km，由5个凹形波和5个凸形波组成，波的凹凸变幅一般为30～50m，最大近60m，最小为10～20m，大小悬殊，凹凸波的轴线平均坡降为0.32‰。

2）长江中游宜昌—城陵矶河段：该河段地处江汉平原西部，其中包含宜昌—松滋口的低山丘陵区过渡段和松滋口—城陵矶的江汉平原河段，全段纵剖面因受区域地质地貌和河型影响，由4凹4凸的河床起伏地形波段组成，其中枝城—城陵矶段的荆江河床纵剖面见图7-1-3(c)，一般河床凹凸波幅相对较小，波长较短，分布密度较大。沿程凹凸波段分布于下。

宜昌南津关—宜都河段	河床凸形波段
宜都—松滋口河段	河床凹形波段
松滋口—杨家脑河段	河床凸形波段
杨家脑—新厂河段	河床凹形波段
新厂—藕池口河段	河床凸形波段
藕池口—章华港河段	河床凹形波段
章华港—青泥湾河段	河床凸形波段
青泥湾—城陵矶河段	河床凹形波段

从上可见：河床分汊较多，江心洲滩发育的宽浅河段则易形成凸形波，单一弯道发育，且深槽多的河段，则多组成为凹形波，宜昌—枝城—藕池口—城陵矶河段由低山丘陵区过渡为山前平原地区，河型由顺直—弯曲分汊—蜿蜒河段，随河床曲率增大，河床深槽由小→大，由少→多，河床纵坡降相应增大。

3）长江中游城陵矶—湖口河段：全长约720km，沿程由石矶、硬土组成节点窄段，节点间因洲滩分流形成宽浅河段，并以分汊河床为主，河床平面形态宽窄相间，呈藕节状展布，纵剖面由3凹2凸段组成波状起伏河床(图7-1-3(d))，沿程波段分布于下。

城陵矶—新堤南岸洲河段	河床凸形波段
新堤南岸洲—金口闸河段	河床凹形波段
金口—阳逻河段	河床凸形波段
阳逻—广济河段	河床凹形波段
广济—湖口河段	河床凸形波段
湖口—东流河段	河床凹形波段

4）长江下游湖口—仪征河段：河段长度约490.0km，除长江上游来水来沙外，沿程还有鄱阳湖五水和主要支流皖水，大通河、青弋江和水阳江、裕溪和涂河等入汇，水沙丰沛。在河床边界条件方面，因大江南移，沿程两岸多节点，而节点间土质松软，形成较多的宽浅分汊河段，其中尤以九江—马鞍山段洲滩最为密集，在421.5km内，主要大洲滩有搁排洲、官洲、眉毛洲、铁板洲、凤凰洲、成德洲、黑沙洲和马鞍山江心洲等，由于河床宽窄相间，纵剖面波状起伏典型；马鞍山的下游河段亦因受残丘和阶地所控，河宽缩窄，除南京燕子矶下首的八卦洲大宽段外，一般河道顺直，河床较窄，仅有单洲分布，多呈双分汊河段，虽规模变小，但河床纵剖面亦呈波状起伏。全河段由4个凹形波段和3个凸形波段所组成，论长度以凸形波段为主，沿程波段分布如下。

5)仪征—河口河段:本区地处长江三角洲,其中包括仪征—江阴鹅鼻咀的古三角洲河口段,鹅鼻咀—徐六泾的前三角洲河口段和徐六泾至50号灯标的现代三角洲河口段等,上、中段宽窄相间,以宽段为主,从上向下游展宽;下段自徐六泾以下经多级分支分汊,呈喇叭状入海,其中南北两主支中,亦从上向下游扩展,河床宽浅,尤其河口段因拦门沙的发展形成巨型的凸形波段,而在南支浏河口上游段因冲刷下切又形成长度达100余km的巨大凹形波段。本河段自仪征—河口段长400.6km,共有7个凹凸形波段沿程相间分布。

东流—官洲河段	河床凸形波段
官洲—纵阳河段	河床凹形波段
纵阳—荻港河段	河床凸形波段
荻港—芜湖河段	河床凹形波段
芜湖—棲霞河段	河床凸形波段
棲霞—征仪河段	河床凹形波段
仪征—世业洲(尾)河段	河床凸形波段
世业洲(尾)—五峰山河段	河床凹形波段
五峰山—扬中太平洲(尾)河段	河床凸形波段
扬中太平洲(尾)—江阴鹅鼻咀河段	河床凹形波段
江阴鹅鼻咀—夏仕港河段	河床凸形波段
夏仕港—浏河口的南支河段	河床凹形波段
浏河口—长江口50号灯标河段(南支河段)	河床凸形波段

全河段由3个凹形波段和4个凸形波段所组成,论长度由于河口拦门沙的存在,以凸形波段相对较长,整个地形波的特点,在夏仕港以上有3凸2凹地形波段分布,一般长度为20~50km,规模相对较小,夏仕港下游有1凹1凸地形波段分布。在分支水道的河床地形凹凸分段中,南支和北支分别以浏河口和南北港分汊点为分界地段,都具上段大凹、下段大凸的特点,长度都达100km以上。由于河口巨型凹、凸波段的分布,使河床纵剖面的比降减小,并局部出现负比降等,为该河口段的一大特点(图7-1-3(e))。

⑤五级河床纵剖面:本级河床纵剖面主要系指长江河床深槽和槽间过渡段的浅滩与洲滩等组成的基础地形起伏波段。在长江上游的山地丘陵河段中,既可侵蚀基岩面形成,也可在砂卵石堆积河床中发育,或为侵蚀成槽堆积成滩的混合型等。在长江中下游平原的堆积河床中,顺直微弯河段往往受到束窄段及节点等影响,河床冲深成槽,而槽间过渡段床面抬高成滩,组合形成波状起伏;弯曲河段的弯顶成槽,而在河弯过渡段的宽浅段成滩,纵剖面上凸组成波状起伏,以下荆江单一弯曲河段为典型,而上荆江的弯曲分汊河段中,弯顶冲刷的深槽和堆积的江心滩并列出现,河床沿程深槽间的过渡段形成凸形波;城陵矶下游的分汊河段则主要由土石矶及节点段成槽,节点河段间成洲(滩),因此节点段河床窄深,当过节点后床面逐渐展宽,泥沙沉积的结果形成江心洲,河床纵剖面上凸,峰顶主要分布在分汊前的洲头附近。综合上述可见,河床第五级纵剖面主要由深槽和洲滩及过渡段浅滩所组成,为河床波状起伏的主要微地形单元。由于滩、槽相间,无论上游山地和中下游平原的地形纵剖面均呈现锯齿状的共同特征。

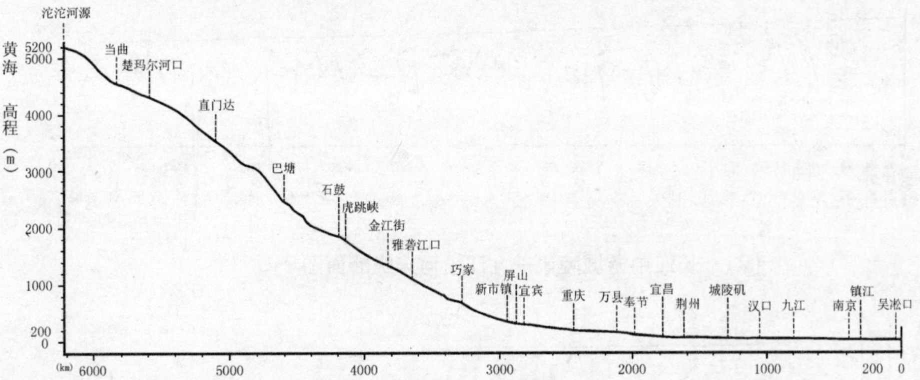

(a) 长江干流河床纵断面略图[1]

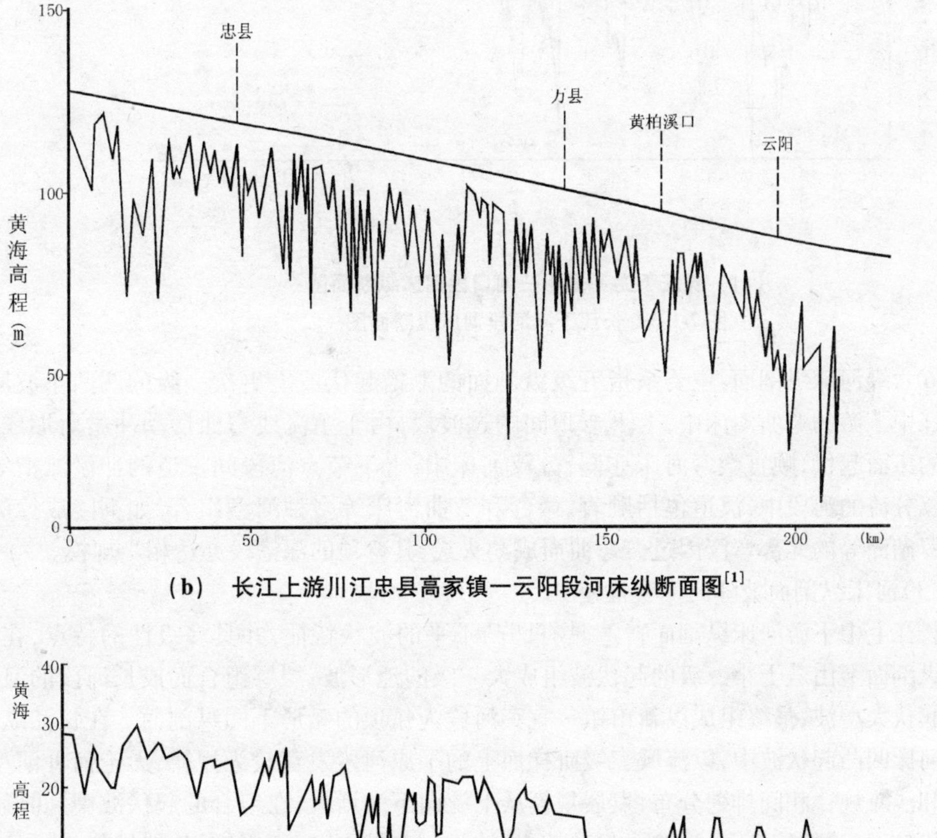

(b) 长江上游川江忠县高家镇一云阳段河床纵断面图[1]

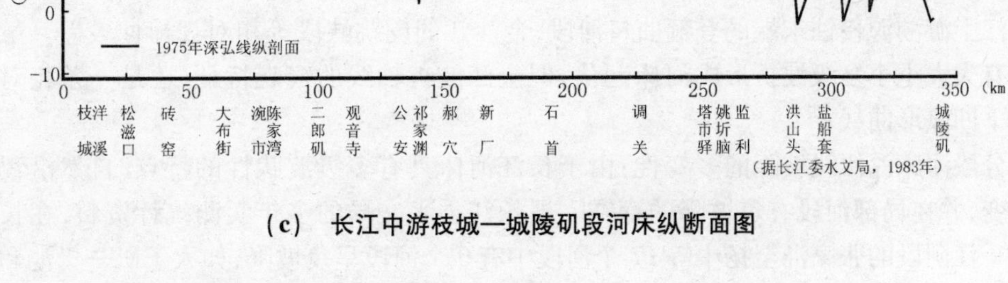

（据长江委水文局，1983年）

(c) 长江中游枝城—城陵矶段河床纵断面图

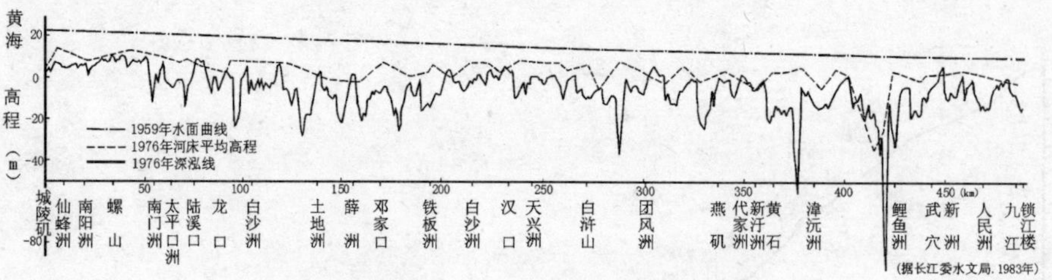

(d) 长江中游城陵矶—九江段河床纵断面图

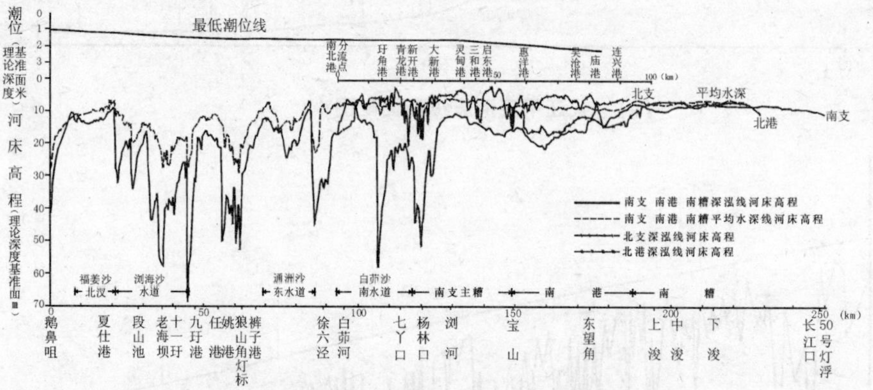

(e) 长江下游鹅鼻咀—河口段河床纵断面图

图 7-1-3 长江干流河段河床纵断面图

⑥六级河床纵剖面:主要系指五级纵剖面的滩槽起伏波上更次一级的凹凸小波段。如长江中下游的弯曲河床中,上下弯顶间的过渡段,由于主流线弯曲摆动冲淤所形成次一级的床面起伏,顺直微弯河床亦同;分汊河床中,上下节点河段间汊道的冲淤滩槽等,在多汊分流的河段中,汊道包括顺直、微弯和弯曲河床等多种河型组合,如铜陵成德洲、团风罗湖洲等的北部弯汊因过渡弯曲而成鹅头式,其弯顶的深槽段亦达相当规模。

(3)河床纵剖面坡降的多变性

长江上中下游河床纵剖面普遍具有凹凸不平的波状特征,并具多级性的特点,在河床的纵剖面上由若干小一级的起伏波组成大一级的地形波,层层组合而成长河段的河床凹凸起伏大型波,最终组成以新市镇—宜宾河段为弧顶的弧形下凹纵剖面。在长江纵剖面的河床凹凸起伏波中,以流域三级阶梯面上的平原河段发育较为规律,无论何种河型,深槽和浅滩规律相间排列分布,发展规模从上游向下游增大;在组合的起伏波中,凹形波段起伏较大,波长较小,凸形波段起伏较小,波长相对较大,床面平缓,规律性增强。长江上游的山地河段亦有多级波的存在,并且还受构造及岩性因素的影响产生阶梯状波折。如长江上游溯源侵蚀末端的登额曲口河段,金沙江的虎跳峡段等相对规律性较差。虽然沿程有大大小小多级波折形成河床起伏,但全江波折轴线的宏观特征,还是一条相对圆滑的下凹弧形曲线。

分段河床深泓线坡降的多变性:由于长江河床具有多级波状性的特点,自然沿程坡降多变,并在局部河段有负坡降的存在。据长江委水文局的多年实测统计资料,在长江九江—江阴段的张家洲至扬中等17个河段中有6个河段呈负坡降,如太子矶—贵池和马鞍山—新济洲分别达 -0.376‰和 -0.404‰；另如长江河口段，因有拦门沙的分布，口门淤高而上凸，亦形成逆坡，河床深泓线的平均纵坡降为 -0.14‰等。虽然局部河段有逆坡的存在，但从长河段的平均坡降显示，仍为正坡降，其总趋势从上向中下游平原河段减小（表7-1-8），全江长河段的河床坡降尤以汉口—湖口河段0.009‰为小。产生原因主要为河床边界条件，因自阳逻以下沿岸多残丘、节点分布，尤其黄石—广济的低山丘陵河段因河宽缩窄，而使河床普遍冲深，形成如水浒镇、西塞山、牛关矶、半壁山等一系列大深槽，使河床大幅度降低；黄石上游河段因受其下游束窄段影响产生壅水，并有汉江及大别山的众多小支流来水来沙，河床普遍发生淤积；而广济以下长江进入望江凹陷，河床展宽，并受鄱阳湖来水顶托影响，形成龙坪新洲、鲤鱼洲和张家洲等大型的江心洲滩，深泓线抬高，由于广济上段冲深和下段淤积，从而使深泓坡降调平减缓。在同一河段的床坡和水面比降中，一般河段床坡大于水面比降，但在小坡降河段，两者相对接近，而在负坡降河段，水面比降大于床面坡降。

表7-1-8　　长江沿程河床深泓线平均坡降表

河段 / 坡降	沱沱河	通天河（上段）	通天河（下段）	金沙江登额曲口—巴塘	金沙江巴塘—宜宾	川江（宜宾—重庆）	川江重庆—奉节	三峡奉节—宜昌	宜昌—枝城	枝城—藕池口	藕池口—城陵矶	城陵矶—汉口	汉口—湖口	湖口—南京	南京—吴淞口	备注
‰	3.90	0.89	1.05	1.46	1.45	0.165	0.20	0.32	0.06	0.066	0.070	0.039	0.009	0.029	0.017	

（引自长江水利委员会喻学山，夏鹏章。中国科学院地研究所等）

四、河床几何形态的基本特征与影响因素

1. 河床几何形态的基本特征

①河床的形态特征：由于河流来水来沙和河床地质地貌等边界条件的差异，因此形成河床的多种几何形态，从河床的平面和纵横剖面上表现出多种类型。关于河床的平面形态，按河床纵向轴线可分为顺直、微弯、弯曲河段等，其中典型弯道因频繁摆动还具蜿蜒性等特征；按河床横向特征又可划分为单一河床和分汊河床，按其分汊的多少又可分为一般单洲分流的两汊分流河床及两汊以上的多汊分流河床等；按河床平面的相对宽度特征又可划分为窄段（含峡谷河段）、中宽段、宽段和特宽段等；无论何种形态，由于宽窄段的组合，常具藕节状特征。关于河床的横剖面的特征，长江河床包括V、U、_/、W和WW等5种基本类型及其变形等。在河床纵剖面的形态中具有凹凸的波状特征，组成总体下凹曲线。按发育的规模和组合，无论河床的平面形态及纵横剖面都具多级性特征。在河床的几何形态要素中，平面与纵横剖面形态具有紧密的相关性，以长江中下游的藕节分汊河床为典型，最具代表性。综合分汊藕节状河段的特点，在理想示意图中（图7-1-4），河床的平面形态为上下节点缩窄，中段展宽，组合成藕节状。在断面形态中，上节点河段因江面缩窄，河床深槽的横断面（a）为窄深的V形或U形；节点下游随着江面展宽河床变浅，横断面（b）呈现_/形或其变形；断面（c）位于分流段附近，因河宽的进一步增大，分流槽和分流洲头水下潜滩形成雏形，床底中部上凸呈现W形；断面（d）为分汊藕节段的最大宽度，江心洲滩上凸，多汊分流，河床最为宽浅，横断面呈WW形；随向下游，江面逐渐收

缩，汊道汇流，河床横断面(e)复呈 W 形；当汊道汇合后，流量集中，于下节点冲深河床，断面(f)又呈 V 形或 U 形。按断面的类型分布，W形断面主要分布于长江城陵矶的下游河段，其中尤以广济下游河段最为发育；其他如川江的宜宾—万县和长江中游的宜昌—松滋口的分汊藕节段中，一般为 W 形或_/形及其变形等，W形断面少见或缺失；荆江蜿蜒河床则由弯顶形成窄段，过渡段形成相对宽段，河床横断面主要呈 V 形及_/形，或弯道分汊的 W 形等。藕节河段的纵剖面在节点段下凹，分汊段上凸相应形成凹凸波。从上可见，河床平面形态愈为宽阔，纵断面的凸形波愈高，横断面的 W 形或W形愈为发育；同理，河流的节点河段愈窄，冲刷坑往往愈深，V 形或 U 形断面愈发育，凹形波愈大。在河床几何形态要素的关系中，有关河宽与水深的河相关系如下。

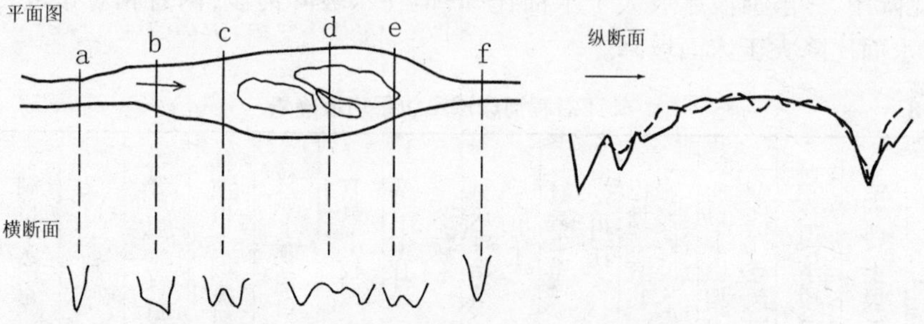

图 7-1-4 藕节状分汊河段几何形态示意图

②关于河床宽深比(ξ)的分布：以长江中下游河段为例，据长江委水文局和长江航道局 1981 年前的实测资料统计分析如下①(注：河宽与水深关系式：$\xi=\frac{\sqrt{B}}{H}$；式中：B——平滩水位下的平均河宽(m)；H——平滩水位的平均水深(m)；ξ——比值)

河床断面的 ξ 范围值：宜昌—枝城河段的 ξ 范围值为 0.51～2.91；平均值：上段 1.32，下段 1.86；荆江河段范围值上荆江枝城—藕池口段 1.57～7.25，下荆江藕池口—城陵矶段 1.60～6.25；城陵矶—九江河段 0.50～6.10；九江—江阴河段 0.55～7.96；河口段 1.30～35.72，总趋势从上游至下游增大，尤以河口段三汊港口的 ξ 值达 35.72 为最大，反映河床由窄深变向宽浅，其中以宜昌南津关、田家镇河段的马口和安徽省的小弧山等河段，大深槽断面的 ξ 值分别仅 0.51、0.50 和 0.55 等为小，反映节点深槽河段河床尤为窄深的特点。

河床断面的 ξ 值与河型：长江中游枝城—藕池口的上荆江河段中，顺直段的 ξ 平均值为 2.82，弯曲段为 3.65；城陵矶—九江河段的顺直微弯河段 ξ 范围值为 0.50～2.00，弯曲河段 1.50～3.50；单一河段 ξ 范围值为 0.66～2.50，分汊河段 3.50～6.10。长江下游九江—江阴河段的 ξ 平均值：单一河床节点段为 1.39，相对窄深段 1.52，相对宽浅段 2.76，随河宽增大，ξ 值相应增大；分汊河段中，顺直、微弯和弯曲分汊段的 ξ 平均值分别为 3.65、4.52 和 5.13，亦随分汊段弯曲度的增大而递增。从上可见，ξ 值与河型紧密相

①长江委水文局. 长江中下游河道基本特征，1983 年.

关,在长江中下游的平原河段中,一般以分汊河床为主的河段,顺直段 ξ 小于弯曲段 ξ,单一河段 ξ 小于分汊段 ξ。但以单一河床为主的蜿蜒弯曲河段下荆江例外,因弯曲半径小,曲率大,顺直段的 ξ 平均值为 3.78,弯曲段 3.06,反映在下荆江的蜿蜒弯曲河段内水流集中,特别是弯顶段,因深槽的发展,河床窄深,故过度弯曲的单一河段中弯曲段的 ξ 值反小于顺直段。

据长江下游九江—江阴分汊河段的 ξ 值统计显示:该河段大致以 ξ 值 2.33 左右为分汊临界点,当 $\xi<2.33$,一般为单一河床,$\xi>2.33$ 便产生分汊,并且在分汊前河床最为宽浅,ξ 范围值达 2.11~2.57,分汊后的汊道河型则变向窄深,范围值减小为 1.05~2.45,分汊前后,平均值分别为 2.33 与 1.78,即一般分汊河床在分汊前的 ξ 值大于分汊后的汊道 ξ 值。

2. 河床几何形态的影响因素

①地貌因素的影响:从长江流域三级地形地貌阶梯中河段几何形态的特征表明,宏观地貌因素的影响巨大。如流经三级面上的河段,河床纵坡降相对较小,大量接受泥沙的堆积,河床的平面形态相对较宽,河谷切割较浅,一般水深相对较小,河段以宽浅为特征,如地处江源区的通天河段虽地势高达海拔 4000m 以上,但因流经外围高而腹地相对较低的盆谷地区,因此沿河谷地带往往成为泥沙的堆积场地,一般河谷相对较为开宽,其中以囊极巴陇—登额曲口的通天河段较为典型,形成多汊分流的宽谷,在楚玛尔河口以上的通天河上段河床坡降仅 0.89‰,十分平缓;而在长江三级阶梯过渡段的金沙江和三峡河段等则河谷深切,形成高山深谷,河床以窄深为特点。河流的地貌条件不仅影响河型,还可引起河流走向的改变,如金沙江的上游河段因受金沙江的深大断裂影响,从西北流向东南,而后南转流至石鼓,由于受玉龙雪山所阻,又沿 NE 向的构造断裂流至三江口后再南转,环绕玉龙雪山山脉南流;在长江中下游的平原河段,当受河岸节点及石矶挑流等影响,使河床变向窄深。

②地质构造因素的影响:地质构造是河流边界的重要基础,不同的地质构造单元形成不同的河型和几何形态。如长江中下游的江汉—洞庭断拗区,由于上游大量来沙沉积,分别形成江汉和洞庭平原湖区,从而为上下荆江弯曲河型的形成提供了基础条件,又如广济以东的望江凹陷内形成九江平原的分汊河床,在长江下游安徽的无为凹陷内,形成皖中平原的分汊河床等。由于长江沿程有一系列拗陷和凹陷组成串珠状展布,从而为长江中下游平原的形成提供了地质基础,亦为平原河床的展宽、河型的发展提供了条件;而地处江汉拗陷与望江凹陷间的大冶褶皱束,因受两岸的低山丘陵相夹,河谷缩窄,变为以窄深为主,其中尤以黄石—广济段最为突出,在牛关矶河段的河宽最窄处仅 600 多 m,并形成长江第一大深槽。从上对比可见大地构造单元对长河段的河型发展起到区域性的控制作用。关于地质构造褶皱的影响,如长江上游地区的三峡河段流经七曜山、巫山和黄陵庙等系列背斜构造区,则分别形成瞿塘峡、巫峡和西陵峡等峡谷河段,而其间的向斜构造则形成如秭归盆地等的相对宽谷河段。又如玉龙—哈巴雪山的复背斜被金沙江横切斩断形成虎跳峡;川江河段因受华蓥山平行岭谷向南延伸的影响,使川江河段形成系列丘陵峡谷,如江津河段的猫儿峡,重庆下游的铜锣峡、明月峡、长寿的黄草峡和涪陵的剪刀峡等,而向斜构造区,因泥沙落淤,洲滩发展,河床展宽,则形成峡间宽段。另如在支流嘉陵江的合川下游河段中,也因盐井—水土镇河段的系列背斜分别形成沥鼻峡、温

塘峡和观音峡等小三峡；其三背斜构造间的向斜分别形成如张家沱和扬子溪等宽谷河段，由背斜与向斜构造的相间组合形成峡谷与宽谷的交替，在山区河段较为多见。河流与构造断裂紧密相关，如金沙江上游的地理孔河段，由于受金沙江大断裂影响，谷宽达1～2km，成为深切峡谷间的特宽河段；另如攀西裂谷中的西昌安宁河，因沿南北向深断裂发育，形成宽阔的地堑谷；在长江中游的团风河段，由于邻近NW-SE向的襄广断裂与麻城断裂的交汇处，岩层破碎，从而形成鹅头式的多汊特宽河段，河床横剖面宽达8000m以上。从上可见：河段所处的大地构造单元，地质构造褶皱类型，构造断裂的发育程度等都对河床的几何形态等产生深刻的影响。

③新构造运动因素的影响：长江流域的新构造运动性质是在老构造运动的基础上的继承性发展，宜宾上游的西部表现为上升，四川盆地等中部地区为稳中有升进行过渡，东部的长江中下游平原地区以下沉为主，特别在第四纪以来，影响更为强烈。长江上游长期上升地区自然引起河床下切而多窄深峡谷，并成为向下游提供泥沙的物质源地；长江中下游平原地区长期以沉降为主，大量接受泥沙堆积，洲滩发展而成平原宽谷。除青藏高原的块状隆起外，其他区域一般上升幅度愈大，相应河谷切割愈深，反之沉降幅度愈大，河谷第四纪沉积愈为深厚。如地处强烈上升区的金沙江河谷一般切割深度达1000m以上而成深切河谷，其中虎跳峡介于玉龙雪山与哈蟆雪山之间，河谷切割深度达3000m左右，成为世界罕见大峡谷；长江中下游平原在第四纪以来产生大幅度沉降，平原湖区堆积巨厚，如荆江河段堆积最大厚度达156m，长江河口三角洲的崇明岛第四纪沉积最大厚度达300m以上。

④岩性因素影响：河段岩性的差异，亦在河型中得到显著反映。如三峡河段中，在瞿塘峡和巫峡背斜中的灰岩区形成深切峡谷，而在峡间的黛溪—巫山段和巫峡与西陵峡间的官渡口—香溪段因分别由三叠系的紫色砂页岩和侏罗系及白垩系砂页岩等组成，质地相对松软，形成峡间宽段，如东段形成有名的秭归盆地的宽谷；西陵峡河段，由于长江横切黄陵背斜，在东西两翼的寒武系，奥陶系和石炭系等的灰岩区形成单面山及猪背山等组成的陡崖峡谷；而庙河—南沱的黄陵背斜核部主要由闪长岩和闪云斜长花岗岩等岩浆岩组成，因抗风化能力弱，再加受构造断裂影响，侵蚀河谷开阔，谷坡较缓，形成峡中特宽河谷，洪水河床宽达1400m以上。又如长江出南津关过灰岩区后，进入宜昌河段的白垩系碎屑岩区，岩性组成为砂岩、粉沙岩、粘土岩等，因质地相对较软，河谷展宽达2000m以上，至宜昌下游虎牙滩河段又因有过江砾岩而使河床缩窄。另如长江中下游河段，由于受到新构造运动由北向南的掀斜和地球科氏力的影响，河床南移紧靠残丘阶地，而北岸冲湖平原宽广，形成南北两岸的不对称。因一般江岸抗冲强度南岸大于北岸，河床向南发展受限，所以大分汊弯道多向抗冲性较弱的北岸发展。据城陵矶至江阴河段39个主要分汊段的分布统计：按个数计算，分汊的汊道偏向北部和中部的各16个，偏向南部的仅7个，以由南朝北为主；按发育规模大小，偏南的汊道一般相对较小，偏北的分汊汊道和弯道大多较大，如陆溪口的中洲、团风洲、龙坪新洲、张家洲、搁排洲、官洲、成德洲、八卦洲和太平洲等的弯曲分汊河道和长江中游的簰洲大弯道都向北扩展，形成江道主泓趋南、汊道和弯道趋北的河势格局。另因城陵矶以下的长江中下游平原河段，在纵向上沿程有众多的基岩露头或有更新统硬粘土等组成的节点分布，一般节点河段河宽缩窄，过节点后河宽又复增大，至下节点再度缩窄，形成藕节状河床。以长江下游东流—芜湖河

段为例，长213.17km，由官洲、眉毛洲、铁板洲、崇文洲、成德洲和黑沙洲等6个宽窄相间的大藕节状分汊河段组成（图7-1-5），其中以铜官山河段的成德洲为大，上节点河宽1200m，下节点宽仅800m，中段最大宽度达1.26万m，河段长达4.6万m。从上可见：长江城陵矶以下的中下游平原河段，因南北两岸地质条件不均，河床的抗冲性南岸大于北岸，分汊河段主要向北扩展；纵向沿岸有石矶节点等分布，因此节点段河床缩窄，节点间的第四纪松软土河段，河床展宽，大分汊河段发育，分布密集。

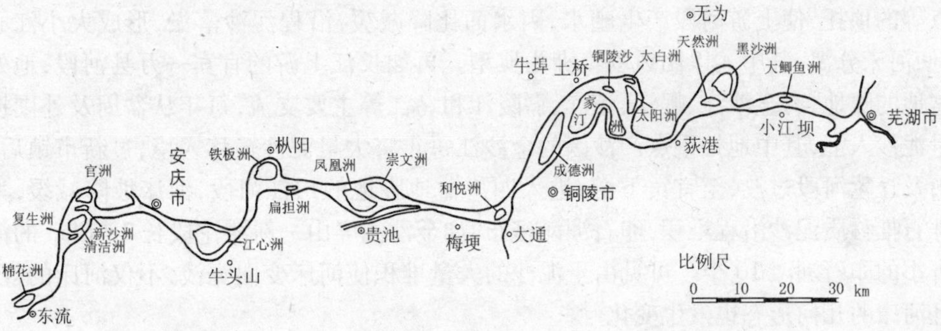

图7-1-5　长江下游东流—芜湖段的藕节状河段分布图

⑤来水条件的影响：平原河流河床的几何形态总是与上游来水来沙条件相适应的。一条河流沿程随流域面积的扩大、流量的增加，为满足输水输沙要求，与此相对应的河床宽度和深度也将沿程增大，即使同一河床断面也随流量的增大，河床宽深度将随之变化，虽由于河型的不同，河床边界条件的差异等，河床宽度与深度的变化也不尽相同，但仍有一定的规律性。河床断面的河宽、水深与流量的关系式如下：$B = a_1Q^{b_1}$、$H = a_2Q^{b_2}$。式中：B—河宽、H—水深、Q—流量，a_1、a_2—分别为B、H系数，b_1、b_2—分别为B、H与Q的指数。据荆江各站断面河相关系指数统计①（表7-1-9），荆江河段在20世纪80年代初的河宽指数由0.324→0.018，沿程递减；而水深指数由0.075→0.575，沿程递增。反映河床从上游至下游变向窄深，而以上荆江的弯曲分汊河床相对较为宽浅。

表7-1-9　荆江河床断面河相关系表

内容＼断面		枝城	陈家湾	新厂	监利
河宽（B）	系数（a_1）	48	502	1076	904
	指数（b_1）	0.324	0.096	0.032	0.018
水深（H）	系数（a_2）	4.64	0.225	0.053	0.035
	指数（b_2）	0.075	0.373	0.514	0.575

（据长江委水文局史绍权、孙昌万、单剑武等，1983年）

⑥来沙条件的影响：河流来沙对河床几何形态的影响主要包括两个方面，其一为河流输沙量的大小，其二为床沙粒径的大小。长江流域上游每年侵蚀产沙量约达15.68亿t，沿程输移堆积，至宜昌年输出沙量仅5.30亿t；全长江流域年侵蚀产沙量为22.39亿t，

①长江委水文局.长江中下游河道基本特征.1983年.

而至下游大通站,多年平均输沙量已减少到4.71亿t,其余泥沙沿程堆积。长江干流沿程的重点堆积河段为川江的宜宾—万县段和长江中下游的平原河段等,其中尤以峡口和狭窄河段的上下游或支流口的上游等河段为甚。如长江流出三峡进入江汉平原后,上荆江河段因比降减缓,河床水流挟沙力降低,使大量泥沙落淤;而下荆江河段,不仅受洞庭湖出水顶托,而且因城陵矶下河床节点影响产生壅水,使洲滩得以扩展,河床变得宽浅。又如武汉—黄石河段,除长江上游来沙外,还有汉江入汇,并有倒水、举水、巴河、浠水等大别山南麓众多小支流水系来沙,而下游有黄石西塞山—广济半壁山的低山丘陵窄段和节点等的顶托,使上游河段产生壅水,因水面比降减缓,沿程泥沙落淤,形成大小江心洲滩,使河床分汊,其中尤以团风罗霍洲为典型。再如长江上游的宜宾—万县河段,地处四川盆地的腹地,有金沙江、岷江、沱江、嘉陵江和乌江等主要支流,每年从盆周及外围携带大量泥沙入汇,其中地处重点产沙区的金沙江每年将大量泥沙输移入境,过新市镇后,经低山及丘陵河段过渡,至宜宾下游,进入四川盆地腹地的川江河段,河床坡降减缓,大量卵砾石推移质泥沙沿程堆积,卵石洲滩密布,如金沙江屏山—新滩沱段长27.6km的河段内有小的卵石洲滩10个。可见由于泥沙的大量堆积使河床变向宽浅,不仅河床的规模,而且河床的几何形态也发生变化。

⑦人为工程因素的影响:人为因素的影响主要是指随着堤防修建、河道整治和河流的开发利用等水利航运工程的开展而产生的影响。如长江中下游荆江大堤等堤防系统的兴建而使部分江湖相通变为江湖隔离,调蓄功能减退,汛期河床过水断面缩小,由宽浅转向窄深。另如人工石矶挑流,使主流动力轴线改向;拦河筑坝使坝上游的库区河床淤高,坝下游河段受到冲刷使河槽转向窄深等。

综合上述:河床几何形态的影响因素主要包含来水、来沙和河床边界及人为因素等多方面,其中河床边界含河床的床沙级配组成和河岸的地质地貌条件等,而人为工程影响,属于综合性因素,起着叠加增减影响的作用,依具体工程而论。影响因素在不同河段有主次之分,在宜昌上游山地丘陵河段以地质地貌因素为主,宜昌以下的中下游平原河段水沙条件更起着重要作用。关于冲积河流几何形态在平衡状态下的钱宁河相关系方程表达式如下。

$$B = f_1(Q,G,D)$$
$$h = f_2(Q,G,D)$$
$$J = f_3(Q,G,D)$$

式中:B——河床水面宽度;

h——河床平均水深;

J——河流比降;

Q——河床流量及过程;

G——床沙质输沙率及过程;

D——河床边界条件。

第二节　河床微地貌

河流的河床都具有多级起伏的特征,其中深槽、浅滩和洲滩是河床微地貌的基本类型。在纵向上,由深槽与浅滩沿程交替相间,组成凹凸地形波,长江上、中、下游均普遍分布，使河床纵断面呈现锯齿状特征。长江上游的山地及丘陵河段，以侵蚀为主，滩槽起伏大，变幅大小不均，一般波长的长短规律性较差，纵坡降相对较大；中下游冲积平原河段以堆积为主，一般起伏波幅相对较小，波长较大，纵坡降较缓，波长及波幅变向均匀，分布较为规律。在河床横向上，出现槽滩相对或相间，亦出现多级起伏。现以长江中下游平原河段的河床深槽、浅滩和洲滩等微地貌单元为重点分述如下。

一、河床深槽

1. 河床深槽的分布与规模

①一般深槽的分布与深度：长江自宜昌的南津关—江阴鹅鼻咀河段总长约1564.0km，按干流河段（分汊河段按主汊计算）主要深槽统计约达200个，分布密度平均约7.82km一个，具有普遍性。分布部位：主要分布于顺直微弯河床的相对窄段，弯曲河床弯顶的顶冲段，分汊河床的节点窄段等。槽深具有分段特征，一般槽底高程（黄海）：宜昌南津关—枝城河段25～15m，枝城—石首藕池口河段25～0m，石首藕池口—城陵矶河段15～-15m，城陵矶—簰州潘家湾河段5～-10m；潘家湾—鄂州河段-10～-20m，鄂州—羊山矶河段-20～-30m，羊山矶—江阴河段-30～-50m等。一般槽底深度的变化范围值与河型相关，宜枝河段河道相对顺直，槽底深度变幅在10m左右，上荆江的弯曲分汊河段和下荆江的蜿蜒河段分别为25与30m，从上向下游增大；城陵矶下游分汊河段的分段平均变幅分别为15m、10m、10m、20m等，一般较小。综合显示，一般河床槽底深度变幅以顺直微弯和分汊河段相对较小，弯曲河段较大，其中尤以下荆江蜿蜒河段的深度变幅为最大；在同一类型的河段中，一般槽底高程从上游向下游降低，变幅亦从上游向下游增大。

②大深槽的分布与规模：一般河床深槽的槽深虽具有一定的分布规律，但局部特殊河段，在一定的来水来沙和河床边界条件下，常形成特大深槽，且在上中下游河段均有分布，如长江上游金沙江向家坝埋藏古深槽，河床覆盖层厚度达93.0m以上；川江万县附近的深槽比一般床面约深60.0m；三峡庙河附近的深槽更深达70m以上。长江中下游（宜昌—江阴鹅鼻咀）河段的大深槽，据长江委水文局1980年实测水道地形资料，槽底黄海高程如下：中游河段的宜昌上游南津关口大深槽-40.1m，石首-15.7m，簰州潘家湾-25.6m，白浒山-40.6m，西塞山-57.8m，牛关矶达-90.8m，半壁山-57.1m等；下游河段如小孤山-55.2m，马垱-51.7m，吉羊矶-33.8m，龙祖山-30.7m，羊山矶-31.5m，东梁山-56.9m，南京汗洲-47.1m，八卦洲-50.7m，大港-49.1m，五峰山-50.0m，田墩山-68.5m，二墩港-50.8m，潭思港-55.2m，江阴-50.1m和鹅鼻咀深槽达-69.8m等。从上大深槽资料表明：在长江上游河段中，以金沙江向家坝的埋藏古深槽相对较深，中下游的现代深槽中，以丘陵河段牛关矶深槽的深度为最大。

大深槽的长度：大深槽的分布具有分段特征，在长江上游川东峡谷河段的槽深长度尤大，如万县下游的巴阳峡深槽长度与峡谷相对应可达8000m以上；三峡的三斗坪河段深槽长度为110～980m，一般小于1000m，出峡后的南津关口大深槽长达2100～6000m；长江中下游（宜昌—江阴）河段的大深槽长度更进一步增大，如簰洲湾上游的潘家湾和上北洲的深槽分别长达1.069万m与1.135万m，牛关矶深槽2.37万m，安庆深槽1.6万m以上，获港深槽达3.007万m等。从长江上游的山地河段和中下游平原河段的深槽长度对比,除峡谷的窄深河段外,一般以城陵矶下游河段的长度为大,其中牛关矶和荻港深槽更分别达 20 ~ 30km 以上。

以上典型的大深槽分布显示,长江中下平原河段的大深槽主要分布于河床的节点狭窄段及有土石矶挑流或土层深厚、质地粘重等地段;长江上游山地丘陵河段的大深槽主要为峡谷等窄段,以及岩性组成软硬不均,或受构造断裂破坏,岩体破碎,岩层风化等抗冲性较弱的地段。

2. 深槽的演变

河床深槽不是一成不变的,在既定的河床边界条件下,也往往因上游来水来沙条件或河势的改变等影响而发生演变,分类实例于下:

①平原河段河床深槽冲刷坑的演变:以长江中游的下荆江河段为例,因该河段于1967—1969 年间分别于石首的中洲子和监利的上车弯两河段实施了人工裁弯,1972 年 7 月又于沙滩子发生自然裁弯,经过 3 处裁弯后,由于河长缩短,水面比降增大,上游河段普遍发生溯源冲刷,引起河段水流动力轴线改变及顶冲点的位移,河床冲刷坑相应发生冲淤变化等。据上荆江在裁弯前的 1962 年和裁弯后的 1973 年两次河床水道地形观测资料对比(表 7-2-1)①沙市观音矶和祁家渊的冲刷坑分别淤长 4.0m 和 3.0m,郝穴龙二渊和铁牛上矶冲刷坑分别冲深 10.4m 和 0.5m;冲刷坑亦发生移动,其最深点与河岸间距除观音矶向岸位移靠近 34m 外,其余离岸分别增加 13 ~ 35m。从上 4 个堤防险段冲刷坑的演变显示,坑底深度和与岸间距均发生变化,其中尤以郝穴龙二渊为大,冲深幅度亦达 10.0m以上。荆江河段除受下荆江裁弯影响外,还受上游葛洲坝工程的影响。1981 年 1 月宜昌葛洲坝大江截流,同年 6 月蓄水,一期工程投入运行,1985 年 12 月大江围堰拆除,1986 年 6 月二期工程投产。由于葛洲坝工程蓄水后清水下泄,引起坝下游河段发生冲刷及主流动力轴线的变化,亦先后引起冲刷坑的冲淤变化。以宜昌—城陵矶河段的 6 个冲刷坑为例(表 7-2-2),从葛洲坝蓄水运行后的 1993 年与蓄水前 1980 年两次河床水道地形资料对比可见:在累计变幅中,白洋、马家咀和七弓岭等冲刷坑面积分别缩小 2450m^2、730m^2 和 7220m^2;沙市观音矶、龙二渊和调关分别增大 6000m^2、6870m^2 和 1390m^2。综合上述:以上 6 坑累计冲刷扩大面积为 3860m^2,其中以沙市观音矶、龙二渊和七弓岭等冲刷坑的冲淤面积为大;冲刷坑的长度及宽度亦发生变化,除龙二渊冲刷坑延长 910m 外,其余分别缩短 40 ~ 1850m,以下荆江变幅较大;冲刷坑的宽度普遍增大,增幅 15 ~ 160m;冲刷坑的深度普遍增大,除沙市观音矶接近于 0,基本保持稳定外,其余均发生较大幅度的冲深,冲刷幅度达 12.0 ~ 15.90m。从上可见:由于葛洲坝的蓄水运行,坝下游普遍发生冲刷,从该河段比较典型的 6 个冲刷坑显示,冲刷坑总面积扩大,长度多为缩短,以冲深、展宽为基本特点。另如长江下游扬中河段嘶马弯道的杜家江深槽,由于河势的演变和上游来水条件的改变,从 1956—1974 年间槽深由 -34 增加到 -70m,槽长由 1180m 增加到 5770m,使深槽冲深扩大。

①晏济远、曹乡翰. 下荆江裁弯前后荆江护岸河段的河床演变,长江三峡下游河道原型观测资料分析文集. 水利部长江水利委员会荆江河床实验站,1989 年.

表 7-2-1　　下荆江系统裁弯前后(1962—1973 年间)上荆江冲刷坑变化统计表

坑底高程及岸距(m) 河段 / 观测时段	沙市观音矶		祁家渊		郝穴龙二渊		郝穴铁牛上矶	
	坑底最深点高程(m)	坑底最深点与岸距离(m)	坑底最深点高程(m)	坑底最深点与岸距离(m)	坑底最深点高程(m)	坑底最深点与岸距离(m)	坑底最深点高程(m)	坑底最深点与岸距离(m)
下荆江系统裁弯前(1962 年)	-2.0	156	-3.3	96	2.4	107	-8.0	85
下荆江系统裁弯后(1973 年)	2.0	122	-0.3	109	-8.0	142	-8.5	106
裁弯前后累计变幅冲(-)、淤(+)	+4.0	-34	+3.0	+13	-10.4	+35	-0.5	+21

表 7-2-2　　长江宜昌—城陵矶河段 1980—1993 年冲刷坑变化表

序号	冲刷坑河段	时段及累积变幅	冲刷坑面积(100m²)	冲刷坑长度(m)	冲刷坑宽度(m)	冲刷坑最低高程(m)
1	白洋	1980 年	12260	5030	420	9.1
		1993 年	9810	4840	520	-5.4
		累积变幅(m)	-2450	-190	100	-14.5
2	沙市观音矶	1980 年	30730	5590	500	4.7
		1993 年	36730	5550	660	4.9
		累积变幅(m)	6000	-40	160	0.2
3	马家咀	1980 年	15510	6150	300	16.0
		1993 年	14780	6020	330	1.0
		累积变幅(m)	-730	-130	30	-15.0
4	龙二渊	1980 年	11190	5000	345	11.0
		1993 年	18060	5910	360	-1.0
		累积变幅(m)	6870	910	15	-12.0
5	调关	1980 年	8540	5330	160	-4.1
		1993 年	9930	3900	300	-16.1
		累积变幅(m)	1390	-1430	140	-12.0
6	七弓岭	1980 年	24560	5910	400	-8.3
		1993 年	17340	4060	420	-24.2
		累积变幅(m)	-7220	-1850	20	-15.9

②丘陵河段河床深槽冲刷坑的演变:以蕲州河段为例,该河段地处大冶褶皱束的剥蚀丘陵区,河谷狭窄,河床窄深,有黄石西塞山,田家镇河段的牛关矶和半壁山等大深槽分布,据 1958 年,1970 年和 1981 年等 3 次实测资料表明①:牛关矶大深槽面积在 1958 年的基础上,1970 年有成倍扩大,至 1981 年实测时又复缩小,面积大小和位置与 1958 年接

①张景泰. 蕲州河段河床演变分析,长江中下游河床演变分析文集(第三辑). 长江委水文局汉口水文总站,1991 年.

近，且槽口形态相似，槽底高程(黄海)为 -88.8～-91.2m，变幅 2.40m，最深点转向槽底上游；西塞山深槽面积以 1958 年为大，1970 年和 1981 年大小相近，形状相似，槽底最深点高程 -52.8～-68.7m，变幅为 15.9m(图 7-2-1)。从上可见，两深槽虽基本稳定，但深槽面积和槽底深度及最深点的位置等仍有一定变化，其中两岸受山体所控的牛关矶狭窄河段相对稳定，槽深变幅较小，而受西塞山单矶控制河段槽深变幅相对较大。

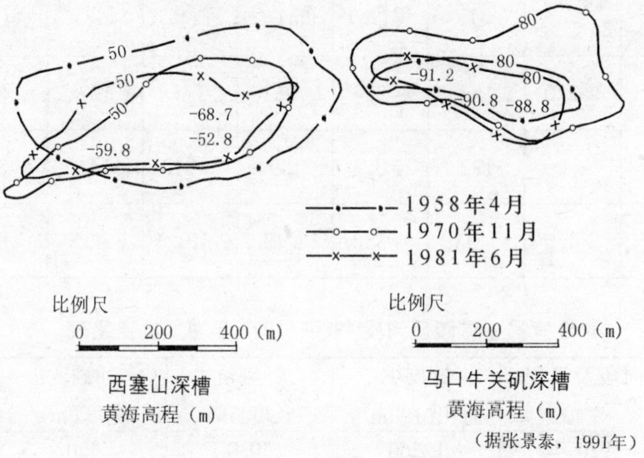

图 7-2-1　长江中游蕲洲河段牛关矶、西塞山深槽演变图

③山地丘陵河段古老深槽的演变：无论大小深槽，随时段的延长，总有不同程度的演变。如金沙江的向家坝，虽地处山地丘陵区的峡谷河段，由于河床演变泥沙堆积，一般古老深槽均埋藏于今河床 50m 以下，最大深度达滩面下 93.0m。另如三峡三斗坪河段的牯牛石深槽，因葛洲坝库区泥沙淤积埋藏于床面下 35.0m，全由砂卵石所覆盖；又如宜昌下游虎牙滩口的古老背深槽，原槽底高程为 -24.3m，一般床面为 25.0～30.0m，今已由砂卵石层埋深达 50m 左右。从上可见：山地丘陵河段虽因侧蚀受限，平面变形小，演变频率较平原河段相对较小，但因受区域新构造运动的升降和来水来沙等因素的影响，河床发生纵向冲淤演变，仍然可达相当大的幅度。

总之，从河床冲刷坑的面积大小、深度以及平面位置的变化看，一般平原河段冲刷坑随来水来沙条件变化而多变，丘陵河段则相对稳定；按其稳定性，两岸受控的节点河段稳定性往往大于一岸受控的石矶河段；山地河段因两岸长河段受控，一般条件下相对稳定，但长时段的历史演变，亦在纵向沿程产生较大变化。

3. 典型大深槽的成因剖析

从大量资料表明，一个大深槽的形成，往往受多种因素所影响，并有主次之分，现以长江上游三峡河段的三斗坪牯牛石和中游田家镇河段的马口牛关矶两深槽为例分述如下。

①牯牛石深槽：位于长江西陵峡的三斗坪河段，因有中堡岛分流，所以形成三峡峡谷中的唯一大分汊河段，由南汊、北汊和其间的中堡岛组成，河谷宽达 1100～1400m，牯牛石深槽分布于北汊的主泓道内，虽地处微弯河段的凸岸，但由于受到长江上游河势所控，南泓为汛期季节性分流，以北泓为主泓，在牯牛石深槽上游有专山珠深槽相邻。河床形态：

从1998年三峡工程的大江围堰开挖见及，在约500m的基坑范围内，上下两深槽的基本槽宽分别为170m与130m，槽间中段因有登子石和牯牛石突入河床，宽仅60~90m，形成床底宽窄不均；上下两槽底高程分别为2.44m和-11.70m，以下游牯牛石槽底为深，两槽间的河床基岩面上凸，最高点高程达22.1m，组成河床纵剖面波状起伏，凹凸变幅达33.8m。河谷横剖面组成：下部槽壁陡峭，部分直立，如牯牛石崖壁还呈负1~2度的倒坡，由于河床有高低起伏，两岸崖壁相对高度20~50m，高低悬殊；上部为一般宽浅河床，并有河漫滩发育，因此形成由上部的宽浅河槽和下部的深切槽谷组成谷中谷的嶂谷河床。岩性组成为闪云斜长花岗岩等，并有辉绿岩等岩脉分布；区域内有小构造断裂发育，以NNW和NNE组为主，并且有NE-NEE和NWW及近东西向组断裂分布，牯牛石深槽受狮子包、马蹄湾和史经滩等NNE向的断裂所控制，并有NNW等顺江走向的断裂分布。岩面特征：一般基岩面和崖壁面上有沙卵石推移质运动所形成的磨蚀槽及凸出岩体的磨光面等发现，尤其在牯牛石深槽的槽底、槽口等部位因受构造断裂影响，再经冲刷磨蚀而呈现方圆形，槽底最深处为椭圆形锅底状，岩面光滑，岩体质地坚硬，右岸槽坡还有较多的大小壶穴，一般直径达0.30m以上，个别直径达1.00m左右，相对深度小于1.00m，并且老壶穴被后期形成的新壶穴所打破而重叠。河床粒径组成：槽内可分三大层，下部槽底堆积物以漂石为主，一般粒径达200mm以上，部分大于500mm；中部为葛洲坝蓄水前的天然河床卵石，一般粒径小于250mm；上部为葛洲坝蓄水后的堆积，粒径变细，多在120mm以下。上游来水来沙条件：据葛洲坝蓄水前的多年平均流量为1.39万m^3/s，多年平均径流量4390亿m^3，多年平均悬移质输沙量5.21亿t，砂砾石推移质输沙量874万t，粒径小于10mm的卵砾石推移质输沙量约75.8万t。关于牯牛石深槽的成因问题：由于上游来水来沙量大，当进入三斗坪河段后因受到上游茅坪河段的碛坝、块球体等挑流影响，使主流趋北靠凸岸输移，而北汊河床虽较顺直，但由于登子石、牯牛石等又凸起伸入主槽，使河槽缩窄，过水断面宽窄不均，再加河床凸凹不平等，另从锅底形槽底和磨蚀的光滑岩面及大小壶穴的分布显示，槽底水流紊乱，并产生涡旋流，除悬移质的含沙水流的冲刷外，还有大量推移质的沙卵石和大漂石等沿槽底床面旋转磨蚀；又因床底为受到一定程度风化的闪云斜长花岗岩，并有辉绿岩脉横江，形成质地软硬不均，再加受NNE和NNW等多组构造断裂影响，使岩体完整性受到破坏，抗冲性遭到削减，从而为含沙水流的冲刷侵蚀提供了有利条件。综合上述可见：深槽形成主要原因是破裂的床底基岩，经上游大量过境水沙产生的涡漩流长期冲磨侵蚀所致。

②牛关矶深槽：位于长江中游的田家镇河段，槽深达-90.8m，为长江中下游河床槽深之冠，长度达2.37万m，亦为少见。形成条件：从来水来沙条件看，据下游武穴站1980年前的多年平均流量为2.43万m^3/秒，多年平均径流量达7673亿m^3，多年平均悬移质输沙量4.29亿t，另还有大量沙质推移质过境，并含上游附近大别山的倒水、举水、巴河和浠水等众多小支流入江的黄粗沙等；长江进入黄石下游后，因受大冶褶皱束的影响，两岸低山丘陵紧逼河床，致使田家镇河段河宽缩窄到660m，仅相当于一般河宽的一半，自然使上游宽段产生壅水，水位抬高、窄段比降加大，水流冲刷下切增强。另从河势看：河床走向扭曲不顺，江面宽窄多变，左右两岸凹凸不平，沿江从上游到下游有侯候家矶、佘家山、前牙山、仙棚咀、石壁矶、牛关矶和半壁山、马家山等一系列残丘、石矶左右两岸挑流，造成床底水流紊乱，涡旋流形成，更使河床下切加深。另从1958年4月，1970年11

月和1981年6月3次水道地形资料显示,深槽虽有大小变化,但冲刷坑的平面位置、形状、槽底最深点的高程等都变化较小,表明只有槽底涡旋流持续冲刷的情况下才有可能长期保持相对稳定,否则经过汛期将被泥沙淤积填平。再从河床地质条件看,本河段地处大冶褶皱束,河段地质构造受NW向的襄广断裂及附近的马口湖断裂和NE向的郯庐断裂及白池河断裂等多组构造断裂所影响,地层及岩性为二叠系和三叠系灰岩。至于是否有岩溶洞穴发育和灰岩中有软弱结构面等存在,还缺乏资料。但据河谷地质地貌特征和来水来沙条件可以认为,凹凸多变的狭窄河谷及构造断裂较发育等地质条件和紊乱含沙涡漩流的长期冲刷下切仍是牛关矶深槽形成的主要原因。

综合上述:河床深槽分布,无论在山地、丘陵和平原河段均有发育,具有广泛性,并以长江中下游的平原河段较为典型,且一般深槽与浅滩沿河床深泓线相间规律分布。在其成因中,平原河段的河床深槽,水动力因素起主导作用;在山地丘陵区的基岩河段中,深槽的形成主要取决于河槽(河岸和河床)微地貌环境和抗冲性的强弱。其中地貌环境使河床局部流速提高,挟沙能力增强,特别是紊乱涡漩流的形成更具有重要意义。河床的抗冲性中,质地不均有利冲刷,当河岸的抗冲性愈大于河床,愈有利于冲深。在平原河段中,沙质河床加基岩或阶地等硬土河岸是形成深槽的有利条件,山地基岩河床则取决于岩性组成、构造断裂、岩体软弱结构面和风化程度以及石灰岩地区岩溶发育的程度等。总之,无论何种类型的大深槽,只有在一定的水流和质地不均,并有软弱可冲的河床条件下才有可能,缺一不可,而深槽的规模大小主要取决于一定水沙条件下的地质地貌条件。关于深槽类型,按发育成槽的岩性组成可分为在基岩中成槽的基岩深槽,在冲积层中成槽的冲积深槽和其间过渡型的基岩—冲积深槽等。

二、河床浅滩

广义的河床地貌浅滩,系指沿河床深泓线分布于深槽之间的上凸地形,一般为床沙堆积体,亦含侵蚀岩体,与下凹的深槽组成波状起伏的锯齿状纵剖面,在长江上、中、下游沿程广泛分布。狭义的航道碍航浅滩系指河床地貌浅滩中,枯季江水回落时,水深不足,航宽不够,或因航道急弯及水流湍急等航运条件恶化影响正常航行的部分航段。

1. 浅滩分布

无论山地、丘陵和平原河段的河床都有浅滩与深槽沿深泓线相间分布。据前人调查研究:长江上游金沙江的金江街—新市镇的1000km河段内浅滩密集,其中仅主要滩险就达400余处;宜宾—宜昌1045km的河段内各类滩险亦达200多处。长江中下游宜昌—江阴河段长度为1553.0km,河床地貌浅滩达200个以上。一般浅滩主要分布于顺直微弯河段的相对宽段、弯曲河段的过渡段、分汊河段的分流段及各汊道的过渡段和支流入汇河段等,而碍航的浅滩仅占水道地形浅滩中的小部分,其数量虽少,但直接影响航道,因而为众所关注。在长江中下游的河段中主要碍航浅滩计33个(表7-2-3)①,主要分布于宜都—芜湖段、仪征—徐六径与崇明岛间的白茆沙段以及长江口的拦门沙段等,其中尤以枝城—洪湖河段较为密集。河床浅滩一般出浅时间为江水回落的11月至次年2月,尤

①付朝琳.长江中下游航运现状和浅滩概况.长江航道局,1988年.

以12月至次年2月枯水期为多，仅宜昌—沙市河段的芦家河和南京—白茆河口的福姜沙浅滩分别为10—11月和6—9月，属高中水浅滩外，一般为枯水浅滩。

表 7-2-3　　长江中下游宜昌—徐六径河段主要碍航浅滩特性表

河段名称	浅滩	浅滩类别	河床组成	一般出浅时间(月份)	历史最小水深		主要特征
					m	出现年月	
宜昌—沙市	宜都	枯水	砂卵石	2、3	2.0	1950.2	清江汇口的宽浅河段
	芦家河	中水	砂卵石	10、11	2.6	1950.11	汛枯水期航道互换
	枝江	枯水	砂卵石	12、1	2.1	1952.1	河道微弯分汊、洲尾下延
	太平口	枯水	细砂	12、1	2.4	1949.1	顺直分汊，南北槽移位
沙市—藕池口	马家咀	中枯水	细砂	11、1	2.0	1949.1	中枯水水位航槽不稳定
	周公堤	枯水	细砂	12、.1	2.0	1947.1	顺直展宽，主流线多变
	天星洲	枯水	细砂	12、1.2	1.8	1952.1	顺直宽浅
藕池口—城陵矶	藕池口	枯水	细砂	1、2	2.4	1964.1	弯道宽浅分汊
	碾子湾	枯水	细砂	1、2	2.6	1972.2	弯顶上游过渡段多变
	姚圻脑	枯水	细砂	11、12	2.3	1972.1	弯道上游过渡段长直宽浅
	监利	枯水	细砂	11、12、1	2.4	1972.12	弯道分汊河床宽浅，主汊南北摆动多变。
	大马洲	枯水	细砂	12、1	1.8	1951.2	两弯间过渡段长直宽浅
	铁铺	枯水	细砂	1.2	2、3	1952.1	长直段，航道摆动有变
	尺八口	枯水	细砂	1.2	2、6	1979.1	长直段，航道时有摆动
城陵矶—武汉	螺山	枯水	细砂	12	—	—	下游藕节河段，航道时有变动
	界牌	中枯水	细砂	11、1	1.7	1931	河道顺直宽浅，过渡段上提下移，易变。
	陆溪口	枯水	细砂	1	2.4	1993.1	主汊摆动易出浅碍航
	嘉鱼	枯水	细砂	12	3.2	1982.2	顺直分汊，主汊航有出浅
	武桥	枯水	细砂	1、2	2.6	—	因边滩下移，中段桥孔航道淤浅
武汉—九江	罗湖洲	枯水	细砂	1、2	2.2	1980.1	主汊摆动易浅
	戴家洲	枯水	砂、砾石	12、1	1.8	1950.1	微弯分汊，主支汊兴衰转化易浅
九江—安庆	武穴	枯水	砂、砾石	1、2	3.1	1959.1	汊道滩头横流，底沙使之航道淤窄
	新洲	枯水	细砂为主	1、2	3.3	1955.12	汊道尾部暗滩有时致浅
	张家洲	枯水	细砂	1、2	2.3	1956.1	北汊汛后致浅，南汊鄱阳湖口为浅
	东北	枯水	细砂	1、2	3.8	1959.2	顺直分汊，两汊交替过程易致浅
	马当	枯水	细砂	1、2	3.8	1963.2	主航道下段水浅
	东流	枯水	细砂	1、2	3.1	1970.2	主流摆动多变，航道有浅窄段
安庆—南京	太子矶	枯水	细砂	12、1	4.3	1982.1	东支枯水主航道有礁石急弯
	贵池	枯水	细砂	1、2	3.4	1951.1	顺直对称分汊，分流比不稳定
	黑沙洲	枯水	细砂	1、2	3.4	1980.2	弯曲多汊，北流分散，主航道浅窄
南京—白茆河口	福姜沙	洪水	细砂	6~9	7.0	—	弯曲多汊，进口段较浅窄
	通洲		细砂		—	—	江面宽阔多洲(滩)，航漕易变
	白茆沙		细砂		5.9	1982.5	地处长江河口段，江面宽阔，受径流与潮流影响，泥沙多淤碍航

(参照长江航道局付朝琳，1988年文和长江三峡工程泥沙专家组工作组黄銮彩等，1990年文)

2. 碍航浅滩的成因类型

一般长江上游山地河段往往由于水位下降,水深变浅,流速增大形成急流滩,长江中下游平原河段亦因汛期大量泥沙堆积,洲滩发育,当汛后江水位下降时,水深变浅而成碍航的浅水浅滩。关于浅滩的成因类型分述于下。

(1)长江上游山地丘陵河段浅滩的成因类型

①岩滩碍航:由于河流侵蚀残存岩体,沿河床形成岛礁、碛坝,沿岸形成石矶和节点等,由于岩滩的存在,使河床在平面上呈现宽窄多变,纵断面凹凸不平,当水位涨落到一定高度时,阻水通流效应增强,形成急流滩。如长江三峡崆岭礁岩滩,为石灰岩河段中夹的石英闪长岩珠,因质地坚硬,在江中形成大珠、二珠、三珠等大小岛礁群,河段水流湍急紊乱,且多泡漩,俗称行船的"鬼门关";又如川江河段的观音滩,因左、右两岸分别有观音滩、佛面滩石盘和金刚背、鹭鸶背等石咀向江中凸起组成两节点,相距不足1km,当航道水位上涨至13.0m时,流速达8.8m/s,水面比降达3.3‰形成泡漩大浪的急流滩。

②溪口滩碍航:在山地峡谷河段中,由于山高坡陡,小支流众多,河长短、坡度陡,并有部分为泥石流沟,每当暴雨山洪,携带大量泥沙入江。由于部分粗大岩块难以输移,便在沟口形成冲积扇(锥),占据江道阻水,易成急流滩。典型实例如奉节上游6.0km处的高粱碛对口滩,其北岸为马湖溪,南岸为木瓜溪,因两溪口的冲积扇相对,且滩高较大,致使河床缩窄,形成中枯水位的急流滩(同类对口滩在清江隔河岩建坝前的马连河段亦有分布)。另如长江三峡瞿塘峡口原奉节的臭盐碛和巫峡口原巫山县的扇子碛等溪口滩,当汛期江水位上涨时,上游发生壅水使泥沙淤积,每年10—11月汛后江水回落,长江主流归槽,当枯水航道尚未冲开前便产生浅滩碍航;三峡河段中有13个主要溪口滩,均为急流滩。据统计:其中枯水急流滩6个,中枯水急流滩3个,中洪水急流滩4个,一般以枯水浅滩为主。

③崩塌、滑坡坠石滩碍航:在山地峡谷河段中因岸坡陡峭,常有崩塌滑坡的重力侵蚀发生,当岩石坠落入江后,形成潜滩或突咀影响航道,如1982年的云阳鸡扒子大滑坡形成急流滩,1985年6月15日,新滩滑坡体坠入江中的岩石方量达151万m^3,从而使附近河段的头滩、二滩航道发生恶化等。另在历史上还有如三峡的青滩,以及金沙江的上虎跳峡,因巨石坠落使河床形成大的跌水坎而无通航等。

④卵石急流滩碍航:由于长江上游的沙卵石来源丰富,因此川江河段有大量卵石输移,河床宽段多具有涨水淤、落水冲的特点,并具有急流滩和浅滩碍航的双重性。如重庆九堆子河段,地处李家沱大型弯道的弯顶下游,为一大肚形的宽段,汛期主流线摆向凹岸,凸岸淤积,而汛后水位下落,主流归槽摆回凸岸,当洗槽不能及时冲开时则易成急流滩。另如川江朱羊溪下游的温中坝,为一大江心洲,枯水期南汊为主汊,当汛期水位上涨漫滩时,主流线趋中,从洲的中段流入左汊出口,从而使温中坝尾部产生淤积生成新的边滩,使右汊缩窄,再加出口段凹岸有石矶挑流,从而产生大涡漩,形成急流滩。在川江的深切河曲中,两弯顶间的过渡段、顺直微弯的相对宽段,以及有江心洲(滩)发育的分汊河段等的宽段中,因有大量砂卵石的堆积而易形成浅水型的急流浅滩碍航。

(2)长江中下游平原河段浅滩的成因类型

长江中下游的泥沙主要来自长江上游,过南津关出三峡后,经宜昌—松滋口河段的低山丘陵区过渡进入长江中下游平原,因江面展宽,河床纵坡降减缓,水流挟沙力降低,致使大量泥沙沿程淤积，浅滩发育，并形成大小洲滩，部分经演变兼并而成大洲，浅滩在顺直微弯和弯曲及分汊河床均有广泛发育，由于深槽与浅滩的交错分布，一般都呈现凹凸的波状起伏，比长江上游河段更具规律性。

①单一顺直、微弯河床放宽段的浅滩：在单一顺直微弯河床的相对宽段，在一定的流量条件下，因过水断面增大，水流变缓，泥沙淤积形成浅滩，当汛后退水期或枯水期水深变浅时易产生碍航。如长江中游河段的枝江、周公堤、姚圻脑、界牌及长江下游徐六泾河段的白茆浅滩等。

②弯道过渡段的浅滩：位于两弯弯顶间的过渡河段，由于洪枯水位的主泓道摆动不定出现浅滩。如荆江的碾子湾、大马洲、尺八口浅滩等。

③分汊河段的浅滩：由于河宽增大，泥沙淤积，各级水位的主泓道多变而成浅滩，浅滩部位主要在分汊口门附近和汊道的放宽地段。按分汊河段形态又可分为顺直微弯分汊和弯曲分汊两个浅滩亚类，顺直微弯分汊河段中的浅滩如江口、戴家洲、张家洲、马垱，上、下三号的东北洲等；弯曲分汊河段浅滩如马家咀、监利、陆溪口、太子矶和通洲汊道浅滩等。

④分流口门附近的浅滩：由于江道分流，河宽增大，河段洪枯水位流向不一，主流动力轴线不稳，致使泥沙落淤，形成浅滩。如上荆江松滋口河段的芦家河、虎渡河口河段的太平口浅滩、藕池口河段的天星洲浅滩等。

⑤支流汇口段的浅滩：由于支流入汇，对口门上游的长江河段产生顶托，壅水使水位抬高，水流变缓，泥沙淤积形成浅滩。如长江中游宜都河段，在清江口上游形成南阳碛大宽段，由于河床宽浅，再加主流动力轴线不稳，航道易变致浅。

三、河床洲滩

长江的上、中、下游河床都有洲滩分布，但由于受来水来沙和河床边界条件的影响，因而形成多种类型，按物质组成可分为岩滩（碛坝）、砂、卵石洲滩及泥质洲滩等；按洲滩在河床中的分布部位、形态及发育程度等又可分为边滩、心滩和江心洲等；根据其成因类型又可分为侵蚀型、堆积型及侵蚀与堆积的混合型等；在堆积型中又可分为残坡积、冲洪积和冲湖积等多种类型。所有洲滩类型、分布、规模、物质组成及滩面特征等都具有较强的区域性和地段性。洲滩分类方法较多，现综合按侵蚀的岩滩和堆积的边滩、心滩和江心洲及冲积扇（锥）等分类叙述于下。

㈠洲滩分布

1. 金沙江河段的洲滩分布

青南江源河段的沱沱河及通天河段等，虽地处高原，在宽谷分汊河段中，心滩、边滩等亦较广泛分布。金沙江上游河段：自登额曲口下游，穿流于横断山区，形成高中山地的大峡谷，河床狭窄，以河床两岸的侧流冲积扇（锥）等溪口滩为主，由岸坡崩滑形成的倒石堆、坡积裙等亦较发育，在高山峡谷河段间的相对宽段还有江心滩和江心洲等分布，如金沙江上游地理孔—邓柯间的断层宽谷河段中，因河床多汊分流，不仅江心滩广布，而且还有江心洲和河漫滩等发育，其中江心洲长300～700m，与枯水位相高4～5m，因砂砾石上覆粘性土层，所以还有乔灌木等生长。金沙江中游河段：如卡松渡—冈拖段，心滩、岛礁和冲积扇广布；赠曲河口—巴曲河口的极深峡谷段，因山高谷深，一般河床洲滩缺失，唯河岸崩塌的坠石堆十分发育；邦扎公—桑达河段的心滩和河漫滩等规模较大，其中竹巴龙附近的心滩长度达1000m以上，宽300～400m，而且附近河段冲积扇等亦分布密集；奔子栏—伏龙桥河段，河谷开阔，最宽达1000m左右，河床心滩零星分布，而南岸冲积扇较为发育；拖顶—塔城河段，冲积扇分布最为密集，其中巨甸—白粉墙两岸呈交错排列，金沙江河床主泓绕扇缘蜿转流向下游。金沙江下游河段虽以高中山地及峡谷为主，但仍有峡间宽段发育，如蒙姑—巧家段，河床宽达500～800m，并有心滩和河漫滩等分布，随向下游峡间宽段增加，河床洲滩相应发展增多。据溪落渡—宜宾河段的分段统计资料①，溪落渡—新市镇河段：河段长80.8km，地处中山峡谷，两岸多冲洪积扇分布，但无冲积边滩和心滩及江心洲等发育。新市镇—屏山河段：长47.0km，地处高中山地向四川盆地过渡的低山丘陵区，由于河谷展宽，有大小沙卵石的冲积洲滩35个，其中砂卵石边滩33个，江心洲2个，按河段内枯水位上江岸面积统计，基岩面积占总面积的24.6%，坡积体占45.0%，冲积物堆积的砂卵石洲滩占24.1%，溪口滩占6.3%等。屏山—向家坝河段：长28.8km，有冲积砂卵石边滩17个，其中江心洲1个，河段内基岩占20%，坡积体占29%，砂卵石边滩等占46.0%，溪口滩占5%。向家坝—宜宾河段：长33.0km，有砂卵石边滩15个，江心滩2个，河段内枯水位上河床基岩占11%，冲积砂卵石洲滩等占63%，坡积体占20%，溪口滩占6%。从上溪洛渡—新市镇—屏山—向家坝—宜宾等4河段冲积砂卵石洲滩所占枯水位上面积的百分数分别为0%、24.1%、46.0%、63.0%等，即随向河段下游，沿程洲滩增多，沿岸冲积扇和崩塌滑坡成滩减少，水面上露出基岩面亦减少。

2. 川江河段的洲滩分布

长江由西辗转东流，过宜宾后进入四川盆地丘陵区，江面再度展宽，河床坡降进一步减缓，从而引起河床推移质沙卵石大量堆积成滩。另由于川江河段岩层构造变动轻微，河床基底质地软硬不均，因抗冲性存在差异，从而形成较多侵蚀残体的碛坝等岩滩。按其分布密度，岩滩从上→下游增大，而砂卵石洲滩则由小→大→小，分段统计分析于下。

①宜宾—重庆河段的洲滩分布②：河段长度384.0km，河床面积为335.31km^2，枯水位上河床面积为167.69km^2，约占河段总面积的50%。其中：砂卵石洲滩面积为110.13km^3，碛坝岩滩面积15.65km^2，坡积边滩面积41.91km^2，分别占枯水面上床滩总面积的65.67%，9.33%和25.00%，以冲积洲滩为主。河段内共计有大小砂卵石洲96个，其中边滩68个，心滩18个，江心洲10个，分别占河段洲滩总个数的71.13%，18.56%，10.31%，以边滩为主。分段洲滩的分布密度：从表7-2-4见及，宜宾—沪洲段平均3.69km一个，泸洲—重庆段平均4.18km一个，分段洲滩总长度分别占河段长度的98.26%与87.51%，以泸洲上游河段洲滩分布密度为大，且江心洲所占百分数亦相对较大。主要洲滩的沿程分布，以宜宾下游的李庄—合江段较密，其中尤以南溪—神背咀段洲滩分布最为集中(图7-2-2)。

---

①朱鉴远，伍炳吉.金沙江溪洛渡—宜宾河段床沙取样及分析报告.电力工业部成都勘测设计院，1997年.

②张美德等.长江上游宜宾至重庆段床沙勘测调查报告.水利部长江水利委员会水文局，1997年.

表 7-2-4　　川江宜宾—重庆河段砂卵石洲滩统计表

河段	河段长度(km)	洲滩个数(个)	洲滩分类数量(个)			洲滩分布密度(km/个)	洲滩总长度(km)	占河段总长度(%)
			边滩	心滩	江心洲			
宜宾—泸洲	129.0	35	27	4	4	3.69	126.750	98.26
泸洲—重庆	255.0	61	41	14	6	4.18	223.154	87.51
宜宾—重庆	384.0	96	68	18	10	4.00	349.904	91.12

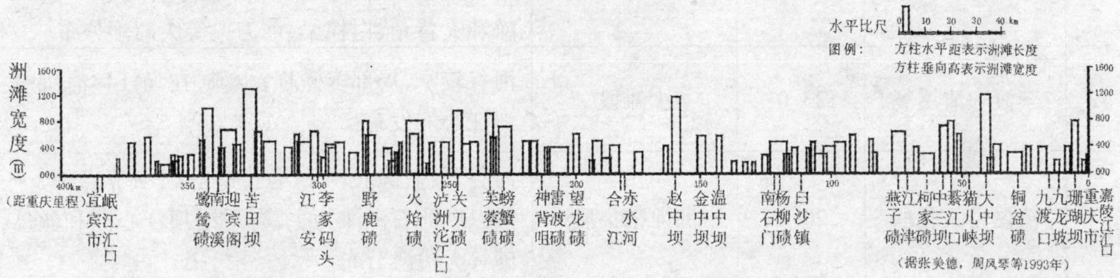

图 7-2-2　川江宜宾—重庆河段卵石洲滩沿程分布直方图

②重庆—奉节河段的洲滩分布：由于河段来水来沙条件和地质地貌环境的差异，洲滩类型和分布等均具呈段特征（表 7-2-5）。其中重庆—铜锣峡河段，除接受长江上游来水来沙外，还有嘉陵江的汇入，水砂丰沛，因下游铜锣峡河床缩窄产生壅水影响，有利卵石推移质的堆积，洲滩较为密集，在 15.0km 的河段内，发育有 2500～650m 长的卵石洲滩 5 个，占河段长度的 48.0%（$L_{滩}/L_{河}\%$）；铜锣峡下游河段砂卵石洲滩有所减少，稀密呈段分布，其中唐家沱—李渡、清溪场—北堰、忠县—武陵，万县峨眉碛—小舟溪（巴阳峡上口）等为相对密集或多滩河段，其间的李渡—清溪场、北堰—忠县和武陵—万县等为少滩或零星大滩分布河段；万县下游巴阳峡—云阳段，地势升高，河床缩窄，并有呈段峡谷发育；因此仅有个别沙卵石洲滩发育；云阳—白帝城基本为无滩段。河床冲积形成的砂卵石洲滩沿程分布总趋势，由多→少→无；但侧流沟谷的冲积扇（锥）自万县下游逐渐增多，较大的如巴阳峡上口的龙洞口、三道溪、安平三道河以及下游的高梁碛和奉节的臭盐碛等，其中以臭盐碛最具代表性，论规模为全江之冠；河床侵蚀形成的岩滩碛坝沿程多有分布，但大的岩滩主要分布于重庆—云阳河段，其中以铜锣峡口至石宝寨河段较多。综合上述，以上各类洲滩组合分段的基本特征是：重庆—涪陵段，以冲积砂卵石洲滩为主，岩滩碛坝相对较少；涪陵—云阳河段，砂卵石洲滩呈段或为零星的大滩散布，碛坝普遍增多，并呈段密集；云阳—奉节段冲积扇较多，岩滩碛坝稀少，冲积砂卵洲滩基本缺失。

③三峡河段的洲滩分布：奉节白帝城—宜昌南津关的峡谷河段长 193km，因受峡谷所控制，河床狭窄，砂卵石洲滩稀少，江心洲除中堡岛外，仅有个别小江心滩见及，全河段支流冲沟较多，冲积扇（锥）较为发育，较大的冲积扇从上游至下游主要有金川碛、红沙碛、扇子碛、冷水碛、富里碛、官渡碛、西瀼口、东瀼口，赵门咀、洩滩、罗家碛、大碛、香溪口和射红碛等；岩滩碛坝主要集中分布于庙河—下岸溪的花岗岩河段，其中尤以三斗坪—下岸溪段最为密集，其余河段分布零星，且规模较小。按洲滩分类组合，全河段以冲积扇

为主，岩滩碛坝除个别河段相对较多外，一般河段分布较少，且规模较小，冲积形成的砂卵石洲滩仅有个别见及（表7-2-5）。

表7-2-5　　川江重庆—宜昌南津关河段砂卵石洲滩分布特征表

序号	河段名称	河段长度(km)	冲积沙卵石洲滩相对密度	河床洲滩分布特征
1	重庆朝天门—唐家沱	15.0	洲滩密集段	河谷开阔，河床弯转，多碛坝，上有嘉陵江入汇，下受铜锣峡顶托产生壅水影响，砂卵石洲滩密集，并有鳌鱼碛心滩发育
2	唐家沱—李渡	98.0	多滩段	铜锣峡下游河谷开阔，洲滩和岩滩均较发育，并有福平坝、南平坝、洛碛、金川碛等砂卵石大滩和大背角、白榨梁、剪刀梁等大碛坝分布
3	李渡—清溪场	23.0	少滩段	河谷较窄，局部多碛坝，少滩，在乌江口有绵绣洲江心滩发育
4	清溪场—北堰	20.0	洲滩密集段	河谷开阔，除花滩和鸡公梁等碛坝节点外，一般以砂卵石洲滩为主，有平绥坝江心洲和丝瓜碛等大边滩分布
5	北堰—丰都	34.0	少滩段	一般河谷较窄，少滩，部分宽段多岩滩碛坝
6	丰都—忠县	50.0	零星大滩段	河谷宽窄相间，以宽段为主，宽段内有凤尾坝、兰竹坝、塘土坝、马粪碛等大江心洲和猫子梁、下渡口、九条河等岩滩碛坝分布
7	忠县—武陵	50.0	多滩段	河谷宽窄相间，并以宽段为主，大洲滩较为发育，砂卵石心滩如兔子坝、折桅碛等，边滩如平沙坝、老鹳碛等，碛坝有象鼻梁、横梁等
8	武陵—万县峨眉碛	38.0	零星洲滩段	河谷宽窄相间，有鶨包碛、黑虎碛、关刀碛边滩和中坝等小心滩发育，大的岩滩碛坝有高舅母和中梁等
9	万县—小舟溪巴阳峡口	21.0	洲滩密集段	河谷渐窄，洲滩密集，除红砂碛、望鱼碛外，一般规模较小，并有斧头碛等小心滩分布
10	小舟溪巴阳峡口—云阳	38.0	个别洲滩段	河谷宽窄相间，且以窄段为主，有巴阳峡等峡谷分布，宽段内多零星碛坝，大的岩滩有大梁、白笑滩、马铃梁等，大的砂卵石滩仅有打鱼碛边滩
11	云阳—奉节白帝城	69.0	无滩段	河谷狭窄，云阳—故陵段多岩滩碛坝，下游河段河床南岸支沟众多，冲积扇较发育，以小型为主，最大的为臭盐碛，较大的有永谷河、龙洞河等，而长江冲积形成的砂卵石滩不发育
12	奉节白帝城—黛溪	7.0	无滩段	西陵峡段，谷坡陡峭，冲积扇及岩滩稀少，无冲积砂卵石洲滩发育
13	黛溪—巫山	28.0	无滩段	为西陵峡与巫峡的峡间宽阔河段，大小支沟众多，冲积扇发育，较大的冲积扇有金沙碛、红沙碛、扇子碛等，并有少量岩滩碛坝分布

续表

序号	河段名称	河段长度(km)	冲积沙卵石洲滩相对密度	河床洲滩分布特征
14	巫山—官渡口	44.0	无滩段	巫峡河谷窄深,岸线平直,支流沟谷稀少,溪口冲积扇少,以冷水碛和富里碛较大,岩滩碛坝较小,无冲积砂卵石滩发育
15	官渡口—香溪	48.0	零星小滩段	巫峡—西陵峡间宽段,河床转折多弯,河岸凹凸不顺,河床岩滩碛坝,支沟冲积扇、冲积砂卵石洲滩等均有发育,规模较小
16	香溪—庙河	15.0	无滩段	为黄陵背斜西翼的灰岩峡谷河段,谷坡陡峭,河岸平顺,除射红碛冲积扇外,一般河段无冲积洲滩发育
17	庙河—南沱	31.0	少滩段	位于黄陵背斜核部的花岗岩区,河谷开阔,冲积扇、岩滩碛坝、河流侵蚀残块较多,并有柳林碛边滩,中堡岛江心洲等分布
18	南沱—南津关	20.0	无滩段	地处黄陵背斜东翼的石灰岩区,河谷窄深,谷坡陡峭平直,冲积扇、岩滩碛坝等均较稀少,无冲积砂卵石洲滩发育

3.长江中下游河段的洲滩分布

长江中下游除部分丘陵和节点河段外,一般平原河段的河床开阔,沿程泥砂堆积洲滩广泛分布,并以砂质洲滩为主,砂卵石洲滩少量,另有如蕲春钓鱼台、安徽小孤山等个别侵蚀残存岛礁见及;按河床泥砂洲滩类型可分为边滩、心滩和江心洲等。长江中下游宜昌—河口段总长约1808.0km,共有主要洲滩264个,其中边滩117个,心滩32个,江心洲115个,分别占洲滩总数的44.32%、12.12%和43.56%等,洲滩分布密度见表7-2-6①,分段密度范围值为4.36～10.44km1个,以长江下游江阴鹅鼻咀—徐六泾河段密度为最大,仪征—江阴鹅鼻咀河段密度最小。长江中下游宜昌—江阴鹅鼻咀河段总平均为7.47km/个。从表中洲滩所占河段长度百分数对比可见,宜昌—黄石的江汉平原4个河段从上游到下游由74.92%递增到116.94%。黄石—广济河段因地处低山丘陵及阶地区,河谷缩窄洲滩减小到79.14%。广济—华阳河段因横跨九江以北的黄梅—望江平原有龙坪新洲、鲤鱼洲、张家洲和槲排洲等大洲分布,洲滩占有百分数增加到近100%外,自华阳河口—江阴鹅鼻咀河段虽有一系列复合型大洲滩分布,但以江心洲为主,边滩和心滩稀少,并因江心洲的宽度普遍较大,洲滩平面的长宽比较小,所以洲滩长度所占百分数减少为50.23%～64.92%,普遍低于华阳河口的上游河段。而江阴—河口段因受到长江上游来水来沙和东海潮汐影响,喇叭状河口分支汊道的辫状水系发育,江心沙岛、边滩等密布,占河段长度百分数的111.25%～317.04%以上。另据宜昌—枝城—城陵矶—九江—江阴—河口等5河段的单个洲滩平均面积分别为1.01km^2、2.86km^2、8.58km^2、14.94km^{2}和51.16km^{2}等,从上游至下游递增,尤以徐六泾—河口段为大。

综合上述,长江河床洲滩类型以冲积形成的洲滩为主,并主要分布于江源区的通天

①喻学山,夏鹏章.水系,《长江志》卷,流域综述(第一篇).长江水利委员会长江志总编室,1998年.

河,金沙江的新市镇—宜宾河段和川江的宜宾—万县河段,以及宜昌以下的长江中下游平原的展宽河段;金沙江新市镇上游和长江三峡等山地峡谷河段,则以支流沟口的冲洪积扇(锥)为主,崩塌、滑坡及风化残坡积体等除局部河段相对较多外,一般多为零星分布;侵蚀岩滩碛坝主要分布于川江河段,其中尤以重庆—万县河段为多,并从上向下游呈增多之势,但自巴阳峡以下,因河谷变窄碛坝数量减少,规模变小。

表 7-2-6　长江中下游洲滩统计表

河段	河段长度(km)	洲滩总数(个)	洲滩分类数(个)			洲滩分布密度(km/个)	洲滩长度	
			边滩	心滩	江心洲		洲滩总长度(km)	占河段长度(%)
宜昌—枝城	66.5	11	7	2	2	6.05	49.82	74.92
枝城—藕池口	167.0	20	10	3	7	8.35	145.86	87.34
藕池口—城陵矶	170.0	22	17	1	4	7.75	154.62	90.63
城陵矶—黄石	367.0	58	40	8	10	6.33	429.17	116.94
黄石—广济	71.0	13	10	—	3	5.46	56.19	79.14
广济—华阳河口	144.1	20	9	1	10	7.20	143.72	99.81
华阳河口—铜官山	153.2	20	2	2	16	7.66	92.78	60.56
铜官山—马鞍山	172.2	20	5	1	14	8.61	111.80	64.92
马鞍山—仪征	96.4	10	1	—	9	9.64	48.42	50.23
仪征—江阴鹅鼻咀	146.2	14	1	1	12	10.44	80.14	54.82
江阴鹅鼻咀—徐六泾	87.1	20	3	4	13	4.36	96.90	111.25
徐六泾—河口	167.3	36	12	9	15	4.65	530.40	317.04
宜昌—江阴鹅鼻咀	1553.6	208	102	19	87	7.47	1312.52	84.46
宜昌—河口	1808.0	264	117	32	115	6.85	1939.82	107.26

(二)洲滩分类与特征

1. 河床冲积洲滩

(1)洲滩规模

河床洲滩主要分布于平原和丘陵山地的宽谷河段,洲滩规模以长江中下游平原河段及河口三角洲为大,有关河床分段洲滩特征如下。

金沙江河段的洲滩规模:含青南江源区在内,如沱沱河的宽谷河段内,河床浅滩发育,并达到相当规模①,河段洲滩长度如碎达改曲河口段0.8~1.0km,奔德错切玛口段达1~2km等。金沙江虽穿流于高中山地的深切峡谷,但在峡间的开阔河段亦有零星洲滩分布,如地理孔—邓柯的断裂谷内,谷宽1.5~2.0km,江心洲滩发育,长度达300~700m,相对高度0.2~5.0m;邦扎公—桑达间的竹笆龙砾石心滩长达1000m,宽300~400m,相对高度3~5m,最高可达10m;塔城—虎跳峡上口河段的德罗滩长达1000m,宽300~400m,相对高度为5~6m;其余如卡松渡、桑达、奔子拦—伏龙桥等宽谷河段内亦有江心滩等发育。总的分布及规模特点:在新市镇以上河段,江心洲滩分布零星,一般长度小于1000m,宽度小于500m,相对高度小于10m,并多在5m以下。但随河长的增加,流量的增

①喻学山,夏鹏章.水系,《长江志》卷,流域综述(第一篇).长江水利委员会长江志总编室,1998年.

大，再加山势降低，河谷逐渐展宽，于是在金沙江下游新市镇—宜宾的低山丘陵河段洲滩增多，规模增大。据勘测调查资料统计①（表7-2-7）新市镇—屏山—向家坝—宜宾河段的主要洲滩尺度平均值：长度分别为520m，1250m和1600m，宽度分别为124m、155m和260m，相对高度分别为4.80m、1.25m和1.43m等，分段洲滩的长度和宽度均向下游增大，洲滩相对高度呈现降低趋势。河段大的洲滩长度都达1000m以上，如绥江中碛坝为1100m，月亮碛为1200m，向家坝为1400m，瞌睡坝为2400m，宜宾大中坝达2160m等，洲滩的长度和面积以瞌睡坝为大，洲滩高度以大中坝的9.00m为高。

表7-2-7　　金沙江新市镇—宜宾河段主要洲滩规模统计表　　（单位：m）

河段	长度	宽度	相对高度	长宽比	典型大洲滩
	范围值 个数－平均值	范围值 个数－平均值	范围值 个数－平均值		
新市镇—屏山	1100～100 7－520	300～30 7－124	8.00～1.50 7－4.80	4.19	河段内绥江中碛坝 $L\times B\times h=1100\times300\times8.0$m
屏山—向家坝	1500～900 4－1250	200～100 4－155	1.50～1.00 4－1.25	8.06	月亮碛为1200×100×1.50m；向家坝为1400×200×1.0m
向家坝—宜宾	2400～1500 8－1600	400～30 8－260	9.0～1.0 7－1.43	6.15	瞌睡坝2400×250×1.50m；宜宾大中坝2160×400×9m

川江河段的洲滩规模：据长江委水文局多次勘测调查资料统计②③，宜宾—重庆河段在上世纪末共有主要洲滩计96个。其中宜宾—泸州河段35个，河床枯水位以上洲滩长度、宽度和相对高度的平均值分别为2674m，458m和7.35m，洲滩的平均面积为0.742km^2，其中有1.50km^{2}以上的大型洲滩5个，以苦田坝江心洲2.508km^{2}为最大。泸州—重庆河段有主要洲滩61个，枯水面以上洲滩长度、宽度和相对高度的平均值分别为2679m、512m和7.99m，平均面积为0.892km^2。其中面积达1.50km^{2}以上的大洲滩共8个，其中以大中坝江心洲4.62km^{2}为最大。从表7-2-8见及，宜宾—泸州和泸州—重庆两河段比较，单个洲滩的平均长度、宽度、相对高度和面积等均以下游大于上游河段，而在宜宾—重庆河段中，洲滩长度最大的为临江镇边滩，达8025m，最宽的洲滩为赵中坝1325m，相对高度最大的为大中坝21.3m，均分布于泸州下游河段。另从平均每公里河段长度的洲滩面积（$\sum S_{(滩)}/\sum L_{(河)}$）比较，上下河段分别为0.284km^2/km与0.288km^2/km，亦以下段略大。以上洲滩的尺度参数表明，长江自宜宾以下，随深入四川盆地腹地，河谷展宽，洲滩规模相应增大。重庆—奉节河段因河谷受川东平行岭谷影响增强，河谷宽窄多变，岩滩碛坝增多，砂卵石洲滩减少，但仍有一些大洲滩零星分布于重庆—万县下游的

①朱鉴远，伍炳吉，和王东辉，丁卫军，等. 金沙江溪洛渡至宜宾河段床沙取样及分析报告. 电力工业部成都勘测设计研究院，中南勘测设计研究院等，1997年.

②张美德，周凤琴. 长江三峡库尾上游河段河床组成勘测调查分析报告. 长江水利委员会荆江河床实验站，1993年.

③张美德，刘庚临，龚兴，等. 长江上游宜宾至重庆河段床沙勘测调查报告. 水利部长江水利委员会水文局，1997年.

巴阳峡之间，主要具有代表性的大洲滩计15个，并以江心洲（滩）为主，一般大型洲滩长度为3500～1000m，少数达5000m以上，如珍溪河段的上、中、下丝瓜碛相连，长度共达9500m，除下丝瓜碛宽度达1098m外，一般以窄长为特点。又如上、下洛碛边滩总长度约达7000m，位于洛碛边滩南岸的中档碛长度亦达5220m等，该河段以丝瓜碛江心洲（滩）为最大。万县巴阳峡—奉节白帝城河段，地处川东山地丘陵区，因山势增高，河谷变窄，峡谷增多，仅有个别小洲滩发育，其中以打鱼碛边滩为大，次为雨霖碛心滩和奉节上游的秤杆碛等，长度分别为2134m、805m及427m等，不仅数量稀少，向下游规模亦大为减小。

表7-2-8　长江上游宜宾—重庆河段主要洲滩统计表

（长度单位：m 面积单位：m^2）

河段	长度 范围值/个数–平均值	宽度 范围值/个数–平均值	相对高度 范围值/个数–平均值	面积 范围值/个数–平均值	长宽比 洲滩长度/洲滩宽度	备注
宜宾—泸州	5820～575 / 35–2674	1125～130 / 35–458	18.00～2.70 / 35–7.35	2.508～0.085 / 35–0.742	5.84	洲滩面积大于1.50km^2的洲滩有甄柄碛、油炸碛、苦田坝、水中坝、火焰碛等
泸州—重庆	8025～850 / 61–2679	1325～160 / 61–512	21.30～1.80 / 61–7.99	4.62～0.143 / 61–0.892	5.23	面积大于1.50km^2的洲滩有芙蓉镇、临江镇、望龙碛、大中坝、赵中坝等

三峡河段的洲滩规模：奉节白帝城—宜昌南津关河段，地处长江三峡，因河谷狭窄，以冲积扇等溪口滩为主，河床冲积形成的洲滩甚少，且规模亦小，比较典型的江心洲（滩）为中堡岛及母猪碛、反手碛和白鹤碛等，洲滩长度680～270m，以白鹤碛相对较大，主要边滩以柳林碛较典型，长度亦仅550m，其余零星分布，规模也较小。

长江中下游河段的洲滩规模：长江从宜昌南津关至河口河段，沿岸除部分阶地和少数丘陵外，一般为长江河漫滩和冲湖平原，分汊河段广泛分布，河床宽浅多滩（洲）。按单个洲滩的平均长度、宽度和洲滩面积等比较，江心洲从上向下游呈增大趋势，而边滩规模多变，长江中下游洲滩的总体规模仍从上→下游增大，并以江心洲（滩）为典型（表7-2-9）。

表7-2-9　长江中下游河段河床洲滩规模统计表

河段	洲滩类型	长度（m）		宽度（m）		面积（$1\times10^6m^2$）		长宽比
		范围值	平均长度	范围值	平均宽度	范围值	平均值	
宜昌—枝城	江心洲（滩）	3800～1600	2658	1550～340	828	2.06～0.37	1.14	3.21
	边滩	22090～1951	5599	570～169	371	5.16～0.30	1.25	15.09
枝城—城陵矶	江心洲（滩）	6900～1500	4040	1980～180	1023	6.71～0.16	2.86	3.95
	边滩	21000～3000	8886	2040～310	1012	21.30～1.12	4.92	8.78
城陵矶—九江	江心洲（滩）	16760～900	5190	5300～20	1730	33.96～0.20	8.58	3.00
	边滩	29500～1000	7760	6700～100	1100	—	—	7.05

续表

河段	洲滩类型	长度(m)		宽度(m)		面积($1\times10^6m^2$)		长宽比
		范围值	平均长度	范围值	平均宽度	范围值	平均值	
九江—	江心洲(滩)	30700~840	6200	11350~180	2260	217.33~0.16	14.94	2.74
江阴	边滩	3400~500	1966	1290~190	510	—		—3.85
江阴—	江心洲(滩)	78000~400	8860	19000~200	3020	1113.30~0.10	51.16	2.93
河口	边滩	60000~7000	23500	2400~450	1151	—		—20.42

综合可见:长江河床洲滩主要集中分布于青南高原,四川盆地和长江中下游平原等的宽谷河段,其中卵石洲滩主要分布于金沙江屏山—万县河段,沙土质洲滩主要分布于松滋口以下的中下游平原河段,卵砾石和砂土质混合型的砂卵石洲滩主要分布于青南江源河段和宜昌—七星台的山地与平原连接的丘陵过渡段。在其所有的洲滩中,按规模以河口段洲滩为大,最大江心洲为崇明岛,长度达78.0km;最大边滩为高桥以下河口段的南汇边滩,长度达60.0km,虽沿程受河床边界条件影响,长江洲滩相对大小多变,但总体仍从上游到下游随河宽增大而增大。

(2)洲滩形态特征

①洲滩的平面形态特征:据泥沙在河床中的堆积部位和发育程度及形态特征不同,可分为江心洲(滩)和边滩两大类。因所处河段的来水来沙条件和地质地貌环境以及河床的冲淤动态等不同,河床洲滩平面形态各异,按其特征又可将长江河床的江心洲(滩)和边滩等分别划分为10与8种类型(表7-2-10)。

表7-2-10 长江河床冲积洲滩平面形态特征表

类别	序号	平面形态类型	示意图	洲滩平面形态特征	典型实例
江心洲(滩)	1	条形	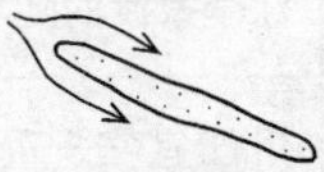	呈长条状,以长度大宽度小为特征	川江西界沱河段青鱼碛,长江中游簰洲湾土地洲、广济下游单家洲,下游河段如东流的玉带洲和中天星洲等
	2	流线形		呈流线形,洲滩头尾小,中部大	金沙江下游的潘家碛,川江河段忠县下游的塘土坝,长江下游马鞍山河段的新生洲等
	3	鲢鱼形		洲滩以头大尾小为特征	川江白沙沱大中坝,川江朱沱河段秤杆碛、忠县河段忠水碛,长江中下游监利乌龟洲等
	4	纺锤形		以头小尾大为特征	长江下游九江河段的张家洲和长江口的九段沙暗滩等
	5	叶片形	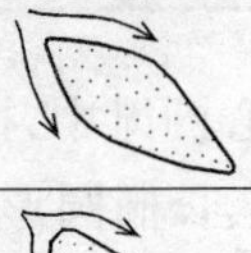	洲滩头尾较尖,洲中上部较为宽大	川江河段长寿木鱼碛、高家镇下游篮竹坝、长江下游河段糨排洲、清节洲和鹅眉洲及和悦洲等
	6	方条形		洲滩头尾方圆,宽度窄,长度大,呈花牌形	川江河段宜宾下游杨柳碛、朱羊溪温中坝、重庆下游石家沱河段反水碛,长江口河段的崇明岛等
	7	长椭圆形		呈椭圆形,长度较小,宽度较大	川江河段金川碛,三峡洩滩反手碛,长江中游龙坪新洲及河口铜沙等

续表

类别	序号	平面形态类型	示意图	洲滩平面形态特征	典型实例
江心洲(滩)	8	方圆形	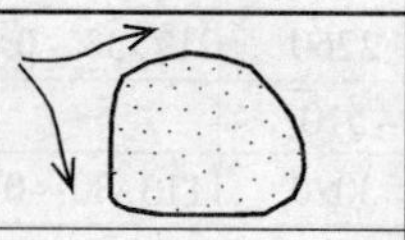	长宽相近,有方形轮廓显示	长江下游纵阳铁板洲、南京八卦洲、河口段长青洲和横沙岛等
	9	四边形		呈四边形,四角为次圆状,长宽相近	金沙江下游新滩铁锁滩,川江朱沱上游赵中坝及长江下游和畅洲等
	10	复杂形		为多洲滩的组合体,形状各异	川江合江关刀碛,荆江南五洲和长江下游成德洲、扬中太平洲等
边滩	1	弧形	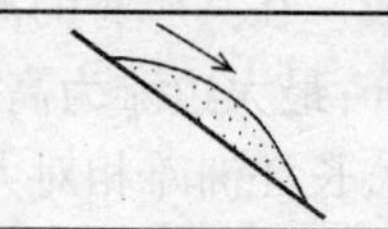	河岸顺直,洲滩呈弧形外凸,长度较大,宽度较小	金沙江下游的大滩坝和川江宜宾—重庆河段甄碛等
	2	舌条形	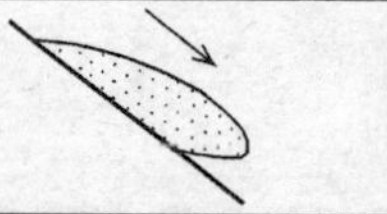	河岸顺直,边滩呈舌状下延,滩尾有倒套分布	川江宜宾—重庆河段的燕子碛、冷水碛、大块田和长江中下游河段的金鱼钩、上北洲、黄州边滩等
	3	丁坝形	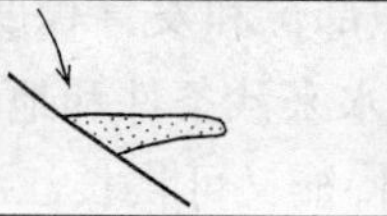	呈丁坝形,洲滩窄长,与岸呈大角度相交	川江綦江口的铁门坎,长江中游的宜都大石坝及下荆江八姓洲狭颈的丁字形边滩等
	4	卷曲形	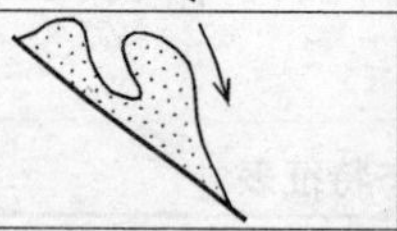	受涡漩水流影响,洲滩轴线弯曲而呈卷曲状	金沙江下游新滩河段的团鱼包和川江南溪河段的总碛坝等
	5	三角形	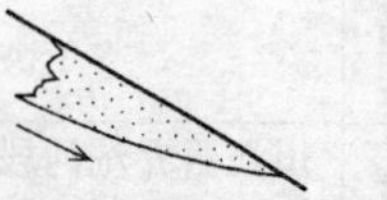	洲滩头宽尾尖而呈三角形展布	金沙江下游水府河段的陡坎子和川江李家渡的陡坎子等
	6	弓弦形	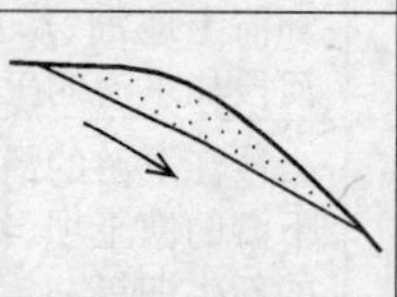	岸线呈弧形微弯,洲滩沿弓弦内侧分布,宽度小,长度较大	川江宜宾—重庆河段的拴疆碛、牛碛、水中坝、黄沙碛和重庆—万县河段的中档碛、茶壶碛等
	7	月弧形		岸线微弯,洲滩呈弧形外凸,宽度较小	金沙江楼东河段向家坝,川江河段泸州火焰碛、长寿码头碛、秤杆碛和长江中游沙碛坪等
	8	弯月形	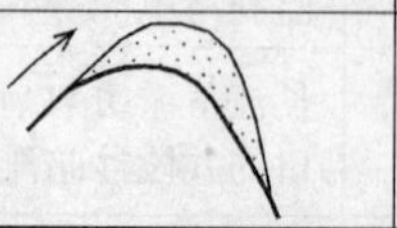	岸线曲率半径小,洲滩长度大,宽度小,弯曲外凸	金沙江月亮碛,川江巫人碛、莺鱼碛、倒钩碛,长江中游杨家咀、反咀和八姓洲等

江心洲(滩)平面形态的基本类型:在长江河床的江心洲滩中,按其形态的主要特征,可划分为条形、流线形、鲢鱼形、纺锤形、叶片形、方条形、长椭圆形、方圆形、四边形和多滩组合的复杂形等10种类型,其中以流线形和鲢鱼形及纺锤形等较为常见。总的形态特征:单个洲滩主要在长条形与方圆形间演变,从而分出若干过渡型;复合型洲滩形态复杂,如长江下游河段铜陵成德洲分汊河段中的汀家洲呈"凹"字形,扬中太平洲的人耳形,上荆江南五洲的腰子形和川江重庆河段九堆子的散团状等,具有多样形态。关于洲滩的

长宽比：按平面形态类型以条形江心滩为大，如川江万县西界沱下游青鱼碛呈长条形，长宽比达33.3；而方圆形洲滩长宽比较小，如长江下游河段的黑沙洲为1.2，铜板洲为1.5，八卦洲为1.4等，而复合形长宽比大小悬殊，如汀家洲为1.4，而南五洲达6.3等。

边滩平面形态的基本类型：在长江河床的边滩中，按其形态的基本特征，主要划分为弧形、舌条形、丁坝形、卷曲形、三角形、弓弦形、月弧形和弯月形等8种类型。特点是以河岸为依托而发展，按岸线的形态，可分为顺直河岸、凹形河岸和外凸形河岸等。洲滩形态多呈条形，一般边滩形态较为简单，其中以舌条形、弓弦形、月弧形等为主，特殊形态的边滩少见，如丁坝形仅见于川江綦江河口的铁门坎和长江中游清江口的宜都大石坝等。关于边滩的长宽比，长江边滩虽然类型较多，但多以长条形为特点，长宽比较大。据包含各类型的38个代表性边滩统计，最大的为上荆江枝城河段的沙碛坪边滩，长度为2.209万m，宽度570m，长宽比达38.8；最小的为川江綦江口的铁门坎边滩，长8700m、宽2700m、长宽比3.2，一般都在3.3以上，且大部分在5.0～10.0之间。

洲滩平面形态的分布特征：河段分类洲滩长宽比，按江心洲（滩）和边滩分段统计，长江上游的金沙江新市镇—宜宾河段分别为4.7与6.8；川江宜宾—泸州河段分别为4.3与6.5，泸州—重庆河段分别为3.4与6.5。长江中下游宜昌—枝城—城陵矶—九江—江阴—河口河段，江心洲滩长宽比的平均值分别为3.2、4.0、3.4、2.7和2.9，范围值为4.0～2.7；边滩长宽比平均值分别为15.2、8.8、7.0、3.9和20.4，范围值为20.0～3.8。综合可见，长江上中下游洲滩长宽比，普遍以江心洲（滩）为小，边滩为大，反映洲滩平面形态以江心洲相对宽短、边滩窄长为特征。

②洲滩的纵剖面形态特征：河床洲滩是经常发生演变的，按河床洲滩的演变动态可分为建造型和改造型，以及时冲时淤的建造—改造型等。而在建造过程中，因发展的阶段不同，洲滩形态各异，按其组合特征还可分为单洲（滩）的单式洲滩和多滩组合成洲的复式洲滩等亚类。如长江上游的川江河段以单洲（滩）为主，而长江中下游河段则以复式洲滩为主。由于建造与改造的交替、冲淤的循回而使洲滩形态复杂化。洲滩纵剖面的形态特征可分以下7种基本类型：含头低尾高型、头高尾低型、中部上凸型、低平型、三角滩型、波型和组合而成的复合型等（表7-2-11）。头低尾高型洲滩：一般河床洲滩多以头低尾高型为主，据川江宜宾—重庆河段统计，在96个河床洲滩中，有头低尾高型62个，占总数的64.6%。由于洲（滩）头受到水流冲刷而低矮，洲尾因泥砂淤积而抬高，除推移质砂卵石堆积外，还有悬移质泥沙的落淤，所以尾部常有雏形河漫滩发育，从而形成下半部上翘的头低尾高形态特征，如川江河段的鹭鸶碛、牛角坝、水师坝和长江中下游江口河段的柳条洲等。头高尾低型洲滩：亦较为常见，长江上游如川江宜宾—重庆河段的拴疆碛、火焰碛和长江中下游如九江河段的单家洲和张家洲河段的官洲等。其形成因素往往与洲滩发展的成熟度相关，如老洲（滩）尾产生新滩，新老组合形成头高尾低；另如川江河段还往往受洲滩上游的碛坝、节点、石矶等挑流影响，产生涡旋，使洲头的泥沙堆积增强而淤高，形成头高尾低，典型实例如重庆下游寸滩河段的鳌鱼碛等。上凸型洲滩：系指洲滩头尾部相对较低，中段较高上凸，主要为一些新老滩组成的复合型洲滩，即洲头受冲变低或向上游淤长伸展，同时亦向洲尾下延，形成上下段低矮，中段老洲（滩）顶部相对较高而向上凸起，如川江赵中坝、迎宾阁和荆江的关洲河段等。低平型洲滩：一般是发展初期的新滩，或是受河流主流线的频繁摆动冲淤多变，既长期存在，但又不能淤长抬高，如川江重

庆寸滩河段的草鞋碛和荆江河段芦家河浅滩中的沙卵石滩等。三角滩:因洲滩头或洲尾受冲形成陡坎,在纵剖面上形成三角形的形态特征,在金沙江的宜宾河段、川江朱沱的白沙镇河段、支流嘉陵江的合川河段等均有发现,其中如温中坝和下叶坝等均较典型。波形滩:在川江宜宾—重庆河段的洲头滩面较为多见,一般波高达2~5m,波长为10~50m,上游到下游往往由5~7级组成系列,由小→大→小形成分布于洲头迎水面地段,以董坝、金堆子、金中坝、羊猫碛、中三坝和九堆子等较为典型。复合型洲滩:由系列新老洲滩组合,长江上游川江河段较少,中下游河段较为普遍,如荆江河段的百里洲、南五洲、九江下游河段的张家洲、成德洲,以及南京八卦洲和河口段的崇明岛等。

③洲滩的横剖面形态特征:按洲滩横剖面的基本形态特征,可分为中部上凸、两侧渐低的上凸型,靠近主流一侧上凸的迎水面凸起型,背主流一侧上凸的背水面凸起型,靠岸滩的滩根高起、滩面向江倾斜的斜坡型,低平滩面的低平型,波形起伏型,以及由多个单滩组合、滩面呈高低多级的复合型等,洲滩横剖面的基本特征及典型实例见表7-2-11。

表7-2-11　长江河床洲滩纵横剖面形态特征表

剖面类别	序号	剖面形态类型	示意图	剖面形态特征	典型实例
纵剖面	1	头低尾高型		滩尾上凸,以头低尾高为特点	川江宜宾—重庆河段的鹭鸶碛、牛角坝、打鱼碛、水师坝,长江中游的柳条洲、三八滩等
	2	头高尾低型		滩头上凸,以头高尾低为特点	川江宜宾—重庆河段的拴疆碛,火焰碛及重庆寸滩河段的鳌鱼碛等
	3	中部凸起型		滩中上凸,滩头尾较低	川江宜宾—重庆河段的赵中坝、迎宾阁、神背咀大中坝,长江中游河段的关洲、火箭洲和突起洲等
	4	低平型		滩面低平,轻微上凸	川江宜宾—重庆河段的过兵碛、望龙碛、姚坝、打鱼碛和重庆下游河段的草鞋碛和长江中游的芦家河砂卵石滩等
	5	三角滩型		头高尾低,或头低尾高,纵剖面呈三角形	金沙江宜宾河段的陡坎子,川江白沙镇河段陡坎子和温中坝等
	6	波形滩型		由系列起伏巨型沙波组成	川江宜宾—重庆河段的董坝、金堆子、金中坝、羊猫碛、中三坝和九堆子等
	7	复合滩型		由系列大小洲滩组合而成阶梯状	长江中下游的百里洲、南五洲、张家洲、成德洲、八卦洲、崇明岛等,长江上游川江河段的迎宾阁,小南海大中坝等

续表

剖面类别	序号	剖面形态类型	示意图	剖面形态特征	典型实例
横剖面	1	弧形上凸型		中部上凸,两侧渐低	川江宜宾—重庆河段的迎宾阁、小过兵碛、红珠碛、莺鱼咀和长江中游的胭脂坝、铁拔洲、白沙洲及一些新淤洲滩等
	2	迎水凸起型		主泓迎水面上凸,背水面渐低	川江宜宾—重庆河段的陡坑子,野猪坝和长江中游的柳条洲等
	3	背水凸起型		主泓迎水面低平,背水面上凸坡陡	川江宜宾—重庆河段的苦田坝、赵中坝、罗家碛、红眼碛和长江中游河段的董市洲、三八滩等
	4	斜坡型	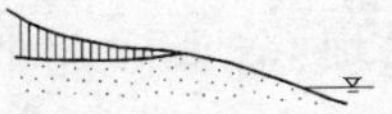	滩根高起,滩面向水倾斜	金沙江鸡婆碛、川江的过兵碛、长江中游下荆江河段的反咀和八姓洲等
	5	低平型		滩面横剖面低平	川江宜宾—重庆河段的望龙碛,姚坝和长江下游张家洲河段的官洲等
	6	起伏形型		滩面横剖面不规则起伏	川江宜宾—重庆河段的金堆子、金中坝和九堆子等
	7	复合滩型		多个单洲(滩)复合,滩面低平,呈高低起伏	川江河段的迎宾阁,洛碛和长江中下游的南五洲、张家洲等

综合上述:按河床洲滩类型以边滩形态相对较为单一,一般在平面上以长度大、宽度小、长宽比大为特征;纵剖面头尾低,中部相对较高;在横剖面中边滩后缘向滩根呈弧形抬高,滩面向江倾斜为基本特征。河床江心洲(滩)较为复杂,在平面上由条形洲滩→方圆形洲滩演变,长宽比由大变小,以宽短为特点,一般以流线型、链鱼型、纺锤型等较为发育;洲滩纵剖面特征以头低尾高、头高尾低和复合型等为多。其中川江河段的江心洲(滩)纵剖面特征以头低尾高为主,而宜昌—城陵矶河段中该类型洲滩减少。与此对应,头高尾低洲滩增多,滩头呈现相对抬高趋势;洲滩的横剖面亦较复杂,具有多种起伏特征,但一般仍以弧形上凸和主泓道迎水面呈上凸型等为主。但无论江心洲(滩)和边滩的相对高度在城陵矶的下游河段中随江水位的变幅减小,滩高逐渐下降,滩坡变缓,至长江出口段已十分缓坦。

(3)洲滩成因类型

①一般河床冲积洲滩:按洲滩成因可分为堆积型、侵蚀型和堆积—侵蚀型等3种类型,一般以堆积型为主。堆积型洲滩主要分布于弯曲河段的凸岸和顺直及分汊河段的放宽段,其中尤以多汊河段的江心洲滩为大,在长江上游河段因河宽受控,以单一的江心洲滩为主,而长江中下游,尤其自城陵矶以下河段,以复合型洲滩为主,单式洲滩稀少。侵蚀型洲滩:系指由于河床主流线的摆动,切割早期堆积的洲滩、河漫滩或阶地而成的江心洲(滩)等,如长江上游朱沱河段的赵中坝和温中坝,长江中游下荆江的蜿蜒性河段,因河床过度弯曲,频繁

发生自然裁弯取直切割河漫滩而成的江心洲，如小河口沙滩子等；同时亦因河床过度弯曲影响荆江泄洪，而实施人工裁弯后，因切割河漫滩形成石首中洲子和砖桥的集成垸江心洲等。堆积—侵蚀型即既有侵蚀又有堆积复合而成的洲滩，如长江三峡三斗坪河段的中堡岛和长江中游宜昌胭脂坝、枝城的关洲等，均由河流切割早期的高漫滩或阶地而成洲核，后期产生平面加积扩大而成复合型江心洲(滩)。如中堡岛是以切割茅坪溪口下游的阶地为基础，洲体外围和洲顶由全新世沉积的河漫滩相粘性土覆盖而成。

②急流波形滩：该类洲滩的形态特征，一般为头低尾高，平面形态具有系列腰圆形坑，一般坑底两端各有一个坑窝，大小相当，成对出现；洲头有巨型沙垅及沙丘发育，沿纵向呈波状起伏，一般波高达1~5m，迎水面坡度较小，背水面坡度较陡，大约为40°，与沙卵石等的休止角相接近；一般波长由数米至50m不等，往往由5~7级组成波的系列，超过10级的稀少，波高和波长均自洲头向下游由小→大→小，变化较有规律；物质组成一般为卵石河床，且迎水面卵石粗大，常常呈叠瓦状排列；分布河段主要在长江上游的川江河段，如宜宾—重庆唐家沱河段，主要有迎宾阁、董坝、金堆子、赵中坝、金中碛、温中坝、羊猫碛、中坝、棺材碛、九堆子和鳌鱼碛等。在长江下游河段沙质洲滩中也有发现，如张家洲河段的官洲头等，但规模较小。形成环境条件，往往与上游河道弯转、缩窄，并有碛坝及石矶挑流，形成散乱的急流相关。如金中坝，上游河床弯转缩窄，并有五墨水、斗笠子、庙角碛等碛坝挑流，下游河谷开阔，水流散乱，卵石波排列，波高3~4m，波长10~20m，卵石粗大。另如重庆上游九堆子，同样为上游河道弯转、缩窄，碛坝散乱分布挑流，每当汛期流量增大时，主流动力轴线趋直摆向右岸，水流紊乱湍急，为大卵石波的形成提供了必要条件，而汛后因主流动力轴线归槽，摆回凸岸，凹岸洲滩出露，形成年内周而复始的季节演变。

③流影心滩与三角形边滩：河岸的凹凸不平不仅影响水的流态，而且影响洲滩的发育与类型，尤其在河床节点、天然及人工石矶和河床碛坝等下游局部河段因水流产生涡旋回流时，可在其河床中形成圆形或椭圆形的留影心滩及河岸的三角形边滩等。在长江上游的山地丘陵河段中有较多分布，如金沙江下游福延镇河段的麻柳沱边滩，因地处狭窄河段下游，并受左岸乌龟石、锅盖石等碛坝挑流产生的涡漩流影响，洪水期在麻柳沱沙质边滩上形成一个圆柱形沙丘，直径在10m左右，比一般滩面高2~3m，向上凸起形态奇特。又如川江朱沱下游温中坝为一江心洲，由于南泓主汊道的下段有糯米石、羊角滩和太子石等天然石矶凸出江中挑流，形成近90°的急弯，并产生大涡漩，使汊道对岸的温中坝尾受冲，形成一个大的弧形缺口，并生成新的圆形砂团(图7-2-3(a))，高水淹没，中水露出水面而呈心滩。另如川江白沙镇—合江河段的立人碛(图7-2-3(b))，滩体窄长低平，滩中微凸，洲头河道缩窄，江左岸有中盘子，对窝滩、大凼子等石矶呈丁坝挑流，而下游右岸亦有梨子咀、石鼻子、青难子等系列碛坝分布，从而使南泓主汊道的枯水位河宽缩窄至160~180m，由于河床狭窄，再加两岸碛坝挑流，从而产生涡漩。当汛期洪水上涨，在立人碛的卵石滩面形成涡漩，因外围有涡漩水流的迴水圈，使原卵石滩面受冲而粗化，宽约15m，圈内由中细砂堆积而成圆形砂坝，直径40m左右，厚度0.20~0.40m，滩面砂、卵石层分界十分明显。三峡河段中亦有留影滩的分布，如位于巫峡的母猪碛、洩滩令箭碛下腮的反手碛、老秭归南北石门下腮的白水碛和冰盘碛等。共同特点是：上游有碛坝、石矶或节点挑流，河床缩窄，在下游涡漩水流的作用下形成冲刷坑和圆或椭圆形的留影心滩。三角滩同样受上游碛坝、石矶等挑流影响，涡旋内形成留影滩或锅底坑深潭，坑口下游外缘靠岸一侧

形成边滩，平面形似三角形，谓三角边滩，一般平面规模较小，但相对高度大。如川江重庆寸滩河段的龙潭，位于母猪碛中段的滩根处，上下游均有系列横江碛坝挑流产生大的涡漩，因此在碛坝间形成圆形龙潭深坑，直径达100m左右，坑口下侧形成高隆上凸的三角形漂砾边滩。在长江中游河段亦有同类三角滩分布，如沙市宝塔的观音矶为一人工古矶，地处沙市河湾的凹岸，伸入江中100余m迎流顶冲，因此在下腮形成大迴流涡漩，在冲刷坑的坑口下游左岸亦有三角形小边滩发育。其他如下荆江的荆江门河湾，因河湾出口有硬土层分布而凸入江中成天然土矶，挑流产生涡漩侵蚀下腮岸滩形成大缺口，同样在涡漩内形成大的深坑，下游外缘亦有三角滩发育。这类坑、滩在山地丘陵和平原河段都有发现，现以长江支流清江山地河段的河毛洞大沙坝三角边滩为例，分述于下。

河毛洞大沙坝位于清江中游的马水河口下游，山间峡谷多弯，河床宽窄相间，比降大、水流湍急，右岸有一巨石堵江，使河床形成狭颈，下游为一放宽段相接，从而为涡漩三角滩的形成创造了条件，当汛期清江水位上涨，大量泥沙输移过境时，由于巨石挑流，产生很强的涡漩，使过境泥沙产生堆积而成三角形边滩。根据边滩的微地貌特征和滩面床沙的级配组成可分为8个弧形带状分区(图7-2-3(c))。

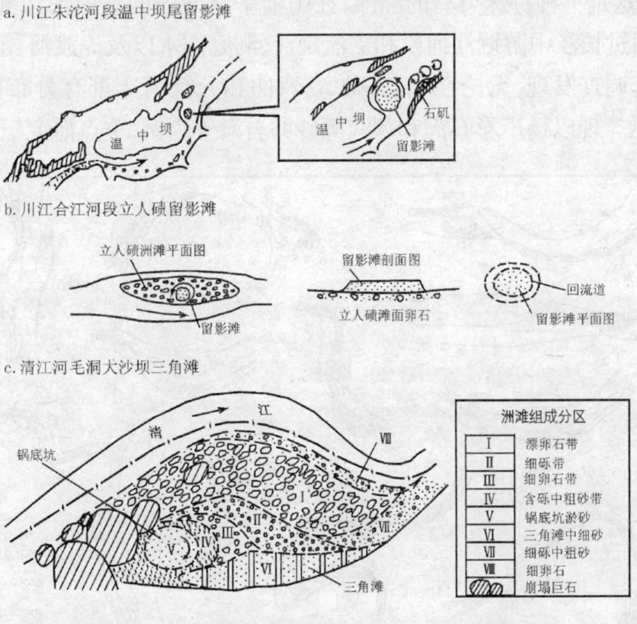

图7-2-3　长江干支流留影滩及三角滩实例示意图

Ⅰ. 漂卵石堆积带：粒径为20～30cm，呈叠瓦状排列。

Ⅱ. 细砾带：因位于巨石下游缓流区，卵砾变细，粒径小于5cm，有排列方向。

Ⅲ. 细卵石带：以砂为主，卵石粒径小于10cm，有排列方向。

Ⅳ. 含砾中粗砂带：以砂为主，砾石由含细砾（粒径小于2cm）的中粗沙组成，呈弧形。

Ⅴ. 锅底坑：位于涡漩核部，由水流冲刷侵蚀形成，呈圆形锅底状，坑底有薄层回淤的中细砂覆盖。

Ⅵ. 三角滩高丘带：贴岸呈丘状展布，丘顶为中细沙。

Ⅶ. 丘尾带：从高丘带向下游延伸，高度降低，由细砾和中粗沙组成沙梗。

Ⅷ. 外缘带：由粒径小于 10cm 的细卵石组成的新淤边滩。

以上边滩内部各带，都围绕锅底坑为核心，呈弧状环绕，并从尾部展宽撒开，卵石呈定向排列，滩面形态外高内低，涡漩形的流态特征异常显著，其中以锅底坑为最低，外缘三角洲为最高，基本特征十分典型。当进入洪水期，涡底坑受冲，边滩受淤，而退水期沿水道滩缘受冲，涡底坑受淤，枯水期河水归槽，滩坑均出露河岸。

综合上述，节点、石矶和碛坝挑流是产生涡漩的基本条件，而涡漩所塑造的滩面微地貌形态包含两种基本类型：其一，由涡漩核部的圆形心滩、涡漩区的环形深槽和涡漩下口缘形成的三角形边滩等 3 部分组成；其二，由涡漩内的锅底坑和外缘的三角边滩等两部分组成。两类型不同之处是前者的涡漩核部为留影滩，而后者为锅底坑，相同之处为都有三角形的边滩发育。三角滩的基本特征是：平面形态似三角形，因由回流涡漩的泥砂堆积形成，所以洲头反向下游，一般规模不大，但相对较高，以头低尾高，贴岸分布为特点。关于涡漩核部的微地貌形态，主要取决于涡漩水流，当水流向内下漩，侵蚀河床形成圆形锅底坑；当水流向外上漩，核部反成缓流区，致使泥砂产生堆积，形成圆形滩，且床沙粒径组成往往反较外围滩面为细。

④壳洲（滩）：这是一种特殊类型的洲滩，在山前平原河段的沙质河床和洞庭湖的湖区洪道中都有发现。通过长江中游荆江河段和支流汉江、洞庭四水以及虎渡河、沮漳河等 8 条干支流山前河段的系统调查发现，无论在顺直、微弯、弯曲和分汊河床都有分布，具有一定的普遍性，如图 7-2-4 所示。现以杨厂彩石洲和郝穴等砂卵石滩等为例，重点研究于下。

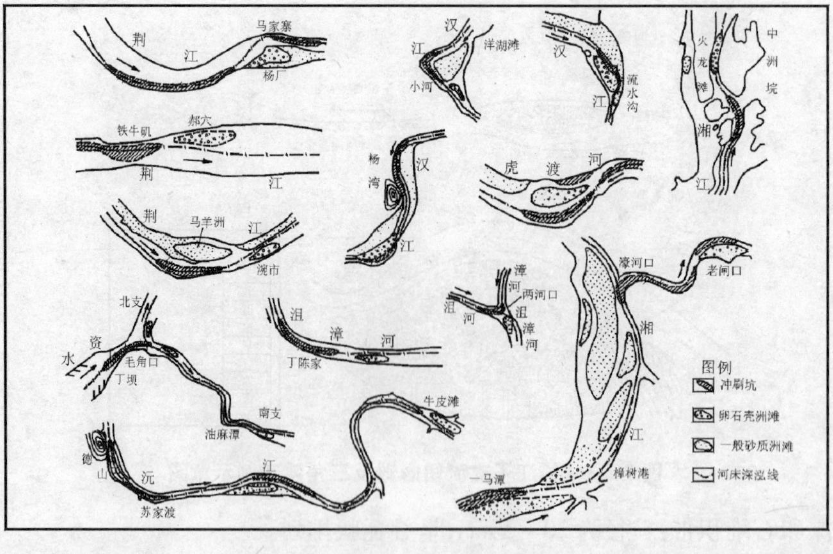

图 7-2-4 长江中游江汉—洞庭湖平原区荆江等干支流河床壳状卵石洲（滩）分布示意图[12]

几何形态特征：平面形态多呈舌状展布，洲头窄长，洲尾宽圆；纵向脊轴线为抛物线形；横剖面呈现弧形上凸，整个滩（洲）体似鱼背状。当泥沙来源丰富，堆积条件较好，并伴随河道的平面移动时，可由多个单洲组合，形成一定规模的扇形堆积体，如杨厂彩石洲，系由河床中的现代壳洲与河岸已埋藏于杨厂镇和河漫滩平原下的古壳洲连为一体，组合而成大的扇体。壳状卵石洲滩的分布部位及规模大小与河床的宽度紧密相关，如荆江河段地处长江中游，因河床宽阔，壳洲相应较大，其中杨厂彩石洲长度约达 3000m，河床加滩面埋藏部分总宽度约1000m;当河流较小,且河岸质地较硬,河床难于展宽时,则规模较小,且多呈条形分布,如洞庭湖资水南支航道中的毛角口下游阎王滩,长约60m、宽仅10余m;油麻潭下游的三汊河滩等长仅20余m,宽亦仅10余m。壳洲规模的大小除与河流的大小相关外,还与来水来沙和堆积环境等相关,有的河流虽不太大,但有较多的泥沙来源和较好的堆积环境,也能发展到相当大的规模,如洞庭湖沅江苏家渡的壳洲长达2500m,宽达300m,伸入江中占据河宽达2/3以上,而且洲顶加积抬高,大洲上又发展小洲重叠,在河宽受限的条件下洲滩向长度和高度发展。无论壳洲(滩)规模的大小和发育成熟度的高低都具有洲(滩)头低矮、洲尾上翘的特点,有的洲尾高隆,比同河段卵石层顶板显著为高。如1956年时,杨厂彩石洲顶发展到黄海高程32.00m,而当地一般河床卵石层顶板仅8.24m,高出23.76m。20世纪80年代虽因水流冲刷和人工采石等下降到27.00m左右,但仍比一般卵石层高出18.00m以上。又如荆江郝穴卵石滩,滩顶高程26.60m,而一般卵石层顶板高程仅1.40m,高差达25.20m。洞庭湖水系河流虽然较小,同时地处洞庭湖滨,水位变幅小,但亦比一般河床卵石层顶板显著为高,如洞庭湖湘江上游樟树港、老闸口等,相高亦约8.00m,资水毛角口阎王潭约高5.00m等。从上可见:壳洲头低尾高、洲体上隆,是其几何形态的一大显著特征。

沉积特征:壳洲不仅有一定的几何形态和空间分布,而且沉积物具有独特的双层构造,即由砂卵石组成洲壳,洲核仍为一般河床的灰褐色细砂和灰、黄色淤泥软土等,这是壳洲区别于一般洲滩的主要标志性特征。据杨厂彩石洲的壳洲纵剖面资料(图7-2-5(a)),砂卵石洲壳厚度:洲头、洲中和洲尾分别为6.20m、7.55m和12.00m,从洲头向洲尾增大。卵石含量:洲头高达75.0%,洲顶由砂层与砂卵石组成互层,洲尾以砂为主,卵石含量减少到30%~10%,局部变为砂土之类,总的沉积特点为洲头卵石多,厚度小,而洲尾厚度增大,卵石含量较少。另如郝穴卵石洲(滩),因人工开采淹没水下,采用物探所得电测剖面(图7-2-5(b))见及,卵石洲自铁牛矶冲刷坑向下游升高,尾部上翘,基本形态与现代彩石洲类同。据挖砂船人员反映,洲尾4.00m左右挖穿洲壳砂卵石层见沙。又如荆江涴市下游竹林子在洲壳下发现灰褐色淤泥,湖南资水毛角口、沅江苏家渡、湘江樟树港及老闸口及东洞庭湖湘江洪道内的火龙滩等都挖开洲壳见砂。洲滩类型一般为江心滩,发展而成江心洲,靠岸时亦可成为边滩等。

形成模式:无论平原河段及湖区洪道的弯曲河床、顺直微弯及分汊河床,当河岸岩土坚实,特别是有石矶挑流的情况下,下游河段因局部流速提高,便引起河流垂向冲刷加剧,当床底流速大于卵石的起动流速时,便可翻出卵石。如荆江杨厂河湾的弯顶深槽经历史上多年冲刷已冲进卵石层内16.28m,郝穴铁牛矶深槽也达卵石层内11.50m。由于大量卵石翻出坑口,随水向下游推移,当越出弯道或窄段后进入河床宽段时,因流速降低,推移卵石无法继续输移,便在主流线过渡段的外侧缓水区内堆积,形成特殊双层构造的壳洲(滩)。其地貌要素由冲刷坑、壳洲(滩)和中部反坡连接段等3部分组成,壳洲冲淤模式见图7-2-6。壳洲形成的基本条件有三,缺一不可。

第一,河床下一定深度内有卵石粗砂等埋藏作为物源。

第二,河岸岩土坚实,特别是有人工矶头等影响,河床侧蚀困难引起水流垂向冲深,使床底埋藏的粗砂、卵石等粗粒物质翻出深槽。

第三,冲刷段下游河床开阔,水流滞缓,有利于泥沙的堆积环境。

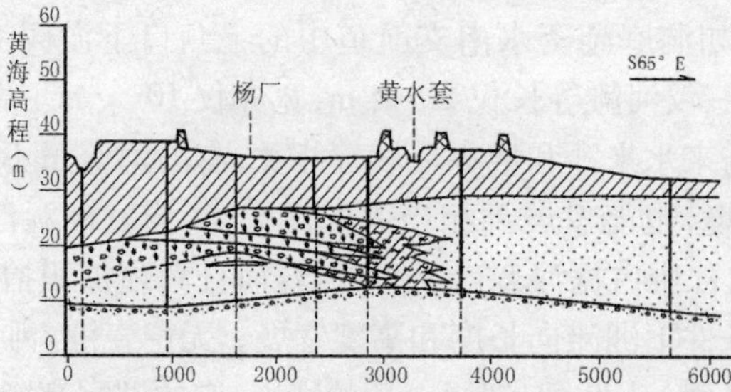

(a.) 杨厂彩石洲

（a） 杨厂彩石洲

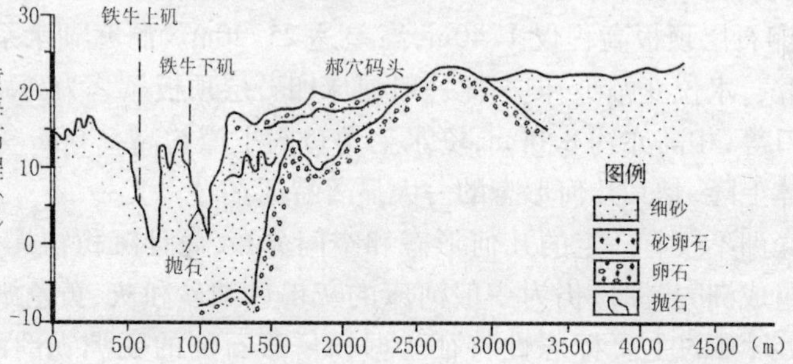

(b.) 郝穴卵石滩

图 7-2-5 荆江河段杨厂彩石洲(滩)、郝穴卵石滩等壳洲(滩)地质纵部面图

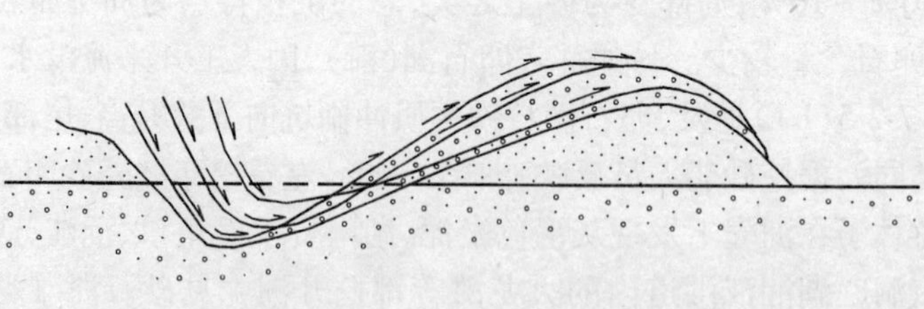

图 7-2-6 壳状卵石洲滩冲淤模式示意图[12]

从上可见,壳洲(滩)作为冲积洲滩中的一种特殊类型,因在河床中出露较高,组成床沙粒径相对较粗,抗冲性强,并具有挑流作用,对下游平原河段的河势产生了一定影响。如杨厂彩石洲的挑流,使下游对岸的祁家渊河岸迎流顶冲,威胁堤防安全,形成历史上有名的险段。

2. 侧流冲积扇(锥)

在长江山地及丘陵河段中,常有冲积扇(锥)等发育,其中主要分布于长江上游的金沙江和川江万县—奉节和三峡等河段。由于山地峡谷河段两岸谷坡陡峻,小支流及冲沟等十分发育,一般长度小,流域面积小,纵比降大,再加区域雨量集中,且多暴雨,从而引发暴雨洪水和泥石流等大量产沙,并且固体物质多为岩块、漂卵石、砾石等粗大颗粒组成,随水流出山口进入河谷滩地后,细颗粒被水流带走,粗颗粒在沿岸沟口堆积形成冲积扇(锥)。一般在洪水期淹没水下,枯水期露出水面,有的古老冲积扇常年高于水面而成河岸台地。如金沙江河段冲积扇十分发育。据中科院山地研究所等资料，自金江街下游的1000多km河段内共有主要滩险达400余处，其中因冲积扇（锥）阻塞江道成滩的占总数的85.0%；而四川盆地的中西部丘陵河段冲积扇发育较为稀少，川东云阳至宜昌河段，有大小溪沟达400多条，其中泥石流沟93条；一般沟口多有堆积，并以小型为主，较大的冲积扇较少。据林承坤对三峡河段研究统计，主要冲积扇计16个，基本特征见表7-2-12。

表7-2-12　　长江三峡奉节—宜昌河段主要冲积扇特征表

序号	冲积扇名称	距宜昌里程（km）	溪沟特征			冲积扇特征			
			溪沟名称	长度（km）	纵比降（%）	面积（km^2）	比降（%）	平均粒径（mm）	最大粒径（mm）
1	重碛	73	龙马溪	13.0	32.0	0.242	4.70	76.0	183
2	碎米碛	78	香溪	111.0	5.1	0.215	1.26	31.3	123
3	大碛	80	窑湾溪	31.0	8.1	0.660	1.96	39.7	125
4	碎石碛	88	游角山溪	3.0	32.0	0.029	19.60	121.0	257
5	泄滩碛	95	龙马溪	190	8.8	0.295	3.30	116.0	232
6	八斗滩	105	唐家湾溪	7.0	12.0	0.057	12.80	44.2	209
7	青竹标	116	东瀼河	23.0	7.4	0.144	3.60	40.6	167
8	官里碛	139	官里溪	10.0	11.0	0.128	1.90	53.4	147
9	冷水碛	142	小溪	35.0	8.3	0.127	3.70	46.0	230
10	扇子碛	161	大宁河	116.0	1.6	0.778	0.93	41.0	208
11	下马滩	178	赤溪	15.0	19.5	0.088	7.60	81.2	235
12	乌峰滩	187	乌峰溪	9.0	8.5	0.030	5.00	58.7	188
13	宝子碛	188	龙宝子溪	7.0	26.0	0.055	14.00	42.1	199
14	油榨碛	193	错开峡溪	14.0	9.0	0.203	4.90	61.5	197
15	铁滩碛	198	黛溪	30.0	6.0	0.203	1.40	42.9	230
16	臭盐碛	206	梅溪河	98.0	0.77	2.156	0.87	57.7	200

（据林承坤，1992年）

①冲积扇锥的规模：从三峡主要冲积扇的调查统计资料（表7-1-12）表明：其沟床纵比降除梅溪河外，一般大于1.0%。其中达10.0%以上的有6条，最大的重碛和碎石碛等分别高达32.0%，沟谷长度愈短，纵比降愈大。沟口冲积扇的规模以三峡梅溪河的臭盐碛为最大，面积达2.156km^2，次为扇子碛0.778km^2，大碛0.660km^2，其余一般在0.300km^2以下。金沙江多为高山深谷，冲积扇（锥）较为发育，且局部河段不仅分布密集，而且还有大的冲积扇发育，如金沙江上游的奔子栏—伏龙桥河段，因河谷宽阔冲积扇发育，沿江有大小冲积扇排列，其中奔子栏下首的老冲积扇高出江面达80余m，成为台地。另沿江前缘还有高、中、低三级冲积扇发育，高的组成金沙江的谷坡和岸坎，新的成为江边河床的边滩，新老冲积扇群叠置沿江长达2.0km左右，由于扇面的扩展而使江道缩窄右移，河床发生弯曲。另如塔城—虎跳峡河段，因冲积扇（锥）广布，上下新老叠置，组成阶梯状沿江排列，其中虎跳峡上游1.0km许的玉龙沟冲积扇，新老规模都较大。其中现代新冲积扇呈扇形展布，扇缘的宽度亦达1.0km以上。再如金沙江下游的绥江冲积扇，前缘有河床边滩复合，沿江长达1100m，滩宽300m，比枯水面高6～8m等。

②冲积扇（锥）的组合形式：无论金沙江和川江的川东及三峡等河段，其主要分布于峡间的宽谷河段内。关于冲积扇的分布组合形式，由于受上游来水来沙和河段地质地貌

的边界条件等多种因素影响,因此分布与组合呈现多种形式。

散点分布:一般沿江岸一线零星分布,有规模大小及分布疏密之分,没有固定的排列形式,但冲积扇(锥)与河岸多呈大角度相交。

两岸交错排列:沿江呈犬牙交错规律分布,以金沙江上游的丽江左鲁角—苏里塘段和巨甸—白粉墙段的冲洪积扇等最为典型,使金沙江水在扇间绕曲下流。

对口排列:由于冲沟多沿断裂发育,在有过江断裂分布的河段,往往两岸沟口有冲积扇相对,如川江奉节上游6.0km的江北马湖滩与江南木瓜溪滩等两个冲积锥相对,枯水期形成锁坝急流滩。又如清江隔河岩建坝前的马连对口滩,亦由两个冲积扇组成,两岸岩块粗大突出江中组成锁坝,亦形成枯水急流险滩等。

叠置组合:由于受新构造运动的强烈上升,或因第四纪气候的冷暖变化等影响,在沿江的溪沟口形成串珠状多级冲积扇,以第四纪新构造运动强烈上升的金沙江中上游河段较为发育。如以上列举的奔子拦河段大冲积扇、虎跳峡上游玉壁河段的玉龙沟冲积扇等,多由二、三级新老冲积扇叠置组成串珠状展布,从上到下,由老到新,组成内叠式。另如支流清江的恩施—水布垭河段也有见及。

3. 岩滩

系由新构造运动抬升,河流侵蚀下切后,原古河床残存岩体出露于河床滩地,再因岩层受构造变动轻微,经风化、侵蚀后岩面大体平坦,高度与滩面相近,呈片状零散分布,但又区别于高度大的岩岛和水面下的暗礁,在川江俗称碛坝。金沙江下游的新市镇—宜昌河段均有分布,其中尤以四川盆地的泸州—云阳河段分布较为普遍。按碛坝的形态及与河床、河岸的组合分布特征,可分为6种基本类型叙述于下(表7-2-13)。

①顺坝:系指河床中与河床岸线方向基本一致排列的条形碛坝。比较典型的碛坝如磨盘石位于川江的合江河段,长约1.50km顺江展布,部分靠岸;白榨梁位于重庆下游的木洞—南屏坝河段,由白榨梁、高老梁和虎跳梁等长条形碛坝组成,总长度达12.5km;裙边子位于香水溪—新星场河段,长达2.0km以上。另外,江岸还有如象鼻石等多条形碛坝呈平行展布。

②丁坝:系指在河床中一端靠岸,并与江岸呈一定角度相交的条形碛坝。一般与江岸交角10°~30°,部分达30°以上,个别近90°与江垂直相交。其中典型的丁坝型碛坝如川江河段宜宾下游金堆子河段由三巨梁组成丁坝群;重庆下游的剪刀梁自北岸呈长条状斜向南伸入长江达1100余m,有似丁坝挑流;长江三峡原秭归河段的红鼻梁由大小条形碛坝组成梳状丁坝群,与江岸呈70°以上的大角度相交。

③锁坝:系指南北两岸碛坝伸入江中相对峙,使江道缩窄而成锁口的成对碛坝。以宜宾—重庆河段的朱羊溪大吉脑与边鱼子、重庆—奉节河段的北浅与花滩、三峡河段原秭归北石门与南石门等较为典型。它们的共同特点是两岸碛坝垂岸横江,迫使河床局部缩窄,形成急流滩和锁坝下游的河床深潭等。

④片坝:系指枯水河床呈大片分布的碛坝。在川江宜宾—重庆河段的典型实例有:下距重庆213.5~209.5km神背咀右岸的大中坝,长达4.0km以上,宽度约1.5km,大片粉细砂岩裸露,岩面由古河道的凹槽和上凸的江心滩组成起伏地形。另如重庆下游珍溪河段的上、中、下丝瓜碛,总长达10.0km,滩面有较薄的卵石层覆盖,下伏大片碛坝,部分基岩裸露,岩坝低平,面积宽广。又如万县巴阳峡,下距奉节103.0~93.0km,为一典型嶂

谷，谷底除枯水河床外，两岸为岩滩碛坝，宽达 450 ~ 580m，长达 10.00km。

⑤散坝：系指沿河床呈团状或条带状散布的零星碛坝群，以数量多、规模小、分布零散为特点。在长江上游河段中，尤以金沙江的波浪大盘、川江虾子梁和九堵水、梁家大梁和平沙坝等较为典型。

表 7-2-13　　长江上游河段典型碛坝实例表

类型	典型岩滩名称	位置	示意图
顺坝	磨盘石	川江合江河段，下距重庆 1790 ~ 177.5km	
	白榨梁等	川江木洞—南屏坝河段，下距宜昌 620.5 ~ 608.0km	
	裙边子	川江香水溪—新生场河段下距宜昌 438.5 ~ 436.5km	
丁坝	三巨梁	川江纳溪河段，下距重庆 273 ~ 270km	
	剪刀梁	川江蔺市—李渡河段下距宜昌 554.5 ~ 552.8km	
	红鼻梁	三峡原秭归河段，下距宜昌 88 ~ 85km	
锁坝	大吉脑与边鱼子	川江朱羊溪河段，下距重庆 136.0 ~ 135.0km	
	北浅与花滩	川江永安场河段，下距宜昌 519.0km	
	北石门与南石门	三峡原秭归河段，下距宜昌 82.0km	
片坝	神背咀岩滩	川江神背咀河段，下距重庆 213.5 ~ 209.5km	
	下丝瓜碛（上、中、下）	川江珍溪河段，下距宜昌 514.0 ~ 504.0km	
	巴阳峡碛坝	川江万县巴阳峡河段，下距宜昌 312.0 ~ 302.0km	
散坝	波浪石盘	金沙江下游会议镇河段抽眼沱	
	虾子梁等	川江弯鱼咀河段，下距重庆 31.5 ~ 26.5km	
	平沙坝	川江顺溪镇河段，下距宜昌 394.0 ~ 392.0km	
单坝	桅杆石	川江朱沱河段，下距重庆 145.0km	
	石牌珠	三峡石牌河段，下距宜昌 23.0km	

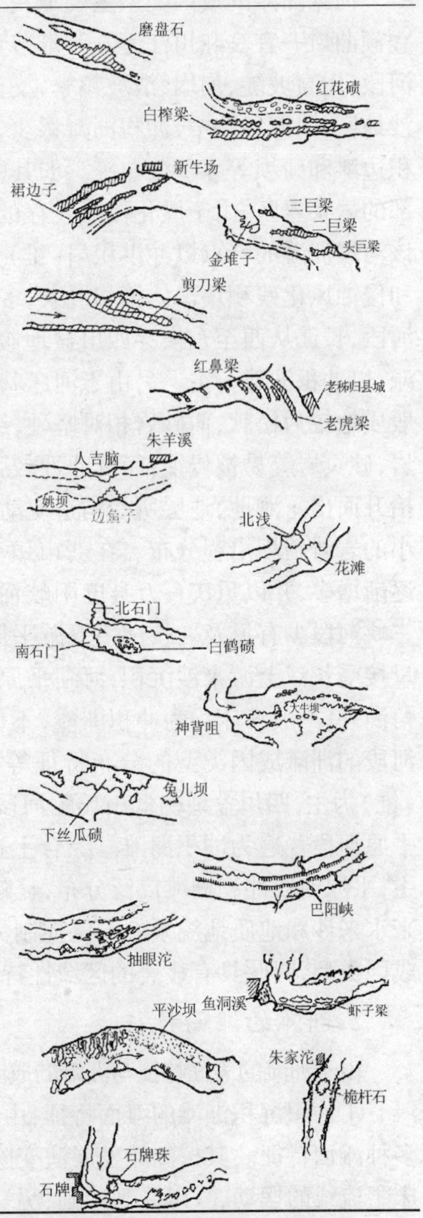

（据四川省重庆轮船公司宜宾分公司，1982 年；泸州分公司，1982 年；长江航运管理局重庆分局等）

⑥单坝：系指除上述有一定方向排列或成群组合之外的零星个体碛坝，有的亦达到较大规模。如川江南溪河段中下距重庆 328.2km 的大石盘于江右岸垂直展布，伸入江

中，形成天然石矶挑流；291.0～290.0km 河段的大黑石向江心凸起，使江道缩窄；三峡河段下距宜昌 23.0km 石牌河段的石牌珠碛坝，地处近 90°大河湾的凹岸，伸入江中占据河宽近 $\frac{2}{3}$，迫使江道河床急转，形成近 90°的大弯等。

（三）洲滩类型与滩面特征

1. 洲滩成因类型的区域性特征

河床洲滩的成因类型主要取决于区域来水来沙与地质地貌环境。长江上游金沙江登额曲口—宜宾和川江万县—奉节及奉节白帝城—宜昌南津关的川东地区、三峡等峡谷河段，山高坡陡，崩塌、滑坡频繁，支流沟谷十分发育，并多有泥石流暴发，为长江重要产沙地区，因河谷狭窄，冲积洲滩稀少，而以冲积扇（锥）为主，并往往在扇缘及两侧还有冲积边滩和碛坝等零星分布等。如其中三峡东段的庙河—下牢溪河段，因地处黄陵背斜核部的岩浆岩区，由于风化侵蚀残存的块球体散布河床两岸滩地而成特殊残积滩等，因此该河段洲滩的特点以冲洪积扇（锥）为主，次为中堡岛等冲积洲滩，并有侵蚀岩滩（碛坝）和侵蚀风化残积块球体等相混杂，多为复杂的复合型沉积。川江宜宾—万县的低山丘陵河段，长江从西至东横穿四川盆地腹地，因河谷展宽，河床坡降减缓，大量砂卵石堆积成滩，以冲积洲滩为主。另由于河床基岩主要为侏罗系的紫红色泥岩、砂页岩等组成，即一般质地较为松软，而砂岩相对坚硬，组成河床基底的岩体质地不均，其抗冲性较弱的粘土岩，砂页岩等易被侵蚀；而抗冲性较强的砂岩等常留下条、块状残体，加上因新构造运动抬升而出露滩地，地层所受构造变动轻微，基本保持近水平状分布，形成岩面起伏相对较小的岩滩碛坝沿程分布。在新市镇—宜昌河段中，以川江腹地河段为主，从上游到下游逐渐增多，并以重庆—万县巴阳峡河段最为密集，巴阳峡下游减少，云阳至奉节段稀少，三峡河段少有见及。长江中下游平原河段，因地处新构造运动的沉降区，第四纪以来大量接受长江上游来沙沉积，河湖平原宽广，除部分湖区有入湖三角洲和长江河口入海三角洲外，一般河床均为冲积洲滩，不仅数量多，而且规模大。长江山地峡谷、丘陵和平原河段的洲滩成因类型的分布特征等表明：金沙江和三峡的山地峡谷河段以侧流冲积扇（锥）为主，四川盆地的低山丘陵河段以含岩滩碛坝的冲积洲滩为主，长江中下游的丘陵平原河段普遍为冲积洲滩。综合上述可见：即一般山地河段以冲积扇（锥）等溪口滩为主，平原河段冲积洲滩广泛分布，丘陵河段以冲积洲滩为主，多复合型洲滩发育。河段的来水来沙和地质地貌条件不仅控制河床洲滩规模的大小、分布密度，而且还影响洲滩的成因类型，因此具有显著的区域性特征。

2. 洲滩的滩面特征

由于洲滩的表面特征与洲滩的成因相关，因此不同成因类型的洲滩具有不同的滩面特征。

①冲积沉积洲滩的滩面特征：由于河床往返摆动迁移，使洲滩产生冲淤演变，并形成多种滩面特征。其按洲滩发展演变阶段可分为三类：第一类为淤积发展中的洲滩。因河床主流线的摆动，一岸受到冲刷，另一岸因远离主泓流速降低，泥沙落淤成滩，一般新淤滩面形态多较平整，微有上凸。当河床平面迁移摆动愈快，洲滩来不及淤积增高而多较低平；当摆动速度较慢，洲滩淤积较高，滩面更为上突；当弯曲河床向一侧迁移摆动，因速度不均时，易使河床滩面形成系列弧形上凸鬃岗和岗间凹槽，组成迂回扇，在横剖面上产

生波状起伏。第二类为冲淤处于均衡状态的洲滩。由于河床相对稳定,有利洲滩的淤长抬高,形成滩尾上凸,有的还有河漫滩发育。另因水流条件不同,易在滩头迎水面形成波状特征,按规模的大小可分为沙纹、沙波、沙垅和沙丘等,波高由数毫米至数米,如川江宜宾—重庆河段中的赵中坝、温中坝、金中坝和九堆子等的卵石洲头最大波高达3~5m,波长20~40m。第三类为受冲淤的改造型洲滩。由于受到河床主流线的迁移摆动,使原淤积的洲滩表面遭受改造破坏形成坑槽、冲沟或深潭等。如下荆江的小河口河段,曾因弯道过度弯曲,河弯狭颈缩窄,汛期江水漫滩过流,比降增大,致使冲沟逐渐扩展,最终发生自然裁弯形成大江。又如20世纪80年代,因江左岸的尺八口河段实施护岸工程,挑流引起江右岸(凸岸)形成直径达100m以上的深潭,使熊家洲的边滩及河漫滩被冲,又相继形成半圆形的巨大缺口等。

②冲洪积扇(锥)的滩面特征:冲积扇(锥)主要分布于金沙江、川东万县—奉节和三峡河段,一般冲积扇于溪沟口呈扇形展布,面积较大,滩面较为低平,自山口冲沟分支向江展开,冲沟深度由扇顶向水边变浅,砂卵石颗粒相对较细。如金沙江下游绥江大汶溪口的大中坝、川江奉节梅溪河口的臭盐碛、三峡巫山大宁河口的扇子碛等较为典型。冲积锥因锥体短小上凸,滩面形态单一,出口冲沟发育不典型,因沟的长度短、坡降大,堆积物质普遍较粗,个别岩块粗大。

③岩滩(碛坝)的滩面特征:岩滩碛坝主要分布于长江上游四川盆地的川江河段及上下游相邻的盆西金沙江新市镇—宜宾河段和奉节以东的三峡河段,其中尤以宜宾—万县巴阳峡河段较为普遍,碛坝表面特征一方面受地质构造和岩性因素的影响,一般岩层倾角大的碛坝滩面起伏相对较大、倾角小的多较平坦,岩性质地软硬不均的岩层起伏相对较大,质地较为均匀的岩体相对平缓;另一方面受到风化和河床水流的冲刷及输移过境的泥砂摩擦等侵蚀影响,在岩滩的表面形成磨光面和次生的沟槽、坑凹、壶穴孔洞和突出于床面的姜状石等多种正负微地貌特征。形成条件如下:其一,河床水量大、比降大,当局部受碛坝等影响形成紊乱急流时更为有利;其二,河床输沙量大,且推移质砂卵石质地坚硬;其三,碛坝岩层质地松软或受构造断裂破碎及风化等影响,抗冲性减弱。形成机理是:汛期江水上涨,河床推移质砂卵石启动输移,当受到河床碛坝等阻水时,局部流速加大,形成急流及涡漩等,对碛坝松软岩层等产生磨蚀冲刷,在碛坝表面形成多种微地貌的形态特征,主要类型叙述于下。

壶穴:主要分布于川江的宜宾至重庆下游铜锣峡河段,分布部位多见于碛坝顶部的迎、背水面,在三峡三斗坪河段的牯牛石冲刷坑中亦有多个发现。壶穴规模,大小均有发育,一般穴口直径为0.20~0.50m,部分为0.50~1.00m,个别直径达1.00m以上。以朱沱北石门碛坝为例,壶口最大直径达1.00~1.70m,深小于1.00m,而迎水坡壶穴直径小于0.15m,呈星点状密集分布。另如朱沱河段的赵中坝,洲头右汊口有一片岩滩碛坝分布,形成一道跨江横梁,枯水期形成跌水坎,高水期成为急流滩,由于过滩水流和卵石的长时期冲刷磨蚀,因而形成大壶穴群,一般直径达1.00m以上,最大口径达2.00m以上,其中两大椭圆形壶穴口的长、短径和深度分别达4.10m×2.60m×3.50m和3.60m×2.10m×3.10m,有的壶穴大小重叠,有的成群相连贯穿而成过水通道。又如川江纳溪河段由多道石梁组成天然丁坝群,其中头巨梁碛坝顶有较多壶穴分布,一般直径达2.00m以上,深1.00m以上,最大壶穴直径达4~5m,高于枯水面3.00~6.00m,另在长江中游宜都清江口的长江大石坝基岩上亦有发现。壶穴分布特点：一般直径小于1.00m，个别达1.00~2.00m，最大达4.00~5.00m；分布相对枯水高度一般大于5.00m，个别达5.00m以上，最大可达10m左右。

侵蚀槽：由于水流冲刷和砂卵石推移磨蚀，使岩面形成沟槽。如重庆大佛滩河段的草鞋碛、宜都大石坝滩头、支流清江的长阳河段等都有侵蚀沟槽发现，槽形呈直线状，一般长度为5~10m不等，呈平行排列，分布规律。

撞击坑：由于山区河段水流湍急，使受冲岩面受到卵石推移质的撞击形成坑凹。典型地段如金沙江屏山对岸石龙镇的火星石，地处峡谷河段急弯的凸岸，当汛期洪水上涨淹没时，河床主流线趋直贴岸，由于含沙水流的冲刷和卵石推移质爬坡撞击、磨蚀，使灰岩岸坡的岩面形成大片密集的蜂窝状坑凹，分布高度达枯水位5.00m以上；另在支流清江的石灰岩区亦有多处发现。

姜牙石：由于川江有大量推移质卵石输移，使强推移带上的碛坝遭受磨蚀，不仅形成负地貌的坑凹、沟槽和壶穴，还可使碛坝磨蚀降低，而相对坚硬的砂岩等残存岩体则呈姜牙状在滩面凸起，顺水的流向成片分布。如重庆寸滩河段的花园石，位于母猪碛的滩头，高于卵石滩面0.50~1.00m左右，呈姜状，形状奇特，表面十分光滑，顺流向排列；另如石宝寨对岸的关刀碛，也因地处河湾凸岸，洪水期主流线趋直而处于强推带，滩面的碛坝上有的似姜状凸起，有的似波状起伏，一般高于滩面0.5~1.0m不等，分布面积较大。

磨光面：由于洪水期过流，碛坝岩面长期受到冲磨等侵蚀，而使岩石棱角形态趋圆、岩面变向平滑，一般在迎水面较为常见。

综合上述，河床基岩中的多种正负微地貌类型，主要为岩性质地相对松软岩层经含沙水流的长期冲磨所致。其中壶穴和撞击坑等主要为紊乱的含砂急流及产生的涡漩等经长期冲磨所致；侵蚀沟槽和姜状石等主要为质地软硬不均的岩层经强推移带的含沙层流，长期冲磨形成。总之，一定的地质和水流条件两者缺一不可。

第三节　河岸地貌类型

长江源远流长，跨越几个大地构造单元，沿程所经地质地貌条件不同，河谷及河床形态产生千差万别的变化，既有区域性特征，亦有基本规律可循，关于河谷谷底岸滩和河床岸坡等的类型特征分述如下。

一、岸滩

所谓岸滩，系指河谷的谷底中，河床岸坡与河谷谷坡之间的侵蚀岩滩与堆积形成的平原滩地等。长江(含金沙江在内)的河谷岸滩普遍，但由于长江上游包含高原、高中山地和低山丘陵河段，长江中下游含低山丘陵和冲湖平原及河口三角洲平原等河段，因此河谷岸滩包含多种成因类型和微地貌单元，而且具有一定的分布规律。岸滩规模的大小取决于河谷，长江上游河谷因受山地所控难于展宽，窄深河谷岸滩规模较小或仅间断分布，峡谷河段，岸滩完全缺失，河床岸坡与谷坡为一体；中下游平原河段的宽浅河谷，除部分丘陵、节点河段外，岸滩与河湖水系组成一体，面积十分宽广。

1. 长江不同河段岸滩的主要微地貌类型

(1)无滩河段

系指山地峡谷河段，两岸基岩裸露，泥沙堆积的岸滩缺失。主要分布于长江上游的金沙江和三峡的峡谷河段以及长江中下游的丘陵、石矶、节点等河段。如宜昌南津关的西陵峡为典型的石灰岩 V 形谷，两岸谷坡陡立，河谷狭窄，无洲滩发育；在长江中下游河段的白螺矶、杨林矶、黄石西塞山、田家镇半壁山、彭泽下游彭郎矶、南京燕子矶等大小石矶、节点亦因河岸基岩出露，岸滩缺失。

(2)雏形岸滩河段

系指含雏形边滩和雏形河漫滩的河段。随河谷展宽，谷坡变缓，坡脚有坡积裙、冲洪积扇，局部还有雏形河漫滩等发育，特点是规模小，成因复杂，普遍发育于四川盆地的川江丘陵河段和金沙江、三峡等山地河谷的峡间宽段，如川江河段的宜宾、泸州、朱沱和重庆的菜园坝、涪陵等沿江城镇，虽市中心区地处丘岗阶地，但邻江地带多有坡积裙和雏形河漫滩的发育而成为城市的开发地带。另在三峡中的展宽河段，亦有零星岸滩分布，如三峡坝区左岸的马蹄湾滩地，系由坡积和漫滩相堆积等组合而成；长江中下游河段，虽地处大平原，因江道南靠紧贴谷坡，因此仅在石矶、节点间的弯凹地段有零星雏形岸滩及边滩等分布，如田家镇、黄石及南京下关河段等。

(3)成熟河漫滩河段

为含河漫滩和阶地等的河段。当河谷进一步展宽时，河床宽度增大，比降减缓，流速降低，河床泥沙淤积，洲滩得以扩展，并伴随河床主流线的迁移，远离泓道一侧洲滩发展而成河漫滩。长江中下游河段再因受新构造运动向南掀斜及地球科氏力影响江道南移，江北河漫滩发育宽广，南岸狭窄，形成南北两岸滩地的不对称，两岸滩根并有阶地等发育。河漫滩的微地貌类型分为自然和人工两个微地貌系统。自然地貌系统中的滨河床地带由于河床相对稳定，滨河床部分滩地受沿江泥沙扩散堆积形成自然堤，当沿江堤防围筑以后，堤内滩地停止淤积，保持低凹，堤外继续淤长形成高滩。另由于历史上人工堤防决口形成溃口湖，在河床弯道频繁摆动地段易形成鬃岗地貌和岗间凹地。当弯道过渡发展则易发生自然裁弯继而形成牛轭湖等。河漫滩中央部分，因离河床较远，洪水期泥沙落淤少，老滩长期保持低凹，并往往有古河道残留的故道湖等分布。靠近阶地及山地丘陵坡麓地带的河漫滩，因远河床难以得到泥沙供给，成为河漫滩的最低部分，常渍水成湖，或因靠近山地丘陵谷坡，时有坡积裙或冲洪积扇等发育，在阶地前缘的沟口段常有壅塞湖等分布。在人为系统中，长江中下游平原有沿江防洪江堤和垸堤等组成的堤防系统和沟通江湖的大小渠道网组成的排灌系统等，由于天然和人为工程系统的相互交错与重叠而使滩面微地貌更为复杂化，以长江中下游河段最为发育。实例如下：

例 1. 上荆江的沙市河漫滩，位于长江左岸，地处全新世荆江三角洲的顶部，河漫滩平原宽达 10 余 km，其北部滩根为八岭山的山前 $T_1 \sim T_2$ 级阶地，属晚更新世沉积，由粘土、砂和砾石等组成；河漫平原沿江地带，因河道相对稳定，河漫滩形成历史久远，自然堤沿江分布，地面向堤内微倾。由于荆江大堤早在东晋年间开始逐段修筑，通过历代修筑和加高培厚，堤外滩地随河床抬升而淤长，堤内停止淤积相对低凹，自然和人为因素的共同影响，现在堤内外滩地高差达 8 ~ 10m。因历史上的多次决口使堤内滩地被冲形成的溃口扇和扇顶湖等沿堤内脚一线散布，如荆州南门马河、沙市廖子河、盐卡张家台和观音寺河段的木沉渊等。沙市市区东北外围因地处漫滩腹地，滩面低凹渍水，形成浅坦的大小湖泊，如北湖、曹湖、海子湖等，在滩中地区还有人工开凿的西干渠贯通四湖等。阶地前缘有关咀口的壅塞湖—长湖,其北岸的拾迴桥河口还有入湖的小三角洲等发育。沙市河漫滩典型横剖面见图 7-3-1。

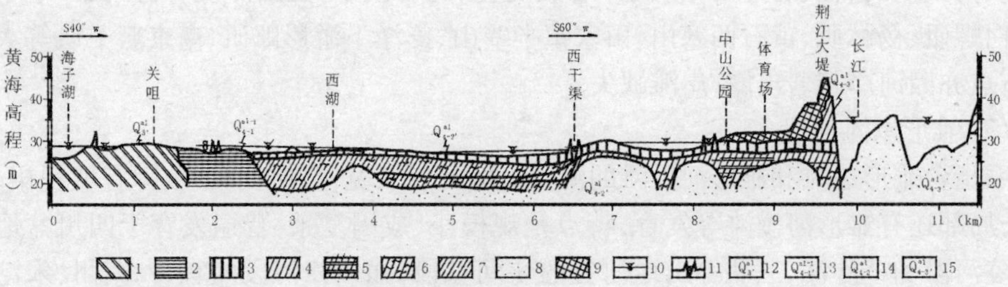

注:1. 棕黄色硬粘土 2. 兰灰色粘土 3. 黄褐色粉质粘土粉质壤土(硬壳层) 4. 一般粉质粘土粉质壤土 5. 粉质壤土夹粉质粘土 6. 淤泥质粉质粘土粉质壤土 7. 淤泥质砂壤土 8. 细沙 9. 人工填土 10. 水面 11. 渠堤 12. 晚更新世冲积层 13. 全新世早期冲湖积层 14. 全新世中期冲积层 15. 全新世晚期冲积层

图 7-3-1 长江中游沙市河漫滩平原地质横剖面图[13]

例 2. 龙坪河漫滩,位于九江河段左岸,范围自龙坪至小池口,河段长约 34.0km,地处望江凹陷,为古彭蠡泽三角洲的顶部,历史上弯曲及分支汊河道十分发育,弧形鬃岗与岗间凹地组成的迂迴扇等微地貌广泛分布,由于江道南移,原分支汊道被淤塞,形成河漫滩平原,后因沿江自然堤发展,再加人工堤防的修筑,从而亦形成外高内低的滩面地形,再因龙坪—小池口河段沿江堤一线曾多处决堤溃口,又形成大小决口扇,其中以小池口规模为大;因河漫滩腹地地势低洼,并由迂迴扇的岗间凹地,长江故道和阶地前缘一线的壅塞湖群等,组成如武山湖、太白湖、龙感湖等大小湖群。本区河漫滩平原地势外高内低,水网紊乱,以决口扇、古河道、迂回扇、凹地渍水湖等广泛分布为基本特征。

(4)冲湖平原河段

含河漫滩、冲湖平原等。一般冲湖平原系由沿江河床摆动带内的河漫滩平原和腹地的冲湖平原等两部分组合与谷坡阶地相接而成,其中河漫滩平原部分为冲积沉积,而冲湖平原部分含冲积、湖积和埋藏阶地等。以荆江河段的荆北平原为例,由于地处长江和汉江之间,自第四纪全新世以来,受地壳长期继续下沉和泥砂淤积影响,河床不断加积抬高,沿江自然堤相继淤长,而河间堤内滩面缺少泥沙供应,地势相对低凹,因壅塞或排水不畅,曾渍水形成长湖、三湖、白露湖和洪湖等 4 湖凹地区为主体的大小湖群,除东西部有阶地分布外,冲湖平原面积广阔、地势低洼,地貌条件复杂,微地貌类型多样,各具特征。

①地貌类型:与河漫滩平原基本相同,其地貌类型的分布具有显著的区域性特征。在滨河床沿江带,主要包含河曲迂回扇、古河道(含牛轭湖等),自然堤、溃口扇及大小冲坑渊塘等;平原中央带:主要以凹地和渍水湖群为主,并有古河道遗存;平原内部带地处阶地前缘,地势低凹,因此有渍水湖、古河道、支流沉溺谷和阶地冲沟坳谷等形成的壅塞湖等,并有入湖三角洲、冲积扇、坡积裙等发育。荆北平原尤为复杂,如下荆江的监利上车湾和尺八口河段等,除有古河道的牛轭湖外,还有大决口扇及较多的冲坑、渊塘等分布。据监利、洪湖两县市堤段统计资料①,仅辖段内的长江干堤共有渊塘达 146 处,面积大于 5 万 m^2 的达 17 处,其中监利洪口最大面积达到 1.3km^2;渊塘深度大于 10m 的 6

①梁光伟,余心根.湖北省洪湖分洪区工程地质测绘报告(1:1000000).中国地质大学水文地质与工程地质系,湖北省水利勘测设计院,1989 年.

处，其中龙家渊更深达20m。

②成因分类与规模：与河漫滩平原的区别在于成因类型以冲积和湖积为主，并主要分布于地质构造的断拗区，且一般规模较大。如江汉平原地处江汉断陷，第四纪以来长期以下沉为主，大量接受泥沙沉积，冲湖平原面积宽广，堆积巨厚；而荆北冲湖平原位于长江与汉江之间的河间地带，原为古云梦泽腹地，随泥沙的淤积消亡后，云梦泽三角洲的分支汊道和支汊自然堤间的凹地等渍水又形成新的碟形湖群，并随平原的下沉、外江河床的泥沙淤积抬高和沿江自然堤的发展，腹地老滩面相对降低，渍水湖群扩大兼并，又形成新一期的长湖、三湖、白露湖和洪湖等4湖为主的河间湖群。湖北曾称"千湖之省"，其中大部分分布于江汉平原的腹地，并以荆北平原最为密集，如监利县的周老咀地区，除自然因素外，还受人工围垸的垸堤等影响，形成"垸老田低"的凹地渍水湖群，因分布密集，在平面图上呈现蜂窝状，于20世纪50年代大兴水利，开凿东、西干渠等大型排灌系统以后，疏干湖沼方成今农田耕地。从荆北冲湖平原的分布表明：区域地质构造和新构造运动的沉降是河湖平原形成的重要基础，泥沙淤积是重要因素，河床抬高的结果使堤内老滩与堤外滩地的高差增大，长期保持低凹状态，是冲湖平原形成的主要原因，但同时人为因素的影响亦起着重要作用，特别是沿江堤防和平原内的渠道系统影响较大，不仅加剧了河床抬高，使滩面起伏相高增大，而且导致湖泊的兴衰及自然环境的改变。

2. 长江三角洲平原的地貌类型与分区

①三角洲平原的主要微地貌类型：由于受晚更新世的末次冰期影响，东海面下降，古长江三角洲向东伸展，而冰后期海面恢复上升，河口又产生退缩，在距今7000年前后海面西移至镇扬河段。由于长江每年携带大量泥沙出口，逐年淤积，使全新世以来的三角洲不断向东推进。据研究，自距今7000年来，平均每年以68m的速度增长，在古三角洲的基础上堆积发展形成全新世的新三角洲，在平面上包含陆上三角洲、水下三角洲两部分组成。邻区东北部为泰州以北的湖沼平原和海安—启东东北部的滨海海积平原及潮流辐射状沙洲等，西南部大致为镇江—江阴—太仓—漕泾一线以西、太湖为中心的湖沼平原，东南部为杭州湾钱塘江水下三角洲平原和中街山列岛以东的古海滨平原等，见图7-3-2。其中陆上三角洲由高潮位以上的三角洲平原和其前缘潮间带的低平原组成，除包含规模巨大的多汊分流河床外，还包含若干微地貌类型，现将主要部分概述于下。

碟形洼地：分布于陆上三角洲的南、北部，其中南部以太湖为中心，北部为邻区的里下河洼地等，地面高程一般分别为2.5～6.0m和6.0～8.0m。由于泥沙淤积变浅，如太湖淀泖湖等湖群的外围与湖底的高低差仅3～4m。

岗地：分布于通扬运河一带，一般高程为7～8m，向上凸起，形态显著。

古洲滩：如南通至吕四间的通吕运河沿线，地面高程为5～6m，据考证为早期的东布洲等，比一般滩面高1.00m左右。

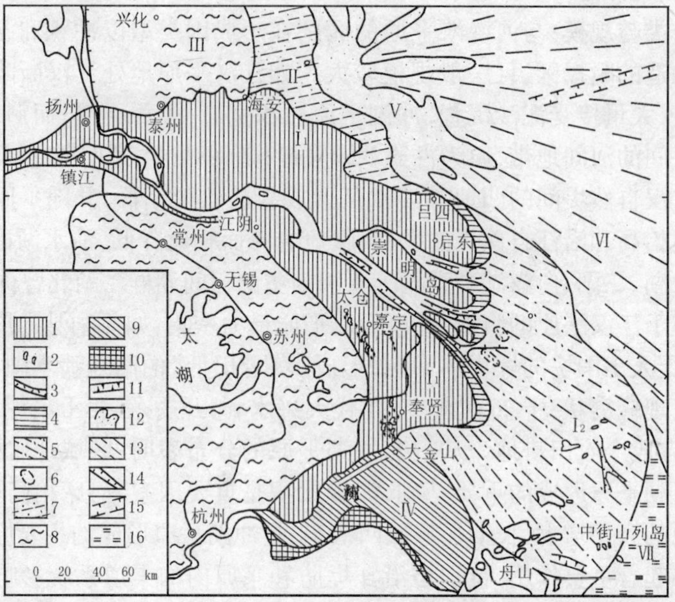

I_1 陆上三角洲平原：1. 上三角洲平原；2. 古贝壳堤；3. 汊道河床；4. 下三角洲平原；I_2 水下三角洲平原：5. 三角洲平原；6. 河口拦门沙系；Ⅱ：7. 滨海海积平原；Ⅲ：8. 湖沼积平原；Ⅳ：9. 河口湾堆积平原；10. 潮滩；11. 冲刷槽；Ⅴ：12. 潮流辐射沙洲；Ⅵ：13. 晚更新世晚期三角洲；14. 继承性水下古河谷；15. 埋藏古河谷；Ⅶ：16. 古海滨平原

图 7-3-2 长江三角洲地貌图[14]

沙洲洲核：早期分流汊道中的老沙洲，由于外围自然堤的发展，内部老洲相对低矮，因而易渍水形成浅坦的碟形湖沼，如扬中洲等。

岸外沙堤：由一些平行沙带组成，在三角洲南岸的川沙与南汇之间展布，长达 30km。

古贝壳堤：主要分布于太仓—漕泾等三角洲南界的古海岸一线。

渍水湖：主要为零星分布的小碟形凹地区的渍水湖沼等。

人工地貌：由于沿江大堤和沿海海塘的兴建，并经历代加高培厚和运河、渠道等的开凿，堤、渠已成为两大人工正负地貌系统，并随三角洲经济的发展，人口的增多，都市化的发展，大量岩土工程的实施不仅改变了自然面貌，并加剧了三角洲低凹平原地貌的复杂化。

②三角洲平原的地貌分区：根据三角洲地貌特征可划分为三大区：Ⅰ. 长江北岸古沙咀区：内含北岸沙洲和滨江低地两个分区；Ⅱ. 南岸古沙咀区：含江阴岛屿和古代沙咀分区；Ⅲ. 三角洲平原区：由 8 个分区组成，分别为靖江常阴古沙洲区、南古汊河区、通吕水脊区、启海平原区、马蹄形海积平原区、江口沙洲区、碟缘高地区和滨海前缘潮间带的低平原区等。

3. 平原区的岸滩面积分布

长江岸滩主要分布于中下游平原及河口三角洲平原区。据有关研究（不完统计）：城陵矶至江阴河段长 1092.5km，平原总面积约为 7866.5km^2。其中，左岸为 4963.0km^2，右岸 1732.0km^2，江心洲 1171.5km^2，分别占总面积的 63.09%，22.02% 和 14.89%，以长江左岸平原为大。长江全新世三角洲总面积为 5.18 万 km^2，其中陆上三角洲面积为 2.28

万 km^2，水下三角洲面积为 2.90 万 km^2，分别占总面积的 44.0% 与 56.0%，以水下三角洲的面积为大。在陆上三角洲中，三角洲的平原面积为 1.5 万 km^2，右岸的江南滨海平原面积为 5800km^2，左岸江北滨海平原 2000km^2，各占陆上三角洲总面积的 65.79%，25.44% 和 8.77%，以三角洲平原为大，而滨海平原以右岸江南部分为大①。

二、岸坡

1. 岸坡类型与特征

所谓岸坡，主要系指河床最高洪水位以下的河岸坡地。由于河床主流线的摆动及河床演变，而使河岸发生冲淤，按演变动态可分为崩塌河岸、淤长河岸和冲淤平衡的相对稳定河岸等三大类。

(1) 崩岸

①崩岸河段的分布：长江上中下游河段都有河床的崩岸发生，但因长江上游主要为高中山地及丘陵的基岩区，河床崩岸较少，崩岸的出现多在山体滑坡的崩塌地段，而崩岸严重地段主要集中在长江中下游的平原河段，尤其是全新世时期沉积的砂土河岸，因质地十分疏松，是崩岸的主要河段。崩岸部位主要发生在主流线靠岸的顶冲地段，据宜昌—河口段 1983 年前的统计资料：河段总长 1807.81km，崩岸长度 888.67km，约占河岸总长的 24.58%，并以北岸为主。

②崩塌类型：根据崩塌岸坡的平面形态特征和崩塌形式，可分为弧形坐崩、条形坐崩及倒崩和风浪侵蚀的散崩等基本类型。其成因与水流、边界条件和岸坡地下水等多因素有关，但在一定的水流条件下，岸坡砂与土层的相对厚度起着决定性的作用。

弧形坐崩：主要发生在粘性土层较为深厚地段，由于坡脚受到冲刷，并往往还与地下水渗透相关，当土体的抗滑力小于滑动力时，因失去平衡而引起滑动，在平面上呈近似半圆状弧形，纵剖面为上段陡立，近于垂直，中下段逐渐变缓，滑坡床呈圆弧形，因受坡脚堆积物影响，坡面常呈现阶梯或不规则的崩窝状，并具一定的规模。如 1999 年冬，监利铺子湾下游 1.0km 的江岸，虽已护岸，但仍突然发生弧形坐崩， 崩窝口缘宽度达 110.0m，水边至后缘深度 64.0m，坎高 9.0m。在下荆河段的崩岸段中，另如石首鱼尾洲、中洲子、监利铺子湾和熊家洲等都有一些大大小小弧形崩窝群沿岸呈排分布。其中鱼尾洲大崩窝，护岸后的平均坡度为 16° ~ 19°，并以后缘较大，两侧相对较小。

条形崩塌：内含条形倒崩、条形坐崩和阶梯状坐崩等 3 种亚类，条形倒崩主要发生在砂层顶板较高，上覆土层单薄的河段；条形坐崩则在砂、土二元结构发育较好的河段；阶梯状坐崩主要发生在粘土层深厚、质地较为粘重的河段。以下荆江河段为例，如盐船套崩岸，1999 年时崩岸长度达 10km 以上，岸线顺直，水流条件相似，但因边界地质条件的差异，在盐船套上游多砂段的倒崩强烈，下游 0.5km 处的土层深厚段则为成排坐崩；另如天字一号，因灰褐色粘土层深厚，1999 年查勘时发现呈典型阶梯形坐崩；下荆江河段的土层分布因具有二元结构的特点，河岸砂与土都有一定厚度，所以崩塌一般多以条形坐崩为主。

散崩：在砂层较厚的砂土河岸，常由于水流冲刷、风浪及船舶航行的船浪等侵蚀，引

①同济大学海洋地质系三角洲科研组. 长江三角洲发育过程和砂体特征，1978 年.

起散崩，一般崩塌规模小，强度弱，河岸相对变形较小。

(2)淤岸

系指由于泥沙落淤堆积，边滩淤长或江心洲(滩)靠岸等，使岸滩淤长发展的河岸。主要分布于弯曲河床的凸岸，分汊河段和顺直微弯河床的展宽段等。因过水断面增大，水流变缓，使输移泥沙发生堆积，并以滩坡平缓为特点。此类实例甚多，长江上游如川江河段南溪上游的桐子坝、泸州河段的火焰碛等；长江中游河段如荆江弯道中的公安河弯、调关河弯和七弓岭河弯的凸岸边滩河岸；长江下游如扬中洲以及河口的南汇边滩河岸等。

(3)相对稳定河岸

系指处于不冲不淤或冲淤量较小、河势处于相对稳定状态的河岸。稳定河岸主要分布于长江上游的基岩和阶地硬土等河段；长江中下游平原河段主要分布于残丘及零星阶地硬土等组成的土石矶和节点，以及受其挑流控制的下游河段等，如分汊河段的节点段和节点—分流点段，弯曲河床反向河湾间的过渡段和顺直微弯河段的硬土段等。实例如宜昌虎牙滩至云池的顺直河段，由于上下游均受丘陵所控，再加河床岸坡以晚更新世(Q_3)的黄粘土和砾卵石为主，并有散团状的钙质胶结层沿江分布，抗冲性强，致使河岸长期保持顺直稳定。另如下荆江塔市驿至监利河段，孙良洲河弯与七弓岭河弯上下游两弯道的过渡段等；分汊河段如广济—龙坪段，九江—张家洲段，前江口—铁板洲段，仪征—世业洲的十二圩等。长江中下游河段的节点、石矶分布及对下游河势影响：长江中下游城陵矶—徐六泾河段长度为1237.0km，主要石矶节点达89个，其中北岸20个，南岸69个，以右岸(南岸)为主(表7-3-2)，按河段长度平均约14km一个。石矶的排列组合密度和形式至关重要，在河床横向排列上，当南北岸石矶对峙时，则组成江道锁口，使下游形成藕节分汊河床；两岸石矶交错，易使河床发生弯曲分汊；当河床一岸有石矶挑流，而另一岸岸坡质地疏松时，因两岸抗冲性大小悬殊易发生大的弯曲，向鹅头式弯道发展。在河床纵向排列上，当石矶或组合的节点分布较密时，控制作用增强，不利河床展宽，分汊河床发育受限，规模较小；分布距离较大时，对河势控制减弱，易形成大的弯道，如簰洲湾河段等摆幅增大。另当河床底部受控增强时，沿程河岸受控减弱，易形成大的分汊河段等。在长江中下游河段中，以宜昌至松滋口和黄石西塞山至广济的丘陵河段较为稳定，江汉平原的荆江河段和江阴鹅鼻咀下游的长江河口段等，因质地松软，天然控制点稀少，因此历代主要靠人为工程的节点控制，以维护河势的稳定。

表7-3-2 长江中下游城陵矶—河口河段河岸石矶节点分布表

<table>
<tr><th>序号</th><th>河段名称</th><th>左岸(北岸)</th><th>右岸(南岸)</th></tr>
<tr><td rowspan="2">1</td><td rowspan="2">城陵矶—螺山</td><td>白螺矶、杨林矶、螺山矶</td><td>城陵矶、道人矶、龙头矶</td></tr>
<tr><td></td><td>鸭栏矶</td></tr>
<tr><td>2</td><td>新堤</td><td></td><td>赤壁矶</td></tr>
<tr><td>3</td><td>陆溪口</td><td></td><td>石头矶</td></tr>
<tr><td>4</td><td>簰洲湾</td><td>沙帽</td><td>赤矶山</td></tr>
<tr><td>5</td><td>金口</td><td>大军山、小军山、沌口</td><td>金口、石咀</td></tr>
<tr><td>6</td><td>武汉</td><td>龟山、湛家矶、阳逻</td><td>蛇山、青山</td></tr>
</table>

续表

序号	河段名称	左岸(北岸)	右岸(南岸)
7	团风		白浒山、赵家矶、中观矶、泥矶、黄柏山
8	黄州		鄂州、燕矶
9	戴家洲	回龙矶	寡妇矶
10	张家洲		锁江楼、拦江矶、乌石矶、白石矶、石钟山、柘矶山
11	上下三号		金鸡山
12	马当	小孤山	彭郎矶、马当矶、牛矶、张公矶
13	东流		凌家咀、簰石矶、乌石矶、稠林矶、头矶山
14	官洲		吉阳矶、黄石矶
15	安庆		牛头山、前江口
16	太子矶	七里矶	拦江矶、乌龟矶、太子矶、黄家矶、麻石矶
17	大通		羊山矶
18	铜官山		十里长山
19	黑沙洲		板子矶、黄沙矶、野鸡山
20	芜裕	蛟矶	弋矶山、广福矶、四褐山
21	马鞍山	西梁山、乌江矶	东梁山、九华山、采石矶、慈姥山
22	新济洲		樊家矶、立山、仙人矶
23	南京	七坝、蒲口、礁板矶	下三山、下关、燕子矶
24	镇扬		北固山、焦山、象山、二矶头
25	扬中		鹅鼻咀
26	狼山	狼山	

2. 岸坡坡度

(1)长江上游山地河段岸坡坡度

①山地丘陵峡谷河段的岸坡坡度:岸坡坡度的大小与地质地貌条件紧密相关,在长江上游山地丘陵区的峡谷河段,一般岸滩缺失,仅有坡积物等零星分布,多为基岩裸露,谷坡坡度普遍较大。在金沙江和三峡河段的山地及丘陵峡谷河段中谷坡坡度可达70°以上,有的近于直立,个别地段还大于90°而呈倒坡。如三峡三斗坪河段的牯牛石石矶呈91°~92°,倒向江面。在其他河段也有发现,如支流清江的西门洞峡谷河段更为典型,约达95°以上。由于山地河谷狭窄,洲滩不发育,谷坡坡脚即为岸坡,以坡度普遍较大为特点。另如长江上游金沙江梓里规划坝区相高500~1300m,为V形的中深切割峡谷,岸坡30°~45°;金沙江下游的乌东德峡谷段为50°~70°;白鹤滩峡谷段左岸坡度40°~50°,右岸50°~60°等①。在宽谷和展宽河段,岸坡变缓,坡度减小,如长江三峡河段中的太平溪坝址,为朱家坡与弹子石间的丘陵峡谷,左岸20°~30°,右岸15°~25°;三斗坪三峡坝区地处黄陵背斜的宽谷河段内,两岸河漫滩岸坡一般为5°~15°,在大江河段的左岸有雏形河漫滩发育,总体以8°~12°向河床微倾,右漫滩为中堡岛的史经滩,一般为5°~8°,局部达20°,主体平缓②。

---

①杨先坤,严沛漩.长江流域综合利用规划简要报告(工程地质).水利部长江水利委员会,1990年.

②冯彦勋,陈又华.长江三峡水利枢纽二期下游土石横向围堰设计阶段工程地质勘察报告。水利部长江水利委员会三峡勘测研究院,1996年.

②丘陵宽谷河段的岸坡坡度：据长江上游宜宾至重庆河段的岸坡调查统计资料，由于河谷宽浅，两岸有断续雏形河漫滩发育，有的阶地临江，部分河段基岩出露，其谷坡的坡脚即为河岸，因此岸坡类型主要分为低山丘陵岸坡、阶地岸坡和河漫滩及边滩岸坡等。岸坡的坡度从近90°的直立陡坡至平缓的缓坡均有分布，按大于60°、60°～45°、45°～30°、小于30°等分4级统计①，河段总长为384.0km，两岸岸坡总长768km，4级岸坡河段长度分别为73.0km、378.0km、257.0km和60.0km，各占总河长百分数为9.51%、49.22%、33.46%和7.81%等，其中以60°～30°的岸坡为主，长度达635.0km，占河段两岸总长度的82.68%；<30°的岸坡较少，主要为新河漫滩及新淤洲滩岸坡之类。综合上述，丘陵河段的岸坡以峡谷基岩岸坡为大，阶地岸坡次之，河漫滩及江心洲岸坡等较小，边滩岸坡为最小。岸坡的坡形：峡谷河段多为直坡、并以陡坡较多为特征；成熟河漫滩岸坡因滩面上凸，多呈凸形坡；新河漫滩与老岸相靠组合往往形成凹形岸坡等。

(2)长江中下游平原河段的岸坡坡度

宜昌—江阴鹅鼻咀河段的岸坡包含丘陵、阶地和平原滩地岸坡等多种类型，并以平原岸坡为主，由于河谷开阔，河床平面变形大，并随河床主流线的频繁摆动而冲淤多变，因此即使同一地貌类型的岸坡，也由于冲淤动态的不同而形成不同坡度的岸坡。按其演变动态，其可分为崩岸、淤岸和一般相对稳定河岸等3类统计如下。

①崩岸岸坡坡度：长江中下游一般岸坡坡比为1:1.5～4.0，其中宜昌—城陵矶和汉口—九江河段偏小，以1:1.5～3.0为多，而九江以下随河床进一步展宽，泥沙颗粒变细，坡度变缓，据九江至江阴鹅鼻咀段统计，崩岸坡比一般为1:1.5～5.0，并以1:2.5～4.0居多，部分大于4.5。长江中下游河段从上向下游岸坡坡比增大，即岸坡的坡度由大变小。

②相对稳定岸坡坡度：据1980年水道地形图(1:10000)量得：长江中下游平原洲滩河段稳定岸坡坡比具有分段特征，宜昌—城陵河段一般岸坡的坡比为1:3～6，城陵矶下游河段增大为1:3～12，向下游增大趋势显著，坡度进一步变缓。长江中下游石矶节点河段岸坡坡比：因该类河岸最为稳定，并起着河势控制作用，一般岸坡陡立，坡比较小，如宜都清江口为1:2.4，石首达为1:1.0，呈垂直坡，田家镇河段的牛关矶为1:1.8，半壁山为1:1.1，马垱为1:2.6，安庆为1:3.0，南京燕子矶为1:3.5，仪征泗源沟为1:2.0，五峰山为1:3.15等，一般坡比为1:1～3，一般岩质岸坡的坡比较小，坡度相对较大。

③淤岸坡度：由于河岸淤长，岸坡平缓，坡比显著增大，长江中游的宜昌—九江河段一般坡比1:25，长江下游九江—江阴河段坡比一般1:>30，个别达1:100以上，总趋势向下游增大，如关洲左边滩为1:35.5，沐鹅洲为1:230.8，龙坪新洲尾为1:277，洋思港为1:95，界河口为1:100等。

综合上述，在以上3类河床中，一般以崩岸坡度为大，次为相对稳定岸坡，以淤积发展中的淤长型岸坡坡度为小；在全河段的岸坡中，以崩岸的上部和石矶、节点河段等部位的岸坡为陡，坡度为最大；平原河段淤岸的边滩坡度相对为最小。

(3)长江河口段岸坡坡度

长江三角洲平原河床多支汊分流，江面十分宽广，为长江泥沙的最大堆积场地，每年约有4.7亿t泥沙落淤，洲滩沙岛十分发育，岸滩平缓宽广，坡比甚小，有关潮滩分类坡度如下。

---

①张美德. 长江上游宜宾至重庆河段床沙勘测调查报告. 水利部长江水利委员会水文局，1997年.

①陆上三角洲平原滩地坡度：据长江三角洲前缘高低潮间带的低斜平原分布进行研究，长江三角洲主要可分三大片，即南岸的南汇边滩、江北的启东边滩和河口沙岛边滩（如崇明岛、长兴岛及横沙岛）。

长江口南汇边滩的滩坡坡度①：位于长江三角洲的南岸，上起高桥，下至南汇嘴西，长达60km以上，一般滩宽2～3km，最宽达4.5km，由于边滩规模大，受河势影响，亦可分为崩退、相对稳定和淤长3种河岸类型，分别以塘角嘴、三甲港和东海农场边滩等典型剖面为例，按自然岸坡均以崩岸坡度为大，以上3滩坡比参数（表7-3-3），一般都达1∶300以上，以滩坡十分平缓为特点；按高、中、低潮位滩坡比相比较，高潮滩＜中潮滩＜低潮滩，滩坡的坡度相反，即以高潮滩的坡度相对较大，低潮滩为最小。如塘角嘴岸滩的地形剖面（图7-3-3），十分缓坦。

表7-3-3　长江三角洲南汇边滩滩坡比表

地段/内容/潮滩类别	塘角嘴崩岸滩地剖面		三甲港稳定滩剖面		东海农场淤长滩地剖面	
	宽度（m）	坡比	宽度（m）	坡比	宽度（m）	坡比
高潮滩	150	1∶312	—	—	600	1∶185
中潮滩	1270	1∶920	610	1∶442	1350	1∶978
低潮滩	1.80	1∶1156	500	1∶490	1680	1∶1047

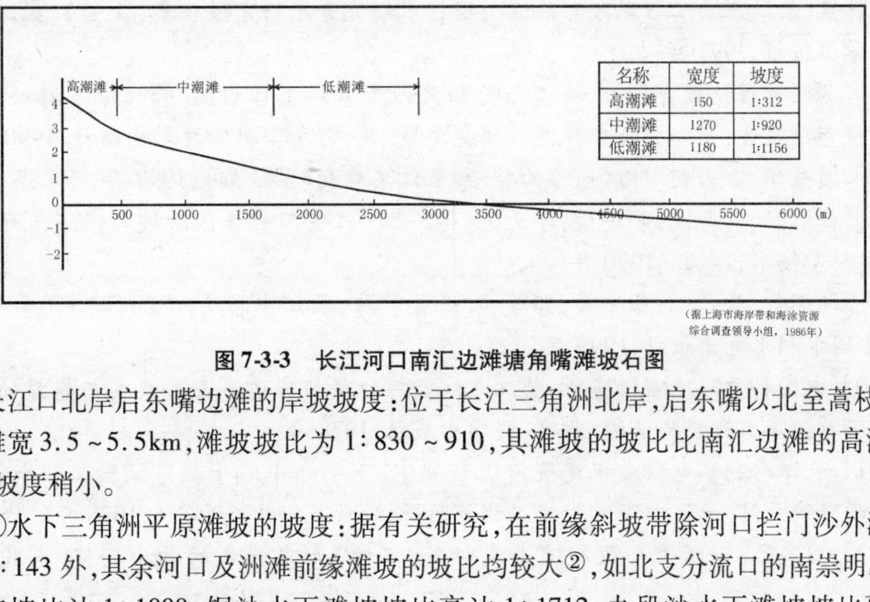

图7-3-3　长江河口南汇边滩塘角嘴滩坡石图

长江口北岸启东嘴边滩的岸坡坡度：位于长江三角洲北岸，启东嘴以北至蒿枝港，潮间带滩宽3.5～5.5km，滩坡坡比为1∶830～910，其滩坡的坡比比南汇边滩的高潮位略大，即坡度稍小。

②水下三角洲平原滩坡的坡度：据有关研究，在前缘斜坡带除河口拦门沙外滩的坡比为1∶143外，其余河口及洲滩前缘滩坡的坡比均较大②，如北支分流口的南崇明岛外前缘滩坡坡比达1∶1000，铜沙水下滩坡坡比高达1∶1712，九段沙水下滩坡坡比更高达1∶3545，南汇咀水下滩坡坡比亦高达1∶2511。总之，长江水下三角洲前缘坡比都达1∶1000以上，比陆上三角洲平原前缘潮间带的滩坡更为平缓、宽阔。

①上海市海岸和海涂资源综合调查领导小组．上海市海岸和海涂资源综合调查报告，1986年．

②　同济大学海洋地质系三角洲科研组．长江三角洲发育过程和沙滩特征．同济大学科学技术情报组，1978年．

综合上述可见:长江河床岸坡的坡度不仅取决于河段地质地貌和来水来沙条件,还与河床演变、河岸冲淤动态等紧密相关。一般情况下的河岸坡度,按地貌条件:山地>丘陵>阶地>河漫滩>洲滩滩坡;按岸坡岩性组成:基岩>硬粘性土>松软粘性土,非粘性土:卵>砾>砂土;按分布特点:长江上游山地丘陵岸坡>中下游平原岸坡;按岸坡类型:崩岸岸坡>一般相对稳定岸坡>淤长岸坡。全部岸坡最陡的为长江上游的峡谷岸坡和中下游的石矶节点以及砂土的崩岸岸坡等,最缓的岸坡为淤岸的滩坡,其中尤以长江河口三角洲沙岛的水下坡度为全江岸坡最为平缓的地段。长江岸坡组合的基本特征:总体从上游到下游,岸坡坡度由大到小,尤以河口三角洲的坡度为最小。

参考文献

[1] 沈玉昌. 长江上游河谷地貌. 北京:科学出版社,1965 年.

[2] 中国科学院地理研究所,长江水利水电科学研究院,长江航道局,等. 长江中下游河道特性及其演变. 北京:科学出版社,1985 年.

[3] 林承坤. 泥沙与河流地貌学. 南京:南京大学出版社,1992 年.

[4] 文伏波. 长江流域地图集. 北京:中国地图出版社,1999 年.

[5] 水利部科技教育司,交通部三峡工程航运领导小组办公室主编,潘庆燊编写. 三峡水库下游冲刷引起的水位降低及其对下游和河口地区的可能性影响—三峡枢纽坝下游河道特性,长江三峡工程泥沙与航运关键技术研究专题研究报告集(上册). 武汉:武汉工业大学出版社,1993 年.

[6] 水利部科技教育司,三峡工程论证泥沙专家组工作组编. 长江中下游松滋口至大通河段查勘报告,长江三峡工程泥沙研究文集. 北京:中国科学技术出版社,1990 年.

[7] 梁月华,王士毅. 川江急滩的整治. 长江志季刊(第 3 期),1997 年.

[8] 杜榕桓,刘新民,袁建模,李天池,等. 长江三峡工程库区滑坡与泥石流研究. 成都:四川科学技术出版社,1990 年.

[9] 杨怀仁,唐日长;唐法贤,郭厚祯. 地貌特征,长江中游荆江变迁研究(第三章). 北京:中国水利水电出版社,1999 年.

[10] 中国科学院地理研究所. 长江九江至河口段河床边界条件及其与崩岸的关系,长江中下游护岸工程经验选编. 北京:科学出版社,1978 年.

[11] 长江水利水电科学研究院河流研究室. 下荆江中洲子裁弯试验工程新河护岸工程初步经验总结,长江中下游护岸工程经验选编. 北京:科学出版社,1978 年.

[12] 周凤琴. 荆江等平原河流壳状卵石洲(滩)形成模式的初步研究. 人民长江,1986 年.

[13] 周凤琴. 荆江堤防与江湖水系变迁,长江水利史论文集. 南京:河海大学出版社,1990 年.

[14] 黄慧珍,唐保根,杨文达,等. 长江三角洲沉积地质学. 北京:地质出版社,1996 年.

[15] 陈吉余,虞志英,恽才兴,等. 长江三角洲的地貌发育,长江河口动力过程和地貌演变文集. 上海:上海科学技术出版社,1988 年.

第八章 床沙组成

第一节 长江上游河段的床沙组成

一、金沙江河段的床沙组成

(一)金沙江干流河段的床沙组成

1. 奔子栏—新市镇河段

该河段主要穿流于横断山、玉龙雪山、绵绵山、鲁南山和大凉山、五莲峰等系列高中山地之间,以峡谷河段为主,河谷窄深为基本特点,两岸支流及冲沟口等的冲积扇(锥)广泛发育,河床冲积形成的边滩及心滩等洲滩稀少,仅在峡间相对宽段有零星小滩分布。床沙组成:一般宽段为漂石、卵石、砾石和砂等,呈现宽级配的组成特征;峡谷河段,因多冲沟、泥石流和坡积岩块等堆积,往往多漂石、块石等分布,一般粒径较为粗大。由于金沙江新市镇上游资料较少,现以野外调查的部分典型河段为例分述于下。

(1)宽谷河段洲滩的床沙粒径组成

①奔子栏河段边滩:该河段位于金沙江的上游,从奔子栏至伏龙桥长约17km,为一峡谷河段间的相对宽段,两岸冲积扇和阶地广泛分布,并有三级叠置冲积扇和多级阶地发育,河道受其影响左右弯曲,河床内浅滩、边滩等零星散布,物质组成含漂卵、砾、砂等,一般较细,并有沙质洲滩分布。如奔子栏边滩,因位于峡谷窄段下游的展宽段,滩头堆积颗粒较粗,一般粒径在200mm以上,个别大于500mm;边滩的中尾部,即漂石区下游和岸边均为卵石区,粒径变细,分选较好,一般粒径小于100mm,无论漂石和卵石的磨圆度一般都较好,以次圆状为主,仅在漂石中次棱状稍有增多。岩性组成以石英砂岩、火山岩、变质岩等为主,白色石英较为多见。

②攀枝花河段倮倮边滩:位于攀枝花市金沙江倮倮桥下游300m的右岸,地处雅砻江的汇口上游,该段河道较为顺直,河宽一般,边滩规模不大,由上下两部分组成。上半段滩面低平,为堆积时间较晚的新滩,卵石较细,一般粒径小于100mm,个别可达150~200mm,卵石粗细不均,分选较差;岩性组成以玄武岩、花岗岩、紫红色砂岩、绿灰及白色石英砂岩等为主,并有凝灰岩、火山角砾岩等偶见。下半段滩面为直径达500~1000mm的粗大漂石,岩性单一,基本为本地花岗岩,有一定磨圆,并有粒径100~200mm的粗大卵石零星分布其间,岩性以玄武岩、花岗岩、紫红绿灰等色砂岩为主,细组卵石大体类同。综合上述,该滩漂石粒径粗大,岩性单一;卵石粒径一般在100mm以下,岩性较为复杂,以火成岩和火山岩类较多为特征。

③巧家河段边滩:位于巧家渡口下游的金沙江右岸,上下游均为峡谷,河道缩窄,而中段开阔,组成藕节状微弯河段。该边滩正分布于宽段的弧形凸岸,滩面由漂石、卵石和

砾石等组成，按粒径组成，可分为3个区，即A.滩头粗大漂石区；B.滩中枯水边为含漂石的粗卵石区；C.边滩靠岸及滩尾为一般卵石区。其粒径组成特征见表8-1-1。

表8-1-1　金沙江巧家边滩分区漂卵石颗粒组成统计表　(粒径单位:mm)

分区	统计颗粒总数(个)	分组颗粒数(个)						备注
		>400	400~300	300~200	200~100	100~60	<60	
A.粗大漂石区	100	100						范围值1000~400mm
B.漂卵石区	100		17	34	48	1		D_{max}395mm
C.一般卵石区	100				26	68	6	D_{max}160mm
合计	300	100	17	34	74	69	6	

粗大漂石区：一般达500mm以上，范围值为400~1000mm，呈次圆状，岩性较为单一，基本为石英砂岩和灰岩等。

漂粗卵石区：野外查勘最大粒径达395mm，粒径范围值为400~60mm，以300~100mm为主，其中大于200mm的漂卵石约占其半。岩性组成以绿灰、灰白、紫红等色石英岩和黑色玄武岩为主，次为灰岩、砂岩等，偶有砾岩见及。卵石磨圆度以次圆状为主，另有少部分圆状和次棱状零星掺杂。

一般卵石区：最大粒径为160mm，一般在100mm以下，以100~60mm粒径为主。岩性组成与B区相类似，以石英砂岩、玄武岩和灰岩为主，次为闪长岩、紫红色砂岩等，另有石英、千枚岩、砾岩等少量，并有花岗岩发现。卵石磨圆度以次圆状为主，并有部分次棱状卵石分布。

巧家边滩的床沙组成中，粗大卵、漂石主要分布于滩头及滩中枯水边的低滩地带，其余C区一般以卵石为主，卵石粒径多小于150mm。岩性组成以石英砂岩、玄武岩、灰岩等为主，其中绿灰色和灰白色石英砂岩较多为一特点，另外随粒径变小，岩性由单一变向复杂，玄武岩和灰岩增多，并有闪长岩、花岗岩、千枚岩等分布；卵石磨圆度降低，以次圆状为主，次棱状增多。

(2)峡谷及泥石流沟口河段的洲滩床沙粒径组成

①虎跳峡上口边滩：位于虎跳峡上口的金沙江左岸，枯水期出露水面，边滩长度小于50m，规模虽小，但床沙由巨漂组成，全为500mm以上，个别达1000mm左右的粗大漂石及岩块，多呈次棱状及次圆状，一般磨圆度较差。岩性组成以石英岩为主，次为灰岩、千枚岩、绿灰色角岩及少量板岩、凝灰岩等，反映物源不远，主要为崩塌滑坡和泥石流等堆积所致。

②马槽湾沟口鹦歌咀边滩：位于溪洛渡—新市镇河段，为百年前马槽湾沟暴发泥石流所形成，据调查实测资料①：河岸马槽湾沟内为泥石流堆积，沟口外的鹦歌咀边滩及伸入枯水河床的水下滩坡，一般为金沙江水流冲刷改造后的残存泥石流扇体，物质组成主

①朱鉴远，王东辉，伍炳吉，丁卫东，等.金沙江溪洛渡至宜宾河段床沙取样及分析报告.电力工业部成都勘测设计研究院，中南勘测设计研究院，1997年.

要为漂块石等，采用网格法实测滩面床沙的中值粒径（D_{50}）为 230mm，最大粒径（D_{max}）达 800mm，河床岸坡粒径 D_{50} 为 228～280mm。从沟口滩根的坑测床沙级配组成（重量百分数）见及（表 8-1-2），在探坑 1.00m 深度内的上、中、下 3 层 D_{max} 分别为 529mm，420mm 和 302mm；D_{50} 分别为 280mm，145mm 和 67mm，均从上到下，由大到小。另从大于 100mm 的粗粒分组粒径百分含量显示，从上向下 3 层分别为 94.6%、58.7% 和 43.8%，亦由大到小。从上可见，峡区河段不仅粒径较为粗大，而且床沙表层的粗化现象十分显著。粗大岩块来源主要为河岸崩塌滑坡和泥石流等产生，据成都勘测设计院和中南勘测设计院溪洛渡—新市镇河段调查资料，实测到的坡积物最大粒径和中值粒径分别达 8100mm 与 840mm，其中马槽湾泥石流沟口的最大粒径亦达 1300mm。

表 8-1-2 金沙江马槽湾沟鹦歌咀滩坑测床沙级配表 （粒径单位：mm）

测坑编号	取样深度（m）	分组百分数（%）													特征值	
		800～400	400～200	200～100	100～60	60～40	40～20	20～10	10～5	5～2	2～1	1～0.5	0.5～0.2	<0.2	D_{max}	D_{50}
XY－1	0～0.3	17.8	54.5	22.3	3.05	1.19	0.84	0.22	0.10						529	280
	0.3～0.7	15.5	22.0	21.2	6.3	4.0	8.4	7.9	4.7	5.01	1.09	1.89	1.19	0.82	420	145
	0.7～1.0	/	16.5	27.3	7.3	6.9	8.5	6.7	5.8	6.5	2.2	4.1	3.67	4.53	302	67

2. 新市镇—宜宾河段

（1）河床岸滩组成

金沙江从西南流入新市镇后，主体流向转东，河床呈东西向展布，在地貌上由中高山地转向四川盆地外缘的低山及丘陵地区，因山势降低，河谷逐渐变宽，坡降减缓，河床洲滩增多，据新市镇—屏山、屏山—向家坝和向家坝—宜宾等 3 河段枯水面以上岸滩组成统计资料，基岩面积所占百分数分别为 24.6%、20.0% 和 11.0%，坡积体分别为 45.0%、29.0% 和 20.0%，均向下游减少；沟口扇为 6.3%～5.0%，相对稳定；漂、卵、砂质洲滩均向下游增长，其中尤以漂卵石滩的增长较为显著，分别为 19.8%、23.0% 和 26.0%。

（2）河床洲滩床沙的粒径组成

①洲滩表层床沙的级配组成：在新市镇—宜宾河段的洲滩中，选取具代表性的 8 个洲滩为例，床沙颗粒级配（表 8－1－3）具有两大特点：其一，粒径粗、含砂少。床沙颗粒普遍较粗，一般大于 100mm，除屏山鸡婆碛因位于东关亭石矶下游，受节点挑流影响，粗颗粒相对较少为 46.4% 外，其余均达 50% 以上，其中新市镇—屏山段的关水碛和中碛坝分别更高达 87.1% 与 83.6%，并且粒径大于 200mm 的漂石含量亦较高，一般在 20% 以上，如关水碛和大滩分别高达 67.5% 与 40.3%；而小于 2mm 砂的含量少，除个别洲滩如碎米碛为 6.60%，小称沱碛 5.9% 外，其余均小于 5%，而大中坝、关水碛等为 0，基本由漂卵砾等所组成。其二，多表现为宽级配。如妖精碛和鸡婆碛的 D_{max} 与 D_{min} 分别为 262mm～小于 0.2mm 及 260mm～小于 0.2mm，其中 100mm 以下粒径的百分含量虽相对较少，但分布级配宽度较大，呈现宽级配的显著特征。

②洲滩床沙的中值粒径（D_{50}）分布：按洲滩床沙的纵向、横向和垂向分布特征分述于下。

表 8-1-3　　金沙江下游新市镇—宜宾河段典型洲滩表层床沙级配表　　粒径单位:mm

河段名称	洲滩名称及坑号	床沙分组含量(%)												特征值		资料来源
		>200	200~100	100~60	60~40	40~20	20~10	10~5	5~2	2~1	1~0.5	0.5~0.2	<0.2	D_{max}	D_{50}	
新市镇—屏山	关水碛 XY-3A	67.50	19.60	7.60	3.01	1.29	0.79	0.11	0.10					277	252	电力工业部成都勘测设计研究院,中南勘测设计研究院,1997年
	中碛坝 XY-5A	29.10	54.50	5.90	3.01	2.88	2.21	1.01	0.89	0.38	0.12			313	170	
	妖精坝 XY-8A	29.40	40.30	11.40	6.40	4.61	3.89	1.00	0.89	1.50	0.20	0.21	0.20	262	150	
屏山—向家坝	鸡婆碛 XY-9A	8.80	37.60	22.50	13.10	12.31	1.69	0.08	0.11	0.02	1.48	0.46	1.85	260	94.5	电力工业部成都勘测设计研究院,中南勘测设计研究院,1997年
	小称沱碛 XY-12A	26.00	28.90	13.30	7.30	7.30	6.40	3.30	1.60	0.48	0.72	4.70		271	115	
向家坝—宜宾	大滩坝 XY-14A	40.30	28.10	9.40	4.20	5.40	3.60	3.39	1.91	0.38	0.31	3.01		274	165	电力工业部成都勘测设计研究院,中南勘测设计研究院,1997年
	碎米碛 XY-18A	22.00	31.20	13.80	6.60	6.80	6.90	3.10	3.00	0.80	0.20	5.60		319	110	
	大中坝	18.00	52.00	20.50	5.00	3.50	1.00							213	140	荆江水文水资源勘测局,1993年

纵向沿程分布:从金沙江新市镇—宜宾河段沿程 18 个主要洲滩坑测资料显示(表 8-1-4)①,在坑深 1.00m 深度内,无论表层、次表层和深层床沙 D_{50} 值均呈现大小跳动。从沿程表层与次表层和深层的平均 D_{50} 曲线见及(图 8-1-1),亦呈现相似的起伏,尤以表层 D_{50} 的变化幅度较大,其中灰塔碛和月亮碛较小,形成曲线中的"凹谷",从沿程曲线显示,在"凹谷"上游河段主要为由大变小,下段沿程变化呈现波动增大,但总体轴线变化趋势仍为从上向下游变小,次表层和深层 D_{50} 波动变化趋势不显,轴线相对稳定。

①朱鉴远,王东辉,伍炳吉,丁卫军,等. 金沙江溪洛渡至宜宾河段床沙取样及分析报告. 电力工业部成都勘测设计研究院,中南勘测设计研究院,1997 年.

表 8-1-4　　金沙江下游新市镇—宜宾河段洲滩床沙 D_{50} 统计表　　(单位:mm)

河段	新市镇—屏山河段						屏山—向家坝河段					向家坝—宜宾河段						
床沙分层 \ 洲滩名称	关水碛	鲤鱼碛	中碛坝	箭牌碛	锁滩	妖精坝	鸡婆碛	灰塔碛	月亮碛	小称沱碛	向家坝	大滩	瞌睡坝	豆子坝	周家坝	碎米碛	三官碛	大中坝
1. 表层	252.0	195.0	170.0	132.0	167.0	150.0	94.5	22.3	26.9	115.0	170.0	165.0	172.0	121.0	79.0	110.0	131.0	140
2. 次表层	55.0	48.0	36.5	28.0	60.0	72.0	73.0	19.3	23.1	36.0	80.0	60.0	70.0	14.5	52.0	55.0	75.0	48
3. 深层	46.5	40.0	116.0	35.0	37.0	88.0	57.0	20.3	26.1	47.0	93.8	36.8	19.5	13.4	38.0	75.0	56.0	132
2~3 层平均值	51.0	44.3	68.3	31.7	49.3	79.5	67.3	19.8	24.8	41.5	87.9	48.4	44.8	13.9	45.0	65.0	66.9	100.5
粗化系数(K)	4.9	4.4	2.5	4.2	3.4	1.9	1.4	1.1	1.1	2.8	1.9	3.4	3.8	8.7	1.8	1.7	2.0	1.4

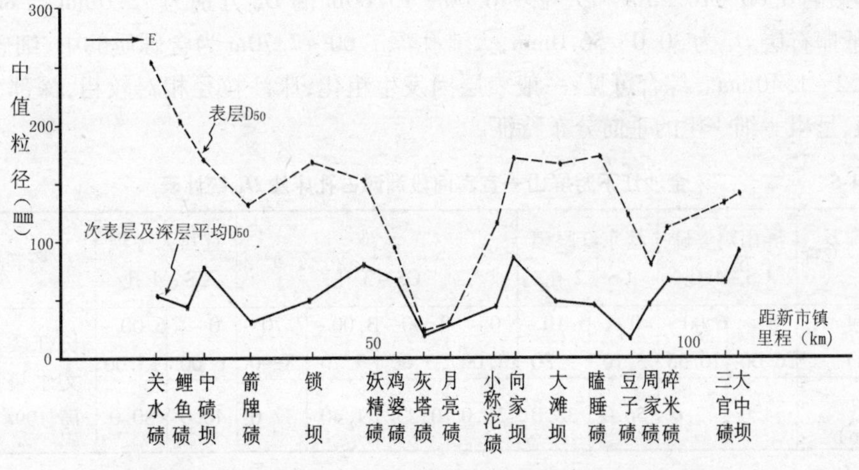

图 8-1-1　金沙江新市镇—宜宾河段沿程洲滩床沙 D_{50} 曲线图

沿横断面分布:新市镇—宜宾河段洲滩横断面上 A、B 坑表层床沙 D_{50} 的对比于下。在洲滩的横断面中,从靠近枯水边的 A 坑与远离枯水边而靠近河岸 B 坑的床沙 D_{50} 对比显示:该河段除锁滩为单坑外,其余 17 个洲滩中,靠近枯水床沙的 $D_{50}(A) > $ 靠河岸 $D_{50}(B)$ 的计 11 个,占总坑数的 64.7%,约占 2/3;$D_{50}(A) < D_{50}(B)$ 的为 6 坑,占 35.3%,即靠河岸偏粗的仅约为 1/3,全段比较,一般仍以靠近枯水河床的床沙为粗。产生的原因:沿水边一线靠江的河床,汛期主流趋中,流速较大,床沙粒径偏粗;靠河岸离主流较远,流速相对较小,床沙粒径变细,此为一般规律,但当靠近河岸滩根的部分床沙,由于受到岸坡崩塌和侧流冲沟,特别是有泥石流沟来沙堆积影响时,这种复合型洲滩往往反细为粗,在山地与丘陵的过渡河段易见。

沿直深度分布:1)洲滩上部的床沙 D_{50}:据表 8-1-4,洲滩上部 1.00m 深度内表层、次表层和深层等 3 层显示,一般洲滩床沙 D_{50} 粒径多向深处变细,仅除灰塔碛和月亮碛卵石较小变细不明显外,其余洲滩由粗变细幅度较大(图 8-1-1),反映滩面流速较大,表层受到冲刷而产生粗化。为定量反映其特征,采用粗化系数公式计算于下:

$$k = \frac{D_{50'}}{D_{50''}}$$

式中：$D_{50'}$、$D_{50''}$——分别为洲滩同一测点的表层与次表层和深层床沙 D_{50} 的厚度加权平均值；K——床沙的粗化系数。

当 $K>1$ 时，反映洲滩表层床沙已发生粗化，系数愈大，粗化程度愈高。从表 8-1-4 可见，该河段靠近枯水河床滩边的 18 个测坑的 K 值均大于 1，以灰塔碛和月亮碛的 K 值 1.1 为小，一般为 1.5～3.5，并有部分达 3.5～5.0。个别洲滩如豆子坝高达 8.7，全河段床沙平均粗化度为 2.92，普遍较高为一显著特征，从河段 K 值的范围值为 1.1～8.7，亦反映个别洲滩粗化度的大小相差悬殊。

2）洲滩深部的床沙 D_{50}：从新市镇—宜宾河段的屏山县鸡婆碛、楼东乡红眼碛、水富县河段的大滩和宜宾上首大中坝等 4 个洲滩占孔地质资料反映，一般以中粗卵石层为主，还有部分为细卵石和含卵石的砾质中细砂及细砂层等分布，粗卵石层仅在屏山的鸡婆碛和宜宾的大中坝等滩面表层或下部见及，沿直深度床沙 D_{50} 见表 8-1-5①。在 4 孔中，除鸡婆碛的 6.00～10.55m 和大中坝 6.00～15.00m 的 D_{50} 分别为 72.0mm 与 80.00mm 外，一般卵石层 D_{50} 为 30.0～56.0mm，大滩孔深 1.00～7.70m 为含砾质的中、细砂，D_{50} 仅为 0.232～1.40mm。综合可见：一般表层因发生粗化，床沙粒径相对较粗，深部变细，底部复粗，呈粗—细—粗的垂向分布特征。

表 8-1-5　金沙江下游屏山—宜宾河段洲滩占孔床沙 D_{50} 统计表

内容 \ 洲滩名称	屏山鸡婆碛 CS－1 孔		楼东红眼碛 CS－2 孔		大滩 CS－3 孔				宜宾大中坝 CS－4 孔		资料来源
深度（m）	0～6.00	6.00～10.55	0～5.10	5.10～9.80	0～1.00	1.00～3.00	3.00～7.70	7.70～8.90	0～6.00	6.00～15.00	长江委荆江水文水资源勘测局，1998 年
D_{50}（mm）	54.0	72.0	56.0	38.0	30.0	0.232	1.40	32.0	40.0	80.0	

（3）洲滩床沙的岩性组成

洲滩漂卵石床沙的岩性组成取决于河段上游沙源地的地层岩性，由于金沙江洪门口—雷波河段沿程有大量二叠纪的玄武岩分布，因此新市镇下游河床的漂卵石中玄武岩百分含量较高。通过沿程调查、坑测和部分钻孔资料显示②，本河段漂卵石的岩性组成一般以石英砂岩、石英岩和玄武岩等占绝对优势，合计百分含量达 70%～90%，个别高达 100%，次为砂岩、灰岩、火山岩和石英等少量，并偶有花岗岩见及。在岩性的组分中，以黑色玄武岩、灰白色砂岩和暗红及黑杂色火山岩等示源性强，具有标志性特征，其中尤以黑色玄武岩最为典型。有关洲滩卵石的岩性组成特征，以宜宾大中坝为例分述于下。

①滩面表层卵石床沙的岩性组成：卵石粒径一般小于 150mm，岩性组成以石英砂岩、石英岩和玄武岩为主，合计百分含量达 95.95%～86.92%，其中石英砂岩和石英岩的百分含量随粒径由大变小，含量由 90.85%→38.13%，相对减小；玄武岩相反，随粒径变小，百分含量由 0.94%→57.82%，相对增大。

①孙舒拉等. 长江三峡库尾上游洲滩地质勘察报告. 长江委荆江水文水资源勘测局，1998 年.

② 张美德，周凤琴. 长江三峡库尾上游河段河床组成勘测调查分析报告. 长江委荆江河床实验站，1993 年.

②洲滩深部卵石床沙的岩性组成：一般由中粗卵石组成，洲中覆盖层床沙厚度为15.00m，粒径组成相对较为均匀，层次单一，沿直深度仍以石英岩、石英砂岩和玄武岩等为主，但其百分含量不仅随粒径而变，并且随深度而变化，其中又以75～50mm和50～25mm两粒径组为典型，在孔深0.00～1.40m，1.40～6.00m和6.00～15.80m三层中，75～50mm粒径组中石英砂岩和石英岩的百分含量分别为17.20%，20.70%和44.50%；50～25mm粒径组中含量分别为19.60%，26.30%和31.60%，都随深度增加百分含量增大。玄武岩的分布，在粒径100～10mm中，分组粒径的百分含量均随深度增加而减少，如50～25mm粒径组的百分含量，在从上而下的3层中分别为71.10%、57.50%和37.10%，随深度减少显著。其中石英岩和石英砂岩随粒径由大变小，百分含量减少，并随深度增大而增多；玄武岩相反随粒径变小增多，深度增大而减少。

(4)洲滩卵石床沙的干容重

据电力工业部成都和中南两勘测设计研究院野外坑测资料，100～300mm粗粒卵漂石床沙的干容重为2.30t/m^3，属中等偏高。

(二)金沙江主要支流河段的床沙粒径组成

金沙江支流众多，现以雅砻江、小江和横江等的床沙为例(表8-1-6)分述如下。

①雅砻江河段的床沙粒径组成：在甘孜上游为波状起伏的高原，河谷浅切宽展，河床比降小，床沙粒径相对较细，但在甘孜以下的中下游河段，流经高中山地，形成山地峡谷，河床比降大，床沙粒径较粗，如雅砻江泸宁河段的床沙 D_{max} 达500mm，D_{50} 为145mm；支流小金河的列瓦 D_{max} 为300mm，D_{50} 为75mm；其他如九龙河 D_{max} 及 D_{50} 亦达500mm与175mm；雅砻江下游靠近河口段的入汇支流安宁河虽也流经中高山地，因受南北向安宁河断裂等影响，河谷宽窄相间，其大桥—德昌段河谷开阔，在西昌附近宽达8～12km，由于河漫滩宽广低平，河床比降较缓，大量泥沙淤积，沙卵石洲滩密布，卵石粒径普遍较细，一般在120mm以下。另据安宁河撒莲段资料，D_{max} 为140mm，D_{50} 为56mm，粒径显著变小。从上表明：雅砻江的中游和下游上段的干支流河床床沙相对较粗，而近河口段及入汇支流的床沙则呈变细趋势。

表8-1-6　金沙江支流雅砻江、小江和横江等床沙级配组成表　(粒径单位：mm)

河段名称		床沙分组含量(%)												特征值		资料来源
		>200	200～100	100～80	80～60	60～40	40～20	20～10	10～5	5～2	2～1	1～0.5	<0.5	最大粒径	中值粒径	
雅砻江水系	雅砻江泸宁	36.30	26.00	4.70	5.00	4.80	5.20	9.80	1.90	3.80	2.50			500.00	145.00	电力工业部成都勘测设计研究院，1992年
	小金河列瓦	7.40	26.10	12.60	13.90	12.40	11.80	6.70	6.40	2.70				300.00	75.00	
	安宁河撒莲		29.50	9.00	9.50	12.60	16.70	10.20	6.00	4.50	2.00			140.00	56.00	

续表

河段名称		床沙分组含量(%)												特征值		资料来源
		>200	200~100	100~80	80~60	60~40	40~20	20~10	10~5	5~2	2~1	1~0.5	<0.5	最大粒径	中值粒径	
小江水系	黑沙沟		12.95	3.05	7.00	10.29	14.71	17.87	8.13	9.83	3.17	1.64	11.36		17.50	中科院成都地理研究所，云南东川泥石流防治研究所，1987年
	蒋家沟				1.00	14.91	19.09	18.50	14.50	17.09	0.91	0.34	13.66		11.40	
	小江					10.16	25.84	20.41	9.59	8.10	4.90	3.91	17.09		7.50	
横江口小岸碛		2.70	9.50	4.20	5.90	11.40	20.30	23.20	8.30	7.49	1.82	1.59	3.60	/	22.50	电力工业部中南成都勘测研究院，1997年

②小江河段的床沙粒径组成：小江是长江流域泥石流广泛发育的典型支流，据中科院成都地理研究所和云南省东川市泥石流防治研究所等成果：从蒋家沟等18条泥石流沟的22种堆积类型统计，床沙D_{50}范围值为23.00~1.40mm，一般粒径约10mm左右。如蒋家沟和黑沙沟的床沙D_{50}分别为11.40mm与17.60mm，比一般偏粗，且含小于2mm的泥沙，分别达14.91%与16.17%，一般多达10%以上。含细粒床沙最多的为小海河沟的粘性泥石流，其中D_{50}仅为1.40mm，小于2mm的泥沙含量高达51.8%，小于0.005mm的粘粒含量也达12.22%，以细粒泥沙为主，泥质较重。由于小江的泥石流沟多，大量来沙必然影响小江下游河段的床沙，一般粒径小于60mm，D_{50}为7.5mm，床沙中粒径小于2mm的百分含量达25.9%。由于床沙颗粒中含泥质重，呈现宽级配，反映该河段大量泥沙主要来自泥石流的特征。

③横江河口段的床沙粒径组成：据河口段小岸碛床沙资料，D_{max} > 200mm，D_{50}为22.5mm，小于2mm的泥沙含量仅7.01%，与小江相对比，因横江泥石流沟较少，床沙组成中泥砂分选较好，一般床沙较粗，含细颗粒的泥沙相对较少，反映了水力侵蚀产沙为主的特征。

二、川江宜宾—奉节河段的床沙组成

(一)川江干流河段的床沙组成

1.川江河段河床的平面组成特征

(1)河床的岸滩组成

川江河段横亘于四川盆地的东南部，从盆地外围入汇的干支流除金沙江、岷江、沱江、嘉陵江和乌江等外，较大支流还有赤水河及綦江等，其水沙丰沛，物源充足，为川江河段洲滩的发育提供了丰富的物质基础；另从地貌环境看，因周边河流进入盆地后，河谷展宽，比降减缓，从而又为大量卵石等泥沙落淤堆积提供了良好环境。由于该区在构造上受NNE向新华夏构造体系的华蓥山帚状构造影响，盆地内形成一系列梳状褶皱的平行岭谷，从东北向西南延伸横江而过，再加新构造运动的间歇性拱形抬升，引起河谷断续下切等，因此川江形成深切河曲，河床宽窄相间，卵石洲滩和基岩碛坝广布，以坡积体较多为显著特点；而地处盆地边缘的川东万县下游河段，随山地增高，河谷切深增大，宽度变窄，洲滩稀少，碛坝增多，溪口冲积扇等广泛发育。现以四川盆地腹地的宜宾——重庆河段为例说明（表 8-1-7）：河段长 384.0km，河床面积 335.31km^2，枯水面上岸滩面积 167.68km^2，约占河床总面积的 50%，其中砂卵石洲滩，占岸滩面积的 65.68%，次为坡积体和碛坝基岩等，分别占 24.99% 与 9.33%。分段面积亦均以砂卵石洲滩为主，其中尤以泸州上游河段所占比例 69.69% 为大；按基岩和坡积体分类面积比例，以泸州至朱杨溪河段为大，分别占该分段岸滩面积的 14.15% 与 27.54%。

表 8-1-7　　川江宜宾—重庆及支流嘉陵江下游河段岸滩组成统计表

河名	河段	河段长度(km)	岸滩面积(km^2)	岸滩分类面积组成(%)			资料来源
				基岩	坡积体	砂卵石洲滩	
长江(川江段)	宜宾－泸州	129.0	52.56	3.67	26.64	69.69	水利部长江委水文局，1997 年
	泸州－朱杨溪	120.0	49.31	14.15	27.54	58.31	
	朱杨溪－重庆	135.0	65.81	10.25	21.77	67.98	
	宜宾－重庆	384.0	167.68	9.33	24.99	65.68	
嘉陵江(下游段)	渠江口－鹅公堡	27.5	7.47	13.06		86.94	水利部长江委荆江河床实验站，1993 年
	鹅公堡－磁器口	62.0	12.46	34.59		65.41	
	磁器口－重　庆	14.5	3.66	18.31		81.69	
	渠江口－重　庆	104.0	23.59	25.25		74.75	

（2）河床洲滩的床沙组成

长江委水文局的荆江水文水资源勘测局，于 1992 年、1993 年、1997 年和 2003 年等先后 4 次进行过川江宜宾—奉节段的分段坑测，现选取部分具有代表性的洲滩表层床沙级配列表于 8-1-8。从表中见及，因滩面卵石受到水流冲刷普遍发生粗化，表层粒径一般较粗，其中宜宾—重庆河段一般卵石粒径在 50mm 以上，100mm 以上粒径的卵石百分含量多在 50% 以上，个别洲滩如宜宾—泸州河段的杨柳碛和小过兵碛及朱杨溪河段的秤杆碛和母猪碛等分别高达 80.90%、75.40%、77.10% 和 89.60% 等；10mm 以下粒径很少，2mm 以下床沙稀少或缺失。洲滩床沙 D_{max} 一般达 150mm 以上，部分大于 200mm。如 1997 年坑测资料表明，在重庆上游的宜宾—泸州，泸州—朱杨溪，朱杨溪—重庆 3 个分段的 D_{max} 分别为 283mm，241mm 和 209mm。重庆—奉节河段，洲滩主要分布于重庆—万县河段，巴阳峡下游河段除侧流冲积扇（锥）外，冲积洲滩少见，基本缺失。该段冲积洲滩床沙粒径组成，重庆—丰都河段与重庆上游河段基本类同，无显著变化，丰都下游河段滩面表层床沙粒径一般逐渐变小，以忠县兔子碛的下游河段最为显著，一般洲滩床沙 D_{max} 与 D_{50} 多分别在 150mm 与 100mm 以下，总趋势呈现向下游变细。但局部河段洲滩因受侧流冲沟、阶地或古河床的冲刷等影响，部分滩面或活动层出现粗大漂石等，如重庆下游 36km 的木洞滥巴碛 D_{max} 为 210mm，103km 蔺市牛屎碛的红砂岩漂石达 200～500mm，202km 的兰竹坝为 233mm，280km 的毛肚碛为 380mm，416km 的龙洞滩达 351mm 等。

表 8-1-8　川江宜宾—奉节河段典型洲滩表层床沙级配表　（粒径单位：mm）

河段名称	洲滩名称	床沙分组含量（%）											特征值		资料来源
		300～250	250～200	200～150	150～100	100～75	75～50	50～25	25～10	10～5	5～2	<2	D_{max}	D_{50}	
宜宾—泸洲	杨柳碛		16.80	45.20	18.90	8.80	4.30	2.80	1.70	1.50			249.00	168.00	水利部长江委水文局①，1997 年
	小过兵碛	24.30	14.20	20.30	16.60	9.50	10.40	4.70					260.00	174.00	
泸州—朱杨溪	金钟碛			13.20	30.60	26.70	18.30	10.20	1.00				165.00	95.00	
	立人碛			15.00	38.90	25.20	16.70	4.20					190.00	104.00	
	秤杆碛	2.00	29.70	21.60	23.80	9.00	8.00	5.90					270.00	160.00	
朱杨溪—重庆	母猪碛		20.30	52.80	16.50	2.70	3.40	4.00	0.30				220.00	171.00	
	大中坝			38.30	27.30	15.20	11.80	0.80	6.60				180.00	127.00	
	九堆子			19.40	43.40	21.00	13.00	3.20					195.00	114.00	
	珊瑚坝			4.50	29.80	29.40	28.60	7.20	0.20	0.30			185.00	86.00	长江委荆江河床实验站②，1993 年
重庆—丰都	蛮子碛			14.20	47.10	18.40	9.90	8.30	1.40	0.30	0.40		184.00	112.00	
	上洛碛				37.70	39.60	14.40	3.20	5.10				131.00	95.90	长江委水文局③，2003 年
	上丝瓜碛			4.10	61.30	12.70	15.10	5.60	1.20				161.00	122.10	
	凤尾坝			21.70	35.20	24.30	13.00	4.80	1.00				162.00	109.10	
丰都—万县	兰竹坝			16.0	54.2	15.9	8.3	5.0	0.6				179.0	121.8	长江水利委员会荆江水文水资源勘测局④，2003 年
	石宝寨关刀碛				11.0	23.8	46.4	15.9	2.9				129.0	65.6	
	万县河段关刀碛				20.2	26.2	30.1	20.0	3.5				148.0	71.8	
万县—奉节	望鱼碛				37.7	28.8	18.7	11.9	2.9				130.0	90.8	

（3）河床水下的床沙组成

以长江委水文局2003 年重庆—奉节河段部分河床水下断面的床沙资料为例（表 8-1-9），重庆—丰都河段床沙粒径一般在 50mm 以上，其中 100mm 以上粒径较多，D_{max} 大于200mm；丰都—万县河段床沙多以 25mm 以上粒径为主，大于 100mm 含量减少；万县—奉节河段床沙一般以 10mm 以上为主，大于 100mm 粒径较少，并有个别断面如安坪河段的红沙溪以小于 2mm 砂土粒为主，百分含量高达 64.0%，断面 D_{50} 仅 0.33mm。总的断面 D_{50} 从上向下游呈现变小趋势，但局部河段粗细悬殊，变幅增大。

①张美德，刘庚临，龚兴，等. 长江上游宜宾—重庆河段床沙勘测调查报告. 长江委水文局，1997 年.

②张美德，周凤琴. 长江三峡库尾上游河段河床组成勘测调查分析报告. 长江委荆江河床实验站，1993 年.

③龚兴，李振林，高志斌. 合川—重庆—丰都河段，河床组成勘测调查分析报告. 长江委水文局，2003 年.

④龚兴，高志斌. 三峡库区丰都—奉节河段河床组成勘测调查分析报告. 长江委荆江水文水资源勘测局，2003 年.

表 8-1-9　　川江重庆—奉节河段河床水下典型断面床沙平均级配表　　(单位:mm)

河段	取样断面编号	断面地址与距重庆里程(km)	床沙分组含量(%)											特征值		资料来源
			300~250	250~200	200~150	150~100	100~75	75~50	50~25	25~10	10~5	5~2	<2	D_{max}	D_{50}	
重庆—丰都河段	长2	重庆朝天门(0.0)		12.0	39.3	26.1	8.8	5.6	4.3	2.4	0.6	0.1	0.8	216.0	151.0	长江委水文局长江上游水文水资源勘测局,2003年
	长4	寸滩(7.5)	7.0	4.8	17.3	26.7	14.5	11.8	8.6	5.1	1.8	0.6	1.8	281.0	108.0	
	长19	上洛碛(56.0)			9.9	25.6	27.3	20.0	10.5	3.5	0.4	0.2	2.6	173.0	86.0	
	长35	茶壶碛(97.8)			26.3	29.4	16.5	13.8	9.6	3.2	0.5	0.1	0.6	192.0	109.0	
	长46	上丝瓜碛(146.2)			2.7	23.3	18.0	18.7	8.7	2.7	0.4	0.4	25.1	176.0	66.0	
	长52	丰都凤尾坝(178.7)		18.0	31.7	18.3	12.7	8.1	5.0	2.3	1.1	0.0	2.8	220.0	150.0	
丰都—万县河段	长70	马粪碛(230.0)		4.2	20.4	26.6	10.9	10.0	9.4	5.5	4.8	1.7	6.5	211.0	102.0	
	长90	瀼渡(299.0)				5.1	3.1	16.5	19.2	10.0	2.3	0.6	43.2	150.0	14.0	
	长100	万县晒网坝(334.0)			1.3	27.3	21.7	20.0	8.8	4.3	1.9	0.7	14.0	167.0	75.0	
万县—奉节河段	长110	新云阳打鱼碛(下)(369.0)			3.3	20.0	13.1	26.5	21.7	9.2	1.8	0.4	4.0	176.0	54.5	
	长120	安坪红沙溪(423.0)						27.7	0.0	1.5	5.3	1.5	64.0	53.0	0.33	
	长130	奉节(452.0)			11.4	14.9	9.7	18.6	19.1	12.7	4.6	2.0	7.0	200.0	56.0	

小于2mm细组粒径的分布:丰都—奉节272km河段中的80个河床水下断面的平均级配组成表明:粒径小于2mm的床沙百分含量一般小于10%,且以小于5%居多,另亦有少部分含量达30%以上,个别高达50%以上,多分布于万县下游的山地深丘河段中。该河段床沙组成一般以0.50~0.10mm的中细砂为主,其中尤以0.25~0.10mm细砂居多,并含小于0.0625mm的泥粉质,一般小于1.0%,但个别较大,如龙骨梁的峡间宽段内,河床断面平均级配的百分含量达20.1%,其中局部河床高达27.9%等。

2. 河床床沙的中值粒径(D_{50})分布

(1)河床的纵向沿程分布

①河床洲滩床沙的纵向沿程分布:按滩面下1.00m深度内的活动层分述于下:

洲滩表层(0.1m以上)床沙的D_{50}分布:据长江委荆江水文水资源勘测局于1993年、1997年和2003年分段洲滩的坑测资料显示(表8-1-10及图8-1-2),纵向沿程D_{50}一般达100mm以上,且大小多变,但图中曲线的变化趋势仍从上向下游变小。分段床沙D_{50}平均值,宜宾—泸州河段为174.14mm,泸州—朱杨溪河段为132.83mm,朱杨溪—重庆河段为115.07mm,重庆—丰都河段为106.79mm,丰都—万县河段为93.43mm,万县—奉节河段为79.35mm,分段平均D_{50}亦向下游规律变小。另据川江沿程D_{50}曲线的轴线斜率计算,宜宾—重庆河段384km,1993年平均变率为0.13mm/km,2003年为0.18mm/km;重庆—奉节河段452km,平均变率为0.19mm/km。其中:重庆—丰都段接近0,丰都—奉节段为0.22mm/km。宜宾—奉节河段总平均变化速率为0.185mm/km,沿程虽有分段变化,但轴线斜率变化总趋势向下游呈现增大,按时程亦有早期向晚期增大显示。以上从时空上都反映丰都下游河段床沙细化呈加快趋势。

表 8-1-10　　川江宜宾—奉节河段主要洲滩活动层床沙 D_{50} 分层统计表　　（粒径单位：mm）

河段 / 洲滩名称 / 床沙分层	宜宾—泸州河段							泸州—朱杨溪河段						朱杨溪—重庆河段				
	杨柳碛	鹭丝碛	油榨碛	古贤坝	小过兵碛	野猪坝	水中坝	金中坝	芙蓉坝	梭子碛	关刀碛	称杆碛	温中坝	母猪碛	甄柄碛	柯家碛	大中坝	称杆碛
1. 表层(0~0.1)m	168.0	195.0	175.0	167.0	174.0	185.0	155.0	95.0	160.0	150.0	96.0	160.0	136.0	171.0	91.9	122.0	120.0	89.6
2. (0.1~0.2)m	29.0	42.0	46.5	77.0	80.0	56.2	60.0	52.0	54.8	73.5	57.0	65.0	106.0	45.5	60.7	74.0	57.0	59.4
3. (0.2~0.5)m	48.0	50.2	41.5	95.0	57.0	60.0	95.0	51.0	61.4	96.0	46.0	147.0	111.0	35.8	72.0	72.0	61.4	51.4
4. (0.5~1.0)m	67.0	51.8	39.5	103.0	87.8	45.5	83.0	59.0	79.2	98.4	40.0	96.0	112.0	47.0	77.2	82.2	63.8	80.0
2、3、4 层平均值	56.44	50.18	40.94	97.44	76.67	51.78	84.44	55.56	70.56	94.89	43.89	109.56	111.00	43.11	73.67	77.89	62.22	68.22
粗化系数(*k*)	3.0	3.9	4.3	1.7	2.3	3.6	1.8	1.7	2.3	1.6	2.2	1.5	1.2	4.0	1.2	1.6	1.9	1.3

河段 / 洲滩名称 / 床沙分层	朱杨溪—重庆		重庆—丰都										丰都—万县				万县—奉节	
	九堆子	珊瑚坝	蛮子碛	飞蛾碛	滥巴碛	上洛碛	中档坝	码头碛	金川碛	乌江口边滩	上丝瓜碛	凤尾坝	兰竹坝	兔子坝	石宝塞关刀碛	万县关刀碛	红沙碛	望角碛
1. 表层(0~0.10)m	114.0	97.0	91.7	69.8	97.2	91.8	129.0	142.7	164.3	47.9	122.10	111.4	121.8	114.5	65.6	71.8	71.9	86.8
2. (0.10~0.2)m	92.0	82.0	35.2	61.6	112.0	72.7	73.5	98.8	76.3	13.9	59.2	62.8	72.3	99.7	58.0	66.8	39.9	48.6
3. (0.2~0.5)m	/	82.0	51.8	44.5	47.6	67.9	79.3	108.2	118.8	/	51.6	73.8	80.9	83.1	54.1	43.0	44.0	39.7
4. (0.5~1.0)m	/	/	36.9	45.4	97.4	81.1	82.8	67.0	82.6	/	61.6	78.5	44.6	81.3	48.3	50.9	17.6	44.4
2、3、4 层平均值	92.0	82.0	41.68	53.53	82.42	75.77	80.60	84.27	93.97	13.9	58.00	75.19	60.0	84.0	51.3	50.1	28.9	43.3
粗化系数(k)	1.2	1.2	2.2	1.3	1.2	1.2	1.6	1.7	1.7	3.4	2.1	1.4	2.0	1.4	1.3	1.4	2.5	2.0

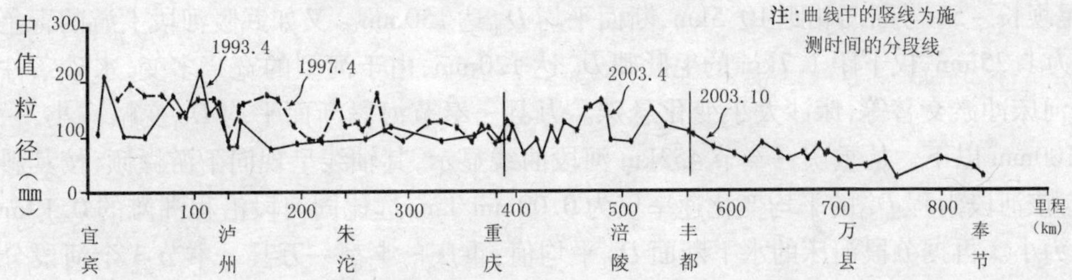

图 8-1-2 川江宜宾—奉节河段沿程洲滩床沙 D_{50} 曲线图

洲滩顶部活动层（0.00～1.00m）床沙的平均 D_{50} 的分布：根据表 8-1-11 显示：在宜宾—重庆河段中，宜宾—泸州—朱杨溪—重庆等 3 分段平均 D_{50}，1993 年分别为 141.4mm、91.0mm 和 99.4mm；1997 年分别为 166.7mm、136.4mm 和 122.1mm，除朱杨溪—重庆分段于 1993 年略大外，一般仍从上向下游变小。在重庆—奉节河段中，2003 年实测资料表明，重庆—长寿—丰都—万县—奉节等 4 个分段中，平均 D_{50} 分别为 100.2mm、126.3mm、72.5mm、43.2mm，除长寿—丰都分段偏大外，总趋势亦呈现向下游变小。

表 8-1-11 川江宜宾—奉节河段分段活动层床沙 D_{max}、D_{50} 年际统计表

序号	河段	河段长度（km）	1993 年		1997 年		2003 年		资料来源
			D_{max}	D_{50}	D_{max}	D_{50}	D_{max}	D_{50}	
1	宜宾—泸州	131.0	209.6	141.4	251.1	166.7			长江水利委员会水文局荆江水文水资源勘测局，1993、1997、2003 年
2	泸州—朱杨溪	118.0	174.5	91.0	232.1	136.4			
3	朱杨溪—重庆	135.0	193.6	99.4	200.7	122.1			
4	重庆—长寿	77.0					170.7	100.2	
5	长寿—丰都	101.5					185.9	126.3	
6	丰都—万县	149.5					233.0	72.5	
7	万县—奉节	124.0					208.0	43.2	

综合上述，川江河段洲滩 D_{50} 的沿程分布，虽在空间上表现为大小多变，但全河段总体趋势为自上向下游呈现由大变小。在时段上存在年际变化，从表 8-1-11 见及，宜宾—泸州—朱杨溪—重庆等 3 个河段 1997 年与 1993 年的分段平均 D_{50} 比较，分别为 166.7mm 和 141.4mm、136.4mm 与 91.0mm、122.1mm 及 99.4mm，即 1997 年的 D_{50} 均比 1993 年为大；与此相对应的河段 D_{max} 比较，1997 年与 1993 年分别为 251.1mm 和 209.6mm、232.1mm与 174.5mm、200.7mm 及 193.6mm，仍以 1997 年的 D_{max} 为大。产生原因除河床边界与水沙条件等自然因素外，主要与人为因素有关。由于自 20 世纪 90 年代从河床大量开采砂石骨料，且规模逐年增大，去粗取细的结果，造成床沙的粗化，在靠近沿江城市河段更为明显，如在重庆下游河段洛碛等处因大量人工开采筛选砂石致使滩面降低，床沙变粗。

②水下河床床沙的纵向沿程分布：据 2003 年重庆—奉节河段河床断面平均 D_{50} 曲线图 8-1-3 见及，纵向沿程呈锯齿状分布，断面平均 D_{50} 大小悬殊。其中：重庆—万县段变幅

达 100mm 以上，如丰都上首螃蟹沱的长 -51 号断面，平均 D_{50} 仅 0.205mm，而丰都下首的风尾坝长 -52 号断面相距 10.5km，断面平均 D_{50} 达 150mm。又如武陵河段上游的青鱼碛 D_{50} 为 1.25mm，仅下距 1.7km 的毛肚碛 D_{50} 达 120mm，由于河型的宽窄多变，水砂条件不同，河床冲淤交替等，床沙大小变化悬殊。万县—奉节河段断面平均 D_{50} 变幅减小，一般在 100mm 以下。从重庆—奉节 452km 河段曲线显示，其轴线呈现向下游微倾，按其斜率求得该河段沿程 D_{50} 的平均变化速率仅为 0.09mm/km，远比同河段沿程洲滩的 0.19mm/km 为小。再据分段河床的水下断面 D_{50} 平均值：重庆—丰都—万县—奉节 3 个河段分别为 77.68mm、74.13mm 和 56.04mm，沿程 D_{50} 向下游变小缓慢，仅在万县下游河段相对有所加快。综合上述，从断面 D_{50} 曲线和分河段的平均值显示：河床水下断面 D_{50} 以变幅大，分段平均值沿程变化速率较小为基本特点。其中主泓道的床沙 D_{50} 变幅尤大，如丰都—奉节河段曲线图 8-1-3 显示，普遍大于洲滩床沙的 D_{50} 变幅，其中如奉节上游的马家滩断面中主泓道床沙的 D_{50} 达 260mm，而附近河段部分断面的主泓道因枯水期回淤，D_{50} < 1mm 等。

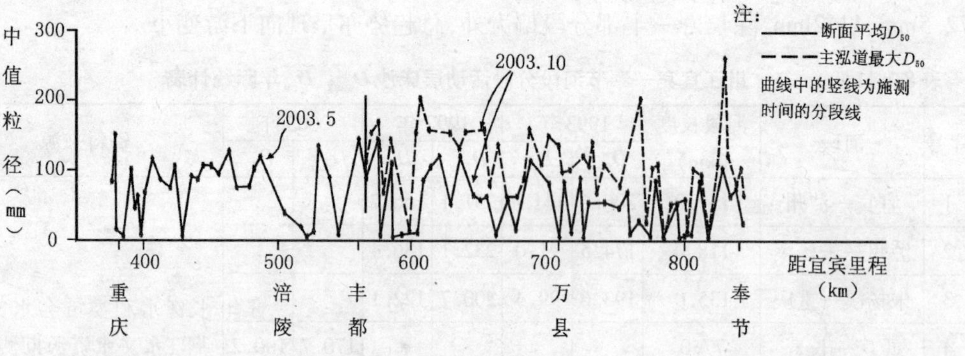

图 8-1-3 川江重庆—奉节河段沿程水下断面的床沙平均 D_{50} 及丰都—奉节河段断面床沙最大 D_{50} 曲线图

(2)河床的横断面分布

①河床洲滩床沙的横断面分布：河床及洲滩床沙的粗细分布在长江上游的川江河段主要取决于既定河床形态下的水流条件。一般河床边滩床沙沿主流动力轴线相对较粗，近主流线变细，滨河岸部分较细；江心洲滩中的床沙，一般边滩靠枯水河床部分相对较粗，滩中变细，滩根较细，实例见表 8-1-12。如重庆寸滩测流断面上的洲滩床沙，从 1991 年 4 月和 2003 年 4 月两次坑测资料可见，横断面上的滩唇、滩中和滩根等 3 个测坑 D_{50} 分别为 49.8mm、46.4mm 和 39.0mm 与 65.8mm、53.8mm 和 43.0mm，虽然年际间滩面床沙都有粗细变化，但均由靠近枯水边的滩面向滩根规律变细，一般 D_{max} 的分布亦同。在重庆—丰都河段中，如长寿的码头碛，蔺市河段的牛屎碛，珍溪河段的丝瓜碛等边滩床沙都较典型。江心洲滩床沙则另具特征，因洲滩在中洪水期分流，河道分汊，洲滩左右两侧各有边滩发育，靠滩唇部分床沙相对较粗，且在主、支汊边滩中，主汊粗于支汊，而靠中部滩顶水流变缓，一般床沙往往变细，如长寿河段忠水碛主、支汊的滩唇 D_{50} 分别为 94.0mm 与 92.0mm，滩中变细为 73.0mm，但对应的 D_{max} 则不尽然，分别为 163.0mm 与 141.0mm，而滩中达 205.0mm，这种滩中 D_{max} 反粗现象如反水碛也相类似，产生原因多由于河床主流线的摆动，滩面受到冲淤交替多变，残留个别粗大颗粒所致，往往多在低矮的心滩或洲

头等受冲部位容易见及，但随心滩的淤积抬高，阻水作用增强，水流变缓，一般床沙将进一步变细，D_{max}相应变小。

②水下河床床沙的横断面分布：由于重庆下游川东河段山势渐高，由中浅丘陵渐转为深丘及低山山地，再加受华蓥山等系列NE向平行岭谷影响增强，河谷宽窄相间，大宽段与峡谷及窄段并存，且河道多弯，河床断面形态多变，因此床沙组成直接受河型控制亦具多种类型，而且在时间上也受年内洪枯水位的季节影响，滩槽冲淤时段交错，床沙组成呈季节性的周期变化。该河段2003年3—4月施测的枯水河床床沙成果D_{50}见表8-1-13，其分布特征于下。

表8－1－12　　川江重庆—丰都及支流嘉陵江合川－重庆河段洲滩横断面表层床D_{50}、D_{max}分布实例表

河段	洲滩名称	洲滩类型	滩唇		滩中		边滩滩根及支汊滩唇		资料来源
			D_{max}	D_{50}	D_{max}	D_{50}	D_{max}	D_{50}	
重庆—丰都(风坝)	寸滩	边滩	184..0	65.8	167.0	53.8	108.0	43.0	水利部长江水利委员会水文局，2003年4月
	码头碛	边滩	166.0	136.0	205.0	96.0	172.0	73.0	
	牛屎碛	边滩	172.0	144.0	194.0	94.0	173.0	93.0	
	上丝瓜碛	边滩	146.0	134.0	161.0	122.0	120.0	93.0	
	中丝瓜碛	边滩	198.0	69.0	179.0	59.0	168.0	58.0	
	忠水碛	心滩	163.0	94.0	205.0	73.0	141.0	92.0	
	反水碛	心滩	185.0	71.0	220.0	55.0	152.0	68.0	
嘉陵江	黄家滩	边滩	91.0	40.0	212.0	23.0	83.0	19.0	

一般中宽段床沙的D_{50}分布：因主泓趋中，床沙D_{50}在断面上的分布往往沿深泓一线较粗，向两岸变细，如重庆朝天门的长2断面，从江左至右6线D_{50}分别为80.0mm、152.0mm、162.0mm、152.0mm、148.0mm和151.0mm等，以断面线上中泓的3号样粒径为大。

宽段床沙的D_{50}分布：由于河床的宽度增大，水沙条件产生分异，同一断面上出现1～2个D_{50}的相对大值点，如福平坝的长11断面和下洛碛的长21断面等。

特宽段床沙的D_{50}分布：因河床特宽，过水断面大，水流分散，主流分汊，在河床断面上出现两个以上D_{50}的大值点，如兰竹坝长61断面的7个测点中出现130.0mm、140.0mm和120.0mm等3个相对大值点。

狭窄及峡谷段床沙的D_{50}分布：狭窄河段，河床窄深，枯水期深槽内床面细粒泥沙回淤，床沙变细，$D_{50}<1.0$mm，如清溪的长42断面等。峡谷河段：河床窄，枯水期仍有一定流量过流时，床沙较粗，如巴阳峡的长106断面D_{50}为65.0mm等。

弯道段床沙的D_{50}分布：因河道弯曲，凹岸主泓床沙较粗，凸岸边滩发展，离主泓渐远变细，以长寿的长27断面为典型。大型弯曲河床，如重庆寸滩河弯长4断面的10线D_{50}表明，因洪水期主流线摆动，亦出现两个大值。

表 8-1-13 川江重庆—奉节河段河床水下典型横断面床沙 D_{50} 表

河型		断面编号	河段与上距重庆里程(km)	河床横断面取样点床沙 D_{50}(mm)											备注
				1号	2号	3号	4号	5号	6号	7号	8号	9号	10号	断面平均	
河床宽段	一般宽段	长-2	重庆朝天门 (0)	80.0	152.0	162.0	152.0	148.0	151.0					151.0	微弯河段
		长-35	茶壶碛 (97.8)	70.0	152.0	141.0	102.0	98.0						109.0	顺直河段
		长-71	马粪碛 (234.0)	125.0	102.0	151.0	153.0	125.0	114.0					125.0	
	宽段	长-11	福平坝 (23.0)	75.0	117.0	142.0	140.0	126.0	113.0	77.0				111.0	
		长-21	下洛碛 (59.2)	87.0	15.8	190.0	145.0	118.0	99.0	130.0	68.0			94.0	
	特宽段	长-46	上丝瓜碛 (147.2)	76.0	79.0	0.208	0.155	105.0	95.0	51.0				66.0	
		长-61	兰竹坝 (201.9)	130.0	108.0	140.0	130.0	94.5	76.0	120.0				110.0	
		长-74	兔子坝 (247.1)	110.0	88.5	66.0	64.5	75.0	101.0					88.0	
河床狭窄段	窄段	长-42	清溪场 (136.0)	0.183	0.230	0.104	0.169	0.170						0.172	
		长-64	羊渡溪 (213.8)	0.172	0.290	0.150	0.160	0.162						0.188	
	峡谷段	长-106	巴阳峡 (305.3)	65.0										65.0	
		长-115	云阳 (394.0)	101.0	75.0									80.5	
变曲河段	小弯段	长-27	长寿 (77.1)	182.0	169.0	152.0	114.0	104.0						129.0	
	大弯段	长-4	寸滩 (7.5)	25.5	158.0	200.0	91.0	84.5	87.5	59.0	122.0	86.5	69.0	108.0	
特殊河段	峡口上游宽段	长-8	唐家沱 (13.5)	0.121	28.0	0.111	0.138	0.153	0.178	0.145	0.145			0.157	重庆铜罗峡上口回水沱，
	峡间宽段	长-51	朱家咀 (168.2)	0.178	58.0	0.135	0.140							0.205	峡间短宽段
	冲积扇特宽段	长-130	奉节臭盐碛 (452.8)	77.0	38.5	55.5	59.0	51.5						56.0	巫峡上口特大冲积扇
	峡间对口滩	长-125	马湖滩 (444.2)	97.0	148.0	260.0								103.0	大对口滩河段
	峡间对口滩	长-124	安坪 (433.8)	基岩	基岩	基岩									峡间对口滩

特殊河段床沙的 D_{50} 分布：峡口和峡间宽段的回水沱，枯水期细粒泥沙回淤变细，如重庆唐家沱长 8 和朱家咀长 51 等断面，除主泓过流段较粗外，其余多为 $D_{50}<1.0$mm 的细粒泥沙。在万县下游河段，因沟谷发育，多沟口冲积扇（锥）等分布，在河床宽段，床沙变幅减小，如奉节臭盐碛河段床沙在大断面上的分异小，颗粒相对均匀。在对口滩河段，河床较为狭窄，再加两岸溪口滩外伸堵江，水流湍急，并有溪沟漂石加入，形成床沙粗粒层，如马湖滩的长 125 断面等。有的溪口滩河段枯季形成急流，河床床沙全被冲光，使床底基岩出露，如安坪河段的长 124 断面等。

(3)河床的沿直深度分布

①洲滩粗组（$D>10$mm）床沙的沿直深度分布。

1)洲滩顶部活动层的床沙 D_{50} 分布：从川江宜宾—奉节河段主要洲滩床沙 D_{50} 统计（表 8-1-14），滩面表层较粗，以下相对变细，在宜宾—泸州—朱杨溪—重庆—丰都—万县—奉节等 6 个分河段中，分段床沙粗化系数（K）分别为 2.66、1.64、1.61、1.73、1.52 和 1.83 等，都达 1.50 以上，其中宜宾—泸州段高达 2.66；单个洲滩粗化系数最大值为南溪下游河段的油榨碛，高达 4.3，最小值如重庆河段的珊瑚坝和洛碛河段的上洛碛边滩等仅为 1.2。可见川江宜宾—奉节的卵石河床中，洲滩床沙已普遍发生粗化，并且受到河型、来水来沙条件等的影响，亦存在分河段的差异和个别洲滩粗化度的大小悬殊，总体从上向下游波动增大，大小趋势不明显。

表 8-1-14　川江宜宾—奉节河段河床分段床沙活动层平均 D_{50} 及粗化系数表

床沙分层	河床分段 D_{50}(mm)						备注
	宜宾—泸州河段	泸州—朱杨溪河段	朱杨溪—重庆河段	重庆—丰都河段	丰都—万县河段	万县—奉节河段	
表层	174.14	132.83	115.07	106.79	93.43	79.35	
活动层(0.10~1.00m)	65.41	80.91	71.30	61.80	61.35	43.33	
粗化系数	2.66	1.64	1.61	1.73	1.52	1.83	

2)洲滩沿直深度的床沙 D_{50} 分布：据河床洲滩钻孔资料揭露，床沙堆积厚度及 D_{50} 分布于下（表 8-1-15）①②。

宜宾—重庆河段：一般床沙堆积厚度小于 20m，以 10~20m 居多，个别洲滩较为深厚，如赵中坝洲尾厚达 27.0m，温中坝 28.75m 尚未穿透覆盖层，但有碛坝分布的地段一般较浅，如合江县赤水河口上游的罗家碛厚度仅 5.80m 就见泥岩基底。该河段的床沙组成，一般以中粗卵石层为主，内夹砂层稀少，仅在部分洲尾地段有所分布。床沙 D_{50}，一般小于 100mm，以 100~50mm 较多，其中尤以 75~50mm 粒径的卵石为最多；50~20mm 粒径为次；大于 100mm 及小于 20mm 的粗卵石与砾石等均较稀少。但个别河段卵石层较粗，如温中坝 7.80~9.60m 为含漂石的粗卵石层，粒径较为粗大，最大漂石 a、b、c 三径达

①孙舒拉，高志斌．长江三峡库尾上游洲滩钻探地质报告．长江委荆江水文水资源勘测局，1998 年．
②孙舒拉，季福全．长江三峡库区河床组成勘探与调查报告．长江委水文局，2003 年．

202mm、200mm、110mm，该层床沙 D_{50} 亦达 160mm。

重庆—丰都河段：由于河段沿程受区域地质地貌等因素影响，碛坝广泛分布，因此床沙覆盖层厚度一般较浅。按成因类型：一般含碛坝的洲滩，床沙厚度普遍较薄，多小于 8.0m，局部地段小于 5.0m，如寸滩河段的蛮子碛仅 1.90～4.10m，母猪碛 4.10m，反水碛地仅 3.80m 等；不含碛坝的洲滩相对增厚，一般为 8～12m，如铜田坝为 8.00m，码头碛 9.10m，下洛碛 11.40m，凤尾坝 10.60m 等；含老河床深泓（槽）的洲滩厚度相对较大，一般达 12m 以上，部分超过 15m，如寸滩河段鳌鱼碛厚达 18.20m，长叶碛大于18.10m，上洛碛为 18.90m，金川碛 16.65m 等，但都在 20m 以内。卵石粒径：一般为中粗卵石层，含砂夹层密度庆上游河段增多。床沙 D_{50} 一般＜100mm，以 100～15mm 为多，大于 100mm 者稀少，150mm 以上仅个别见及，如上洛碛 180mm，木鱼碛 155mm 等；床沙 D_{max}，一般小于 150mm，个别达 200mm 以上，其中以上洛碛和反水碛洲滩上部的漂石粒径为大，D_{max} 分别达 225mm 与 220mm 等。

表 8-1-15　川江宜宾—丰都河段沿直深度床沙 D_{50} 统计表

河段	洲滩名称及钻孔编号	床沙厚度(m)	钻孔取样段深度范围(m) 床沙 D_{50}(mm)							
宜宾—泸州	瞌睡坝 CS－6	15.15	1.10～3.00 48.0	3.00～10.00 61.0	10.00～15.15 25.2					
宜宾—泸州	野猪碛 CS－9	＞14.80	0.00～2.20 120.00	2.20～5.20 44.00	5.20～9.70 58.00	9.70～14.80 18.00				
泸州—朱杨溪	关刀碛 CS－11	18.40	0.00～9.00 37.00	9.00～14.00 32.00	14.00～18.40 68.00					
泸州—朱杨溪	大中坝 CS－12	＞24.60	0.00～0.25 0.075	3.30 0.13	4.70 0.13	7.30～9.00 0.09	17.00～20.50 60.00	20.50～23.50 76.00		
泸州—朱杨溪	温中坝 CS－15	28.75	1.10～4.00 60.00	5.90～7.80 70.00	7.80～9.60 160.00	9.60～13.70 69.00	13.70～18.00 68.00	18.00～19.70 89.00	19.70～21.90 86.00	21.90～28.25 36.00
朱杨溪—重庆	小南海大中坝 CS－19	17.60	0.00～9.10 66.00	9.10～12.70 85.00	12.70～17.60 62.00					
朱杨溪—重庆	珊瑚坝 CK－1	9.60	0.00～1.80 60.00	1.80～3.90 82.00	3.90～4.30 0.19	4.30～7.80 100	7.80～9.60 0.22			
重庆—长寿	母猪碛 CK－5	5.00	0.00～1.20 86.00	1.20～2.80 14.50	2.80～4.80 147.00					
重庆—长寿	上洛碛 CK－16	10.50	0.00～4.80 180.00	4.80～7.70 0.18	7.70～10.50 96.00					

续表

河段	洲滩名称及钻孔编号	床沙厚度(m)	钻孔取样段深度范围(m) 床沙 D_{50}(mm)							
长寿—丰都	金川碛 CK-25	16.65	0.00~ 4.50 93.00	4.50~ 17.65 38.00						
	丝瓜碛(中) CK-34	6.30	0.00~ 3.90 54.00	3.90~ 6.30 90.00						
	凤尾坝 CK-36	10.60	0.00~ 2.20 58.00	2.20~ 5.60 41.50	5.60~ 7.80 78.00	7.80~ 10.60 68.00				

综合上述:河段洲滩粗组床沙 D_{50} 沿直深度的变化特征主要有二:其一,表层普遍粗化,卵石粒径相对较为粗大;其二,深部卵石 D_{50} 大小多变,一般无明显向深部增大或变小的规律性分布,虽部分洲滩表现有向深处变细的趋势,但常因局部夹有粗粒而使规律性减弱。

②洲滩细组(D<10mm)床沙的沿直深度分布。

1)洲滩顶部活动层的床沙 D_{50} 分布:系指洲滩床砂中,粒径小于10mm的砂砾石床沙分布,基本特征于下。

宜宾—重庆河段:床沙粒径以小于2mm粒径组为例。据1993年和1997年的两次洲滩床沙实测资料表明:在宜宾—泸州、泸州—朱沱、朱沱—重庆等3个分河段的卵石层中,小于2mm的砂粒平均含量,1993年分别为8.43%、9.80%、7.60%,1997年分别为12.57%、15.98%、14.38%,范围值为15.98%~7.60%,一般在10%左右,在年度内沿程百分含量变化相对较小;但在年际变化中,1993年3个河段平均百分含量均小于10%,而1997年含量均增大到12%以上,普遍增大。关于床沙 D_{50} 的分段平均值:1993年分别为0.26mm、0.21mm、0.17mm;1997年分别为0.23mm、0.22mm和0.18mm,其年际变化相对稳定,且沿程变化均从上向下游稳定减小。

重庆—丰都河段:据2003年洲滩活动层坑测资料显示,床沙小于5mm粒径组的分段平均百分含量,重庆—长寿河段为16.84%,长寿—丰都河段为17.45%,略有增长。小于2mm的床沙含量:长寿上下游河段内分层范围值分别为100%~3.3%与100%~2.2%,均大小悬殊,但河段平均含量分别为22.0%与24.6%,亦呈现向下游增大趋势。两河段 D_{50} 范围值分别为0.57~0.11mm与0.74~0.12mm,均呈现大小悬殊,D_{50} 平均值分别为0.20mm与0.19mm,河段平均值变化不大,仍略向下游变小。

2)洲滩沿直深度的床沙 D_{50} 分布:从重庆—丰都凤尾坝河段沿程180km的主要洲滩钻孔资料表明,多具有随深度的增加,细粒床沙百分含量呈现增大趋势。比较典型钻孔如木洞河段滥巴碛CK12孔,覆盖层厚12.50m,在孔深0~2.0m、2.0~4.60m、4.60~8.60m、8.60~10.50m、10.50~11.10m的5个床沙样中,小于2mm的砂质床沙百分含量分别为7.1%、13.3%、32.0%、43.4%和43.0%等;又如寸滩河段的鳌鱼碛CK6孔,覆盖层厚18.20m,在0~4.10m、4.10~5.60m、5.60~6.20m和6.20~18.20m的分层取样中,小于2mm的砂质床沙百分含量分别为10.7%、19.4%、23.65%和28.60%等,细组砂质床沙的百分含量都从滩面向深部增大。

3. 床沙的岩性组成

川江河段不仅上游有金沙江来沙，而且南北两侧还有嘉、岷、沱、乌等大支流入汇，还有赤水河、綦江等较大支流注入，川东万县—奉节河段靠近三峡山地，虽无大支流加入，但小溪沟谷甚多，并有较多的泥石流沟及崩塌、滑坡等产沙，所以川江河段不仅是卵砾和粗砂的重点堆积区域，同时也是泥砂的补给河段，因各大小支流来沙岩性各异，汇入川江干流混合后，使河床岩性变得更为复杂，现将各大支流口下游汇合河段卵石（$D>10$mm）的岩性组成分述于下（表 8-1-16）。

表 8-1-16　　川江宜宾—丰都河段洲滩卵石岩性统计表

河段	洲滩名称	粒径分组（mm）	岩性组成百分数（%）											
			一般砂岩	石英砂岩石英岩	中酸性火成岩	玄武岩	火山岩	石英	燧石灰岩	硅质岩	角岩	板岩	变质岩	其他
宜宾化工厂河段	冷饭碛 磕睡坝	>150	4.85	62.35	8.51	1.18	16.86						6.25	
		150～100	5.13	42.58	10.95	17.90	4.12	0.14	0.16	0.36			18.00	0.66
		100～75	7.90	36.89	8.38	33.24	1.78	0.48	1.30	0.41			9.56	0.06
		75～50	6.23	36.22	8.08	38.81	2.54	0.84	1.42	0.17			5.42	0.27
		50～10	5.10	35.70	1.40	48.50	0.60	1.20	1.00				0.60	5.90
泸州下游关刀碛河段	草鞋碛 鸡心石 关刀碛	>100	14.10	55.41	14.15	3.05	10.18	0.24		2.14			0.73	
		100～75	8.69	47.38	17.89	15.52	4.59	1.42		1.09			3.42	
		75～50	7.62	44.29	21.29	17.33	5.62	1.11	0.19	0.92			1.63	
		50～10	7.37	50.11	9.12	24.22	3.66	2.00	0.16	0.26		0.44	2.21	0.45
重庆下游寸滩河段	草鞋碛 蛮子碛 母猪碛 鳌鱼碛	>100	2.84	73.91	11.50	0.50	8.34					0.10	0.93	1.88
		100～75	4.68	54.61	10.89	7.49	8.42	0.74	0.27	1.82		4.91	5.12	1.05
		75～50	4.36	57.11	9.20	10.05	7.41	3.59	0.40	2.92		0.90	3.33	0.73
		50～10	5.02	55.28	7.96	10.93	2.36	7.86	0.75	1.52		2.91	1.51	3.90
涪陵下游珍溪河段	平绥坝 丝瓜碛 （上、中）	>100		81.88	7.71	0.32	9.05		0.32	0.57			0.15	
		100～75		70.51	12.96	10.71	4.24		0.50				1.08	
		75～50	0.03	51.63	9.36	24.26	7.25	0.22	1.96				2.29	
		50～10	0.40	48.88	3.16	32.02	3.47	5.08	5.25				1.74	

①宜宾化工厂河段床沙的岩性组成：宜宾上游金沙江自青南高原流经横断山和川滇山地等进入四川盆地，床沙岩性组成以石英砂岩和玄武岩为主，次为一般砂岩等，流至宜宾后又有支流岷江入汇，携带大量川西北高原和川西南丘陵山地的砂板岩、变质岩和基酸性岩浆岩等入江，使宜宾下游川江河段的岩性组成更为复杂。据 1992 年该河段的坑测资料显示，当时人工采砂量较小，河床组成还基本保持天然状态的情况下，卵石岩性组成以石英岩和石英砂岩、玄武岩等为主，次为中酸性火成岩、一般砂岩、变质岩和火山岩，另有少量灰岩及硅质岩等。在粒径组成中，随粒径变小，玄武岩、石英和燧石灰岩等百分含量增大，而石英砂岩、石英岩、中酸性火成岩、火山岩等百分含量则呈现减小趋势。

②泸州下游关刀碛河段的床沙岩性组成：支流沱江的岩性组成以石英岩、石英砂岩和中酸性火成岩为主，自泸州汇入长江后，使泸州下游河段的岩性组成变为以石英岩、石英砂岩和中酸性火成岩、玄武岩等为主，次为一般砂岩、火山岩等，其余为石英、硅质岩、变质岩、灰岩等少量。岩性组成特点：主要为中酸性火成岩增多，玄武岩含量相对减少，另石英、硅质岩等略有增加，变质岩和灰岩等减少。在粒径组中，一般砂岩随粒径变小而百分含量减少，其他岩类无明显变化。

③重庆下游寸滩河段的床沙岩性组成：该河段位于嘉陵江口下游，由于干支流流经陇南、秦巴山地和四川盆地的川东山地丘陵区，嘉陵江粗粒床沙岩性组成，以石英岩和石英砂岩占绝对优势，石英及板岩少量，其余为燧石灰岩和一般砂岩等。因嘉陵江的泥沙加入，重庆下游长江寸滩河段的粗粒床沙岩性组成有所变化：以石英砂岩和石英岩为主，次为中酸性火成岩和玄武岩等，其他火山岩、一般砂岩、石英、板岩、变质岩等少量，另有硅质岩、燧石、灰岩之类见及。河段岩性组成特征：以石英岩和石英砂岩含量较高，中酸性火成岩与玄武岩相对减少，石英、硅质岩和板岩等增多，燧石灰岩稀少。岩性组成的粒径特征：随粒径变小，床沙中的石英砂岩、石英岩和中酸性火成岩等的百分含量减少，而基性火成岩的玄武岩的含量相应增多。

④涪陵乌江口下游珍溪河段的床沙岩性组成：由于乌江河段主要穿流于鄂黔山地的碳酸盐岩区，因此床沙岩性组成较为简单，以灰岩及燧石的百分含量占绝对优势，次为石英砂岩和石英岩等，另有一般砂岩少量。因乌江输沙量不大，且珍溪河段上距其汇入口较远，影响减小，故从平绥坝和上、中丝瓜碛等床沙坑测资料显示，岩性组成仍以石英岩和石英砂岩为主，百分含量比上游段相对增大，次为玄武岩和中酸性火成岩及火山岩等，燧石、灰岩、变质岩和石英等少量，并有一般砂岩偶见。岩性组成特征：以石英岩和石英砂岩含量高为特点，燧石灰岩相对增多，中酸性火成岩百分含量有所减少，玄武岩相对增多；床沙岩性组成的粒径特征主要表现为随粒径变小，燧石和灰岩的百分含量增大。

综合上述，川江宜宾—丰都河段，汇集了众多大小支流，床沙岩性组成均以石英砂岩和石英岩为主，粒径分组百分含量多达50%以上，虽沿程有所堆积，但由于得到沿程支流大量来砂补给，所以总体含量向下游呈现增大趋势，而岩性组成的粒径特征，均随粒径变小，百分含量相对减小；次为玄武岩、中酸性火成岩、火山岩和一般砂岩等。其中：玄武岩和火山岩虽来自宜宾上游的金沙江和岷江，由于质地坚硬，抗风化、抗输移过程中的磨蚀较强，沿程百分含量衰减缓慢，甚至出现百分含量相对增大的情况；中酸性火成岩（即花岗岩、闪长花岗岩等），耐磨和抗风化均较差，虽有岷沱江补给，但泸州下游河段因缺乏来源，呈现衰减趋势显著；一般砂岩，因质地松软，抗风化、耐磨蚀等均差，并因沿程的磨损和补给都较频繁，百分含量大小多变，表现不稳定；其余含石英、燧石、灰岩、硅质岩和变质岩等少量，重庆下游河段因有嘉陵江的洁白脉石英输入，因此百分含量增加，尤以50mm以下细组卵石为典型；燧石灰岩在涪陵下游因得到乌江的汇入补给，含量呈现略有增多，变质岩受补给条件控制，呈现增减不显变化。岩性的粒度特征：各河段均具共同特点，如玄武岩、石英和燧石灰岩等质地坚硬床沙随粒径变小、百分含量增大，而中酸性火成岩、火山岩和硅质岩等相反，随粒度变小而百分含量相继呈现减少。从上可见，河流床沙岩性组成的百分含量变化除主要取决于沿程泥沙的补给和堆积条件，还与床沙本身的粒度大小和岩矿组成及密度、硬度、抗风化、抗磨蚀的特性等紧密相关。

4. 床沙的容重

据宜宾—重庆河段15个洲滩的床沙坑测资料①，卵石床沙10组范围值为2.492～2.259t/m^3，平均值为2.398t/m^3，即约2.4t/m^3。砂质床沙5组范围值1.429～1.353t/m^3，

①张美德，刘庚临，龚兴，等. 长江上游宜宾—重庆河段床沙勘测调查报告. 长江委荆江水文水资源勘测局，1997年.

平均 1.399t/m³,即约 1.4t/m³。从上可见:卵石床沙中因含玄武岩等密度较大的岩矿较多,因此影响干容重比一般卵石偏大,而砂质床沙干容重为一般。

(二)川江主要支流河段的床沙组成

川江河段支流众多,水系十分发育,在主要支流中,因嘉陵江合川—重庆河段位于长江三峡水利枢纽工程库尾上游,地理位置重要,曾进行过多次床沙勘测,现以该河段为重点,分述于下。

1. 嘉陵江合川渠江口—重庆河段的床沙粒径组成

(1)洲滩床沙组成

据 1993 年和 2003 年洲滩床沙坑测资料,选取其中部分主要洲滩的表层床沙列于表 8-1-17。从中见及,卵石 D_{max} 可达 200mm 以上,如上叶坝和马家滩都达 206mm。滩面表层粒径组成,一般以 200 ~25mm 粒径为主,分组粒径以 150 ~100mm 为最多,次为 200 ~150mm 和 100 ~75mm 及 75 ~50mm 等。按河段粒径分布,100mm 以上粒径的百分含量以合川渠江口—鹅公堡的上段为多,如上叶坝和马家滩分别占 82.2% 与 86.0%,虽有如渠江口的花子滩大于 100mm 的粒径含量仅占 41.6%,但河段平均值亦达 69.93%,而鹅公堡—磁器口和磁器口—重庆的中、下段平均含量分别为 60.13% 与 27.70%。以上不仅反映滩面表层床沙从上向下游的变细趋势,而且表明河口段床沙显著变细的特征。

表 8-1-17　　嘉陵江合川渠江口—重庆河段典型洲滩表层床沙级配表　　(粒径单位:mm)

河段名称	洲滩名称	床沙分组含量(%)											特征值		资料来源
		300 ~ 250	250 ~ 200	200 ~ 150	150 ~ 100	100 ~ 75	75 ~ 50	50 ~ 25	25 ~ 10	10 ~ 5	5 ~ 2	<2	D_{max}	D_{50}	
合川渠江口—鹅公堡	花子滩			8.30	33.30	13.90	21.30	19.30	3.90				186.00	84.30	长江委水文局,2003 年
	上叶坝		8.00	26.90	47.30	8.80	6.40	2.40	0.20				206.00	132.70	
	马家滩		5.90	39.30	40.80	8.90	2.40	2.30	0.40				206.00	144.00	
鹅公堡—磁器口	上碛坝			30.50	43.80	13.80	7.60	4.10	0.20				191.00	130.80	
	秤杆碛			25.30	26.70	19.70	17.60	8.20	2.50				167.00	102.90	
	井口边滩				46.50	24.40	21.00	7.50	0.60				148.00	96.60	
	詹家碛			35.30	32.40	13.30	13.00	6.00					173.00	129.10	
磁器口—重庆	九十缸			8.50	28.70	22.50	30.10	10.20					169.00	84.00	
	金沙碛				18.20	27.50	31.70	16.00	3.50	2.90	0.20		136.00	72.00	

(2)洲滩床沙的中值粒径(D_{50})分布

①纵向沿程分布:据嘉陵江下游合川渠江口—重庆河段沿程洲滩表层床沙 D_{50} 曲线图 8-1-4 显示:鹅公堡以上的上段 D_{50} 曲折多变,自鹅公堡以下的中、下段由大变小,相对稳定。其中以 1993 年 D_{50} 曲线尤为稳定,而 2003 年曲线起伏较大,局部变粗,尤以中段最为显著。从 D_{50}、D_{max} 的年际资料表明(表 8-1-18),在合川渠江口—鹅公堡、鹅公堡—磁器口九十缸和九十缸—重庆等 3 个分段中,1993 年分段平均 D_{50} 分别为 90.5mm、98.3mm 和 71.0mm;2003 年 D_{50} 分别为 98.8mm、102.6mm 和 53.3mm,均以峡谷的中段平均值为大,下游出口宽段的平均值为小,分段的 D_{max} 基本类同,但规律性变差。

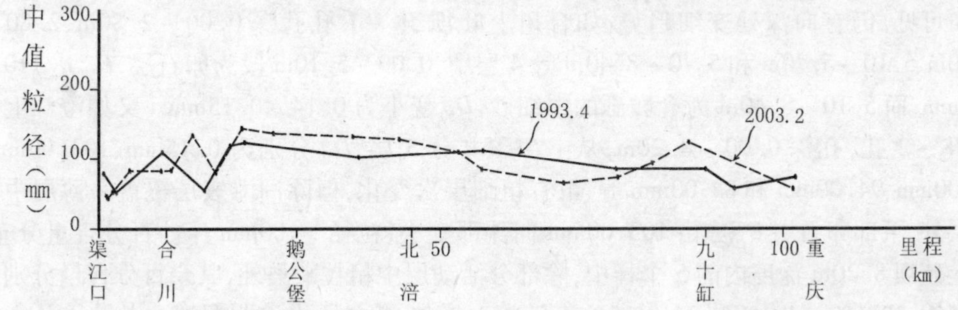

图 8-1-4 嘉陵江合川渠江口—重庆河段沿程洲滩床沙 D_{50} 曲线图

表 8-1-18 嘉陵江合川渠江口—重庆河段表层床沙 D_{max}、D_{50} 年际分段统计表

序号	河段	河段长度(km)	1993 年		2003 年		资料来源
			D_{max}	D_{50}	D_{max}	D_{50}	
1	渠江口—鹅公堡	27.0	145.7	90.5	166.6	98.8	长江水利委员会荆江水文水资源勘测局，1993、2003 年。
2	鹅公堡—九十缸	62.0	186.0	98.3	173.4	102.6	
3	九十缸—重庆	15.0	150.7	71.0	191.0	53.3	

综合上述，其一，在上、中、下 3 个分段中，除上段平均 D_{50} 由小变大外，自鹅公堡起沿程向下游由大变小；其二，2003 年与 1993 年的年际比较，分段平均 D_{50} 除下段偏小外，中、上段都比 1993 年增大，反映河床的床沙自 20 世纪 90 年代后期以来受人工大规模采砂取石和河岸工程等影响，呈现粗细变化，规律性变差并以粗化为主。

②沿横断面分布：一般规律为靠近河床主流线，床沙相对偏粗，远离则变小，但有的河段因水位涨落等，使河流动力轴线发生摆动时，床砂的相位也发生改变。如嘉陵江水土镇下游黄家咀边滩资料显示，靠近枯水河床的滩唇和滩中及滩根 3 部分 D_{50} 分别为 40.0mm、23.0mm 和 19.0mm，由河床向河岸变细；而 D_{max} 分别为 91.0mm、212.0mm 和 83.0mm，滩中偏粗，系汛期河床主流线趋中，滩面受冲后有少量粗粒留存所致，但一般边滩床沙的横向分布特点，仍由枯水边的滩唇向河岸滩根变细。

③沿直深度分布：按洲滩活动层和深部床沙 D_{50} 分述于下。

1)洲滩上部活动层的床沙 D_{50}：据嘉陵江合川渠江口—重庆河段主要洲滩顶部床沙 D_{50} 分层统计资料(表 8-1-19)①表明：表层普遍发生粗化，自滩面下 0.2~1.00m 变细，从表层与 0.1m 以下次表层和深层床沙 D_{50} 比值的粗化系数(K)反映，其上段合川渠江口—鹅公堡范围值为 2.3~1.4，6 组平均值为 1.82；中段鹅公堡—九十缸范围值为 5.4~1.5，8 组平均值达 2.81；下段九十缸—重庆范围值为 2.1~1.3，4 组平均为 1.68，全河段洲滩粗化系数最大值为詹家碛的 5.4，最小值为金沙碛的 1.3；按分段平均粗化系数以含峡区的中段为大，下段为小。

2)洲滩深部的床沙 D_{50}：从 1998 年和 2003 年钻孔资料见及，孔深 1.00m 以下深部常

①龚兴，高志斌. 合川—重庆—丰都河段河床组成勘测调查成果汇编. 长江水利委员会水文局，2003 年.

有粗粒床沙夹层相间分布，因此由上向下床沙变细的规律性减弱，但从钻孔分层分段 D_{50} 分布可见，仍有向深处变细趋势：如合川上叶坝 JK－1 孔孔深 0.00～2.80m、2.80～5.10m、5.10～5.70m 和 5.70～8.40m 等 4 层中，0.00～5.10m 段为卵石层，D_{50} 达 110～122mm，而 5.10～8.40m 为含卵砾的中细砂，D_{50} 变小为 0.14～0.15mm。又如澄江上碛坝 JK－2 孔，孔深 0.00～8.20m，从上→下共分 5 层，D_{50} 分别为 0.15mm、103.00mm、73.00mm、94.00mm 和 84.00mm 等，虽有粗细层次变化，但除洲滩表层覆盖一薄层中粗砂层外，下部卵石层 D_{50} 亦由 103.00mm 向深部变小；粒径 >100mm 床沙百分含量分布：在上碛坝 8.20m 深度内的 5 个样中，除部分活动层中粗粒缺失外，其余百分含量分别为 52.5%、35.1%、44.4% 和 37.0%，亦有随深度增加，粗粒百分含量呈减少趋势。从上沿直深度内，钻孔床沙的 D_{50} 和 >100mm 的粗粒床沙的百分含量等变化显示，一般仍具有上部较粗、向深部变细趋势，但局部规律性不显或变差。

2. 主要支流床沙的岩性组成

长江上游支流众多，现将川江宜宾—奉节河段中的岷江、沱江、嘉陵江和乌江等主要支流的岩性组成从上而下依序分述于下（表 8-1-20）。

①岷江河段洲滩床沙的岩性组成：以乐山河段为例叙述于下。乐山除岷江外，另有大渡河及其支流青衣江入汇，带来大量泥沙，因其上游流经川西北高原山地的砂板岩、千枚岩等变质岩、岩浆岩、碳酸盐岩和玄武岩等地区，岩性组成复杂，按干支流河段分述于下：1）岷江乐山上段：在乐山大渡河口上游的岷江河段，洲滩床沙的岩性组成，除石英砂岩和石英岩为主外，有大量中酸性火成岩分布，百分含量达 25.15～17.27%，次为石英，一般砂岩少量，并有燧石灰岩、火山岩和玄武岩等偶有见及。2）大渡河出口上段：即大渡河出口段的青衣江口上段，洲滩床沙岩性组成除石英砂岩和石英岩外，次为中酸性火成岩、砂岩、玄武岩、火山岩及变质岩等，偶有石英和硅质岩见及，岩性组成以中酸性火成岩、玄武岩和火山岩、变质岩等为标志。3）青衣江出口段：大渡河支流青衣江的出口段洲滩床沙以石英砂岩、石英岩和中酸性火成岩为主，次为玄武岩、火山岩和石英等，其余为变质岩、硅质岩、燧石灰岩等少量。该河段以中酸性火成岩、火山岩和玄武岩为标志，其分组粒径中的百分含量最高分别达 35.47%、9.89% 与 8.90%。4）大渡河出口下段：大渡河出口下段因有青衣江入汇，岩性组成的百分含量发生一定变化，除石英砂岩和石英岩外，次为中酸性火成岩、玄武岩、火山岩及一般砂岩等，硅质岩、板岩、变质岩和石英等少量，燧石灰岩少见。5）岷江乐山下段：大渡河于乐山汇入岷江后，岷江乐山下段乌龙寺河段的岩性组成一般为石英砂岩、石英岩、中酸性火成岩、玄武岩和一般砂岩等，次为火山岩和变质岩，其余为石英、灰岩、燧石灰岩和硅质岩等少量。6）岷江下游段：从乐山下游至宜宾泥沙虽经长河段的输移磨损和堆积，以及沿程如清水溪等大小支流沟谷泥沙的加入，但河口段洲滩床沙的岩性组成仅除燧石灰岩和硅质岩等缺失外，依然以石英砂岩和石英岩，中酸性火成岩等为主，次为玄武岩、一般砂岩及火山岩等，基本岩性组成相对稳定。综合上述可见，岷江下游河段的岩性特征以中酸性火成岩和火山岩为标志，并含较多的玄武岩等，所以岩浆岩的百分含量高是该河段床沙的显著特征。

表 8-1-19　嘉陵江合川渠江口 — 重庆河段主要洲滩顶部床沙 D_{50} 分层统计表　（粒径单位:mm）

河段 / 洲滩名称 / 床沙分层(m)	合川渠江口 — 鹅公堡河段						鹅公堡 — 九十缸河段								九十缸 — 重庆河段			
	渠口坝	豆滩子	金沙碛	晒网沱	上叶坝	下叶坝	马家滩	回龙滩	上碛坝	秤杆碛	黄家滩	井口边滩	詹家碛	兴隆桥	九十缸	中石门	金沙碛（上）	金沙碛（下）
表层(0～0.1)	47.50	84.30	82.00	82.40	132.70	78.10	144.00	139.30	130.80	102.90	83.70	96.60	129.10	53.30	84.00	57.00	72.00	68.00
次表层(0.1～0.2)					45.60				64.50		22.60	70.20	59.80	41.40				
次深层(0.2～0.5)	23.50	36.70	49.90	58.20	66.30	55.80	41.00	64.70	91.00	35.30	33.70	64.00	12.00	29.20	54.00	34.20	35.00	51.00
深层(0.5～1.0)					59.90				89.20		19.00	46.90		34.90				
2～4 层平均值	23.50	36.30	49.90	58.20	60.44	55.80	41.00	64.70	87.06	35.30	24.3	55.19	23.95	30.35	54.00	34.20	35.00	51.00
粗化系数(K)	2.0	2.3	1.6	1.4	2.2	1.4	3.5	2.2	1.5	2.9	3.4	1.8	5.4	1.8	1.6	1.7	2.1	1.3

表 8-1-20　川江宜宾—奉节河段主要支流洲滩床沙卵石岩性统计表

长江支流河段名称			洲滩名称	粒径分组(mm)	岩性组成百分数(%)											
一级支流	二级支流	三级支流			一般砂岩	石英岩 石英砂岩	中酸性 火成岩	玄武岩	火山岩	石英	燧石灰岩	硅质岩	角岩	板岩	变质岩	其他
岷江乐山大渡河口上段			任家坝	>150		100.0										
				150~100	4.10	73.77	21.69			0.44						
				100~75	3.12	76.82	17.27		0.42	1.06	1.31					
				75~50	1.94	69.61	25.15		0.66	2.32						0.02
				50~10	2.06	66.26	22.02	0.04		8.97	0.12					0.53
	大渡河乐山青衣江口上段		鸭儿坝	>150	14.90	62.95	11.62	4.05	2.35			1.88			2.25	
				150~100	22.90	40.89	17.38	8.55	1.58						5.85	2.85
				100~75	6.82	59.30	12.06	8.30	5.25						8.27	
				75~50	20.10	43.55	22.07	8.97	0.98	0.90					3.43	
				50~10	17.58	58.07	10.35	8.13	1.50	0.22					4.15	
		青衣江乐山出口段	口门边滩	>150		46.19	29.76		24.05							
				150~100		50.26	35.47	0.98	9.89	1.21		1.06			1.13	
				100~75	1.21	57.73	23.10	8.90	1.66	2.72	1.96				2.72	
				75~50	0.30	51.22	27.42	7.76	8.67	2.85		1.78				
				50~10		61.39	21.50	7.62	3.70	3.15	0.13	0.50			2.01	
	大渡河乐山出口段		太阳岛	>150	11.05	50.96	16.68	12.90	0.92			5.95			1.54	
				150~100	11.11	45.81	27.25	7.60	3.62	0.58	0.70	1.05		2.28		
				100~75	7.40	44.95	32.12	8.66	4.82			0.47			1.58	
				75~50	5.50	53.70	16.60	10.20	10.20	0.60		2.00			1.20	
				50~10	5.13	59.37	13.38	11.90	5.84	3.08	0.66				0.63	0.01
岷江乐山大渡河口下段			乌龙坝老江坝	>150	14.62		22.72	2.03	3.84		50.28	0.54			5.97	
				150~100	16.27	39.02	22.02	10.36	2.26	0.75		0.40			8.92	
				100~75	13.01	43.79	21.78	12.74	5.07	0.50	0.42	0.72			1.97	
				75~50	7.39	53.62	19.24	11.52	3.01	1.46	0.43	0.29			3.04	
				50~10	7.80	54.40	7.50	8.20	3.80	2.20	0.10				1.80	14.2
岷江宜宾出口段			旧坝春厂坝	>150	3.24	83.30	8.74		4.72							
				150~100	10.94	46.53	20.14	7.58	4.17	0.98					9.66	
				100~75	7.80	50.71	21.54	8.63	7.08	1.15					2.85	0.24
				75~50	7.97	50.69	21.42	6.96	6.60	1.08					5.28	
				50~10	10.36	54.71	16.69	6.01	6.92	3.32				0.20	0.97	0.82
沱江泸州出口段			大驿坝泸州边滩	>100	0.69	96.03	3.28									
				100~75	0.63	85.15	10.86		0.31	1.38				1.67		
				75~50	0.30	80.87	10.93		0.34	5.00	2.10			0.40		0.06
				50~10		68.80	11.40		0.10	8.80	4.20			4.90		1.80
嘉陵江合川涪江口上段			北河号等洲滩	>100	1.43	94.49				0.37	0.83			2.88		
				100~75	0.35	92.59				2.60				4.46		
				75~50	0.89	86.59	0.37			4.90	1.20			5.16	0.57	0.32
				50~10	1.51	78.47				12.77	1.11			5.19	0.04	0.91

续表

长江支流河段名称			洲滩名称	粒径分组(mm)	岩性组成百分数(%)											
一级支流	二级支流	三级支流			一般砂岩	石英岩 石英砂岩	中酸性火成岩	玄武岩	火山岩	石英	燧石灰岩	硅质岩	角岩	板岩	变质岩	其他
	涪江合川出口段		石鼓坝乌木滩	>100		98.84				0.96						
				100~75	0.54	91.14				7.82	0.50					
				75~50	0.40	83.70				11.82	3.50					0.58
				50~10	0.23	67.42				28.16	1.86					2.33
嘉陵江合川下游钓鱼城段			张公滩菜坝	>100	0.22	98.09				0.55	0.68			0.46		
				100~75	0.63	91.91				3.58	1.51			2.37		
				75~50	0.70	82.88				11.02	1.08			4.08		0.24
				50~10	0.93	68.85				20.64	1.53			5.70	0.17	2.18
嘉陵江重庆出口段			金沙碛	>100	2.82	94.99						1.27		0.92		
				100~75	0.48	93.20					0.60			5.16		0.56
				75~50	0.58	90.12				3.34				5.20		0.76
				50~10	0.38	76.56				12.48	0.28			5.78		4.52
乌江涪陵出口段			牛粪碛	>100							100.0					
				100~75	2.26	9.58					88.16					
				75~50	0.22	17.80					81.98					
				50~10	1.06	31.52					67.42					

②沱江河段洲滩床沙的岩性组成：沱江源于岷山南麓，正源于汉旺出峡后，进入四川盆地，流经川西成都平原及川中丘陵于泸州汇入长江，床沙岩性组成以石英砂岩和石英为主，百分含量高达68.8%以上，次为中酸性火成岩，其他为石英、板岩、燧石灰岩、火山岩及砂岩等少量。岩性组成以石英砂岩和石英岩含量高，中酸性火成岩和石英含量较多为特点，并以中酸性火成岩为标志。

③嘉陵江河段洲滩床沙的岩性组成：嘉陵江流经陇南山地和四川盆地的砂板岩夹岩浆岩等的变质岩和碳酸盐岩及红色碎屑岩的广大地区，床沙岩性组成如下：1）嘉陵江合川上段：合川上游有渠江入汇，从渠江口—合川的嘉陵江段岩性组成，以石英砂岩和石英岩占绝对优势，百分含量最高达94.49%，其余为板岩、石英、燧石灰岩及一般砂岩等少量。2）支流涪江合川出口段：以石英砂岩和石英岩占绝对优势，分组含量高达67.42%以上，次为石英，其他为燧石灰岩和一般砂岩少量，岩性组成以石英砂岩和石英岩含量高，石英含量较多为特点。3）嘉陵江合川下段：支流涪江于合川与嘉陵江汇合后，下游钓鱼城河段及重庆出口段，仍以石英砂岩和石英岩占绝对优势，次为石英、板岩等，另有燧石灰岩及一般砂岩少量，硅质岩偶见，该河段岩性组成以石英岩和石英砂岩含量高，石英、板岩等较多为特点，并以板岩和洁白的脉石英为标志。

④乌江河段洲滩床沙的岩性组成：由于流经鄂黔山地的鄂西和黔中北广大碳酸盐岩及碎屑岩区，因此床沙岩性组成以燧石灰岩占绝对优势，百分含量高达67.42%以上，个别达100.0%，次为石英砂岩和石英岩等，一般砂岩少量，岩性单一，以灰岩为标志。

三、三峡河段的床沙组成

（一）三峡干流河段的床沙组成

1. 三峡干流河段的河床组成

长江三峡河段自奉节—宜昌（葛洲坝的三江口），全长203.0km，沿程由峡谷和峡间宽谷河段组成。河床组成按成因可分为基岩、冲积扇（锥）、坡积锥、冲积洲滩及残积块石滩等5种基本类型。其分布特征：峡谷河段除部分小规模的冲积扇（锥）和坡积锥外，多以基岩为主；峡间的相对宽段多冲积扇（锥）等分布，其中尤以大溪—巫山段最为发育，论冲积扇的规模，以峡口上的臭盐碛，峡中的扇子碛和西陵峡口下游葛洲坝建坝前的黄柏河冲积扇等为大，并有少量冲积洲滩零星散布。最为典型的为三峡建坝前的江心洲——中堡岛，另在黄陵背斜核部的庙河—南沱河段，因流经前震旦纪的闪云斜长花岗岩等结晶岩区，由于受到强风化和构造影响，上部岩体破碎松散，较小的碎屑被洪水冲刷搬运，大量输向下游，较大的残积岩块，经洪水期的水沙冲刷磨蚀和汛后露出水面风化，形成圆状或次圆状的块球体，一般粒径大于0.50m，且多达1.00m以上，最大可达5.00m左右，散布滩面并有少量砂卵石或砂土等淤积充填其间，另有零星的基岩碛坝零星分布，组合形成一种较为特殊的残冲积混合型堆积。在上述的峡间宽段中，枯水河床深槽的床底多由漂卵石所覆盖，局部为细粒泥沙等，其余河床多为裸露的基岩及碛坝等。但自1981年葛洲坝水利枢纽工程蓄水形成上游库区河段后，一般河床均由淤积砂卵石所覆盖，且部分河段淤积深厚，如三斗坪牯牛石深槽淤积厚度达30.00m以上。

2. 三峡干流河段的床沙粒径组成

（1）河床洲滩床沙的粒径组成

①洲滩床沙的级配组成：由于葛洲坝工程建成蓄水，库区河段洲滩均受到不同程度的淹没，现以蓄水前的巴东官渡口冲积锥（溪口滩）和老秭归的白鹤碛心滩及三峡水库二期蓄水前的原奉节臭盐碛冲积扇等为例（表8-1-21）。当时三洲滩还基本处于天然河床的水沙条件，床沙组成特征如下：冲积扇的床沙组成特点是扇顶粗，向扇面前缘变细，在平面上的粒度变化较大，尤以大冲积扇粒度的分异更为显著，如臭盐碛扇缘地段D_{max}达154mm，一般粒径组成以150～10mm粒径为主，D_{50}为35.7mm，总体仍偏细；小于2mm砂土百分含量达13.5%，偏高。官渡口冲积扇和白鹤碛心滩，规模较小，但粒径较粗，D_{max}均大于200mm，一般粒度组成分别以200～10mm和150～10mm为主，D_{50}分别为48.0mm与45.0mm，小于2mm砂土百分含量分别为9.1%与17.7%，偏高。三洲滩的级配组成都呈现粒径大小分散的宽级配，并以臭盐碛扇顶较粗，向扇缘变细为基本特征；在大小洲滩中，又以规模相对较小的官渡口和白鹤碛的床沙粒径相对较粗。

表 8-1-21　　三峡奉节—宜昌河段典型洲滩床沙级配表　　(单位:mm)

洲滩名称	距宜昌里程(km)	洲滩类型	床沙分组含量(%)											特征值		资料来源
			>200	200~150	150~100	100~75	75~50	50~25	25~10	10~5	5~2	2~0.5	<0.5	D_{max}	D_{50}	
奉节臭盐碛	208.0	冲积扇		2.3	10.4	10.1	15.8	20.9	15.8	6.2	5.0	13.5		154.0	35.7	长江委水文局,2003 年
巴东官渡口	125.0	冲积锥	4.9	15.1	13.0	8.0	7.0	14.0	13.5	6.8	8.6	4.9	4.2	>200.0	48.0	南京大学地理系
老秭归白鹤碛	81.30	心滩	7.4	7.6	12.0	10.0	9.0	13.0	14.9	5.0	3.4	3.7	14.0	>200.0	45.0	南京大学地理系

②洲滩床沙的中值粒径(D_{50})分布:按河床的纵向沿程、横断面和沿直深度的分布叙述于下。

纵向沿程分布:由于勘测时葛洲坝工程已建成蓄水,库区大部分洲滩被淹没于水下,现从奉节—秭归河段沿程露出水面之上的部分洲滩床沙见及(表 8-1-22)①,漂卵石床沙范围值:D_{max}为 330.0~165.0mm,D_{50}为 135~20mm,沿程从上至下,除臭盐碛外,略呈增大趋势;小于 2mm 砂土质床沙百分含量为 15.1%~5.5%,自奉节向下游呈波动减少。表内 7 个洲滩中,以秭归罗家碛的床沙粒径为最大,D_{max}和D_{50}分别达 330.0mm 和 135.0mm,而地处葛洲坝库尾瞿塘峡口的大溪金沙碛,冲积扇前缘的D_{max}和D_{50}为最小,分别仅 165.0mm 和 20.0mm。产生原因基本有二:其一,奉节河段的臭盐碛地处瞿塘峡口,洪水期壅水淤沙,汛后枯水期洗槽冲沙,大量泥沙输入葛洲坝库内尾段淤积,另有大溪、火炮溪等来沙,细颗粒的砂质增多,导致D_{50}偏小;其二,下游河段的巫山红沙碛,东瀼口的渣角碛和秭归的罗家碛等,因小支流冲沟来砂颗粒较粗,再加冲积扇前缘的细颗粒堆积部分已被库区蓄水后淹没,余下水面上的扇顶老洲多为残留堆积,粒径较粗,因此在三峡河段中,葛洲坝库段蓄水位以上的洲滩,从上游向下游反呈变粗显示。但考虑到水下部分偏细,实际在天然河床中,虽沿程洲滩床沙粗细多变,而其主体仍遵循从上游向下游变细的基本趋势。

表 8-1-22　　三峡奉节—宜昌河段沿程洲滩床沙 D_{50} 及小于某粒径百分含量表

洲滩名称	距宜昌里程(km)	洲滩类型	小于某粒径百分含量(%)			床沙全样特征值		资料来源
			<5	<2	<1	D_{max}	D_{50}	
臭盐碛	206.3	冲积扇	21.0	15.1	14.7	255.0	56.0	长江委荆江水文水资源勘测局,2000 年
金沙碛	196.5	冲积扇	21.9	13.7	10.8	165.0	20.0	
红沙碛	171.0	冲积扇	12.5	9.8	9.7	229.0	83.0	
扇子碛	170.0	冲积扇	12.5	9.4	8.7	198.0	32.5	
冷水碛	140.0	冲积扇	16.9	12.0	10.8	225.0	47.0	
渣角碛	116.0	冲积扇	15.0	10.8	9.9	272.0	76.0	
罗家碛	83.0	边　滩	8.5	5.5	5.5	330.0	135.0	

沿横断面分布:一般河床床沙的粒度组成由河床主泓或主流动力轴线的强推带向河岸变细,如一般边滩近枯水河床较粗,向靠河岸的滩根变细,但三峡河段洲滩多为冲积扇

①王维国,孙舒拉.三峡水利枢纽基坑河床组成勘测研究.长江委荆江水文水资源勘测局,2000 年.

(锥)的溪口滩,以扇(锥)顶较粗,向扇缘变细,因此在该类洲滩的横断面上,往往靠枯水边的床沙颗粒相对较细,而靠岸坡往往因地处冲积扇顶及崩塌坡积等地段反而变粗。以大溪的金沙碛为例,同一断面上的1号、2号两测坑中,D_{max}分别为375.0mm与165.0mm,D_{50}分别为63.0mm与20.0mm,均以靠河岸的1号坑为大,其粒度分布与一般河床边滩堆积分布规律相反。

沿直深度分布:由于河流的冲刷,冲积扇型的溪口滩床沙在垂向上的分布也与一般河床洲滩相同,滩面床沙发生粗化。以奉节臭盐碛为例,从2003年枯水期的4个坑测床沙资料反映(表8-1-23),滩面表层床沙D_{50}平均值为67.03mm,次表层及次深层平均值分别为25.7mm与24.03mm,深层床沙为24.2mm,从上到下D_{50}由大变小,反映床沙由粗变细。洲滩床沙的粗化系数范围值达3.31~2.44;综合平均为2.69,反映滩面床沙已普遍发生粗化。

表8-1-23　　奉节臭盐碛洲滩活动层床沙D_{50}沿直深度分布表

沿直深度分层(m)	测坑分层D_{50}及粗化系数				平均值
	1号	2号	3号	4号	
表层(0.00~0.10)	97.2	59.1	50.6	61.2	67.03
次表层(0.10~0.20)		25.7			25.7
次深层(0.20~0.50)	29.4	21.3	20.7	24.7	24.03
深层(0.50~1.00)		24.2			24.2
坑平均	35.7	24.8	22.9	26.5	27.48
粗化系数(K)	3.31	2.53	2.44	2.48	2.69

(2)水下河床床沙的粒径组成

分别以三斗坪的长江三峡水利枢纽坝区和西陵峡口的葛洲坝水利枢纽坝区等河段为例,分述于下。

①三峡坝区河段的床沙粒径组成:该坝区位于长江西陵峡的三斗坪河段,因有中堡岛分流而为分汊河段,北汊为大江,南为支汊,床沙的组成分布各具特征。

1)沿横断面的分布:关于大江的床沙组成,从三峡坝址的大江基坑中见及,大江主河槽为卵石层,因下伏长江古深槽,所以部分地段不仅床沙沉积深厚,而且粒径粗大,其河床下部天然淤积卵石层D_{50}范围值达225~21mm,平均值112.36mm。沿江地带的左岸滩地,主要为块球体和裸露的基岩,滩面少有细粒泥沙淤积;右岸有史经滩等边滩发育,葛洲坝蓄水后,淹没于水下,主要由细颗粒的泥沙淤积,并以细砂和粉质壤土等为主,一般淤积厚度为3~7m,局部单薄,并有基岩裸露。据实测床沙粒径组成资料:左岸滩地淤积细粒泥沙D_{max}为2.0mm,D_{50}为0.121mm;残积块球体D_{max}为2250mm,范围值为2250~300mm。右岸滩地淤积泥沙D_{max}为1.0mm,D_{50}为0.127mm;残积块球体D_{max}达3300mm,范围值3300~300mm(表8-1-24)。两岸滩地床沙的组成特征:河床冲积物的淤积床沙一般粒径小于0.5mm,D_{max}为1~2mm,D_{50}为0.019~0.21mm,以颗粒细而均匀为特点。沿岸残积块球体粒径范围值达3300~300mm,其中左岸滩以1000~300mm粒径为主,占总数的63.9%;右岸滩以1300~400mm粒径为主,占总数的84.8%,两岸滩地块球体均以粒径粗大、形态浑圆、球度高、大小混杂等为特点。大江横断面冲积床沙的组成特征为主槽粒径较粗,向两岸滩地变细,滩槽粗细悬殊。关于中堡岛的床沙组成,因基岩出露高,仅表层有 1 ~ 2m 河漫滩相粉质壤土等覆盖。南汊的床沙组成,葛洲坝库区蓄水前的天然河床除主槽有砂卵石堆积外,两侧河床以中细砂为主,自葛洲坝蓄水后,主槽卵石减少,颗粒变细,以粉细砂为主,边角地带含泥量增多而为粘性土等,床沙在横断面上的沉积特点,仍以主槽粒径相对较粗,向河岸变细,与大江河床的床沙粒度横向分布相似,但粗细变化远比大江为小,并且也有块球体沿后河的河岸一带呈零散分布。

表 8-1-24　　三峡工程坝区大江基坑主槽两岸河床滩地床沙粒径组成特征表　（粒径单位:mm）

位置	冲积细颗粒泥沙		残积块球体		备注
	最大值	中值粒径	最大值	范围值	
左岸滩地	2.0	0.121	2250	2250 ~ 300	左岸共测花岗岩块球体 111 个
右岸滩地	1.0	0.127	3300	3300 ~ 300	右岸共测花岗岩块球体 144 个

2)沿直深度分布①:由于大江有古深槽发育,床沙堆积深厚,后因受葛洲坝的蓄水影响,所以河床堆积物的组成可分为古深槽堆积,建坝蓄水前的天然河床堆积和蓄水后的河床堆积,再加受三峡工程大江围堰截流时所引起的冲淤扰动,以及大坝施工的工程泥沙输入等多因素影响,所以垂向深度可分为四大层,覆盖层总厚度为 3.0 ~ 36.0m。由于床底的基岩起伏较大,所以反映在厚度上有较大悬殊,其中以下深槽的堆积厚度为最大,基坑分层的床沙组成见表 8-1-25 和表 8-1-26。

表 8-1-25　　三峡工程坝区大江基坑床沙粒径特征值表　（粒径单位:mm　分组含量:%）

层序	床沙分层	厚度(m)	取样组数(组)	D_{max}	D_{50}		$D<10$mm 含量		$D<2$mm 含量	
					范围值	平均值	范围值	平均值	范围值	平均值
1	大江截流抛填混合层	约 2.0	8	180.0	23.0 ~ 6.3	16.25	60.5 ~ 34.2	42.96	33.1 ~ 13.5	21.73
2	葛洲坝蓄水淤积层	2.0 ~ 12.0	11	275.0	68.0 ~ 9.0	28.84	51.6 ~ 18.9	34.14	37.7 ~ 6.7	18.66
3	天然河床淤积层	一般 0.5 ~ 2.0	5	370.0	225.0 ~ 21.0	112.36	22.8 ~ 5.1	15.84	12.6 ~ 2.0	8.66

上部:为含大江截流抛填的混杂砾卵石层,一般厚度 2.0m 左右。床沙 D_{max} 为 180mm,D_{50}范围值 23.0 ~ 6.3mm,平均 16.25mm;小于 10mm 粒径含量,平均为 42.96%,其中小于 2m 粒径含量平均为 21.73%,一般粒径偏细,砂砾石的含量较高,因受施工影响,小于 10mm 花岗岩风化碎屑较多。

中部:为葛洲坝蓄水淤积的细卵石层,厚 2.0 ~ 12.0m,一般厚 4.0m 左右,床沙 D_{max} 为 275mm,D_{50}范围值 68.0 ~ 9.0mm,平均值 28.84mm;小于 10.0mm 及 2.0mm 粒径的平均含量分别为 34.14% 与 18.66%,一般粒径偏细,砂砾石含量偏高。

下部:为长江天然河床淤积的粗卵石层,一般厚度 0.5 ~ 2.0m,平均为 1.0m 左右,床沙 D_{max} 为 370mm,D_{50}范围值为 225 ~ 21mm,平均值 112.36mm;小于 10mm 与 2mm 粒径的平均含量分别为 15.84% 及 8.66%,床沙粒径较大,砂砾石含量较少。

底部:为大江深槽槽底漂石层,由于粒径粗大,不便筛分秤重,因此采用尺量测,据实

①王维国,孙舒拉. 三峡水利枢纽基坑河床组成勘测研究. 长江委荆江水文水资源勘测局,2000 年.

测208颗床沙粒径统计，一般b径均达200mm以上，最大岩块a、b、c三径分别为1290mm、710mm、260mm。在100mm以上的粒径组中，以大于350mm的漂石为主，占实测总颗粒数的86.0%，350～100mm的漂卵石仅占14.0%，其间有少量小的卵砾和中粗砂充填，全层以粗大漂石为主(表8-1-26)。另在牯牛石深槽锅底坑的壶穴中有较细的卵砾石充填，据统计①，平均粒径为25.14mm，颗粒较细，分选均匀。从上可见，在大江的淤积床沙中，除深槽的锅底坑及壶穴等有部分较细的卵砾堆积外，一般粒径组成为从下向上变细，尤其自葛洲坝蓄水后发生充填淤积的上部细化显著。在大江两侧滩地的堆积床沙中，除受冲刷部位发生粗化外，一般滩面淤积泥沙仍呈现细化特征。

表8-1-26　三峡坝区大江牯牛石深槽底部漂石层的粒径组成表　(粒径单位:mm)

床沙数量	粒径组成										备注
	>550	550～500	500～450	450～400	400～350	350～300	300～250	250～200	200～150	150～100	
颗粒数(颗)	21	50	47	39	22	16	6	3	2	2	实测颗粒数为208颗
百分数(%)	10.1	24.0	22.6	18.8	10.5	7.7	2.9	1.4	1.0	1.0	

综合上述，三峡坝区水下原天然河床中的床沙组成分布，无论大江主槽、洲滩，还是后河的南汊河床，一般在平面上都沿主泓粒径较粗，远离变细；在垂向上从上而下，由细变粗，自葛洲坝蓄水后，在平面和垂向上都普遍发生床沙淤积细化，其中尤以大江主槽和南汊河床最为显著。另沿江普遍有残积块球体分布为一大特点，在岸滩泥砂淤积部位被淹埋覆盖，冲刷部位则裸露散布，并以大江沿岸滩地为多。

②葛洲坝坝区河段的床沙粒径组成：该坝区位于宜昌上游西陵峡口的原葛洲坝河段，按坝区河段床沙的横向和垂向分布特征分述于下。

1)沿横断面的分布：建坝前的天然河床中，有葛洲坝和西坝等江心洲分布，形成大江、二江和三江等三江分流，其中靠右岸为大江，向左岸分别为二江和三江，另在宜昌东山的山脚地段还曾有四江等，因早已淤积成陆而为故道和滩地；在现存的三江中，大江常年通流，二、三江支汊河床汛期分流过洪，枯水期断流干涸，其中二江汊道长1700m，宽200～300m，河床以砂卵石为主，下段床面上覆砂土，断流后而成低漫滩；三江长4000m，宽300～100m，由砂卵石及砂土覆盖，一般厚度为几米至十余米。在三江的河床覆盖层中有一条大块石堆积带分布，从南津关口下游伸入三江，下延至陈家台及漫水桥，长达3500m，由SSE－SN向展布(图8-1-5)。

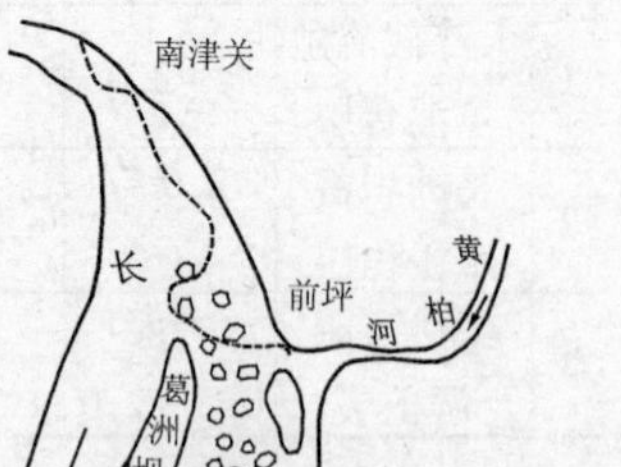

图8-1-5　葛洲坝蓄水前三江天然河床大块石堆积带分布示意图

①杨达源，杨天民，陈德基，等. 长江三峡深槽成因的研究. 南京大学地理系，长江水利委员会勘测局，2001年.

大块石带上段宽约50m，中下段宽达200～250m，厚4～13m，堆积物以大块石、漂石和粗卵石等为主，其中大块石等占总量的70%～90%，形成大块石带的骨架，由岩屑和砂土充填，尾段床面下并有成片碳化古木等埋藏，形成混杂堆积。因葛洲坝河段地处长江南津关口江心洲和黄柏河口冲积扇前缘的复合部，沉积物复杂，但在横剖面上除部分大块石等特殊堆积带外，河床的一般床沙组成还是以大江粒径较粗，二、三江的粒径变细，汉道尾的局部地段还多泥质细沙等。

2）沿直深度的分布：葛洲坝河段的河床砂卵石层厚2～20m，一般卵石粒径较为粗大，从1982年葛洲坝施工期中的大江基坑见及，可分三大层。

上部为床面粗化的漂卵石层：由于地处三峡峡口，水流湍急，而且来沙丰富，大江床面受到冲刷，普遍发生粗化，以漂卵石为主（表8-1-27）。据粒径大于50mm的床沙分组统计：D_{max}达380mm，在分组粒径中，大于100mm粒径的床沙达85%，其中200mm以上的漂石占33%。其间由砾石粗砂和20～50mm细卵石充填。另在基坑中发现一个最大漂石的a、b、c三径达1080mm、480mm、380mm。总之，该河段的表层床沙以粒径粗大，并多以扁圆体的漂石和粗卵石等组成鱼鳞状的规律排列为特点。

表8-1-27　葛洲坝大江基坑河床表层床沙粒径分组颗粒统计表　（粒径单位：mm）

项目	河床水下床沙粒径分组							备注
	50～100	100～150	150～200	200～250	250～300	300～350	350～400	
颗粒数量（颗）	15	41	11	12	5	10	6	测点位于坝下游约150m的河床基坑左侧
分组百分数（%）	15	41	11	12	5	10	6	

中部含漂石的卵石层：从河床深泓剖面见及，厚达8.00m左右，表层以下漂石减少，粒径变细，一般多为200mm以下卵石为主，其间充填较粗砂质增多，在床面下1.00m以内由黄褐色中粗砂充填，局部有棕黄色粘土等夹层发现，厚0.30m左右；在床面1.00m以下仍由含砾中粗砂充填，一般砂粒粗，砂质重，但变为灰褐、瓦灰等色，分选差，局部夹有树皮之类的腐植物等。

底部砂卵石层：从大江冲刷坑底见及，基岩面上的卵石一般粒径均较细小，并以30～10mm较多，仅有个别粒径大于200mm的花岗岩漂石相夹，含砂质较重，以中粗砂和细卵砾为主。

综合上述，葛洲坝大江床沙垂向分布，从上而下由粗变细，其床面粒径粗大而多漂石，中部多卵石，下部多砾石、粗砂等，冲刷坑底多细小卵砾为特征；与三斗坪的三峡大江基坑因受葛洲坝库区泥砂淤积影响，自上而下床沙粒径由细变粗形成相反沉积特征。

3. 三峡河段床沙的岩性组成。

长江三峡河段的床沙来源主要包含奉节上游的川江河段、三峡的峡区河段和原地残积物等。由于床沙来源不同，因此粒径大小十分悬殊，其残积块球体大者粒径可达数米，小者在0.10mm以下，且岩性复杂，现以三峡三斗坪和葛洲坝等坝区河段为例，将大于0.10mm的床沙按块石、漂石、卵石和砂砾石等4组分述于下。

（1）葛洲坝工程蓄水前天然河床的床沙岩性组成

①块石的岩性组成。

例 1:三峡坝区基坑块球体,粒径 3300 ~ 300mm,一般粒径大于 500mm,以 500 ~ 1000mm 为多,由黄陵背斜核部的前震旦系结晶岩经长期地质构造作用和风化及河流的冲刷侵蚀而残存河床,岩性组成主要为闪云斜长花岗岩和花岗岩、闪长岩、花岗闪长岩等,片岩及辉岩少见,岩性较为单一,因具有球形风化特征而多呈次圆状的块球体。

例 2:葛洲坝三江大块石堆积带,自南津关下游沿江向葛洲坝河段的三江呈带状延伸,以大块石为主,次为巨漂,由卵、砾和砂、土之类充填,岩性组成含砾岩、砂岩、石英砂岩、粘土质粉砂岩、灰岩和火成岩等,物质来源具多样性,除来自南津关上游峡区等外,还有来自黄柏河和三江河床的侵蚀残积物等。

②漂石的岩性组成。

例 1:三峡坝区的漂石,从大江基坑牯牛石深槽的底砾层分布见及,主要由一些粗卵石和漂石组成,其间由细砂和卵砾等充填。据该层随机抽样的 208 颗粗粒床沙统计:粒径 100 ~ 200mm 的卵石为 71 颗,占总数的 34.1%,而大于 200mm 以上的漂石 137 颗,占总数的 65.9%,其中最大粒径达 500mm 以上。岩性组成以花岗岩、灰岩和砂岩为主,次为石英砂岩、变质岩等,其余为石英岩、砾岩及燧石等少量(表 8-1-28),其中尤以花岗岩之类为最多,灰白色闪云斜长花岗岩和红色正长花岗岩(含正长岩)等的百分含量高达 52.4%,灰岩和砂岩分别为 15.4% 与 13.9%,合计占总数的 81.7%,并且灰白色花岗岩的百分含量随粒径的增大而增大。以上岩性组成特征,充分反映粗大物质主要来源于坝区上游附近的黄陵背斜等峡区河段。

例 2:葛洲坝区的漂石,主要见于大江围堰基坑的河床床面的粗化层,一般沿主泓道一线的床面粒径尤为粗大,主要由漂卵石组成,其间为粗砂砾和细卵石等充填,磨圆度好,颗粒表面新鲜光滑,且多为扁长体,呈鱼鳞状排列。岩性组成:一般为花岗岩、花岗闪长岩、闪长斑岩,次为石英砂岩、石英岩、灰岩和石英,并有个别燧石等,因葛洲坝河段地处三峡的峡口地段,从粗大卵漂石岩性显示,仍主要来自附近黄陵背斜等峡区河段及黄柏河等。

表 8-1-28　　三峡大江基坑粗粒层床沙岩性组成颗粒百分数统计表

粒径分组(mm)	数量单位	灰白色花岗岩	红色花岗岩	灰岩	燧石	砂岩	石英砂岩	砾岩	石英岩	变质岩	分组合计所占百分数
100 ~ 200	颗数	20	4	22	1	13	6	1	2	2	71
	百分数	28.2	5.6	31.0	1.4	18.3	8.5	1.4	2.8	2.8	34.1
200 ~ 300	颗数	45	4	9		11	4	2	2	9	86
	百分数	52.3	4.7	10.5		12.8	4.7	2.3	2.3	10.4	41.4
300 ~ 400	颗数	22	2	1		4	4	3		2	38
	百分数	57.9	5.3	2.6		10.5	10.5	7.9		5.3	18.3
400 ~ 500	颗数	8				1					9
	百分数	88.9				11.1					4.3
>500	颗数	4									4
	百分数	100									1.9
总计	颗数	99	10	32	1	29	14	6	4	13	208
	百分数	47.6	4.8	15.4	0.5	13.9	6.7	2.9	1.9	6.3	100.0

(引自王维国,孙舒拉,2000 年)

③卵石的岩性组成：一般粒径为120～10mm，随床沙变细，岩性较为复杂，从三斗坪和葛洲坝两河段岩性组成见及，都以石英岩、石英砂岩和含灰岩及白云岩等的碳酸盐岩为主，次为花岗岩、砂岩、玄武岩等，并有火山岩、燧石及混合岩和变质岩等少量，另有页岩和粘土岩偶见（表8-1-29）；岩性组成随粒径的大小产生变化，如120～20mm的粒径组中，花岗岩的含量随粒径变小百分含量减少，在三峡坝区和葛洲坝区分别由16.3%→7.9%和23.5%→14.3%，但当粒径进一步变小到20～10mm时，三斗坪增加到17.2%，葛洲坝达25.0%，即以40～20mm粒径组的含量为最低；又如混合花岗岩的相对含量变化情况亦同。

表8-1-29　葛洲坝蓄水前三斗坪、葛洲坝粗粒（>10mm）床沙岩性组成百分数统计表

河段	粒径组（mm）	砂岩	石英岩	石英砂岩	粘土岩	页岩	花岗岩	闪长岩	玄武岩	火山岩	白云岩	灰岩	燧石	混合	花岗岩	变质岩	合计	备注
三斗坪	120～80	9.8	33.9		0.1		16.30	4.7	11.6	4.5	12.5		0.1	4.3		2.2	100.0	①、变质岩含片岩、片麻岩等 ②火山岩含凝灰岩和凝灰角砾岩等
	80～40	9.3	24.8		0.6		14.1	6.6	11.3	7.0	18.1		1.1	4.0		3.1	100.0	
	40～20	13.2	15.4		0.0		7.9	7.1	11.6	1.7	31.5		9.3	1.5		0.8	100.0	
	20～10	12.5	45.1		0.2		17.2	1.8	7.2	4.1	6.2		0.1	2.7		2.9	100.0	
葛洲坝	120～80	7.7	28.7		0.1		23.5	4.4	10.1	4.0	9.1		0.2	4.2		7.0	100.0	
	80～40	5.4	23.3		0.5		16.2	10.1	9.6	8.6	13.3		5.8	4.2		3.0	100.0	
	40～20	7.7	15.9		0.5		14.3	5.7	11.3	3.4	32.1		4.9	2.1		2.1	100.0	
	20～10	10.7	39.4		0.3		25.0	3.9	5.8	3.3	5.1		0.1	2.4		4.0	100.0	

（据林承坤1989年表改制）

④砂砾石的岩性组成：宜昌河段10～0.1mm砂砾石的岩矿组成见表8-1-30，其中由岩石碎屑和矿物两部分组成。在岩石碎屑中以碳酸盐、火成岩和砂岩等的岩屑为主，其他还含粘土岩、变质岩屑、玄武岩等；在矿物组成中，主要为石英和长石，另含黑云母、角闪石和磁铁矿等少量。岩性组成与粒径紧密相关，如在10～0.25mm粒径组变化中，其岩屑和矿物连生体随粒径变细，百分含量相对减少，而矿物含量相对增加，并以石英、长石为主。随粒径进一步变细，在0.25～0.1mm的细砂粒中，则以石英为主，次为长石和砂岩、粘土岩、碳酸盐等。总之，随粒径变细，矿物增多，岩屑减少，稳定的矿物组分增多，不稳定的矿物组分相应减少是基本趋势。

表8-1-30　宜昌河段沙砾推移质床沙岩矿组成统计表[7]　（粒径单位：mm）

岩矿分类	分组粒径百分数（%）				
	10～2	2～1	1～0.5	0.5～0.25	0.25～0.10
石英	8.1	30.0	25.5	43.0	35.0
长石类	2.7	2.0	22.0	24.0	13.0
黑云母	0	1.0	1.0	2.0	4.0
角闪石	0	9.0	0.5	3.0	3.0
磁铁矿	0	0	0	2.0	3.0
矿物连生体	4.6	0	3.0	0	0
粘土岩屑	0	1.0	7.0	8.0	11.0

续表

岩矿分类	分组粒径百分数(%)				
	10 ~ 2	2 ~ 1	1 ~ 0.5	0.5 ~ 0.25	0.25 ~ 0.10
砂岩屑	26.3	15.0	10.0	7.0	12.0
碳酸盐岩屑	28.5	25.0	22.0	5.0	10.0
变质岩屑	3.8	14.0	9.0	3.0	4.9
火成岩屑	25.2	2.0	0	0	0
玄武岩	0.8	1.0	0	3.0	4.0
其他	0	0	0	0	0.1

(2)葛洲坝工程蓄水后库区河段的床沙岩性组成

葛洲坝工程于1981年蓄水后,三峡河段受到影响水流挟沙力减小,上游来沙减少,而峡区物质补给比例相对增大,使岩性组分相应发生变化,代表长江上游的火山岩、流纹岩和花岗岩、玄武岩等示源物质减少,而三峡河段来沙相应增多,从三峡工程大江基坑见及,葛洲坝蓄水后,岩性组成中的闪云斜长花岗岩、灰岩、砂岩等增多,并在河床堆积层上部还混杂有岩屑之类的坝区工程产沙。

4. 沙质床沙的容重

据三峡坝区大江基坑床沙中的容重测量成果,一般含有细砾的中细砂干容重范围值为1.184 ~ 1.418t/m^3;不含细砾的中细砂干容重为1.37t/m^3;细砂的平均干容重为1.188t/m^3,淤泥质粉砂土(D_{50}为0.01 ~ 0.016mm),因含水量大,土的孔隙率高,平均干容重小,仅为0.641t/m^3。综合可见:沙质床沙干容重随粒径的增大和含砾的增多而相应增大。

(二)三峡主要支流河段的床沙粒径组成

①支流河段床沙的粒径组成:从三峡奉节梅溪河至宜昌黄柏河等6条主要支流床沙资料见及(表8-1-31),床沙D_{max}除秭归窑湾溪小于200mm外,其余均大于200mm;床沙D_{50}以窑湾溪25mm为最小,其余一般为64.0 ~ 30.0mm。按床沙粒径组成,粒径大于40mm的百分含量:奉节梅溪河为44.0%,巫山大宁河为42.0%,秭归窑湾溪为48.1%,秭归百岁溪为49.0%,宜昌乐天溪为60.4%,黄柏河为44.6%。从D_{max}、D_{50}和粒径大于40mm的百分含量可见,均以乐天溪的床沙粒径相对较粗,窑湾溪为细,从总体看,D_{50}粒径尚属一般。

表8-1-31　　三峡河段部分主要支流床沙D_{50}统计表

地段 / 粒径(mm)	奉节梅溪河	巫山大宁河	秭归窑湾溪	秭归百岁溪	宜昌乐天溪	宜昌黄柏河	备注
D_{50}	31.5	30.0	25.0	38.0	64.0	52.0	D_{max}除窑湾溪小于200mm外,其余支流均大于200mm

②支流河段床沙的岩性组成:以宜昌乐天溪和黄柏河为例分述于下:其中乐天溪主要发育于三峡黄陵背斜核部的结晶岩区,河床泥沙岩性组成以花岗岩为主,分组百分含量高达73.0% ~65.1%,随粒径变小而减少;次为变质岩,其余为闪长岩、砂岩和石英砂岩及石英岩等少量。黄柏河主要流经黄陵背斜的翼部,流域来砂岩性组成以碳酸盐岩的

灰岩、白云岩及燧石和变质岩、花岗岩、石英岩及石英岩等为主，其余砂岩和闪长岩等少量，岩性组成较为复杂。从上两支流床砂的岩性对比可见，由于分别发育于黄陵背斜的核部和翼部，其区域地质条件的不同，床沙的岩性组成各异，乐天溪的床沙以花岗岩为主，而黄柏河最明显的变化为花岗岩的大幅度减少，以灰岩等碳酸盐岩的过分增多为特征。

第二节　长江中游宜昌—城陵矶河段的床沙组成

一、干流河段的床沙组成

（一）宜昌—城陵矶河段的河床组成

①河床岸坡的组成特征：宜昌—江口河段地处三峡与江汉平原的过渡地段，地质条件复杂①，河岸组成以基岩、卵砾和阶地硬土等岸坡为主，占河岸总长度的88.2%，松软土和砂土岸坡仅占11.8%；江口以下上荆江河段的天然岸坡，由上部河漫滩相粘性土（局部河段夹蓝灰色湖沼相粘土）与中下部的砂及卵石等河床相沉积组成二元结构，土层相对较厚；下荆江河段除右岸有部分基岩、阶地和湖沼相粘土河段外，一般上部河漫滩土层单薄，下部砂层尤为深厚，二元结构典型。

②河床组成特征：据1980年、1984年、1985年和1995年等多年河床取样实测资料统计（表8-2-1），宜昌—城陵矶的4个分段河床中，各类岩性组成所占面积百分数，从上到下游，基岩河床从有到无，卵砾石和中砂所占面积的百分数由大到小，卵砾逐渐减少为零，而细粉砂和砂壤土等面积向下游增多，自陈家湾以下河段细砂区面积显著增大，藕池口以下的下荆江河段粉砂和砂壤土等面积进一步增大，粒度普遍变小。

表8-2-1　宜昌—城陵矶河段河床组成分类面积百分数统计表

河段	分类面积百分数（%）					备注
	粉砂、砂壤土	细砂	中砂	卵砾石	基岩	
宜　昌—江　口	1.3	45.9	24.4	27.3	1.1	统计时间含1980、1984、1985和1995年等
江　口—陈家湾	7.7	63.3	15.6	13.4	0.0	
陈家湾—藕池口	7.5	75.0	17.4	0.1	0.0	
藕池口—城陵矶	30.7	68.7	0.6	0.0	0.0	

③河床纵横剖面的组成特征：宜昌—城陵矶河段的河床砂卵石面积自宜昌向下游急骤减少，于枝江七星台卵石层顶板逐渐向下游埋深，尤其自郝穴以东，坡降增大而深埋于河床之下，上覆砂层相应增厚，在可冲深度内由砂卵石河床演变为砂质河床；垂向沿直深度由砂和卵石结构演变为单一的砂质结构；河床洲滩由土、砂、卵石结构演变为土、砂层结构。关于河床横剖面，以部分典型剖面为例（图8-2-1②③），分述于下。宜昌胭脂坝河床剖面（图8-2-1（a）），左岸河床为卵石层，右岸为胭脂坝江心洲，由河床切割阶地形成，

①孙昌万．长江宜昌—江口段河床组成基本特征．水利部长江水利委员会荆江河床实验站，1989年．

②　长江水利委员会三峡勘测大队．长江河床砂砾石材料普查勘测成果图．1982年．

③　孙舒拉．杨家脑—城陵矶河段河床组成地质勘察报告．长江水利委员会水文局，2003年．

下部有晚更新世(Q_3)的黄粘土残存,上覆全新世(Q_4)卵石层单薄,一般洲头卵石普遍粗大,洲尾由河漫滩相沙土层等所覆盖。云池河床横剖面(图 8-2-1(b)),以卵石和砂卵石层为主体,部分主槽上覆细砂,右岸河床深部有大片胶结卵石层埋藏,且较深厚。松滋口芦家河江心滩河床剖面(图 8-2-1(c)),心滩以卵石和砂卵石为主,表层多有薄层细砂,整个砂、卵石等覆盖层厚度较小,一般仅 10m 余,床底基岩分布较高,岩面平整。太平口剖面覆盖层较厚,由细砂和深部砂卵石组成粗细双层构造,砂卵石层较为深厚;下荆江的石首和监利的乌龟洲等剖面(图 8-2-1(d)、(e))。除洲滩为二元结构有部分薄层河漫滩相粘性土层分布外,河床均为细砂,且以深厚为特点。从上代表性剖面可见,宜昌—城陵矶的河段中,从上游到下游由低山丘陵河段过渡到平原河段,河型由顺直微弯→弯曲分汊→蜿蜒弯曲河床;河床组成亦由单一砂卵石河床→砂和砂卵石双层结构河床→单一砂质河床。

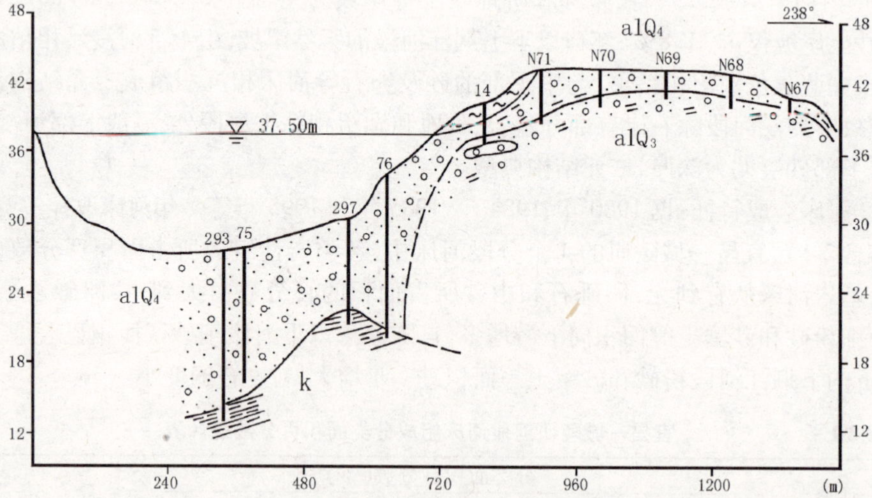

(a) 宜昌胭脂坝河床地质横剖面略图

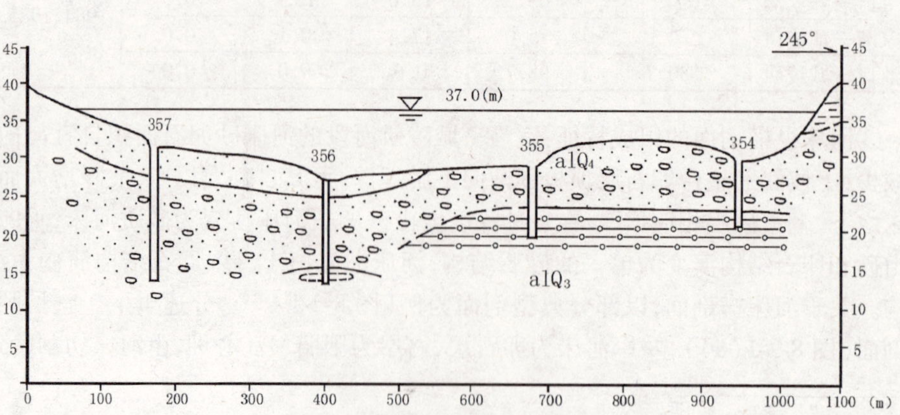

(b) 云池河床地质横剖面略图

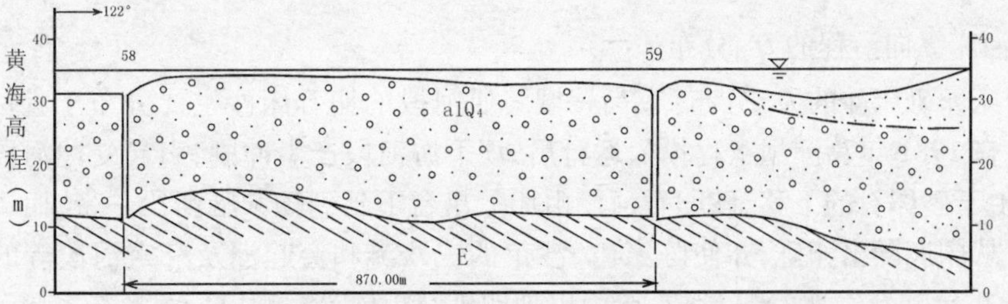

（c）　松滋口河床芦家河江心滩地质横剖面略图

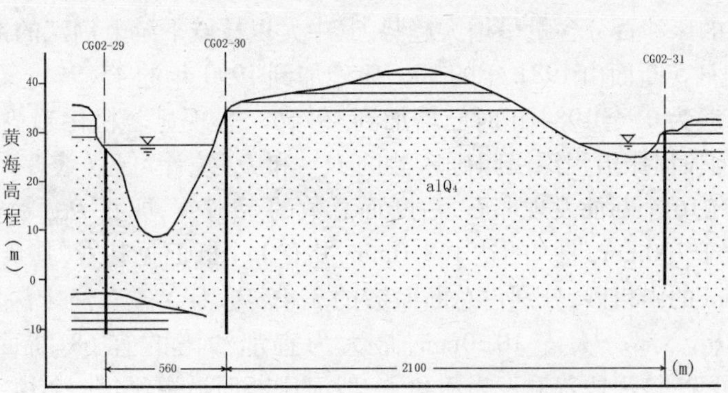

（d）　石首河段河床地质横剖面略图

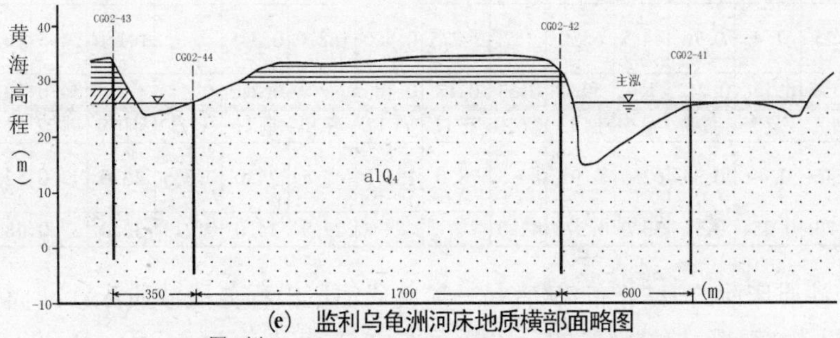

（e）　监利乌龟洲河床地质横部面略图

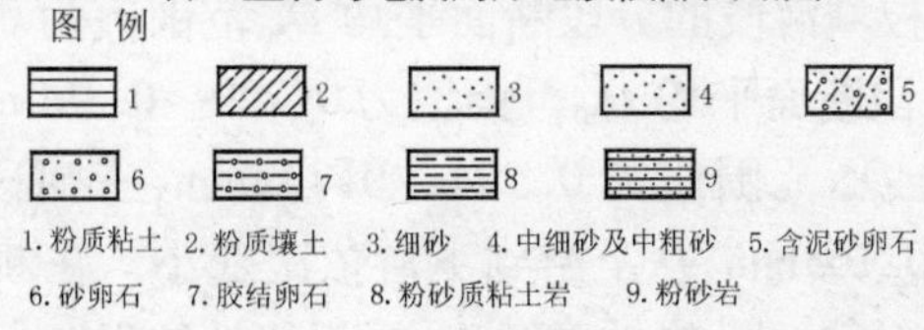

图 8-2-1　宜昌—城陵矶河段河床地质横剖面图

（二）河段床沙的 D_{50} 分布

长江水利委员会水文局和有关单位为三峡和葛洲坝水利枢纽工程以及荆江防洪的需要，曾系统地进行过多次水下取样、洲滩坑测和河床洲滩钻孔等勘测，搜集了大量的床沙资料，现在前人研究成果的基础上综合分析于下。

1. 水下河床床沙的 D_{50} 分布

(1)河床纵向沿程的 D_{50} 分布

①河床卵砾床沙的 D_{50} 分布:宜昌—城陵矶河段的卵砾床沙主要分布于宜昌—七星台河段。自1981年葛洲坝工程投入运行后,坝下游河段产生冲刷,引起受冲河段床沙发生粗化,由于砂卵石的下移,砂卵石河段由原七星台下延到杨家脑河段一带,而下游部分受冲河段从床底翻出卵砾,亦使陈家湾、沙市的三八滩和突起洲及郝穴河段等的老壳洲(滩)活化扩展和新壳洲(滩)形成,床面出现卵砾及粗砂等。现以云池—杨家脑河段的床沙粗化为例分述于下。

从云池—枝江河段的宜59及荆16号等10个水下断面的多年(1981—1995年)水下实测资料见及①,自1981年葛洲坝蓄水后,发现有卵石的断面由5个增加到10个,且粒径大于1.0mm的床沙百分含量呈增大趋势,其中尤以枝城下游上荆江的部分河段较为显著,如关洲头的荆5断面由1981年的30.9%增加到1990年的45.9%;又如董市的荆14断面在1981年时为0,至1984年时已增加到49.1%,呈现显著粗化趋势。另据1995年云池—杨家脑河段河床沿程深泓卵砾床沙的 D_{max} 和 D_{50} 统计可见(表8-2-2),在29个断面的深泓道中有16个断面发现卵石,占断面总数的55.2%,卵石 D_{max} 粒径一般在40mm以上,少部分大于100mm,最大的达168.0mm,并有1个断面见基岩,其余12个断面深泓为0.25~1.7mm的中粗砂,分别占总断面数的3.4%与41.4%。河床深泓的床沙 D_{50} 一般在0.20mm以上,部分大于10.0mm,最大为宜都沙湾的宜68断面的深泓 D_{50} 达59.0mm。从上可见,该河段普遍发生粗化,一般河床断面沿主泓道一线尤为显著,粒径大小悬殊,呈现多跳动的锯齿状分布。

表8-2-2　　1995年云池—杨家脑河段河床沿程深泓床沙 D_{max} 与 D_{50} 统计表

断面编号	宜59	宜61	宜63	宜66	宜68	宜69	宜72	宜74	荆1	枝2	荆2	荆3	荆4	荆5	荆6	备注
D_{98} 或 D_{max} (mm)	0.25	1.4	0.76	44.5	65.0	1.7	0.275	0.400	168.0	0.345	基岩	141.0	54.5	26.8	22.0	
D_{50} (mm)	0.155	0.228	0.212	7.0	59.0	0.53	0.18	0.185	/	0.212	/	/	34.0	10.3	7.2	
断面编号	荆7	董2	董3	董5	荆13	董10	董11	董12	董14	荆16	江3	荆19	荆22	荆25		
D_{98} 或 D_{max} (mm)	0.46	0.49	0.34	62.0	0.95	80.5	78.0	133.0	40.5	24.0	0.335	46.0	43.0	52.0		
D_{50} (mm)	0.23	0.254	0.15	38.0	0.375	42.0	/	/	29.0	14.0	0.213	32.0	37.0	48.0		

②河床沙质床沙的 D_{50} 分布:从宜昌—城陵矶河段沿程分段沙质床沙断面平均 D_{50} 见及(表8-2-3)②,宜昌—枝城河段的分段断面平均 D_{50} 范围值为0.250~0.222mm,枝城—藕池口上荆江河段的分段断面平均 D_{50} 范围值为0.209~0.190mm,藕池口—城陵矶下荆江河段的分段断面平均 D_{50} 范围值为0.194~0.143mm,三河段的断面平均 D_{50} 分别为0.234mm、0.202mm和0.165mm,从上游到下游依次变小。在断面平均 D_{50} 中,沙质床沙比卵砾床沙相对均匀,变幅减小,趋向平缓稳定,规律性较强。

---

①刘庚临,周敏,周凤琴,等. 长江宜都—江口河段河床组成及砂卵石来量分析. 水利部长江水利委员会水文局,1997年.

②张美德,周敏,胡亚兰. 长江宜昌—城陵矶河段河床组成分析(一). 长江委荆江水文水资源勘测局,1995年.

表 8-2-3　　宜昌—城陵矶河段砂质床沙分段平均 D_{50} 统计表

河段	分河段及水下断面编号	分段平均 D_{50}(mm)	河段平均 D_{50}(mm)
宜昌—枝　城	宜昌河段(宜 34～45)	0.250	0.234
	古老背河段(宜 45～60)	0.222	
	宜都河段(宜 60～枝 2)	0.231	
枝城—藕池口(上荆江)	枝城河段(枝 2～董 3)	0.209	0.202
	枝江河段(董 3～荆 18)	0.194	
	江口—陈家湾(荆 18～29)	0.205	
	陈家湾—沙市(荆 29～52)	0.214	
	沙市—藕池口(荆 52～84)	0.190	
藕池口—城陵矶(下荆江)	藕池口—石首(荆 84～94)	0.177	0.165
	石首—调关河段(荆 94～122)	0.194	
	调关—监利河段(荆 122～143)	0.165	
	监利—洪山头(荆 143～168)	0.148	
	洪山头—城陵矶(荆 168～186)	0.143	

(2)河床横断面的床沙 D_{50} 分布

卵砾和砂质床沙 D_{50} 的横向分布,一般以断面的主泓道床沙相对较粗,向两岸变细为基本特征,当弯曲河床主泓靠岸偏向一侧时,床沙的分布便向凸岸滩地一侧变细。如上荆江的董 2 断面,因主泓靠右,床沙 D_{50} 粒径则自右向左分别为 0.330mm、0.254mm、0.203mm、0.111mm 和 0.069mm 等依次递减变细。

床沙的年内变化:由于河床的滩槽在年内有季节性的冲淤变化,所以河床床沙无论在纵向沿程还是横向的剖面变化中都具有规律性的时间周期,其一般深槽是洪水期冲刷使床沙变粗,而枯水期淤积,床沙变细;浅滩则相反。一般汛期多发生淤积而使床沙变细,而汛期前后处于冲刷或冲刷后的相对稳定时期,粒径显粗。总之,受冲河段床沙变粗,受淤河段床沙变细。

2. 河床洲滩床沙的 D_{50} 分布

宜昌—城陵矶河段的洲滩类型含边滩和江心洲(滩),上段以江心洲为主,中下段随河床弯道发育边滩增多,洲滩床沙组成亦可分为砂卵石洲滩和砂质洲滩两类。单个洲滩床沙分布的基本特点,一般以洲头床沙相对较粗,向尾部变细,有的因洲滩淤高,河漫滩的发育以淤泥质为主。在横断面上,由枯水河床向边滩的滩根或江心洲(滩)的顶部变细;在活动层的沿直深度变化中,一般表层发生粗化,向深处变细,其中尤以砂卵石洲滩较为显著,而纯砂质洲滩则由于冲淤多变,规律性变差,亦有部分洲滩床沙呈现相对稳定或变细。河段洲滩床沙的 D_{50} 及 D_{max} 的分布特征于下。

(1)河床纵向沿程洲滩床沙的 D_{50} 和 D_{max} 分布

宜昌—城陵矶河段洲滩含宜昌—杨家脑河段的卵石及砂卵石洲滩和杨家脑—城陵矶河段的砂质洲滩等,现以 1980—2003 年期间多测次中的部分洲滩表层床沙 D_{50} 和 D_{max} 为例分析于下。

①洲滩卵砾床沙的 D_{50} 和 D_{max} 分布:按所处地貌部位分为宜昌—松滋口的丘陵河段和松滋口—杨家脑的平原河段,上段胭脂坝等 6 个主要洲滩 D_{50} 和 D_{max} 的范围值分别为

150.0 ~ 31.5mm 和 280.0 ~ 80.0mm，按分段年际变化（表 8-2-4）：1980 年、1988 年、1995 年、1997 年、1999 年中的 5 个年度平均 D_{50}分别为 50.2mm、63.8mm、92.4mm、102.0mm 和 82.9mm，平均 D_{max} 分别为 125.4mm、161.6mm、167.5mm、145.0mm 和 157.3mm 等。自 1980 年后由于受葛洲坝的坝下游冲刷影响，出现先由细变粗，而后再转变细的演变过程。下段松滋口—杨家脑河段，历年 D_{50}和 D_{max}范围值分别为 83.0 ~ 23.0mm 和 185.0 ~ 76.0mm。按年度分段平均，1980 年、1988 年、1995 年、1997 年和 1999 年间，D_{50}自 1988 年起分别为 57.7mm、48.0mm、67.5mm 和 56.0mm，D_{max} 分别为 120.0mm、147.3mm、121.2mm、111.5mm 和 129.3mm 等，因位居长江卵石河段的尾段，按洲滩发展动态，至上世纪末还以堆积为主，卵石床沙粗化的特征虽有所显示，但年际变化趋势尚不如松滋口以上河段床沙显著。按两分河段床沙特征值的年际平均值比较：宜昌—松滋口河段床沙 D_{50}为 78.3mm，D_{max} 为 151.4mm；松滋口—杨家脑河段床沙 D_{50} 为 57.3mm，D_{max} 为 125.9mm，无论 D_{50}和 D_{max}平均值均向下游变小，而且上、下河段各年度特征值的变化亦同。即反映地处葛洲坝下游两河段的冲刷发展过程中，洲滩卵砾床沙无论年度和年际都从上向下游呈变细趋势。

表 8-2-4　长江宜昌—杨家脑河段卵石洲滩床沙 D_{50}、D_{max}统计表　（粒径单位：mm）

分段名称	洲滩名称	坑测部位	1980 年		1988 年		1995 年		1997 年		1999 年		1980 ~ 1999 年		备注
			D_{50}	D_{max}	D_{50}	D_{max}	D_{50}	D_{max}	D_{50}	D_{max}	D_{50}	D_{max}	D_{50}	D_{max}	
宜昌—松滋口	胭脂坝	洲头洲中	43.0	170.0	35.5	108.0	125.0	280.0			87.0	176.0			①表中为卵石洲滩表层床沙全样 D_{50} ②表中所用资料含长江委荆江水文水资源勘测局 1980、1988、1995 和 1997 年洲滩坑测资料和长江航道规划设计研究院 1998 大洪水后的床沙坑测资料等
	临江坪		55.5	91.0	41.0										
	三马溪			80.0	52.5	150.0	40.5	100.0							
	大石坝		52.0	121.0	150.0	232.0	113.0	165.0	113.0	165.0	72.0	140.0			
	沙渍坪				31.5	88.0					60.5	165.0			
	关　洲			165.0	72.0	230.0	91.0	125.0	91.0	125.0	112.0	148.0			
	平均 D_{50}		50.2	125.4	63.8	161.6	92.4	167.5	102.0	145.0	82.9	157.3	78.3	151.4	
松滋口—杨家脑段	芦家河	洲头洲中			70.0	120.0	76.0	160.0			69.0	160.0			
	董市洲			120.0	68.0	137.0	23.0	160.0	83.0	118.0	55.6	133.0			
	百里洲						52.0	105.0			24.9	91.0			
	柳条洲				35.0	185.0	52.0	105.0	52.0	105.0	74.6	133.0			
	八亩滩						37.0	76.0							
	平均 D_{50}			120.0	57.7	147.3	48.0	121.2	67.5	111.5	56.0	129.3	57.3	125.9	

卵石床沙的分组百分数变化：宜昌—杨家脑河段卵石床沙向下游变细的趋势，在其分组百分含量上亦存在明显反映。据 1995 年床沙资料见及，粒径大于 20mm 的卵石床沙的百分含量从上向下游减少，而 2 ~ 20mm 砾石和小于 2.0mm 的砂土百分含量相应增大。据分段卵、砾、砂的百分数含量，宜昌—松滋口河段分别为 73.1%、14.8% 和 12.1%，而松滋口—杨家脑河段分别为 53.8%、21.2% 和 25.0%，其上下分段对应的卵石百分含量由 73.1%→53.8%，砾石由 14.8%→21.2%，砂由 12.1%→25.0%，即随向下游，河段的卵石床沙含量减少，砂砾含量相应增大十分显著。

②洲滩砂质床沙的 D_{50}和 D_{max}分布：在宜昌—杨家脑的砂卵石洲滩中，粒径小于 2.0mm 的砂质床沙和杨家脑—城陵矶河段的砂质洲滩床沙，按河型分段统计于表 8-2-5。据 1980—2003 年多次洲滩床沙资料显示，宜昌—松滋口河段 1980 年、1988 年、1995 年和 2001 年等 4 个年度的河段洲滩平均 D_{50}分别为 0.312mm、0.217mm、0.77mm 和 0.253mm；D_{max} 1988 年起分别为 1.39mm、2.90mm 和 1.63mm。松滋口—藕池口河段 1988 年、1995 年、2001

年和2003年的河段平均 D_{50} 分别为0.245mm、0.332mm、0.18mm 和0.20mm；D_{max} 分别为1.75mm、3.40mm、0.59mm 和0.65mm；藕池口—城陵矶河段2001年与2003年的河段平均 D_{50} 分别为0.168mm 和0.19mm；D_{max} 分别为0.417mm 与0.46mm。从3个分段各自的年际变化见及，无论 D_{50} 或 D_{max} 都无显著的粗细趋势性变化，但据3个分段的多年的统计平均值见及，D_{50} 分别为0.388mm、0.239mm 和0.179mm；D_{max} 分别为1.970mm、1.341mm 和0.440mm，均沿程向下游依次递减，其中尤以下荆江的床沙变细显著。综合上述，在宜昌—城陵矶河段的3个分段中，砂质床沙的 D_{max} 与 D_{50}，在时段上表现为年际间的大小变化趋势不显；在空间上，3个分段从上游至下游仍由大变小，规律性较强。

表8-2-5　长江宜昌—城陵矶河段沿程洲滩砂质床沙 D_{50}、D_{max} 统计表　（粒径单位：mm）

分段名称	洲滩名称	坑测部位	1980年		1988年		1995年		2001年		2003年		1980~2003年		备注
			D_{50}	D_{max}	D_{50}	D_{max}	D_{50}	D_{max}	D_{50}	D_{max}	D_{50}	D_{max}	D_{50}	D_{max}	
宜昌—松滋口段	胭脂坝	一般为洲中表层			0.205	1.85	0.24	2.00	0.253	2.00					本表资料来源于长江委荆江水文水资源勘测局多年洲滩床沙坑测资料。其中1980~1995年资料前文已注。2001年和2003年坑测资料注明于下①②
	临江坪				0.240	1.85									
	三马溪		0.45		0.215	1.55			—	0.236	0.50				
	大石坝				0.190	1.81	1.60	3.60	0.255	2.00					
	沙渍坪		0.208		0.170	0.28									
	关洲		0.278		0.280	1.00	0.48	3.10	0.268	2.00					
	平均		0.312		0.217	1.39	0.77	2.90	0.253	1.63			0.388	1.970	
松滋口—藕池口（上荆江）河段	芦家河	一般为洲中表层			0.245	1.80			0.336	2.00					
	董市洲				0.239	1.88	0.334	3.89	0.052	0.355					
	百里洲						0.353	4.26							
	柳条洲			0.315	0.250	1.56	0.385	3.56	0.042	0.355	0.248	2.00			
	八亩滩								0.243	0.50					
	火箭洲						0.256	1.891	0.223	0.50	0.208	0.50			
	马羊洲								0.261	0.50	0.141	0.355			
	太平口心滩								0.215	0.50	0.238	0.50			
	三八滩								0.159	0.50	0.189	0.50			
	金城洲								0.226	0.50	0.241	0.50			
	突起洲								0.225	0.50	0.148	0.50			
	蛟子渊								0.121	0.50	0.202	0.50			
	天星洲								0.057	0.355	0.210	0.50			
	平均			0.315	0.245	1.75	0.332	3.40	0.18	0.59	0.20	0.65	0.239	1.341	
藕池口—城陵矶（下荆江）河段	五虎朝阳	一般为洲中表层							0.148	0.355	0.191	0.50			
	鱼尾洲								0.129	0.355	0.165	0.50			
	碾子湾								0.172	0.50	0.224	0.50			
	季家咀								0.220	0.50	0.242	0.50			
	乌龟洲心滩								0.108	0.272	0.154	0.355			
	新沙洲								0.222	0.50	0.161	0.50			
	洪水港										0.152	0.355			
	荆江门边滩								0.125	0.355	0.152	0.355			
	八姓洲边滩								0.217	0.50	0.209	0.50			
	观音洲边滩										0.246	0.50			
	平均								0.168	0.417	0.19	0.46	0.179	0.440	

①段光磊，龚兴，李振林，等. 2001年荆江汛前查勘床沙粒径分析成果. 长江委荆江水文水资源勘测局，2001年.

②龚兴，高志斌. 杨家脑—城陵矶河段河床组成勘测调查分析报告. 长江委水文局，2003年.

(2)河床洲滩床沙沿直深度的 D_{50} 分布

①洲滩上部活动层的床沙 D_{50} 分布：据河床洲滩 0.50m 深度内活动层的粗化系数 K 值（表 8-2-6），按河段的年际变化分述于下。

表 8-2-6　　宜昌—城陵矶河段河床洲滩床沙活动层（0.50m）粗化系数表（D_{50} 粒径单位：mm）

时间	项目	卵石洲滩			砂质洲滩													
		胭脂坝	大石坝	关洲	董市洲	柳条洲	火箭洲	马羊洲	太平口	三八滩	金城洲	突起洲	天星洲	五虎朝阳	鱼尾洲	乌龟洲	荆江门反咀	观音洲
1995年	表层 D_{50}	103.0	94.0	102.0	83.0	52.0												
	深层 D_{50}	60.0	29.1	69.5	26.8	16.9												
	粗化系数（K）	1.72	3.23	1.47	3.10	3.08												
1997年	表层 D_{50}		113.0	102.0	83.0	52.0												
	深层 D_{50}		50.1	79.5	26.8	16.9												
	粗化系数（K）		2.26	1.28	3.10	3.08												
2001年	表层 D_{50}					0.042	0.223	0.261	0.215	0.159	0.226	0.225	0.057	0.148	0.129	0.108	0.125	
	深层 D_{50}					0.061	0.207	0.243	0.236	0.161	0.224	0.147	0.216	0.185	0.196	0.156	0.121	
	粗化系数（K）					0.69	1.08	1.07	0.91	0.99	1.01	1.53	0.26	0.80	0.66	0.69	1.03	
2003年	表层 D_{50}					0.262	0.208	0.229	0.238	0.239	0.241	0.148	0.234	0.191	0.165	0.114	0.143	0.353
	深层 D_{50}					0.236	0.191	0.192	0.226	0.254	0.241	0.153	0.239	0.191	0.162	0.120	0.139	0.232
	粗化系数（K）					1.11	1.09	1.19	1.05	0.94	1.00	0.97	0.98	1.00	1.02	0.95	1.03	1.52

单个洲滩的年际变化：卵石洲滩床沙，据 1995 和 1997 年的单洲（滩）平均粗化系数（K），一般范围值分别为 3.10～1.47 与 3.10～1.28，年度内河段洲滩总平均粗化系数分别为 2.52 与 2.43，一般达 2.0 以上，偏大。砂质洲滩床沙，2001 年和 2003 年的单洲（滩）平均粗化系数范围值，一般洲滩分别为 1.53～0.26 与 1.52～0.94，各年度内河段洲滩的总平均粗化系数分别为 0.89 与 1.07，即存在有粗、细化显示，但均在 1.00 左右，反映河段洲滩虽有冲淤，但基本处于准平衡状态。从上可见，一般砂质洲滩的粗化系数远比卵石洲滩为小，而淤长中的洲滩因细颗粒的悬移质泥沙落淤，反使滩面床沙发生细化。

分段洲滩的变化：从宜昌—杨家脑河段 1995 年及 1997 年卵石洲滩的平均粗化系数为 2.48，杨家脑—藕池口和藕池口—城陵矶河段砂质洲滩 2001 年及 2003 年平均粗化系数分别为 1.01 与 0.95 显示：其一，卵石洲滩河段床沙的粗化系数较大，而砂质洲滩床沙的粗化系数仅在 1.00 左右，粗化不显著，部分还因细颗粒的泥砂回淤而发生细化。其二，床沙粗化系数虽存在年际变化，但分段比较，杨家脑—藕池口河段和藕池口—城陵矶河段亦呈现向下游变小趋势。另从松滋口下游的洲滩床沙组成见及，小于 0.09mm（即约 0.10mm）的细颗粒粉细砂土的百分含量一般小于 5.0%，而下游自突起洲起，河段床沙变细，局部还含泥质夹层，且在藕池口下游河段明显增多，粘粒含量增高达 12.0% 以上，呈现砂粒变细，泥质增多的趋势。

②洲滩沿直深度的床沙 D_{50} 分布。

宜昌—城陵矶河段洲滩床沙沿直深度的构造类型，经沿程大量钻孔资料揭露，一般在50.0m深度范围内，主要由土、砂和卵石等组成多种类型，按岩性可分为卵砾石、砂土和粘性土等三大类,各类土的 D_{50} 特征于下。

1)卵砾床沙的沿直深度分布:主要分布于长江宜昌—藕池口河段,其中宜昌—杨家脑河段为卵石和砂卵石河床,卵石自河床滩面以下均呈层分布;杨家脑以下转为沙质河床,卵石层下埋,上部由砂层所覆盖,由于卵石层的沿程纵比降按 1/5000 向下游倾斜,远大于当今河床纵比降,因此随向下游,砂质床沙的覆盖厚度增大,至沙市河段已达滩面下 20.0m 左右,至郝穴以下埋深急剧增大到 30.0m 以上。下荆江河段的河床可冲深度内卵石少见,已转型为土—砂质床沙或单一的砂质床沙等。据 1995 和 1996 年的钻孔资料,沿程分段卵砾床沙的平均 D_{50} 及百分含量见表 8-2-7。分段卵砾床沙 D_{50} 从宜昌起,沿程大小呈锯齿状向下游变小,自涴市向下游变小的规律性增强。据宜昌—松滋口和松滋口—藕池口河段床沙 D_{50} 统计,平均值分别为57.80mm 与 42.06mm,亦反映 D_{50} 向下游变小的规律性特征。

表 8-2-7　宜昌—城陵矶河段洲滩沿直深度钻孔卵砾床沙 D_{50} 及百分含量统计表

河段	宜昌—松滋口		松滋口—藕池口				备注
	宜昌—宜都	宜都—松滋口	松滋口—涴市	涴市—沙市	沙市—郝穴	郝穴—藕池口	
分段平均 D_{50}(mm)	53.35	65.50	42.95	47.05	43.18	28.40	宜昌—宜都河段为 1980 ~ 1983 年资料;宜都—城陵矶河段为 1995—1996 年资料;卵砾百分含量同上
	57.80		42.06				
分段平均百分含量(%)	66.5	32.67	31.71	45.29	25.21	16.67	
	53.81		27.47				

卵砾床沙的百分含量变化与分段床沙 D_{50} 变化类同(表 8-2-7),自宜昌向下游河段呈现锯齿状的大小变化,但总趋势仍向下游变小。按宜昌—松滋口和松滋口—藕池口两大河段卵砾床沙的平均百分含量分别为 53.81% 与 27.47%;另按宜昌—松滋口—沙市—藕池口 3 个分段卵砾床沙百分含量统计,从上游到下游的平均含量分别为 53.81%、36.24% 和 22.36%,均呈现规律性的递减变小。综合上述可见:无论卵砾床沙 D_{50} 的粒径或百分含量均向下游减小,虽然短河段有大小跳动变化,但随河段的延长,向下游变细的规律性增强。

2)砂质床沙的沿直深度分布:宜昌—城陵矶河段洲滩床沙的沿直深度组成,从滩面至河床深泓线下,即约 50m 深度范围内,宜昌—七星台河段为层状的沙卵石床沙,经七星台—杨家脑河段过渡后,下游河段因卵石层顶板的降低,下埋深度增大,河床上覆砂层相应增厚,床沙组成由单一的沙卵石构造转变为砂—卵砾构造;至郝穴下游,由于砂卵石层的深埋或尖灭,河床沿直深度全转为单一的砂质床沙或土—砂质床沙,整个平原河段以砂质床沙为主,其中以下荆江河段尤为典型,一般多为细砂,不仅床沙较细,而且厚度大。据 1989 年和 1995—1996 年及 2003 年 3 次 100 多个沿程系统钻孔资料显示,变化规律如下。

河段床沙 D_{50} 与 D_{max} 的纵向分布:据杨家脑—城陵矶砂质河段沿程洲滩钻孔床沙的 D_{50} 与 D_{max} 曲线图 8-2-2 见及①,从上至下游呈锯齿状的大小起伏变小,在 D_{50} 的大小波动变化中还具有多级波动性特征,即由若干小的波动组合而成宜都、松滋口下游的芦家河、马家咀和洪水港河段等几个大一级的波峰和其间的同济垸、涴市和调关河段等大一级的波谷,其中尤以藕池口—城陵矶的下荆江河段 D_{50} 值普遍较小,所形成的波谷为大。床沙

①孙舒拉. 杨家脑—城陵矶河段河床组成地质勘察报告. 长江水利委员会水文局,2003 年.

D_{max}组成的曲线形态亦与D_{50}的波型基本对应相似。

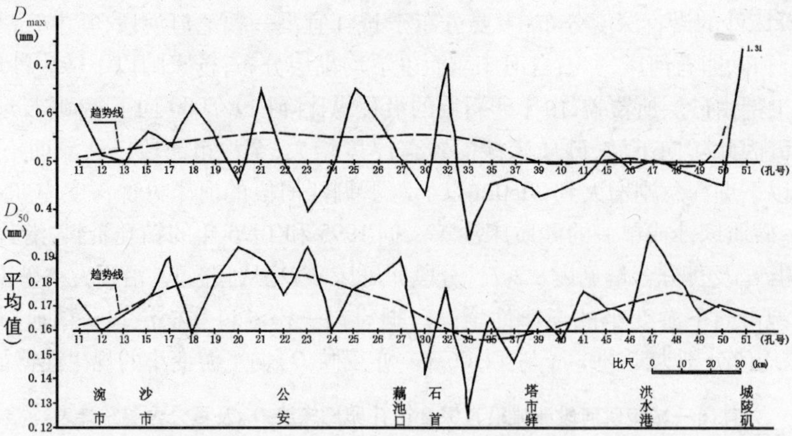

图 8-2-2 杨家脑—城陵矶河段沿程洲滩钻孔砂质床砂 D_{50}与 D_{max}曲线图

分段床沙的 D_{50}分布：从宜昌—松滋口、松滋口—藕池口和藕池口—城陵矶等三个河段多年的钻孔资料，分段床沙的平均 D_{50}分别为 0.1923mm、0.1920mm 和 0.1580mm，均从上向下游河段变小，其中尤以藕池—城陵矶的下荆江河段变小显著。

分段床沙的级配组成：据 1989 年沿江分段洲滩钻孔资料，宜昌—松滋口、松滋口—藕池口、藕池口—城陵矶的 3 个分河段中，除上述 D_{50}向下游河段变小外，其 D_{10}的床沙粒径分别为 0.100mm、0.055mm 和 0.040mm，亦相应变小；在砂粒的级配组成中，小于 0.50mm、小于 0.10mm 和小于 0.005mm 的百分含量则均向下游增大，其中小于 0.005m 的泥质含量由小于 0.1% 向下游分别增加到 1.0% 与 2.0%；砂质床沙的不均匀系数分别为 3.0,3.0 和 3.5。从上可见，按河段自上向下游，床沙 D_{50}、D_{10}均变小，小于 0.5mm 等的细粒砂土含量增加，不均匀系数亦稳中略有增大。

3）粘性土床沙的沿直深度分布：在宜昌—城陵矶河段中，沿直深度的粘性土层主要分布于洲滩中尾部的河漫滩和河床相的砂层中呈夹层出现，在下荆江的局部河段及床底还有古河道及古云梦泽湖沼相粘土等分布。据 1995—1996 年沿江钻孔资料反映，其宜昌—松滋口、松滋口—藕池口和藕池口—城陵矶 3 个河段钻孔沿直深度的粘性土床沙平均 D_{50}分别为 0.033mm、0.064mm 和 0.067mm，从上向下游河段呈现增大趋势，其中宜昌—松滋口低山丘陵河段中的宽段洲滩粘质含量偏高，D_{50}偏小；松滋口下游的平原河段水流比降小，河床水沙分散，所淤的悬移质泥沙中，粉质含量偏高，致使粘性土 D_{50}偏粗。

4）关于沿直深度的床沙 D_{50}曲线类型：由于河床的床沙主要由砂卵石（或卵石）、砂和粘性土等 3 类土所组成，在河床洲滩的沿直深度内因具层理构造，且层系厚度不一，床沙组成不尽相同，所以 D_{50}的沿直深度曲线相应各具特征，从上至下基本可分为以下四种类型，部分典型实例见图 8-2-3①②。

①周凤琴，孙舒拉，熊建民. 三峡水利枢纽工程宜昌—城陵矶河段河床组成地质钻探成果. 水利部长江水利委员会水文局，1996 年.

②孙舒拉，吕金林，邵利，等. 长江三峡工程施工阶段宜昌—杨家脑和杨家脑—城陵矶河段河床组成地质勘察报告. 长江水利委员会水文局，2003 年.

D_{50}相对稳定：如下荆江盐船套心滩的 CG02－48 孔，孔深 31.20m，全孔为砂，D_{50}从上至下在以 0.175 mm为轴线摆动，其大小幅度从上向深处变小，趋于稳定。

D_{50}由小变大：如郝穴对岸的南五洲边滩 CG02－24 孔，孔深 32.00m，为土—砂—卵砾组成，并以砂层为主，内夹较多的粘性土薄层，床沙 D_{50}大小悬殊，在 0.01～0.26mm 间大幅度摆动，但总趋势仍呈现向深处由小到大分布。

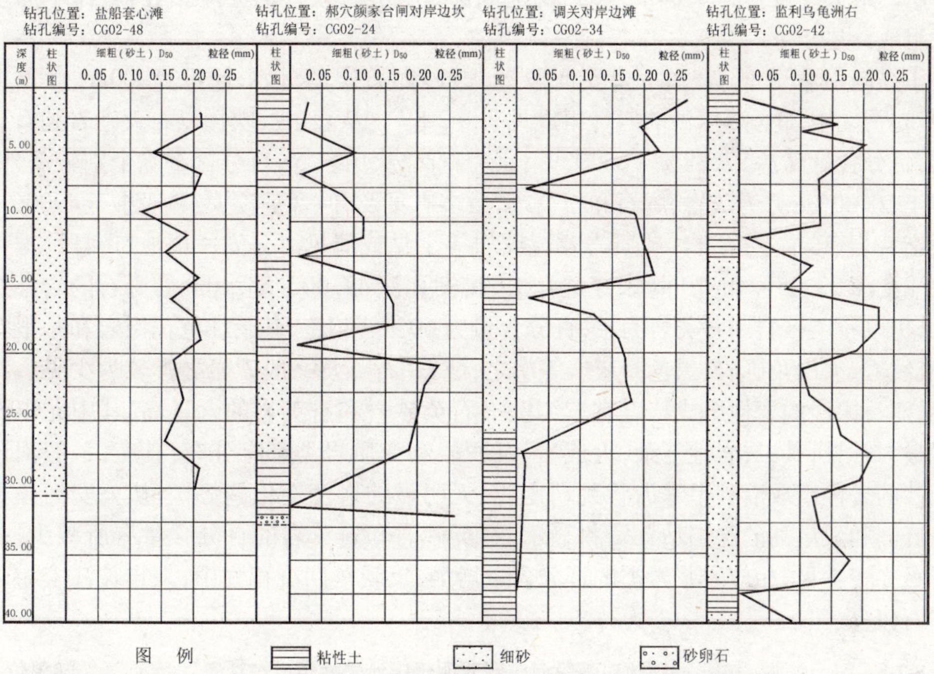

图 8-2-3　宜昌—城陵矶河段洲滩钻孔沿直深度的床沙 D_{50}曲线图

D_{50}由大变小：如下荆江调关对岸的季家咀边滩 CG02－34 孔，孔深 51.02m，上中部为细砂层中夹粘土薄层，下部为厚层粉质粘土，呈多层状构造，床沙 D_{50}由 0.258mm 向深部摆动变细，在粉质粘土层中变细为 0.009mm。另如上荆江百里洲边滩的 CG2 孔，孔深 18.60m，由卵石和砂卵石等呈层组成，卵砾床沙 D_{50}，中上部为 69.00～43.00mm，下部变小为 30.50mm，从滩面向深部变小。

D_{50}大小不规则分布：如监利乌龟洲右边滩的 CG02－42 孔，孔深 40.20m，除顶部为粉质粘土外，2.60m 以下为细砂，偶夹粘土夹层，D_{50}大小多变，粘土层小，砂层相对较粗，范围值 0.223～0.0084mm，一般在 0.200～0.01mm 间摆动。

据 1996 年河床洲滩钻孔沿直深度的以上 4 种 D_{50}曲线类型统计，各类型所占百分数分别占总数的 32.9%、31.7%、7.6%和 27.8%。从上可见，宜昌—城陵矶河段中洲滩沿直深度的 50m 范围内，除洲（滩）顶部活动层多粗化外，一般 D_{50}向深部呈现相对稳定或变粗以及非规律的变化，而 D_{50}向深部变小的甚少。

（三）床沙岩性组成

1. 干流河段床沙的岩性组成

（1）卵砾床沙的岩性组成

宜昌—藕池口河段长233.5km，河床的不同深度以下均有卵砾石分布，但其砂卵石层顶板高差悬殊，历史上仅宜昌—七星台河段出露床面为砂卵石河床，但自20世纪80年代葛洲坝水利枢纽投入运行后，坝下游冲刷，砂卵石河床已下移到杨家脑；杨家脑—荆州城南，即现荆州大桥的上游河段，为砂质河床，但砂卵石层埋深较浅，厚度较小；荆州城南—藕池口段，砂卵石层顶板埋深逐渐增大，过荆州后厚度增大，其中沙市河段砂卵石及卵石层的最大厚度达100.00m左右，现选取部分具有代表性的洲滩钻孔，对卵砾床沙的岩性组成分述于下。

①纵向沿程分布：宜昌—公安河段，一般砂卵石层的埋深小于25.00m，自顶板下10.00m厚度内，卵砾石床沙的岩性组成见表8-2-8①。从表中反映均以石英砂岩和石英岩为主，百分含量高达87.38%～65.92%；次为花岗、火山岩等，百分含量除个别较高外，一般小于10.00%；另为灰岩、燧石和石英等，虽多有见及，但含量较少，一般小于4.00%；其余为玄武岩、砂岩、变质岩、硅质岩及流纹岩等少见或偶见。公安—藕池口河段，据南五洲边滩孔深27.35～48.20m（未穿透）和天星洲孔深47.00～58.10m卵砾石的岩性组成见及，仍以石英砂岩和石英岩为主，百分含量为60%～40%，其余红色花岗岩和一般花岗岩、流纹岩、火山角砾岩、黑色凝灰岩等次之，燧石、石英及一般砂岩之类较为少见。综合上述，卵石床沙的岩性组成特点有三：其一，石英砂岩和石英岩的含量高，其中尤以石英砂岩最为常见；其二，岩性复杂，火成岩、沉积岩和变质岩类都有分布；其三，一般河段卵砾床沙的岩性组成沿程呈锯齿状跳动变化，无明显的岩性变化趋势，但从公安河段下游的南五洲和天星洲的深层钻孔资料显示，石英砂岩和石英岩的百分含量有所减少，灰岩和燧石亦较少见，相应岩浆岩类的百分含量增加，反映早期沉积物中，来自长江上游地区的卵石较多。

表8-2-8　宜昌—藕池口河段河床洲滩卵砾床沙岩性组成统计表　（单位：%）

河段	取样深度（m）	石英砂岩 石英岩	砂岩	花岗岩	红色花岗岩	流纹岩	玄武岩	火山岩	灰岩	燧石	石英	硅质岩	变质岩	备注
胭脂坝	0.90～10.30	85.46	0.20	3.49	1.13	1.42		0.78	3.84	1.69	1.14	0.85		
宜都沙湾	6.50～14.70	76.45		0.91	3.31		0.43	15.30	0.30	1.57	1.63		0.10	
关　洲	4.00～7.60	65.92		7.02	4.03		0.03	9.25	13.12		0.63			
芦家河	4.00～11.40	76.12	1.33		6.31			12.66	2.72	0.14	0.65	0.05	0.02	
江口洲	9.20～14.90	82.59			2.22		0.17	7.64	1.50	0.82	3.14		1.92	
马羊洲	13.00～18.00	81.99			1.67		2.63	9.10	0.40	2.90	1.31			
窖金洲	17.60～23.80	74.12	2.65		1.88		3.46	9.65		5.32	2.92			
南新洲	21.50～23.40	87.38	3.62		4.40		0.21	2.41	0.28	1.49	0.21			

②沿直深度分布：以沙市三八滩横剖面深孔床沙的岩性组成为例，覆盖层厚度从江左到右，Z3孔为116.71m，Z4孔125.31m，Z5孔79.91m（未穿透砂卵石层）等②，剖面沿直深度内代表性占比取样的岩性组成见表8-2-9，有关卵砾石的岩性组成特征分述于下。

①孙舒拉，吕金林，邵利，等. 宜昌—杨家脑河段和杨家脑—城陵矶河段河床组成地质勘察报告. 长江水利委员会水文局，2003年.

②方灯明，刘伟强，李国志. 湖北省荆沙公路大桥地质资料. 长江委三峡勘测研究院，1995年.

表 8-2-9 长江沙市三八滩横剖面钻孔沿直深度卵砾石床沙岩性百分数统计表 （含量单位：%）

取样部位 钻孔深度（m）	取样部位 黄海高程（m）	粒径分组（mm）	石英岩	石英砂岩	砂岩	铁质砂岩	闪长岩	花岗岩	红色花岗岩	流纹岩	玄武岩	火山岩	凝灰岩	灰岩	燧石	石英
Z5 孔 20.00～22.10	17.30～15.20	70～50		47.01					17.09				35.90			
		50～25	9.84	44.68					5.85	5.05		1.86	15.96		12.77	3.99
		25～10	15.38	52.99					1.42	4.56	2.28	8.55	2.85	0.57	10.83	0.57
Z4 孔 27.47～28.64	7.88～6.71	75～50	23.73				76.27									
		50～25	9.95	44.27		1.99		4.98	9.95	5.97		6.47	11.94		1.99	2.49
		25～10			20.00			40.00	20.00							20.00
Z4 孔 35.63～36.99	−0.28～−1.64	100～75			66.29			33.71								
		75～50	11.28	73.68									15.04			
		50～25	29.54	9.09	13.64			13.07	22.16						12.50	
		25～10	14.29	28.57					50.00	7.14						
Z3 孔 49.32～52.58	−21.54～−24.80	100～75		100												
		75～50		64.26						23.95				11.79		
		50～25	8.89	31.11		1.11		33.62				6.94	6.94	3.89	6.39	1.11
		25～10	7.78	41.68				19.44	8.89	3.33		7.22		1.11	6.11	4.44
Z5 孔 58.83～60.73	−21.53～−23.43	75～50		100												
		50～25	24.24	41.88					11.06	3.76		12.00	4.47	1.65	0.94	
		25～10	16.89	45.34	0.89			1.78				12.44	1.33	4.44	16.89	
Z3 孔 88.10～91.91	−60.32～−64.13	75～50	25.24	58.74						16.02						
		50～25	8.45	31.66			6.83	9.17	28.42	7.91			3.42		4.14	
		25～10	10.71	39.28		3.57		21.43							25.01	
Z4 孔 110.31～111.51	−74.96～−76.16	75～50	31.96			17.81			50.23							
		50～25	17.57	50.62				13.37	18.44							
		25～10	38.40	34.21				16.87	3.19	1.28		2.55		1.59	1.91	

岩性组成：仍以石英砂岩和石英岩为主，次为红色花岗岩、一般花岗岩等，流纹岩、凝灰岩及燧石、灰岩等少量，砂岩、闪长岩等局部层位富集，玄武岩等仅上部偶见。沿直深度变化：石英砂岩从上至下含量较高、且相对稳定，石英岩的百分含量向深部增大，花岗岩、红色花岗岩、流纹岩、火山岩及燧石等有大小变化，呈锯齿状跳动，无明显趋势；凝灰岩、灰岩、石英、闪长岩等的百分含量向深部减少或缺失，玄武岩仅在上部偶见。床沙的岩性组成与粒径：石英岩、花岗岩、燧石等的百分含量向细粒径组增大；石英砂岩、红色花岗岩等向细组变化趋势不明显；火山岩、流纹岩、灰岩等随粒径组的变化较小，百分含量趋于相对稳定。

（2）砂质床沙的岩性组成

①砂质床沙的主要岩矿组成：按宜昌—城陵矶河段分段床沙和单洲床沙的岩矿组成及与粒径的关系等分述于下。

1)分段洲滩床沙的主要岩矿组成:按各分段洲滩的石英、长石和岩屑等主要岩矿组成百分数统计于表8-2-10①。据上荆江的柳条洲、涴市马羊洲、沙市三八滩和下荆江小河口边滩等四洲滩的床沙岩性组成百分数比较,从上至下游石英含量分别为33.5%、41.0%、42.5%和67.4%,向下游增大;长石含量分别为15.9%、19.5%、40.2%和22.3%,除三八滩偏大外,其余洲滩仅略有增长;岩屑百分含量分别为50.6%、39.5%、17.3%和10.3%,向下游呈大幅度减小。如小河口边滩比上游柳条洲的岩屑的百分含量减少达40.3%,长石含量仅增加6.4%,而石英含量增加达33.9%。从上可见,上下荆江三河段的洲滩岩矿平均百分含量比较,均随向下游,岩屑大幅度减少,石英大幅度增加,长石的一般增减变化相对较小。

表8-2-10　荆江河段洲滩砂质床沙石英、长石、岩屑百分含量统计表

河段	洲滩	沉积物	石英含量(%)	长石含量(%)	岩屑含量(%)	备注
上荆江	柳条洲	中细砂	33.5	15.9	50.6	①表中百分数为各洲滩平均含量 ②下荆江小河口边滩参数据张春生等,1997年
	马羊洲	中细砂	41.0	19.5	39.5	
	三八滩	中细砂	42.5	40.2	17.3	
下荆江	小河口边滩	粉细砂	67.4	22.3	10.3	

2)单个洲滩床沙的主要岩矿组成:以上荆江三八滩为例,通过赖志云等的研究,滩面的石英、长石和岩屑的平面分布见表8-2-11。纵向分布:滩头3类岩矿的百分含量分别为47.8%、33.3%和19.0%,以石英为主;滩中分别为41.9%、41.6%和16.9%,以石英和长石为主;滩尾分别为33.0%、50.4%和16.3%,以长石为多。洲滩床沙岩矿组成的纵向分布特点:由于泥沙受水流的分选堆积等影响,较粗颗粒的石英和岩屑自洲头向洲尾减少,而长石向洲尾大幅度增加,因此石英与长石的比值也由1.44降低到0.67。沿直深度分布:随滩面下深度的增加,石英、长石、岩屑含量均有变化,石英在上段的百分含量由大变小,而中下段由小变大;长石在上段由小变大,中段相对稳定,下段增大;岩屑上段由大变小,中段由小变大,下段由大变小。综合可见,一般9~20m深度段呈锯齿状变化强烈,而上下段则相对稳定。

3)砂质床沙的岩矿组成与粒径:在沙市三八滩大于0.224mm、0.224~0.100mm和小于0.100mm的3个粒径组中,石英百分含量随粒径由粗变细,百分含量由大到小,如洲头11-3号样的分组含量分别为63.1%、48.3%和32.1%;长石分别为33.0%、44.4%和56.8%,随粒径变小,百分含量大幅度增加;岩屑类同,分组粒径分别为3.9%、7.3%和11.1%,亦随粒径变细百分含量略有增加。

表8-2-11　上荆江沙市三八滩(1983年)滩面石英、长石、岩屑百分含量分布表

洲滩部位	石英(%)	长石(%)	岩屑(%)	石英/长石
滩　头	47.8	33.3	19.0	1.44
滩　中	41.9	41.6	16.9	1.06
滩　尾	33.0	50.4	16.3	0.67

①曹跃华.长江中游宜昌—城陵矶段现代沉积研究.北京大学博士研究生学位论文,1995年.

综合上述，砂质床沙的主要岩矿组成随流程的增大，岩屑不断减少，石英和长石含量增多，反映沉积物成熟度的提高；在同一洲滩中，又随粒径变小，长石增多。

②砂质床沙的重矿物组成与分布

滩面的组成与分布：宜昌—城陵矶河段砂质床沙主要由岩屑、石英和长石等组成，关于重矿物的含量，一般约占沉积物总量的3% ~13%，其中沙市三八滩滩洲头、洲中及洲尾的滩面床沙分别为12.60%、11.43%和9.40%，由洲头向洲尾减少。重矿物的种类：荆江河段计28种，其中上荆江的太平口边滩为27种，沙市三八滩20种，下荆江的小河口边滩为14种等，也有向下游减少显示。从三八滩主要重矿物组成见及，以绿帘石、角闪石、磁铁矿和赤褐铁矿等为主，分别占0.25 ~0.10 ㎜粒径组的62.94%和0.10 ~0.01mm 粒径组的83.12%，随粒径变细，百分含量增大，其中尤以绿帘石含量为高，在两粒径组中分别高达31.83%与31.31%，并由洲头向洲尾相对增加。

沿直深度的分布：以沙市三八滩水文浅7号孔的绿帘石、角闪石、磁铁矿、赤褐铁矿和锆石、石榴石及电气石等7种重矿物为例，沿直深度分布见图8-2-4，其中绿帘石等主要重矿物，不仅一般百分含量高，而且呈锯齿状跳动，变幅大，其中尤以9 ~20m 深度段较为显著，其余上、下段深度相对较为稳定，而锆石、石榴石和电气石等百分含量小，变幅小，从上到下沿直深度相对稳定。重矿物的总量以孔深5 ~16m 段的百分含量为高，上段较小，下段减少。从三八滩重矿物的分布表明，在沿直深度中，仍具有呈层特征。

重矿物的稳定性：从上荆江太平口的下边滩和下荆江的六合垸边滩见及，稳定重矿物分别占重矿物总量的42.8%与64.3%，向河段下游增大了21.5%，反映沉积物的成熟度大有提高。沿直深度的稳定重矿物分布，从三八滩的图8-2-4见及，从上向深部呈锯齿状跳动变小；不稳定矿物从上向深部增大，尤以孔深5.00m以下呈锯齿状变幅较大，最大变幅达60%左右。

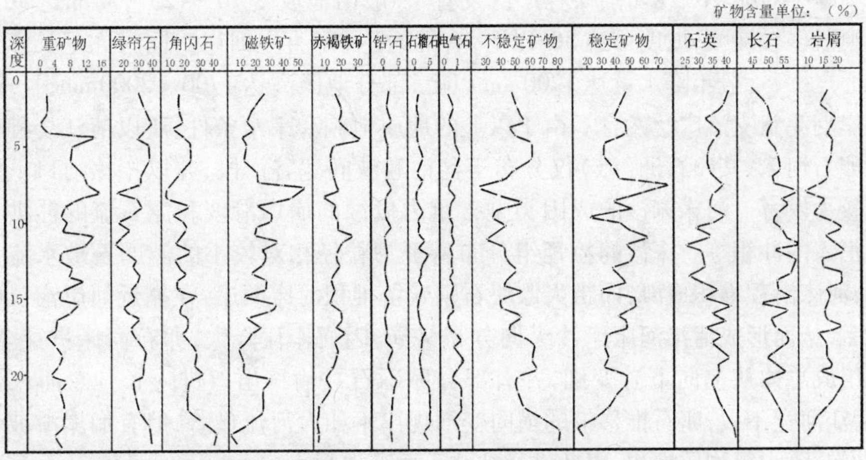

图8-2-4　沙市三八滩水文7#孔沿直深度的砂质床沙矿物百分含量曲线图[8]

(3)粘性土床沙的矿物组成

据上荆江河段江口洲8个粘性土样的X射线衍射法分析鉴定资料统计①，矿物组成的平均百分含量列于表8-2-12，该洲河漫滩粘性土主要由10种矿物组成，可分为非粘土

①曹跃华. 长江中游宜昌—城陵矶段现代沉积研究. 北京大学博士研究生学位论文，1995年.

矿物和粘土矿物两类,其中非粘土矿物达7种,并以石英和钾纳长石、方解石和白云石等为主,占含量总数的73.25%,仅石英含量高达41.63%;粘性土矿物为伊利石、绿泥石和蒙脱石等3种,占百分含量总数的25.62%。其中以绿泥石的含量相对较高,占总数的15.50%,其余伊利石和蒙脱石的含量分别仅为7.50%与2.62%。由于河漫滩的粘性土是在一定流速条件下的沉积,有一定分选,因此以颗粒相对较粗的非粘性土矿物为主,较细的粘土矿物较少。另据江口洲粘性土矿物组成的分析谱图也显示,该河段粘土以绿泥石为主,次为伊利石,并含蒙脱石等的矿物所组成。

表8-2-12　上荆江江口洲粘性土主要矿物组成百分数统计表

矿物名称	伊利石	绿泥石	蒙脱石	石英	斜长石	钾长石	方解石	白云石	绿纳闪石	赤铁矿	备注
数量(%)	7.50	15.50	2.62	41.63	7.13	4.37	12.12	8.00	0.25	0.88	表内含量为8个样的平均值

二、主要支流河段的床沙组成

在宜昌—城陵矶河段中,主要支流有于宜都出口的清江和城陵矶汇入长江的洞庭湖水系出口段等,其余支流较小。

1. 清江床沙的粒径组成

(1)洲滩床沙的粒径组成

清江发育于鄂黔山地鄂西黔北的碳酸盐岩地区,一般地面高程2000~1000m,河谷切割深度200~700m,中、浅切割峡谷广泛发育,一般山地坡度10°~25°,局部达30°以上,而峡谷河段多较陡峻,坡度可达50°以上,有的近达90°直立河岸。同时亦是长江流域的降水中心之一,一般年降水量达1200mm以上,部分地区高达1700~2000mm,且多暴雨,干流两岸羽毛状支流广泛发育。由于以上的地质地貌和来水条件,所以清江全程都为卵石和砂卵石河床,其卵石洲(滩)仅分布于盆地和峡间宽谷河段,并以招徕河口下游的宽谷河段较为发育。河床床沙的成因类型含重力侵蚀的崩塌滑坡和泥石流的冲洪积及支流沟谷汇入的冲积等。床沙的粒径组分布特征为粒径相对较小的漂卵石被水流推移输向下游,河床沿程堆积成滩,而粗大漂块石则残留堆积河床两岸,在靠近河岸沟口的滩根地段尤多,从而形成清江河床床沙纵向分布格局,因河床比降大,卵石河床贯穿全程,床沙粒径组成总体从上向下游变细,并有部分卵砾石被输移出口进入长江。河床横向组成:因清江河宽不大,卵石推移带的横向变细规律不如大河流显著,但有崩塌滑坡和泥石流沟、冲沟、溪沟等物质堆积,因此粒径往往反而变向粗大。

(2)洲滩床沙的D_{50}分布

①纵向沿程的D_{50}分布:从清江恩施上游木鱼滩—宜都清江口300余km河段的沿程洲滩床沙分布图见及(图8-2-5)①,河段床沙D_{50}与D_{max}具以下特点:其一,同一般卵石河

①张美德,李焰云,周凤琴,陈安勇,等.清江泥沙规律初步研究.长江委荆江水文水资源勘测局,1995年.

床相同,具有锯齿形的沿程分布特征,不仅大小跳动频繁,而且幅度较大,尤以 D_{max} 曲线最为突出。其二,由小一级的锯齿形波折组成大一级波折曲线的峰谷,其中尤以 D_{50} 曲线较为显著,如从恩施上游的大龙潭—马水河口段和泗扬溪—隔河岩段组成曲线中大一级的波峰,一般 $D_{50}>60$mm,部分达100mm以上;其相间的马水河—泗扬溪和隔河岩—河口段的 D_{50} 相对较小,一般 $D_{50}<60$mm 组成波谷;D_{max} 与 D_{50} 曲线相类似,但其大小粒径及变幅更大,可大致以200mm为分界组成大一级的峰谷,少数可达300mm以上。其三,河床沿程 D_{50} 与 D_{max} 曲线亦向下游呈变小趋势,但幅度微小不明显,且有局部河段出现相反增大现象,产生原因主要有二:一方面从上游至下游沿程受支流沟谷、岸坡等来沙补给影响;另一方面受隔河岩坝下游的河床冲刷影响发生粗化,即上覆细颗粒卵石被冲走,下部老河床的粗大漂卵石层出露所致。

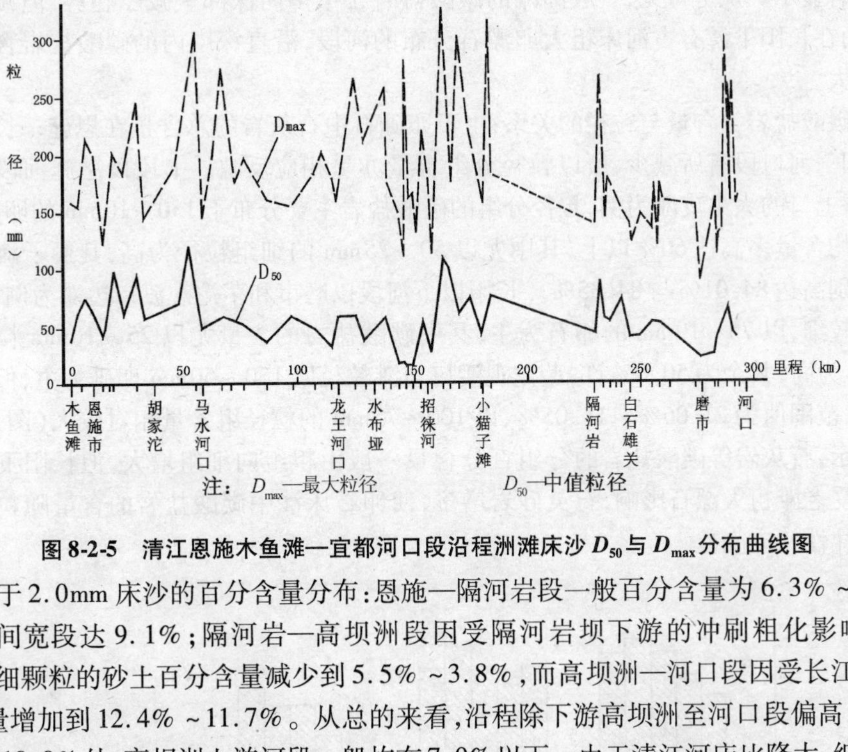

图8-2-5 清江恩施木鱼滩—宜都河口段沿程洲滩床沙 D_{50} 与 D_{max} 分布曲线图

小于2.0mm床沙的百分含量分布:恩施—隔河岩段一般百分含量为6.3%~3.8%,个别峡间宽段达9.1%;隔河岩—高坝洲段因受隔河岩坝下游的冲刷粗化影响,小于2.0mm细颗粒的砂土百分含量减少到5.5%~3.8%,而高坝洲—河口段因受长江顶托影响,含量增加到12.4%~11.7%。从总的来看,沿程除下游高坝洲至河口段偏高,百分含量大于10.0%外,高坝洲上游河段一般均在7.0%以下。由于清江河床比降大,细粒砂土难于堆积,除河口段外普遍含量较低。

②沿直深度的 D_{50} 分布:清江河床沿程的活动层内,由于受到水流的冲刷普遍发生粗化。

(3)河段床沙的岩性组成

由于清江流域主要分布于鄂西黔北山地的碳酸盐岩地区,岩组类型以碳酸盐岩为主,间有碎屑岩和板岩等分布,因此其干支流河床的床沙岩性组成一般以石灰岩及少量泥灰岩、白云岩等组成的碳酸盐岩和多种砂岩组成的碎屑岩类等为主,另有少量燧石、石英岩和板岩等分布,其中以石灰岩和石英砂岩含量多为床沙岩性组成的显著特征。现对石灰岩为主的碳酸盐岩分析于下。

①纵向沿程分布:从恩施大龙潭—河口段碳酸盐岩的百分含量分布见及,在200~10mm粒径的卵石床沙中,碳酸盐的百分含量在恩施—长阳下游河段一般为40%~60%

之间变动，相对较为稳定，变化趋势不显；长阳下游河段百分含量降低为40%～20%，其中尤以长阳下游河段老洲滩漂石层的百分含量较小。总的特点是：从上游到下游一般以石灰岩等碳酸盐岩为主，百分含量在长阳下游河段呈明显减少趋势。

②沿直深度分布：清江中上游河段洲滩，上部0.50m深度内，石灰岩等碳酸盐岩的百分含量未见显著变化趋势，但在清江下游长阳以下的局部河段，因有古河床的粗大漂卵石埋藏分布，石灰岩等碳酸盐岩减少，岩性以石英砂岩为主。如清江下游河段的高坝洲和官渡口两洲滩上部1.50m的深坑中，滩面漂卵石的石英砂岩百分含量较大，其中官渡口边滩最高达85.17%，高坝洲亦达57.74%，两洲滩自0.40m以下向深处分别减少到48.73%与34.48%；碳酸盐岩的百分含量在官渡口边滩自地表床沙的13.42%向深层减少到4.57%，而高坝洲边滩含量由36.20%减少为31.87%，沿直深度相对稳定，变小趋势仅微有显示。从上可见，一般洲滩的碳酸盐岩含量多向深部呈减少趋势，但减幅相对较小，而在长阳下游有古河床粗大卵漂石分布的河段，沿直深度内的碳酸盐岩含量减小幅度较大。

③碳酸盐岩类含量与粒径的关系：由于卵砾石中石灰岩的总含量在恩施—长阳段较高，长阳—河口段有所减少，所以粒径分组含量亦呈相应反映。上段以恩施河段的狮子滩、半峡上口的大牛皮滩为例，粒径分组的碳酸盐岩主要分布于150～10mm的卵石中，且分组平均含量多高达60%以上，其中尤以50～25mm的细组粒径为高，其狮子滩与大牛皮滩分别高达84.01%与84.35%。长阳以下河段以磨市和茅沱观渡口边滩为例：磨市边滩粒径较细，以75～10mm的卵石为主，其中碳酸盐岩的含量尤以25～10mm粒径组的60.95%为高，其余为50.0%许；茅沱观渡口边滩粒径以150～50mm卵砾为主，但分组含量较小，范围值为21.06%～17.05%，以100～75mm的粒径组含量相对较大（图8-2-6）。从上显示，石灰岩等碳酸盐岩的分组百分含量一般由粗组向细组增大，但长阳下游因局部河段受老滩粗大漂石影响，石英砂岩增多，使卵石床沙中碳酸盐岩的含量随粒径变化等的规律性相应变差。

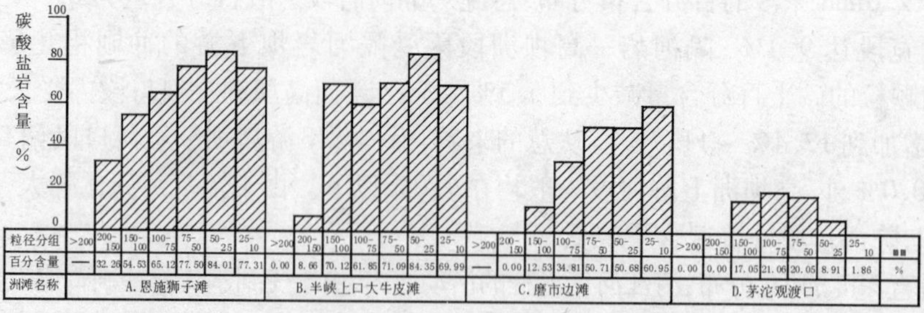

粒径分组	>200	200-150	150-100	100-75	75-50	50-25	25-10	>200	200-150	150-100	100-75	75-50	50-25	25-10	>200	200-150	150-100	100-75	75-50	50-25	25-10	>200	200-150	150-100	100-75	75-50	50-25	25-10	■■
百分含量	—	32.26	54.53	65.12	77.50	84.01	77.31	0.00	8.66	70.12	61.85	71.09	84.35	69.99	—	0.00	12.53	34.81	50.71	50.68	60.95	0.00	0.00	17.05	21.06	20.05	8.91	1.86	%
洲滩名称	A.恩施狮子滩							B.半峡上口大牛皮滩							C.磨市边滩							D.茅沱观渡口							

图8-2-6 清江中下游恩施—河口段典型洲滩漂卵石床沙的碳酸盐岩含量（%）与粒径关系直方图

2. 洞庭湖出口段的床沙粒径组成

洞庭湖除分别发育于江南丘陵和鄂黔山地的湘、资、沅、澧四水来水来沙外，还接纳长江的荆南分流分沙，且入湖泥沙以荆江来沙为主，经洞庭湖的淤积后，其余泥沙于城陵矶出口汇入长江。由于粗颗粒泥沙在湖中发生沉积，因此出湖的泥沙颗粒普遍变细，据洞庭湖口段七里山站1960年、1961年和1965－1971年等的多年实测资料，平均

D_{50}为0.044mm①，但床沙中粒径大于0.50mm以上的粗砂、砾石占3.1%，其中10.0～2.00mm砾石占0.5%；后在1970—1991年间的床沙取样中，亦发现D_{max}达13.60mm的卵石等。另作者于20世纪90年代末在岳阳下首的洞庭湖大桥河段调查时，也发现淤泥中有零星5.0～0.5mm的粗砂砾石散落，在过水泓道的水下钻孔取样中亦有黄色粗砂、砾石层发现，岳阳当地群众也反映曾在港口清淤中见有小卵石及粗砂、砾石等。从上可见，洞庭湖湘江亦时有少量粗粒泥沙出口进入长江，且个别较粗，主要来源于湘江河口段的新墙河等支流和沿岸阶地、洪道的湖床及湖中岛滩等，量虽少，但有所分布，岩矿组成多为石英等。

第三节　长江中下游城陵矶—江阴河段的床沙组成

本河段含城陵矶—湖口的中游河段和湖口—江阴（鹅鼻咀）的下游河段，全长计约1149.0km，长江委水文局多年来做了大量勘测工作，尤其城陵矶—大通河段，因考虑到三峡水利枢纽对下游的冲刷影响，除搜集了大量一般水文、河道、泥沙等资料外，还进行了系统的河床组成和洲滩床沙的地质等勘测，有关河段的床沙组成特征分述于下。

一、河床组成概况

1. 岸滩组成

该河段不同的地貌单元具有不同的岩土类型，丘陵区为基岩；阶地区为更新世沉积，以棕黄色下蜀黄土和棕红色网纹红土等为主，砂砾石层较为单薄稀少或缺失；冲积平原区一般为全新世河湖及沼泽相间的松软土沉积，且较深厚。因岩性不同，抗冲强弱的差异，河岸形态有别。在基岩或硬黄土层深厚地段往往形成突出江岸的矶头和节点，在河床节点间则主要为更新世的黄粘土和全新世沉积的土和砂及砾石等所组成，分段岸滩组成特征于下。

①城陵矶—汉口河段：本河段除簰洲为巨型弯道外，一般较为顺直。河岸组成含有基岩、硬黄土和松散软土等，左岸有矶7个，右岸8个，共计15个。有的为单矶，仅一岸分布，如城陵矶、赤壁矶等；有的为双矶，左右两岸对峙组成藕节分汊河床的节点。阶地硬黄土主要分布于金口—沌口河段，一般滩地为全新世的近代或现代沉积，物质组成仍呈二元结构，其河漫滩相以粉质壤土为主，夹砂壤土和粉质粘土等夹层；河床相沉积为粉细砂和含砾中粗砂及砾卵石等，一般以细砂和粉细砂为主，下部砂砾石层一般较为单薄，厚仅3～5m。第四纪沉积厚度一般不大，如白螺南洋洲19.80m，洪湖南门洲34.80m，陆溪口中洲27.90m，护县洲28.35m，金口铁板洲22.50m等分别见基岩，另于白沙洲26.70m还发现（Q_2）红土。唯簰洲湾河段沉积厚度较大，如簰洲厚达51.05m以上，永贴洲48.15m见基岩，其中粉质粘土和粉质壤土等粘性土层厚达38.60m；团洲孔深50.80m尚未见及基岩，全孔以砂为主，并含厚层砾粗砂等。

②汉口—湖口河段：长江至汉口后，流向由东北逐渐转向东南，因中段穿越大冶褶皱束的剥蚀丘陵区，可分为上、中、下3段。上段：汉口至鄂州河段，仍由节点的束窄段和洲

①史绍权，孙昌万，单剑武，郑慕孝，晏济远，孙汉珍，等.长江中下游河道基本特征（荆江河段）.长江水利委员会水文局，1983年.

滩分布的宽段相间，从上游至下游有龟山、蛇山、青山等丘陵分布，两岸土石矶共14个，其左岸石矶较多，右岸多为阶地，更新统黄土层发育；鄂城以下阶地基座出露，形成土石河岸，一般河岸滩地仍为全新世沉积，呈二元结构，质地松软。河床洲滩沉积厚度：天兴洲28.40m，沐鹅洲38.50m，李家洲38.0m，一般达35.00m以上，砂质不纯，泥质较重。中段：鄂州至广济河段，河道穿越大冶褶皱束的剥蚀丘陵区，出现黄石西塞山、牛关矶、田家镇、广济等长窄段，并有零星石矶出露。在相对展宽段，有晚更新世黄土发现，以棕黄色粘土和深灰色粉质壤土等为主，砂层单薄。如富池口洲—30号孔孔深30.9m见基岩，全为粘性土；又如茅山港上首洲—23号孔，孔深29.35m见砾石，上复粉质粘土和粉质壤土厚达22.70m，砂层厚仅6.65m；仙棚咀洲—28号，孔孔深40.20m见砂砾石，其中粉质壤土层厚达39.60m等。从以上可见河岸均以粘性土层深厚，质地均匀，砂及砾石层单薄为特点，因河床狭窄，洲滩发育较少。下段：广济—湖口河段，地处望江凹陷，全新世沉积深厚，河漫滩平原宽广。因江道南靠，所以石肌多位于南岸，如九江下首的锁江楼，下游的拦江矶及石钟山等，左岸便为广阔的冲积平原，主要由全新世冲积相粘性土组成。如龙坪新洲洲—31号孔，深31.20（未穿透），其粉质粘土和粉质壤土层等粘性土厚达24.40m，张家洲洲—32号孔深31.00m，由粉质粘土、粉质壤土、砂壤土和细砂等组成的混合层，总厚达23.60m，下部细砂较薄。本河段仍以粘性土层深厚为基本特点。

③湖口—大通河段：长江流向由南东复转北东，主体走向仍呈直线状。因江道靠南，矶群多沿右岸排列，石矶和土石矶计19个，左岸为平原滩地，全新世地层发育，仅有小孤山和七里矶2个，两岸合计共21个。湖口—彭泽段右岸有连片沙山分布；彭泽以下矶头节点间为断续的阶地黄土，而矶群中的土石矶，往往因阶地上部土层被剥蚀，由阶地基座成矶。全新世沉积主要分布于河床左岸的平原滩地，右岸仅有镶边式滩地分布，河床洲滩一般为近代或现代沉积，其规模远大于鄂州上游，且沿江呈串珠状展布。

2. 河床组成

长江河床组成，在荆江河段以细砂为主，并从上游至下游粒径逐渐细化，过城陵矶后，一般床砂进一步变细，河床极细砂增多，但有个别黄色粗粒发现，局部河段还有成片粗砂分布，并含较多3~5mm砾石和零星小卵石等，最大直径达31.2mm。在河床的深泓线上，一般仍以细砂为主，但有成段的粗砂带和呈片的基岩断续出露，个别地段还有侵蚀残留阶地的硬粘土等发现。河床宽段的边缘及倒套支汊等多淤有粉砂、砂壤土和个别粉壤土等，且多呈淤泥或淤泥质状态。从整个床面看，泥、土、砂、砾卵石和基岩等均有分布，其中尤以沿深泓一线较为复杂多变。河床基岩在城陵矶—汉口河段一般相对埋藏较浅，汉口—湖口河段埋藏深浅悬殊，河床纵剖面出现较大波折，湖口—大通河段相对埋藏较深。

二、干流河段的床沙组成

1. 水下河床的床沙粒径组成

(1) 水下河床纵向沿程的床沙分布

①断面床沙平均D_{50}的纵向沿程分布：据1989年城陵矶—大通河段水下断面系统取样资料绘制的曲线图8-3-1见及，全线呈锯齿状变动，其中城陵矶—金口段起伏平缓，相对稳定，金口—湖口段波动起伏幅度增大，湖口—大通段转向均匀和稳定，但全程曲线的

总趋势呈现D_{50}向下游增大显示。河段断面D_{50}的平均值(表8-3-1):城陵矶—汉口河段的断面平均D_{50}一般变幅为0.15～0.20 ㎜,44组平均值为0.166mm;汉口—湖口河段,一般变幅为0.125～0.245mm,54组平均值为0.170mm;湖口—大通河段,一般变幅为0.145～0.210mm,22组平均值为0.179mm,3个河段床沙D_{50}的平均值虽比较接近,但亦反映向下游呈现变粗趋势,尤以湖口—大通河段较为明显,但D_{50}变幅以汉口—湖口段相对较大。

表8-3-1 城陵矶—大通河段床沙D_{50}、D_{max}及粗粒含量统计表

河段	1989年			1996年
	断面D_{50}平均值(mm)	断面D_{max}平均值(mm)	断面$D>0.5$mm百分含量(%)	断面D_{50}平均值(mm)
城陵矶—汉口	0.166	10.020	22.9	0.154
汉口—湖口	0.170	7.341	27.5	0.148
湖口—大通	0.179	5.688	20.4	—

关于河段床沙D_{50}的年际变化:为长江三峡坝下游河段的研究需要,分别于1989年和1996年进行了城陵矶—大通和城陵矶—湖口河段的两次系统勘测,从其河段平均D_{50}可见(表8-3-1):两次所测沿程分段床沙平均D_{50}中,1989年测次从上游至下游分别为0.166mm、0.170mm和0.179mm,分段沿程增大;1996年测次中,城陵矶—汉口和汉口—湖口河段床沙D_{50}分别为0.154mm与0.148mm,呈分段变小。以1989年与1996年城陵矶—湖口段的分段平均D_{50}比较,均以1989年的床沙D_{50}平均值相对较大。从上可见,城陵矶—大通河段的床沙不仅在河段上,而且也在不同年际上存在粗细的变化。关于1989年床沙D_{50}向下游增大变粗的原因,可能主要与河段来水来沙及河床演变紧密相关,由于汉口下游河段除上游来沙外,还有众多大别山支流的粗粒黄砂入江,而1981—1986年又是连续大沙年,可能使区间河床淤积粗砂增多,后受上游来水冲刷粗化,尤其湖口下游河段,因鄱阳湖来水含沙量小,挟沙力强,更使床沙向粗化发展,其影响因素较为复杂。

②断面床沙D_{max}的纵向沿程分布:据1989年水下床沙资料,城陵矶—大通河段的断面平均D_{max},主要由粒径大于20mm的卵石,20～2mm的砾石和2～0.5mm的粗砂等床沙组成。其沿程分布曲线呈锯齿形组合的波折起伏,从上到下分别有4个粗粒密集段分布(图8-3-1),按分段床沙主要粒径组成可分为以卵石为主的城陵矶—南洋洲卵石段,由卵石、砾石等为主组成簰洲—青山的卵—砾段,由砾石和粗砂为主、卵石为次组成的黄州—九江砾石—砂—卵段,以砾石粗砂为主组成的九江—大通砾—砂段等。基本特点为卵石从上游向下游减少,砾粗砂相应增多。按沿程河段统计:城陵矶—汉口河段44组D_{max}平均为10.02mm,汉口—湖口河段54组平均为7.34mm,湖口—大通段22组平均为5.69mm,床沙D_{max}从上向下游变小,分布较有规律。

③粗粒床沙($D>0.50$mm)的纵向沿程分布:据1989年城陵矶—大通河段各取样断面中大于0.5mm粗粒的最高含量连线,建立沿程粗粒含量变化曲线(图8-3-1),从全河段断面粗粒的最大含量与最大粒径(D_{max})曲线的对比,一般基本对应,峰谷类似。按河段统计(表8-3-1),城陵矶—汉口河段粗粒含量,44组平均值为22.9%,汉口—湖口段54组平均为27.5%,湖口—大通河段22组平均为20.4%,由于汉口—湖口段流经大别山南,有巴河、浠水等诸多支流的粗砂汇入补给,所以百分含量相对为高。

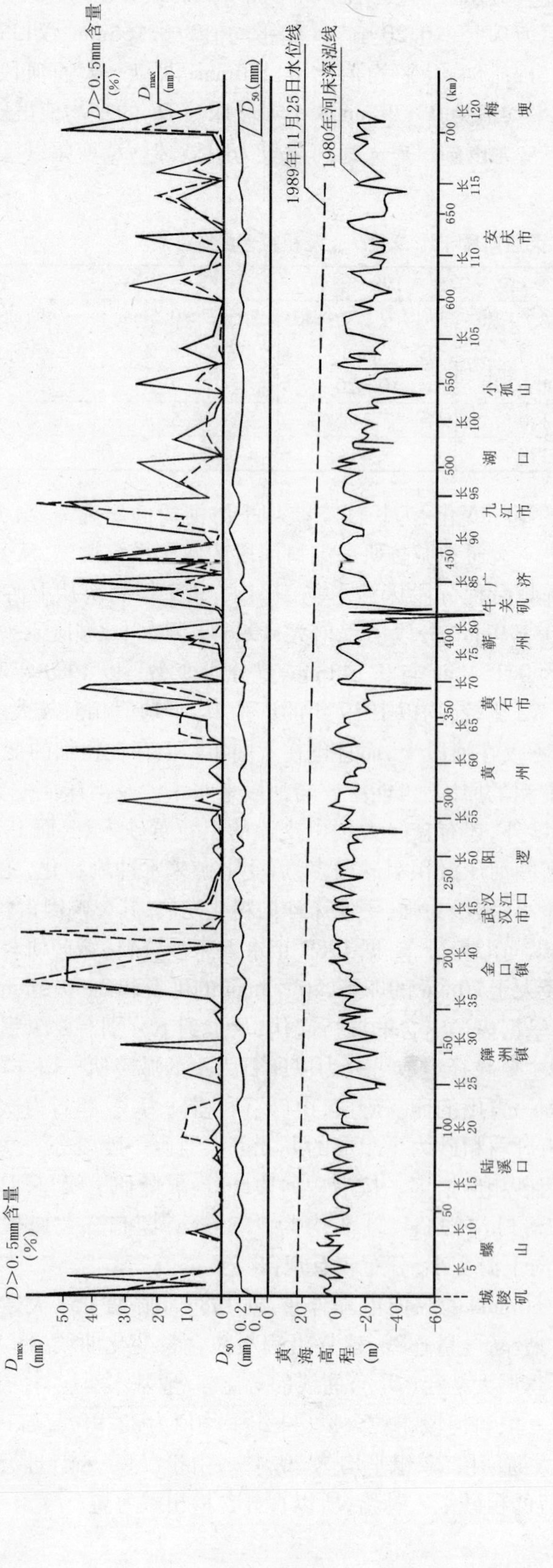

图 8-3-1 长江中下游城陵矶—大通河段床沙 D_{50} 和 D_{max} 及 D>0.5mm 的粗粒百分含量曲线图[10]

(2)水下河床横断面的床沙分布

一般河床砂砾石等推移质的输移主要在每年的5—10月,更多集中在6—9月的主汛期,汛后停止输移而变为河床质,从1989年11—12月城陵矶—大通河段的实测资料见及,推移带宽度范围为150~780m,一般在200~500m,而输移过程中床沙的分布又多集中在强推移带,由于大量粗粒泥沙随河床的主流动力轴线运行,并受河型的影响所控制,因此河床横断面中出现床沙的粗细分布,并具规律性的特征。按粗粒带在河床中的分布部位和规模分述于下。

①窄深河段的断面床沙分布:窄深河段的主流线相对稳定,流速较大,有利粗粒床沙的聚集呈片分布,以断面床沙较粗为基本特征,如簰洲湾、蕲春钓鱼台、广济断面等。

②单一宽浅河段的断面床沙分布:由于河床较宽浅,洪水期主流线易发生位移,强推带往往偏离河床深泓而分布于浅滩脊部或浅滩与深泓之间过渡段的滩坡等地段,如茅山港、蕲春、富池口、安庆、铜板洲等,以茅山港长-71号断面较为典型(图8-3-2)。该断面位于黄石与茅山港之间的河床放宽段内,江面宽2210m,共取样7点,其中值粒径(D_{50})曲线较为平缓,微向上凸,粒径变化范围值为0.13~0.25mm,沿断面较为均匀稳定。最大粒径(D_{max})曲线的1~2点亦较平缓,3~4点床沙变粗而向上凸,5~7点又复下降变向平缓,3段中左右两侧均较低平,变化范围值在0.24~0.34mm之间,中段高凸,范围值为7.2~5.6mm,反映最大粒径集中在该断面的中部,两侧粗细相近。大于0.5mm的粗粒百分含量亦相对应,以3、4号点为高,其中4号点高达17.7%,其余1号、2号、5号、6号、7号等点含量均为0,全断面粗粒含量曲线仍以中段上凸。从曲线图可见,最大粒径和主要粗粒都分布在该河床断面的中部,为偏离深泓的浅滩及滩坡地段,宽度达545m,约占河床断面宽度的25%。

③宽浅分汊河段的断面床沙分布:由于河床宽浅,主流动力轴线产生分支,因此推移质的强推移带亦相应分出支汊,如九江下游张家洲的主汊断面等。

④弯曲河段的断面床沙分布:由于河床弯曲,一般洪水期的河流动力轴线沿深泓贴弯道凹岸运行,床沙较粗;但有的河弯因产生撇弯,反而远离深泓偏向凸岸,因此滩面床沙相对较粗,其深泓床沙反变细。如安庆、铜板洲等,以铜板洲长116号断面较典型(图8-3-2(b))。

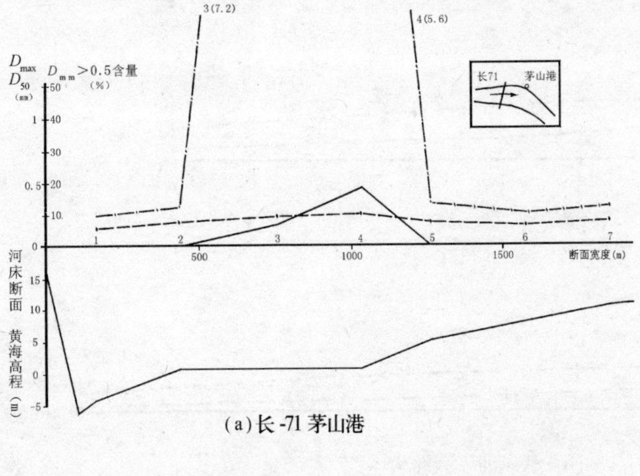

(a)长-71 茅山港

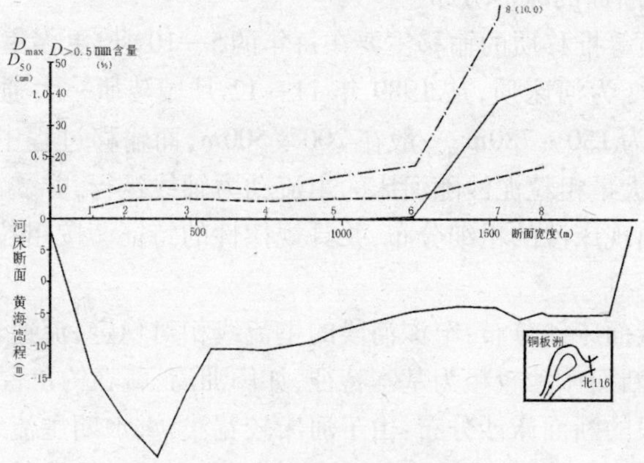

(b) 长-116 铜板洲

图例 1 2 3 5(4.0) 4 5 6

1. D_{max}(mm) 2. D_{50}(mm) 3. $D>0.5$mm百分含量（%） 4. 出表值（5号D_{max}为4.0mm）
5. 断面位置及编号 6. 取样点编号

图 8-3-2 城陵矶—大通河段横断面的床沙特征值分布曲线图[10]

综合上述，粗粒带的 4 种分布类型中，粗粒床沙主要堆积在河床窄段的冲刷深槽和槽间过渡段浅滩的深泓沿线等地段，其中尤以石矶、节点下游的展宽段及弯曲河段下游的过渡段等为多见。

2. 河床洲滩床沙的粒径组成

(1) 河床洲滩床沙的纵向分布

①单个洲滩床沙的纵向分布：一般单个洲滩形成过程中，由于洲头流速较大，沉积的床沙粒径相对较粗，至洲中及洲尾随流速变缓而粒径变小，甚至淤积物为泥等，所以洲滩粒径以头粗尾细为基本特点。但是在长江中下游平原河段中，由于河床宽浅，洲滩规模大，发展历史长，因此多由若干单一洲滩分期兼并而成复合体，从而使洲滩床沙组成复杂化，如老洲尾有新洲兼并，从而形成洲尾反粗或洲头及洲尾粗而洲中相对较细等。并由于河床的不断演变，洲滩在时间和空间上的冲淤变化等，都使床沙组成出现复杂化的多种类型。现以 1989 年和 1996 年实测滩面床沙的粒径分布特征分类于下，其中常见的有以下 5 种，典型实例见图 8-3-3。

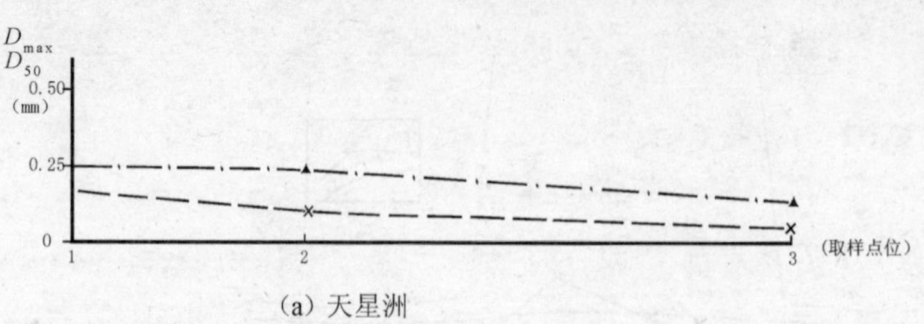

(a) 天星洲

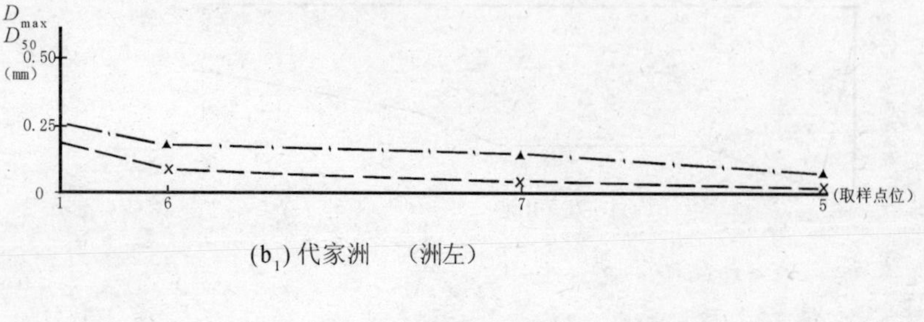

(b_1) 代家洲 （洲左）

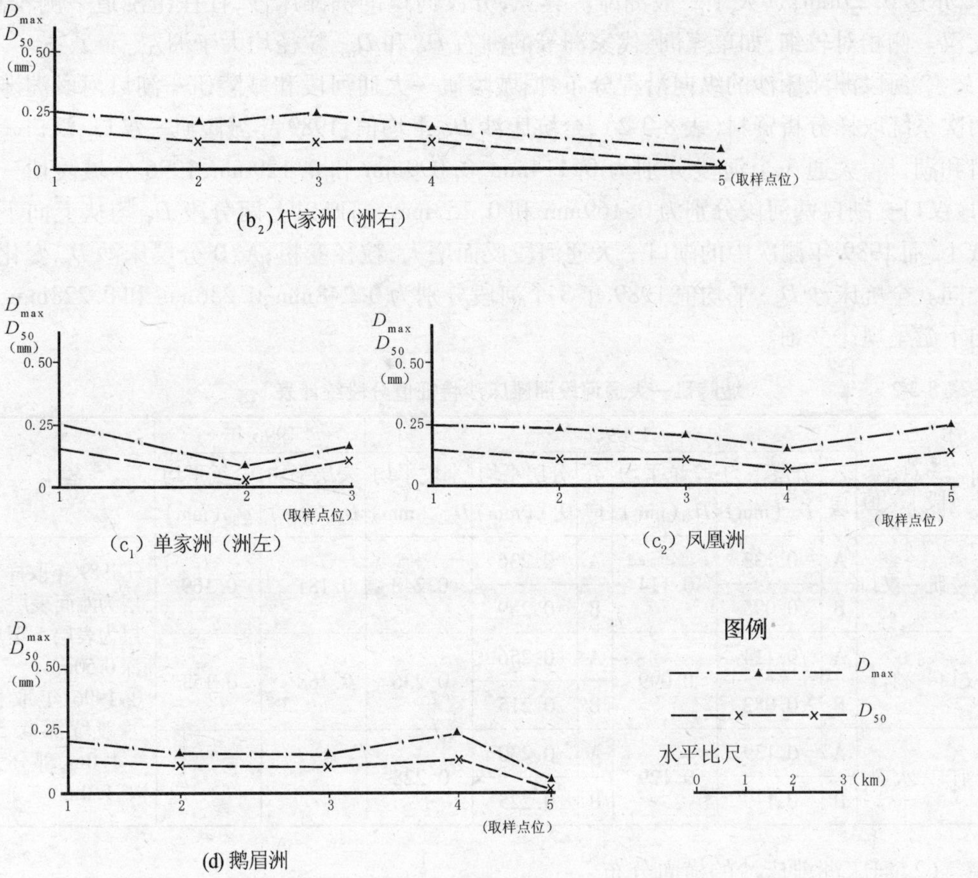

图 8-3-3　城陵矶—大通河段典型洲滩床沙特征值纵向分布曲线图[10]

1)洲头粗、洲尾细:如天兴洲和代家洲(左),床沙 D_{50}、D_{max} 均由洲头向洲尾逐渐变小,大于 0.5mm 的粗砂稀少。

2)洲头及洲中粗、洲尾细:如代家洲(右)的床沙 D_{50},洲头洲中相对较大,向洲尾变小,而 D_{max} 在洲中增大。

3)洲头洲尾粗、洲中相对较细:如单家洲的洲左和凤凰洲等,其 D_{50} 和 D_{max} 亦同。

4)洲头至洲尾粗细相对稳定:如鹅眉洲断面的 5 点中,1 ~4 点 D_{50} 大小相当,无显著粗细变化,仅靠近洲尾变细,并因有个别粗粒分布,D_{max} 值偏大。

5)洲头稍细、洲中及尾部较粗:在泥沙淤积河段的洲(滩)头,因有细粒泥沙的淤积而变细。如阳逻下游沐鹅洲的滩面床沙 D_{50}:洲头、洲中、洲尾分别为 0.009mm、0.174mm 和 0.250mm;九江下游单家洲(洲右)分别为 0.108mm、0.237mm 和 0.183mm,床沙 D_{50} 均以洲头较为细小。

从上可见,其一,一般单个洲滩滩面床沙的分布以洲(滩)头相对较粗,洲尾变细为主,据 1996 年城陵矶—湖口河段的坑测资料统计,约占洲滩总数的 65.0% 以上。其二,洲滩床沙最大粒径(D_{max})多小于 0.25mm,中值粒径(D_{50})多小于 0.15mm,比水下河床质粒径普遍细化,一般为极细砂或细砂之类,具有砂粒均匀、较细的基本特征;但在有粗粒河段的洲滩,因滩面常有黄粗砂散布,所以反常偏粗,如官洲洲头床沙的 D_{max} 达 1.9mm,

D_{50}亦达 0.25mm,远大于一般洲滩。其三,分汊河道的洲滩床沙,往往主泓道一侧较粗,支汊一侧相对较细,如单家洲、代家洲等的洲右 D_{50} 和 D_{max} 粒径均大于洲左。

②河段洲滩床沙的纵向沿程分布:据城陵矶—大通河段和城陵矶—湖口河段洲滩的两次系统取样分析资料(表 8-3-2),全坑床沙 D_{50} 平均值:1989 年城陵矶—汉口、汉口—湖口和湖口—大通 3 个河段分别为 0.114mm、0.099mm 和 0.129mm;1996 年城陵矶—汉口、汉口—湖口两河段分别为 0.169mm 和 0.153mm,湖口以上两分段 D_{50} 均从上向下游减小,而 1989 年测次中的湖口—大通河段反而增大,粒径变粗;A、B 分层床沙 D_{50} 变化亦类同。全坑床沙 D_{max} 平均值 1989 年 3 个河段分别为 0.248mm、0.236mm 和 0.228mm,则向下游呈规律变细。

表 8-3-2　　城陵矶—大通河段洲滩床沙特征值分段统计表

河段 \ 床沙特征值	1989 年						1996 年		备注
	分层	分层平均 D_{50}(mm)	全坑平均 D_{50}(mm)	分层	分层平均 D_{max}(mm)	全坑平均 D_{max}(mm)	表层平均 D_{50}(mm)	全坑平均 D_{50}(mm)	
城陵矶—汉口	A	0.133	0.114	A	0.236	0.248	0.181	0.169	①1989 年取样 A 层为滩面表层,B 层为表层下至坑深 0.50m ②1996 年取样一般坑深 0.50 ~1.0m,部分大于 1.0m
	B	0.095		B	0.259				
汉口—湖口	A	0.114	0.099	A	0.256	0.236	0.168	0.153	
	B	0.082		B	0.215				
湖口—大通	A	0.139	0.129	A	0.230	0.228			
	B	0.119		B	0.225				

(2)河床洲滩床沙的横向分布

一般边滩滨临枯水河床,靠近河泓地段相对较粗,远离河床靠近滩岸的滩根部分较细;江心洲(滩)因两面临水,则以滩顶地段相对较细。在横断面上床沙的分布类型:单一洲滩的边滩为粗—细型,江心洲(滩)为粗—细—粗型,由多个单一洲滩块体兼并的组合型洲滩,则形成粗细床沙复杂组合的复合型。

(3)河床洲滩床沙的沿直深度分布

①洲滩的表层床沙特征:一般河床洲滩因受水流冲刷,表层多发生粗化,而粗化程度与床沙粒径组成紧密相关,卵石洲滩滩面的床沙受水流冲刷一般普遍发生粗化,砂质洲滩的床沙仅部分发生粗化,长江中下游的平原河段,因随向下游一般洲滩床沙粒径变细,泥质增多,不仅粗化度变小,而且粗化面积减少,部分淤积滩面反而发生细化。从城陵矶—湖口河段洲滩滩面床沙的粗化系数可见,按单个洲滩从头至尾的纵向分布组合类型较多,典型实例见表 8-3-3。洲滩床沙表层由洲头向洲尾产生纵向粗化度的大小变化,当粗化系数 K 值大于 1 时,反映洲滩受水流冲刷后,滩面床沙已产生粗化;当 K 等于 1.00 时,为非粗细化;当 K 值小于 1 时,表明滩面有细粒泥沙淤积已发生细化。按其粗化度的纵向分布特征,可分为多种类型,一般以细—粗—细型、粗—细型及细—粗型等较为多见。综合比较:比上游宜昌—城陵矶河段床沙粒径变细,粗化度普遍减小,粗化面积缩小,洲尾部分表层床沙多因淤积而发生细化。

表 8-3-3　城陵矶—湖口河段洲滩表层床沙粗化度纵向分布类型实例表（D_{50}粒径单位:mm）

编号	分布类型	洲滩名称	床沙分层 D_{50}与粗化度	洲滩纵向坑测取样点编号					备注
				1号	2号	3号	4号	5号	
1	细—粗型	田家镇河段田家洲	表层	0.006	0.164	0.182	0.280	0.228	据长江委荆江水文水资源勘测局1996年洲滩坑测资料。
			0.50m	0.070	0.167	0.147	0.252	0.167	
			粗化系数(K)	0.086	0.982	1.238	1.110	1.365	
2	粗—细型	湖口河段张家洲	表层	0.158	0.139	0.134	0.156	0.058	
			0.50m	0.150	0.130	0.132	0.121	0.212	
			粗化系数(K)	1.053	1.069	1.015	1.289	0.274	
3	细—粗—细型	广济河段富池口边滩	表层	0.128	0.128	0.089			
			0.50m	0.130	0.124	0.111			
			粗化系数(K)	0.985	1.032	0.802			
4	粗—细—粗型	簰洲湾刘家尖子边滩	表层	0.142	0.089	0.127			
			0.50m	0.132	0.108	0.105			
			粗化系数(K)	1.076	0.824	1.210			
5	粗化均匀型	湖口河段官洲	表层	0.247	0.138	0.244			
			0.50m	0.220	0.137	0.200			
			粗化系数(K)	1.123	1.007	1.220			
6	粗细多变型	武汉河段天兴洲	表层	0.175	0.180	0.182	0.180	0.125	
			0.50m	0.173	0.180	0.180	0.195	0.147	
			粗化系数(K)	1.012	1.000	1.011	0.923	0.850	

②洲滩沿直深度的床沙分布：按沿直深度的床沙组成类型，分类土层的 D_{50} 特征及沿直深度分布特征等叙述于下。

1）河床组成类型：在河段沉积物的组成中，河漫滩相粘性土主要由粉质壤土和粉质粘土等组成，并局部有冲湖相粘土、重粘土和粉细砂等相夹；河床相砂性土，主要由粉、细砂等组成，并有粒径大于0.50mm 的粗砂夹层等零星分布，底部多有砂卵石或含砾的粗砂层等埋藏。一般卵砾及粗砂厚度：城陵矶—汉口河段，一般小于5.00m，埋深于10.00m以下；汉口—湖口河段一般厚度大于5.00m，埋藏深度达20.00m 以下，相对较深，局部河段的河床冲刷坑底及突起的岛礁尚有基岩等出露。按河床洲滩 50m 深度内的土层沿直深度的组合分布特征，可分为以下6种沉积构造类型。在城陵矶—湖口河段中，一般以土—砂土—卵砾型和土—砂土型及砂土型等为主，其余土—砂土互层构造型较少，全粘性土型和卵砾型等少见。

2）分类土层的 D_{50} 特征：以城陵矶—湖口河段各分段土层的床沙特征值及粘粒百分含量等（表 8-3-4）①分述于下。

①孙舒拉. 1996 年城陵矶—湖口河段河床组成勘探报告. 长江水利委员会水文局，1997 年.

表 8-3-4　城陵矶—湖口河段分类床沙特征值 D_{max}、D_{50} 分段统计表

部位	河段	粘性土		砂性土			卵砾石	备注
		D_{50}(mm)	<0.005mm 粘粒含量(%)	>0.50mm 粗组 D_{50}(mm)	<0.50mm 细组 D_{50}(mm)	<0.005mm 粘粒含量(%)	D_{max}(mm)	
河岸	城陵矶—汉口	0.170~0.0018 / 0.027	86.0~10.0 / 39.73	2.80~0.15 / 0.506	0.20~0.011 / 0.125	9.0~0.0 / 2.67	48.0~32.0 / 40.0	据钻孔取样资料统计：范围值/平均值
河岸	汉口—湖口	0.320~0.002 / 0.025	60.0~10.0 / 31.54	2.55~0.11 / 0.503	0.397~0.028 / 0.130	9.0~0.0 / 2.96	90.0~26.0 / 57.74	
河床	城陵矶—汉口	0.118.6~0.001 / 0.032	77.6~10.0 / 21.07	2.19~0.11 / 0.325	0.22~0.05 / 0.147	9.0~0.0 / 2.34	60.0~29.0 / 36.13	
河床	汉口—湖口	0.133~0.001 / 0.028	58.0~10.0 / 27.76	2.57~0.066 / 0.392	0.22~0.0238 / 0.124	9.0~0.0 / 3.41	48.0~20.0 / 38.67	

粘性土：一般河段粘性土的床沙 D_{50} 平均值中，河床大于河岸，在河床与河岸的沿程 D_{50} 中，城陵矶—汉口段分别大于汉口—湖口河段。粘粒百分含量：河岸大于河床；沿程分段含量：河岸粘粒含量向下游减少而河床相反呈现增大。

砂土：床沙粒径大于 0.50mm 的粗组 D_{50}，沿程向下游变化趋势为河岸略有变小，而河床反有增大；小于 0.50mm 的细组床沙 D_{50} 变化趋势为河岸沿程向下游增大，河床呈现减小。粗细组总平均：沿程河岸床沙 D_{50} 稳定，河床因受大于 0.50mm 粗组床沙影响，向下游增大。砂土中小于 0.005mm 的粘粒含量，无论河岸和河床洲滩均向下游增大。

卵砾床沙 D_{max}：在城陵矶—湖口河段中，以汉口—湖口段的河岸为大，最大粒径可达 90mm，D_{max} 的平均值亦达 57.74mm，其河床和河岸的 D_{max} 平均值均向下段增大，并且同河段 D_{max} 比较，因受阶地和小支流来沙等影响，其平均 D_{max} 河岸大于河床。

3）沿直深度的 D_{50} 分布特征：由于河床洲滩的沿直深度往往由多种土层所组成，故形成一定的沉积构造类型和相应的床沙特征。城陵矶—湖口河段的洲滩沉积构造类型以土—砂性土—卵砾型、土—砂性土型和砂土型等为主。河段钻孔床沙 D_{50} 沿直深度分布的一般特点：上段相对较小，部分为中等，较大值少见；中段：以中等为主，小值较少，较大值少见；下段：以大值为主，中等为次，小值少见；底部：大值进一步增多，以汉口—湖口河段代家洲的洲 26 孔为例（图 8-3-4），叙述于下。

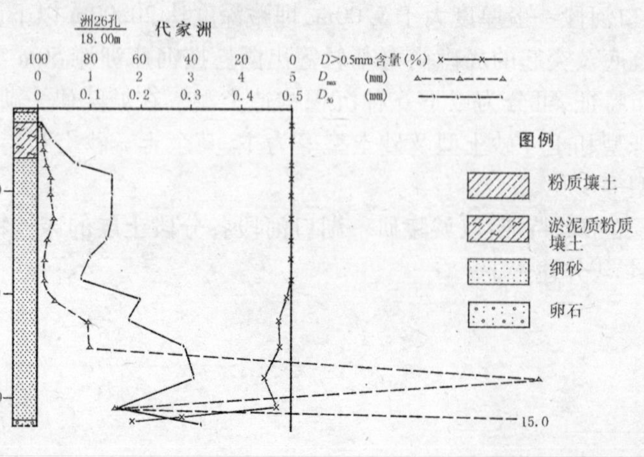

图 8-3-4　汉口—湖口河段代家洲 -26 孔床沙特征值沿直深度分布曲线图[10]

钻孔床沙组成：孔深30.75m，沿直深度的中值粒径(D_{50})变化曲线可划分为4段，上段孔深0~4.90m，主要为粘性土，床沙D_{50}粒径小于0.1mm；中段4.90~18.0m为细砂，一般粒径0.1mm左右，范围值0.075~0.140mm；下段18.00~30.60m为中细砂，范围值为0.18~0.32mm，底部为砂卵石。从D_{max}粒径看，由上至下仍随深度增大，其曲线形态与中值粒径相似，上段土层小于0.1mm；中段细砂范围值0.17~0.34mm，一般在0.20mm左右；下段为含砾中细砂，范围值0.50~10.00mm；底部卵石粒径达15.0mm以上。大于0.5mm的粗粒床沙含量，上、中段为0，下段范围值为1.5%~11.80%，底部达71.9%。

从上可见，河段一般洲滩表层虽有部分滩面发生粗化，但厚度较小，因上段床沙中多含粘粒，并常有粘性土层分布，所以D_{50}相对较小；中下段随深度的增加，床沙变粗，且有粗砂层等分布，D_{50}相对增大；底部多有卵砾或含砾粗砂等分布，D_{50}进一步增大。总之，一般河床洲滩的床沙D_{50}以从上向深部增大为基本特征。

(4)河段洲滩床沙的岩矿组成

①卵砾(D>2mm)床沙的岩性组成：从城陵矶—湖口河段沿程水下河床断面和洲滩钻孔卵砾床沙的岩矿组成见及，一般床沙均以石英为主，此外为花岗岩、石英砂岩、石英岩、硅质岩及燧石和变质岩等，与从长江上游输移而来的荆江河段以石英砂岩和石英岩为主的岩性组成特征形成鲜明对比。由于沿程河岸、支流及床底来砂补给等诸多条件的不同，因此可分为3个分段，各段特征于下，实例见表8-3-5。

表8-3-5　城陵矶—湖口河段典型洲滩及河床断面卵砾床沙岩性组成统计表　(含量单位：%)

地貌类型	取样河段及编号	取样部位(mm)	粒径分组(mm)	花岗岩	石英	砂岩	石英砂岩	石英岩	灰岩	燧石	硅质岩	变质岩	其他	备注
洲滩深部(钻孔取样)	簰州下首 CZ-7孔	孔深 59.50	50~10		33.34		53.33	13.33						
			10~5		49.65	18.48	6.24	17.32		1.15	2.77	4.39		
			5~2	0.74	76.07	5.19	7.05	5.57		1.11	2.23	2.04		
	龙坪新洲 CZ-23孔	孔深 33.70~35.10	50~25	24.69	19.75		4.94	45.68		4.94				
			25~10	11.94	52.24		4.48	19.40		11.94				
			10~5	8.96	22.42		1.49	5.97	2.99	5.97				
			5~2	7.46	59.70		2.99	22.39		7.46				
	梅家洲尾 CZ-28孔	孔深 38.70	50~25		49.21			50.79						
			25~10		49.93		32.25	17.82						
			10~5		60.68		34.09	4.28		0.95				
			5~2		88.40		8.21	2.95		0.44				
河床(水下断面取样)	簰州 k1-1	床面	25~10		70.82		13.47	1.92		2.76	11.03			其他栏内为火山碎屑岩
			10~5	6.43	66.76		12.33				14.48			
			5~2	0.59	90.14		4.83	1.48		1.48	1.48			
	富池口 长83-8	床面	25~10	38.67	39.94		11.79		2.08	4.44	3.08			
			10~5	19.01	67.28		8.05	2.07		1.52	2.07			
			5~2	9.31	83.80		1.86	2.42		0.93	1.68			
	广济 (挖砂船样)	河床	25~10		16.67		66.66	16.67						
			10~5	20.83	41.67		25.00	10.42		2.08			13.89	
			5~2		69.45		6.94	6.94			2.78			
	张家洲 (挖砂船样)	河床深泓	25~10	1.83	24.39		12.20	30.48			23.17	3.05	4.88	
			10~5	15.04	56.39		11.28	9.02	0.75		6.02	1.50		
			5~2	14.93	74.62		2.99				7.46			

城陵矶—巴河口段：卵砾岩性组成以石英为主，分组粒径的百分含量一般高达60%～70%，部分高达90.0%以上，次为石英砂岩、石英岩、硅质岩、燧石及变质岩等少量，花岗岩稀少或缺失，其中石英含量高是一显著特征。典型粗砂区如簰洲的CZ－7孔和水下河床断面的簰洲长1－1等地段。

巴河口—龙坪新洲段：该河段地处低山丘陵及阶地河段，并有巴河、浠水等支流来砂补给，河床岩性组成以石英和花岗岩为主，其中花岗岩的成分较多是一显著特点。如戴家洲因地处众多支流河口下游，花岗岩高达50.0%以上，但随向下游百分含量有所减少，石英砂岩增多。如龙坪新洲钻孔和富池口水下断面取样中，花岗岩的分组含量已分别减少到24.69%与38.67%以下，石英分组含量仍多高达50.00%以上。

龙坪新洲—湖口河段：河床深部的古河床堆积物中，石英含量在部分地段虽有所减少，但仍然较高，石英岩和石英砂岩较多，花岗岩较少或缺失；河床上部卵砾石因受现代支流来砂影响，继续往下游输移，因此床面卵石中花岗岩的分组含量依然多达15.0%左右，如张家洲河段等。

综合上述，城陵矶—湖口河段沿程3个分段的床沙岩性组成，分别以石英、石英和花岗岩、石英和石英岩及石英砂岩等为主（如火焰山和九江等阶地河岸多以石英和石英岩为主）。该河段的岩性组成不仅沿程多变，而且同一河段的床底、床面和河岸的卵砾因形成的时代不同，其岩性亦有所别。

②粗粒（D＝2.0～0.5mm）床沙的岩性组成：城陵矶—大通河段沿程分段粗粒床沙的岩矿组成列于表8-3-6。从各分段平均含量可见，均以石英为主，百分含量除鄂城—广济段为54.0%偏小外，其余分段均达60.0%以上，次为火成岩屑、长石和沉积岩屑等，其余含黑白云母、角闪石和磁铁矿少量，硅质岩屑仅个别见及，在粗粒床沙中以石英含量普遍较高为一显著特点。

表8-3-6　城陵矶—大通河段河床粗粒（D＝2.0～0.5㎜）床沙岩矿组成百分含量统计表　（含量单位：%）

河段名称	石英	长石	黑白云母	角闪石	磁褐铁矿	沉积岩屑	火成岩屑	硅质岩屑	其他	备　注
城陵矶—汉口	64.50	10.50	3.50		0.50	4.50	10.50	6.0		从簰洲粗砂统计
汉口—鄂城	63.50	9.00	8.00		1.00	10.50	8.00			从河床水下断面长60号粗砂统计
鄂城—广济	54.00	9.90	3.22	2.10	0.50	1.95	28.10		0.23	其他为煤屑等
广济—九江	66.50	4.88	1.00	1.74		2.13	23.63		0.12	其他为斧足类壳屑等
九江—安庆	68.20	1.00	5.70	1.30	0.40	2.60	20.60		0.20	其他为煤屑等
安庆—凤凰洲	72.15	5.05	3.27	1.39	1.01	2.39	14.64			
凤凰洲—大通	64.50	3.00	2.50	1.50		0.50	28.00			

③细粒（D＝0.25～0.05mm）床沙的重矿物组成：据1989年城陵矶—大通河段的河床水下系统取样，经江汉石油学院地质系赖志云等分析，0.25～0.10mm和0.10～0.05mm两粒径组的重矿组成分别列表8-3-7。从表中见及，以磁铁矿、绿帘石和石榴子石等为主，合计含量：一般河段达70%～80%，部分河段达80%以上，在诸分段中尤以广济—九江河段为高，在0.25～0.10mm和0.10～0.05mm粒径组中，分别达85.98%与

85.70%。其中尤以磁铁矿的含量为最高，在分组粒径中分别达59.96%与67.11%，并随粒径变小而含量增大。除上述主要组分外，次为角闪石和赤、褐铁矿及白钛石等，一般百分含量小于10%，并随床沙的粒径变小而含量减少。其余如重晶石等一般含量小于1.0%或偶见，但随粒径变小，有部分呈增大显示。从上重矿组分含量可见有以下特点：其一，百分含量大小悬殊，普遍以磁铁矿等为主；其二，虽各河段含量有所差异，但沿程无明显变化趋势；其三，含量与粒径组相关，一般随粒径组的不同而发生含量变化。如占主要成分的磁铁矿含量随粒径变小而增大，而角闪石等含量则相反减小。

表8-3-7 城陵矶—大通河段河床分组床沙重矿组成颗粒百分含量统计表 （含量单位：%）

粒径分组（mm）	河段名称	锆石	电气石	石榴子石	绿帘石	磁铁矿	白钛石	角闪石	赤、褐铁矿	榍石	金红石	重晶石	其他	备注
0.25—0.10	城陵矶—汉口	1.86	0.68	8.96	14.43	46.90	7.87	4.30	13.52	0.13	0.33	0.94	0.08	洲滩样
	汉口—鄂城	0.39	0.59	12.92	19.56	37.76	4.73	15.50	6.75	0.10	0.43	1.27		河床样
	鄂城—广济	0.89	0.48	10.02	18.51	49.95	4.40	7.73	6.16	0.22	0.39	1.25		河床样
	广济—九江	0.88	0.58	13.73	12.29	59.96	3.44	3.67	4.15	0.38	0.38	0.54		河床样
	九江—安庆	0.81	0.40	13.45	20.25	41.52	6.04	10.11	5.62	0.20	0.41	1.19		河床样
	安庆—凤凰洲	0.87	0.28	13.92	16.12	41.92	5.14	14.74	5.72	0.15	0.43	0.71		河床样
	凤凰洲—大通	0.95	0.45	12.95	17.91	46.85	4.51	10.43	4.25	0.33	0.47	0.90		河床样
0.10—0.05	城陵矶—汉口	1.88	0.62	4.85	16.10	50.49	6.24	3.11	14.38	0.15	0.63	1.55		洲滩样
	汉口—鄂城	2.57	0.67	7.74	11.54	62.32	3.12	3.45	6.96	0.29	0.42	0.98	0.03	河床样
	鄂城—广济	2.73	0.65	6.62	12.78	63.26	2.58	3.40	5.72	0.32	0.63	1.31		河床样
	广济—九江	2.49	0.50	7.65	10.94	67.11	2.24	1.81	5.57		0.78	0.91		河床样
	九江—安庆	2.62	0.47	8.23	13.03	59.91	3.47	4.21	5.58	0.44	0.79	1.25		河床样
	安庆—凤凰洲	2.32	0.65	7.85	15.44	53.13	3.73	8.38	5.82	0.30	0.49	1.85		河床样
	凤凰洲—大通	2.41	0.58	7.46	11.56	65.84	2.39	2.97	4.56	0.23	0.51	1.49		河床样

三、主要支流河段的床沙组成

1. 主要支流河段的床沙粒径组成

据汉江下游仙桃站（二）的多年床沙取样资料和鄱阳湖出口段洪道星子断面的床沙调查取样资料（表8-3-8）显示，D_{50}范围值分别为0.142～0.177mm和0.095～0.440mm。其中汉江床沙一般较粗，且相对均匀，鄱阳湖的床沙一般较细，但沿洪道由于受沿程支流和床底埋藏粗砂补给，因此床沙也相对较粗，并有少量粗砂和个别卵砾分布，D_{max}达13.70mm，沿断面粗细悬殊。

表8-3-8 长江中下游城陵矶—大通河段主要支流床沙特征值表 （粒径单位：mm）

支流名称	中值粒径 D_{50}	平均粒径 D_{cp}	最大粒径 D_{max}	资料来源
汉江 仙桃站（二）	0.142～0.177	0.154～0.187	4.90	长江委水文局1979～1981年D_{50}、D_{cp}资料和1989年汉江口的D_{max}资料
鄱阳湖 星子断面	0.095～0.440		13.7～3.30	江西省政府鄱阳湖综合科学考察领导小组办公室，1984年资料

2. 主要支流河段粗粒床沙的岩性组成

长江中下游河段大小支流较多，仅城陵矶—大通河段直接汇入长江的主要支流和湖口水道计 13 条，除大支流汉江和鄱阳湖出口水道外，还有城陵矶出口的洞庭湖来沙，其他虽为一些小支流，河流长度不大，但却是长江中下游粗粒床沙的主要来源区。各支流出口段一般粗粒床沙的粒径组成为 5 ~ 0.25mm，大于 5.0mm 即砾少量，其中以 2.0mm 以下为主，从 2.0 ~ 0.5mm 的粗砂岩矿组成见及(表 8-3-9)，基本可分为 4 种类型：其一，一般石英含量高，并含较多的酸性火成岩屑，如洞庭湖出口段，大别山水系的倒、举、巴、浠诸水和九华山水系的梅埂河和大通河等大小支流水道，其中尤以大别山水系为典型，石英和酸性火成岩屑多分别达 40.0% 以上；其二，以酸性火成岩屑为主，石英含量为次，如圻水酸性火成岩屑高达 72.0%，而石英含量仅为 21.5% 相对较少；其三，云母含量高、石英含量较低，如汉江和皖河，黑白云母合计分别达 75.0% 与 57.0%，而石英分别仅为 19.5% 与 7.5%；其四，以石英和沉积岩为主，次为长石和酸性火成岩等，如秋浦河。从上可见，该粒径组粗粒床沙一般以石英含量高，酸性火成岩屑多为基本特征，部分支流含较多的云母、长石和沉积岩屑等。

表 8-3-9　城陵矶—大通河段沿程主要支流粗粒(2 ~ 0.5mm)床沙岩矿组成颗粒百分含量统计表　　（含量单位：%）

河名	石英	长石	白云母	黑云母	褐铁矿	角闪石	酸性火成岩屑	硅质岩屑	沉积岩屑	煤屑	其他	备注
洞庭湖口	70.0	6.0	2.5	0.5			17.5		3.0	0.5		
陆水	66.5	11.5	1.0				12.5	4.5	4.0			
汉江	19.5		22.5	52.5						5.0	0.5	
新河口	60.0	21.5	1.5	2.0	2.0		11.5				1.5	
倒水	73.5		2.0	1.0	2.5	1.0	20.0					
举水	42.0	1.5		1.5	1.5	6.0	47.5					
巴河	51.0			2.5		4.5	42.0					每个样的镜下鉴定数为 200 颗
浠水	45.0	3.5		2.0	0.5	5.0	44.0					
圻水	21.5				1.5	5.0	72.0					
鄱阳湖口	81.0	9.0	1.5	0.5	1.5		4.5		1.5	0.5		
皖河	7.5	10.5	37.0	20.0			0.5		10.0		10.0	
秋浦河	45.0	12.5					10.0		32.5			
梅埂河	53.0	30.0		1.5			15.5					
大通河	52.5	28.5		3.5		0.5	14.5			0.5		

注：本表床沙由原地矿部石油地质综合大队万桀华鉴定，1990 年。

在城陵矶—大通河段的主要支流中，无论从 5.0 ~ 0.25mm 粗粒床砂的分组或综合分类的岩矿组成特征显示，一般支流以石英含量高为基本特征，在粗砂砾石等粗粒床沙中以石英和酸性火成岩屑为主；在细粒床沙中以石英长石为主，并随粒径变细岩屑减少，长石增多。

第四节　长江河口段的床沙组成

一、河口段的区域沉积分布特征

长江河口三角洲的第四纪松散沉积巨厚,上部全新世沉积物以灰褐、深灰、黄褐等色海陆过渡相的粘性土为主,次为砂性土等。区域分布特征:从太湖和上海等地区陆地及长江河口洲岛等的土层分布可见,在平面分布上,远离江岸的太湖地区,一般以上覆全新世沉积的粘土和淤泥质粘土等为主,由西向东渐变为粉质壤土、粉质壤土夹砂、粉质壤土与砂的互层和砂壤土及粉细砂等,向长江河床靠近沙性增强。在长江河口段的崇明岛、长兴岛及横沙等一些洲岛地区,一般以砂壤土和砂土等为主,次为砂壤土与粉质壤土互层及粉质壤土夹砂等,如崇明岛的洲头、洲中(左)及洲尾等地段砂性普遍较强,多砂性土分布。土的颜色亦具特征,即自太湖地区向长江靠近,在平面上土色灰度减弱转黄;在沿直深度上,表层以黄褐色为主,往深部变灰为灰褐及青灰色等。关于三角洲分支水道及水下三角洲的沉积物组成:从图 8-4-1 见及,自徐六泾—河口段,一般以轻砂壤土和细粉砂为主,其北支水道为砂壤土,床沙单一;南支水道则较复杂,上段:徐六泾—浏河口以细砂和粉细砂为主;中段:浏河口—吴淞口以粉细砂和砂壤土为主;下段:吴淞口—河口因有拦门沙发育,形成九段沙和铜沙等大片细砂堆积,在河口沙岛以北为粉细砂,以南为砂壤土。其中南支水道的床沙分布特征如下:纵向为上下段较粗,中段偏细,再向河口外变细,总趋势随河口展宽,而向下游及口外变细。综合上述可知,河口三角洲水域沉积物的分布中,细砂主要集中于口门的九段沙和铜沙两大片,而上游河段的水道内仅沿主泓一线有断续散布;粉细砂主要分布于长兴岛—九段沙以北,其余地区一般多为砂壤土;河口水下三角洲的前缘和外缘等地段分别为粉质壤土和粉质粘土。一般横断面上,主泓附近的床沙偏粗,向左右两岸变细,但有的深槽因枯水期发生回淤反而变细。

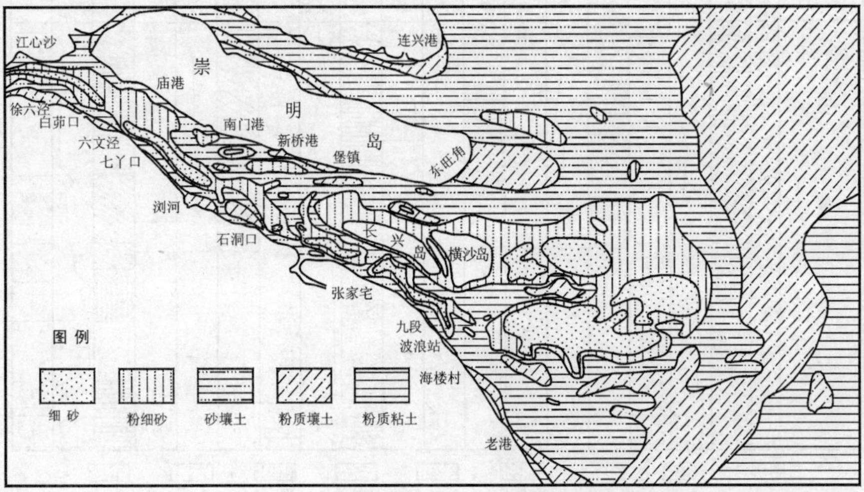

图 8-4-1　长江河口区水下沉积物分布图[19]

二、河口段的床沙组成

1. 表层床沙D_{50}的平面分布

据上海航道局1958年8月的一次实测资料见及(表8-4-1)①,床沙D_{50}的纵向沿程变化,干流从江阴—徐六泾河段的肖山、段山、天生港、营船港等的床沙D_{50}分别为0.175mm、0.168mm、0.158mm和0.075mm等,从上至下游呈现规律变小;徐六泾—河口段为多支分流,一般支流沿程D_{50}多有大小跳动,但总体向下游及河口外变细。床沙D_{50}的横向变化规律是:按入海分支床沙的平均D_{50},南支大于北支;在南支中北港大于南港。

8-4-1　　长江河口区代表性地段床沙D_{50}表

床沙特征值	长江干流				南支		南港			北港		北支				备注
	肖山	段山	天生港	营船港	白茆河口	七丫口	鸭南	55号灯标	鸭北	204号灯标	202号灯标	青龙港	庙港口	苏北咀	北支口	
D_{50}(mm)	0.175	0.168	0.158	0.075	0.138	0.071	0.120	0.032	0.042	0.076	0.096	0.088	0.034	0.0214	0.0272	据1958年8月一次性实测床沙资料整理.

2. 床沙D_{50}的沿直深度分布

关于长江河口及水下三角洲的床沙,前人已做了大量工作,取得了丰硕成果,为研究床沙D_{50}(或D_{ep})沿直深度的分布特征,据已有资料按不同的地貌部位,选取岸滩、洲岛、河床和河口水下三角洲海域的部分代表性钻孔为例分析于下(图8-4-2)。

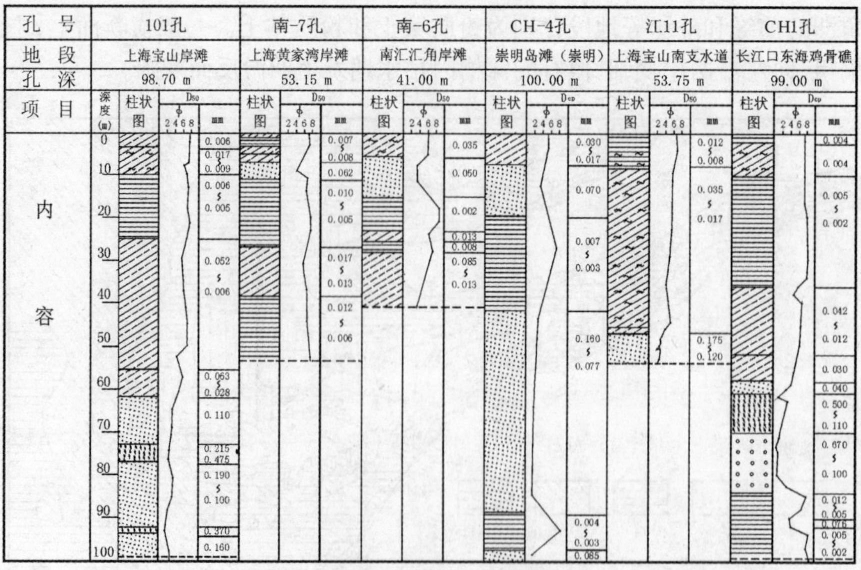

图8-4-2　长江河口三角洲钻孔柱状剖面及沿直深度床砂粒径特征值(D_{50}或D_{cp})分布图

①陈浩,俞学山,夏鹏章,刘载生,石国钰,等.长江中下游河道基本特征(河口段).长江水利委员会水利局,1983年.

①河口段岸滩床沙 D_{50} 的沿直深度分布：从长江口南岸宝山—南汇咀的岸滩钻孔资料揭露，在孔深约100m深度内，上半部基本以粉质壤土和粉质粘土层为主，多组成互层状构造，其中又以粉质壤土为主，一般表层下因含水量高，多淤泥质土分布，并偶夹砂壤土和粉细砂等夹层，厚度较小；在粘土层中局部还夹重粘土，粘粒含量最高可达70.00%以上。下半部粘性土层减少，相应砂性土层增多，除含粉细砂、中砂外，部分地段还含有粗砂和砾石等。从岸滩土层的纵向沿程分布看，有从上向下游砂性土呈增多趋势，在50.00m深度内反映较明显，如位于长江口南汇咀汇角的南—6孔，在孔深41.00m内，以粉细砂和砂壤土为主。沿直深度的床沙 D_{50}，在上海宝山岸滩的上半部一般为6～8φ（<0.05mm）；下半部多<5φ，且以3φ左右为主；长江口南汇咀汇角的钻孔床沙 D_{50} 在3～9φ间摆动，多为5φ左右。综合上述，岸滩沿直深度100m内，上半部一般以粘性土为主，下半部以砂性土为主，并含中粗砂和砾石等，从上至下，向深部变粗，D_{50} 增大显著。岸滩纵向沿程：从上向河口段砂性增强，D_{50} 增大，床沙变粗。

②河口段沙岛床沙 D_{50} 的沿直深度分布：据位于崇明岛中段崇明县城的CH4孔资料见及，在孔深100m深度内，一般以细砂为主，次为粉质粘土，上部多由砂壤土覆盖，所占厚度分别为61.9%及30.6%和7.5%，其中的细砂和砂壤土等占总厚度的69.4%。床沙的平均粒径（D_{cp}）为2～9φ①，其中粘土 D_{cp} 的范围值为7～9φ，砂壤土为5～6φ，细砂 D_{cp} 为2～4φ。按毫米计算，细砂、粉质粘土和砂壤土等床沙 D_{50} 的范围值分别为0.160～0.070mm，0.007～0.003mm和0.030～0.017mm。从上可见，分层 D_{50} 相对均匀稳定，层间变幅相差较大。

③河口段水下床沙 D_{50} 的沿直深度分布：由于长江口多支分流入海，过水断面宽广，流速减缓，长江大量细颗粒泥沙普遍发生淤积，致使河床及洲滩粘性土层广泛发育，从河口沙岛及拦门沙的钻孔资料见及，一般除河泓沿线为粉细砂外，水下河床沿直深度多粘性土分布，其粉质壤土和粉质粘土的总厚度，薄的也在12.00m以上，厚处如铜沙头部的孔深达35.00m，其粘性土层也未穿透。另从南支汊道的宝山段河床水上钻孔资料显示，河床粘性土层一般厚度在40.00m以上，部分达50余m，如宝山水4号孔，孔深0.00～11.80m为灰色粉质粘土（含淤泥质），11.80～41.80m为灰色粉质壤土（含淤泥质），41.80～74.00m为细砂及粉砂（其中：55.00～59.20m为砂壤土层），74.00～75.00m为砾砂（未穿透）。从该孔可见具有以下特点：其一，粘性土层深厚；其二，沿直深度的土层分布为粘土、粉质壤土、细砂、砾砂等，由上而下变粗。关于床沙的粒径组成，以上海宝山南支水道的江—11孔为例，孔深53.75m，从上而下依序为粘土、粉质壤土、砂壤土和细砂等，其中粘性土层厚达45.70m（部分为淤泥质）。床沙粒径组成，D_{50} 从上→下由7.0φ→2.5φ，即由0.008mm增大到0.175mm，呈现向深部变粗。

④东海水下三角洲泥沙 D_{ep} 的沿直深度分布：从位于长江水下三角洲前缘的东海鸡骨礁以东海域的CH1钻孔资料见及（秦蕴珊等，1987年），上部为粉质粘土和粉质壤土等粘性土组成互层，厚度达53.00m，以下为砂壤土、粉细砂、中细砂和粗砂及砾石等，84.00m以下复变为粉质粘土等。在99.00m的孔深中，粘性土层累计厚达66.00m，砂性土（含砂、砾等）为33.00m，分别占钻孔揭露厚度的65.3%与34.7%，泥沙平均粒径

①附注：据克隆 $\varphi=\lg 2d$（mm）

(D_{cp})范围值为0.45～8.64φ,即0.670～0.0024mm。从CH_1孔泥沙平均粒径(D_{cp})照的φ值变化曲线显示,沿直深度内,从上向下,由大变小,而后又复增大,反映粒径总体是向深处变粗,并有砾石见及,仅底部的早期沉积有所变细。分类土层的平均粒径(D_{cp}):粉质粘土6.36～8.64φ(即0.002～0.012mm);粉质壤土4.55～7.82φ(0.042～0.004mm);砂壤土5.0φ(0.030mm);砂土1.00～4.55φ(0.500～0.040mm);砂砾石层0.45～3.23φ(0.67～0.10mm)。从上可见,在近100m深度内的土层分布,上半部以粘性土为主,下半部以砂土砾石等砂性土为主,床沙组成相对应,除底部较细外,总体仍以上细下粗为基本特征。

三、河口三角洲及东海邻区水域表层泥沙的岩性组成

1.轻矿物的百分含量与分布

据陈丽蓉等于1982年对长江芜湖—河口东海大陆架和冲绳海槽等系统取样分析的结果(表8-4-2),沉积物中密度小于2.80g/cm^{3}的轻矿物主要为石英、斜长石和钾长石,次为白云母和绿泥石等,另有方解石少量,其他海绿石等稀少偶见。而火山玻璃唯冲绳海槽富集高达33.3%,其余地区缺失。轻矿物在沉积矿物全样中的总百分含量,长江为87.4%,东海大陆架为93.2%,冲绳海槽为97.7%,由长江向东海增大。石英和长石等主要矿物则相反,向外呈现递变减少,但因火山玻璃在冲绳海槽的富集,而使轻矿物总百分数居高。

表8-4-2 长江河口三角洲及东海邻区水域轻矿物百分含量统计表

区域	轻矿物占全样百分数	轻矿物百分含量(%)						
		石英	斜长石	钾长石	白云母、绿泥石等、片状矿物	火山玻璃	方解石	海绿石
长江(芜湖—河口)	87.4	42.3	31.5	14.1	9.6	0	2.5	0
东海大陆架(含长江水下三角洲等)	93.2	42.1	30.7	13.6	12.1	0	1.5	有
冲绳海槽	97.7	34.5	21.3	5.9	4.5	33.3	0.5	有

(引自陈丽蓉等,1987年)

2.重矿物的百分含量与分布

①重矿物的组成:从表8-4-3见及,在重矿物组成中,以角闪石、绿帘石、片状矿物和白云石等为主,次为辉石、钛铁矿、石榴子石和磁铁矿等,另有榍石、锆石等少量,其他矿物种类较多,但数量稀少。在主要重矿物组成中,尤以角闪石的含量最高为特点。

表 8-4-3 长江河口三角洲及东海邻区水域重矿物百分含量统计表

区域	重矿物占全样百分数	重矿物百分含量(%)												备注
		角闪石	绿帘石	辉石	片状矿物	白云石	变质岩矿物	磁铁矿	钛铁矿	石榴子石	榍石	锆石	其他	
长江	12.6	24.2	8.0	2.1	28.0	26.0	0.2	0.4	3.2	3.0	0.5	0.2	4.2	
东海大陆架(含长江水下三角洲等)	4.3	33.4	13.3	2.5	15.1	16.7	0.4	0.7	6.1	1.2	1.0	0.01	9.59	据秦蕴珊等,1987 年
冲绳海槽	2.9	20.7	9.8	23.8	17.2	8.6	0	4.9	4.4	1.4	0.5	0.2	8.5	

②重矿物的分布:从重矿物所占全样中的百分数显示,长江、东海大陆架至冲绳海槽纵向分布的重矿百分数分别为12.6%、4.3%和2.9%,含量分布与轻矿物的组成相反,向口外海域递变减少。

河口陆上三角洲的重矿分布:长江河口多支分流,并形成多种微地貌单元,因水流动力条件的分异,重矿物的分布亦产生相应的变化,从表 8-4-4 可见:无论从重矿物的总量、密度以及主要矿物角闪石和绿帘石及代表性的稀量矿物锆石、石榴子石、榍石等的含量分布比较,沿三角洲河口横向分布有沙坝 > 河床 > 边滩,因边滩水流动力条件相对较弱,不仅重矿物床沙的粒度偏细,含量也相对减少,而且重矿物的密度也相对变小,反映重矿物的沉积与水动力条件紧密相关,产生分选显著。

表 8-4-4 长江口重矿分布特征表

地貌类型	重矿物总量	矿物密度	粒度	代表性矿物		备注
				角闪石绿帘石	锆石、石榴子石、榍石	
沙坝	高	大	粗	高	多	
河床	｜	｜	｜	｜	｜	参照陈冠球,1986 年
边滩	低	小	细	低	少	

河口水下三角洲及东海邻区的重矿物分布:据研究,长江河口沙坝的重矿物含量大于7.0%,并自河口向东南的东海逐渐降低,至南汇咀外已减少到3.0%,至嵊泗海域已降低到1.0%,于东经123°以东的东海海域又逐渐回升为3% ~5%(图 8-4-3)。

③重矿物的含量与泥砂的粒度:重矿物的百分含量与沉积物的类型密切相关,据长江水下三角洲重矿物的百分含量研究(黄慧珍,1996 年),范围值呈现大小悬殊,但其平均含量由细砂的4.8%减少到粉细砂3.80%、砂壤土3.20%和粉砂2.30%与粉砂质粘土的2.4%,仍具有随粒径变细而含量减少的趋势。

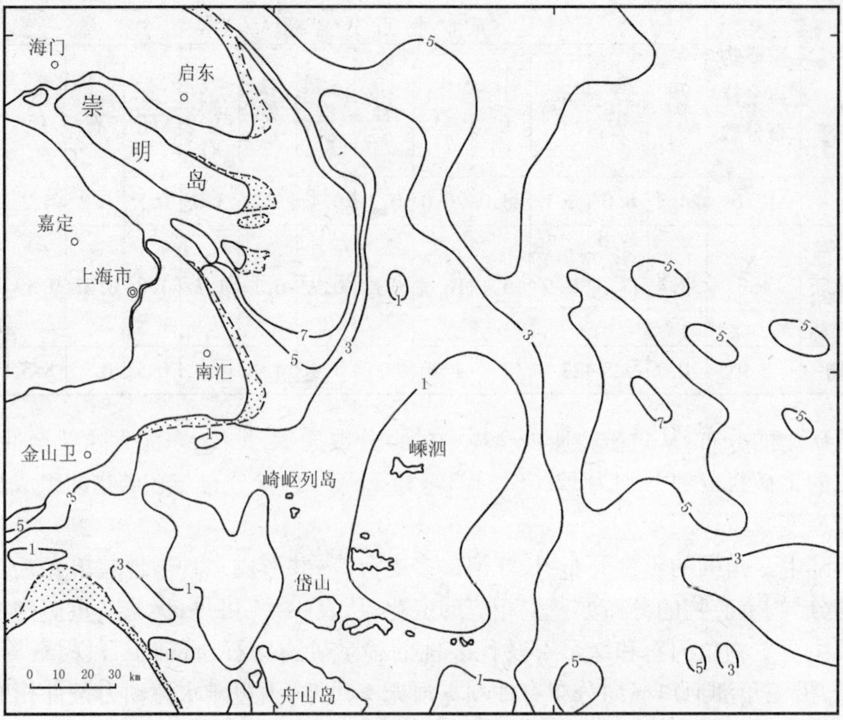

（据地矿部第一海洋地质调查大队，东海西部海洋地质综合调查报告，1989）

图 8-4-3 长江河口三角洲及东海大陆架重矿物百分含量等值线图[15]

3. 粘土矿物的百分含量与分布

粘土矿物的百分含量：从长江和东海大陆架及冲绳海槽的粘土矿物组分见及（表 8-4-5），伊利石的百分含量高达 74.6% ~70.0%，绿泥石为 14.2% ~9.7%，高岭石为 12.7% ~7.7%，蒙脱石仅 4.4% ~6.7%，均以伊利石为主，次为绿泥石、高岭石和蒙脱石等。

表 8-4-5 长江三角洲及东海主要粘土矿物百分数统计表

地区		伊利石	蒙脱石	高岭石	绿泥石	备注
长江	南京—扬中河段	74.6	5.0	10.3	10.1	据林承坤，1988 年
	河口段	73.1	6.7	10.2	10.0	
东海	内陆架	70.0	4.4	12.7	13.1	据秦蕴珊等，1987 年
	外陆架	71.7	6.5	7.7	14.2	
	冲绳海槽	73.4	5.7	11.2	9.7	

空间分布特征：伊利石在长江三角洲自南京至河口段百分含量由 74.6% 减少到 73.1%，于河口以外的内陆架继续减少为 70.0%，但随离长江口距离增大，伊利石的百分含量于外大陆架和冲绳海槽又分别增加到 71.7% 与 73.4%。绿泥石和高岭石在长江南京—河口段呈现微弱减少，出长江口后均分别增大到 13.1% 与 12.7%，后随远离河口至冲绳海槽呈现大小的波动变小。蒙脱石在长江河口段由 5.0% 增加到 6.7%，而出海后降低为 4.4%，后又随离河口的距离增大呈波动增大。

综合上述,由于长江和东海海域的主要粘土矿物以伊利石为主,并且百分含量均高达70.0%以上,可见伊利石不仅含量高,而且面积广,对该区域的粘土矿物组成起决定性的作用,其次为高岭石和绿泥石,而蒙脱石的含量为少,但其大小变化较小,相对较为稳定。

第五节 床沙组成的基本特征

一、长江卵石河段的床沙组成特征

(一)卵石河段的河床组成与床沙特征

1. 卵石河段的分布与河床组成

在长江上、中、下游河段的第四纪松散沉积物中,不同河段都有或多或少的卵砾分布,表明大多数河段在不同时期多曾有卵砾输移堆积的历史。但随时程的延续,由于受新构造运动西升东降和冰期与间冰期气候的冷暖波动以及近代人类活动增强等诸多因素的影响,河床中的床沙粒径组成也相应发生演变,至今卵石河段以长江上游为主,另加长江中游宜昌—杨家脑河段的砂卵石河床,合计总长达 4600 km,约占长江总长度的 73.0%。由于长江泥砂的主要产沙区在上游,因此卵石的堆积区主要为长江上游的四川盆地和中游江汉平原的西部地区。在长江上游河段又因受河床的环境条件所限,卵砾粗砂主要堆积在宽谷河段,其中含金沙江下游的屏山至川江万县市下游的巴阳峡河段,全长 792.5km,另有三峡河段庙河—莲沱的黄陵背斜宽谷河段 32.0km,以及长江中游河段的宜昌—杨家脑段的 114km 等,合计长度约为 940.0km,占长江总长度的 15.0%左右。地处长江砂卵石河床末端的上荆江砂质河段中,因下卧古长江砂卵石冲积扇的堆积,所以在七星台—郝穴的河段中,当河床的冲刷坑冲深至砂卵石顶板时,便有卵石出露形成冲刷坑底的砂卵石河床;当冲刷深度至砂卵石层顶板以下时便有卵石被冲出,冲刷深度愈大,翻出的卵石愈多。当下游有良好的堆积环境时,便可发展成河床砂卵石的壳洲(滩)。如自清代以来的公安杨厂古采石洲等,从 20 世纪 70 和 80 年代发现的还有涴市陈家湾、郝穴码头、观音寺下游的突起洲等,20 世纪 90 年代因太平口河段受冲,也有翻出卵石输向下游,在沙市三八滩头的滩面堆积形成长 200 ~ 300m、宽 10 ~ 20m、厚 0.30m 左右的多条砂卵石带等。由于此类洲滩的共同特点均系滩体为砂,滩的上部及表层为砂卵石,组成壳体构造,故名壳洲(滩)。由于在砂卵石河段下游有系列冲刷坑和壳洲(滩)沿河床深泓及附近浅滩一线分布,从而组成沙质河床中的卵石链。在郝穴下游河段由于砂卵石层埋深增大,且厚度减薄或尖灭,河床可冲深度内无卵石可冲,便转为冲砂淤砂的全砂质河床。

卵石河段的河床组成特征是:在长江上游河段,一般床沙以卵砾为主,并含粗大漂石等,其中 $D>2$mm 的粗组床沙含量一般达 70.0% 以上,部分含量可高达 90.0% 左右,川江重庆下游河段含量有所减少;长江中游宜昌—杨家脑河段的河床和杨家脑—新厂河段的埋藏砂卵石层,由卵、砾和砂等床沙组成,其中 $D>2$mm 的卵砾床沙含量。一般小于 50%,且多在 30.0% 以下,以细沙为主组成砂卵石河床,卵石河段的纵向沿程分布从上游向下游,卵石粒径变小,百分含量减少。

2. 卵石河段床沙的岩性组成特征

(1)粒径 $D>10$mm 的卵石床沙岩性组成

长江上游川江河段(含支流)卵石床沙的岩性组成多以石英砂岩和石英岩为主,并常具有示源性较强的标志岩矿分布和一定的岩性组合特征。在川江河段的主要来砂支流河段中,如金沙江以玄武岩和暗褐色火山岩含量高为标志;岷江以红色花岗岩和红色火山岩、绿色角岩等为标志;沱江以石英砂岩和石英岩含量高,石英较多为特点;嘉陵江石英岩和石英砂岩含量高,并随床沙粒径的增大,百分含量随之增高,最高可达 90.0% 以上,以洁白的脉石英、板岩、灰岩和燧石等为标志;乌江因发育于鄂黔山地的碳酸盐岩区,一般以灰岩为主,燧石较多,石英砂岩和石英岩含量较其他支流显著为低。在川江干流河段中,除石英岩和石英砂岩外,宜宾下游河段,以玄武岩和红色花岗岩、火山岩等为特征;随向下游,重庆寸滩河段除上述岩性组成特征外,因嘉陵江的汇入,变质板岩和石英增多,涪陵下游的珍溪河段,因有乌江来沙,卵石中灰岩组分增加。三峡河段由于流经碳酸盐岩的峡谷和黄陵背斜的结晶岩及峡间宽谷段的砂页岩区,卵石岩性组成以闪云斜长花岗岩、闪长岩、灰岩和红色砂岩等为主,其中尤以闪云斜长花岗岩和灰岩、白云岩等为标志。长江中游的宜昌—七星台河段除宜昌上游来沙外,还有流经鄂西山地碳酸盐岩区的支流清江汇入及沿江的古河床和阶地卵石加入补给,岩性组成除石英岩和石英砂岩为主外,次为紫红色砂岩、灰岩,另有火山岩、红色花岗岩和锈黄色石英等,并偶有玄武岩发现。因受风化,不仅卵石颜色陈旧不鲜,有的还有风化圈和地下水溶蚀的孔洞及坑凹等。上荆江七星台—新厂河段,卵石岩性组成与宜昌—七星台河段基本类同,仍以石英岩和石英砂岩为主,并含花岗岩、灰岩等,另有个别玄武岩和火山岩等见及,岩性复杂。城陵矶以下的中游河段,由于沿程支流、河岸及床底来砂,河床的床沙中偶有个别卵砾见及,岩性组成多为石英、花岗岩、变质岩、石英砂岩等。

综合上述,在长江卵石和砂卵石河段的沿程补给中,除乌江和清江等灰岩较多,石英岩和石英砂相对较少外,一般干支流河段均以石英砂岩和石英岩为主。由于各支流所流经地区的地质条件的不同,因此示源性的岩矿各具特征。在宜昌下游河段,随离产沙区距离增大,一方面沿程堆积分选,另一方面受磨蚀影响,不仅粒径减小,卵石含量减少,而且硬度较大的岩矿组分相对增多,由于受到沿程古河床及阶地来沙影响,岩性变向复杂。而城陵矶以下河段中的个别卵石主要来自沿程支流及河床,卵石的岩性组成趋向简单,石英与花岗岩的组分增多。

(2)粒径 D 小于 10mm 的砂砾床沙岩性组成

长江上游河段一般为卵石河床,粒径小于 10mm 的砂砾多充填于卵石的空隙之间分布,其中粒径小于 2mm 的细粒床沙,岩性组成以石英、长石和岩屑等为主,但随床沙粒径的变小,岩屑含量减少,石英、长石增多,其中尤以长石最为显著。以葛洲坝水利枢纽的床沙为例,据长江委河流研究所研究(图 8-5-1),岩屑与粒径的变化规律:在床沙 D 为 1.0mm 左右的粒组中,岩屑与矿物各占其半;在床沙 $D<0.1$mm 的极细砂和粉砂中,百分含量小于 10%,岩屑的含量随粒径的变小而减少。石英与粒径的变化规律:石英在床沙 D 大于 0.30mm 的砂砾中,随粒径变小百分含量增大;在 $D<0.3$mm 的砂粉质床沙中,随粒径变小百分含量则呈现减少。长石与粒径的变化规律:随床沙的粒径变小,长石的百分含量增大,尤其在 D 小于 0.25mm 的砂粉质中增长加快;在床沙 D 小于 0.1mm 的细粒径

组中,长石的百分含量超过石英。关于重矿物与粒径的变化,床沙密度大于 $2.9g/cm^3$ 的重矿物,一般在 2.0～0.4mm 的粒径中有所见及,随粒径变小含量逐渐增多;在 D 小于 0.4mm 细组床沙的砂粉质中,含量趋于相对稳定略有减少。

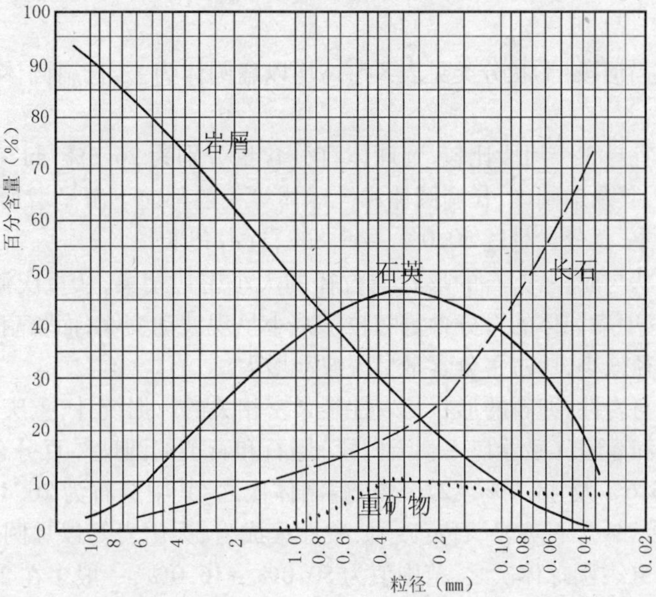

图 8-5-1　葛洲坝水利枢纽砂砾床沙的石英、长石、岩屑等百分含量与粒径关系曲线图[7]

3. 卵石床沙的几何形态特征

(1)卵石的形态分类

①卵石形态的分类与判别:根据实测卵石 a(长)、b(宽)、c(厚)3 径的比例分为圆球体、扁圆体、椭球体和长扁圆体等 4 类,判别式如下:

当 $\frac{b}{a} > \frac{2}{3}$ 时:$\frac{c}{b} > \frac{2}{3}$ 为圆球体,$\frac{c}{b} < \frac{2}{3}$ 为扁圆体;

当 $\frac{b}{a} < \frac{2}{3}$ 时:$\frac{c}{b} > \frac{2}{3}$ 为椭球体,$\frac{c}{b} < \frac{2}{3}$ 为长扁圆体。

②卵石的形状特征:按上述判别式,以重庆、奉节、宜昌等 3 个河段卵石床沙为例,分类统计见表 8-5-1。

表 8-5-1　长江重庆、奉节、宜昌河段卵石形状分类统计表

河段	粒径(mm)	圆球体(%)	扁圆体(%)	长扁圆体(%)	椭球体(%)	资料来源
重庆	200～10	26.3	45.8	15.7	12.2	长江委荆江河床实验站,1991 年
奉节	200～10	11.0	50.0	23.4	15.6	长江委唐日长等,1990 年
宜昌	200～10	5.4	49.9	30.2	14.5	长江委唐日长等,1990 年

1)重庆河段:含重庆长江上游段九龙坡—朝天门,下游段朝天门—唐家沱和嘉陵江磁器口—朝天门等 3 个分河段。全河段分类百分含量范围值:圆球体为 23.9% ～

30.5%，以嘉陵江河段较多；扁圆体为40.9%~50.8%，以长江上段较高；长扁圆体为13.6%~17.2%，以长江下段较大。椭球体11.7%~13.3%，以嘉陵江河段含量为大。以上3个分段百分含量平均值表明，其均以扁圆体为主，百分含量高达45.8%；圆球体次之，为26.3%；再次依序为长扁圆体和椭球体，百分含量分别为15.7%与12.2%。

2）奉节和宜昌河段：形状分类见表8-5-1，均以扁圆体为主，长扁圆体和椭球体为次，圆球体为最少。

重庆、奉节、宜昌3个河段比较，圆球体百分含量分别为26.3%、11.0%和5.4%，从上游向下游减少，其余扁圆体、长扁圆体和椭球体等一般都向下游呈增加趋势，但总的特点均以扁圆体为主，百分含量达50.0%~45.8%，近占其半。

③卵石的形状与粒径：卵石的形状与粒径的大小密切相关，从重庆河段河床卵石的形状分类见及，其中扁圆体的百分含量随粒径减小呈现波动变小，而长扁圆体、圆球体和椭球体等均随粒径减小，所占百分含量呈现波动增大。

④卵石形状与岩性：卵石的形状与岩性是紧密相关的。据统计，重庆河段（含长江九堆子—唐家沱段和嘉陵江磁器口—朝天门段）燧石和石英的圆球体百分含量范围值分别高达63.6%~56.6%及48.0%~27.5%；扁圆体次之，其中燧石为26.4%~18.2%，石英为52.5%~29.7%。石英岩、石英砂岩、酸性火成岩、火山岩等以扁圆体为主，一般高达65.70%~42.5%；圆球体次之，范围值为50.0%~16.0%，一般多在20%以上。基性火成岩、变质岩等以扁圆体为主，百分含量为57.3%~41.2%；长扁圆体次之，范围值为50.0%~18.2%。综合可见，一般以燧石、石英的圆球体含量为高；石英岩、石英砂岩、酸性火成岩、火山岩、硅质岩等圆球体为一般；玄武岩、变质岩等形状较扁，在石英岩和石英砂岩中也有少量似饼状的扁圆体发现。椭球体一般百分含量较少，相对比较以石英、燧石、火山岩等含量偏多，其百分含量在19.6%~10.0%之间。

（2）卵石的球度

①卵石的球度：即卵石的形状接近球体的程度。球度系数用公式求得，φ值愈接近于1，球度系数愈大，反映形状愈圆。

$$\varphi = \sqrt[3]{\frac{bc}{a^2}} \tag{5-1}$$

式中：a、b、c分别为卵石长、宽、厚3径，φ为球度系数。

②卵石的球度特征：以三峡上下游的奉节和宜昌河段为例，按（5-1）式计算列表8-5-2，两河段卵石球度范围值为0.75~0.45，一般多为0.70~0.60。按岩性，以砾岩的球度变幅相对较大，而变质岩和黄陵背斜的火成岩和砂岩等卵石的球度较为稳定，变化幅度较小。按粒径，除个别外，一般卵石球度随粒径变小而变小，其中尤以宜昌河段的碳酸盐岩和上游输入的火成岩类较为明显，从200~120mm至40~20mm等的若干粒径组中，卵石球度分别由0.71→0.57与0.64→0.57，规律性较强。

表 8-5-2　　长江奉节、宜昌河段卵石平均球度统计表　　（粒径单位:mm）

河　段	200 ~ 120		120 ~ 80		80 ~ 40		40 ~ 20		20 ~ 10	资料来源
岩　类	奉节	宜昌	奉节	宜昌	奉节	宜昌	奉节	宜昌	奉节	
砂岩类	0.59	0.64	0.64	0.63	0.62	0.53	0.60	0.54	0.61	长江水利委员会《泥沙研究》,1990 年
碳酸盐岩类	0.69	0.71	0.71	0.65	0.58	0.62	0.62	0.57	0.62	
砾岩类		0.45		0.75					0.67	
变质岩类		0.67		0.68	0.65	0.66	0.65	0.65	0.67	
长江上游火成岩类	0.69	0.64	0.65	0.63	0.60	0.59	0.67	0.57	0.65	
黄陵背斜火成岩类		0.60		0.61		0.59		0.58		

(3)卵石的磨圆度

①卵石的磨圆度分级:河床卵石在推移过程中,不断磨蚀而圆化,但由于受母岩的岩性、硬度、风化程度、河床坡降、糙率和搬运的距离远近等诸多因素影响产生差异,按卵石完全未磨蚀至全磨圆共划分为棱角状、次棱角状、次圆状、圆状和浑圆状等五级,并分别定为 0、1、2、3、4 级代入公式计算求得平均磨圆度 P。

$$p = \frac{0 \times n_0 + 1 \times n_1 + 2 \times n_2 + 3 \times n_3 + 4 \times n_4}{4 \times N} \times 100\% \tag{5-2}$$

式中:n_0、n_1、n_2、n_3、n_4 等为相应磨圆级别的卵石个数,N 为卵石总的个数。

②卵石的磨圆度特征:通过重庆长江上段珊瑚坝、下段寸滩、蛮子碛和支流嘉陵江口金沙碛等 3436 个卵石和三斗坪及葛洲坝各 2000 个卵石的统计,分级磨圆度所占百分数见表 8-5-3,按 3 个河段分级均以 2、3、4 级为主,即圆状、次圆状和浑圆状等占多数;按河段比较,以三斗坪河段的卵石磨圆度较高,其中圆状和浑圆状的百分含量高达 78.0%。

表 8-5-3　　长江重庆、三斗坪、葛洲坝河段卵石磨圆度分级百分数统计表　　（单位:%）

分级 河段	0	1	2	3	4
重 庆 河 段	5.58	12.81	26.46	35.71	19.44
三斗坪河段	1.20	5.50	15.30	38.35	39.65
葛洲坝河段	3.20	13.50	27.70	32.55	23.05

③卵石的磨圆度与粒径:从表 8-5-4 见及①,据重庆河段洲滩的 4945 颗卵石的总平均磨圆度为 64.4%,卵石分组粒径平均磨圆度从大于 150mm 至 50 ~ 25mm 的分组磨圆度范围值 68.5% ~ 64.1%,相对较为稳定,而 25 ~ 10mm 粒径组的磨圆度迅速变小为 54.1%。从上可见,大致以 25mm 粒径为分界线,随粒径增大,磨圆度略有波动增大,但变幅较小,相对稳定;随粒径变小,磨圆度变小显著。

表 8-5-4　　重庆河段洲滩卵石分组粒径平均磨圆度统计表

粒径分组(mm) 项目	>150	150 ~ 100	100 ~ 75	75 ~ 50	50 ~ 25	25 ~ 10	总数	
							卵石总颗数(颗)	总平均磨圆度(%)
平均磨圆度(%)	68.5	67.5	64.1	65.8	66.6	54.1	4945	64.4

①周凤琴,王维国. 重庆河段卵石洲滩与岩性组成特征. 水利部长江委荆江河床实验站,1991 年.

分级磨圆度与粒径：在重庆河段洲滩卵石的分级磨圆度中，圆状卵石随粒度变小而百分含量减小。次圆状的卵石粒径在75mm以上，则随粒径变小百分含量增大，其中尤以100~75mm粒径组为大，小于75mm粒径，随粒径的进一步变小而百分含量相应减少。浑圆状卵石，则相对稳定，次棱状和棱角状卵石随粒径变小，百分含量增加，其中又以50~25mm以下增加明显。

④卵石的磨圆度与岩性：卵石的磨圆度与岩性密切相关，在重庆河段的卵石中，卵石的平均磨圆度以硅质岩和变质岩较高，分别达80.0%与72.79%；石英和燧石、灰岩等相对较低，分别为56.13%及52.08%；其他石英岩和石英砂岩、基性火成岩、火山岩及板岩等平均磨圆度为65.24%~61.76%，一般变幅较小，相对较为稳定(表8-5-5)。从上可见，当岩石的硬度愈大，耐磨性愈强，磨圆度相对较小。除卵石岩性外，磨圆度还与搬运距离相关，如重庆河段的燧石和灰岩磨圆度较小，还与上游嘉陵江小三峡的灰岩补给区距离较近、磨蚀较少有关。

表8-5-5 重庆河段卵石岩性与磨圆度关系表 (单位:%)

岩性 项目	石英岩 石英砂岩	花岗岩	玄武岩	火山 碎屑岩	石英	板岩	燧石 灰岩	硅质岩	变质岩	备注
磨圆度 P(%)	61.76	65.24	61.79	62.03	56.13	62.50	52.08	80.00	72.79	重庆河段含上、下长江河段和嘉陵江河口段

4. 卵石床沙的密度及容重

据林承坤研究：长江上游卵石的密度，一般为2.70~2.78t/m³，变幅较小，仅玄武岩和其他基性火成岩等分别为3.05 t/m³与3.03 t/m³，略偏高(表8-5-6)。

表8-5-6 长江上游卵石密度统计表 (单位:t/m³)

岩类	花岗岩	玄武岩	酸性 火成岩	中性 火成岩	基性 火成岩	砂岩	石英岩 石英砂岩	灰岩 燧石	变质岩	黄陵背斜 火成岩	其他
密度	2.70	3.05	2.70	2.78	3.03	2.72	2.78	2.75	2.71	2.78	2.70

长江上游河段洲滩和河床床沙的干容重：金沙江溪洛渡—宜宾河段洲滩卵漂石床沙的平均干容重为2.30 t/m³，川江宜宾—重庆河段卵石床沙干容重的范围值为2.492~2.259 t/m³，平均为2.398 t/m³；细砂为1.429~1.353t/m³，平均为1.399t/m³。三峡大江基坑的中细砂平均为1.37t/m³，细砂平均为1.188 t/m³，淤泥平均仅为0.641t/m³。综合可见，一般卵石床沙平均干容重为2.3~2.4 t/m³，中细砂为1.20~1.40 t/m³，淤泥一般小于1.00 t/m³，随排水固结程度的增大而增大。

5. 卵石河段床沙的沉积结构与构造

(1)滩面床沙的沉积结构与构造

按滩面卵石的排列组合可分为三类：一类为规律排列的组合结构；二类为无明显规律性排列的一般结构；三类为杂乱堆积结构。

①规律沉积结构：在自然条件下，经水流的分选侵蚀与堆积，使滩面卵石的排列呈现一定规律性特征，实例如下。

鱼鳞状（叠瓦状）排列：在河床洲滩中，主要分布于洲头迎水面的急流环境，卵石形态多以扁圆和长扁圆体等为主，卵石粒径一般大于100mm，分选较好，呈鱼鳞状排列，倾向上游，其间砂粒充填较少，甚至有的无砂充填而成空隙。滩面还时有沙波、沙垅或沙丘等发育，形成波状起伏，如重庆河段的九堆子和珊瑚坝等。河床床面亦有鱼鳞状排列发育，如从长江葛洲坝工程的大江基坑中见及，床面发育十分典型，有的部位以200mm以上漂石为主，多由扁平状卵石组成鱼鳞形排列，倾向上游，倾角达25°～50°，其间由少量粗砂砾石等充填。

队形排列：在新市镇至宜宾的金沙江河段和宜宾下游的川江河段都有发现，韩其为等曾进行过细致的研究①②，一般由几个或十多个卵石呈一字形顺水的流向排列，粒径为45mm以上的中粗卵石，有一定分选，形状多为扁圆和长扁圆体等，倾向上游，大卵石 a 径呈水平状垂直水流排列。20世纪90年代作者在金沙江的三官碛和川江重庆寸滩河段的草鞋碛等处也都曾多处发现。

岩性分选堆积：在长江上游川江河段的洲滩中，常有同类岩性的卵石富集分布发现，包含玄武岩、石英砂岩等，其中最为典型的为玄武岩成片富集，即该类卵石的百分含量远超过一般滩面而呈黑杂色。产生原因，主要为岩矿的密度差异所致，因玄武岩的密度达3.05t/m^3，比一般的岩矿密度2.70～2.78 t/m^3 为大，经水流的分选侵蚀与堆积，形成岩矿密度大的卵石于滩面成片富集现象。如朱沱上游的赵中坝洲头，长寿的木鱼碛等洲滩都比较典型。分布的部位多为迎流冲刷面，如洲头及沿汛期卵石推移带一线等。

形状分选堆积：相同形态类型的卵石成片密集堆积。如重庆下游寸滩河段的鳌鱼碛洲头、泸州上游的水中坝尾、三漩子等滩面都曾有发现，由黄褐色石英砂岩的饼状扁圆体卵石相聚成片、团堆积。20世纪80年代初期，葛洲坝建成蓄水，坝下游河段河床发生冲刷，从床底翻起的卵石往下游输移，在枝江等平原宽段发生堆积，其堆积河段洲滩常有呈片10～30mm的细小圆砾堆积堆积，砾石特点是形状多为圆球体，球度高、分选好。另如支流清江，自隔河岩水库建成蓄水后，由于下游河段的清水冲刷，也产生分选堆积，在高坝洲上游的磨市等边滩亦有细小圆砾呈片堆积。在上例中，尤以重庆寸滩河段的鳌鱼碛为典型，该洲位于寸滩弯道凹岸，上游有黑石子石矶挑流，其下腮有圆形冲刷坑涡落圈等分布，呈黄瓜形的鳌鱼碛江心滩正位于坑口下游（图8-5-2），洲头为圆形卵石小“丘”，相高2～3m，“丘”顶面积仅约数平方米，但为许多圆饼状卵石所覆盖。卵石特征：粒径多在80～120mm，a、b 径接近相等，c 径为20～30mm，以饼状扁圆为特点，岩性单一，均为黄褐色石英砂岩，有一定程度风化，有的风化圈明显。

---

①韩其为. 魏特. 川江卵石推移质调查报告. 长江流域规划办公室水文局，1980年.

②韩其为. 川江卵石形态与堆积特征调查. 长江流域规划办公室水文局，1980年.

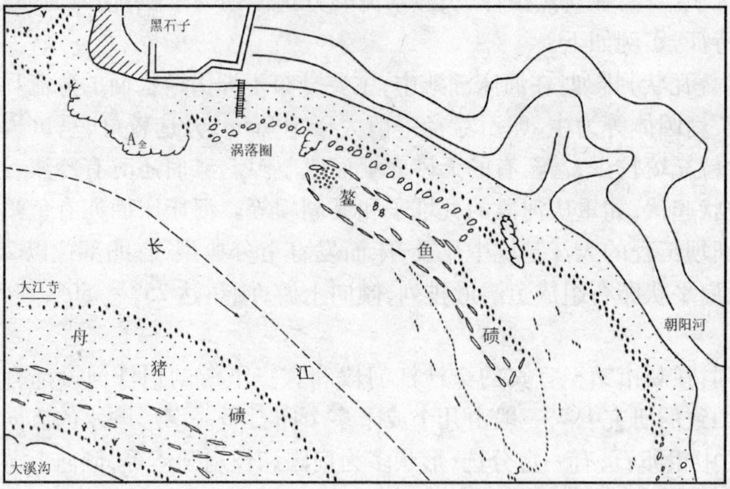

（据长江航道局重庆分局航道图）

图 8-5-2 重庆寸滩河段鳌鱼碛河势图

卵砾规律排列的形成条件：主要受河床的地质地貌和水流条件、卵石粒度的大小及几何形状、卵石岩性组成以及洲滩和河床的冲淤动态等多种因素影响（表 8-5-7）。

表 8-5-7　　长江卵石规律排列结构形成的基本条件表

卵石堆积结构类型	形成基本条件					实例
	地貌条件	水流条件	卵石粒径与几何形态	卵石岩性组成	洲滩及床面冲淤动态	
鱼鳞状结构	主要分布于河床主泓的强推移带和洲滩滩头的迎水面	较大流速的水流环境	以较大的扁圆体和长扁圆体为主	多以石英砂岩和石英岩、砂岩等为主	河床及洲滩处于冲淤相对平衡阶段	如金沙江大中坝、川江的赵中坝等洲头
排队结构	以河床宽段洲滩的迎水面等部位为主	具一定流速的稳定流	以较大的扁圆体和长扁圆体为主	多以石英砂岩和石英岩、砂岩等为主	洲滩处于冲淤相对平衡阶段	金沙江三官碛、川江河段的草鞋碛等
岩性分选结构	主要分布于滩头、滩中等部位	一定流速的水流冲刷环境	无明显形状分选，但粒径的大小因岩性而异	主要为玄武岩等基性火成岩和石英岩及石英砂岩、灰岩等	冲刷与堆积处于相对平衡阶段	如金沙江的鸡婆碛、川江河段的长寿码头碛等
形状分选结构	有石矶等挑流和冲刷坑分布	多具一定流速的涡漩流	以较大的饼状扁圆体和较细小的圆球体等为主	多以石英砂岩、石英岩和灰岩等为主	洲滩处于堆积发展或冲淤平衡阶段	以重庆寸滩河段的鳌鱼碛为典型

②一般沉积结构：系指河床和洲滩滩面卵石有一定的粒径分选，但无明显规律排列的堆积，多在河床水流较缓的洲滩滩中及滩根等部位分布，一般较为常见。按河床及洲滩的冲淤动态，更多是在缓流区的堆积河段。

③杂乱沉积结构：主要分布于长江沿岸的冲积扇（锥）和重力侵蚀的崩塌滑坡等。其特点是：在粒度上无好的分选或无分选，在组合上亦无规律排列，在金沙江的泥石流沟口

和三峡河段的沟口冲积锥的堆积体中较为常见，但较大型的冲积扇前缘亦有一定程度分选，如奉节臭盐碛、大宁河的扇子碛等。

(2)沿直深度的沉积结构与构造

①一般层状构造：卵石洲滩沿直深度由若干呈水平状或近水平状的卵石和沙、土层等所组成，单层厚度一般小于2.0m，少部分在2.0m以上，最厚3~5m，其中卵石层一般较薄，而沙层厚度大小悬殊，薄层厚度小于1.00m，厚层可达数米。纵向组合特征：一般洲头床沙厚度偏薄，粒径偏粗，向洲尾颗粒变细，其中卵石单层厚度减薄，层次增多，砂层增厚，并由砂、卵组成互层状构造，总厚度增大。如川江珍溪河段丝瓜碛的床沙厚度，洲头6.00m，洲中6.30m，洲尾达15.25m，向下游增厚，且上覆粉细砂层厚达7.80m。另如嘉陵江磁器口上游詹家碛的床沙厚度，洲头9.20m，中段含厚2.45m的黄灰色泥质砂卵石夹层，一般层次较为单一，洲尾厚达10.00m，由卵石和含砾细砂、细砂和中细砂等组成互层状构造。从上可见，单个洲滩层理构造以水平和近水平层理为主，并偶夹砂卵石和砂层等夹层；纵向分布从洲头向洲尾卵石夹层增多，砂层增厚，呈互层状构造，床沙总厚度增大，有的大型洲滩尾部还有河漫滩粘性土覆盖等。河段洲滩层理的分布特征：川江的重庆上游河段砂夹层较少，重庆下游河段砂层增多，但砂砾沉积总厚度减小，宜昌下游的砂卵石河段以砂层为主，多砂卵石薄层、夹层等分布，总厚度增大。

②特殊构造：除上述一般的层理、夹层外，还有一些特殊的构造，列举于下。

1)大斜层理构造：含洲头砂丘、砂垅等，床沙较粗，且直线状斜层理发育，如川江重庆上游的金堆子、赵中坝、金中坝等洲滩等都较典型。

2)充填构造：河床深槽由一些小的砂卵石或含泥的砂卵石充填，特点为区域范围小，厚度大，床沙颗粒相对较细。如重庆铜锣峡上口的唐家沱望鱼碛，为一个回水沱，主要由粒径为20~50mm的细卵石和粉细砂充填，颗粒普遍细小，底部并含灰褐色泥质砂卵石和卵石等夹层。又如宜昌葛洲坝河段原河床冲刷坑的充填构造，曾在施工基坑中发现，主要由10~30mm的细卵石充填，偶夹粗卵石相混杂，粒径普遍较细，颗粒分选较差。

3)底积层构造：即在河床堆积层中，靠近底部的基岩面上由曾受到冲刷粗化或侵蚀残积的漂卵石等所组成的粗卵石层。如金沙江下游的大滩坝，8.35m以下变粗，8.90m见基岩，厚0.55m。另如川江泸洲的关刀碛、罗家碛、洛碛河段的中档碛和嘉陵江澄江河段的上碛坝等床底，都有粗卵石床沙组成的底积层分布，一般以厚度较小、粒径相对粗大为特征。

4)坑口扇构造：在河床深槽的冲刷坑口下游形成扇(锥)状的粗粒堆积体，在山区河流较为常见，一般规模较小，范围不大。如三峡坝区大江基坑的牯牛石深槽下游也有发育，由粗大漂石沿口缘外围堆积，厚达3.00m以上，粒径多达300~500mm。

5)壳洲(滩)构造：由于天然河道或人工石矶挑流等引起河床局部发生纵深冲刷，将深部古河床卵石及砾粗砂等粗粒床砂翻出深槽在下游河段堆积形成的江心洲(滩)。特点是堆积洲体为双层构造，床沙上粗下细，简称壳洲(滩)。典型实例如长江中游的公安杨厂采石洲，就是在沙质洲滩上覆盖数米层状砂卵石组成的壳体构造，虽是一种特殊堆积体，但也较广泛发育于山前平原河段，亦有由粗砂、砾石和卵石等覆盖形成的多种壳洲类型，在城陵矶下游河段也有见及，如1990年簰洲河湾的团洲头，大通河段的成德洲头等。

6)包裹体构造：由于河床的冲刷侵蚀残存或人工采石筛分弃渣等的粗粒床沙被后期

泥沙淤积而成，包裹体有的为大孤石，有的为层状及成堆分布。如重庆广阳坝下游飞蛾碛，滩面下2.00m以内一般卵石粒径为50～75mm，并偶夹个别大漂石，最大粒径达220mm，重达39.4kg。又如木洞河段滥巴碛卵石滩面下的2.00m深度内也发现个别大漂石，D_{max}=210mm，重达30.2kg。

7）粗石带构造：在山前、峡口或小支流口，由于山洪、大水或泥石流等暴发，冲出巨大漂块石，当出山口后，水流扩散，流速减缓而堆积，其分布特点为沿河床主泓道一线呈带状分布。典型实例如从南津关下游顺江展布于原葛洲坝河段三江中的一条巨型粗大块石垅，宽250～50m，长达3500m。

8）侧流冲积扇（锥）的透镜体构造：由于长江上游支流沟谷众多，因此沿岸溪沟口常有卵漂石等冲积扇（锥）等发育，堆积体伸延入江与河床冲积物穿插堆积，形成砂卵石层中的大透镜体构造，在金沙江和三峡等峡谷河段都有较多分布。

9）坡积岩块的倒石锥混杂构造：长江上游峡谷河段一般岸坡陡峻，重力侵蚀的崩塌滑坡频繁，入江的坡积岩土杂乱堆积，形成沿江岸分布的坡积岩块混杂构造。在长江上游的金沙江和三峡等峡谷河段沿岸较为发育。

10）残积块体构造：由于河床下切，床底及岸坡基岩受到水流冲刷侵蚀和崩塌、滑坡的重力侵蚀等，形成大小岩块，小的块体被水流冲刷推向下游，大的岩块残积河床滩地，形成残积块体构造。典型实例如三峡的庙河—南沱河段，长34.0km，流经黄陵背斜核部的结晶岩区，岩块受风化和水流冲刷分选等影响形成圆形块球体，一般粒径大于0.50m，大的粒径可达3.00m以上，沿河床和滩地散布，有的集中成堆，其间由一般河床的冲积砂卵石和粘性土所淤积充填，零散的块球体被河床泥沙所淤埋覆盖或零星出露散落河岸。其特点是：经水流冲刷分选，一般块体粗大，在分布上多沿河岸成堆、成团分布，或与河床冲积泥沙相混杂，单独的块体呈零星散布。

11）透镜体构造：洲顶的冲沟，洲滩之间的支汊故道等被后期泥沙覆盖埋藏而呈透镜体构造，一般以砂土、淤泥等为主。如重庆珊瑚坝老汊道内亦有淤泥等粘性土的透镜体埋藏。

综合上述，由于河床特殊沉积构造的存在，从而增加了床沙的复杂性。

（二）卵石河段的床沙粒径组成特征

河床泥沙的粒径组成由于受地质地貌和来水来沙等多因素的影响，复杂多变。在空间上，同一洲滩的不同部位、床沙的粒径组成也相差悬殊。即使同一洲滩的同一部位，在时间上的年际间或同一年度内的不同季节亦发生不同程度的变化，但也存在一些基本的分布规律可循。

①卵石床沙粒径的纵向沿程分布特征：20世纪60～80年代，长江上游河段当时受人为因素影响尚小，河床还基本处于天然状态下，川江河段沿程的朱沱、寸滩、万县、奉节和宜昌等五站的多年实测卵石年均推移量分别为32.8万t、27.7万t、32.3万t、38.7万t和75.8万t，朱沱—寸滩段虽有嘉陵江的汇入，年均卵石输移量仍呈现减少，但自寸滩以下的川东和三峡河段由于有乌江等众多大小支流沟谷及沿江丘陵山地岸坡的崩塌滑坡等来沙补给，河段卵石年均推移量呈现沿程增长，其中尤以三峡河段增长较大，宜昌的卵石推移量接近奉节河段的两倍。卵石输移量虽向下游增长，但卵石推移质的中值粒径仍向下游呈现沿程规律变小，如朱沱—宜昌等五站多年平均D_{50}分别为60.0mm、50.0mm、

39.5mm、36.0mm 和 26.0mm；D_{max}分别为 264.0mm、234.0mm、301.0mm、239.0mm 和 138.0mm 等。另据宜宾—奉节河段沿程洲滩床沙 D_{50}的 6 个分段平均值（表 8-5-8），从上游向下游分别为 174.1mm、132.8mm、115.1mm、106.8mm、93.4mm 和 79.4mm，亦向下游变小。从上可见，无论是河床推移质还是床沙质的粒径，总体均从上游向下游变小，但上部活动层的床沙因受水冲刷粗化，沙质 D_{50}远比一般推移质 D_{50}显著为大。

表 8-5-8　川江宜宾—奉节河段沿程分段洲滩卵石床沙平均 D_{50}表　（粒径单位：mm）

河段	宜宾—泸州	泸州—朱羊溪	朱羊溪—重庆	重庆—丰都	丰都—万县	万县—奉节	备注
平均 D_{50}	174.1	132.8	115.1	106.8	93.4	79.4	洲滩坑测

②卵石床沙粒径的横向分布特征：在单一河段沉积的床沙中，一般以河床主泓道为粗，向左右两岸变细，尤其在顺直、微弯或一般的弯曲河段较为规律分布，但曲率过大的弯曲河段往往因洪水上涨，河流动力轴线趋直而靠向凸岸一侧，床沙在横断面上的分布也相应产生变化，使河床深泓发生淤积变细，凸岸边滩床沙反粗；当河床宽浅分汊，主流动力轴线分支分汊时，断面床沙变向复杂，一般靠汊道一侧床沙较粗，向外滩面粒径变细，在汊道中又以主泓道一侧相对较粗，支汊一侧偏细。在多种成因类型的河床沉积床沙中，情况更为复杂，当靠河岸地段有侧流冲积扇（锥）或坡积裙等堆积构造发育时，横剖面上的床沙自河床主泓向河岸方向变细，但从扇缘或坡脚起，又由细向河岸变粗。

③卵石床沙粒径的沿直深度分布特征：一般河床的表层，因受到水流的冲刷而普遍发生粗化，形成广泛分布的粗化层，厚度不大，面积宽广，其下的洲体构造，为经水流分选沉积的呈层床沙，一般单层厚度小于 2.0m，并有夹层和个别含粘性土的砂卵石透镜体分布。复杂情况下垂直剖面出现多种沉积构造，如洲滩堆积发展过程中，因河床水流动力轴线不稳，冲淤多变，易形成多层粗化层被埋藏，从而在垂直剖面上出现多薄层状的粗粒构造；又如沿直深度的覆盖层，常受基岩影响，当地处河床深槽及冲刷坑时，不仅厚度增大，往往床底还有细粒床沙的充填构造分布；在位于深槽的槽口下游，常有粗大漂卵石组成的坑口扇等构造发育，形成垂直剖面中的粗粒层或基岩面上的底砾层等，以粒径粗大为特点；当基岩面未受到河床冲刷侵蚀时常有风化残积的碎屑土堆积，如三峡黄陵背斜结晶岩河段的堆积剖面中，还有大大小小零星残积的花岗岩块球体散布；在靠近河岸的滨岸地段常因有埋藏的冲积扇（锥）和坡积裙等，从而在剖面中形成夹层或大透镜体等构造分布。

二、宜昌—城陵矶河段洲滩的床沙组成特征

1. 滩面的床沙组成与沉积的水沙环境

(1) 滩面床沙的粒径组成分布

一般洲滩的滩面床沙粒径组成多是以洲头较粗，向洲尾变细，发育较成熟的洲滩尾部还常淤积细粉砂及河漫滩相的粘性土等。在宜昌—城陵矶的河段中，山前丘陵过渡段的砂卵石洲滩如宜昌胭脂坝，洲头为漂卵石，洲中为卵石，洲尾为砂土，因含泥质较重，并有草本植被生长；松滋口下游平原河段中的砂质洲滩如 20 世纪 90 年代的沙市三八滩，洲头、洲中为细砂，洲尾淤泥，监利乌龟洲亦同。现以沙质滩面为主的枝江河段柳条洲、江

口洲、松滋口的三角滩①和沙市1998年前的老三八滩等为例，有关滩面床沙组成分区叙述如下（图8-5-3（a）、（b）、（c）、（d））。

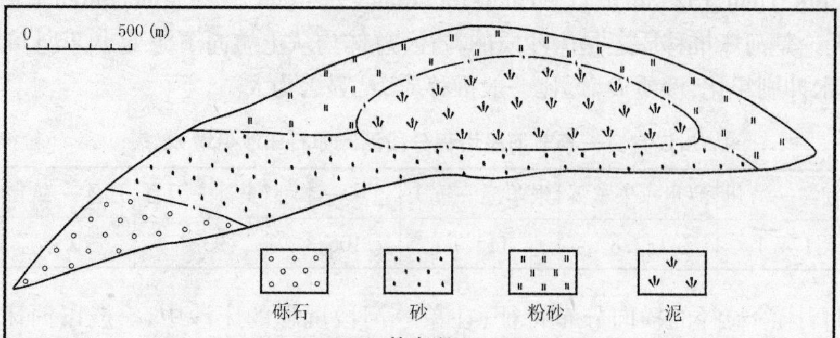

（a）柳条洲

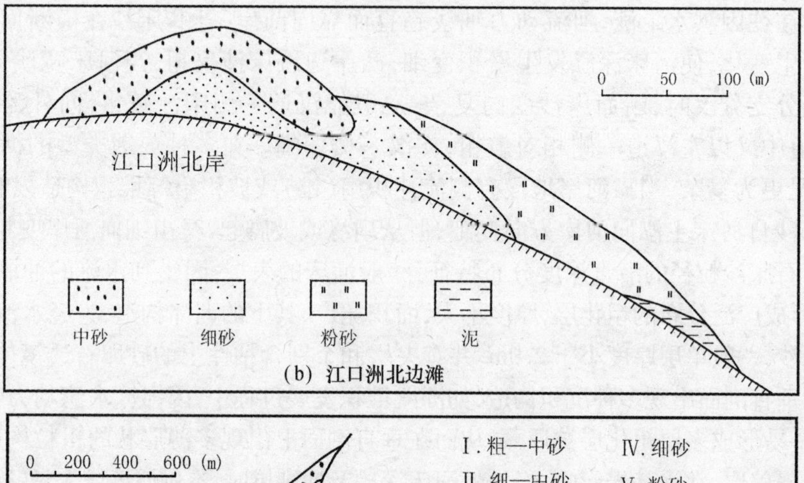

（b）江口洲北边滩

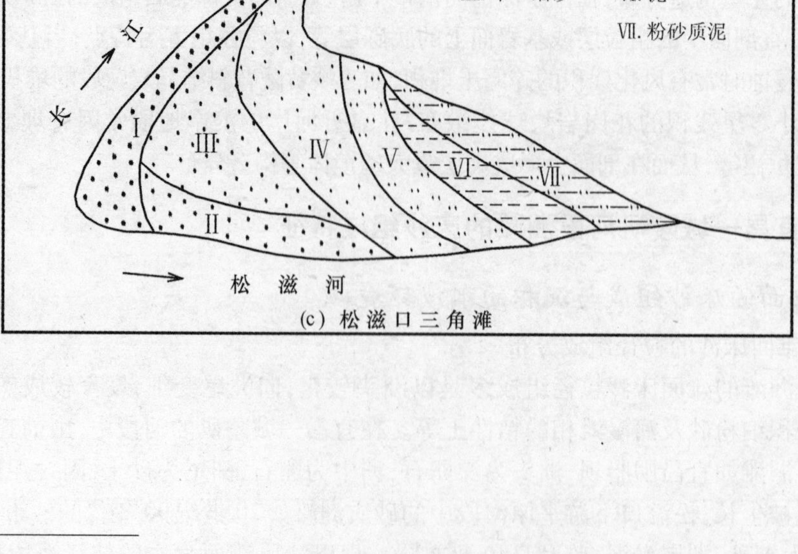

（c）松滋口三角滩

①曹跃华. 长江中游宜昌至城陵矶段现代沉积研究. 北京大学城市与环境学系博士研究生学位论文，1995年.

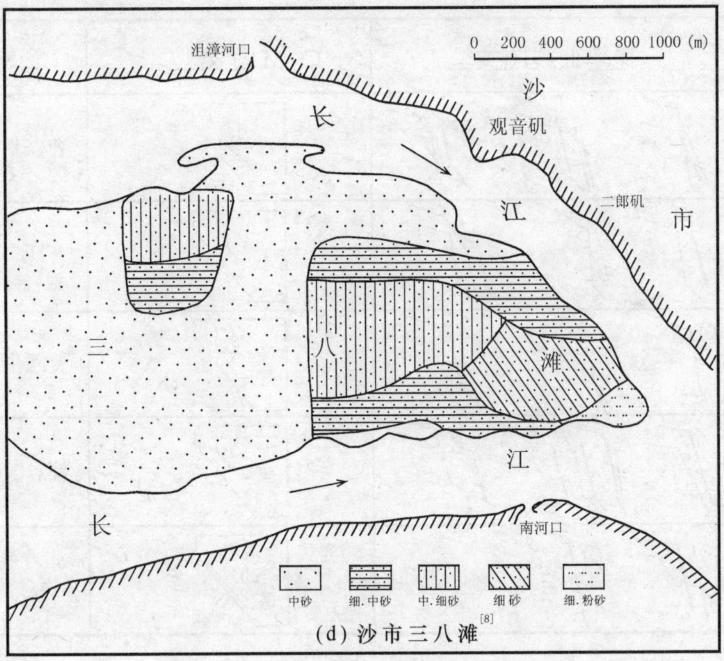

(d) 沙市三八滩[8]

图 8-5-3　荆江河段柳条洲等典型洲滩滩面床沙组成分布图[8]

柳条洲：位于枝江下游与江口洲相邻，系葛洲坝蓄水后，坝下游河床受到冲刷，卵石往下游推移，于江口下游因受七星台阶地硬黄粘土节点所阻，河宽缩窄，上游河段产生壅水，泥沙堆积成洲。洲滩表层床沙组成如下：洲头为卵石，大江一侧的洲中和洲尾滩面为细砂；支汊一侧洲中和洲尾为粉细砂，而其洲顶的粘性土的泥质组成。江口洲边滩位于江口老江心洲的左侧，滩面床沙组成分区，滩头为中砂，滩中至滩尾依次为细砂、粉砂和粘性泥土等。松滋口边滩位于松滋河分流口与长江的下游夹角内，边滩呈三角形，床沙组成复杂，按分布可分为Ⅶ个分区，即洲头为粗、中砂区，往下游滩根依序为中细砂、细砂、粉砂及粉砂质粘性土等区，以沿迎水面较粗，背水面较细，分区呈现鱼鳞状的分布特征。沙市三八滩位于沙市河弯的弯顶上段，河床宽浅，洲滩发育，1983 年前的老三八滩的洲头、洲中为中沙，局部窜沟及洼槽内有中细砂分布；洲尾为中细砂、细砂及细粉砂等。

综合上述，滩面床沙粒径分区的基本特点为：其一，床沙从洲头向洲尾纵向变细；其二，近枯水河床或窜沟滩面床沙较粗，横向离远渐细；其三，低滩的滩面床沙较粗，随滩面淤长增高变细。

(2)滩面床沙的粒径组成与形成的水沙环境

以荆江河段的柳条洲等典型洲滩为例，经曹跃华等系统采样分析①，从大量粒度参数的概率曲线和 C-M 图(图 8-5-4)显示于下。

①松滋河口边滩：经 51 个测坑的 126 个床沙样的颗粒分析，中粗砂占 8.0%、中砂

①曹跃华. 长江中游宜昌至城陵矶段现代沉积研究. 北京大学城市与环境学系博士研究生学位论文，1995 年.

洲滩名称	概率曲线图类型	C-M图类型	资料来源
松滋口 三角滩		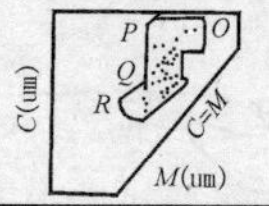 	曹跃华，1995年
柳条洲 江心滩		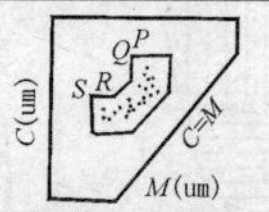 	曹跃华，1995年 孟　蘅
江口洲 左边滩	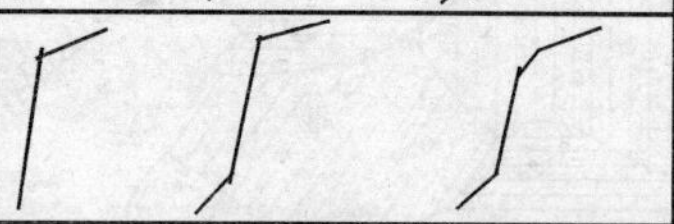	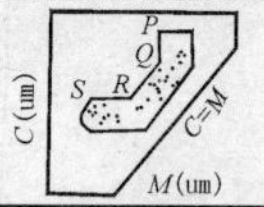 	曹跃华，1995年
沙　市 三八滩 (80年代)	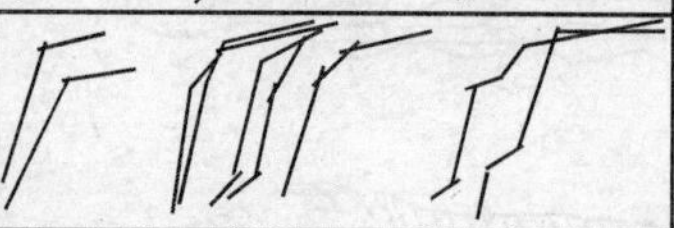	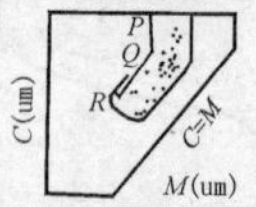 	赖志云，1983年
小河口 边　滩	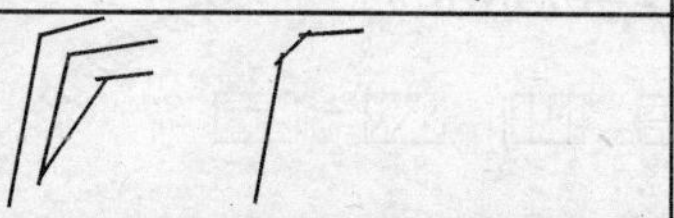	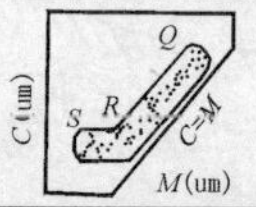 	张春生，刘忠保 等，1997年

图 8-5-4　荆江河段典型洲滩床沙概率曲线与 C－M 图(示意)[8][9]

24.0%、细砂 56.0%、粉砂和泥 12.0%，以粒径 0.355～0.100mm 的中细砂为主。按床沙的概率累积曲线可分为 3 类，即两段型、三段型和四段型，分别由滚动、跳跃和悬浮等次总体组合成 7 个亚类。除三段型和四段型中有滚动次总体外，其余由 1～3 个跳跃或悬浮等次总体组成，并以跳跃次总体为主，反映滩头水动力较强，向滩中滩尾减弱，并显示受松滋河分流影响出现水流散乱的多向性。按床沙粒径组成的 C－M 图显示：主要集中分布于 *PQ* 段，次为 *QR* 段，*QP* 段较少，亦反映滩面一般水动强度中等，除主泓道和滩头水动力较强为 *OP* 段外，其余滩中及滩尾的水动力减弱。

②柳条洲：概率累计曲线可分为两段型、三段型和多段型 3 类，由滚动、跳跃和悬浮等组成 5 个亚类，一般以跳跃总体为主，占分段总体的 95.1%～87.4%，次为悬浮和滚动总体，以滚动总体为少，仅占百分含量的 3.3%～0.0%。一般以滩头水动力较强，粒度较粗，分选较好；滩中以 3 段和多段型为主，床沙颗粒变细、分选度差，水动力条件减弱；洲尾以粉砂泥质为主。在概率曲线类型中以 3 段型为主，少量为多段型。从床沙 C－M 图显示：因洲头砂卵石床沙样缺失，主要为滩中、尾部的床沙样，所以该图中 *PQ* 段较少，主要集中于 *QR* 和 *RS* 段，反映粒度向滩尾变细，水动条件相应减弱。

③江口洲左边滩：床沙粒度组成：以中细砂为主，其中细砂占 53.0%，中砂占 34.0%，粉砂为 12.0%，泥质仅 1.0%。粒度概率曲线类型：可分为 2 段、3 段和 4 段型，组合特点分别表现为跳跃＋悬浮、滚动＋跳跃＋悬浮……3 类曲线以跳跃为主，含量达 99.5%～81.0%，次为悬浮及滚动，反映水动力条件从滩头向滩尾减弱。C－M 图显示：以 *QR* 段为主，次为 *RS* 段，*QP* 段较少，反映水动条件稳定，以递变悬浮搬运为主，滚动搬运仅在滩头局部出现。

④沙市三八滩(系指 1983 年前的老三八滩)：滩面床沙的粒径组成以中细砂为主，其

中的中砂占57.54%，细砂35.91%，粉砂6.30%，泥质0.25%。床沙概率曲线类型：可分类为2段、3段和多段型3类，据滚动、跳跃和悬浮总体的组合特征可分为5个亚类，一般以跳跃和悬浮总体输移为主，但多段型和二段型中的悬浮总体亦有个别高达93.5%与45.0%，而滚动总体含量稀少，仅个别出现。反映洲头水动力较强，总体向滩尾减弱，因有多股水流（含环流），条件较复杂。从 *C－M* 图显示：床沙粒度参数的点位主要集中在 *QR* 段的上半部，*QP* 段稀少散点，反映除滩头水动较强外，向洲尾减弱，泥沙搬运方式以跳跃为主，次为悬浮，仅极个别为滚动。

⑤小河口边滩：床沙组成以细粉砂为主。粒度概率曲线可分两种类型，均为两段型，较为规律，以跳跃总体为主，次为悬浮总体。据 *C－M* 图显示：亦主要由 *QR* 和 *RS* 段组成。

综合上述，从上下荆江典型洲滩表层床沙粒度的概率曲线和 *C－M* 图显示，洲滩水流条件以洲（滩）头较强，向滩中、滩尾减弱；在横断面上，由河床向边滩的滩根或江心洲（滩）的顶部减弱，大的洲滩尾部还有壅水和环流等出现，水流条件变向复杂。泥沙搬运形式，一般以跳跃总体为主，除洲（滩）头因水动力较强有滚动输移外，洲（滩）尾悬浮总体增强，亦有跳跃总体少量，因此泥沙组成较为复杂。从长河段洲滩比较，荆江河段从上向下游的滚动总体稀少或缺失，多以跳跃总体为主，悬浮体总向下游呈现增强趋势。

2. 洲滩床沙沿直深度的分层构造类型

按洲滩床沙的粒径分组，可分为卵、砾、砂、粉、粘等，由于经水流的分选，床沙沉积成层，并由若干层系组合而成粘性土、砂土和卵砾石等三大类，按一般河床冲刷深度内的沉积物分布和厚度组合等特征，又可划分为若干亚类。如据宜昌—城陵矶河段的床沙沉积特征，可划分为10类于下（图8-5-5）。

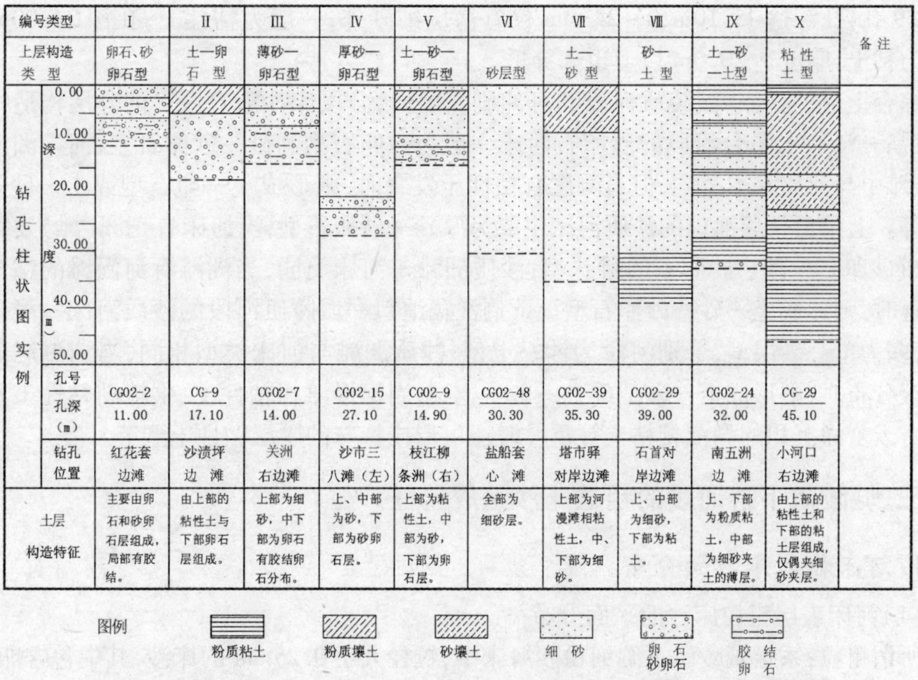

图8-5-5　宜昌—城陵矶河段河床洲滩钻孔沿直深度土层构造类型实例图

Ⅰ.卵石或砂卵石型:主要分布于宜昌—七星台河段的河床和洲滩的头部等部位,多由单一砂卵石或卵石组成,并在局部河段还有胶结卵石层埋藏,在红花套河段的河床下部和边滩都有发现,如 CG02-2 孔。

Ⅱ.土—卵石型:主要分布于一般洲滩的中、尾部,即由粘性土覆盖的卵石层,如沙溃坪 CG-9 孔。

Ⅲ.薄砂—卵石型:即由薄砂层覆盖的卵石或砂卵石层,局部有胶结卵石层分布,如关洲右边滩的 CG02-7 孔。

Ⅳ.厚砂—卵石型:七星台—藕池口河段的砂卵石层,随往下游埋深逐渐增大,上覆砂层增厚,如沙市三八滩 CG02-15 孔上中部为细砂,仅下部为砂卵石。

Ⅴ.土—砂—卵石型:在砂卵石河段的洲尾有河漫滩相粘性土发育时,沿直深度上部为粘性土、中部为砂、下部为卵石,如枝江柳条洲 CG02-9 孔。

Ⅵ.砂层型:在下荆江河段自石首以下,砂层深厚,在滩头及河床,多为深厚的单一砂层,如盐船套心滩的 CG02-48 孔,孔深 30.30m 全部为细砂。

Ⅶ.土—砂型:在下荆江的边滩尾部多有河漫滩相的粘性土覆盖,下部为砂,组成典型的二元结构,如塔市驿的对岸边滩的 CG02-39 孔,局部由土砂组成互层状构造。

Ⅷ.砂—土型:下荆江河床的局部地段有古云梦泽的粘土层埋藏,以兰灰色重粘土为典型,一般土层深厚,当河床摆动,上部堆积为砂,深部为湖沼相粘土。如石首对岸边滩的 CG02-29 孔 30.0m 细砂层下为厚层粘土。

Ⅸ.土—砂—土型:当边滩尾的下部有粘土埋藏时,沿直深度便形成土—砂—土的构造,如郝穴对岸南五洲边滩的 CG02-24 孔,局部由土、砂组成互层状构造。

Ⅹ.厚粘性土型:可冲深度内基本由粘性土或全为粘性土组成,如小河口右边滩的 CG-29 孔,孔深达 45.10m,0~24.0m 仅有薄层细砂外,一般为粘性土,孔深 24.00m 以下全为粘土,厚度达 20.0m 以上也未穿透。

综合上述,宜昌—城陵矶河段的可冲刷深度内,分段床沙沿直深度的分层构造特征为:宜昌—江口七星台河段的砂卵石河床一般为砂卵石型和砂—砂卵石型;河床洲滩的滩头、滩中与河床基本类同,但当滩尾有粘性土发育时,则形成土—卵石型或土—砂—卵石型等。七星台—藕池口的沙质河床主要为厚砂—砂卵石型,当河床有壳洲(滩)发育时则形成砂卵石—砂—砂卵石的特殊型;沙质洲滩与河床类同,当洲滩有河漫滩的粘性土层发育时,则形成土—砂—砂卵石型。下荆江藕池口—城陵矶河段的沙质河床一般砂层深厚,多为单一砂层型,个别河段为沙—土型;沙质洲滩与河床类型相同,当洲滩尾部有粘性土分布时,则形成土—砂型或土—砂—土型;当河漫滩相粘性土、牛轭湖粘性土和深部的古云梦泽沉积的湖沼相粘土等重叠时还可形成特殊的厚层粘性土型等。

三、城陵矶下游河段的粗粒床沙组成特征

1. 河床粗粒床沙的分布

(1)河床表层粗粒床沙的平面分布

所谓粗粒,系指城陵矶下游细粉砂河床中,粒径大于 0.25mm 的床沙,其中包含卵、砾和中、粗砂等。由于颗粒较粗,一般沿河床的主流动力轴线输移,因此多分布于水下河床深泓一带和洲滩的滩头等部位,一般滩面稀少或仅有零星散落见及。1989 年城陵矶—大

通河段和1996年城陵矶—湖口河段的两次水下沿程系统取样均有大量粗粒床沙见及，并有个别卵石发现，最大粒径达56.5mm。由于1989年该河段正处于冲刷期，床面粗粒暴露较好，现以该测次为例。据统计，在城陵矶—大通的721km河段内，123个水下河床取样断面的641个砂样中，有粗砂样224个，占取样总数的34.9%，卵石样32个，占总数的5.0%，合计约达40.0%；另还发现基岩河床18处、黄粘土河床4处，分别约为2.80%与0.62%，其余为细粉砂等，有关粗粒床沙的分布特征于下。

①河床纵向沿程分布：城陵矶—大通河段沿程多有零星粗粒床沙分布，其中主要分布区，从上游到下游有城陵矶—汉口河段的簰洲湾团洲洲头，汉口—团凤河段的汉口港区和阳逻倒水口门及牧鹅洲、团凤李家洲等；鄂洲—九江河段的代家洲尾、黄石西塞山下首的茅山港、蕲洲心滩、钓鱼台、田家镇及半壁山、富池口鲤鱼洲、广济港区、单家洲等；九江—望江河段因江面进一步扩展，粗粒床沙主要分布区含九江大桥下首及张家官洲和张家新洲、小孤山下游的搁排洲等，望江下游河段含安庆港区、铜板洲南泓汇合口、梅埂河段和大通成德洲南泓的进口段等，共计23处。分布的河床部位与河型紧密相关，一般分布于弯曲河段的边滩头，放宽河段的江心洲(滩)头、尾和顺直河段的河泓两侧等，比较集中的多为冲刷坑的下游出口段，共同特点是靠近河泓。据统计：其中宽段17处，占粗粒区总数的73.92% ，如茅山港、蕲洲、富池口等；处于弯曲河床泓道及边滩和顺直河床过渡段各3处，分别为13.04%，典型弯曲河段边滩如簰洲和安庆港等，过渡段泓道如汉口港、阳逻、凤凰洲—梅埂段的粗粒区等。从上可见：粗粒床沙的堆积分布以宽段为主，而在藕节状的宽段内，上游头部放宽段—中部宽段—尾部收缩段等所占百分数又分别占粗粒床沙总数的30.43%、26.09%和17.40%，从藕节河段的头部向尾部减少，并以上、中段为主。

②河床横断面分布：虽然从1989年和1996年冬季的两次实测资料显示，主要粗粒床沙堆积区呈断续分布，并非连续，但由于粗粒物质来源是沿程补给往下游输移，而河床质采样又是在枯水期进行，此时河床冲刷坑多处于泥沙回淤期，坑底粗砂被淤沙所覆盖，因此，从粗粒的来源和河床冲淤规律可以认为：粗粒床沙在城陵矶—湖口的一般河段基本都有断续分布，且在部分河段的沿深泓一带多是连续的，仅是粗粒带的宽窄和粗粒含量多少之别。粗粒带的宽度，一般为200~500m，宽段可达1000m以上，如蕲洲、张家新洲，其宽度分别为1000m和1200m。粗粒推移带的宽度随水流条件和河床的平面形态而变，当进入狭窄河段，因水流集中，推移带随江面缩窄；当进入河床宽阔段，水流扩散，粗粒在心滩滩头形成星点状散布，如陆溪口的中洲、金口铁板洲、牧鹅洲、李家洲、代家洲、牯牛洲等都有发现。在粗粒带中的粗粒分布与粒径相关，粒径愈大，相对较为集中，愈细则较分散。一般大于0.5mm粗砂多集中于河泓的推移带和粗砂的堆积区，而0.50~0.25mm的中砂虽多沿河泓推移，但有部分在床面扩散堆积，洲滩上亦有见及，相对较为分散。在湖口以下河段因支流入汇减少，其连续性变差，但沿程有床底冲刷坑补给，由若干长条形的"舌"状淤积体呈断续相连，也能达到较大规模。

(2)河床粗粒床沙的沿直深度分布

①水下河床粗粒层的厚度分布：据挖砂人员反映，一般为1~2m，往下便为灰色细砂或淤泥等，有的地方甚薄，如富池口的鲤鱼洲尾仅0.60m左右。粗砂层的厚薄与所处的河床部位有关。从物质来源分析，沿河床泓道的粗粒推移带一般较薄，在河床放宽段心

滩头部的迎水坡和弯道出口区的边滩头、冲刷坑口下游的缓流区等往往易于集中堆积，厚度相对增大，也常常是挖砂船进行开采的部位，当床底有粗砂地层埋藏，床面有粗砂层相重叠时，便可出现超厚现象，如九江河段的河床粗砂与下卧阶地卵石层相接，厚度达3.0m以上。

②河床洲滩粗粒层厚度的沿直深度分布：洲滩上部，除个别滩头厚度较大外，一般无粗粒呈层发育，仅为零星散落；洲滩中部，在沿程洲滩钻孔中常有零星条带状粗粒夹层见及，一般厚度小于0.50m，以0.10～0.30m居多，仅局部有较厚的粗粒层分布，如土地洲CZ－6孔厚4.00m，篾洲的CZ－7孔中、上部分别厚达2.50m与7.00m等；洲滩下部，一般有含卵砾等的粗粒层埋藏，厚度多为3.0～5.0m，个别较厚，如李家洲厚度达10.00m以上，戴家洲CZ－16孔和散花洲边滩CZ－17孔厚度分别达13.00m与17.70m等。从上反映，一般河床洲滩的上部为零星见及而不呈层，中下部多有粗粒薄层分布，局部河段洲滩深部还有较厚的粗粒层埋藏。

2. 河床粗粒床沙的粒径组成

(1)粗粒($D>0.25$mm)床沙的百分量：从表8-5-9见及，城陵矶—大通河段的粗粒含量一般在29.3%—66.0%之间，且上下游无明显的粒度粗细变化趋势，但沿程的白分含量有大小变化，按数值大小，相对可分粗、中、细3组，大于0.25mm粗粒百分含量在50%以上的粗组有篾洲、茅山港、钓鱼台、富池口、单家洲、安庆港和铜板洲等7个粗砂区；粗粒的百分量为50%～30%的中组有半壁山、广济、张家官洲、梅埂等4个粗粒区；粗粒百分含量小于30%的细组仅有蕲洲一处。可见，12个粗砂区中仍以粗组为主。平均$D_{50}>0.30$mm的有钓鱼台、半壁山和富池口及单家洲等，平均$D_{50}<0.20$mm的仅有蕲洲一个区。平均D_{50}的范围值为0.383～0.192mm，一般为0.30～0.20mm。

表8-5-9　城陵矶—大通河段主要粗粒区床沙分组粒径百分含量统计表

序号	粗粒区名称	粗粒百分含量（%）						最大粒径（范围值）	中值粒径（mm）	备注
		细砂	中砂	粗砂	砾卵石					
		<0.25	～0.50	～2.00	～5.0	～10	>10			
1	篾洲	49.1	32.1	15.7	2.9	0.2		22.7～23.5	0.297	D_{50}不含卵石
2	茅山港	34.0	16.1	11.4	19.0	6.5	13.0	11.7～22.5	0.238	
3	蕲洲	70.7	19.8	9.1	0.4				0.192	
4	钓鱼台	44.6	23.2	29.0	3.1	0.1		12.4～21.0	0.331	
5	半壁山	60.1	16.5	18.3	3.6	1.5			0.383	
6	富池口	47.3	17.8	25.1	4.7	2.8	2.3		0.326	
7	广　济	50.2	28.6	4.6	1.3	1.8	13.5	10.0～45.8	0.217	
8	单家洲	46.9	35.0	16.3	1.3	0.3	0.2	11.8～14.7	0.359	
9	张家官洲	56.5	26.5	13.4	3.1	0.5		13.0～14.1	0.285	
10	安庆港	45.7	26.0	18.2	6.2	3.6	0.3		0.297	
11	铜板洲	48.3	28.8	18.4	2.0	1.1	1.4	10.0～21.3	0.297	
12	梅埂河段	68.9	28.8	2.0	0.3			10.0～26.9	0.224	

(2)卵砾($D>2$mm)床沙的百分含量：城陵矶—大通河段范围值为0.30%～38.5%，一般在10%以下；含量在10%以上的仅有茅山港、广济和安庆港等，分别为38.5%、16.6%和10.1%；含量小的为蕲洲和梅埂两处，分别仅0.40%和0.30%。

(3)卵石($D>10$mm)床沙的百分含量:以广济和茅山港河床的平均百分含量较大,分别为13.5%与13.0%,其余多在2.3%以下,或缺失为0。一般D_{max}在25mm以下,个别地段较大,如广济为45.8mm,最大者为九江,达56.5mm。

综上所述,大于0.25mm粗粒(含中、粗砂和砾卵石等)的百分含量以蕲洲、半壁山、广济、张家官洲和梅埂等粗砂区为大;粗粒平均D_{50}以钓鱼台、半壁山、富池和单家洲为大;D_{max}以广济段和九江段等为大。百分含量和D_{50}均较大的为半壁山河段粗砂区。

3. 河床粗粒床沙的岩矿组成

城陵矶—大通河段河床主要粗粒区床沙的岩矿鉴定分析表明(表8-5-10),一般以石英、火成岩屑为主,长石次之,其余为云母、角闪石、硅质岩屑、沉积岩屑和磁褐铁矿等,虽岩矿组分较为复杂,但石英和火成岩屑较多是共同特点,其中蕲洲和半壁山两地的火成岩屑分别高达46.25%与42.50%,并高于石英含量,成为粗粒岩矿的主要成分。在组分中含量较少的矿物亦存在地区性的差异,如云母的百分含量以茅山港段相对较多,广济、铜板洲段次之,分别为9.50%、5.33%、5.00%;以蕲洲、单家洲较少,分别仅为0.75%、0.70%,其余一般河段都在1.0%~5.0%之间。其余角闪石、磁褐铁矿、沉积岩屑等百分含量都在7.0%以下,其他个别地段还有电气石、煤屑等见及。从本河段各产砂区岩矿组分对比可见:城陵矶—黄石、黄石—九江、九江—大通等上、中、下3个分河段的床沙存在岩性组分的差异,在3种主要岩矿的组分方面,上段的簰洲以石英、长石含量多,火成岩屑较少;中段的茅山港及单家洲等,石英含量减少,火成岩屑及长石等较多;下段石英含量增多,长石和火成岩屑减少。

表8-5-10　城陵矶—大通河段粗粒区床沙岩矿组成百分含量统计表

序号	粗粒区名称	石英	长石	云母	角闪石	磁褐铁矿	沉积岩屑	火成岩屑	硅质岩屑	石英岩屑	其他	备注
1	簰洲	64.50	10.50	3.50		0.50	4.50	10.50	6.00			
2	茅山港	50.00	9.50	9.50		0.50		29.00				
3	蕲洲	38.00	12.00	0.75	1.75	0.50	0.50	46.25	0.25			
4	钓鱼台	48.83	9.83	1.00	2.34	0.50	0.17	37.33				
5	半壁山	32.50	16.50	4.00	1.50	1.00	0.50	42.50	1.00	0.50		
6	富池口	52.70	13.30	0.90	1.80		1.60	29.10	0.50	0.10		
7	广济	57.67	7.17	5.33	6.50	0.17	0.33	21.00	1.67		0.16	其他矿物为电气石
8	单家洲	57.32	9.88	0.70	1.72	0.10	1.91	27.26	0.80	0.31		
9	张家官洲	64.37	2.25	4.00	3.38	3.25	5.75	16.37	0.63			
10	安庆港	72.71	4.89	2.19	1.18	0.50	2.85	14.18	1.50			
11	铜板洲	72.00	4.25	5.00	1.50	1.25	2.75	13.00			0.25	其他为煤屑等
12	梅埂河段	68.50	3.50	2.50	1.50	0.25	1.00	21.50	1.25			

4.河床粗粒床沙的来源

(1)粗粒床沙的源区分布

长江上游每年虽有大量泥沙输入宜昌下游,但由于河床比降减缓,粗粒泥沙沿程堆积减少,特别是流经荆江平原河段后,因粗粒泥沙普遍堆积而细化,至城陵矶已为细砂,中砂甚少,而来自下荆江墨山的石英等粗粒仅偶有见及,且一般最大粒径小于0.50mm,而城陵矶下游河段因得到洞庭湖及沿程支流、阶地等补给,粗粒增多。另从床沙的岩矿组成看亦不相同,城陵矶下游的粗粒床沙中石英含量高,且多花岗岩等岩屑,而长江上游荆江河段的粗粒床沙中,卵砾等粗粒以石英砂岩和石英岩为主,石英少;在一般细砂中,长石和岩屑含量较多,石英含量相对较少。因此基本以城陵矶为界,无论从其粒径组成、岩矿组分特征和河段的水沙条件等都表明,粗粒床沙并非主要来自长江上游,而是来自城陵矶以下的沿岸支流、岸坡、阶地和沿江河床及洲滩的深部等。

①支流来沙:城陵矶—大通河段有大小入汇支流计20多条,其中对长江有一定影响的粗砂支流主要含洞庭湖、陆水、沦水、倒水、巴河、浠水、圻水、鄱阳湖、皖河、秋浦河、梅埂河和大通河等,其中尤以巴河、浠水和圻水等为多。对洞庭湖来砂影响较大的主要为湘江下游出口段的汨罗河和新墙河等,总之,江北的大别山和江南的幕阜山、黄山及九华山等的岩浆岩区以及江南元古代地层等为长江城陵矶—大通河段粗粒床沙的主要物源区。

②河岸来沙:长江中下游的城陵矶—大通河段沿岸多为阶地和河漫滩,其中多有不同厚度的粗粒层埋藏。阶地粗粒层(如龙坪河段的火龙滩),为早更新世(Q_1)的沉积,从河岸上数米和枯水位下35.00m的钻孔资料反映:主要为砖红色的含砾砂卵石和含卵石的砾石等粗粒层,总厚度达40.00m以上。又如九江河岸的二级阶地,为中更新世(Q_2)沉积,下部也有粗粒层分布,从九江码头附近的河岸钻孔取样见及,孔深20.20~24.70m为黄褐色中细砂,24.70~30.80m为棕黄色含卵砾的中粗砂等;河岸滩地粗粒层:如簰洲河湾的肖家洲CZ-5孔和双窑CZ-9孔,位于河床弯道凹岸,含砾的中粗砂及中细砂厚度分别为5.60m与1.50m。又如龙坪下游的单家洲右岸滩地的CZ-24孔,含砾细砂厚度亦达4.00m以上(未穿透)。从上可见,河岸的阶地和河漫滩的深部都有不同厚度的粗粒层埋藏,当河床主流线摆动发生侧蚀时,都有粗粒入江,因此河岸亦是河床粗粒床沙的重要来源地之一。

③河床深部来沙:城陵矶—大通河段沿程洲滩钻孔资料表明,含卵砾粗砂等粗粒层沿程普遍分布,一般包含薄层、中层和厚层等。沿直深度分布特点为洲滩上部少,中部零星,下部增多,底部常有卵砾石等的粗粒床沙埋藏,以上细下粗为特点,个别河床洲滩厚度较大。其中城陵矶—汉口河段一般层厚度小于5.00m,唯簰洲湾河段的土地洲、团洲和刘家尖子边滩等的厚度分别达9.10m、9.80m和7.00m等;汉口—湖口段,一般厚度大于4.00m,个别达10.00m以上,如团风李家洲、巴河口外戴家洲和黄石散花洲等分别约达10.00m、13.00m和17.70m等。两河段比较,又以汉口—湖口河段较厚,其中尤以团风的下游河段厚度增大显著。以上河床洲滩粗粒层的分布特点表明,一般河床深部都有粗粒层埋藏,不同河段仅厚薄有别,但总趋势呈现向下游增厚,且埋藏深度亦呈增大趋势。当河床发生迁移摆动演变时,洲滩下部埋藏的粗粒被冲出床面参加输移,可见河床及洲滩深部床沙也是河床重要的粗砂源之一。

(2)粗粒床沙的运行与堆积

长江中下游城陵矶—大通河段的粗粒床沙主要来自幕阜山、大别山和九华山等地区,其中尤以大别山南坡为最主要来源地。由于源区提供大量岩石风化碎屑,通过众多支流的侵蚀、搬运进入长江,因干流河床的比降比支流为小,所以入江后,一部分粗粒泥沙便在输移过程中沿程堆积,其中河床宽段更是堆积的重点,随堆积量的增多,剩下部分的输移量相应减少,当获得新的支流、岸坡及河床等新的砂源补给时,下游河段粗粒床沙又复增多;当缺乏补给来源时,便渐扩散,泓道粗粒带将由大到小直至尖灭。在沿程的河床宽段和弯道的凸岸边滩头等部位为粗粒泥沙堆积的重点,当处于河床演变淤积时,则被细粒泥沙覆盖而埋藏于滩面之下;当河床演变发生滩槽互换时,原深泓道上的粗粒带便被深埋于床底,上覆厚层细砂成滩;当老的洲滩被冲而成深槽时,原深部埋藏的粗粒床沙被冲起翻出床面,又复沿主泓输向下游。由于河床的冲淤具有可逆性,因此河床粗粒床沙的分布亦具有可逆性,时被冲刷出露于洲滩或床面,时因淤积而被埋藏,随河床的冲淤发生演变。

(3)河段粗粒床沙的来源与发展趋势

①分段粗粒床沙的来源:由于城陵矶—大通河段的粗粒来源具有多源性,因此往往由二源以上来沙组成,但有主次之分,按其主要物质来源分段于下。

城陵矶—汉口河段:大体分别以陆溪口、金口等为界,可分为上、中、下3段。上段:城陵矶—陆溪口以洞庭湖湘江来砂为主;中段:陆溪口—金口以陆水的粗粒堆积为主,以上两段另有沿江河床冲刷及侧蚀岸坡等补给,如簰洲下首的粗粒壳体堆积等;下段:金口—汉口段虽因距洞庭湖湘江和陆水等支流口较远,泥沙影响沿程减弱,而相应河床及沿岸阶地等冲刷补给增强,但从城陵矶—汉口河段的粗粒中,一般还是以石英含量高为特征,显示洞庭、陆水仍是该河段粗粒的主要来源之一,另为岸坡及河床床底等补给。

汉口—巴河口河段:汉口以下有汉江、倒水、举水等大小支流先后入汇,石英含量较高,尤以沐鹅洲为高,花岗岩仍较少,局部河段岩性复杂程度不一,一般为混合型的堆积。

巴河口—广济河段:该段地处大别山南,主要粗砂支流有巴河、浠水、圻水等,由于有大量粗砂入汇,物源丰富,粗粒岩性组分最大的变化是花岗岩的含量增高,石英含量相对减少,在卵砾中并含绿灰色石英砂岩和石英岩等,全河段以石英和花岗岩为主,属于典型的巴河—浠水型堆积。

广济—湖口河段:该河段仅有九江的龙开河汇入,来沙量小,影响甚微,粗粒主要来自上游的巴河、浠水和圻水等,次为河床和河岸阶地。卵砾粗砂的岩性组成以半透明的石英为主,花岗岩减少,次为石英砂岩和石英岩等,燧石少量,暗黄色硅质岩含量多少不定,按其岩性组分为混合型。

湖口—大通河段:该河段除主要支流有江北大别山的皖河、江南的鄱阳湖出口和秋浦河,发源于九华山的梅埂河和大通河等入汇外,另有沿程阶地及河床来沙等,岩性组成以石英和花岗岩等火成岩屑为主,其中尤以石英含量较高为特点,为支流与河床及岸坡的混合型。

从上可见,城陵矶—大通河段的粗粒物源仍以支流来砂补给为主,河岸和河床来沙为次,且各具特点。一般支流来沙量大,沿程堆积规模大,且粗砂中卵、砾、粗砂均有分布;河岸来沙主要为沿岸滩地和阶地等来沙,一般规模较小;河床冲刷来砂,一般线长面广,但厚度小,多沿主泓道一线呈条带状零星分布,但在局部河段冲刷坑的下游,往往有粗粒的壳洲(滩)发育,虽一般面积较小但厚度较大,且床砂中卵砾含量多、粒径较粗。

②中下游河段粗粒床沙的发展趋势:关于支流来沙,其一,由于近些年来水土保持工作的加强,支流产沙量普遍减少;其二,支流水库、闸坝等水利工程的兴建使来沙被大量拦蓄;其三,由于支流河床沿程大规模采砂,如主要产沙支流巴河、浠水等早在20世纪的90年代就开始大规模开采,并从河口沿河而上,不仅开挖河床采砂,而且还挖掘沿岸有黄沙的滩地等,其他支流开采亦都达较大规模,从而造成支流粗砂储量的严重减少。长江干流河床的粗砂已经大规模开采多年,河床早期的粗粒储量也已大为削减。关于河岸的岸坡来沙,也由于近些年来长江沿岸的抛石护岸,河道整治工程的发展使河势控制增强,相应河岸来砂亦逐年减少。由于沙源区均呈减少趋势,其粗粒的来量远小于开挖量,长江河床的粗粒床沙逐年减少已成为必然趋势。但值得关注的是在支流和河岸来砂减少的形势下,长江三峡工程全部建成投入运行后,自然引起坝下游河段的长程冲刷下切,若干年后随冲刷段的发展下移,当城陵矶—大通河段受冲时,河床深部埋藏的粗粒也将有部分被冲刷翻出床面,从而使受冲河段的河床粗粒带发生活化,规模再度扩大。从粗粒埋藏储存的分布看,城陵矶—大通河段中有粗粒埋藏的河段主要有城陵矶下游的界牌河段和陆溪口—金口、阳逻—黄石、田家镇—湖口和湖口—大通的河床宽段等。在埋藏沙源丰富地段,可能使河床粗砂的壳洲(滩)发育,沿河床深泓一线形成粗粒带等;在埋藏粗粒床沙贫缺地段,壳体构造得不到发展,粗粒仅在河床深泓道上有所显现或完全缺失。综合上述,虽将来有三峡坝下游的冲刷影响,但不仅时间尚较久远,而且冲刷向下游减弱,另人为采砂因素又具有不确定性,因此展望未来,长江城陵矶下游河段的粗粒床沙总体仍呈大幅度减少趋势。

四、床沙的岩性组成在泥沙来源来量研究中的重要意义

泥沙的岩矿组成不仅反映母岩的岩矿组分,而且直接影响到泥沙的粒度、密度、硬度、形状、磨圆度、沉积物的分选系数等物理特征及力学性质等,因而通过河段泥沙岩性组成的系统研究,不仅可以追溯其泥沙的物源,而且还可计算两条以上来沙河流的相对百分来量,当一条河流的年推(输)移量为已知时,还可通过换算进而求得其他河流的年均推移量等。现将有关岩性分析计算问题叙述于下。

1. 岩性分析法的计算原理与方程组

在流域区的一定范围内,根据干支流汇入前后沙量平衡的原理建立关系式,考虑到泥沙的岩性组成与粒径紧密相关,因而采用粒径分组进行。

设某流域区由上游的A,B,…,R,S等m个小流域组成,流域内分组粒径的输移泥沙包含1,2,…,n种岩矿所组成。从A流域小区输出泥沙的岩矿组成百分数分别为$a_1,a_2,\cdots,a_n$;从B,…,R,S等小流域区输出的泥沙岩矿百分数分别为$b_1,b_2,\cdots,b_n$;……R、S等类推。下游汇合区的岩矿百分数亦同,分别为$W_1,W_2,\cdots,W_n$。又设各小流域汇入的泥沙占汇合断面输移泥沙总量的百分数为x_m,即A流域小区的汇入百分数为x_1,B流域小区汇入的百分数为x_2,…,R,S流域小区类推,从而建立分组粒径的平衡方程组(8-5-1),其中方程的个数与岩矿种类数目相等,x_m的数目取决于补给的流域小区的个数,各汇入支流及汇合断面泥沙的岩矿百分数均为实测求得,在卵砾的取样中,由于从推移质中取样

比较困难,所以一般从洲滩床沙取得。

$$
\begin{aligned}
&a_1x_1+b_1x_2+\cdots+s_1x_m=w_1(\text{花岗岩})\\
&a_2x_1+b_2x_2+\cdots+s_2x_m=w_2(\text{石灰岩})\\
&\cdots\cdots\cdots\\
&a_nx_1+b_nx_2+\cdots\cdots s_nx_m=w_n(\text{砂岩}) \qquad (8\text{-}5\text{-}1)
\end{aligned}
$$

式中: $\sum_{i=1}^{n}a_1=1.00$; $\sum_{i=1}^{n}b_1=1.00$; $\sum_{i=1}^{n}s_1=1.00$; $\sum_{i=1}^{n}w_1=1.00$; $\sum_{i=1}^{n}x_1=1.00$。

从理论上讲,各汇入支流的某一岩矿沙量应与汇合区的同一岩矿沙量相等,但由于河段内河床的冲淤,岸坡等的泥沙加入,或因密度差异的分选堆积等使输移泥沙与河床的床沙发生交换和输移过程中的磨损,以及年际间来沙的变化等诸多因素影响,实际难于绝对平衡,为求得最佳的计算公式,使误差平方和的值最小,因此根据最小二乘法原理,每一支流来沙占汇合断面 W 输沙量的百分数 $x_1,x_2,\cdots,x_m$ 的最或是值为下列方程组的解。

$$
\begin{aligned}
&[aa]x_1+[ab]x_2+\cdots\cdots+[as]x_m=[aw]\\
&[ba]x_1+[bb]x_2+\cdots\cdots+[bs]x_m=[bw]\\
&\cdots\cdots\cdots\\
&[sa]x_1+[sb]x_2+\cdots\cdots+[ss]x_m=[sw] \qquad (8\text{-}5\text{-}2)
\end{aligned}
$$

式中: $[aa]=\sum_{i=1}^{n}a_1a_1$; $[ab]=\sum_{i=1}^{n}a_1b_1$,余类推。

由方程组(8-5-2)求得各小流域分组粒径泥沙的汇入相对百分数后,再按汇合点 W 处的级配加权,计算各流域混合粒径的泥沙平均汇入百分数。若计算区内某一支流或汇合断面的年推移质输沙量为已知,便可推算出其他各支流或汇合断面的年推移量。在计算区内若有两条支流或一条支流和汇合区的年推移量为已知,方可进行验算。

2. *采用岩矿分析法的计算成果实例*

在开发长江水利水电资源,尤其在长江三峡和葛洲坝水利枢纽工程中,长江科学院河流研究所、南京大学原地理系和荆江水文水资源勘测局等,在采用岩矿分析法计算长江泥沙的输移量方面取得一批研究成果,现仅列举有关卵石、细粉沙及粘土等的部分成果于下。

(1)卵砾输移量的计算成果

①重庆河段卵石输移量的汇入百分数:重庆河段位于长江三峡水利枢纽的库尾,除长江外,还有大支流嘉陵江入汇,除重庆长江上游的朱沱和下游的寸滩有多年的实测卵石推移质资料外,嘉陵江尚未进行过实测,因此缺少卵石推移量资料。为求得重庆寸滩河段上游长江和嘉陵江卵石的各自来量,于 1991 年采用床沙岩性分析法实测计算结果(表 8-5-11)①:重庆上游的长江汇入百分数为总量的 79.11%,约为 4/5 弱;嘉陵江占汇入总量的 20.89%,约为 1/5 强,即相对来量约为 4:1。在 1991 年前,当时受人为因素影响较小,还基本保持天然状态,按重庆寸滩卵石推移质的多年平均输移量 28.0 万 t/a 计算,重庆上游长江和嘉陵江卵石推移质的年均输移量分别约为 22.15 万 t 与 5.85 万 t。此计

①周凤琴,王维国. 重庆河段卵石洲滩与岩性组成特征. 长江水利委员会荆江河床实验站,1991 年.

算成果为重庆河段干支流的卵石来量提供了重要参数，并因地处三峡水库的库尾，从而对三峡水利枢纽的泥沙研究具有重要意义。

表 8-5-11　　重庆河段卵石输移量计算成果表

粒　径（mm）	重庆长江上游段		嘉陵江河口段		重庆下游寸滩段	备注
	汇入百分数（%）	卵石计算输移量（万 t）	汇入百分数（%）	卵石计算输移量（万 t）	实测卵石年均输移量（万 t）	
>150～10	79.11	22.15	20.89	5.85	28.00	野外作业时间为1991 年 3—4 月

②清江恩施—巴山峡河段主要支流卵石汇入百分数：清江为长江中游宜昌下游宜都河段右岸的一条较大支流，因地处鄂黔山的云贵高原东北及巫山山脉南部的中低山地，碳酸盐岩广泛分布，地势由西向东倾斜，河流呈西→东走向，两岸支流众多，羽毛状水系十分发育，河床比降大，卵石推移质泥沙问题突出，但实测推移质资料欠缺。为了清江的水资源开发，长江委荆江河床实验站于 1992—1994 年间先后多次对全流域干流和主要支流作了系统的床沙勘测，并通过岩性分析，分段计算求得清江中下游恩施—巴山峡河段中的招徕河口下游狗儿滩和巴山峡上游狎子滩为汇合区的支流卵石推移质汇入百分数（表 8-5-12）①。从表中计算成果见及，清江中下游河段沿程得到支流汇入补给，在狗儿滩河段上游主要来沙支流为招徕河和龙王河及磨刀河等，共计占分段的 78.5%。其中磨刀河虽小，但为一条泥石流沟，来沙量亦较大，且粒径粗大，对其河口下游河段影响显著。巴山峡上游狎子滩汇入区除上游河段来沙外，以天池河和腰站溪为主，汇入百分数分别达 32.22%、28.96% 与 20.09%。综合可见：恩施—巴山峡河段的众多来沙支流中，以龙王河（含磨刀河）、招徕河、天池河和腰站溪等为主。

表 8-5-12　　清江中下游恩施—巴山峡河段卵石推移质汇入百分数表

汇入干支流河段	招徕河口下游狗儿滩河段汇入区								巴山峡上游狎子滩河段汇入区					备注
	清江忠建河口上游河段	忠建河	马水河	马尾河	野三河	龙王河	磨刀河	招徕河	清江纸厂河口上游河段	纸厂河	四洋溪	天池河	腰站溪	
河段汇入百分数（%）	3.58	8.30			9.62	37.75		40.75	32.22	9.30	9.43	28.96	20.09	

（2）沙砾输移量的计算成果

长江科学院河流研究所、南京大学原地理系等都曾对长江三峡及长江上游地区川江河段的砂砾石推移质进行了大量调查和岩性分析研究，现以葛洲坝各补给区汇入百分数的计算成果为例（表 8-5-13）。从表中见及，长江葛洲坝河段的砂砾来源中，以长江屈原庙上游河段来量为大，占汇入总量的 41.1%，其他支流按汇入量大小依序为乐天溪、茅坪溪、黄柏河和香溪等，汇入百分数分别为 20.1%、15.9%、15.3% 和 7.6% 等。但从区域分

①张美德，李焰云，周凤琴，陈安勇，等. 清江泥沙规律初步研究. 长江水利委员会荆江水文水资源勘测局，1995 年.

布可见，自长江进入黄陵背斜后，由于闪云斜长花岗岩等的结晶岩系风化程度高、支流沟谷发育，单一小支流来沙虽相对较少，但全区域总来沙量高达58.9%，并高于三峡屈原庙上游长江的来量，可见葛洲坝的沙砾推移质泥沙主要来源于黄陵背斜等地区。

表 8-5-13　　长江葛洲坝河段沙砾推移质汇入百分数表

汇入干支流河段	长江屈原庙	香溪峡口	茅坪河文昌阁	乐天溪沙坪	黄柏河小溪塔	备注
汇入百分数(%)	41.1	7.6	15.9	20.1	15.3	计算粒径范围为10~0.10mm

（据林承坤，1992年）

(3)细颗粒泥沙输移量的计算成果

长江三角洲的河口地区泥沙颗粒较细，一般粒径小于0.10mm，且多在0.05mm以下，泥沙来源除长江以外，另有小部分来自废黄河三角洲。泥沙的堆积除长江口外，另有部分被潮流带入杭州湾，情况比较复杂，林承坤采用细粒泥沙中的重矿物和粘土矿物分别进行了分析研究，求得了各汇入百分数及长江的出口输沙量，现分述于下。

①采用细颗粒泥沙中的重矿物分析计算输移量：据长江南京—扫中河段、长江口、苏北废黄河口和杭州湾镇海等地区系统采样，经细粒泥沙中的重矿物鉴定分析，计算所得泥沙输移量成果见表8-5-14。长江口的床沙主要来自长江，从大于0.05mm的粉细砂至小于0.01mm的泥粉质中，长江各分组粒径的重矿物百分含量均达90.0%以上，次为苏北的废黄河口，分组汇入的百分数为30.9%~8.9%，而杭州湾的汇入百分数呈负值，即反映长江出口的泥沙中，有一部分输向东南的杭州湾沉积，输出的分组百分数为27.3%~1.2%。根据汇入百分数和长江补给区大通站的多年实测输沙量计算，求得长江口的年输出沙量约为4.660亿t/a，长江口输向杭州湾的泥沙约为0.451亿t/a。

表 8-5-14　　长江口泥沙的汇入百分数表

泥沙补给区	汇入百分数(%)			
	>0.05mm	0.05~0.025mm	0.025~0.01mm	<0.01mm
长江	92.3	91.8	91.1	96.4
废黄河三角洲	8.9	11.0	12.7	30.9
杭州湾	-1.2	-2.8	-3.8	-27.3

（据林承坤，1988年）

②采用粘粒泥沙中的粘土矿物分析计算输移量：据长江南京—扫中河段及长江口、苏北废黄河口和杭州湾等地区主要粘土矿物伊利石、高岭土、绿泥石和蒙脱石等的组成分析计算，求得长江口粘土泥沙的汇入百分数(表8-5-15)。从表中见及，以长江补给为主，废黄河三角洲补给为次，分别为96.4%与32.5%，杭州湾汇入百分数为-28.9%，仍呈现负值，反映泥沙由长江口沿岸向东南杭州湾输移沉积。根据长江粘粒泥沙汇入百分数和大通站实测资料中粘粒泥沙的多年平均输移量1.28亿t/a计算，求得长江口的粘粒泥沙输出量为0.958亿t/a，即约为1亿t/a，输入杭州湾的粘粒泥沙约为0.370亿t/a。

表 8-5-15　　长江口粘土泥沙汇入百分数表

泥沙补给区	汇入百分数(%)	备注
长江补给区	96.4	据林承坤,1985 年
废黄河三角洲补给区	32.5	
杭州湾补给区	-28.9	

综合可见:以上卵石、沙砾石等床沙的岩矿组成和细粒泥沙的重矿物及粘粒矿物等的分析计算实例,分别求得了输移泥沙的相对百分数和绝对输移量,这对于河流泥沙研究、水利和航运工程实践都具有十分宝贵的重要意义。岩矿分析法特别对于山区河流的开发,以及缺少推移质泥沙资料的河段更具现实意义,与其他方法比较,具有费用低、出成果较快的优点,对于有一定推移质成果资料的地区,进行比较研究,效果更好。但此法在实践操作过程中,野外测坑的选点布设和室内外的泥沙岩矿鉴定分析等工作至关重要。

参考文献

[1] 沈玉昌. 长江上游河谷地貌. 北京;科学出版社,1965 年.

[2] 杜榕桓,康志成,陈循谦,朱平一,等. 云南小江泥石流综合考察与防治规划研究. 重庆:科学技术文献出版社重庆分社,1987 年.

[3] 文伏波. 长江流域地图集. 北京:中国地图出版社,1999 年.

[4] 王杰,王保畲,罗正齐. 长江大辞典. 武汉:武汉出版社,1997 年.

[5] 林承坤. 长江三峡与葛洲坝的泥沙及环境. 南京:南京大学出版社,1989 年.

[6] 顾锡和,俞吼狮,王宗汉. 宜昌附近长江河谷地貌的研究. 南京大学(自然科学版),1983 年(第一期).

[7] 唐日长,史立人,魏特. 枢纽来沙研究,《泥沙研究》(第一章). 北京:中国水利电力出版社,1990 年.

[8] 赖志云. 荆江三八滩现代沉积特征—兼论滩体的成因、演变. 江汉石油学院学报,1983(2).

[9] 张春生,刘忠保. 现代河湖沉积与模拟实验. 北京:地质出版社,1997 年.

[10] 周凤琴,陈时若,李复华,等,长江三峡水利枢纽下游城陵矶至大通河段河床组成勘测报告."七五"国家重点科技攻关编号'75-16-01,长江三峡工程泥沙与航运关键技术研究《专题研究报告集》(下册). 武汉:武汉工业大学出版社,1993 年.

[11] 周凤琴,孙昌万. 三峡水利枢纽下游宜昌—武汉河段洲滩地质勘探成果分析,长江三峡工程泥沙研究文集. 北京:中国科学技术出版社,1990 年.

[12] 周凤琴. 荆江等平原河流壳状卵石洲(滩)形成模式的初步研究. 人民长江,1986 年.

[13] 林承坤. 长江口泥沙的数量与输移. 中国科学(A 辑),1988 年.

[14] 秦蕴珊,赵一阳,陈丽蓉,赵松龄. 东海地质. 北京:科学出版社,1989 年.

[15] 黄慧珍,唐保根,杨文达,等. 长江三角洲沉积地质学. 北京:地质出版社,1996 年.

[16] 刘黎明,王维国,周凤琴.重庆河段的卵石来源来量及特征研究.人民长江,2003年(第12期).

[17] 林承坤.泥沙与河流地貌学.南京:南京大学出版社,1992年.

[18] 林承坤.长江口粘粒泥沙的来源分析与数量计算.泥沙研究,1985年.

[19] 董永发,丁文鎏.长江河口沉积物粒度特征与水动力的关系,长江河口动力过程和地貌演变.上海:上海科学技术出版社,1988年.

第三篇

河道与环境变迁

第九章　长江河道的历史变迁与河型特征

短时段的河道演变多以平面变形较为显著，而长时段的河道历史变迁则在纵向、横向和垂向的三度空间上较为明显地反映出来，一条河流具有一定的变化空间跨度，往往因为沿程各河段的来水来沙条件和地质地貌环境的差异，加之人为因素的影响等而各具特点。长江这样的大河流更是如此，上游的山地丘陵河段，往往因地壳上升，河床侧蚀受控而以下切为主，河谷形态呈现窄深特征；中下游平原河段地处沉降区，河床加积抬高，以侧蚀为主，因此具有河谷开阔、河床宽浅的特征；而入海、入湖及山前等出口河段，随扇形堆积体的发展，河床在纵向横向和垂向的演变多较显著。现将有关长江上、中、下游部分具有代表性河段的主要历史变迁和河型演变及特征等分述于下。

第一节　河道的历史变迁及特征

一、河道历史变迁的背景概况

长江上游的江源和金沙江等河段，位于欧亚大陆的边缘活动带，穿流于青藏高原、横断山脉及川滇山地后进入四川盆地西缘。自元古代以来，该地区曾发生大小构造运动计20多次，在前震旦纪以造陆为主，寒武纪后运动频率增高、周期缩短，从志留纪至白垩纪以造山运动为主，形成褶皱和冲断裂等构造；自新生代以来转为陆内断推覆和强烈抬升为主。

在诸多构造运动中，以受印支运动、燕山运动和喜山运动等的影响较大，尤其喜山运动在早期运动的基础上，使长江流域西部产生了大幅度的抬升，并且上升速率呈现加快趋势，从而对长江的形成及演变产生了较大影响。自第四纪以来，由于喜山运动的进一步发展，使原第三纪末的准平原地貌产生分化，青藏高原继续抬升，今长江中下游的平原湖泊地区产生沉降，随流域三级地形地貌阶梯的发育形成，其西高东低的地势特点为水流的汇聚提供了条件，原各自独立的古金沙江、古川江和湖口以东的古长江等水系，大约于早更新世至中更新世时期，经过溯源侵蚀等贯通，使统一的长江逐渐形成。至晚更新世时期，长江西部上游因青藏高原已抬升到3000m以上，高度超过雪线，从而使来自西南和东南的湿润季风受阻，高原气候变向干冷而具干旱化特点；长江中下游不仅地处沉降区，又因受冰期影响，尤其受晚更新世末的末次冰期及冰后期的气候变化影响，引起海面升降和长江河口的伸缩及河口上游河段的溯源侵蚀与堆积，对长江中下游的河道变迁带来巨大的影响；晚全新世时期以来，除自然因素外，还随人类活动增强，工程建设等人为因素对河道变迁的影响亦呈现增大趋势。

二、典型区域性河段的历史变迁

长江全长6300余km,从江源至河口流经不同的地质地貌区和气候区,河段来水来沙条件及沉积环境各异,再加上受人类活动的影响,因此上、中、下游河段的发育过程、河型演变形式、变化幅度的大小等都不尽相同,各具特征。现分别以长江上游的金沙江、中游的荆江和长江下游河口三角洲等河段为例,分述如下。

(一)长江上游金沙江等河段的历史变迁

金沙江河段位于长江的宜宾上游,由江源河段、通天河河段和金沙江河段等3部分组成,流经长江流域西部强烈隆起的青藏高原和横断山及川滇山地后进入四川盆地,其中高原的江源河段和通天河上、中段河谷相对开阔,多以横向摆动为主;通天河下段和金沙江的山地河段以下切为主,多高山深谷为特征。

1. 江源及通天河河段的演变

江源区位于昆仑山与唐古拉山之间,西有可可西里山、乌兰乌拉山和祖尔肯乌拉山,东有巴颜额拉山等,由于有系列强烈上升的群山所环绕,其间的广大高原面因相对上升量较小而成盆形凹地,地面高程一般在4500m左右,除横亘的系列NWW向山地相对高度大于500m外,一般高原面起伏平缓开阔,相对高度都在500m以下。虽然一般高差相对较小,降水最小,但自第四纪以来,由于长期接受盆谷外围来沙堆积,从而形成沿水系的带状平原谷地,又因长江上游金沙江的溯源侵蚀至今尚处在青藏高原边缘地带的登额曲口附近,所以地处腹地的江源河段仍基本处于原始的高原状态。河谷形态基本由山地宽浅峡谷、丘陵坦谷和高平原河谷等3种基本河谷地貌类型组成,并以丘陵坦谷和高平原型河谷为主。一般河床的平均坡降较小,如通天河上段(囊极巴陇—楚玛尔河口)仅0.89‰,下段(楚玛尔河口—登额曲口)为1.05‰等。另由于印度板块和欧亚板块的碰撞、挤压,青藏高原大幅度隆起,使来自西南印度洋、孟加拉湾和东南南海北部湾的湿润季风受阻,降水量减少,一般多年平均降水量仅240~400mm,气候转向干旱化,又因高原面超过雪线,气温常年在0℃以下,一般平均为-2.0~-6.0℃,最低达-30℃以下,所以一般以冻融侵蚀为主,河流切割相对轻微,多以横向摆动为主。

①河段的垂向侵蚀与堆积:从部分阶地的高度分布显示,江源区虽然自第四纪以来上升幅度大,但在块状隆起的青藏高源内一般地形相对高差较小,河谷下切幅度亦小。从沱沱河沿段,当曲与沱沱河间的改巴希尔日通及布曲温泉兵站等T_3~T_4级阶地高度可见,江源河段自第四纪的早、中更新世以来,河谷一般下切深度小于80m,而高原上升幅度达3000m以上,相对比较,一般河段下切幅度较小。但在青藏高原块状隆起的背景下,由于受新构造差异运动的影响,形成系列断陷盆地和谷地,如楚玛尔河沿、沱沱河沿、通天河沿的断陷盆地和布曲的温泉,冬曲的昂才及巴塘河的巴塘断陷谷地等①,一般长度达30~60km。由于高原的局部断块差异较大,其断陷盆地及谷地内常形成巨厚堆积,如沱沱河盆地中早更新世的青灰及土黄色粉砂岩、泥岩等为主的湖相沉积层厚达200m余;布曲的温泉盆地为一地堑式张裂谷,据物探资料显示,第四纪的堆积物厚达1000m左右;另

①周继颐.从长江源区及通天河两岸某些地貌标志看该区新构造活动性,长江委三峡勘测研究院,2000年.

从102道班附近的钻孔资料,孔深208m下仍为中晚更新世的冰水相亚砂土,第四纪沉积尚未穿透。从上部分深孔等资料表明:断陷盆地堆积巨厚,并以早更新世的湖相、冰水相和冰碛物等为主,反映在更新世时期,由于青藏高原强烈隆起,断块间产生大的差异,断陷盆地渍水成湖,河流搬运外围泥沙入湖充填堆积,随时间的延长而加积增厚。从上可见:江源及通天河河段一般下切幅度较小,而断陷盆地河段充填堆积巨厚,相应引起河湖床面大幅度抬升。

②河段的平面摆动:江源河谷的谷底及河床宽度,在山区河谷地段,除峡谷段较窄外,一般谷底宽为0.5~1.0km,河床水面宽150~200m;丘陵坦谷段:谷底宽1~2km,河漫滩宽在1.0km以上,河床水流散乱多汊、具游荡性;平原河谷:一般较为宽浅,河岸的河漫滩宽达2~3km,河床水面宽达1000m以上,在一些断陷盆地区形成特宽河段,如沱沱河沿附近,河谷宽达10km左右,河床宽500~600m;又如布曲进入温泉断陷谷地的谷宽达8km,一般小型盆地河段谷宽亦达4~5km等。断陷盆地的第四系地层巨厚,且以早更新统较为深厚,中、晚更新统地层厚度减小,全新统地层最为单薄,如沱沱河沿的河床砂卵石层厚仅3.0m左右,而河谷谷底较宽,以平原型宽谷为主。从河谷阶地的相对高度和河床宽度,以及沉积厚度等地质地貌特征表明:江源河段在第四纪时期中,垂向变迁相对由强变弱,而河流横向演变呈则增强趋势,尤其自全新世以来,一般宽谷河段以横向摆动为主,河床浅坦,下切轻微;在部分断陷盆地的湖区水域,由入湖三角洲、冲洪积扇及冰水相等多种成因类型的物质进行充填堆积,使河床在垂向加积抬高的基础上从上游向下游及湖心推进,纵、横向的演变亦大。

综合上述:江源及通天河河段一般下切轻微,以平面摆动为主;在断陷盆地河段不仅平面摆动大,而且纵向、垂向演变亦大。

2. 金沙江河段的演变

金沙江河段位于青藏高原与四川盆地之间,地跨三江褶皱系、松潘—甘孜褶皱系和扬子准地台等大地构造单元,地貌区主要为长江流域三级地形地貌阶梯中Ⅰ~Ⅱ级间的过渡地段,自青藏高原流经横断山和川西南滇东北的高中山地及新市镇以东的低山丘陵区,地势由高至低,地面高程由青藏高原的5000m以上下降到四川盆地西缘的500m左右,高差达4000m以上。金沙江从直门达—宜宾河段全长2315.7km,总落差约达3200m,河床分段平均比降:直门达—邓柯河段为2.04‰,邓柯—巴塘河段为1.85‰,巴塘—石鼓河段为1.56‰,石鼓—攀枝花河段为1.49‰,攀枝花—新市镇河段为1.02‰,新市镇—宜宾河段降低到0.41‰,总趋势从上游向下游河段变小,但局部河段较大,并有如虎跳峡等跌水坎分布,全河段平均比降为1.43‰,比江源段的通天河上、下段比降显著为大。多年平均径流量随向下游,流域区的年降水量逐渐增加,汇入支流增多,河段年平均径流量增大。随青藏高原的强烈隆起,河床产生大幅度下切形成高山深谷,上游青南江源河段由于高原面地势平坦,一般相对高差小于500m,自通天河登额曲河口以下的河谷深度逐渐增大,直门达河段达800~1000m,地理孔—卡松渡河段1200~1800m;卡松渡—金江街河段一般海拔高度为2500~5000m,谷深增大,相对高度达1500~2500m,一般河宽50~150m,宽段达150~400m,并有部分河段沿岸山地海拔高达5000m以上,相对高度亦大于2500m,如虎跳峡右岸的玉龙雪山海拔达5960m,左岸中甸雪山亦达5000m以上,相对高度达3000m左右,而一般河宽小于50m,最窄处仅30m;金江街至新市镇河段一般相对高度降低到 1000 ~ 1500m，河宽 100 ~ 200m，部分宽段达 500 ~ 800m；新市镇—宜宾河段相对高度小于 1000m，一般在 500m 左右，部分为 200 ~ 500m，一般河宽为 100 ~ 500m，绥江和楼东的特宽段河宽分别达 2500m 与 1700m。由于金沙江新市镇下游河谷逐渐展宽，河床横向摆动增强，因此在局部河段的阶地中还有古河道发现，如福延溪口—宜宾河段有天池、漕江、穿牛鼻和龙函—舒楼坝等古河道分布（图 9-1-1），宽度分别为 400 ~ 500m，150m，120m 和 1000 ~ 1250m 等。从三级阶地分布的古河道显示，自第四纪更新世以来也曾有如楼东等弯道发育，并在河道的历史变迁过程中曾产生过大的平面摆动，且有南移趋势。综合上述：金沙江自登额曲口至宜宾河段里程约 2600km，其中金沙江上游河段流经高山和极高山地，形成 1000m 以上的深切河谷；中游河段由极高山和高、中山地组成，分别形成深度和中度切割的峡谷，其中虎跳峡段为特深大峡谷；下游攀枝花—新市镇河段一般为中深度切割，但由于受青藏高原隆起影响，新构造运动大幅度上升的结果，使局部河段形成达 2000m 以上的深切峡谷；新市镇下游河段因地处四川盆地西缘的过渡地带，山势降低，并以低山丘陵的浅切割为主。从上可见：沿程下切幅度由小→大→小，其隆起上升幅度愈大的河段，河床相对的下切幅度愈大，金沙江下切深度较大的河段为卡松渡—金江街河段，并以虎跳峡河段为最大；新市镇下游，河床下切深度减小，侧蚀增强，河谷相对展宽，并有古河道发育。总之，河谷窄深、峡谷广布、河床以垂向下切为主，是金沙江河谷地貌和河道变迁的基本特征。

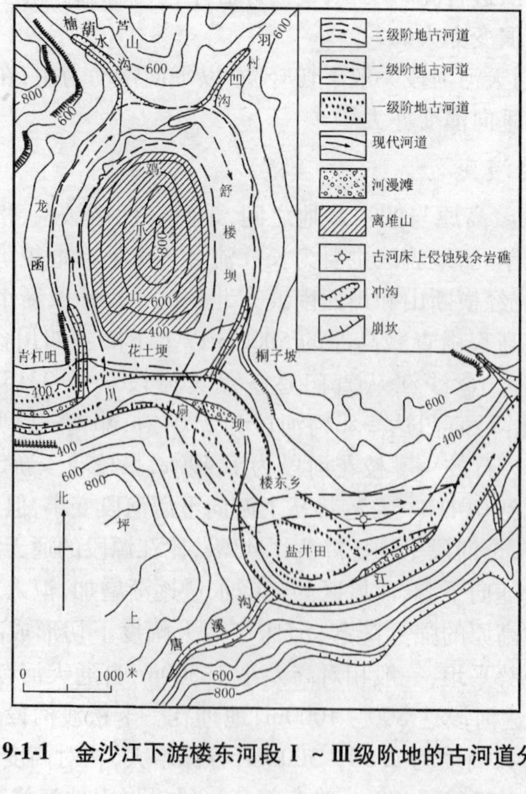

图 9-1-1　金沙江下游楼东河段 Ⅰ ~ Ⅲ级阶地的古河道分布图

(二)长江中游荆江河段的历史变迁

1. 区域地质地貌概况

荆江属长江中游的西部河段，自湖北省的枝城至湖南省的城陵矶，河段长度为337km，横亘于江汉平原的西南部，荆南除部分受墨山丘陵等阻隔外与洞庭平原湖区相毗邻，江湖水网紧密相连，南北统称两湖平原。在大地构造单元中均属我国新华夏系第二沉降带南段的江汉—洞庭断拗区，其中北部为江汉断陷，南部为洞庭断陷。因该区为中生代形成的断陷盆地，自早白垩纪以来，经历多期构造运动，由燕山运动形成雏形，经喜玛拉雅山运动成型，南北断陷区内还形成一系列北东、北北东、北北西和北西西及近东西向等多组断裂，由于受断块间差异运动的影响，内由若干凹陷和凸起组成，而具有多凸多凹相间分布的特征。荆江河段主要流经其中的江陵凹陷和华容隆起区内。自第四纪早、中更新世以来，因溯源侵蚀切穿三峡，长江贯通以后，上游来水带来大量泥沙在峡口以下的山前地段堆积，分别形成虎牙滩以东的云池冲积扇，以松滋口为顶点的枝江冲积扇和以沙市为顶点的沙市冲积扇等，并呈内叠式串珠状展布，特别是晚更新世末至全新世初的末次冰期时，因河床下切，比降变陡，长江出三峡后的冲积扇堆积体向东推进到断陷盆地腹地。第四纪以来，因受新构造运动西升东降和古气候等因素影响，形成多级阶地，其中高级阶地上升而成丘岗，低级阶地逐级下降，部分 T_1 级阶地已覆盖于今平原滩面之下而成埋藏阶地，有的组成河床边界，直接影响河床的迁移演变。

2. 荆江河道的历史变迁

荆江河段自第四纪晚更新世的末次冰期以来，经历了三度空间的演变，河床在垂向上加积抬升和平面上大幅度南移，其中垂向变迁起着主导性的作用。在发展过程中因影响因素十分复杂，除上游来水来沙、区域气候条件和新构造运动等地质地貌及地球自转引起的科氏力等因素外，还受历史时期人类活动等影响，在诸多因素中，各时期总有 1~2 种因素起着主导作用，因此河道的变迁具有阶段性特征。

(1)末次冰期深切河谷的低水面阶段

晚更新世末全球性的末次冰期时，中国出现了大理冰期，在约 1.8 万年的盛冰期间，东海海面产生大幅度下降达 120m 以上。由于长江的基面下降，相继产生溯源侵蚀，引起长江中下游的河谷下切，河槽重新塑造形成深切河谷。具体表征如下。

①古深切河槽的发现：荆江地区曾先后从地质钻孔中发现古河槽，如上荆江公安埠河的窖金洲古河槽，其晚更新世卵石层顶板埋深于滩面下达 37.90m，比该区一般卵石层顶板低 15.00m 左右；又如沙市东区钢管厂附近卵石层顶板埋深达 34.50m，比附近低17.00m，约接近一般卵石层埋藏深度的两倍；另如公安陆逊湖淤泥质的冲湖相土层厚达 39.05m，比一般深 10m 以上；下荆江及外围地区亦出现全新世的厚层粘土，如砖桥粘性土层厚达50.88m，直接覆盖于卵石层之上；朱河冲湖相土层厚 47.00m，排湖厚 45.00m，槽底高程都低至 -20m 左右。以上大批古河槽的分布表明，由于古河谷下切，大部分槽底已嵌入更新世的砂砾石及砂土层之中(图 9-1-2)。古深切河槽在长江中下游的其他河段也有发现，其槽底高程：武汉为 -20m，芜湖为 -44m，镇江为 -55m，向下游高程降低，埋藏深度增大。

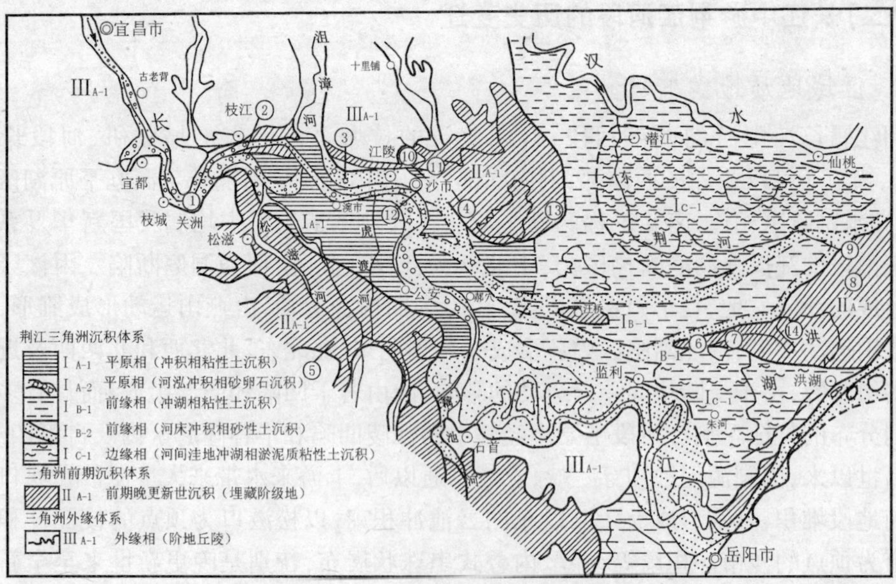

图 9-1-2 荆江平原全新世早中期沉积岩相古地理图[15]

新石器时期:①关洲遗址 ②赫家洼遗址 ③太湖遗址 ④罕刘台遗址 ⑤桂花树遗址 ⑥福田寺遗址 ⑦柳关遗址 ⑧高潭口遗址 ⑨越舟湖遗址

春秋战国时期:⑩周良玉桥遗址 ⑪关咀口古墓群 ⑫豉湖路古墓群 ⑬章华台遗址 ⑭瞿家湾出土文物

荆江深切河谷形成时,荆南地区的入江支流也相应下切,形成支流的深切谷地。据研究:当时的湘、资二水形成的古河道经南洞庭东部向北流入江;另一支为沅、澧二水故道,大致从西洞庭经武圣宫、大通湖的西北角,于磁器口以南横穿东洞庭湖入江。从湖底更新世红土与砂卵石层的埋藏深度看,一般为 7.0~12.0m,有的还直露于地表,而有些地方也发现有超深现象,如西洞庭北的武圣宫深达 46.14m,南县沙港 34.70m 尚未见底,厂窖 29.40m(全为灰褐色冲湖相粘土),大通湖西北角 23.60m,磁器口则深达 50.00m 以上。以上系列资料表明:荆南洞庭湖区仍有深切河谷存在,与荆北一样,均为河网平原,其深切的谷地都为早期云梦泽的发育奠定了基础。

②埋藏阶地的大片分布:在上荆江南北两岸河曲带外围的平原下,普遍都有埋藏阶地分布。其中在荆南有百里洲的刘巷和新江口大桥及天保、黄金口、公安分洪区的黄天湖等一带;荆北有沙市至关咀口、岑河、三湖至龙湾一线等,阶地排列于上荆江的南北两岸,呈喇叭状展布。下荆江汪桥的埋藏阶地面积较小,呈“岛”状残存;监利东北部洪湖湖底下 5.00m 左右也有埋藏阶地发现,并向东北方向延伸,至乌林一带多出露地表呈半埋藏状态(图 9-1-2)。荆江地区埋藏阶地的一般埋深为 4.0~8.5m 不等,从长湖习家口取样分析,其年代为 1.293 万 ±500 年 B.P.(^{14}C 测定),属晚更新世末期沉积。

③古水位线的标志:在本区云梦粘性土下段,常有湖沼相棕黄或棕红色粘土及重粘土层发现,如百里洲、涴市、北闸、沙市盐卡、监利莲台、荆江门,以及荆北地区的福田寺、张金、下新河、高潭口等地均有分布,有的还出现多层黄层(即黄色粘土或重粘土等),土的颜色除取决于泥沙的矿物成分外,还反映了沉积的环境条件,黄、红等色显示处于水面之上的氧化环境,而蓝、绿色则反映处于水面之下的还原环境,土中蓝灰与棕黄色相夹而交互呈层,反映了淤积过程中古水位的升降波动。黄层的分布和出露高程:松滋口—沙

市河段为28.22m,沙市—藕池口河段22.96m,藕池口—城陵矶河段15.45m,城陵矶—洪湖河段21.08m,荆北潜江—沔阳地区18.10m;黄层底的下界高程,一般还要低6.00m左右,可见其分布的部位是较低的,与当今长江洪水位比较,相差达20余m,如沙市盐卡达25m左右。以上各区标高虽有差异,但变化有一定规律,总体从上游往下游递减。

当时荆江地区的古地理环境为河谷深切的平原,上荆江河段因河床坡降较大,流速大,上段主要以沙市为顶点有两支卵石带分布,一支从沙市钢管厂经岑河、资福寺伸延到白马寺以东,另一支从沙市转向东南的现代荆江流路;下段因比降变缓均呈沙带显示。下荆江和荆北邻区因地处江汉平原腹地,地势低洼,湖沼发育,所以在今部分平原及河床洲滩深处有埋藏的蓝灰等色湖沼相粘性土发现,如石首月亮湖南堤拐的荆311和荆326等孔,均在滩面28m以下见及,至40m尚未穿透;另监利半路堤孔深29.27m,排湖范关31.10m都相继发现,并有如监利的汪桥和洪湖等地残留的"岛"状阶地分布。从上可见:上荆江深切河谷相对较窄,自松滋口向下游逐渐展宽;下荆江地区因地处砾质三角洲前缘腹地,曾为古云梦泽等湖沼发育前期的大型洼地。

(2)冰后期云梦泽扩展与荆江漫流的高水面阶段

冰后期气候回暖,东海面上升。2万~1.5万年B.P.为低海面时期,而后发生回升,其中1.5万~1.05万年B.P.上升率为18.2mm/年,1.05万—6000年B.P.为4.6mm/年,6000~2500年B.P.为1.6mm/年,2500年B.P.以来为0.8mm/年,即冰后期以来,年上升率由大到小趋于稳定;但也有学者认为曾出现过高于现今海面的高海面时期。由于东海面大幅度上升,长江河口溯源退缩到镇(江)扬(州)地区,从而使上游河段的纵比降变缓,相继发生沿江的溯源堆积,并且远及荆江地区。据计算机数值模拟研究结果(方金琪,1991年),因基面上升,对长江上游的波及影响高程可达40m,即影响距离可溯源达河口以上1750km的长江中下游平原。古荆江地区的深切河谷一方面因水位不断上升,另一方面新构造运动继续下降,于是在古云梦泽前期的一些湖沼洼地基础上,沿深切河谷潴水形成大型湖沼,在5000年B.P.前后出现荆江第一个高水面时期,即全新世以来的早期云梦泽形成。其范围主要以沙市以东、洪湖以西为主体,向干支流河谷延伸;在荆南以东洞庭湖地区为主体,亦沿各支流呈指状展布,但因支流河谷不大,相应湖沼规模较小;而在南北之间的广兴洲地堑河段,因河谷较深,将南北紧密相连为一体。据竺可桢先生研究:5000年B.P.前后中国气温比现今要高出2℃左右,即为大西洋期的最适宜时期,通过钻孔取样的孢粉分析,荆江地区稍有提前,在6800—5200年B.P.间最为温暖,而后气候逐渐转向温凉,海面上升减缓而趋于停止,荆江水位亦出现暂时的相对稳定。但由于长江上游大量泥沙输入充填,河床不断淤积抬高,水位再度逐渐上升,当漫出河槽,水域扩展,形成晚期的云梦大泽。其范围从地质地貌分析表明,西至松滋口,东接大别山麓,北越汉水,南入洞庭湖的部分河谷沉降区,地势高处为陆,低凹地段自然成为湖沼发育之地。据文献《子虚赋》记载描述,当时的云梦泽东部山坡,水边生长着多种香草,南部则有"平原广泽",西部"缘以大江,限以巫山",并有"涌泉洼地",北部长着巨木的森林和各种果林,"楚王游猎其中"。《子虚赋》中谈到的北部有巨木森林,20世纪70年代三湖农场高家台开挖水渠时,曾在地面下2~3m发现大量埋藏的古树树桩,且有根直立于土中,其年代为2535±39年B.P.(^{14}C测定,并经年轮校正),是有力的证明。另从沉积物分析来看,云梦泽的标志层——蓝灰色粘土的零星分布范围已东至大别山麓,西至松滋丘陵前缘,北越汉水,南入洞庭,并延伸至南洞庭及西洞庭的河谷洼地。由于沼泽化,水草繁茂,有利于泥炭发育,如江汉之间的西流河周围数十公里范围内的地面下4.0m左右,多有厚约30cm的泥炭层埋藏,上下均为重粘土及青灰色淤泥质粘性土等。又如湖南岳阳、汉寿、汨罗江口一带亦出现湖沼沉积,并有贝壳及泥炭化有机质等发现。

以上分析表明:后期的云梦沼泽区范围广阔,包含湖沼和丘陵及平原等多种地貌类型,以水陆相间,水域范围宽广而深度较小为基本特点。汉武帝时代的司马相如在《子虚赋》中写道:"云梦者方八九百里",而实际在春秋战国前的云梦泽兴盛时期还远较此为大,但其主体仍以下荆江以北,现今荆州以东的江陵、潜江、沔阳、监利和洪湖(西)等县域为主,在原古深槽的基础上,随江水位上升成湖,外围广大地区则由于云梦泽的扩展而成水陆相间、湖沼广布的自然环境。因水位上升和云梦泽的扩展,入湖三角洲发生溯源退缩,使荆江水道漫流其中,但其后又随着泥沙的淤积、三角洲的扩展,云梦泽相继发生阶段性演变,即距今1万~5000年左右为扩展阶段的漫流时期,距今5000~2500年由扩展转为相对稳定阶段的漫流时期。

(3)云梦泽萎缩消亡与荆江统一河道的形成阶段

距今约2500年以来,由于长江上游及江汉—洞庭外围大量来沙淤积,荆江三角洲不断扩展,致使云梦泽不断萎缩而消亡。其三角洲由荆北三角洲、荆南三角洲和两者之间的荆江河曲带平原等3部分组成。按其发育阶段分述如下。

①荆北古三角洲的扩展与云梦泽的萎缩消亡:随着云梦泽的形成,长江亦同时带来大量泥沙发生淤积,使荆江三角洲从西向东推进,由于上荆江有砾质古冲积扇埋藏,卵石层顶板普遍较高,因而首先在松滋口至沙市河段淤积成陆。早在5000年B.P.前后的新石器时代,先民就利用阶地和自然堤定居。至20世纪末前,在江汉平原腹地已发现新石器时代遗址多处,如荆州市江陵县的太湖、沙市的张家台、军刘台等多处,另如监利县东北部有福田寺、柳关和沔阳的越舟明遗址等。这表明早在约5000年B.P.前上荆江沙市以上地区早已淤积成陆,同期洪湖西北部及东北部阶地前缘已有洲滩相继形成,组成荆北早期的东西两片陆地。随着泥沙的淤积,先秦时期以沙市为顶点的荆北古三角洲通过夏水、涌水等向东及东南分流分沙;另一支从沙市东北流出,过竟陵后汇入汉江,并形成以潜江为顶点的汉江三角洲向东南节节推进。又如从考古发现的沙市周良玉桥春秋时代遗址、长湖关咀口的楚墓群和豉湖楚墓群、潜江龙湾《左传》昭公七年的古章华台、洪湖新滩口的古枚城旧址以及洪湖瞿家湾出土的春秋战国文物等,都证明早在春秋时代,江汉平原腹地已有成片洲滩陆地,供先民开发利用。沙市以东还发现有横贯荆北东西的两条古沙带分布(图9-1-2),清晰地反映了当时夏水、涌水的流路;在其河间地区的三湖高家台还发现有2500年B.P.前云梦泽中陆地生长的大批埋藏古树等。据研究:先秦时期夏水三角洲已由古华容,涌水三角洲延伸到沙岗一带。以上资料表明:至春秋战国时期,荆北古云梦泽的西北及东北部地区已陆续有大片泥沙淤积成滩。由于长江和汉江大量来沙淤积,三角洲不断扩展,随着陆域面积的扩大,云梦泽相应萎缩变小。据《水经注》记载,"湖水周三四百里,夏水来汇渺若沧海",反映北魏时期的云梦泽比春秋战国时期的"方九百里"已小了一半以上,可见荆江三角洲又有了较大的发展。随着自然环境的演变和人为开凿河道,至南朝时,荆江三角洲继续分支为夏水、杨水、夏阳水、鹤水和子夏水等,多汉分流分沙淤积结果使多级分支的三角洲归并,云梦泽退缩加快,三角洲已推进至

沔阳老城至监利县以东一线(图 9-1-3),至宋代云梦泽已分裂为马骨湖、磊浐湖和赤野湖等小湖群。由于泥沙不断淤积,导致云梦泽的消亡,取而代之的是河湖水网密布的江汉三角洲平原形成。

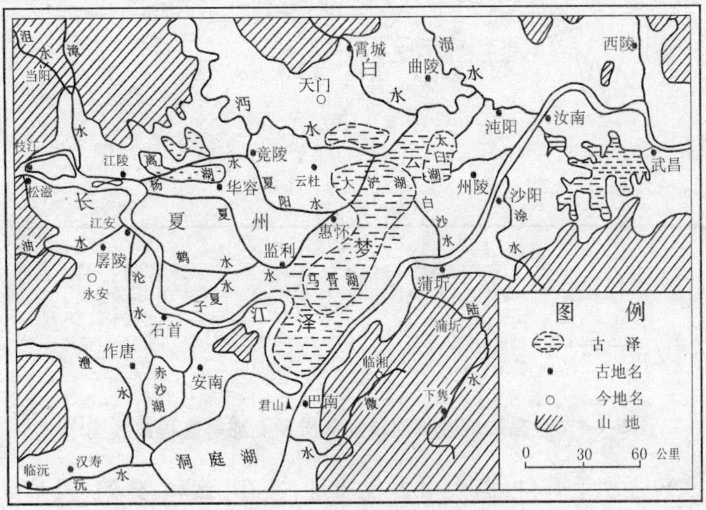

图 9-1-3　南朝时期云梦泽示意图

②荆江河曲平原的形成与洪水位上升:魏晋时期,夏水等荆北分流水道逐渐萎缩、淤塞,在新构造运动的掀斜和科氏力等的作用下,水流向南汇聚,于唐宋年间随云梦泽的消亡,荆江统一河道形成,并南受石首残丘和墨山所阻而环绕山麓东流。由于荆江干流水道南移,长江携带的泥沙也随水输移到沿江地带淤积,因而形成河漫滩平原和沿岸高起的自然堤,相继引起河床洲滩发展和洪水位的上升,从而促使荆江堤防的兴起。相传战国时期楚庄王奖励耕战,其令尹孙叔敖推行"秋冬劝民山采、春夏以水","各得其所","宣异川谷,陂障清泉,堤防潮涌,收九泽之利",故有堤防之设始于孙叔敖之说,但这是指垸堤。而沿江堤自东晋时期(公元 345 年)开始在江陵外修筑金堤;随着河床的淤积发展,江水位的逐渐抬高,于宋熙宁中八年(1025 年)又作沙市堤,乾道年间(1165 年前后)筑江陵至沙市寸金堤;随着口穴的淤塞,荆北堤防的发展,于明嘉靖二十一年(1542 年)前后将荆江大堤连成一线。由于当时荆南人口较江北为少,至明清时期堤防才逐渐发展,筑堤连线较晚,沿岸泥沙淤积较高,所以滩面普遍高于荆北 5 ~ 7m,形成荆江外滩的南高北低的状况。当荆南筑堤连线后,沿江口穴被堵,荆江变成为南北两堤相夹的泄洪道,长江洪水失去调节,从而产生以下几个方面的反馈效应(图 9-1-4)。

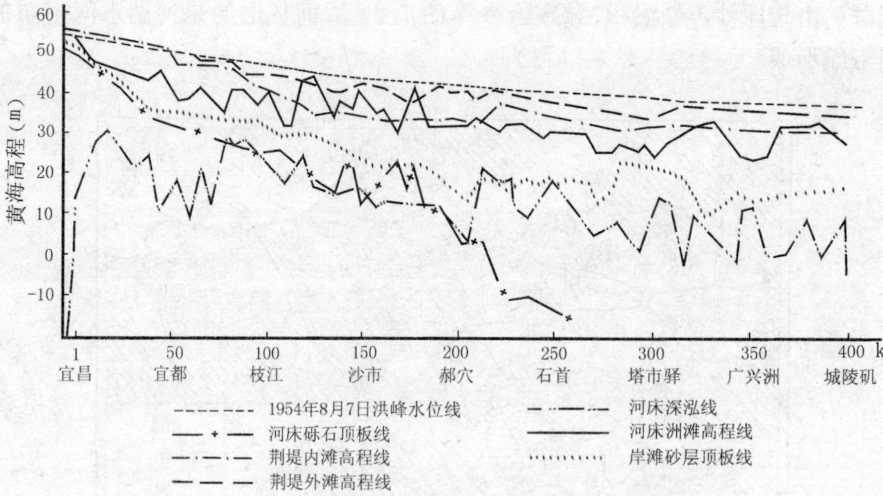

图 9-1-4 宜昌—城陵矶河段河床汾及洲滩等高程曲线图[15]

1)荆江洪水位强烈上升:根据大量古代遗址、遗存、墓葬、建筑、洪痕和史料的研究,得出荆江近5000年来洪水位的上升曲线。从该曲线查得近5000年来荆江地区洪水位上升量按1954年高洪水位计算,达约13.60m,并以唐宋以来的上升量为大(后文详述)。由于泥沙的淤积,洪水位持续上升,如1998年宜昌流量比1954年小,而沙市最高洪水位达45.22m,比1954年高0.55m,创历史新高。

2)河床砂层顶板抬高:由于河床淤积,引起洲滩增长抬高。以沙市为例,堤内市区老滩面下的古沙洲星罗棋布,但一般洲顶的黄海高程仅25.0~28.0m,而江中洲滩(三八滩)在20世纪90年代已淤高达40m左右,即新老洲滩高差达12.0~15.0m,其余河段虽高低有别,但基本情况普遍类同。

3)江堤外滩面淤长:荆江大堤修筑以后,因长江水位抬升,外滩受泥沙落淤而加积抬高,自明末清初以来约450年间,荆江大堤外滩普遍淤高达5.0~8.0m,以沙市—新厂河段较为突出,其中沙市段达10.0m左右。现代由荆江河床及洲滩等组成的南北堤间河曲带已成为一条高出两岸平原隆起的砂堤。

4)河床纵剖面抬高,比降变缓:自荆堤分段连线以来,洪水位、河床洲滩和堤外滩面等都发生了大幅度的上升,反映荆江河床已产生了垂向抬高。从宜昌—城陵矶河段河床沿程高程曲线图可见(图9-1-4),卵石层顶板高程线坡降达2.2‰,洲滩砂层顶板线坡降为0.62‱,而现代河床深泓线坡降仅0.63‱,可见现代荆江河床坡降已大为减缓。古河床卵石层顶板线与现今河床深泓线的交点在沙市上游的涴市附近。在交点以上,现代河床深泓已下切于卵石层顶板线下数米,交点以下的河段细砂淤积于卵石层以上,且覆盖厚度向下游逐渐增大。

5)河床组成发生细化:晚更新世时期上荆江河段的七星台下游为砂卵石河床,全新世以来已变为砂质河床,河床组成发生细化,反映河床抬高,比降减缓。

自荆江大堤连线以来,荆江河床演变的结果是在垂向上加快淤积抬高,平面上河曲带加宽。发展规模:洲滩淤高5~10m;河曲带平面宽度在上荆江一般为2~5km,宽段达

8～14km；下荆江一般为 20km，其最宽地段达 40km，已成为高于南北两岸老滩的独特地貌单元。河型转化：上荆江河段由较顺直的分流分汊（复式）河床演变为当今弯曲的分流分汊（双汊）河床；下荆江由分流分汊河床演变为蜿蜒弯曲河床，向单一河床转化，上下荆江都由顺直微弯变向弯曲，从上游至下游弯曲度增大，曲率半径变小；河曲的横向摆幅从上至下游，由小→大→小，于城陵矶收敛而转向顺直分汊河床流向下游。

③荆南洞庭湖的形成与萎缩。

1）东晋前的河网平原阶段：因荆南洞庭湖区为一断陷盆地，基底呈琴键式的断陷与凸起相间，新构造运动仍以沉陷为主，并由西北向东南方向掀斜。在晚更新世末至全新世初，荆南的深切河槽以东洞庭为主，南与支流河谷相通，并通过洪水港—城陵矶间的广兴洲地堑与荆北深切河槽相连。当冰后期气候转暖，东海面上升，以早期形成的深切河槽为基础，随荆北地区水位上升形成云梦泽，因荆南地势较荆北为高，所以云梦泽范围主要限于原深切河槽发育的东洞庭及一些溯源侵蚀形成的支流河槽内，规模远较荆北为小，但成为以荆北为主体的云梦泽的组成部分。由于承纳洞庭四水等环湖支流的来水来沙，自然也使湖面逐渐淤塞萎缩而成一些零星残存的小型湖沼，洞庭湖中大片晚更新世黄粘土的分布，新石器时代原始人遗址的发现，以及大量古文献如《庄子·天运》、《山海经·中山经》和《汉书·地理志》及《水经》等的记载都反映了当时的洞庭湖地区还处于河网平原阶段，虽有一些小湖存在，沼泽化有所发展，但大水面的洞庭湖却尚未形成。

2）南朝至清代的河湖平原阶段：在这一时期荆江地区发生了两大事件，其一是唐宋时期荆北云梦泽的衰亡；其二是堤防的大量兴起，特别是自南宋以来外省移民的增多，为开发土地发展生产，大规模修筑堤防，尤其是明末清初荆江大堤连线以后，荆北众多口穴被堵，江水因失去荆北湖泽调节，引起江水位加快上升。荆南洞庭湖区筑堤较晚，虽始于北宋后期，但大规模修筑垸堤则在明清以来。由于新构造运动的掀斜沉降及科氏力和人为筑堤围垦等多因素影响，荆南湖区不断沉降，而荆江河床继续淤积抬高，水位上升不仅使洞庭湖出口排水受阻，并且荆江还先后形成一些口穴反向南分流。早在东晋、南朝时期首先出现景口和沧口，汇合后形成沦水向洞庭凹地分流，致使湖沼面积逐年扩展，至唐宋时期古文献中已号称八百里洞庭。南宋时期荆南因虎渡河堤溃口形成太平口，又通过虎渡河向南分流，并且在这一时期，原南朝时期以来流入荆江的生江水，也因荆江水位抬高，而倒流入洞庭湖，形成调弦口华容河分流。综合可见，由于荆江统一河道形成，江流南靠（荆江出口曾南移到岳阳对岸的下莫户铺附近），导致泥沙大量淤淀，形成广兴洲等沿江一带的自然堤，进而使江湖分离，荆南低洼地区独立成湖。但因水系相通，随着荆江水位的上升，使洞庭湖的出口基面相应抬高，湖面扩展，至清道光二十五年（1825 年）时，湖面已扩展达 6000km^2（图 9-1-5（a）），成为洞庭湖发展史中的鼎盛时期。

3）清代以来四口分流形成与洞庭湖的萎缩阶段：在荆南调弦口和太平口分流的基础上，又于清代末年咸丰及同治年间（即 1860 年和 1873 年）藕池河和松滋河先后决堤溃口成河，从而形成四口向洞庭湖分流的格局，并由松滋口、太平口、藕池口等三口分流组成网状分流束，形成宽 25～40km 的三角洲分流淤积带，由北向南推进。从历史图（图 9-1-5（b））显示，其在 1915 年前已抵茅草街，将洞庭湖分割成东西两部分。分流束于赤山受阻，过赤山至天井山的构造线后向东折转，以 12～15km 的分流带宽度继续东进，于 1950 年前后抵达幸福港以东的湘江左岸，其南形成南洞庭湖，其北形成大通湖的雏形（图 9-

1-5(c)),然后再度转北,并与湘江三角洲汇合组成新的分流束淤积带,以宽 10 ~ 18km 继续向北推进,形成"L"字形的泥沙淤积体。从卫星照片上可见,三角洲前缘的下飘尾(含水下部分)呈"帚"状已向君山靠近。自 1950 年以来,又将东洞庭湖分割成东西两个部分,其西半部因淤积发展形成大通湖与漉湖;另有藕池河分支的扁担河三角洲淤积带,宽 5 ~ 8km,约以 200m/a 的速度向东发展,现已靠近君山。从下荆江调弦口分流的华容河虽形成较早,但规模较小,分流分沙量亦都较小,并于 1959 年建闸,后因闸基发生问题,于 1960 年关闭,河口形成相对凹入的湖湾。荆江分流河口三角洲在洞庭湖中主要扩展部位有:西洞庭北部、南洞庭北部沿岸地带、东洞庭的上下飘尾和扁担河口及漉湖等 5 个淤积区,其中尤以东洞庭的上下飘尾规模最大,发展速度最快。三口加四水来沙淤积总量,据 1956—1987 年的年平均量达 1.33 亿 t(其中三口每年入湖淤积沙量达 1.0 亿 t 以上),由于大量泥沙淤积结果,导致湖面日趋缩小。据统计①,洞庭湖的面积在 1825 年为 $6000km^2$,1896 年为 $5400km^2$,1932 年为 $4700km^2$,1949 年为 $4350km^2$,1954 年为 $3915km^2$,1958 年为 $3314km^2$,1971 年为 $2820km^2$,1977 年为 $2740km^2$,1995 年为 $2623km^2$,其发展总趋势为湖面由大变小。当今演变动态:西洞庭湖正向平原化过渡,南洞庭湖北部萎缩而南部扩展,东洞庭湖正面临分割解体的趋势,唯有洞庭湖东南部因地势低凹有所扩展。

综述

所谓荆江三角洲,系指由荆江分流入湖泥沙淤积而成的冲湖积平原,由荆北古云梦泽三角洲和现代荆南的洞庭湖三角洲所组成,有关发展的阶段性与分期特征叙述如下。

荆江入湖三角洲发展的阶段性:由于三角洲体发育于湖沼之中,水深较浅,风浪小,而上游来水来沙量大,故三角洲的形态及演变形式,主要呈舌状和树枝状的分流水道组成网状分流带向前推进。三角洲的发展过程又可分为早期的面状堆积和晚期的垂向堆积两个阶段。如荆南洞庭湖,早期的三角洲淤积厚度一般较小,薄的仅数米,厚的为十余米,主要表现为面积扩大,呈席状铺开。但随着三角洲的进一步堆积发展,再加人工筑堤围垸等影响,引起湖床抬高,从而形成"垸老田低"的地形;因三角洲分流分沙,河道亦淤积严重,如官垱河、鲇鱼须河、五里河及沱江等已分别淤高 2 ~ 5m,造成航道阻塞等。荆北云梦泽三角洲发育较早,虽不如现代洞庭湖三角洲的发育过程直观可见,但在地貌形态上亦有明显反映:荆江古三角洲平原一般较为低洼,尤以长湖—三湖—白露湖—洪湖等 4 湖地区为轴心较典型;外围水道则因泥沙沿程淤淀,形成相对高起的自然堤,尤以荆江最为突出,一般堤内外相差达 5 ~ 8m,局部地段可达 10m 以上,次为汉江和东荆河等。因古三角洲和分流口的支汊众多,又形成若干次一级相对高起的自然堤网络和其间相对低平的蝶形凹地,虽时代久远,受后期人为改造等因素影响,在地形上不甚明显,但起伏不平的滩面和众多的湖沼洼地也反映了三角洲晚期阶段"垸老田低"垂向加积抬高的基本特征。总之,无论荆北、荆南三角洲都存在 2 个发展阶段,即早期的面状扩展和后期的垂向加积抬高。在新构造沉降因素的影响下,由于泥沙的加积抬高,因而一般淤积时代愈晚,加积抬升愈高,而形成愈早的垸内老滩则相对愈为低矮。

①长江水利委员会水利水电科学研究院.荆江洞庭湖关系的初步研究及其治理探讨.1979 年.

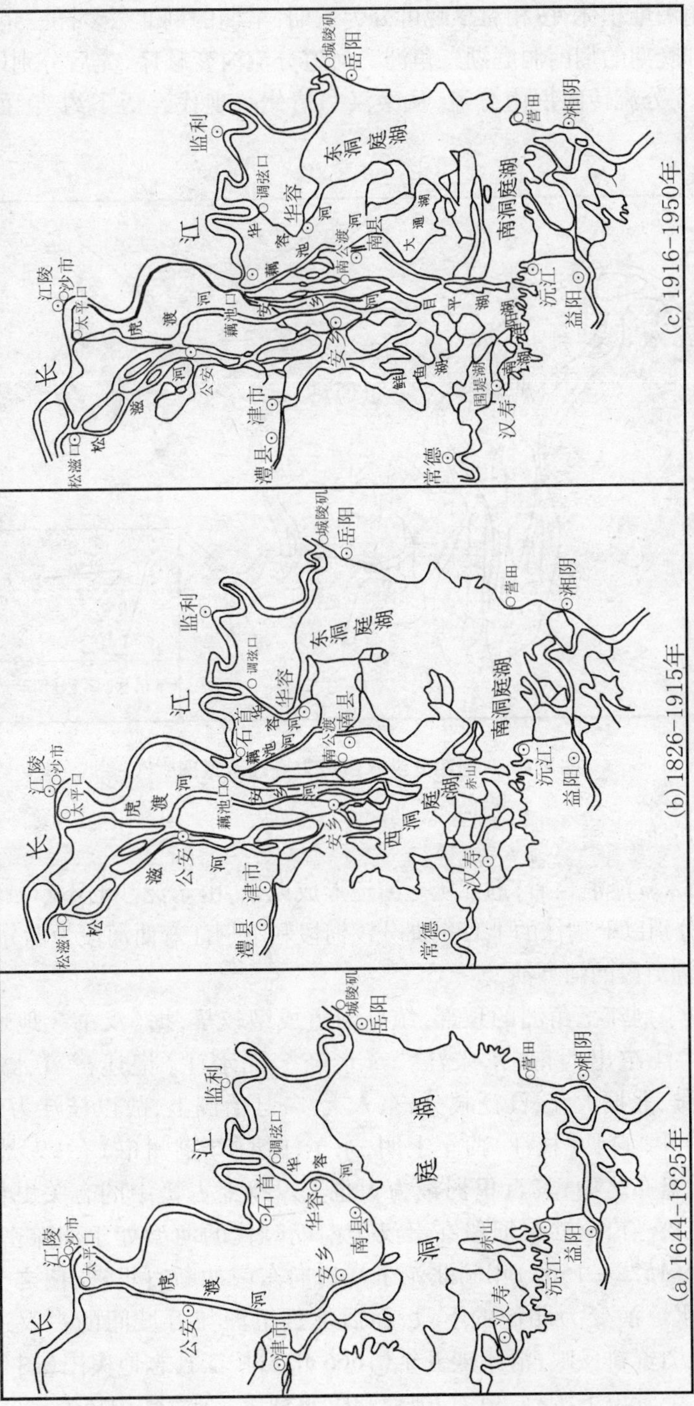

图9-1-5　洞庭湖区历史演变图

荆江入湖三角洲的发展分期：由于水系的变迁引起泥沙沉积中心的转移，相继形成不同时期的三角洲堆积体，按相对早晚可分为三期：早期的荆北云梦泽三角洲、中期的荆江河曲带平原和晚期的荆南洞庭湖三角洲。河道分流演变顺序，先后分别以沙市和松滋口为顶点，由荆北分流转向荆南分流，从秦汉→清代→现代经历了约 70° 的顺时针旋转（图9-1-6）。

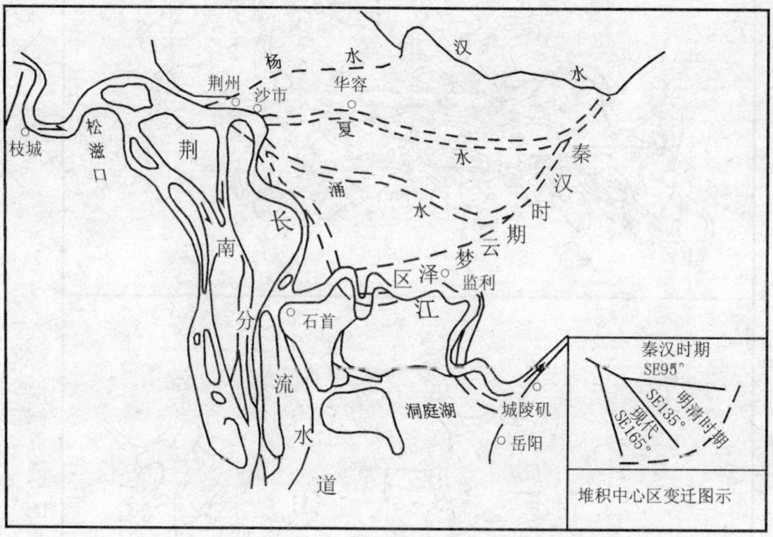

图 9-1-6 荆江分洪水道历史变迁示意图[15]

3. 河型的历史演变

自唐宋年间云梦泽消亡后，荆江统一河道形成以来，由于泥沙的不断淤积，河型发生了系列演变，现分别以上荆江的上百里洲分汊河段和下荆江弯曲河段为例分述如下。

（1）上百里洲河段的河型演变

该河段因位于荆江三角洲的顶部，统一河道成型较早，据《汉书·地理志》中关于南郡枝江县载："江沱出西南，东入江。"《水经·江水注》记述："江水又东径上明城……，其地夷敞，北据大江，江泛枝分，东入大江，县治洲上，故以枝江为称。"南朝盛弘之的《荆州记》中"自县（枝江）西至上明，东至江津（今荆州市）有 99 洲"，并在"县左右，有数十洲，盘布之中，其百里洲最为大也"。以上古籍中的有关史料记载，清楚地反映了上荆江松滋口至沙市河段在秦汉至南朝时代的河型处于洲滩密布的多汊河型阶段。明嘉靖（1522—1566）年间北沱于江口向东南冲断百里洲，使之分为上、下百里洲，其间的新水道演变为北沱的下段，而后下百里洲与万城间的古汉道萎缩并岸。另据清代历史地图资料反映：清康熙五年（1666 年），枝江县志地舆图（图 9-1-7（a））中的江沱分汊口从上游至下游有 漏洲、坝洲和羊角洲等，在南江中还有 浲 洲、苦草洲、芦洲和澌洋洲等沿水道排列；清乾隆府厅洲县丙子年（1756 年）的图 9-1-7（b）中，古百里洲头的 漏洲、坝洲和羊角洲等已大有发展，呈西南—东北向组成雁列式排列展布江中，南江的江道展宽，洲滩密布，而北沱与 1666 年时比较无大变化，亦无洲滩分布；但随着江沱的巨变，至 1891 年英国水师实测的中国江海险要图 9-1-7（c）反映，原南江北沱的水系已变为北江南沱的格局，原南江中的洲群已纷纷靠岸，水道萎缩变小为沱，与此相反的古北沱已大为扩展变为大江，原位于百里洲头三洲中的坝洲和羊角洲已向南靠岸组成今百里洲头；1952 年时，漏洲靠岸，南沱萎缩变小，随北江的扩展，江中出现乔家洲，即为今芦家河碛坝的雏形（图 9-1-7（d））；至今江心洲滩除枯水河床的芦家河浅滩的滩群外，下游河段还有董市洲、柳条洲和江口洲等，江心洲滩密集分布。近年以柳条洲的发展为快，原仅是江口河段的无名心滩，自葛洲坝工程投入运行后，因坝下游的河床冲刷，砂卵石下移堆积发展，至 20 世纪 90 年代已成为长达 2.6km 以上的砂卵石洲滩（又名凤凰洲），相邻有江口洲，下游石套子上首还有火箭洲等。由于江心洲的形成，原为单一河床的北江又复演变为分汊河床。百里洲河段由南江北沱演变为北江南沱是该河段历史演变中的一大事件，不仅是大江主泓道的一大变迁，而且也是大的河型转变。当南江转北以后，原南江中洲滩纷纷并岸，向单一河道转化而变为沱；而原北沱变为大江后，水量增大，不断扩展，随泥砂的淤积，洲滩的发展，又由顺直微弯的单一河道渐转为现今的分汊河道。关于演变时期，同治五年（1866 年）《枝江县志》的地理志记载：“按外江为江，内江为沱，故王海叔谓百里洲夹江沱二水之间。江之洪流，常属外江，道光十年（1830 年）以前尚如故。后外江积年淤淀，又沙洲棋布，壅塞江中，洪流徙行内江，而沱胜于江矣，是数千余年江流一大变局矣。”另据枝城港史资料：“道光年间，松滋北泓渐宽，咸丰十年（1860 年）一次大洪水进一步展宽已成定局。”根据以上史料和历史河道图的反映，长江主泓转北约形成于 1830～1860 年间，在此以前的秦汉至清道光年间为南江北沱的多汊河型阶段，清道光末年至咸丰初年以后转为北江南沱，其后，南支于同治年间（1870 年）因松滋口的决堤分流，从此该河段又形成北支分汊、南支分流的分流分汊河床，近百多年来河型发生了系列演变。

（2）下荆江河段的河型演变

下荆江地区因地处古云梦泽腹地，在荆江三角洲以沙市为顶点向东南推进过程中，成陆较上荆江地区为晚，河道历史变迁曾经过分流分汊河型→单一顺直河型→蜿蜒河型等阶段（张修桂，1980 年）。

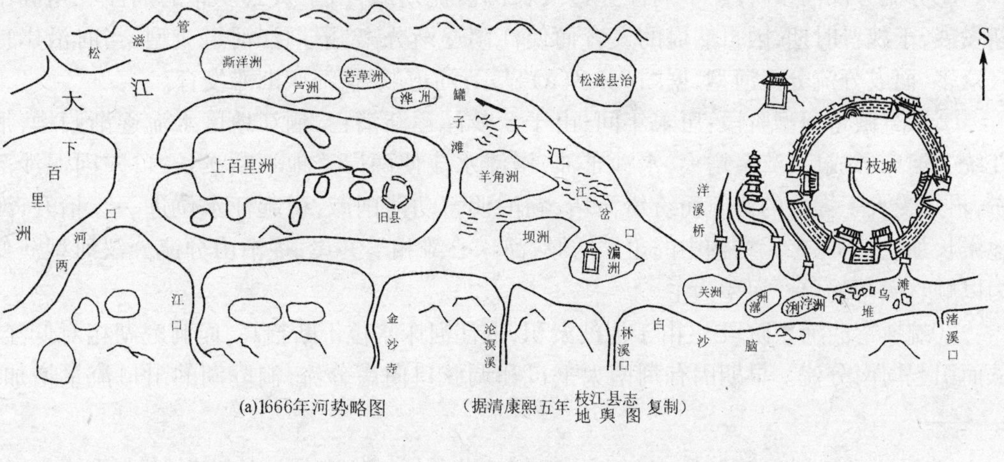

(a)1666年河势略图　　（据清康熙五年 枝江县志 地舆图 复制）

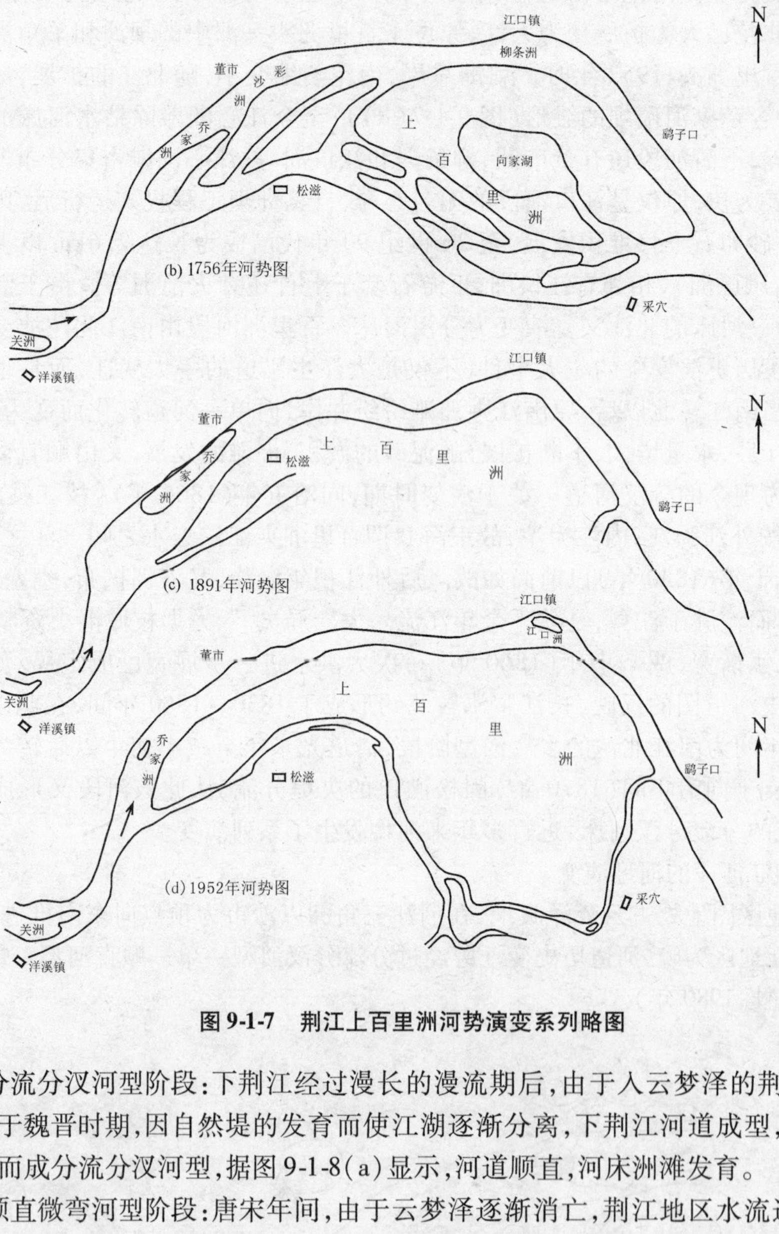

图 9-1-7　荆江上百里洲河势演变系列略图

①分流分汊河型阶段：下荆江经过漫长的漫流期后，由于入云梦泽的荆江三角洲不断发展，于魏晋时期，因自然堤的发育而使江湖逐渐分离，下荆江河道成型，当时沿岸口穴众多，而成分流分汊河型，据图 9-1-8(a)显示，河道顺直，河床洲滩发育。

②顺直微弯河型阶段：唐宋年间，由于云梦泽逐渐消亡，荆江地区水流逐渐归槽，荆江统一河床形成后，流量增大，水沙丰沛，漫滩水流使两岸滩地不断淤长，口穴因泥沙落淤，再加受人工堤防的修筑而纷纷淤堵，湖泊调蓄功能削减，引起江水位进一步抬升，滩地淤长加快，河岸二元结构中的土层增厚，河床心滩相继并岸，逐渐由分流分汊河型演变为以顺直微弯的单一河型为主。

③蜿蜒弯曲河型阶段①：由于泥沙淤积，荆江河床水位不断抬高，而洞庭湖相对低洼，从而引起向南分流。早期因有荆南太平口和调弦口向南分流，洞庭湖的出口流量增加，

①史绍权，孙昌万，单剑武，等. 长江中下游河道基本特征（荆江河段），长江流域规划委员会水文局，1983 年.

对下荆江下段的水流顶托增强，于元明时期河床弯道首先形成，如明中叶的东港湖弯道和老河弯道等，并且监利河弯已成型(图 9-1-8(b))；后于清道光年间，石首—塔市驿河段的弯道形成，特别是清后期 1860 年的藕池口形成后影响进一步增大，使下荆江流量减小，而分入洞庭湖的流量进一步增加，相应洞庭湖的出口流量增大，对下荆江的顶托增强，经弯曲河段溯源发展，下荆江的弯道全线形成；后于 1870 年因松滋口分流相继出现，从而形成荆南四口分流格局，蜿蜒弯曲河床进一步发育，虽 20 世纪 50 年代调弦口关闭，后又经自然和人工裁弯，至今依然为弯道发育的蜿蜒弯曲河型。

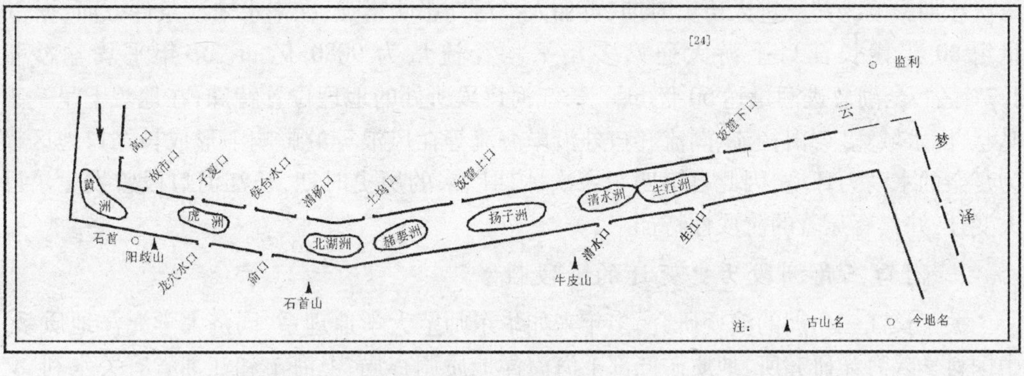

图 9-1-8(a)　南朝时期的下荆江河段分流分汊示意图[24]

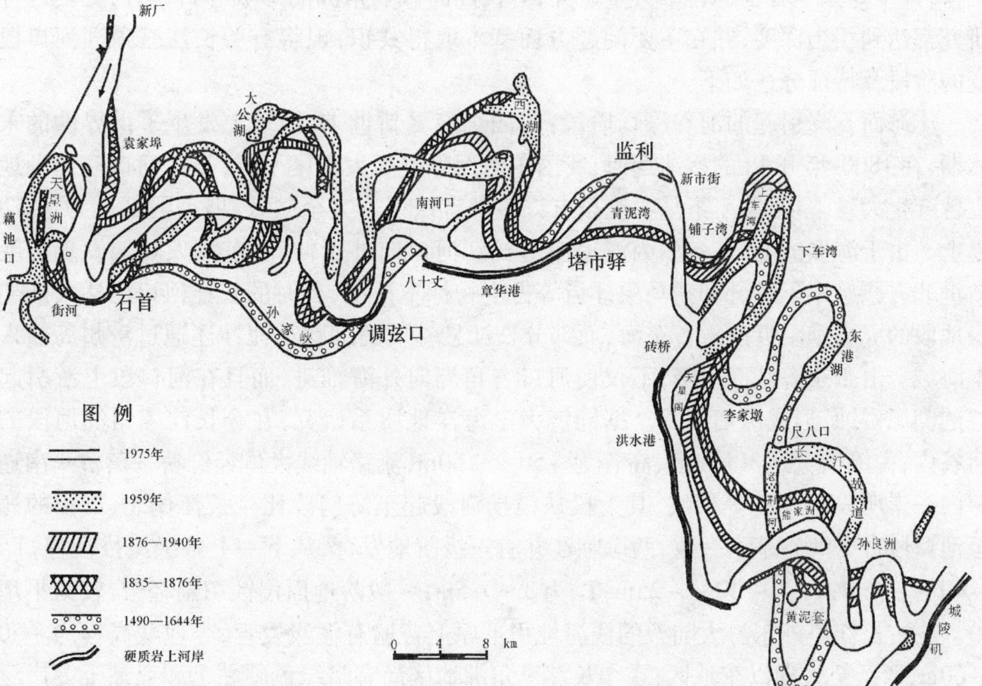

图 9-1-8(b)　下荆江河段的历史演变

(3)长江三角洲河段的历史变迁

1. 河口三角洲河段历史演变的背景

长江现代河口三角洲河段上起江阴鹅鼻咀,下迄长江口的50号灯标,河长254.4km,而距今7500~6000年前的古河口还在今三角洲顶上游146.19km镇扬河段的仪征附近,因此古今三角洲河段总长度计400.59km。江北江南分别为燕山期和喜山期形成的陆相盆地,新构造运动长期以沉降为主,自新第三纪上新世以来的沉降幅度达100~300m,其中启东—河口段年均最大沉降量达10mm。第四纪以来在气候上历经多次冰期,尤其是末次冰期影响为甚。进入历史时期,再加人类活动影响增强;在来水来沙条件方面,据20世纪80年代长江口上游大通站多年平均径流量为9080亿m^3,多年平均输沙量4.71亿t,全潮总进潮量达60亿m^3。长江河口段所处的地理位置特殊,在地貌上呈一喇叭状,因水域宽广,由径流、潮流和口外沿岸海流等在风浪等的影响下形成长江口地区极为复杂的水动力环境,因此自第四纪末次冰期以来的历史时期,长江河口段曾发生了巨大变迁,并具有显著的阶段性特征。

2. 河口三角洲段历史变迁的阶段性

关于长江三角洲的演变研究,多年来如华东师范大学地理系、同济大学海洋地质系、中国科学院海洋研究所、地质矿产部上海海洋地质调查局、上海市和江苏省有关水利、交通航运部门以及复旦大学历史地理研究所、长江水利委员会水文局等单位都做了大量的工作,许多专家学者也进行了大量研究,对长江河口三角洲的形成、河口段历史变迁等的研究都达到相当深度,并在主要问题方面基本取得共识,现将有关长江三角洲河口段演变的阶段及特征分述如下。

①海面下降引起的河谷深切阶段:第四纪晚更新世末,地球上发生了世界性的末次冰期,在1800年B.P.的盛冰期时,我国东海面曾产生大幅度下降,长江河口三角洲地区也曾产生大量下切,关于下降幅度虽有许多学者认识不完全一致,但一般都认为达120m以上。由于海面的下降,自然因海退引起长江河口向外延伸,从东海大陆架发现的晚更新世北方原始牛下腭骨和猛马象牙齿等古生物标本证明,当时的长江河口已达大陆架边缘地段的虎皮礁附近注入古东海,而部分长江悬移质的细颗粒泥沙还通过济州岛输入日本海域。由于东海基面下降,不仅使河口三角洲向外海推进,而且在河口段上游引起河谷的溯源侵蚀,形成深切河谷。据同济大学海洋地质系研究,在今长江三角洲河段的古河谷内,古深槽宽达30km多,高程为-50~-60m,流路轴线大体经红桥—黄桥—南通—海门—崇明—长兴岛等一线,其上段从镇扬河段起至海门段比今长江偏北,下段的海门至河口段古今河谷基本一致,两岸临江并有三级阶地发育,从下→上各级海拔高程,T_1为-40~-45m;T_2为-20~-25m;T_3为3~-5m;一般阶地面侵蚀切割轻微,较为平坦完整。在古长江口外东海大陆架的浅海堆积平原上普遍有泥炭发育,今埋藏高程为-50~-60m,西延至太湖以东地区;在今长江三角洲地区尚有暗绿色硬黏土和亚黏土等广泛埋藏分布,在上海市区及如东地区一般埋藏于海拔高程-20~-30m,上游江北海安和江南嘉定等地区为-10m左右,虽高低起伏悬殊,但充分反映了晚更新世末与全新世初古地面呈现陆相湖沼平原特征。另在今三角洲的古河谷中还发育有多条流向东南的古深槽,埋藏海拔高程为-70~-90m,个别地段达-100m左右。因东海面的下降,河谷的溯源

侵蚀波及到今长江三角洲上游达1000km以上,有关古深槽的发现,如南京为海拔高程为-60m,芜湖为-44m,武汉为-20m,沙市为-5~-8m等,波及松滋口以东长江中下游平原的部分干支流河谷。

②海面回返上升引起的三角洲退缩阶段:随末次冰期的结束,世界气候逐渐转暖,大量冰川消融退缩,尤以北美劳伦泰、北欧芬诺斯堪的那维亚冰川和南极冰流等的融化,大量冰水流入海洋,使海面快速回升。据杨怀仁等建立的中国东部2万年以来海面绝对变化曲线图显示,海面年均上升率,距今1.8万~1.5万年为3.3mm/年,距今15000~1.05万年增加达18.2mm/年,距今1.05万~6000年逐渐减小为4.6mm/年,距今6000~2500年和距今2500年以来,分别减少为1.6mm/a与0.8mm/a(图9-1-9)。海面上升幅度以距今1.5万~1.05万年间幅度为大,即盛冰期后的4500年间,海面上升达90~100m,距今1.05万~5000年的5500年间,海面大约上升到至今高度。虽在海面的上升高度在学术界还有所分歧,但至距今6000~5000年间,海面已基本上升至当今的高度后开始呈现相对稳定的认识基本一致。

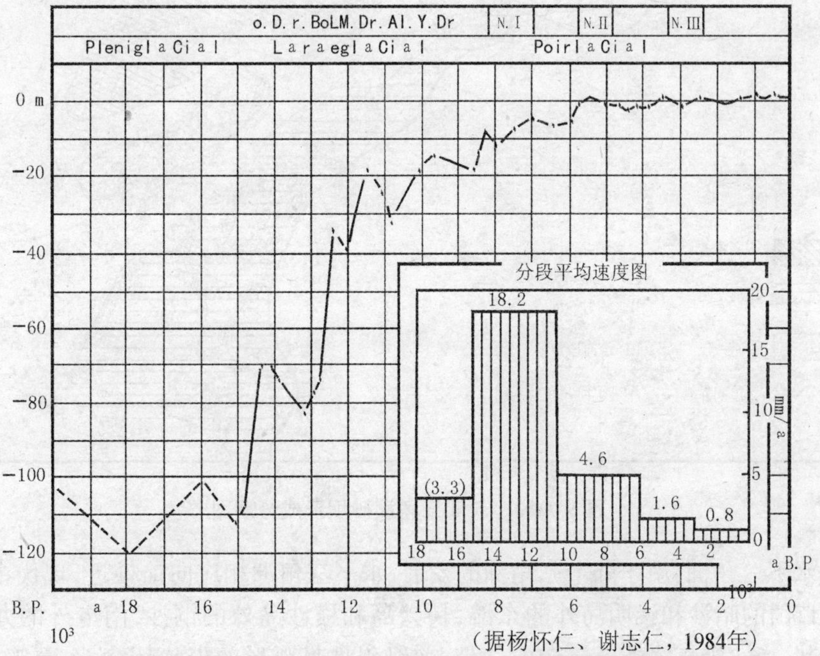

(据杨怀仁、谢志仁,1984年)

图9-1-9　中国东部地区2万年以来海面绝对变化曲线图

由于海面上升,东海岸普遍发生海侵,长江三角洲随之退缩,至距今7500~6000年间,长江河口已上溯达镇杨河段的仪征附近,形成以镇扬河段为顶点,由苏北的扬州—江都—泰州一线和苏南的江阴—常熟—木仓—松江—金山一线的海岸组成不对称的喇叭状海湾。原古河谷内的古深槽、滩地、阶地以及随海侵向西推进在沿海岸线上发育的一些古砂堤等均受到影响,多被淹没于海面以下;另由于海面在上升过程中的速度差异或相对的停顿所引起的泥沙淤积等,综合组成侵蚀和堆积型的-100~-25m等的多级台地,其中以-60m左右最为宽广而平缓,据部分^{14}C测年资料,分别形成于距今1.478万±700年、1.134万±500年、8660±450年及9680±500年等,即主要形成于距今1.5万—0.8万年间,在距今7000—6000年间,随海面上升变缓而趋于稳定。

③海面相对稳定时期的三角洲发展外伸阶段：海面趋于相对稳定后，由于长江每年输移大量泥沙出口堆积，如大通站 1951 年和 1953—1981 年实测悬移质的多年平均输沙量达4.71 亿 t，另加大通至河口段的区间支流和潮流海流等来沙，估计年均可达 5.0 亿 t 左右，自然引起长江河口三角洲的发展。

1）陆上三角洲：长江三角洲以河口沙坝为核心，距今约 7500 年来共分 6 期向外扩展延伸，据同济大学海洋地质系等研究，从早至晚期分别为红桥期、黄桥期、金沙期、海门期、崇明期和长兴期等，从西北至东南规律排列（图 9-1-10）。

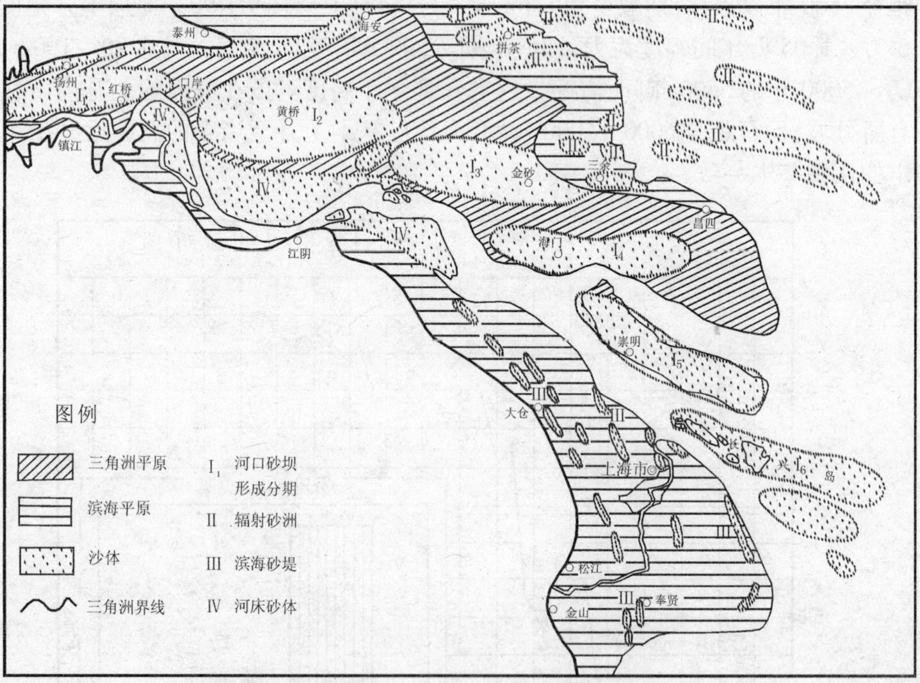

图 9-1-10　长江三角洲砂坝形成分期图[16]

2）水下三角洲：由于陆上三角洲的发展，水下三角洲相应向前推进，现代主要由分布于北支口门的暗沙和崇明岛外的东滩，长兴岛和横沙岛外的铜沙，南港外的九段沙等组成。按其 -5m 等高线外延至佘山一带，前缘斜坡呈弧形的带状环绕，东至鸡骨礁，东南向长江口外的杭州湾延伸。

3）滨海平原：长江三角洲的南北两侧自距今 7500 年以来，由于长江河口上游带来的泥沙除大部分落淤建造三角洲主体外，还有部分泥沙因受到河流自身因素和海浪及潮流等海洋因素的影响，向外扩散与海沙混合落淤，在南北两岸形成低平广阔的滨海平原，因长江三角洲的演变由西北→东南，所以北岸的滨海平原尤为宽广；另由于来水来沙和沉积环境的特殊条件，还形成系列古沙堤和辐射沙脊等。

3. 河口三角洲河段的历史演变

(1)三角洲河口段的平面演变

①三角洲的发展演变：冰后期气候回暖，海面上升趋于相对稳定后，由于长江来沙的

淤积量大于地壳的沉降量，便引起三角洲发展。有关三角洲的分期发展速度与泥沙的沉积速率，据研究：距今7500—6000年间的红桥期，三角洲由镇扬河段发展到扬中河段；距今6500—4000年的黄桥期，发展至石港、南通河段；距今4500—2000年的金沙期至海门以北；距今2500—1200年的海门期，三角洲转向东南启东地段；距今1700—200年的崇明期至上海、启东以东；距今700年以来的长兴期至今河口，即距今约7500年以来，长江陆上三角洲从仪征发展到长江口横沙岛相对应的海楼村，总长度约达340km，河段长度的年均增长速度约45m/a。长江三角洲分期平均发展速度见表9-1-1，按时段以距今2500年前年均增长速度37~47m/a相对较小；距2500年以来除长兴期的砂坝尚在发展中而相对较小外，海门期和崇明期年均发展速度高达90~79m/a，显著增大。其原因不仅由于河口水域宽广，流速减缓，具有泥沙落淤的良好沉积环境，而且随历史时期长江流域的开发，水土流失增强，出口沙量增多，再加海潮带来大量泥沙落淤，更使三角形海湾不断充填变浅，发展速度加快。三角洲发展的垂向沉积速率：距今约7500年以来，分期泥沙沉积速率范围值为0.72~1.66cm/a，除金沙期为0.72cm/a较低外，一般为1.00~1.66cm/a，平均沉积速率为1.15cm/a。

表9-1-1　　长江河口三角洲分期发展速度与沉积速率表

序号	三角洲分期	形成时代(a　B.P.)	三角洲平原发展速度(m/a)	沉积速率(cm/a)	备注
1	红桥期	7500—6000	45.0	1.66	
2	黄桥期	6500—4000	47.0	1.20	
3	金沙期	4500—2000	37.0	0.72	
4	海门期	2500—1200	90.0	1.15	
5	崇明期	1700—200	79.0	1.00	
6	长兴期	700	39.4	1.14	

（据同济大学海洋地质系三角洲科研组1978资料改制）

②河口滨海平原的演变：距今约7500年时，河口退缩到镇扬河段，口外形成不对称的河口海湾，后由于泥沙淤积，滨海平原亦随三角洲河口的伸延而发展（图9-1-11）①。因受新构造运动和科氏力的影响，河口主流南移，北岸淤积发展较快，滨海平原得到较快发展，距今约6000年时已移至海安以东，距今约4000年时至如皋北，距今约2000年至盐河附近，距今约1200年至金沙以东，距今约200年达启东以西，距今约200年以来继续发展至今连云港一带，从泰州起总长约340km。南岸镇江—江阴段历史上亦曾有洲滩发育，但因后期河道南移，古老洲滩已被侵蚀而残存甚少；江阴下游滨海平原的发展形式主要为淤积展宽，并向下游逐渐扩展，其中尤以河口段的金山—南汇咀之间为宽。发展过程：距今约7500年前，古岸线位于金山以西，距今约6000年至马桥，距今约4000年至奉贤，距今约2000年至上海及钱桥，距今约1200年至周浦，距今约200年至东海—彭镇一线，距今约200年以来发展至今岸线，从金山西—南汇咀岸滩宽度约125km，而向东南延伸仅约10km。长江南北两岸岸滩发展对比：北岸不仅延长，同时展宽，南岸则延长甚少，主要表现为江阴下游段的展宽，无论从长度还是宽度比较，均以北岸为主，可以说长江河口的伸延过程在很大程度上取决于江北岸的发展。随岸滩的淤长，河口外移，又相继引起河

①同济大学海洋地质系三角洲科研组.长江三角洲发育过程和砂体特征.同济大学科学技术情报站，1978年.

口沙坝的向外延伸发展。

图 9-1-11　长江三角洲地区历史变迁图

③河口宽度的演变：关于分期河口的宽度，按河口沙坝外缘的江宽计算，红桥期河口至泰州(南)，宽度约为 30.0km；黄桥期河口至如皋东，宽度约为 65.6km；金沙期东至石港—海门一线，宽度约为 66.6km；海门期的河口宽度约为 55.0km；崇明期的河口宽度为 50.2km；长兴期从北岸连兴港—横沙岛(尾)—南岸海楼村一线，宽度约为 62.0km 等。从上可见，除红桥期河口因受海湾两岸边界所控制相对较窄外，其余各期三角洲的河口宽度以 50～70km 的宽度向东及东南推进。关于河口断面宽度演变，由于河口外伸，南北两岸三角州和滨海平原的发展，致使老河口缩窄，从表 9—1—2 中参数显示，其河口宽度的演变都经过由宽变窄的过程。如扬州—镇江断面：在距今 7500 年时河宽为 22.2km，距今 6000 年时缩窄到 19.3km，距今 4000 年时继续缩窄，至距今 2000 年时为 6.8km，距今 1200 年时为 3.9km，距今 200 年以来继续缩窄至目前的 1.4km 左右；泰州—泰兴断面：距今 7500 年时宽达 62.7km，而后由于洲滩靠岸，河床宽度缩小，至距今 4000 年时缩窄至 37.6km，距今 2000 年时又缩到 3.9km，当今 2.2km；海安—江阴断面：自距今 6000 年时的河宽由 63.7km 缩窄至今为 1.40km；拼茶断面亦同，由距今 2000 年的 44.9km 缩窄到至今 10.0km；启东断面为新河口，距今 200 年来由近 60.0km 缩窄到至今 38.7km，当今尚在演变中，共同特点都是由宽到窄，老河口因时代久远，变化尤为显著。另从河口缩窄成型的时代亦具从上游→下游、由老→新的变化，其中扬州—镇江和泰州—泰兴及海安—江阴河段形成于距今 2000 年；拼茶—福山断面成形于距今 1200 年；启东—宝山断面尚处在

三角洲发展前沿的分支河口，南北两岸宽尚达38.7km。从整个发展过程表明：由于长江大量来沙，再加河口受海流来沙淤积，使河口砂坝不断向前发展推进，在新砂坝淤长之时，上游老砂坝相继发展成洲并岸，形成三角洲新的岸滩，从而使喇叭状分流河口不断外移，三角洲向前延伸。如早在距今7500~6000年时，古长江的三角洲顶部原在镇扬河段，后因三角洲的向东南发展，而移至江阴河段，于20世纪50年代又因江阴—徐六泾河段洲滩并岸，而向东南移至徐六泾以东。总之，河口不断外伸，河宽逐渐缩窄，三角洲顶外展，主泓继续南移是长江三角洲平面演变的基本特征。

表 9-1-2　　长江三角洲河口宽度的历史变迁统计表　　(单位:km)

河段 距今年代(年)	扬州—镇江	泰州—泰兴	海安—江阴	拼茶—福山	启东—宝山	备注
7500	22.2	62.7				
6000	19.3	60.8	63.7			
4000	19.3	37.6	43.9			
2000	6.8	3.9	6.8	44.9		
1200	3.9	15.4	7.7	15.4		
200	1.4	5.8	7.7	14.5	59.8	
现代		2.2	1.40	10.0	38.7	

(2)古三角洲顶河段的平面演变

从镇扬河段的历史演变可见，晚更新世的末次冰期时，因东海面下降，今三角洲及以东的部分海域成为古三角洲陆地，河谷深切，北岸T_1~T_3等三级阶地呈大片分布，南岸为剥蚀残丘，T_2~T_3级阶地和洪—冲积平原等，当时镇扬河段如图9-1-12(a)。冰后期海面大幅度上升，长江河口曾退缩到仪征附近的镇扬河段，形成喇叭状河口海湾。由于长江每年输入大量泥沙淤积，三角洲不断发展，河口向外伸延，先后历经红桥、黄桥……长兴等6期向东推进，相应引起河型的系列演变。现以位居古河口三角洲顶部的镇扬河段为例叙述于下。据研究①：在距今约7500年时，按两岸阶地前缘和海岸砂堤的间距估算，当时的镇扬河段宽度约达40km；距今7500—6000年间，因红桥期形成的河口砂坝发展，三角洲外伸，使原来位居三角洲顶部的镇扬河段海湾演变为分汊河道(图9-1-12(b))；距今6500—4000年间又因黄桥期的砂坝发展，河口外移，镇扬河段的河宽进一步缩窄到约34.0km(图9-1-12(c))，北岸带状岸滩淤长，北汊萎缩，南汊扩展；距今4500—2000多年前，因金沙期沙坝形成，河口继续外伸，早期形成的红桥和黄桥期砂坝纷纷靠岸，镇江与扬州间的单一河道形成(图9-1-12(d))。据中科院地理研究所等单位研究，在春秋战国时期，河宽缩窄到约24.0km；汉晋时期镇扬河段进一步变窄到17.0km，在汉代仍保持单一微弯河型，但随泥沙的不断淤积，河床继续缩窄，其镇扬河段上游的瓜洲在晋代已出水成陆，演变为双分汊河床；至唐代中叶，随淤积发展，瓜洲并岸，河床宽度进一步缩窄至10.0km左右，镇江下首河段因有象山残丘伸入江中形成石矶节点而为单一河型；至明清时期因水流继续向南汇聚，镇扬河段进一步缩窄到约4.0km，镇江下游的鹅头形河弯形成雏形

①同济大学海洋地质系三角洲科研组.长江三角洲发育过程和砂体特征.同济大学科学技术情报站，1978年.

(图 9-1-12(e));清代以来河型的历史演变见图 9-1-12(f)、(g)、(h)等①。即至 1865 年时,镇江上游段以北新洲为大,次为七星滩等形成分汊河段;中部镇江河段依然为单一河床,焦山形成江中岛;下游段过象山后,河床产生大分汊,形成功金洲、长生洲以及大沙、高家沙和小沙等大小洲群,鹅头形的多汊河道发育成型,从大港镇附近至下游五峰山复变为单一河床。1934 年时,上段北新洲有所扩大;镇江段焦山、松山靠岸;下游段部分洲滩兼并,鹅头形弯顶进一步发展、下移,曲率增大,汊道萎缩,至 1952 年时已演变为单洲的双汊河型。1978 年时上段洲滩兼并,世业洲增大;镇江河段因江道北移,形成大的弧形弯道,南岸形成一大边滩,原松山、焦山等包含其中;下段原众多洲群兼并而成和畅洲,洲滩数量减少,北汊鹅头缩小,曲率也相应变小。在历史的演变中,随河口三角洲的发展东延,镇江河段的河宽逐渐缩窄,至 1980 年时,河宽已缩窄至 1.40km,其上、下游河段的世业洲及和畅洲的分汊亦比前减少,规模变小,呈现由多汊向双汊河型演变的转化趋势。总的演变特点是:随长江河口外伸,受三角洲顶相继下移的影响,该河段的演变为河宽缩窄,主泓南移,河型由多汊变向双汊及单一河床,并由顺直向微弯及弯曲河床转变。

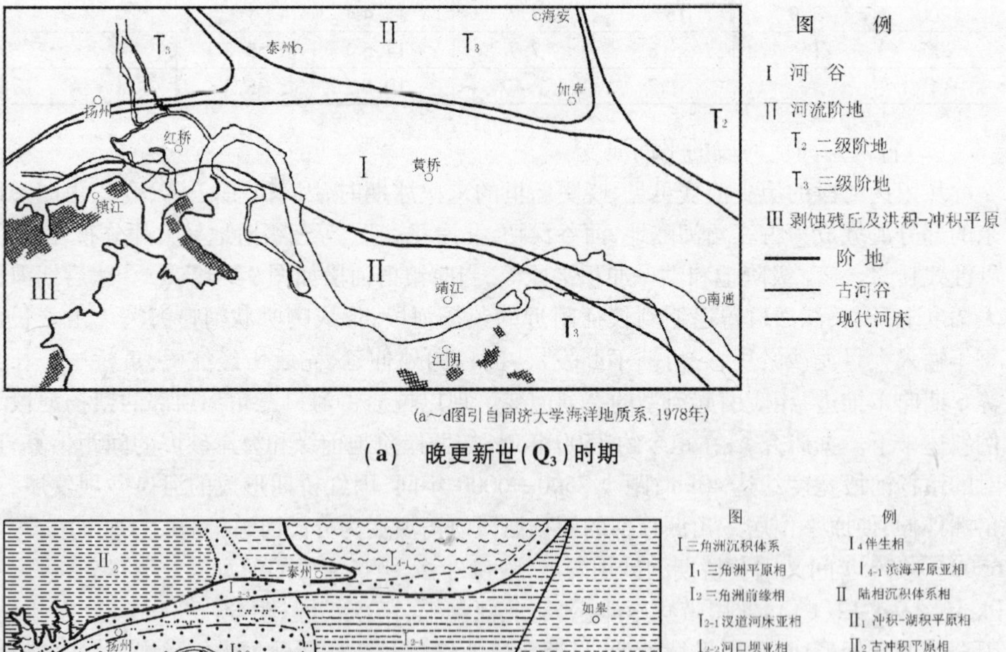

(a～d图引自同济大学海洋地质系.1978年)

(a) 晚更新世(Q_3)时期

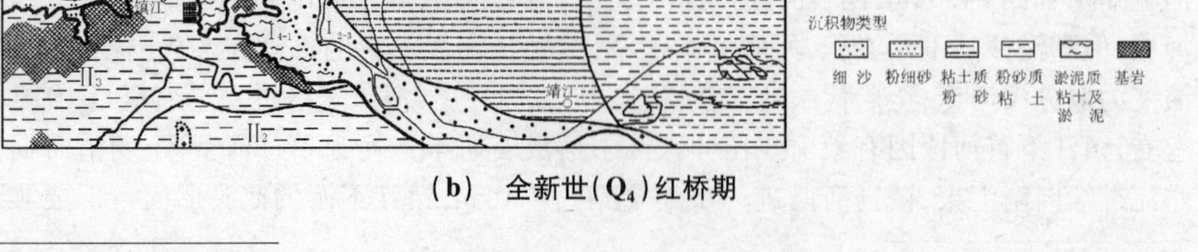

(b) 全新世(Q_4)红桥期

①陈浩,喻学山,夏鹏章,刘戴生,石国钰,等.长江中下游河道基本特征.长江水利委员会水文局,1983 年.

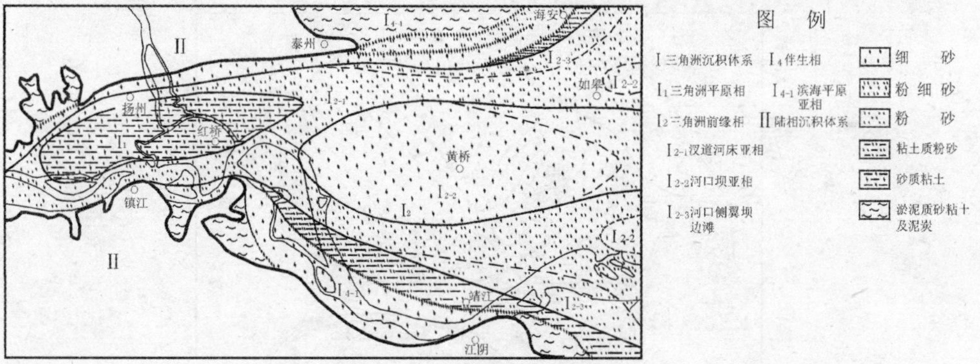

（c）　全新世（Q_4）黄桥期

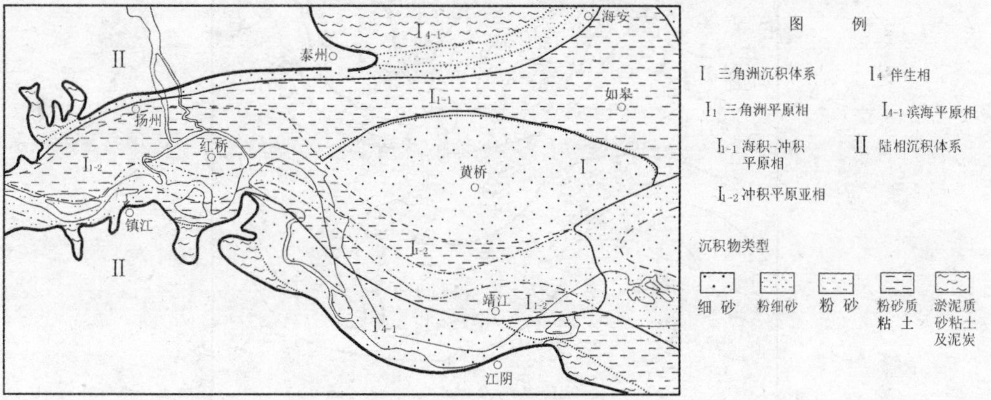

（d）　全新世（Q_4）金沙期

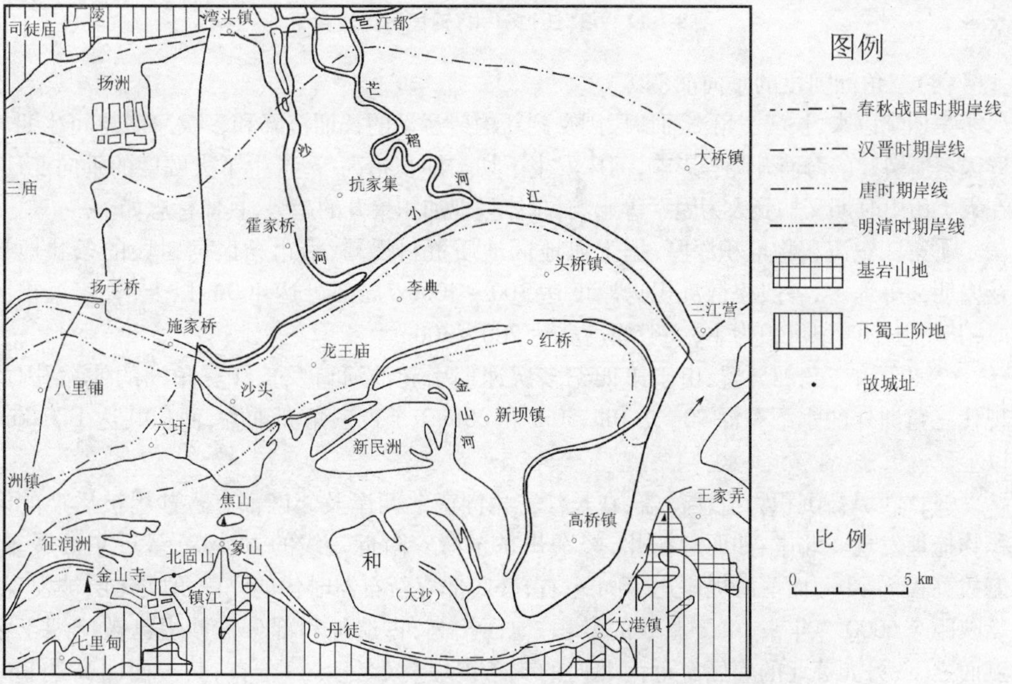

（e）　春秋战国至明清时期[28]

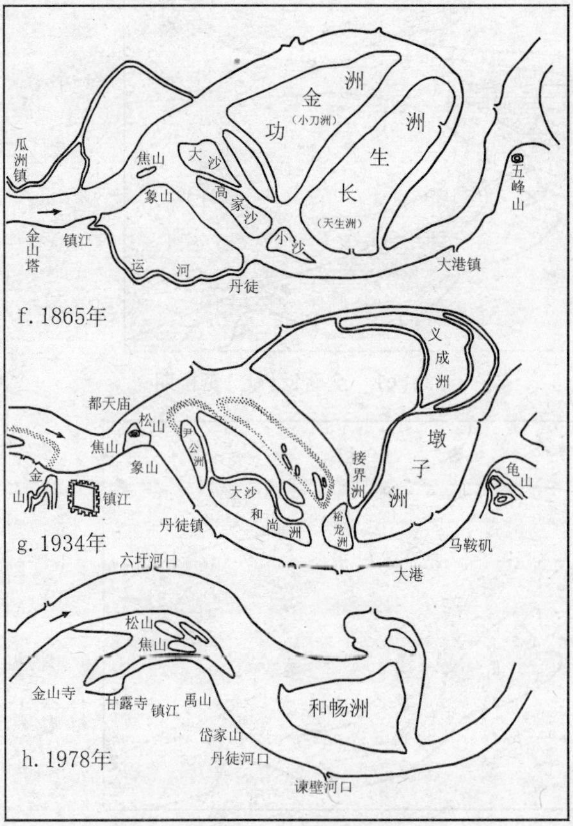

(f)、(g)、(h)　　近代历史时期

图 9-1-12　镇(江)扬(州)河段历史演变图

(3)三角洲河段的垂向演变

第四纪以来,长江三角洲河口段因受到新构造运动的长期沉降和多次冰期与间冰期气候因素所引起的海面升降等影响,河床发生下切与加积抬高等,产生了大幅度的垂向变迁,在人类历史时期又加受人为因素等影响,总体呈现加积抬升的趋势,具体标志如下。

①第四纪沉积物堆积深厚:据上海地区地质资料揭露,沿市辖区河口段的条状地带及崇明岛等地区,一般松散沉积物厚度达 300 ~ 400m,局部可达 400m 以上,普遍沉积巨厚,其中以第四纪沉积为主,一般厚度亦达 200 ~ 300m。

②水下古三角洲叠置:由于第四纪多次冰期引起的河口及长江三角洲的伸缩,因此现代三角洲外的水下有深 90 ~ 100m、50m 和 20m 3 个古三角洲重叠,面积共达 1 万 km^2 以上。

③古沙堤被沉积物掩埋覆盖:在长江三角洲南北两岸及邻区都有古沙堤被后期的沉积物掩埋发现。北岸:如西起扬州,经泰州东至海安附近一线的古沙堤,呈近东西展布,海拔高程 7 ~ 8m,而滨海堤厚达 10m 左右,其底部有新石器时代的马家浜文化层被发现,反映距今 6000 多年来,由于泥砂的淤积,地面抬高,古遗址和部分古沙堤已被掩埋于今滩面之下;另如苏北的邻区有近南北向的 4 条沙堤(又名沙冈)分布,其中西冈高达 8m,形成时代距今在 6500 ~ 5500 年间;中冈地面上高 0.6m,年代约距今 4000 年;东岗,地面

上高0.5～3.0m，约距今3900年；外冈，层厚0.6m，据史料考证，约形成于南宋以后，即距今约800余年。以上4条沙堤相距4～5km不等，一般略高于滩面0.5～2.0m，大部岗身被埋，如东冈，从盐城北的上冈段地下2.5m和上冈南沙堤段1.5m深处采集的贝壳样经^{14}C测年，分别为距今(3882±69)年和(3310±80)年，从上反映距今4000～3000年以来淤积厚度已达1.5～2.5m。三角洲南岸：主要沙堤有吴淞江以北4条，以南3条，东岸3条，中部2条，共计12条，因部分冈身被埋，一般仅高出地面0.5～1.0m，有的已完全埋藏于现代地面之下，如外岗—漕泾和嘉定—柘林等地段有3～5列滨海砂堤，一般都埋藏于地面下1～2m，最深达2.75m。

④区域正负微地貌的形成分布：由于海面上升，不仅使沙堤淤高，而且沙堤以外因泥沙不断淤积发展，随潮间浅滩的淤积展宽，形成滨海平原，而原沙堤以内的老滩缺乏泥沙淤积则相对低洼，因此在河口三角洲南北分别形成太湖和里下河两个巨型凹地。如江南的太湖地区从东北—东南有福山—太仓—金山一线的带状沙岗和滨海平原环绕，其外岗—漕泾和嘉定—柘林的岗身地带较岗西的太湖地区普遍高1～2m，因此冈西凹地渍水成湖，冈东的滨海平原因得到泥沙供应而向临江方向逐渐抬高。长江三角洲北岸的苏北地区也因东有外冈、东冈、中冈和西冈等组成的贝壳堤带，其南有扬州—泰州—海安一线的长江北岸古沙堤，北有邻区淮河的贝壳堤等南展环绕，因此其间形成里下河洼地，由于泥沙的堆积不均，从而形成地面起伏，正负微地貌的分异。因泥沙淤积不均，引发江湖环境巨变在其他河流亦有发生，如淮河流域的洪泽湖①，在东汉的建安年间至金章宗明昌五年(1194年)时还是大小湖泊零星散布的湖沼平原，而且在北宋以前的淮河也还是一条清水河流，但自1194年黄河夺淮以后，带来大量泥沙，导致汇流下段的淮河河床淤积堵塞，上游河段来水下泄受阻，洼地渍水不断扩大，尤其自明代中期以后，随着泥沙的淤积发展，虽经筑堤治理，但却无效，终随蓄水量增大扩展形成洪泽湖。

⑤古文化遗存被埋藏：仅在长江三角洲南岸的太湖地区，早在20世纪就有300多处新石器时代等古遗址和古墓葬被发现，并主要分布于江阴—沙洲—常熟—太仓(西)—金山(西)的古海岸线以西，太湖以东及江阴、常熟东南和柘林、金山、梅园一线西北的长方形地区。按其时代，含距今6700～5500年的马家浜及菘泽文化遗址和距今5500～4000年的良诸文化遗址，并有青铜器时代遗址等发现，另还有一些春秋战国以来的古墓葬等分布。由于后期的泥沙淤积，滩面抬高，早期的新石器时代遗址等已大部分被埋藏于地面之下，部分已低于海面及太湖地区的潜水面，如太湖吴江梅堰袁家埭遗址至今已埋藏于海面下1.00m、高潮线下2.00m。另如上海马桥遗址经^{14}C测年为距今(4200±95)年，埋深2.2m。其余如丹阳九里八卦镇等处遗址分别埋藏于海面或太湖的枯水面以下，其他位于潜水面以下的还有如菘泽、北竿山、邱城和马家滨遗址等。

⑥埋藏泥炭及古生物标志：三角洲南岸的太湖地区有大量埋藏泥炭发现(孙顺才等，1993年)。埋藏深度一般为地面下2.0～3.0m，较深的在3.00m以上，个别深达6～8m。如太湖平原西部丹阳珥陵，泥炭埋深4.0m；镇江大港乡的泥炭埋深4.5～5.0m，经^{14}C测年为距今(5790±95)年；阳澄湖田泾三百亩处的泥炭埋藏于湖底下3.0m，^{14}C测年为距今3950年等。埋藏浅的为1.5～2.0m，如东太湖湖底下1.70m也有泥炭埋藏，^{14}C测年

①唐元海. 洪泽湖形成与泗州城沉没史略. 中国历史地理国际学术讨论会论文. 2002年.

为距今(6660±460)年,并有少数埋深小于1.00m,如无锡荡口乡太湖平原下0.93m的泥炭,^{14}C测年为(3407±74)年等。在三角洲北岸相邻的里下河凹地,海拔高度仅2.0m左右,湖泊众多,在湖沼型泥炭层下2.0m深处亦发现深湖型泥炭及中全新世潮间浅滩带生活的蛏子等;另烈士红星一队地面下1.5m还发现牡蛎壳,经^{14}C测年为(2905±85)年,以上都反映了周代前的海湾已被后期的泥沙淤积而成陆地。另在三角洲地区还多处发现埋藏古树,一般埋深2~3m,经^{14}C测年为距今8000~5000年间。

以上第四系地层的沉积深厚,水下三角洲的位置,大量古沙冈被掩埋和太湖及里下河等巨型洼地的形成,以及新石器时代等古人类文化遗址、古沼泽泥炭、古树、海洋古生物被埋藏等,都为长江三角洲大幅度的上升提供了有力佐证。

三、长江河道历史变迁的空间特征

无论长江的上、中、下游及河口段,自第四纪统一的长江形成以来,在多种因素的影响下,空间上无论长江的纵向、横向和垂向方面都发生了不同程度的演变,基本特征如下。

1. 历史时期的演变特征

(1)垂向演变特征

①上游河段侵蚀下切:由于青藏高原呈块状隆起,青南江源区地面高差相对平缓,再因气候干寒,降水量小,并以雪为主,因此江源河段一般垂向切割轻微,但在局部构造断陷盆地区,因相对低洼,大量接受沉积,河床相应抬高增厚,其早中更新世时期的松散物质堆积尤为巨厚。金沙江河段穿流于横断山和川滇等高中山地,与江源区具有强烈上升的背景,但所处纬度和海拔高程有所降低,干热河谷内降水量向下游增多,且降水集中,并有众多支流汇集,水量增大,河流下切增强,形成深切河谷,一般切割深度达1000~1200m,其中石渠卡松渡至永胜金江街段切割深度达2500m以上。攀枝花等地区虽位于横断山以东,仍受青藏高原强烈隆升的影响,第四纪以来新构造运动的上升幅度亦约达2000m,而且上升速率呈现增大趋势,亦引起河谷继续快速下切,形成深切河谷。金沙江下游新市镇至宜宾河段,因地处长江流域西部高中山地与中部四川盆地的过渡段,为海拔350~1000m的低山丘陵区,一般相对高度200~500m,新构造运动上升幅度减小,该段河床下切减弱而侧蚀增强,河谷展宽。总之,除金沙江下游的东段外,一般因地壳强烈抬升,河床大幅度下切,形成高山深谷是金沙江河段的基本特征。宜宾—奉节河段横穿于四川盆地的低山丘陵区,新构造上升幅度减小,全新世以来河床基本处于相对稳中有升状态,河段以浅切割为主;奉节—宜昌的三峡河段,主要由几个背斜、向斜构造组成峡谷与宽谷相间河型,并以中浅切割为主,约距今3.5万年的晚更新世以来,切割减弱。综合上述,长江上游可划分为4段,一般分属3种类型:江源段地壳呈块状隆起,大幅度上升,一般相对高差较小,河段切割幅度小,具有平原丘陵河段特征;金沙江和三峡山地河段因地壳大幅度上升,河床下切强烈,多形成深切的峡谷,其中金沙江段随青南高原的强烈上升,切割仍继续呈增强之势,而三峡河段的切割现已减缓,川江河段地壳上升幅度较小,河床切割较浅,多呈丘陵宽谷。但在长江上游地处断陷盆地的河段多有巨厚堆积,河床因大量泥沙淤积,反呈大幅度的相对抬升。

②中下游河段的加积抬高:除平原外围低山丘陵区缓慢上升,沿江冲湖平原长期沉

降大量接受沉积外，还受到气候、上游来水来沙和人为因素等诸方面的影响。其中气候的冷暖波动及海面的升降曾导致长江中下游水位的升降和河床的冲淤；人类活动影响方面，随着人口的增加，流域的开发程度提高，上游水土流失加剧，产沙量增大，而中下游地区再加筑堤围垸、江湖调蓄功能减退，导致江湖水位上升和江河湖床抬高等。在诸因素的共同作用结果，最终取决于泥沙的淤积上升量与河床的沉降量是否平衡，长江中下游平原河段长期以下沉为主，而长江上游来沙的淤积量大于沉降量，致使河床堆积增厚，河床抬高，水位上升。如江汉平原的荆江地区第四纪沉积的最大厚度达167m，仅近5000年来，江洪水位的上升幅度已达13.60m以上。城陵矶下游至河口河段，新构造运动的沿程沉降速率曲线虽呈现波浪起伏，除武汉、田家镇和南京等河段因河岸多丘，沉降量偏小外，总趋势是向下游增大，其中长江河口段的启东等地段，年均沉降量达10mm，上海沿岸第四纪沉积物厚度达300m以上。另从晚更新世末次冰期形成的古深槽中出现的多级台地显示（据杨怀仁等，1995年），末次冰期后，海面曾产生大幅度上升，上升幅度含相对上升和绝对上升，总趋势是河床加积抬高，堆积物从上向下游河口增厚。

（2）横向演变特征

长江上游除青藏高原和四川盆地的宽段有一定横向摆动外，一般山地丘陵河段，因受两岸基岩所控，河床平面变形较小；长江中下游的平原河段，因河谷开阔，坡降较缓，平面变形频繁，其中尤以大地构造的拗陷、断陷以及凹陷区、新构造运动的沉降区、地貌类型中的平原湖区等河段最为显著。地貌标志主要表现为河谷不对称，由于主泓南移，河床洲滩北靠，形成北岸平原宽广，南岸狭窄的不对称河谷；有的南岸地段滩地和阶地均缺失，直接侵蚀丘陵岸坡形成三角面。如宜昌河段，长江于南津关出三峡后，河谷突然展宽，形成多汊分流，主河道历经由北南迁，今大江紧靠右岸丘陵形成典型的三角面。葛洲坝工程兴建前分布于左岸的二江、三江均成支汊，宜昌市区后的四江已成为一级阶地上的古河道。在平原地区如下荆江河段，北岸为宽广的江汉平原，南岸有石首残丘迎流顶冲，下游紧靠墨山绕流。又如彭泽河段，北岸原为古彭蠡泽，因淤塞演变而成今黄梅—望江平原，由于南岸紧抵残丘，形成彭郎矶下游河段的系列三角面，且发育典型。在下游河段中如南京、镇江、江阴等河段北岸的冲湖积平原宽广，南岸紧靠残丘和阶地形成沿江节点及侵蚀三角面等。在长江河口三角洲地区，距今7000多年来的演变过程中，亦因北岸支汊湮塞、洲滩并岸，右汊发展而成大江主槽，最终亦使大江南移。在长江中下游的平原河段中，河谷南北两岸不对称是一共同特点，其中尤以江汉平原、九江黄梅平原、芜为平原和河口三角洲河段等为典型，无论历史上古云梦泽及彭蠡泽入湖三角洲等的演变模式也都具有由北南移特征。既使在长江上游受到山地丘陵的岩基控制，在新构造运动掀斜和科氏力的作用下，仍有向南的趋势显示，如金沙江下游的福延至宜宾河段中，沿江有多处古河道发现，如天池、漕江、穿牛鼻和龙函—舒楼坝等都分布于江的左岸，主泓在南，反映自第四纪更新世以来江道长期呈现南移特征。另如川江河段中，因江道南移，江左岸的阶地较为发育，因此沿江主要城市如宜宾、泸州、重庆、丰都（老城）和万县、奉节等多坐落于沿江左岸的阶地和丘陵合地。另南移的标志为河床主泓趋南，其中以分汊河床为典型。在长江干流的分汊河段演变中，虽有主支互换呈南北摆动或局部河段主泓靠北的现象，但总趋势仍以向南为主，即左汊淤塞衰亡，江心洲（滩）北靠并岸，右汊发展。据川江宜宾至重庆384km河段的洲滩分布统计，以靠河床左岸为多；再据河床冲刷坑的分布统计,左岸19个,占总数的33.3‰;右岸38个,占总数的66.7‰,亦反映河床主流线以靠右(南)岸为主。长江三峡中的三斗坪河段,最宽达1400m,为三峡河段中的特宽段,据中堡岛新石器时代遗址的分布表明,该岛原为岩咀与茅坪河岸相连,后因江道向南扩展被冲断而成中堡岛,原茅坪溪口河段的后河演变成为南汊水道。从上可见,主泓南移,江道南迁在长江上游的山地峡谷河段也有明显反映。在长江中下游平原河段更为普遍,其中尤以大平原和河口三角洲河段最为典型。据长江中下游41个分汊河段统计(中国科学院地理研究所等,1985年),近百多年来的历史时期主泓由江左向江右摆动的达27个,占总数的65.9‰,由江右向江左移动的为14个,占34.1‰,全河段的主泓以向右移为主。但由于经过历史时期的右移,多已抵达右岸的丘陵阶地受阻,所以近百年来,分汊河段改向左岸扩展增多。根据27个有江心洲的分汊河段统计:有16个河段发生左移,3个河段下移,共占总数的70.4‰,其中1934—1974年间左移河段增加到22个,占总数的81.5‰,并呈周期性摆动。历史时期的摆幅,一般为2~10km,但龙坪新洲、黑沙洲、世业洲、扬中洲等都达10km以上,其中以望江凹陷区中的九江河段,无为凹陷中的成德洲和苏北断拗中的和畅洲等河段摆幅分别达20.0km与20.0km和23.5km。横向演变特点:短河段的摆幅一般在两节点间的分汊河段摆动,从上游向下游展宽而后收敛;在同一地质构造单元的断陷、凹陷区内,长河段的横向摆幅,往往仍沿程由小到大,然后由大到小;在长江中下游的城陵矶至江阴河段中,摆幅总特点为向下游呈增大趋势。摆动方向:主泓在由左向右的总趋势下,一部分河段继续右移;一部分河段靠右岸后进入周期性的往复摆动阶段,如团风、陆溪口的中洲分汊河段等;亦有一部分分汊河段因抵右岸受阻后,反弹向左,在近100多年,尤其近几十年来,河床转向北岸扩展增多。总之,无论何种摆动,其长河段的摆动轴线仍趋南,即使近代分汊河床向北展宽有所增多,但主泓趋南、多汊并存、分汊河型格局仍长时期相对维持。

(3)纵向演变特征

长江河道的历史演变不仅在垂向、横向上表现出规律性的特征,而且在纵向上亦同,自全新世以来的主要演变特征如下。

①上游河段的溯源侵蚀:长江上游金沙江河段因受青藏高原新构造运动块状隆起的影响,地壳上升速率远大于河床的下切速率,所以河床坡降增大,并形成侵蚀裂点,溯源侵蚀强烈,如目前金沙江的溯源侵蚀峡谷还仅发展到登额曲口附近,再上游的通天河及江源河段仍基本保持高原的原始面貌。又如金沙江中游的虎跳峡长约12km,连续下跌7坎,落差达170m,形成溯源强烈侵蚀的地段裂点等。

②河口三角洲的延伸与溯源堆积:晚更新世末,长江中下游河段受到末次冰期的巨大影响,东海面大幅度下降,从而引起长江三角洲东移外伸,远达今河口外的虎皮礁附近,而河口上游产生长河段的溯源侵蚀,波及远达荆江地区,使长江中下游的平原河段形成系列晚更新世末至全新世初的深切河槽。冰后期海面上升,又引起溯源堆积,因上游来沙的淤积速率小于江水位的上升速率,致使松滋口以下的长江中下游河段的凹地出现一次大的扩展成湖期,如江汉平原的云梦泽、江北广济东的彭蠡泽等;约距今5000年前海面上升转入相对稳定时期后,长江上游大量来沙淤积,又使内地入湖三角洲和河口入海的三角洲不断发展,最终使内陆两大古泽逐渐消亡。当今由荆江分流入洞庭湖的三角洲仍继续推进,而现代长江口的入海三角洲则以年平均40m的速度向东南不断发展,使

河长增大。可见由于海面的升降,在海退—海侵—海退的进退变动中,长江中下游平原河段受其影响发生了大幅度的系列纵向演变。

③局部河段的纵向冲淤演变:引起演变的因素较多:a. 由于河段来水来沙条件改变引起的河床冲淤演变,如大水大沙年引起的河床沿程大冲大淤,支流发生山洪或泥石流引起局部干流河段的冲淤演变等。b. 人为工程影响引起的演变,如兴建水利枢纽,大坝上游产生库区淤积,坝下游清水下泄河床产生冲刷下切等。以葛洲坝工程为例①:于1981年1月大江截流,同年6月至1987年11月坝区下游河段平均冲深1.79m,宜昌为0.94m,胭脂坝尾为1.07m,虎牙滩为0.61m,在20.45km的河段内,河床平均冲深1.10m,冲刷深度沿程逐渐减弱。又如下荆江中洲子和上车弯实施人工系统裁弯后产生的河床溯源冲刷②,上至松滋口附近,冲刷深度向上游沿程递减,河床平均冲深0.97m;下游河段的冲刷亦向下游沿程递减,平均冲深1.23m,而城陵矶下游界牌等河段相应产生淤积,使河床抬高,进一步变向宽浅。从上可见,因受自然或人为因素的影响,都可引起一定河段的河床发生纵向冲淤演变。

综合上述:长江历史时期的河道演变受新构造运动、地球科氏力、气候、上游来水来沙和人类活动等多因素影响,其中新构造运动的升降和掀斜等起着持之以恒的作用,使流域区西升东降,相应产生侵蚀与堆积。垂向演变:长江上游的山地河段以下切为主,以峡谷多为特征;长江中下游河段则不断加积抬高,在垂向上形成巨厚堆积。横向演变:河床多呈向南迁移趋势,长江上游因受山地所阻,横向变迁仅在峡间宽段有所显示,而长江中下游平原河段普遍发生南移,形成不对称河谷,其中尤以地质构造的拗陷、断陷和凹陷区的平原和河口三角洲地区为甚。另外,由于新构造运动沉积中心的南移,使江水向南汇聚,泥沙沉积中心随之南移,如江北的古云梦泽和彭蠡泽淤积消亡后,江南的洞庭湖和鄱阳湖等系列渍水湖群相继兴起,泥沙沉积中心随之转移南迁。纵向演变:主要表现为金沙江的溯源侵蚀,长江中下游局部河段的沿程冲淤和入湖及河口入海三角洲的淤长延伸等。

2. 近代演变趋势

①垂向演变:根据现阶段的演变动态,江源地区和通天河河段的河床高程虽随青藏高原呈块状继续快速抬升,但河谷浅切,一般地形相对高差较小;新市镇上游的金沙江段因新构造运动快速上升,河床继续强烈下切;川东和三峡河段上升相对趋缓,河床切割减弱;宜昌—河口段地壳以下降为主,大量接受泥沙堆积,其中尤以长江中游荆江河段和河口三角洲河段的河床加积上升较为显著,其余河段的河床因泥沙淤积相对稳中有升。

②横向演变:长江上游河道稳定,但宽谷段的河床主流动力轴线多变,有偏南趋势;中下游弯曲河段南北摆动,分汊河段左汊趋弯,右汊趋直,主支易换。近百年来因河道南移受阻,而泥沙继续淤积,迫使洲滩向北发展,另外受南岸矶头挑流等影响,弯曲河段和分汊河段等主泓趋北扩展,但因河床轴线靠南,所以一般呈南北往返摆动,但摆幅减小,

①陈时若,黄光华.葛洲坝水利枢纽蓄水后宜昌站水位变化分析,长江三峡下游河道原型观测资料分析文集(第一册).水利部长江水利委员会荆江河床实验站,1989年.

②李楚南.下荆江裁弯前后荆江河道冲淤变化,长江三峡下游河道原型观测资料分析文集(第一册).水利部长江水利委员会荆江河床实验站,1989年.

周期缩短;河口三角洲多支分流分汊,河宽缩窄,主槽单向南移,河口趋南。

③纵向演变:上游继续溯源侵蚀,中下游河段沿程局部冲淤,入湖三角洲不断淤长,河口三角洲继续堆积外伸。

第二节 河型的历史演变特征

一、长江上游河段的河型演变特征

青南高原区的江源及通天河段:一般河谷开阔,洲滩较发育,部分宽段以多汊河型为主,且具游荡性。金沙江及三峡的山地峡谷河段:河谷窄深,河床多以窄深的单一河型为特点,河床走向深受地质构造断裂和基岩控制而出现直段或折线弯道等,仅在峡间地层软弱地段才出现相对宽段,并有边滩或侧流冲积锥(扇)等发育,局部还有江心洲(滩)及岛礁分布,如金沙江下游的大中坝及锁坝等。川江河段:地处四川盆地丘陵区,紫红色砂页岩质地较软,河谷开阔,河床多较宽浅,具有良好的堆积环境;加之位于金沙江高产沙区下游,并有岷江、沱江、嘉陵江和乌江等入汇,泥沙的物质来源丰富,砂卵石洲滩十分发育,不仅边滩广布,形成系列深切河曲,而且在四川盆地腹地的宜宾—万县河段还多江心洲滩分布,形成较多的弯曲分汊河段。如宜宾下游李庄—重庆的355km河段内有主要江心洲(滩)达24个,平均约15km一个,其中较大洲滩如鹭鸶碛、苦田坝、赵中坝、温中坝、大中坝等长度都达2~3km;重庆—万县河段因受川东平行岭谷影响,背向斜构造沿程交替,河谷宽窄相间,在向斜谷内宽段发育,有较多大江心洲滩分布,如南屏坝、金川碛、平绥坝、凤尾坝、兰竹坝和塘土坝等,长度多达3~4km,虽江心洲(滩)密度庆上游段分布密度减小,但分汊河段规模增大,相对河曲减少;万县—云阳河段洲滩稀少,河道变向窄深、顺直;云阳—奉节河段变为典型的单一顺直河段,峡谷增多。三峡河段:除三斗坪的中堡岛分汊段外,一般为单一或峡谷河段,且河道比较顺直。综合上述:长江上游的4504km河段中,仅除青南江源的高原河段和四川盆地的丘陵河段,河谷相对开阔,洲滩较为发育外,其余多受两岸山地岩体所控,河谷深切,峡谷广布,河道多较顺直单一,洲滩稀少。因河岸受控,演变的基本特征,较为稳定,主要表现为河床内主泓道的摆动和年度内滩槽冲淤的季节性变化等。

1. 顺直微弯河段的河型演变特征

在长江上游的山地峡谷河段中,由于河床受两岸岩体及构造断裂等所控制,横向变形小,多顺直微弯河段分布,并有一些长直段零星出现,如金沙江上游的巨甸—石鼓段长达52.0km,川江西沱—石桥(万县市上游)段长约50km,巴阳峡小江—奉节达90余km等。由于受新构造运动强烈上升的影响河谷下切,在岩性质地坚硬的地段,往往还形成跌水坎,如金沙江的虎跳峡和金沙江上游与通天河交界处的登额口河段等;有的峡谷河段因崩塌、滑坡和泥石流等亦产生粗大岩块堆积阻江形成急流滩,如金沙江的老君滩、三峡的新滩等;另外,由于沿江的节点和沟口冲积扇(锥)等的分布,使河道变弯,河谷展宽,组成藕节状河段,因此引起年度内季节性的主流线的摆动及河型的变化。如奉节河段,地处瞿塘峡的上口,原为顺直河段,后因梅溪河口的臭盐碛冲积扇扩展,使江道主泓历经长期南移,枯水河床绕扇缘东流,形成宽仅200~300m的枯水期弯曲河床;但当进入汛期,江水上涨,并受瞿塘峡的壅水影响,河宽达1000~1400m,主流线趋中,从而转变为洪水期的顺直河床,多年周而复始,年度内河型历经往复转换,多年冲淤基本保持平衡。又如巫峡上口的巫山河段,大宁河口有扇子碛,主槽偏右,枯季形成绕扇缘的微弯河床,但当进入汛期江水上涨,巫峡壅水增强,主流线趋中,江面增宽,河道变直,主槽淤积,汛后河水归槽,又复走弯,因比降增大,河床产生冲刷,其河型转换与臭盐碛类同。可见长江上游的峡谷河段以纵向演变为特点,相对较宽的藕节状河段,主泓在年度内呈季节性的周期摆动,年际的河型变化相对较为稳定,一般河床窄深,冲积洲滩稀少,且规模较小,多以沿岸的侧流冲积扇(锥)为主。

2. 弯曲河段的河型演变特征

长江上游的弯曲河型主要分布于通天河下游河段和四川盆地腹地的川江河段,现以川江典型河弯为例说明。其一,稳定的单一河床。即洪、枯水河床均为单一河床,如重庆上游15km的九渡口河弯、19km的大渡口河弯、31km的鸾鱼咀河弯、71km的江津河弯、78km的永安桥河弯等。其二,年度内的河型季节转换。一种为枯水期的单一河床,当汛期水位上涨,支汊过水变为分汊河床,但当汛后洪水退落归槽,复变为单一弯曲河床,比较典型的弯道如重庆上游213km的神背咀河弯、重庆下游114km的珍溪河弯和249km忠县下游的复兴场河弯等;另一种由枯水期的分汊河床转变为洪水期的单一河床,如距重庆上游297km的李家码头河弯,枯水有风簸碛出露成滩产生分流,汛期江水上涨,枯水洲滩被淹而成单一弯道。其三,年际间的河型转换。在河床主泓挫弯或撇弯切滩的演变中,一般以主泓贴弯的河弯较为常见,而撇弯相对较少。现以宜宾下游76km庆符场河弯的金鱼碛段为例说明。从地貌特征显示,原江泓挫弯靠右,后因主泓左移,右岸产生撇弯,形成早期的江心滩分流,河流随江泓进一步左移,在江中又生成新的江心滩,其后经演变相连靠岸而成边滩,河型由三汊的分汊河床演变为单一河床。由于原两卵石心滩紧密相连,但其间洲头洲尾分离显著,并有故汊遗留的沟痕相分,平面形态似金鱼的鱼尾状而得名(见图9-2-1)。综合上述:虽有部分河段受洪枯水位影响,产生季节性弯曲分汊的河型演变,但一般仍以单一河弯为主。

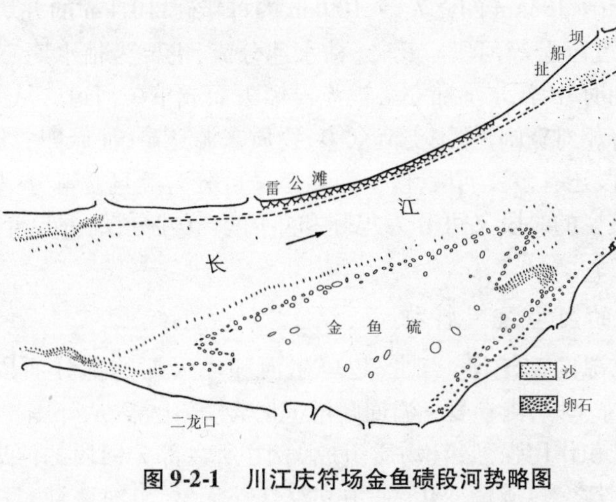

图9-2-1　川江庆符场金鱼碛段河势略图

3. 分汊河段的河型演变特征

长江上游的分汊河型主要分布于青南高原的通天河和四川盆地腹地的川江河段，现以川江河段的重点分汊段为例分述如下。川江河段河谷开阔，并受沿程河岸基岩和河床岩滩碛坝影响，河床宽窄相间，洲滩广布，多分汊河床发育。一般河床冲淤规律为洪水期淤积，汛后退水期冲刷，枯水期相对稳定，年内河床冲淤基本平衡。据川江宜宾—重庆河段24个主要卵石河床的分汊河段统计，按分汊类型：两汊以上的多汊河段有重庆上游331km的中坝，324km的打鱼碛，213km的神背咀坝，148km的称杆碛，117km的水师坝，86km的甄柄碛，41km的綦江大中坝和12km的九堆子等8个河段，其余16个均为双分汊河段。按河床中的主汊分布：偏左、右两岸的河段分别为13个与10个河段，主汊趋中的河段1个。按分汊河型的形态分类：可分为顺直微弯分汊河型和弯曲分汊河型，分别为12个，各占其半；枯水河床有水通流，基本维持两汊并存的分汊河段计13个，枯季支汊基本断流仅由主汊通流的计11个，近占其半。按成因类型可分为两类：一类为心滩发展而成，有的还由碛坝组成"岛核"等，如重庆上游相距356km的杨柳碛，324km的打鱼碛，299km的风簸碛，148km的称杆碛，117km的水师坝，12km的九堆子和重庆市区的珊瑚坝等河段；另一类为切割凸岸边滩或阶地而成江心洲滩的分汊河段，如重庆上游282km的野猪碛，101km的九块田，86km的甄柄碛，64km的柯家碛等分汊河段系切割边滩而成；又如重庆上游213km的神背咀为切割阶地基岩成岛的洪水期分汊河段，159km的赵中坝和142km的温中坝尾都有晚更新世（Q_3）的硬黄黏土层分布，反映亦由切割阶地而成。年内的河型变化类型如下：

1）常年分汊：即无论洪枯水位均由江心洲滩产生分流。如重庆上游142km的温中坝，270km的金堆子，282km的野猪碛，356km的杨柳碛等河段；

2）季节分汊：由于川江河段的河床受河谷两岸基岩所限，河床横向摆幅小，因此洲滩难于扩展并岸，致使汊道得以长期保存，衰而不死，产生季节性分流。该类型分汊河段较多，又可分两个亚类：其一，洪水期分流，当枯水期江水下落时，支汊基本断流，形成枯水期的单一河型，次年洪水期江水上涨时，产生支汊分流，周而复始。如重庆上游279km的野鹿碛，234km的芙蓉碛，193km的立人碛，109km的母猪碛，101km的九块田，41km小南海的大中坝，12km的九堆子等河段。其二，枯水期分流，主要为枯水期心滩出露水面产生分流，当进入洪水期时，因江水上涨心滩被淹没消失而成单一河道。从上可见：川江河段地处四川盆地，河谷相对宽阔，外围支流众多，物质来源充足，河床卵石洲滩密集，塑造的河型不仅有双汊河段还有多汊河段，按平面形态又可分为顺直微弯分汊和弯曲分汊河段两个亚类；按河型演变的时段又可分为年际和年内季节性分汊，并以年内季节性分汊为主。

4. 游荡性河段的河型演变特征

仅分布于青南江源区沱沱河、当曲、楚玛尔河和通天河的部分河段，因地处海拔4000m以上的高原永冻土区，当春夏气温回暖解冻时，水位上涨，从外围携带大量泥沙进入盆地河床沉积，因堆积作用强烈，且物质组成偏细，所以部分河段的河床十分宽浅、多汊分流，最多达7~8股之多，流量变化大，主支汊迁徙无常，具游荡性，且为全长江所仅有。

二、长江中下游河段的河型演变特征

长江中下游平原河段自第四纪全新世时期以来,除长期受到新构造运动的沉降影响外,还受到冰后期地球气温回暖所引起的海面上升,以及历史时期大江两岸人工堤垸兴起等因素的影响,使河型产生了历史性的阶段变化。由于各河段所处的条件不同,因此反映在河型上有所差异,并以地处江汉断陷的江汉平原、滁巢陷断褶束(即望江凹陷等)的九江—黄梅平原和苏北断拗为主的长江三角洲平原等河段的河型演变为大。其中尤以江汉平原的下荆江河段最为典型:自古云梦泽于唐宋年间消亡后,因自然演变加人工堤防大量兴起,致使江湖隔离,河道成型,由于大量来沙淤积,首先形成洲群密布的分流多汊河段,再经洲滩的兼并和靠岸使河型由分流分汊型→多汊型→双汊型→单一顺直微弯河型;至元明以来,河道变弯,进而形成蜿蜒弯曲河型,监利河弯于1861年后还出现乌龟洲,形成局部弯顶分汊等。城陵矶下游的带状平原河段虽未经如云梦泽的漫流与分流分汊阶段,但多经江湖相连到江湖分离,进而形成多汊、双汊或单一河型等。尤其近100多年来由于泥砂的大量淤积,长江中下游河段又进入一个新的分汊河型的发展阶段,据城陵矶—九江河段1990年前的统计有大小江心洲30个,边滩29个,大都在这段时期形成。由于洲滩扩展兼并,分汊河段河宽增大,鹅头形多汊河床发展成型,如陆溪口的中洲和太子矶的的铜板洲河段等;河型变化较小的为顺直河段,尤其是长江中下游沿程的节点河段,河床窄深,单一河型长期基本稳定不变。

有关长江中下游平原河段的河型划分种类甚多,在前面有关章节中已谈及,按其平面形态特征进行分类:其一,据河床沿程轴线的走向特征可分为顺直、微弯和弯曲河床;其二,据河床横向特征可分为单一河床和分汊河床,按分汊的多少又可分为二汊的双汊河床和两汊以上的多汊河床等亚类。综合河床轴线和横向特征分类:可分为单一河段的顺直微弯和弯曲河床;分汊河段的顺直微弯分汊、弯曲分汊和鹅头形分汊河床等亚类,另据河床演变的频繁特征,还可分出游荡性河床等。有关各河型的分布、演变形式及形成条件等分述如下。

1. 顺直微弯河床的河型演变特征

(1)顺直微弯河段的分布

长江中下游顺直微弯河段的分布:其一,主要分布于低山丘陵区的基岩和阶地控制河段,如宜昌—宜都段,金口—武汉段,黄石—富池口段,以及九江和江阴段等。其二,为平原分汊河段间的节点连接段(包含节点及其上、下游的影响河段),如团风洲的三江口至黄洲河段,黄洲至代家洲河段,官洲至鹅眉洲间的安庆河段,崇文洲至大通和悦洲间的梅埂河段,南京栖霞山与世业洲间的仪征河段等。其三,为平原弯曲河段中正反河弯间的过渡段,虽然河岸一般为二元结构的松散土层,但仍有顺直微弯河段分布,如涴市—沙市河段的太平口长过渡段、沙市河弯与马家咀河弯间的观音寺河段,郝穴微弯至石首河弯间的新厂河段,中洲子至监利河弯间的塔市驿河段,上车弯至荆江门河弯间的盐船套河段等。据中国科学院地理研究所、长江水利水电科学研究院等研究,长江中下游南津关至江阴河段,除下荆江河段外,顺直微弯河段总长达434km,占河段总长的28%,其中以南津关至枝城和枝城至藕池口河段为高,分别占91%与66%,城陵矶下游的长江中、下游河段百分数分别为25%与22%,总体分布趋势,顺直微弯河段长度所占各分段的百分数从上游向下游减少。

(2)顺直微弯河床的河型演变特征

由于顺直微弯河段的河岸一般为基岩、硬黄土及深厚的全新世粘性土等组成,或受节点控制等影响,抗冲性强,横向可动性小,河床普遍以窄深为特点,河相参数中的宽深比($\frac{\sqrt{B}}{H}$)较小,如城陵矶至九江河段中的城陵矶段为1.6,杨林矶段2.3,阳逻段2.7,肖家渡段1.5,九江镇江楼段2.5等;九江至江阴河段中顺直微弯段的宽深比,部分节点河段小于1,如小孤山仅0.55等,一般小于4。由于该类河段洪水期河床水流动力轴线的曲率小,环流微弱,横向摆动小,所以长江中下游单一顺直微弯河段的横向摆幅小,其 $\frac{B_0}{B}$ 的比值一般小于5.0(式中:B_0 为河谷宽度;B 为河床宽度)。并且因河床边滩、浅滩等主要由砂土之类组成,可动性大,所以在水流作用下河床深槽、浅滩和边滩等均易沿河床下移,以纵向演变为特点,带来的不稳定因素直接影响航道和有关的水利工程,如港工码头及引水工程的正常运行等。

2. 弯曲河床的河型演变特征

(1)弯曲河段的分布

长江中下游的弯曲河段主要以藕池口至城陵矶的下荆江蜿蜒河曲和城陵矶下游的簰洲湾弯曲河段为典型。其中下荆江在1967年裁弯前,1965年的河长为240km,有弯曲河段12个,裁弯后的1975年河长缩短为170km,有弯曲河段10个。裁弯前后平均分布密度分别为20km与17km一个,裁弯后河长缩短,分布密度相对增大;裁弯前后河弯曲率分别为2.83与1.93,其中裁弯前的最大弯曲率为上车弯的5.07,裁弯后最大曲率为调关河弯的3.20;弯曲半径范围值为5770~1260m,最大半径为熊家洲,最小半径为七弓岭河弯;河弯中心角范围值为106°~190°,一般在150°以下;河弯宽深比平均值为3.06,比上荆江弯曲段的3.65为小,反映弯曲河段的窄深特征①。簰洲湾河段位于城陵矶下游嘉鱼县的潘家湾与沙帽山之间,长76.6km,为一大型复式河弯,河弯狭颈距离4.2km,簰洲湾狭颈间花口至双窖河曲段长53.9km,河弯的曲折系数高达12.8,弯曲河段内的分段宽深比($\frac{\sqrt{B}}{H}$),上北洲为1.8,水洪口1.5,邓家口3.7,居字号2.7,因上半段右岸的粘性土层深厚,所以该河段河型尤为窄深②。

弯曲河床的地貌特征:主要由深槽、浅滩和边滩等微地貌单元等组成。横断面由深槽与边滩相对,主泓的纵向沿程由深槽与浅滩交错分布,一般以深槽和边滩较为发育,而过渡段的浅滩相对偏短。

(2)弯曲河床的河型演变特征

河床的演变包含纵向、垂向和横向的演变,弯曲河段亦同,但在空间上因河段所处的

---

①史绍权,孙昌万,单剑武,郑慕孝,晏济远,孙汉珍等.长江中下游河道基本特征(荆江河段).长江水利委员会水文局,1983年.

②张景泰.簰洲河段河床演变分析,长江中下游河床演变分析文件(第三集).长江水利委员会水文局汉口水文总站,1991年.

环境条件不同而有所差异；在时间上，大幅度的演变往往需要一定的时间才能反映出来，尤其是长河段的区域性垂向演变更是如此；短时期的演变主要表现为含纵横向的平面演变。

①弯曲河床的纵、垂向演变特征：长江的弯曲河段以下荆江河段最为典型。在纵向上由深槽和浅滩沿程交错分布，在年内的冲淤变化中，每当江水上涨，因弯顶上段产生壅水，使比降增大，河流挟沙力增强，从而对河床产生垂向冲刷使深槽扩展，而过渡段因洪水位的上涨，过水断面增大，流速减缓，泥沙淤积，浅滩淤长；当汛后枯水期，江水退落，浅滩过水断面减小，比降增大，流速提高，产生冲刷，将洪水期淤积的泥沙带到下游深槽淤积，从而使弯顶回淤、浅滩降低。河段的冲淤周而复始，在不受其他因素影响的情况下，多年输沙基本保持平衡，沿河床纵向分布的浅滩与深槽相对稳定，纵向演变较小，但当河床发生平面演变时，相应产生纵向的演变，表现在滩槽和河段长度的增加与缩短。在垂向演变方面，一般短时段内河床虽有冲淤，但河段平均垂向变幅较小，如下荆江的调关河段自 1951 ~ 1965 年间，河床一般平均淤高仅 0.2 ~ 0.5m①；河床两岸的堤外河漫滩滩地，则呈单向淤长，因漫滩水流的悬移质泥沙落淤沉积而逐年抬高，大水年淤积更强，如 1998 年、1999 年连续两年大水，下荆江河段滩地普遍发生淤长，其中监利下游青泥湾沿岸滩地普遍淤长 0.50m，个别地段达 1.00m 以上，由于长期落淤累积，今监利河弯的荆江大堤外滩地已比堤内老滩淤高达 5.0 ~ 7.0m；另外如上荆江的沙市弯段自唐宋以来，河床已产生大幅度抬升，荆江大堤外滩已淤高达 8 ~ 10m。演变特点：河床短时段冲淤基本平衡，长时段则加积抬高；河岸堤外滩地则呈单向淤长抬升。

②弯曲河床的平面演变特征：由于弯曲河床在纵向上输沙相对平衡，所以一般变化较为稳定，但在横断面上因受弯道环流影响，河床横向输沙不平衡，因而产生一系列形式多样的横向演变，其中以 S 形的演变为主要形式，基本特点为凹岸崩塌后退与凸岸淤长推进而使弯道发育。有关弯道水沙条件，据研究（张瑞瑾、谢葆玲，1980 年），在弯道环流的作用下，最大流速的位置为靠近凹岸的深槽，最大含沙量的位置则为靠近凸岸的边滩，而且悬沙中值粒径垂直平均值的最大值也在凸岸边滩附近。由于弯道动力轴线靠凹岸冲刷坡脚，使岸坡发生崩塌后退，在弯道环流的作用下产生不平衡的横向输沙，而使凸岸边滩向外淤长。有关主要演变形式如下：

1）S 形河弯的演变：在 S 形河弯的演变中，按弯曲摆动方向，又可分为单向演变和左右摆动的双向演变。

S 形河弯的单向演变：由于河床凹冲凸淤，河弯向一侧发展而产生单向演变。比较典型的实例如下荆江来家铺河弯的荆江 132 断面，自 1954 ~ 1968 年间，冲刷宽度约达 1000m，年平均崩淤位移约 67.0m，断面冲淤变化见图 9-2-2；另如下荆江的调关河弯、荆江门和七弓岭河弯以及城陵矶下游簰洲河弯上段的潘家弯等也相类同。此类河弯在正常情况下，多年崩塌量与淤积量基本相等，虽河弯曲率增大，但河床横断面的形态特征及宽深比仍相对稳定。

①华东水利学院. 水力学（二），泥沙运动与河床演变. 1974 年.

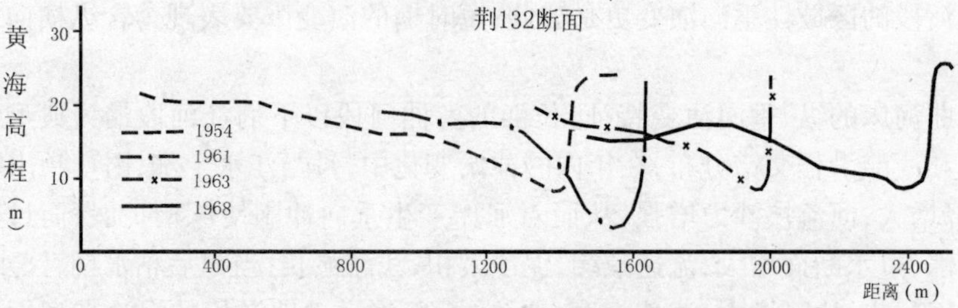

图 9-2-2　下荆江来家铺河弯断面的冲淤演变图

S 形河弯的双向演变：当河弯曲率过大，或受上游河势演变及大水年的冲淤等所引起的河床主流线呈反向摆动，致使弯道凹岸产生撇弯形成缓流区淤积成滩，而凸岸边滩受冲发生切滩，引起河床左右弯曲摆动，产生双向演变。在下荆江的弯道演变中较为常见，如 1934—1959 年的上车湾撇弯和 20 世纪 50 年代的沙滩子切滩等（图 9-2-3（a）、（b））。

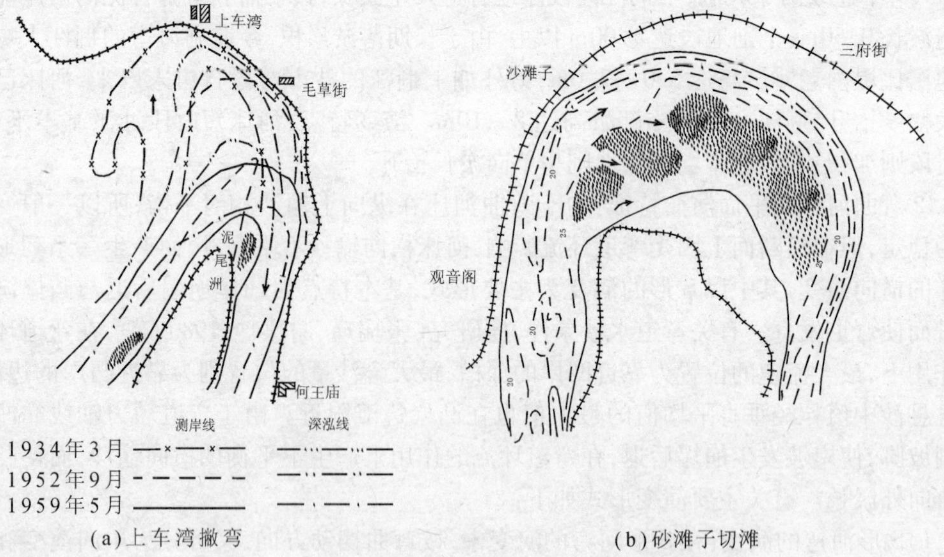

图 9-2-3　下荆江河段的上车湾撇弯与沙滩子切滩示意图

2）Ω 字形河弯的演变：当河床的弯道向一侧不断推进，曲率增大，与上下相邻河弯组成两个反向 S 形河弯的复合弯道，以上、中、下 3 弯间两过渡段为枢纽点，中部河弯不断发展而成高弯凸起，上下两反向河弯的弯顶则逐渐靠拢形成狭颈，因此组合而成“Ω”字形及其变形。大型的“Ω”字形河弯如簰洲河弯、尺八口河弯等。有的变形呈柳叶形，如下荆江的上车湾，有的弯顶因受河岸相对较硬土层控制而成复式河弯，如石首下游裁弯前的原中洲子河弯等。由于河弯的长度及曲率增大，比降减小，挟沙力降低，致使泥沙淤积，洲滩发展，河床输水输沙阻力增大，影响过流泄洪；与此同时，因河弯的狭颈缩窄，当洪水漫滩通流时，因比降大，从而引起冲刷，首先形成串沟，进一步扩展为支汊分流，最终发展而成主泓，发生自然裁弯取直，相继原弯曲河段的进出口门逐渐淤塞，而原弯顶深槽等河段则形成牛轭湖,有的后被泥沙逐渐淤填,有的由于人工垸堤等的修筑而与江完全隔离,得不到泥沙的供应充填而长期保存。这类河弯在下荆江较为发育,近百多年来,有图文资料可查的自然裁弯形成的牛轭湖有古长堤(1887 年)、尺八口(1909 年)、小河口(1910 年)、碾子湾(1949 年)和沙滩子(1972 年)等。另外还为荆江泄洪需要,分别于 1967 年和 1969 年在中洲子和上车湾等天然河弯实施人工裁弯取直后留下的故道牛轭湖等。荆江河弯发育有两大特点,其一,一般由南向北弯曲凸起;其二,河弯相对稳定,当裁弯后,又有复向原弯曲方向发展的变化趋势。据 H. E. KO 凡 PATBEB 的“Ω”字形河弯演变图式,以尺八口河弯的历史变迁较为典型,见图 9-2-4。

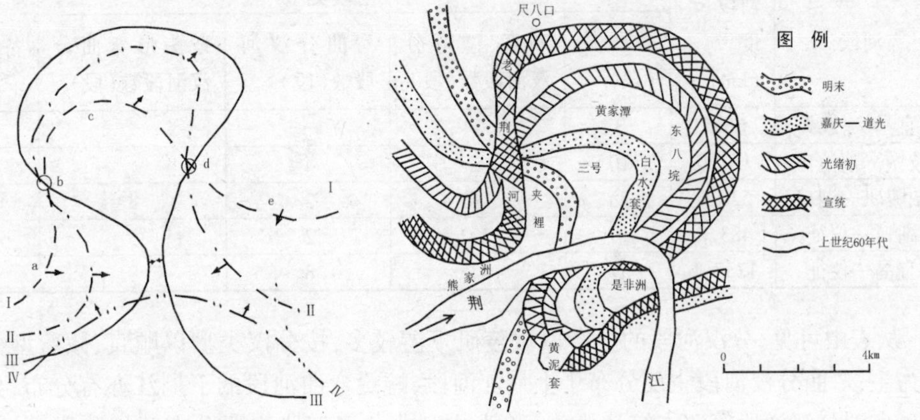

(a)“Ω”式河弯发展图式
(据H·E·KOH 凡PATBEB等)

(b) 下荆江尺八口河弯历史演变

图 9-2-4　“Ω”形河弯发展图式及下荆江尺八口河弯的历史演变

3)特殊形河弯演变:当河弯弯顶的地质条件软硬不均,则易形成复杂多样的河弯。据林承坤,陈钦峦对下荆江的历史变迁研究(图 9-1-8(b)),当弯顶受到局部河段的石矶或硬土挑流时,因冲刷受阻,河段便以此为枢纽点,产生旋转,上游易冲段继续发展,下游受节点挑流改向外移,其结果使弯曲河段的曲率和中心角增大,曲率半径减小,以石首河弯为典型。另当弯顶有较长的硬质岩土顶冲段分布而受阻时,则迫使弯顶改向,沿硬土向上下游发展,如章华港河段,沿岸因有残丘露头及阶地临江,在鹅公凸一带滩地又下卧有 20m 以上的厚层粘土等分布,由于河岸难以冲刷,从而使河弯的弯顶在 1835 ~ 1975 年间产生溯源发展而上移 7.0km;又如调关河弯,因上首沿岸有厚层蓝灰色粘土分布,河弯发展受阻,因此沿界面转向上、下游发展,使弯顶由较圆滑的弧形转变为“平顶”式弯顶,如继续发展,便可向复式河弯转变。在一些比较典型的复式河弯中,往往都有相对难冲土分布,直接影响河弯形态。如下荆江裁弯前的中洲子和古尺八口河弯等;另如城陵矶下游河段中的簰洲河弯,因簰洲至肖家湾段粘性土层深厚,至使上游的反向河弯没有向花口一带推进,而是向上游的潘家湾发展,而簰洲湾下游的相邻反向河弯则向上沙湖发展,因上下两河弯的弯顶相错,从而使簰洲湾的狭颈不能继续缩窄,无法自然裁直,弯道河型稳定而得以长期依存。

3. 分汊河床的河型演变特征

(1)分汊河段的分布

分汊河段的河床宽窄相间，呈藕节状展布，窄段形成单一河床，横断面以窄深为特点；宽段由江心洲滩分流，河床横断面以宽浅为特点。长江中下游宜昌—仪征（长江古河口）河段总长1407.11km，除下荆江藕池口—城陵矶的蜿蜒性弯曲河段长170km稀少外，分汊河段广泛分布，尤其城陵矶以下规模增大，按长江水利委员会水文局1983年前资料统计，共有分汊河段57个，按河床平面形态分类为顺直微弯分汊，弯曲分汊和鹅头形分汊河段等3种基本类型；按各河型江心洲滩及分汊的汊道数量，还可分为两汊的双汊型和两汊以上的多汊型两个亚类。关于分汊河段的分布，分段统计见表9-2-1。

表9-2-1　　长江中下游主要分汊河段分布表

河段	河段长度（km）	分汊河段类型				备注
		总段数（段）	顺直、微弯分汊河段数（段）	弯曲分汊河段数（段）	鹅头形弯曲分汊河段数（段）	
宜昌—枝城	66.5	3	3			
枝城—藕池口	167.0	10	6	4		
城陵矶—湖口	520.6	25	20	2	3	
湖口—仪征	483.0	19	12	2	5	
宜昌—仪征	1237.1	57	41	8	8	

从表中可见，分汊河段的分布以城陵矶下游较多，按分汊类型以顺直、微弯型分汊河段为主；弯曲分汊河段主要分布于上荆江河段，蜿蜒弯曲河段的下荆江亦有分布，如监利和孙良洲分汊河段等还未统计入内；鹅头式弯曲分汊河段主要分布于城陵矶下游，其中尤以湖口下游东流—芜湖段较为集中、典型。各类型的主要分汊河段特征比较（表9-2-2）：据罗海超等研究，城陵矶—江阴河段的41个主要分汊河段中，顺直、微弯和鹅头式等弯曲分汊河段分别为16、15和10个，仍以顺直、微弯为主。按河段规模：3类分汊河段平均长度分别为18.6km、18.8km和23.7km；平均宽度分别为3.5km、5.5km和8.6km，平均分汊数分别为2.3、2.3、与3.4等，均以鹅头分汊型 > 微弯分汊型 > 顺直分汊型；而平均长宽比则相反，分别为5.4、3.4和2.8等，以鹅头式分汊段为小。从上两表分类虽不完全相同，但对比显示，一般随分汊段的弯曲程度增加，其长度、宽度、宽深比等相应增大，平均分汊数亦增多，其中尤以鹅头式分汊河段为典型，河床进一步变向宽浅。

表9-2-2　　长江中下游城陵矶—江阴河段不同河型汊道特征比较表

河段类型	数量（段）	平均长度（km）	最大宽度平均（km）	平均长宽比	宽深比$\frac{\sqrt{B}}{H}$	平均分汊数
顺直河段	16	18.6	3.5	5.4	3.42	2.3
微弯河段	15	18.8	5.5	3.4	3.64	2.3
鹅头形等弯曲河段	10	23.7	8.6	2.8	4.63	3.4

（据罗海超、周学文、尤联元、洪笙天、金德生等，1980年）

（2）分汊河床的河型演变特征

①分汊河床的演变特征：分汊河床的形态除分汊段上下游的节点段以窄深为主外，一般分汊段都较宽浅；分汊河段的演变以平面摆动为主，垂向演变较小。历史时期的演

变:据长江中下游城陵矶至仪征河段中的37个主要分汊河段统计(中国科学院地理研究所,长江水利水电科学研究院,长江航道局规划设计研究院等,1985年),平面摆幅一般为5.0~10.0km,最小为2.0km,最大达10.0km以上,其中九江和铜陵河段最宽达20.0km;相对摆幅,即河床摆幅与分段最大河宽的比值,一般为2.0~6.0,少数在6.0以上,其中以九江张家洲达13.3为最大,次为龙坪等,即除少数河段较大外,一般相对较小。河床摆动方向:根据34个主要分汊河段统计,在早年历史时期,自左岸向右岸摆动的分汊段达21个,由右向左岸摆动的分汊段仅13个,分别占61.8‰与38.2‰,即以由左岸→右岸摆动为主;但近100多年来,因经过历史时期的长期南移演变后,大部分分汊河段都已抵右岸的丘陵及阶地受阻,而河段上游不断来沙淤积,洲滩只得改向左岸发展,相应分汊河床表现为自右汊转向左汊扩展增多,河宽呈增大之势;部分分汊河段由于继续横向扩展受到外围周界条件所限,弯顶的顶冲点则沿硬土边界下移,转向鹅头式河弯发展,如陆溪口的中洲、龙坪新洲等。分汊河床冲淤的基本规律:年度内汛期淤积,枯水冲刷;年际变化为大水大沙年大冲大淤,小水小沙年则小冲小淤。因河流的冲淤主要取决于上游来沙量与河段水流的挟沙能力,当上游来沙量大于河床水流的挟沙力时,便产生淤积,反之则产生冲刷;而分汊河段在纵向多处于上下游两节点间的宽段内,当上游来水出上节点后,因河床断面展宽,流速减缓,水流挟沙力降低,泥沙产生淤积;并且在汛期水流又受下游节点顶托影响产生壅水,流速减小亦使挟沙能力降低而发生淤积,从而使洲滩淤长,当汛后水位降低,壅水影响减小或消除,流速增大,挟沙能力恢复,又将汛期淤积泥沙冲向下游。河床洲滩的淤长,自然使分汊河段相继扩展,而洲滩的发展往往由散滩→心滩→江心洲,历经发生、发展到成熟的过程。虽然江心洲滩还可通过水流切滩形成,但无论何种成因类型,都通过水沙相互作用随江心洲滩的发生、发展而发展,并又随泥沙淤积和江心洲(滩)靠岸而衰亡,因此在分汊河段的演变中,江心洲(滩)的演变具有决定性的意义,不仅影响河段的分汊类型、规模的大小,还可导致分汊河段的消亡而使河型发生转换等。

②分汊河床的演变形式:在同一分汊河段内,各汊道间处于对立统一状态,相互争夺分流分沙的结果,使河床产生单向演变和双向的周期性演变。

1)分汊河床的单向演变:分汊河段由于受边界条件或来水来沙等因素的影响,在一定的时段内可向一侧单向发展。历史时期的单向演变实例如建坝前的葛洲坝河段,位于南津关与宜昌市之间,由西坝与黄草坝、葛洲坝等江心洲形成三江分流,据南京大学地理系调查发现,在靠宜昌市区以东的山前地带还有一条东湖古河道分布,按其排列,今大江在右,向左依序为二江、三江和四江故道等,按形成时代以四江为最早,现已成为T_1阶地。各汊道床底基岩高程:大江为25~30m,二江35~38m,三江37~42m,东湖故道55~56m,即由左至右从老到新高程逐级下降,以大江为最低。从古今河道的平面分布和床底的基岩高程特征清楚的反映了该分汊河段自第四纪的晚更新世以来,在新构造运动的掀斜和地球科氏力等因素的影响下,河床由左向右岸单向迁移,今大江已抵右岸山脚。由于新构造运动的长期上升和河床下切,在宜昌右岸已形成典型的侵蚀三角面,第四纪以来左岸则相应形成多级阶地。单向演变实例之二如阳逻下游的叶家洲分汊河段,位于阳逻至泥矶之间,河段长约25.0km,早在东晋时期(317—399年)分汊河型已经形成,《水经·江水注》记载:“双柳镇,江中有洲,曰峥嵘洲,右支为当时主流所经”,至南宋时代江心洲依然存在,至明代(1644年)古峥嵘洲靠岸而成单一弯曲河型;但至清代由于江道南岸继续崩退，江面向南展宽，弯顶又生成牧鹅洲和叶家洲，近百多年来，在清代同治前叶家洲因淤积向北并岸，而牧鹅洲在高水时产生分流，至1930年时牧鹅洲因不断淤长，长度已达4000m余，於1953年时已向北靠岸，1966年时左汊枯水断流，至1976年时又演变成单一河道。从上可见，叶家洲河段自东晋以来的历史时期，由于南岸持续崩塌后退，主河床单向南移，河型虽在长期分汊或准分汊状态与单一河道之间多次发生交替转换，但先后生成的峥嵘洲、叶家洲和牧鹅洲等都向北并岸，河床随之南移。又如长江下游的太子矶河段，位于安庆下游的拦江矶与鸟沙峡之间，早在清代(1865年)太子矶北的江中仅有雏形心滩，后来由于江心洲滩向北发展，1934年后，江中铜盘洲、铁盘洲合并，玉盘洲生成，北汊向北继续扩展直抵纵阳镇附近的丘陵前缘，因发展受阻，顶冲点转向下移形成鹅头状分汊河段，至1976年时，原江心洲统一兼并而成铜板洲，河段由多汊型转为双汊型，鹅头型弯曲分汊河床相对稳定。

以上例举的分汊河段中，葛洲坝和铜板洲两分汊河段经历长期的单向演变后，因受河岸丘陵岩基所阻而处于稳定状态，而叶家洲分汊河段至今尚未完全稳定，仍在持续缓慢南移的发展过程中。

2)分汊河床的往复双向摆动演变：由于各汊道相互争夺流量，河床分流分沙的结果导致汊道兴衰，主支汊道互换等系列演变，按时段可分为历史时期长时段的年际往复演变和短时段的年内季节性往复演变，实例如下。

芦家河顺直微弯分汊河段的演变：芦家河位于长江中游百里洲河段的松滋口与姚家港之间，枯水期呈散滩展布，心滩分流，洪水期全部淹没于水下，为长江中游有名的碍航浅滩。该河段地理位置特殊，因地处丘陵与平原交接的松滋口喇叭状河谷内，河床坡降减缓，并有松滋口分流，河宽由800~1000m突然放宽到2000m余，再加松滋河宽350m，过水断面总宽度增加到一般河宽的2.5~3.1倍，水流分散，流量亦因松滋口的分流而使干流流量减少10%左右，诸因素综合作用结果使河宽增大，流量减小，比降减缓、流速降低，泥沙堆积成滩，形成江心洲滩分流。历史时期的分汊河道演变：早在南宋时，枝江百里洲河段就有99洲之说，反映了当时散滩星罗棋布的内陆三角洲景观。在分汊河道中，历史上长期为南江北沱的格局，泥沙主要沿南江主泓一线输移堆积；但随洲滩增多，河床淤阻，于1830—1860年间大江转北为北江南沱，成为该河段的一大历史性巨变，泥沙随主泓转北堆积，洲滩发展，形成北江中的分汊河段。年度内的分汊河道演变：由于河床宽浅，主泓多变，一般年份洪水期趋中，枯水期坐弯，形成该河段年度内的周期演变，并具有明显的时空特点。从卵石推移的空间状态看，该河段江面宽阔，因受流速条件所限，卵石并非像山区河流沿河床全断面推移，而主要集中于沿主流一线的强推移带；时间亦非全年，而主要是每年的5~10月大汛期间，尤以7~8月大汛高洪时期为盛。其形成机理是每年5~6月汛期到来后，当上游河床卵石启动沿主流线推移进入本区时，芦家河主流线趋中已改走南泓，因主流动力轴线产生撇弯，于是在南泓以北的凹岸便形成大面积的缓流区，从而发生大量泥沙堆积，靠近主流线堆积物质较粗，主要为卵石，即所谓“石泓”，离主流线远处则渐细，至北泓水域已堆积为砂，即所谓“砂泓”，并随着水流动力相位的改变，堆积物质亦产生由粗→细的相变。每年从5~6月开始堆积，一般到7~8月，有的年份到9月时，浅滩普遍淤长，将枯水期的零星散滩兼并，发育较好时，可形成为大的浅滩，进而可靠北岸成为水下边滩，如1985年8月水道地形所示(图9-2-5)。每年一个洪水季完成一次浅滩的被盖式堆积建造，至10月江水下落，一个冲刷的“改造”期又复开始，此时南泓流量减小，主流由南复转北泓归槽集中冲刷，切割汛期水下边滩的滩根而成枯水河槽，残存部分变为心滩；与此同时还因南北泓横比降较大，形成多股横向水流切割滩脊，一般从10～12月近3个月的冲刷结果，形成大小冲沟，将汛期建造的滩脊分割成大小数段，被冲刷的卵石在滩上还可产生次生堆积，最终形成顺江排列组合的滩群，因多卵石，俗称所谓“碛坝”，从而完成对浅滩的“改造”；常年从12月至次年4月水流归槽时段，北泓冲刷停滞，因江水下降，碛坝裸露江面，即为相对的稳定时期。总之，河段主泓在年内一般呈周期性的往复摆动，河床每年汛期淤积，汛后冲刷，枯水期相对稳定，年复一年，周而复始。

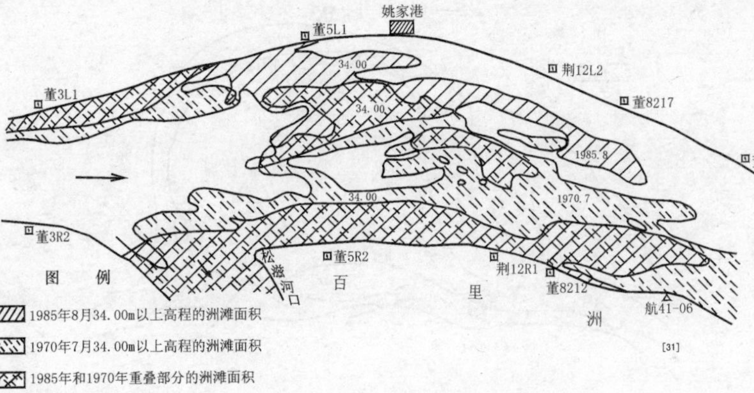

图9-2-5　上荆江芦家河浅滩演变图

从多年水道地形图反映，该河段主泓在汛期也曾有走北泓道的历史，虽然主流线洪枯水期都稳定在北泓，亦可形成浅滩碛坝。如1970年7月，主泓靠北，河道汛期淤积结果，34m等高线圈定的浅滩范围上自松滋口附近，下延长达4800m，滩体靠南岸向北伸延达1700m，占据江宽2150m的约80%，其形成模式与前类同。当汛期到来，上游卵石启动推移进入本区后，沿主流线进入北泓，由于动力轴线靠北贴弯，因而南岸形成广阔的缓流区，并在微弯河段的环流作用下，卵石向凸岸推移，亦发生边滩式的堆积，形成右岸的水下边滩。当大汛之后，江水退落，南泓水流亦冲刷边滩形成江心滩，因南北两泓仍有横比降存在，所形成的多股横向水流切断滩脊结果，又形成滩群而裸露江面。

从上可见：芦家河浅滩因地处喇叭状河段，河宽较大，水流分散，河岸对水流的控制作用较弱，主流动力轴线易于摆动，有南北两个泓道，当汛期主流走南泓时，动力轴线撇弯，在北岸成滩；当走北泓时，主流动力轴线坐弯，在环流作用下又可在南岸成滩，其原因都有一个较大的缓流区，具有良好的堆积环境条件，其规模可伸延到江宽的60%～80%，滩宽达1200～1700m。当大汛之后的冲刷期到来，无论南北两岸的淤积泥沙均被冲刷，切割滩根形成心滩，再加横向水流的冲刷，使滩脊破坏形成散滩。从平面分布看：浅滩的建造期间，两种模式成滩规模都可发展到江宽的一半以上；在改造期，无论南泓或北泓都可切割建造的滩根而成浅滩碛坝，两泓道之间的部分滩体则未被冲掉而得以保存下来。从浅滩的高度看，主要决定于冲淤量的变化，当汛后浅滩的冲刷量大于淤积量时，表现为滩体的降低缩小;当冲刷量小于淤积量时则表现为浅滩的淤长抬高;当冲淤量基本平衡时,则表现为滩体稳定。这样表面似乎长期变化不大,但实际在碛坝上部还是受到冲淤变化,物质在发生交换,仅滩体的中下部得以相对稳定而保存下来。从浅滩碛坝的演变可见:都遵循年度内汛期淤长,汛后冲刷,枯水期相对稳定的规律而呈周期性的演变,枯水期心滩出露,河床分汊。

南京八卦洲弯曲分汊河段的演变:以1974年与1858年的河势图对比,发生了三方面的变化:其一,主泓道由左汊转移至右汊;其二,八卦洲分汊河道下移4.0km;其三,鹅头式分汊河段成型。由于左汊浦口—大厂镇上段产生右移,大厂镇—乌龙山中段发生左移,因此不仅主泓转移,鹅头分汊形成,而且弯曲分汊河段发生整体下移,基本形态依旧(图9-2-6)。

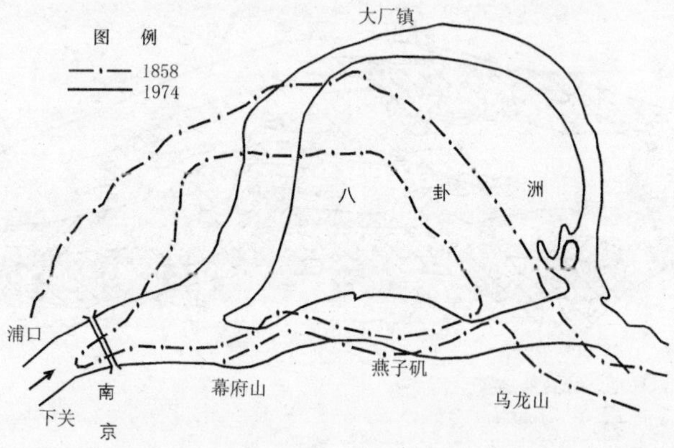

图9-2-6 南京八卦洲河段历史变迁比图

3)分汊河床的周期性演变:系指河段的双向演变中较有规律的一种类型,其演变可分为年内和年际周期,其中年际周期性演变主要发生在较成熟阶段的弯曲分汊河段和鹅头式弯曲分汊等河段,典型实例如下。

团风鹅头形弯曲分汊河段的周期性演变①:早在公元420年时江中就有举洲,为一弯曲分汊河床,以凹岸的左汊为主泓;1127—1279年间,江中有二洲,形成三汊分流,其主泓居中,鹅头式弯曲分汊河型已成雏形;1506—1614年进一步发展,河势基本同前,主泓道向北有所偏移;至1860年江中出现三洲,以左汊为主泓,靠岸贴流,多汊的鹅头式弯曲分汊河床形成,以上反映了历史时期的河床主泓经过由北转中后再转北的周期演变过程。自1860年后,主泓逐渐南移,于1912年时已移到中汊,1934年移至左汊后,1948年返回右汊,1953年再至中汊,而后逐年向左移动,于1976年已抵左岸的团风以东而呈弓形,但规模比前为小,1981年又返回右汊,至1987年又开始向左岸移动,其中1953—1987年的主泓道演变见图9-2-7。从上演变显示具有周期性特征,1860年前主泓以左至中汊间的周期性摆动为主,具有向左趋势;1860年后改为中汊偏左与右汊间摆动,即向右趋势增强,且摆动频率增大,摆幅减小。

①丁宗樂,王勇.团风河段河床演变分析,长江中下游河床演变分析文集(第三集).水利部长江水利委员会水文局汉口水文站,1991年.

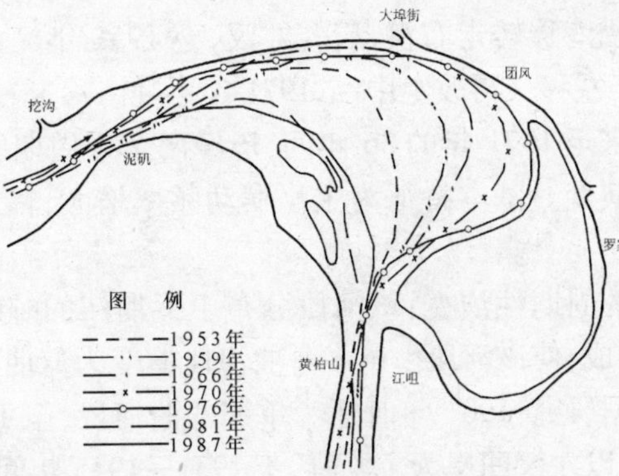

图 9-2-7　团风鹅头式弯曲分汊河段主泓道演变图

陆溪口中洲鹅头形弯曲分汊河段的周期性演变：该河段位于赤壁矶—石码头之间，河段长约 25.0km，在 592 年时河道基本顺直，江中仅有一江心滩分布；1868 年时，河段由基本顺直转为微弯河型，江中一小江心洲滩依存；至 1920 年时，原河道南岸维持，江中出现两洲滩，且面积较大，由于洲滩向北扩展，使北汊形成鹅头式多汊雏形，后经 1926 年大水，左岸汊道向北进一步扩展，原江中两洲兼并，后历经主流线的摆动和河床的冲淤，江心滩分分合合，自 1935 年以来，已发展为多汊的鹅头形分汊河弯，因北汊弯曲河段的继续发展，洲滩多经演变，至 1981 年时已发展成 4 洲滩的鹅头式多汊河床。鹅头式多汊河段的特点为北汊扩展，江心洲滩分合多变，洲滩总面积、河宽及弯汊曲率等均发展增大（图 9-2-8①）。

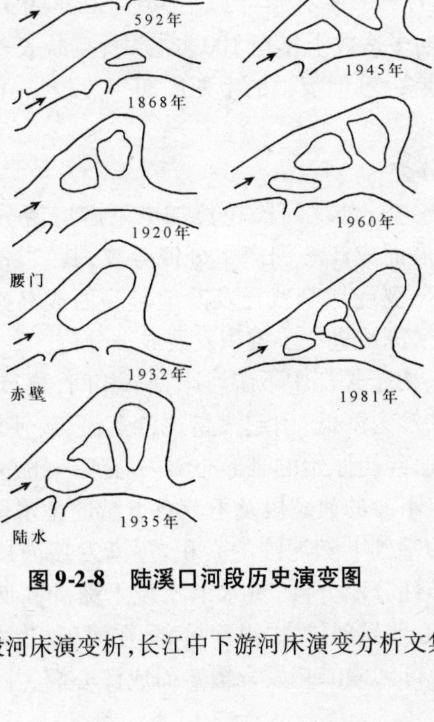

图 9-2-8　陆溪口河段历史演变图

①周开萍，罗莹. 陆溪口河段河床演变析，长江中下游河床演变分析文集（城陵矶—九江）. 长江水文局汉口水文站，1991 年.

从上可见,近百多年来,由1868年时的一般微弯分汊河段演变为1935年时的鹅头式弯曲多汊河床。当时主泓南移转走右汊,后转左汊,至1951年又由左转走中泓,1960年复转南重走右泓,1967年左移又再改走中泓,1971年再度南移走右泓。即自1934年鹅头式弯曲分汊河段形成以来至1971年的36年间,历经两个半周期的左右摆动,平均约15年完成一个周期性往复演变。基本特征为主泓摆动频率增大,幅度减小,范围以中至右泓为主,趋势偏右。

监利弯曲分汊河段的周期性演变:该河段分布于下荆江的蜿蜒弯曲河段内,在近百多年来,由于乌龟洲的形成,使该河段由单一弯曲河段演变为弯曲分汊河段,而且主泓道呈现左右周期性摆动。据研究:1901年时还为单一弯曲河段,至1912年时乌龟洲出现,从此形成弯曲分汊河段,以左汊凹岸为主泓;后于1931—1945年间主泓改走右汊;1945—1971年复走左汊;1971—1975年又改走右汊;1975—1977年再转走左汊;后经1978—1979年间的左右摆动后,从1980—1992年前后稳定于左汊;自上世纪90年代以来又复转右汊,即1912年至上世纪末的80多年间,南北摆动3次,即25—30年间完成一个周期摆动,以周期短、幅度大为特点。除上例举的周期性演变分汊河段外,在长江中下游河段中还有如龙坪、安庆官洲、枞阳铁板洲和铜陵成德洲等都较典型。

综合上述:在分汊河段中,关于主汊道的演变,多具摆动性,其年度内季节性的周期摆动以顺直微弯的芦家河河段较为典型,年际间主汊道的摆动尤以鹅头式弯曲分汊河段较为突出,基本特点为左右摆动,近100多年来主泓趋左增强,频率增高,周期缩短。河床主汊道的摆动周期与河型紧密相关,有随分汊河段的弯曲程度增大而变小的规律,即分汊河床愈弯曲,相对稳定程度愈小,一般情况下的相对稳定性有顺直分汊河段>弯曲分汊河段>鹅头式分汊河段的趋势。关于汊道的生死周期:据研究(中国科学院地理研究所等,1983年),长江中下游城陵矶至仪征河段的22个主要分汊河段中,在100年以上的为13个,占统计总数的59.1%;100年以下,40~60年的3个,占13.6%;8~35年的6个,占27.3%。一般周期多达数十年至100年以上,反映长江中下游虽大部份分汊河段主泓摆动频繁,主支互换多变,但汊道的生死周期一般较长,往往能较长时期维持多汊并存的分汊格局。

(3)分汊型河床的分类

①分汊河床的成因分类:分汊河段在长江中下游广泛分布,按基本成因类型有三。其一,堆积型:由心滩发展而成江心洲产生分流分汊;其二,侵蚀型:即以侵蚀切割洲滩、漫滩及阶地等产生分流分汊或切割残丘及阶地基座而成岛礁分流等;其三,侵蚀—堆积型:即在侵蚀型的基础上,洲滩进一步堆积发展成洲分流。

1)堆积型分汊河床:由于长江中下游河床宽窄相间,藕节状河段沿程呈串珠状分布,宽段因流速减缓,水流挟沙力降低,引起大量泥沙落淤,致使洲滩发展,其中江心洲(滩)尤为发育,按其发展过程,经历原始的雏形心滩→心滩→江心洲等3个阶段。第一,雏形心滩阶段:首先在上节点下游的放宽段及下节点上游的壅水段发生淤积而呈散滩;第二,心滩阶段:在雏形心滩的基础上随泥沙的淤积,逐渐发展而成心滩,由于滩面的淤长,枯水期出露江面,产生季节性分流分沙,洪水期水位上涨升高而淹没于水下;第三,为江心洲阶段:由于泥沙淤积,心滩发展扩大,滩面抬高,在河床相沙质为主的心滩面上,再加悬移质细颗粒泥沙落淤,上部河漫滩相发育覆盖而成江心洲,并随悬移质泥沙的逐年淤积,滩面抬高增厚，分流稳定性增强，该类洲滩分布普遍，为一般分汊河段的主要成因类型。

2）侵蚀—堆积型分汊河床：系指由于水流侵蚀切割边滩、沙咀、河漫滩及阶地等成洲产生分流的基础上，经后期泥沙堆积发展形成的分汊河段。实例于下：切割边滩成洲如上荆江涴市弯道的马羊洲，原是以涴市为弯顶的凸岸边滩，因1935年大水切割边滩成为弯曲分汊，后经马羊洲发展而成当今分汊河床。切割阶地成洲：如宜昌胭脂坝，同治《宜昌府志》卷二记载“烟收坝在（东湖）县东南二十里”，《东湖县志》记载“烟收坝在五龙山之东大江中，居民百余家，林木甚茂，今沦于江”，反映在清代早中期其陆地面积宽广，与岸相连，而且当时地势较高，后被冲刷分割成洲，并历经冲刷降低成滩，后又被泥沙淤积，而今为新滩所覆盖。据20世纪80年代作者实地调查时也曾发现，滩面的采石坑底还有晚更新统的大漂石层和棕黄色硬粘土等阶地的土层埋藏分布，从而有力证明其洲核仍系由原阶地切割而成。另如枝城下游的关洲分汊河段，虽大面积以现代砂卵石堆积为主，但其洲尾亦有大片晚更新统（Q_3）的阶地黄黏土出露，并有新石器时代遗址发现，在洲头还有成片的江北胶结卵石层等出露，从地层、岩性特征及古文化遗存等的分布表明，该洲原为阶地，后被水流切割成洲，以冲刷阶地的残体为“洲核”，被后期的泥砂堆积覆盖而成今江心洲产生分流，形成分汊河床。

3）侵蚀型分汊（分流）河床：由于侵蚀切割滩地、阶地及残丘而成江心洲岛产生分流分汊。天然侵蚀形成的分汊河床，在长江中下游河段中比较典型的切割阶地如技城关洲，切割滩地如涴市马羊洲等，但后随泥沙的淤积，洲滩发展，演变而成侵蚀—堆积型。下荆江的蜿蜒弯曲河段，自然裁弯频繁：如古长埋、尺八口、河口、碾于湾、沙滩子等；人工分汊河床：如下荆江来家铺的中洲子和砖桥的上车湾等都在裁弯后新老河并存期间，由洲滩分流，形成分汊河型，但随老河淤死，洲滩靠岸而复转型为单一河床。

②分汊型河床的平面形态分类：按分汊河段的平面形态主要可分为顺直微弯分汊河床，弯曲分汊河床和鹅头形弯曲分汊河床等3个亚类。在成因条件中含河床边界和来水、来沙等多方面，其中河床边界组成是形成分汊河床的基础，起决定性作用；分汊段与上下游节点束窄段的交角和比降是重要条件，在一定的水沙条件下，产生不同的分汊类型，基本特点于下。

1）顺直微弯分汊河床：该类分汊河床地质条件相近，两岸岩性基本一致，支汊与上游干流交角相当，河床江心洲滩相对较对称，河道轴线基本顺直，一般多呈双汊分布，如长江中游城陵矶—杨林矶间的南阳洲段（图9-2-9）和九江上游的人民洲段等。当河床两岸土层深厚或质地较硬，水流侵蚀冲刷的可动性较小时，不利洲滩的横向发展而成条状分布；若当两岸质地均较松软，对洲滩横向展宽有利时，也可发展为大型的顺直多汊河型，最为典型的如贵池分汊河段，江中虽有凤凰洲和长沙洲等展布，但分汊河段仍保持顺直，左右汊道与轴线交角基本相当。

2）弯曲分汊河床：一般弯曲分汊河床两岸岩性组成软硬悬殊，如长江中下游的右岸多丘陵阶地，岩性由基岩或下蜀硬黄土等组成；江左岸为河漫滩和冲湖平原，全新世沉积的土、砂层质地松软，可动性大，因此弯汊河段和洲滩多向左岸软土河岸扩展。若左汊又与上游节点河段交角较小或有右岸矶头挑流时，在水流惯性的作用下，更易变为主汊道，并随流量增大，弯道发展；同时横向环流增强，相应产生横向输沙，从而使右汊逐渐淤积萎缩。另一方面随左汊的进一步发展，河宽和河长增大，比降减小，而右汊却相对增大，随流量增加而渐转为主汊,但因受河岸硬质岩土所控,河汊相对顺直,所以往往形成不对称的正弦式弯曲河床,如张家洲、糰排洲、南京八卦洲河段等。

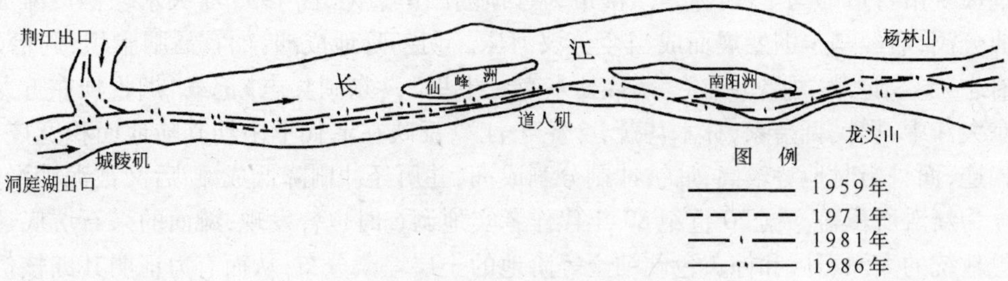

图 9-2-9 顺直分汊的南阳洲段河势图

3)鹅头式弯曲分汊河床:系指弯曲分汊河段的过度发展,在地貌形态上,一般上游干流节点束窄河段与支汊的交角偏大。据研究(中国科学院地理研究所,长江水利水电科学研究院等,1985 年),长江中下游 8 个典型的鹅头式弯曲河段的转折角达 40°~80°(表 9-2-3),其左汊形成弯道,弯顶已下移到下节点或节点以下的对应部位;并且弯汊出口段与汇流口干流的交角多达 90°以上,使整个分汊河段呈现鹅头状特征。在分汊河段中弯曲支汊产生的条件依然与一般弯曲河段相类同,首先是两岸岩性差异,质地的软硬悬殊起着决定性的作用,当河床一岸受丘陵阶地所控制或顶托,另一岸因质地松软深厚,且地域宽广,又因河势方面弯汊进口顺畅,在水流惯性力的作用下易获得更多流量,使分流比增大,弯汊继续发展;若弯道发展过度或受外围的硬粘性土层等所限时,弯顶段转向下游,并且又受纵向节点所控,进而发展为鹅头形。但随弯汊曲率的增大,河长增加,水面比降愈来愈小的结果,又使原较顺直的凸岸支汊比降相应增大,特别是当汛期高水时,因主流动力轴线摆动趋直,使凸岸的支汊流量增大,进而扩展成为主汊,发生主支交换,但随泥沙淤积,洲滩发展,又使主汊趋弯,从而形成年际的周期性摆动演变。从长江中下游河段的陆溪口中洲、团风、龙坪、官洲、铜板洲、铜陵成德洲、黑沙洲和南京八卦洲等典型鹅头式分汊河段见及,历史上的主泓道都曾靠左岸的弯汊,后历经演变,现代主泓道均已转向偏中或右岸,虽然有年际的周期性摆动,但主泓已难恢复到原左岸的弯顶,如团风等分汊河段也只能在右汊与中汊间摆动,总体摆动轴线趋南,摆幅趋小(图 9-2-7)。以上表明:长江鹅头式分汊河段的演变具有显著的阶段特性,在分汊河段的形成与扩展阶段,主泓偏左,但随弯汊的发展进入成熟期或老年期的衰退阶段时,主泓左右摆幅减小,周期缩短,摆动偏右趋势增强。

综合上述可见:各类型分汊河段主支汊的交替演变中,在一定的含沙水流条件下,输沙基本保持平衡;河岸土层抗冲性的强弱,汊道口门段与干流连接河段转折角的大小,以及汊道的纵横比降等都是重要的影响因素,不仅直接关系到汊道的进口流量大小,还关系到河床的横向输沙及洲滩的冲淤演变等。分汊河段中的顺直微弯分汊、弯曲分汊和鹅头式多汊等,既是 3 种基本的分汊类型,也是分汊程度高低的 3 个阶段。长江中下游平原河段总体演变趋南,而在各分汊类型的主泓道周期演变中,但近百多年来弯曲和鹅头式分汊河床展宽,却多趋向北扩展,而近些年来,其主泓道摆幅减小,周期缩短,转南趋势又有所增强，一般分汊河床虽主支多变，但多能长期并存。

表 9-2-3　　长江中下游鹅头式分汊河段分布特征表

序号	河段名称	弯曲方向	弯汊长度（km）	转折角（度）	特征
1	陆溪口分汊段	左岸	12.0	40	①弯道偏向左岸 ②弯汊长度大 ③转折角度大
2	团风分汊段	左岸	20.0	70	
3	龙坪分汊段	左岸	14.5	50	
4	官洲分汊段	左岸	18.4	60	
5	铜板洲分汊段	左岸	12.8	80	
6	铜陵成德洲分汊段	左岸	20.8	70	
7	黑沙洲分汊段	左岸	16.4	50	
8	南京八卦洲分汊段	左岸	16.0	50	

三、长江三角洲河口段的河型演变特征

1. 河口三角洲形成的基本条件

河口三角洲的形成与发展必须具备 3 个基本条件，其一，有一定数量的泥沙来源；其二，河口海域水深较浅；其三，无强大的风浪和海潮流的侵蚀，即来沙量大与堆积环境条件较好时，三角洲才能较快的发展。长江三角洲的发展条件虽不及黄河，但也有一定的有利条件，虽然含沙量相对较小，但流域多年平均年径流量达 9760 亿 m^3，因年径流量大，输沙总量亦大，除长江大通站上游多年平均输向河口段的 4.71 亿 t 泥沙外，还有下游河段的区间来沙，其中包括青戈江、水阳江等小支流和潮汐从河口外输入等，泥沙较为丰富。有关潮汐输沙量，如 1978 年 8 月 6 日的河口施测资料，南北槽涨落全潮输入悬移质泥沙总量达 77.36 万 t①。从沉积环境看，有宽广的大陆架，并有前三角洲的分布，使近海海域水深变浅，据前人研究，长江口外较大的水下古三角洲有三个，最大的前缘向外海伸展达东经 125°30′，距今长江口约 450km，水深 90 ~ 100m，而依次叠置的另两个古三角洲水深分别为 50m 与 20m，面积共达 1 万 km^2，为现代三角洲的发育奠定了基础。长江口属于一个海陆双相的中等强度的潮汐河口，虽有部分泥沙由向南的沿岸流输向杭州湾，于钱塘江口的北岸形成水下砂坎，但大部分泥砂仍重点堆积在长江口，并另有部分废黄河三角洲的泥沙南下加入堆积，亦为现代三角洲的形成提供了泥沙。三角洲的发育类型及速度等受泥沙来量、海面升降和新构造运动的沉降速率等所控制，自晚更新世末至全新世初的期间，因受末次冰期影响，海面大幅度下降，三角洲向外伸展；冰后期，气温回升，海面抬高，长江三角洲发生溯源退缩到镇扬河段的仪征一带；距今 7500 ~ 6000 年间，已渐趋稳定，长江上游来沙的淤积速率大于海面的波动和区域新构造运动的地壳沉降速率，于是长江三角洲逐渐扩展，向东海节节推进，先后经红桥期、黄桥期……等 6 个阶段的发展，长江河口已由仪征发展到今海楼村以东地段，即距今约 7500 年来，向东海推进约达 340 余 km，平均以 40m/a 的速度发展，河口亦由西向东并转向东南。

①长江水利委员会水文局. 长江中下游河道基本特征. 1983 年.

2. 三角洲的发育模式

长江三角洲在距今约7500年来，经6个阶段的发展，所形成的6个亚三角洲，均以砂体为主体，在平面上沿程呈雁列式规律排列，在剖面上依次超覆叠置。发展程序：首先形成河口沙坝，迫使两侧产生分流，继而形成河口沙嘴，使支汊延伸，河口外移，在新构造运动和科氏力等的影响下，主流趋南，虽涨潮进口偏北，但落潮出口亦偏南，随泥沙淤积，河口向外发展，北汊逐渐淤积衰亡，沙体归北并岸，南汊因流量的增大而成主槽，由于不断向河口输沙，继而又形成新的沙坝，节节向外推进，致使河口转向东南。如今长江口南支中的长兴岛和横沙岛尚在发展中，而南、北港分流口门又分别有九段沙和铜沙等新的沙坝生成，从而为下期的沙岛形成雏形。据陈吉余、恽才兴等研究：近两千年来，长江河口发育模式为南岸边滩向外推展，北岸沙嘴伴随沙坝外伸，沙岛并岸，河口束狭，河道成形和河槽加深；另从古三角洲的沙堤及太湖等地区大量古遗址被埋藏表明，今三角洲还呈现明显的淤积抬高趋势。综合可见，长江河口三角洲历史变迁的主要表现为平面上河口外伸，主槽南移，洲顶段沙洲并岸，河宽缩窄，垂向呈现加积抬升的特征。

3. 三角洲河段的河型分布与组合特征

由于长江三角洲随河口外伸，三角洲顶的分汊分流点相继向下游迁移，由距今7500年来的镇扬河段先后下移至江阴和当今徐六泾河段，现按三角洲上游受影响的近河口段、河口段及口外海滨段的基本特征分述于下。口外海滨段：为水下三角洲，含河口沙坝和前缘的斜坡地段等，今长江口已有九段沙和铜沙等生成，由于泥沙在河口逐年堆积，又为新一期三角洲的形成奠定了基础。河口段：含河口至徐六径的分流分汊河段，其中又可分为南支和北支汊道，在南支汊道中又分为南港、北港，在南港口外的水下三角洲又分为南槽、北槽等，由三级分汊组成三角洲的分流系统；河型特点为河道相对顺直，并向河口进一步扩展，形成宽浅多汊的分流河口段。近河口段：主要是指在平水期涨潮时水位上升所波及的感潮河段，其中徐六泾至江阴河段，系由于金沙期和海门期的三角洲发展，沙坝及后期河床沙洲并岸，河道成型，形成微弯多汊河段；江阴至仪征河段，河宽缩窄，河床洲滩减少，河段弯曲度增大，由微弯多汊向弯曲双汊河段转换；仪征以上，除个别河段外，一般向窄深河床转化。从上可见：自河口向上游，河宽逐渐缩窄，洲滩数量减少，河型由顺直微弯转向弯曲，由分流分汊及多汊向双汊和单一河床方向转化，河势稳定性相对增强。随三角洲向外伸延，两侧的滨海平原相继淤长抬高，而地处外围的古老平原（含阶地等）则相对低凹，分别形成太湖和里下河地区的南北两大洼地，其中太湖洼地因来水排泄不畅而渍水成湖。

四、关于长江河型问题的小结与讨论

有关河型的研究，国内外分类方法甚多，长江中下游平原河段河型的划分经前人多家研究已取得大量研究成果，现就有关问题讨论如下。

1. 长江基本河型的分布与组合特征

（1）按成因分类的河型分布与组合

成因类型与河段的地形地貌条件密切相关，因长江流域的地形地貌由三级面组成，在沿江Ⅰ级面的青藏高原，Ⅱ级面的四川盆地及云贵高原，Ⅲ级面的中下游平原等河段，以堆积型和侵蚀—堆积型为主,其中堆积型以长江中下游平原河段为典型;侵蚀—堆积型以四川盆地的宜宾—万县河段更具代表性。侵蚀河段以地处三级面间过渡段"大斜坡"的金沙江和长江三峡河段等为主。

(2)按平面形态分类的河型分布与组合

河床的平面形态特征与河段的地质地貌条件紧密相关,长江的顺直微弯河段主要分布于上游的山地峡谷河段,因受地质条件所控,一般较为发育,并有较多的长直段和微弯段分布,如金沙江上游的直门达至先锋,巴塘至石鼓,下游的新市镇至宜宾河段等;川江如丰都至万县,万县至奉节和奉节至宜昌的三峡河段等。长江中下游顺直微弯河段较多,但一般长度较短,除宜昌—宜都、蕲州—富池口和长江三角洲徐六径至河口等段较长外,多分布于分汊河段间的节点段和弯曲河段间的过渡段等。弯曲河段主要分布于青藏高原的通天河下段和长江中游藕池口—城陵矶的下荆江河段及嘉鱼的簰洲弯河段等,其中,尤以下荆江河段的蜿蜒弯曲河段为典型。分汊河段主要分布于青南江源区楚玛尔河口上下游的通天河段(其中尤以牙哥峡—拉赤河口段为典型),四川盆地川江河段的宜宾至万县段,中下游的宜昌至藕池口河段和城陵矶以下的中下游平原河段等,其中以城陵矶至徐六泾的分汊河段为主。关于河型的组合特征:长江上游四川盆地的川江河段中,宜宾—南溪段为顺直微弯河段、南溪—丰都段为弯曲及弯曲分汊河段,丰都—万县段为顺直微弯分汊河段、万县—奉节河段随丘陵山地的地势增高,又复变为顺直微弯的单一河段。在长江中游的江汉平原河段中,宜昌—枝城—藕池口—城陵矶—蕲州—广济河段,河型分别为顺直微弯→弯曲分汊→蜿蜒弯曲→分汊→单一顺直微弯河段。在分汊河段系统中,宜昌至九江段中的分汊河段以双汊河型为主,九江下游多汊段增多,并多鹅头式分汊段分布;江阴以下的长江三角洲河段,由江阴—徐六泾的弯曲多汊河段演变为徐六泾—河口的顺直微弯分流分汊河段。

从上可见,无论长江上游,还是中下游河段,当流经构造断拗盆地时,随河床坡降的大小变化,河型相应产生转化。如川江自宜宾进入四川盆地后,因河床比降逐渐变缓,河型由顺直微弯变为弯曲与弯曲分汊河床;过丰都后又随低山丘陵区的地势增高,河型又复变为顺直微弯分汊和万县下游自巴阳峡起变为单一顺直微弯河段等。长江中游流经江汉平原的宜昌—广济河段与流经四川盆地的宜宾—奉节段类同,宜昌—枝城—藕池口—城陵矶—蕲州—广济等河段的河型,亦分别以顺直微弯、弯曲分汊、蜿蜒弯曲和分汊河段等为主,过蕲州后,因穿流于大冶褶皱束的低山丘陵河段,河型复变为顺直微弯的单一河段。这种河型转换的宏观规律性在室内水槽试验中亦得到证实①,随河床的升降,河型将产生相应变化。即当河床继续下降时,河型由顺直→弯曲→分汊;当河床继续上升时,河型则由分汊→弯曲→单一顺直,并且引起上下游河段的河型相应变化,总之河段的比降一旦发生变化,将引起河型的对应变化。从上表明:在新构造运动上升的山地丘陵区,易形成峡谷型的侵蚀河床,而平原河段以沉降为主,为泥沙的堆积区,堆积型河床发育;山地丘陵与平原、盆地间的过渡段往往多为侵蚀—堆积型河床;按横穿盆地不同部位的河床平面形态及河型组合特征,一般从上→下游似有顺直微弯→弯曲→分汊→弯曲→

①洪笑天,郭庆伍,马绍嘉等.地壳升降运动对河型的影响(试验报告).中科院地理研究所地貌河流地貌实验室,1980年.

顺直微弯河型等组合的规律性可循，且河床沿程的弯曲与分汊程度及摆幅都亦有由小→大→小的变化，其腹地都以弯曲和分汊河段为主，并有既弯曲又分汊的弯曲分汊河床分布，如长江上游四川盆地的南溪—丰都河段，中游江汉平原的上荆江河段等，另下荆江河段还有蜿蜒弯曲河段发育，在青藏江源的腹地内并有多汊分流的游荡性河段分布等。

2. 长江河道变迁的基本特征

河床演变包含纵向、横向的平面演变和沿直深度的垂向演变，从三维空间表现出来，其中垂向的演变起着主导性作用。影响因素复杂，主要包含地质地貌、气候和人为因素等，但随时空的变化有主次之分。关于河道的纵、垂向变迁：主要受新构造运动和气候条件所控，流域区西部随喜玛拉雅山继续抬升，而东部下降，由于西升东降的结果，引起长江上游下切，形成金沙江等深切河谷，并继续向青藏高原的江源地区产生溯源侵蚀，而长江中下游的沉降区接受泥沙沉积，形成长江中下游平原，并随泥沙的淤积河口三角洲不断向东伸延，河长增加；另由于受气候因素影响，在第四纪以来地球上曾发生多次冰期，尤其晚更新世末至全新世初期受末次冰期气候波动的影响，曾引起河口长河段的伸缩与溯源的侵蚀与堆积，并波及沿江的中下河平原河段；人为因素的影响虽不及自然因素，但人类工程影响亦达到相当的规模，如荆江的人工裁弯也引起较长河段的冲淤，至于长江三峡等水利枢纽工程的影响更为巨大。总之由于冲刷下切引起河槽加深，在长江上游形成高山深谷；中下游平原河段因泥沙的淤积，致使河床抬高，江水位上升。

关于河道的横向变迁：流域区在新构造运动的掀斜和地球科氏力的作用下，以及受人为因素的影响，主要表现为三个方面，第一、平面上河道南移：尤以长江中下游平原河段中的江汉平原、九江—黄海平原，赣中的芜湖—无为平原及河口三角洲等平原河段较为典型，形成北岸平原及滩地宽广，南岸相对狭窄，且多紧靠低山、丘陵、阶地形成不对称河谷。长江上游山地河段虽不甚显著，但从四川盆地中宜宾—万县的丘陵河段亦有所显示，由于江道南趋，一般河段北岸的阶地，滩地相对发育，普遍较南岸为宽，所以沿江城市多利用河岸台地发展。第二、水流向南汇聚：由于长江中下游平原河段的河床南移于江南丘陵前缘受阻，江北因泥沙淤积，早期古湖沼如云梦泽、古彭蠡泽等相继衰亡成陆，洪水失去湖群调蓄，再加人工堤垸兴起，随堤防系统的扩展，长江过水洪道缩窄，更进一步促使水位上升，河床抬高，从而产生江南分流和对沿江支流的出水顶托、倒灌等增强，由于水流向南汇聚，又使江南的低洼地渍水成湖，并相继扩展。如长江北岸江汉平原古云梦泽的萎缩消亡，引起江南洞庭湖的兴起与扩展；九江河段江北黄梅平原中的彭蠡古泽衰亡，江南鄱阳湖的兴起；又如长江河口段在近2000多年来不断南移，北岸三角洲向南淤长，而南岸的太湖相继形成与扩展，长江河口亦偏南推进等。由于水流向南汇聚，泥沙的沉积中心相应向南转移，以荆江河段向江南洞庭湖分流分沙为典型。第三，河弯及分汊河道向北扩展：因河床继续南扩受阻，并受岩土矶群向北挑流等影响，河段水流改向北趋，洲滩向北岸扩展，而江北的平原滩地又由于一般质地松软，所以在近代无论是荆江的蜿蜒弯曲河床，还是城陵矶以下的分汊河床，多转向北岸扩展，其中下荆江的蜿蜒弯曲河段如历史上的石首碾子湾，小河口河弯、中洲子河弯和上车弯等都因过度弯曲碍洪，先后发生自然或人工裁弯，因南岸土层相对深厚，其后河道主泓仍显向北趋势。城陵矶下游比较典型的鹅头形分汊河段，如陆溪口的中洲、团风罗霍洲、龙坪新洲、安庆官洲、铜陵成德洲和南京八卦洲等也都向北扩展，河宽增大，主泓南北摆动，多汊长期并存，分汊河型相对稳定。从上可见:长江中下游平原干流河段的弯曲河床和分汊河床,在近代以向北扩展为主,与江道轴轼南移,水流向南汇聚,泥沙沉积中心随水转南的总趋势存在空间上的南北分异。

关于河型分布的时空特征:从时间上看,无论长江中下游的荆江弯曲河床,还是城陵矶下游的分汊河床,虽在历史上都早有分布,但系统扩展主要是明清时期以来,尤其近100多年来发展速度加快,其数量增多、规模扩大、主泓频繁摆动、周期缩短等是基本特点。产生的原因,在既定的地质地貌等边界条件下,自然与来水来沙条件紧密相关,由于近代长江上游人类活动增强,生态环境恶化,水土流失使河流来沙量增大;而长江中下游平原河段因泥沙淤积,导致较多湖泊萎缩消亡,再加人工堤防的发展,江湖隔离,江水受控,造成河床抬高,水位上升,纵比降减缓,从而致使大量泥沙落淤,洲滩淤长,河型发生系列演变。从空间分布看,主要取决于边界条件,如下荆江河段为二元结构,上部河漫滩为粘性土,下部河床相为细沙,其相对抗冲性,河岸大于河床,有利河床冲深,水流集中,边滩发展,所以弯曲床发育典型,并导致蜿蜒河床形成。城陵矶下游河段因河床下卧粗砂砾石夹层,且部分河段基岩埋藏较浅,在可冲深度内的相对抗冲性,河床大于河岸,不利冲深发展,因水流扩散,以展宽为主,从而有利江心洲滩的发育,致使分汊河床得以较大发展。综合上述:河床来水来沙和边界条件是河型形成的基本条件,其中河床的形成与发育及规模的大小等,来水来沙条件起着关键性的作用,而河型的类别主要由河床边界条件起着决定性的作用。可以说沿江河床的类型之有所不同,主要系河床边界在空间上质地不均的结果;河床之所以出现演变,是在既定边界条件下,来水来沙条件的变化所致;在诸多影响因素中,人为因素呈现快速增长之势。

参考文献

[1] 王杰,王保畲,罗正齐.长江大辞典.武汉:武汉出版社,1995年.

[2] 陈富斌,赵永涛.攀西地质新构造.成都:四川科学技术出版社,1988年.

[3] 汪一鹏,郑锡澜.珠穆朗玛峰北坡的叠瓦状构造和喜马拉雅隆起的讨论,珠穆朗玛峰科学考察报告(地质).北京:科学出版社,1975年.

[4] 水利部长江水利委员会编,文伏波等主编.长江流域地图集.北京:中国地图出版社,1999年.

[5] 史立人.长江江源地区的河流及其发育.长江水利水电科学成果选编(第6期),1987年.

[6] 张青松,李炳元,朱立平.青藏高原西北部第四纪环境的新认识.地理学报(第4期),1994年.

[7] 沈玉昌.长江上游河谷地貌.北京:科学出版社,1965年.

[8] 唐日长,李仁华.长江干流河道特性.长江季刊(总第16期),1988年.

[9] 金鼎.世界罕见的奇景—金沙江2000公里深谷.长江季刊(总13期),1988年.

[10] 严沛漩.长江流域区域工程地质概况.长江志通讯(总11期),1987年.

[11] 杨怀仁,唐日长主编;唐法贤,郭厚祯等撰写.地貌特征,长江中游荆江变迁研究(第三章).北京:中国水利水电出版社,1999年.

[12] 潘国恩. 江汉盆地构造特征及其对油气的控制,第二届全国构造地质学术会议论文选集(第三卷,中生代构造). 北京:科学出版社,1982 年.

[13] 黄甦,魏洲龄,王伏泉. 洞庭地洼的形成和发展,第二届全国构造地质学术会议论文选集(第一卷,大地构造和前寒武纪构造). 北京:地质出版社,1981 年.

[14] 张修桂. 长江宜昌至城陵矶段河床历史演变及其影响—三峡工程背景研究之一,历史地理研究(2). 上海:复旦大学出版社,1990 年.

[15] 周凤琴. 云梦泽与荆江三角洲的历史变迁. 湖泊科学,1994 年.

[16] 李从先,王靖泰,许世远,郭蓄民,李萍. 全新世长江三角洲地区的海进海退层序. 地质科学,1980 年.

[17] 陈吉余,恽才兴,徐海根,董永发. 两千年来长江河口发育模式,长江河口动力过程和地貌演变. 上海:上海科学技术出版社,1988 年.

[18] 张修桂. 上海地区成陆过程概述. 复旦学报(社会科学版),1997 年.

[19] 杨怀仁,徐馨,杨达源,黄家柱等. 长江中下游环境变迁与地生态系统. 南京:河海大学出版社,1995 年.

[20] 孙顺才,黄漪平. 太湖. 北京:海洋出版社,1993 年.

[21] 曾昭璇,曾宪珊. 历史地貌学浅论. 北京:科学出版社,1985 年.

[22] 顾锡和,俞叽狮,王宗汉. 宜昌附近长江河谷地貌的研究. 南京大学学报(自然科学版),1983 年.

[23] 周凤琴. 荆江历史变迁的阶段性特征,历史地理(第十辑). 上海:上海人民出版社,1992 年.

[24] 张修桂. 云梦泽的演变与下荆江河曲的形成. 复旦学报(社会科学版),1980 年.

[25] 周凤琴. 荆江近 5000 年来洪水位变迁的初步探讨,历史地理(第四辑). 上海:上海人民出版社,1986 年.

[26] 谭其骧、张修桂. 鄱阳湖演变的历史过程. 复旦学报(社会科学版),1982 年.

[27] 朱诚,程鹏. 长江三角洲地区新石器文化断层与埋藏古树反映的环境演变特征,资源开发、全球变化与持续发展(文集). 北京:中国科学技术出版社,1995 年.

[28] 中国科学院地理研究所,长江水利水电科学研究院,长江航道局规划设计研究所等. 长江中下游河道特性及其演变. 北京:科学出版社,1985 年.

[29] 杨达源. 晚更新世末期以来长江中下游水位的变化,中国第四纪研究. 北京:科学出版社,1989 年.

[30] 张修桂. 长江城陵矶—湖口河段历史演变. 复旦学报(社会科学版历史地理专辑),1980 年.

[31] 周凤琴. 芦家河浅滩碛坝形成机制与历史演变,长江三峡工程泥沙研究论文集. 北京:中国科学技术出版社,1990 年.

[32] 黄南荣. 上海:长江下游分汊河道的历史演变,长江水利史论文集. 南京:河海大学出版社,1990 年.

[33] 席珍国. 先秦时期长江流域开发治理史料考,长江水利史论文集. 南京:河海大学出版社,1990 年.

[34] 长江水利委员会水文局,成都科技大学水利科学研究所,长江航道局重庆工程局等."七五"国家重点科技攻关编号75—16—01—04原型观测及原型观测新技术研究,长江三峡工程泥沙与航运关键技术研究专题研究报告集(上册).武汉:武汉工业大学出版社,1993年.

[35] 三峡工程论证泥沙专家组工作组.长江中下游松滋口至大通河段查勘报告,长江三峡工程泥沙研究文集.北京:中国科学技术出版社,1990年.

[36] 熊治平,王明甫,段文忠,等.修建三峡工程对关洲、芦家河段河床演变影响的初步分析,长江三峡工程泥沙研究文集.北京:中国科学技术出版社,1990年.

[37] 黄金堂,谢葆玲,明宗富,等.三峡水库变动回水区青岩子河段泥沙模型试验研究总报告,长江三峡工程泥沙与航运关键技术研究专题研究报告集(下册).武汉:武汉工业大学出版社,1993年.

[38] 段文忠,王明甫,熊治平,等.三峡建坝前后荆江浅滩演变研究综合报告,长江三峡工程泥沙与航运关键技术研究专题研究报告集(下册).武汉:武汉工业大学出版社,1993年.

[39] 张瑞瑾,谢葆玲.蜿蜒性河段演变规律探讨,河流泥沙国际学术讨论会论文集.北京:光华出版社,1980年.

[40] 洪笑天,马绍嘉,郭庆伍,等.弯曲河流形成条件的实验研究.地理科学,1987年第7卷,第1期.

[41] 杨怀仁,唐日长主编;潘庆燊撰写.百年来荆江的演变,长江中下游荆江变迁研究(第八章).北京:中国水利水电出版社,1999年.

[42] 唐日长,潘庆燊等.蜿蜒性河段成因的初步分析和造床试验研究.人民长江,1964年(第二期).

[43] 罗海超,周学文,尤联元,洪笑天,金德生等.长江中下游分汊河型成因研究,河流泥沙国际学术讨论会论文集.北京:光华出版社,1980年.

[44] 许炯心.中国不同自然带的河流过程.北京:科学出版社,1996年.

[45] 沈玉昌,龚国元等.河流地貌学概论.北京:科学出版社,1986年.

[46] 林承坤.泥沙与河流地貌学.南京:南京大学出版社,1992年.

[47] 钱宁.关于河流分类及成因问题的讨论.地理科学,1985年.

第十章 长江泥沙与环境

长江含沙量虽不太大，但水量浩大，并有大量推移质泥沙输移，因此年均总输沙量在宜昌站达5.3亿t以上，仍属多沙河流。按年均输沙模数排序，在国内的主要多沙河流中，仅次于黄河和海河，在世界主要多沙河流中也位居前列。长江流域侵蚀产沙类型，因主要受区域地质地貌和气候条件所控制，以及人为因素等影响。主要侵蚀除水力侵蚀外，还有重力侵蚀的崩塌、滑坡和泥石流等，且局部地区还相当严重。全流域年均侵蚀产沙总量高达22.385亿t，长江泥沙主要来自上游，经中下游河段的输移，除沿程产生大量堆积外，亦得到两岸入汇支流的补给，至下游大通站仍有约4.7亿t泥沙输向河口三角洲及东海出口。由于长江源远流长，不仅流域产沙、输移和堆积系统规模庞大，而且时间又主要集中在每年的5—10月汛期，并具有区域性特征，因此泥沙的运行堆积对长江流域的生态及自然地理环境等带来深刻影响，并给部分地区造成严重灾害。现就有关问题的现状和发展趋势及可持续发展举措的思考等分述如下。

第一节 区域产沙与生态环境恶化

一、水土流失产沙引发山地灾害，造成生态环境恶化

长江流域岩土松软脆弱，地形多丘陵山地，坡地广泛分布，河流沟谷发育，区域气候多暴雨，且年内分配集中，再加植被覆盖率低，因此暴雨洪水侵蚀、山地崩塌、滑坡和泥石流等自然灾害较为频繁，再加流域人口众多，暴发时常造成人民生命财产和生态环境等的严重灾害。

1. 滑坡崩塌灾害

典型滑坡实例，如甘肃武都县公元前186年发生大滑坡，死亡760人。四川炉霍1973年2月6日发生7.9级地震，引发滑坡137处。1989年7月10日华蓥市溪口镇滑坡死亡221人。云南晋福河烂泥沟1965年11月22日发生特大型崩塌滑坡，总方量达6.3亿m^3，最大巨石达490t，堵断晋福河，毁灭村庄4个，造成88户444人伤亡。1991年9月23日昭通市头寨沟滑坡死亡216人。湖北盐池1980年6月3日滑坡死亡287人。1985年6月12日长江三峡新滩滑坡体积达3000万m^3，新滩古镇被毁，江中激起的涌浪高达49m，造成10人死亡，长江停航12天等。贵州六盘水市晴隆县1985年6月25日至7月2日因暴雨诱发山崩滑坡521处，公路塌方223处。从历史上的山地灾害分布情况分析，一般滑坡崩塌常具群发性，当受到暴雨或一定强度的地震时，便成群发生滑塌。据有关统计资料，四川省1981年因暴雨滑坡达6.8万处，受灾人数达40余万人，其中造成重大损失的灾害性滑坡达4.7万处，占滑坡总数的69.1%；1981—1985年间，全省一次暴雨激发崩塌、滑坡在1000处以上的县达28个，达1万处以上的县计14个，2万处以上的县有3个，给人民生命财产造成严重损失。

2. 泥石流灾害

泥石流暴发形成的冲、淤、堵等造成严重灾害。典型实例如1891年7月5日四川省西昌市东河发生特大型泥石流，冲毁城区5条街的房屋达数百间，死伤1000余人，淹埋良田133公顷。据统计，1828—1985年间，西昌曾多次暴发山洪和泥石流灾害，共死亡人数达2097人。又如1981年7月9日四川甘洛利子依达沟泥石流毁坏成昆铁路大桥、颠覆列车，死伤360余人，造成铁路交通中断半月之久。据记载，大渡河在历史上也曾因泥石流暴发多次被堵。1989年9月4日四川晃宁县因暴雨引发境内的沙坝、河边两个乡发生大规模泥石流，冲毁铁路桥1座，公路桥2座，民房611间，淹毁农田数百公顷，死亡人数达51人。据有关泥石流死亡人数统计：四川省攀西地区（含攀枝花、西昌等）20个市县自1950—1991年间死亡人数达1597人，四川省1949—1990年的42年中死亡人数高达1987人。

3. 综合型灾害

即冲沟的上游发生崩塌，滑坡提供物质，下游形成泥石流，该综合型在小江广泛发育。有关典型成灾实例如岷江上游茂县叠溪的大小海子溃决型山洪泥石流，1933年8月25日因叠溪发生7.5级地震，诱发大型崩塌、滑坡，将叠溪镇从100多m高的台地推入岷江，全城被毁，造成山崩城塌，死难人数达8800人；崩塌体进入岷江堵塞成坝，上游分别壅水形成叠溪海子、小海子、大海子等3个堰塞湖；震后又曾多次发生溃坝，形成山洪型泥石流，冲淤成灾。第一次为震后45天（即10月9日）叠溪海子溃决，第二次为1986年6月15日大海子溃决，第三次为1992年6月28日小海子溃决。在这3次溃决中以大海子溃决最为严重，洪峰流量为2100m^3/s，流速高达9.0m/s，冲毁下游茂汶县境内的桥涵29座，公路55.7km，提灌站24座，小水电站17座，冲走过往汽车11辆，冲毁良田1300亩，死亡及失踪各2人等；汶川县的县城区1/3被淹，邮电通信、交通运输及供电系统全部中断；下游成都市也受到洪水含沙量剧增等影响。其后由于受到山洪泥石流的侵蚀冲刷，河岸坡脚失稳发生滑塌，在小海子—汶川100km左右河段内又引发新的滑坡达223处，坍塌100余处，规模大者达2000万m^3，小者亦达1000m^3，形成多种类型组合的灾害链。又如2008年5月12日汶川发生8.0级特大地震，引发大量滑坡，并形成唐家山等34个堰塞湖，因及时排除，才免受大灾。

二、水土流失产沙造成土地退化，农田荒废

1. 土地贫瘠、山体基岩裸化

由于侵蚀产沙引起水土流失，造成山体地形破碎，植被破坏，土地贫瘠，土壤退化。最为突出的是土层减薄，肥力下降，石化增强。典型区域和流域实例分述如下。

①区域水土流失实例：贵州省毕节地区，以中高山为主，山高坡陡，石灰岩广布，水土流失使土地贫瘠。据20世纪末统计，全区耕作层厚度小于15cm的面积占旱地总面积的49.26%，砾石含量在30.0%以上的砾石土耕地占13.7%，基岩出露面积达30.0%以上的岩土地占3.14%。其中毕节县更为严重，据统计，基岩裸露面积达70%以上的石质山为23.3万亩，耕地中基岩零星出露的为11.8万亩，合计占全县总面积的7.0%。毕节县长春区裸依村，新中国成立初期还为青山绿水，经1965年后的毁林开荒和1979年的暴

雨，形成当地民谣所谓"三山一河九条沟，洪水暴发遍山流，坡上刮成光骨头，坝子堆成小山丘"的景观。据普查资料①，云南省巧家县全县水田土层厚度小于13cm的面积为2740亩，土层厚13～20cm的面积为1.028万亩，分别占水田总面积的4.6%与17.2%；在坡旱地中土层厚度小于13cm的面积达5.59万亩，13～20cm的面积为41.815万亩，分别占总面积的7%与52%，全县大部分旱地都在20cm以下。全县每年流失有机质约16.53万t，氮1.0万t，磷0.16万t，钾0.84万t，即每年流失氮、磷、钾肥达2.0万t，相当于1987年全县商品肥氮、磷、钾总量的1.5倍。又如重庆市铜梁县，由于水土流失，土层不断减薄，至20世纪末，土层厚度小于20cm的耕地占总耕地面积的40%。另如湖北省陨西县因水土流失严重，使土地石板化而无法耕作，于20世纪末，当地居住人口被迫迁居他乡。四川省万县地区自1950—1990年间，因水土流失而增加的裸岩面积达135万亩，占耕地面积的12%，平均每年以3.75万亩速度递增。

②流域水土流失实例：金沙江下游地区、陇南白龙江和西汉水中下游地区、四川盆地的嘉陵江中下游地区、乌江上游的毕节地区和长江三峡地区等为长江上游水土流失最为严重的地区，其侵蚀模数多达4500t/(km^2.a)以上，由于水土流失的结果，使土层厚度减薄，养分减少，肥力下降，土壤生态功能消减，荒山、石山增多，荒漠化加剧。如云南省辖区内的金沙江流域每年流失土壤1.75亿t，损失有机质约340万t，氮25万t，磷42万t，钾0.2万t②。长江三峡库区河段土层厚度为10～25cm的面积占总土地面积的52.1%，25～50cm的占36.5%，即土层厚度小于50cm的面积达88.6%，并有部分基岩裸露，如巫山县裸岩面积已占总土地面积的21.5%。又如地处四川盆地腹地的琼江流域旱坡地土层厚度小于30cm的面积占耕地面积达40%，其中特别是发育于遂宁组紫色砂泥岩上的"石骨子土"，一般土层厚度仅有15cm左右。石灰岩区的乌江流域，无土的裸岩、山地面积占流域总面积的7.0%，其中毕节地区每年约有500亩大于25°的坡耕地退化为裸岩山，如该区的赫章县，在20世纪50—80年代，由坡耕地变为裸岩山的总面积达0.85万ha，平均每年以200ha的速度增长。

长江流域多为山地丘陵，占总面积的84.7%，坡地发育，尤其上游地区山高坡陡，一旦植被破坏，水土流失较为强烈，所以一般土层单薄，部分地区岩石裸露，碳酸盐岩、火成岩、碎屑岩、变质岩等广布，因岩性不同各具特征。据研究：在碳酸盐岩分布区要形成30cm厚的土层需要10万～15万年之久，由于风化成土的速度很慢，远赶不上流失速度，所以在坚硬岩石区一旦裸岩化后，恢复十分困难。长江中下游亚热带的丘陵山区土壤退化则存在坡面分带现象，如花岗岩地区的坡顶退化为残积红土或砂土层，坡肩及坡面为砂土或侵蚀红土，坡麓地带为坡积红土及砂土层等；而植被类型相对应坡顶为稀疏草灌、疏林、裸地，坡面多裸地，坡麓地带为草灌或林地等。

2. 淤埋农田、土地沙石化与荒漠化

由崩塌、滑坡、泥石流及山洪等侵蚀产沙，经短程输移后在山坡凹地、坡麓、山口、沟口等地段堆积，往往淤埋大片土地良田而成荒滩。其中最典型的为泥石流的堆积，从沟头到沟口形成沙石带。如云南小江，早在1748年时还是一片山清水秀的自然环境，而且

①云南巧家县水土保持委员会办公室. 巧家县水土保持规划报告. 1988年.

②云南省水利电力厅. 云南省金沙江流域水土保持规划. 1997年.

小江也是当时通往金沙江的水上要道,从东川开采的铜矿石由此外运,可是后来因铜矿冶炼需要,大量砍阀森林,面积逐年扩大,植被遭到破坏,再加后来因地震使岩体破碎,而区域气候条件又多暴雨,自然和人为等因素影响而使泥石流群发,在东川市 90km 河段内有泥石流沟达 107 条,每年被暴雨激发,将大量泥沙输出山口坡麓地带,因坡降减缓,水流扩散形成大小堆积扇(锥)。如蒋家沟的泥石流淤积总面积共达 $13.86km^2$,沟口的堆积扇顶淤积尤快,从 1957—1967 年间,淤积厚度达 26m,平均每年淤积厚度为 2.6m。又据调查资料,该段河谷内有面积为 20 ~ 200 亩(每亩为 1/15 公顷)的沙石荒滩达 31 个,沙石化总面积达 $69.55km^2$,并有大量泥沙输入小江河床,仅蒋家沟每年的出口沙石量就高达 200 万 ~ 300 万 m^3。由于小江每年有众多泥石流沟来沙,从而使进入河床沙石量远大于小江的输沙能力,引起河道淤塞,河床以每年 10 ~ 24cm 的速度淤长抬高,经 200 多年的水土流失淤埋,曾可用木船通航出口的水道,今已变成非汛期人可涉过的干河,呈现沙海荒滩的景象。另如小江大桥河,自 1919 年以后泥石流暴发带来的泥沙不仅迅速淤塞填平河槽,而且淤埋两岸的村舍、农田,因沙石满滩而荒漠化。又如云南省巧家的水碾河,于 1989 年暴发特大型泥石流,主沟长 15.0km,在流域中游的何家坝一带数十亩农田被冲,沟床普遍被刷深 2 ~ 4m,近百个巨漂石(长径大于 4m)搬向下游,最大巨石体积达 $480m^3$,重约 1250t,大量长径为 2 ~ 3m 的漂石被搬到沟口扇面堆积。四川阿坝藏族羌族自治州的茂汶县城因地处泥石流沟口的堆积扇上,曾于 1949 年、1955 年、1975 年和 1979 年等多次发生大规模泥石流,淤埋城区街道房屋及农田等,造成严重损失。另据有关资料,在攀西地区平均每年因泥石流冲淤农田达 800 亩,近 100 年来,毁坏耕地达 8 万余亩,占该区耕地面积的 1.5%。四川省 16 个地州市从有史料记载至 1983 年,均有灾害性泥石流发生,淤埋土地面积达 100 余万亩。贵州省每年因泥石流毁坏农田上万亩,大量泥沙进入河床,又使局部河段每年淤高达 1 ~ 2m。由于泥石流泥沙以沙砾为主,粒径普遍较粗,因而又使被淤埋土地及影响河段的床沙发生粗化、砾石化。典型实例如岷江上游叠溪,因地震激发滑坡、崩塌堵断岷江形成大小海子和叠溪海子后,又因溃坝形成山洪泥石流,从而带来该河段的大量冲淤,使河床不同地段分别冲深 3 ~ 5m,淤高 1 ~ 3m,并在大小海子间的新河道内,堆积大量漂石,一般粒径 1 ~ 2m,最大达 10m 以上,引起河床巨变及床沙的粗化。

综合上述:区域产沙不仅直接造成人民生命财产的严重损失,而且因水土流失使大片土地贫脊,土壤退化,良田遭受泥沙淤埋,砂石化扩展成灾,生态环境不断恶化。在诸多产沙类型中,以泥石流和大型崩塌、滑坡所造成的直接灾害最大,其中尤以泥石流暴发所形成的冲蚀、淤埋和堵截等最为严重,不仅速度快,而且强度大,是造成局部地区直接灾害的主要类型。降水所引起的水土流失虽强度相对较小,但面积广阔,并且有季节性和常发性,是形成大面积土壤退化、土地贫脊的基本侵蚀类型。

第二节　泥沙淤积与洪水泛滥

一、上游山地河道淤堵、山间平原河段洪水泛滥成灾

在山地丘陵区,山高坡陡,并多暴雨,再加受地震等影响,因此重力侵蚀的崩塌、滑坡及泥石流等产沙较为广泛发育,并由于河谷狭窄,且多峡谷,因此在历史时期多有河道淤

堵成灾记载;近代金沙江、嘉陵江、岷江等长江主要支流都时有曾发生。有的河段虽然未能堵断,但由于重力侵蚀块体和泥石流产沙一般粒径较粗,除较细的物质被河床水流搬运输向下游外,部分粗大岩块和漂石等则残留附近河床,相应引起汛期碍洪和枯水期间的浅滩碍航,使河段来水来沙及河床边界条件改变,环境发生恶化。

1. 堵江(河)成灾

①小江堵江:在小江的泥石流沟中,以蒋家沟较为典型,系200多条支沟组成的大型泥石流沟,在每年的5—10月雨季常有泥石流暴发,一般每年有12~20余次,最多一年达28次。每年冲出沟外进入小江的固体物质总量达100~300万m^3,致使该段小江河床逐年抬高,并曾多次淤堵小江。据中科院成都山地灾害与环境研究所吴积善等研究,从1919—1968年的50年间有7年堵断小江形成堰塞湖(表10-2-1),其中1961年一年内先后堵断小江达10次,因形成堰塞湖,致使上游水位抬高约达10m,造成10km多河段被淹,仅1961年淹没农田就达8000余亩。

表10-2-1　云南小江蒋家沟泥石流历年(1919—1968年)堵江情况表[13]

堵江时间	堵江历时(d)	堵江最高水位(m)	回水位置或长度(km)	概况
1919年	48	1087~1088	10	堵断小江
1937年	40		10	堵断小江
1949年	30			堵断小江
1954年7月26日	20	1087.9	回水至炭窑	堵断小江
1961年8月3日—10月23日	共计258小时	1088.6		先后共堵断小江10次
1964年9月14日	10			堵断小江
1968年8月10日		水位上升约10m	回水至小江铁路桥以上	堵断小江

②岷江堵江:上游叠溪于1933年8月因发生地震,诱发大规模的崩塌、滑坡、堵江,形成三座天然水坝,上游壅水成湖。其大小海子分别于1986年和1992年崩溃,叠溪海子至今尚存。由于上游成湖,河谷两岸被淹,下游河段受冲,坝间河段因大块石堆积引起河床发生巨变。

③金沙江干支流堵江:主要发生在金沙江下游的旱谷田—洒水坝段,因山高坡陡,常发生崩塌、滑坡,体积可达数千万至数亿立方米,或因暴雨引发泥石流常造成金沙江干支流的严重堵江。据记载:自1870—1969年间发生堵江的有1870年的却弄弄、1880年的黑石崖、1913年的白沙沟、1935年的鲁家渡、1938年的地理孔、1960年的核桃园、1965年的普福沟及者波祖、1966年的因民沟、1967年的唐古栋、1969年的劳动乡等。金沙江虽然河床坡降大,但粗大岩块巨石难以推移而堆积河床形成急流险滩。

④其他支流堵江(河)时有发生。如1981年7月9日,利子达沟暴发泥石流堵断大渡河。1971年和1972年的盐井沟泥石流曾3次堵断孙水河。1979年11月2日四川雅安陆王沟泥石流堵断青衣江,使上游河段水位抬高4.0m,河床被淤高2.7m。长江干流的三峡河段在历史上的崩滑也曾多有发生,虽然未能堵断长江,但其中新滩的多次滑坡,对长江河道造成严重淤塞,如1985年6月12日新滩发生滑坡,新滩古镇被毁,约160万m^3崩滑岩屑冲入长江河床,形成沿江长约320m,伸入江中宽55~95m的堆积体,对长江航

道造成严重影响。又如2008年5月12日四川汶川发生8.0级地震,更引起大量滑坡,堵断山民沱江等的部分支流河道,形成唐家山等34个堰塞湖。

2. 泥沙淤积,河床抬高

由于水土流失,大量泥沙进入河床,尤其崩塌、滑坡和泥石流等产沙,不仅输沙量大,而且因粒径粗大,并挟部分岩块、漂石等,水流难于长途搬运而沿下游河段堆积,使河床抬高。以云南小江为典型,由于该区山高坡陡,地形高差大,并地处断裂带,受地震影响,岩体破碎,固体物质丰富,再加人为开采铜矿等影响,森林遭受严重破坏,且多暴雨,因此沿岸泥石流广泛发育,每年有大量泥石输入小江,致使河床加速抬高。由于淤积严重,如东川下游的一座石桥在20世纪60年代还出露江面,至80年代已被泥沙淤埋入床面5.0m以下。另如嘉陵江上游白龙江河段,也因泥石流的泥沙淤积,而使白龙江的武都河段河床抬高,1962—1984年的23年间,淤高达1.25m。又如1984年7月18日南坪县城区的关庙沟和拔拉沟因暴雨激发泥石流堵断白水江,上游水位抬高8.0m,下游河段因泥沙淤积,使河流改道,河床抬高达2.0m。除崩塌、滑坡或泥石流泥沙引起汇流河段的河床快速淤长抬高外,还有长江上游的山间盆地河段,峡谷进出口的开阔河段和支流交汇、受水顶托影响等河段,也因河谷开阔,流速减缓,泥沙落淤而使河床逐年抬高,洪水位上升,河床也相应由窄深变向宽浅。

综合上述:长江上游山地河段,多重力侵蚀和泥石流及山洪等引起的水土流失,物源充沛,因此不仅在重点产沙区,而且在山间平原开阔河段也常发生泥沙淤塞河道,河床加积抬升,造成洪水泛滥。其中堵江危害不仅使上游河段发生壅水而被淹没浸泡,而且下游河段受垮"坝"威胁,易形成山洪泥石流,造成洪水泥石流的冲毁、淤埋和河床抬高,以及床沙粗化,使河床变为石流沙海或急流险滩等,造成河型的改变。

3. 洪水泛滥成灾

在长江上游等地区的山间平原河段,往往因暴雨引发山洪排泄不畅而泛滥成灾,特别是支流汇口河段更为严重,现重点以川江支流嘉陵江合川河段、沱江金堂和内江河段、岷江的乐山河段以及汉江上游的汉中盆地等为例分述如下。

嘉陵江南充地区,从公元前181—959年,平均洪灾114年1次;公元960—1911年,平均12年1次;1911—1949年发生洪灾16次,平均为2.4年1次;1950—1985年,出现洪水18次,平均2年1次。另据《合川县水利电力志》记载(四川省合川县农业水电局,1987年),合川从唐大历八年(773年)至1985年的1212年间,发生地方基准面高度在25m以上的洪水41次,平均29年1次;其中唐大历八年(773年)至清乾隆四十七年(1782年)的1009年间仅发生洪水8次,平均126年1次;自1782—1985年的203年中,共发生高于25m以上洪水33次,平均6.15年1次。因合川地理位置特殊,位于嘉陵江、渠江、涪江等三江汇口段,地势低平,河道弯转曲折,再加下游有嘉陵江小三峡对洪水的顶托影响等,成为水灾的频发地,仅1949年至1985年间,合川于1952年、1956年、1973年、1975年、1981年、1983年和1984年等共发生较大洪水7次,其中尤以1981年为最严重,流量达到4.64万m^3/s,当时6万人的县城有95%的房屋和99%的街道被淹,城关地区8m以上的高洪达13次,全县计32万人受灾。又如沱江的金堂,地处成都平原,上游有多条支流汇聚,地势低平,下游12km处有金堂峡,地理环境与合川相似,1981年7月大水,金堂城内主要街道水深5~6m,1990年城区也曾4次被淹。再如地处沱江中下游的内江地区,1476—1949年间,共发生较大洪水58次,平均约8年1次,大洪水平均60年1次;1949—1985年发生洪水31次,约1.1年1次,大洪水平均约8年1次。又如乐山,因位于岷江、大渡河和青衣江交汇处,历史上洪灾频繁,从唐天复二年(902年)至民国三十八年(1949年)的1048年中发生大洪水61次,平均约17年1次;1949年至20世纪90年代又发生如1955年、1961年和1984年等大洪水。据研究(罗德富、吴积善,1991年),四川省近500年来平均4年左右发生洪灾1次,其中大洪水平均25年左右1次,但近100年来,平均约10年1次。另地处秦巴山地中的汉中盆地区,位于汉江的上游,据历史洪水资料统计(高振民,1990年),从西汉至南北朝(公元前206—公元589年)间发生洪水8次,平均约99年1次;隋唐至明(589—1644年)为20次,平均53年1次;清代(1644—1911年)24次,平均11年1次;民国年间(1911—1949年)7次,平均约5年1次。从以上比较典型地区的洪水统计资料表明,近代洪水频率提高,暴发周期缩短,洪灾强烈程度呈现增大之势。

长江上游虽多为丘陵山地,但山间平原河段由于河床淤积,洪水泛滥,成灾趋向严重,为防洪需要,早有修堤历史,如早在唐代天宝二年(743年)修建成都南宫源渠堤,太和九年(835年)修建涪江防洪堤,含中江、三台、射洪和合川堤防等段,后经宋代多次修建加固,于明代成化和弘治年间,又分别在合川和三台继续修筑,但于明末清初,因战乱受破坏。新中国成立后,四川盆地主要江河的堤防工程大为加强,至20世纪的80年代主要堤段总长已达870km,支流小河堤防达2300km。

二、中下游平原河床加积抬高,江水位上升,洪涝灾害频繁

长江流域上游年侵蚀产沙总量高达15.85亿t,除输移运行过程中,沿程堆积减少外,每年仍有约5.3亿t泥沙经宜昌输入长江中下游,加之河段两岸支流来沙补给,故水沙仍十分丰沛。由于中下游河床展宽,比降变缓,流速减小,泥沙沿程淤积,并在新构造运动继续沉降、气候波动和人为因素等的综合影响下,江湖地理环境发生历史巨变,尤其第四纪全新世的中晚期以来,随人类活动的增强,来沙量增多,淤积加快,在空间上主要表现有三:第一,河床加积抬高,两岸自然堤扩展,庞大人工堤防系统形成;第二,在平面上受新构造运动由北向南掀斜和科氏力的影响,江道南移,河漫滩平原向南扩展;第三,纵向上在东海面相对稳定的条件下,长江三角洲加快向东南外海扩展。基本特点:沉积区规模扩大,速率加快,淤积方式为平面上的东延南扩,垂向加积抬高,其中尤以平原河段的河床抬高影响为大。

1.河床抬高,江水位上升

长江流域的泥沙主要来自上游的山地丘陵地区,沿江的几个大沉积区中,如果说四川盆地是粗颗粒砂卵石的主要堆积场地,那么长江中下游平原河段和湖区则是细颗粒泥和砂的主要堆积场地。并以江汉洞庭两湖平原,含黄梅—宿松和鄱阳湖在内的九江平原,含巢湖在内的皖中平原和含太湖的长江三角洲等平原湖区为泥沙堆积的重点,其中江汉洞庭两湖平原地区因地处长江大三峡的下游,泥沙堆积尤为突出,而地处两湖平原间的荆江地区更是重中之重,因长期接受泥沙加积,引起河床抬高、水位上升更为典型。

关于江水位的上升幅度:通过荆江地区大量古遗址、遗存、古墓葬、古建筑、洪痕等调查考证列表10-2-2的基础上,进而建立起荆江5000年来洪水位上升曲线图(图

10－2－1)，并通过有关史料和相关^{14}C测年参数的分析研究等发现，荆江的洪水位已产生大幅度上升，且近5000年来，洪水位的相对上升量高达13.60m，并在大幅度的上升中，表现出明显的阶段性特征。在距今5000—2200年的新石器至秦汉时期，荆江水位因有云梦泽调蓄，上升甚微，基本处于洪水位的相对稳定阶段；距今2200—800年间，即秦汉至南宋时期，荆江洪水位有所上升，历时约1400年，上升幅度约2.30m，上升量较小，还处于缓慢上升阶段；但宋至今历时约800多年间，因上游人为活动增强，水土流失使来沙增多，中下游平原地区受堤防围垦影响，部分口穴被堵，江湖隔离，再加河床淤积抬高，从而引起洪水位的大幅度上升，上升量高达11.10m，江水位上升速度加快，成为急剧上升时期。从上表明尤其近代水土流失加剧，河床泥沙淤积增强，上升速率呈增大趋势。同时荆南洞庭湖区亦因近代荆江大量分流分沙，泥沙淤积亦引起湖泊面积不断萎缩，湖床抬高，形成"垸老田低"的地形特征。另据生物标志也为荆江洪水位的上升和洲滩淤长提供佐证。如1966年4月在下荆江河段的荆江门崩岸中发现被埋藏古树桩一株，有根直立，直径达1.40m，并取样经^{14}C测年为距今(1200±70)年，原生长于该处的棕红色粘土老岸，经测量古滩面黄海高程为24.89m，仅高出当时长江低水位1.10m，现已被埋入河漫滩的滩面下5.24m；又如1999年12月也于下荆江观音洲的黄粘土崩岸中发现埋藏古树桩一株，亦有根直立，直径达1.15m，经测量，根部黄海高程为22.79m，下距长江枯水面仅1.80m，经^{14}C测年为距今(2725±55)年，已埋藏于今河漫滩平原面下6.46m，以上表明距今1200—2700年来，该河段沿岸淤积厚度已达5～7m；与此相对比，堤内荆北平原的四湖地区，为古云梦泽的三角洲所在地，因当时为水陆相间环境，其陆地也有古树发现，如三湖高家台挖水渠时，曾发现一批古树桩，埋深于老滩面下1.50m，经^{14}C测年为距今(2535±39)年；另如2002年于监利朱河杜上村砖瓦厂的取土坑中也发现一批古树群，其中大者直径达1.0m左右，埋深2.0m，经^{14}C测年为距今(5765±60)年。从以上古树群的分布显示：堤内老滩距今2500—5700多年来，上覆淤积厚度仅1.50～2.0m。从江汉江平原堤内、外滩地的古树淤积厚度比较，以沿江一带堤外滩地淤积较厚，而且相差悬殊(表10-2-3)这也反映近1000多年以来泥沙的淤积速率呈现加快趋势。

表10-2-2　荆江近5000年来洪水位高差考证表

序号	时代	考证点名称	相对年代	埋深(m)	高程(m)	高差(m)	备注
1	新石器	江陵县太湖遗址	4200—4800	2.90	30.90	13.51	荆州博物馆通过考古发掘后提供
2		监利县福田寺遗址	4200—4800	5.80	21.20	14.43	同上
3		监利县柳关遗址	4200—4800	6.50	20.50	15.13	同上
4	周商	沙市周良玉桥遗址	约3000	1.00	31.00	13.25	沙市博物馆通过考古发掘后提供
5		江陵县岑河墓葬	约2300		30.50	13.28	荆州博物馆发掘提供
6	东汉	沙市福利院遗址	约1800	1.00	31.70	12.55	同上
7	南北朝	沙市福利院遗址	约1400		32.20	12.05	同上
8	唐	沙市西效墓葬	约1200	0.50	32.20	12.05	同上
9	宋	沙市西干渠墓葬	800—900		32.20	12.05	同上
10		江陵县马艮街出土文物	约800		33.20	11.05	出土大量古币

续表

11	明	沙市寸金堤遗存	411		39.20	5.05	江陵县志记载：嘉靖三十九年（公元1560年）堤决，日渐颓圮。
12		郝穴周公堤遗存	238		36.80	4.48	万城堤志记载：雍正十一年，堤高一丈七尺换算。
13	清	江陵洪水记载	183		39.92	5.33	公元1788年洪水记载
14		郝穴九华寺石碑	153		36.90	4.38	调查考证
15		郝穴张黄堤遗存	151		36.45	4.83	调查考证
16		监利遗留洪痕	122		31.50	4.79	调查考证
17		沙市二码头石碑	79		40.97	3.28	调查考证
18	民国	沙市二郎矶水位	40		43.10	1.15	调查考证

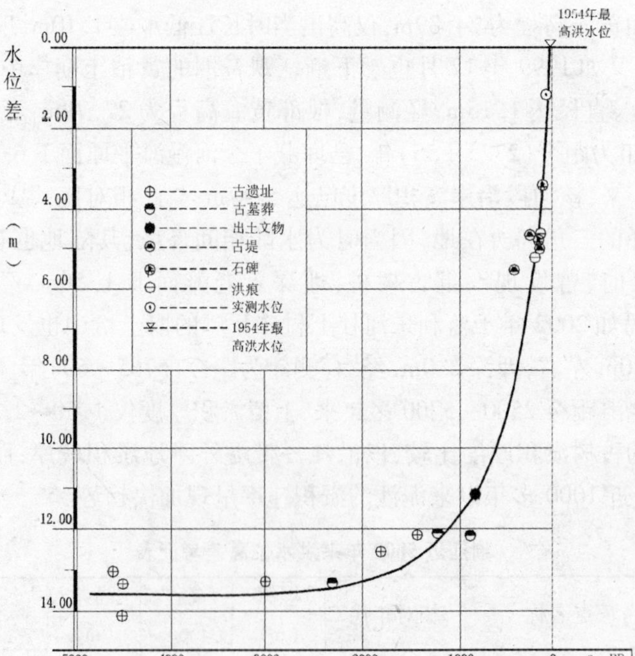

图 10-2-1 荆江近500年来洪水位上升曲线图[44]

表 10-2-3 荆江地区埋藏古树的淤积厚度及^{14}C测年统计表

地段 / 内容	下荆江岸坡		荆江平原四湖地区	
	荆江门	观音洲	三湖高家台	朱河杜上村
淤积厚度（m）	5.74	6.46	1.50	2.00
^{14}C测年（a Bp）	1200±70	2725±55	2535±39	5765±60

长江城陵矶下游河段情况与荆江类同，但因江面展宽水位变幅较小，堤内、外滩地高差亦相对较小，一般为 1～3m（表 10-2-4）。总的特点仍为老滩偏低，堤防愈老，堤内外高差也就相差愈大。关于江水位的上升问题，亦可从平原洼地及湖底等发现有大量古遗址、古墓葬等埋藏得到佐证。如太湖地区已发现的新石器时代等古文化遗存和动物化石等多达 300 余处，其中包含距今 6700—4000 年的新石器时代马家浜文化层、良渚文化层和距今 4000—2500 年的商周文化层等，并于 1986 年在吴县通乡的太湖湖底以下发现战国古井 4 口，另还有黑陶罐和汉代井拦圈等（据孙顺才、黄漪平，1993 年）。文化层分布高程（吴淞），一般为 1～3.5m，个别遗址如嘉家角遗址和罗家角遗址等更低到 0m，比 20 世纪 60—70 年代长江江阴—徐六泾河段的最高潮位低 6.75～5.75m，比历史最低潮位也低 0.80～0.36m。除江汉平原、太湖等地区外，在长江中下游平原的洞庭湖、鄱阳湖、巢湖等大湖中亦有多处古遗址、古文化遗存等发现。从沿江洲滩的淤长，平原湖区古遗址及古文化遗存被淤埋等显示，城陵矶下游河段也产生河床加积抬升，但因河床浅宽，上升幅度相应变小。总之，长江中下游平原河段的河床上升因素中，新构造运动沉降基础上的泥沙淤积起着主要作用，而河口段的影响因素更为复杂。除外，还包含河口三角洲外伸所引起的水面比降调整带来的上升和地球变暖所引起海平面上升的波动影响等。

表 10-2-4　　**城陵矶—江阴河段堤内外滩面高差比较表**

地段 / 滩面高程（m）	监利杨林山	洪湖	青山	黄冈	黄石	半壁山	广济	单家洲	皖水河口	安庆	双墩	大通	三官殿	小黄州	燕子矶	江阴
堤内滩面高程	26.4	24.3	21.3	20.5	19.9	19.0	17.8	13.4	8.9	14.1	9.8	9.3	8.0	5.4	3.6	2.9
堤外滩面高程	28.3	27.8	24.0	22.2	20.9	19.6	19.4	17.0	11.2	16.5	12.0	12.0	9.6	6.4	4.5	4.7
堤内外高差	1.9	3.5	2.7	1.7	1.0	0.6	1.6	3.6	2.3	2.4	2.2	2.7	1.6	1.0	0.9	1.8

2. 江湖平原洪涝灾害增多

由于历史上的泥沙淤积，河床抬高，江水位上升，导致长江中下游平原湖区洪涝灾频繁，据分区统计资料列举于下。

①荆江地区的洪灾：荆江横贯于江汉平原的西南部，历代水患灾害频繁，灾情严重，防洪形势险恶，所以俗有“万里长江，险在荆江”之说。据有关历史洪水统计资料，自汉至清代（公元前 185—1911 年）的 2096 年中，曾发生大小水灾 214 次，平均约 10 年 1 次。另据有关资料记载：自明弘治十年至民国 24 年（1497—1935 年）的 439 年间，洪水造成荆江大堤溃口成灾达 46 次，平均 9.5 年 1 次；近代 1921 年以来，发生较大水灾 11 次，平均约 6 年 1 次。关于溃口灾情的详细记载：乾隆五十三年（1788 年）荆州从万城至御路口就溃口达 22 处之多，荆州城墙多处倒塌进水，据《荆州万城堤志》记载：“……水冲荆州西门，水津门两路入城，官廨民房倾圮殆尽，仓库积贮漂流一空，水渍丈余，两月方退，兵民淹毙万余，号泣之声，晓夜不辍。”洪水围城灾情见图 10-2-2。荆江河段由于泥沙淤积，再加人为因素影响，如筑堤围垸等使河道安全泄量降低到 6 万 m^3/s，据文献记载，在近代洪水流量中，超过 6 万 m^3/s 次数较多，仅 1877—1990 年的 100 多年中，就达 23 次，最大洪峰为 1870 年达 10.5 万 m^3/s。当今虽经多年的河道整治，但随洞庭湖分流分沙的逐年减少，荆

江河段流量相应增大，而河道因泥沙淤积，在同流量条件下江水位抬高。如沙市站1954年8月7日流量为5万m^3/s时，江水位44.67m，而1998年8月7日流量仅4.85万m^3/s，江水位达44.95m，流量比1954年小1500m^3/s，而江水位却高0.28m。沙市洪水主要来自长江上游，宜昌1998年流量为6.36万m^3/s，比1954年流量6.68万m^3/s还小3200m^3/s，而地处下游荆江河段的沙市江水位达45.22m，比1954年还高0.55m①，又创历史新高。可见三峡大坝蓄水前的近40多年中荆江平原河段的泄洪能力已呈现明显下降趋势。

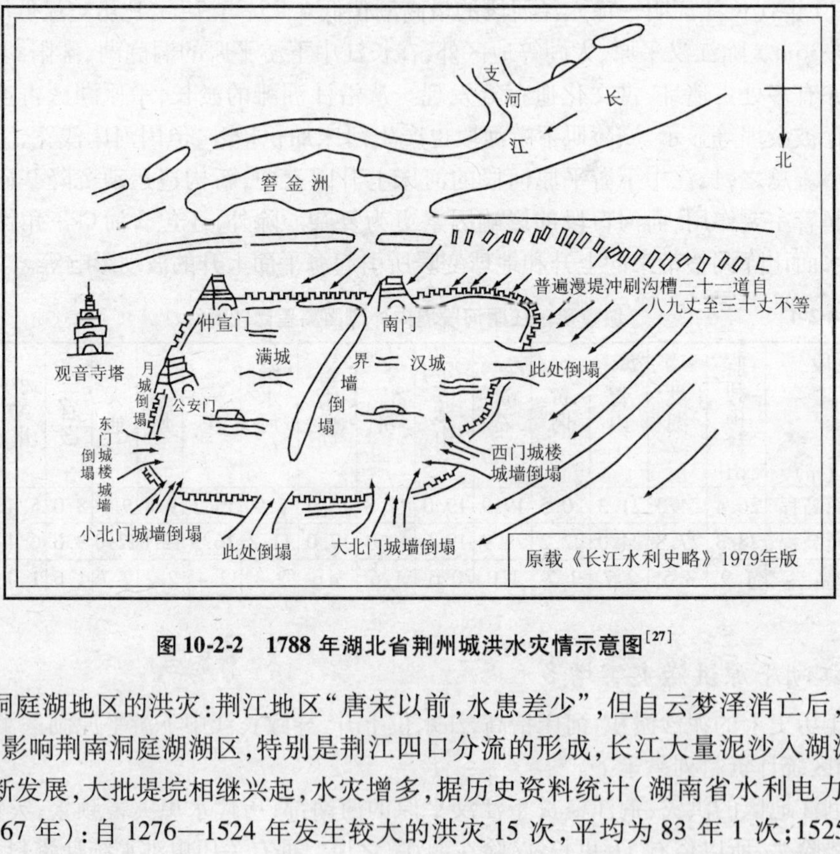

图10-2-2 1788年湖北省荆州城洪水灾情示意图[27]

②洞庭湖地区的洪灾：荆江地区“唐宋以前，水患差少”，但自云梦泽消亡后，洪水失去调蓄，影响荆南洞庭湖湖区，特别是荆江四口分流的形成，长江大量泥沙入湖淤积，三角洲不断发展，大批堤垸相继兴起，水灾增多，据历史资料统计（湖南省水利电力科学研究所，1967年）：自1276—1524年发生较大的洪灾15次，平均为83年1次；1525—1851年藕池溃口以前发生洪灾16次，平均每20年1次；1852—1949年共21次，平均每5年1次。另据有关资料（孙罗生等）仅在民国的38年中，湖区发生较大水灾计32次，平均1.2年1次，其中以1931年、1935年、1948年、1949年4次水灾最为严重，如1948年大水，共计溃垸196个，1949年大水共溃堤垸821个，占总数的83.0%；1954年湖区发生百年一遇特大洪水，溃垸356个，84%的耕地面积受到洪涝灾害。

③鄱阳湖地区的洪灾：由于环湖有赣、抚、信、饶、修等五水汇入，并由湖口出江，每当江河涨水，湖区发生泛滥，在鄱阳湖水系中，尤以赣江为盛，历史上自1647—1949年的

①韩其为. 长江中游1998年洪水位超过历史最高值原因的分析. 中国水利水电科学研究院泥沙所，1988年.

302 年中，发生水灾 38 次，平均 8 年 1 次；1949—1985 年间，主要洪水年有 1951 年、1954 年、1961 年、1962 年、1974 年和 1983 年等（许正甫、许高俊，1995 年）。另据研究：鄱阳湖地区亦因泥沙淤积洪水位抬高，近 600 年来上升约达 3.00m，近 100 年来显著升高，大洪水增多（闵骞，1997 年）。

④太湖地区的洪（涝）灾：据史料记载及考证研究①，早在距今 1200 多年的唐代就有“水患是东南之大患”的记载。自南宋迄今（1121—1987 年）的 866 年间，共发生 92 个大水年，即平均 9.4 年中有 1 个大水年，其中有大于 1954 年的大水 19 次，接近 1954 年的大水计 16 次；在 1949—1991 年间共发生较大洪水 14 次，其中以 1954 年洪水为最大，由于当年太湖流域普降大雨，外围水流汇聚，再加长江洪水位上涨顶托和入侵，太湖发生洪涝，湖水难于外排，致使太湖水位高达 4.65m，高出地面 1 ~ 2m，漫溢成灾。

综合上述：从上大量历史洪涝灾害资料表明，无论是长江上游的山间盆地及山前平原河段，还是长江中下游及河口三角洲等平原湖区，洪涝灾害都有随时间的推移呈现暴发周期缩短、频率增大的趋势。另据朱诚等运用地质地貌、环境考古和历史地理学的方法，对长江三角洲地区的历史远年洪水灾害进行了系统考古研究提出：距今约 7000 年来至少发生过 9 次特大洪灾，时间分别为距今约为 6500 年、6000 年、5500 年、5000 年、4000 年、3000 年、2500 年和公元 3 ~ 6 世纪、公元 12 ~ 19 世纪，从中可见，距今约 2000 多年以来，随人类活动的增强，大水灾的时期延长，且峰值周期亦呈现不断缩短趋势。

3. 筑堤围垸、庞大堤防系统形成

由于长江中下游平原湖区洪涝灾害增多，相继引起堤防的兴起和不断扩展、完善，经历代兴建加固，现已建成规模庞大的堤防系统，成为两岸人民生命财产的安全屏障。有关长江中下游湖北、湖南、江西、安徽、江苏 5 省和上海市等辖区主要干支流堤防概况如下。

①湖北省江汉平原堤防：江汉平原腹地古为云梦大泽，随泥沙的淤积，自然演变为陆后，便成为重点农垦开发地区。据有关史料记载：早在楚庄王时期（公元前 613—519 年）奖励耕战，其令尹孙叔敖推行“秋冬劝民山采，春夏以水，各得其所”，并“宣导川谷，披障清泉，堤防潮涌，收九泽之利”，所以有“堤防之设，始于孙叔敖”之说。另据《江陵县志》记载，早在战国时期，就有所谓“大垸四十八，小垸百余”之说，但这个时期的堤系指洪水归泽的垸堤而言。至东晋时期（约 345 年），首先在位于古荆江三角洲顶部的江陵筑万城堤，这是荆江大堤之始。到两宋时代，原烟波浩渺的广阔水域已淤塞而成网状水道，云梦泽消亡后的初期，长江洪水还有九口十三穴与内湖相通调蓄，后随泥沙淤积，口穴逐渐萎缩淤塞，洪水灾害增多，相应堤防的发展加快，于梁开平元年（907 年）前后开始修筑寸金堤，后于宋代熙宁八年（1075 年）作沙市堤，此后陆续修筑黄潭堤、登南堤、文村堤、新开堤、熊良工堤、黄师堤、李家埠堤、万城堤和阴湘城堤等。于明末清初（1650 年）堵塞庞公渡口，沿岸江堤连成一线，荆江大堤形成。民国七年（1918 年）前名万城堤，自堆金台至拖茅埠长 124km，后改名为荆江大堤，1951 年将上段由堆金台延伸至枣林岗，1954 年下段又由拖茅埠下伸至监利城南，上下段分别延伸 8.35km 和 50.00km，全段总长增加到

①许正甫、许高俊.《长江志》卷四第一篇. 防洪. 长江水利委员会设计院规划处. 1995 年.

182.35km。湖北省江汉平原地区经历代修筑,长江干堤以荆江大堤等为主干,重点堤段含四邑公堤、武汉市堤、黄石市堤、黄广大堤、巴铺大堤、南线大堤等共长522km,一般干堤长1035km,合计总长1557km;另加支流堤有汉江干堤727km,东荆河堤317km,府河堤175km,一般支流堤1438km;另民堤2836km。至1985年长江干、支、民堤合计长度达7050km,组成江汉平原庞大的堤防系统。

②湖南省洞庭湖区堤垸:洞庭湖区筑堤挽垸早在北宋时期已有记载,但大量修筑则在明嘉靖年间的荆江北岸堵口和四口向南分流水道形成以后,随洞庭湖由小到大,水位上升,洪水泛滥,伴随入湖泥沙的淤积,相继堤垸得到较快发展。据杨家兴等研究统计:清代顺治以前有堤垸544个,同治以后清代新增加550个,总计达1094个;至民国时期的1935年时,堤垸总数增加到1479个,后来由于历经垸堤溃决报废或合并等变迁,到1949年时为993个,新中国成立后,通过合围并垸,蓄洪垦殖,围高丢低和湖垸互换等多次调整,围垸耕地面积由1949年的593.5万亩扩大到1979—1983年间的868.7万亩,而堤垸由993个减少到278个,1984年统计为260余个,1949年垸堤长6406km,1984年防洪堤长3471km,长江堤长102km。

③江西省鄱阳湖区堤防:长江干堤长为50km,湖区五河支汊水网密布,有圩垸581个,堤线总长达2792km。

④安徽省堤防:长江干堤总长达739km,其中主要大堤有无为大堤、同马大堤等,长度计299.6km。

⑤江苏省堤防:堤防全长约2000km余,其中江堤1029km。

⑥上海市堤防:包含郊县达2519km,其中干堤309km,海圹465km。

⑦长江河口海塘:总长933.5km,其中含江南海圹533.5km,江北海塘400km。

长江中下游平原湖区堤防总长约3万km,其中长江干堤约3600km(太湖堤身低矮,圩垸众多,自成系统,未列其中),其主要重点堤防包含荆江大堤、武汉市堤、黄广大堤、九江大堤、同马大堤、无为大堤、南线大堤、洪湖主隔堤、洞庭湖重点堤垸、鄱阳湖重点堤垸、汉江遥堤、赣东大堤和上海市黄浦江、苏州河两岸防洪墙等,经漫长的历史过程,形成长江中下游的庞大堤防系统①。由于河床两岸堤防的修筑,洪水漫滩水流的过水断面缩小,原与江相通的湖区因受堤垸围垦影响,蓄水面积大为减小,调蓄功能减弱,再加上上游来沙不断淤积,从而又引起洪水上升,即形成泥沙淤积→洪水位上升→堤垸发展→洪水位上升的恶性循环。

第三节 泥沙与江湖地理环境变迁

长江中下游平原形成于一系列地质断陷、拗陷及凹陷等地质构造的基础上,新构造运动长期以沉降为主,长江贯通其中,并有众多支流入汇,河网密布。由于泥沙淤积、河床抬高,沿江自然堤不断发展,再加人工堤垸的兴建,以长江干堤为主的堤防系统形成,从而组成长江中下游平原区的地形分割线。堤外洼地因渍水或受到江河洪水的顶托、倒灌,排泄不畅潴水成湖,同时又因泥沙的淤淀而使湖床抬高,湖面逐年萎缩变小;堤外河床及沿岸滩地,泥沙供应充足,逐年加积抬高,从而形成沿江展布的带状沉积区。堤内平

①水利部长江水利委员会.长江流域综合利用规划报告.1990年.

原地区，由于与江河隔离，沙源贫缺，淤长缓慢或停滞，地势相对低凹，在区域新构造运动继续沉降和堤外河床洲滩不断加积抬高的情况下形成“垸老田低“的格局，滩地愈老愈为低凹。当今长江中下游平原区已大部低于长江汛期的洪水位之下，每当遇到大的降水、暴雨或堤防溃口、江水倒灌入侵时，常积涝成灾，从而为湖沼化的形成提供了条件。据不完全统计，长江中下游平原在尚未建闸和修建机电排水站网之前，一般年份受渍面积达1150万亩，大水年面积更大，如1954年的洪灾中有2400万亩为先涝而后洪①。历史上当洼地渍水无力外排时便形成湖沼，如江汉平原腹地的四湖地区，因地处长江和汉江的自然堤之间，外围地势较高，内地老滩低凹，与长江外滩高差达10m左右，因而渍水形成大小湖群，在20世纪50年代初，有大小湖泊达230个，湖泊面积达1813km^2，沼泽面积1500km^2，湖沼面积共达3313km^2，占四湖地区总面积的32.0%②，其中洪湖在光绪初年还为低洼平原，后于清光绪十二年(1886年)因排水不畅而渍水成湖。按自然发展趋势，堤外江湖地带因泥沙淤淀而逐渐萎缩，江湖床面逐年抬高；堤内洼地渍水严重，湖沼扩展。但无论堤内外的平原、滩地和湖泊都是在新构造运动继续沉降的背景下，并受到天然河流的泥沙淤积和人工筑堤围垸、开挖沟渠、修建水闸、安装机电排水垦殖等影响，从而使大量湖泊相继发生萎缩或消亡，引起江湖环境的系列巨变。

一、泥沙淤积与中下游平原的江湖变迁

长江中下游平原河段，既是流域水沙的输移通道，又是泥沙的重要堆积场地，因受两岸人工堤防和自然堤限制，不仅使河床沿程淤积抬高，同时又将大量泥沙输向河口地区沉积，从而引起长江三角洲呈现向东海加快发展趋势。有关分区演变特征叙述如下。

1. 泥沙与江汉湖群的变迁

江汉平原位于湖北省的中南部，古云梦泽因泥沙淤积消亡后，又由于泥沙淤淀，河床抬高，致使堤内老的平原洼地渍水成湖，形成新的成湖期，因湖泊密布，曾有“千湖之省”的美称，并以沿江河地带分布最为密集，较大的湖泊有如洪湖、汈汊湖、梁子湖、东西湖等。据《江汉湖群》(华钟，1974年)研究资料：在1959年前后，百亩以上的湖泊共约达1052个，中水位面积达8252km^2(约1238万亩)，其中5万亩以上的大湖43个，5万~1万亩的湖泊159个，1万~1000亩湖泊469个，其余为1000亩以下。一般以5万~1000亩的湖泊为主。按湖泊数量和面积，又以地处江汉平原腹地的荆州地区为最多，湖泊数量和面积分别达总数的49%和46.5%，均居第一。另据有关研究，将西起武汉，东抵黄梅的鄂东沿江平原湖泊统计入内，计1365个，如将小湖泊统计在内，共达1.0067万个，总面积1.2万km^2，约占江汉平原总面积的20%以上③，江汉平原湖泊数量之多，总面积之大，为全国仅有，世界所罕见。但后因泥沙淤积和人工大量围垦湖田，并开凿渠道，兴建排水闸及电排站等，疏干渍水、兴建农场，至1972年时，湖泊减少为636个，面积为3115km^2(约467万亩)；至20世纪末，仅存湖泊约309个，面积约2050km^2。从上可见，自1959年

---

①水利部长江水利委员会.长江流域综合利用规划报告.1990年.

②言鸽.四湖地区“69.7”，“91.7”暴雨渍涝灾害分析—湖沼地区流域环境水利变化.湖北省荆州地区水利局.

③ 席珍国.江汉平原古代水利开发及其历史作用.长江水利委员会长江志总编室，1991年.

至20世纪末约40年间，江汉湖群中百亩以上的湖泊数量减少约743个，面积减少6202km²，即湖泊数量和面积分别减少70.6%与75.2%，其中减少速率尤以1959—1972年间为快。湖泊面积缩小的实例，如洪湖1949—1980年间水域面积由734km²减少到370km²，缩小364km²，即减少49.6%；梁子湖高水时面积由1458km²缩小为664km²，减少794km²，即减少54.5%；汈汊湖面积由680km²减少为40km²，缩小640km²，即减少94.1%。原四湖地区中的三湖和白露湖等早于20世纪60年代已消失变为耕地。

2. 泥沙与洞庭湖的变迁

洞庭湖位于长江中游荆江南岸的湖南省境内，为长江流域第二大湖，江汉平原和洞庭湖在大地构造单元上同属扬子准地台的江汉—洞庭断拗，因其间有华容凸起，分割成南北两部分：北部为江汉平原，南部为洞庭湖区。在上荆江的松滋老城—石首河段和下荆江的洪山头—城陵矶河段，南北平原湖区紧密相连，水系相通。据张修桂研究①，早在全新世初至公元三世纪前，今洞庭湖尚未形成，还为河网切割的平原，从商周秦汉时期洞庭平原的古水系图显示，当时从西南松滋有油水经孱陵流向东北，于公安上首流入长江；澧水亦从澧县东流至广兴洲汇入长江，其余沅江、资水亦分别从沅陵、益阳向东北及北直流于广兴洲入江，湘江流向与今相同，一般水系由西南或南向东北及北流，反映当时洞庭平原的地势尚较其北的荆江地区为高。但荆江地区随泥沙不断淤积，荆北古云梦泽萎缩衰亡，水流向南汇聚，荆江统一河道的形成，泥沙随水向南转移到沿江一线堆积。当云梦泽淤积成陆后，由于堤垸的发展更加快了河床的泥沙淤积和滩面的抬高及江水位上升，大约于东晋、南朝时期，首先在公安油口下游的荆江南岸出现了景口和沦口分流，汇合而成沦水南注，穿过荆南平原过渡区进入洞庭平原，形成第一期分流，引起青草湖的扩展，并有赤沙湖形成。后来又随荆江泥沙的不断淤淀，江水位上升，沦水不断分流，洞庭湖区新构造运动继续沉降，至唐宋时期，洞庭湖进一步扩展，宋代《巴陵志》记载有“洞庭湖在巴丘西，西吞赤沙，南连青草，横亘七八百里”。第二期为虎渡、调弦两口分流：大量水沙分入洞庭，到道光年间洞庭水域西抵武陵（常德），东至巴陵（岳阳），北达澧县嘉山、安乡和华容南，南至沅江、益阳、湘阴等一线，《洞庭湖志》载：“横亘八九百里，日月皆出没其中”，湖面约6000km²，成为洞庭湖的全盛时期。但后因长江分流来水带来大量泥沙，引起三角洲的发育，由北向南扩展，湖面逐渐淤积萎缩。第三期为清咸丰十年（1860年）和同治九年（1870年），因荆南堤防先后决口，分别冲开藕池河和松滋河，形成四口分流，进一步向洞庭湖分流分沙，使入湖三角洲不断向南推进，首先导致西洞庭湖的萎缩和湖床淤淀抬高；而东洞庭湖随下荆江的南移演变，沿江自然堤的淤长，广兴洲扩展淤高进一步使江湖分隔，江水位上升对洞庭湖的顶托增强。总之，在新构造运动继续向南掀斜的背景下，随古云梦泽的萎缩消亡，荆江泥沙淤积，河床抬高，水位上升，对洞庭湖的分流和顶托是形成洞庭湖并得以扩展的基本原因。但又因分流带来大量泥沙，加洞庭四水来沙，每年淤在湖内泥沙达1亿t以上。据有关资料：荆江裁弯前的1956—1966年的年均淤积量约达1.69亿t，裁弯后的1981—1998年虽已减少，而年均淤积量仍达0.896亿t，致使湖面不断发生萎缩，湖床抬高。关于湖面萎缩研究：1825年时洞庭湖泊总面积达

①张修桂. 洞庭湖的演变. 复旦大学历史系历史地理研究所. 1979年.

$6000km^2$，1949 年减小为 $4350km^2$，1983 年缩小到 $2691km^2$，至 1995 年进一步减少到 $2623km^2$。关于湖水位抬高的调查：据沅江县水利局资料，原修建于雍正二年，废于同治八年的三保垸杨子港的一老剅硆，底板高程仅为 25.0m，据此计算，近百多年来，今南洞庭湖地区的冬枯水位已上升达 3.0m；又如在过去的廖堡地区（南洞庭湖）的废垸遗址中，老防洪大堤顶高为 30 ~ 31m，推算水位为 29.5 ~ 30.0m，而 1954 年洪水位高达 35.04m，水位抬高5.0m左右①。关于洞庭湖的淤积：据分区淤积研究资料②，采用 1980 年万分之一地形图与 1950 年所测 2.5 万分之一的新老地形图对比表明：东洞庭因泥沙的淤积，使原从长江调弦口分流入湖的河口已向东延伸 25km，并在新洲、团洲、望君洲、君山等地平均淤高0.96m，最大淤高达 8m；南洞庭的淤积中，在东南湖、畎口、廖潭口以北地区的黄土包河、荷叶湖一带最大淤高 6.0m，平均淤高 2.0m；西洞庭湖的七里湖汇口、濠口平均淤高 4.12m，最大淤高 12.0m；目平湖最大淤高 5.4m，平均 2.0m。另外，湖区支汊河床航道亦发生严重淤积，如官垱河、鲇鱼须河、书院洲河、五里河和沱江等，分别淤高 2 ~ 5m，已成为地上悬河。

3. 泥沙与鄱阳湖的变迁

鄱阳湖位于长江中下游南岸的江西省境内，有赣、抚、信、饶、修等五河汇入，湖泊面积达 $3283km^2$，为长江流域第一大湖，南北长 173km，以松门山为界分南北两部分，面积南大北小呈葫芦状，东西宽 70km，以入江水道的屏峰卡口为最窄，宽仅 3.0km，全湖平均宽 16.9km，平均水深 8.4m。今长江北岸古为彭蠡泽，系以黄梅、宿松、望江一带的断陷盆地为基础发育而成长江河谷，后经末次冰期的河谷下切和冰后期的江水位回升，淹没古河道成湖，而后又由于泥沙的不断淤积，以龙坪为顶点的三角洲向东推进，经三角洲分流水道归并南移的演变，于石钟山等残丘及阶地前缘受阻东流，由于江道南迁，江湖逐渐分离，原北岸彭蠡泽中的故道一线逐渐淤塞演变为龙感湖、大官湖、黄湖和泊湖等系列湖群。经历史变迁，于唐宋至清道光年间，由于湖北的黄广大堤与安徽的同马大堤连接后，使沿江口穴被堵，江湖完全隔离，其后的演变与江汉平原云梦泽的衰亡导致洞庭湖的兴起基本类同。由于古彭蠡泽淤积衰亡，江道南移，长江的泥沙淤积主要转向沿江一线，再因受八里江窄段壅水和赣江等来水顶托等影响，使该河段产生大量泥沙堆积，促使洲滩发展，于明清以来，先后形成张家洲、梅子洲和官洲等一系列洲滩，经历史的演变过程，河床及滩地淤长，水位抬高，对赣江等出口水流形成顶托增强，并因湖口入江的交角较大，更进一步增强了对鄱阳湖的顶托效应。因此江南的现鄱阳湖平原区在新构造运动继续掀斜沉降的条件下，唐宋以来，随古彭蠡泽的萎缩衰亡而相继沿赣江向南产生溯源扩展成湖，后期又由于长江泥沙不断淤积，河床洲滩发展、顶托增强，更加剧了鄱阳湖向南延伸扩展。但与此同时随支流带来大量泥沙，入湖三角洲的扩展，又引起鄱阳湖的系列萎缩变迁。20 世纪 80 年代鄱阳湖年平均入江水量为 1470 亿 m^3，年均流量为 $4630m^3/s$；而长江年倒灌流量一般为数千米^3/秒，最大倒灌水量为 1958 年的 93.8 亿 m^3。泥沙输移量：五河及区间多年平均悬移质入湖输沙量为 2104.2 万 t，出湖沙量为 1052.2 万 t/a，淤积沙量为 1052 万 t/a；另从比值推算五河及区间推移质输沙量约为 315.6 万 t/a，出湖推

---

①周松鹏等. 洞庭湖区泥沙冲淤变化情况. 湖南省水利电力勘测设计院.

②孙罗生等. 洞庭湖区农业农田水利基本建设与评价. 湖南省水利电力勘测设计院，1980 年.

移质输沙量为157.8万t/a,淤积沙量157.8万t/a①,推悬移质泥沙淤积总量约1200.0万t/a。泥沙淤积部位:悬移质泥沙主要淤在五河口的入湖三角洲,推移质主要淤积在入湖三角洲的顶部及五河的尾闾河段。由于长江的主汛期在7~9月,而鄱阳湖的主汛期为5~6月,一般年份相互交错,因此江湖相互顶托,即当鄱阳湖的主汛期,湖水顶托长江;当长江主汛期,引起江水倒灌;但当江湖洪水遭遇时,因长江峰高量大,对湖口出水亦进行顶托倒灌,一般以每年7—9月主汛期倒灌为盛,多年平均年倒灌悬移质沙量达104.5万t,以1963年为最多,高达693万t,为正常年份的6.6倍。1956—1984年的29年中有22年发生倒灌,约占总年数的76%,而自1956年起统计至1994年的近40年中,近80%的年份发生倒灌,年均倒灌次数随时间的延续呈现增多趋势。由于南有五水入汇,北有江水倒灌,经大量来沙淤积,湖面逐年淤积萎缩变小,按鄱阳湖面高程20.00m的面积比较:1957年为4750km^2,1967年为4847km^2,1976年为3771km^2,1986年缩小3150km^2,即比30年前减少1600km^2,缩小了33.7%。

4. 泥沙与巢湖的变迁

巢湖位于长江下游北岸的安徽省中部,为长江流域第四大湖泊,呈鸟巢状,面积为782km^2,一般湖泊深5m左右,湖周有34条大小支流汇聚,主要支流有杭埠河、丰乐河、派河、南淝河、柘皋河、白石天河及兆河等,出口经裕溪河流入长江。巢湖为海西期的淮阳运动使湖周隆起形成山地,中部沉降而成构造盆地,后经燕山运动进一步发展,外围抬升,盆地内沉降渍水成湖,因受新构造运动影响,湖盆继续沉降,而沿江地带因泥沙不断淤积抬高,水沙经通江的裕溪河水道倒灌,20世纪50年代每年倒灌入湖泥沙平均达12.8万t,60年代修建巢湖水闸后骤减至年均3.2万t,70年代减少为0.74万t。

根据巢湖的地貌轮廓,其10m等高线圈定范围原面积达2000km^{2}以上,后由于泥沙的淤积,湖面缩小,据考证,宋前的200年间缩小了1/5。另据史料记载,明末清初时的三河镇原为位于湖滨的一重镇,历经300多年的淤积演变,洲滩发展,湖泊向东退缩,于20世纪的70年代已远距湖边达10.0km。据有关资料反映,仅1949—1980年的30余年间,湖泊面积缩小约26.0km^2。

5. 泥沙与太湖的变迁

太湖位于长江三角洲与钱塘江和杭州湾之间,湖泊面积为2427.8km^2(1984年),平均水深1.89m,最大水深2.60m,为长江流域第三大湖。至20世纪90年代,有进出口河道200余条,湖泊周围有大小湖荡189个,含太湖在内总面积达3159km^2。关于太湖的成因有不少专家学者进行了大量研究表明,太湖在地质构造上虽为一断陷盆地,曾积水成湖,但经地质时期的长期演变,至晚更新世(Q_3)的末次冰期时已堆积覆盖成陆,因此今日太湖系以下属黄土为基底发育而成。据研究:该黄土层的^{14}C年代为距今12300~19750年之间,分布由西向东倾斜,在西部洮、滆湖地区出露地表高程为4~5m,至太湖湖区高程降低为2~-1m,太湖东澄湖、淀湖地区继续降低为-3.5~-5m,上海地区则深埋于地面以下25m左右,且连续分布东延至大陆架,一般厚度1~4m。黄土层面上并有河流沟谷凹地发育,顺坡向东延展,在西部滆湖还发现呈南北向延伸,宽达800m的河流故道,

①江西省人民政府鄱阳湖综合科学考察领导小组办公室. 鄱阳湖泥沙淤积情况调查.

澄湖与淀山湖底的埋藏古河道亦深达4~5m以上。该层黄土曾为陆地，层面还发现新石器时代的原始人遗址和其他古文化遗址及动物化石等共达300多处。从大量有关地质、地貌、考古等资料显示，太湖地区自末次冰期后的全新世中期以来，早已为古人类集居的河网切割平原，后演变成湖时期较晚，应在春秋战国之后，即距今约2500~2000年以来。关于太湖的成因，系在新构运动沉降的基础上，主要取决于长江三角洲的发展，由于冰后期气温回暖，引起海面上升，使长江河口曾退缩到镇扬河段，但距今7500~6000年以来，因海面上升趋于相对稳定，而长江带来大量泥沙不断淤积成洲，致使长江河口不断向东推进，三角洲继续向前发展，使江阴—河口段南岸的滨海平原不断淤长展宽，并有部分泥沙由长江口的潮流输入杭州湾，再加钱塘江出口的泥沙等淤积，从而形成沿杭州湾北岸的滨海平原，因此从长江南岸的福山起向东南绕南汇咀后向西南延伸，直至杭州湾的钱塘江口，太湖平原呈弧形包围，另加太湖北部为高亢平原，西及西南部又为丘陵山地，从而构成对太湖平原的圈闭，形成外围相对较高、腹地较低的巨型洼地(图10-3-1)，从而为太湖的形成奠定了基础。后随长江三角洲的不断东延和滨海平原的发展，由于众多支流口先后相继淤塞被堵，再加太湖平原的新构造运动继承老构造断陷盆地继续沉降，河口段的水位抬高，对太湖出水顶托增强，排水不畅，致使以水道为基础逐渐扩展成湖。而后历经演变，早期太湖水的宣泄主要靠《禹贡》书中的三江通道，即东江、娄江和吴淞江等承担，但亦随泥沙的淤积，沿岸滨海平原的发展，使原从杭州湾出口的东江和由东北入长江的娄江于南宋前分别淤塞与萎缩，吴淞江也不断淤积萎缩，历史上以此河段为基础，经多次开凿疏浚而成今黄浦江通道。由于长江河口三角洲的继续发展，致使沿岸滨海平原逐渐淤长抬高，出口水道萎缩淤堵，再加受河口海水顶托及潮汐影响增强，从而更使太湖平原西、南山地来水排泄不畅，湖面逐渐扩大，东汉时期湖面约1680km^2，唐代时湖面已东扩展至吴江海塘附近，其东山和西山周围都被湖水淹没而成湖中两大岛屿，而后期也因泥沙逐渐淤积，湖滩扩展，至清代中期，两湖岛并岸，太湖向西退缩；在近一二百年来，湖的东部和西北部因泥沙淤积加快，再加人工围垦，湖面萎缩变小，尤其上世纪的60年代、70年代，太湖的湖区及周围湖群面积减少达161.0km^2，使湖泊面积缩小13.6%。

综合上述：在流域自然条件的基础上，由于近代人类活动影响增强，不仅造成长江上游水土流失加剧，河流来沙量增大，中下游的平原湖区泥沙淤积加快，而且大量筑堤围垦造田，引起水位上升，湖床抬高。以洞庭湖较为典型，湖的面积和蓄水量均分别由1949年的4350km^{2}与268亿m^3，下降到1983年的2691km^{2}与174亿m^3，用百分数表示分别下降38%与35%；另如江汉平原的湖泊，水面缩小6202km^2，仅为40年前24.8%；鄱阳湖1986年比1954年的水面积和蓄水量分别减少35%与22%；太湖流域内40%的地面低于江河洪水位之下，排水不畅日趋严重。长江中下游平原湖区的新构造运动虽长期继续沉降，但由于受到泥沙淤积和人为因素等影响，湖泊数量减少，面积不断缩小已成为总体发展趋势。

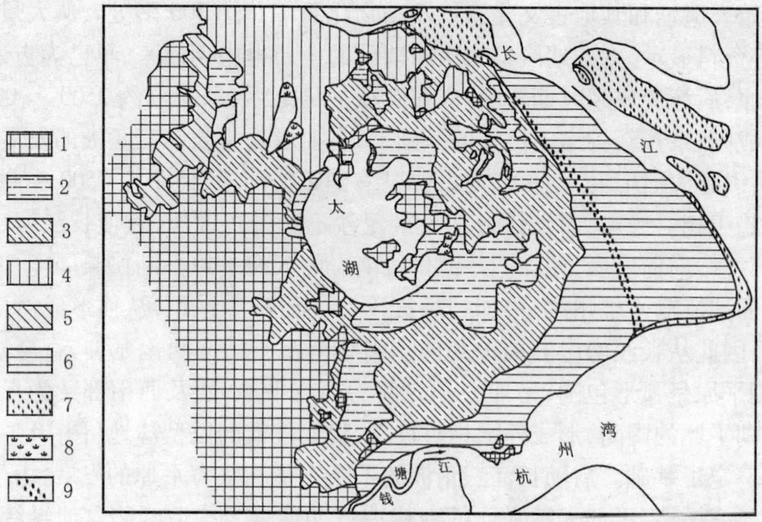

1. 山地 2. 湖荡平原 3. 冲积湖积平原 4. 高亢平原 5. 山前冲积平原 6. 海积平原 7. 沙洲 8. 湖滩地 9. 冈身地带

图 10-3-1 太湖地区地貌图[28]

6. 泥沙与长江河口水下三角洲的变迁

流域泥沙主要产于长江上游，在输移过程中自上而下沿程发生堆积，剩余的泥沙出口输入东海，在大陆架上形成水下三角洲和部分向外扩散。泥沙的颗粒组成在输移堆积过程中又产生沿程分选细化，川江河床滩地以卵砾为主，宜昌下游经砂卵石河段过渡变为砂质河床，且砂粒亦向下游变细，至长江河口除部分为砂外，水下三角洲则主要为悬移质泥沙扩散形成的砂壤土及粉质壤土等细颗粒的粘性土。距今约 2500 年以来，因长江上游人类活动增强，水土流失加剧，来沙量增大，再加长江中下游大量筑堤围垦，沿程泥沙淤区面积减少，水流输移入海泥沙相对增多，长江三角洲发展速度加快。据杨文达(1996 年)等研究，长江全新世水下三角洲面积约为 1.9 万 km^2，并主要由 6 个泥沙堆积的所谓扇形垛体组成，呈新老叠置展布(图 10-3-2)，有关垛体前缘分布位置、沉积厚度及形成时代等特征见表 10-3-1。从图表中显示，单个垛体一般厚度 4 ~ 6m，个别可达 10m 以上；垛体平面规模以Ⅳ号、Ⅴ号为大，仅Ⅵ号尚在发展中，相对较小。因长江河口的演变影响来水来沙，垛体分布相应发生变化，如 1860—1927 年前主要淤积在崇明岛的东滩，而 1927—1976 年转移到南汇东滩，水下三角洲主体也相继转为东南向；河口沙坝沉积速率平均达 1.14cm/a，前缘斜坡平均为 0.54cm/a，三角洲垛体的总复合厚度一般在 20m 左右，局部达 26m 以上。

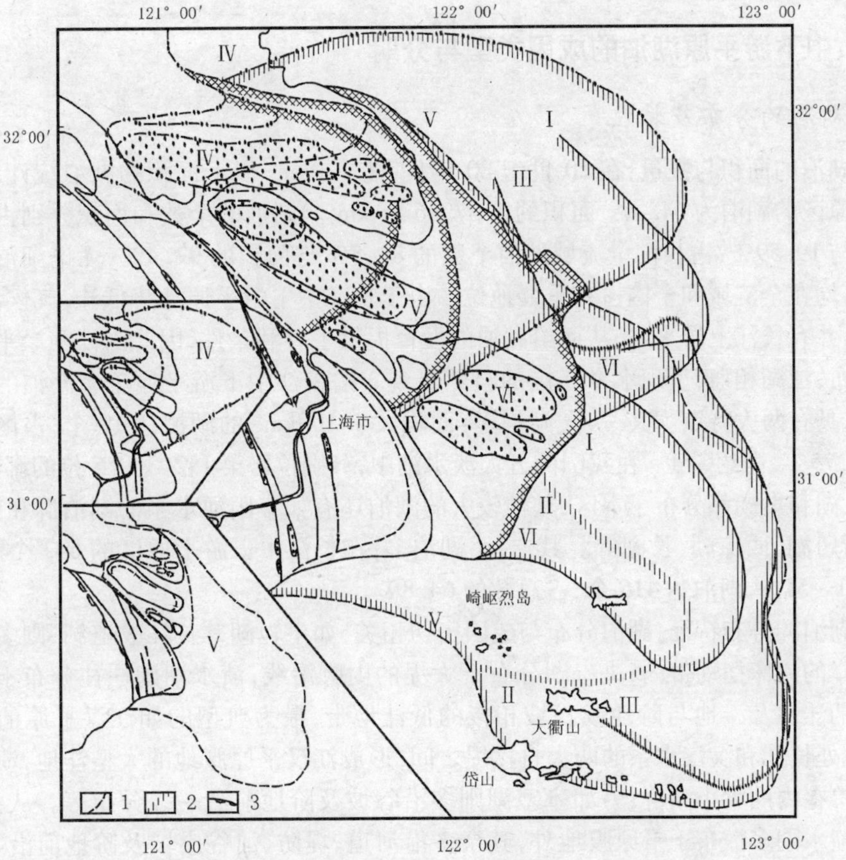

1. 三角洲前缘边界线　2. 前三角洲边界线　3. 古海岸线

图 10-3-2　全新世长江水下三角洲垛体分布图[31]

表 10-3-1　　　　长江全新世水下三角洲分期垛体参数表[31]

编号	垛体外缘位置	沉积厚度(m)	形成时代(Ka BP)	备注
Ⅰ	122°50′	5.5~6.0	6.0~5.0	分布于长江口以东
Ⅱ	122°45′	12.3 左右	>3.0	分布于长江口东南
Ⅲ	123°00′	4.5~8.5	4.0~2.0	叠置于Ⅰ号、Ⅱ号垛体之上
Ⅳ	122°45′	6.0 左右	2.5~1.2	叠置于Ⅰ号、Ⅲ号垛体之上
Ⅴ	123°00′	4.0~8.0	1.2~0.2	叠置于Ⅲ号、Ⅳ号垛体之上
Ⅵ	122°50′	3.5~5.0	0.35~	叠置于Ⅳ号垛体之上

二、中下游平原湖泊的成因类型与分期

1.湖泊的分布及特征

①湖泊的面积与数量:在20世纪80年代,按1.0km² 以上面积的湖泊统计,长江中下游平原区的湖泊为642个,面积约1.57946万km²。湖泊的个数和面积分别占全国的22.5%与19.59%;占长江全流域湖泊个数的84.5%与面积的92.4%,无论湖泊的数量和面积,均在全流域和全国占有重要地位。由于长江中下游平原地势低洼,气候湿润,雨量丰沛,并有长江上游来水,从而给湖泊的发育提供了有利条件,因此沿江两岸平原滩地湖群广布,江湖相通,呈现水乡泽国的自然景观。按长江中下游平原单个湖泊的面积分组统计,具有两大特点。其一,大湖泊多:面积大于100km² 的湖泊达19个,占区域总面积的74.75%,即约3/4。在我国的五大淡水湖中,分别位居第1、2、3和5位的鄱阳湖、洞庭湖、太湖和巢湖都分布于本区,其他较大的湖泊还有如华阳河水系的湖泊群和梁子湖、洪湖、石臼湖、西凉湖、长湖等。其二,小湖泊多:在长江中下游平原区的642个湖泊中,面积为1~5km² 湖泊达416个,占总数的64.8%。

②湖泊的分布特征:湖泊分布与成因密切相关,如牛轭湖等长江故道湖,则多分布于长江两岸的河床摆动带内;决口湖分布于大堤的内脚沿线;渍水湖则往往分布于河流自然堤间的洼地及滩地与阶地或谷坡相接的低洼地带,最为典型的如江汉平原的四湖地区,因地处长江和汉江水系的两大自然堤之间,形成江汉平原腹地的大型洼地,渍水而成含洪湖等在内的大小湖群;另如壅塞湖则多沿谷坡及阶地前沿一线分布等。从上可见,除洼地渍水湖多散布于平原腹地外,其余多沿河道、堤防、河谷岸坡及阶地前沿等分布,具有呈条带排列分布的特征(图10-3-3)。

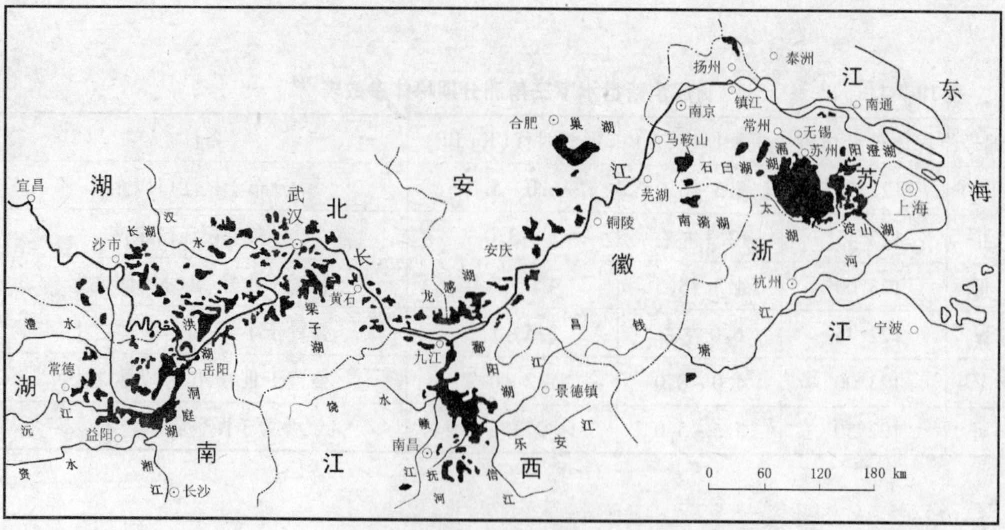

图10-3-3 长江中下游平原区主要湖泊分布示意图[17]

2. 湖泊的成因类型与分期①

长江中下游平原水网密布，一般大型湖泊往往江湖相通，多属吞吐型湖泊，由于所处的地质地貌和来水来沙等条件不尽相同，情况复杂，因此涉及湖泊的成因问题有多种学说，至今尚不完全一致。我们认为，在湖泊的湖盆和水体两部分组成中，湖泊的成因类型主要取决于湖盆的形成，并且在发展演变过程中，其成因类型亦发生转化，且具分期特征。

(1)一般湖泊发展的理想模式

湖泊的历史演变规律自然亦经历发育、发展到衰亡的过程。设想某一地块因构造断裂形成断陷盆地，并因凹地渍水成湖，这时的湖泊由地质构造作用形成为构造湖，并随构造运动的升降而发生湖泊的大小演变；与此同时，亦由于湖周支流沟谷和湖岸等来水带来泥沙、湖盆接受沉积，深度逐渐变浅，由于入湖三角洲的发展，面积由大变小，演变的速率自然取决于湖盆的容量与入湖沙量的大小。当入湖沙量大于构造湖盆的沉降量而被泥沙填满夷平之时，湖泊中洪道两侧的自然堤逐渐发展，终使河湖分离，河道水网逐渐成型，并随自然堤的增高扩大，人工围堤垦殖兴起，终使河湖隔离，各自发展。河床由于失去湖泊的水量调蓄，同时受两岸河堤相夹，水位抬高，比降变缓，沿河泥沙落淤增多，河床逐渐抬高。堤内洼地残留湖泊由于泥沙来量减少或缺失而难以淤塞，长期保持低洼状态，当渍水时湖面得以发育扩展。

从上演变产生 3 个方面的结果：其一，早期构造湖的消亡。第二，后期独立河道形成。其三，因河床自然堤的发展，堤内洼地渍水湖相继形成。湖泊的发展演变中，由早期的构造湖演变为晚期的渍水湖，其根本的区别在于原由构造形成的湖盆被泥沙堆积充填，代之以河流自然堤所圈闭的洼地积水成湖。并因受沉降影响洼地不断降低，再加人工围堤不断加高，从而使湖周与湖底高差增大，更进一步促使湖面扩展。形态特征：构造湖岸线稳定，湖泊水深相对较大；渍水湖以浅坦的碟状湖盆为特征，不仅湖的形态、面积大小多变，而且湖的平面位置也易发生迁移。

(2)长江中下游平原湖泊的成因类型与分期

湖泊的形成受多种因素所影响，在其发展过程中，各时期的主导因素也不尽相同，因此具有阶段性的特征。从主要湖泊的基本特征可见，其一，一般大湖泊大多分布在大地构造单元的拗陷、断陷区，新构造运动长期以沉降为主的地区。其二，第四纪沉积物相对较为深厚，湖泊的兴衰与泥沙的堆积紧密相关。其三，人类活动遗存丰富，成湖时代一般相对较晚，按长江中下游平原区湖泊的成因类型及发育阶段可分三期如下。

①构造湖期：前第四纪时期，长江流域在二叠纪印支运动的褶皱基础上，经白垩纪的燕山运动，西部地壳发生褶皱抬升，东部长江中下游地区的大别山隆起，江汉—洞庭及苏北的断陷湖盆相继形成。距今 3000 万 ~4000 万年的始新世时又发生喜山运动，西藏高原、云贵高原进一步抬升，中下游地区上升幅度虽小，但使长江南北两岸的中低山和丘陵进一步发展成型，受构造运动影响，江汉—洞庭和苏北及东南湖盆发生退缩变小。第四纪以来新构造运动继承老构造运动发展，长江流域西高东低的三级阶梯状地貌格局形

①周凤琴，唐从胜，阳华芳. 长江中下游平原湖泊的成因类型分析及其主要影响因素. 2004 年.

成,并沿断拗外围上升,腹地下降,因构造盆地内的断块沉降幅度差异,从而形成多级次生构造盆地,早更新世埋藏湖盆又复扩展,中更新世时期再度缩小。由于受早、晚构造运动的升降影响,湖泊多经兴衰演变。特别是第四纪中更新世早期长江切穿三峡,东西部统一的长江贯通以后,因上游山地产生强烈切割,大量泥沙经长江水流输向下游,对长江中下游构造湖盆进行充填,经历史过程,形成巨厚堆积。从沉积物分析,一般以冲积为主,内夹层状湖相沉积,在底部还有冲洪积和冰水相的堆积等。反映自第四纪以来构造盆地内的充填堆积过程中曾出现江湖更替,亦反映受第四纪冰期气候的波动影响,其中最为显著且研究较详细的为晚更新世的末次冰期。由于冰期到来,大气环流中的水汽减少,引起海面下降,在距今约 1.8 万年的盛冰期间,东海面曾比今下降 120m 以上,从而引起河口外伸,并向上游产生溯源浸蚀,范围波及长江中下游平原的干流和部分支流河段并形成部分深切河槽,老的湖泊多因此发生萎缩消亡,干涸而成河网切割的大平原,因当时由于气候干燥,雨量较少,在今鄱阳湖和太湖平原及长江口的水下三角洲等地区,尚为平原陆地,还有风成黄土和黄土状物质的发育等。

综合上述:自白垩纪至晚更新世末期的构造湖,因受到后期新构造运动下沉减缓和长江切穿三峡统一水道形成后,上游来沙量增多,淤积增强,再加末次冰期气候干寒,东海面下降,长江河谷下切,导致长江中下游地区的构造湖多相继萎缩消亡和构造湖期的结束。

②溺谷湖期:全新世以来的冰后期因地球气温回暖,东海面产生回返上升,长江河口因此退缩到镇扬地区,从而引起长江溯源淤积和部分中下游平原河段的江水位上升,使原末次冰期时形成的干支流深切河槽凹地产生壅水成湖,以江汉—洞庭湖区早期的古云梦泽和黄梅—望江平原中的禹贡彭蠡泽等为代表,如今江汉平原及沿江两岸偶有蓝灰色湖沼相黏土见及;另在鄱阳湖口的九江梅家洲及水域也发现灰及灰褐色淤泥质粉质壤土等湖相沉积,且厚度达 2 ~ 44m;又如太湖的湖底黄土层之上还有泥炭等发育。据研究:其中太湖东部湖底 1.60m 深处泥炭层的 ^{14}C 测年为(6150 ± 220)年 BP,太湖平原西部的洮湖、滆湖等湖底古河道及洼地泥炭的 ^{14}C 测年为 6500 ~ 6800 年 BP,表明早在距今 6000 年前,由于海面上升,沟谷洼地也曾有湖泊发育。这类湖泊的特点均系河湖为一体的吞吐型湖泊,由于河流每年洪水期带来大量泥沙淤积充填,导致三角洲的向前推进,湖面相继不断萎缩变小至衰亡,于唐宋时代溺谷湖期逐渐结束。

③渍水湖期:主要自汉至唐宋时期以来,随长江中下游溺谷湖三角洲的发展,致使早期湖泊萎缩消亡后,上游来水调蓄逐渐减弱;另由于新构造运动向南掀斜,江道发生南迁,沿丘陵及阶地东流,虽有摆动,但轴线相对稳定,更有利于泥沙落淤,致使沿江两岸的自然堤淤长,河床抬高;再加历史上人工堤防的修筑,更使江湖隔离,堤外江水位和河床的进一步抬高,堤内低洼平原滩地的渍水湖得以发育扩展。

按长江中下游平原洼地的湖泊成因类型又可分为 5 个亚类,以江汉平原地区湖泊为例,分述如下。

洼地渍水湖:由河漫滩等平原凹地渍水而成。以河间洼地为例,如荆北四湖地区北有汉江,南有长江,因泥沙淤积,两江自然堤不断淤高凸起,其间老的平原滩地区因相对低凹,形成河间槽形洼地,以三湖、白露湖和洪湖为典型。其中如汉北地区的汈汊湖、沉湖，荆南地区松滋河与虎渡河间的玉湖和虎渡河与藕池河间的重湖等。另外，由古云梦泽三角洲分支水道的自然堤分隔，在支汊间相对低洼地段渍水形成的一些小型湖群，在监利和汉北地区也较广泛分布。此外，还有一些老坑，因垸堤外泥沙淤高，而堤内相对较低，渍水亦成为湖泊等。无论规模大小，该类湖泊共同以浅坦为特点，而呈碟状展布。

壅塞湖：由于区域新构造运动下沉，河床淤积抬高，河谷岸坡前缘的沟谷口被河漫滩泥沙淤积受堵成湖，荆江地区如长湖、淤泥湖，墨山的沉塌湖、大小荆湖等。又如江汉平原东部江北的张渡湖、策湖、龙感湖，江南的黄盖湖、黄塘湖等。湖泊平面特征：湖上游支汊众多，一般湖岸凹凸多弯、犬牙交错，临江湖岸较为平整，湖底深浅相差悬殊，且沿谷坡及阶地前缘一线分布。

沉溺湖：以河流沟谷为基础，在新构造运动下沉速率大于泥沙淤积速率时，河谷逐渐沉溺，河口被沿江地带泥沙淤积堵塞，以梁子湖为典型，其余如大治湖等。湖泊平面特征：靠湖轴线水深较大，岸线凹凸，呈犬牙交错，并常有湖岛、湖岬等分布。

故道湖：废弃河道因上下进出口被泥沙淤塞成湖，按其形态可分两种类型，主要受原河型影响，一种由顺直微弯河道的口门被泥沙淤塞成湖，如百里洲南支故道中大口至杨家脑河段的串珠状小湖，四口分流故道和城陵矶下游分汊河段的故道湖等。另一种为蜿蜒弯曲河道因裁弯留下的故道成湖，由于形态弯曲而得名牛轭湖，该类型的湖泊在下荆江的蜿蜒河段尤为发育，如碾子湾、月亮湖、大公湖、沙滩子、中洲子、上车湾、尺八口和西湖及东湖等。虽然在平面形态上有相对弯直之分，但共同特点都呈条形，两端因泥沙淤积变浅，而中段相对较深，尤其弯顶凹岸及原深槽地段深度较大。

决口湖：由于堤防决口，江水在堤内冲成的“渊”、“潭”，小的成渍水坑，大的成湖。以上荆江河段荆江大堤内的渊、潭为典型，较大的如李家埠上游闵家潭，沙市下游木沉渊，观音寺下游的文村渊、郝穴龙二渊，新厂附近的蛟子渊等，有的水域面积宽广或水深较大，如龙二渊水域面积达 20.8 万 m^2，木沉渊达 84.5 万 m^2，闵家潭水域面积虽仅 48 万 m^2，但一般水深都在 5m 以上，最深处达 15.7m，原渊底高程为 17.74m。1989 年前荆江大堤堤面高程 47.58m，堤顶与渊底高差近 30m，历史上由乾隆五十三年(1788 年)和道光二十二年(1842 年)荆江大堤两次决口冲成，并将潭深部卵石翻出滩面。由于沿荆江大堤内脚一带的湖泊渊潭与江相通，每当江水上涨常有散浸、管涌发生，在历史上成为防洪的严重隐患和重点险段。

在以上的 5 种成湖亚类中，以一般渍水湖为主，次为壅塞湖等。按湖的成因，洼地渍水湖、壅塞湖和沉溺湖等为新构造运动下沉和地面垂向淤积抬高所致，决口湖为堤防决口成灾形成，但均为河床和洲滩发生垂向淤积抬高的结果，唯故道湖的直接成因为河床发生平面迁移所致，但其基本成因亦与泥沙淤积、河床抬高或纵比降变缓引起的河床侧蚀增强相关。

3. 湖泊历史演变过程中的江湖关系

①构造湖与沉溺湖时期：河湖为一体，由长江及支流带来大量泥沙充填堆积，使湖泊由深变浅，由大变小，随淤积的发展，受构造因素的影响逐渐减弱，而河流因素影响相应增强，当湖盆被泥沙近充填夷平时，转向河成渍水湖发展。

②渍水湖时期：河床相对稳定时，由于泥沙落淤，自然堤得到发育，再加人工堤防影响，形成河湖逐渐分离，洼地区的渍水湖沼逐渐发育形成。当河床加积抬高时，江水位进

一步上升,低滩洼地渍水增强,湖沼扩展,随自然堤的发展和人工堤防系统形成,堤内湖泊与江隔离,自成体系,而堤外湖泊,河湖相连,水沙相通,湖面多变。在长江中下游平原河段的江湖水系中,长江干流起着决定性的作用,由于江水位上升,基面抬高,对入汇支流产生顶托、倒灌和分流、分沙等,以致使湖面产生大幅度扩展与萎缩的演变。当河床下切时,因江水位的下降,相应引起支流沟谷的系列下切,湖水的排泄,水位下降,湖面萎缩,甚至消亡而成平原陆地,如末次冰期时的长江中下游平原。

4. 湖泊形成与演变过程中的泥沙因素

长江中下游平原湖泊的形成中虽然受多种因素所影响,但主导因素起决定性作用,而湖泊由湖盆和水体组成,又主要取决于湖盆的形成,其中构造湖期的湖盆主要由地球内力的构造运动所形成;溺谷湖期的湖盆主要由末次冰期的气候因素引起河谷的下切和新构造运动的沉降等影响形成;渍水湖期主要在新构造运动继续沉降的背景下,由于长江泥沙淤积,河床抬高和平原滩地在空间上非平衡淤积的结果。构造湖期→溺谷湖期→渍水湖期系长江中下游平原湖泊发展历史过程中具有宏观规律性的3个阶段,在各成湖期中,湖泊的兴衰都与泥沙紧密相关,而泥沙的运行则受多种因素所影响,在近2000多年以来的渍水湖期中,人类活动已逐渐成为重要影响因素之一。

第四节　泥沙与水利及航运工程

泥沙的淤积对水库、航道、河道整治、堤防等水利及航道工程等都带来一定的不利影响,现分述如下。

一、 泥沙与水库淤积

因泥沙的淤积而使水库有效库容减小,效益减退,有的甚至被泥沙淤平,造成工程报废,其中高产沙地区的小型库尤为严重。据长江委水文局长江上游调查研究资料①,至20世纪90年代初,长江上游已建成大小水库达1.1931万座,对其中的165座水库进行调查表明,水库年均淤积率见表10-4-1。

表10-4-1　长江上游地区水库年均淤积率统计表

水库规模	数量(座)	总库容(亿 m^3)	淤积率范围值(%)
大型	13	97.50	0.023~4.11
中型	165	39.63	0.018~2.44
小(1)型	1766	41.82	0.024~9.91
小(2)型	9987	26.10	0.093~5.80
合计	11931	205.04	0.018~9.91

①大型水库淤积:长江上游有大型水库13座,总库容达97.50亿 m^3,蓄水后均有不同程度的拦沙淤积。现以部分水库为例,如龚咀水库:位于四川省峨边县境内的大渡河下游,集水面积为7.613万 km^2,水库于1967年2月截流,1971年10月开始蓄水,至1986

①季学武,杨意诚,石国钰,叶敏,张卫东,陈巾等. 长江上游水库泥沙淤积基本情况资料汇编. 长江委水文局. 长江上游水库泥沙调查组,1994年.

年库区累计拦沙淤积量达 2.86 亿 t,年均淤积量约 1906.67 万 t,年拦沙淤积率为4.11%。碧口水库:位于甘肃县文县境内嘉陵江水系的白龙江中下游,集水面积为 2.6 万 km^2,水库于 1969 年 5 月正式开工,1975 年 11 月开始蓄水,运行至 1987 年共累计拦沙淤积约 1.75 亿m^3,年均拦沙 1458.49 万 m^3,约 1896.04 万 t,年均拦沙淤积率为 2.8%。葛洲坝电站水库:位于宜昌市长江上游的西陵峡口,集水面积约 100 万 km^2,占长江总流域面积的 55.0%,水库于 1981 年 1 月大江截流,1981 年 5 月开始蓄水,水位分 3 次抬高,至 1987 年底,库区累计拦沙淤积量约为 1.30273 亿 m^3,7 年的年均淤积量为 1628.4 万 m^3,约为 2116.92 万 t,年均淤积率约 1.03%。又如丹江水库:位于湖北省丹江口市的汉江上游,集水面积为 9.52 万 km^2,于 1958 年 9 月开工,1959 年 12 月截流,1967 年 11 月蓄水投入运行,1974 年竣工,水库运行至 1986 年 1 月,库区累计拦沙淤积约 11.29 亿 m^3(其中汉江库区淤积 9.68 亿 m^3;丹江库区淤积 1.61 亿 m^3),年均淤积量 5942 万 m^3,年均淤积率为 0.28%。

②中型水库淤积:长江上游有中型水库 165 座,总库容 39.63 亿 m^3。以永丰水库等为例。永丰水库位于云南省昭通市,属金沙江水系,集水面积 45.24km^2,自 1956—1984 年间蓄水拦沙淤积总量为 69.39 万 m^3,年均淤积量 2.41 万 m^3,年均淤积率为 0.23%。大海子水库:位于四川省茂汶县境内,为 1933 年滑坡堵断岷江形成的天然水库,集水面积 5150km^2,于 1933—1988 年间库区拦沙淤积 1588m^3,年均淤积量 28.36 万 m^3,年均淤积率为 0.47%。龙江水库:位于四川省资中县的龙江河上,集水面积 62.6km^2,于 1983—1992 年间,拦沙淤积量 187 万 m^3,年均淤积量 18.7 万 m^3,年均淤积率为 0.77%。红河水库:位于甘肃省礼县嘉陵江上游的西汉水支流红河上,集水面积 167km^2,1958 年 12 月建成蓄水,32 年运行淤积沙量 935 万 m^3,年均淤积量 29.22 万 m^3,年均淤积率 1.98%。山虎关水库:位于四川省武隆县乌江水系肖家河上,集水面积为 34km^2,1974—1992 年间拦沙淤积 37.61 万 m^3,年均淤积量为 1.98 万 m^3,年淤积率为 0.18%。

③小(1)型水库淤积:水库总数达 1766 座,总库容 41.82 亿 m^3,水库拦沙淤积实例见表 10-4-2。

表 10-4-2　　长江上游小(1)型水库泥沙淤积实例表

水库名称	坝址位置	集水面积(km^2)	总库容(万 m^3)	总淤积量(万 m^3)	淤积年限(年)	年淤积量(万 m^3)	年淤积率(%)
杨家坟	云南省昭通市	10.13	180	70.00	1966~1984	3.68	2.04
肖家冲	云南省昭通市	4.58	107.5	34.98	1974~1984	3.18	2.96
赵家龙潭	云南大姚县	3.50	108	18.15	1955~1987	0.55	0.509
万宝	四川省凉山洲会理县	25.80	264.5	111.94	1960~1988	3.86	1.46
裕民	四川省攀枝花	47.60	418	159.00	1960~1988	5.50	1.32
倒无河	贵州省毕节县	123.40	650	135.6	1963~1982	6.78	1.043
冲子河	贵州省威宁县	36.00	150	104.02	1978~1984	14.86	9.91
红岩	贵州赫章县	13.80	260	57.23	1977~1981	11.45	4.40
新华	贵州威宁县	38.00	380	92.00	1978~1982	18.40	4.84
尖山	贵州威宁县	18.00	250	159.60	1976~1984	17.73	7.09

④小(2)型水库淤积:长江上游有小(2)型水库达9987座,总库容为26.10亿m^3,淤积实例于下。四川省达县映秀湾水库,集水面积为1.902万km^2,总库容90万m^3,1972—1992年间,库区总淤积62万m^3,年淤积量2.95万m^3,年淤积率为3.3%。又如四川省达县地区洞子潭水库集水面积1.53km^2,总库容29万m^3,1980—1992年间,总淤积量7.8万m^3,年淤积量0.6万m^3,年淤积率2.07%。四川省蓬溪县远景水库,总库容18.8万m^3,1976—1987年间总淤积量13.15万m^3,年淤积量1.096万m^3,年淤积率5.8%。贵州遵义地区神山县的神山水库集水面积1.0km^2,总库容为30万m^3,1957—1986年间总淤积量0.84万m^3,年淤积量为0.028万m^3,年淤积率0.093%。

从上可见,无论大、中、小型水库都有不同程度的泥沙淤积,从泥沙的年均淤积率显示,大小悬殊,如贵州冲子河的小(1)型水库在1978—1984年间累计淤积量达104万t,占总库容的69.3%,年淤积率高达9.91%;而贵州省遵义地区的神山水库1957—1986年间总淤积量0.84万m^3,年淤积率仅为0.093%,可见水库的泥沙淤积主要取决于集水区的来水来沙条件和库区泥沙的淤积环境,当上游水源丰富,来沙量较大,而水库有利于泥沙落淤时,则易发生严重淤积,否则偏小。如大渡河的龚咀水库,地处高产沙区下游,不仅有悬移质,还有一定数量的推移质泥沙入库,年均淤积量约1906.67万t,年淤积率达4.11%;与此相对比,如长江干流葛洲坝水库集水面积达100万km^2,不仅川江上游来沙量人,而且三峡河段库区本身就是长江的重点产沙区,多年平均悬移质输沙量为5.3亿t,另有部分沙和卵石推移质入库,泥沙总量约达5.4亿t,但由于库区地处山地峡谷,库区窄深,而多年平均入库流量达1.43万m^3/s,库容相对较小而流量大,不利悬移质泥沙淤积,所以1981年5月至1987年底,年均淤积量1628.4万m^3,年均淤积率仅为1.03%,比龚咀水库显著为低。由于长江泥沙主要产自流域上游地区,而水能资源又集中分布于上游,所以水库的泥沙淤积自然成为水利枢纽开发中的主要问题之一,如四川南充地区在20世纪80年代末,有大、中、小型水库工程7147处,其中受到严重淤积的工程占总数的22.2%,并有75处因泥沙淤积,无法蓄水而报废还耕。另如贵州省水城朱罗水库,于1976年建成,经10年淤满报废;关岭禄水井水库,运行两年报废;盘县石老乡水库却在一次滑坡中淤满报废;其他如金沙鱼塘水库、金沙杨柳水库等均运行时间不长被泥沙淤满报废等。又如云南昆明市松华坝水库,在20世纪60年代入库沙量为5.2万t/年,70年代入库沙量为7.3万t/年,80年代增加到13.2万t/年,受人为因素影响,水土流失增强,来沙淤积逐年增多,水库寿命加快缩短①。在长江中下游地区,这也是一严重问题,如湖南省13座大型水库20年淤积总量达1.14亿m^3,库容量相当于减少一座大型水库;湖北省郧西县103座小型水库,有30%在运行数年或十几年后已淤满死库容;江西兴国县塘背水库,1966年建成,总库容为116万m^3,至1980年泥沙淤积量已达总库容的56.55%,年均淤积率达3.77%等。综合上述实例和有关数据表明,长江无论上游还是中下游,水库的泥沙淤积都是至关重要的问题,不仅影响工程效益,缩短水库寿命,严重地段还会造成整个工程报废。

二、泥沙与航道浅滩

长江流域的中、东部地区气候温暖湿润,雨量丰沛,水网密布,因此水系中可通航的

---

①云南省水利电力厅.云南省金沙江流域水土保持规划.1997年.

河流达3600多条,通航里程约5.7万km,占全国的52.6%,并分别形成以重庆为中心的西南地区航道网,以长沙为中心的洞庭湖水系航道网,以武汉为中心的江汉航道网,以南昌为中心的鄱阳湖航道网,以合肥为中心的巢湖航道网和以沪、宁、杭为中心的长江三角洲地区航道网等6个航道网络组成庞大的长江航道系统。但由于近代人类活动增强,水土流失引起河流沙量增多,大量泥沙淤积河床,加剧了大小浅滩碍航。当河段来沙量过大,物质颗粒粗,而河床水流又无力全部输移时,便产生大量淤积,使河床抬高,形成浅滩碍航或航道报废,通航里程缩短。以"泥石流博物馆"著称的小江为典型,原由东川可通达金沙江的河道被淤平,除汛期外,干涸断流。关于长江浅滩分布情况,据陈德基、严沛漩等的不完全统计,长江自金沙江大具(虎跳峡附近)至长江河口约3806km河段内,共有各类险滩、浅滩计942处,平均约4.0km一处,其中严重碍航浅滩,在宜昌以上的长江上游河段为759处,宜昌以下的中下游河段为35处,分别占碍航浅滩总数794处的95.59%与4.41%。

1. 长江上游的河床险滩

在长江上游干流河段的险滩中,金沙江的金江街—新市镇河段有险滩500多个,其中约10%是由崩塌滑坡形成外,90%系由泥石流产沙堆积而成。由于金沙江山高坡陡,多泥石流,每年有大量漂卵砾石和岩块进入河床堆积,轻者成滩,重者堵断航道。如金沙江下游著名的险滩——老君滩便是由会东县白沙沟的泥石流汇入所成。又如重庆—宜昌的660km河段中有139个浅滩,仅在三峡库区河段两岸有泥石流沟271条,其中干流有99条泥石流沟来沙,并集中分布于云阳—巴东河段,泥石流形成的主要险滩有如宝子滩、下马滩、喇叭滩、庙基子滩等。长江上游的支流河段中,因泥沙淤积,浅滩广泛分布,局部河段亦十分密集,如大渡河下游河口乐山—沙湾段,长度为35km,共有滩险达26个,分布密度平均为1.3km一个,基本上为滩滩相连,滩险总长16km,占河段总长的45.7%。另如乌江,从大乌江下游至涪陵的452km河段中,共有滩险达362处,平均密度为1.25km一个,其滩险中除36%为礁石滩外,崩岩滩占30%,卵石滩占26%,其余溪口滩等占8%,可见虽为山地河流,且多峡谷,仍以泥沙堆积成滩为主。其它如四川省绵阳市因水土流失,引起境内河床抬高,航程缩短,1949年通航里程为1270km,到上世纪90年代初已缩短为747km,其中部分河流断航,如绵阳市境内的安昌河,在20世纪50年代尚可通航,后也发生淤塞断航。在长江上游干支流中,因泥沙淤积引起严重碍航、断航,造成航程缩短等问题突出。据统计:四川省20世纪50年代初有91条河道通航,到1983年通航河道减少为56条,航程由1.6万km减少为0.8万km;贵州省通航里程也由20世纪60年代的3573km减少到1983年的1661km,平均每年缩短里程近100km。

2. 长江中下游的河床浅滩

长江携带大量泥沙出三峡后,经低山丘陵过渡进入中下游平原,因河宽增大,河床比降减缓,引起大量泥沙沉积,河床洲滩密布,浅滩广泛发育在顺直河床的宽段,弯曲河床的过渡段,节点间的分汊河段和支流汇口及河床分流口段等处,在沙源丰富、河床宽浅河段碍航尤为严重。如上荆江松滋口下游的芦家河浅滩,位于山地丘陵与江汉平原的结合部,而且又当松滋河分流口,河床特别宽浅,再加受上游关洲河段两汊分流,河势不稳定的影响,洪、枯水期主泓道摆动移位,因此每年汛后江水位退落归槽时期往往形成季节性的浅滩碍航，特别是20世纪的80年代，当葛洲坝下游河段发生冲刷时期，输入松滋口下游的泥沙增多时尤为严重。另如城陵矶下游的界牌河段，位于洪湖上游，为一顺直的宽浅河段，自上世纪60年代以来，因受下荆江中洲子、上车湾等实施人工裁弯和以后的沙滩子及石首鱼尾洲等自然裁弯影响，大量受冲河段的泥沙被输向下游，界牌河段接受沉积，致使浅滩发展，碍航加重。又如长江河口的拦门沙碍航更为突出，由于长江每年约有4.71亿t悬移质泥沙从大通输向下游河口，并有潮汐和海流携带部分泥沙倒灌落淤，除部分在陆上三角洲淤积成滩外，大部分泥沙堆积河口形成水下三角洲，而在陆上三角洲的分流口形成巨大的拦门沙碍航。另在长江中下游的支流河床中，也因泥沙落淤而引起浅滩碍航，如洞庭湖水系中的湘江，由于天然岩滩和泥沙堆积浅滩等沿程分布引起碍航，其中湘江上游斗牛岭—滴水岩段，全长120km，因水土流失和人为工程修路等影响，致使河床浅滩栉比，最浅处木船通航水深仅0.4～0.5m，造成碍航严重；滴水岩—衡阳段，全长214km，受沿程修路、建设厂矿等人为因素产沙影响，在上世纪的80年代前，陆续淤积成滩达70余处，影响航运，其中如凤凰滩、狗暖滩等十分险恶；衡阳—株洲段，有浅滩30余处，其岩滩过半，因植被破坏，水土流失增强，来沙增多亦引起浅滩碍航加重；株洲—湘潭段，37km水道原本畅通，亦随沿江城市开发等人为因素影响，新出现下摄司等浅滩碍航；湘潭—濠河口段，107km原系通江的主航道，但自20世纪50年代起亦出现铜官司洲、乔口滩和三汊矶滩等碍航，后经整治疏浚才有好转；湘江入洞庭湖濠河口西支的刘家坝浅滩也因泥沙的严重淤积碍航，靠每年清淤疏浚维持航道畅通。又如江西赣江中上游的赣州地区水道：因泥沙淤积，河床抬高，使各地通航里程大为缩短。另如皖南青弋江20世纪70年代与50年代相比，通航里程缩短近1/2，航期也由每年的10个月减少为5～6个月。

从上大量资料表明：无论长江干流、支流河床，多因受到泥沙落淤，形成不同程度的浅滩碍航和航程缩短等，且在20世纪80年代前不断加剧。

三、泥沙与河道及堤防工程

长江中下游平原河段的新构造运动虽然长期沉降，但由于河床泥沙的淤积量大于沉降量，致使河床抬高，纵比降减缓，江水位上升，安全泄量降低，堤防涵闸、渠道淤塞，排水受阻，堤基渗透破坏险情增多，洪涝灾害加重。并且由于平原滩地的淤积土层质地松软，土壤物理力学性质较差，对河流岸坡抗冲、抗剪和堤基的抗压和渗透稳定等都带来较为严重的工程问题。如长江中游的荆江河段早在东晋时期就开始分段挽筑江堤，经历代加高培厚，堤内老滩低洼，堤外新滩淤高凸起，其中沙市河段的堤内外滩面相对高差最高达到10m左右，长江最高洪水位高出堤内老滩洼地更达15m以上，防洪形势十分险要，历史上洪涝灾害频繁，所以俗有“万里长江、险在荆江”之说。现以该河段为例，重点分述于下。

1. 河道安全泄量降低

长江中下游平原河段，因近代河床泥沙淤积增强，再加人工堤防发展，江湖口穴被堵，对洪水调蓄减弱，引起江水位上升，河床抬高，纵比降变缓，造成河道宣泄能力下降，当暴雨洪水超过安全泄量时，便形成洪水泛滥。20世纪末，长江中下游的荆江和城陵矶附近等河段的安全泄量仅约6万m^3/s，汉口河段约7万m^3/s，湖口以下河段约8m^3/s；而宜昌上游河段来量在1954年达6.68万m^3/s，1998年达6.36万m^3/s；在历史上，1870年曾高达10.5万m^3/s，以后超过6万m^3/s的亦达24次之多，所以如荆江地区单靠大堤只能防御20年一遇的洪水①，这就反映长江三峡水利枢纽建成投入运行前，泥沙淤积带来的洪水灾害问题是十分严重的；在三峡水利枢纽建成投入运行后，荆江、洞庭湖防洪形势将有所好转，但城陵矶以下的长江中下游及支流平原河段的防洪防涝问题虽将来亦有一定好转，但随下游入汇支流增多，来水来沙量增大，仍是值得关注的重要问题。

2. 堤基渗透破坏险情增多

长江中下游平原的全新世沉积，一般土层质地松软，从上至下主要由土、沙及砂卵石等组成二元结构，在河床冲刷深度内，主要分上下两部分，下部为河床相的砂或砂卵石，上部为河漫滩粘性土，并局部有湖沼相沉积的夹层等分布，因其含水层与长江相通，构成紧密的水力联系，所以沿江地带地下水位的动态随江水涨落变化。如湖北省江陵县荆江大堤的观音寺段，1983年4—10月堤内地下水位过程曲线（图10-4-1）显示，随江水位涨落关系密切；又如沙市廖子河，1966年外江水位44.00m时，堤内脚的地下水位高出老滩面（1976年吹填土覆盖前）达4.0m左右。其他河段虽水头高差有别，但基本情况类同，所以每当长江进入汛期，外江水位上涨时，易产生渗透破坏。堤内地基渗透变形的主要类型：可分为集中渗透而成孔洞带沙，产生翻沙鼓水的管涌；分散渗透，仅出清水而不带沙的散浸；另外还有在施工基坑中产生的流沙等。堤身渗透引起的破坏：当堤身受江水浸泡，浸润线抬高后易引起脱坡、漏洞、跌窝、裂缝等形成险工险段。在上述因地下水渗透所引起的险工险段中，尤以管涌危害为大，所以有“千里江堤，溃在一穴”之说。如1972年观音寺闸内灌渠发生的管涌，距闸370m，管涌直径达4.8m，深11.60m，另在周围还有一些小型管涌发生，因抢险及时险情才得以排除。据湖北省荆江大堤志记载，1954年7月21日，沙市水位43.42m时，曾一天出险达300多处；当年汛期荆江大堤共出险情达2440处，其中包含脱坡达125处，裂缝51处，浑水漏洞315处，清水漏洞为1408处，浪坎33处，散浸235处，翻沙鼓水68处，跌窝162处，其他险情43处，其中仍以管涌险情最为严重。在管涌中，重点管涌险工计30段，其堤段合计长度为27.09km，占荆江大堤总长182.35km的14.86%。由于堤内脚的管涌、散浸、洼地渍水等使堤内脚沿线沼泽广泛发育，后经吹填覆盖才予消除。一般地基渗透破坏产生的部位：一种系由江河水位抬高，在堤内脚地基土层薄弱地段发生；另一种在天然状态下是相对稳定的，但受到人为因素影响，如当建筑施工的基坑深挖，坑内外的水位高差增大，地下水的渗透比降大于粉细砂等的破坏比降时，或施工后因受工程影响打破平衡的条件下产生。如洪湖分蓄洪区中，除长江干堤、东荆河堤等有管涌、散浸等外，在新滩口排水闸、红卫闸和龙口电排站等在施工时或竣工后的运行期间都曾有管涌和散浸产生，其中新滩口排水闸在建成后的1965—1985年，先后发生翻沙鼓水的管涌孔达122个，最大流量达3.4m^3/s。从上可见：无论堤内地基还是堤身的渗透破坏，其中以管涌破坏最为严重。在形成的诸多因素中，地层的颗粒组成是产生管涌的内在基础，地下水的水头大小是形成渗透破坏——管涌、散浸及流砂的重要条件。

---

①水利部长江水利委员会. 长江流域综合利用规划报告. 1990年.

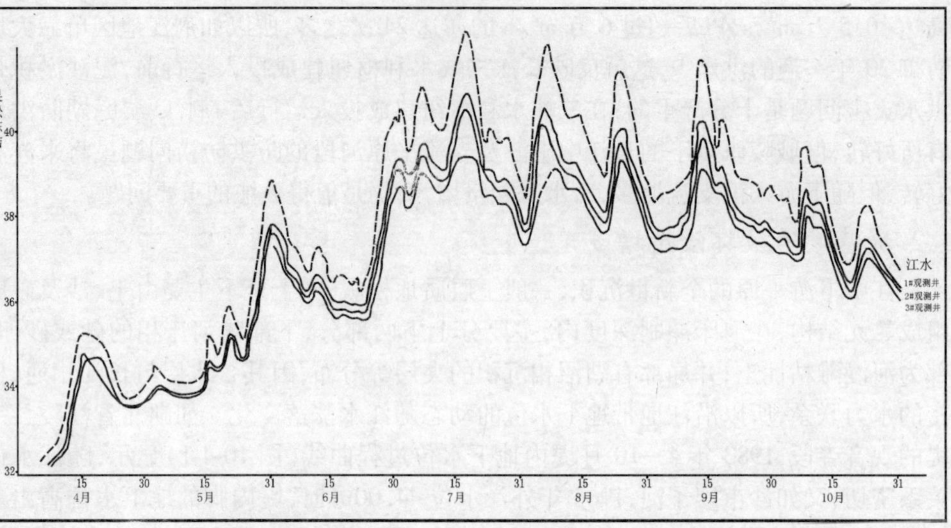

(原引自湖北省水利勘测设计院1987年9月提出的地质报告)

图 10-4-1 荆江大堤观音寺堤段 1983 后 4—10 月地下水位过程线图[27]

3. 历史上堤防决溢灾害严重

在历史洪水的过程中,由于泥沙淤积,河床抬高,洪水位上升,洪水位与堤内老滩高差增大,往往导致堤防决溢,洪水泛滥成灾。无论荆江还是长江中下游的洪水灾害,在1949 年前的历史上都呈暴发频率提高,出现周期缩短趋势,不仅使险情恶化,而且使灾害加重。据荆江大堤决溢灾害的历史资料记载:东晋至元代,确切记载仅有 6 次;明代 277 年间 30 次,平均 9 年 1 次;清代 268 年间,决溢 55 次,平均不到 5 年 1 次;民国(至 1949 年)38 年中亦发生 6 次,在历史洪灾发展过程中,近代不仅周期缩短,频率提高,而且灾情趋重。如荆州万城堤于乾隆五十三年(1788 年)自万城至御路口决口达 22 处,灾情见示意图 10-2-2。清咸丰十年(1860 年)和同治九年(1870 年)两次特大洪水,水冲荆南大堤,并先后在荆江南岸决口形成藕池河和松滋河。荆江两岸历史上不仅决口多,有的同一地段还多次发生决口等。由于大堤决口在堤内脚形成大小渊潭,有的虽时间久远而无迹可考,但还有部分残留至今,并具较大规模,如荆江大堤内的文村渊、龙二渊、蛟子渊、木成渊和闵家潭等,形成独特的溃口扇地貌。特征:扇顶为溃口湖,扇面由堆积沙、砾与冲刷浸蚀沟槽相间,呈辐射状展布,决口扇的面积大的可达数十平方千米,在近代历史上,荆江河段主要溃口扇分布见图 10-4-2。如上荆江观音寺河段的荆江大堤文村甲堤段,曾于明代弘治十四年(1501 年)武宗正德十一年(1516 年),清康熙五十三年(1714 年)和道光二十二年(1842 年)先后四次决口,在决口堤内形成溃口扇群,今文村甲溃口扇为 1842 年所形成,长约 11.6km,宽约 7.5km,面积约达 87.0km^2,扇顶湖深达 10m 左右,具较大规模,形成一种独特的地貌类型①。在 1954 年的大水年中,虽因加强防守而无溃决发生,但该年出现的险工段累计长度达 78.566km,占荆江大堤总长度的 43.0%,远高于荆江大堤的历史记载。

---

①曹跃华. 长江中游宜昌至城陵矶段现代沉积研究. 北京大学博士研究生学位论文,1995 年.

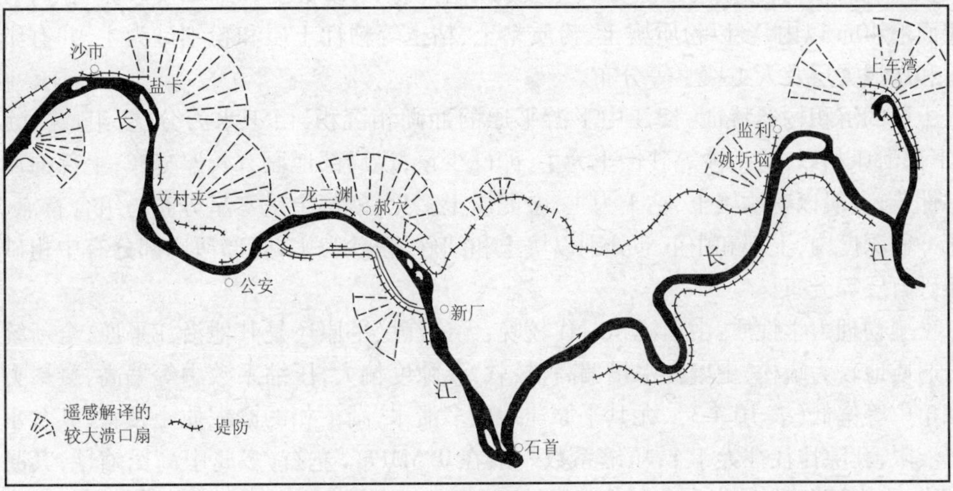

图 10-4-2　荆江河段主要溃口扇分布示意图

4. 沿江涵闸、渠道淤堵，堤内渍水外排受阻涝灾加重

由于堤外河床洲滩淤积抬高，堤内老滩相对低洼，江水位与老滩面的高低差增大，"垸老田低"的格局形成，从而使沿堤一线的排水涵闸以及渠道等受到泥沙淤积，效益减退，排水困难，甚至报废。如位于荆江大堤 658 + 700 年的孟兰渊排水闸，于清道光年间（1821—1850 年）修建，经运行至 1877 年时，由于泥沙淤积，外洲高于闸口已达数米。在《荆州府志》中亦有因"案内地卑于外江，昔内水难 洩，外水易灌，闸遂止废"的记载。又如荆江南岸的藕池河水系，由于泥沙淤积，导致河床水位普遍上升，20 世纪 80 年代与其 50 年代水位比较，30 多年间一般上升 1 ~ 2m，使藕池河水系沿岸的 312 座涵闸中的 56 座半失效，23 座全失效，9 座被完全淤死，由于排水困难被迫拆迁转移的达 105 座，总计达 193 座，占总数的 61.9%①。

长江中下游平原河段由于堤内老滩相对低洼，再加排水涵闸及渠道受泥沙淤阻，排泄不畅渍水成灾。据不完全统计，一般年份受渍耕地面积约 1150 万亩，大水年更为严重。如 1931 年受洪灾的田地中有 60% 又受到渍水涝灾；1954 年的洪涝灾害中，有 240 万亩受到涝灾，发生先涝后洪。

5. 河势控制及地基变形稳定中的工程问题

①平原软基的土壤物理力学特征：河床演变系水流与边界相互作用的结果，长江中下游平原河段的河床和河岸等边界组成除部分为基岩和第四纪更新世沉积外，主要由全新世以来的泥沙淤积而成，如果说河岸为早期泥沙的沉积，而河床则多由近代和现代床沙所组成，所以一般土层质地松软，土壤的基本特征如下。

土的成因类型：以冲积为主，次为冲湖积、湖积和湖沼相沉积等。沉积物的颗粒组成：一般粒径小于 0.50mm，多为 0.25mm 以下的细粉沙和粉土、黏土等；粒径大于 0.5mm 粗沙、砾石少量，卵石除宜昌—杨家脑河段外，仅在局部地段偶见。由于河流的来沙条件

①孙罗生等. 洞庭湖区农业农田水利基本建设与评价. 湖南省水利水电勘测设计院，1980 年.

和沉积环境的不同，形成的土壤分类主要为粘土、壤土、砂壤土和细砂及砂卵石等，一般在滩面下40m以内，多以粉质壤土、粉质粘土、粘土等粘性土层和粉细砂为主，并有淤泥质土和淤泥夹层及人工填土等分布。

土层的沉积构造特征：长江中下游平原的冲湖相沉积，由于水力分选，组成二元结构，下部河床相以粉、细沙等砂性土为主，卵砾少量，仅局部地段有较厚分布；上部河漫滩相粘性土，一般以粉质壤土、粘土为主，淤泥质土多见，砂壤土呈零星分布。组合特点，在河床冲刷深度内，上部和中下部分别以壤土和细砂、粉砂为主，底部河床部分有中粗砂及砂卵砾石层等分布。

土壤物理力学性质：由于沉积时代较晚，无论江汉平原还是其他沿江平原，全新统地层普遍质地较为疏松，土壤含水量偏高，较软，孔隙度偏大，压缩系数中等偏高，凝聚力和摩擦角中等偏低（表10-4-3），尤其平原洼地区多渍水，湖沼相的淤泥质土发育，其含水量大于液限，孔隙比往往大于1，压缩系数一般在0.5MPa^{-1}左右，多属中高压缩性，其凝聚第力小，内摩擦角（快剪）多在10^{0}以下，抗剪强度低。关于土壤的渗透性：据荆江大堤堤基土层的渗透系数（K的单位：cm/s），沿堤一线冲积平原土层中一般粉细沙K值为$1\times10^{-3}\sim1\times10^{-4}$，砂壤土为$1\times10^{-4}\sim1\times10^{-5}$，壤土$1\times10^{-5}\sim1\times10^{-6}$，黏土（$Q_4$）$1\times10^{-6}\sim1\times10^{-7}$，老黏土（$Q_3$）为$1\times10^{-7}\sim1\times10^{-8}$，一般随颗粒变细，渗透系数变小，同级配组成的早期土层比晚期土层的渗透系数为小，其土的透水性不仅与颗粒组成紧密相关，而且与沉积时代的早晚相关。

关于土的抗冲特性：从长科院河流研究所对下荆江上车湾等地河岸沉积物的抗冲试验成果表明：以床沙粒径0.05mm分组，$D>0.05$mm的粗组泥沙，随粒径增大，临界冲刷流速相应增大，即卵>砾>沙，颗粒愈粗，抗冲性愈强。如粉沙（D为0.10~0.05mm）临界冲刷流速为0.17m/s，2.5~1.5mm粒径的砾石为0.53~0.95m/s，25mm粒径的卵石为1.20m/s；细组粒径$D<0.005$mm的泥沙冲刷流速随百分含量的增加而增大；以较细组粒径D为0.05~0.005mm的粉沙粉土抗冲性为最小。综合上述可见，全新世（Q_4）的各类土层比较：在非粘性土中卵砾石抗冲性较强，且具较大的抗剪抗压强度；粉细砂有一定的抗剪抗压强度，但抗冲刷和抗渗性差，其中粉沙为最差；在粘性土中，粘土的抗剪抗压均有一定强度，抗冲刷抗渗性较强；壤土的抗冲刷、抗渗性、抗剪抗压强度一般；砂壤土抗冲刷抗渗性较差，抗剪抗压性较强；淤泥质土因含水量高，孔隙比大，且有机质含量较高，具有高压缩性，抗压、抗剪、抗冲性均差。

表10-4-3　长江中下游平原区第四纪土壤物理力学性质指标表

地区	土壤类别	土壤物理力学性质指标					
		液限e（%）	塑性指数Ip	孔隙比e	压缩系数（$aMPa^{-1}$）	凝聚力c（MPa）	内摩擦角φ度
江汉平原	淤泥质粘性土（Q_4）	30~42	12~18	1.01~1.20	0.5~1.0	0.002~0.02	快剪3~9
	一般粘性土（Q_4）				0.35~0.60	0.004~0.05	8~25
	粉质粘性土（Q_3）				0.03~0.3	0.01~0.05	6~25
	一般粘性土（Q_3）				0.01~0.6	0.02~0.19	15~21

续表

鄂东苏皖沿江平原	淤泥质土	34～44	17～20	0.93～1.33	0.5～0.8	0.02～0.08	固结快剪 4～10
	膨胀土	41～46	19～23	0.62～0.68			
	黏土、粉质壤土						
	砂壤土	26～27	4～6	0.7～0.9	0.1～0.22	0.048	31
鄱阳湖平原	淤泥质土	43	14.6	1.042	0.47	0.019	快剪 6～11
	黏土(Q_2)	44.4	19.9	0.71	0.16	0.084	25.3
	砂质黏土	27	10.5	0.85	0.30	0.0256	17.2
长江三角洲	淤泥质土	34～43	13～20	1.05～1.3	0.58～0.7	0.03～0.06	快剪 6～11
	粉砂土		6.2	0.79	0.13		20～30
	黏土、粉质黏土	25～37	17	0.7～0.9	0.02～0.16	0.017	20
	砂壤土	31.60	8.9	0.7～0.8	0.16		

②河床崩岸与堤防水工等地基变形：基于长江中下游平原河段的土层分布及土壤的物理力学性质特征，因而在河势控制和堤防工程中，存在的主要问题如下。

河床崩岸：由于长江中下游平原河段泥沙淤积，河床抬高，纵比降变缓，河流以侧蚀为主。在河岸有山地丘陵的基岩或有阶地硬黄土层的分布地段，一般河床崩岸相对较少，较为稳定；而在河床边界组成的沙性土层深厚地段，河岸抗冲性差，崩岸较多。以下荆江河段为例，因地处江汉平原腹地，长河段控制较弱，河曲发育，河床不仅摆动频繁，且摆幅较大，近代河床最大摆幅约达 30km，河床崩岸严重。据中洲子等河段裁弯前的 1956 年统计，上下荆江崩岸总长度为 179.2km，其中下荆江崩岸长度为 136.4km，占总长度的 76.1%；裁弯后的 1980 年，荆江崩岸长度减少为 102.7km，下荆江崩岸长度为 76.3km，仍占荆江崩岸河段总长的 74.3%，裁弯前后分别为上荆江河段崩岸长度的 3.2 与 2.9 倍。荆江河段的岸坡地质条件不仅影响崩岸的强度、频率，而且影响崩塌类型，如一般呈二元结构的河岸在地下水的作用下形成弧形崩塌，产生崩窝；黏土层深厚河岸易成条崩；砂性土易成倒崩等。在 3 种崩岸类型中，以弧形窝崩较为常见。长江中下游在历史上为防洪和航运需要，对崩岸进行了大量河控工程，据 20 世纪 90 年代统计资料，长江中下游河段总长约为 1893km，崩岸河段长度为 1518.2km，崩岸河段占河段总长的 80.2%，为控制河势，护岸河段长度已达 1188.8km，分别约一些占河段总长的 62.8% 和崩岸总长的 78.3%。总抛石量已达 6687 万 m^3，此外还进行了沉排、沉树、编织物护岸和建丁坝、顺坝等。其中荆江河段的荆江大堤更是重点，据记载：截至 1982 年荆江护岸总长为 52.6km，抛石总量为 596.5 万 m^3，平均每米岸线长度抛石 113.4m^3。尤以沙市、郝穴和监利等荆江三大河弯的弯顶段，荆江大堤的堤脚迎流顶冲段更是重中之重，历代每米岸线长度的累计抛石量，沙市河弯达 267～481m^3/m，郝穴河弯 145～773m^3/m，监利为 391m^3/m，三河弯中尤以矶头、丁坝段为多，如郝穴的土矶头丁坝区，分别高达 773m^3/m 与 733m^3/m。由于大量抛石使堤防水下抛石坡度已达 1:2.0～1:2.5，部分达 1:3.0 以上，沙市河段截至 80 年代中期抛石厚度已达 1～5m。自 20 世纪 80 年代以来，特别是经过 1998 年特大洪水以后，护岸固堤又有史无前例的大发展。

堤闸地基变形：由于沿江（河）堤防多为全新世冲湖相沉积，一般质地松软，含水量高，并有淤泥质软土等分布，地基承载较低，压缩变形大，常因不均匀沉陷，造成严重的工程问题,有的甚至使工程失败。如湖北省石首市的调关闸,为荆江向洞庭湖分流的四口之一,于1959年兴建,投入运行后不久,因闸基不均匀沉降,使闸体发生歪斜,于1960年关闭。又如江陵县的观音寺闸,为荆江大堤上的一座三级水工建筑,于1960年建成,因发生不均匀沉陷,为防洪安全,后又在老闸前面另建新闸。另如洪湖蓄洪区的龙口电排站,当整个工程建成后,地基受力变形,向东南斜移10~20mm①。再如洪湖分蓄洪区主隔堤的南昌湖万全垸段,因堤基下卧湖沼相淤泥质软土,属高压缩性,在施工中,堤基产生大量沉降,沉降总量达1.0m以上,造成严重的工程问题等。在长江中下游平原的软基中,不仅水利工程,对于其他的道路、桥梁、城市工民建等基建工程都带来许多问题,从而在基建工程中,对于地基的处理成为重点考虑的问题,并相应带来工程量增大和工程造价的增高等。

第五节 长江河道及地理环境的演变趋势

一、主要影响因素的变化动态与趋势

河道及地理环境的演变主要通过水沙的运行来实现,其在一定地质地貌基础上的演变趋势,主要取决于区域新构造运动、气候和人为影响等因素。

1. 新构造运动的动态与趋势

由于我国西部受印度板块与欧亚板块的强烈碰撞形成喜玛拉雅山的隆起,东部沿海地区又受到菲律宾板块和太平洋板块的挤压,造成西升东降的结果,在地貌上形成三级阶梯,长江流域受其控制,由西向东逐级降低,而在长江中下游南北低山丘陵之间的沿江地带接受泥沙沉积形成中下游平原。第四纪新构造运动的基本特点:西部上游地区以喜玛拉雅山为主体的青藏高原产生强烈隆起,据长江上游横断山东部攀西地区的新构造运动研究成果表明,早、中、晚更新世时期的隆升平均速率分别由0.69m/ka,逐渐增加为0.85m/ka、2.38m/ka至全新世达4.50m/ka;运动类型以大面积快速隆起为主,包含差异性升降以及褶皱断裂、掀斜等;总体发展趋势为新构造运动上升的波动性强、频率大,上升速度呈现加快趋势(陈富斌、赵永涛,1988年)。新构造运动的区域分布:在流域区的上游,大致以松潘、雅安及昆明(东)一线为界,以西地区的新构造运动上升速度较大;以东的四川盆地、秦巴山地和含云贵高原的鄂黔山地区上升速度向东降低;襄樊、宜昌、都匀一线以东的长江中下游地区,除江北的淮阳山地丘陵和江南的低山丘陵区有所缓慢上升外,广大中下游平原地区转为以沉降为主,且总趋势系向下游增大,至长江三角洲地区平均沉降速率达5~10mm/a,第四纪时期整个长江流域区的新构造运动表现,为纵向上以西升东降为基本特点;横向上,具有由北向南的掀斜特征,尤以长江中下游平原河段较为突出。

2. 气候与海面的波动变化与趋势

在第四纪冰后期的全新世气候变化中,具有波动性,以大西洋期最为温暖,为最适宜时期,后期转低。据杨怀仁等研究:仅我国东部气温变化幅度也达4~5℃,且较长时期比

---

①中国地质大学水文地质工程地质系,湖北省水利勘测设计院.湖北省洪湖分蓄洪区工程地质测绘报告.1989年.

今为低，我国海面上升大体与气候的温度变化相对应，自全新世以来主要上升期在距今约8300年以前，其后波动上升减缓，距今5500年来海面在小幅度的波动中趋于相对稳定。距今约2000年以来的气候波动：表现为5～6世纪和13世纪出现的冷峰，17～19世纪出现的冷期，平均气温比今低2～4℃，又称为“小冰期”；主要温暖期出现在8～10世纪，平均气温比今高1℃左右；海平面与此相对应，距今约2000年来东海的上升峰值约在4世纪、9世纪和16世纪，下降峰值为6世纪、12世纪和18世纪，一般升降变幅小于2m。20世纪温暖期起于20年代初，峰值出现在1935—1940年间，平均气温较19世纪80年代上升1℃，引起海面相应上升，世界海面上升速率为1.0～1.1mm/a，东海面偏大。有关地球气温具有波动性特征的引发因素复杂，长江下游地区近1000年来的气候变化主要因素有太阳辐射、地球运行以及气候系统内部变化和人类活动影响等。据研究，从太阳黑子活动的周期性推算，2008年、2010年、2019年等前后将是突变天气多发期；另据地球活动规律的周期性特点，地球自转速度的变化与气候相关，自500年前开始进入小冰期以来，曾有1470—1520年、1620—1720年、1840—1890年和1945年至今的4个变冷期，前3个变冷期为50—100年，据此推算自1945年出现的寒冷期可能持续到1995—2045年间；同时由于地球自转加速，潮汐力将增大，20世纪变化周期为90年左右，据上次潮汐高潮的高值为1943年，估算2033年前后可能有另一次潮汐高潮值的到来。另外近百多年来，由于大气中CO_2排放量增加，储存量不断增多等。以上影响气候变化的诸多因素中，正负作用均有，如太阳黑子活动和地球自转等因素的影响，未来50年内气候趋向变冷，而CO_2的增多则使气温升高，从众多因素的叠加效应综合显示：自1880—1980年的100年间，全球平均气温升高0.5℃，理论海面上升为10～20cm（IGBP1992）；近百年来我国理论海平面平均上升率为1.4mm/a（中国国家海洋局，1990年），而且在近30～40年平均上升率达1.7mm/a（陈宗镛，1992年），呈加速上升趋势，以上资料表明大气中CO_2的增多起着主导性的作用。

关于将来气候和海面的发展变化趋势，有人预测，如21世纪空气中的CO_2比1986年增加1倍时，估计全球气温将升高1.5～5.5℃，其中史奈德认为21世纪全球气温将升高2～6℃，海面将上升0.5～1.5m；据任美锷（1993年）估算，至2030年长江三角洲的上海地区海面相对上升量为30～40cm。另据研究，与1990年上海吴淞口海面相比，至2010年上升19cm，至2030年及2050年分别上升35cm与52cm（李永平等，1998年），经多家研究预测参数较为接近，对于气温和海面上升的定性一致。另从20世纪70年代大规模的江源科学考察发现，青藏高原上的湖泊、冰川、沼泽均有明显的退缩，并指出将在近50年里存在变暖变干趋势；2005年珠峰的科考电视报道中，也反映发现冰川退缩；并经生态学家对青藏高原在全球变化中的反应模拟发现，若全球气温变化2～3℃，青藏高原则更为敏感，变化可达4～5℃，因此预估21世纪的青藏高原将是受影响最大的地区，如果大气中的CO_2增加到700ppm时，年均气温将增加3～5℃，降水量增加20%左右（杨逸畴，1996年）。综合上述：由于大气中CO_2不断增多，因此21世纪的气温持续增高和海面相应上升，已成为气候变化的基本趋势，并且近年的气候变化已引起广泛关注。

3. 人为因素的发展动态与趋势

人为因素的影响是多方面的，而且有利有弊，现就人为活动影响流域来沙、长江三峡水库蓄水拦沙后的坝下游冲刷、CO_2在大气中的储量增多，以及河床采砂和地下水的开采等问题分述于下。

①人为工程的水土流失增长:对流域重点水土流失区的治理已历经多年,乱砍滥伐,陡坡垦植等已有所好转,且退耕还林在有的地区已开展,一些重点水土流失区和小流域的治理早在20世纪90年代已初见明显成效,如四川省遂宁市会龙河流域解字湾综合治理小区的观测成果资料显示,1985年治理前,年输沙量为207.43t,侵蚀模数3011.0t/(km^2.a);经1986—1991年的治理,年输沙量下降到2.63t,侵蚀模数下降为38.2 t/(km^2.a),分别下降到治理前的1.3%左右(遂宁市市中区水土保持办公室,1992年)。又如渠县李馥乡小流域水土流失面积为28.37km^2,占幅员面积的79.0%,其中强度侵蚀占52.1%,年均侵蚀模数达6025 t/(km^2.a),属强流失区,经1989—1991年的治理,含修建排洪沟、蓄水池、沉沙凼、整治山平塘和25°以上坡耕地的退耕还林以及一些保土耕作措施,年侵蚀模数已减少到1350 t/(km^2.a),为治理前的22.4%(渠县水土保持办公室,1992年)。又如陕西省略阳县被列为长江上游水土保持重点防治区,1989—1991年间对嘉陵江水系的金家河、八渡河等16条小流域进行了水土保持的综合治理,面积达300.84km^2,效果显著(略阳县水保办公室,1992年)。从20世纪90年代初的实测资料表明,小流域的治理经多年水土保持工作的开展,成果显著。另据2008年长江流域水土保持公报报道:在长江流域中上游的重点防治区,截至2005年实施治理的小流域已达到5000条,已完成水土流失的治理面积达8.7万km^2。重点水土流失区形势好转,但对大面积水土流失区的治理还任重而道远。随着我国经济建设高速发展,其中包括城乡建设、工矿开采、公路、铁路、桥梁、水利枢纽和河道整治及航运港工等工程的大规模兴建,自然产生对原有生态环境的破坏干扰,引发大量水土流失。如修建沿山和沿河公路、铁路往往削坡开道,多余废渣顺坡丢放,一遇大雨顺坡入江,而削坡一侧若处理不当或遇地层破碎、岩性复杂地段还常产生崩塌滑坡等地质灾害,尤其在道路的隧洞地段出渣量大,堆放处理亦是重要问题。在水利枢纽工程施工中,不仅坝区施工形成水土流失,而且对库区附属工程也带来问题,如三峡库区从坝址上至重庆河段,长度达600km以上,沿程水位线下城镇及居民点的拆迁重建,道路、桥梁等基建配套工程及部分开荒垦植等亦产生水土流失。另外如一般城市建设是综合性的工程,其中包含房屋、道路、桥梁等,特别是开发区大兴土木,水土流失成为引人关注的问题,所以早有人堤出城市水土流失的新概念。综合上述:历史上的水土流失主要系指由于人口的增加,以乱砍滥伐、开荒垦植及陡坡种植等为农耕所引发,随着多年的水土保持工作的开展,重点水土流失区已经多年治理,大有好转,但因工业化的进程加快,尤其长江上游西部的大开发,城市建设、工矿交通和水利等人为工程的水土流失呈快速增强趋势。纵观全局,形势不容乐观,局部地区还相当严重,值得关注。

②三峡水库蓄水拦沙和坝下的长河段冲刷:经多年的水库兴建,长江流域已建成数以万计的大小水库群,尤其长江上游还在继续开发兴建,一般水利枢纽工程投入运行后,上游库区蓄水拦沙,坝下游河段产生冲刷,对相关河段的河床及地理环境带来深刻影响。特别是长江三峡工程的兴建后,蓄水水位到175m时,回水上达重庆,将大量蓄水拦沙,大大减少长江中下游洪涝灾害,但同时坝上游库区原有许多滑坡崩塌体危崖等将受到淹没浸泡,当水库调度产生水位升降波动影响时,有的老滑坡崩塌体可能发生活化,新的滑坡崩塌体也可能产生。另外,由于长江上游来沙大部分淤在库内,下泄量减少,因而坝下游

河段将受到"清水冲刷",引起河床发生冲刷下切,河道安全泄洪能力增大,但部分河段在进行河势冲淤的调整时期,因主泓道的摆动将冲刷河岸,可能产生新的崩岸和已护岸稳定的老崩岸滑坡段失稳活化;并且冲刷的泥沙输向下游河段淤积,也可能引起部分浅滩碍航,河床壅水抬高,对相关入汇支流的顶托增强等。总之,库区的危崖崩滑和坝下游冲刷河段的崩岸及相关河段的泥沙淤积又将成为调整期间的重要问题。

③河床人工大量采砂,河床粗沙卵石储量逐年减少:由于大规模经济建设的基建工程需要,河床及洲滩的砂卵石已成为沿江地带建筑骨料的主要来源。长江上游、川江河段在20世纪80年代前还为小规模的人力开挖筛取,自80年代后期开始采用机械和船舶等大规模开采以来,现已成为一支具有相当规模的产业。如川江重庆和泸州等的干支流河段自90年代以来,砂、卵石的年均开采总量已达1200万t以上(刘德春、赵世强、代文良等,2003年),由于大量开采的结果,造成洲滩面积缩小,高程降低,有的洲滩砂卵石已被挖光,造成基岩裸露,由于开采量不能完全满足重庆大规模建设的需求,还早已开始采用碎石料补充。另从川江朱沱和寸滩两站多年实测卵石推移质的平均输移量变化可见,分别由32.0万t与28万t逐年减少到如今的年均约17.0万t,与卵石的年均开采量400多万t相比,悬殊甚大,必然造成川江河段卵石储量的大量减少,河床过水断面相应增大,因落淤砂质相对增多,从而亦使床沙组成发生细化等。

④大气中CO_2等含量继续增高,温室效应增强:据国际地球物理年夏威夷的Mauna Loa CO_2观测站资料,自1959—1990年CO_2含量由315.83ppm增高到353.95ppm,32年间增加了38.12ppm;甲烷(CH_4)含量比CO_2的增加速度更为迅速,据有关研究:现今空气中的CH_4含量迅速增长,已比历史上的数百年前高出1倍,并以每年1%~2%的速度继续增长(杨怀仁等,1995年);由于世界工业化的发展速度加快,CO_2等有害气体的排放量呈现快速增长,至2030年仅CO_2所引起的气温将增高1.5~4.5℃,所以温室效应已成为现代全球性的问题,自然涉及长江流域,并影响区域气候的变化。

⑤平原城市地下水过量开采和都市化发展使地基荷载增大,引起地基变形:在长江中下游的平原城市中,以三角洲地区为典型,因土层主要由松软的淤泥质土和粉质壤土、砂壤土等之类所组成,含水层主要为层间砂土和细砾等,一般土层以颗粒细、孔隙比大、含水量高、质地普遍较为松软等为基本特点,当抽取地下水时,引起水位降低,产生自重压实下沉,使土体孔隙比减小,并随抽水量的增加,地下水位下降量及地面的沉降幅度随之增大。最为严重的如苏州、无锡和常州等太湖周边地区,至1988年地下水位分别下降达66.33m、70.85m和75.76m,以常州为大。其中苏州至1984年沉降面积达52km^2,至1987年最大累计沉降量超过1000mm;无锡1985年累计沉降量达1020mm;苏、锡、常地区沉降漏斗在不断扩大,沉降深度继续增加,近年采用人工回灌虽有所缓减,但由若干下降漏斗组成的下降区仍呈现扩大趋势(杨怀仁,1995年),从而影响区域环境的变化。另外,由于城市的发展,高楼增多,地基荷载增大,因此平原软基的地基处理已成为工程中的一个重要问题。

二、可持续发展中存在的主要问题与对策思考

1.问题讨论

地球表面的物质迁移遵循物质不灭定律,河流的泥沙亦同,虽然在产沙→输移→堆

积过程中，因部分泥沙出口入海扩散，但绝大部分仍在流域内堆积，像长江这样的世界大河，中下游平原河段长达1800km，且比降较小，泥沙入海量与产沙量相比，其量甚少，一般都在流域区内堆积下来，流域产沙愈多，堆积量相应亦大。但由于受流域区地质地貌条件、气候因素和人为活动等影响，其产沙—输移—堆积的整个运行过程中，其规模的大小都随时空发生变化。在历史上泥沙主要产自长江上游，经过搬运，除粗粒卵石大部堆积在四川盆地外，细粒泥沙经搬运到宜昌以下的中下游平原堆积。由于历史上人类活动不断增强，上游地区水土流失逐渐加重，因而使中下游河床淤积抬高，并以紧邻长江上游、位居山前江汉洞庭平原区的荆江河段为典型，进而导致江水位上升，洪水泛滥成灾，人工堤防高筑，河流两岸洼地渍水成湖，自然地理环境发生沧海桑田般的巨变。但随葛洲坝、特别是三峡水利枢纽工程等的兴建，使原长江上游冲刷，中下游堆积为主的大流域冲淤格局被打破，而以大坝为分界线，基本分成上下两段，虽上游产沙地区依旧，然而原输移到中下游的泥沙主要在三峡库区堆积，因此坝下游清水下泄，反淤为冲，从而将引起宜昌下游长河段的河床冲刷下切，即不仅改变荆江河床长期加积抬高的格局，而且还可引起中下游沿程及入汇支流出口河段的不同程度下切，所冲刷的泥沙输向下游堆积和部分出口流入东海。随长江上游溪洛渡、向家坝及金沙江梯级开发的进行，长江上游泥沙的主要产区金沙江下游河段被筑坝拦蓄，自然又使宜宾下游的川江河段亦由堆积转向冲刷，所冲泥沙部分将搬运到三峡库区堆积，随上游的开发，不仅泥沙的冲淤分段增多，而且改变了天然河流的冲淤分布，使原峡谷冲刷、四川盆地川江河段和长江中下游平原河段淤积的自然冲淤模式，改为峡谷库区淤积，而盆地平原河段产生冲刷，形成冲淤河段的倒置分布。但在长江下游和长江口的部分河段不仅仍为继续淤积，而且因冲刷泥沙的部分下移，还可能在一段时期使堆积呈增强趋势。总之随新构运动西升东降，气候因地球温室效应变暖，再加人为工程等因素的影响，从而相继带来长江生态环境及河型的演变和水库淤积，河势控制、航道整治等系列工程问题，并具显著的区域性特征。

①环境演变：长江上游地壳继续抬升，气候变暖异常，雨量增大，山地崩塌滑坡及泥石流等增多，山间盆地及山前平原低洼地区洪水灾害增加。中下游河段因长江三峡等水利枢纽拦蓄，清水下泄，长河段冲刷下切，使原加积抬高的河床得到扼制，并下切冲深，扩大泄量，降低洪水水位，不仅减少对入汇支流的顶托、倒灌及分流分沙等，相应形成以干流为主体含支流及湖泊的系统性下降，从而使防洪形势转好，干支河床下切同时还可能引起洞庭湖等沿江相关湖泊的萎缩。长江河口三角洲地区因地壳沉降，海面上升，再加坝下游冲刷泥沙的下移堆积，河床抬高，从而可能使太湖平原等洼地区排水更加困难，涝灾趋重，并且河口沿海遭受海侵等威协增大，生态环境进一步恶化。

②河型演变：流域西部抬升，水量增大，河谷下切，流域中部区和东部区分别因金沙江下游向家坝和宜昌上游三峡等工程的兴建，在垂向上将分别引起川江和宜昌下游长河段的河床下切，使河槽冲深，宽深比变小，在平面上顺直河段趋窄；弯曲河段趋直，局部河段形成撇弯切滩等；分汊河段主支加深，支汊萎缩变小或淤塞，长江中下游的沙质河床和上游川江的向家坝—重庆河段的卵石河床亦类同，分汊河床由多汊变向双汊，进而向单一河床转化，总之使河型发生转换。床沙组成：长江上游川江段和三峡坝下游冲刷段床沙则发生粗化，其中上荆江大部分河段可能由砂质河床演变为砂卵石河床，城陵矶下游河床多出现粗砂等。

③工程问题：主要含水土保持，水利枢纽工程，河势控制和加固堤防及航道整治等诸多方面。

长江上游山地区：关于水土流失，虽在重点产沙区经多年治理，已见成效，但随西部的开发，局部地区的山地灾害还可能趋于恶化，由于长江上游水土流失面积广大，因此加强水土保持，防灾减沙，改善生态环境仍至关重要；并且山地水利枢纽工程中的泥沙淤积是一重要问题，特别是金沙江下游河段的溪洛渡、向家坝库区等，地处长江流域的主要产沙区，泥沙淤积是一重大问题，长江三峡库区泥沙自然也是一重要问题，但随金沙江河段的开发拦蓄而趋好转。另一般水库的库岸滑坡，诱发地震值得关注，金沙江下游河段仍是其重点。另库尾因泥沙淤积，可能碍航严重，特别是金沙江的向家坝等水利工程投入运行后，川江河段冲深下切，而三峡库尾重庆河段的泥沙淤积更为突出。

长江中下游地区：由于河势调整期间的河床冲刷下切，将引起河床崩岸增强，因此加强河势控制工程，对沿江两岸堤防安全至关重要。在调整期淤积河段的浅滩碍航可能再度趋紧复活，如芦家河、界牌河段等可能将先后再度出现浅滩碍航期，但当河床转淤为冲时减缓。

长江下游及河口地区：面临的主要问题，其一，太湖等低洼区的涝灾加重；其二，因海面上升，江水抬高，导致沿海岸的海侵及风暴潮和沿江防洪涝灾害问题趋于艰巨；其三，淤积段的浅滩碍航问题值得关注，尤其长江口的拦门沙碍航可能趋重。

综合上述：由于新构造运动的升降，地球气候变暖，以及人为因素等的影响，利弊兼有，但对长江流域的生态环境，河床演变及水利、航运等方面的问题值得关注，按主要问题分区归纳于表10-5-1。

表10-5-1　　长江21世纪主要的泥沙和环境问题

序号	分布地段	存在主要问题	备注
1	长江上游	人为工程水土流失增多，重力侵蚀等山地灾害依然严重，水土流失面积广大	在青藏高原快速隆升和气候变暖的背景条件下，再加西部经济大开发的人为影响，山地灾害及水土流失产沙仍是一严重问题
2	长江上游	部分山间盆地、山前平原低地的洪水灾害严重	以四川盆地的南充、合川、金堂和乐山、宜宾等地区为典型，其中合川又地处三峡库尾上游更为重要
3	长江上游	川江河段的河床冲淤和大规模开采砂卵石料对河道及航道的影响	范围含长江干流及主要支流河段，并以长江的川江段为重点
4	长江上游	上游库区的滑坡崩塌及水库诱发地震问题值得关注；金沙江下游河段的水库泥沙淤积问题严重	金沙江下游河段生态环境恶化，水土流失严重，是长江流域产沙最为主要地段
5	长江中下游（宜昌—大通）	三峡坝下游冲刷河段的崩岸与堤防安全问题重大	其中尤以荆江等平原河段最为险要
6	长江中下游（宜昌—大通）	三峡坝下游冲刷调整期间，泥沙的淤积对航道和附近河段的壅水影响	在冲刷调整期间，泥沙淤积段可能引起浅滩碍航和局部河段壅水及顶托增强
7	长江大通下游	三峡坝下游长河段冲刷泥沙的下移淤积对该河段防治洪涝灾害及航道的不利影响	将来长江中下游的洪涝灾害可能下移，对皖中平原湖区和长江三角洲地区应倍加关注
8	长江三角洲	海面上升等对太湖低凹地区的洪涝灾害，以及长江口的生态环境和航道等的不利影响	因该区地势低洼，涝灾尤为严重，其中尤以太湖平原湖区等为重点，河口风暴潮和拦门沙等值得关注

2. 可持续发展的对策思考

(1)工程措施

①继续加强水土保持,做好防灾减沙:长江流域的水土保持虽已取得显著成效,但水土流失面积广大,对于乱砍滥伐、陡坡垦植现象应继续严加禁止,加强植树造林力度,提高植被覆盖率;对于城市开发、矿山开采、公路及铁路交通、水电等基建工程等要加强立法管理,纳入水土保持范畴,大力减少人为因素产沙所引起的水土流失;对于崩塌、滑坡等重力侵蚀和泥石流多发区的工作要继续做好,纳入规划治理。总之,将水土保持作为一项战略任务和系统工程,目标为防灾减灾,并使江河含沙量逐渐减少,力争"浑水变清"。

②继续加强上游水库系统工程建设,加强水沙拦蓄:长江中下游的泥沙主要来自长江上游,对于重点产沙区,如金沙江和嘉陵江等可有计划尽早逐级开发,使大量进入四川盆地川江河段的泥沙减少,组成以三峡水利枢纽工程为主体,含上游金沙江和嘉陵江等为重点的梯级开发,使长江上游来沙得以有效控制。

③加强河道疏浚,扩大安全泄量,改善航运条件,确保水上通道:长江中下游平原是泥沙的主要淤积河段,沿程洲滩密布,局部河段洲滩淤阻严重,汛期影响大江泄洪,枯水期形成浅滩碍航,可根据河道整治规划有计划地进行整治,虽然长江水大沙多,在系统整治的基础上,加辅助工程措施,如当今因疏浚工程的发展、疏浚能力大为增强,能够通过施工扩大泄洪能力,改善泄洪条件,对于平原湖区河段尤为重要。如洞庭湖的澧县洪道经开挖整治后,石龟山、津市两地最高洪水位分别降低 0.69m 和 0.46m;南洞庭湖整治后降低沅江水位 0.47m,通航条件相应改善,效益显著。由此表明,河道疏浚方案可行,前景看好,加强河道整治,稳定河势,扩大河道汛期安全泄量,排除枯水浅滩碍航是重要举措。并加强分洪区的建设,做到有备无患,对于沿江防碍行洪的非法建筑应予清除。

④继续加固堤防,增强防洪安全屏障:堤防是长江中下游两岸亿万人民生命财产的防洪安全屏障,不可放松,对河岸崩塌、滑坡和堤身隐患及堤基管涌散浸等险段应继续加强治理,排除险情,确保防洪安全。长江干堤经 1998 年大洪水后,重要堤段基本上都得到了较好的治理,而支民堤因线长面广,安全隐患相对较多,有待统一规划,逐步加固。对于一些非法违规堤垸应做到有计划撤除,做好退田还湖,以保洪水调蓄。

⑤继续加强渠网及机电排灌建设,提高排灌防涝能力:由于长江中下游平原湖区地势低洼,堤垸甚多,特别是平原湖区"垸老田低"的现状普遍存在,而渍水多来自外围支流和暴雨,外洪内涝多有发生,为排除渍水,全靠传统疏导自流、建闸调节等不能完全解除洪涝灾害,因此加强机电排灌建设,提高排灌能力已成为重要手段,应大力加强,以保安全度汛。如长江下游太湖的湖西地区 1991 年曾发生特大洪水涝灾,谏壁抽水站连续开机 66 天,使湖西地区的 360 万亩农田得以减免洪涝灾情。

(2)技术管理

①加强观测研究,监视发展动态:编制长期观测科研规划及减灾对策致关重要,因流域产沙、输移和淤积等都因自然和人为因素影响而在不断变化,河道和相关的环境条件也在变化,所以应加强原型观测资料的搜集,不断调查研究,为江湖治理的规划、设计、施工提供丰富可靠的资料。

②增强法制意识,加强科学管理力度:加强宣传,教育群众,认真贯彻《水法》等有关

法规,做到有法可依,有法必依。如基建工程的废渣处理等,应制定具体有效措施,经环保等有关部门审批后方可实施,杜绝乱堆乱放的现象。对于非法填湖、侵占江滩等事件应依法追究。

(3)国家决策

①坚持实施计划生育国策,有效控制人口的过度增长:由于中国人口众多,而人平耕地面积逐年减少,所以陡坡开荒、乱砍滥伐等既有思想意识和管理方面的问题,但也有人口增多、人地矛盾增大等因素存在,所以要从战略的高度继续控制人口的过度增长,为国家长远利益思考。

②加强土地保护,尽可能减少占用耕地:我国人口众多,耕地十分有限,人口和耕地的矛盾日趋突出,每年因城乡发展,道路、桥梁、工矿、水利工程等大量占用土地,应严格控制,如对一些开发区,公寓、居民区等都应尽可能减少占地面积,增加房屋层次;选点时,要考虑到少占良田,杜绝浪费土地的现象继续发生。总之,中国人口多,人平土地面积少的国情应高度重视,并持之以恒。

参考文献

[1] 孙广忠. 中国地质灾害灾情及减灾战略分析. 南京大学学报(自然科学),1991年.

[2] 罗德富,吴积善. 西南自然灾害及其防治对策. 北京:科学出版社,1991年.

[3] 乔建平. 滑坡减灾理论与实践. 北京:科学出版社,1997年.

[4] 钟敦伦,谢洪,韦方强. 山地灾害及防治与山区人地协调发展,山地资源开发与持续发展. 成都:成都科技大学出版社,1997年.

[5] 谭万沛,王成华,姚令佩,晋玉田,杨文,等. 暴雨泥石流滑坡的区域预测与预报—以攀西地区为例. 成都:四川科学技术出版社,1994年.

[6] 唐邦兴,王成华,崔鹏,陈国揩,柴宗新,柳素清,等. 大陆山地灾害与环境保育研究进展与展望,海峡两岸山地灾害与环境保育研究(第一卷). 成都:四川科学技术出版社,1998年.

[7] 唐邦兴,柳素清,刘士达,崔鹏. 岷江上游茂县叠溪大小海子溃决型山洪泥石流,泥石流(4). 北京:科学出版社,1995年.

[8] 钟祥浩,刘淑珍. 浅析长江上游山地生态系统及其退化问题,长江流域山地开发与灾害防治. 成都:成都地图出版社,1992年.

[9] 刘淑珍,张建平,柴宗新. 金沙江干热河谷环境特征与土地荒漠化类型研究,海峡两岸山地灾害与环境保育研究(第一卷). 成都:四川科学技术出版社,1998年.

[10] 卢金发. 中国东部亚热带丘陵山区土地退化坡面分带性的成因. 山地学报,1999年.

[11] 王世廿,杨庆溪,刘希林,汪阳春. 金沙江下游水碾河沟"89.5.6"特大泥石流,长江流域山地开发与灾害防治. 成都:成都地图出版社,1992年.

[12] 唐邦兴,柳素清. 泥石流及其防治研究. 成都:成都科技大学出版社,1993年.

[13] 吴积善,康志成,田连叔,章书成,等. 云南蒋家沟泥石流观测研究. 北京:科学

出版社,1990 年.

[14] 唐邦兴.四川省自然灾害及减灾对策.成都:电子科技大学出版社,1995 年.

[15] 刘开发,唐邦兴.长江上游山地灾害及发展趋势分析,长江流域山地开发与灾害防治.成都:成都地图出版社,1992 年.

[16] 吕贵芳,薛果夫.新滩滑坡的形成及其预测.人民长江,1987 年(1).

[17] 杨锡臣,汪宪柜.中国湖泊和水库.南京:江苏科学技术出版社,1989 年.

[18] 唐日长,李仁华.长江流域主要湖泊特性.长江志季刊,1990 年(A 期).

[19] 华钟.江汉湖群.武汉:湖北人民出版社,1974 年.

[20] 文伏波.长江流域地图集.北京:中国地图出版社,1999 年.

[21] 钮颉英.长江流域水土流失概况.长江志季刊,1992 年(4).

[22] 王杰,王保畲,罗正齐.长江大辞典.武汉:武汉出版社,1997 年.

[23] 陈德基,严沛漩.长江开发治理中的环境地质问题,第三十届国际地质大会水利系统文选集.郑州:黄河水利出版社,1996 年.

[24] 钟祥浩,何毓成,刘淑珍等.长江上游环境特征与防护林体系建设(川江流域部分).北京:科学出版社,1992 年.

[25] 彭善群.乌江航运开发过程概况.长江志季刊,1989 年(1).

[26] 刘甲柱.湘江航运与航道整治回顾.长江志季刊,1988 年(3).

[27] 荆江大堤志编纂委员会,刘井湘,马东让,王建成,黄锡瑞等.荆江大堤志.南京:河海大学出版社,1989 年.

[28] 孙顺才,黄漪平.太湖.青岛:海洋出版社,1993 年.

[29] 林承坤.泥沙与河流地貌学.南京:南京大学出版社,1992 年.

[30] 欧阳履泰,罗恒凯.荆江大堤护岸工程加固的探讨.人民长江,1985 年(4).

[31] 杨文达.全新世长江水下三角洲朵体及发育特征.海洋地质与第四纪地质,1996 年(3).

[32] 谭其骧,张修桂.鄱阳湖演变的历史过程.复旦学报(社会科学版),1982 年(2).

[33] 杭宏秋.巢湖考略.长江志季刊,1990 年(3).

[34] 张人权,梁杏,段文忠,陈建高,等.洞庭湖区演变及洪灾成因与发展的系统分析.武汉:中国地质大学出版社,2003 年.

[35] 杨怀仁,唐日长.长江中游荆江变迁研究.北京:中国水利水电出版社,1999 年.

[36] 洪庆余,罗钟毓.长江防洪与 98 大洪水.北京:中国水利水电出版社,1999 年.

[37] 陈富斌,赵永涛.攀西地区新构造.成都:四川科学技术出版社,1988 年.

[38] 杜榕桓,刘新民,袁建模,李天池,等.长江三峡工程库区滑坡与泥石流研究.成都:四川科学技术出版社,1990 年.

[39] 杨达源.晚更新世末期以来长江中下游水位的变化,中国第四纪研究(第八卷第一期).北京:科学出版社,1989 年.

[40]《鄱阳湖研究》编辑委员会著.鄱阳湖研究.上海:上海科学技术出版社,1988 年.

[41] 杨怀仁,谢志仁.气候变化与海面升降的过程和趋势.地理学报,1984 年.(第 39 卷

第1期).

[42] 方金琪．冰后期海面上升对长江中下游影响的探讨．地理学报,1991年(第4期).

[43] 徐馨．长江中下游第四纪古环境,长江中下游环境变迁与地生态系统．南京:河海大学出版社,1995年.

[44] 周凤琴．荆江近5000年来洪水位变迁的初步探讨．历史地理,上海:上海人民出版社,1986年(第四辑).

[45] 周凤琴．荆江堤防与江湖水系变迁,长江水利史论文集．南京:河海大学出版社,1990年.

[46] 周凤琴．云梦泽与荆江三角洲的历史变迁．湖泊科学,1994年(第1期).

[47] 周凤琴．荆江历史变迁的阶段性特征,历史地理(第十辑)．上海:上海人民出版社,1992年.

[48] 朱诚,史威,宋友桂．长江三角洲地区七千年以来古洪水灾害的环境考古研究,海峡两岸山地灾害与环境保育研究(第一卷)．成都:四川科学技术出版社,1998年.

[49] 石铭鼎．三峡工程的巨大效益．长江志季刊,1992年(第2期).

[50] 朱海虹,张本．鄱阳湖．北京:中国科学技术大学出版社,1997年.

[51] 杨怀仁,徐馨,杨达源,黄家柱等．长江中下游环境变迁与地生态系统．南京:河海大学出版社,1995年.

[52] 杨逸畴．青藏高原全新世环境变化与未来,中国应用第四纪研究(文集)．成都:成都科技大学出版社,1996年.

[53] 杨怀仁,谢志仁．中国东部近20000年来的气候波动与海面升降运动．海洋与湖沼,1984年(第1期).

[54] 任美锷．黄河长江珠江三角洲近30年海平面上升趋势及2030年上升量预测．地理学报,1993年(第5期).

[55] 李永平,秦曾灏,端义宏．上海地区海平面上升趋势的预测和研究．地理学报,1998年(第5期).

[56] 张晓阳,蔡述明,孙顺才等．全新世以来洞庭湖的演变．湖泊科学,1994年(第1期).

后 记

本书内容涉及多学科多领域,时空跨度大,因此在搜集相关资料中,除长江水利委员会所属单位外,还得到沿江及相关水利、航运、研究院所和高等院校的大力支持和帮助。在调查访问中得到当地政府、相关部门和人民群众的热情接待与情况介绍,在此一并谨表谢意。其中主要单位如下。

水利及航运部门:

四川省水文总站和合川、乐山、键为等市县水利局

云南省水土保持局及东川泥石流防治所,巧家县水土保持委员会办公室

贵州省毕节水土保持局

湖北省长江修防处、洪湖防洪、排涝工程指挥部和黄冈地区水土保持站,鄂西土家族、苗族自治州水土保持试验站

湖南省水利水电勘测设计院、省水文总站、洞庭湖工程局和澧县、华容等县水利局

江西省人民政府鄱阳湖综合科学考察领导小组办公室

上海市水利志编纂委员会及金山县水利局

水利部水利水电科学研究院泥沙所

电力工业部成都勘测设计院

长江航道管理局及重庆分局等

中国科学院系统:

中科院成都山地灾害与环境研究所

中科院武汉水生生物研究所

中科院南京地理与湖泊研究所等

高等院校:

南京大学城市与资源学系、地质系

复旦大学历史地理研究所

上海师范大学地理系

同济大学地质系

武汉大学水利水电学院

长江大学地质系等

附 图

Ⅰ.河势

Ⅰ－① 江源沱沱河
（引自《长江流域地图集》 茹遂初摄）

Ⅰ－② 通天河的下游河谷
（引自《长江流域地图集》 沈延太摄）

Ⅰ－③ 云南省奔子拦的金沙江
（周凤琴摄）

Ⅰ－④ 金沙江的虎跳峡
（周凤琴摄）

Ⅰ－⑤ 金沙江与岷江汇合处的宜宾川江河段
（周凤琴摄）

Ⅰ－⑥ 20世纪末三峡水库蓄水前的瞿塘峡口
（周凤琴摄）

Ⅰ－⑦　长江中游江汉平原的荆江（引自《长江流域地图集》　贺道富摄）

Ⅰ－⑧　长江中游赤壁市河段的赤壁矶

（周凤琴摄）

Ⅰ－⑨　长江中游湖北省田家镇河段的牛关矶

（周凤琴摄）

Ⅰ－⑩　长江下游安徽省的小孤山

（周凤琴摄）

Ⅰ－⑪　长江下游的安徽省河段

（周凤琴摄）

Ⅰ－⑫　长江口的南汇嘴海滩

（周凤琴摄）

Ⅰ－⑬ 长江上游支流岷江的松潘河道

（周凤琴摄）

Ⅰ－⑭ 长江中游支流清江的半峡

（周凤琴摄）

Ⅰ－⑮长江中游洞庭湖区的大通湖

（周凤琴摄）

Ⅰ－⑯ 长江下游支流青戈江的芜湖河段

（孙舒拉摄）

Ⅱ.水土流失产沙

Ⅱ－① 攀枝花金沙江左岸的水土流失山地

（周凤琴摄）

Ⅱ－② 金沙江右岸滇北山地中水土流失形成的光秃山

（周凤琴摄）

Ⅱ－③　云南省会泽县境内基岩裸露的光秃山

（周凤琴摄）

Ⅱ－④　云南省东川市小江的泥石流堆积扇

（周凤琴摄）

Ⅱ－⑤　1933 年四川省迭溪大滑坡堵断岷江后形成的天然拦河“水坝”

（周凤琴摄）

Ⅱ－⑥　长江三峡峡谷中的天然崩塌

（周凤琴摄）

Ⅱ－⑦　长江支流清江蔡庄坪因修筑公路形成的人工倒石锥

（周凤琴摄）

Ⅱ－⑧　长江中游大别山区 1996 年因暴雨在凤凰关水库中形成的黄色粗沙堆积扇

（周凤琴摄）

Ⅱ－⑨　金沙江虎跳峡上游左岸支流硕多冈河口的冲积扇远眺

（周凤琴摄）

Ⅱ－⑩　川江奉节臭盐碛冲积扇远眺

（周凤琴摄）

Ⅱ－⑪　长江三峡中的溪口冲积锥

（周凤琴摄）

Ⅱ－⑫　清江下游支流口形成的冲积扇

（周凤琴摄）

Ⅲ.第四纪堆积

Ⅲ－①　甘肃省武都县嘉陵江支流白龙江右岸的黄土剖面

（周凤琴摄）

Ⅲ－②　四川省南充市烈面与西关电站间丘陵顶部高级阶地的卵石剖面

（周凤琴摄）

Ⅲ－③ 长江中游湖北省枝江县白洋镇高级阶地的卵石大剖面

（周凤琴摄）

Ⅲ－④ 湖北省枝江县长江河岸二级阶地中的裂缝粘土剖面

（周凤琴摄）

Ⅲ－⑤ 湖南省东洞庭湖中更新统（Q_2）的红土湖岸

（周凤琴摄）

Ⅲ－⑥ 江西省长江右岸火龙山早更新统（Q_1）的红土剖面

（周凤琴摄）

Ⅲ－⑦ 长江下游湖口县采沙场的沙山剖面

（周凤琴摄）

Ⅳ.河谷侵蚀

Ⅳ－① 长江西陵峡三斗坪河段经水砂冲磨侵蚀被磨平的花岗岩床底

（周凤琴摄）

Ⅳ－② 长江三峡牯牛石花岗岩深槽中形成的冲刷坑

（周凤琴摄）

Ⅳ－③ 三峡牯牛石深槽冲刷坑底经水沙冲磨形成的光滑“锅底坑”

（周凤琴摄）

Ⅳ－④ 金沙江屏山石龙嘴经洪水期过境水沙冲磨在石英砂岩上形成大小坑凹的岸坡

（周凤琴摄）

Ⅳ－⑤ 川江头巨梁石英砂岩碛坝上形成的巨型洞穴

（周凤琴摄）

Ⅳ－⑥ 川江重庆大佛滩碛坝石英砂岩上形成肚大口小的壶穴

（周凤琴摄）

Ⅳ－⑦　金沙江福延镇对岸蚂蝗碛石英砂岩上形成突起的“姜牙石”

（周凤琴摄）

Ⅳ－⑧　川江重庆寸滩蛮子碛石英砂岩上形成突起于滩面上的“姜牙石”群

（周凤琴摄）

Ⅳ－⑨　长江中游支流清江永和坪石灰岩碛坝上形成的长条平行沟槽系列

（周凤琴摄）

Ⅴ.床沙

Ⅴ－①　金沙江向家坝滩面上的卵石床沙

（周凤琴摄）

Ⅴ－②　川江綦江口红眼碛滩面上的卵石床沙

（周凤琴摄）

V－③ 长江三峡坝区原河床中残积的闪斜长花岗岩块球体

（周凤琴摄）

V－④ 三峡坝区牯牛石深槽基坑中的天然漂石层

（周凤琴摄）

V－⑤ 三峡坝区基坑中的一般卵石床沙

（周凤琴摄）

V－⑥ 长江葛洲坝大江基坑中床面呈叠瓦状排列的漂石

（周凤琴摄）

V－⑦ 葛洲坝大江基坑中的河床卵石剖面

（周凤琴摄）

V－⑧ 长江中游荆江孙良洲岸坎滩面上由细沙堆积形成的“沙舌”

（周凤琴摄）

Ⅴ－⑨　嘉鱼县簰洲河段团洲的黄色粗沙

（孙舒拉摄）

Ⅴ－⑩　长江下游大通河段梅梗河岸堆放从河床采集的黄色粗沙

（孙舒拉摄）

Ⅴ－⑪　长江支流嘉陵江上游甘沟溪泥石流暴发堆积的沙石

（周凤琴摄）

Ⅴ－⑫　清江泗杨溪口堆积的大漂块石滩

（周凤琴摄）

Ⅴ－⑬　罗田巴河边滩的黄色粗沙

（周凤琴摄）

Ⅵ.环境及其他

Ⅵ－① 长江中下游洪水灾害频繁,图为 1998 年的沙市洪水

（周凤琴摄）

Ⅵ－② 江汉平原历史上多发“外洪内渍”,图为 1996 年 7 月荆州北门外的渍水

（周凤琴摄）

Ⅵ－③ 洪水是长江中下游平原历代人的心腹大患，图为湖北省江陵县郝穴镇荆江大堤上的清代“镇水”铁牛

（周凤琴摄）

Ⅵ－④ 由于泥沙淤积，荆江河床抬高，沙市观音矶建于明代嘉靖年间的万寿宝塔第一层已埋入地面之下

（周凤琴摄）

Ⅵ－⑤ 被埋于河床滩面下枯水边的枝江百里洲赫家洼周代遗址灰坑

（周凤琴摄）

Ⅵ－⑥　下荆江观音洲河岸枯水位附近发现生长于距今2000多年的埋藏古树

（周凤琴摄）

Ⅵ－⑦　20世纪90年代末期的下荆江河床崩岸

（周凤琴摄）

Ⅵ－⑧　20世纪90年代末下荆江熊家洲护岸石矶下腮崩岸形成的半圆形回流湾

（周凤琴摄）

Ⅵ－⑨　因泥沙淤积桥墩被埋的清江东龙河河水坪大桥

（周凤琴摄）

Ⅵ－⑩　清江支流东龙河河水坪河段的河床因泥沙淤积抬高已平居民点的地面

（周凤琴摄）

Ⅵ－⑪　长江中游支流巴河罗田段已被黄沙淤积而成散滩密布的宽浅河床

（周凤琴摄）